KB232876

New
fabric tissue

새로운 직물조직

류문호 지음

NOVA 출판사

작가 소개

1952년 경상북도 의성군 춘산면 빙계리에서 태어난 저자는, 1969년 대구공업고등학교 방직과에 입학하여 섬유공부를 시작하였다.

졸업 후에 삼성그룹 제일모직에 입사하여 현장에서부터 근무를 시작, 군복무를 마치고 설계과에서 섬유 개발과 설계업무의 일을 하다가 1982년 퇴직하였다.

그후 개인 사업으로 모직물 제조업을 시작, 조그마한 공장도 신설하고 직접 주문을 받아 외주 생산도 의뢰하였다. 그러나 여러 번의 부도로 인해 1988년 회사를 정리하고, 현재 기업부설 기술연구소 고문 및 연구소장으로 직물 개발 및 연구업무에 종사 중이다.

저자는 50년 가까이 직물조직학을 연구하고 그에 따른 이론을 정리해 왔으며, 섬유산업 발전에 조금이라도 도움이 되고자 이제까지 연구한 이론을 정리하여 발표하게 되었다. 이에 필자는 직물조직학에 수리학과 기하학을 더하여 생산 실무에 유용하도록 논리를 정리하여 종이책과 전자책으로 세상에 알리게 되었다.

본인의 저서로는 2017년 8월에 출간한 종이책 『직물조직이론』과 『직물조직실무』가 있고, 2017년 12월에 출간한 전자책 『새로운 직물조직』의 한국어판, 영국어판, 중국어판, 일본어판이 있다. 그리고 2018년 4월에 출간한 전자책 『새로운 디자인』 한국어판, 영국어판, 중국어판과 일본어판이 있다.

E-mail: app53@hanmail.net

Homepage: http://moonho.net

저자의 머리말

직물 구성의 주축을 이루고 있는 직물조직은 그 역사가 산업혁명 시작과 같이 출발하여 지금까지 300년 가까이 이어오고 있다. 그러나 그 긴 시간에 비해 직물조직학은 제대로 발전하지 못했다. 또 기법과 논리의 부족으로 생산 현장에서는 발전 없는 모방이 남아있었고 잘못된 이론이 적용되어 제품에 결함이 잔존하고 있는 것이 섬유생산의 현실이었다. 섬유산업 발전에 마음 아프고 안타까운 일이다

이에 저자는 작고 부족하나마 용기를 내어, 50년 가까이 경험하고 연구한 직물조직과 그에 따른 이론을 정리하여, 섬유산업 발전에 조금이라도 도움이 되고자 [새로운 직물조직]을 지면으로 발표하게 되었다.

본서는 생산 실무에 유용하게 적용될 수 있는 분야의 이론으로, 이제까지 발표되지 않은 새로운 분야의 직물조직 유도 방법과 복합조직 작도의 이론을 실었다.

제1장 직물조직 유도법에서 유도한 조직은, Motive 조직에서 잔류와 삭제를 반복하여 순환하는 지점까지 조직을 확장하는 기법이다. 이 방법에 따르면 제직 시, 종광 본수를 늘리지 않으면서 조직의 증대가 얼마든지 가능하게 된다. 그뿐만 아니라 생성되는 조직의 수 또한 수리적으로 무한하다.

제3장 복합조직은, 직물조직에 조직을 추가하는 방법 즉 조직의 직점을 확장하여 조직으로 대입하는 새로운 개념의 조직으로, 직물조직 구도의 아름다움을 Design으로 활용하는 기법이다. 생성된 Design의 유형별 개수 또한 수리적 무한대이며, 그 다양성은 이제까지 상상하지 못했던 무한의 영역까지 유도 생성된다.

저자가 50년 가까이 수집한 자료의 결과, 전 세계에 상존하는 직물의 기본조직은 약 600점 가까이다. 이는 산업혁명 시작부터 오늘날까지 300년 가까이 직물조직 학자들이 창작하고 발전한 결과물이다. 이에 반해, 이 책의 본문과 제6장 직물조직 편에 새로운 기본조직 1,000점 가까이 창작하여 수록하였다.

본서의 논리는 직물조직 역사에 혁신적인 새로운 이론으로, 이제까지의 조직보다 더 많은 조직, 이제까지의 조직보다 더 큰 조직이 가능하도록 하였다. 이를 실무에 응용하면 입체적이고 생동감이 있는 창작 직물을 쉽게 생산할 수 있다. 이로써 이제까지의 상상을 초월한 창조적인 새로운 직물의 세계가 전개될 것으로 기대한다.

끝으로 본 책에 제시된 직물조직 이론이 널리 이용되어 섬유산업 발전에 많은 기여가 되기를 바라며, 독자들이 이를 더욱 발전시켜서 섬유산업이 날로 번창하기를 기원하는 마음으로 투고를 마친다.

2017년 12월

저자 류문호

새로운 직물조직 목차

제1장 직물조직 유도법

01. 직물조직 유도법 서론

　이번 제1장의 직물조직 유도법 서론은 독자 측면의 포괄적 이해를 돕기 위해 본론과 결론에 대하여 먼저 설명한 것이다.
　직물조직 유도법은 Motive 조직에서 잔류와 삭제를 반복하여 순환하는 지점까지 조직을 확장하는 방법이다. 직물조직 일부를 삭제하면 순차의 서열이 깨어져 요철의 느낌과 입체감이 증대되며, 이는 직물조직에 유용한 요소가 된다.

　다음은 직물조직 유도법으로 작도되어 순차의 서열이 깨어져, 요철의 느낌과 입체감이 증대된 조직의 예이다.

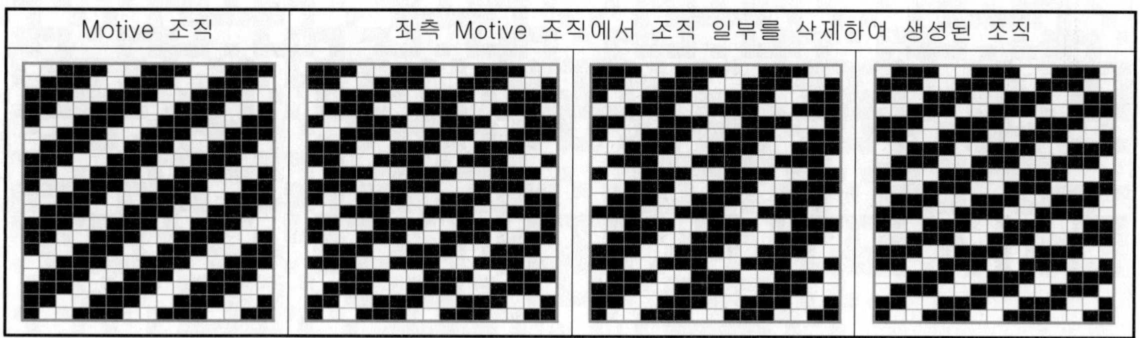

　또 잔류와 삭제를 반복하여 유도한 조직은, 제직을 할 때 종광 본수를 늘리지 않으면서 조직의 증대가 가능하다. 이때 조직 증대의 범위는, 잔류본수와 삭제본수를 합한 수와 Motive조직 원 리피트 본수와의 최소공배수가 삭제를 포함한 생성조직의 본수가 되므로 수리적 무한대까지 이르게 된다.

　다음은 직물조직 유도법으로 작도된 조직의 예이다. 지면의 사정상 큰 조직은 수록이 불가하기에, 생성된 조직 중 간략한 조직을 선정하여 수록하였다.

　01) 다음은 5매 조직을 Motive로 활용하여 유도한 예이다.

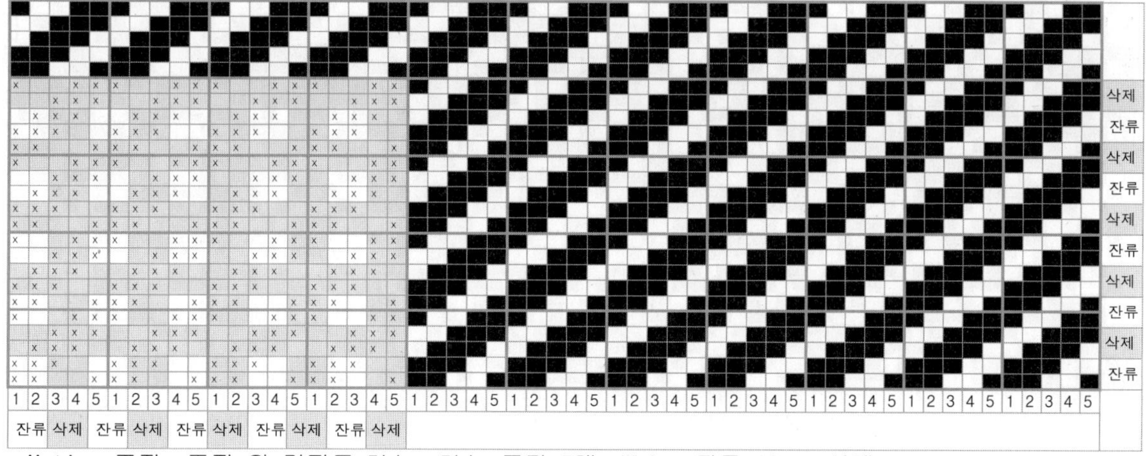

　Motive 조직. 조직 원 리피트 5본 × 5본, 종광 5매; White 잔류, Gray 삭제.

앞 페이지의 Motive 조직을 경위삭제 유도법으로 만든 조직. 위사 2잔류 2삭제, 경사 2잔류 2삭제 후 생성된 조직. 조직 원 리피트 10본×10본, 종광 매수는 Motive 조직과 동일하게 5매로 형성.

위의 조직을 Herring bone형으로 합성한 조직. 조직 원 리피트 18본×10본, 종광 매수는 Motive 조직과 동일하게 5매로 형성.

위의 조직을 마름모형으로 합성한 조직. 조직 원 리피트 18본×18본, 종광 매수는 Motive 조직과 동일하게 5매로 형성.

02) 다음은 형태가 다른 5매 Twill을 활용하여 유도한 다른 예이다.

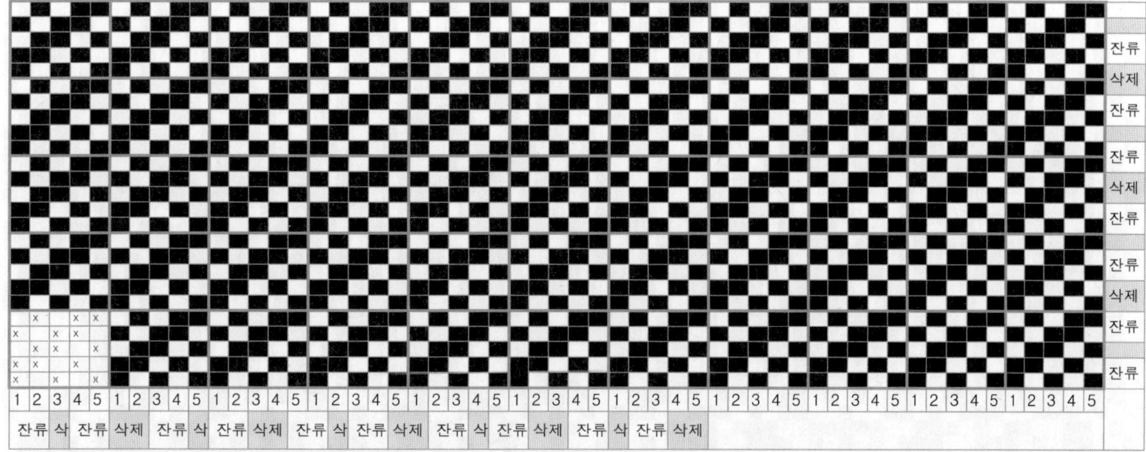

Motive 조직. 조직 원 리피트 5본×5본, 종광 5매. White 잔류, Gray 삭제.

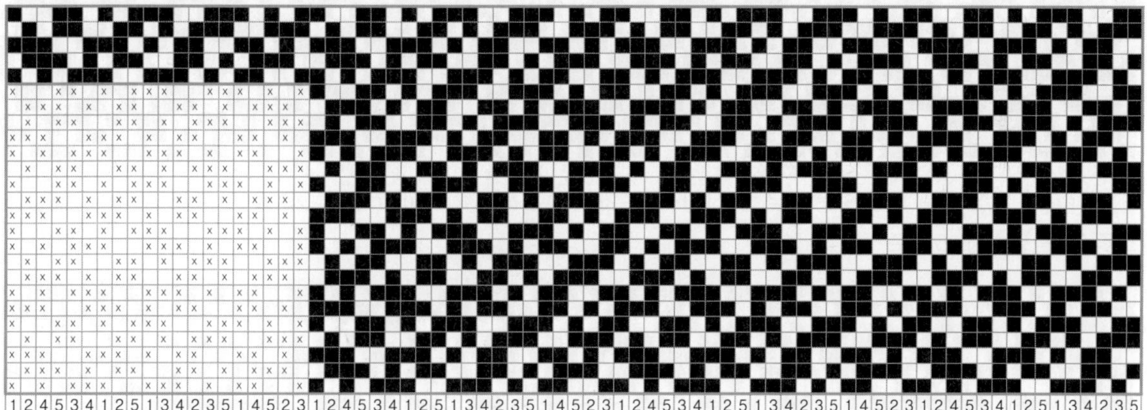

위의 Motive 조직을 경위삭제 유도법으로 생성한 조직, 위사에 2잔류 1삭제, 2잔류 2삭제. 경사에 2잔류 1삭제, 2잔류 2삭제 후에 생성된 조직. 조직 원 리피트 20본×20본, 종광 매수는 Motive 조직과 동일하게 5매로 형성.

위의 조직을 Herring bone형으로 합성한 유도조직. 조직 원 리피트 38본×20본, 종광 매수는 Motive 조직과 동일하게 5매로 형성.

1 2 4 5 3 4 1 2 5 1 3 4 2 3 5 1 4 5 2 3 2 5 4 1 5 3 2 4 3 1 5 2 1 4 3 5 4 2 1 2 4 5 3 4 1 2 5 1 3 4 2 3 5 1 4 5 2 3 2 5 4 1 5 3 2 4 3 1 5 2 1 4 3 5 4

　　앞 page의 조직을 마름모형으로 합성한 유도조직. 조직 원 리피트 38본 × 38본, 종광 매수는 Motive
조직과 동일하게 5매로 형성.

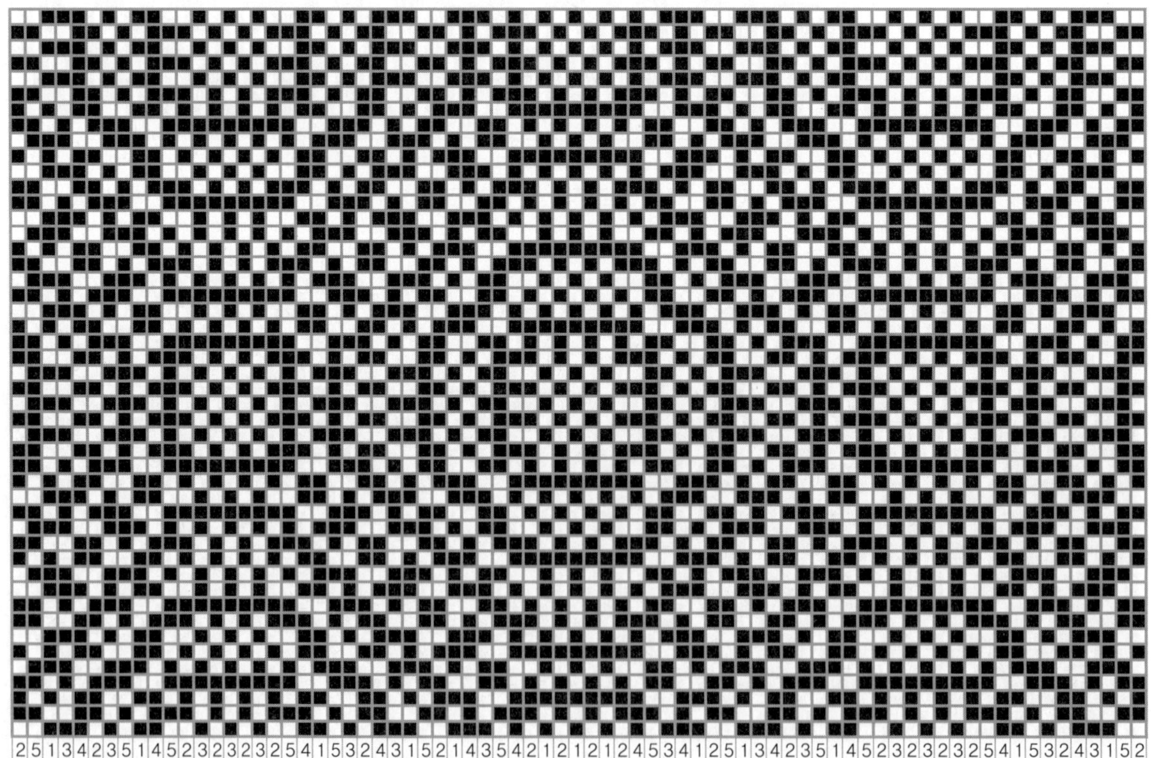

2 5 1 3 4 2 3 5 1 4 5 2 3 2 3 2 3 2 5 4 1 5 3 2 4 3 1 5 2 1 4 3 5 4 2 1 2 1 2 1 2 4 5 3 4 1 2 5 1 3 4 2 3 5 1 4 5 2 3 2 3 2 3 2 3 2 5 4 1 5 3 2 4 3 1 5 2

　　앞 page의 조직을 마름모형으로 합성한 유도조직에 반복 확장의 기법을 추가한 조직.
조직 원 리피트 46본 × 46본, 종광 매수는 Motive 조직과 동일하게 5매로 형성.

03) 다음은 6매 Twill 조직을 Motive로 활용하여 유도한 예이다.

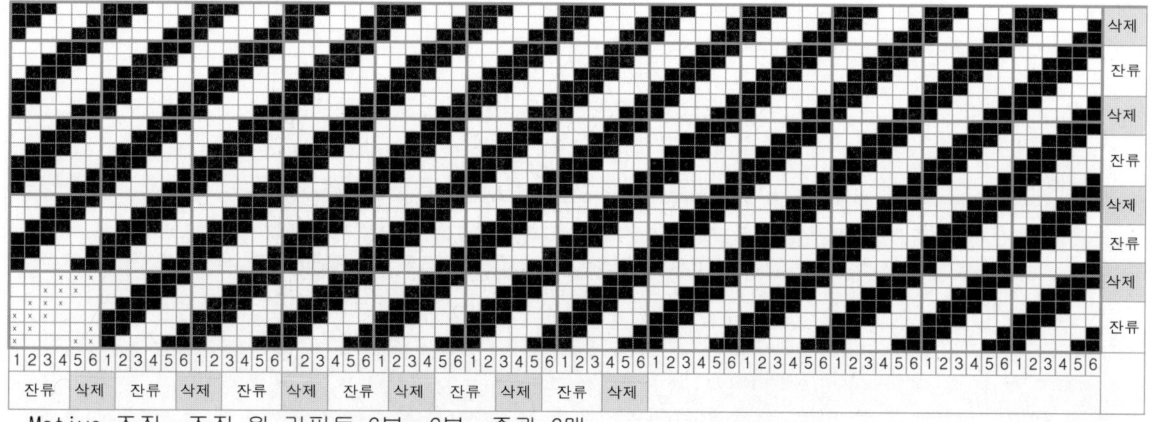

Motive 조직. 조직 원 리피트 6본×6본, 종광 6매.

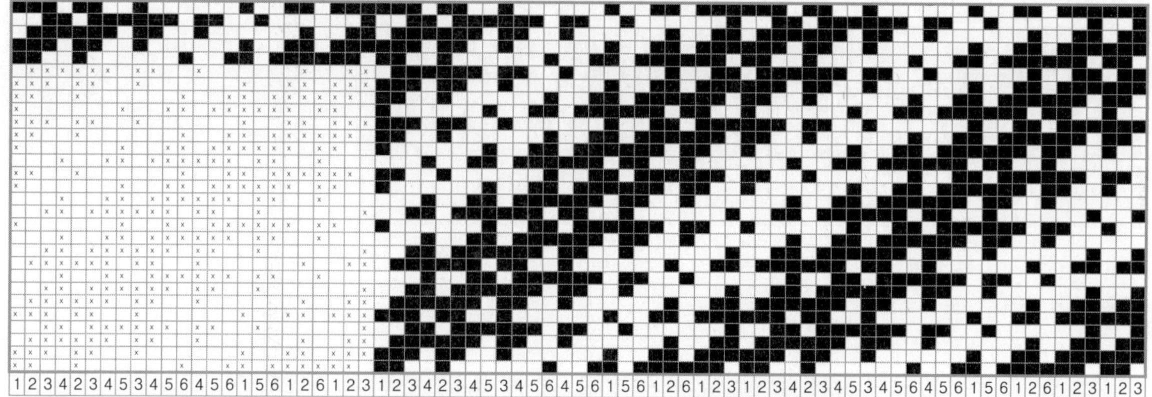

위의 Motive 조직을 경위삭제 유도법으로 생성한 조직. 위사 4잔류 3삭제, 경사 4잔류 3삭제 후 생성된 조직. 조직 원 리피트 24본×24본, 종광 매수는 Motive 조직과 동일하게 6매로 형성.

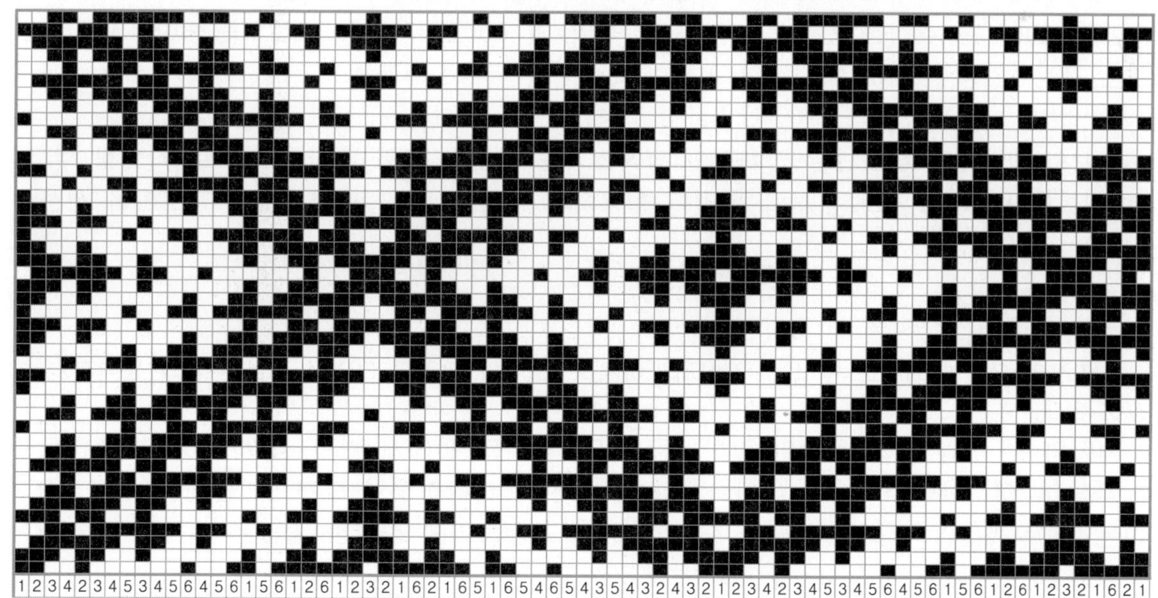

위의 조직을 마름모형으로 합성한 유도조직. 조직 원 리피트 46본×46본, 종광 매수는 Motive 조직과 동일하게 6매로 형성.

04) 다음은 4매 조직을 Motive로 활용하여 유도한 다른 예이다.

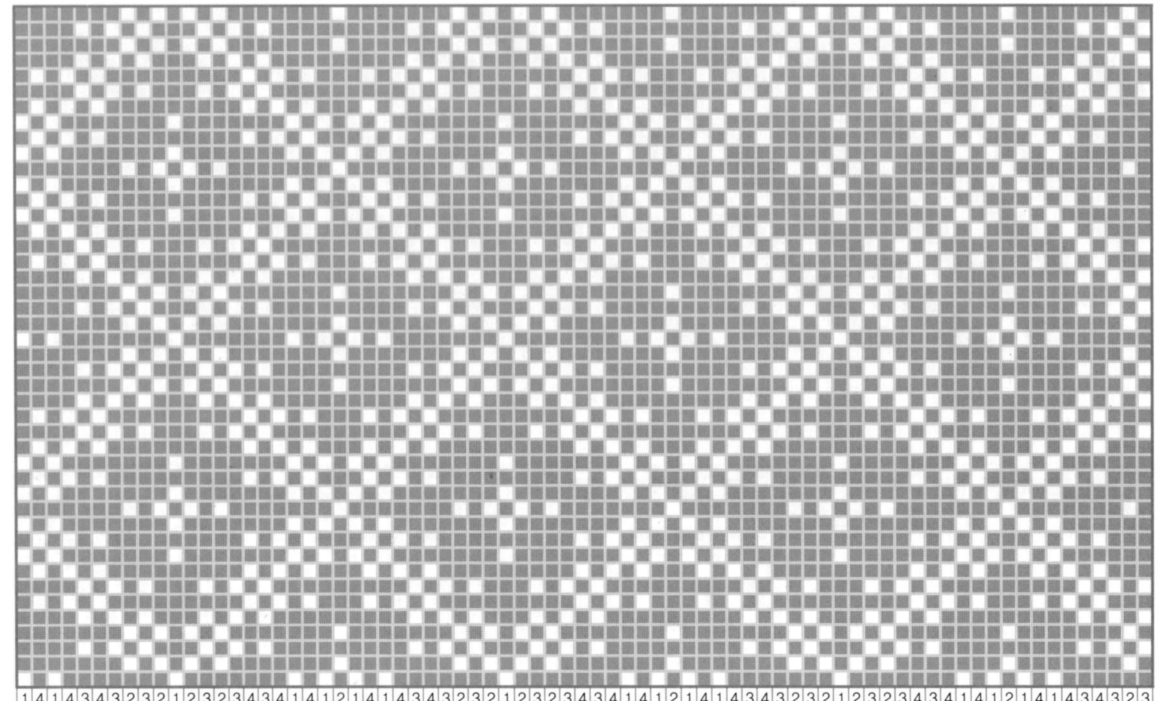

이 조직은 마름모형으로 합성한 유도조직. 조직 원 리피트 22본 × 22본, 종광 매수는 Motive 조직과 동일하게 4매로 형성.

직물조직 유도법으로 생성된 조직의 유형별 개수 또한 수리적 무한대를 이룬다. 그 다양성은 이제까지의 상상을 초월할 정도의 영역까지 유도 생성된다. 본서에 수록된 기본조직 중 창작조직 1,000여 점의 수록이 가능한 것도 직물조직 유도 이론에 의한 것이다.

저자가 50여 년 수집한 전 세계의 기본조직이 약 600점 가까이 상존하는 것에 비교하면, 이는 직물조직학 역사에 혁신적인 이론이다.

본서의 직물조직 유도법은 입체적인 창작조직을 무한의 크기 무한의 개수로 작도할 수 있는 기법이다. 즉 누구나 본서의 논리를 활용하면 새로운 조직을 간편하게 작도하여 생산에 활용할 수 있다.

- 조직의 유형별 개수는 수리적 무한대를 이루며, 조직의 크기와 다양성 또한 무한의 영역까지 확장이 된다. -

저자가 쓴 책에 위의 문장이 많이 등장한다. 독자의 편에서 보면 정말 깊이 있는 중요한 메시지다. 이 책에 수록되어 나타난 내용은 빙산의 일각이며 대부분 물 밑에 가려져 있다. 이는 곧 독자들이 직접 발굴하고 쉽게 찾아서 사용하기에 충분한 끝없는 직물조직 세계가 숨겨져 있다는 뜻이다.

이 무한하고 엄청난 새로운 직물조직 이론이 널리 이용되어, 새로운 직물의 세계가 열릴 것으로 기대한다.

02. 위사삭제 유도법

　도형은 일부분을 삭제하면 작아지고 조직은 일부분을 삭제하면 다양성을 가지게 된다. 조직은 도형의 집합체로 이루어져 있기에 삭제 후 순환 지점을 연결하면 커지면서 다양해진다. 기본조직에서 잔류와 삭제를 반복하면 새로운 조직이 유도 생성되고, 생성된 조직의 범위는 상상을 초월한 넓은 영역으로 확대된다.
조직의 유형별 개수는 수리적 무한대를 이루며, 조직의 크기 또한 제한된 Motive조직 본수 내에서 수학적 무한의 영역까지 증대시킬 수 있다.
　유도된 조직은 순차의 서열이 깨어져 요철의 느낌과 입체감이 살아나므로, 기존의 직물에 비해 차별화된 직물의 생산이 가능해진다.

　다음은 위사삭제 유도법에 따른 조직 생성 이론과 조직 유도 방법에 대한 설명이다.

　* 작도에서, 잔류본수와 삭제본수를 합한 수와 Motive조직 원 리피트 본수와의 최소공배수가 '삭제를 포함한 생성조직'의 원 리피트 본수가 된다.

　* 삭제 후의 조직은 순차의 서열이 깨어져 요철의 느낌과 입체감이 증대된다. 삭제 본수나 잔류 본수를 조직 "원 리피트 본수"에 2로 나눈 수에 1을 줄인 숫자이거나 그에 근접한 숫자를 적용하면 깨어진 순차의 서열 변화가 가장 커지게 된다.

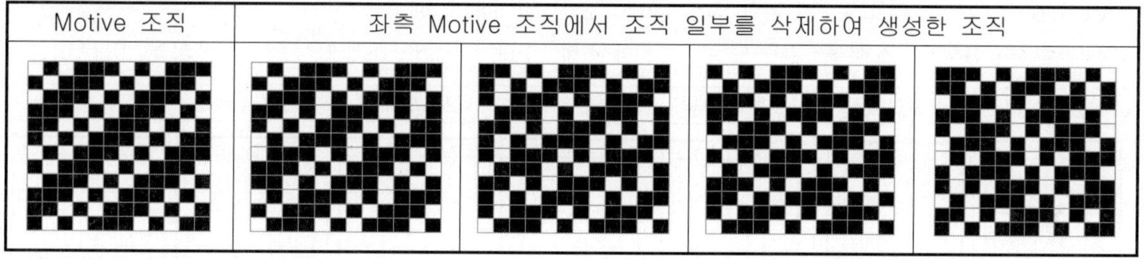

Motive 조직	좌측 Motive 조직에서 조직 일부를 삭제하여 생성한 조직			

　이 그림은 직물조직 유도법으로 작도된, 순차 서열이 깨어져 요철의 느낌과 입체감이 증대된 조직

　* 잔류본수와 삭제본수의 합이 Motive 조직의 본수와 일치하면 2차 생성조직이 연속성을 가지므로 이때는 조직의 생성이 불안정하다.

6매 조직	6매 조직	7매 조직	7매 조직	8매 조직	8매 조직
1잔류/5삭제	3잔류/3삭제	1잔류/6삭제	2잔류/5삭제	2잔류/6삭제	3잔류/5삭제

　이 그림은 연속성을 가진 조직형태에 대한 예시 조직도이다.

* 삭제본수가 Motive 부분조직의 직점 수와 동일하거나 배수이면 생성된 조직이 상하로 연속성을 가진다.

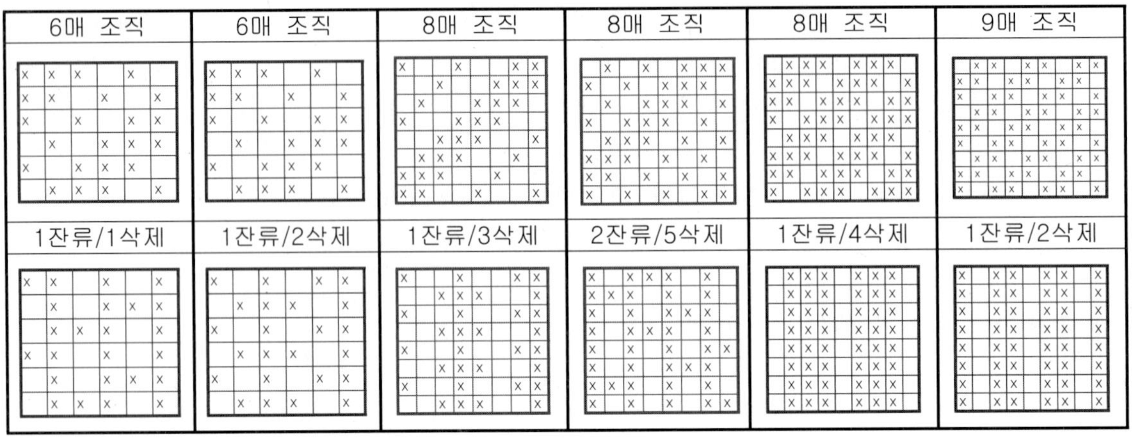

6매 조직	6매 조직	8매 조직	8매 조직	8매 조직	9매 조직
1잔류/1삭제	1잔류/2삭제	1잔류/3삭제	2잔류/5삭제	1잔류/4삭제	1잔류/2삭제

* 잔류 1일 때, 삭제본수는 Motive 조직의 "원 리피트 본수"를 2로 나눈 수에 1을 줄인 수를 기준으로 2차 생성조직은 좌우로 대칭을 이룬다.
결과의 수가 자연수(Motive 조직 원 리피트 본수가 짝수)이면 그 수를 기준으로 2차 생성조직은 좌우로 대칭을 이루고, 결과의 수가 소수(Motive 조직 "원 리피트 본수"가 홀수)이면 기준조직 없이 소수의 좌우 자연수가 2차 생성조직의 대칭을 이룬다.

Motive 조직 원 리피트 본수가 짝수(8매 조직)일 때의 예.
8/2-1=3 즉 3삭제 조직을 기준으로 2와 4삭제, 1과 5제거, 0과 6삭제가 대칭을 이룬다.

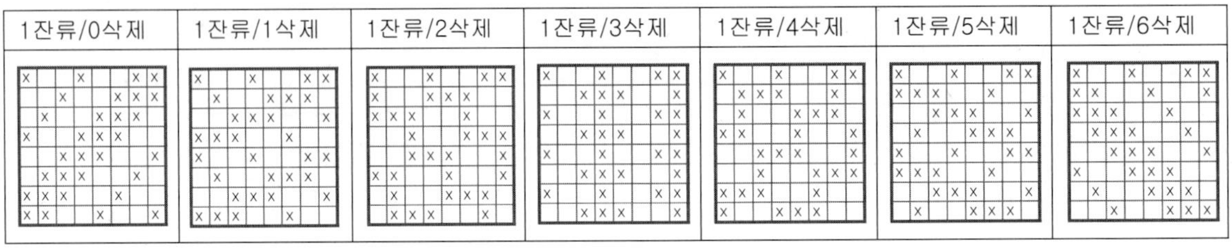

1잔류/0삭제	1잔류/1삭제	1잔류/2삭제	1잔류/3삭제	1잔류/4삭제	1잔류/5삭제	1잔류/6삭제

Motive 조직 원 리피트 본수가 홀수(9매 조직)일 때의 예.
9/2-1=3.5 기준조직 없이 소수의 좌우 자연수인 3과 4삭제, 2와 5삭제, 1과 6삭제가 대칭.

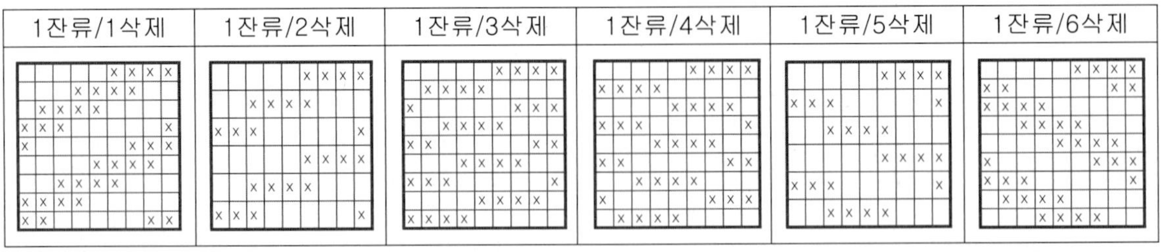

1잔류/1삭제	1잔류/2삭제	1잔류/3삭제	1잔류/4삭제	1잔류/5삭제	1잔류/6삭제

* 잔류조직에 상관없이, 삭제본수가 Motive 조직 원 리피트 본수와 동일하면 2차 생성된 조직은 Motive조직으로 환원되고, 삭제본수가 Motive조직의 본수를 초과하면 Motive조직의 본수를 나눈 나머지의 수로 환원된다.

다음은 7매 조직의 잔류와 삭제에 따른 2차 생성조직의 변화도이다. 삭제가 7본이면 7-7=0이 되어 삭제본수 0본, 즉 Motive조직으로 환원된다. 9본 삭제할 시 9-7=2가 되어 삭제본수 2본의 조직과 동일한 조직이 유도된다.

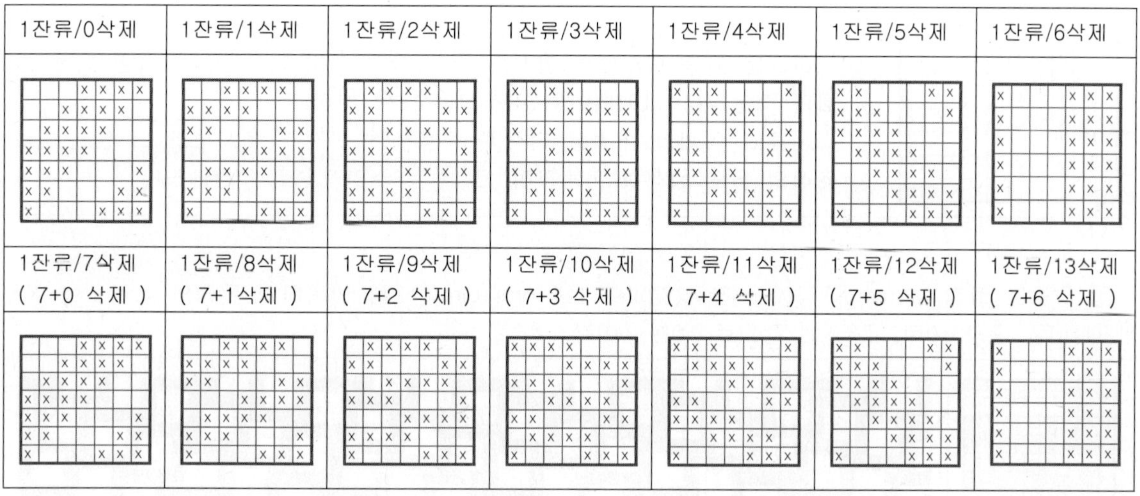

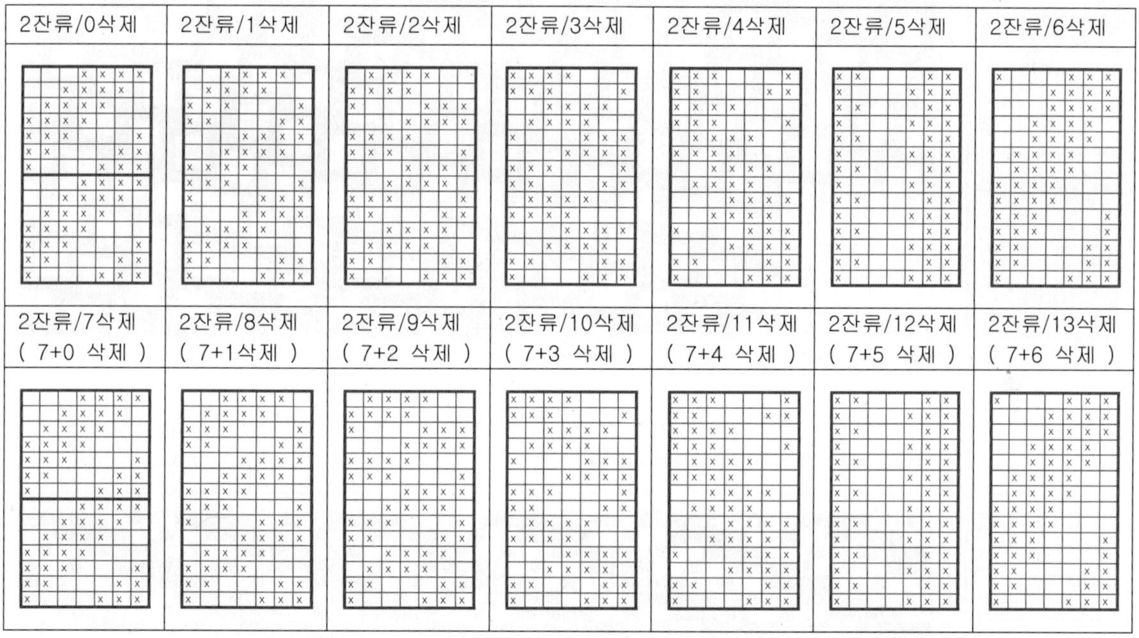

1잔류/0삭제	1잔류/1삭제	1잔류/2삭제	1잔류/3삭제	1잔류/4삭제	1잔류/5삭제	1잔류/6삭제

1잔류/7삭제 (7+0 삭제)	1잔류/8삭제 (7+1삭제)	1잔류/9삭제 (7+2 삭제)	1잔류/10삭제 (7+3 삭제)	1잔류/11삭제 (7+4 삭제)	1잔류/12삭제 (7+5 삭제)	1잔류/13삭제 (7+6 삭제)

2잔류/0삭제	2잔류/1삭제	2잔류/2삭제	2잔류/3삭제	2잔류/4삭제	2잔류/5삭제	2잔류/6삭제

2잔류/7삭제 (7+0 삭제)	2잔류/8삭제 (7+1삭제)	2잔류/9삭제 (7+2 삭제)	2잔류/10삭제 (7+3 삭제)	2잔류/11삭제 (7+4 삭제)	2잔류/12삭제 (7+5 삭제)	2잔류/13삭제 (7+6 삭제)

 * 잔류본수와 삭제본수의 합이 Motive조직 원 리피트 본수의 약수이면, 생성되는 2차 조직은 Motive 조직 원 리피트 본수 이하가 되며, 노출도의 격차가 발생하여 불안정한 생성조직을 이룬다.

[위사삭제 유도법]의 조직 생성 이론과 조직 유도 방법은 위사 조직선을 삭제하여 2차 조직으로 유도 생성하는 기법이며, 경사삭제 유도법에도 동일한 이론이 성립한다.

[위사삭제 유도법]으로 유도 생성한 2차 조직을 3차, 4차로 유도하여도 동일한 이론이 성립하며, 더욱 넓은 영역으로 조직의 확대가 가능하다.

1) 다음은 [직물조직 유도법] 중, 위사 삭제에 의한 조직 유도 방법에 대한 설명이다.

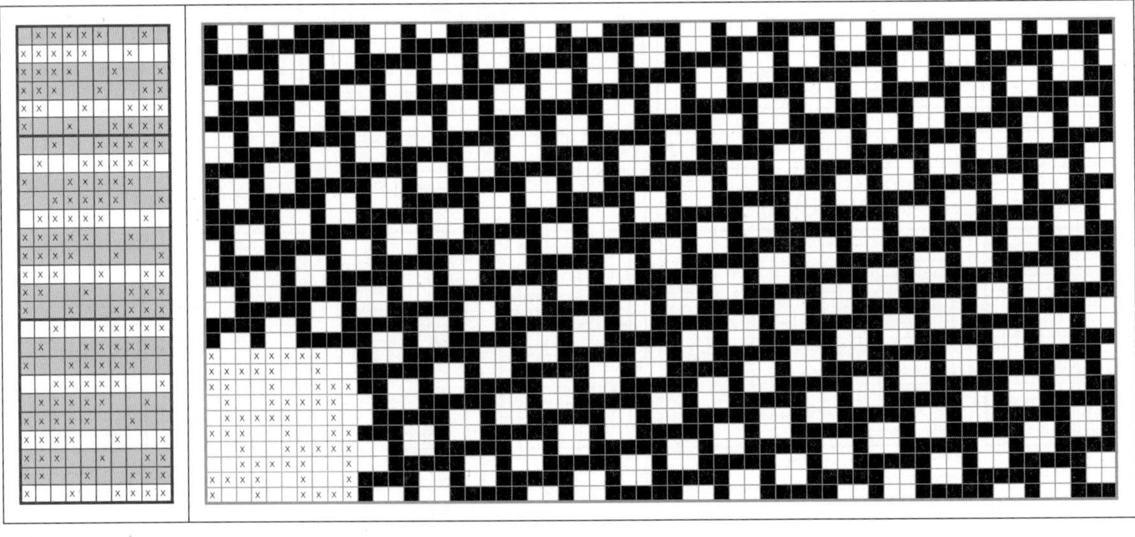

좌측 조직은 10매 Twill (5/2, 1/2)이다.

아래는 좌측 모티브를 가지고 [위사삭제 유도법]으로 규칙적인 기본 변화만 적용하여 11개의 2차 조직을 유도한 예이다.

잔류와 삭제의 변화를 다르게 적용하면 아래의 예시보다 더 많은 2차 조직의 유도 생성이 가능하며, 그 수는 수리적으로 무한대하다.

① 다음은 좌측 Motive 조직에서 잔류(White) 1과 삭제(Gray) 2를 반복하여 우측의 조직으로 유도한 예이다. 종광 10매, 조직 원 리피트 10본 × 10본.

② 다음은 좌측 Motive 조직에서 잔류(White) 1과 삭제(Gray) 1을 반복하여 우측의 조직으로 유도한 예이다. 종광 10매, 조직 원 리피트 10본 × 5본.

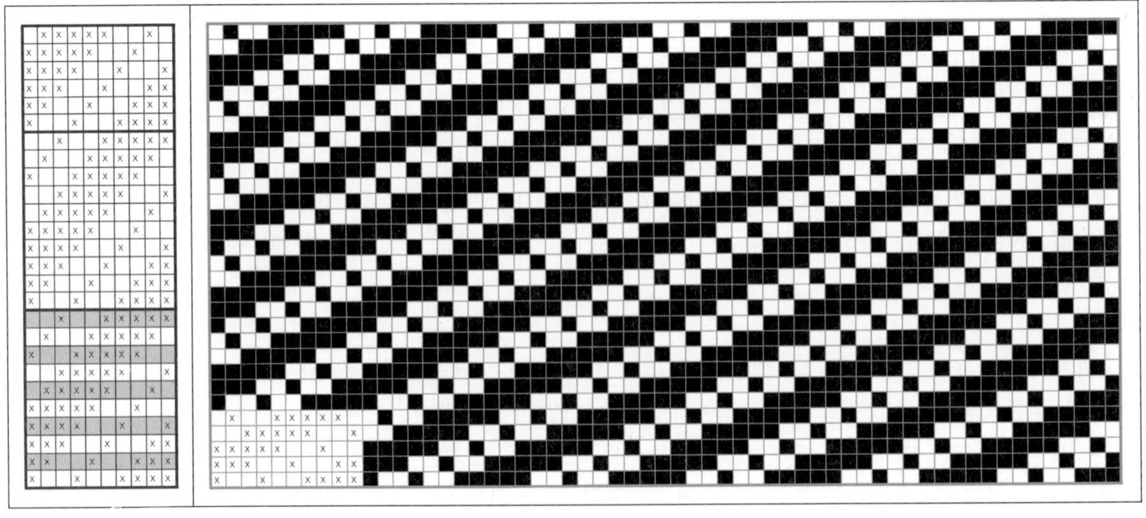

③ 다음은 좌측 Motive 조직에서 잔류(White) 1과 삭제(Gray) 3을 반복하여 우측의 조직으로 유도한 예이다. 종광 10매, 조직 원 리피트 10본 × 5본.

④ 다음은 좌측 Motive 조직에서 잔류(White) 1과 삭제(Gray) 1, 잔류(White) 1과 삭제(Gray) 2를 반복하여 우측의 조직으로 유도한 예이다. 종광 10매, 조직 원 리피트 10본 × 4본.

⑤ 다음은 좌측 Motive 조직에서 잔류(White) 1과 삭제(Gray) 1, 잔류(White) 1과 삭제(Gray) 3을 반복하여 우측의 조직으로 유도한 예이다. 종광 10매, 조직 원 리피트 10본 × 10본.

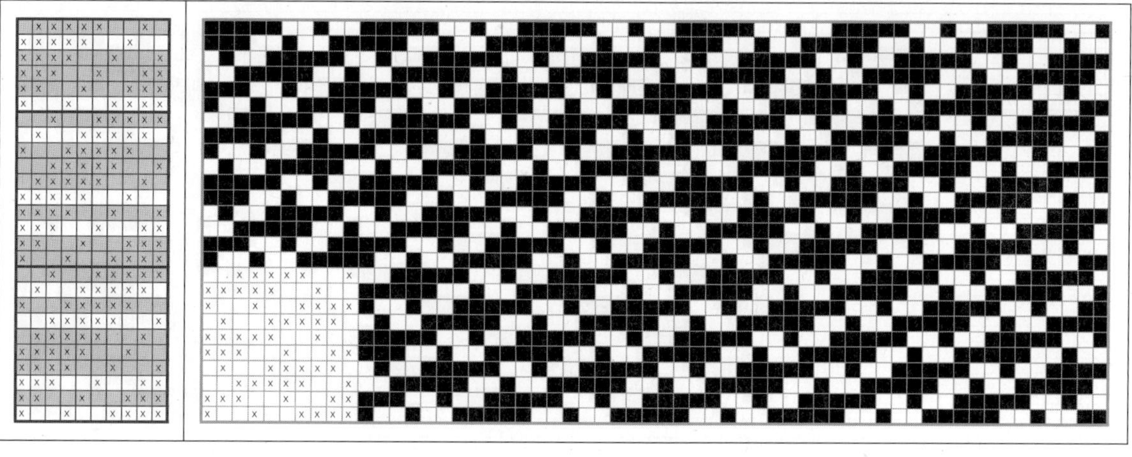

⑥ 다음은 좌측 Motive 조직에서 잔류(White) 1과 삭제(Gray) 4, 잔류(White) 1과 삭제(Gray) 1을 반복하여 우측의 조직으로 유도한 예이다. 종광 10매, 조직 원 리피트 10본 × 20본.

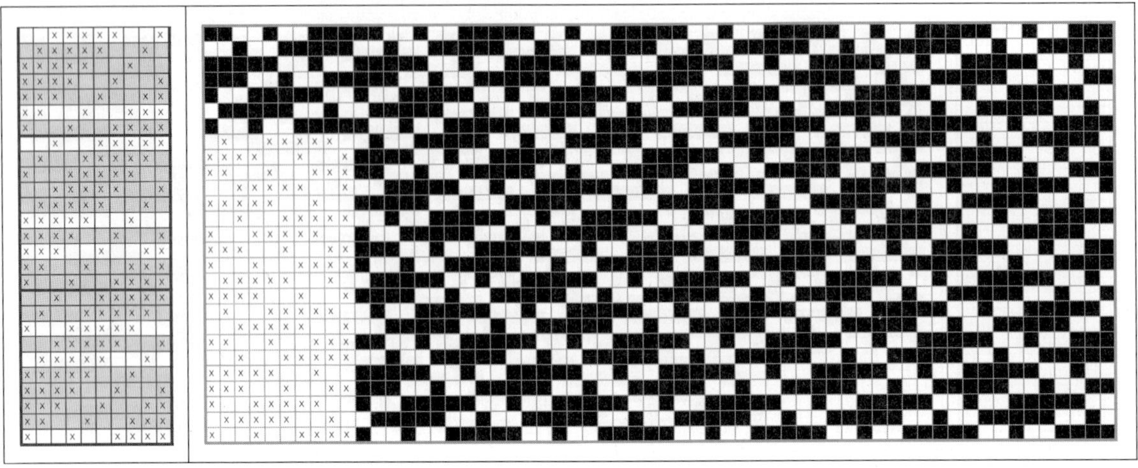

⑦ 다음은 잔류(White)1과 삭제(Gray)1, 잔류(White)1과 삭제(Gray)2, 잔류(White)1과 삭제(Gray)1, 잔류(White)1과 삭제(Gray)4를 반복하여 우측의 조직으로 유도. 종광 10매, 조직 원 리피트 10본 × 20본.

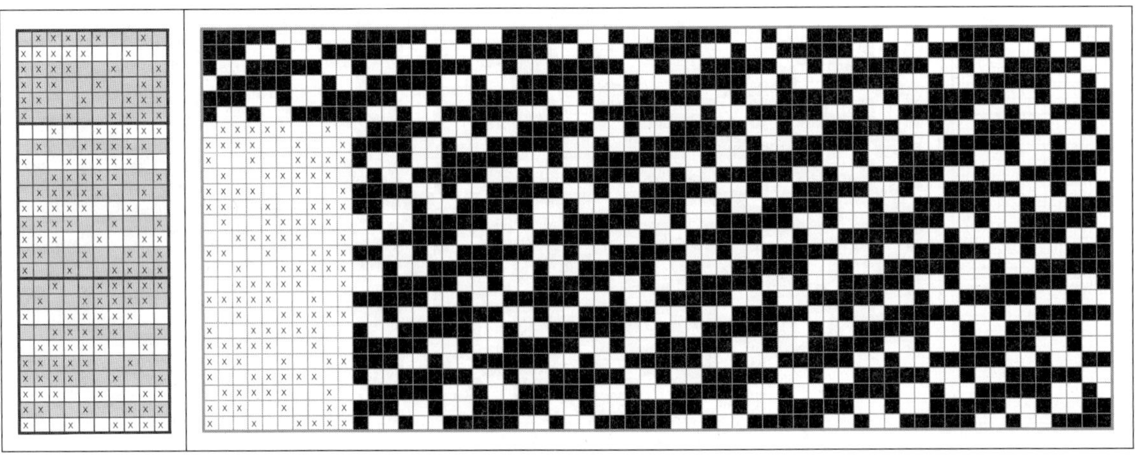

⑧ 다음은 좌측 Motive 조직에서 잔류(White) 2와 삭제(Gray) 2를 반복하여 우측의 조직으로 유도한 예이다. 종광 10매, 조직 원 리피트 10본 × 10본.

⑨ 다음은 좌측 Motive 조직에서 잔류(White) 3과 삭제(Gray) 3을 반복하여 우측의 조직으로 유도한 예이다. 종광 10매, 조직 원 리피트 10본 × 15본.

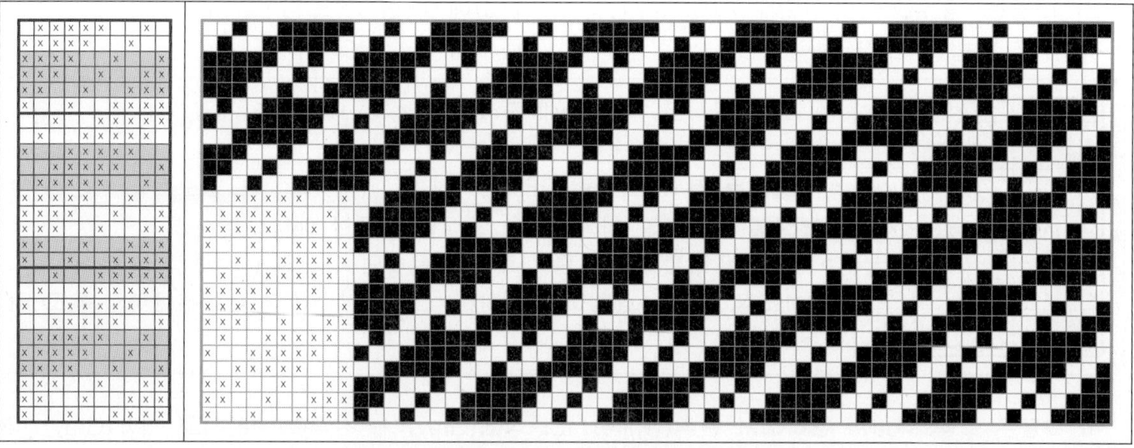

⑩ 다음은 좌측 Motive 조직에서 잔류(White) 2와 삭제(Gray) 4를 반복하여 우측의 조직으로 유도한 예이다. 종광 10매, 조직 원 리피트 10본 × 10본.

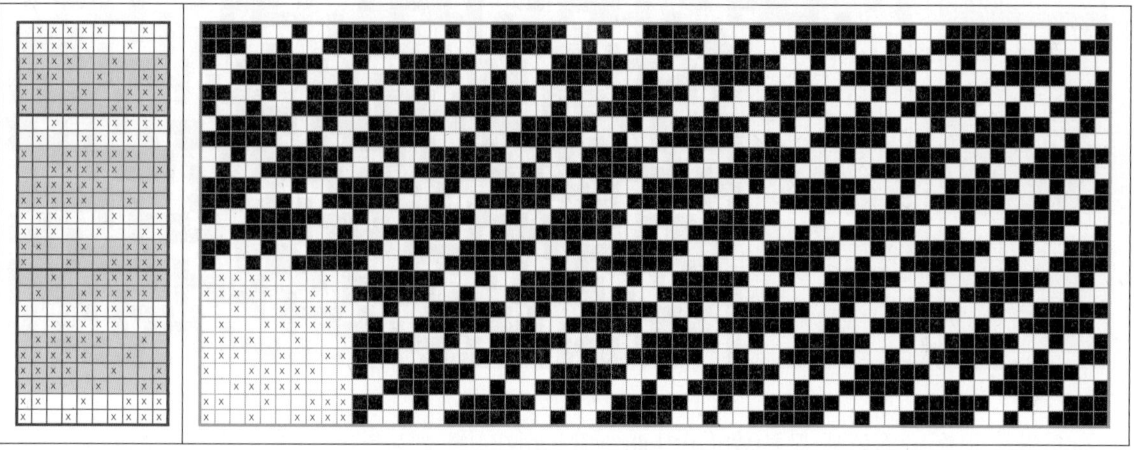

⑪ 다음은 좌측 Motive 조직에서 잔류(White) 3과 삭제(Gray) 2를 반복하여 우측의 조직으로 유도한 예이다. 종광 10매, 조직 원 리피트 10본 × 6본.

앞에서는 짝수조직인 10매 Twill (5/2, 1/2)에 대한 [위사삭제 유도법]을 설명하였다.

2) 다음은 홀수조직인 11매 Twill (1/1, 4/1, 1/3)에 대한 작도법 중, 위사 삭제에 의한
조직 유도 방법에 대한 설명이다.

좌측 조직은 11매 Twill 조직(1/1, 4/1, 1/3)이다.

아래는 좌측 조직을 모티브로 하여, 위사삭제 유도법으로 간단한 기본
변화를 적용하여 11개의 2차 조직을 작도한 예이다.
잔류와 삭제의 변화를 다르게 적용하면 아래의 예시보다 더 많은
2차조직의 유도 생성이 가능하며, 그 수는 수리적으로 무한까지 유도 가
능하다.

① 다음은 좌측 Motive 조직에서 잔류(White) 1과 삭제(Gray) 1, 잔류(White) 1과 삭제(Gray) 4를
반복하여 우측의 조직으로 유도한 예이다. 종광 11매, 조직 원 리피트 11본×22본.

② 다음은 좌측 조직에서 잔류(White) 1과 삭제(Gray) 2를 반복하여 우측의 조직으로 유도한 예이
다. 종광 11매, 조직 원 리피트 11본×11본.

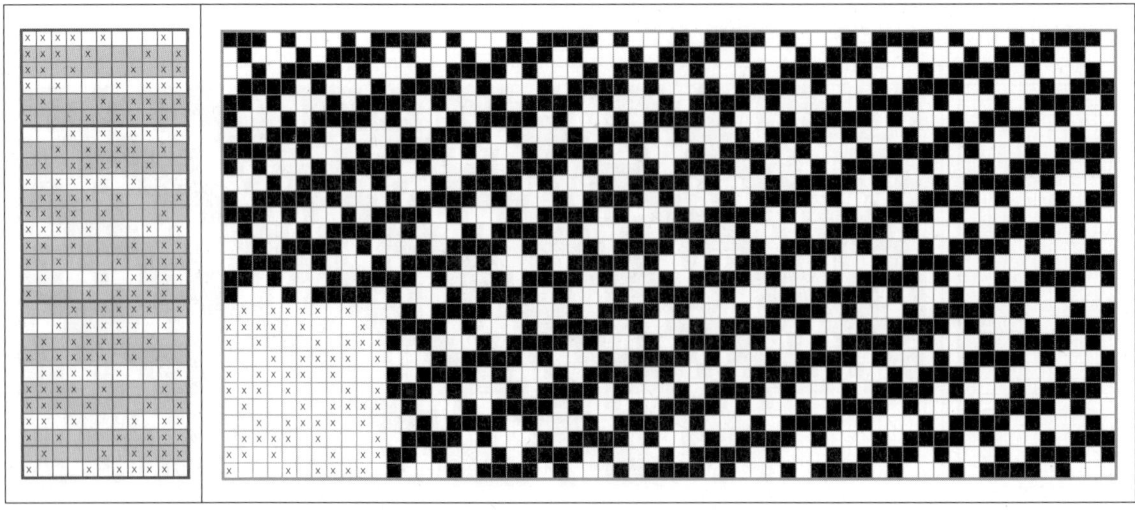

③ 다음은 좌측 Motive 조직에서 잔류(White) 1과 삭제(Gray) 1, 잔류(White) 1과 삭제(Gray) 5를 반복하여 우측의 조직으로 유도한 예이다. 종광 11매, 조직 원 리피트 11본 × 22본.

④ 다음은 좌측 Motive 조직에서 잔류(White) 1과 삭제(Gray) 3을 반복하여 우측의 조직으로 유도한 예이다. 종광 11매, 조직 원 리피트 11본 × 11본.

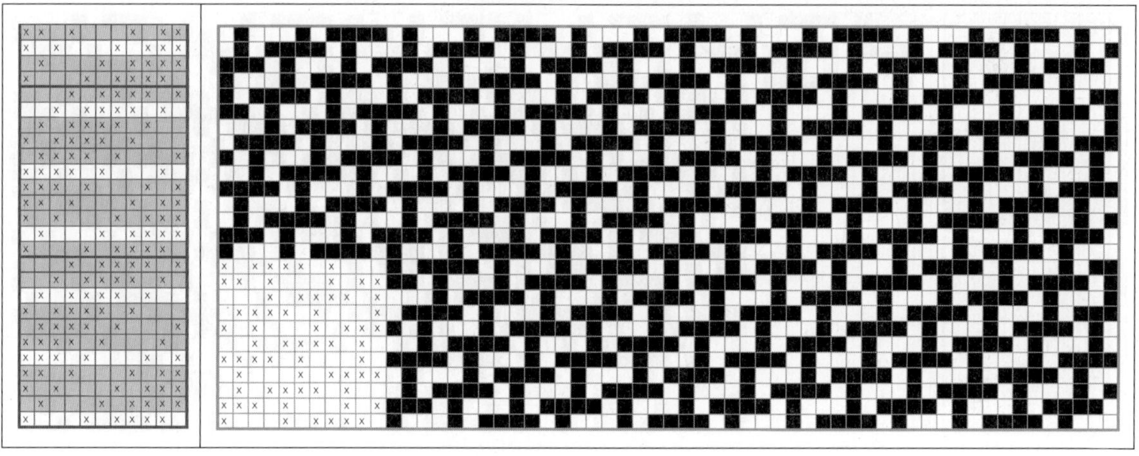

⑤ 다음은 좌측 Motive 조직에서 잔류(White) 2와 삭제(Gray) 1을 반복하여 우측의 조직으로 유도한 예이다. 종광 11매, 조직 원 리피트 11본 × 22본.

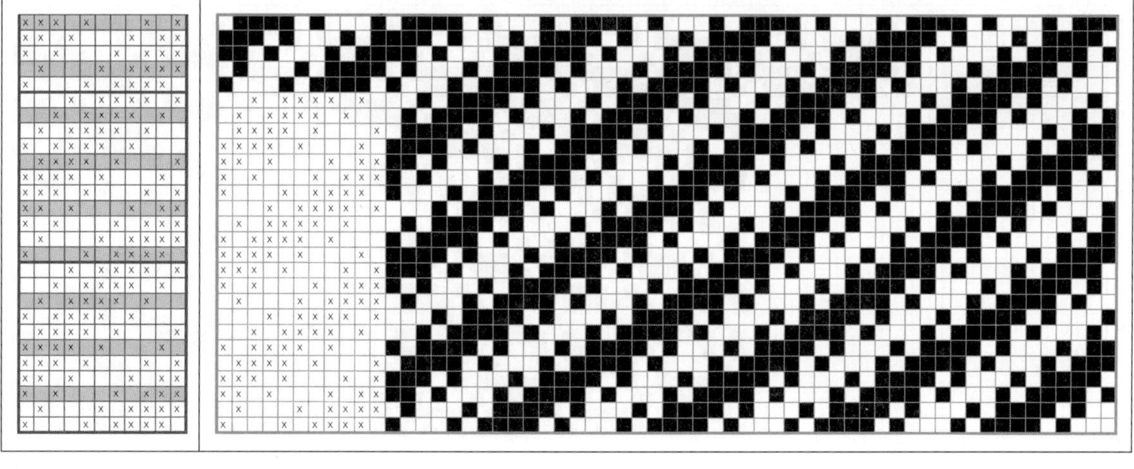

⑥ 다음은 좌측 Motive 조직에서 잔류(White) 2와 삭제(Gray) 2를 반복하여 우측의 조직으로 유도한 예이다. 종광 11매, 조직 원 리피트 11본 × 22본.

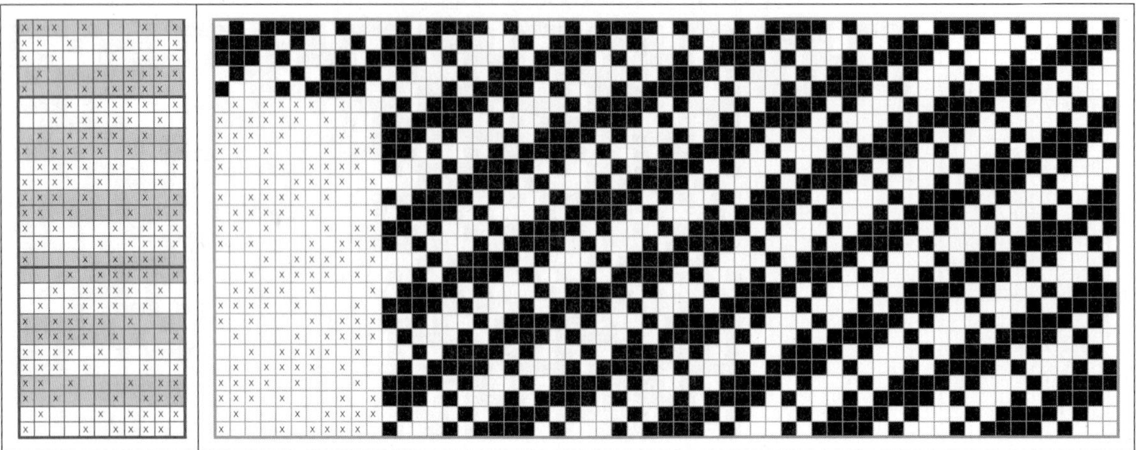

⑦ 다음은 좌측 Motive 조직에서 잔류(White) 2와 삭제(Gray) 3을 반복하여 우측의 조직으로 유도한 예이다. 종광 11매, 조직 원 리피트 11본 × 22본.

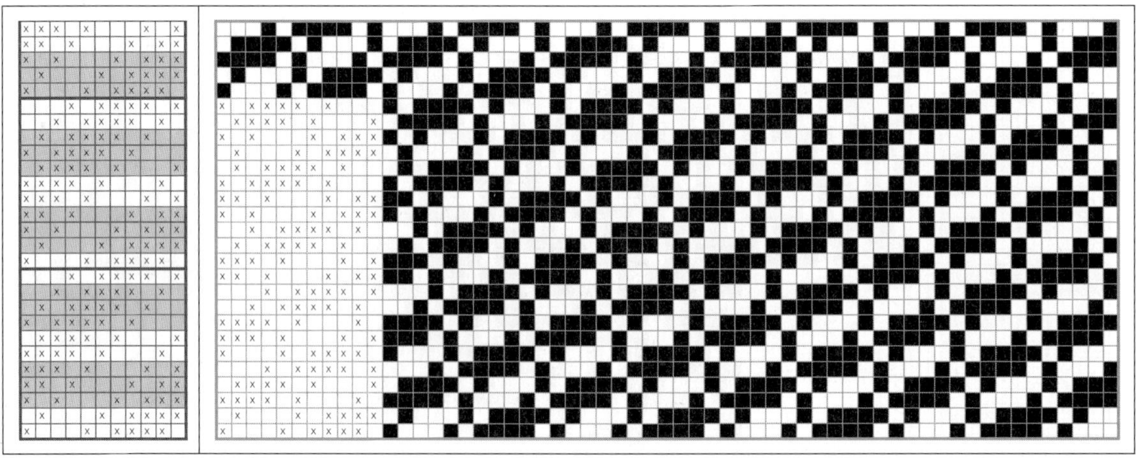

⑧ 다음은 좌측 Motive 조직에서 잔류(White) 2와 삭제(Gray) 4를 반복하여 우측의 조직으로 유도한 예이다. 종광 11매, 조직 원 리피트 11본 × 22본.

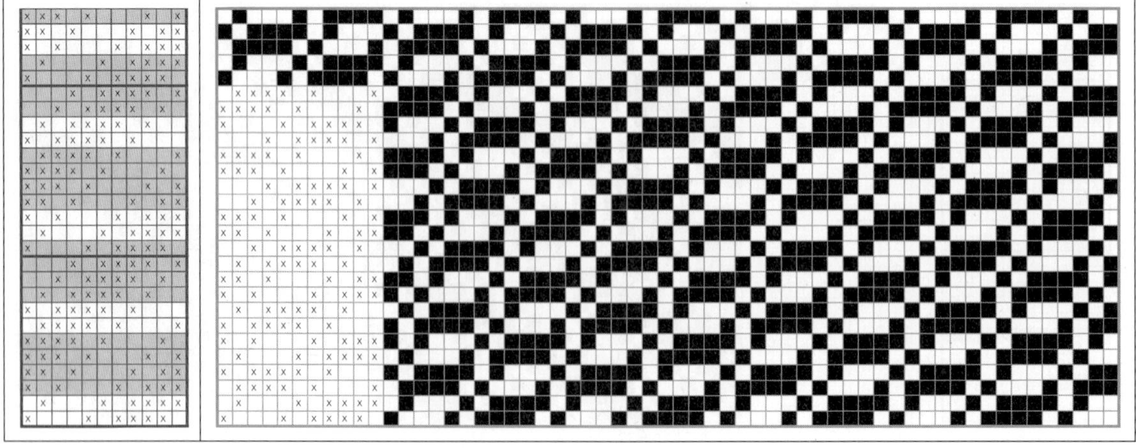

⑨ 다음은 좌측 Motive 조직에서 잔류(White) 2와 삭제(Gray) 5를 반복하여 우측의 조직으로 유도한 예이다. 종광 11매, 조직 원 리피트 11본×22본.

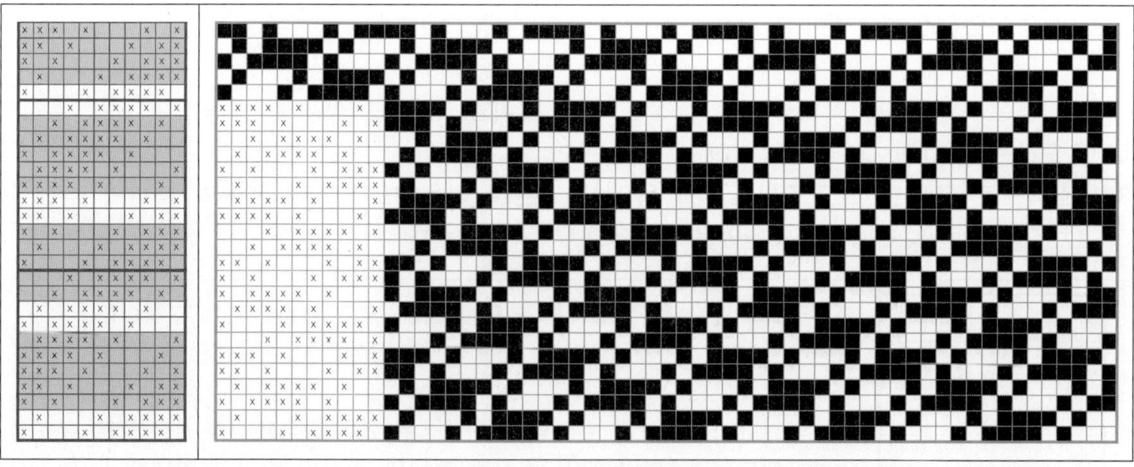

⑩ 다음은 좌측 Motive 조직에서 잔류(White) 2와 삭제(Gray) 6을 반복하여 우측의 조직으로 유도한 예이다. 종광 11매, 조직 원 리피트 11본×22본.

⑪ 다음은 좌측 Motive 조직에서 잔류(White) 1과 삭제(Gray) 1, 잔류(White) 1과 삭제(Gray) 2를 반복하여 우측의 조직으로 유도한 예이다. 종광 11매, 조직 원 리피트 11본×22본.

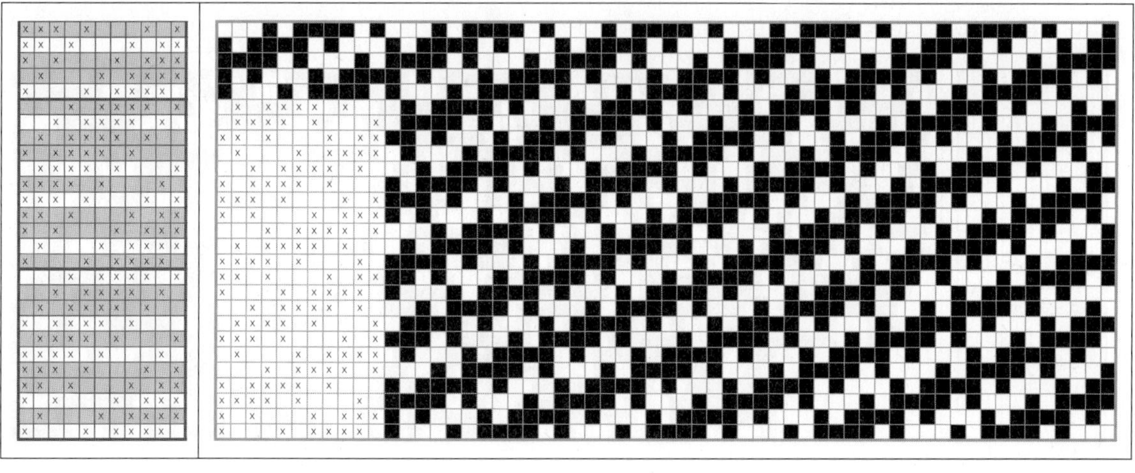

Twill 조직은 직물조직에서 가장 주축을 이루는 조직이다. 앞 페이지의 [위사삭제 유도법]에서는 기본 정칙인 Twill 조직에서 잔류와 삭제를 반복하여 2차 조직을 유도해내는 방법에 대한 설명이었다.

3) 다음은 조직삭제 작도법으로 생성된 2차 조직을 잔류와 삭제를 반복하여 3차 조직으로 유도하는 방법에 대한 설명이다.
3차 조직으로 유도할 때도 2차조직과 동일한 이론이 적용된다. 이때 잔류와 삭제의 수에 따라 2차조직과 중복되는 조직이 있을 수 있다.

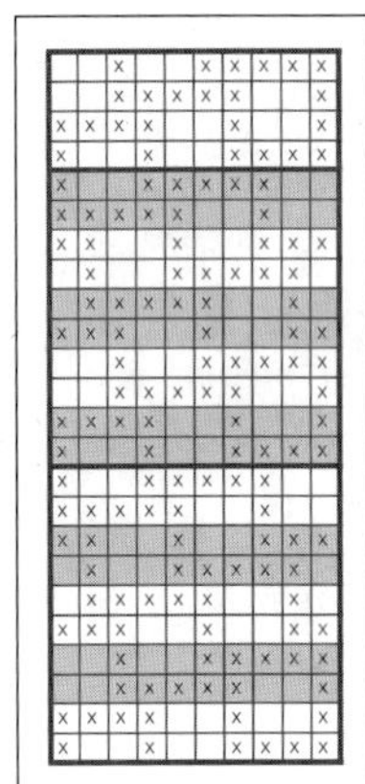

좌측 조직은 [위사삭제 유도법]으로 유도 생성된 2차 조직이다.

아래는 위사삭제 유도법으로 생성된 2차 조직을 3차 조직으로 유도하는 방법이다. 이것 역시 조직의 형태와 조직의 수가 무한대하다. 여기서는 지면 관계상 소수의 예만 적용하기로 한다.

① 다음은 위의 Motive 조직에서 잔류(White) 2와 삭제(Gray) 2를 반복하여 우측의 조직으로 유도한 예이다. 종광 10매, 조직 원 리피트 10본 × 10본.

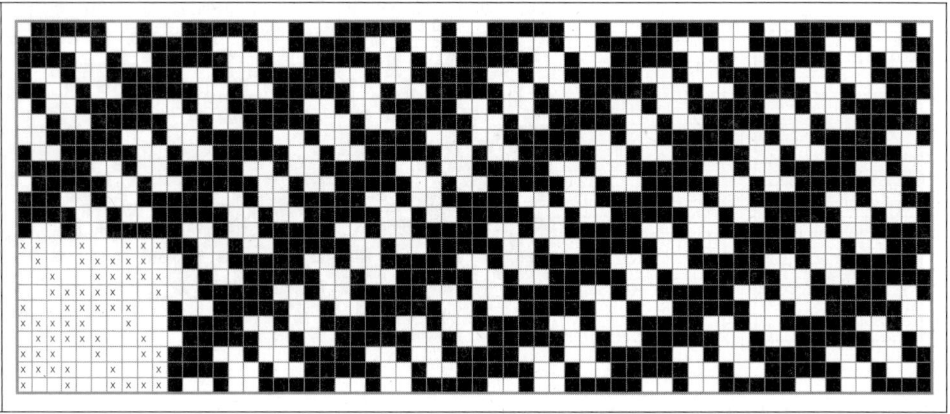

② 다음은 좌측 Motive 조직에서 잔류(White) 3과 삭제(Gray) 2를 반복하여 우측의 조직으로 유도한 예이다. 종광 10매, 조직 원 리피트 10본 × 6본.

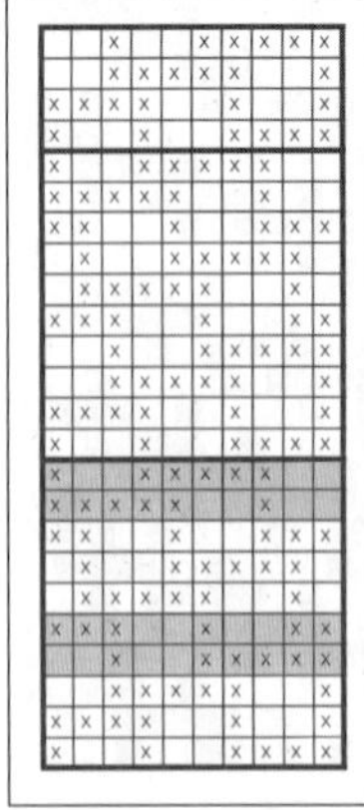
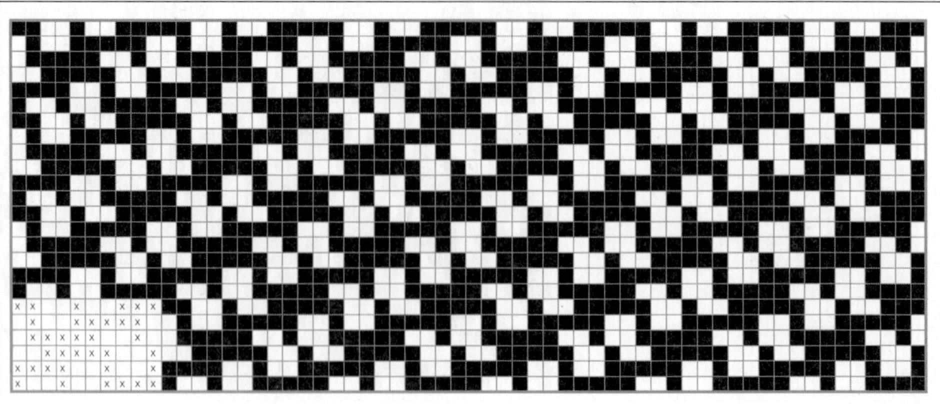

③ 다음은 좌측 Motive 조직에서 잔류(White) 3과 삭제(Gray) 3을 반복하여 우측의 조직으로 유도한 예이다. 종광 10매, 조직 원 리피트 10본 × 15본.

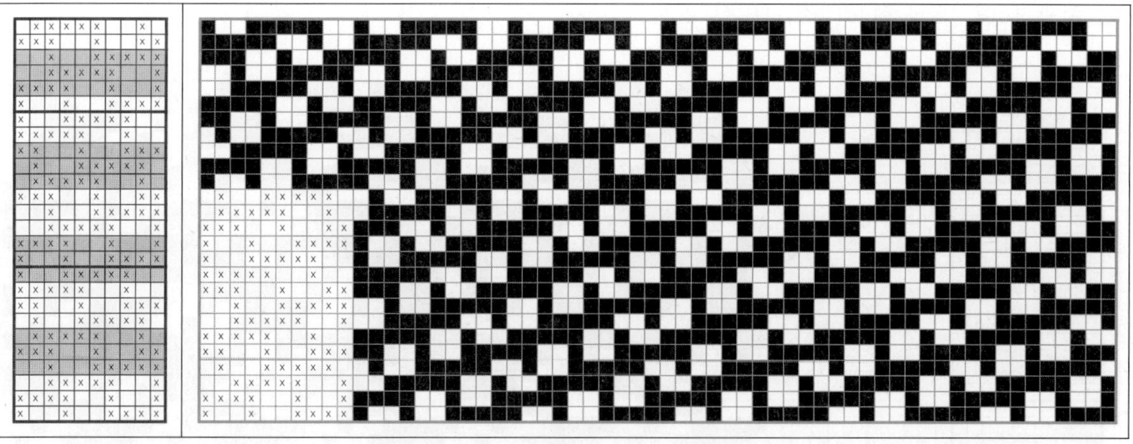

④ 다음은 좌측 Motive 조직에서 잔류(White) 3과 삭제(Gray) 4를 반복하여 우측의 조직으로 유도한 예이다. 종광 10매, 조직 원 리피트 10본 × 30본.

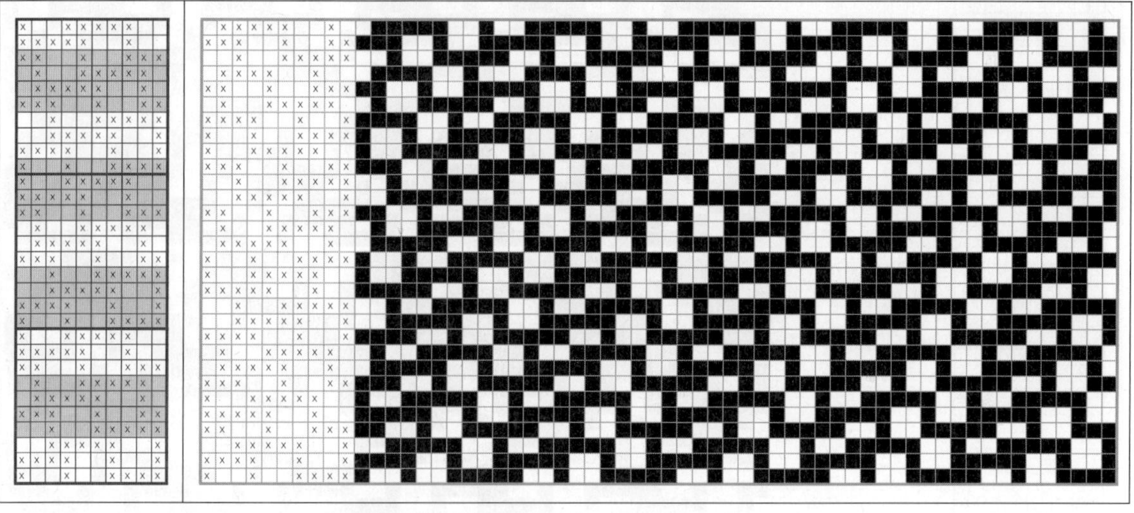

⑤ 다음은 좌측 Motive 조직에서 잔류(White) 4와 삭제(Gray) 2를 반복하여 우측의 조직으로 유도한 예이다. 종광 10매, 조직 원 리피트 10본 × 20본.

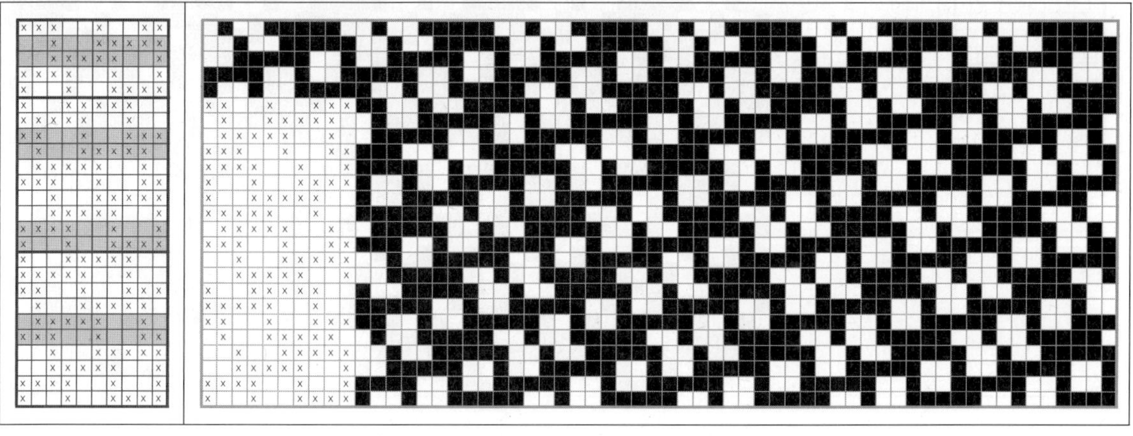

⑥ 다음은 좌측 Motive 조직에서 잔류(White) 3과 삭제(Gray) 2, 잔류(White) 2와 삭제(Gray) 2, 잔류(White) 3과 삭제(Gray) 2, 잔류(White) 1과 삭제(Gray) 2를 반복하여 우측의 조직으로 유도한 예이다. 종광 10매, 조직 원 리피트 10본×90본.

03. 경사삭제 유도법

경사삭제 유도 방법은 위사삭제 유도 방법과 동일한 원리를 가진다. 위사삭제 유도 방법으로 생성된 조직은 기본조직으로, 경통 순서가 동일하여 가동 중인 제직 기계에 변경 제직이 가능하다. 그런가 하면, 경사삭제 유도 방법으로 생성된 조직은 경통 순서가 동일하지 않아 같은 제직 기계에 변경 제직이 불가능한 단점이 있다.

조직 생성 이론은 위사삭제 유도법을 참고하기 바라며, 이번 장에서는 유도의 실제 예만 들기로 한다.

1) 다음은 짝수조직인 10매 Twill 조직에 대한 조직 유도 방법에 대한 설명이다.

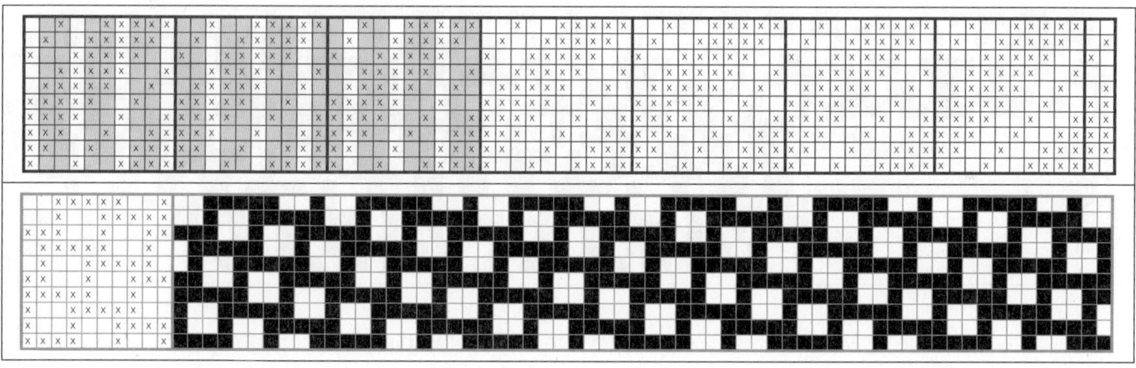

좌측 조직은 10매 Twill (5/2, 1/2)이다.

아래는 좌측조직을 모티브로 하여, [경사삭제 유도법]으로 규칙적인 기본 변화만 적용하여 14개의 2차 조직으로 작도한 예이다.

잔류와 삭제의 변화를 다르게 적용하면 아래의 예시보다 더 많은 2차조직의 유도 생성이 가능하다. 그 수는 수리적으로 무한대하다.

① 다음은 위의 Motive 조직에서 잔류(White) 1과 삭제(Gray) 2를 반복하여 아래의 조직으로 유도한 예이다. 종광 10매, 조직 원 리피트 10본 × 10본.

② 다음은 위의 Motive 조직에서 잔류(White) 1과 삭제(Gray) 3을 반복하여 아래의 조직으로 유도한 예이다. 종광 5매, 조직 원 리피트 5본 × 10본.

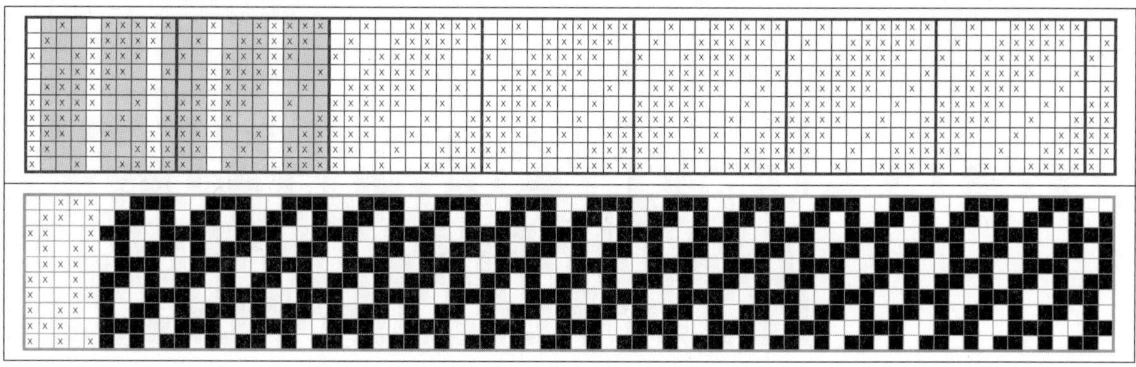

③ 다음은 앞 page의 Motive 조직에서 잔류(White) 1과 삭제(Gray) 1, 잔류(White) 1과 삭제(Gray) 2를 반복하여 아래의 조직으로 유도한 예이다. 종광 4, 조직 원 리피트 4본 × 10본.

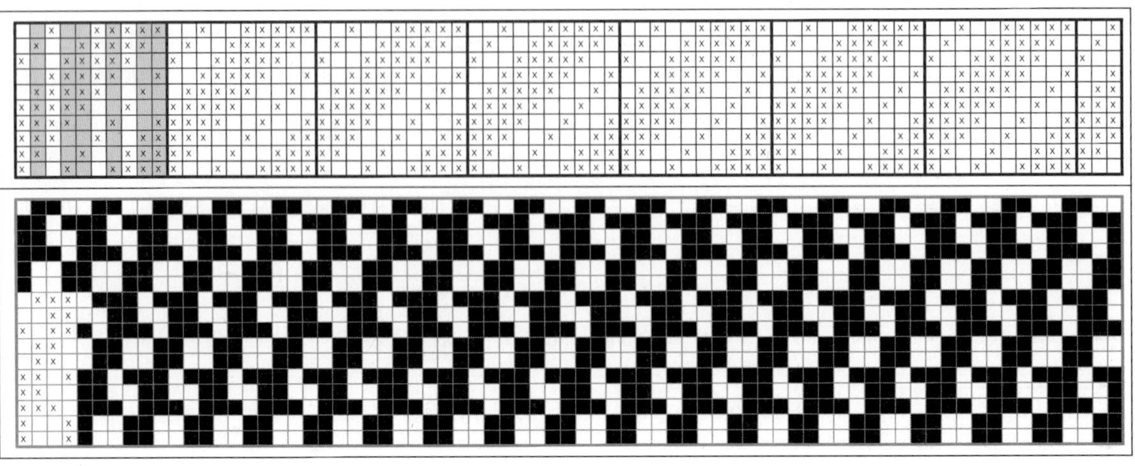

④ 잔류(White) 1과 삭제(Gray) 1, 잔류(White) 1과 삭제(Gray) 2, 잔류(White) 1과 삭제(Gray) 1, 잔류(White) 1과 삭제(Gray) 4를 반복하여 아래의 조직으로 유도한 예. 종광 10매, 조직 20본 × 10본.

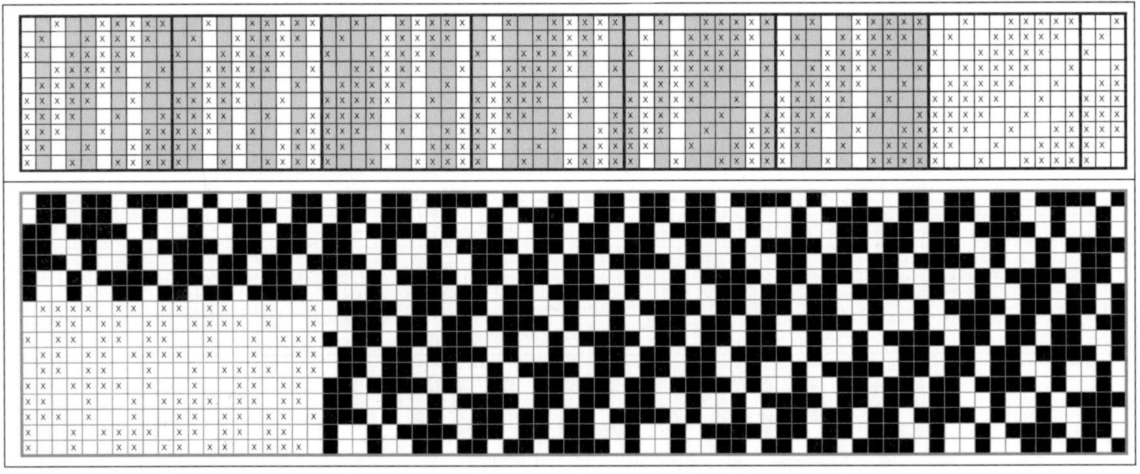

⑤ 다음은 앞 page의 Motive 조직에서 잔류(White) 1과 삭제(Gray) 1, 잔류(White) 1과 삭제(Gray) 4를 반복하여 아래의 조직으로 유도한 예이다. 종광 10매, 조직 원 리피트 20본 × 10본.

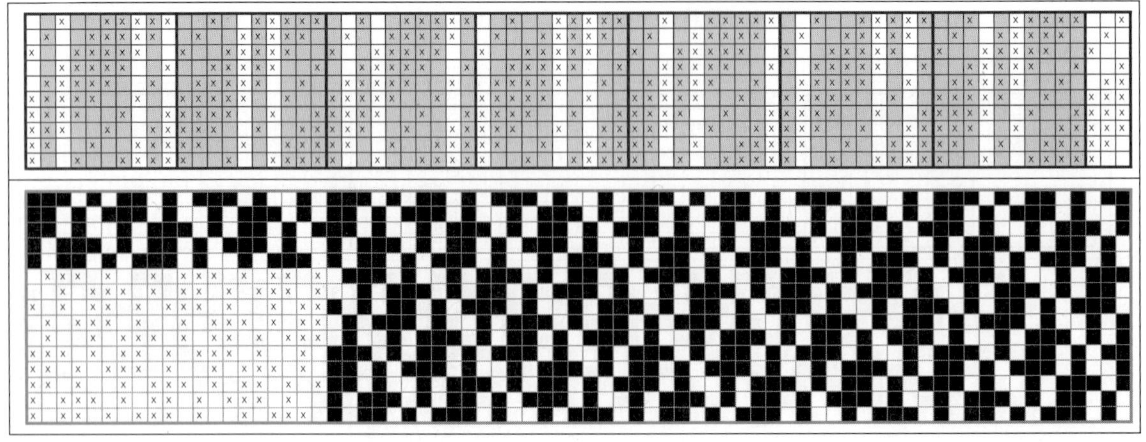

⑥ 다음은 앞 page의 Motive 조직에서 잔류(White) 2와 삭제(Gray) 2를 반복하여 아래 조직으로 유도한 예이다. 종광 10매, 조직 원 리피트 10본×10본.

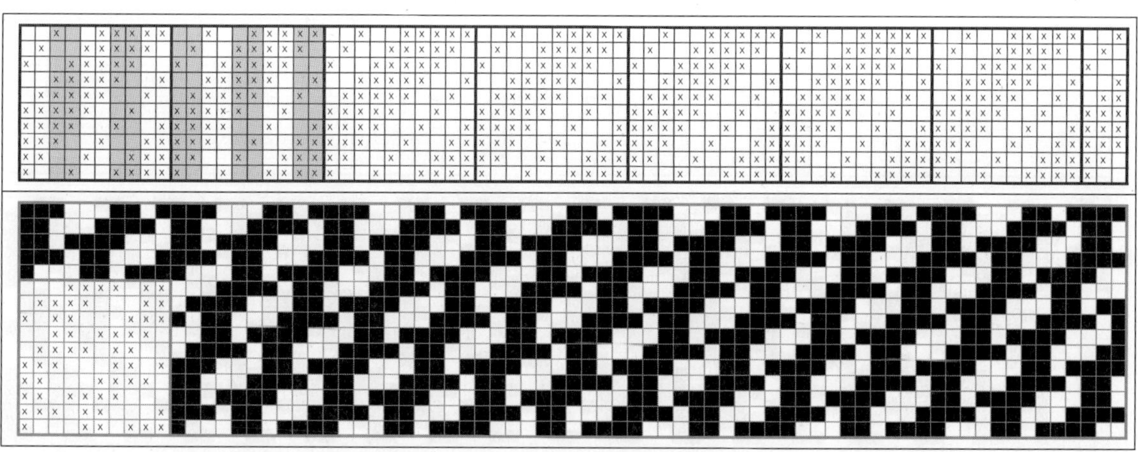

⑦ 다음은 앞 page의 Motive 조직에서 잔류(White) 1과 삭제(Gray) 1, 잔류(White) 1과 삭제(Gray) 3을 반복하여 아래의 조직으로 유도한 예이다. 종광 10매, 조직 원 리피트 10본×10본.

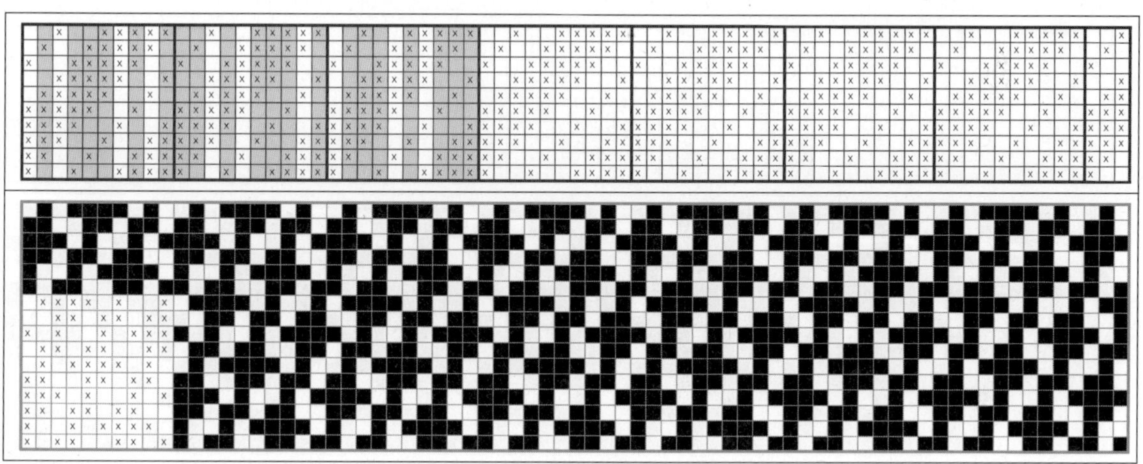

⑧ 다음은 잔류(White) 1과 삭제(Gray) 1, 잔류(White) 1과 삭제(Gray) 2, 잔류(White) 1과 삭제(Gray) 1, 잔류(White) 1과 삭제(Gray) 4를 반복하여 아래의 조직으로 유도. 종광 10매, 조직 20본×10본.

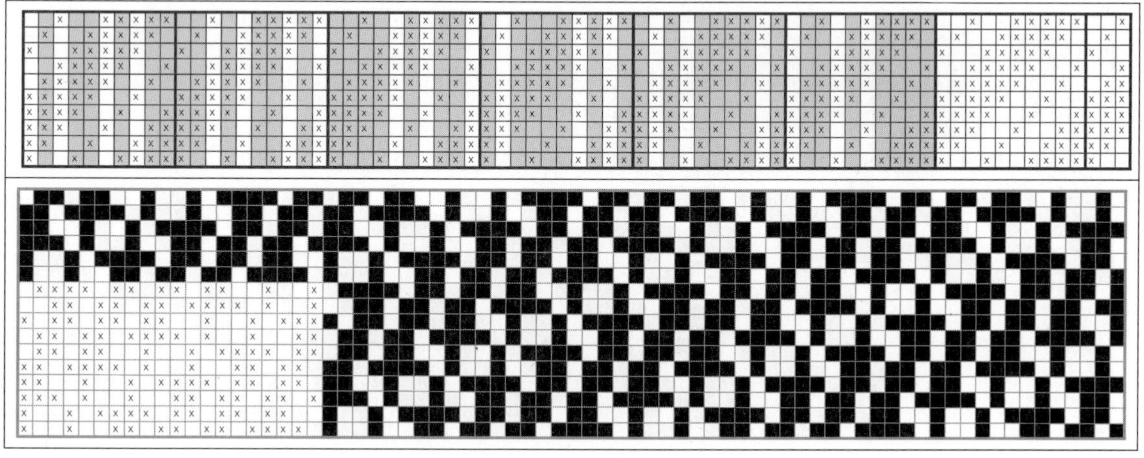

⑨ 다음은 앞 page의 Motive 조직에서 잔류(White) 2와 삭제(Gray) 3을 반복하여 아래의 조직으로 유도한 예이다. 종광 4매, 조직 원 리피트 4본 × 10본.

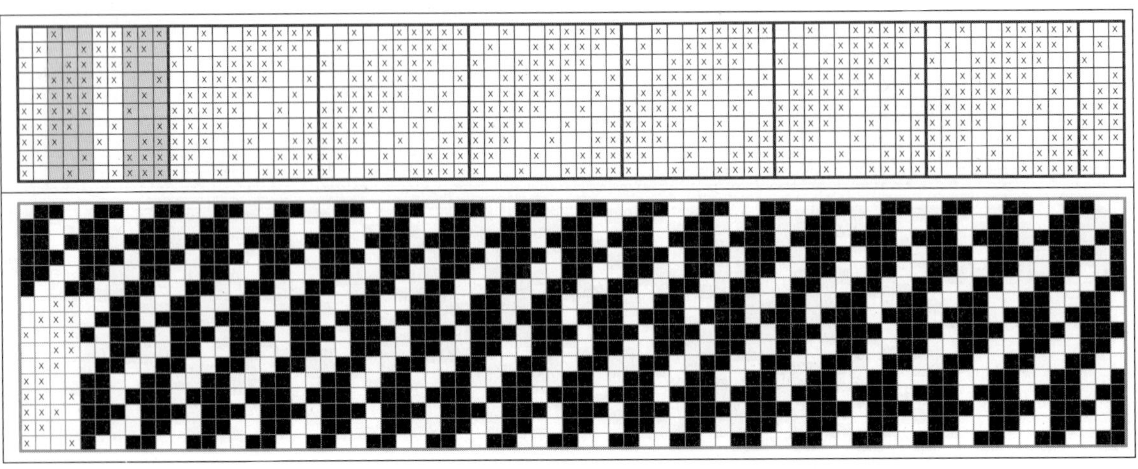

⑩ 다음은 앞 page의 Motive 조직에서 잔류(White) 2와 삭제(Gray) 4를 반복하여 아래의 조직으로 유도한 예이다. 종광 10매, 조직 원 리피트 10본 × 10본.

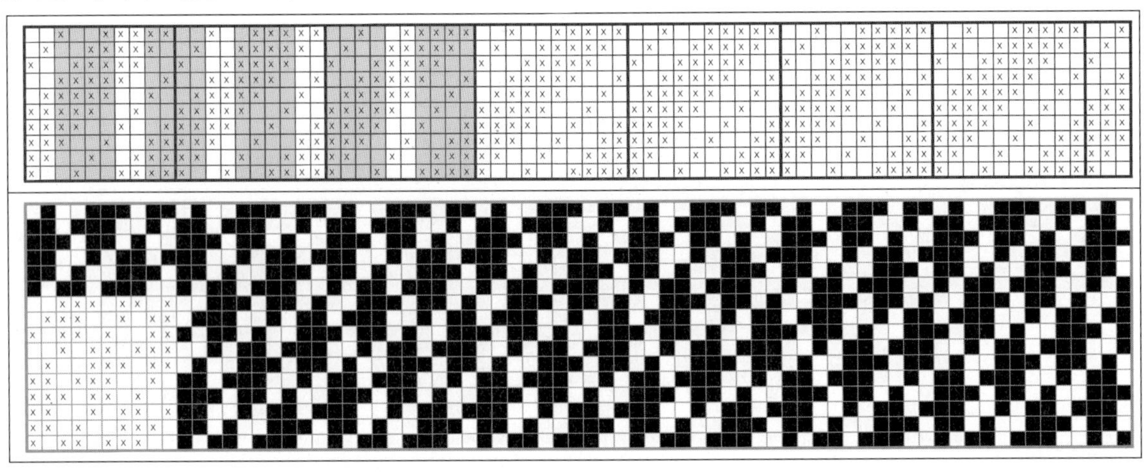

⑪ 다음은 앞 page의 조직에서 잔류(White) 3과 삭제(Gray) 3을 반복하여 아래의 조직으로 유도한 예이다. 종광 10매, 조직 원 리피트 15본 × 10본.

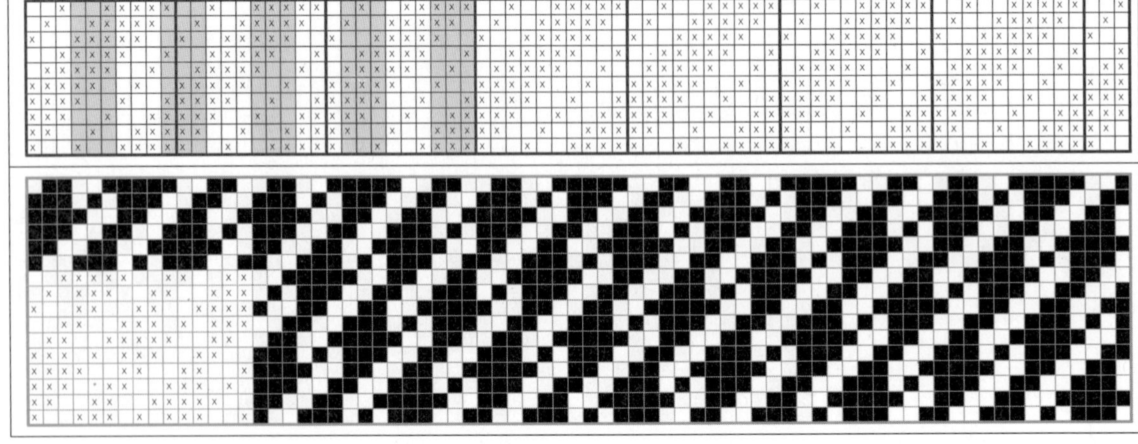

⑫ 다음은 앞 page의 Motive 조직에서 잔류(White) 3과 삭제(Gray) 2를 반복하여 아래의 조직으로 유도한 예이다. 종광 6매, 조직 원 리피트 6본 × 10본.

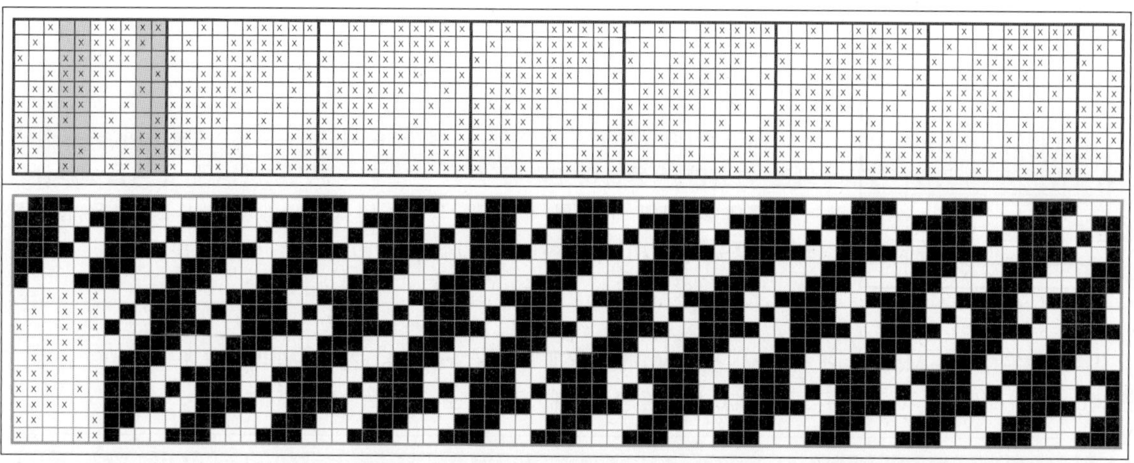

⑬ 다음은 앞 page의 Motive 조직에서 잔류(White) 3과 삭제(Gray) 4를 반복하여 아래의 조직으로 유도한 예이다. 종광 10매, 조직 원 리피트 30본 × 10본.

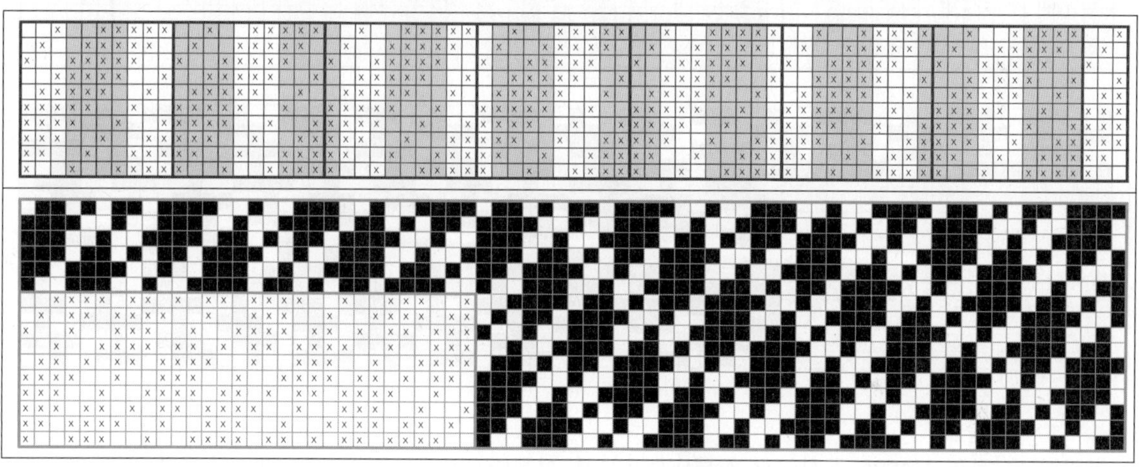

⑭ 다음은 앞 page의 Motive 조직에서 잔류(White) 3과 삭제(Gray) 2, 잔류(White) 3과 삭제(Gray) 4를 반복하여 아래의 조직으로 유도한 예이다. 종광 10매, 조직 원 리피트 30본 × 10본.

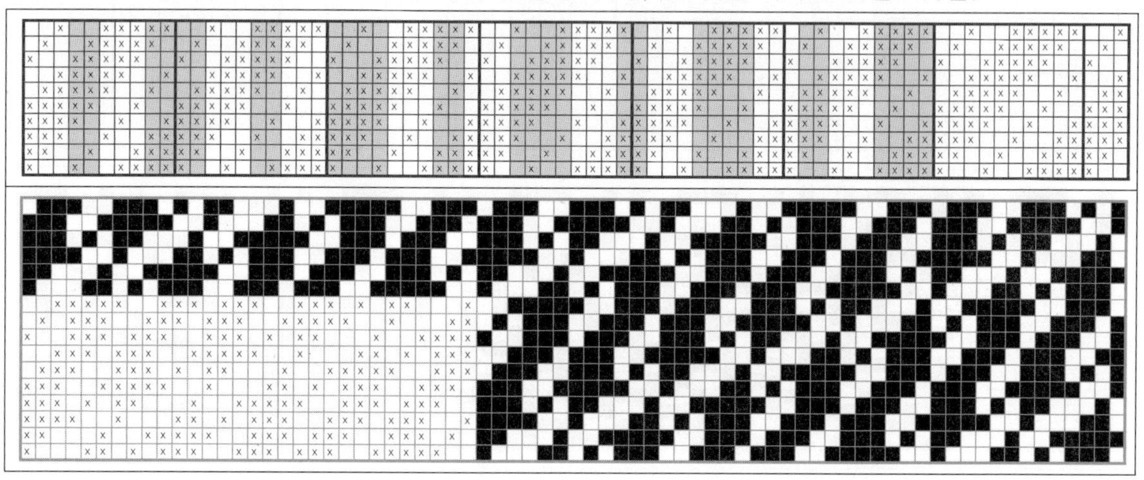

2) 다음은 홀수조직인 11매 Twill 조직에 대한 조직 유도 방법에 대한 설명이다.

좌측 조직은 11매 Twill (1/1, 4/1, 1/3) 조직이다.

아래는 좌측 Motive 조직에서 경사 삭제 유도법을 적용하여 규칙적인 기본 변화만 적용하여 2차 조직을 작도한 예이다. (14개 조직을 예시) 잔류와 삭제의 변화를 다르게 적용하면 아래 예시보다 더 많은 2차조직의 유도 생성이 가능하며, 그 수는 수리적으로 무한대하다.

① 다음은 위의 Motive 조직에서 잔류(White) 1과 삭제(Gray) 1, 잔류(White) 1과 삭제(Gray) 2를 반복하여 아래의 조직으로 유도한 예이다. 종광 11매, 조직 원 리피트 22본 × 11본.

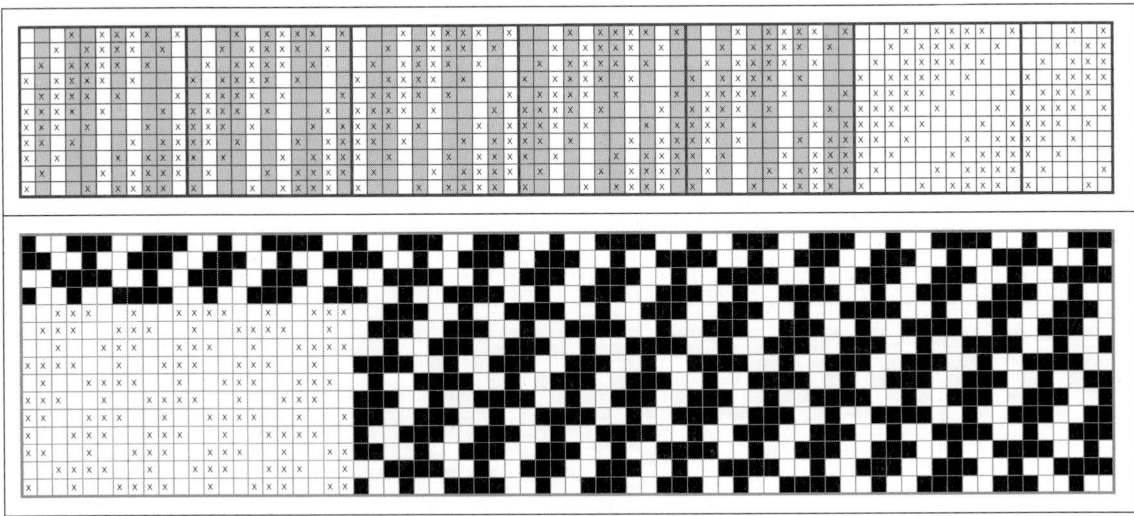

② 다음은 위의 Motive 조직에서 잔류(White)1과 삭제(Gray)3을 반복하여 아래의 조직으로 유도한 예이다. 종광 11매, 조직 원 리피트 11본 × 11본.

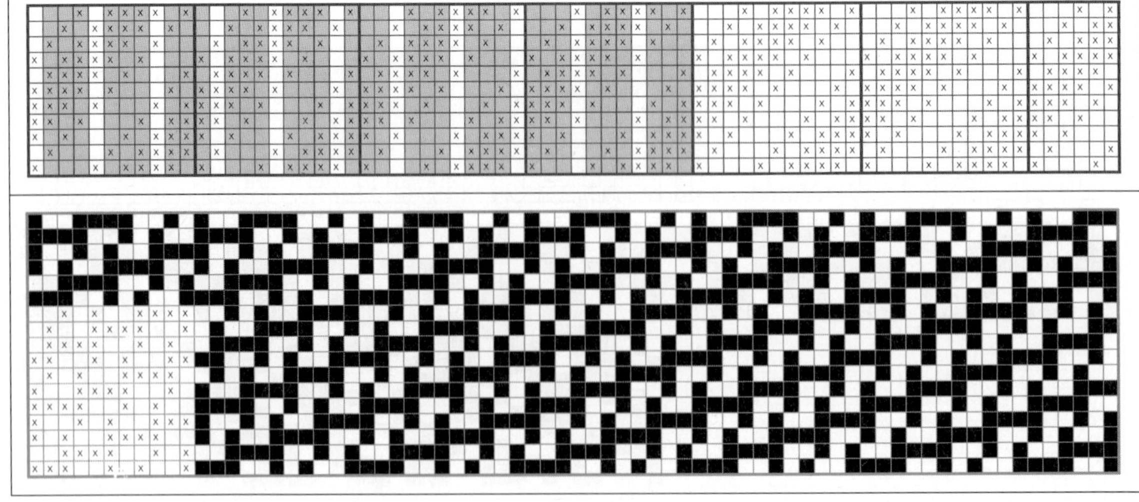

③ 다음은 앞 page의 Motive 조직에서 잔류(White) 1과 삭제(Gray) 2를 반복하여 아래의 조직으로 유도한 예이다. 종광 11매, 조직 원 리피트 11본×11본.

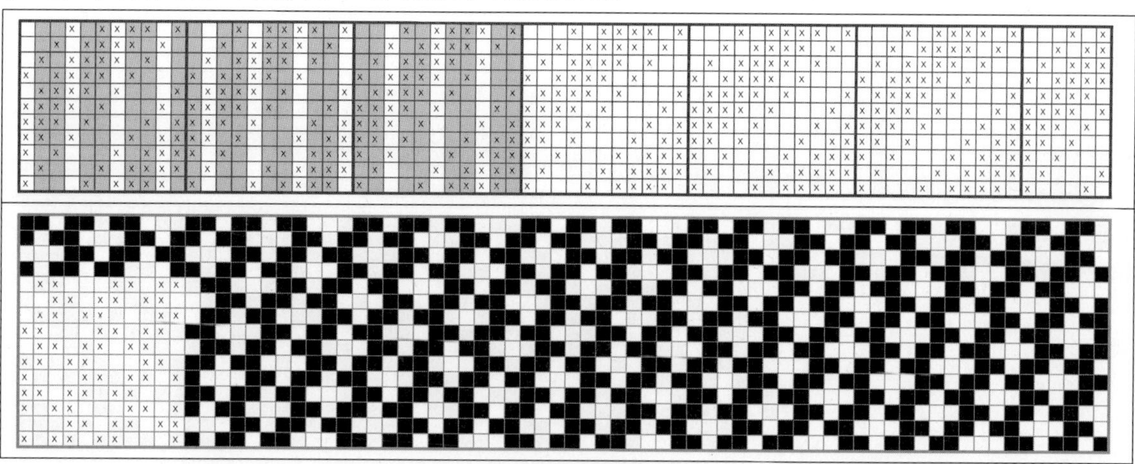

④ 다음은 앞 page의 Motive 조직에서 잔류(White) 1과 삭제(Gray) 1, 잔류(White) 1과 삭제(Gray) 4를 반복하여 아래의 조직으로 유도한 예이다. 종광 11매, 조직 원 리피트 22본×11본.

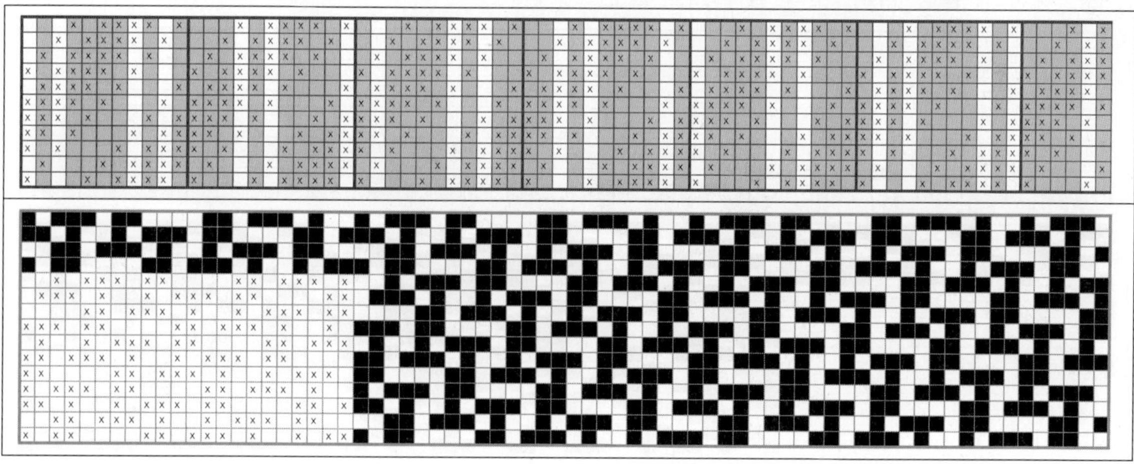

⑤ 다음은 앞 page의 Motive 조직에서 잔류(White) 2와 삭제(Gray) 1을 반복하여 아래의 조직으로 유도한 예이다. 종광 11매, 조직 원 리피트 22본×11본.

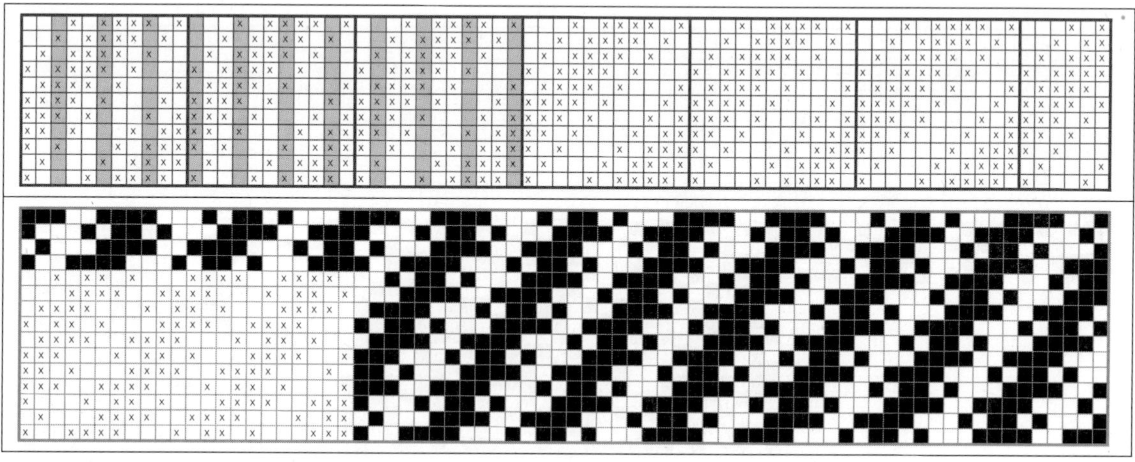

⑥ 다음은 앞 page의 Motive 조직에서 잔류(White) 2와 삭제(Gray) 2를 반복하여 아래의 조직으로 유도한 예이다. 종광 11매, 조직 원 리피트 22본 × 11본.

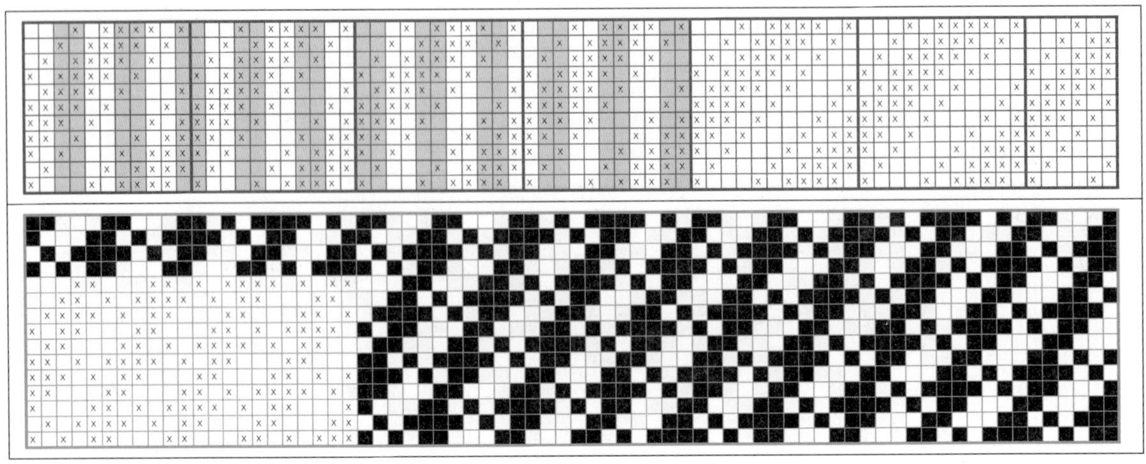

⑦ 다음은 앞 page의 Motive 조직에서 잔류(White) 2와 삭제(Gray) 3을 반복하여 아래의 조직으로 유도한 예이다. 종광 11매, 조직 원 리피트 22본 × 11본.

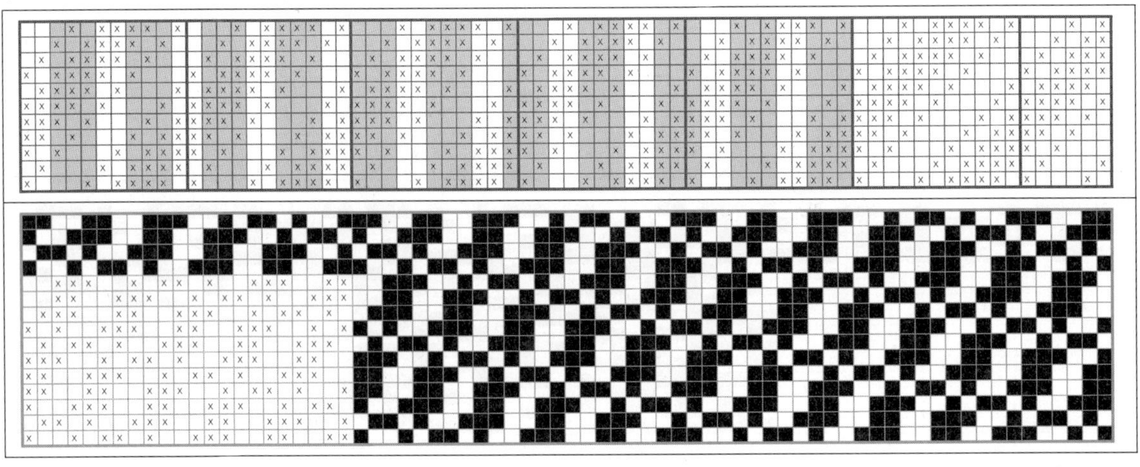

⑧ 다음은 앞 page의 Motive 조직에서 잔류(White) 2와 삭제(Gray) 4를 반복하여 아래의 조직으로 유도한 예이다. 종광 11매, 조직 원 리피트 22본 × 11본.

⑨ 다음은 앞 page의 Motive 조직에서 잔류(White) 2와 삭제(Gray) 5를 반복하여 아래의 조직으로 유도한 예이다. 종광 11매, 조직 원 리피트 22본 × 11본.

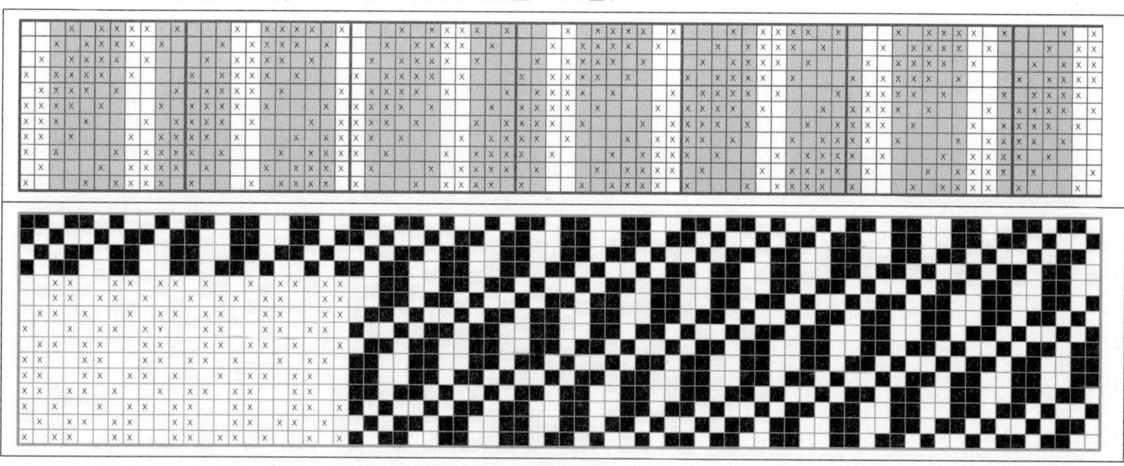

⑩ 다음은 앞 page의 Motive 조직에서 잔류(White) 2와 삭제(Gray) 6을 반복하여 아래의 조직으로 유도한 예이다. 종광 11매, 조직 원 리피트 22본 × 11본.

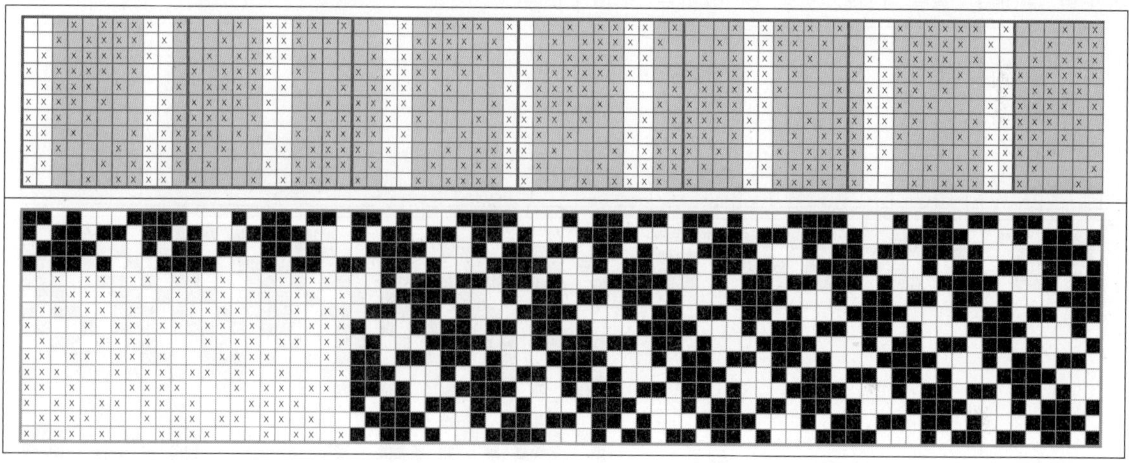

⑪ 다음은 앞 page의 Motive 조직에서 잔류(White) 3과 삭제(Gray) 2를 반복하여 아래의 조직으로 유도한 예이다. 종광 11매, 조직 원 리피트 33본 × 11본.

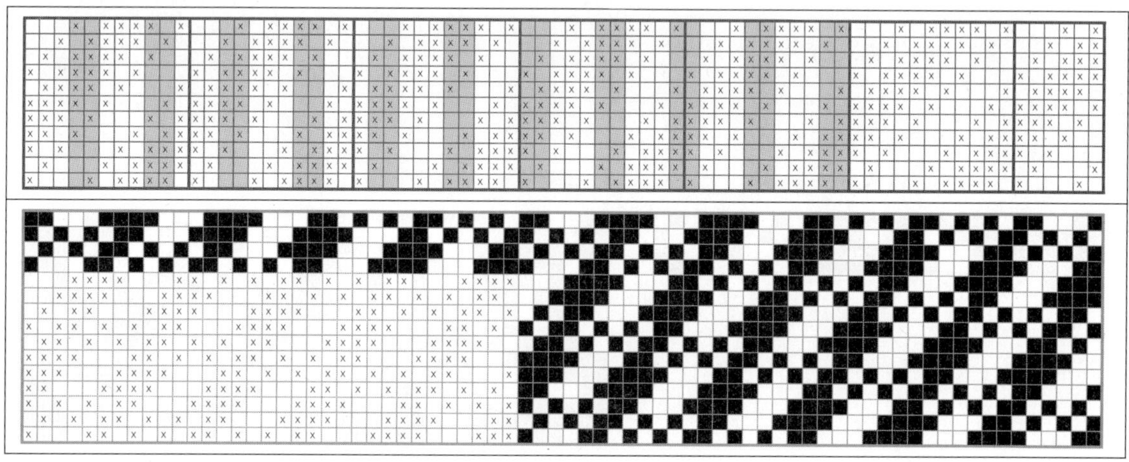

⑫ 다음은 앞 page의 Motive 조직에서 잔류(White) 1과 삭제(Gray) 2, 잔류(White) 1과 삭제(Gray) 3을 반복하여 아래의 조직으로 유도. 종광 11매, 조직 원 리피트 22본 × 11본.

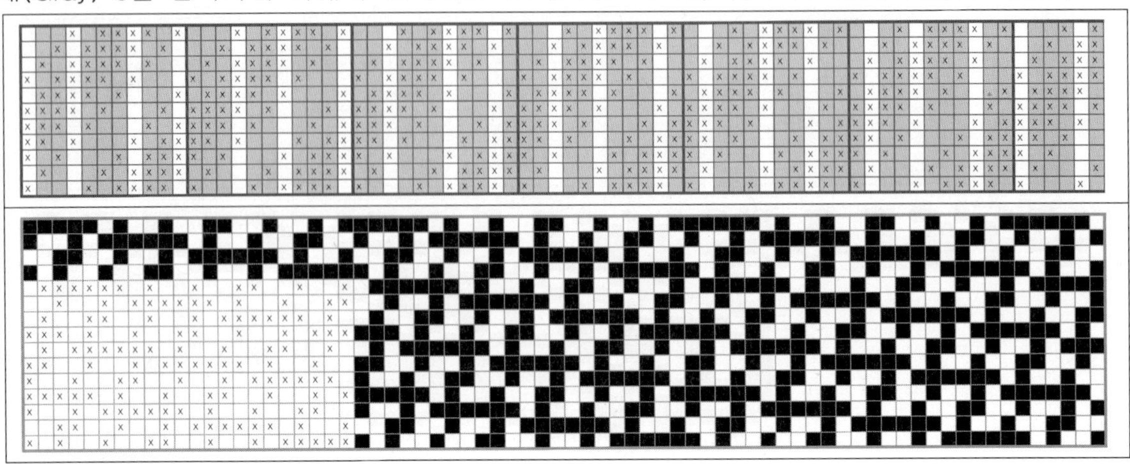

⑬ 다음은 앞 page의 Motive 조직에서 잔류(White) 3과 삭제(Gray) 4를 반복하여 아래의 조직으로 유도한 예이다. 종광 11매, 조직 원 리피트 33본 × 11본.

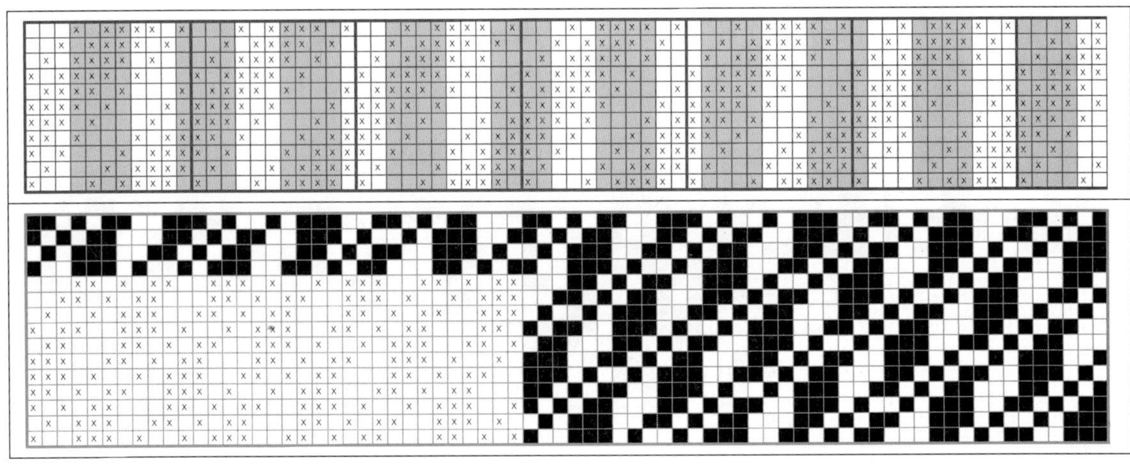

⑭ 다음은 앞 page의 Motive 조직에서 잔류(White) 3과 삭제(Gray) 5를 반복하여 아래의 조직으로 유도한 예이다. 종광 11매, 조직 원 리피트 33본 × 11본.

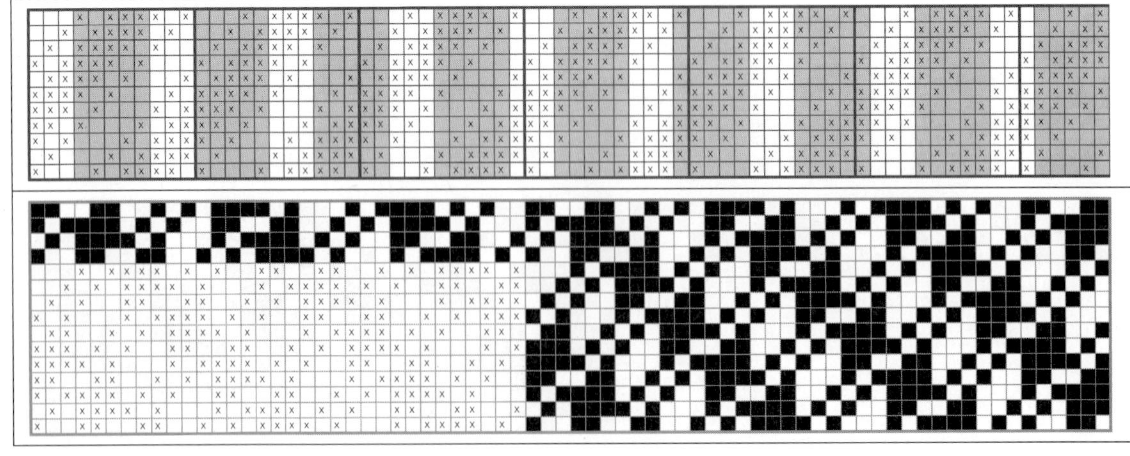

04. 경위삭제 유도법

  경위삭제 유도는 경사삭제 유도나 위사삭제 유도와 공통의 논리를 가지며, 변화의 범위가 경위로 적용되어 2배로 확장된다. 작도의 순서는 경위 어느 쪽을 먼저 유도하여도 동일한 결과를 가진다.

  조직을 삭제한 후, 순환 지점을 기준으로 하여 연결하면 조직이 커지면서 다양성을 가지게 된다. 즉 삭제 후 잔류 본수의 합과 Motive 조직 "원 리피트 본수"를 곱한 배수가 생성조직의 본수가 되므로, 조직의 크기가 수리적 무한대까지 확장이 가능해진다. 확장조직의 종광 매수는 Motive 조직 원 리피트 본수와 동일하거나 그 이내에 속한다.
생성된 조직의 유형별 개수와 그 다양성은 상상하지 못할 정도의 영역까지 유도 생성된다.

  삭제된 조직으로 인하여 순차의 서열이 달라져 요철의 느낌과 입체감이 증대된다. 이는 조직의 활용에 유용한 부가 요소가 된다. '경사나 위사 그리고 경위사'의 삭제 유도법이 이제까지 표현하지 못했던 직물조직 분야의 새로운 전개를 가능하게 한다.

  경위삭제 유도법의 조직생성 논리는 아래와 같다.

  * 잔류본수와 삭제본수를 합한 수와 Motive 조직 원 리피트 본수와의 최소공배수가 삭제를 포함한 생성조직 원 리피트 본수가 된다.

  * 잔류본수와 삭제본수의 합이 Motive 조직 원 리피트 본수의 약수가 아니면, 잔류본수의 합과 Motive 조직의 원 리피트 본수를 곱한 수가 생성조직의 본수가 된다.
잔류본수와 삭제본수의 합이 Motive 조직의 원 리피트 본수의 약수이면 생성조직이 Motive 조직의 원 리피트 본수 이하도 될 수 있다.

  * 잔류본수가 1일 때, 삭제본수는 Motive 조직 원 리피트 본수를 2로 나눈 수에 1을 줄인 수를 기준으로 2차 생성조직은 좌우로 대칭을 이룬다.
결과의 수가 자연수(Motive 조직 원 리피트 본수가 짝수)이면 그 수를 기준으로 2차 생성조직은 좌우로 대칭을 이루고, 결과의 수가 소수(Motive 조직 원 리피트 본수가 홀수)이면 기준조직 없이 소수의 좌우 자연수가 2차 생성조직의 대칭을 이룬다.

  * 생성된 조직이 Motive 조직의 원 리피트 본수 이하이면 상하 노출도의 격차가 발생하여 조직의 생성이 불안정할 수 있다.

  * 잔류와 삭제의 순환 방식은 단수순환(2잔류+2삭제), 복수순환(2잔류+2삭제, 3잔류+3삭제, 1잔류+2삭제), 서열순환(2잔류+1삭제+2잔류+2삭제+2잔류+3삭제+2잔류+4삭제+2잔류+3삭제+2잔류+2삭제) 등 모두 가능하다.

  다음은 [직물조직 유도법] 중, 경위삭제 유도법에 의한 조직생성 방법과 그 결과에 대한 설명이다. 생성된 조직의 본수가 많은 조직은 지면 사정으로 표현이 불가하여 비교적 간략한 조직을 선정하여 설명하도록 한다.

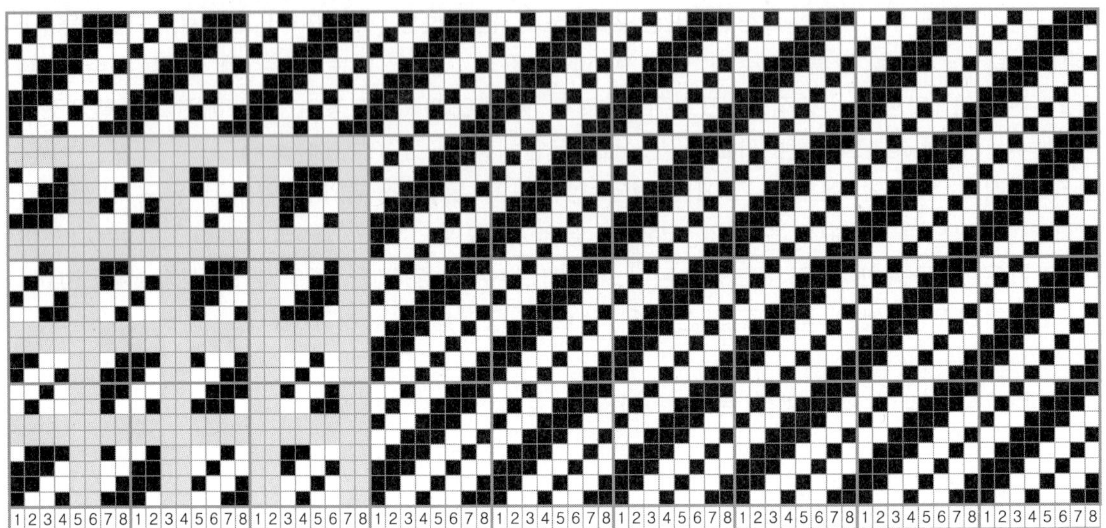

Motive 조직 견본. 종광 8매, 조직 원 리피트 8본×8본.

위 Motive 견본에서 경사 위사 동일하게 Gray 채색 부분을 삭제한다. 작도의 방법은 4잔류 2삭제를 반복하여 유도한 조직의 예이다. 필요한 종광은 Motive와 동일하게 8매이며, 조직 원 리피트 본수는 8본×8본에서 16본×16본으로 확장이 이루어진다.

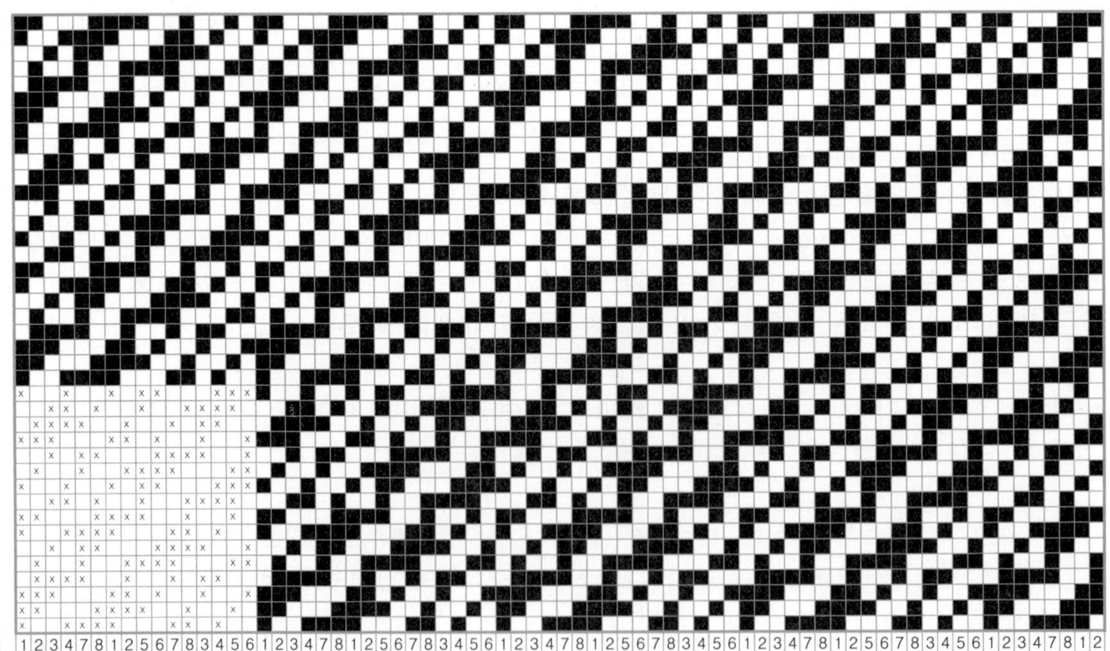

위 Motive 견본에서 위사 4잔류 2삭제, 경사 4잔류 2삭제를 반복하여 유도한 조직의 예이다. 종광 8매, 조직 원 리피트 16본×16본.

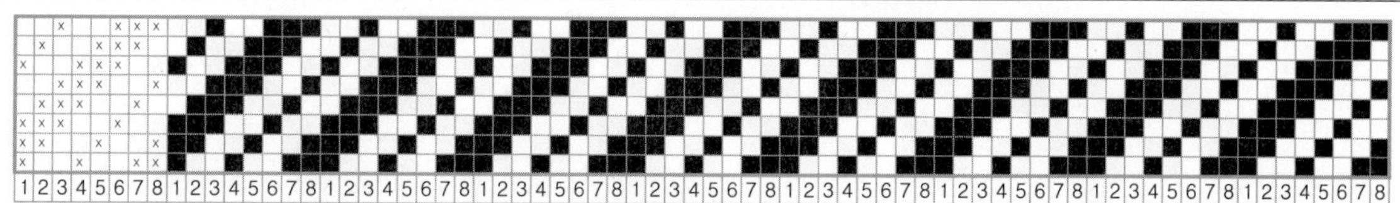

Motive 조직 견본. 종광 8매, 조직 원 리피트 8본 × 8본.

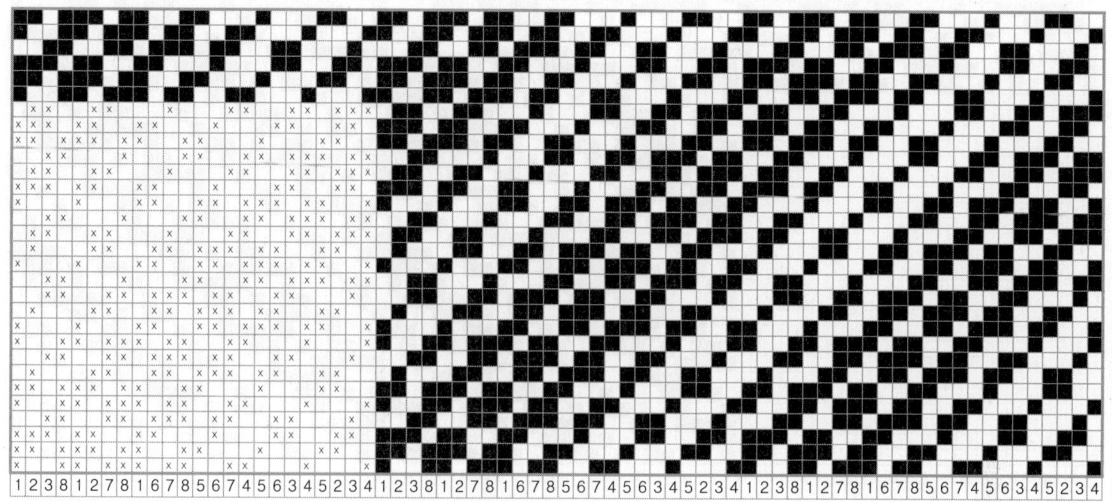

위 Motive 견본에서 위사 3잔류 4삭제, 경사 3잔류 4삭제를 반복하여 유도한 조직의 예이다. 종광 8매, 조직 원 리피트 24본 × 24본.

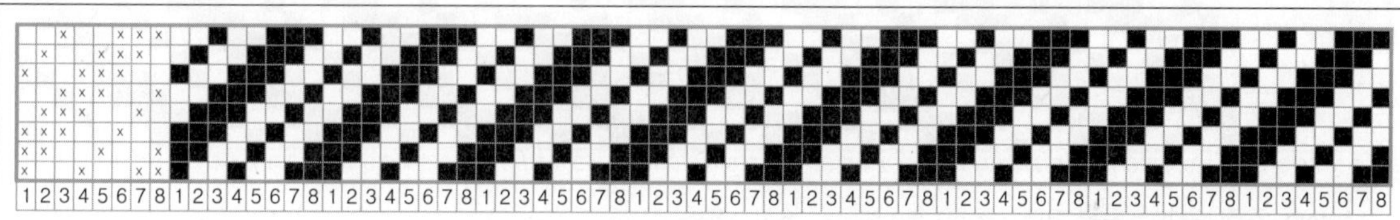

Motive 조직 견본. 종광 8매, 조직 원 리피트 8본 × 8본.

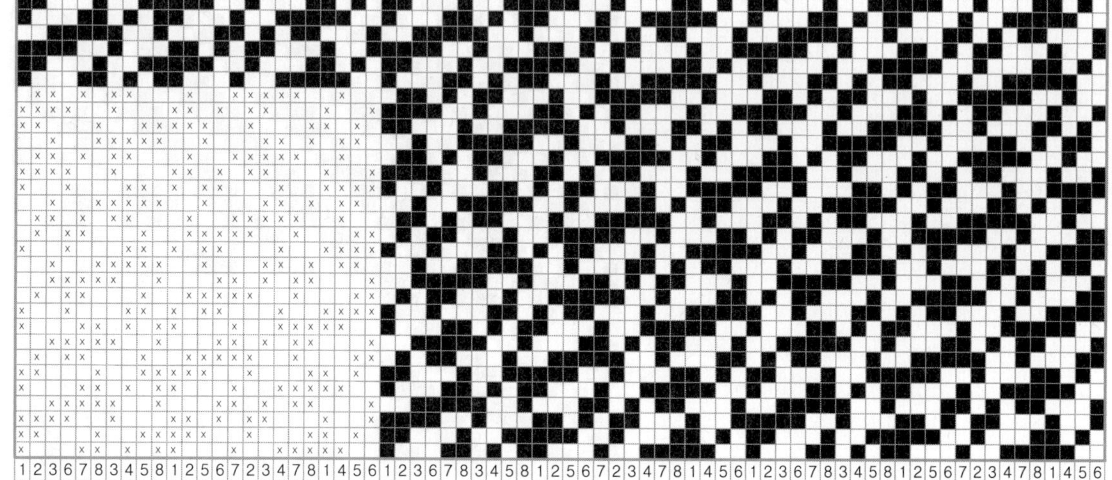

위 Motive 견본에서 위사 3잔류 4삭제, 경사 3잔류 2삭제를 반복하여 유도한 조직의 예이다. 종광 8매, 조직 원 리피트 24본 × 24본.

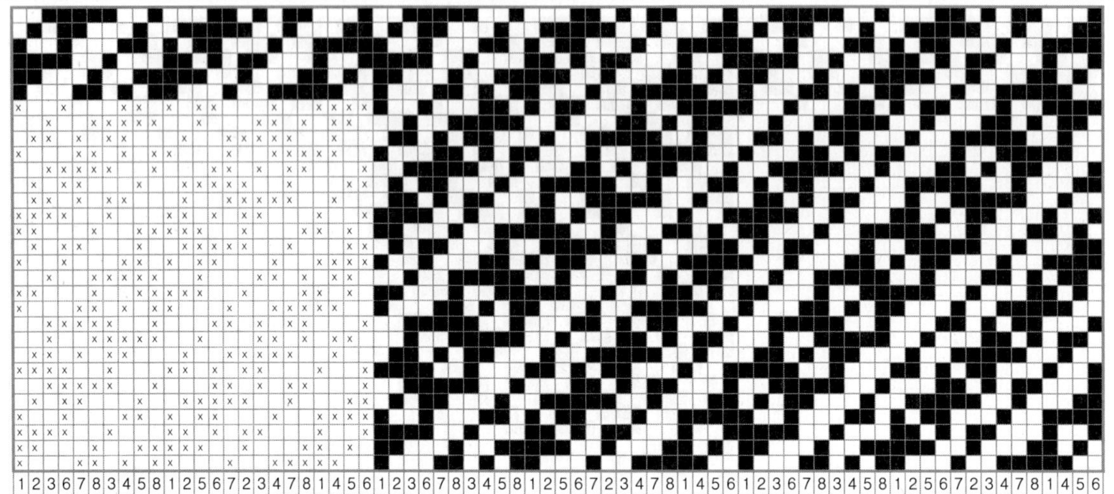

Motive 조직 견본. 종광 8매, 조직 원 리피트 8본 × 8본.

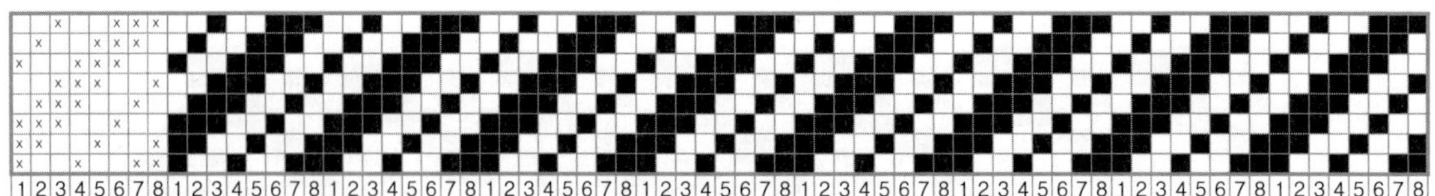

위 Motive 견본에서 위사 3잔류 2삭제, 경사 3잔류 2삭제를 반복하여 유도한 조직.
종광 8매, 조직 원 리피트 24본 × 24본.

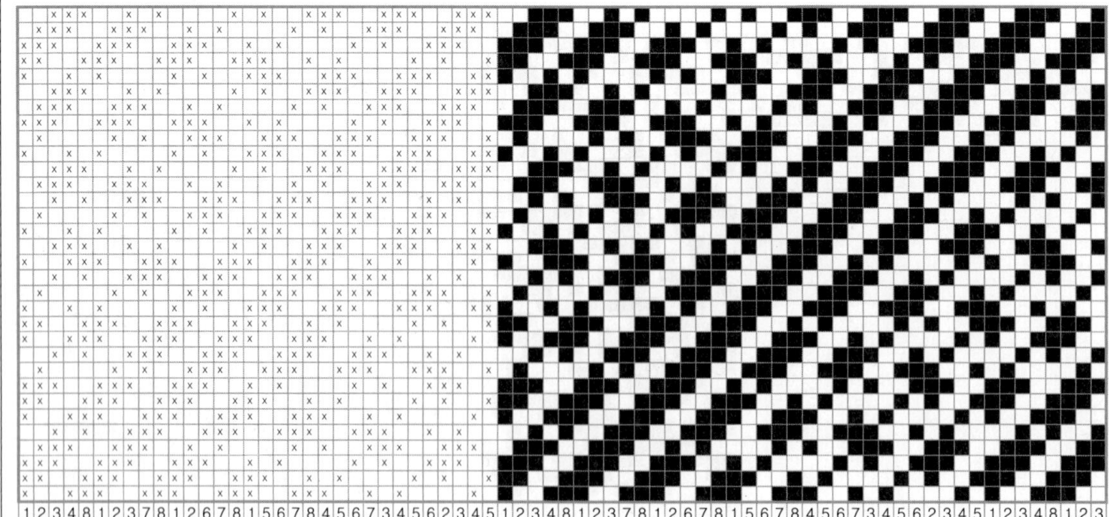

Motive 조직 견본. 종광 8매, 조직 원 리피트 8본 × 8본.

위 Motive 견본에서 위사 4잔류 3삭제, 경사 4잔류 3삭제를 반복하여 유도한 조직의 예이다.
종광 8매, 조직 원 리피트 32본 × 32본.

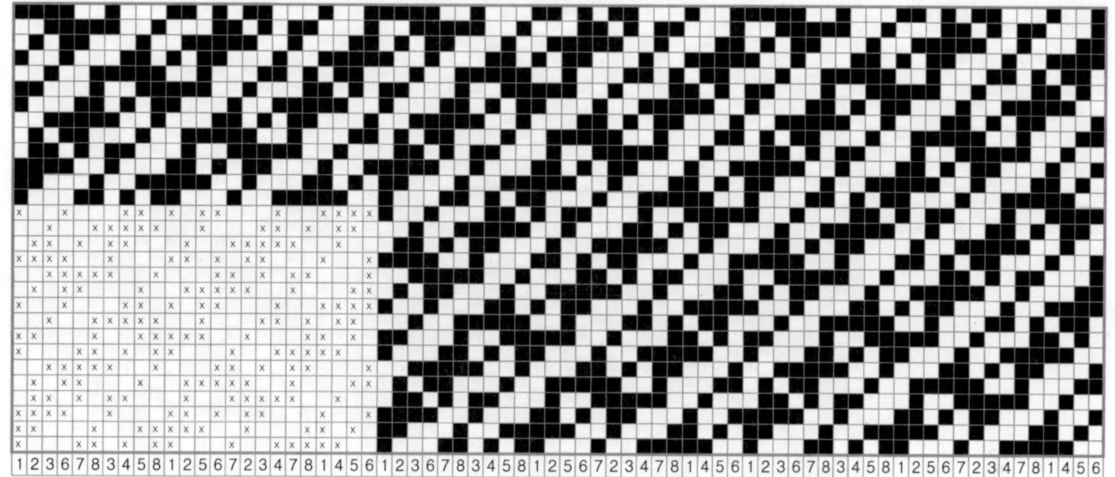

Motive 조직 견본. 종광 8매, 조직 원 리피트 8본 × 8본.

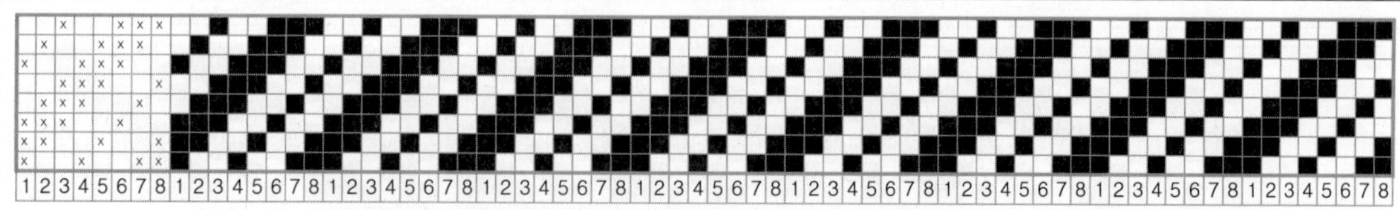

위 Motive 견본에서 위사 4잔류 2삭제, 경사 3잔류 2삭제를 반복하여 유도한 예이다.
종광 8매, 조직 원 리피트 24본 × 16본.

위 Motive 견본에서 위사 4잔류 3삭제, 경사 4잔류 2삭제를 반복하여 유도한 조직의 예이다.
종광 8매, 조직 원 리피트 16본 × 32본.

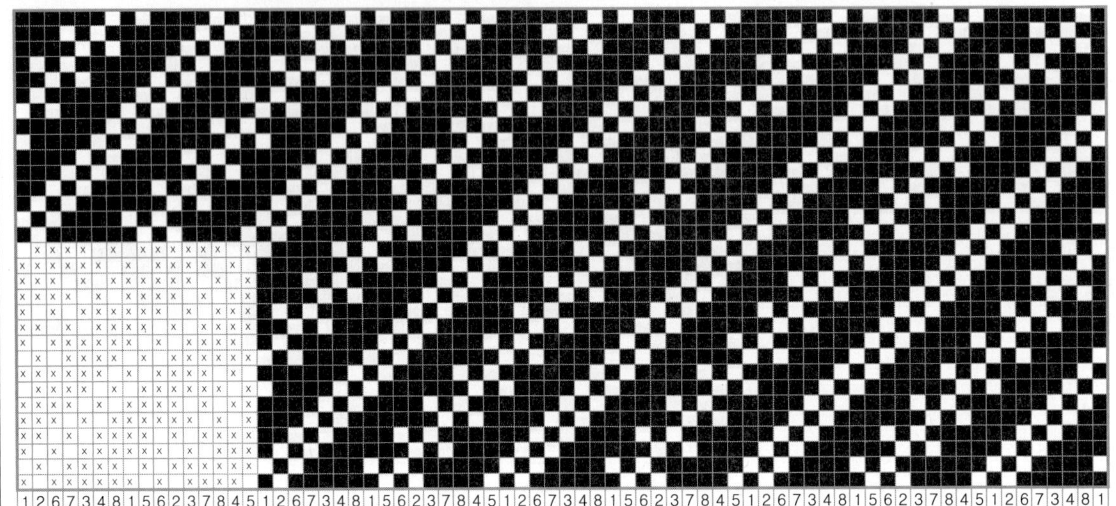

Motive 조직 견본. 종광 8매, 조직 원 리피트 8본 × 8본.

위 Motive 견본에서 위사 2잔류 3삭제, 경사 2잔류 3삭제를 반복하여 유도한 조직의 예이다.
종광 8매, 조직 원 리피트 16본 × 16본.

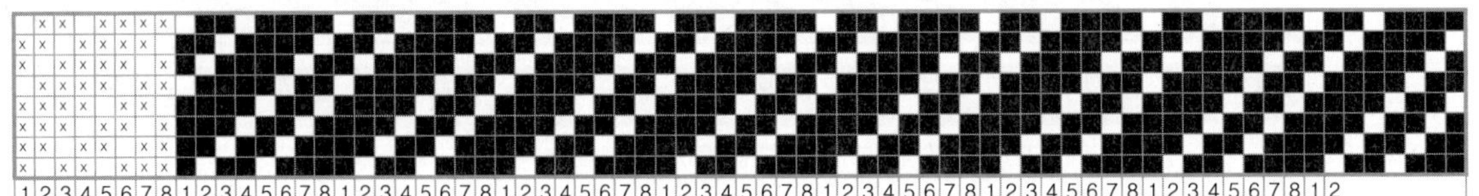

Motive 조직 견본. 종광 8매, 조직 원 리피트 8본 × 8본.

위 Motive 견본에서 위사 2잔류 1삭제, 2잔류 2삭제를 반복. 경사 2잔류 1삭제, 2잔류 2삭제를 반복하여 유도한 조직의 예이다. 종광 8매, 조직 원 리피트 32본 × 32본.

Motive 조직 견본. 종광 8매, 조직 원 리피트 8본×8본.

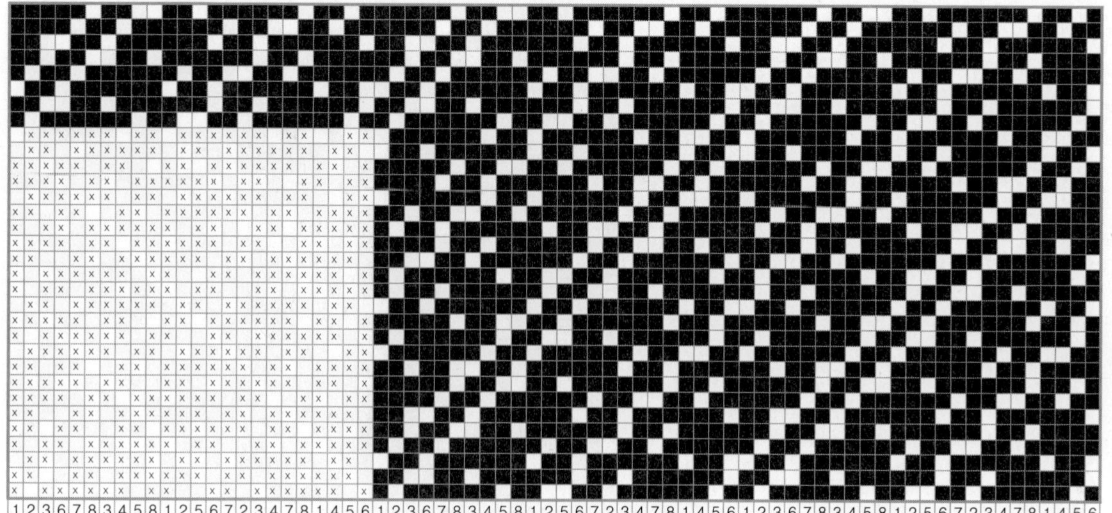

위 Motive 견본에서 위사 3잔류 2삭제, 경사 3잔류 2삭제를 반복하여 유도한 조직의 예이다.
종광 8매, 조직 원 리피트 24본×24본.

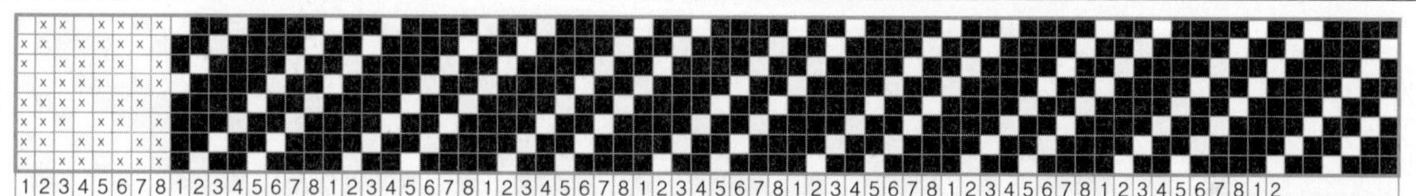

Motive 조직 견본. 종광 8매, 조직 원 리피트 8본×8본.

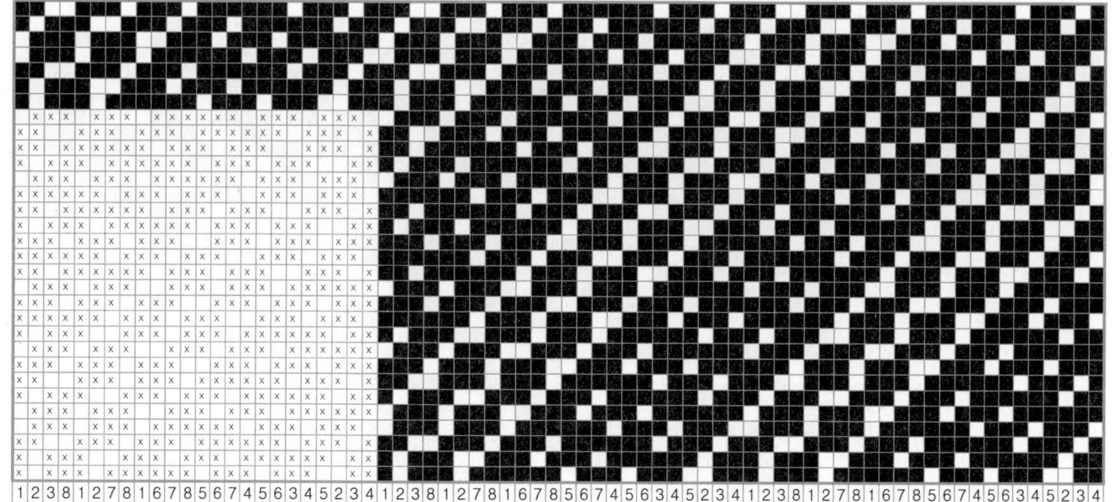

위 Motive 견본에서 위사 3잔류 4삭제, 경사 3잔류 4삭제를 반복하여 유도한 조직의 예이다.
종광 8매, 조직 원 리피트 24본×24본.

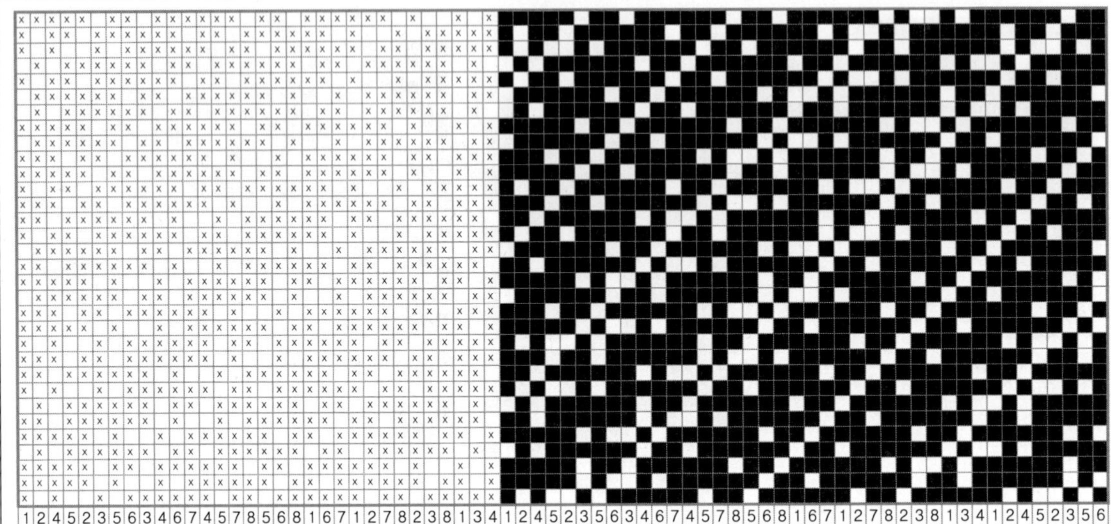

Motive 조직 견본. 종광 8매, 조직 원 리피트 8본 × 8본.

위 Motive 견본에서 위사 2잔류 1삭제, 2잔류 4삭제를. 경사 2잔류 1삭제, 2잔류 4삭제를 반복하여 유도한 조직의 예이다. 종광 8매, 조직 원 리피트 32본 × 32본.

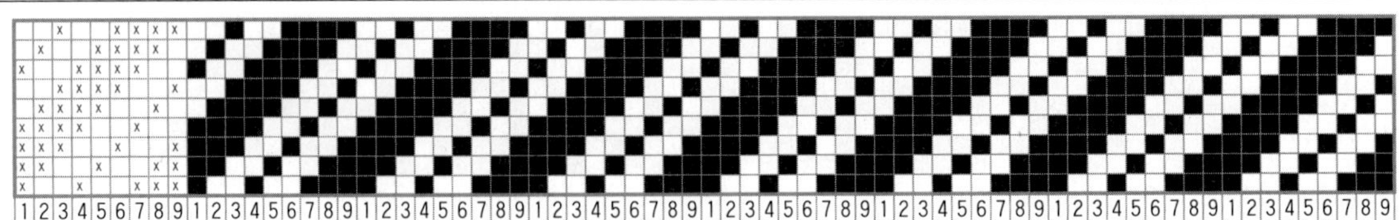

Motive 조직 견본. 종광 9매, 조직 원 리피트 9본 × 9본.

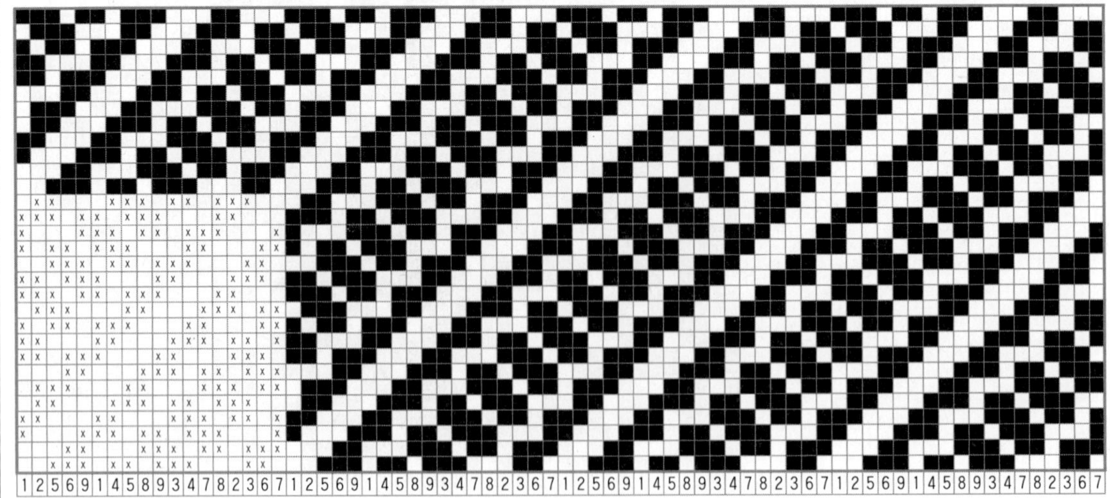

위 Motive 견본에서 위사 2잔류 2삭제, 경사 2잔류 2삭제를 반복하여 유도한 조직의 예이다.
종광 9매, 조직 18본 × 18본.

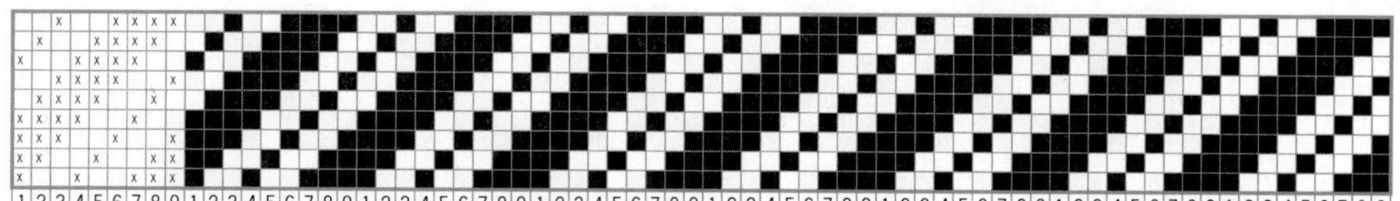

Motive 조직 견본. 종광 9매, 조직 원 리피트 9본×9본.

위 Motive 견본에서 위사 2잔류 3삭제, 경사 2잔류 3삭제를 반복하여 유도한 예이다.

종광 9매, 조직 18본×18본.

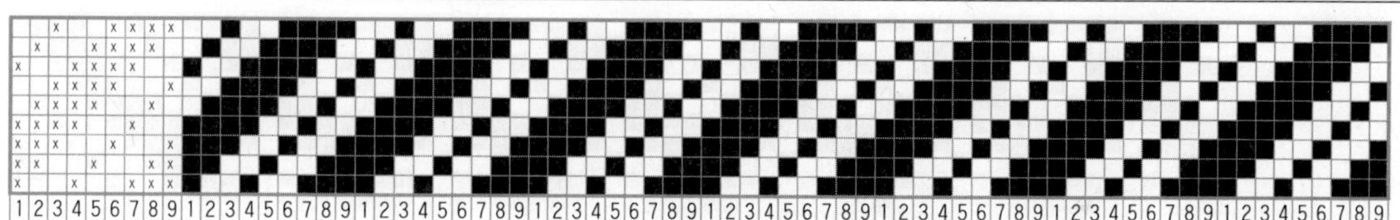

Motive 조직 견본. 종광 9매, 조직 원 리피트 9본×9본.

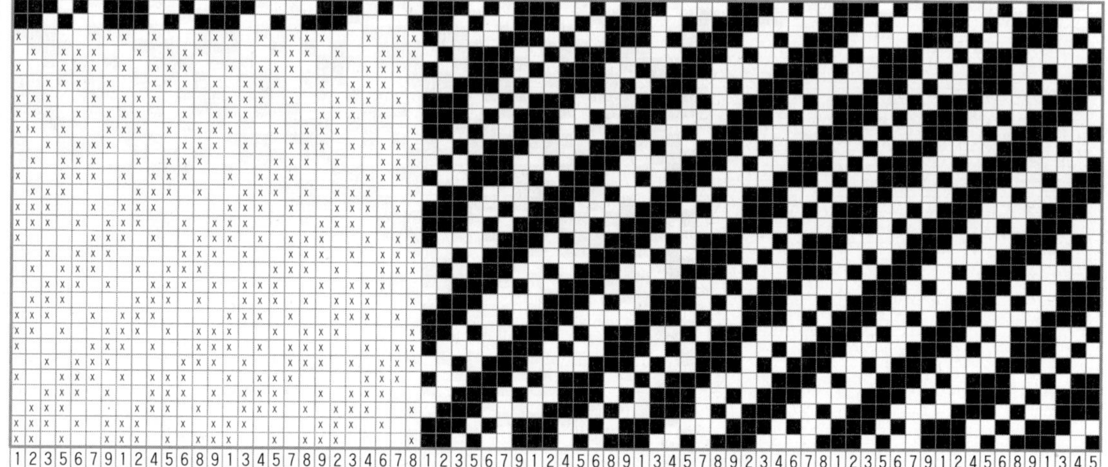

위 Motive 견본에서 위사 3잔류 1삭제, 경사 3잔류 1삭제를 반복하여 유도한 조직의 예이다.

종광 9매, 조직 27본×27본.

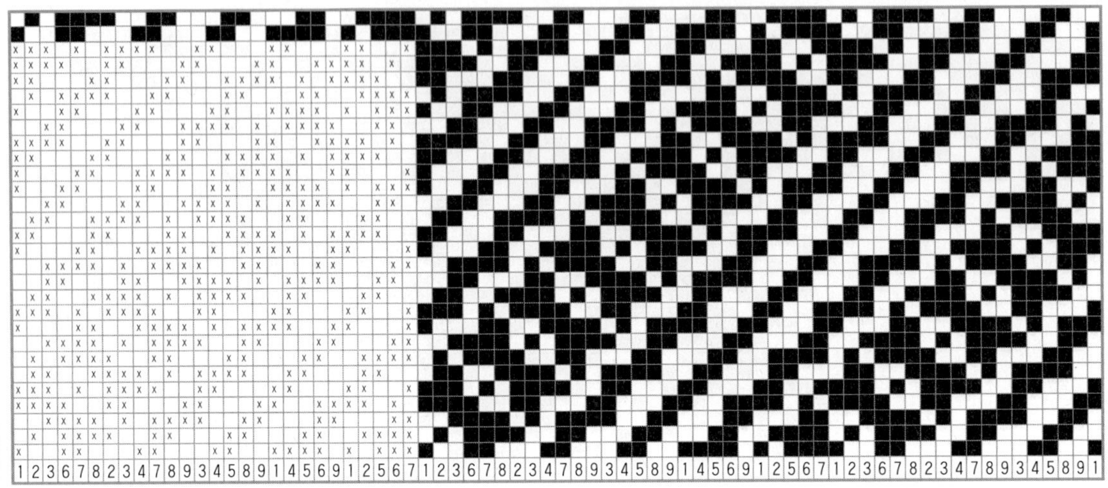

Motive 조직 견본. 종광 9매, 조직 원 리피트 9본 × 9본.

위 Motive 견본에서 위사 3잔류 2삭제, 경사 3잔류 2삭제를 반복하여 유도한 조직의 예이다.
종광 9매, 조직 27본 × 27본.

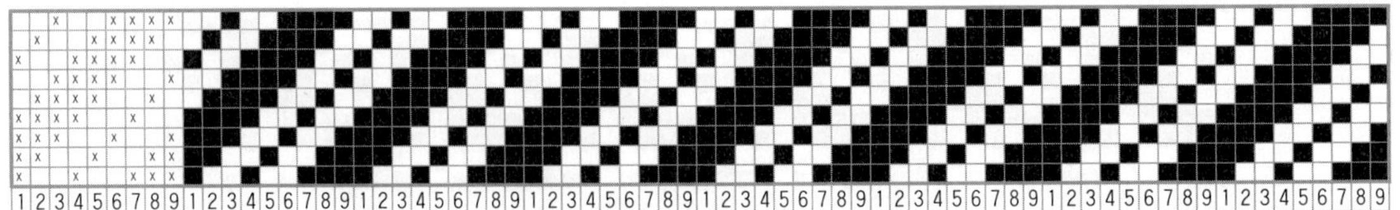

Motive 조직 견본. 종광 9매, 조직 원 리피트 9본 × 9본.

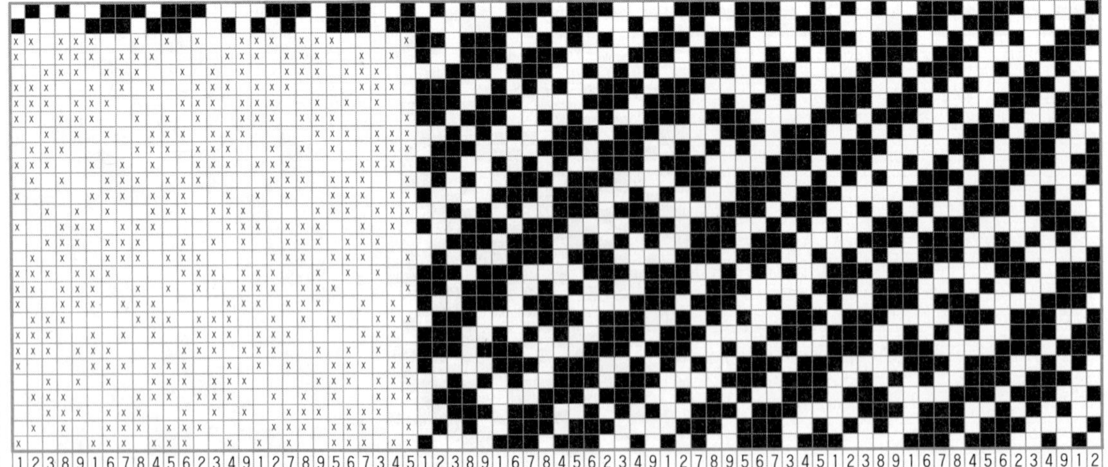

위 Motive 견본에서 위사 3잔류 4삭제, 경사 3잔류 4삭제를 반복하여 유도한 조직의 예이다.
종광 9매, 조직 27본 × 27본.

05. 유도조직 합성법

유도 생성된 조직을 Herring bone형 또는 마름모형으로 합성하면 조직의 용도와 다양성이 더 커진다.

Herring bone형 합성은 Motive 조직 경사를 역순으로 배열하여 좌측 또는 우측에 연결한다. 처음 시작과 마지막 조직 선 즉 순환의 기준이 되는 조직선은 중복이 되므로 이를 조직선에서 제외한다.

Motive 조직	역순 배열	Herring bone형으로 연결하여 합성
1251453423	24354152	12514534232435415212514534232435415212514534232435

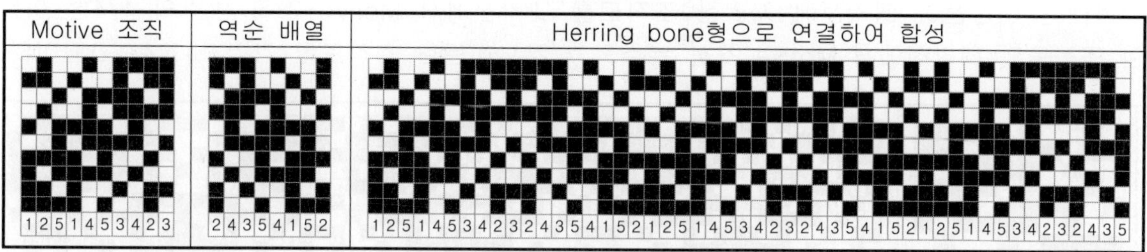

마름모형 합성은 Herring bone형과 같은 방법이다. 경사 방향을 역순으로 배열하여 조직의 좌측 또는 우측으로 연결하고, 위사 방향 역시 역순으로 배열한 조직을 상단이나 하단에 연결한다. 이때 경사와 위사의 작업 순서가 달라도 생성되는 조직은 동일하다.
또한, 경사 위사 모두 처음 시작과 마지막 조직선 즉 순환의 기준이 되는 조직선은 중복이 발생하므로 이를 배열에서 제외한다.

Motive 조직	좌우 연결된 조직	상하 역순으로 배열	역순 조직을 연결
1251453423	125145342324354152		

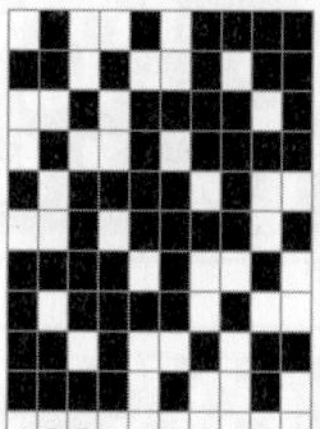

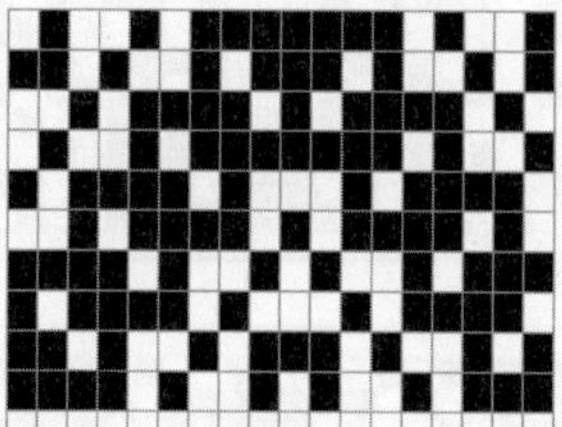

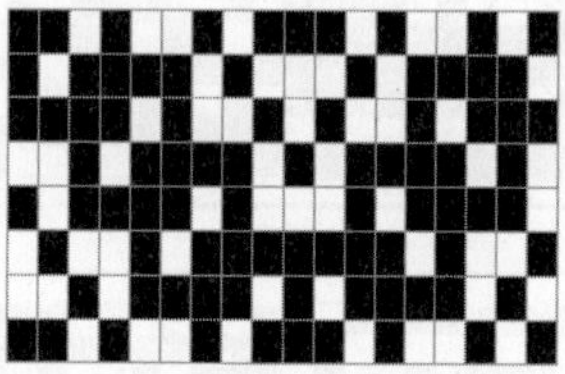

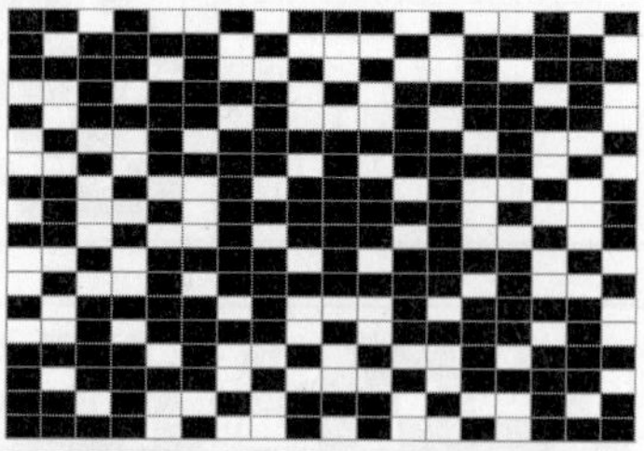

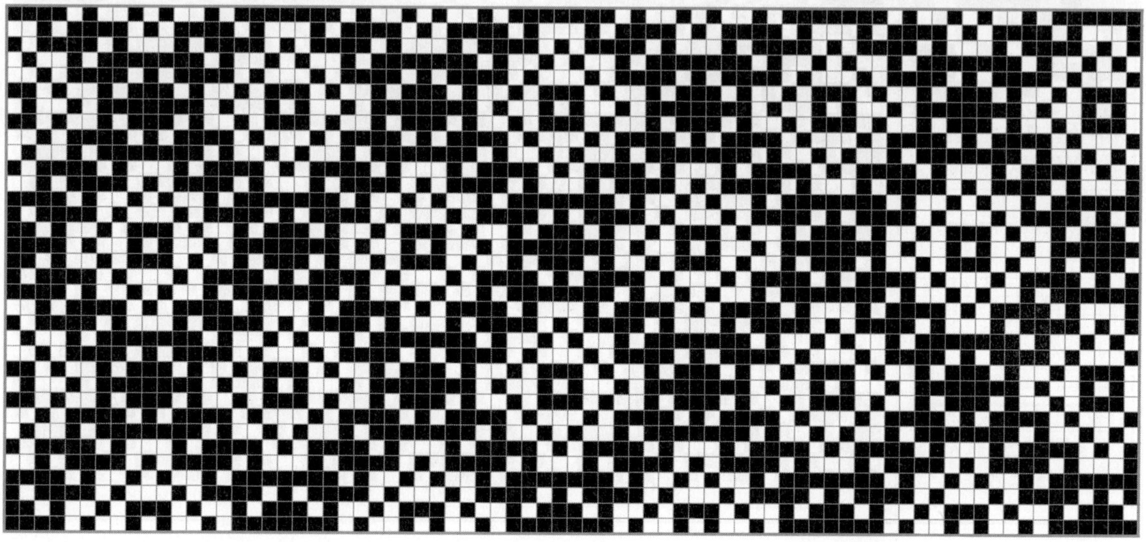

마름모형으로 합성할 때, 대칭의 기준이 되는 조직 선을 Motive 조직 대각선 중심에 배치시켜야, 연결이 안정되고 교차되는 무늬의 형태나 크기가 동일하다.

디자인 크기의 변화는 Motive 조직 본수의 1/4 이동 시 가장 커지고, 디자인 형태의 변화는 Motive 조직 본수의 1/2 이동 시 가장 많아지게 된다.

대칭의 기준이 되는 조직 선은 '조직 원 리피트'당 일반적으로 1개가 존재한다. 대칭선이 없고 대칭에 준하는 준대칭선만 있는 조직, 또는 대칭의 기준선이 없는 조직도 있을 수 있다.

아래는 대칭선이 대각선에 자리한 조직도를 대각선에서 Motive 조직 본수의 1/4본 이동한 조직도와 대각선에서 Motive 조직 본수의 1/2본 이동한 조직도를 각각 비교한 그림이다.

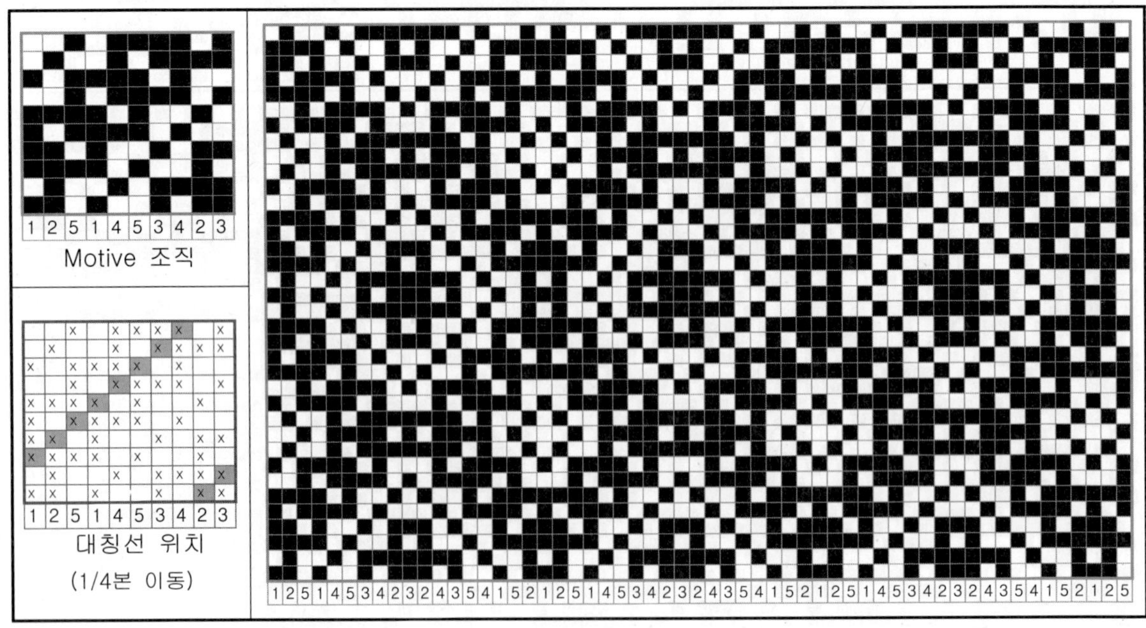

　위의 검토 결과, 디자인 형태의 변화는 1/2 본 이동하면 가장 크고, 상대적 변화는 조직 본수의 1/4 이동하면 가장 다르게 변한다.

　제직기의 대부분이 Dobby 개구 방식이다. Dobby 개구 방식의 한정된 종광 매수로 큰 조직의 제직이 이제까지 불가능했다. 이는 현실적으로 넘을 수 없는 한계였다.

　이제는 제1장 [직물조직 유도법]을 이용하면 현실적으로 불가능했던 생산의 한계를 넘을 수 있다. 다시 말해서, 한정된 종광 매수로 무한한 크기의 무수한 조직을 쉽게 작도하여 생산에 적용할 수 있다.

　유도법으로 생성된 조직의 유형별 개수는 수리적 무한대를 이루며, 조직의 크기와 다양성 또한 이제까지 상상하지 못할 정도의 영역까지 유도 생성된다.

　여기서는 좁은 지면의 사정상 작도의 표현이 불가능하여, 표현이 가능한 작은 조직의 예를 들어 설명하였다.

　다음은 유도조직 합성 방법을 이용하여 새로운 조직을 작도한 예이다. 8매 조직을 7종의 합성조직으로, 10매 조직을 1종의 합성조직으로, 11매 조직을 2종의 합성조직으로, 각각 작도하는 과정을 열거하였다.

1) 다음은 8매 조직(3/2, 1/2 Twill)으로 5종의 합성조직을 작도한 방법의 예이다.

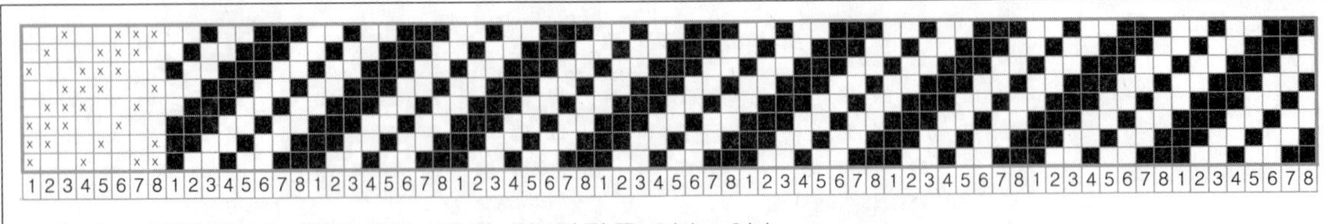

Motive 조직 견본. 종광 8매, 조직 원 리피트 8본×8본.

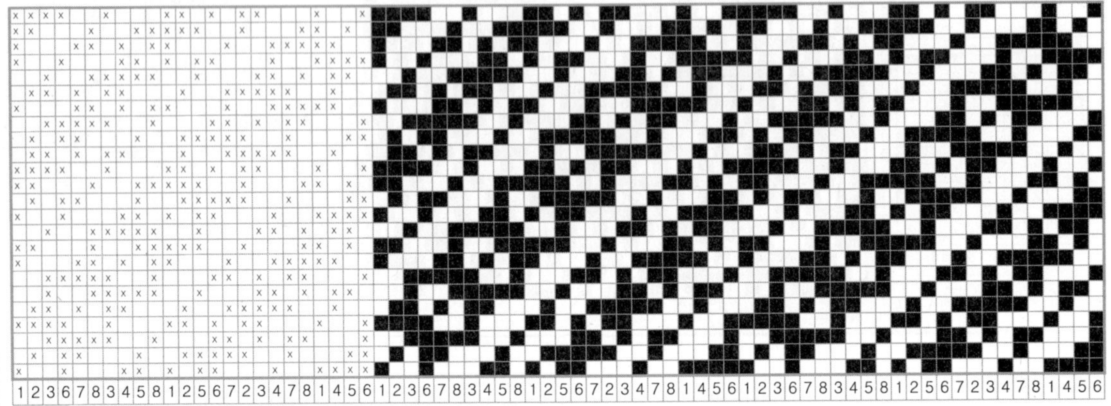

위는 상단 Motive 조직에서 경위삭제 유도법으로 생성된 조직이다. 위사 3잔류 2삭제, 경사 3잔류 2삭제를 반복하여 유도한 조직. 종광 8매, 조직 원 리피트 24본 × 24본.

위의 유도 조직을 Herring bone형으로 합성한 조직. 종광은 Motive 조직과 동일하게 8매이고, 조직 원 리피트 46본 × 24본이다.

  좌측 Motive 조직 견본에서 위사 3잔류 2삭제, 경사 3잔류 2삭제를 반복하여 유도한 후, 마름모
형으로 합성한 조직이다. 종광은 Motive 조직과 동일하게 8매이고, 조직 원 리피트 46본 × 46본이다.

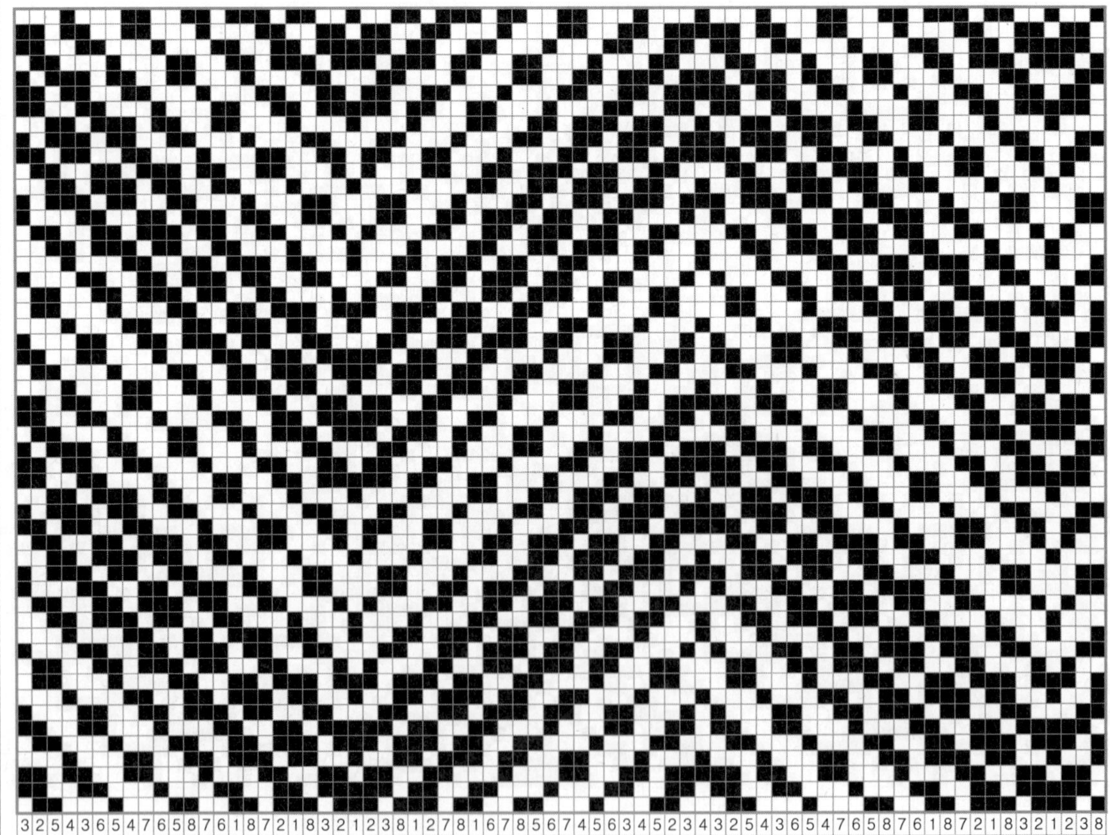

Motive 조직 견본. 종광 8매, 조직 원 리피트 8본×8본.

위는 상단 Motive 조직에서 경위삭제 유도법으로 생성된 조직이다. 위사 3잔류 4삭제, 경사 3잔류 4삭제를 반복하여 유도한 조직. 종광 8매, 조직 원 리피트 24본×24본.

위의 유도 조직을 Herring bone형으로 합성한 조직이다. 종광은 Motive 조직과 동일하게 8매이고, 조직 원 리피트 46본×24본이다.

좌측 Motive 조직 견본에서 위사 3잔류 4삭제, 경사 3잔류 4삭제를 반복하여 유도한 후에, 마름모형으로 합성한 조직이다. 종광은 Motive 조직과 동일하게 8매이고, 조직 원 리피트 46본 × 46본이다.

Motive 조직 견본. 종광 8매, 조직 원 리피트 8본 × 8본.

위는 상단 Motive 조직에서 경위삭제 유도법으로 생성된 조직이다. 위사 4잔류 2삭제, 경사 4잔류 2삭제를 반복하여 유도한 조직이다. 종광 8매, 조직 원 리피트 16본 × 16본이다.

바로 위의 유도조직을 Herring bone형으로 합성한 조직, 종광은 Motive 조직과 동일하게 8매이고, 조직 원 리피트 30본 × 16본이다.

위 조직은 대칭의 기준이 되는 조직 선이, 준대칭 선을 이루는 조직이다.

　좌측 Motive 조직 견본에서 위사 4잔류 2삭제, 경사 4잔류 2삭제를 반복하여 유도한 후에, 마름모형으로 합성한 조직이다. 종광은 Motive 조직과 동일하게 8매이고, 조직 원 리피트 30본 × 30본이다.

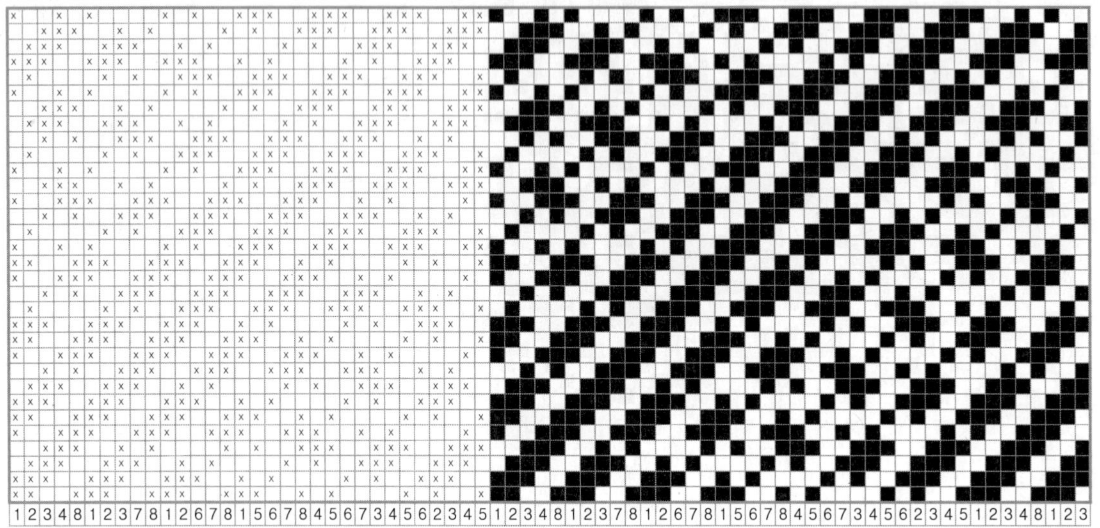

Motive 조직 견본. 종광 8매, 조직 원 리피트 8본 × 8본.

상단 Motive 조직에서 경위삭제 유도법으로 생성된 조직이다. 위사 4잔류 3삭제, 경사 4잔류 3 삭제를 반복하여 유도한 조직, 종광 8매, 조직 원 리피트 32본 × 32본.

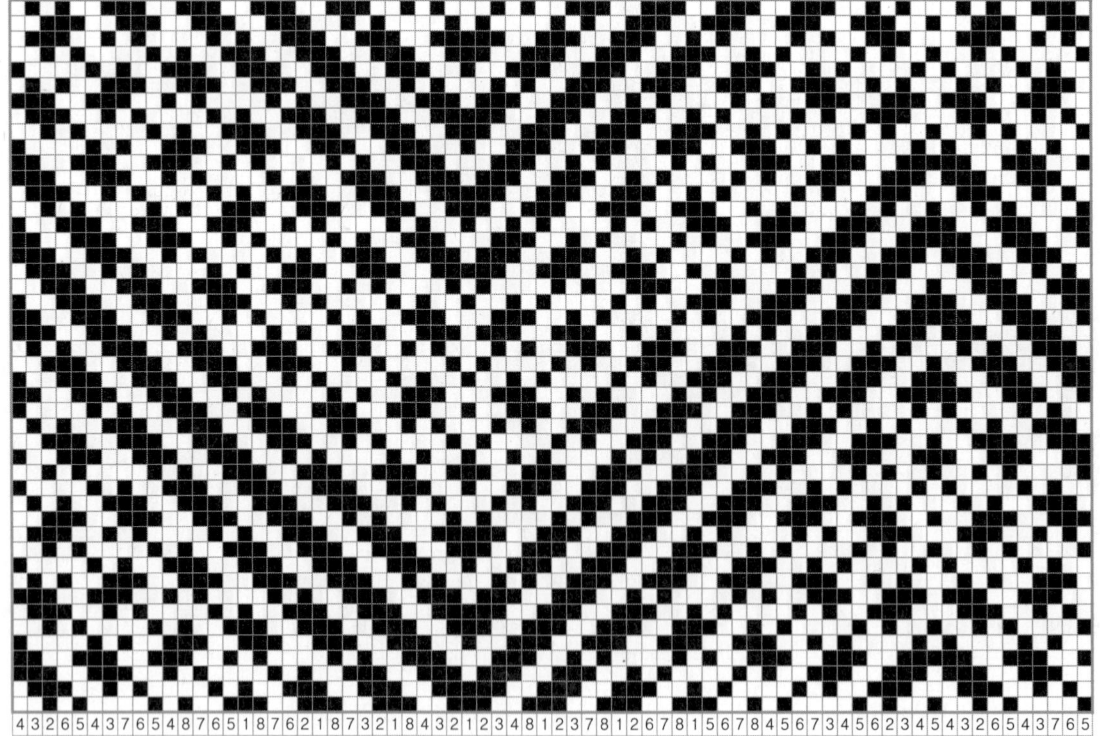

위의 유도 조직을 Herring bone형으로 합성한 조직. 종광은 Motive 조직과 동일하게 8매이고, 조직 원 리피트 62본 × 32본이다.

좌측 Motive 조직 견본에서 위사 4잔류 3삭제, 경사 4잔류 3삭제를 반복하여 유도한 후에, 마름모 형으로 합성한 조직이다. 종광은 Motive 조직과 동일하게 8매이고, 조직 원 리피트 62본 × 62본이다.

Motive 조직 견본. 종광 8매, 조직 원 리피트 8본 × 8본.

위는 상단 Motive 조직에서 경위삭제 유도법으로 생성된 조직이다. 위사를 4잔류 2삭제, 2잔류 2삭제. 경사를 4잔류 2삭제, 2잔류 2삭제를 반복하여 유도한 조직. 종광 8매, 조직 원 리피트 24 본 × 24본.

위의 유도 조직을 Herring bone형으로 합성한 조직, 종광은 Motive 조직과 동일하게 8매이고, 조직 원 리피트 46본 × 24본이다.

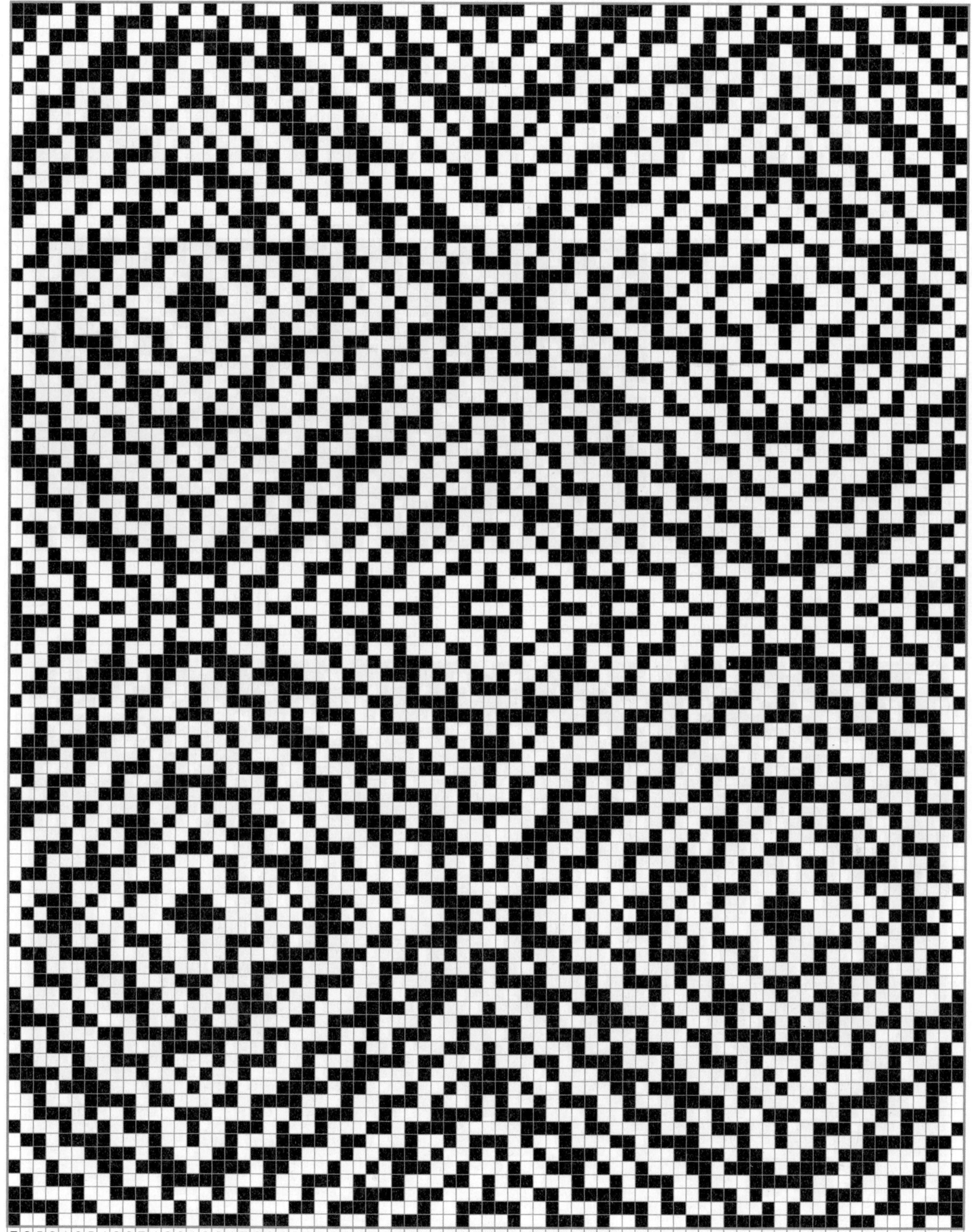

7 6 5 2 1 6 5 4 3 8 7 4 3 2 1 2 3 4 7 8 3 4 5 6 1 2 5 6 7 8 3 4 7 8 1 2 5 6 5 2 1 8 7 4 3 8 7 6 5 2 1 6 5 4 3 8 7 4 3 2 1 2 3 4 7 8 3 4 5 6 1 2 5 6 7

이 조직은 대칭의 기준이 되는 조직 선이 준 대칭선을 이루는 조직이다.

앞 page의 상단 좌측 Motive 조직 견본에서 위사 4잔류 2삭제, 2잔류 2삭제를. 경사 4잔류 2삭제, 2잔류 2삭제를 반복하여 유도한 다음에 마름모형으로 합성한 조직이다. 종광은 Motive 조직과 동일하게 8매이고, 조직 원 리피트 46본 × 46본이다.

2) 다음은 8매 조직(4/1, 2/1 Twill)으로 2종의 합성조직을 작도한 방법의 예이다.

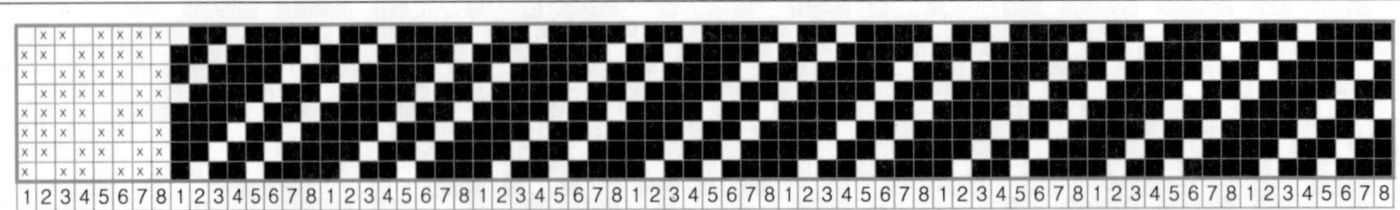

Motive 조직 견본. 종광 8매, 조직 원 리피트 8본 × 8본.

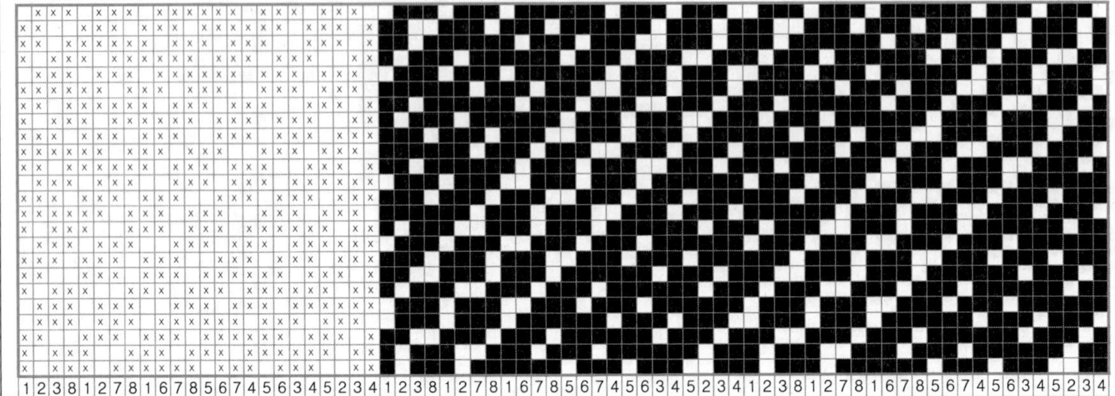

위는 상단 Motive 조직에서 경위삭제 유도법으로 생성된 조직이다. 위사 3잔류 4삭제, 경사 3잔류 4삭제를 반복하여 유도한 조직. 종광 8매, 조직 원 리피트 24본 × 24본.

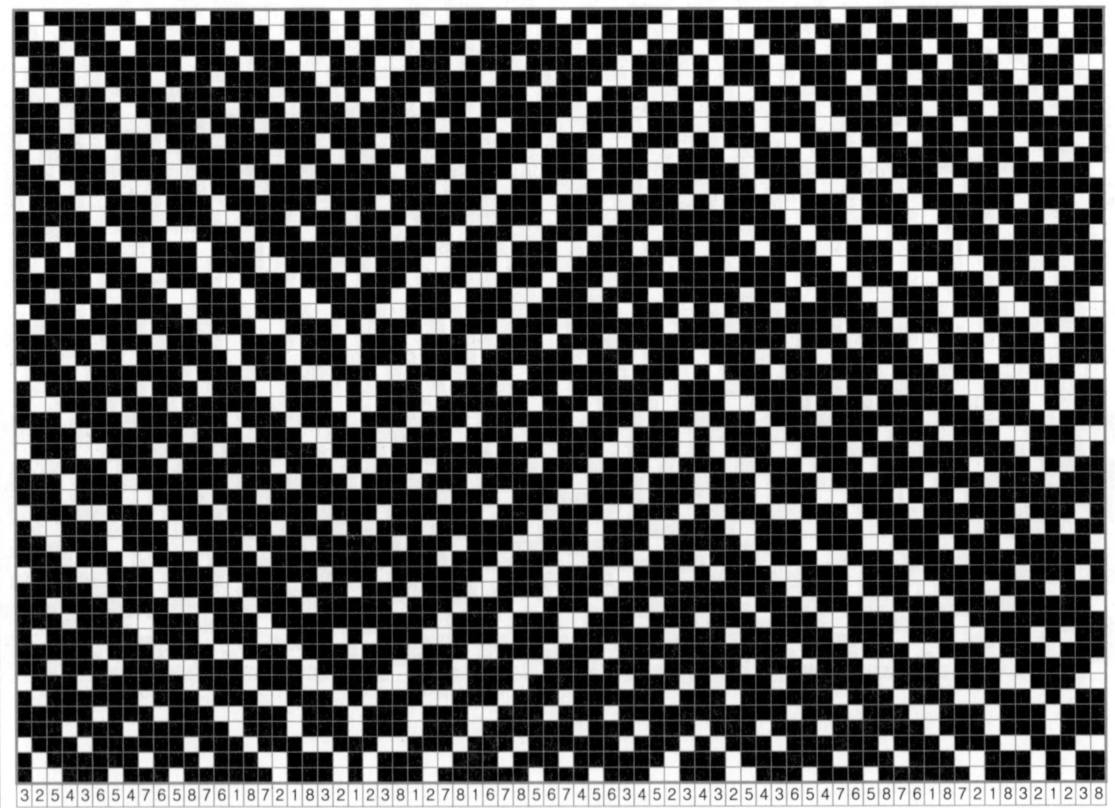

위의 유도 조직을 Herring bone형으로 합성한 조직, 종광은 Motive 조직과 동일하게 8매이고, 조직 원 리피트 46본 × 24본이다.

이 조직은 대칭의 기준이 되는 조직 선이 존재하지 않은 조직이다.

앞 page의 상단 좌측 Motive 조직 견본에서 위사 3잔류 4삭제, 경사 3잔류 4삭제를 반복하여 유도한 후에, 마름모형으로 합성한 조직이다. 종광은 Motive 조직과 동일하게 8매이고, 조직 원 리피트 46본×46본이다.

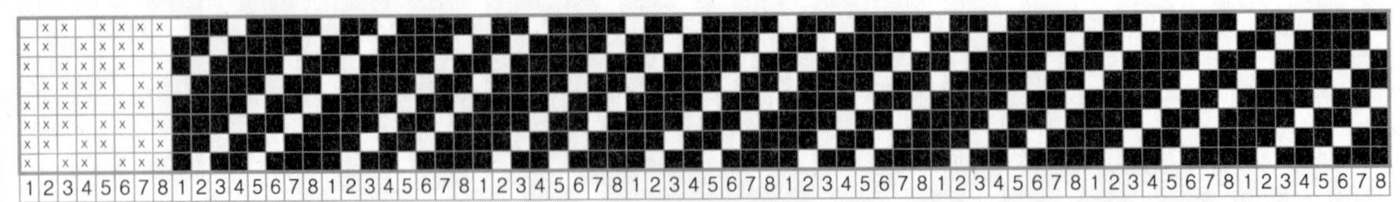

Motive 조직 견본. 종광 8매, 조직 원 리피트 8본×8본.

이는 상단 Motive 조직에서 경위삭제 유도법으로 생성된 조직이다. 위사 2잔류 1삭제, 2잔류 4 삭제를. 경사 2잔류 1삭제, 2잔류 4삭제를 반복하여 유도. 종광 8매, 조직 원 리피트 32본×32본.

위의 유도 조직을 Herring bone형으로 합성한 조직. 종광은 Motive 조직과 동일하게 8매이고, 조직 원 리피트 62본×32본이다.

이 조직은 대칭의 기준이 되는 조직 선이 준대칭 선을 이루는 조직이다.

앞 page의 상단 좌측 Motive 조직 견본에서 위사 2잔류 1삭제, 2잔류 4삭제를. 경사 2잔류 1삭제, 2잔류 4삭제를 반복하여 유도한 다음에 마름모형으로 합성한 조직이다. 종광은 Motive 조직과 동일하게 8매이고, 조직 원 리피트 62본 × 62본이다.

3) 다음은 10매 조직(5/2, 1/2 Twill)으로 2종의 합성조직을 작도한 방법의 예이다.

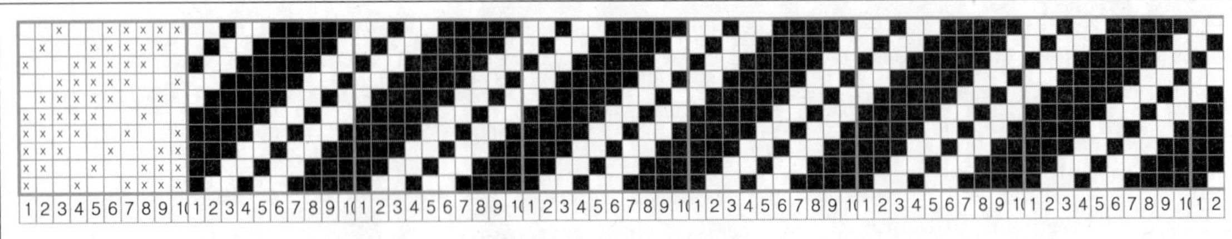

Motive 조직 견본. 종광 10매, 조직 원 리피트 10본 × 10본.

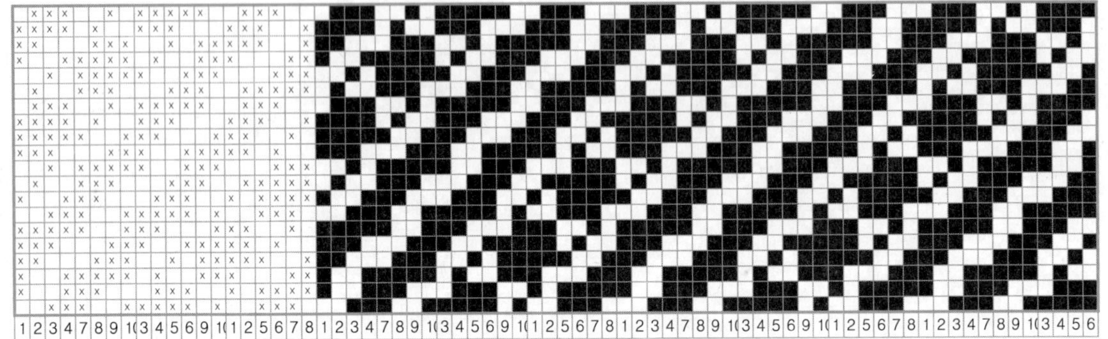

위는 상단 Motive 조직에서 경위삭제 유도법으로 생성된 조직이다. 위사기준 잔류 4와 삭제 2
를, 경사기준 잔류 4와 삭제 2를 반복하여 유도한 조직. 종광 10매, 조직 원 리피트 20본 × 20본.

위의 유도 조직을 Herring bone형으로 합성한 조직. 종광은 Motive 조직과 동일하게 10매이고,
조직 원 리피트 38본 × 20본이다.

앞 page의 상단 좌측 Motive 조직 견본에서 위사 4잔류 2삭제, 경사 4잔류 2삭제를 반복 유도한 후에, 마름모형으로 합성한 조직이다. 종광은 Motive 조직과 동일하게 10매이고 조직 원 리피트 38본×38본.

  060 page의 상단 Motive 조직 견본에서 위사 4잔류 2삭제, 경사 4잔류 2삭제를 반복하여 유도한 조
직을 마름모형으로 합성하여, 조직의 대칭지점을 2반복 확장한 그림이다. 종광은 Motive 조직과 동
일하게 10매이고, 조직 원 리피트는 42본 × 42본이다.

4) 다음은 11매 조직(1/1, 4/1, 1/3)으로 2종의 합성조직을 작도한 방법의 예이다.

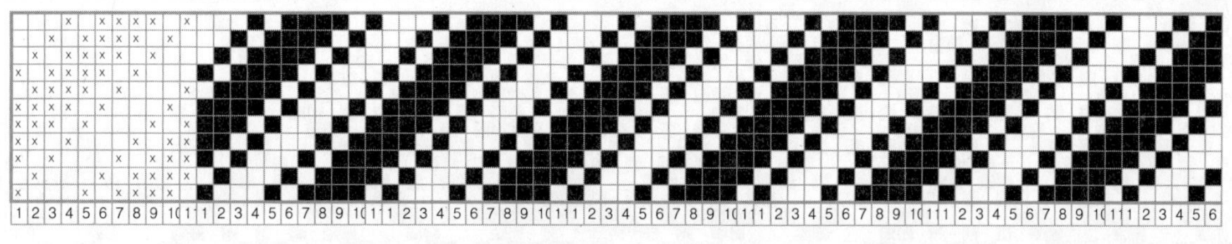

　　Motive 조직 견본. 종광 11매, 조직 원 리피트 11본 × 11본.

　　위는 상단 Motive 조직에서 경위삭제 유도법으로 생성된 조직이다. 위사기준 잔류 2와 삭제 2를, 경사기준 잔류 2와 삭제 2를 반복하여 유도한 조직. 종광 11매, 조직 원 리피트 22본 × 22본.

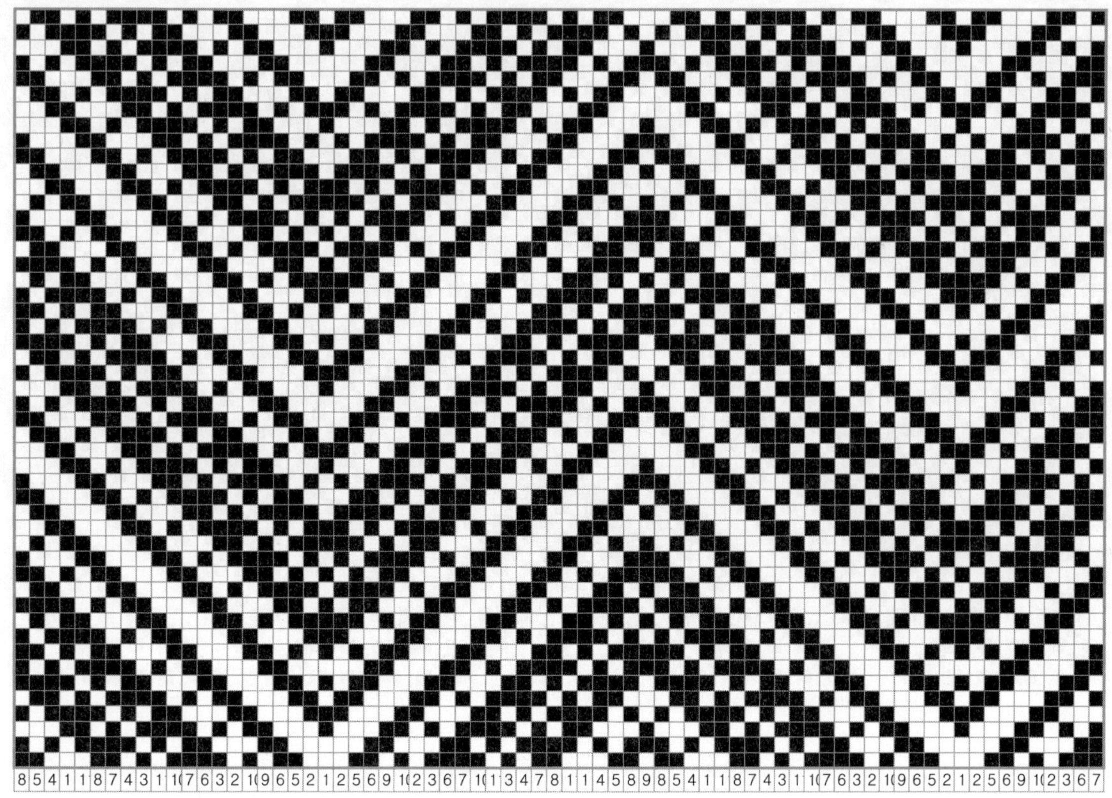

　　위의 유도 조직을 Herring bone형으로 합성한 조직, 종광은 Motive 조직과 동일하게 11매이고, 조직 원 리피트 42본 × 22본이다.

앞 page의 상단 Motive 조직 견본에서 위사 3잔류 2삭제, 경사 3잔류 2삭제를 반복하여 유도한 후에, 마름모형으로 합성한 조직이다. 종광은 Motive 조직과 동일하게 11매이고, 조직 원 리피트 42본 × 42본이다.

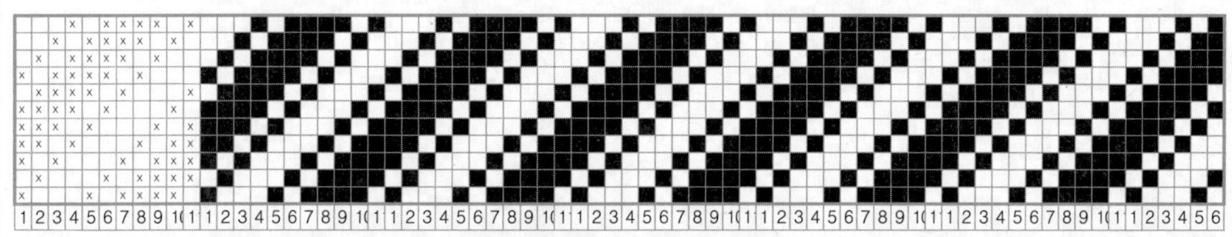

Motive 조직 견본. 종광 11매, 조직 원 리피트 11본 × 11본.

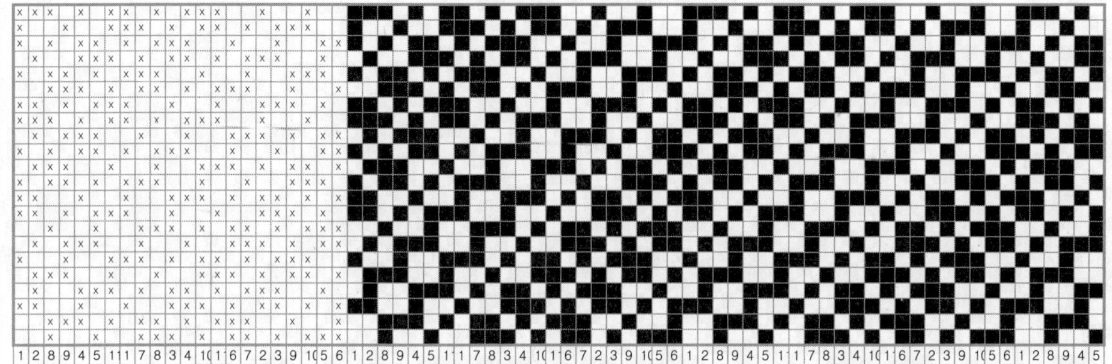

　이는 상단 Motive 조직에서 경위삭제 유도법으로 생성된 조직이다. 위사기준 잔류 2와 삭제 5를, 경사기준 잔류 2와 삭제 5를 반복하여 유도한 조직. 종광 11매, 조직 원 리피트 22본 × 22본.

　위의 유도 조직을 Herring bone형으로 합성한 조직, 종광은 Motive 조직과 동일하게 11매이고, 조직 원 리피트 42본 × 22본이다.

　앞 page의 상단 Motive 조직 견본에서 위사 2잔류 5삭제, 경사 2잔류 5삭제를 반복하여 유도한 후에, 마름모형으로 합성한 조직이다. 종광은 Motive 조직과 동일하게 11매이고, 조직 원 리피트 42본 × 42본이다.

다음은 앞 페이지에서 작도한 조직도를 이용한 생산 설계서 작성의 예이다.

① 원 리피트 조직을 선정한다.

② 식전도를 발췌한다.

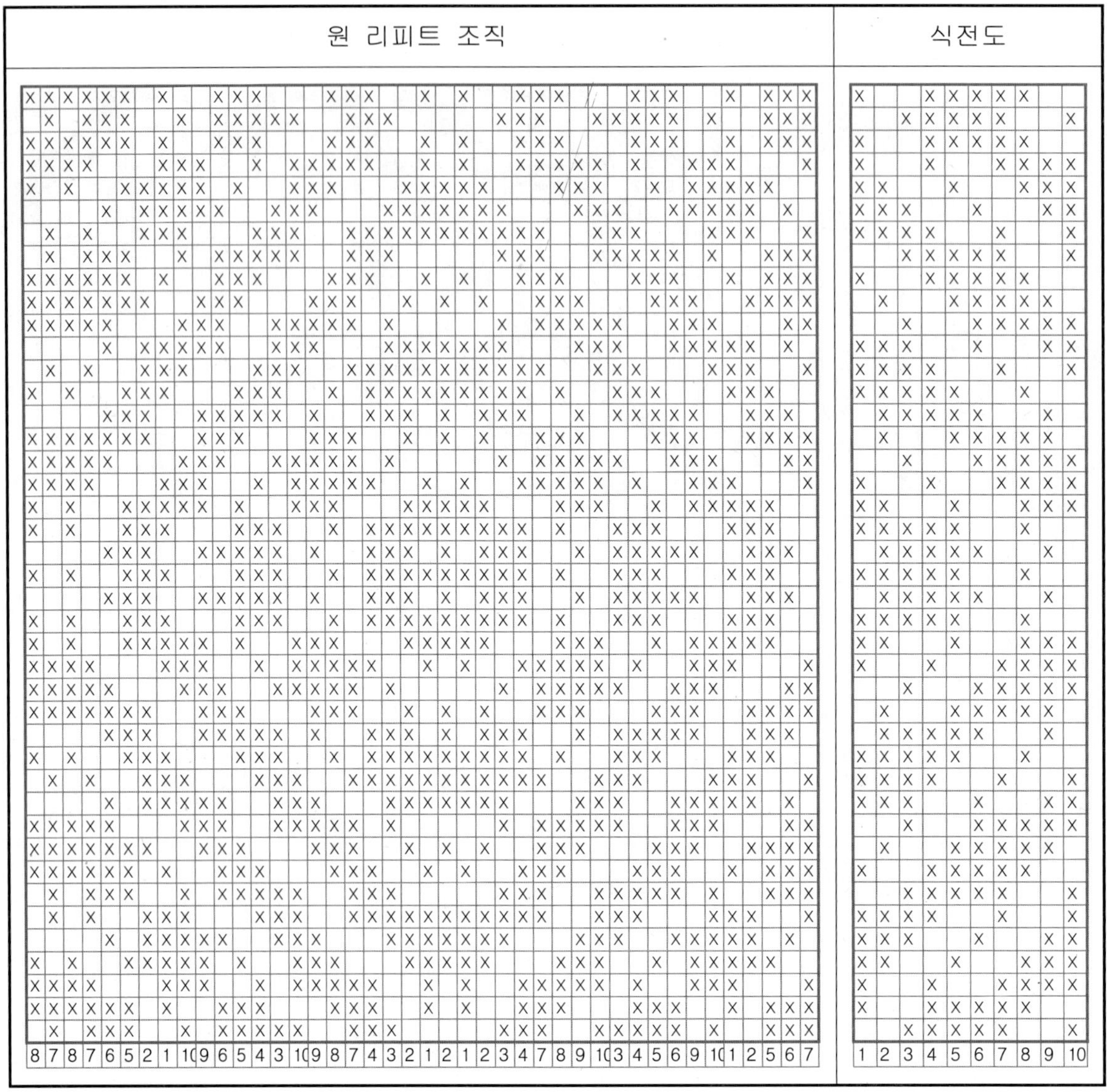

원 리피트 조직	식전도
8 7 8 7 6 5 2 1 10 9 6 5 4 3 10 9 8 7 4 3 2 1 2 1 2 3 4 7 8 9 10 3 4 5 6 9 10 1 2 5 6 7	1 2 3 4 5 6 7 8 9 10

③ 경통 순서를 선정한다.

8	7	8	7	6	5	2	1	10	9	6	5	4	3	10	9	8	7	4	3	2	1	2	1	2	3	4	7	8	9	10	3	4	5	6	9	10	1	2	5	6	7

④ 조직에 부합하는 용도를 결정한다.

⑤ 사용할 원사, 사용할 연수 등을 결정한다.

⑥ 설계서를 작성한다. (다음 페이지에 설계서 예시)

설 계 서

관리 No	161007-11
설계일자	2016 년 10 월 07 일

결 재			

O/N		가 공:	1000 Y
품 번		제 직:	1120 Y
품 명		정 경:	1230 Y
밀 도	경 사 30 D x 4 = 120	위 사	100
성 폭	66 ″ 생 지 64 ″	가 공	58 ″
총 본	7920 . 本	G C	T/
정 경	112 m 생 지 112 Y	가 공	100 Y
F P	Piece dyeing Finishing	SHR	12 %
F.WT	260 G/Y 9.18 OZ/Y	LOS	8 %
원 료	Polyester 100 %		

通 順

별 첨

	原 絲	染 色	製 織	加 工
生産DELI				
生 産 處				

변 사

사 종	번 수	색 상	총사량 (Kg)	W P	W F	합 계	연 수	원 료	비 고
A	162 D	R/White	171	15.97		15.97	S 1200	Polyester 150D/72F DTY SD	
						0			
B	162 D	R/White	68		6.08	6.08	S 1200	Polyester 150D/72F DTY SD	
C	162 D	R/White	68		6.08	6.08	Z 1200	Polyester 150D/72F DTY SD	
						0			
계				15.97	12.16	28.13			

배 열	경 사	A	all			0
						0
						0
						0
	위 사					0
		B	1			1
		C		1		1
						0
						2

* **Edge** : 4本 통입 좌우 20穴

Asia pacific 기술연구소

대구광역시 달서구 달구벌대로 226-20 http://moonho.net
T:010-7313-0216 F:053-587-4109 e-mail: app53@daum.net

161007-11 식전도 (42본)

1	2	3	4	5	6	7	8	9	10
X			X	X	X	X	X		
		X	X	X	X	X			X
X			X	X	X	X	X		
X			X			X	X	X	X
X	X			X			X	X	X
X	X	X			X			X	X
		X	X	X	X	X			X
X			X	X	X	X	X		
	X			X	X	X	X	X	
		X			X	X	X	X	X
X	X	X			X			X	X
X	X	X	X			X			X
X	X	X	X	X			X		
		X	X	X	X	X			X
X			X	X	X	X	X		
	X			X	X	X	X	X	
		X			X	X	X	X	X
X	X	X			X			X	X
X	X	X	X			X			X
X	X	X	X	X			X		
		X			X	X	X	X	X
X			X			X	X	X	X
X	X			X			X	X	X
X	X	X	X	X			X		
	X	X	X	X	X			X	
X	X	X	X	X			X		
	X	X	X	X	X			X	
X			X			X	X	X	X
X	X			X			X	X	X
X	X	X			X			X	X
X	X	X	X			X			X
	X			X	X	X	X	X	
	X	X	X	X	X			X	
X	X	X	X	X			X		
X	X	X	X			X			X
X	X	X			X			X	X
		X			X	X	X	X	X
	X			X	X	X	X	X	
X			X	X	X	X	X		
		X	X	X	X	X			X
X			X	X	X	X	X		
		X	X	X	X	X			X

161007-11 경통 순서 (42본)

8	7	8	7
6	5	2	1
10	9	6	5
4	3	10	9
8	7	4	3
2	1	2	1
2	3	4	7
8	9	10	3
4	5	6	9
10	1	2	5
6	7		

제2장   직물조직 작도법

01. 조직추가 작도법

  조직추가 작도법은 일반적인 조직에 직점을 추가하여 유도하는 조직이다. 주자조직(Satin weave)은 조직 원 리피트 중, 직점의 수가 최소이고 직점의 거리가 최대인 조직이다. 주자조직을 Motive로 설정하면 추가의 영역이 넓어져 조직 유도가 더욱 효율적이다.
  여기서는 주자조직(Satin)을 Motive로 이용하여 새로운 영역의 직물조직을 유도하여 보았다. 아래의 각각 그림에서 상단은 조직에 직점을 추가하는 방법이고, 하단은 완성된 조직의 효과도이다.

1) 5매 주자조직을 Motive로 설정하여 유도조직 3종을 작도한 예이다.

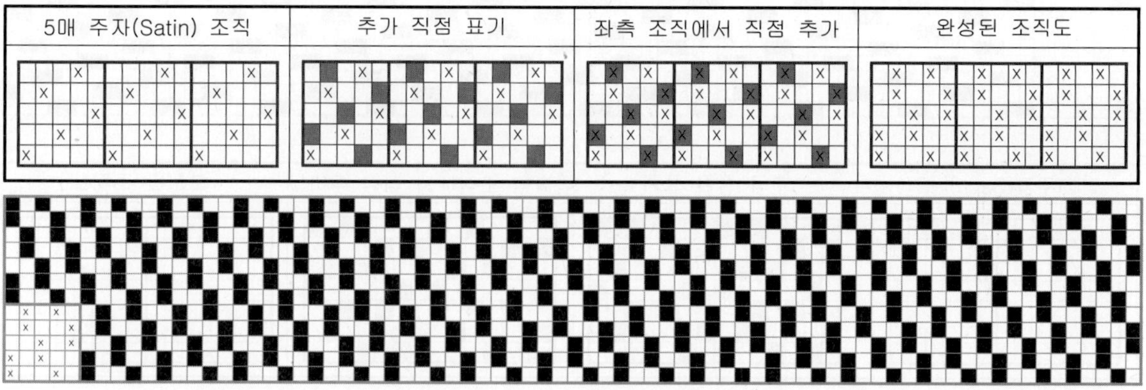

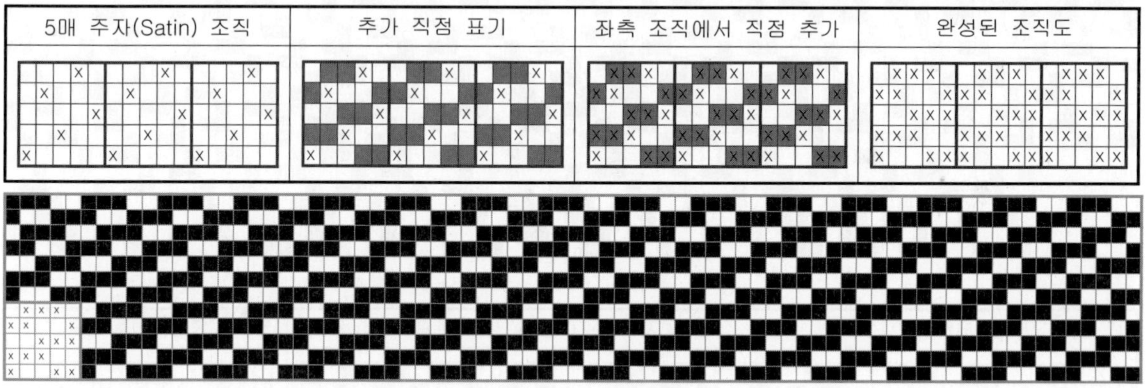

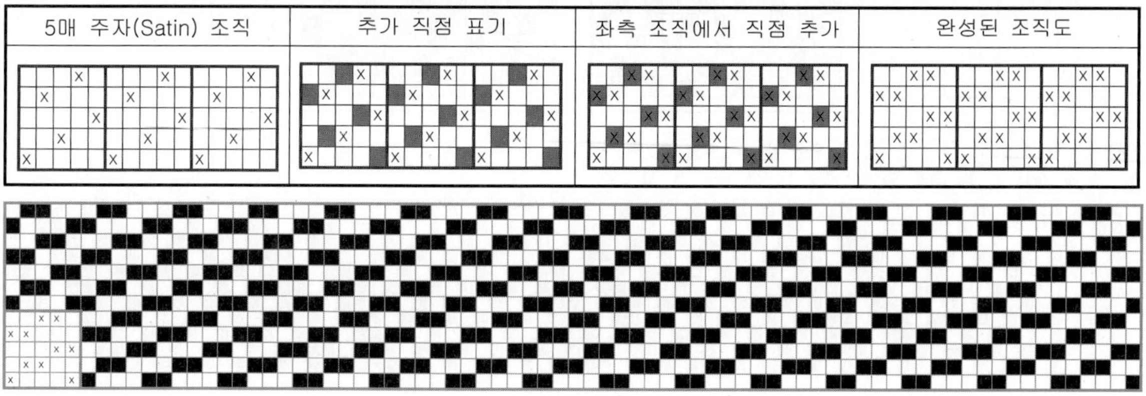

5매 주자(Satin) 조직	추가 직점 표기	좌측 조직에서 직점 추가	완성된 조직도

5매 주자(Satin) 조직	추가 직점 표기	좌측 조직에서 직점 추가	완성된 조직도

5매 주자(Satin) 조직	추가 직점 표기	좌측 조직에서 직점 추가	완성된 조직도

2) 7매 주자조직을 Motive로 설정하여 유도조직 3종을 작도한 예이다.

7매 주자(Satin) 조직	추가 직점 표기	좌측 조직에서 직점 추가	완성된 조직도

7매 주자(Satin) 조직	추가 직점 표기	좌측 조직에서 직점 추가	완성된 조직도

7매 주자(Satin) 조직	추가 직점 표기	좌측 조직에서 직점 추가	완성된 조직도

3) 8매 주자조직을 Motive로 설정하여 유도조직 6종을 작도한 예이다.

| 8매 주자(Satin) 조직 | 추가 직점 표기 | 좌측 조직에서 직점 추가 | 완성된 조직도 |

| 8매 주자(Satin) 조직 | 추가 직점 표기 | 좌측 조직에서 직점 추가 | 완성된 조직도 |

| 8매 주자(Satin) 조직 | 추가 직점 표기 | 좌측 조직에서 직점 추가 | 완성된 조직도 |

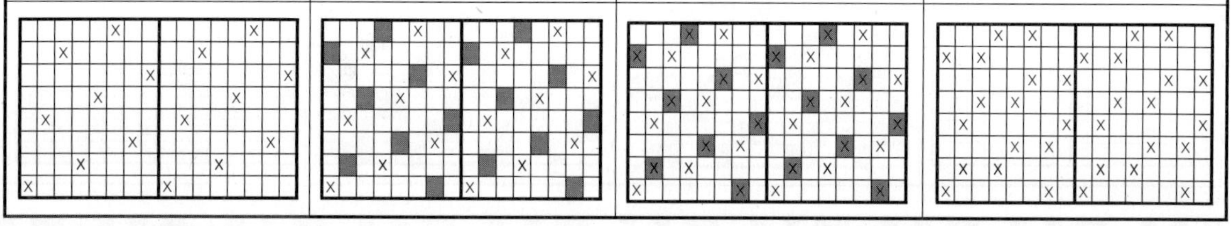

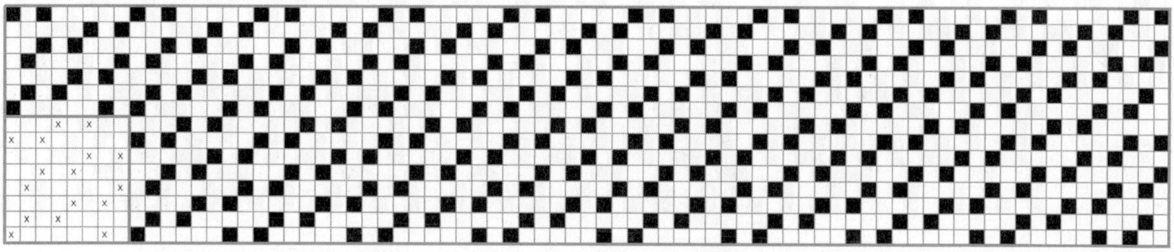

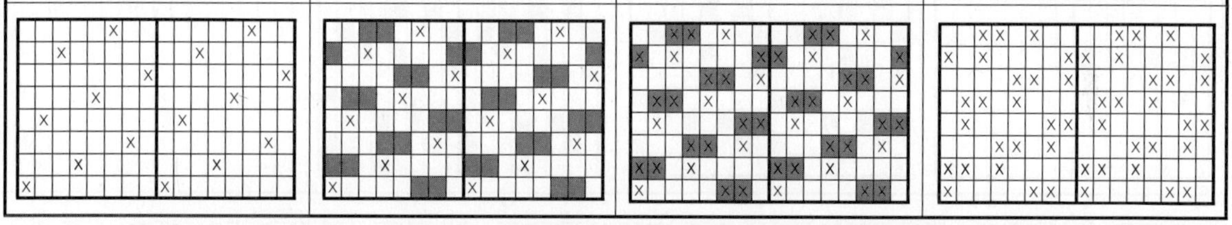

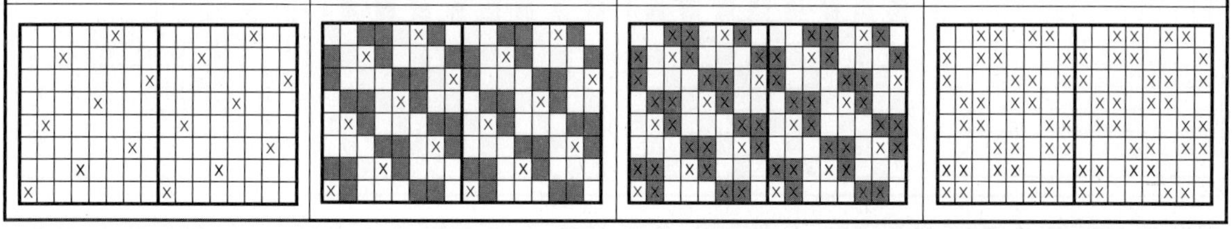

8매 주자(Satin) 조직 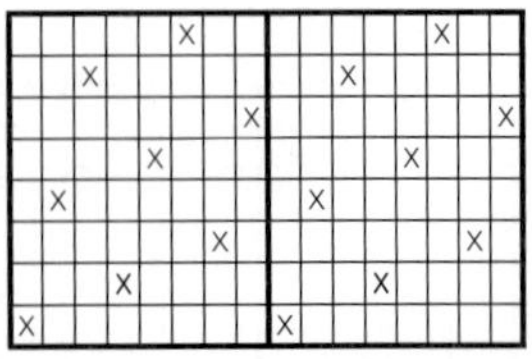	추가 직점 표기 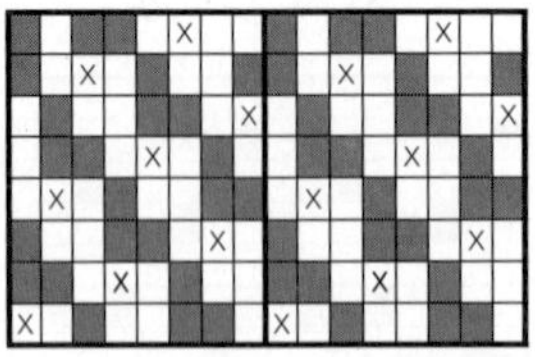	좌측 조직에서 직점 추가 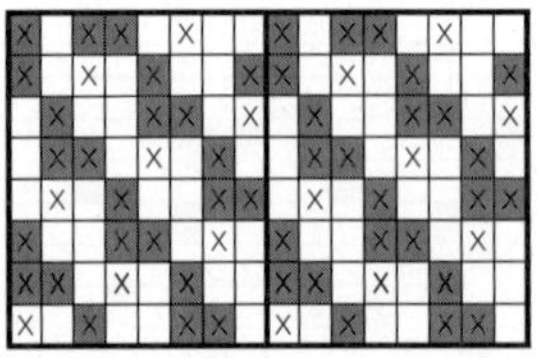	완성된 조직도 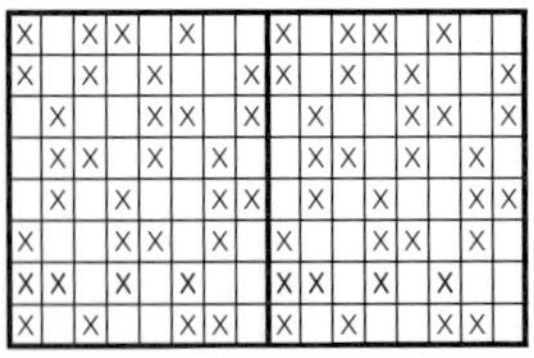

8매 주자(Satin) 조직 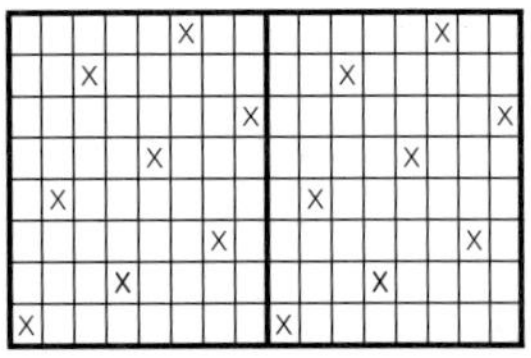	추가 직점 표기 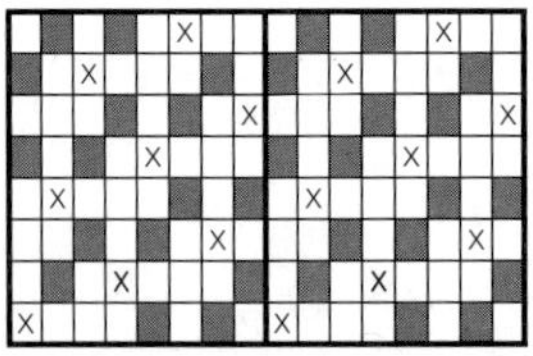	좌측 조직에서 직점 추가 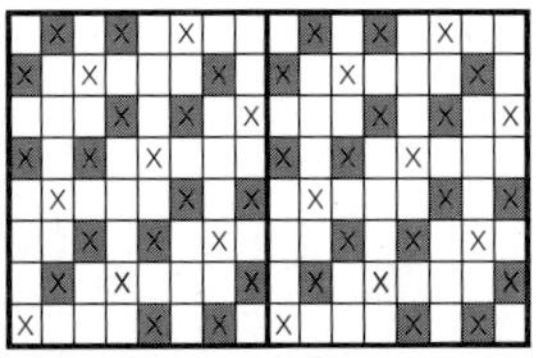	완성된 조직도 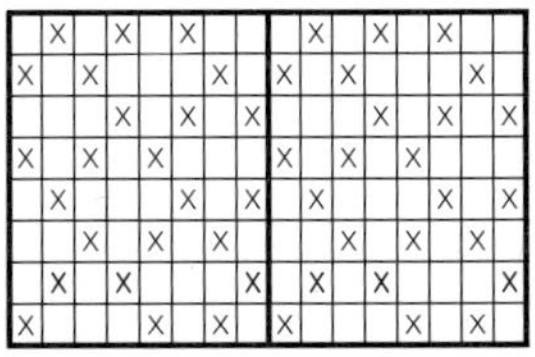

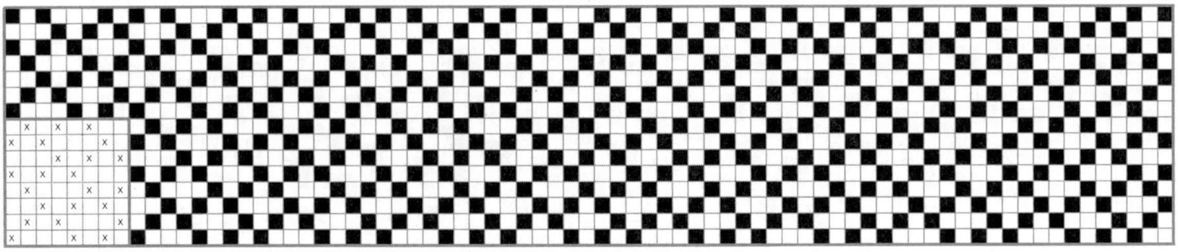

8매 주자(Satin) 조직 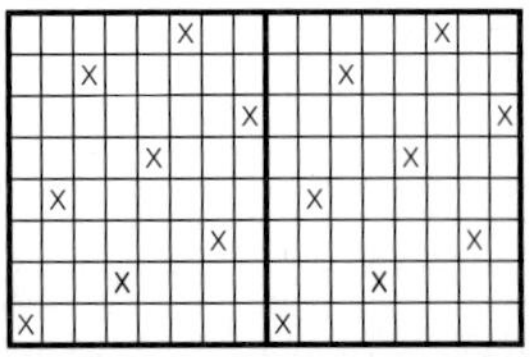	추가 직점 표기 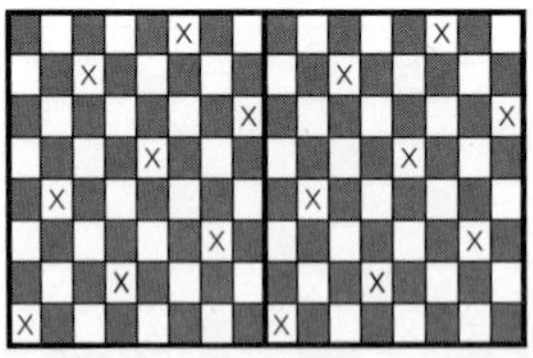	좌측 조직에서 직점 추가 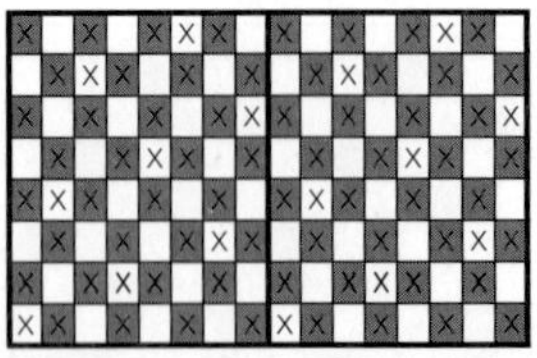	완성된 조직도 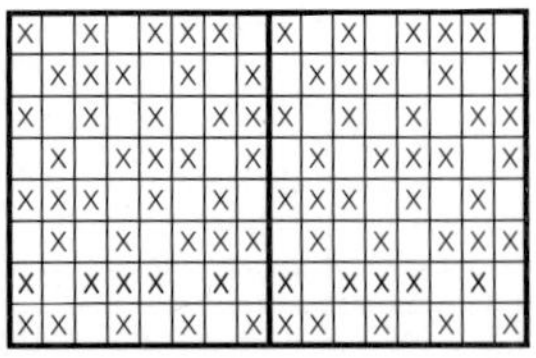

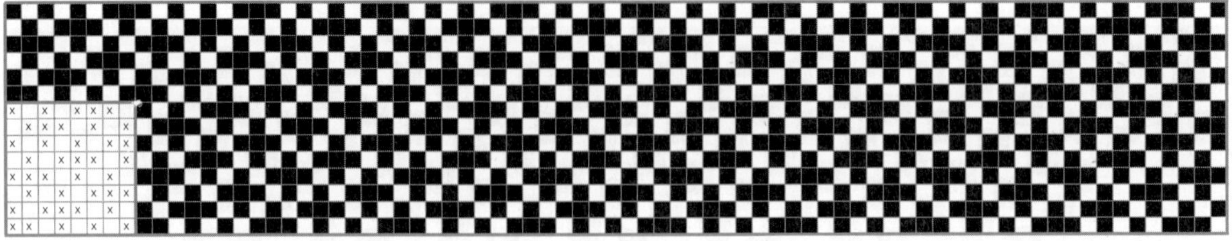

4) 9매 주자조직을 Motive로 설정하여 유도조직 3종을 작도한 예이다.

9매 주자(Satin) 조직	추가 직점 표기	좌측 조직에서 직점 추가	완성된 조직도

9매 주자(Satin) 조직	추가 직점 표기	좌측 조직에서 직점 추가	완성된 조직도

9매 주자(Satin) 조직	추가 직점 선정	추가 직점 표기	완성된 조직도

5) 10매 주자조직을 Motive로 설정하여 유도조직 6종을 작도한 예이다.

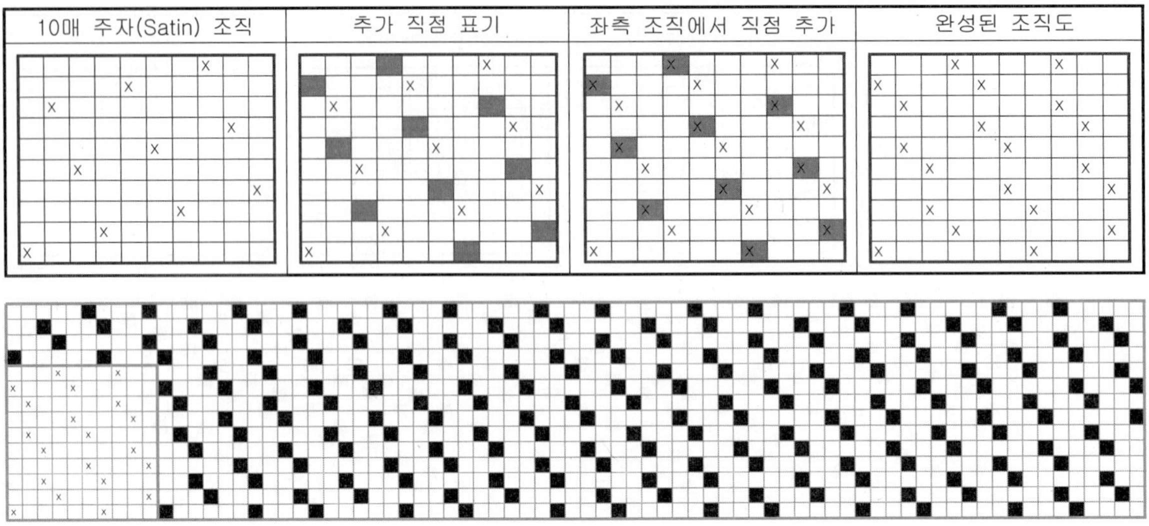

10매 주자(Satin) 조직
추가 직점 표기
좌측 조직에서 직점 추가
완성된 조직도

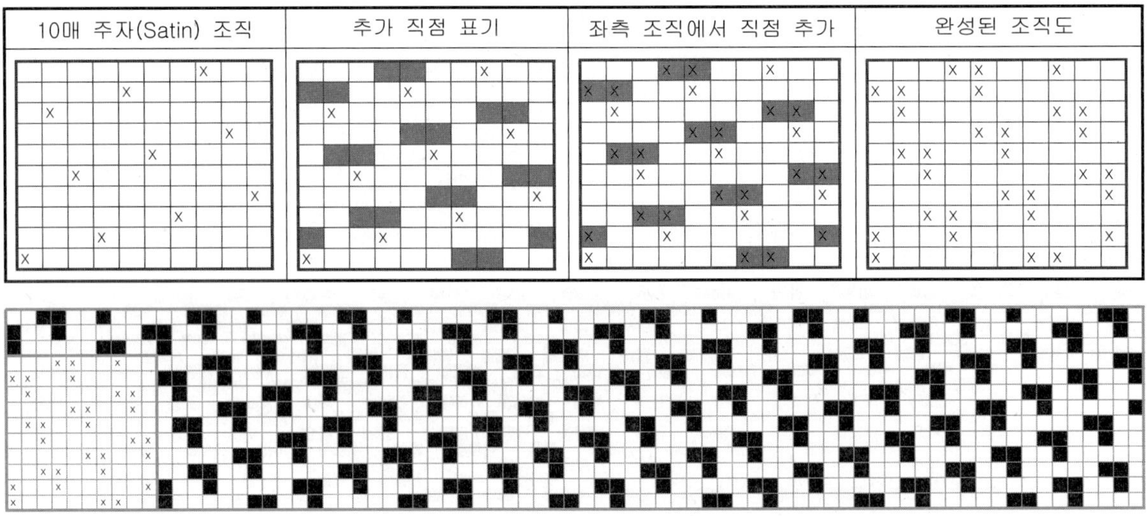

10매 주자(Satin) 조직
추가 직점 표기
좌측 조직에서 직점 추가
완성된 조직도

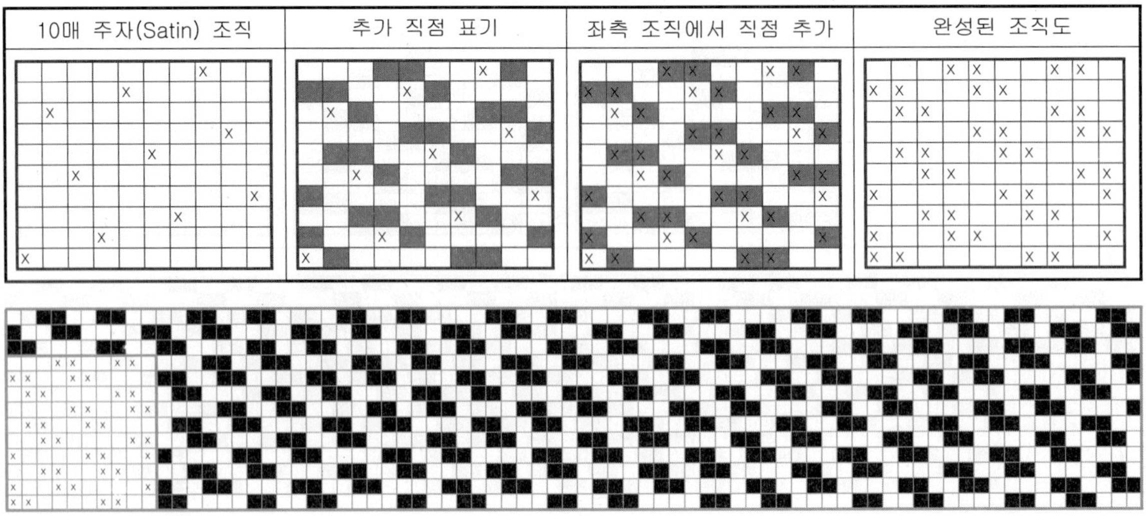

10매 주자(Satin) 조직
추가 직점 표기
좌측 조직에서 직점 추가
완성된 조직도

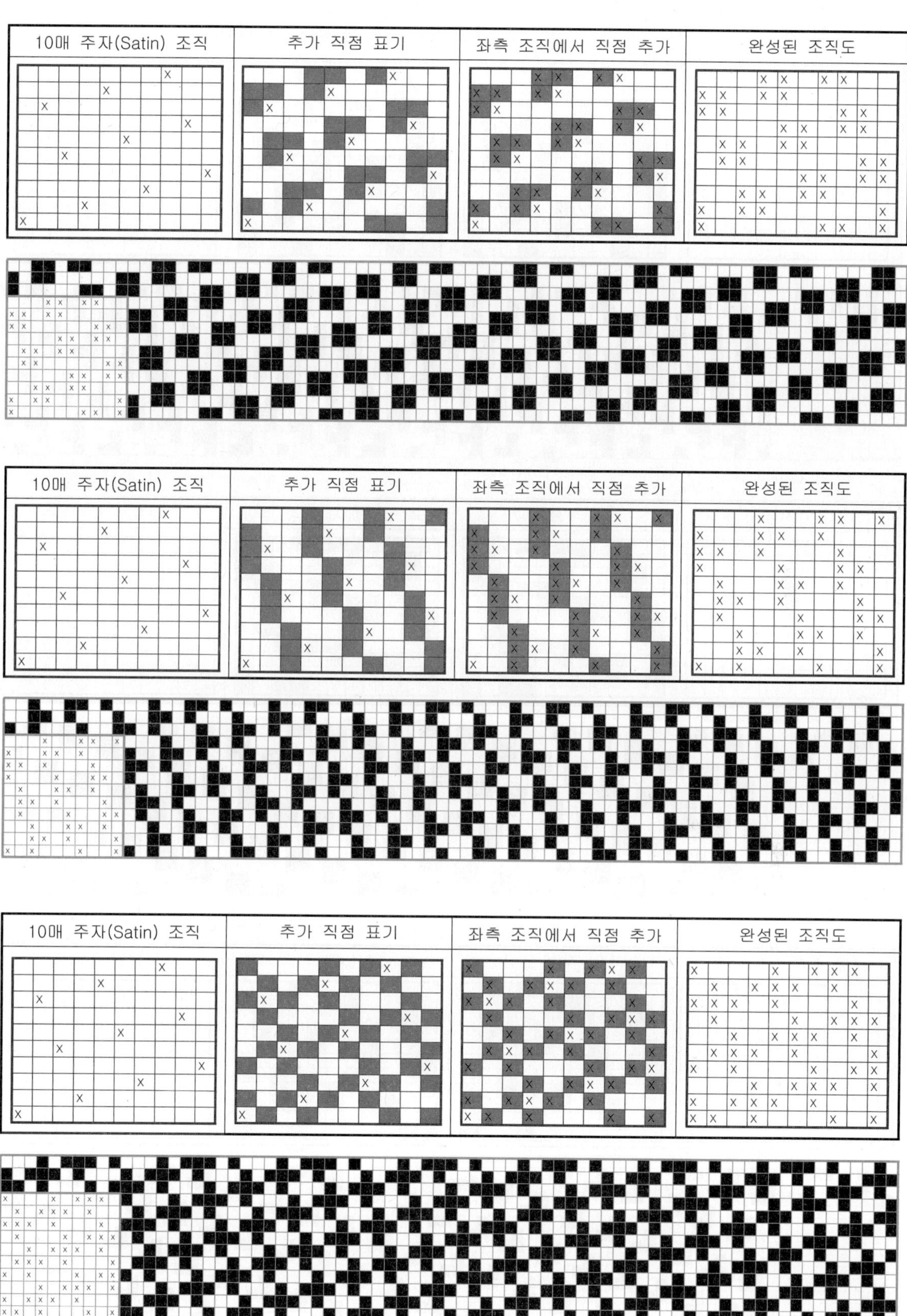

10매 주자(Satin) 조직
추가 직점 표기
좌측 조직에서 직점 추가
완성된 조직도
10매 주자(Satin) 조직
추가 직점 표기
좌측 조직에서 직점 추가
완성된 조직도
10매 주자(Satin) 조직
추가 직점 표기
좌측 조직에서 직점 추가
완성된 조직도

6) 11매 주자조직을 Motive로 설정하여 유도조직 3종을 작도한 예이다.

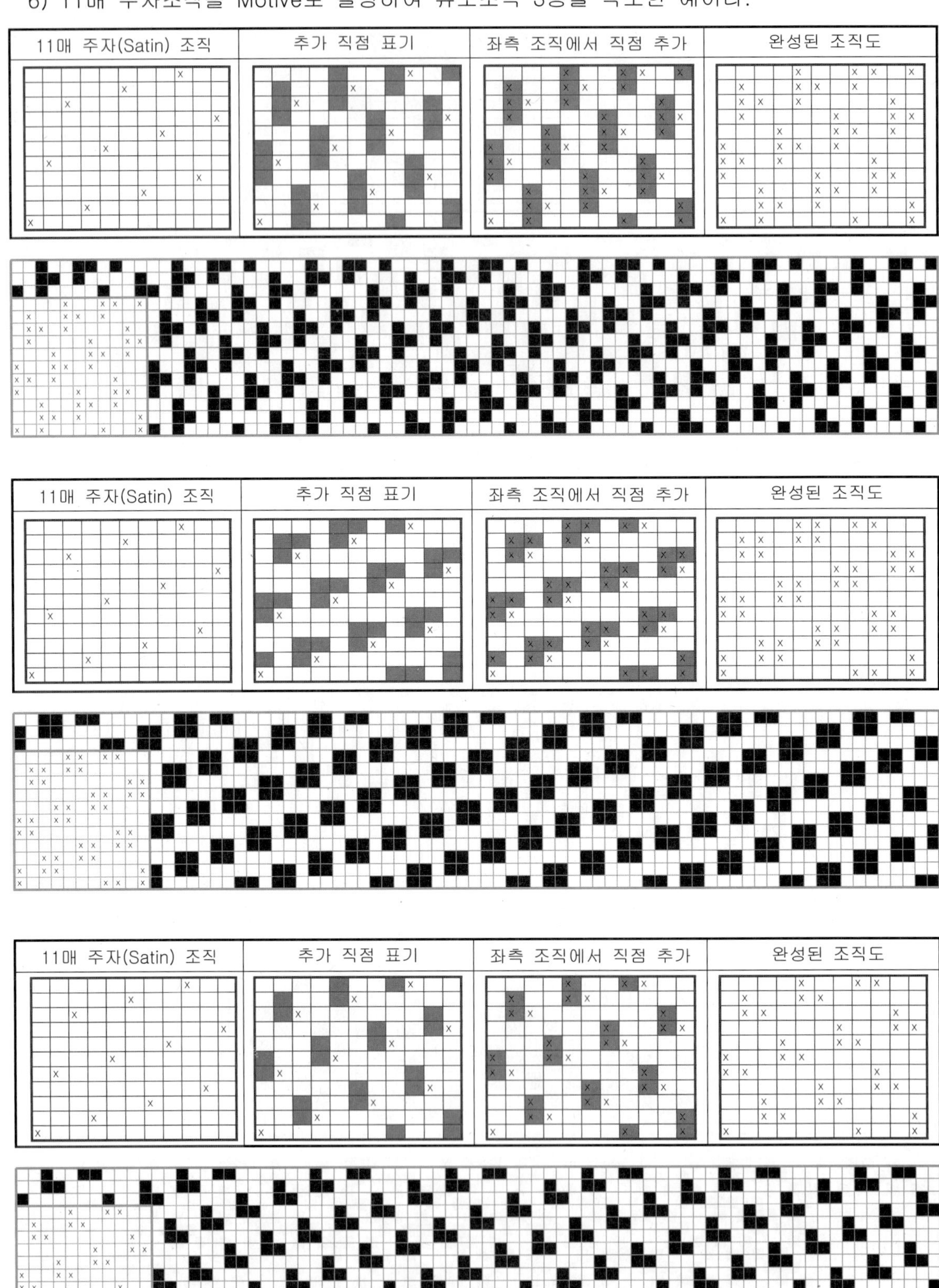

     제2장   조직추가 작도법

02. 조직반복 작도법

  다음의 방법은 기본조직을 작도한 후, 종광 매수를 늘리지 않으면서 Pattern size의 확대
가 필요할 때 조직을 반복하여, 필요한 Pattern size로 확대하는 작도법이다.

  1) 아래의 예는 종광 10매, 조직 원 리피트 18본 × 30본을, 조직반복 작도법으로 조직 원
리피트 34본 × 58본과 조직 원 리피트 50본 × 58본으로 확장한 조직이다.

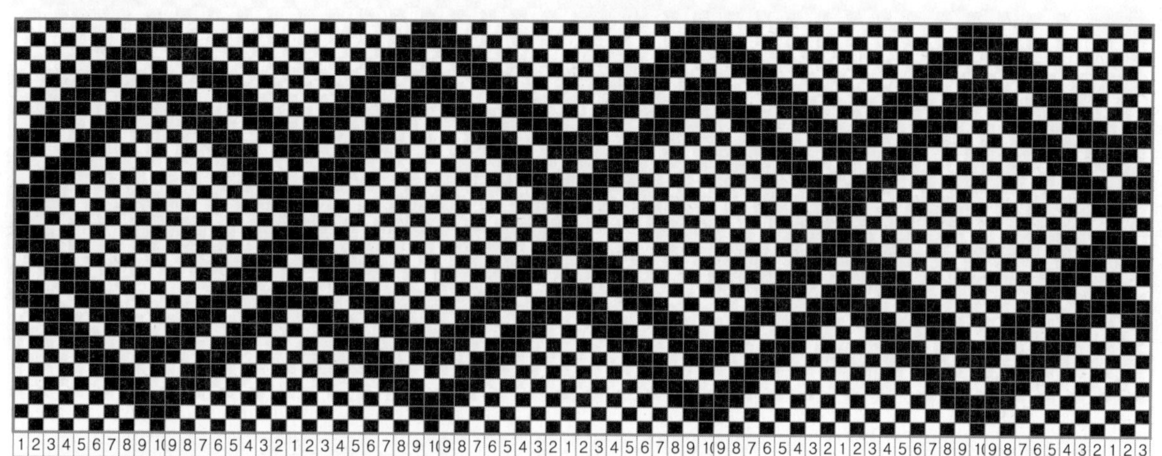

기본 Motive 조직. 종광 10매, 조직 원 리피트 18본 × 30본.

  Motive 조직에서 위사 2배 확장. 조직 원 리피트 18본 × 58본. 대칭 기준 지점은 조직의 중복으로
확장을 생략했다.

기본 Motive 조직에서 위사 2배 확장, 경사 1 2, 1 2. 3 4, 3 4……로 2반복 확장한 조직의 예.
(종광 10매, 조직 원 리피트 34본 × 58본)

기본 Motive 조직에서 위사 2배 확장, 경사 1 2, 1 2, 1 2. 3 4, 3 4, 3 4……로 3반복 확장한
조직의 예. 종광 10매, 조직 원 리피트 50본 × 58본.

2) 다음은 중첩 반복 확장 방법으로 조직 원 리피트 54본×58본과 조직 원 리피트 90본 ×58본으로 확장한 조직이다.

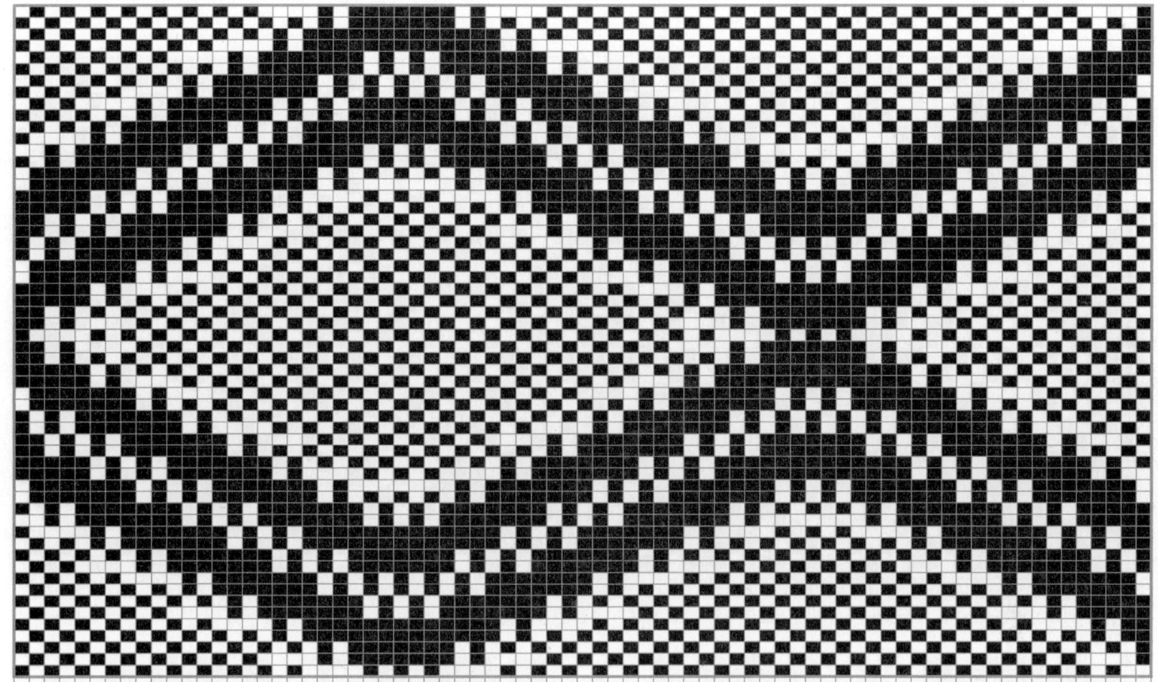

기본 Motive 조직에서 위사 2배 확장, 경사 1 2 3, 2 3 4. 3 4 5, 4 5 6……으로 2본 중첩 반복 확장한 조직의 예. 종광 10매, 조직 원 리피트 54본×58본.

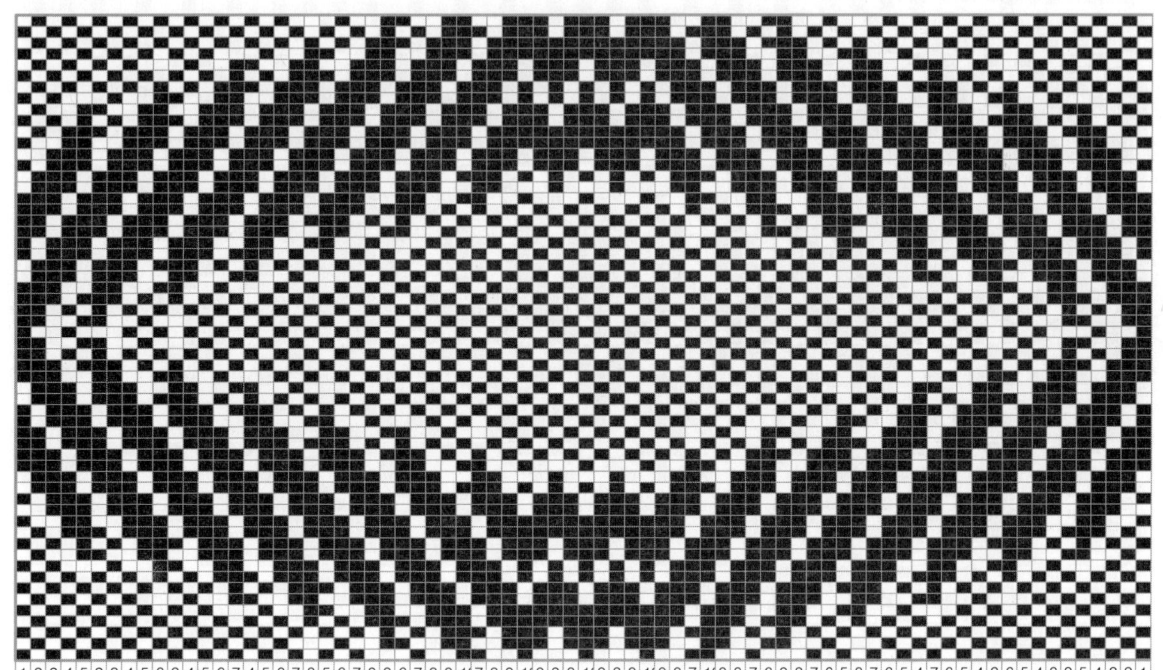

기본 Motive 조직에서 위사 2배 확장, 경사 1 2 3 4 5, 2 3 4 5 6. 3 4 5 6 7, 4 5 6 7 8……로 4본 중첩 반복 확장한 조직의 예. 종광 10매, 조직 원 리피트 90본×58본.

3) 다음은 종광 10매 조직 원 리피트 18본×30본 Motive 조직을, 조직반복 작도법으로 종광 10매로 유지하면서 조직 원 리피트 34본×58본과 조직 원 리피트 50본×58본으로 확장한 조직이다.

기본 Motive 조직. 종광 10매, 조직 원 리피트 18본×30본.

Motive 조직에서, 경사 2배로 확장한 조직. 대칭 기준 조직선은 조직의 중복으로 확장을 생략. 종광 10매, 조직 원 리피트 18본×58본.

기본 Motive 조직에서 위사 2배 확장 후, 경사 1 2, 1 2. 3 4, 3 4……로 2반복 확장한 조직의 예. 종광 10매, 조직 원 리피트 34본 × 58본.

기본 Motive 조직에서 위사 2배 확장, 경사 1 2, 1 2, 1 2. 3 4, 3 4, 3 4……로 3반복 확장한 조직의 예. 종광 10매, 조직 원 리피트 50본 × 58본

4) 다음은 중첩 반복하여 확장한 조직의 예이다. 조직 원 리피트 54본×58본, 조직 원 리피트 70본×58본.

기본 Motive 조직에서 위사 2배 확장, 경사 1 2 3, 2 3 4. 3 4 5, 4 5 6…… 으로 2본 중첩 반복 확장한 조직의 예. 종광 10매, 조직 원 리피트 54본×58본.

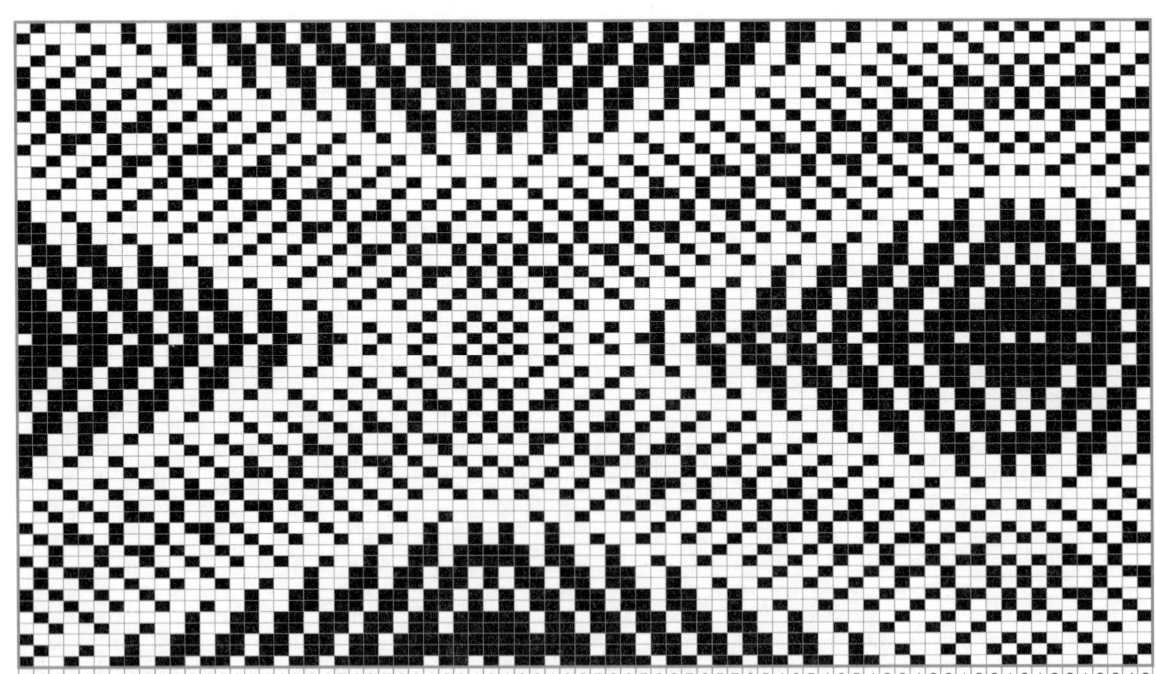

기본 Motive 조직에서 위사 2배 확장, 경사 1 2 3 4, 2 3 4 5. 3 4 5 6, 4 5 6 7……로 3본 중첩 반복 확장한 조직의 예. 종광 10매, 조직 원 리피트 70본×58본.

5) 다음 조직의 위는 Motive 조직으로 종광 12매 조직 원 리피트 18본×18본이고, 아래는 종광 12매를 고수하면서 조직반복 작도법으로 조직 원 리피트 36본×36본으로 확장한 조직이다.

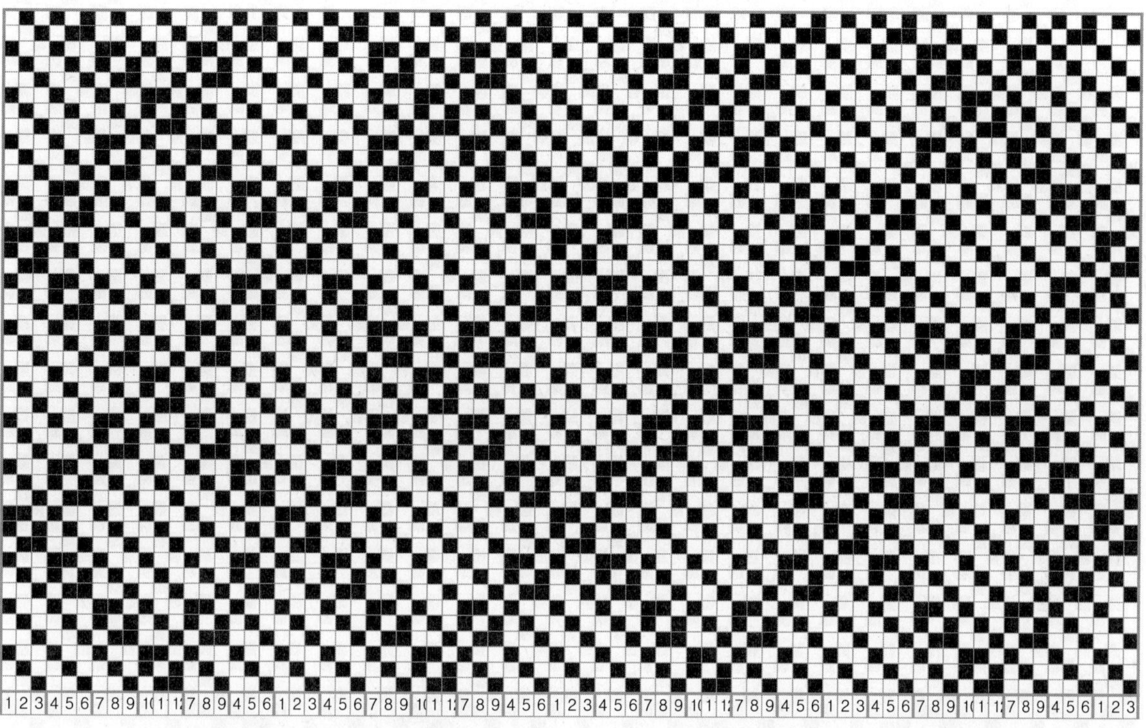

6) 다음은 종광 12매 Motive 조직을, 종광 12매로 유지하면서 조직 원 리피트 30본 × 30본으로 특정 부분만 반복 확장한 조직이다.

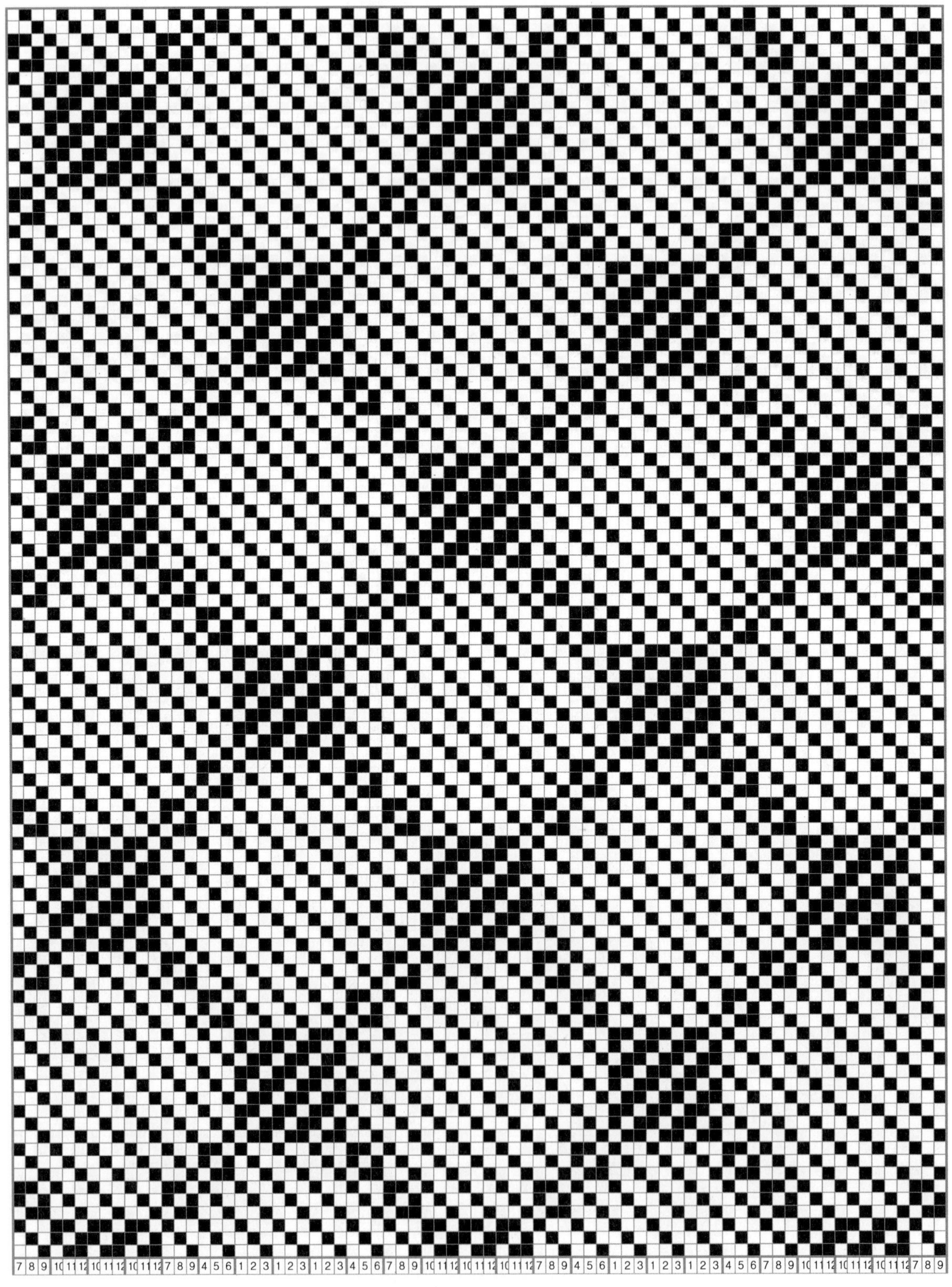

03. 조직병합 작도법

2개 이상의 조직을 합하면 새로운 병합조직이 생성된다. 조직병합에 따라 생성된 조직은 조직선 순차의 배열이 깨어져 입체감과 요철이 증대되고, 이중(2개)의 Twill line이 표출되는 새로운 조직을 형성한다.
단, 조직병합에 의한 작도법 중, Twill 조직의 위사방향 병합은 논리상 조직 형성이 불가능하다.

1) 2개의 Twill 조직을 비율 1:1로 취합한 병합조직.

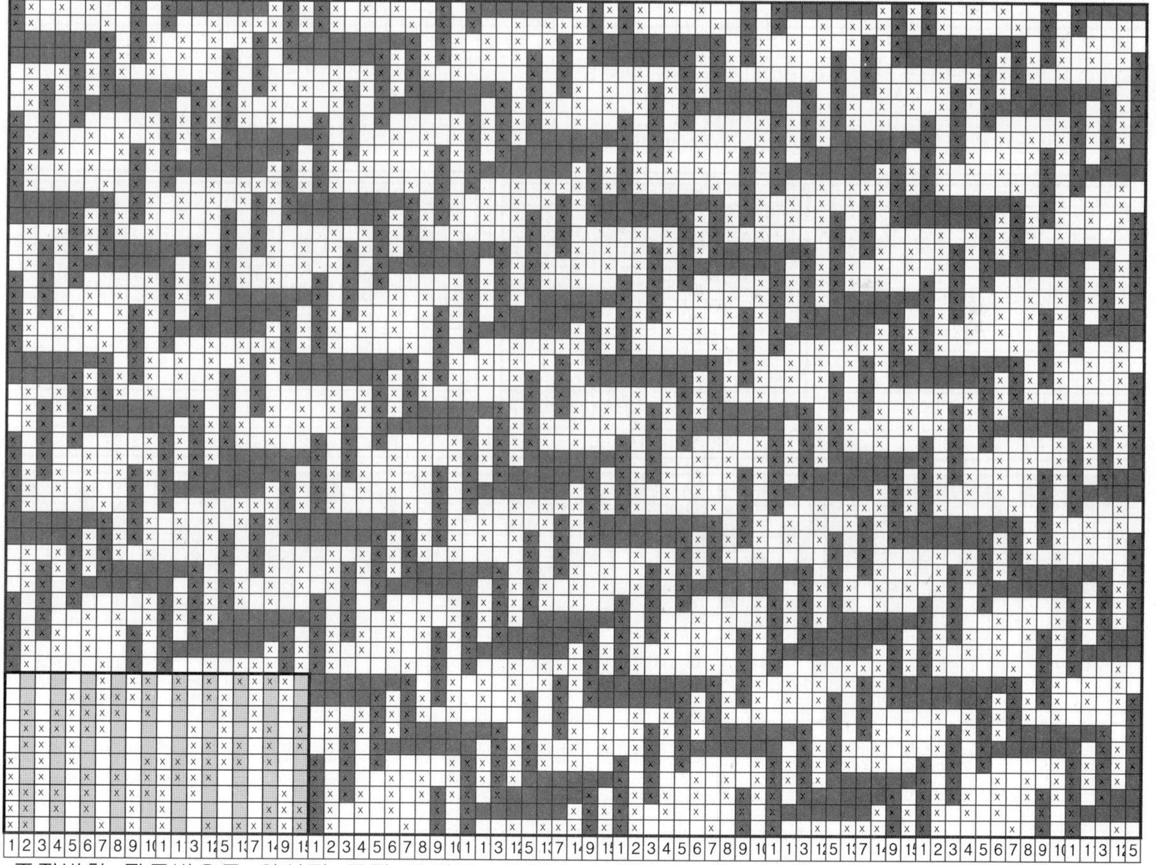

조직병합 작도법으로 완성된 조직 효과도. 요철과 입체감이 부각된 이중의 Twill line을 형성하는 조직. 종광 15매, 조직 원 리피트 20본 × 10본.

2) 조직 원 리피트 본수가 다른 2개의 Twill조직을 비율 1 : 1로 취합한 병합조직.

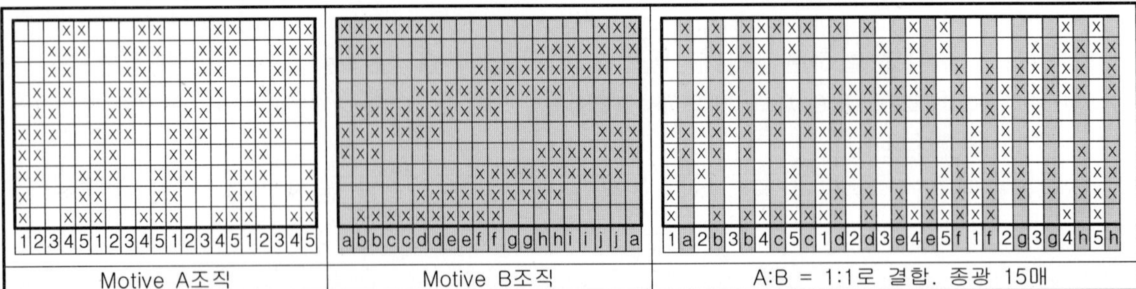

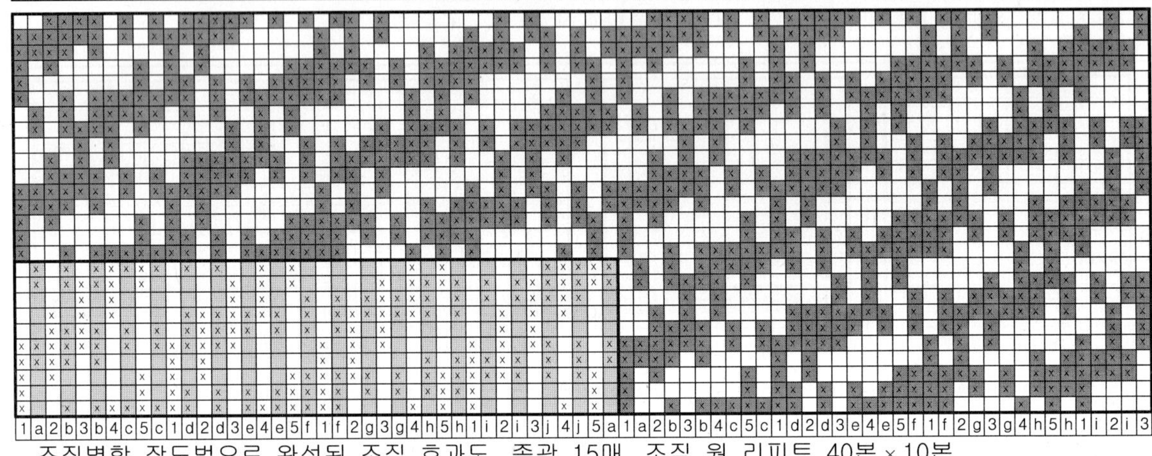

조직병합 작도법으로 완성된 조직 효과도. 종광 15매, 조직 원 리피트 40본 × 10본.

3) 조직 원 리피트 본수가 다른 2개의 Twill조직을 비율 1 : 1로 취합한 병합조직.

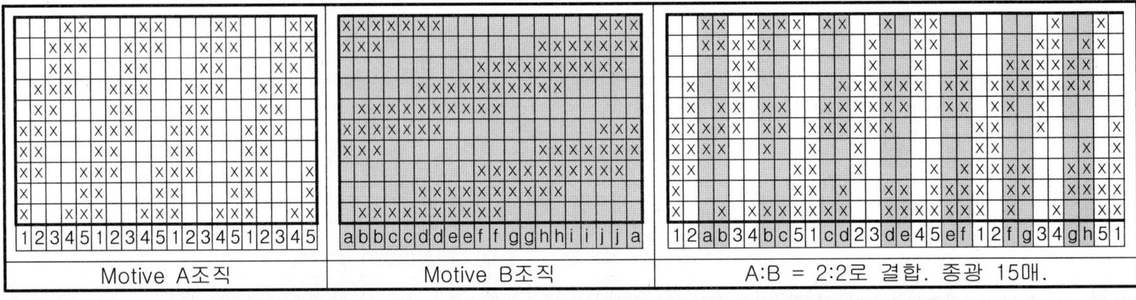

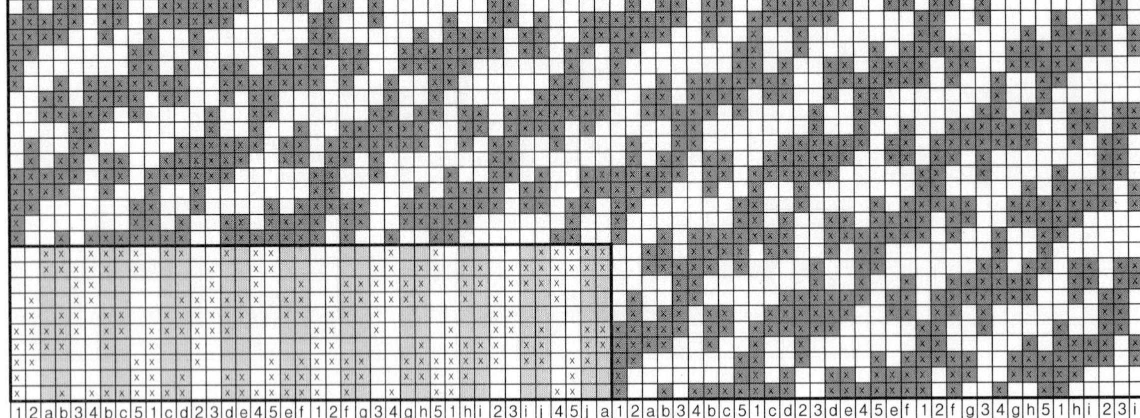

조직병합 작도법으로 완성된 조직 효과도. 종광 15매, 조직 원 리피트 40본 × 10본.

4) 조직 원 리피트 본수가 다른 2개의 Twill조직을 비율 2 : 1로 취합한 병합조직.

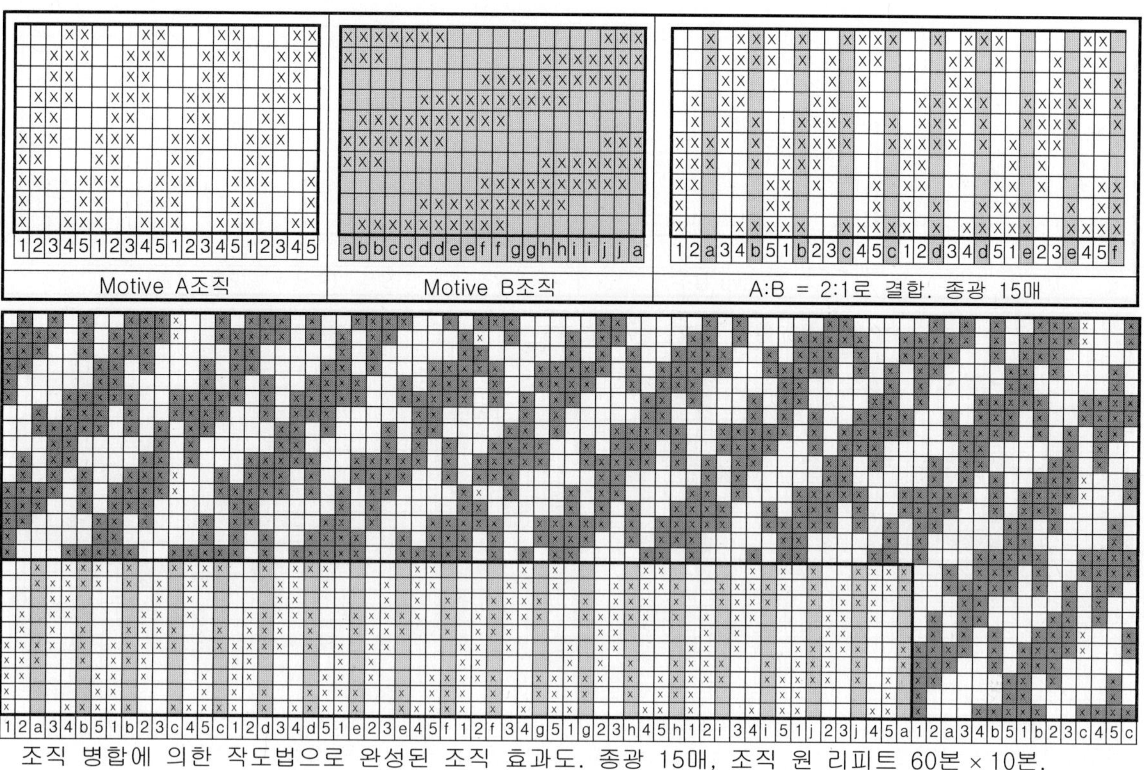

조직 병합에 의한 작도법으로 완성된 조직 효과도. 종광 15매, 조직 원 리피트 60본 × 10본.

5) 조직 유도법으로 생성된 2개의 Twill조직을 비율 1 : 1로 취합한 병합조직.

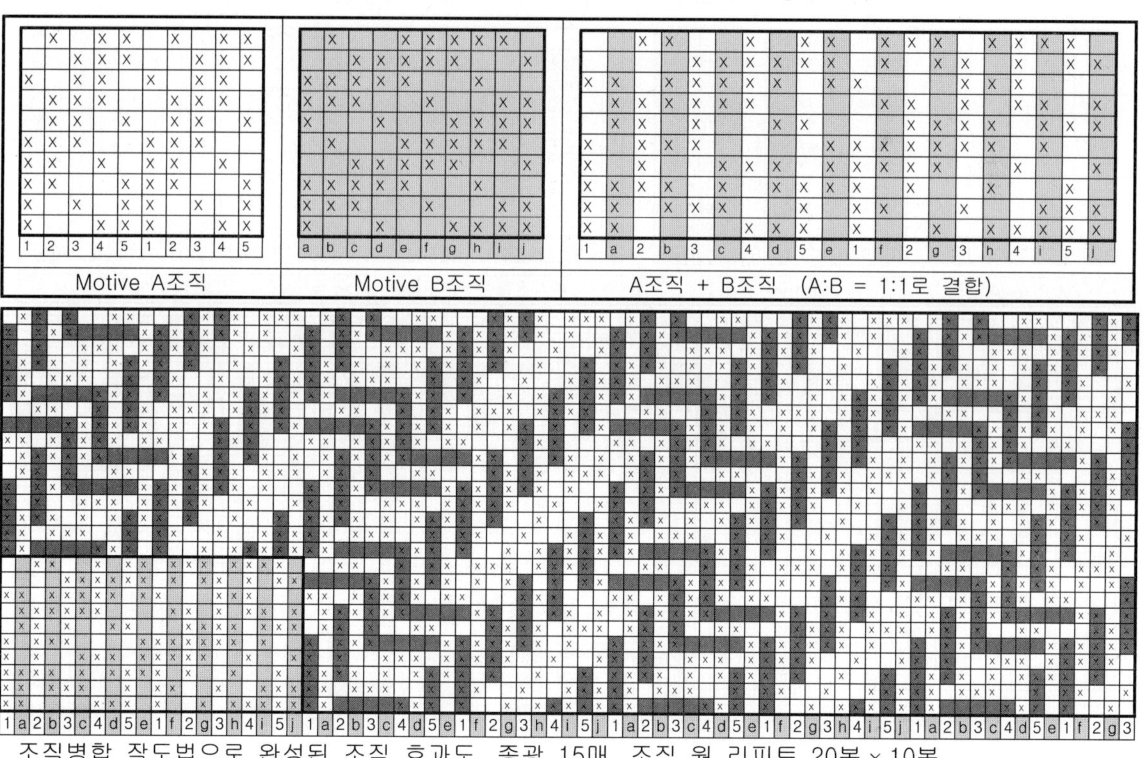

조직병합 작도법으로 완성된 조직 효과도. 종광 15매, 조직 원 리피트 20본 × 10본.

6) 조직 유도법으로 생성된 2개의 Twill조직을 비율 2 : 2로 취합한 병합조직.

| Motive A조직 | Motive B조직 | A조직 + B조직 (A:B = 2:2로 결합) |

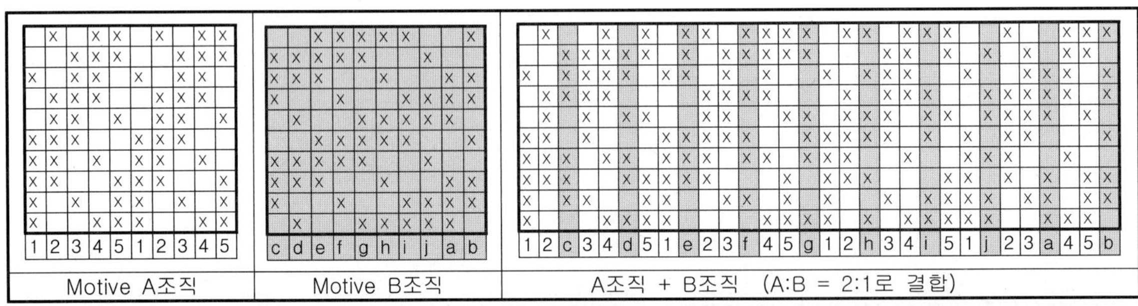

조직병합 작도법으로 완성된 조직 효과도. 종광 15매, 조직 원 리피트 20본 × 10본.

7) 조직 유도법으로 생성된 2개의 Twill조직을 비율 2 : 1로 취합한 병합조직.

| Motive A조직 | Motive B조직 | A조직 + B조직 (A:B = 2:1로 결합) |

조직병합 작도법으로 완성된 조직 효과도. 종광 15매, 조직 원 리피트 30본 × 10본.

8) Motive 조직 2개를 위사 방향으로 비율 1 : 1로 취합한 병합조직.

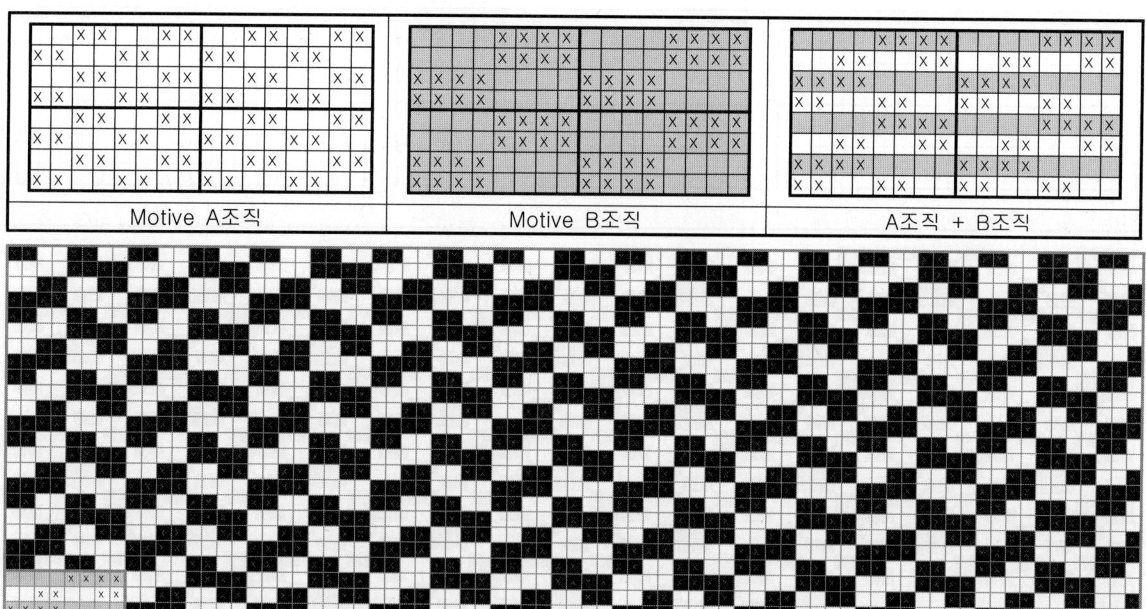

Motive A조직 　　　　　　Motive B조직 　　　　　　A조직 + B조직

Motive A조직과 Motive B조직을 위사 방향으로 1 : 1 취합한 조직 효과도. 종광 4매,
조직 원 리피트 8본 × 8본.

9) Motive 조직 2개를 위사 방향으로 비율 2 : 2로 취합한 병합조직.

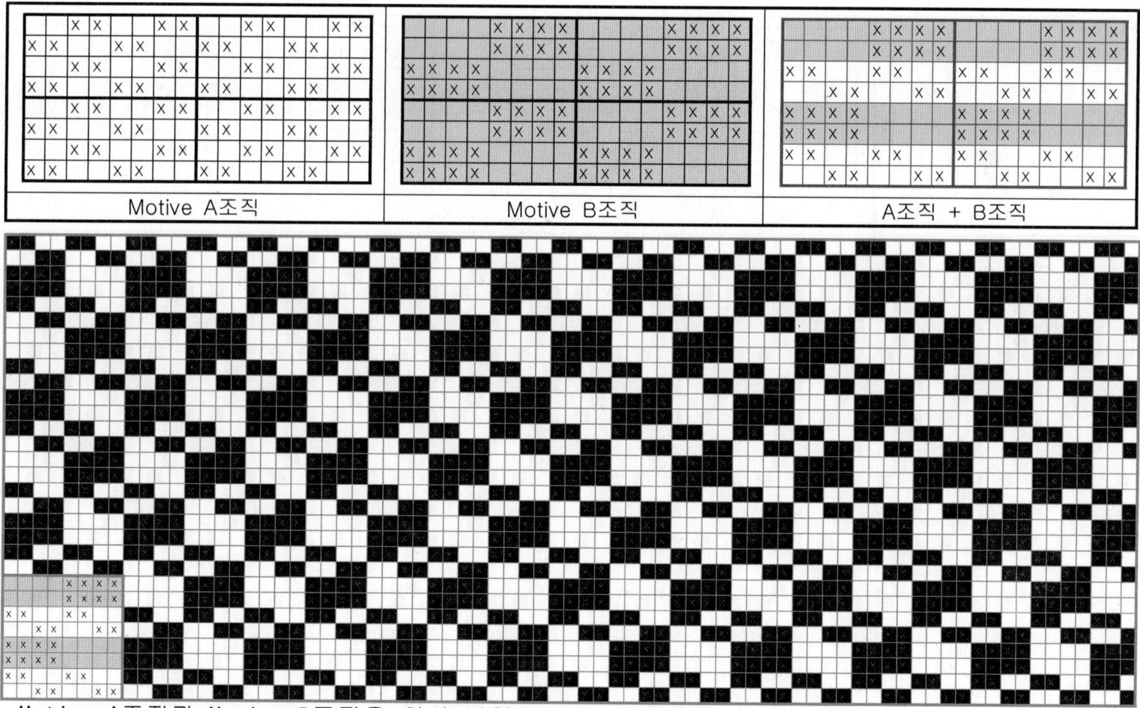

Motive A조직 　　　　　　Motive B조직 　　　　　　A조직 + B조직

Motive A조직과 Motive B조직을 위사 방향으로 2 : 2 취합한 조직 효과도. 종광 4매,
조직 원 리피트 8본 × 8본.

10) Motive 조직 2개를 위사 방향으로 비율 4:4로 구획 취합한 병합조직.

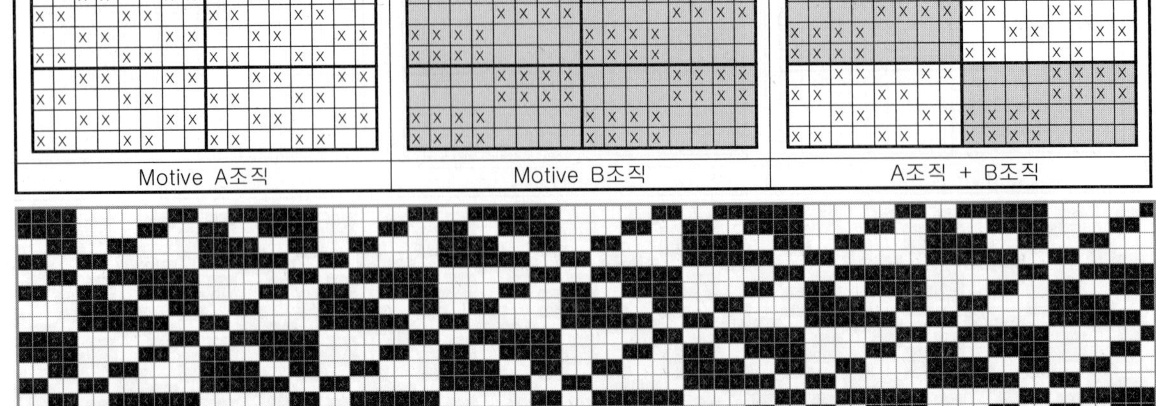

| Motive A조직 | Motive B조직 | A조직 + B조직 |

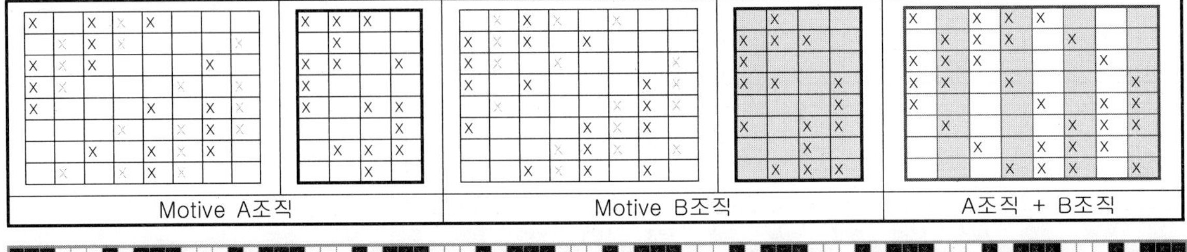

Motive A조직과 Motive B조직을 위사 방향으로 4 : 4 취합, 경사 방향으로 8 : 8 취합한 조직.
종광 8매, 조직 원 리피트 16본 × 8본.

11) 조직 유도법으로 생성된 2개의 조직을 경사 방향으로 비율 1:1로 취합한 병합조직.

| Motive A조직 | Motive B조직 | A조직 + B조직 |

조직삭제 작도법으로 유도한 2차 조직인, Motive A조직과 Motive B조직을 경사 방향 1 : 1 비율로
취합하여 완성한 조직. 종광 8매, 조직 원 리피트 8본 × 8본.

12) 조직 유도법으로 생성된 2개의 조직을 경사 방향으로 비율 2:2로 취합한 병합조직.

Motive A조직	Motive B조직	A조직 + B조직

　조직삭제 작도법으로 유도한 2차 조직인, Motive A조직과 Motive B조직을 경사 방향 2 : 2 비율로 취합하여 완성된 조직. 종광 8매, 조직 원 리피트 8본 × 8본.

13) 조직 유도법으로 생성된 2개의 조직을 경사 방향으로 비율 3 : 3으로 취합한 병합조직.

Motive A조직	Motive B조직	A조직 + B조직

　조직삭제 작도법으로 유도한 2차 조직인, Motive A조직과 Motive B조직을 경사 방향 3 : 3으로 취합하여 완성된 조직. 종광 8매, 조직 원 리피트 24본 × 8본.

14) Motive 조직 2개를 위사 방향으로 병합 비율 1:1로 취합한 병합조직.

<table>
<tr><td>Motive A조직</td><td>Motive B조직</td><td>A조직 + B조직</td></tr>
</table>

 Motive A조직과 Motive B조직을 위사 방향으로 1:1 취합. 종광 10매, 조직 원 리피트 10본 × 20본. 이것은 위이중직이다.

04. 주자조직 작도법

직물조직 유도 기법이나 추가 삭제의 논리에서 보면, 삼원조직(평직, 능직, 주자직)의 개념은 존재하지 않는다. 모든 조직은 서로 공유하면서 호환성을 가진다. 그러므로 삼원조직이라는 것은 본서에서 말하는 여러 기법에 따른 '형태의 변형'으로 볼 수 있다.

평직은 1개의 교차 도수를 가진 좌상과 우상의 방향을 공유한 Twill이며, 조직점의 일부를 삭제하면 일반적인 능직(Twill), 주자직(Satin)으로 전환한다. 주자직(Satin weave) 또한 조직 추가 기법을 적용하면 능직, 평직으로 환원된다는 것을 알 수 있다.

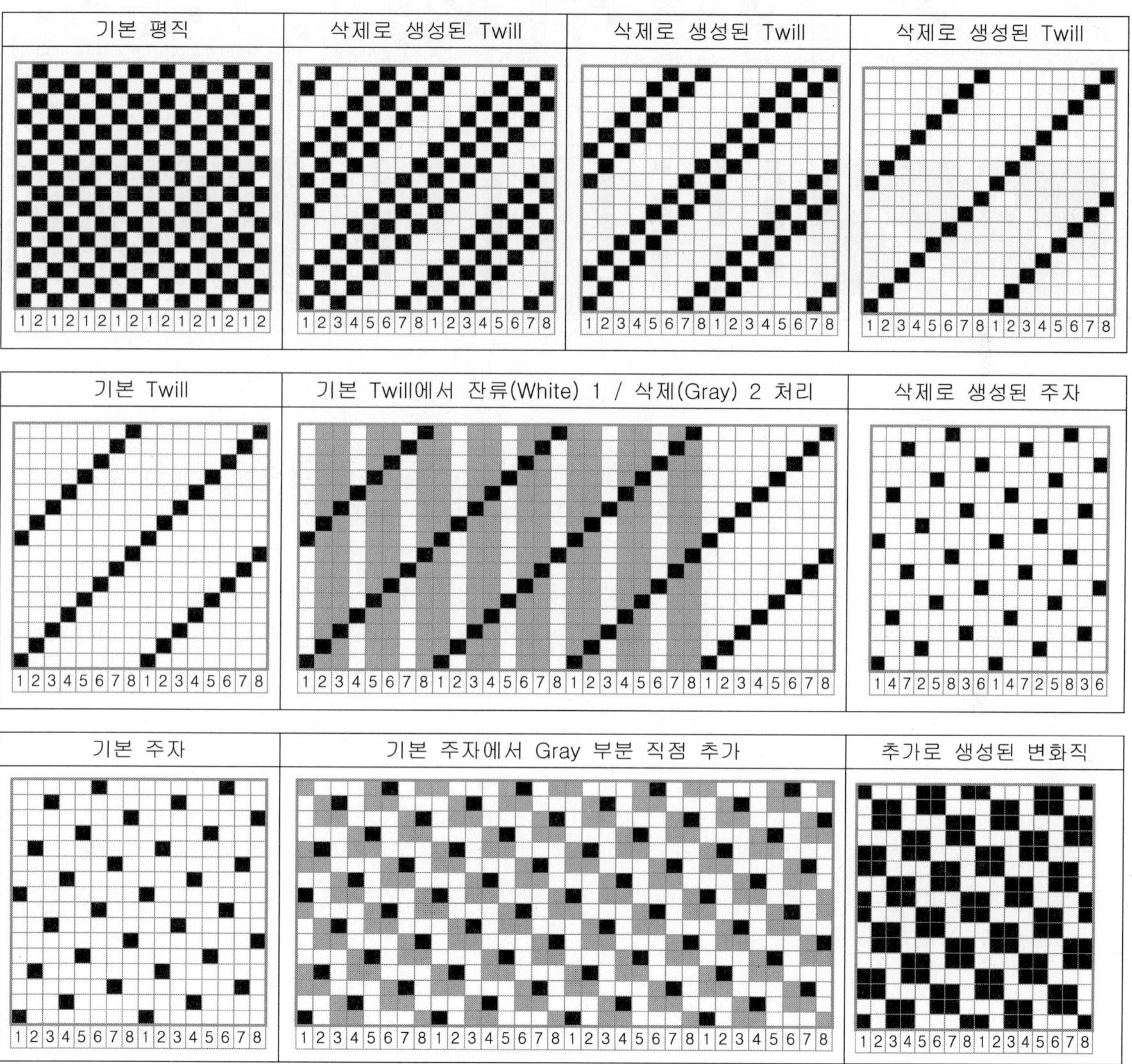

이번 장에서 제시하는 새로운 개념의 [주자조직 작도법]은 기존의 작도법에 비하여 논리의 이해가 쉽고 작도의 범위가 넓다.

주자조직의 비수(Count step)를 이용한 조직의 작도가 아닌, 제1장의 직물조직 유도법에 따른 논리를 적용한 주자조직의 작도법과 그에 따른 원리를 알아보기로 한다.

주자조직(Satin weave)은 조직 원 리피트 내에 직점의 노출 격차가 최대이며, 조직점의 Up down의 반복 회수가 최소이고, 각 조직점의 거리가 최대인 조직이다.
그러므로 Motive twill을 선정할 때, Up Down이 최대 혹은 최소인 Twill로 결정하는 것이 효과적인 주자조직 형성을 도출하게 된다. 아래는 그 예시이다.

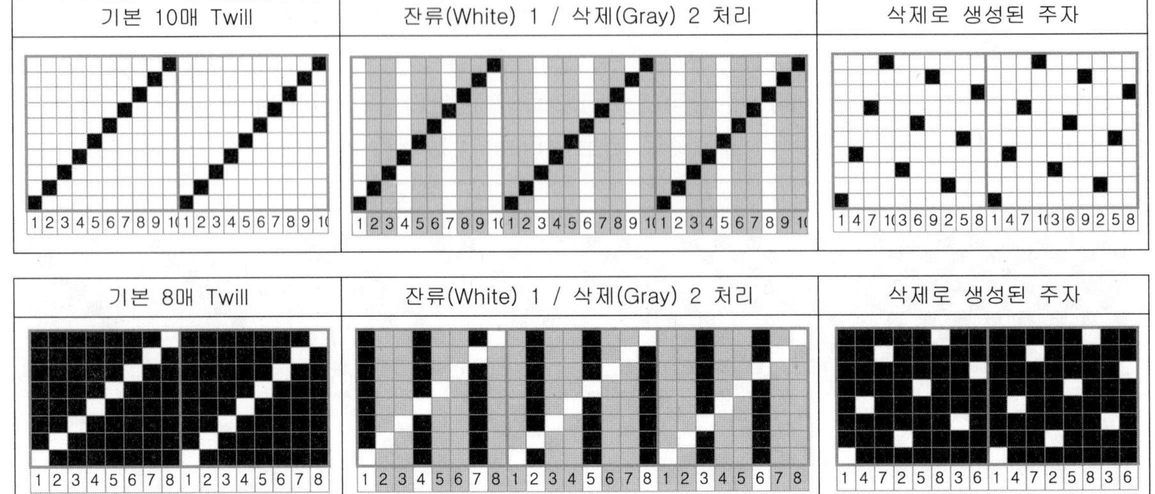

다음은 직물조직 유도기법으로 주자조직(Satin weave)을 작도하는 논리의 설명이다.

* 작도에서, 잔류본수와 삭제본수를 합한 수와 Motive 조직 원 리피트 본수의 최소공배수가 삭제를 포함한 2차 생성조직의 조직 원 리피트 본수가 된다.

* 잔류본수와 삭제본수의 합이 Motive조직 본수를 2로 나눈 수와 동일할 때, 그 수를 기준으로 생성되는 주자조직은 대칭을 이룬다. 결과의 수가 자연수(Motive 조직 원 리피트 본수가 짝수)이면 그 수를 기준으로 생성되는 주자조직은 좌우로 대칭을 이룬다. 결과의 수가 소수(Motive 조직 원 리피트 본수가 홀수)이면 기준조직 없이 소수의 좌우 자연수가 대칭을 이룬다.

* 삭제본수가 Motive조직의 본수와 일치하면 생성된 조직은 Motive조직으로 환원된다. 삭제본수가 Motive조직의 본수 이상이면 2차 생성조직은 Motive조직 본수로 나눈 수의 나머지 본수와 동일하게 환원된다.

* 잔류본수와 삭제본수의 합이 Motive조직의 본수와 일치하면 2차 생성조직은 이루어지지 않는다.

* 잔류본수와 삭제본수의 합이 Motive조직의 본수의 공약수이면 주자조직 형성은 불가능하다.

* 경사 제거법과 위사 제거법은 동일한 원리에 의하여 2차 조직이 생성된다.

다음은 [직물조직 유도법]으로 5매 Twill조직 경사에 적용하여 주자조직으로 유도한 예이다.

잔류1/삭제0	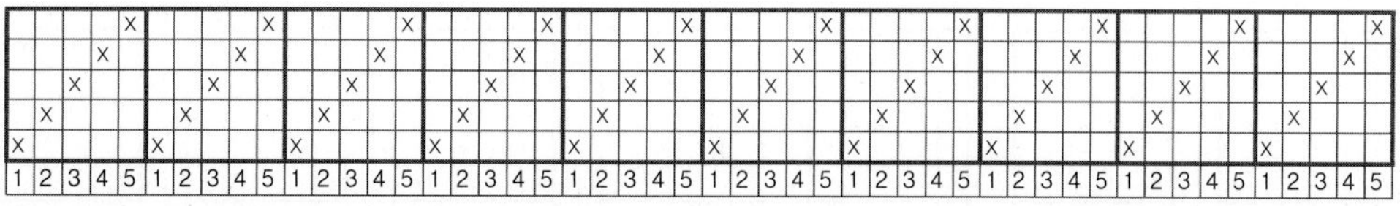
잔류1/삭제1	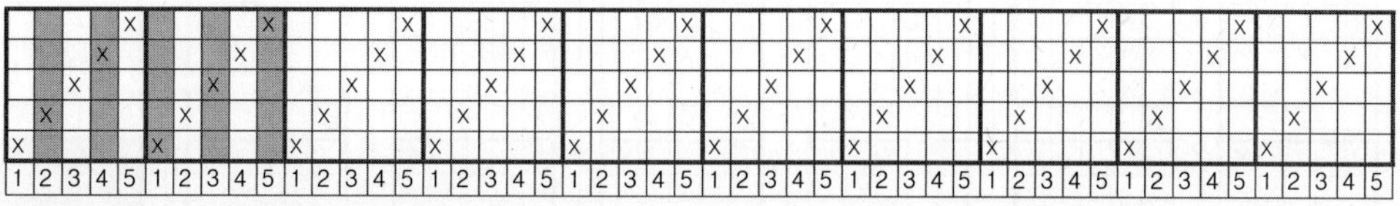
잔류1/삭제2	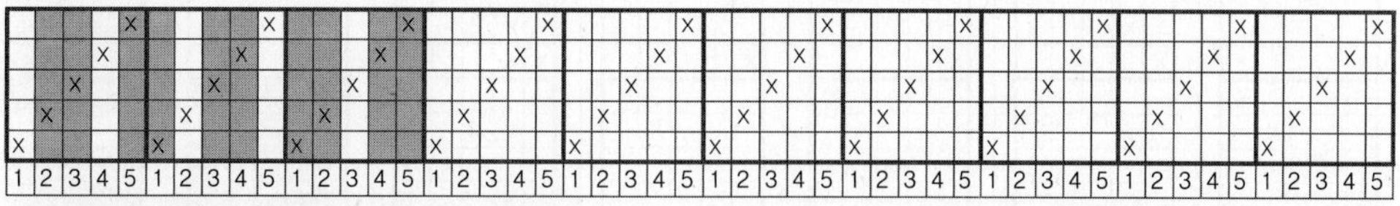
잔류1/삭제3	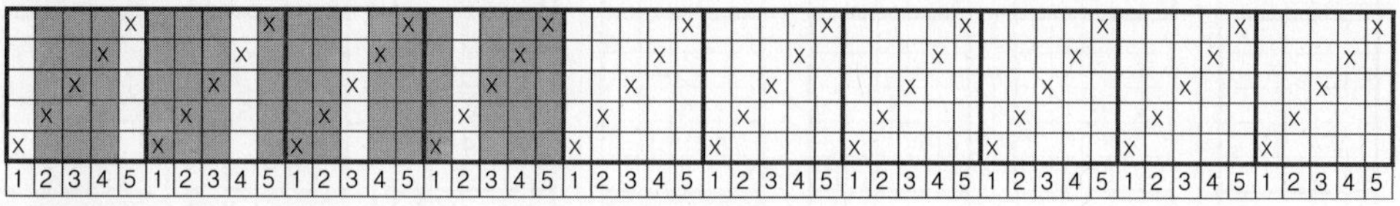
잔류1/삭제4	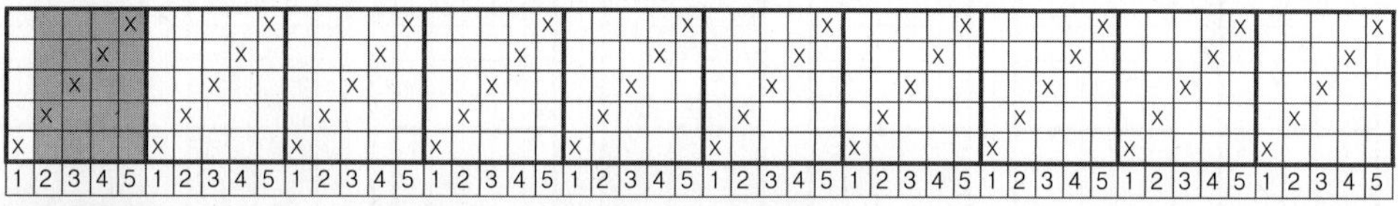
잔류1/삭제5 (5=5+0)	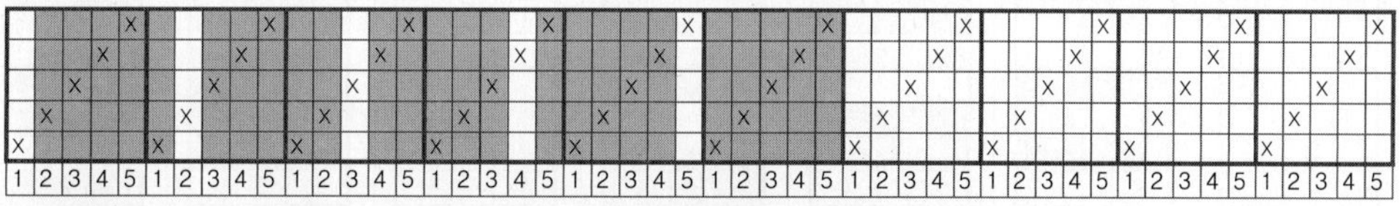
잔류1/삭제6 (6=5+1)	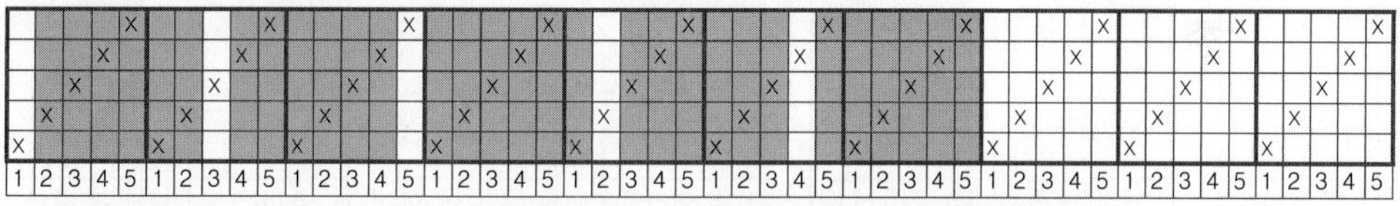
잔류1/삭제7 (7=5+2)	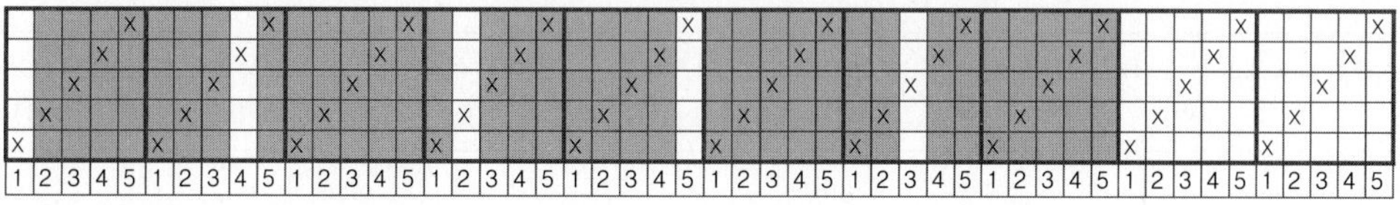

이상과 같이 잔류(White)와 삭제(Gray)를 반복하여 유도된 조직은 다음과 같다.

잔류1/삭제0 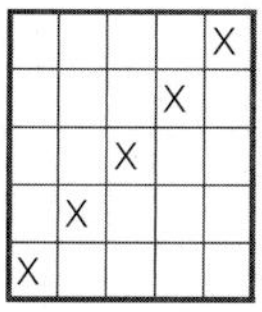	잔류1/삭제1 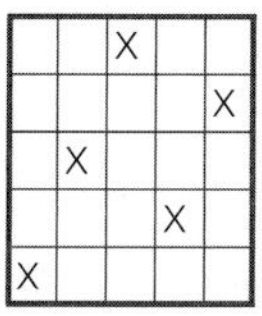	잔류1/삭제2 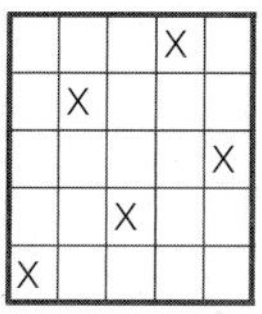	잔류1/삭제3 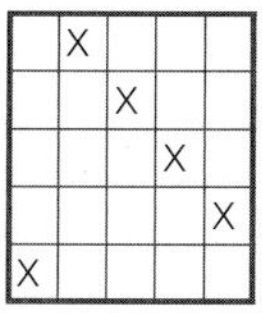	잔류1/삭제4 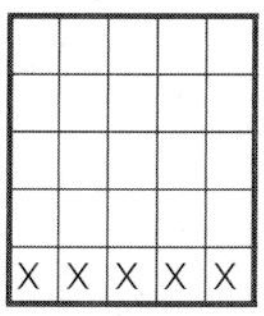	잔류1/삭제5 (5=5+0) 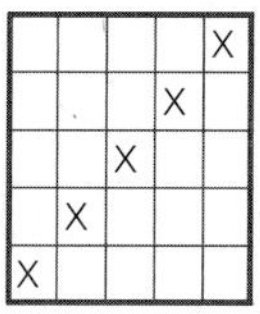	잔류1/삭제6 (6=5+1) 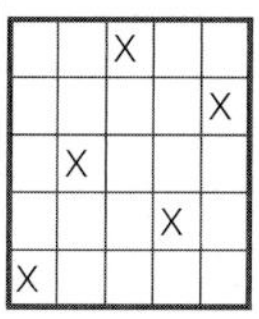	잔류1/삭제7 (7=5+2) 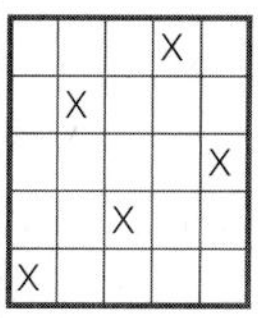

다음은 [직물조직 유도법]으로 5매 Twill조직 위사에 적용하여 주자조직으로 유도한 예이다.

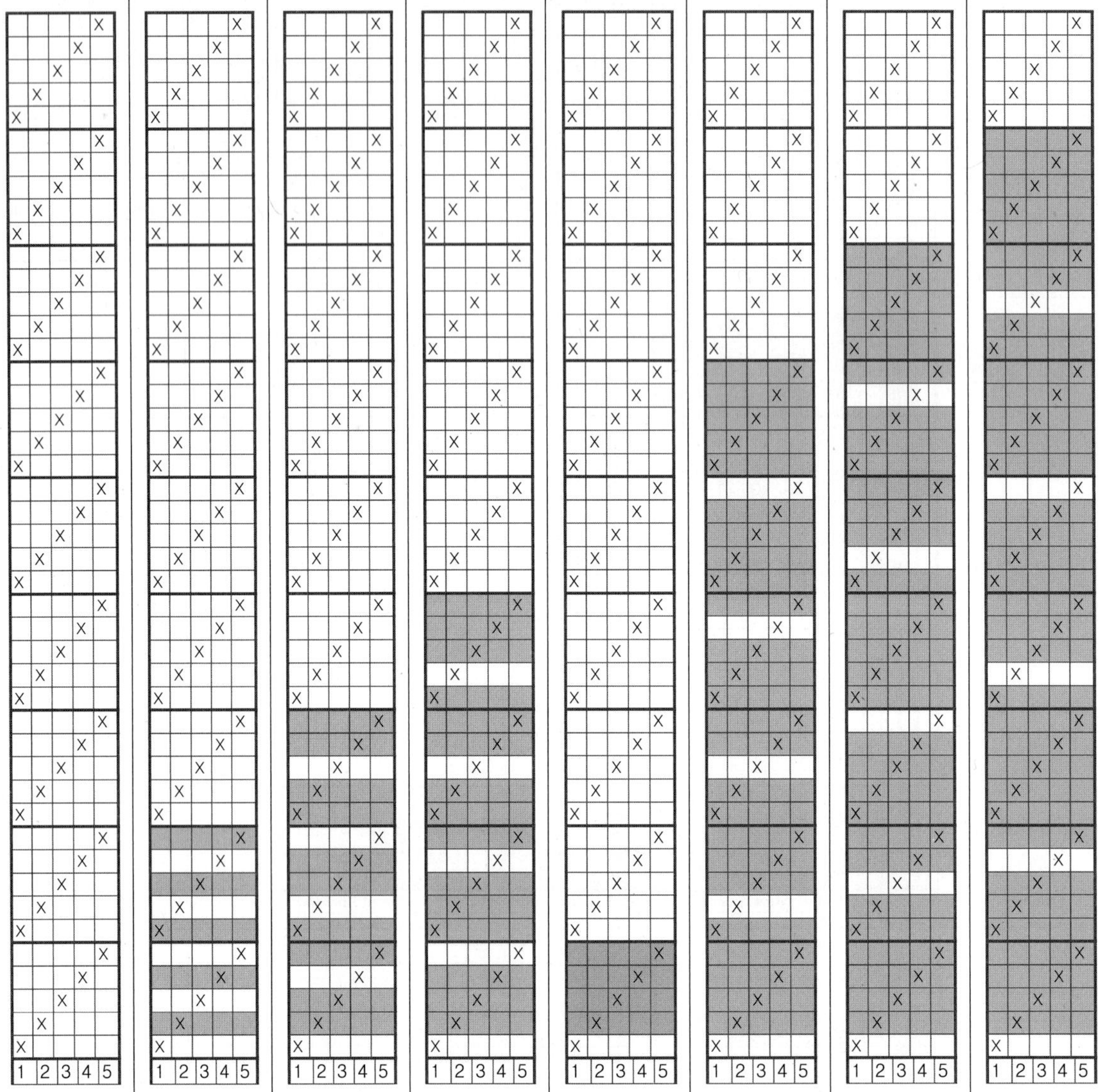

잔류1/삭제0	잔류1/삭제1	잔류1/삭제2	잔류1/삭제3	잔류1/삭제4	잔류1/삭제5 (5=5+0)	잔류1/삭제6 (6=5+1)	잔류1/삭제7 (7=5+2)
1 2 3 4 5	1 2 3 4 5	1 2 3 4 5	1 2 3 4 5	1 2 3 4 5	1 2 3 4 5	1 2 3 4 5	1 2 3 4 5

이상과 같이 잔류(White) 삭제(Gray)를 반복하여 유도된 조직은 다음과 같다.

잔류1/삭제0	잔류1/삭제1	잔류1/삭제2	잔류1/삭제3	잔류1/삭제4	잔류1/삭제5 (5=5+0)	잔류1/삭제6 (6=5+1)	잔류1/삭제7 (7=5+2)

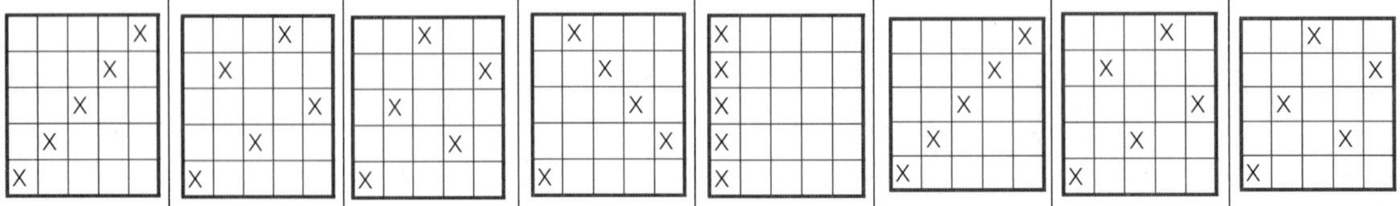

다음은 [직물조직 유도법]으로 8매 Twill조직 경사에 적용하여 주자조직으로 유도한 예이다.

잔류1/삭제1	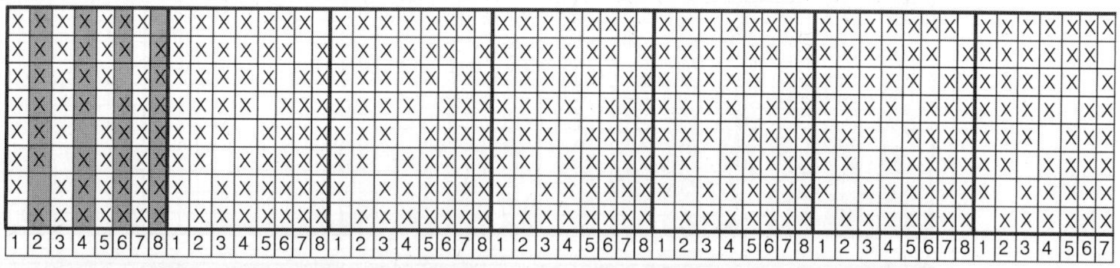
잔류1/삭제2	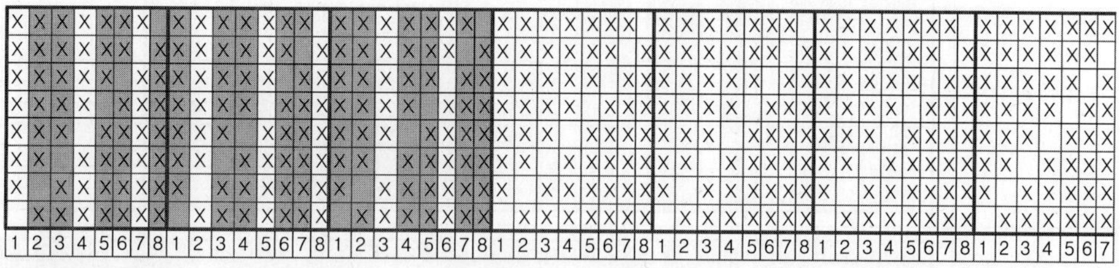
잔류1/삭제3	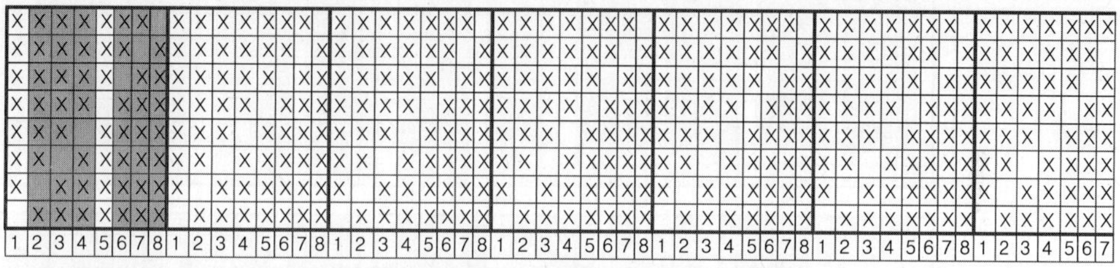
잔류1/삭제4	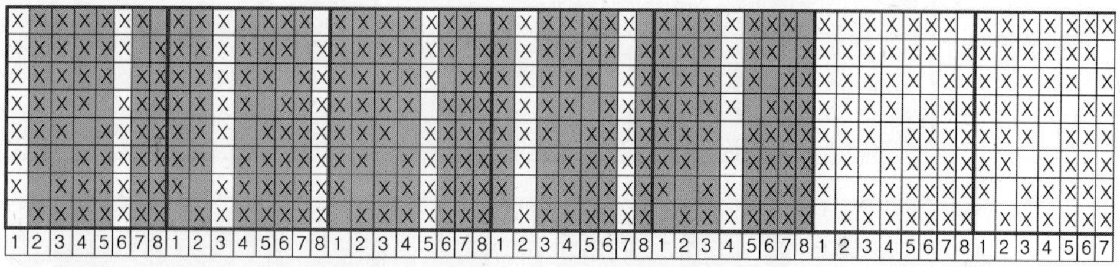
잔류1/삭제5	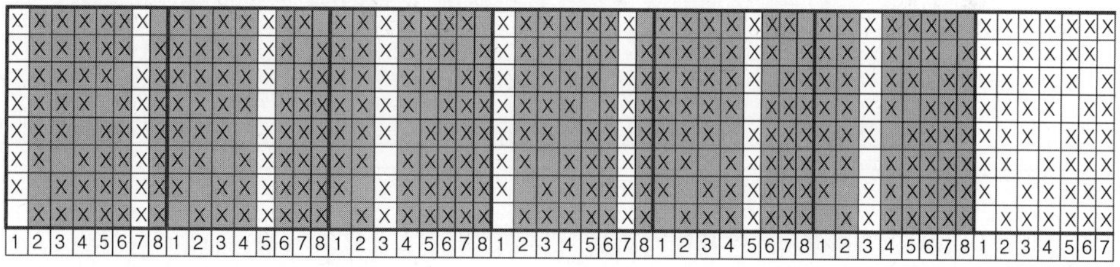

이상과 같이 잔류(White)와 삭제(Gray)를 반복하여 유도된 조직은 다음과 같다.

잔류1/삭제1 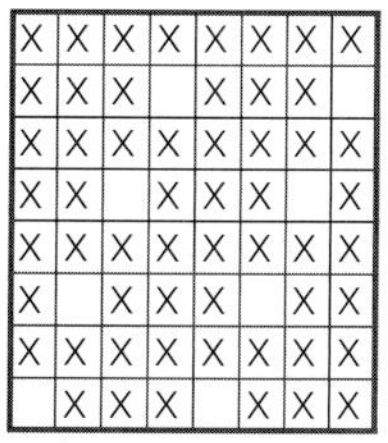	잔류1/삭제2 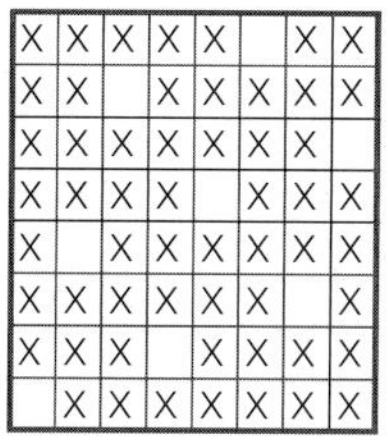	잔류1/삭제3 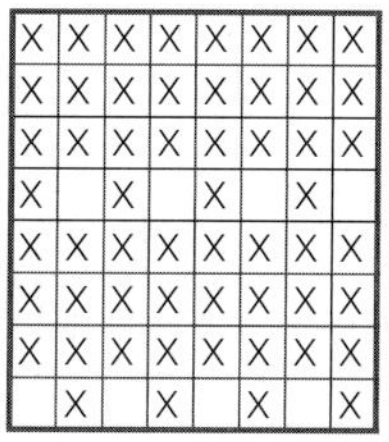	잔류1/삭제4 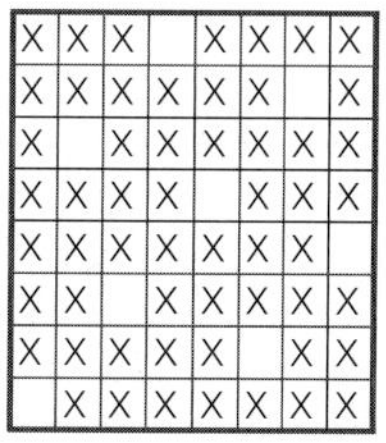	잔류1/삭제5 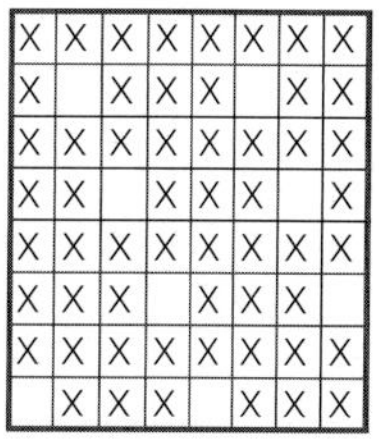

다음은 [직물조직 유도법]으로 11매 Twill조직 경사에 적용하여 주자조직으로 유도한 예.

잔류1/삭제2	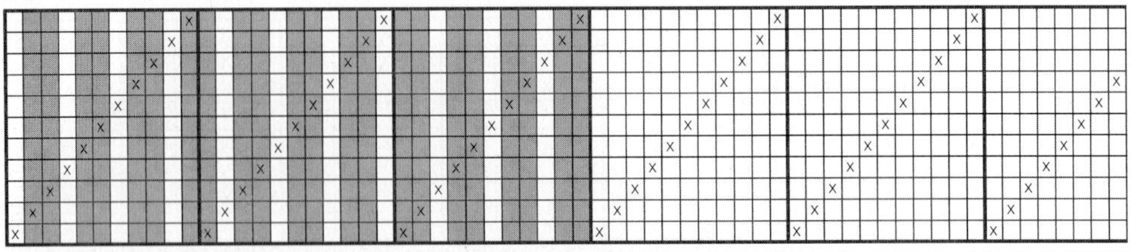
잔류1/삭제3	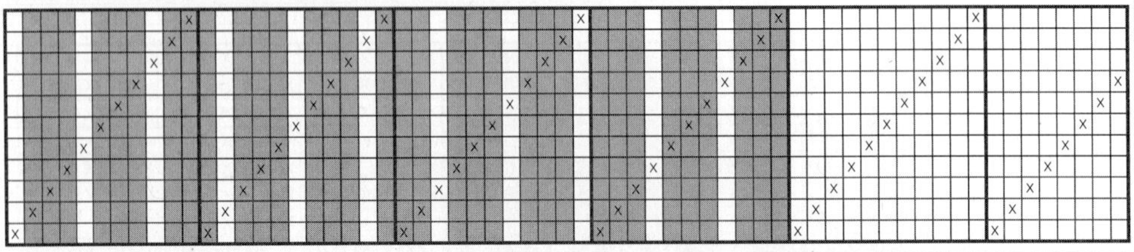
잔류1/삭제4	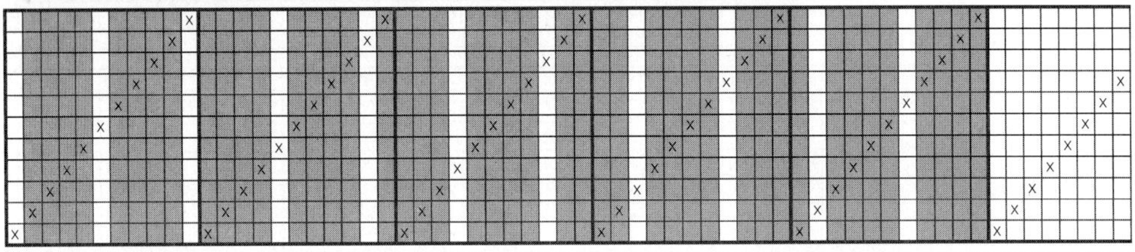
잔류1/삭제5	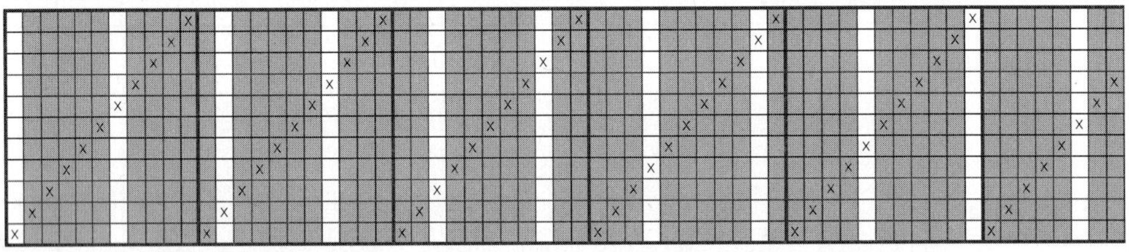
잔류1/삭제6	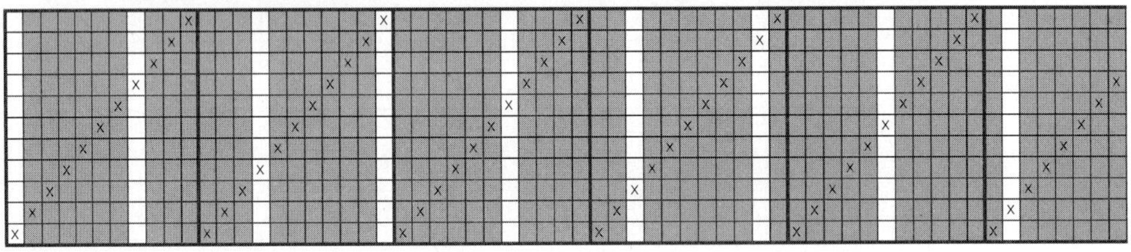

이상과 같이 잔류(White)와 삭제(Gray)를 반복하여 유도된 조직은 아래와 같다.

잔류1/삭제2	잔류1/삭제3	잔류1/삭제4	잔류1/삭제5	잔류1/삭제6
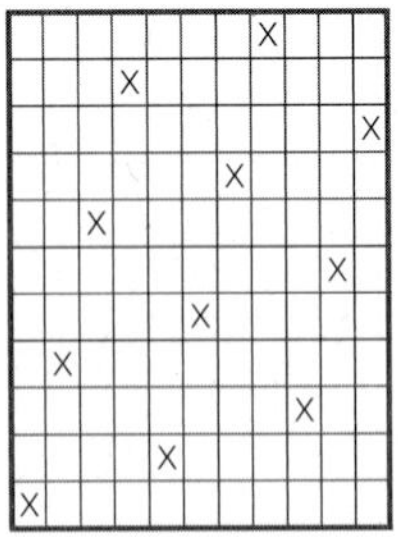	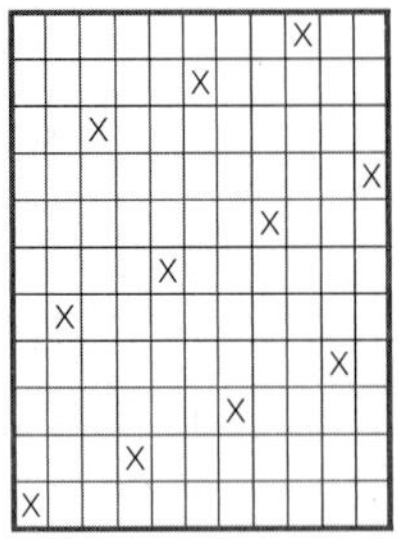	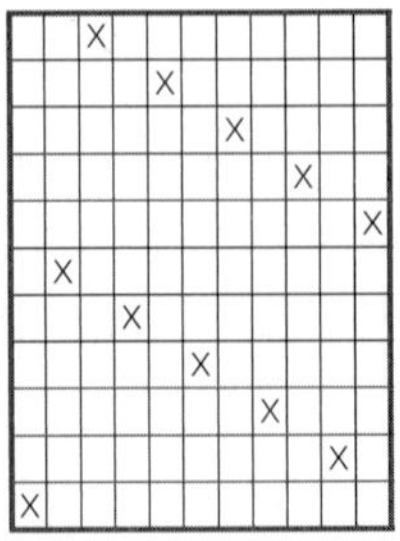	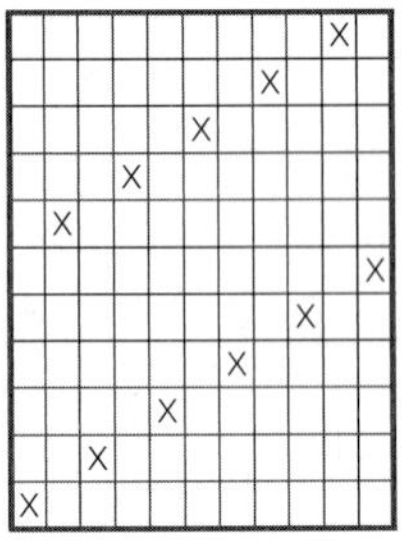	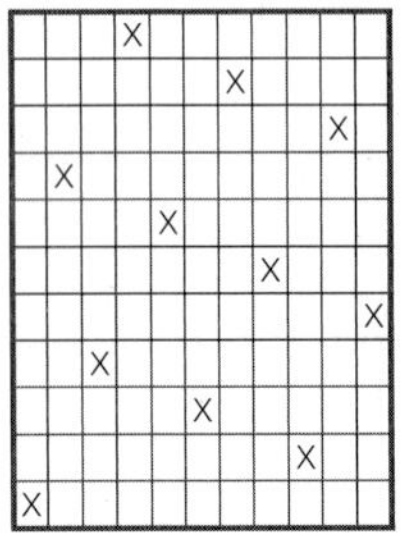

다음 주자조직(Satin weave)은 [직물조직 유도법]으로 생성된 주자조직(Satin weave)을 삭제본수 별로 분류한 그림이다.

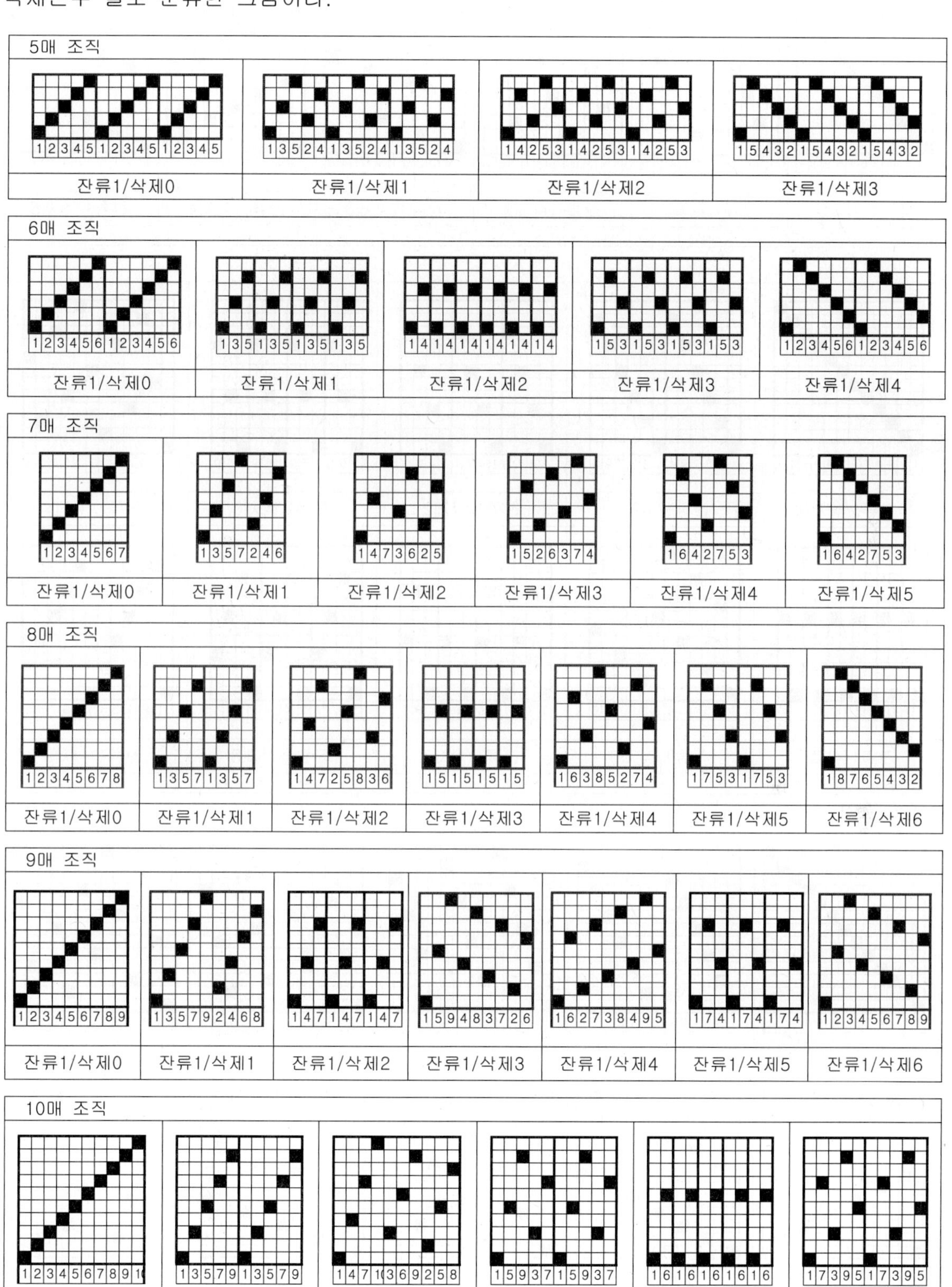

11매 조직

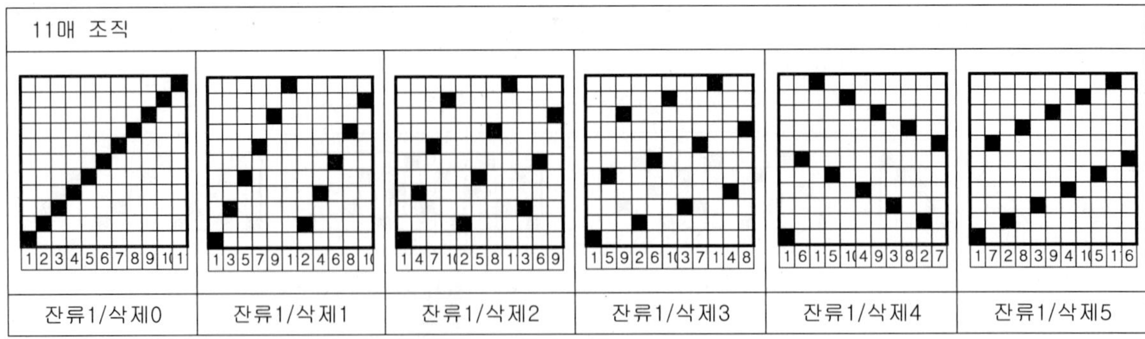

잔류1/삭제0
잔류1/삭제1
잔류1/삭제2
잔류1/삭제3
잔류1/삭제4
잔류1/삭제5

12매 조직

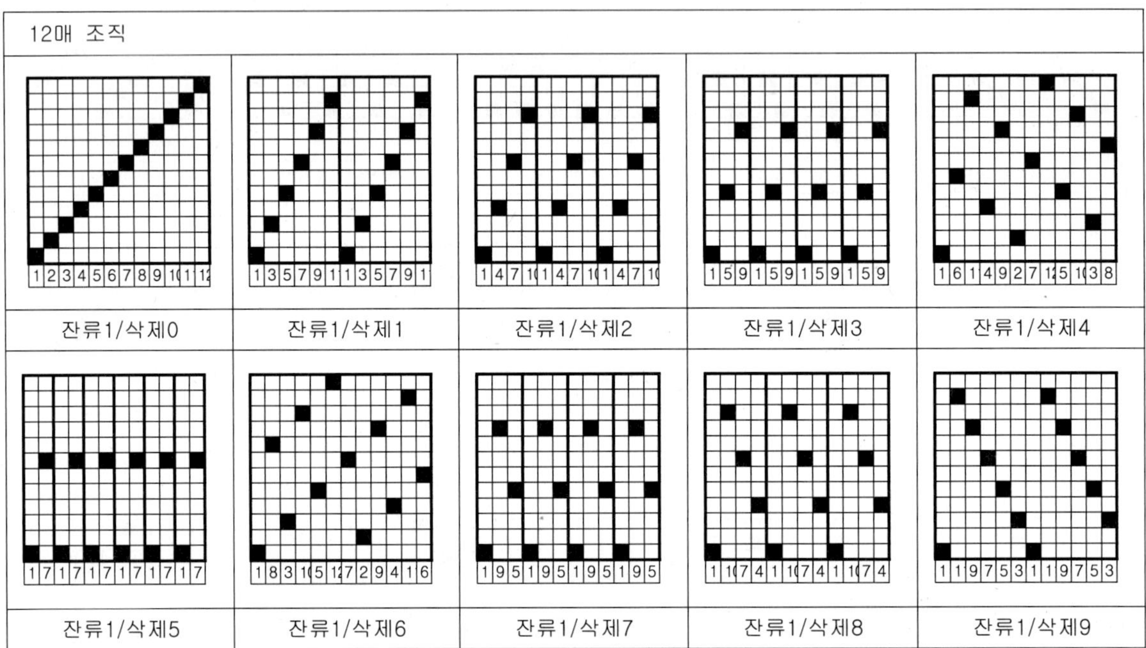

잔류1/삭제0
잔류1/삭제1
잔류1/삭제2
잔류1/삭제3
잔류1/삭제4
잔류1/삭제5
잔류1/삭제6
잔류1/삭제7
잔류1/삭제8
잔류1/삭제9

13매 조직

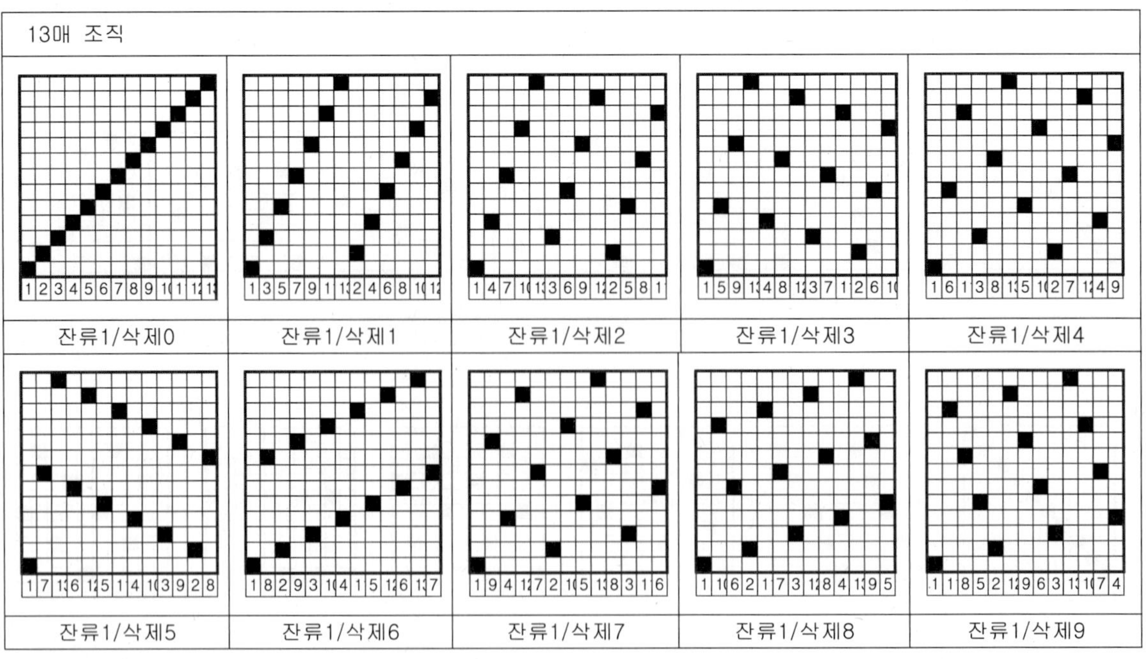

잔류1/삭제0
잔류1/삭제1
잔류1/삭제2
잔류1/삭제3
잔류1/삭제4
잔류1/삭제5
잔류1/삭제6
잔류1/삭제7
잔류1/삭제8
잔류1/삭제9

다음은 [직물조직 유도법]으로 생성된 주자조직을 형성 결과별로 분류한 그림이다.

5매 조직	잔류1/삭제0	잔류1/삭제1	잔류1/삭제2	잔류1/삭제3

6매 조직	잔류1/삭제0	잔류1/삭제1	잔류1/삭제2	잔류1/삭제3	잔류1/삭제4

7매 조직	잔류1/삭제0	잔류1/삭제1	잔류1/삭제2	잔류1/삭제3	잔류1/삭제4	잔류1/삭제5

8매 조직	삭제0	삭제1	삭제2	삭제3	삭제4	삭제5	삭제6

9매 조직	삭제0	삭제1	삭제2	삭제3	삭제4	삭제5	삭제6	삭제7

10매 조직	삭제0	삭제1	삭제2	삭제3	삭제4	삭제5	삭제6	삭제7	삭제8

11매 조직	삭제0	삭제1	삭제2	삭제3	삭제4	삭제5	삭제6	삭제7	삭제8	삭제9

12매 조직	삭제0	삭제1	삭제2	삭제3	삭제4	삭제5	삭제6	삭제7	삭제8	삭제9	10

13매 조직	삭제0	삭제1	삭제2	삭제3	삭제4	삭제5	삭제6	삭제7	삭제8	삭제9	10	11

위의 표에서 삭제 본수 별로 도식한 주자직의 분류를 정리하면 주자 형성의 이론은 다음 페이지에서의 표와 같다.

[직물조직 유도법]에 의한 주자조직의 형성 논리

　* 잔류본수와 삭제본수를 합한 수와 Motive 조직 원 리피트 본수의 최소공배수가, 삭제를 포함한 2차 생성조직의 조직 원 리피트 본수가 된다.

　* 잔류본수와 삭제본수의 합이 Motive조직 본수를 2로 나눈 수와 동일할 때, 그 수를 기준으로 생성되는 주자조직은 대칭을 이룬다. 결과의 수가 자연수(Motive 조직 원 리피트 본수가 짝수)이면 그 수를 기준으로 생성되는 주자조직은 좌우로 대칭을 이룬다. 결과의 수가 소수(Motive 조직 원 리피트 본수가 홀수)이면 기준조직 없이 소수의 좌우 자연수가 대칭을 이룬다.

　* 삭제본수가 Motive조직의 본수와 일치하면 생성된 조직은 Motive조직으로 환원된다. 삭제본수가 Motive조직의 본수 이상이면 2차 생성조직은 Motive조직 본수로 나눈 수의 나머지 본수와 동일하게 환원된다.

　* 잔류본수와 삭제본수의 합이 Motive조직의 본수와 일치하면 2차 조직 생성조직은 불가능하다.

　* 잔류본수와 삭제본수의 합이 Motive조직의 본수의 약수이면 주자조직 형성은 불가능하다.

　* Motive조직의 원 리피트 본수가 짝수이면 대칭이 되는 기준조직은 주자 형성이 불가능하다.

　* 경사 제거법과 위사 제거법은 동일한 원리에 의하여 2차 조직이 생성된다.

제3장 복합조직 작도법

01. 복합조직 작도법 서론

　복합조직 작도법 서론은 복합조직의 작도와 유도에 대한 독자의 이해를 돕기 위하여 본론에서부터 조직이 형성되는 결론에 이르기까지에 대한 기본적인 설명이다.

　직물조직의 구성은 상하좌우로 변화를 가지면서 안정되고, 불균형의 요소를 내재하면서 균형과 조화를 가진 구조이다. 이를 세밀하게 분석하여 보면, 직물조직은 인류가 만든 어떤 구조물이나 예술 분야보다 더 아름다운 구도를 가진 조형물이라는 것을 알 수 있다.

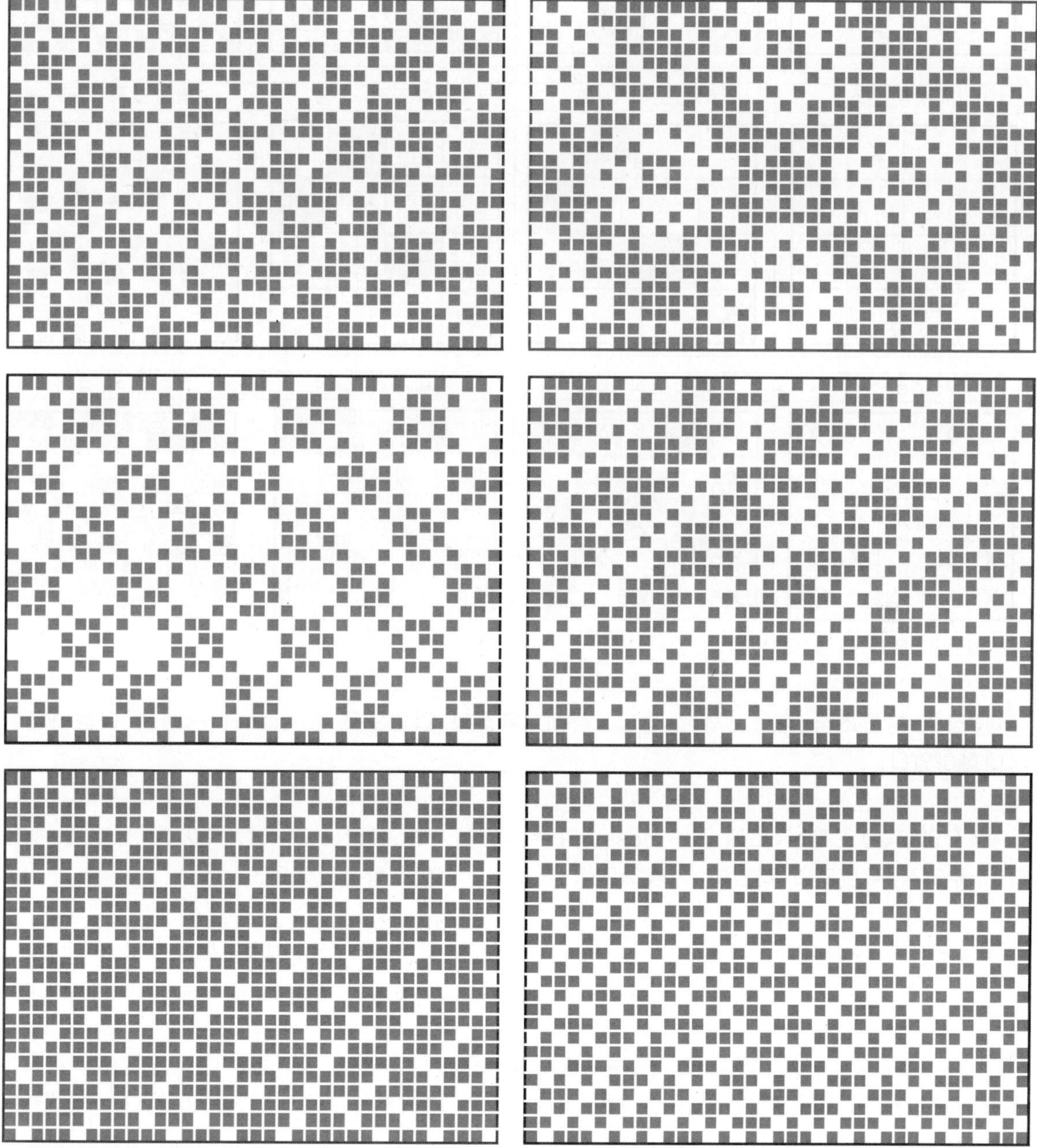

위의 그림은 직물조직의 구도(Design)이다.

이에 저자는 직물조직 구도의 아름다움을 Design으로 활용하기 위해, 직물조직에 조직을 더하는 방법 즉 조직의 직점을 확장하여 조직으로 대입하는, 새로운 개념의 복합조직에 관한 작도의 이론을 정리하였다. 다음은 그에 따른 이론과 작도방법의 전개이다.

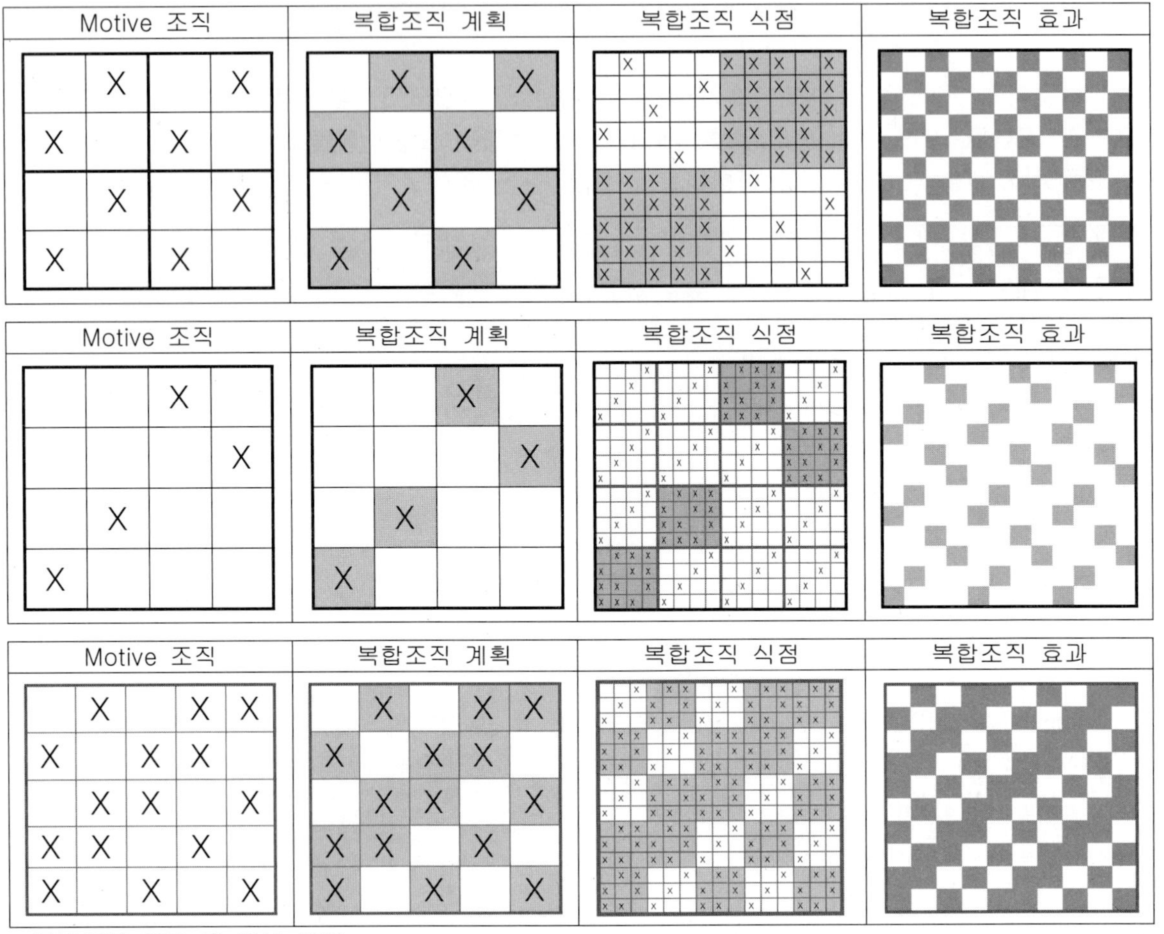

복합조직 원리 및 작도 방법

제3장의 복합조직 작도에서는 삽입, 삭제, 확장의 기법으로 Design의 특성과 아름다움을 극대화하였다.

제4장의 복합조직 유도에서는 Design의 수나 크기의 확장으로, 이제까지의 상식을 초월하는 수리적 무한대의 확장이 가능하도록 작도의 이론을 확립하였다.

직물조직에 관심 있는 사람이면 누구라도 본서의 복합조직 유도법을 활용하여 쉽게 작도하여 사용할 수 있다. 이로써 창조적인 새로운 직물의 세계가 전개될 것으로 기대가 된다.

다음은 복합조직 유도법으로 작도된 조직의 유형별 예이다. Motive 조직이 크면 표현과 이해의 정확도가 높아진다. 그러나 지면 사정상 큰 조직은 수록이 불가하기에, 생성된 조직 중 간략한 조직을 발췌하여 수록하였다.

다음은 6매 Georgette 조직을 Motive로 활용하여 복합조직으로 유도한 후, 삭제한 부분을
여백으로 대입한 Design이다.

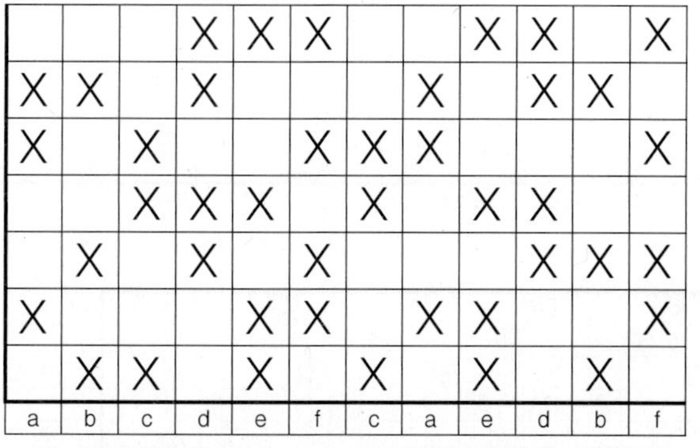

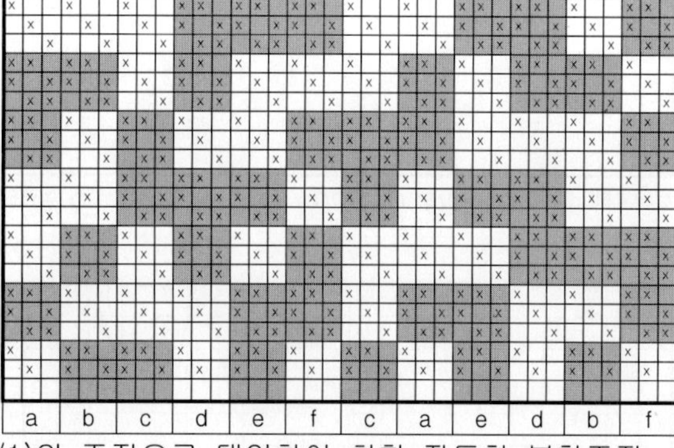

위 그림은 좌측 Georgette조직 직점에 2개(1/2, 2/1)의 조직으로 대입하여 취합 작도한 복합조직.

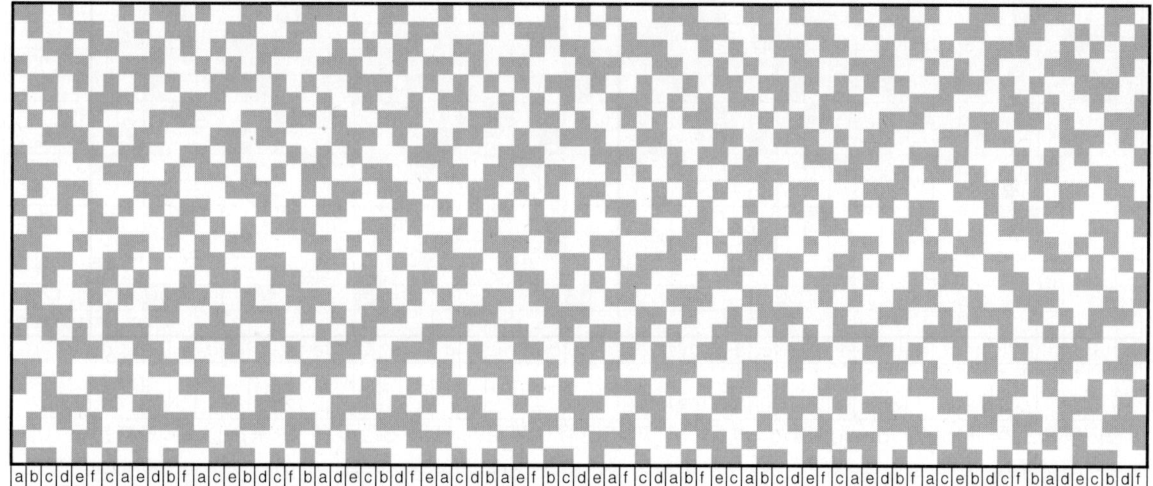

위 복합조직에서 조직을 제외하고 Design만 발췌한 그림.

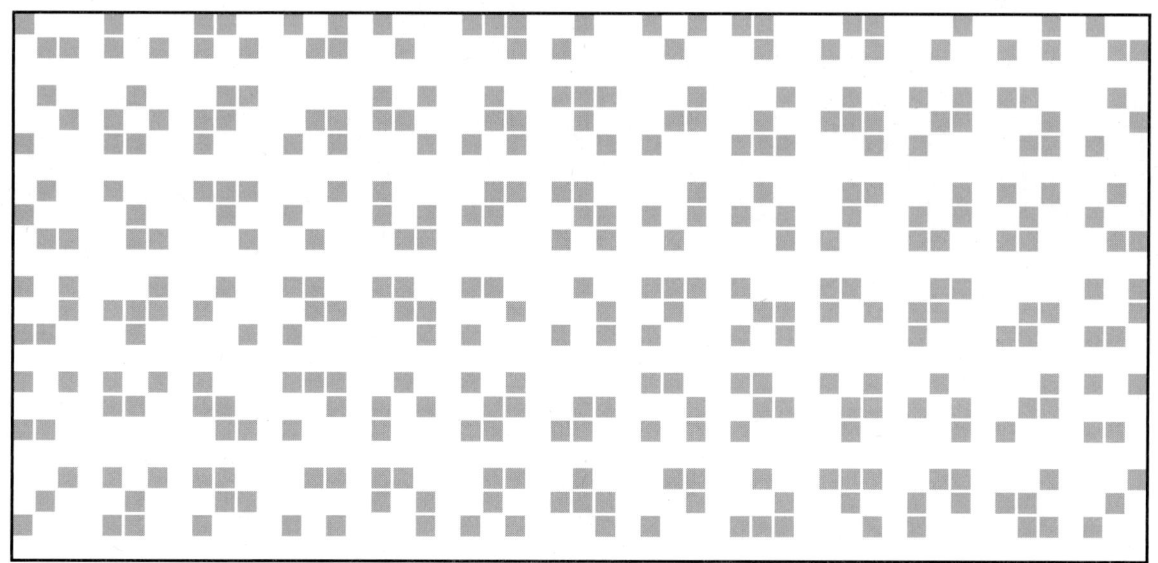

약수를 선정하여 가로세로 방향을 삭제한 후, 삭제한 부분을 여백으로 대입하여 완성된 복합조직.

다음은 삭제 부분을 여백으로 대입하여 부분적으로 확장 축소한 복합조직

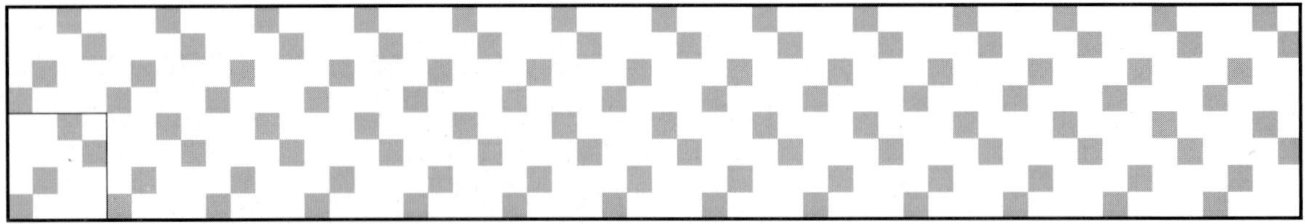

복합조직 Motive design. 종광 4매 × n, 조직 원 리피트 4n본 × 4n본.

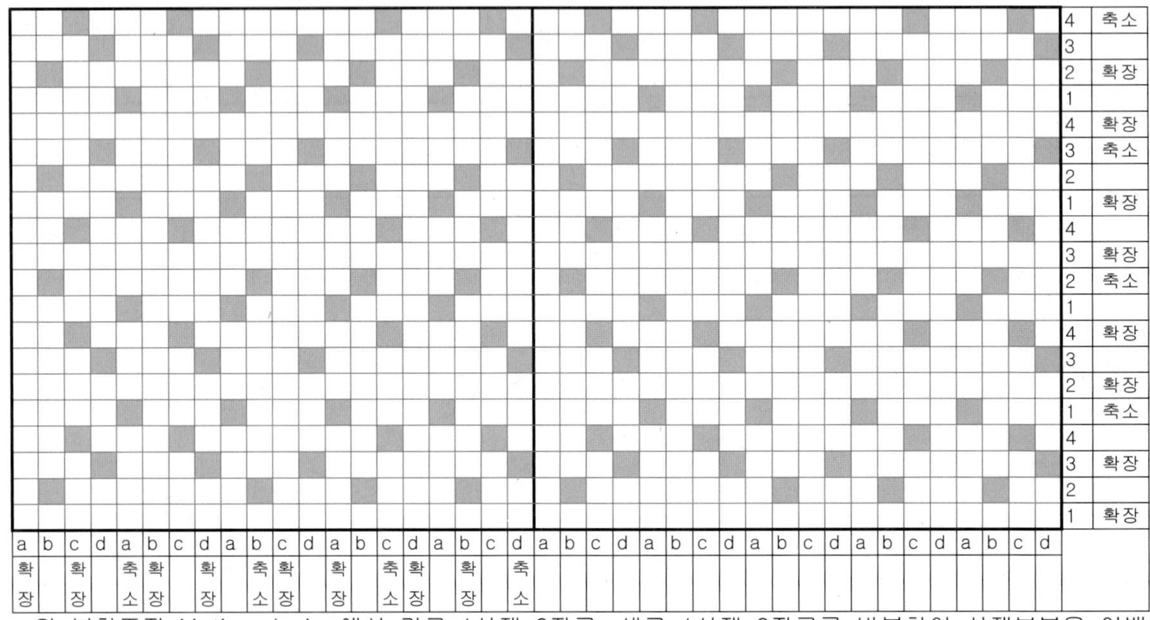

위 복합조직 Motive design에서 가로 1삭제 3잔류, 세로 1삭제 3잔류를 반복하여 삭제부분을 여백으로 대입하여 부분적으로 확장 축소한 복합조직. 종광 4매 × n, 조직 원 리피트 20n본 × 20n본.

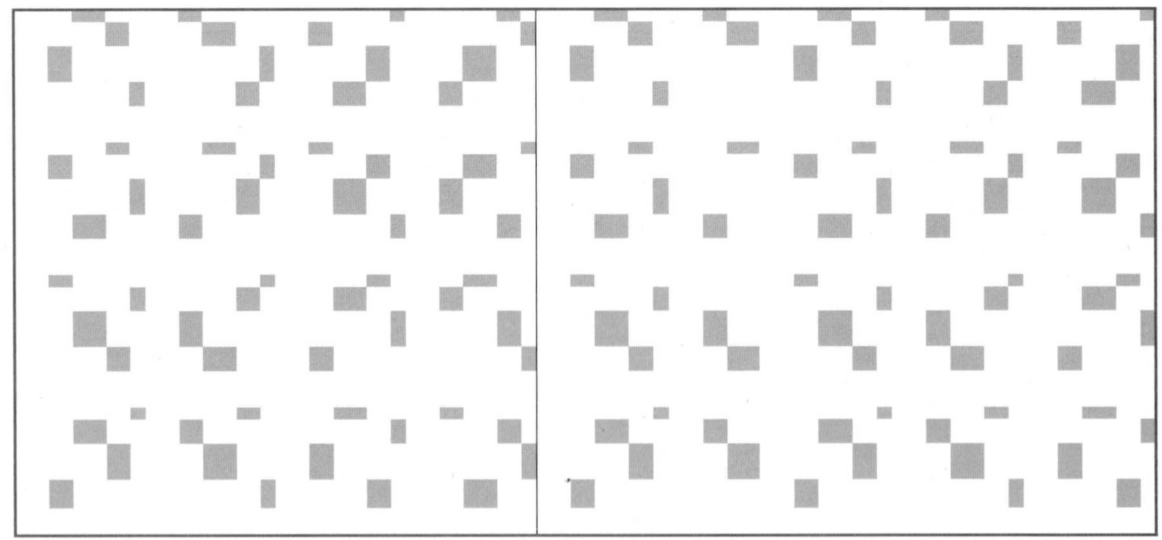

종광은 Motive 조직과 동일하게 4매 × n이고, 조직 원 리피트 20n본 × 20n본. (n=취합조직 원 리피트 본수).

다음은 복합조직 유도법으로 작도된 조직을 마름모형으로 합성한 복합조직

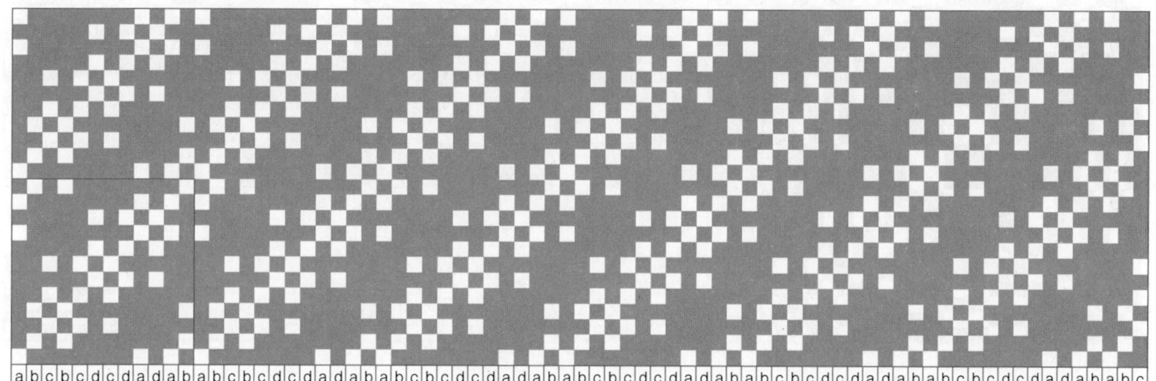

복합조직 Motive design. 종광 4매×n, 조직 원 리피트 4n본×4n본.

위 복합조직 Motive design에서 가로 3잔류 2삭제, 세로 3잔류 2삭제를 반복하여 생성한 복합조직.
종광 4매×n, 조직 원 리피트 12n본×12n본.

위 복합조직 Motive design에서 가로 3잔류 2삭제, 세로 3잔류 2삭제를 반복하여 생성된 복합조직
을 마름모형으로 유도한 복합조직. 종광은 Motive 조직과 동일하게 4매×n이고, 조직 원 리피트
22n본×22n본. (n=취합조직 원 리피트 본수).

다음은 복합조직 유도법으로 작도된 조직을 마름모형으로 합성한 복합조직

복합조직 Motive design. 종광 5매×n, 조직 원 리피트 5n본×5n본.

위사 방향 1n, 1n, 1n, 1n, 2n, 3n, 4n, 5n, 4n, 3n, 2n, 1n, 1n, 1n, 1n로 확장에 의한 서열순환 확대, 종광 5매×n, 조직 원 리피트 15n본×5n본.

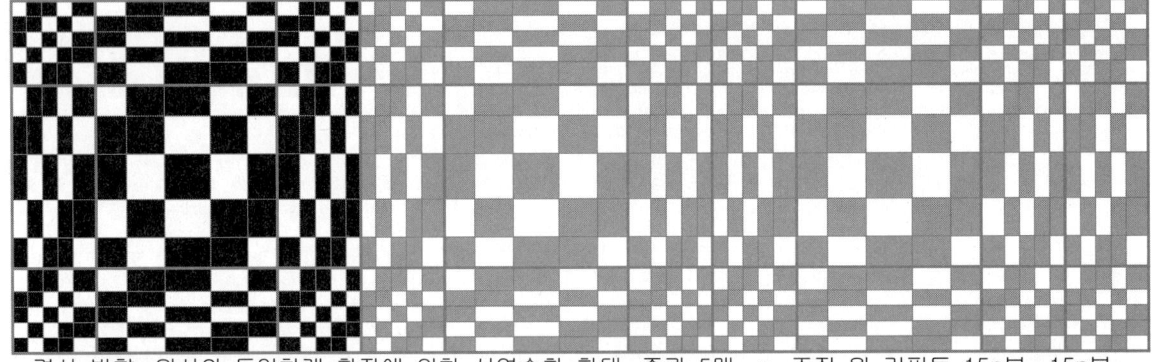

경사 방향, 위사와 동일하게 확장에 의한 서열순환 확대, 종광 5매×n, 조직 원 리피트 15n본×15n본.

위 복합조직 Motive design에서 확장에 의한 서열순환 확대로 생성된 복합조직을 마름모형으로 유도한 복합조직. 종광은 Motive 조직과 동일하게 5매×n이고, 조직 원 리피트는 28n본×28n본.

02. 복합조직 작도법

  직물조직 구성을 세심하게 분석하고 관찰해보면, 인류가 만든 어떤 구조물이나 예술 분야
보다 더 아름다운 구도를 가진 조형물이 직물조직임을 알 수 있다.
기하학이나 수리학적 측면으로 직물조직의 구성 원리를 보면, 직물의 조직은 상하좌우로 변
화를 가지면서 안정되고, 불균형의 요소를 내재하면서 조화로운 균형을 가진 구도로 구성되
어 있다.

  (예) 직물 조직의 구성 형태

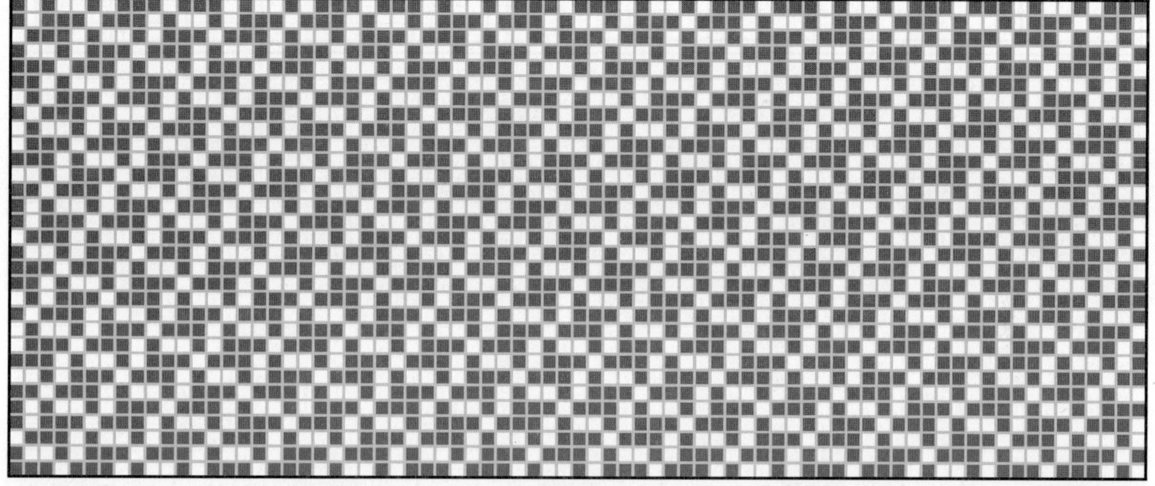

그리하여 직물조직 구도의 아름다움을 더욱 다양하게 작도하여 실무에 활용할 수 있도록 본
서를 집필하였다. 직물조직에 조직을 더하는 방법 즉 직물조직의 직점을 조직으로 대입하여
확장하는 새로운 개념의 복합조직을 알기 쉽게 창안하여 정리하였다. 그에 따른 이론과 작
도하는 방법은 다음과 같다.

  새로운 개념의 조직인 복합조직을 직물 생산에 적용하면, 기존의 직물과는 다른 차원의
차별화된 직물 구현이 가능하다.

　다음은 직물조직의 조직 직점에 2개의 다른 조직을 대입하여 취합한 복합조직 작도방법에 대한 설명이다.

　4매 Motive 직물조직의 조직 직점을 2개의 다른 조직으로 대입하여 취합한 복합조직의 예.

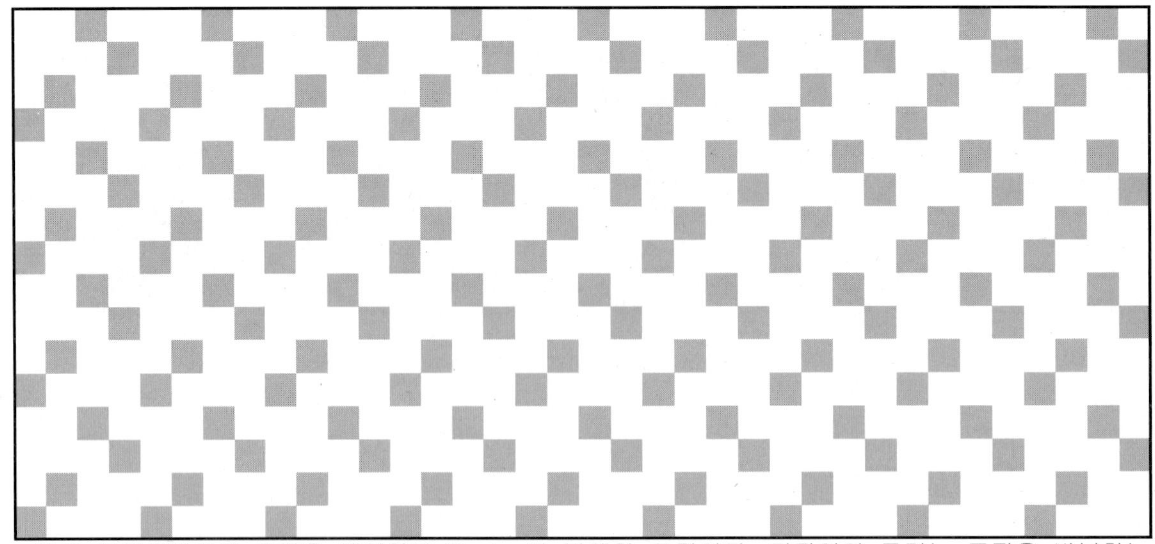

　이 조직은 4매 조직의 직점을 2개(1/3 Twill 우상방향조직, 3/1 Twill 좌상방향조직)의 조직을 대입하여 취합 작도한 복합조직의 예이다. 종광 매수 16매.

　위의 복합조직에서 조직을 제외하고 Design만 발췌한 그림이다. 디자인의 크기는 조직을 반복하는 횟수에 따라 의도한 크기로 가감 작도가 가능하다.

8매 Motive 직물조직의 조직 직점에 2개의 우측 조직을 대입하여 취합한 복합조직

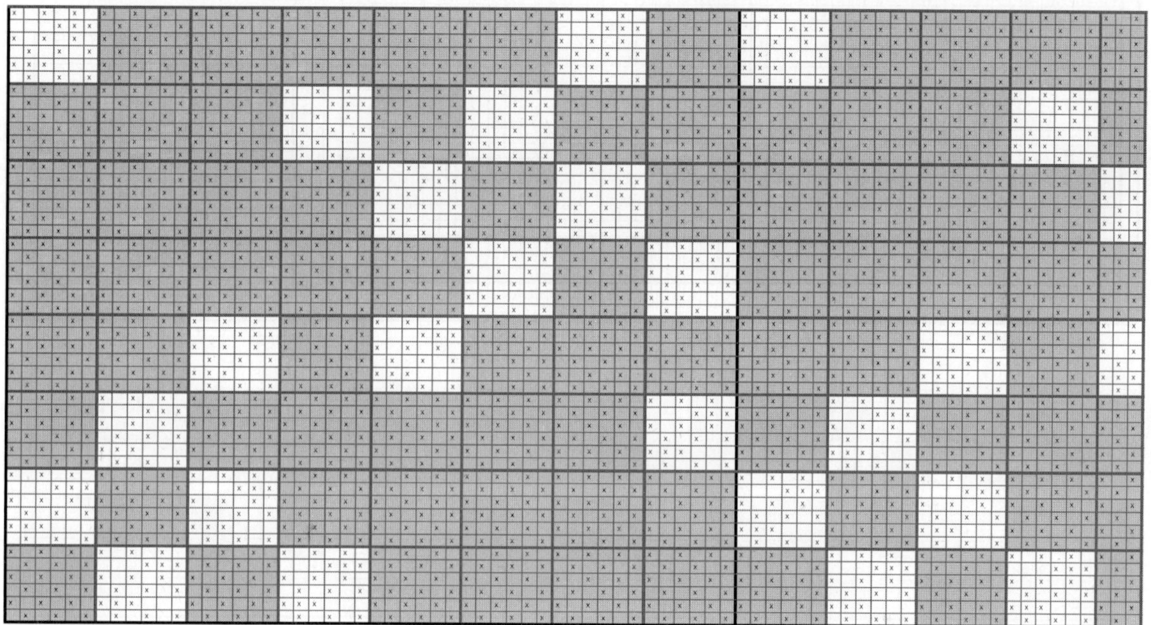

이 그림은 8매 Motive 조직의 직점에 2개의 조직을 대입하여 취합 작도한 복합조직의 예이다. 종광 매수 18매.

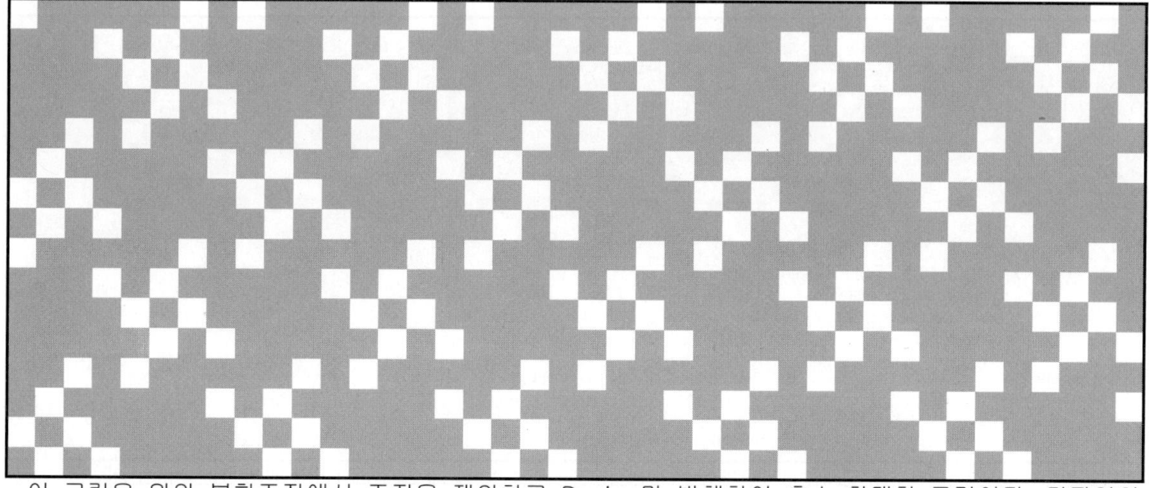

이 그림은 위의 복합조직에서 조직을 제외하고 Design만 발췌하여 축소 확대한 그림이다. 디자인의 크기는 조직을 반복하는 횟수에 따라 의도한 크기로 가감 작도가 가능하다.

6매 Georgette조직(경사48 × 위사40본)의 직점에 2개의 조직(1/2, 2/1)을 대입하여 취합한 조직.

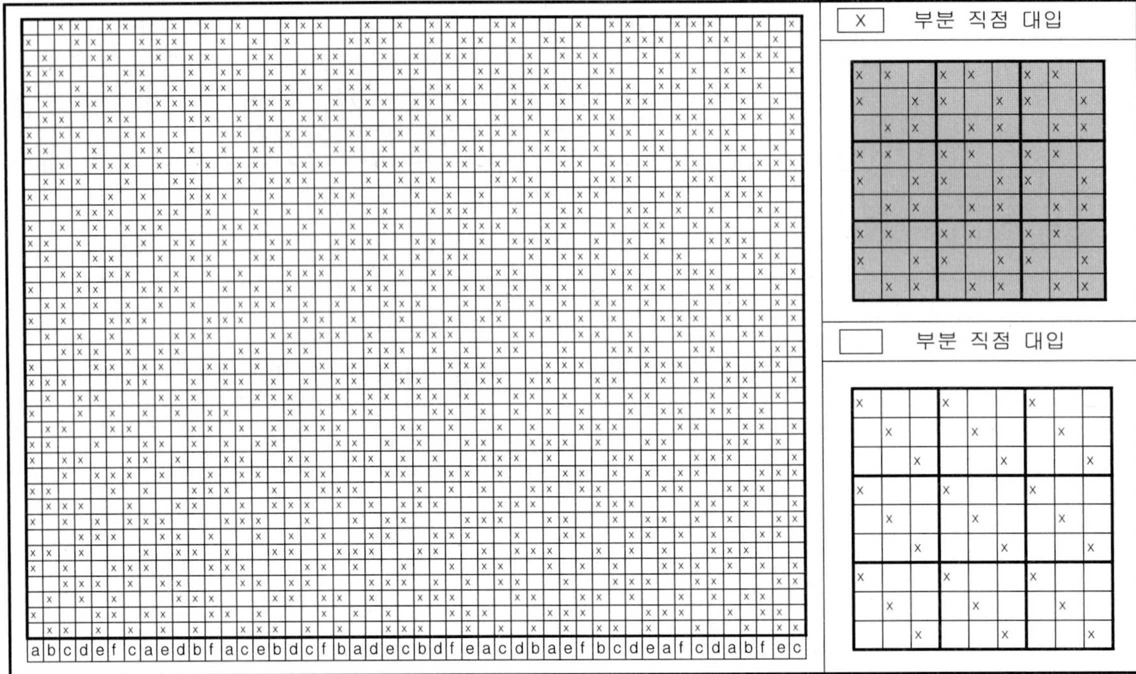

좌측 조직은 조직 원 리피트 경사 48본 × 위사 40본, 종광 매수 6매 Georgette조직.

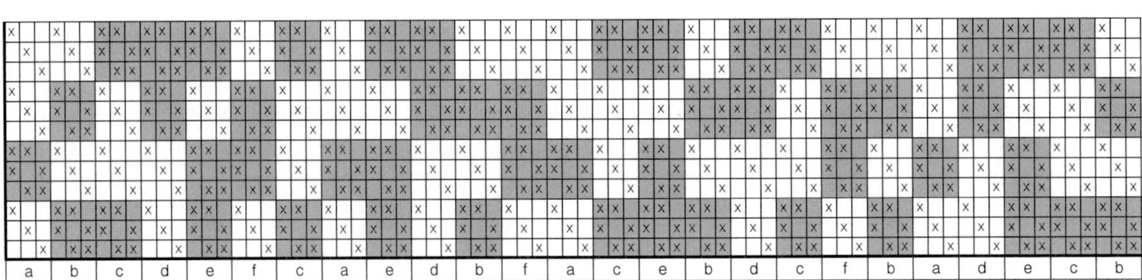

이 조직도는 Georgette조직 직점에 2개(1/2, 2/1)의 조직을 대입하여 취합 작도한 복합조직. 종광 매수 18매.

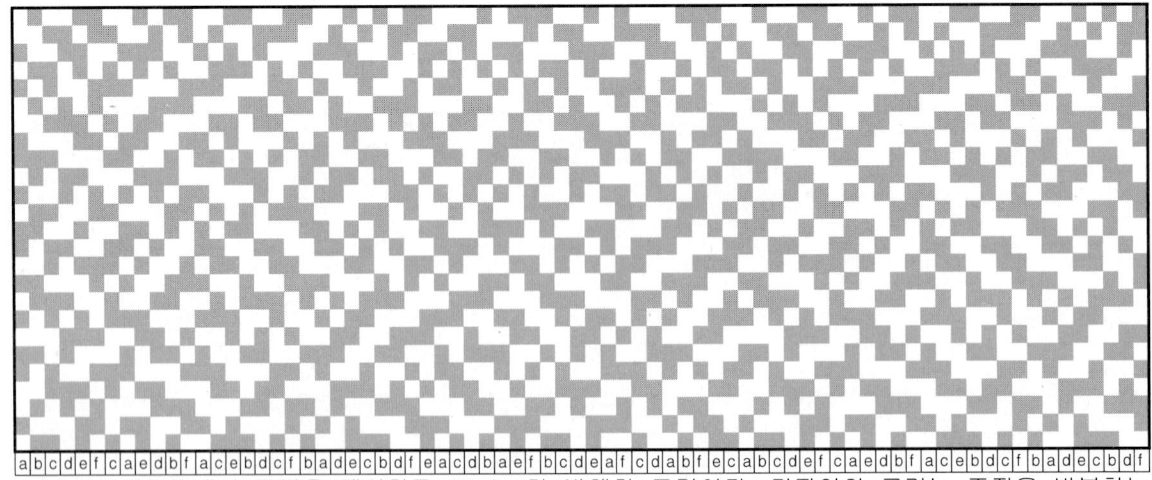

위의 복합조직에서 조직을 제외하고 Design만 발췌한 그림이다. 디자인의 크기는 조직을 반복하는 횟수에 따라 의도한 크기로 가감 작도가 가능하다.

　　앞 페이지까지는 조직을 2개(Up Down)의 영역으로 구분하여 2개의 조직을 대입한 복합
조직 작도방법에 대한 설명이었다.

　　다음은 3개 이상의 조직을 대입한 복합조직 작도방법에 대한 설명이다.

　　아래는 4매 주자 직물조직 직점에 3개의 조직을 대입하여 취합 확대된 복합조직의 예.

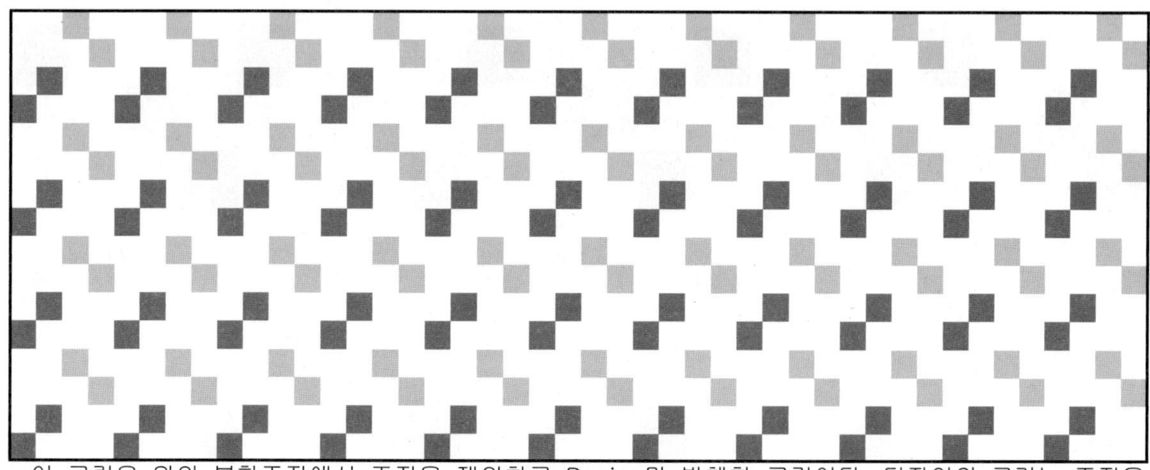

　　이 그림은 4매 주자 직물조직의 직점에 3개의 조직을 대입하여 취합 작도한 복합조직의 예이다.
종광 매수 16매.

　　이 그림은 위의 복합조직에서 조직을 제외하고 Design만 발췌한 그림이다. 디자인의 크기는 조직을
반복하는 횟수에 따라 의도한 크기로 가감 작도가 가능하다.

다음은 3개의 조직을 대입한 복합조직에 배열을 다르게 작도한 방법에 대한 설명이다.

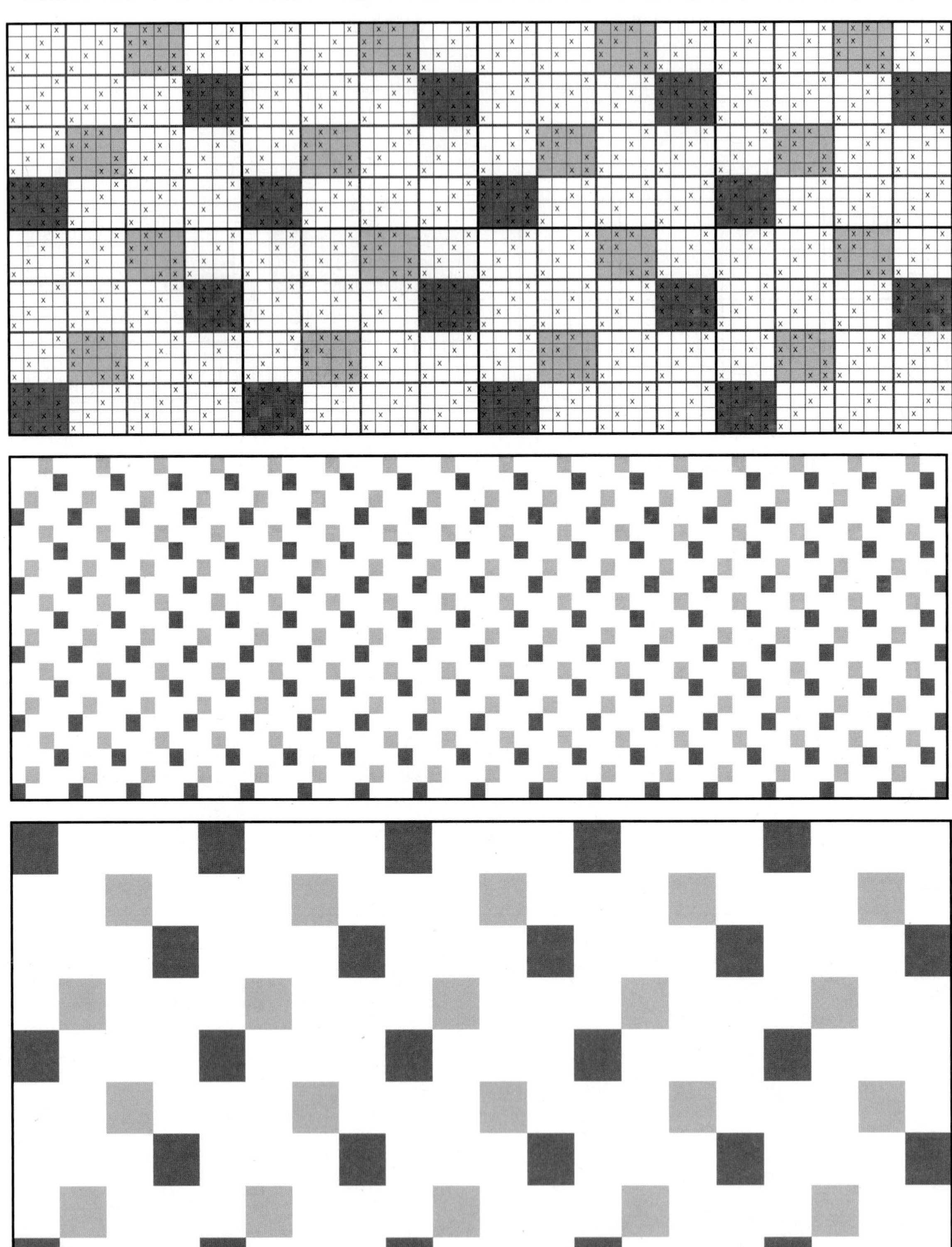

  이상과 같이 기본 Motive 조직이나 확대한 직점에 적용하는 2차 조직의 선정은, 설계자의 의도에 따라 변화 있게 적용하면 된다. 즉 설계자의 의도에 따라 다양한 디자인을 얻을 수 있다.

복합조직을 작도할 때 종광 매수가 많아지면 작도에 제약을 받을 수 있다. 하지만 다음과 같이 적용할 2차 조직을 응용해서 결정하면, 복합조직 작도에서 더 자유로울 수 있다.

종광 16매 복합조직	종광 10매 복합조직	종광 7매 복합조직
1 2 3 4 5 6 7 8 9 10 11 12 13 14 15 16	1 2 3 4 1 2 5 6 1 2 7 8 1 2 9 10	1 2 3 4 1 2 3 5 1 2 3 6 1 2 3 7

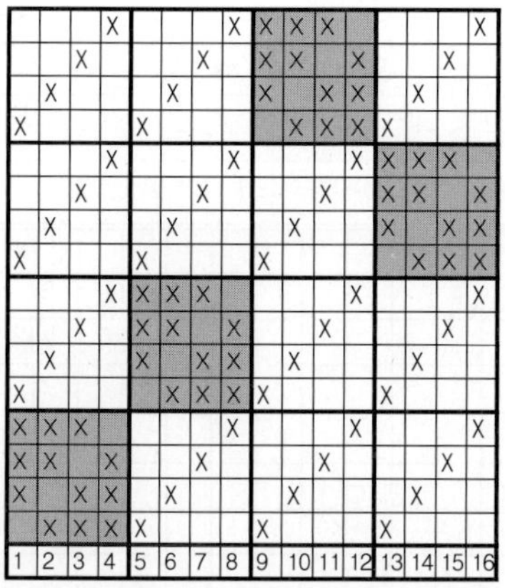

종광 16매 복합조직	종광 10매 복합조직	종광 7매 복합조직
1 2 3 4 5 6 7 8 9 10 11 12 13 14 15 16	1 2 3 4 1 2 5 6 1 2 7 8 1 2 9 10	1 2 3 4 1 2 3 5 1 2 3 6 1 2 3 7

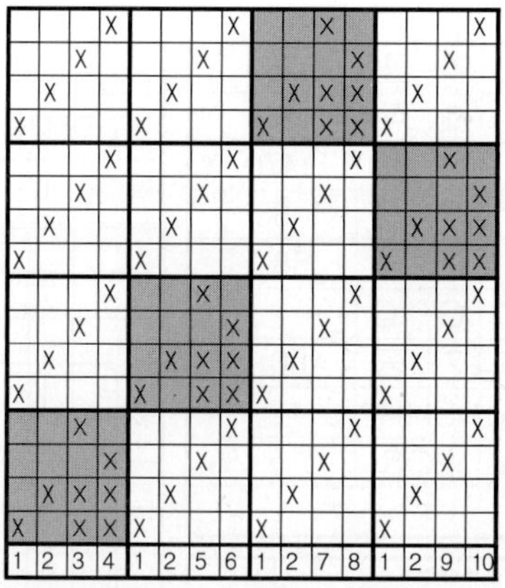

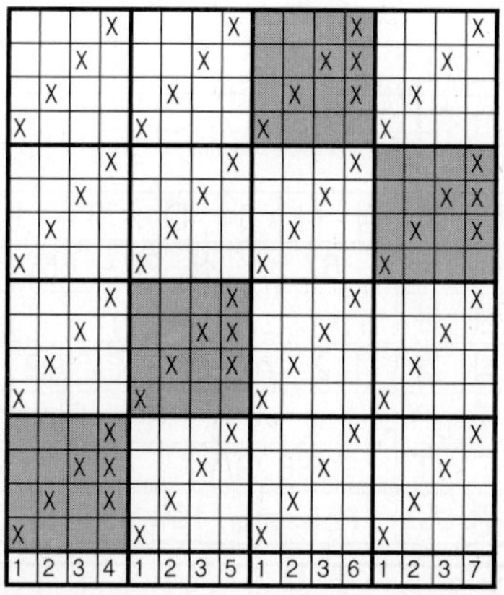

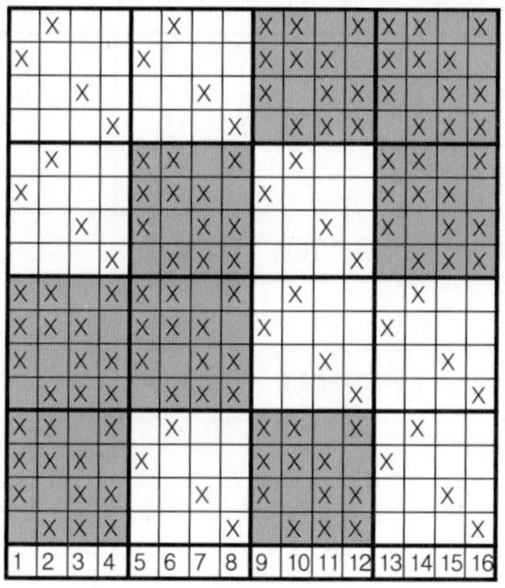

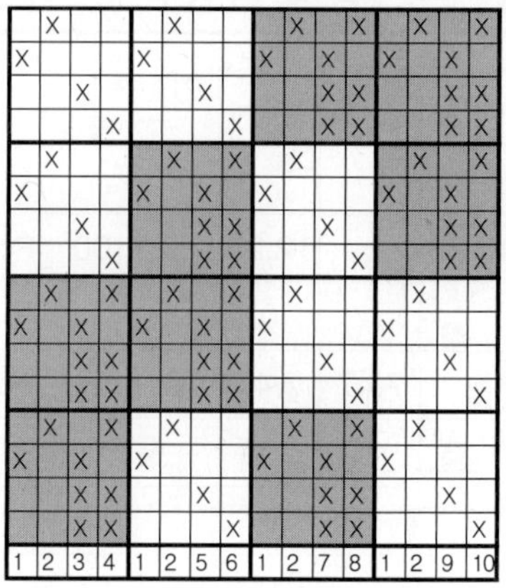

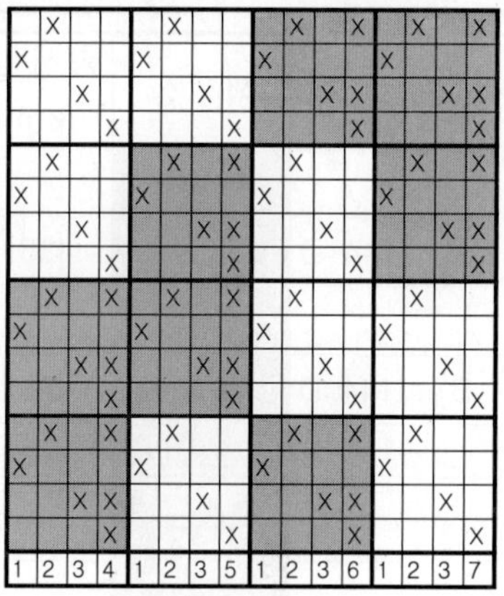

종광 15매 복합조직	종광 11매 복합조직	종광 7매 복합조직
1 2 3 4 5 6 7 8 9 10 11 12 13 14 15	1 2 3 1 4 5 1 6 7 1 8 9 1 10 11	1 2 3 1 4 3 1 5 3 1 6 3 1 7 3

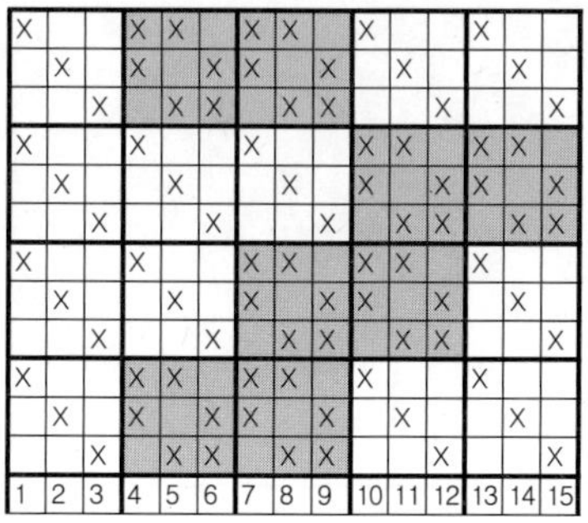

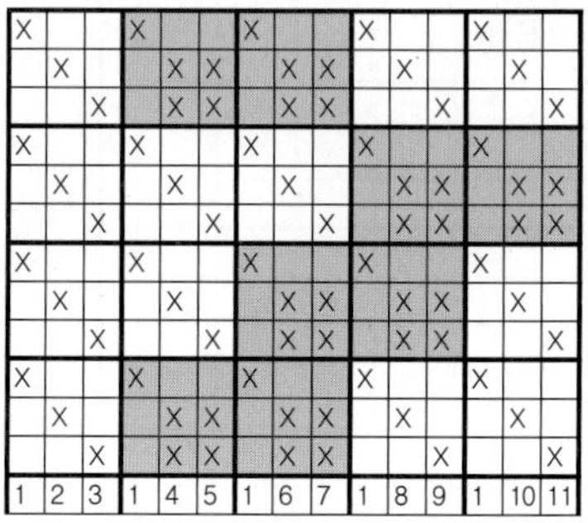

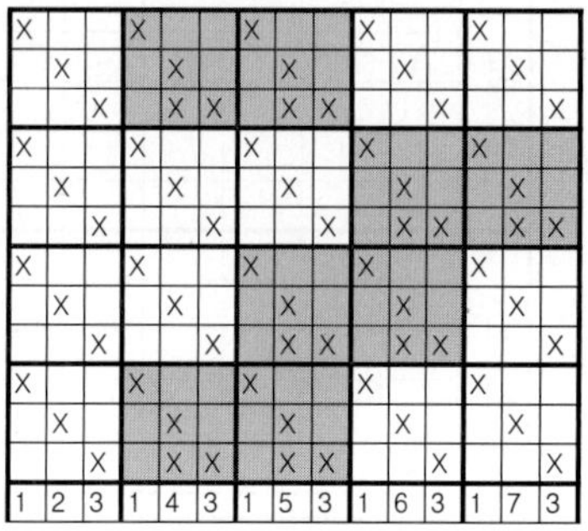

다음 장은 [복합조직 작도법]에 의한 생산 설계서의 작성 방법이다.

설 계 서

관리 No	161201-01
설계일자	2016 년 12 월 01 일

결재

O/N		가 공:	1200 Y
품 번		제 직:	1344 Y
품 명		정 경:	1470 Y
밀 도	경 사 34 D x 3 = 102	위 사	68
성 폭	67 ″ 생 지 65 ″	가 공	58 ″
총 본	6834 本 G C	T/	
정 경	112 m 생 지 112 Y	가 공	100 Y
F P	Finishing SHR	12 %	
F.WT	188 G/Y 6.62 OZ/Y	LOS	5 %
원 료	Polyester 100 %		

	원 사	염 색	제 직	가 공
생산DELI				
생 산 처				

통순 · 별 첨

변 사

사 종	번 수	색 상	총사량 (Kg)	필 당 사 량			연 수	원 료	비 고
				W P	W F	합 계			
A	144 D	R/White	158	12.25		12.25	Z 1100	Polyester 135D/108F ITY SD	
						0			
B	144 D	R/White	101		7.47	7.47	Z 1100	Polyester 135D/108F ITY SD	
						0			
						0			
						0			
계			259	12.25	7.47	19.72			

배 열	경 사	A	all
	위 사	B	all

* 변사 : 5본 통입 좌우 30穴
* 가공밀도 : 118 × 75

대구광역시 달서구 달구벌대로 226-20 http://moonho.net
T:010-7313-0216 F:053-587-4109 e-mail: app53@daum.net

4회	(1	2	3)	4회	(4	5	6)
4회	(7	8	9)	4회	(10	11	12)
4회	(13	14	15)	4회	(1	2	3)
4회	(16	17	18)	4회	(4	5	6)
4회	(7	8	9)	4회	(1	2	3)
4회	(13	14	15)	4회	(1	2	3)
4회	(16	17	18)	4회	(10	11	12)
4회	(1	2	3)	4회	(7	8	9)
4회	(16	17	18)	4회	(10	11	12)
4회	(13	14	15)	4회	(4	5	6)
4회	(1	2	3)	4회	(10	11	12)
4회	(7	8	9)	4회	(4	5	6)
4회	(13	14	15)	4회	(16	17	18)
4회	(1	2	3)	4회	(7	8	9)
4회	(10	11	12)	4회	(4	5	6)
4회	(16	17	18)	4회	(13	14	15)
4회	(10	11	12)	4회	(1	2	3)
4회	(16	17	18)	4회	(7	8	9)
4회	(13	14	15)	4회	(4	5	6)
4회	(10	11	12)	4회	(16	17	18)
4회	(13	14	15)	4회	(1	2	3)
4회	(4	5	6)	4회	(7	8	9)
4회	(10	11	12)	4회	(13	14	15)
4회	(16	17	18)	4회	(7	8	9)
4회	(4	5	6)	4회	(1	2	3)
4회	(16	17	18)	4회	(10	11	12)
4회	(4	5	6)	4회	(13	14	15)
4회	(7	8	9)	4회	(1	2	3)
4회	(10	11	12)	4회	(13	14	15)
4회	(7	8	9)	4회	(16	17	18)

우측 상단 식전도와 연결   조직 Start

1 2 3 4 5 1 6 2 3 1 5 1 6 4 1 3 6 4 5 2 1 4 3 2 5 6 1 3 4 2 6 5 4 1 6 3 5 2 4 6 5 1 2 3 4 5 6 3 2 1 6 4 2 5 3 1 4 5 3 6

03. 복합조직 삽입법

복합조직에 여백이나 다른 조직을 삽입하면 또 다른 영역의 조직이 창작되며, 그때마다 다양한 조직의 변화가 일어난다.

여백이나 조직을 삽입할 때, 조직의 배수나 약수를 선정하여 반복 삽입하는 방법이 일반적이다. 또 대칭 조직에는 대칭선을 기준으로 선택하는 것이 합리적이다.

다음은 12본(3본x4본) 복합조직에서 2본의 간격으로 여백 1본을 반복 삽입한 복합조직의 예이다.

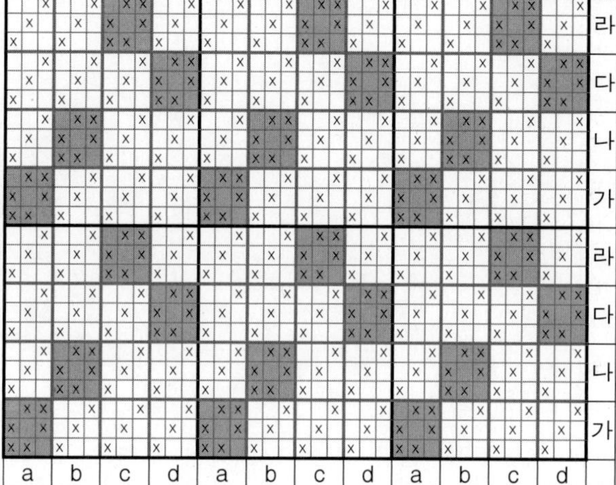
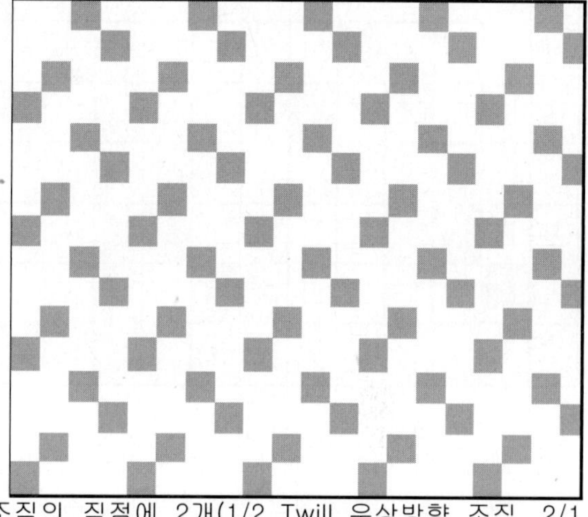

위 좌측 모티브 조직은, 일반적인 4매 주자 직물조직의 직점에 2개(1/2 Twill 우상방향 조직, 2/1 Twill 좌상방향 조직)의 조직으로 대입하여 취합 작도한 복합조직의 예이다. 종광 매수 12매. 위 우측은 조직을 제외하고 Design만 발췌한 복합조직 이미지이다.

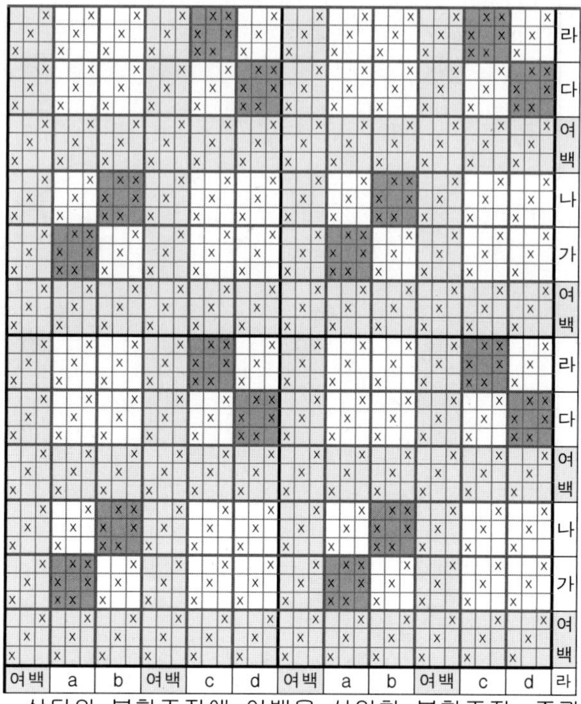

상단의 복합조직에 여백을 삽입한 복합조직. 종광 매수 15매. 위 우측 그림은 복합조직 조직도에서 조직을 제외하고 Design만 발췌한 복합조직이다.

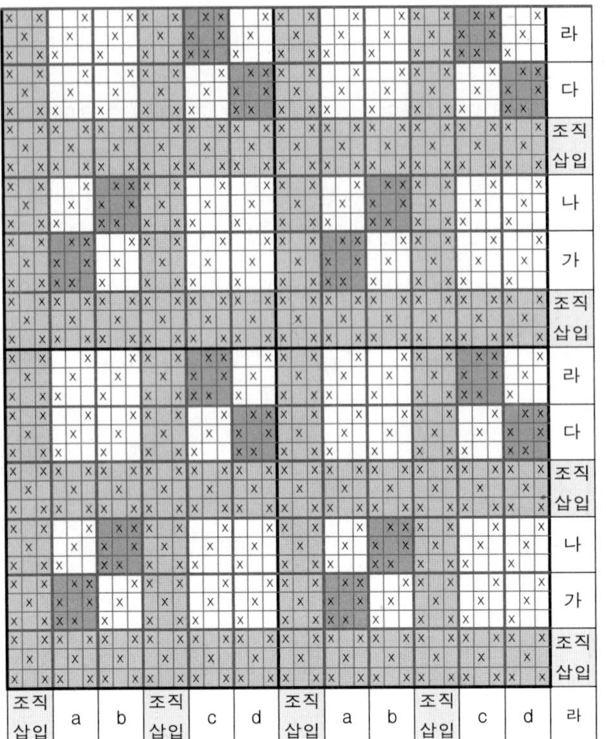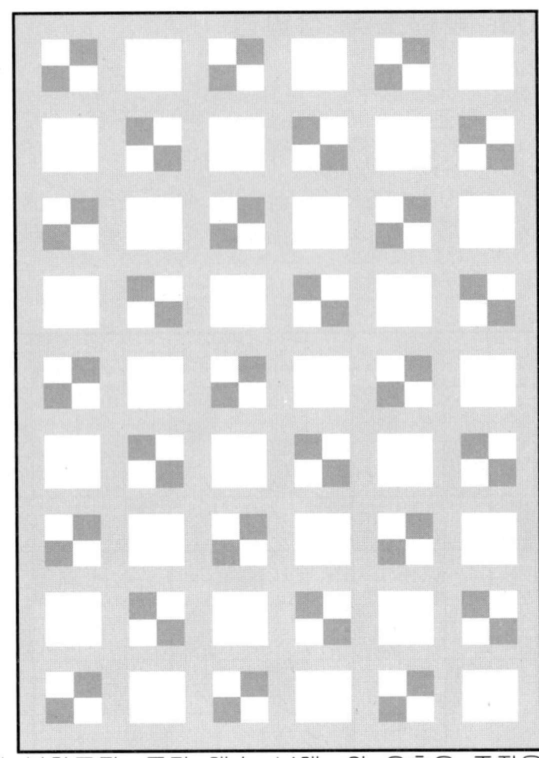

앞 페이지의 여백 부분에 다른 조직을 삽입 작도한 복합조직. 종광 매수 14매. 위 우측은 조직을 제외하고 Design만 발췌한 복합조직 이미지이다.

위 그림은 상단의 조직배열을 각각 다르게 배열하여 작도한 Pattern이다.

아래 Pattern 중, 좌측은 복합조직의 Motive design이고, 가운데와 우측은 Motive design에 여백을 삽입한 Design의 예이다.

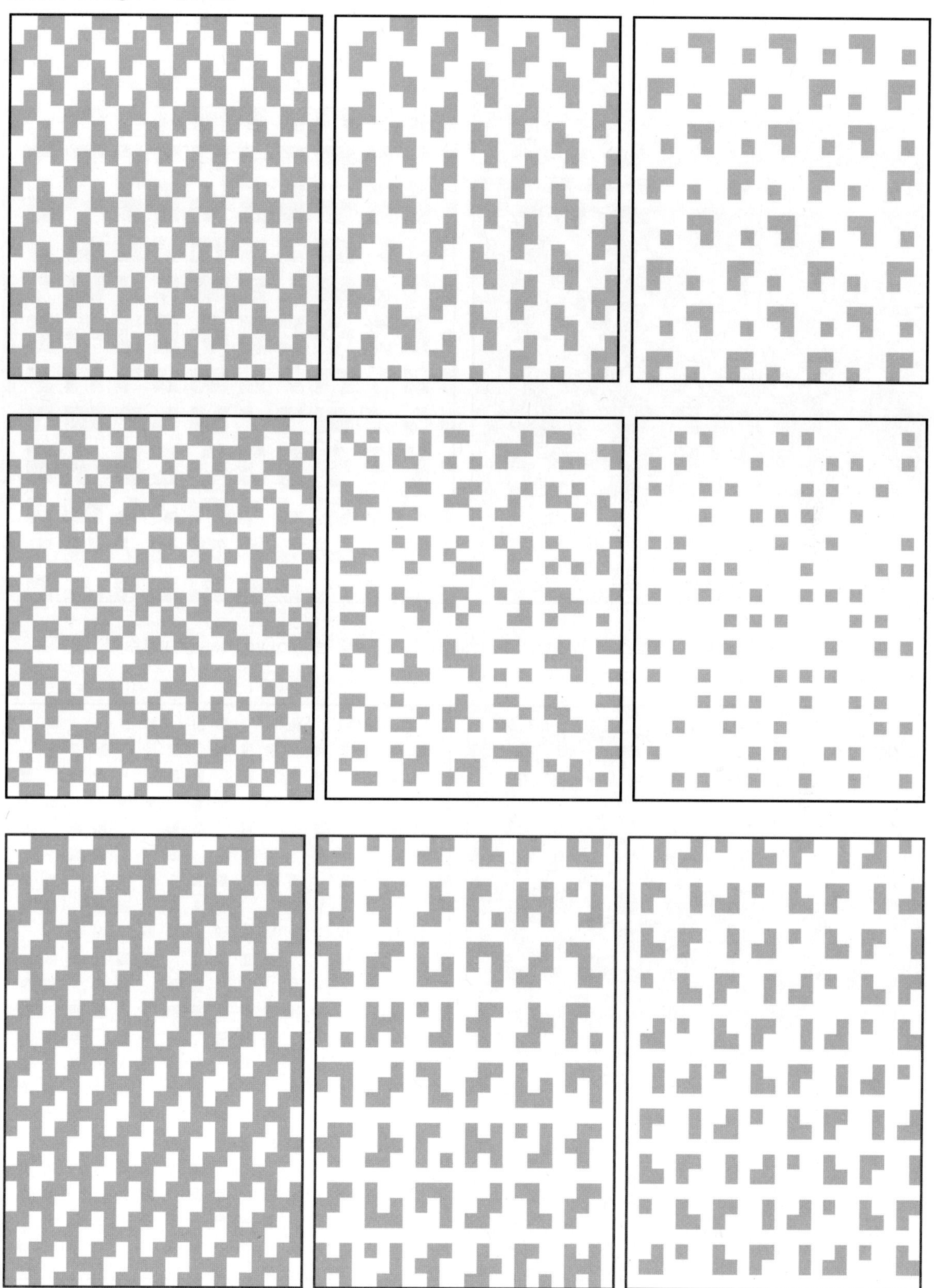

다음 Pattern 중, 좌측은 복합조직의 Motive design이고, 우측은 Motive design 대칭선에 여백을 삽입한 Design의 예이다.

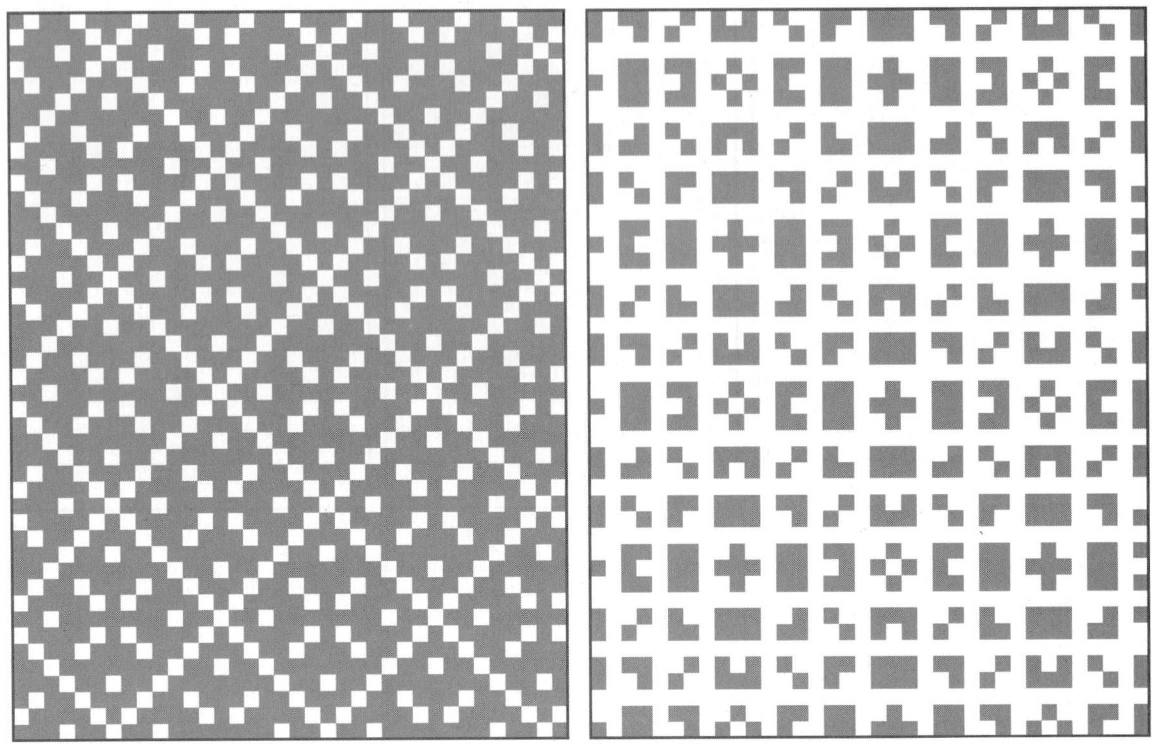

다음 Pattern 중, 좌측은 복합조직의 Motive design이고, 우측은 Motive design 약수에 여백을 삽입한 Design의 예이다.

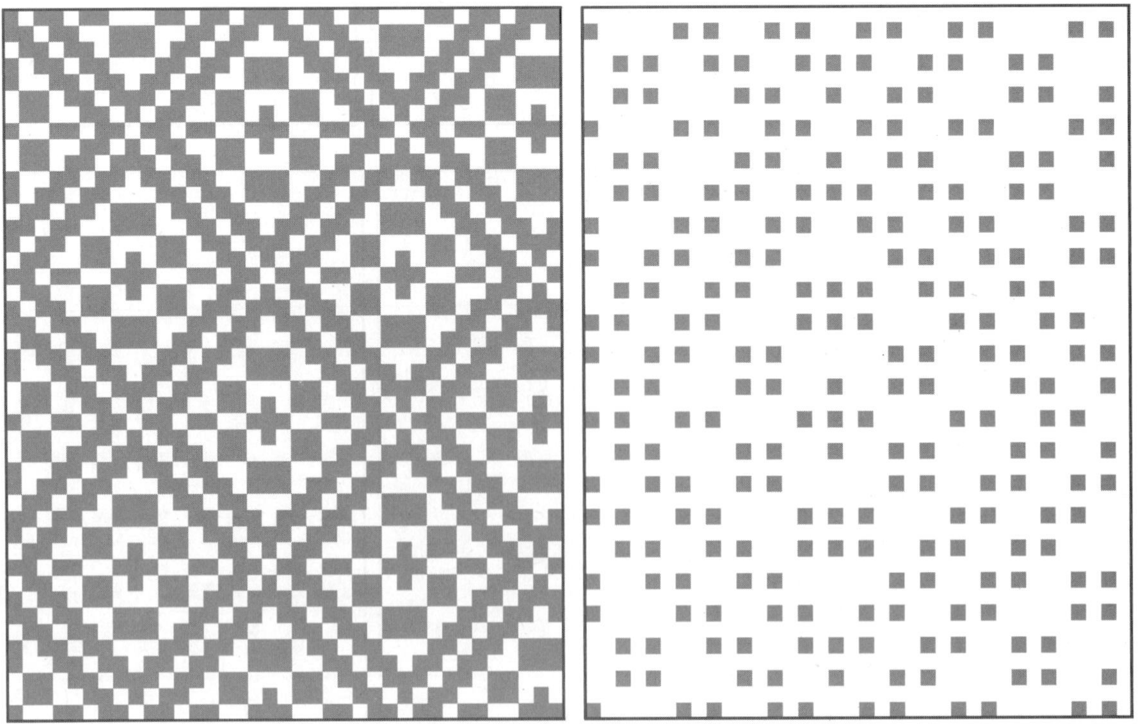

04. 복합조직 삭제법

　복합조직을 부분적으로 삭제하고 삭제한 부분을 여백으로 대입하면 새로운 영역의 복합조직이 만들어진다.

　도형은 일부분을 삭제하면 작아지지만, 직물조직은 일부분을 삭제하면 조직이 커지면서 다양성을 가지게 된다. 직물의 조직은 도형의 집합체로 이루어져 있기에, 삭제 후 순환 지점을 기준으로 하여 연결하면 다양하게 변화하기 때문이다.

　삭제 후 조직의 변화는, 잔류본수와 삭제본수를 합한 수와 Motive 조직의 조직 원리 피트 본수와의 최소공배수가 '삭제를 포함한 생성조직의 본수'가 되므로 수리적으로 무한하다.

　작도방법은 기본조직에서 작도한 복합조직의 일부를 삭제하여, 삭제된 부분을 여백으로 대입한다. 삭제의 순환 규칙은 Motive 조직의 약수 또는 배수로 설정한다. Motive 조직이 대칭을 이루는 조직은 대칭의 기준이 되는 조직 선에서 좌우 대칭이 되도록 삭제한 후, 여백으로 대입한다.

　삭제법의 논리는 제1장 직물조직 유도법과 동일한 원리를 가지므로 생성 이론은 앞 장의 위사삭제 유도법을 참고하기 바라며 여기에서는 논리적인 설명은 생략한다.

　다음은 복합조직 삭제법의 작도방법과 그 과정에 대한 설명이다.

1) 배수(1배수)의 반복 방법으로 작도한 복합조직

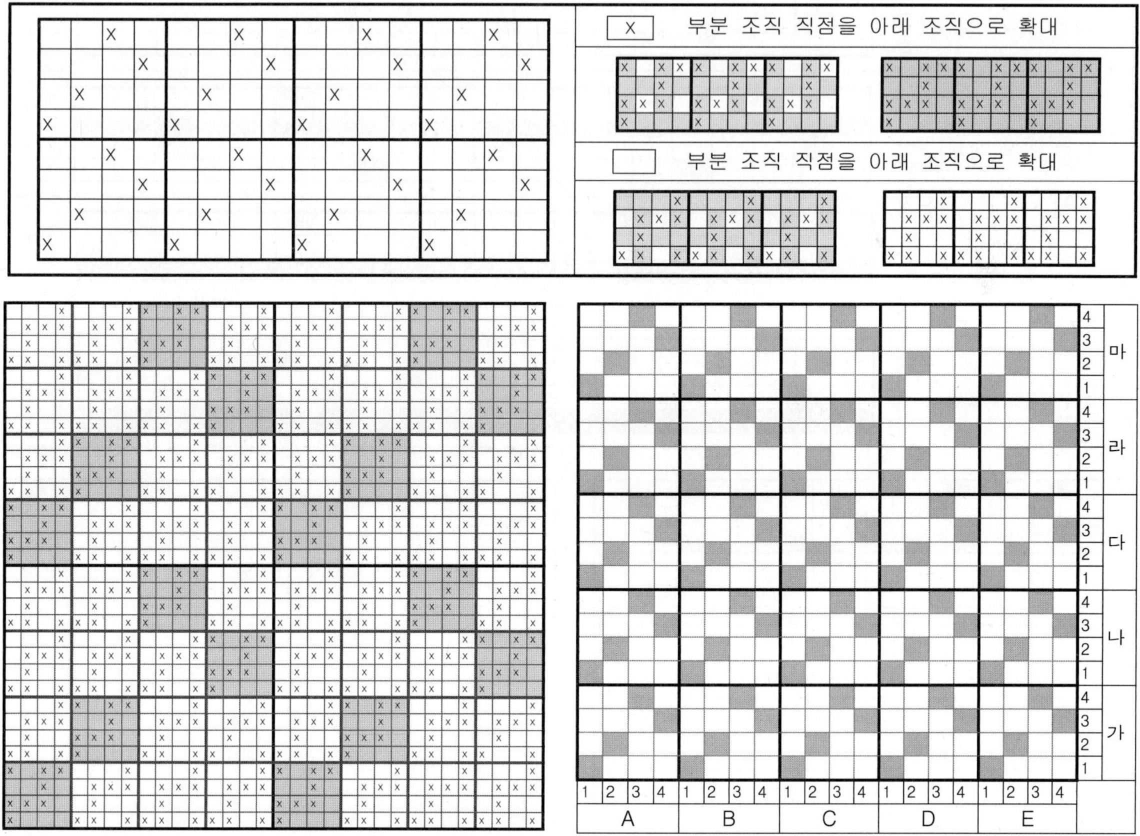

　위 조직은 일반적인 4매 직물조직의 직점에, 2개(표리교차 2중 평직)의 조직을 대입하여 취합 작도한 복합조직의 예이다. 종광매수 16매, 복합조직 응용법 적용 후, 종광매수 20매.

위 복합조직 Design을 경사 기준으로 A Repeat의 1번, B Repeat의 2번, C Repeat의 3번, D Repeat의 4번, E Repeat의 0번을 삭제한다.

A Repeat (1번 삭제)	B Repeat (2번 삭제)	C Repeat (3번 삭제)	D Repeat (4번 삭제)	E Repeat (0번 삭제)

위에서 삭제한 5개의 Design을 연결한 가로 방향의 Design 원 리피트.

앞 장의 복합조직을 위사 기준으로 가 Repeat의 1번, 나 Repeat의 2번, 다 Repeat의 3번, 라 Repeat의 4번, 마 Repeat의 0번을 삭제한다.

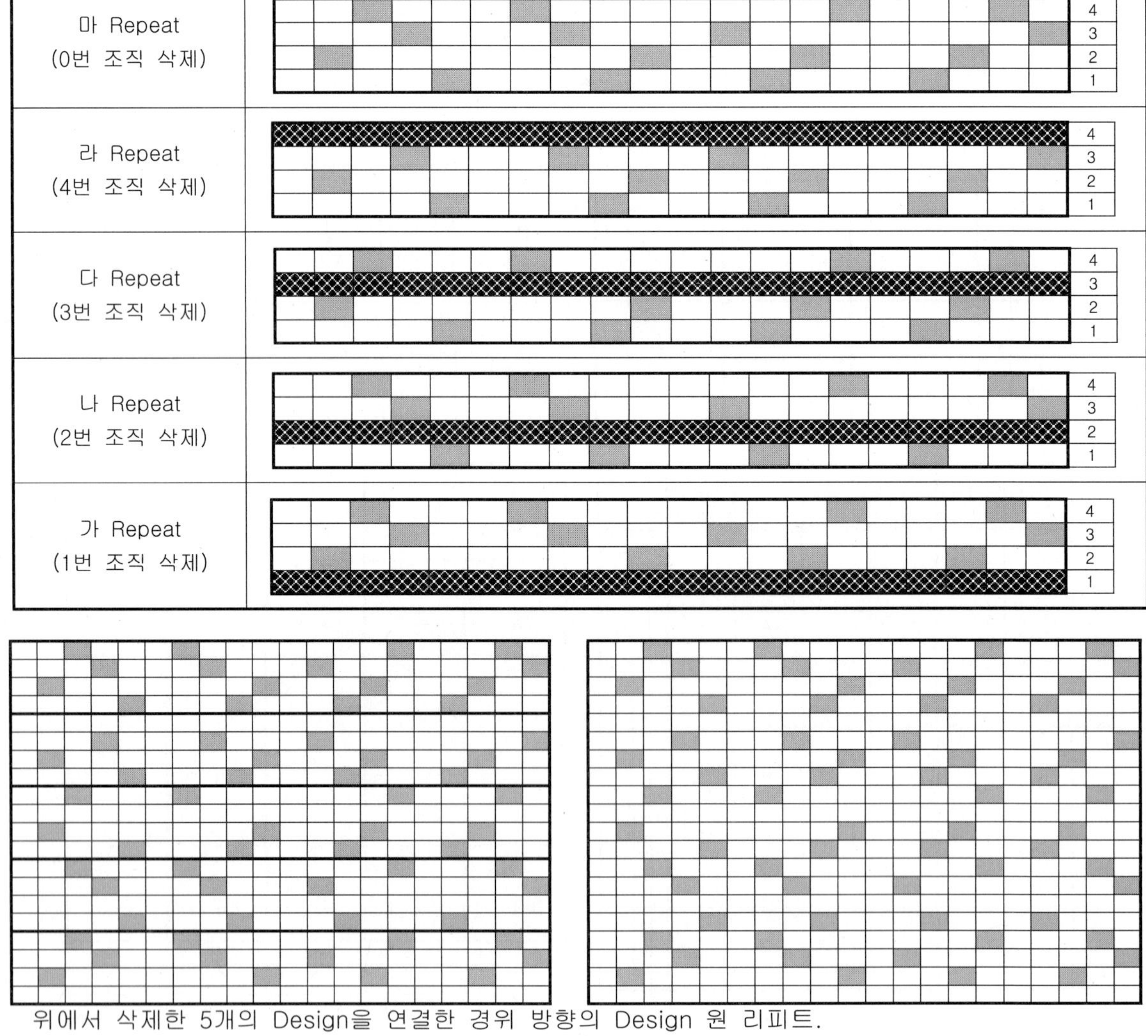

위에서 삭제한 5개의 Design을 연결한 경위 방향의 Design 원 리피트.

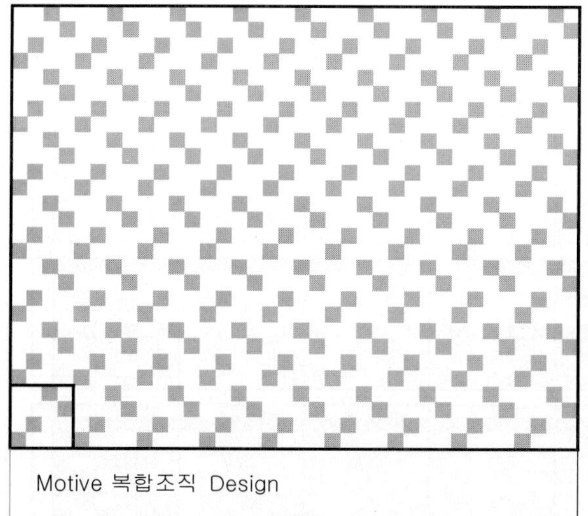

Motive 복합조직 Design

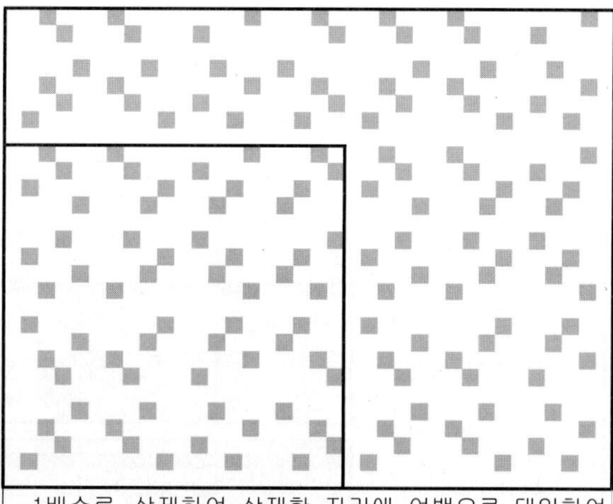

1배수로 삭제하여 삭제한 자리에 여백으로 대입하여 완성된 복합조직 Design 효과도

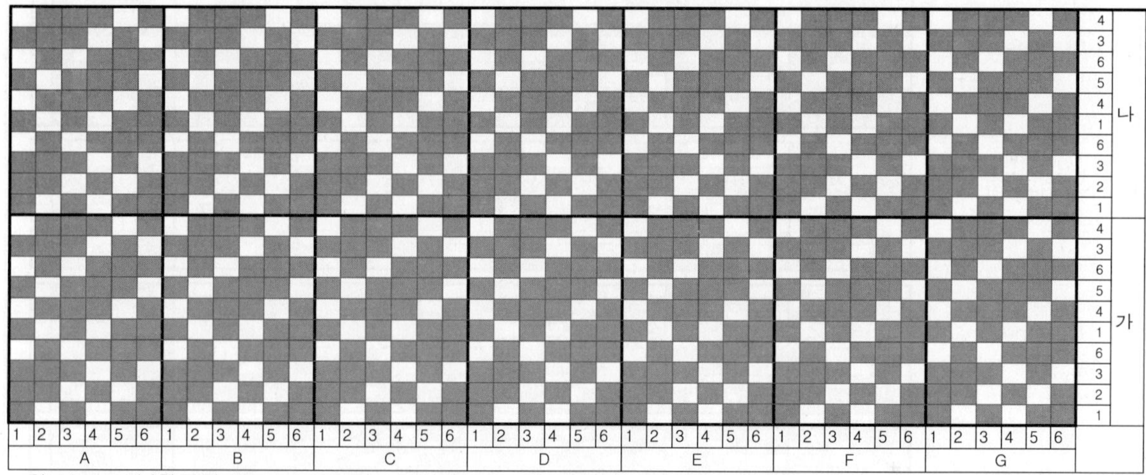

위 Motive 복합조직 Design 중, 경사 기준으로 A Repeat의 1번, B Repeat의 2번, C Repeat의 3번, D Repeat의 4번, E Repeat의 5번, F Repeat의 6번, G Repeat의 0번을 삭제하여 여백으로 대입한다.

A Repeat (1번 삭제)	B Repeat (2번 삭제)	C Repeat (3번 삭제)	D Repeat (4번 삭제)	E Repeat (5번 삭제)	F Repeat (6번 삭제)	G Repeat (0번 삭제)

위에서 삭제한 7개의 조직을 연결한 가로 방향 Design 원 리피트.

앞 page의 Motive 복합조직 Design 중, 위사 기준으로 가 Repeat의 1번, 나 Repeat의 2번, 다 Repeat의 3번, 라 Repeat의 4번, 마 Repeat의 5번, 바 Repeat의 6번, 사 Repeat의 6번, 아 Repeat의 6번, 자 Repeat의 6번, 차 Repeat의 6번, 카 Repeat의 0번을 삭제한다.

카 Repeat (0번 조직 삭제)	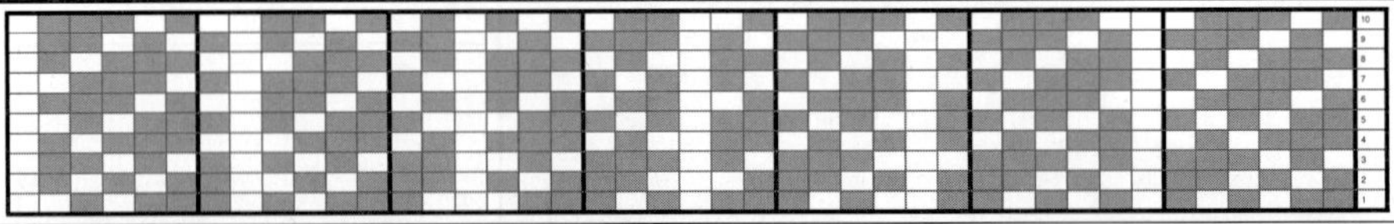
차 Repeat (10번 조직 삭제)	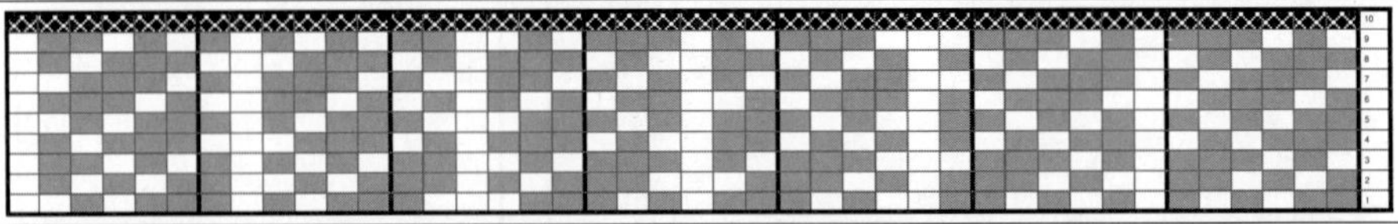
자 Repeat (9번 조직 삭제)	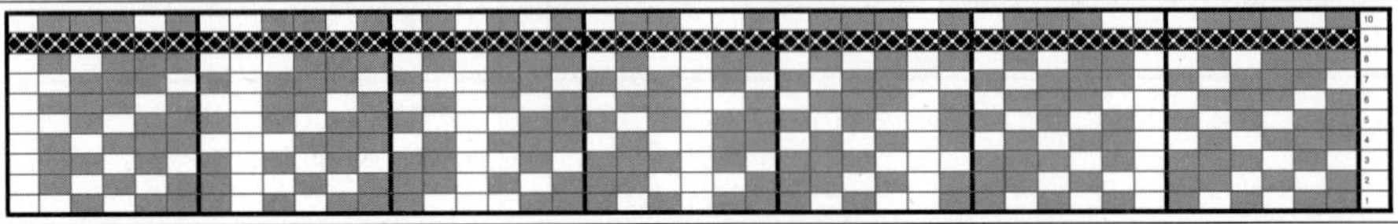
아 Repeat (8번 조직 삭제)	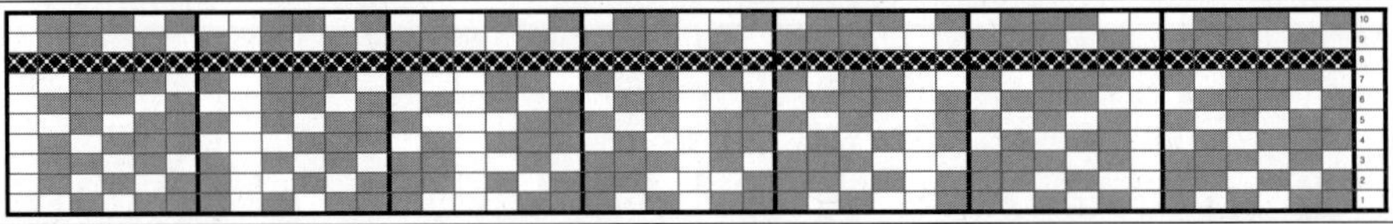
사 Repeat (7번 조직 삭제)	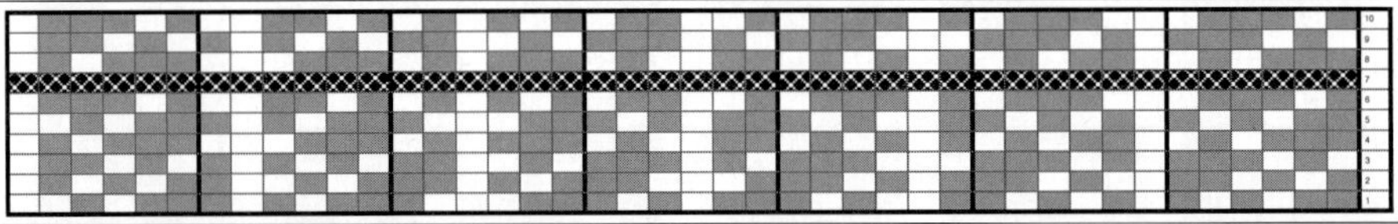
바 Repeat (6번 조직 삭제)	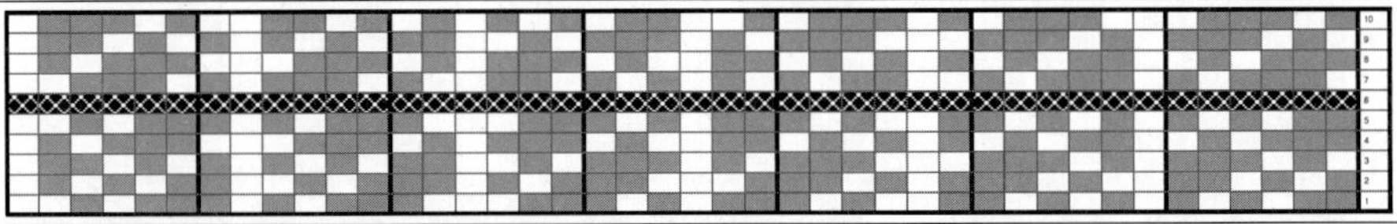
마 Repeat (5번 조직 삭제)	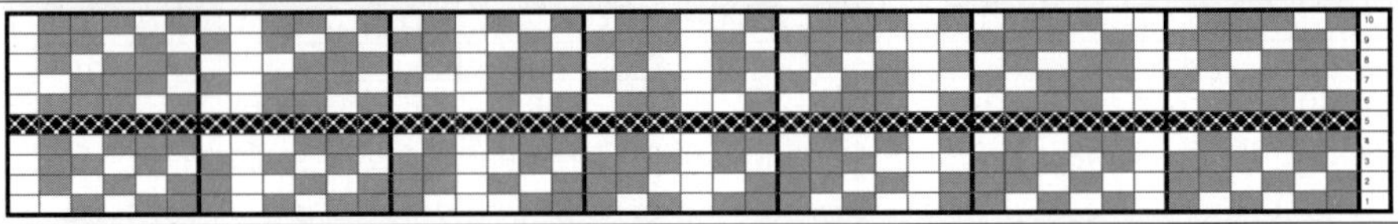
라 Repeat (4번 조직 삭제)	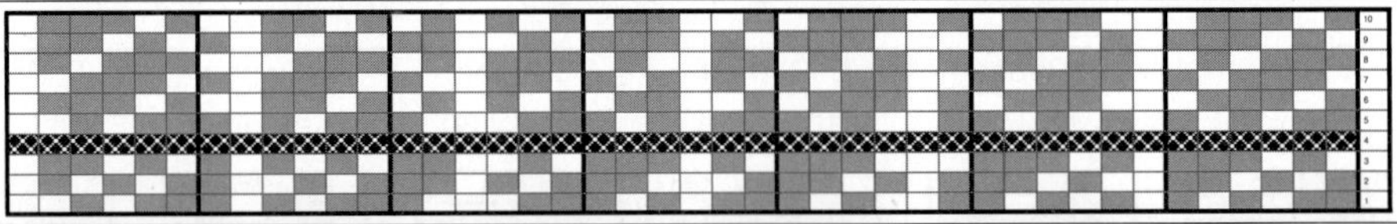
다 Repeat (3번 조직 삭제)	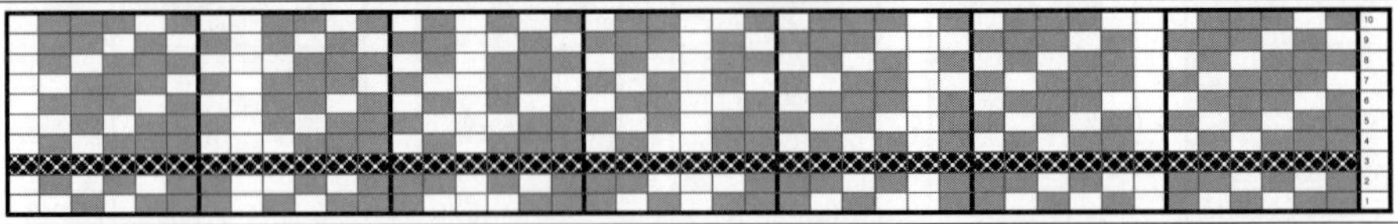
나 Repeat (2번 조직 삭제)	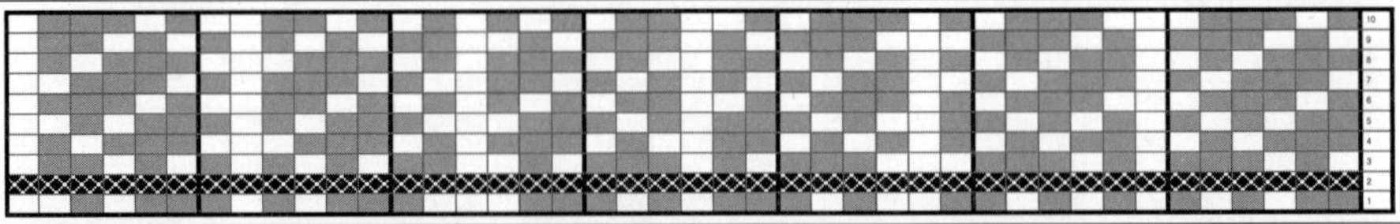
가 Repeat (1번 조직 삭제)	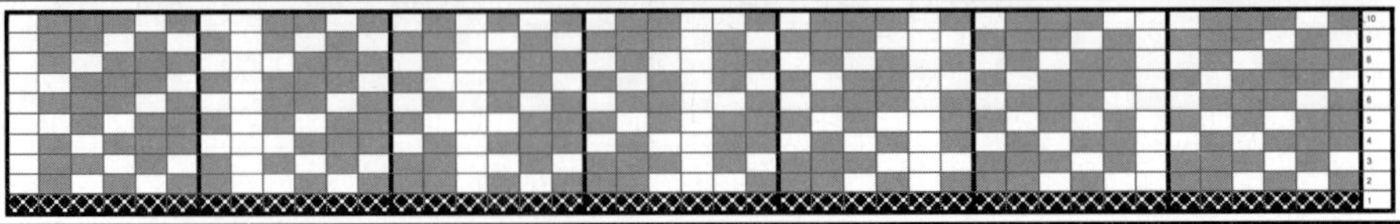

Motive 복합조직 Design.

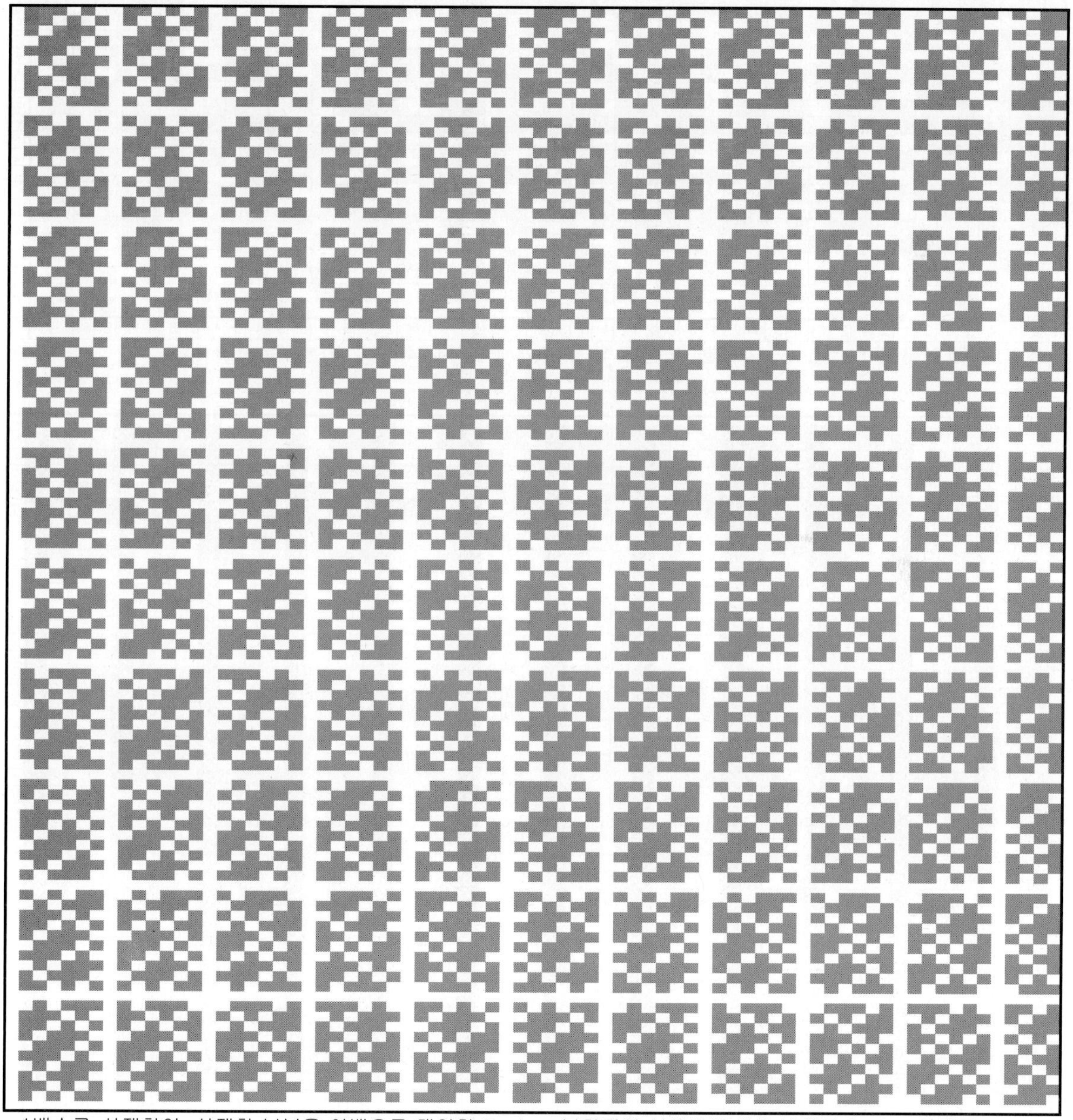

1배수로 삭제하여, 삭제한 부분을 여백으로 대입한 Design, 복합조직 삭제법에 따라 변환된 Design 효과도.

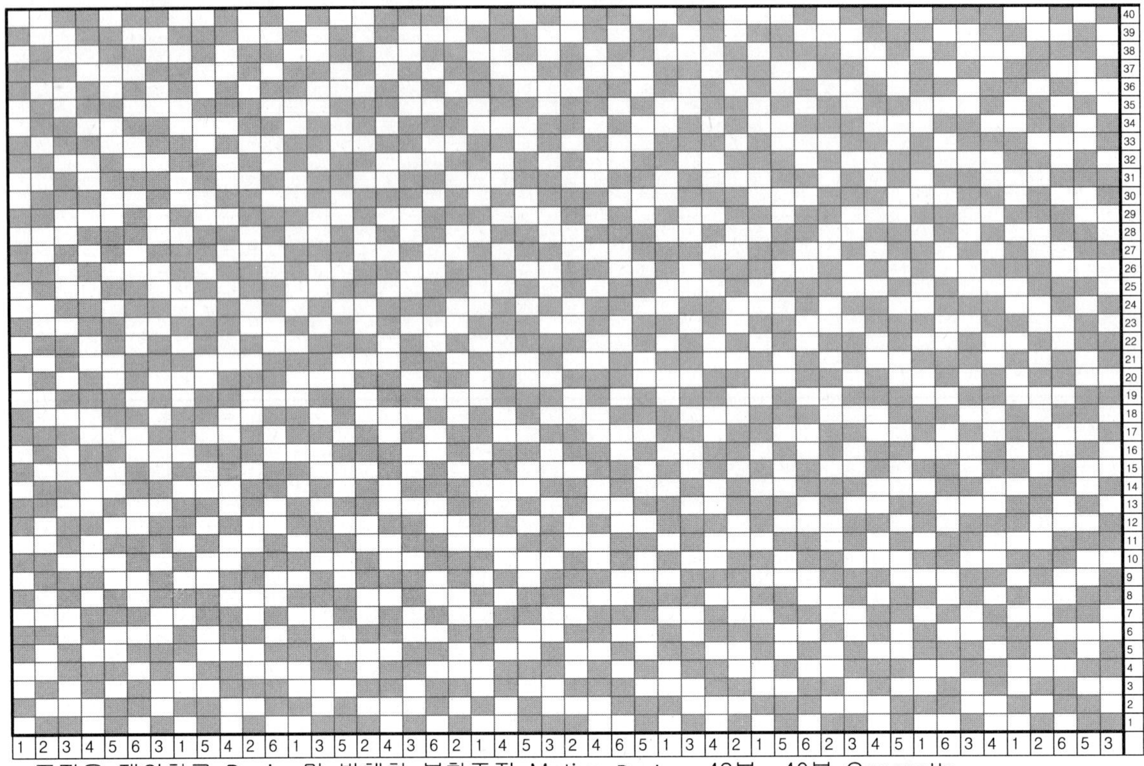

조직을 제외하고 Design만 발췌한 복합조직 Motive Design. 48본 × 40본 Georgette.

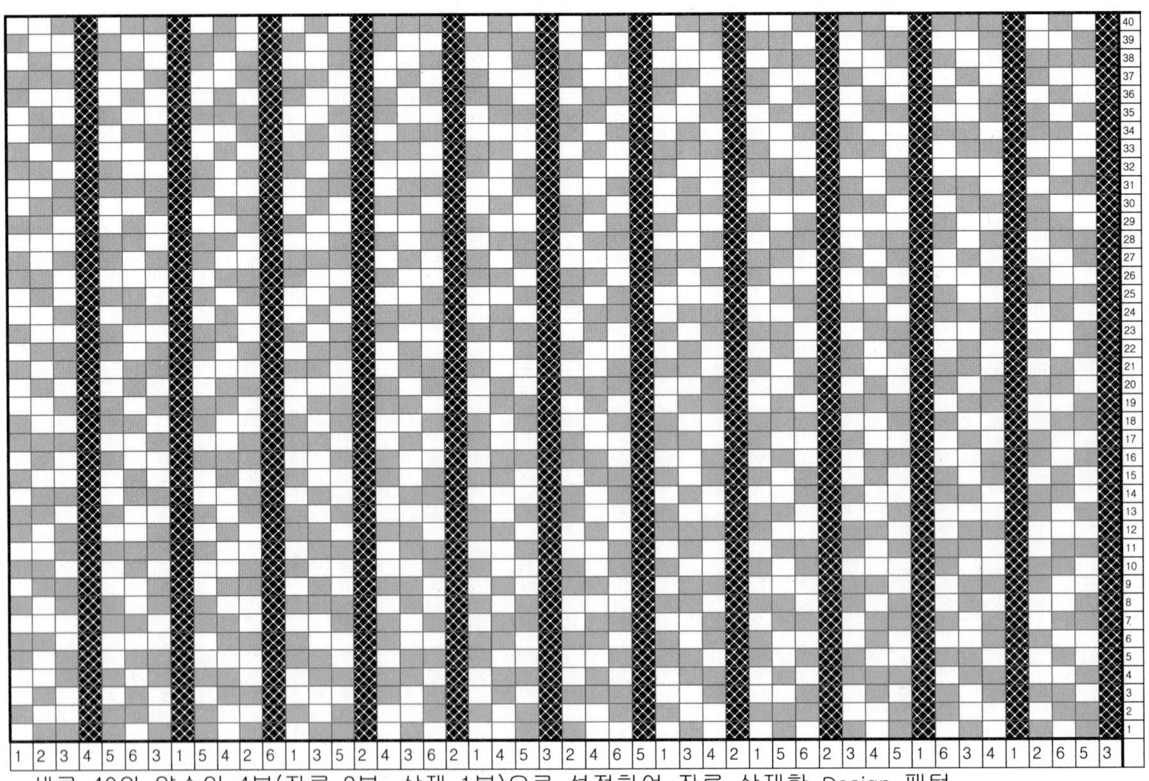

세로 40의 약수인 4본(잔류 3본, 삭제 1본)으로 설정하여 잔류 삭제한 Design 패턴.

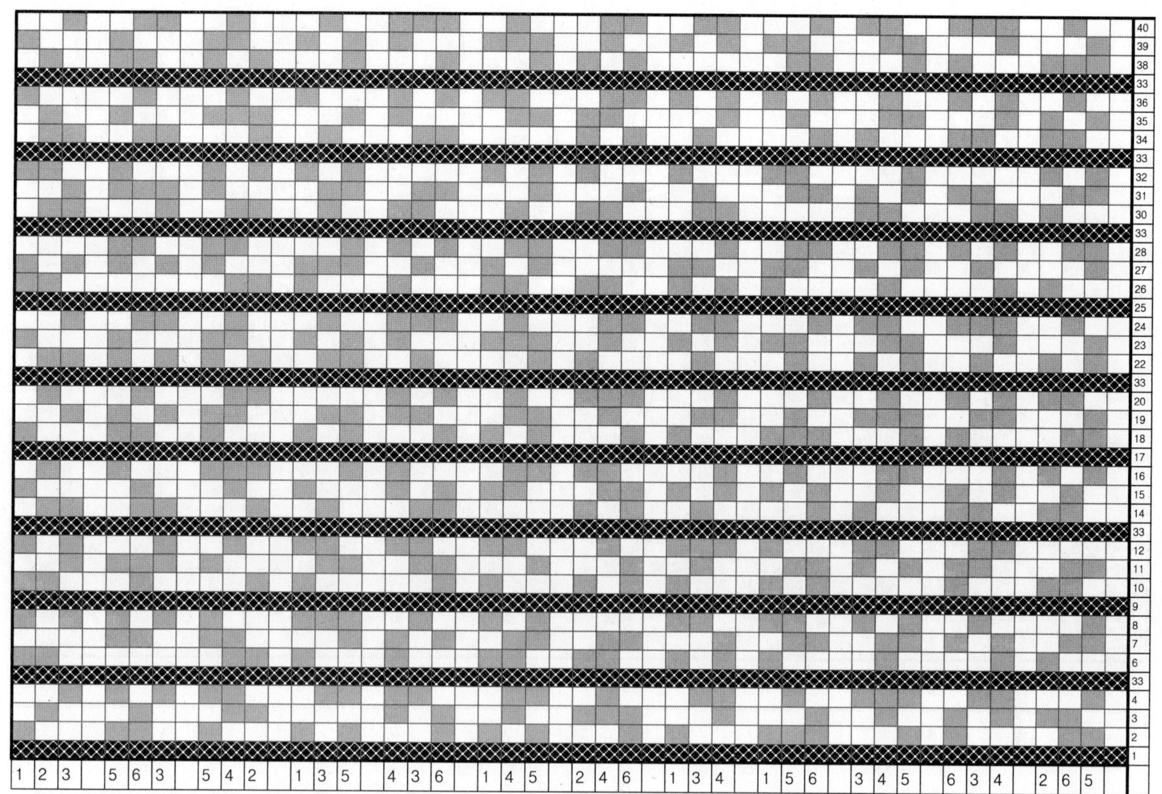

가로 48의 약수인 4본(잔류 3본, 삭제1본)으로 설정하여 잔류 삭제한 Design 패턴.

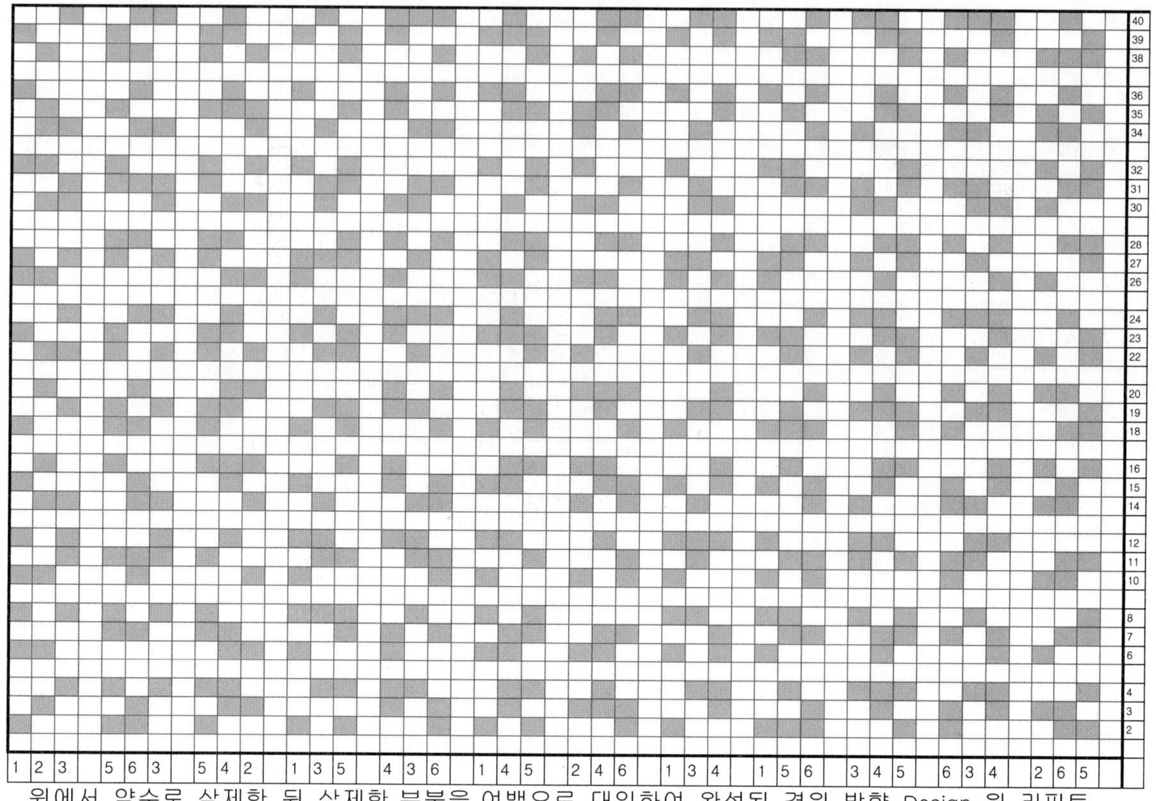

위에서 약수로 삭제한 뒤 삭제한 부분을 여백으로 대입하여 완성된 경위 방향 Design 원 리피트.

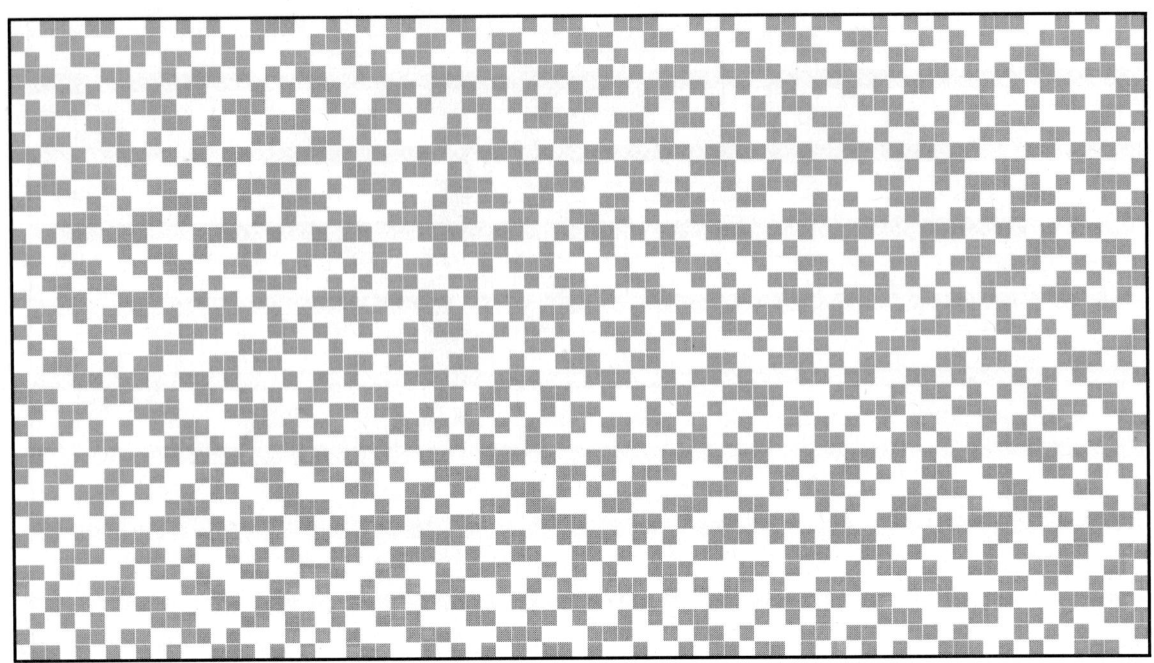

Motive 복합조직 Design.

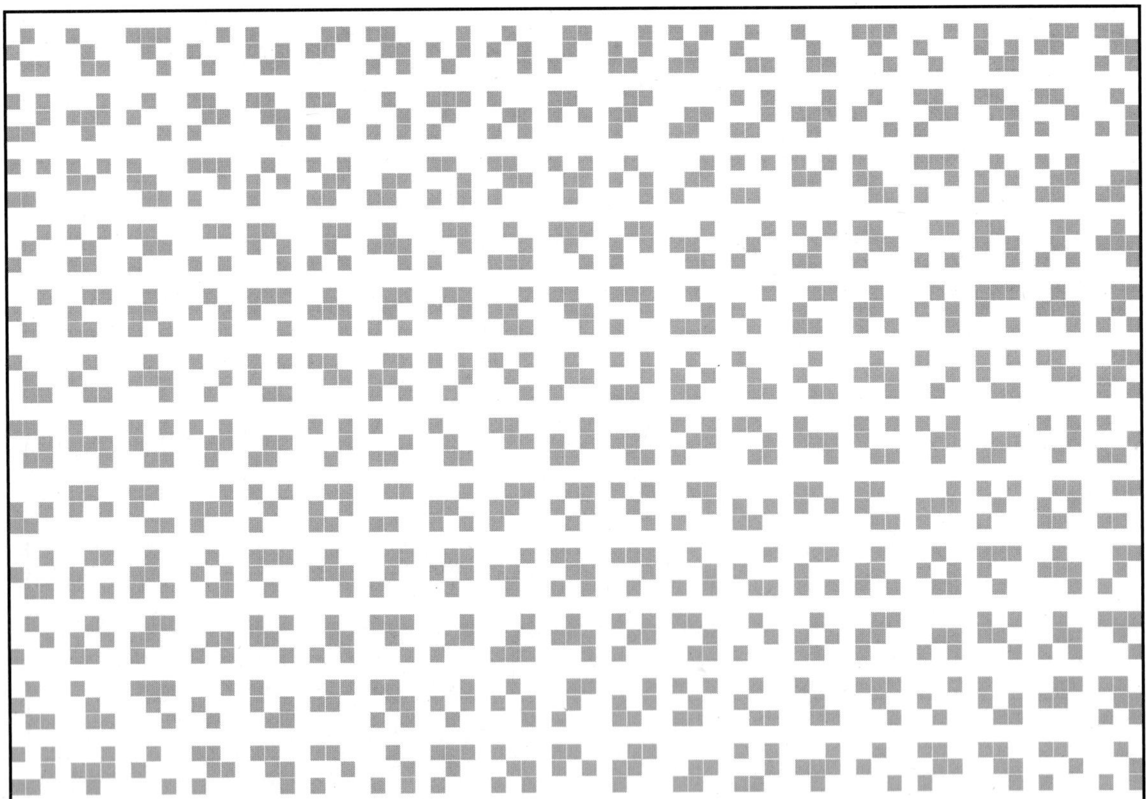

위에서 약수로 삭제한 부분을 여백으로 대입하여 완성된 복합조직 Design 효과도.

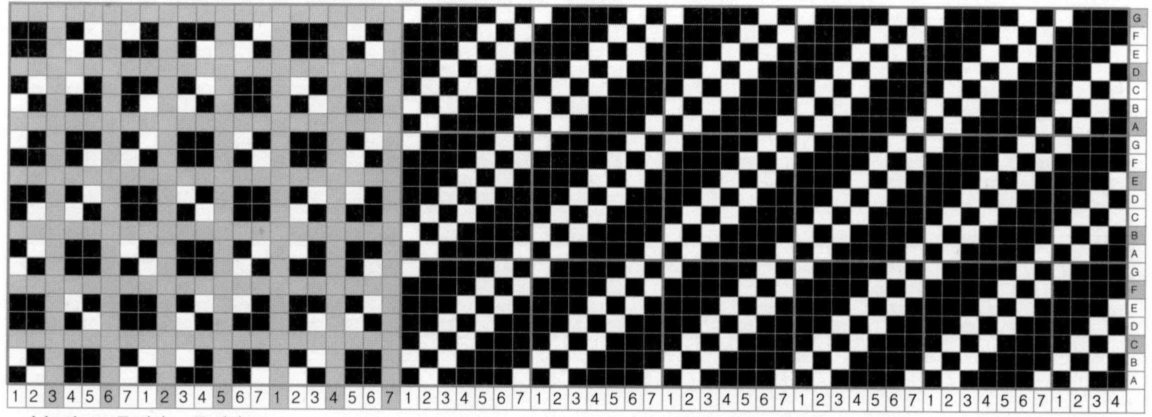

Motive 7n본 × 7n본.

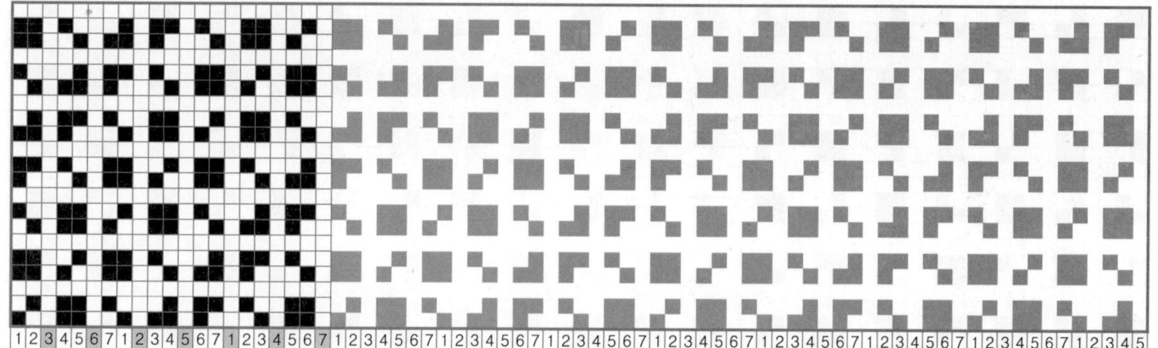

여백을 삽입하여 생성된 design, 종광 8n매 × 8n매, 조직 21n본 × 21n본.

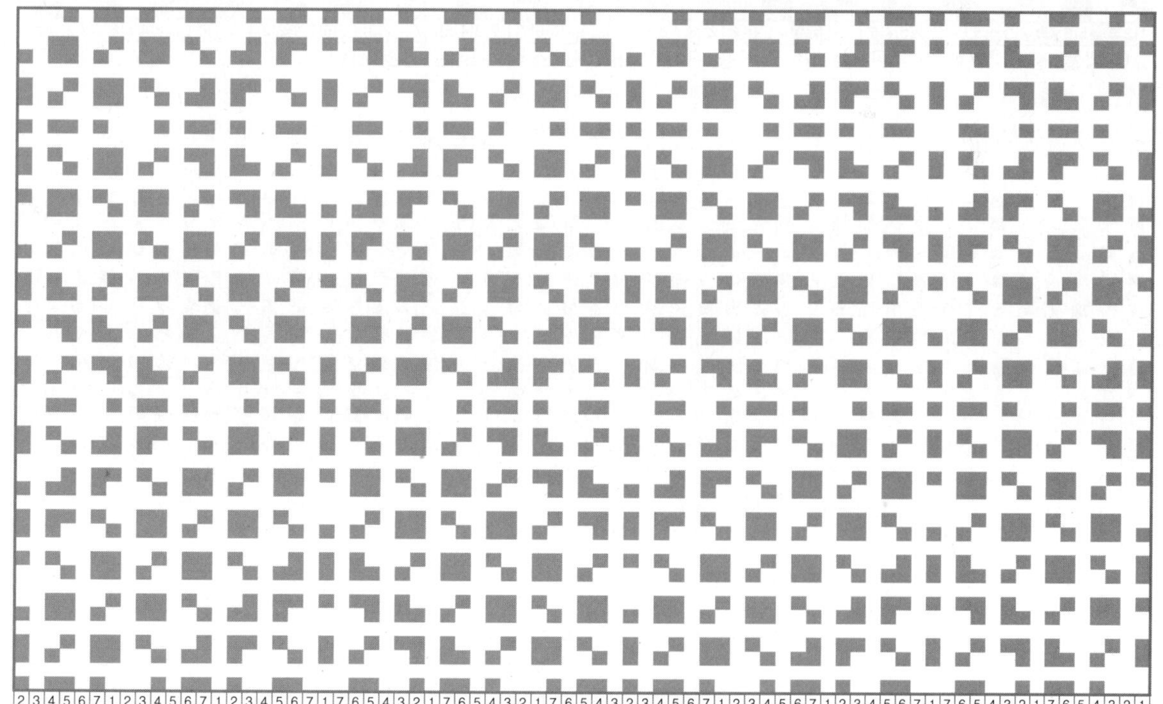

위 생성된 design을 마름모형으로 합성. design one repeat 40본 × 40본.

마름모형으로 합성하기 전에 motive design 대칭선을 조정하였다.

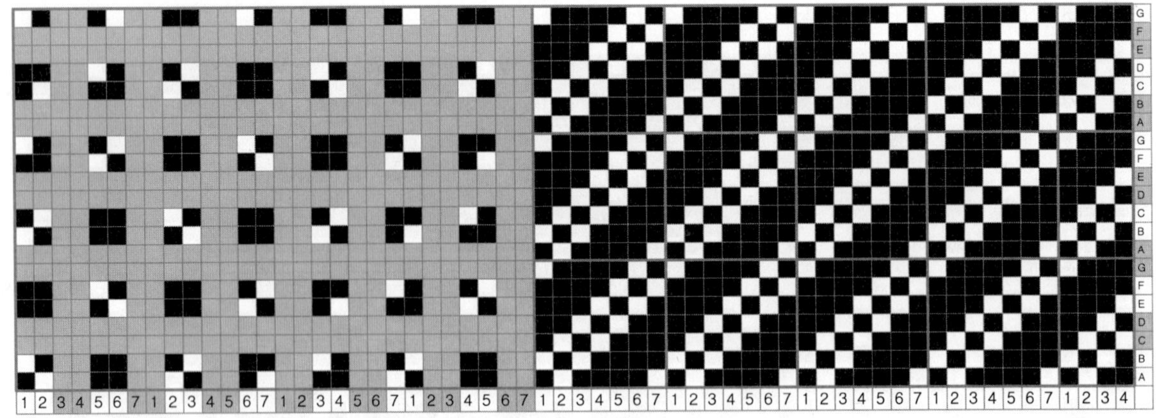

Motive 7n본 × 7n본, gray 부분의 기존 조직선을 삭제.

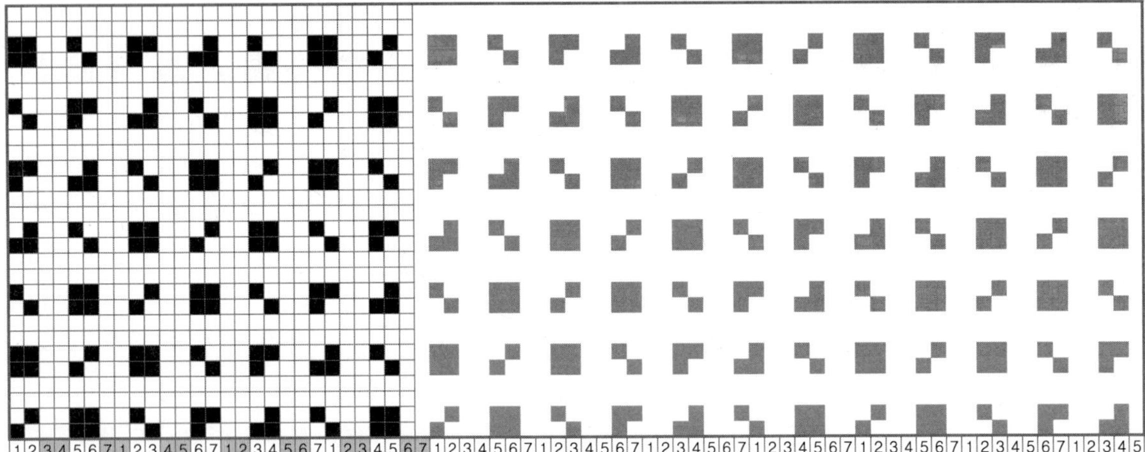

여백을 삽입하여 생성된 design, 종광 8n매 × 8n매, 조직 28n본 × 28n본.

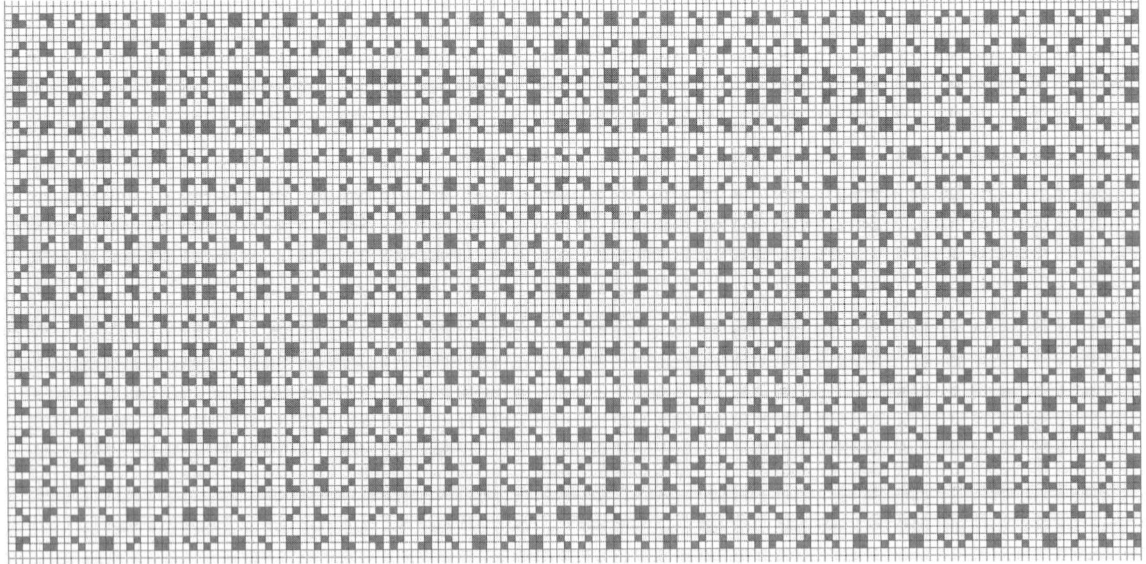

　위 생성된 복합조직을 마름모형으로 합성. 조직 one repeat 54n본 × 54n본. 마름모형으로 합성 전 motive design 상하좌우 대칭선을 조정하였다.

05. 복합조직 확장법

복합조직 Design에 부분적으로 확장과 축소의 변화를 주면 또 다른 영역의 복합조직 Design이 생성된다.
복합조직 확장법에 따라 생성된 Design은 형태의 변화 영역이 넓어지고 원근감이 증대되어 직물 생산의 활용 영역이 더욱 넓어진다.

유도 생성되는 논리는 제1장 직물조직 유도법의 이론과 동일한 논리로 적용된다.

Motive 조직이 대칭을 이루는 조직은 대칭의 기준이 되는 조직 선에서 좌우 대칭이 되도록 확장 또는 축소한다.

다음은 복합조직 확장법의 작도 기법과 조직 유도 방법에 대한 설명이다.

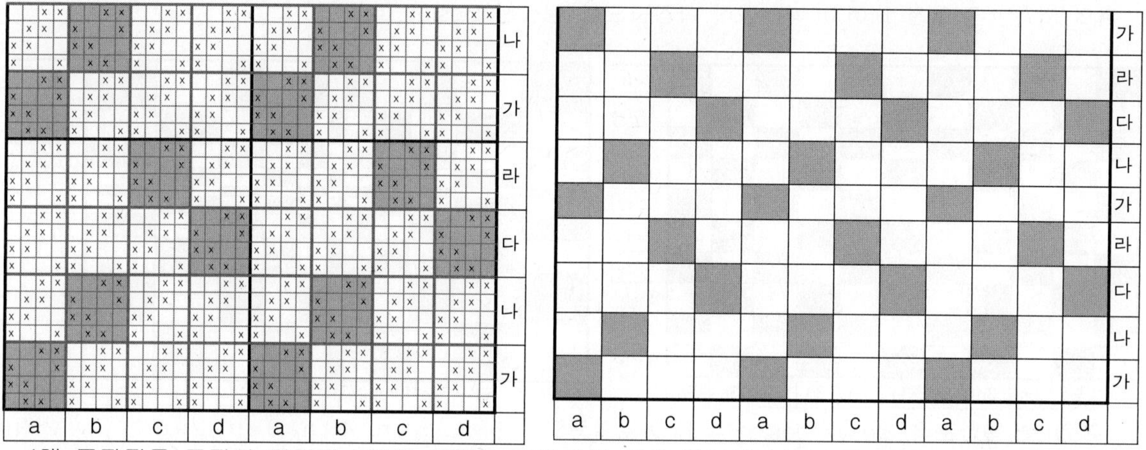

4매 주자직물 조직의 직점에 2개의 조직을 대입하여 취합 작도한 복합조직 모티브. 종광 16매.

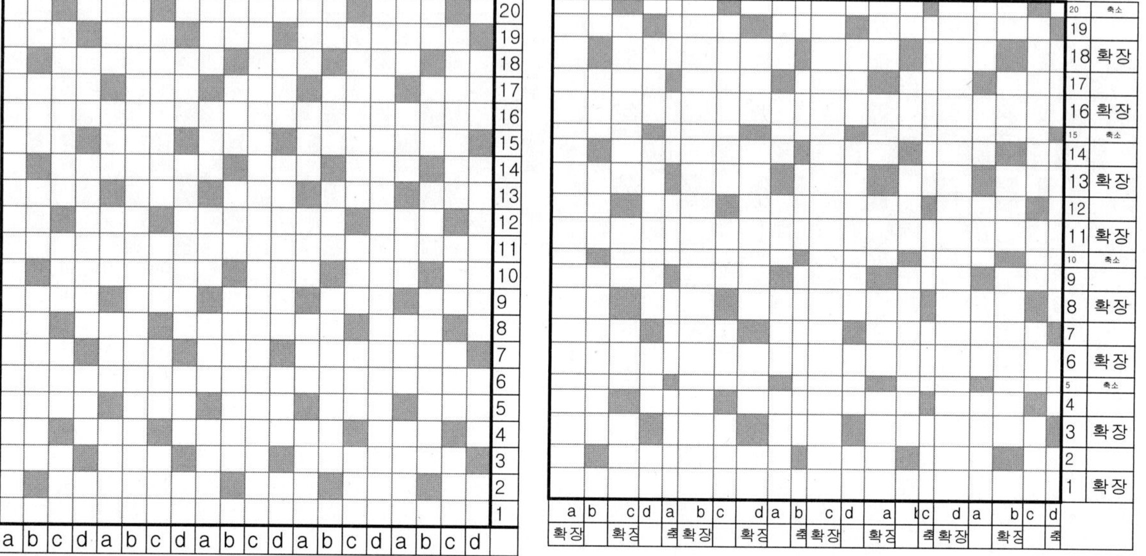

위 좌측은 복합조직을 삭제법으로 변환한 조직이고, 우측은 복합조직 확장법으로 생성된 Design이다.

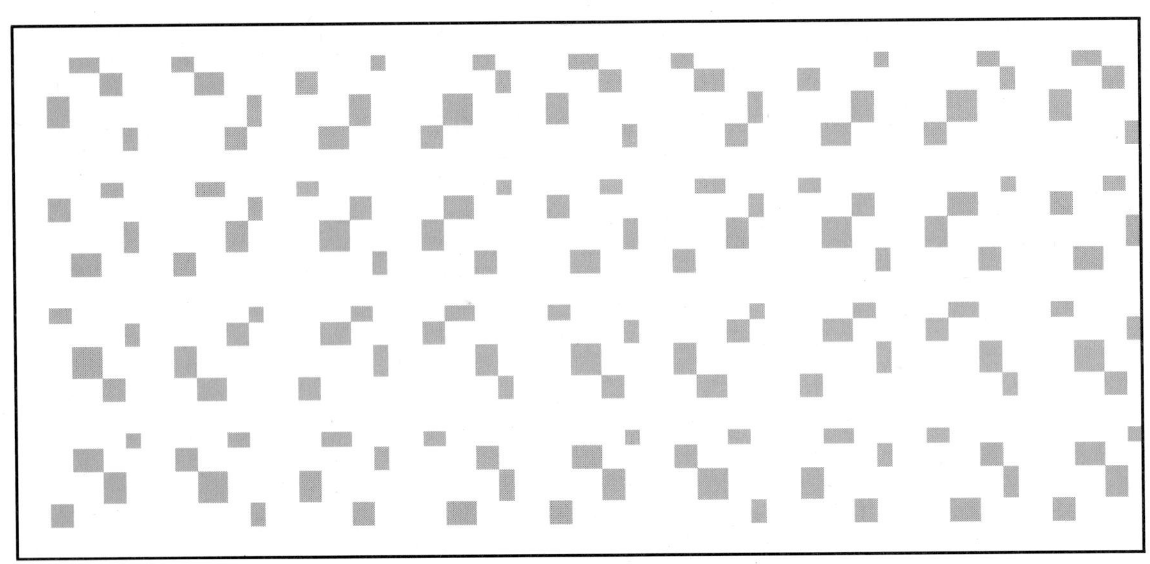

위의 디자인은 이전 페이지 복합조직 확장법으로 생성된 Design 효과도이다.

위 좌측 복합조직 Motive design에서, 가로기준으로 6×n, 5×n, 4×n, 3×n, 2×n, 1×n, 2×n, 3×n, 4×n, 5×n으로 확장하고. 세로기준으로 6×n, 5×n, 4×n, 3×n, 2×n, 1×n, 2×n, 3×n, 4×n, 5×n으로 확장한 조직이다. (n=복합조직을 이루는 단위조직)

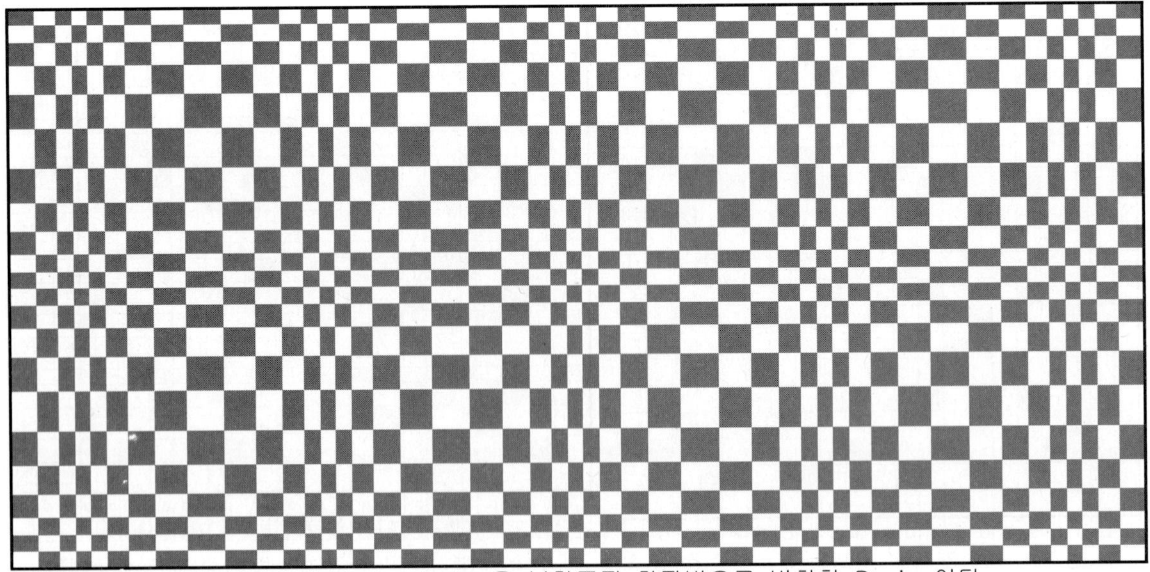

이 그림은 상단 복합조직 Motive design을 복합조직 확장법으로 변환한 Design이다.

1 2 3 1 2 3

1 2 3 1 2 3 1 2 3 1 2 3 1 2 3 1 2 3 1 2 3 1 2 3 1 2 3 1 2 3 1 2 3 1 2 3

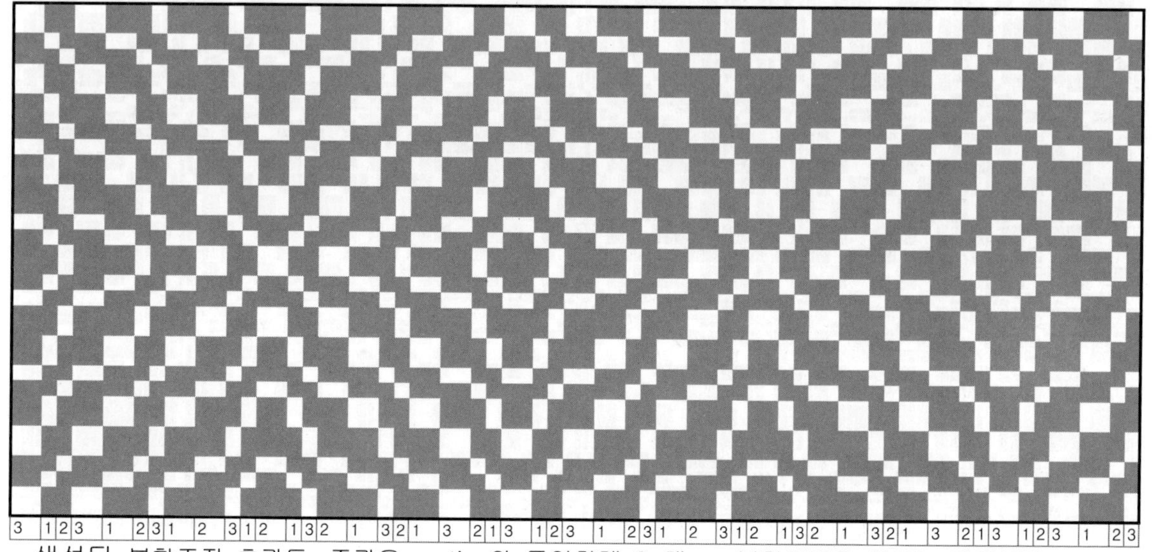

3 1 2 3 1 2 3 1 2 3 1 2 1 3 2 1 3 2 1 3 2 1 3 2 1 3 2 1 3 2 1 2 3 1 2 3 1 2 3 1 2 3

생성된 복합조직 효과도. 종광은 motive와 동일하게 3n매. n=복합조직을 이루는 단위조직.

Motive 복합조직, design one repeat 3n본×3n본. n=복합조직을 이루는 단위조직.

가로 방향 1n, 1n, 1n, 2n, 3n, 4n, 5n, 6n, 5n, 4n, 3n, 2n, 1n, 1n, 1n으로 확장에 의한 서열순환 확대, design one repeat 15n본×3n본.

세로 방향 가로와 동일하게 서열순환 확대, 종광 매수 3n매.design one repeat 15n본×15n본.

Herring bone형으로 연결하여 합성, 종광은 motive와 동일하게 3n매. one repeat 28n본×15n본,

위 생성된 복합조직을 마름모형으로 합성. design one repeat 28n본 × 28n본.

위 생성된 복합조직을 마름모형으로 합성한 다음 design 선을 제거한 그림, design one repeat 28본 × 28본. 종광은 motive와 동일하게 3n매.

Motive 복합조직, design one repeat 3n본×3n본.

가로 방향 1, 2, 3, 1, 1, 2, 2, 2, 3, 3, 3, 3, 1, 1, 1, 1, 1, 2, 2, 2, 2, 2, 2, 3, 3, 3, 3, 3, 1, 1, 1, 1, 2, 2, 2, 3, 3, 1, 2, 3으로 반복하여 서열순환 확대, design one repeat 40n본×3n본.

세로 방향 가로와 동일하게 서열순환으로 반복하여 확대, design one repeat 40n본×40n본.

위 생성된 복합조직을 herring bone형으로 연결하여 합성, design one repeat 78n본×40n본.

위 생성된 복합조직을 마름모형으로 합성, design one repeat 78n본 × 78n본.

위 생성된 복합조직을 마름모형으로 합성한 다음 design선을 제거한 그림, design one repeat 78n본 × 78n본. 종광은 motive와 동일하게 3n매.

Motive 복합조직, design one repeat 6n본 × 6n본.

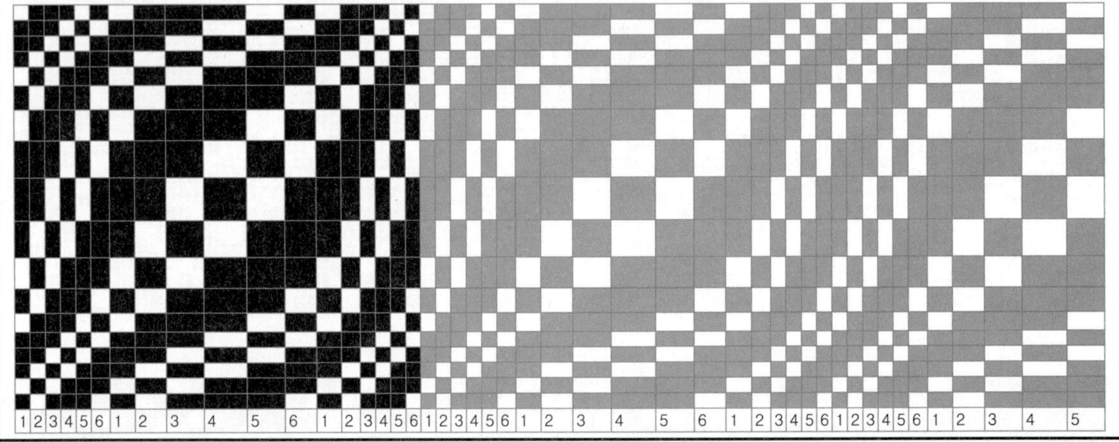

가로 방향 1n, 1n, 1n, 1n, 1n, 2n, 3n, 4n, 5n, 6n, 5n, 4n, 3n, 2n, 1n, 1n, 1n, 1n으로 확장에 의한 서열순환 확대, design one repeat 18n본 × 6n본.

세로 방향 가로와 동일하게 확장에 의한 서열순환 확대, design one repeat 18n본 × 18n본.

위 생성된 복합조직을 herring bone형으로 연결하여 합성, design one repeat 34n본 × 18n본.

위 생성된 복합조직을 마름모형으로 합성한 그림, design one repeat 34n본 × 34n본.

위 생성된 복합조직을 마름모형으로 합성한 다음 design 선을 제거한 그림, design one repeat 34본n × 34n본. 종광은 motive와 동일하게 6n매.

다음 장은 복합조직 확장법으로 생산한 설계서의 예이다.

설 계 서

관리 No	160101-01
설계일자	2016 년 01 월 01 일

결재: 柳浩

O/N		가공:	500 Y
품 번		제직:	510 Y
품 명		정경:	558 Y
밀 도	경 사 60 D x 4 = 240	위 사	170
성 폭	62 ″ 생 지 60 ″	가 공	59 ″
총 본	14880 本	G C	T/
정 경	102 m 생 지 102 Y	가 공	100 Y
F P	Finishing	SHR	2 %
F.WT	230 G/Y 8.16 OZ/Y	LOS	2 %
원 료	Polyester 100 %		

	원 사	염 색	제 직	가 공
생산DELI				
생 산 처				
별 첨				

사 종	번 수	색 상	사량 (Kg)	W P	W F	합 계	연 수	원 료	비 고
A	85 D	Green	33	3.58	2.32	5.9	Z 800	Polyester 75/72 DTY SD	
B	85 D	D/Gree	33	3.58	2.32	5.9	Z 800	Polyester 75/72 DTY SD	＇
C	85 D	Beige	24	2.66	1.72	4.38	Z 800	Polyester 75/72 DTY SD	
D	85 D	Brown	36	3.99	2.59	6.58	Z 800	Polyester 75/72 DTY SD	
E	85 D	Gray	5	0.51	0.33	0.84	Z 800	Polyester 75/72 DTY SD	
						0			
계			131	14.32	9.28	23.6			R=320 총본560

경사배열 (warp arrangement chart)

상단: 3 … 4 … 2 … 4

경사	4	4	4	2	2	4	2	2	4	4	4	4	4	4	4	4	4	4	2	2
A	1		1			1			1		1		1		1		1		1	1
B		1		1	1		1	1		1		1		1		1		1		
C			1	1			1	1	1			1	1			1	1	1		
D	1	1							1	1				1	1					
E				1	1	1													1	

하단: 7 … 4 … 계

배열	4	2	2	4	4	4	4	2	2	4	4	4	4	4	4	2	2	4	4	4	계
A		1	1		1		1			1		1		1		1	1		1		140
B	1			1		1		1	1		1		1		1			1		1	140
C			1	1							1	1									104
D				1	1	1	1		1	1			1	1		1	1	1	1		156
E	1	1						1					1								20

* 위사배열 경사와 동일
* 변사 : 4, 12 반복

Asia pacific 기술연구소

대구광역시 달서구 달구벌대로226길 20 http://moonho.net
T : 010-7313-0216 F: 053-587-4109 e-mail : app53@hanmail.net

160101-01 식전도

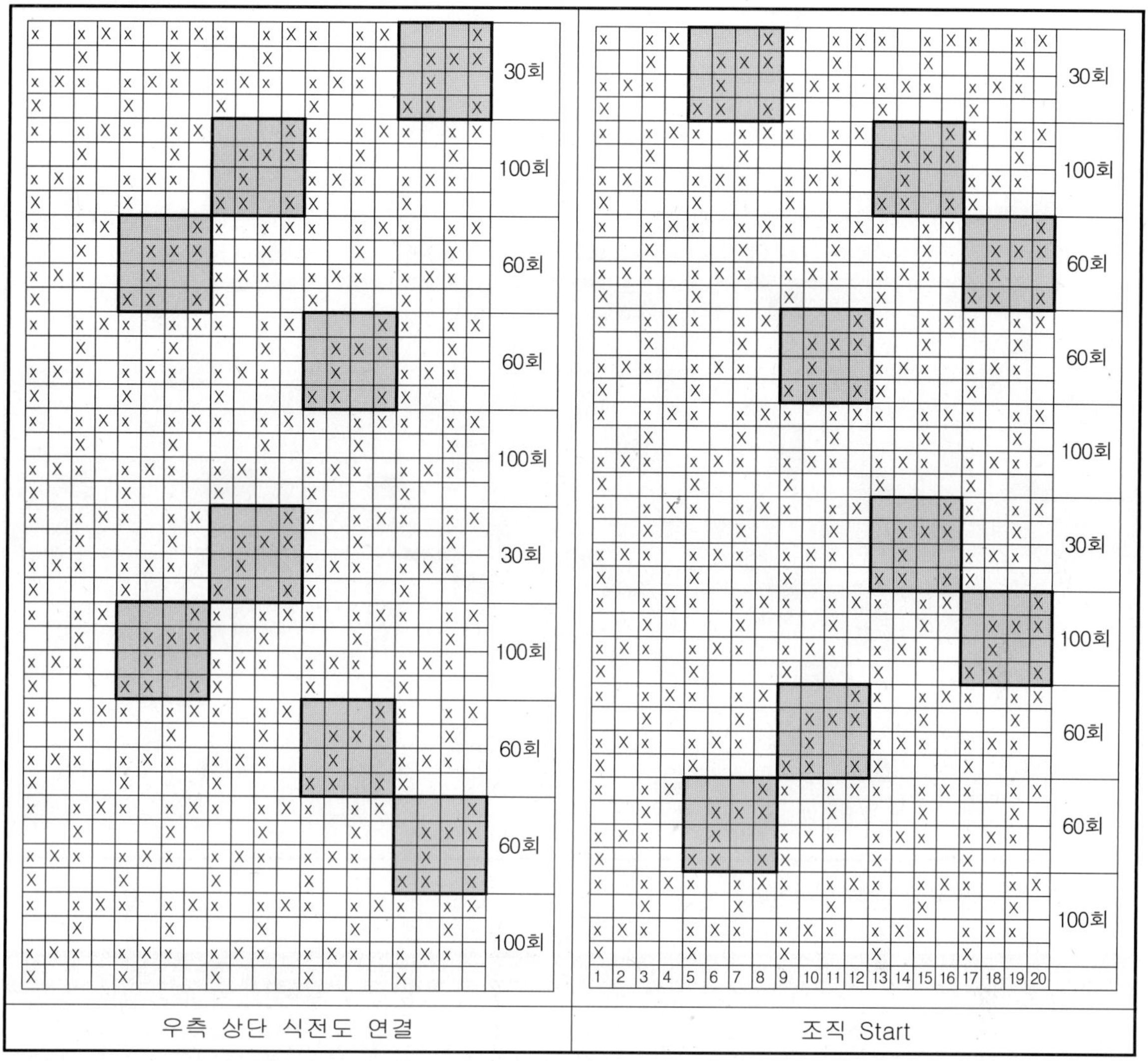

160101-01 경통 순서 (계 5,600본)

	100회	(1	2	3	4)		60회	(5	6	7	8)	
							60회	(9	10	11	12)	
							100회	(13	14	15	16)	
							30회	(17	18	19	20)	
	100회	(1	2	3	4)		60회	(9	10	11	12)	
							60회	(13	14	15	16)	
							100회	(17	18	19	20)	
							30회	(5	6	7	8)	
	100회	(1	2	3	4)		60회	(9	10	11	12)	
							60회	(13	14	15	16)	
							100회	(17	18	19	20)	
							30회	(9	10	11	12)	
	100회	(1	2	3	4)		60회	(13	14	15	16)	
							60회	(17	18	19	20)	
							100회	(9	10	11	12)	
							30회	(9	10	11	12)	

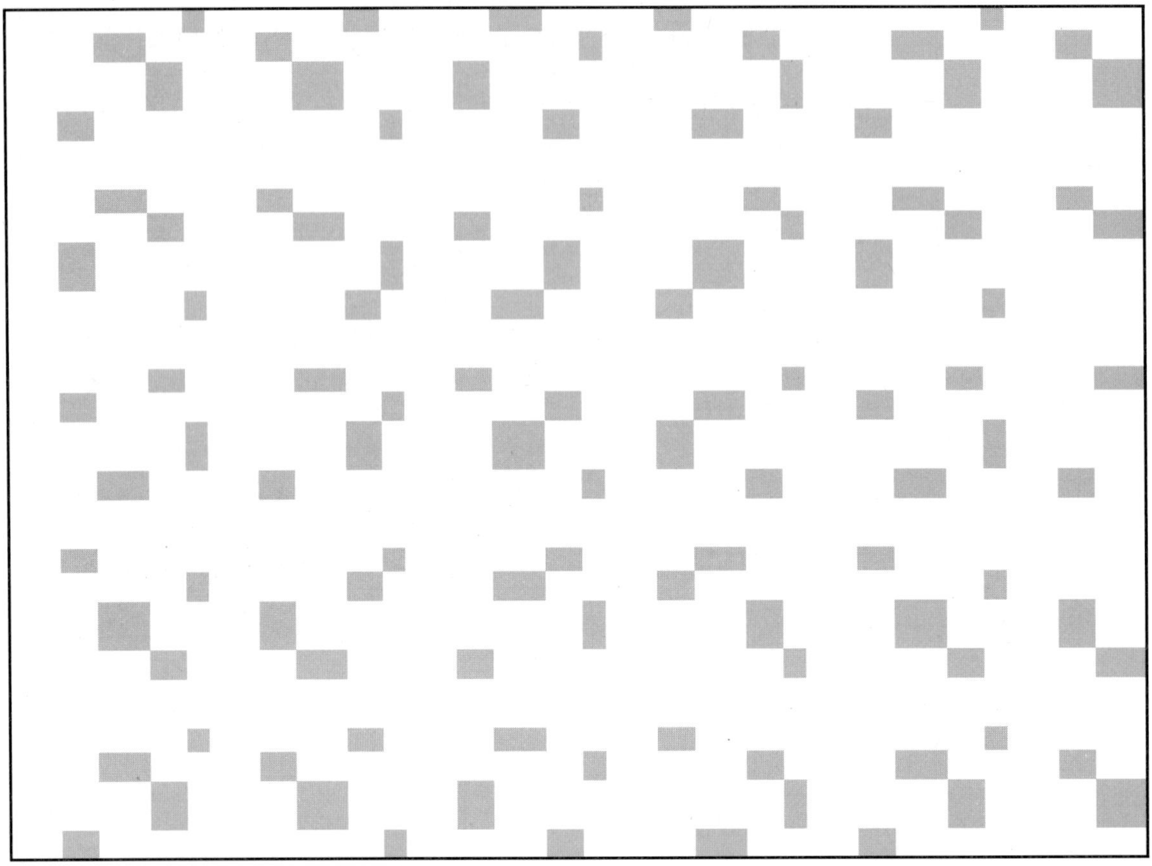

160101-01 생산 견본

제4장　복합조직 유도법

01. 가로삭제 유도법

가로삭제 유도법은 복합조직 Design에서 가로 방향 일부를 잔류시키고 다른 일부는 삭제시켜, Design의 영역을 더 확장하는 기법이다.

본 기법으로 생성된 Design은 다양성을 가진 새로운 개념의 Design으로, 이를 직물에 적용하면 새로운 개념의 차별화된 직물의 생산이 가능해진다. 가로삭제 유도법으로 생성된 Design의 개수와 증대의 범위는 수리적 무한대를 이룬다.

다음은 복합조직 가로삭제 유도법에 따른 Design 생성 이론과 Design 유도 방법에 대한 설명이다.

* 작도에서, 잔류시킨 수와 삭제한 수를 합한 수와 Motive design의 'One repeat 본수'와의 최소공배수가 삭제를 포함한 작도 Design의 One repeat 본수가 된다.
따라서 생성 Design의 크기는 무한으로 증대되며, 창작되는 Design의 개수 또한 무한대를 이루게 된다.

* 잔류 1일 때의 삭제하는 수가 Motive design One repeat 수를 2로 나누어 1을 뺀 수이면 2차 생성 Design은 그 수를 기준으로 좌우 대칭을 이룬다.
결과의 수가 자연수(Motive design One repeat 본수가 짝수)이면 그 수를 기준으로 생성 Design은 좌우 대칭을 이룬다.
결과의 수가 소수(Motive design One repeat 본수가 홀수)이면 기준선 없이 소수의 좌우 자연수가 생성 Design의 대칭을 이룬다.
(8매 조직의 경우에는 8/2-1=3으로 3 삭제를 기준으로 2와 4, 1과 5가 대칭을 이룬다.
9매 Design의 경우에는 9/2-1=3.5로 기준 조직이 없으며 3과 4, 2와 5가 대칭을 이룬다.)

* 잔류시킨 수에 상관없이, 삭제한 수가 Motive design One repeat 수와 동일하면 2차 생성 Design은 Motive design으로 환원되고, 삭제한 수가 Motive design 수를 초과하면 Motive design의 수를 나눈 나머지 수의 적용과 동일해진다.

* 삭제한 수가 Motive design의 부분 Design 직점 수와 동일하거나 배수이면 2차 생성 Design이 연속성을 가진다.

* 잔류시킨 수와 삭제한 수의 합이 Motive design의 본수와 동일하면 2차 생성 Design은 연속성을 가지며 규칙이 일정하지 않은 Design이 생성된다.

* 삭제한 후의 Design은 순차의 서열이 깨어져 요철이 증대한다. 삭제한 수나 잔류시킨 수는 Design one repeat 본수를 2로 나눈 수에 1을 줄인 숫자 또는 그에 근접한 숫자를 적용하면 깨어진 순차의 서열 변화가 가장 커지게 된다.

* 2차 Design을 유도할 때 Design의 중복을 피하려면, 삭제와 잔류의 합한 수가 Motive design의 one repeat 본수에서 2를 뺀 수 이하의 수로 설정하면 능률적이다.

* 위 복합조직 유도법의 Design 생성 이론과 Design 유도 방법에 대한 설명은 가로 방향과 세로 방향에 동일하게 적용되며, 유도된 2차 Design을 3차, 4차로 유도하여도 같은 논리를 가진다.

다음은 가로삭제 유도법으로 복합조직 Design을 유도하는 방법에 대한 설명이다.

1) 4매 Twill(2/2) 조직을 복합조직으로 작도한 후, 가로삭제 유도법으로 새로운 Design을 작도하는 방법이다. (3개의 조직으로 유도)

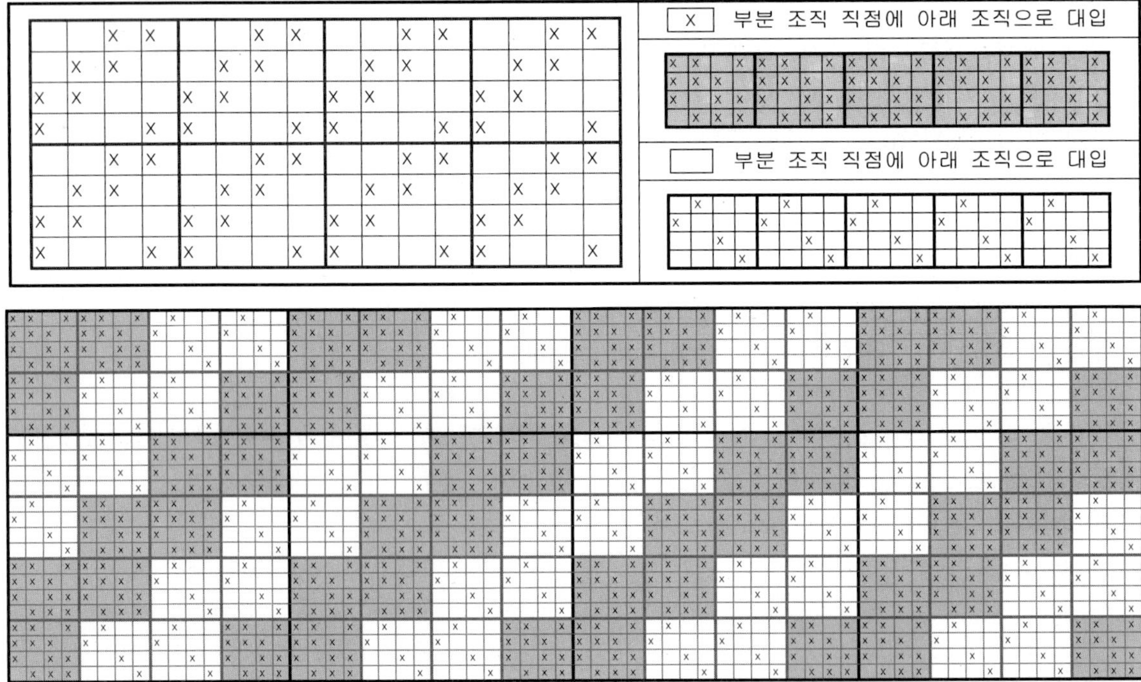

Motive 조직 직점에 취합조직을 대입하여 취합 작도한 복합조직, 종광 4매×4.

Design만 발췌한 복합조직, 종광 4매×4.

① 앞 페이지에서 작도한 복합조직에서 잔류2와 삭제1, 잔류1과 삭제1을 반복하여 우측의 Design으로 유도. 완성 Design은 종광 매수가 Motive와 같은 4매×4 (=16매)이고, Design one repeat가 경사 4본×4, 위사 12본×4이다.

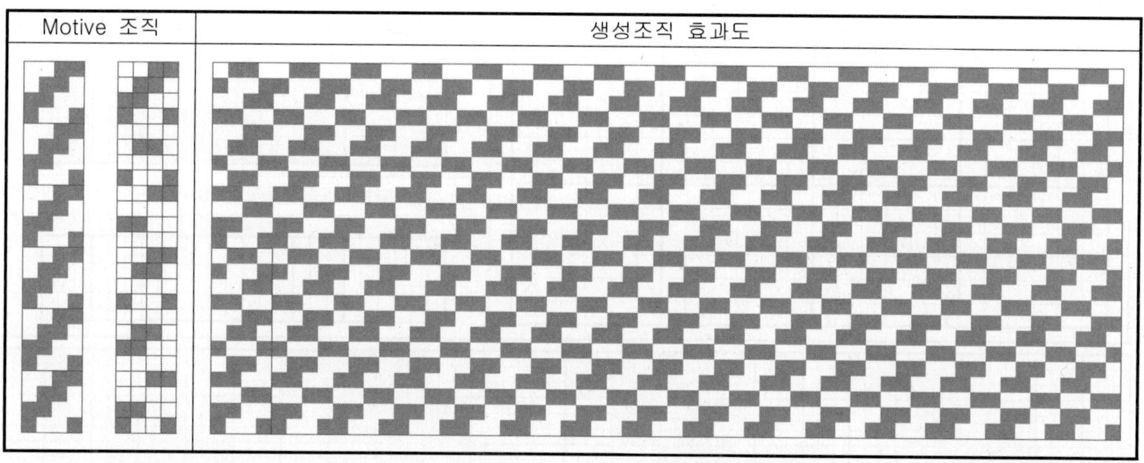

② 좌측 Design에서 잔류3과 삭제1을 반복하여 우측의 Design으로 유도한 그림이다. 완성 Design은 종광 매수가 Motive와 동일하게 4매×4 (=16매)이고, Design one repeat가 경사 4본×4, 위사 3본×4 복합조직이다.

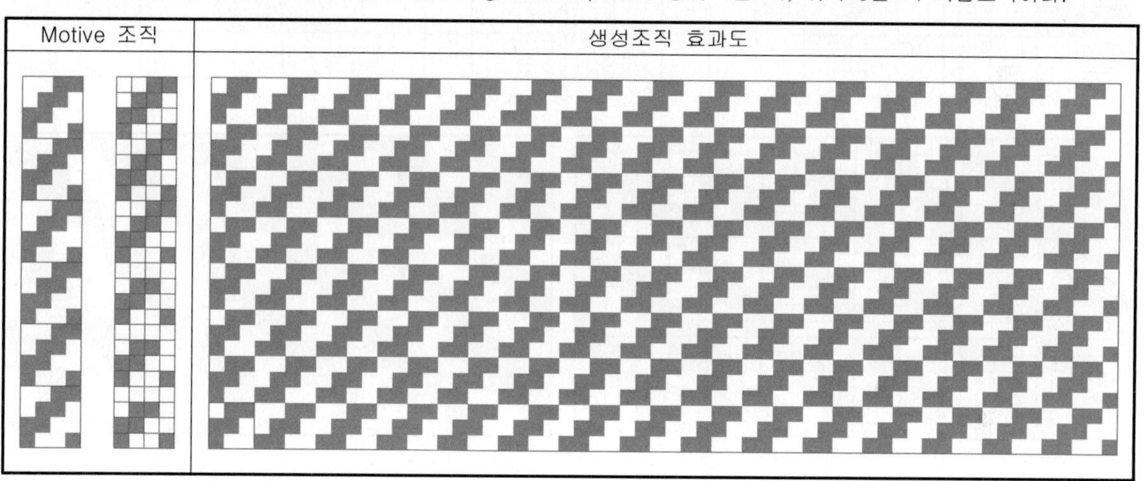

③ 좌측 Motive design에서 잔류1와 삭제1을, 잔류1과 삭제2를 반복하여 우측의 Design으로 유도. 완성 Design은 종광 매수가 Motive와 같은 4매×4 (=16매)이고, 디자인 원 리피트가 경사 4본×4, 위사 8본×4인 복합조직이다.

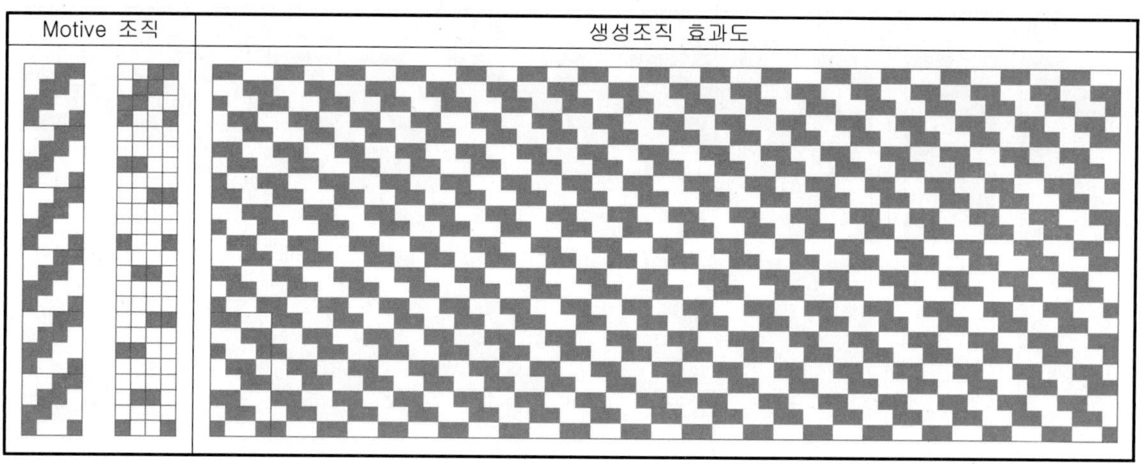

2) 다음은 6매 Twill(3/3) 조직을 복합조직으로 작도한 후, 복합조직 유도법에 따른 조직 작도방법이다. (7개의 Design으로 유도)

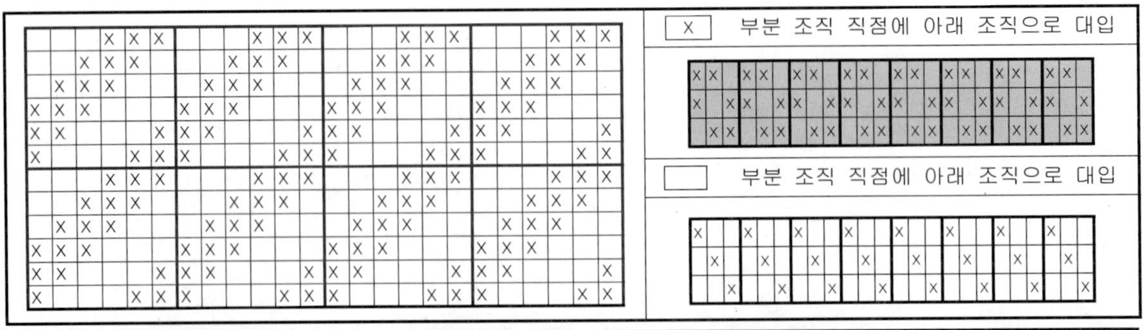

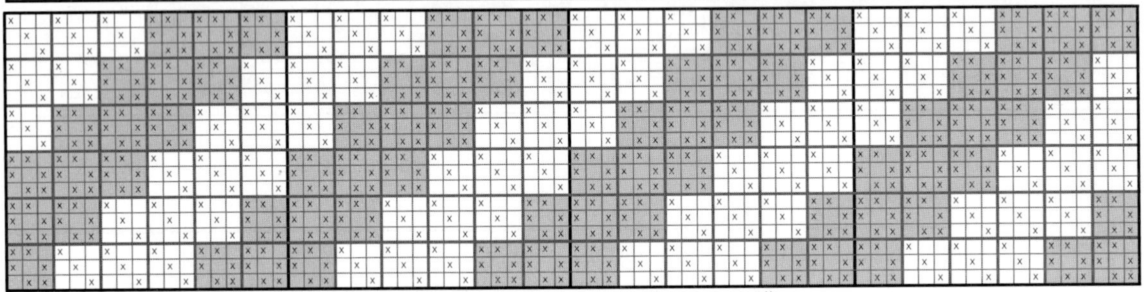

직점에 조직을 대입하여 취합 작도한 복합조직, 종광 6매×3 =18매.

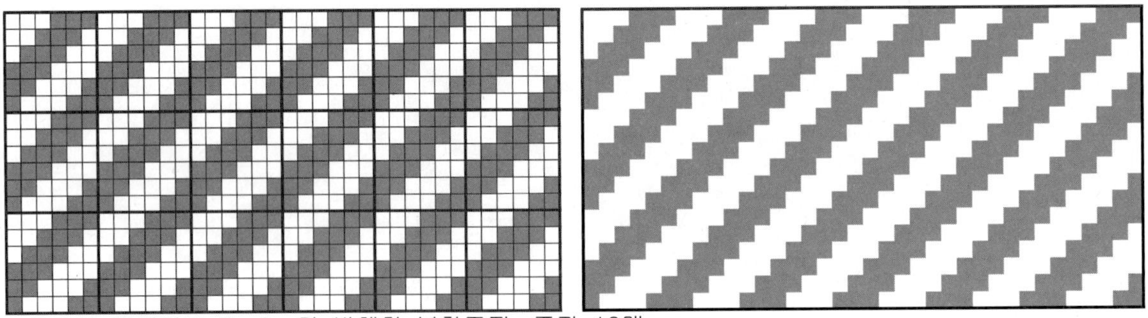

조직을 제외하고 Design만 발췌한 복합조직, 종광 18매.

① 상단에 작도한 복합조직 Motive design에서 잔류2와 삭제2를 반복하여 우측의 Design으로 유도하였다. 완성 Design은 종광 매수가 Motive와 같은 6매×3 (=18매)이고, Design one repeat가 경사 6본×3, 위사 6본×3이다.

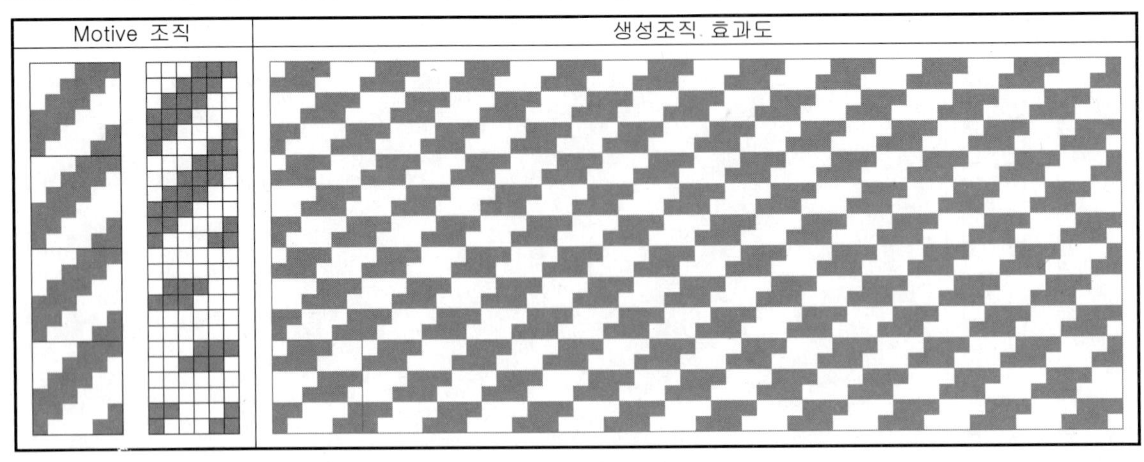

② 좌측 복합조직 Motive design에서 잔류 2와 삭제 3을 반복하여 우측의 Design으로 유도하였다. 완성 Design은 종광 매수가 Motive와 동일하게 6매×3 (=18매)이고, Design one repeat가 경사 6본×3, 위사 12본×3인 복합조직이다.

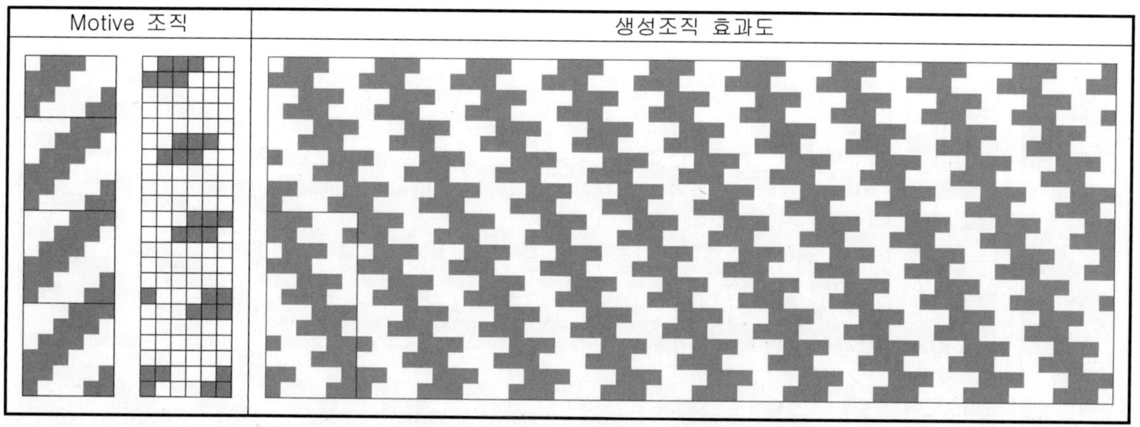

Motive 조직	생성조직 효과도

③ 좌측 복합조직 Motive design에서 잔류 3과 삭제 2를 반복하여 우측의 Design으로 유도. 완성 Design은 종광 매수가 Motive와 같은 6매×3 (=18매)이고, Design one repeat가 경사 6본×3, 위사 18본×3인 복합조직이다.

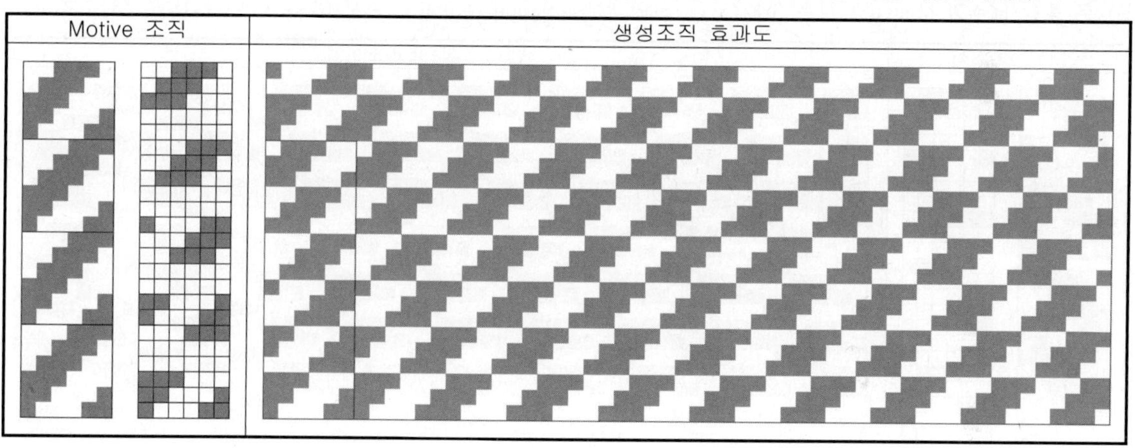

Motive 조직	생성조직 효과도

④ 좌측 복합조직 Motive design에서 잔류 4와 삭제 3을 반복하여 우측의 Design으로 유도. 완성 Design은 종광 매수가 Motive와 같은 6매×3 (=18매)이고, Design one repeat가 경사 6본×3, 위사 24본×3인 복합조직이다.

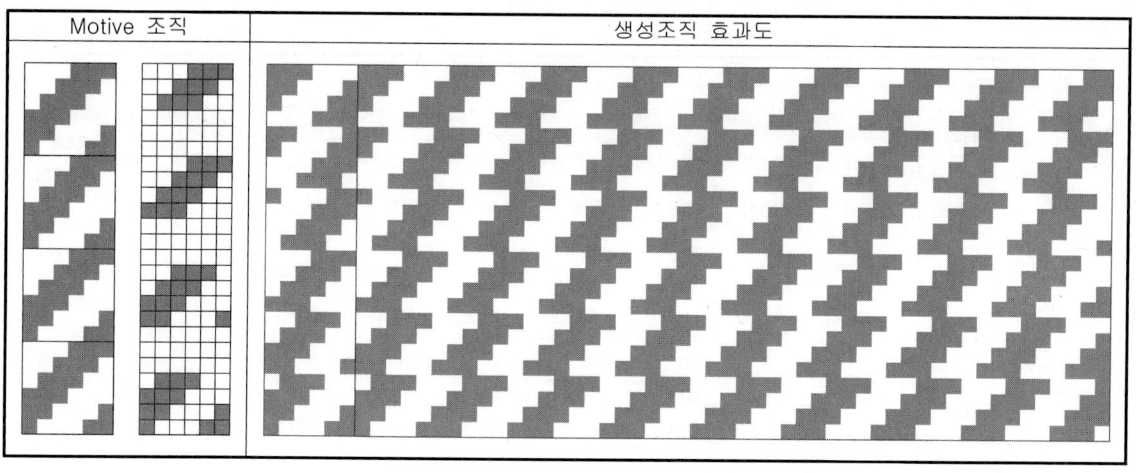

Motive 조직	생성조직 효과도

⑤ 좌측 복합조직 Motive design에서 잔류 2와 삭제 1, 잔류 1과 삭제 1을 반복하여 우측의 Design으로 유도. 완성된 조직은 종광 매수가 Motive와 동일하게 6매 × 3 (=18매)이고, Design one repeat가 경사 6본×3, 위사 18본 × 3인 복합조직이다.

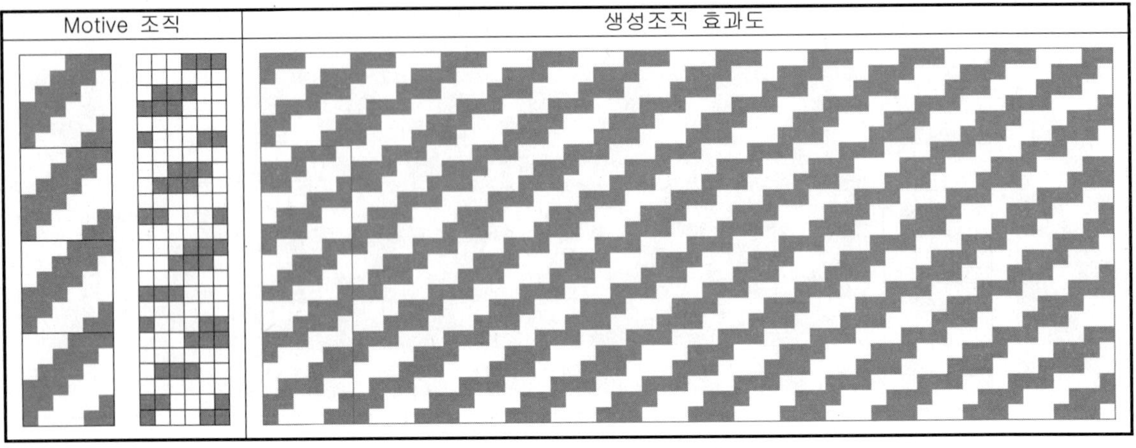

⑥ 좌측 복합조직 Motive design에서 잔류2와 삭제2, 잔류1과 삭제2를 반복하여 우측의 Design으로 유도. 완성 조직은 종광 매수가 Motive와 같은 6매 × 3 (=18매), Design one repeat가 경사 6본 × 3, 위사 18본 × 3.

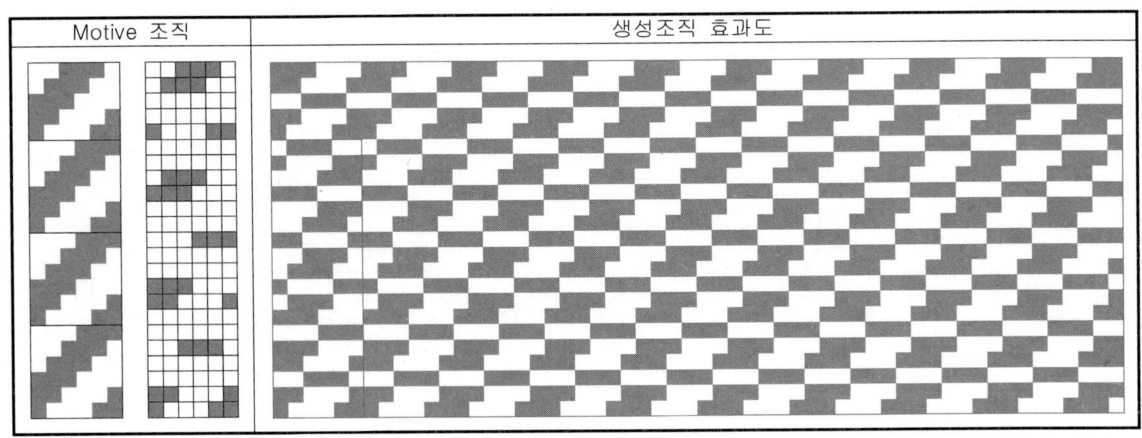

⑦ 좌측 복합조직 Motive design에서 잔류1과 삭제1, 잔류1과 삭제2를 반복하여 우측의 Design으로 유도하였다. 완성 조직은 종광 매수가 Motive와 같은 5매 × 3 (=15매)이고, Design one repeat가 경사 5본 × 3, 위사 12본 × 3.

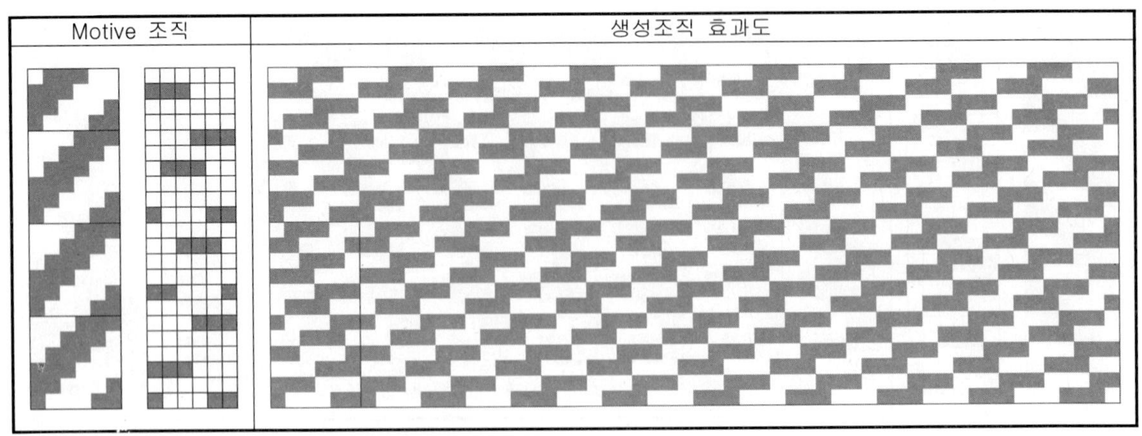

3) 다음은 6매 Twill(3/1, 1/1) 조직을 복합조직으로 작도한 후, 복합조직 유도법에 따른 조직 작도방법이다. (7개의 Design으로 유도)

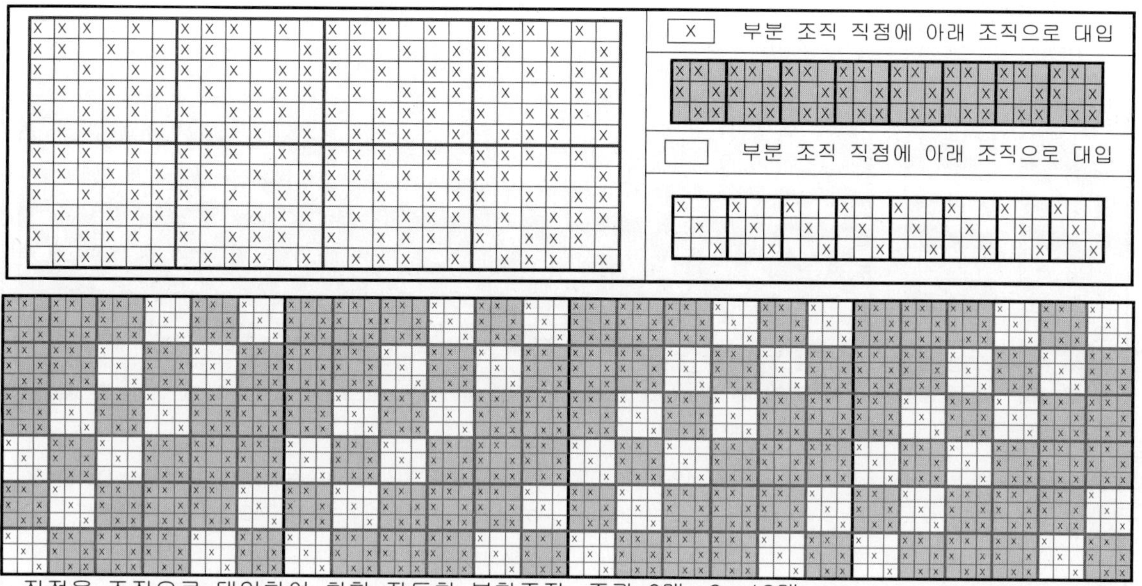

직점을 조직으로 대입하여 취합 작도한 복합조직, 종광 6매 × 3 =18매.

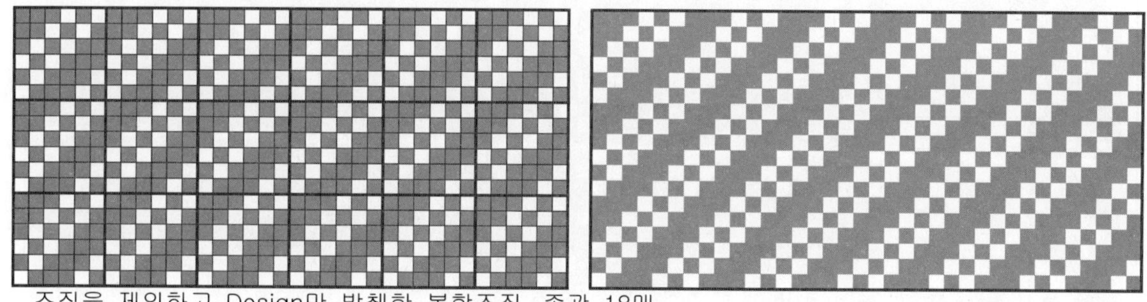

조직을 제외하고 Design만 발췌한 복합조직, 종광 18매.

① 위 복합조직 Motive design에서 잔류 2와 삭제 3을 반복하여 우측의 Design으로 유도한 예이다. 완성 Design은 종광 매수가 Motive와 같은 6매 × 3 (=18매)이고, Design one repeat가 경사 6본 × 3, 위사 12본 × 3인 복합조직이다.

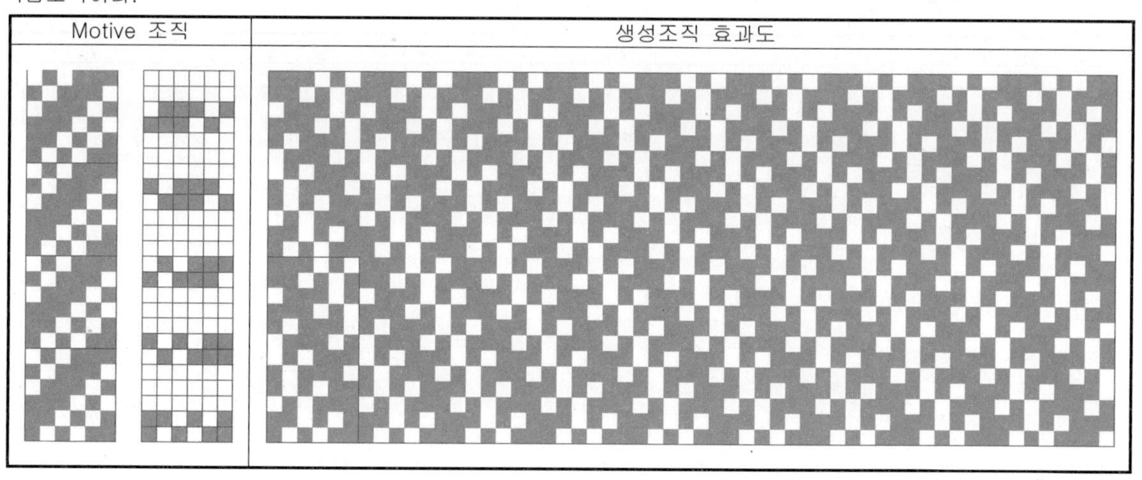

② 좌측 복합조직 Motive design에서 잔류 3과 삭제 2를 반복하여 우측의 Design으로 유도하였다. 완성 Design은 종광 매수가 Motive와 같은 6매×3 (=18매)이고, Design one repeat가 경사 6본×3, 위사 18본×3인 복합조직.

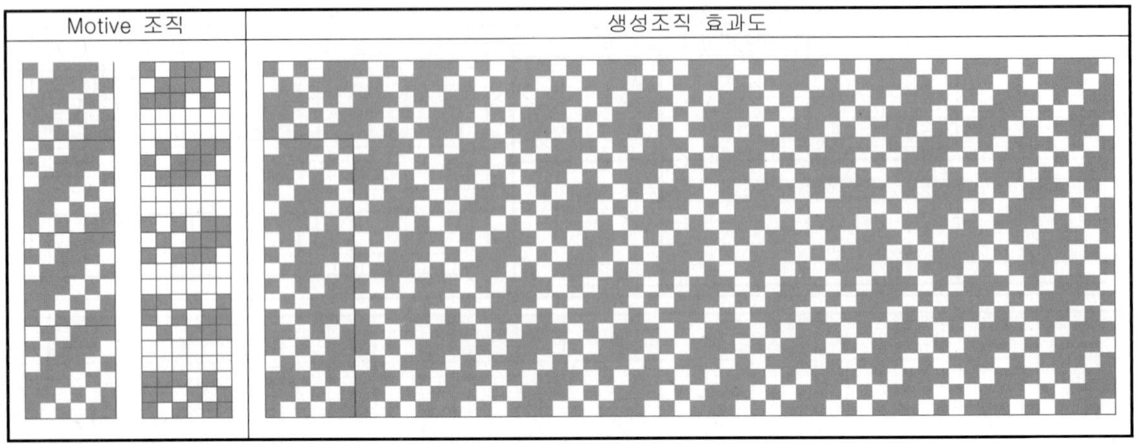

③ 좌측 복합조직 Motive design에서 잔류 4와 삭제 3을 반복하여 우측의 Design으로 유도한 예. 완성 Design은 종광 매수가 Motive와 같은 6매×3 (=18매)이고, Design one repeat가 경사 6본×3, 위사 24본×3인 복합조직.

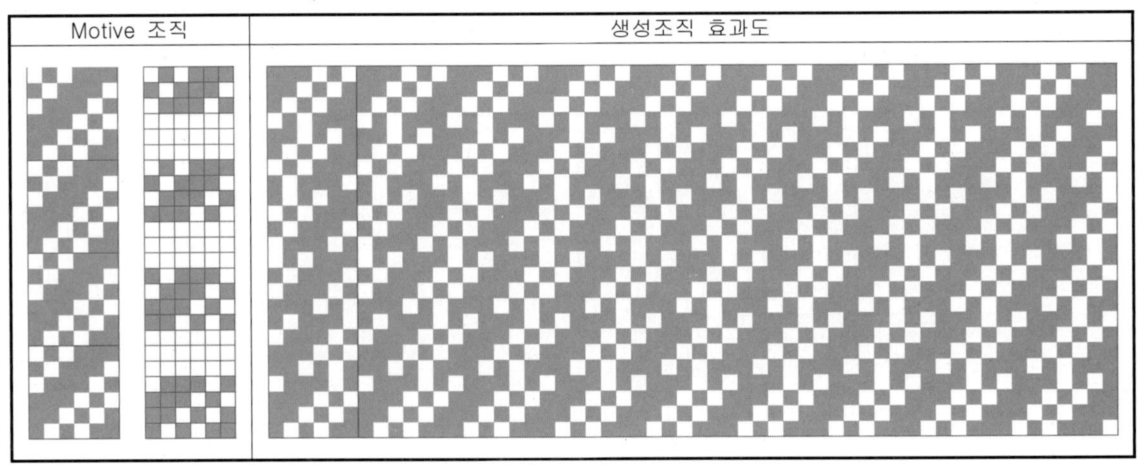

④ 좌측 복합조직 Motive design에서 잔류 2와 삭제 2를 반복하여 우측의 조직으로 유도하였다. 완성 Design은 종광 매수가 Motive와 같은 6매×3 (=18매)이고, Design one repeat가 경사 6본×3, 위사 6본×3인 복합조직.

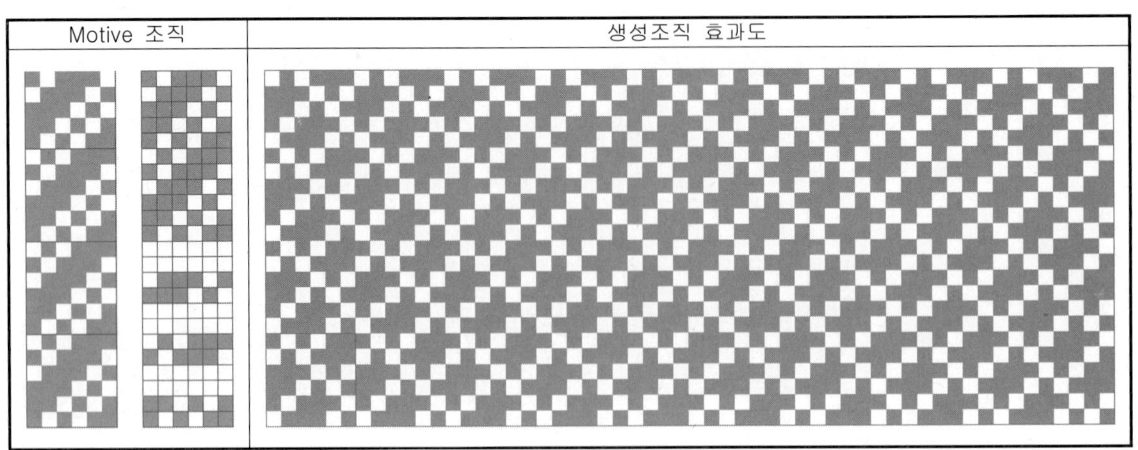

⑤ 좌측 복합조직 Motive design에서 잔류 1과 삭제 1을 반복하여 우측의 Design으로 유도한 예. 완성 Design은 종광 매수가 Motive와 같은 6매×3 (=18매)이고, Design one repeat가 경사 6본×3, 위사 3본×3인 복합조직.

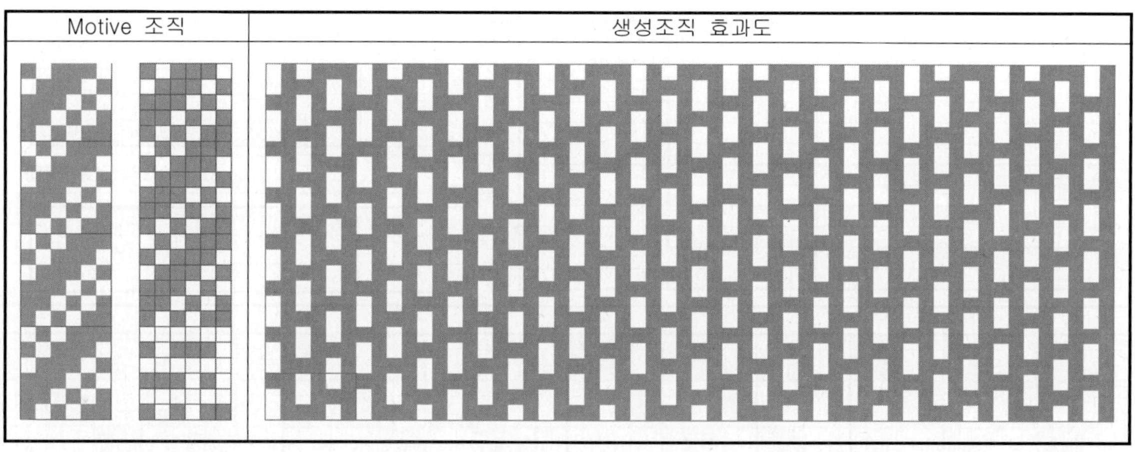

⑥ 좌측 복합조직 Motive design에서 잔류 2와 삭제 1을 반복하여 우측의 Design으로 유도한 예. 완성 Design은 종광 매수가 Motive와 같은 6매×3 (=18매)이고, Design one repeat가 경사 6본×3, 위사 4본×3인 복합조직.

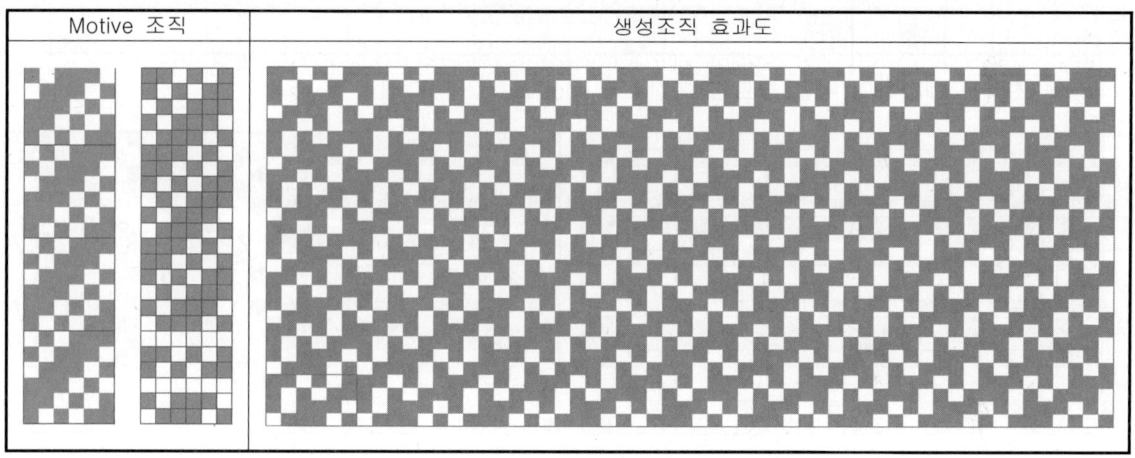

⑦ 좌측 복합조직 Motive design에서 잔류 3과 삭제 1을 반복하여 우측의 Design으로 유도한 예. 완성 Design은 종광 매수가 Motive와 같은 6매×3 (=18매)이고, Design one repeat가 경사 6본×3, 위사 9본×3인 복합조직.

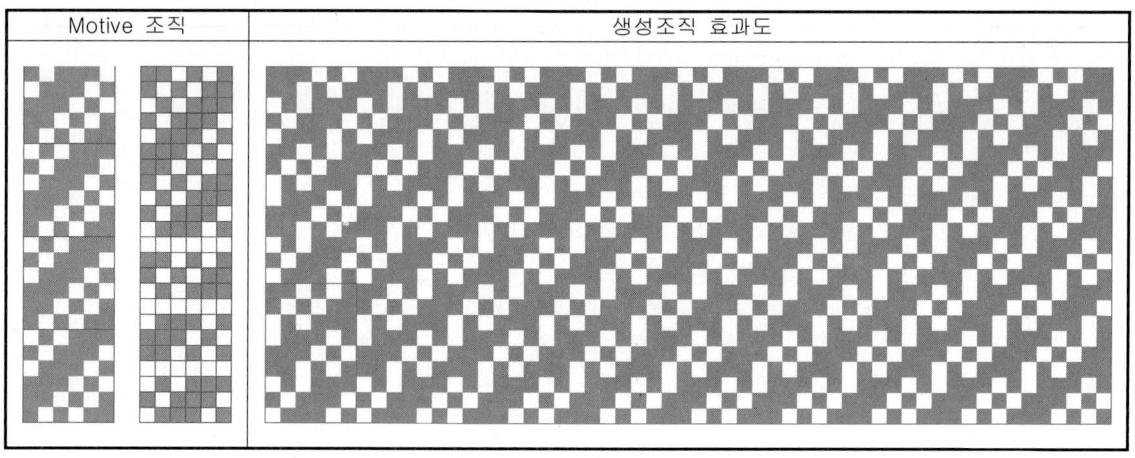

4) 다음은 6매 Twill(1/1, 1/3) 조직을 복합조직으로 작도한 후, 복합조직 유도법에 따른 조직 작도방법이다. (7개의 Design으로 유도)

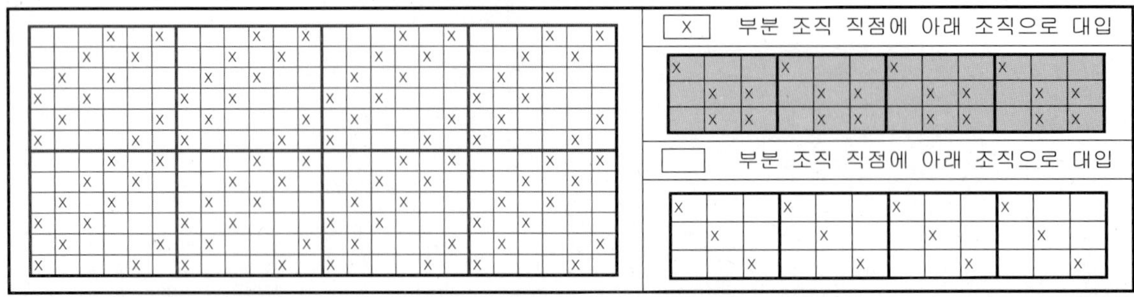

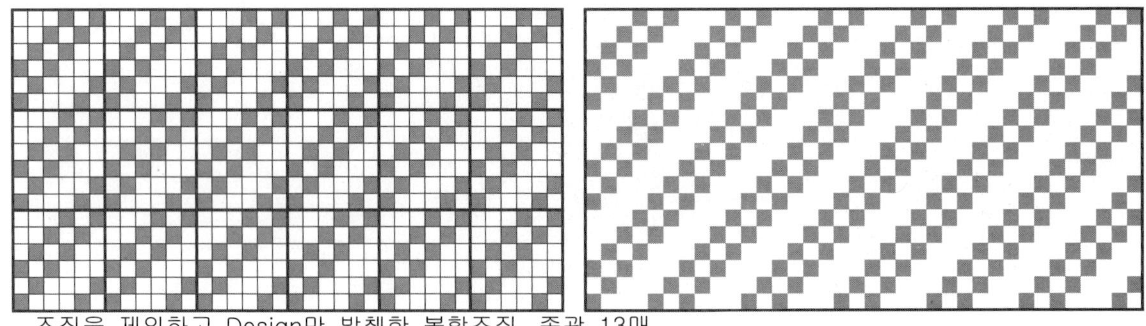

직점에 조직을 대입하여 취합 작도한 복합조직 Motive. 종광 13매.

조직을 제외하고 Design만 발췌한 복합조직, 종광 13매.

① 위 복합조직 Motive design에서 잔류 2와 삭제 3을 반복하여 우측의 Design으로 유도한 예. 완성 Design은 종광 매수가 Motive와 같은 13매이고, Design one repeat가 경사 6본×3 위사, 12본×3인 복합조직이다.

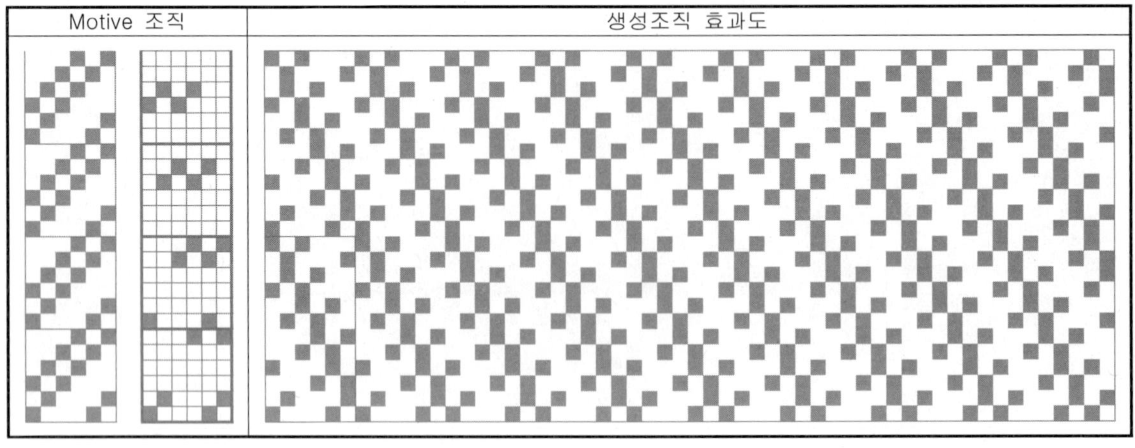

② 좌측 복합조직 Motive design에서 잔류 3과 삭제 2를 반복하여 우측의 Design으로 유도한 예. 완성 Design 은 종광 매수가 Motive와 같은 13매이고, Design one repeat가 경사 6본×3, 위사 18본×3인 복합조직.

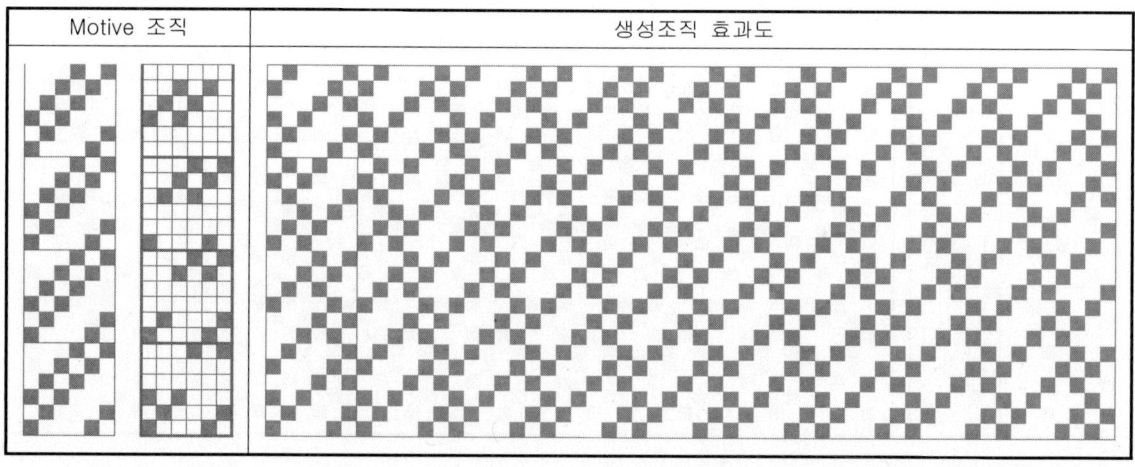

③ 좌측 복합조직 Motive design에서 잔류 3과 삭제 4를 반복하여 우측의 Design으로 유도한 예. 완성 Design 은 종광 매수가 Motive와 같은 13매이고, Design one repeat가 경사 6본×3, 위사 18본×3인 복합조직이다.

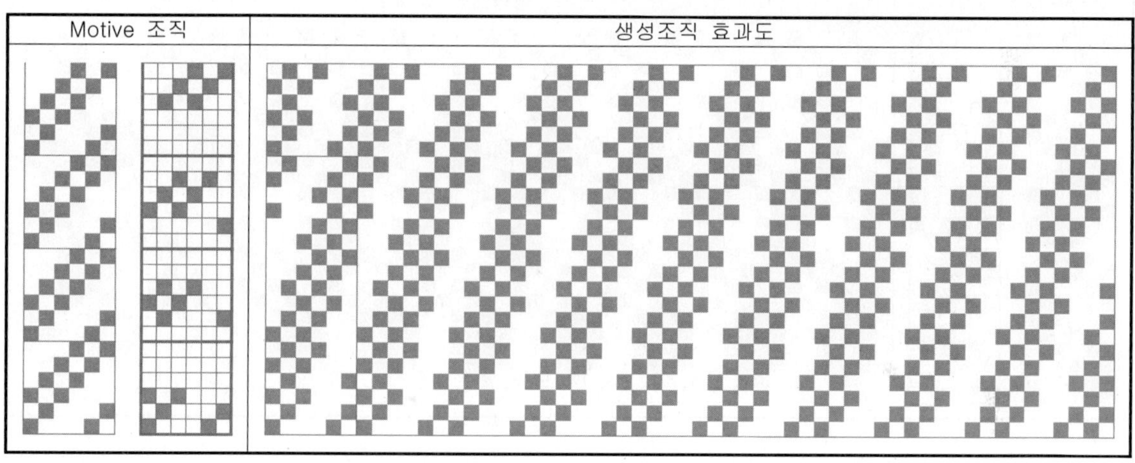

④ 좌측 복합조직 Motive design에서 잔류 4와 삭제 1을 반복하여 우측의 Design으로 유도한 예. 완성 Design 은 종광 매수가 Motive와 같은 13매이고, Design one repeat가 경사 6본×3, 위사 24본×3인 복합조직이다.

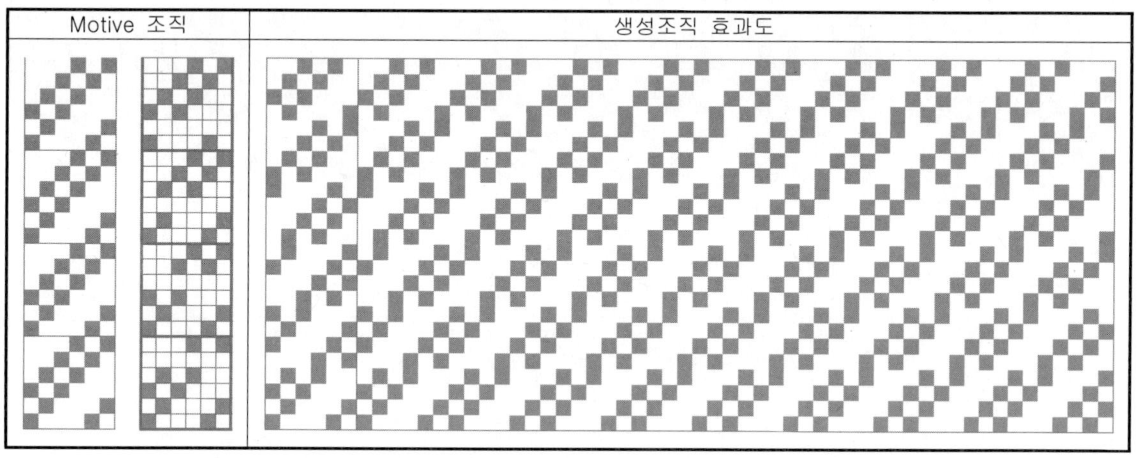

⑤ 좌측 복합조직 Motive design에서 잔류4와 삭제3을 반복하여 우측의 Design으로 유도한 예. 완성 Design은 종광 매수가 Motive와 같은 13매, Design one repeat가 경사 6본×3, 위사 24본×3인 복합조직.

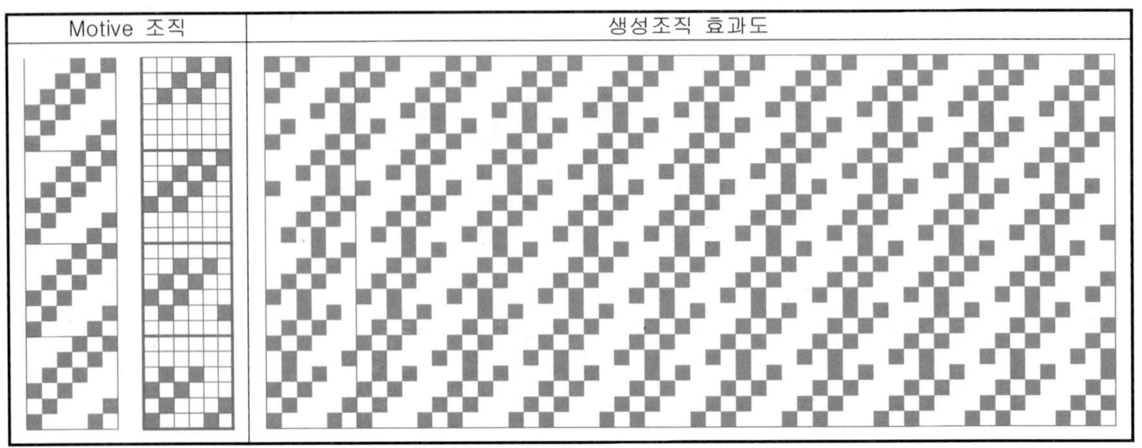

⑥ 좌측 복합조직 Motive design에서 잔류 4와 삭제 4를 반복하여 우측의 Design으로 유도한 예. 완성 Design은 종광 매수가 Motive와 같은 13매이고, Design one repeat가 경사 6본×3, 위사 12본×3인 복합조직.

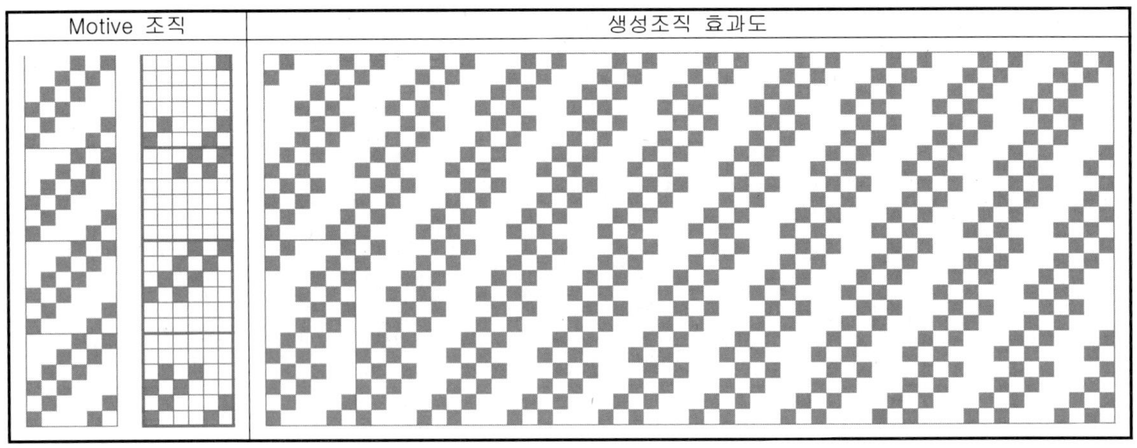

⑦ 좌측 복합조직 Motive design에서 잔류 5와 삭제 2를 반복하여 우측의 Design으로 유도한 예. 완성 Design은 종광 매수가 Motive와 같은 13매이고, Design one repeat가 경사 6본×3, 위사 30본×3인 복합조직이다.

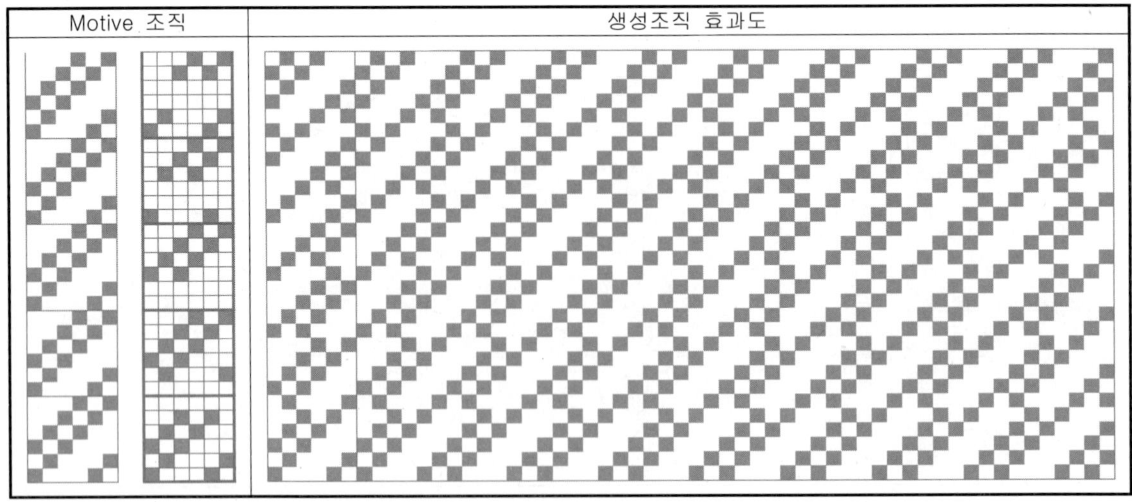

02. 세로삭제 유도법

　세로삭제 유도법은 가로삭제 유도법과 같은 논리이다. 복합조직 세로의 일부를 잔류시키고 다른 일부를 삭제시키면 조직의 영역이 확장된다. 즉 반복한 잔류 수의 합과 Design one repeat 수와의 공배수로 Design의 범위를 확장하는 기법이다. Design의 개수와 증대의 크기는 가로삭제 유도법과 동일하게 수리적 무한대를 이룬다. Motive design 본수가 동일하고 잔류와 삭제의 변화가 동일하면 생성된 Design은 같은 직기에 통합 제직이 가능하다.
　세로삭제 유도 방법은 가로삭제 유도 방법과 동일한 원리를 가지므로 생성 이론은 앞 장의 가로삭제 유도법을 참고하기 바라며 여기서는 생략한다.
　이번 장(세로삭제 유도법)에서는 작도의 방법과 유도의 실제 예만 들기로 한다.

　1) 다음은 7매 Twill(2/1, 2/2) 조직을 복합조직으로 작도한 후, 세로삭제 유도법에 따른 복합조직의 Design 유도 방법이다. (9개의 조직으로 유도)

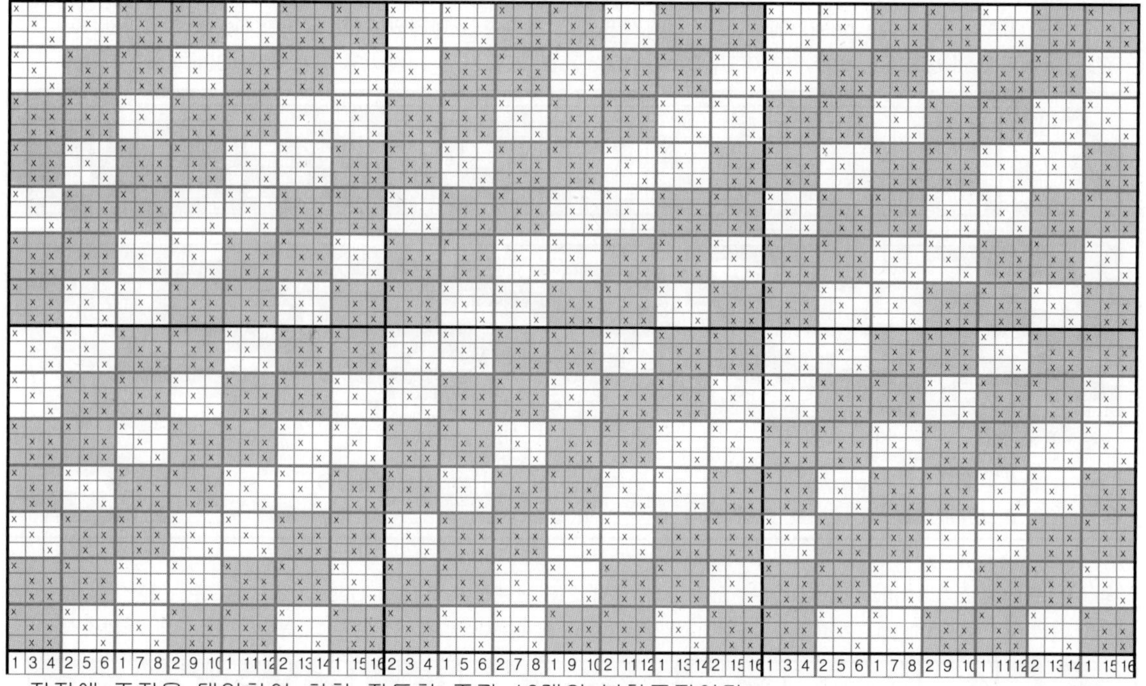

직점에 조직을 대입하여 취합 작도한 종광 16매의 복합조직이다.

위는 상단의 종광 16매의 복합조직에서, 조직을 제외하고 Design만 발췌한 그림.

① 다음은 앞 페이지에서 작도한 복합조직 Motive design에서 잔류 2와 삭제 1을 반복하여 아래의 Design으로 유도한 그림이다. 완성된 조직은 종광 매수가 Motive와 동일하게 16매이고, Design one repeat는 경사 14본×3, 위사 7본×3인 복합조직이다.

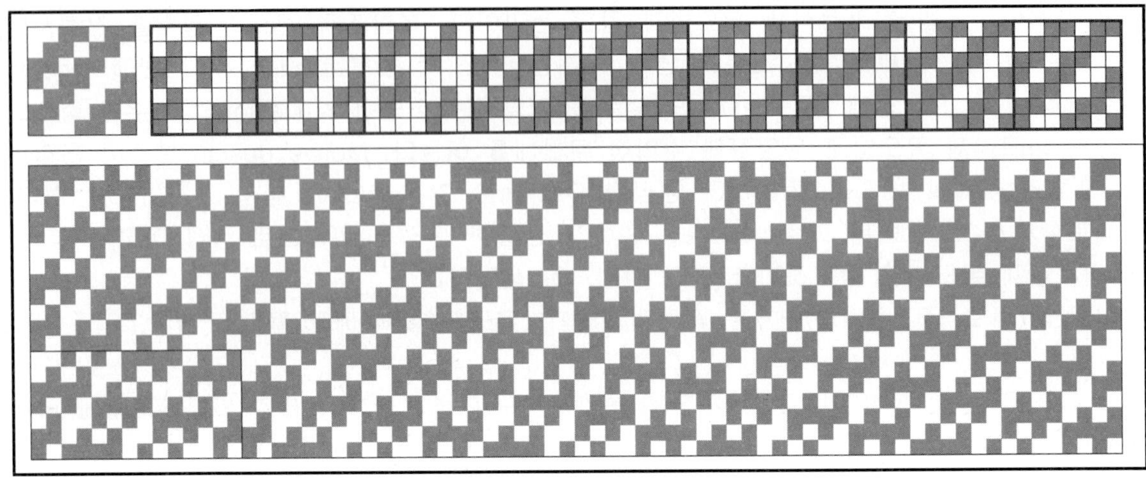

② 다음은 복합조직 Motive design에서 잔류 2와 삭제 2를 반복하여 아래와 같이 유도한 Design이다. 완성된 조직은 종광 매수가 Motive와 동일하게 16매이고, Design one repeat가 경사 14본×3, 위사 7본×3인 복합조직.

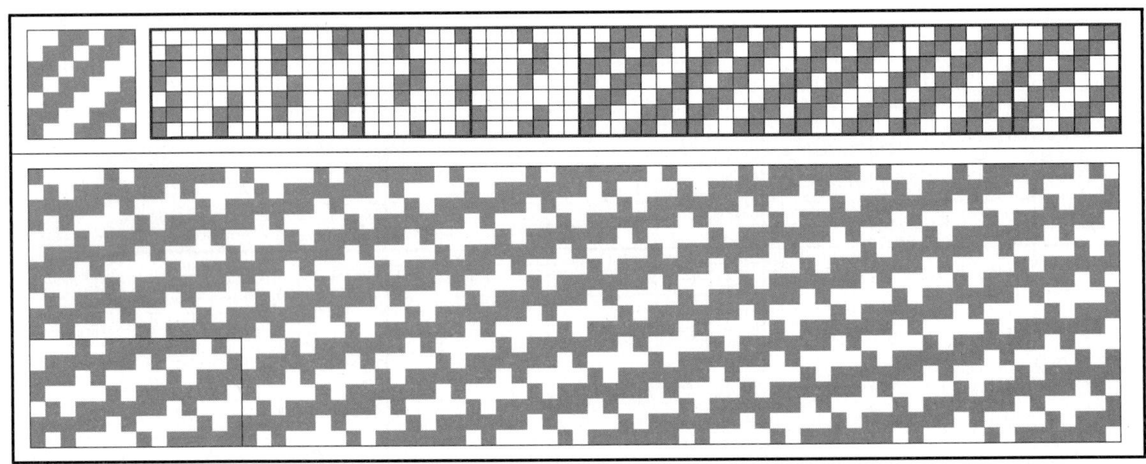

③ 다음은 복합조직 Motive design에서 잔류 2와 삭제 3을 반복하여 아래의 Design으로 유도한 그림이다. 완성된 조직은 종광 매수가 Motive와 동일하게 16매이고, Design one repeat가 경사 14본×3, 위사 7본×3인 복합조직.

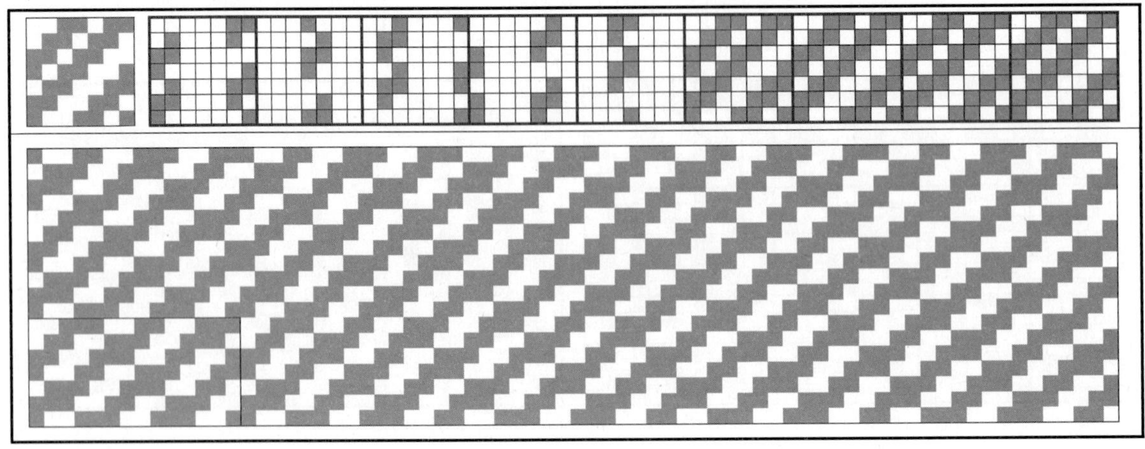

④ 다음은 복합조직 Motive design에서 잔류 1과 삭제 4를 반복하여 아래의 Design으로 유도한 그림이다. 완성된 조직은 종광 매수가 Motive와 동일하게 16매이고, Design one repeat가 경사 7본 × 3, 위사 7본 × 3인 복합조직.

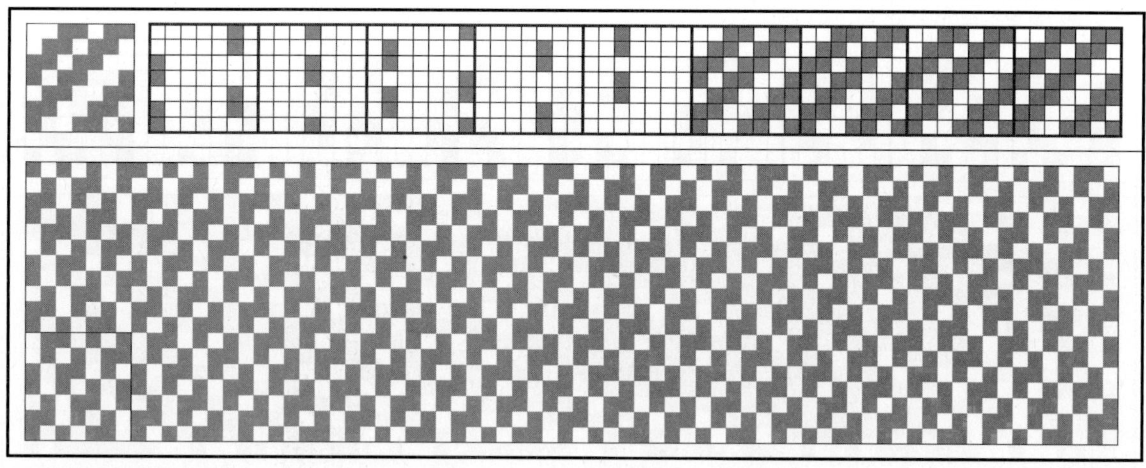

⑤ 다음은 복합조직 Motive design에서 잔류 3과 삭제 1을 반복하여 아래의 Design으로 유도한 그림이다. 완성된 조직은 종광 매수가 Motive와 동일하게 16매이고, Design one repeat가 경사 21본 × 3, 위사 7본 × 3인 복합조직.

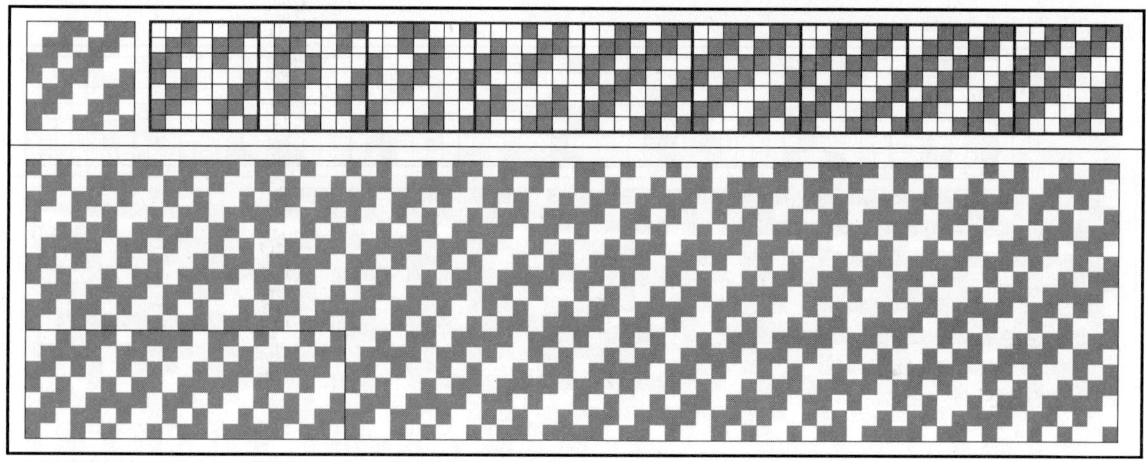

⑥ 다음은 복합조직 Motive design에서 잔류 3과 삭제 2를 반복하여 아래의 Design으로 유도한 그림이다. 완성된 조직은 종광 매수가 Motive와 동일하게 16매이고, Design one repeat가 경사 21본 × 3, 위사 7본 × 3인 복합조직.

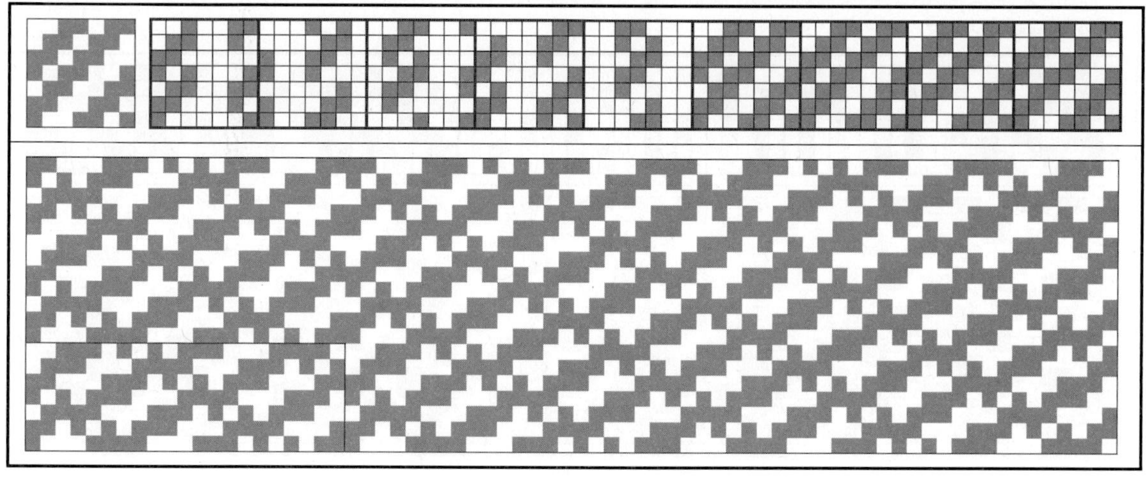

⑦ 다음은 복합조직 Motive design에서 잔류 2와 삭제 1, 잔류 2와 삭제 3을 반복하여 아래의 Design으로 유도한 그림이다. 완성된 조직은 종광 매수가 Motive와 동일하게 16매이고, Design one repeat가 경사 28본 × 3, 위사 7본 × 3인 복합조직이다.

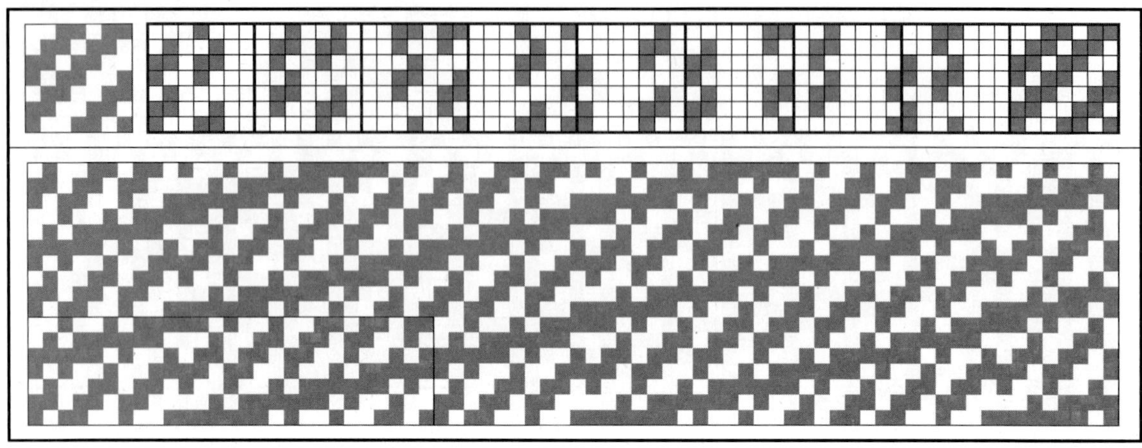

⑧ 다음은 복합조직 Motive design에서 잔류 2와 삭제 1, 잔류 2와 삭제 4를 반복하여 아래의 Design으로 유도한 그림이다. 완성된 조직은 종광 매수가 Motive와 동일하게 16매이고, Design one repeat가 경사 28본 × 3, 위사 7본 × 3인 복합조직이다.

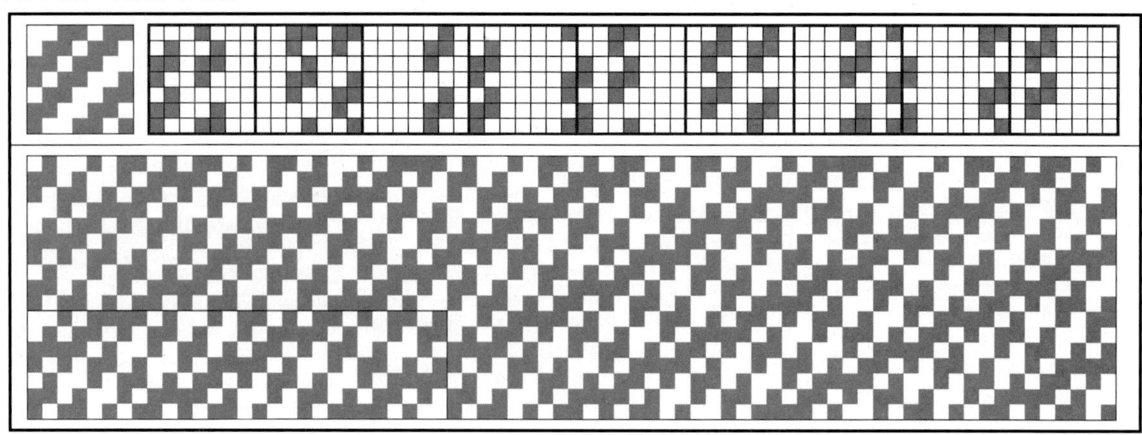

⑨ 다음은 복합조직 Motive design에서 잔류 1과 삭제 1, 잔류 1과 삭제 2를 반복하여 아래의 Design으로 유도한 그림이다. 완성된 조직은 종광 매수가 Motive와 동일하게 16매이고, Design one repeat가 경사 14본 × 3, 위사 7본 × 3인 복합조직이다.

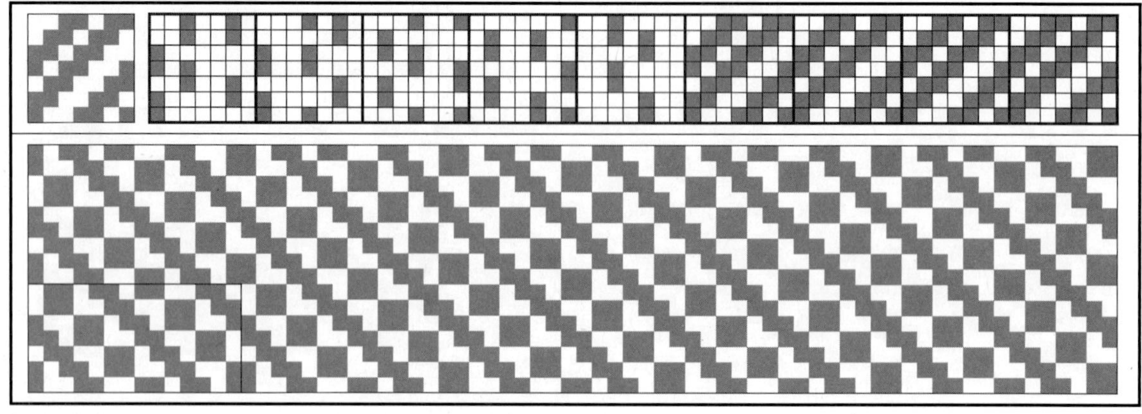

2) 다음은 7매 Twill(2/1, 2/2) 조직을 복합조직으로 작도한 후, 세로삭제 유도법에 따른 복합조직의 Design 유도 방법이다. (8개의 조직으로 유도)

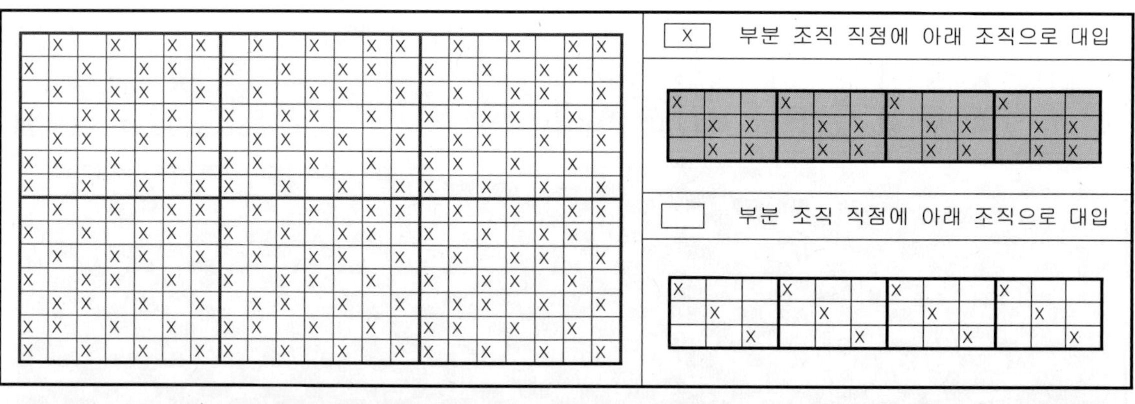

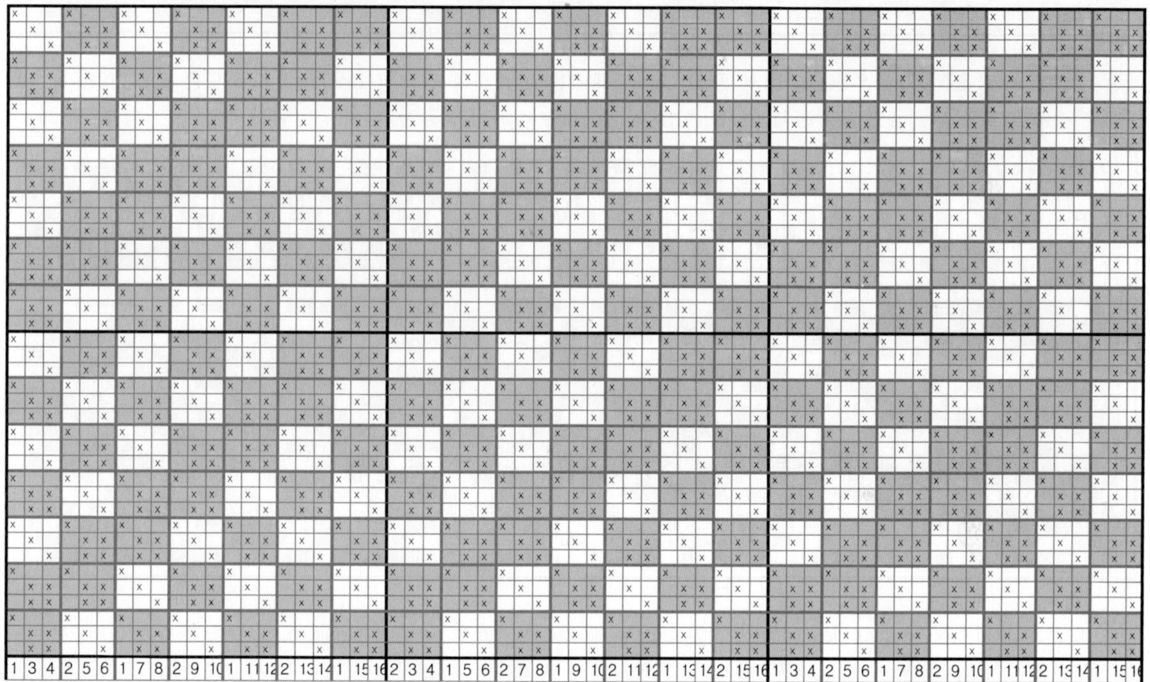

직점에 조직을 대입하여 취합 작도한 복합조직, 종광 16매.

상단의 종광 16매의 복합조직에서, 조직을 제외하고 Design만 발췌한 그림.

① 다음은 앞 페이지에서 작도한 복합조직 Motive design에서 잔류 1과 삭제 2를 반복하여 아래의 Design으로 유도한 그림이다. 완성된 조직은 종광 매수가 Motive와 같은 16매이고, Design one repeat가 경사 7본×3, 위사 7본×3인 복합조직이다.

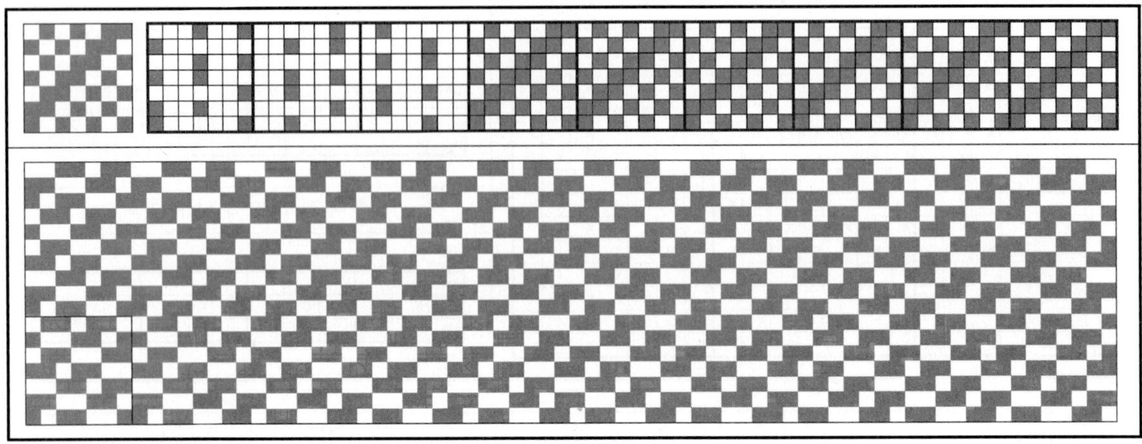

② 다음은 복합조직 Motive design에서 잔류 2와 삭제 1을 반복하여 아래의 Design으로 유도한 그림이다. 완성된 조직은 종광 매수가 Motive와 동일하게 16매이고, Design one repeat가 경사 14본×3, 위사 7본×3인 복합조직.

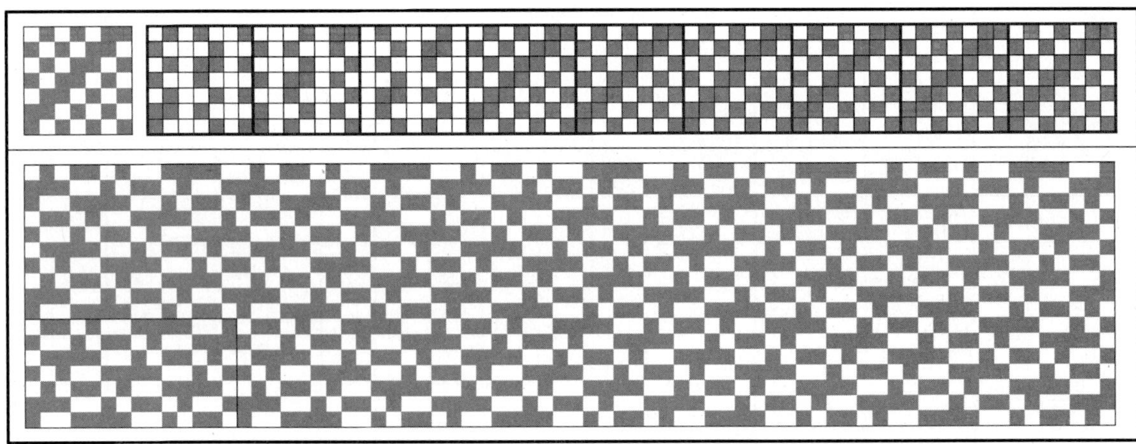

③ 다음은 복합조직 Motive design에서 잔류 2와 삭제 2를 반복하여 아래의 Design으로 유도한 그림이다. 완성된 조직은 종광 매수가 Motive와 동일하게 16매이고, Design one repeat가 경사 14본×3, 위사 7본×3인 복합조직.

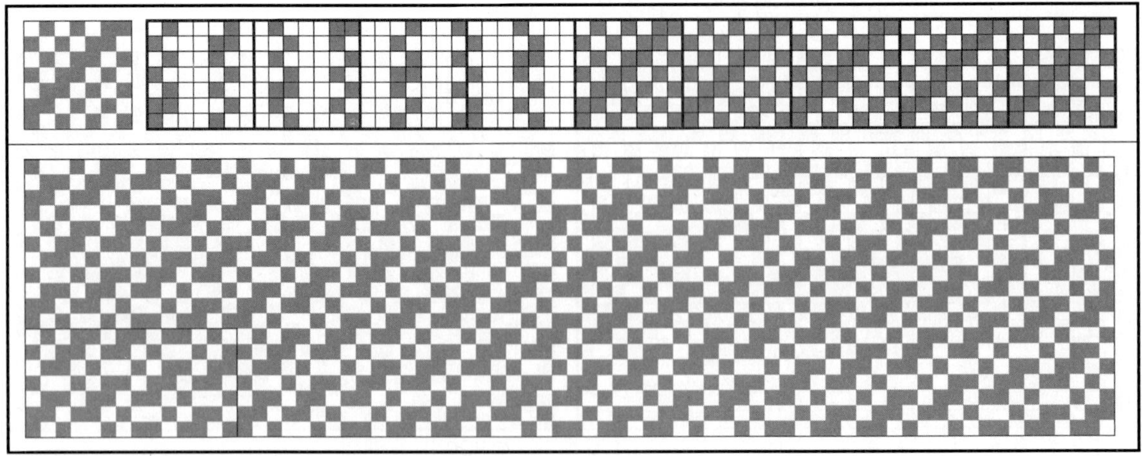

④ 다음은 복합조직 Motive design에서 잔류 2와 삭제 3을 반복하여 아래의 Design으로 유도한 그림이다. 완성된 조직은 종광 매수가 Motive와 동일하게 16매이고, Design one repeat가 경사 14본×3, 위사 7본×3인 복합조직.

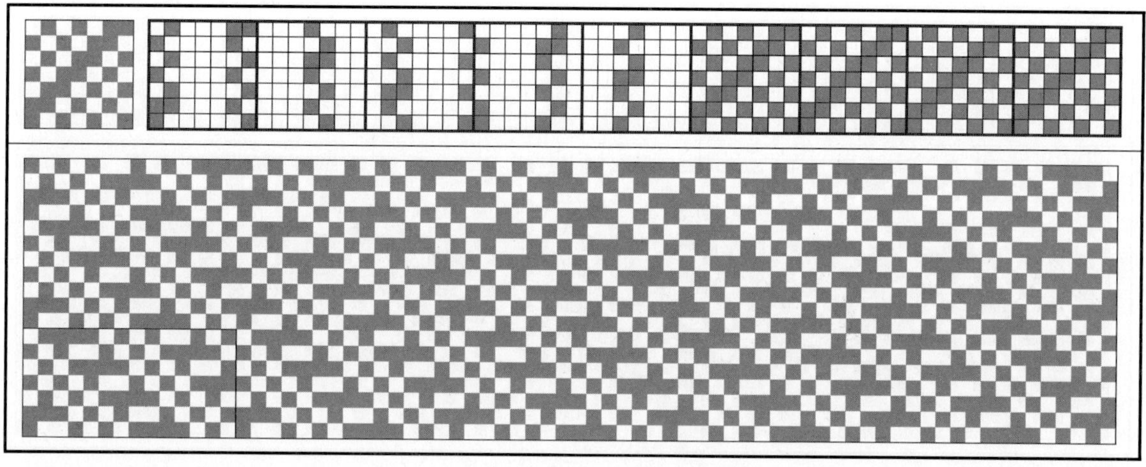

⑤ 다음은 복합조직 Motive design에서 잔류 3과 삭제 1을 반복하여 아래의 Design으로 유도한 그림이다. 완성된 조직은 종광 매수가 Motive와 동일하게 16매이고, Design one repeat가 경사 21본×3, 위사 7본×3인 복합조직.

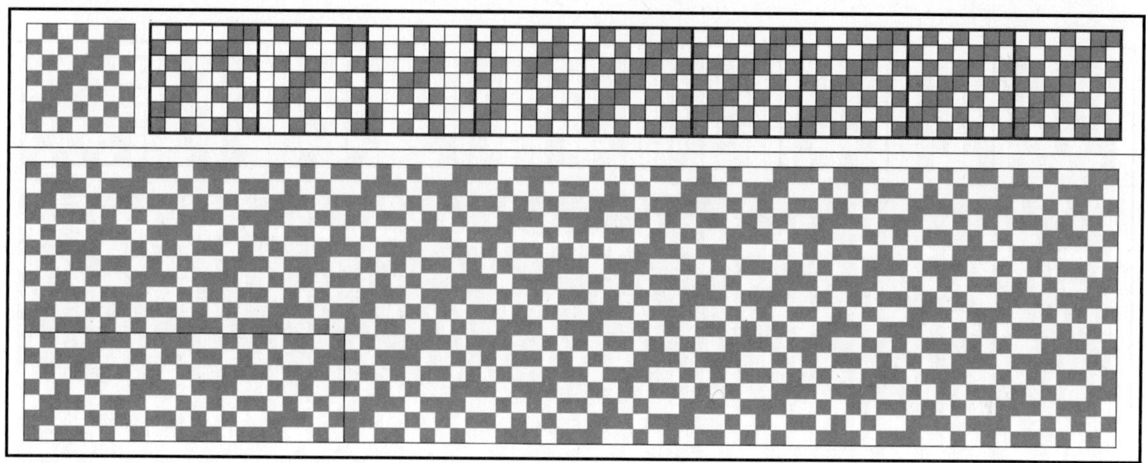

⑥ 다음은 복합조직 Motive design에서 잔류 3과 삭제 3을 반복하여 아래의 Design으로 유도한 그림이다. 완성된 조직은 종광 매수가 Motive와 동일하게 16매이고, Design one repeat가 경사 21본×3, 위사 7본×3인 복합조직.

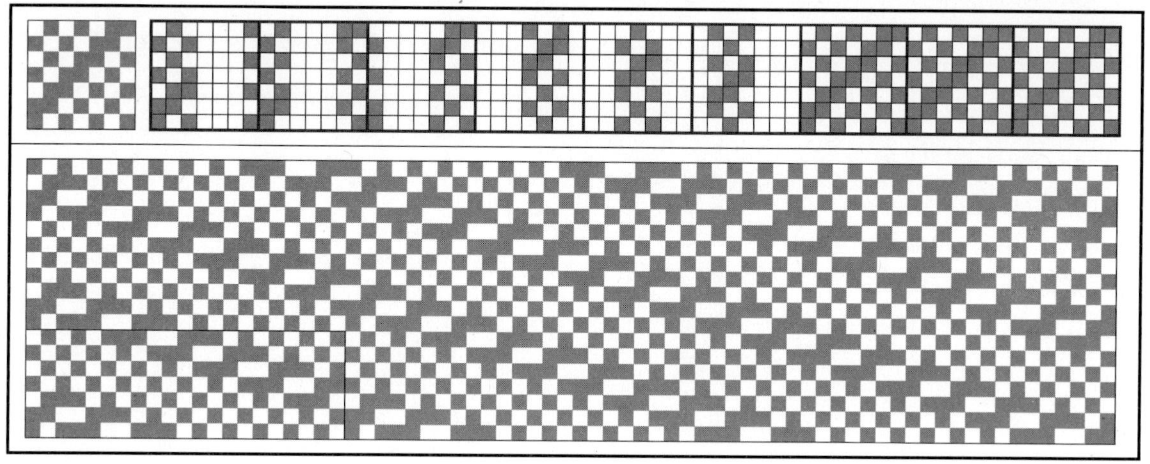

⑦ 다음은 복합조직 Motive design에서 잔류 4와 삭제 1을 반복하여 아래의 Design으로 유도한 그림이다. 완성된 조직은 종광 매수가 Motive와 동일하게 16매이고, Design one repeat가 경사 28본×3, 위사 7본×3인 복합조직.

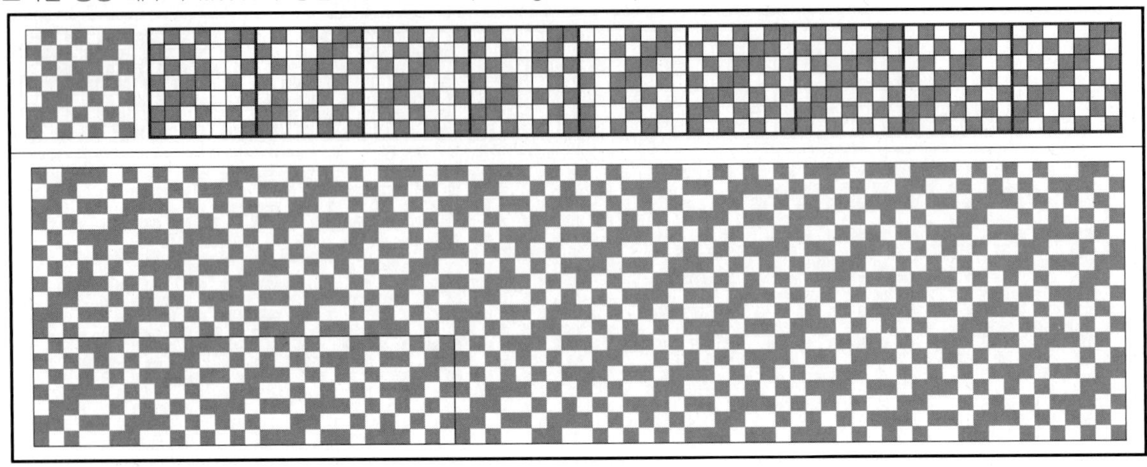

⑧ 다음은 복합조직 Motive design에서 잔류 2와 삭제 1, 잔류 2와 삭제 3을 반복하여 아래의 Design으로 유도한 그림이다. 완성된 조직은 종광 매수가 Motive와 동일하게 16매이고, Design one repeat가 경사 28본×3, 위사 7본×3인 복합조직이다.

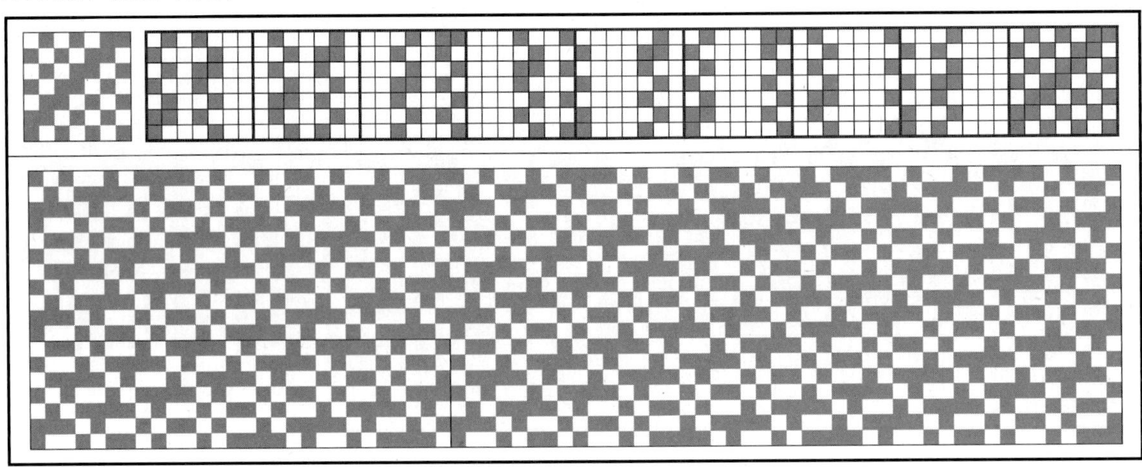

03. 교차삭제 유도법

 교차삭제 유도법은 복합조직의 가로와 세로에 각각 잔류와 삭제를 반복하여 Design의 영역을 더 확장하는 기법이다. 가로와 세로 양방향으로 조직을 확장하면 변화의 영역이 더욱 넓어지게 된다. 교차삭제 유도법은 세로삭제 유도법이나 가로삭제 유도법과 동일한 이론이 적용되며, 작업의 순서가 바뀌어도 결과는 동일하다.
반복된 잔류 수를 합한 수와 Design one repeat 수와의 공배수로 Design의 범위가 확장되며, Design의 수와 Design의 크기는 수리적 무한대를 이룬다.

 다음은 복합조직 교차삭제 유도법에 따른 Design 생성 이론과 Design 유도 방법에 대한 설명이다.

 * 작도에서, 잔류 수와 삭제 수를 합한 수와 Motive design의 One repeat 본수와의 최소 공배수가 삭제를 포함한 작도 Design의 one repeat 본수가 된다.

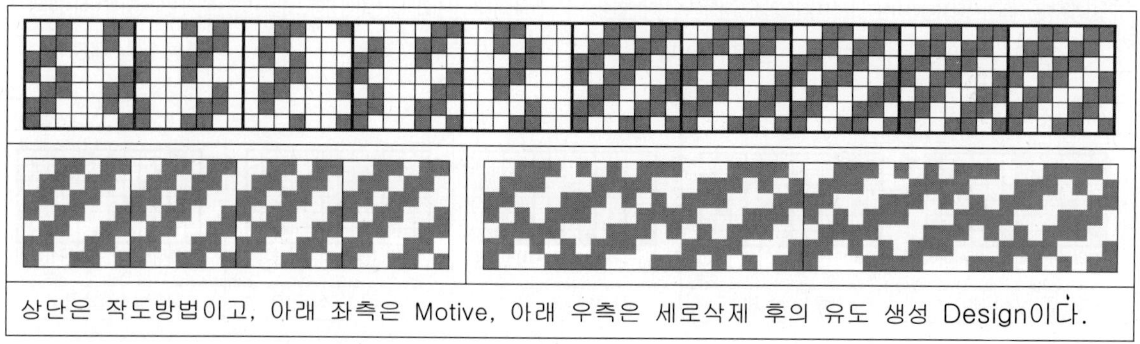

상단은 작도방법이고, 아래 좌측은 Motive, 아래 우측은 세로삭제 후의 유도 생성 Design이다.

 * 제거한 수가 Motive Design의 부분 Design 직점 수와 동일하거나 배수이면 2차 생성 Design이 연속성을 가진다.

4매 조직	5매 조직	6매 조직	6매 조직	6매 조직
2잔류/2삭제	2잔류/3삭제	1잔류/1삭제	1잔류/5삭제	3잔류/3삭제

 * 잔류시킨 수에 상관없이, 삭제한 수가 Motive design의 One repeat 수와 동일하면 2차 생성 Design은 Motive design으로 환원되고, 삭제한 수가 Motive design의 수를 초과하면 Motive design의 수를 나눈 나머지 본수의 적용과 동일해진다.

 * 잔류 수와 삭제 수의 합이 Motive design의 본수와 일치하면 2차 생성 Design이 연속성을 가진다.

　* 잔류 1일 때의 삭제한 수가 Motive design의 One repeat 수를 2로 나누어 1을 뺀 수이면, 2차 생성 Design은 그 수를 기준으로 좌우 대칭을 이룬다.

　결과의 수가 자연수(Motive design의 One repeat 수가 짝수)이면, 그 수를 기준으로 2차 생성 Design은 좌우 대칭을 이룬다.

　결과의 수가 소수(Motive design의 One repeat 수가 홀수)이면 기준 없이 소수의 좌우 자연수가 2차 생성 Design의 대칭을 이룬다.

　예를 들면, 8매 Design의 경우에는 8/2-1=3으로 3 삭제를 기준으로 2와 4, 1과 5가 대칭을 이룬다. 9매 Design의 경우에는 9/2-1=3.5이므로 기준 조직이 없으며 3과 4, 2와 5가 대칭을 이룬다.

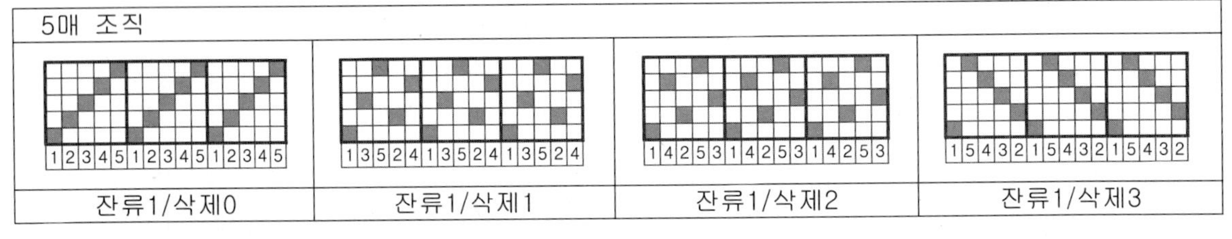

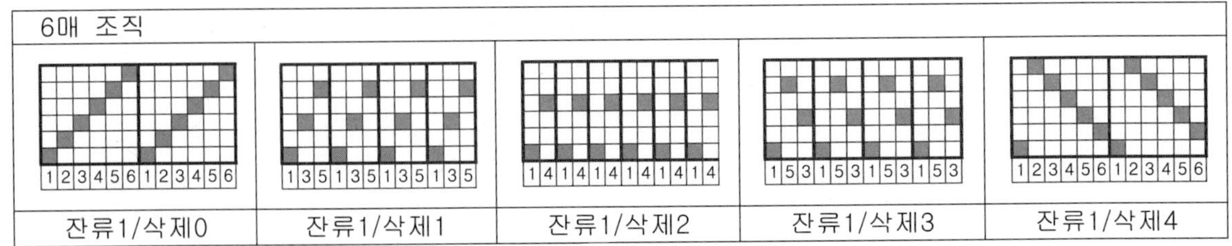

　* 삭제 후의 Design은 순차의 서열이 깨어져 요철의 느낌과 입체감이 증대한다. 삭제 수나 잔류 수는 Design의 One repeat 수를 2로 나눈 수에 1을 줄인 숫자나 그에 근접한 수를 적용하면 깨어진 순차의 서열 변화가 커지게 된다.

　* 2차 Design을 유도할 때 조직의 중복을 피하려면, 삭제 수와 잔류 수의 합한 수가 Motive Design의 One repeat 수에서 2를 뺀 수 이하의 본수로 설정하면 능률적이다.

　* 위 복합조직 유도법의 Design 생성 이론과 Design 유도 방법에 대한 설명은 세로와 가로에 동일하게 적용되며, 유도된 2차 Design을 3차, 4차로 유도하여도 같은 논리를 가진다.

　다음은 복합조직 교차삭제 유도법에 따른 유도 과정과 Design의 생성 결과이다.

　다음 설명에서 표기된 n은 상수로, 취합조직 Design의 One repeat 본수이다. 단 취합조직 Design의 One repeat 내에 공통된 조직 선이 존재하면 이를 삭제한 수이다.

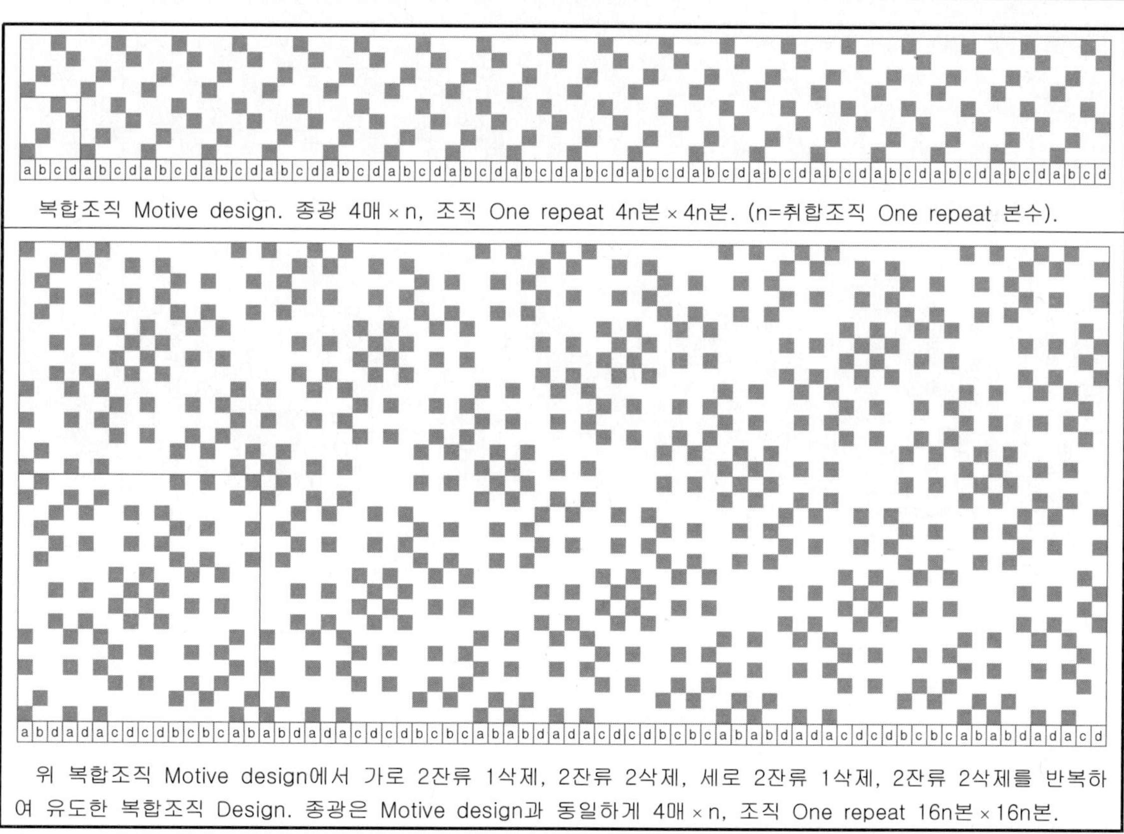

복합조직 Motive design. 종광 4매 × n, 조직 one repeat 4n본 × 4n본. (n=취합조직 One repeat 본수).

위 복합조직 Motive design에서 가로 2잔류 2삭제, 3잔류 2삭제, 세로 2잔류 2삭제, 3잔류 2삭제를 반복하여 유도한 복합조직 Design. 종광은 Motive design과 동일하게 4매 × n, 조직 One repeat 20n본 × 20n본.

복합조직 Motive design. 종광 4매 × n, 조직 One repeat 4n본 × 4n본. (n=취합조직 One repeat 본수).

위 복합조직 Motive design에서 가로 2잔류 1삭제, 2잔류 2삭제, 세로 2잔류 1삭제, 2잔류 2삭제를 반복하여 유도한 복합조직 Design. 종광은 Motive design과 동일하게 4매 × n, 조직 One repeat 16n본 × 16n본.

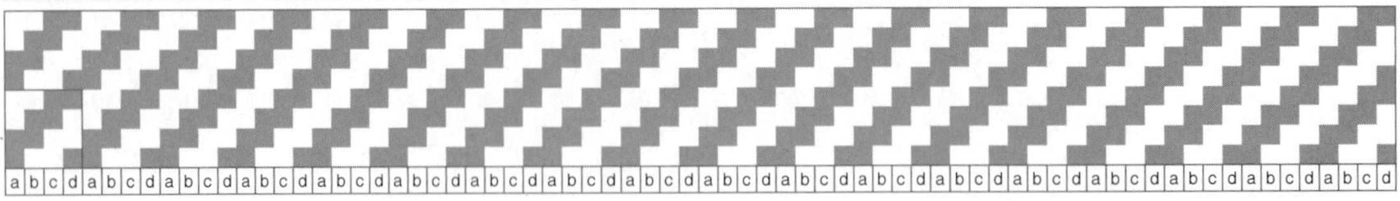

복합조직 Motive design. 종광 4매×n, 조직 One repeat 4n본×4n본. (n=취합조직 One repeat 본수).

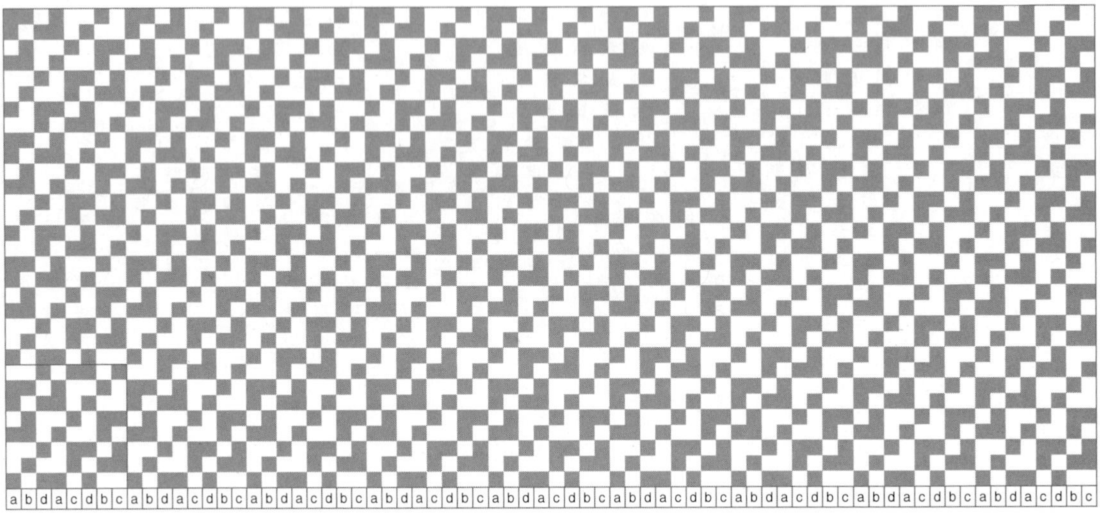

  위 복합조직 Motive design에서 가로 2잔류 1삭제, 세로 2잔류 1삭제를 반복하여 유도한 복합조직 Design
종광은 Motive design과 동일하게 4매×n, 조직 One repeat 8n본×8n본.

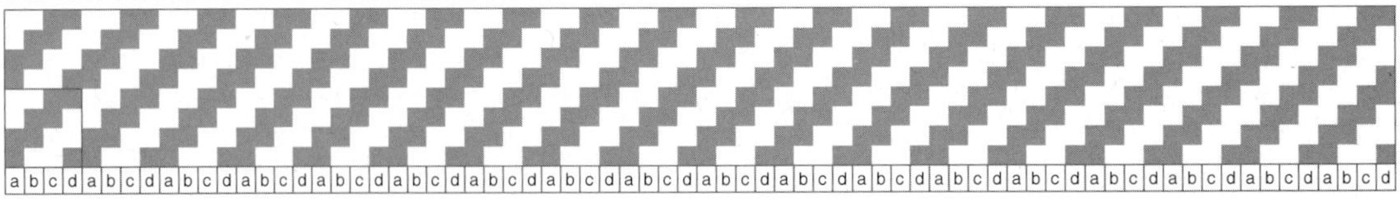

복합조직 Motive design. 종광 4매×n, 조직 One repeat 4n본×4n본. (n=취합조직 One repeat 본수).

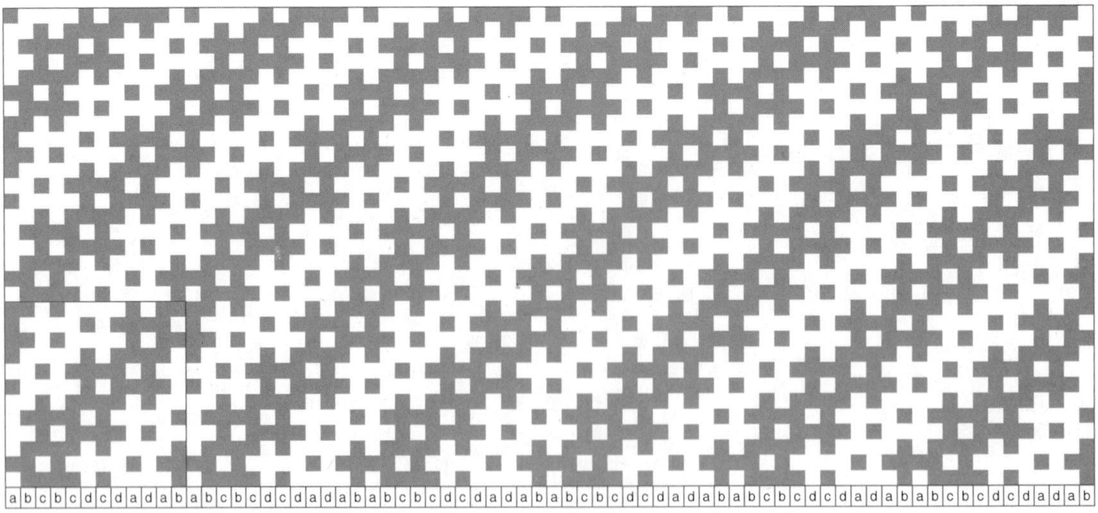

  위 복합조직 Motive design에서 가로 3잔류 2삭제, 세로 3잔류 2삭제를 반복하여 유도한 복합조직 Design.
종광은 Motive design과 동일하게 4매×n, 조직 One repeat 12n본×12n본.

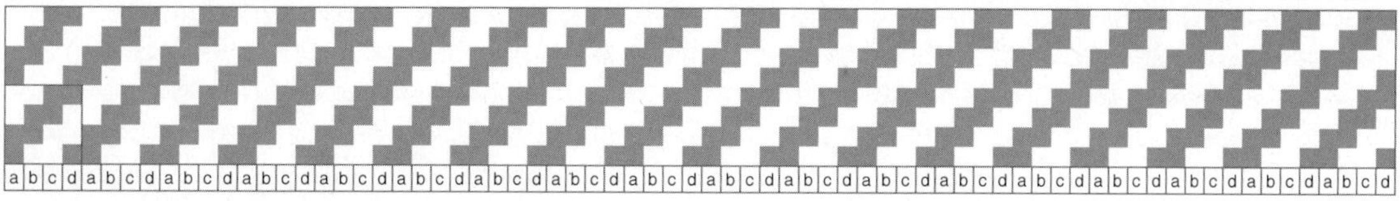

복합조직 Motive design. 종광 4매 × n, 조직 One repeat 4n본 × 4n본. (n=취합조직 One repeat 본수).

위 복합조직 Motive design에서 가로 2잔류 1삭제, 2잔류 2삭제, 세로 2잔류 1삭제, 2잔류 2삭제를 반복하여 유도한 복합조직 Design. 종광은 Motive design과 동일하게 4매 × n, 조직 One repeat 16n본 × 16n본.

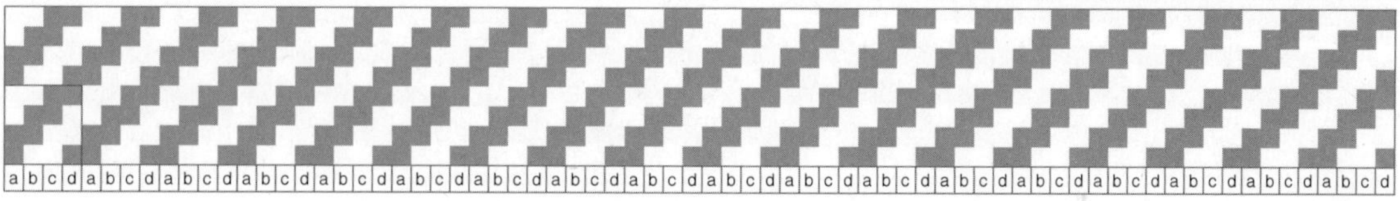

복합조직 Motive design. 종광 4매 × n, 조직 One repeat 4n본 × 4n본. (n=취합조직 One repeat 본수).

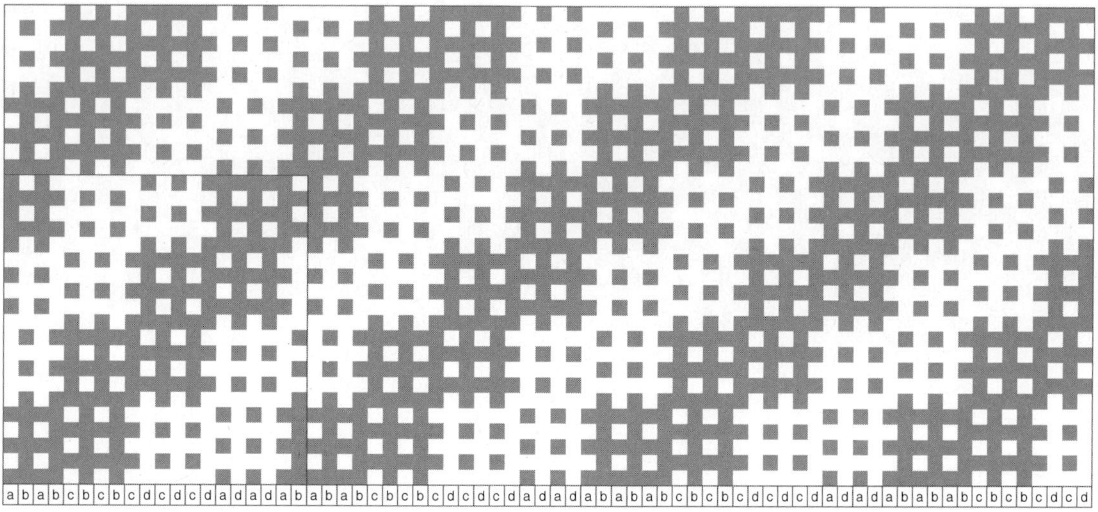

위 복합조직 Motive design에서 가로 2잔류 2삭제, 3잔류 2삭제. 세로 2잔류 2삭제, 3잔류 2삭제를 반복하여 유도한 복합조직 Design. 종광은 Motive design과 동일하게 4매 × n, 조직 One repeat 20n본 × 20n본.

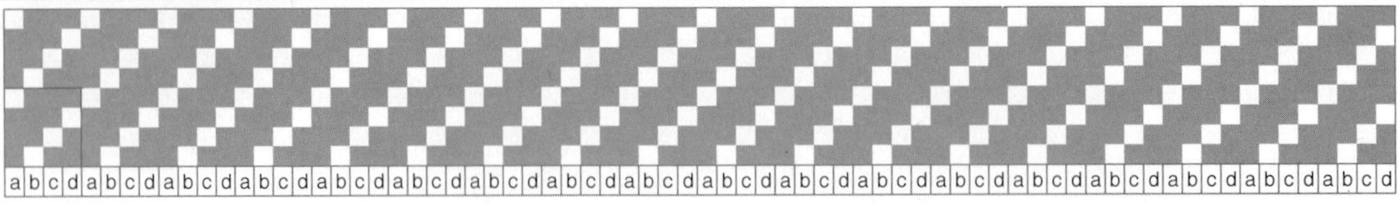

a b c d a b c d a b c d a b c d a b c d a b c d a b c d a b c d a b c d a b c d a b c d a b c d a b c d a b c d a b c d a b c d a b c d a b c d

복합조직 Motive design. 종광 4매 × n, 조직 One repeat 4n본 × 4n본. (n=취합조직 One repeat 본수).

a b d a c d b c a b d a c d b c a b d a c d b c a b d a c d b c a b d a c d b c a b d a c d b c a b d a c d b c a b d a c d b c a b d a c d b c a b d a c d b c

위 복합조직 Motive design에서 가로 2잔류 1삭제, 세로 2잔류 1삭제를 반복하여 유도한 복합조직 Design. 종광은 Motive design과 동일하게 4매 × n, 조직 One repeat 8n본 × 8n본.

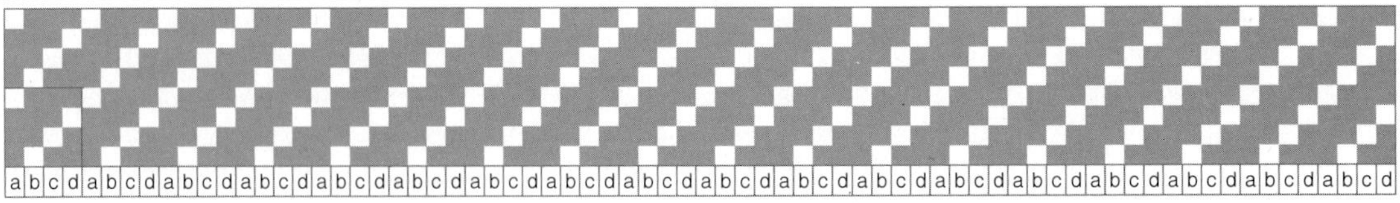

a b c d a b c d a b c d a b c d a b c d a b c d a b c d a b c d a b c d a b c d a b c d a b c d a b c d a b c d a b c d a b c d a b c d a b c d

복합조직 Motive design. 종광 4매 × n, 조직 One repeat 4n본 × 4n본. (n=취합조직 One repeat 본수).

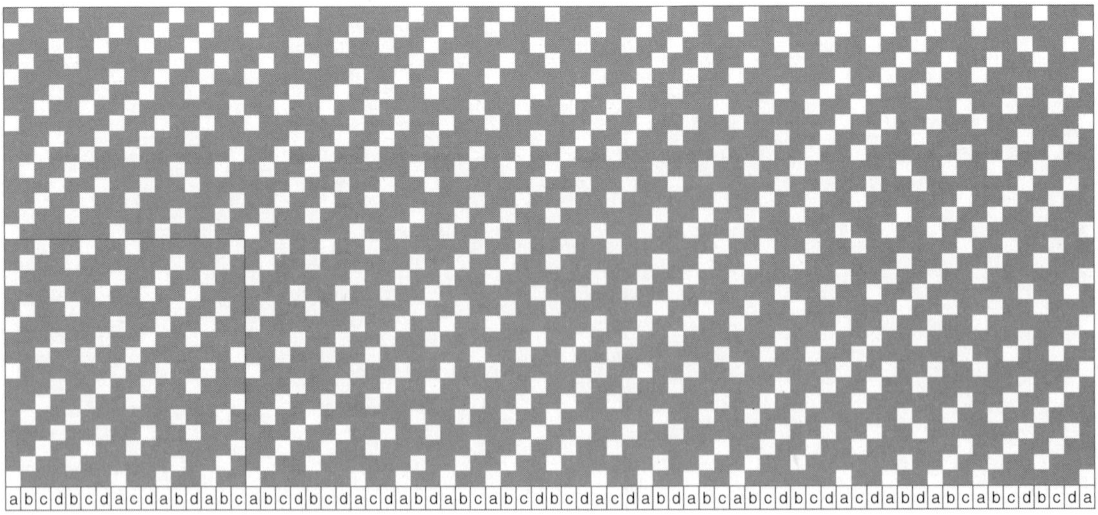

a b c d b c d a c d a b d a b c a b c d b c d a c d a b d a b c a b c d b c d a c d a b d a b c a b c d b c d a c d a b d a b c a b c d b c d a c d a b d a b c a b c d b c d a c d a

위 복합조직 Motive design에서 가로 4잔류 1삭제, 세로 4잔류 1삭제를 반복하여 유도한 복합조직 Design. 종광은 Motive design과 동일하게 4매 × n, 조직 One repeat 16n본 × 16n본.

a b c d a b c d a b c d a b c d a b c d a b c d a b c d a b c d a b c d a b c d a b c d a b c d a b c d a b c d a b c d a b c d a b c d

복합조직 Motive design. 종광 4매 × n, 조직 One repeat 4n본 × 4n본. (n=취합조직 One repeat 본수).

a b c b c d c d a d a b a b c b c d c d a d a b a b c b c d c d a d a b a b c b c d c d a d a b a b c b c d c d a d a b a b c b c d c d a d a b

위 복합조직 Motive design에서 가로 3잔류 2삭제, 세로 3잔류 2삭제를 반복하여 유도한 복합조직 Design.
종광은 Motive design과 동일하게 4매 × n, 조직 One repeat 12n본 × 12n본.

a b c d a b c d a b c d a b c d a b c d a b c d a b c d a b c d a b c d a b c d a b c d a b c d a b c d a b c d a b c d a b c d a b c d a b c d

복합조직 Motive design. 종광 4매 × n, 조직 One repeat 4n본 × 4n본. (n=취합조직 One repeat 본수).

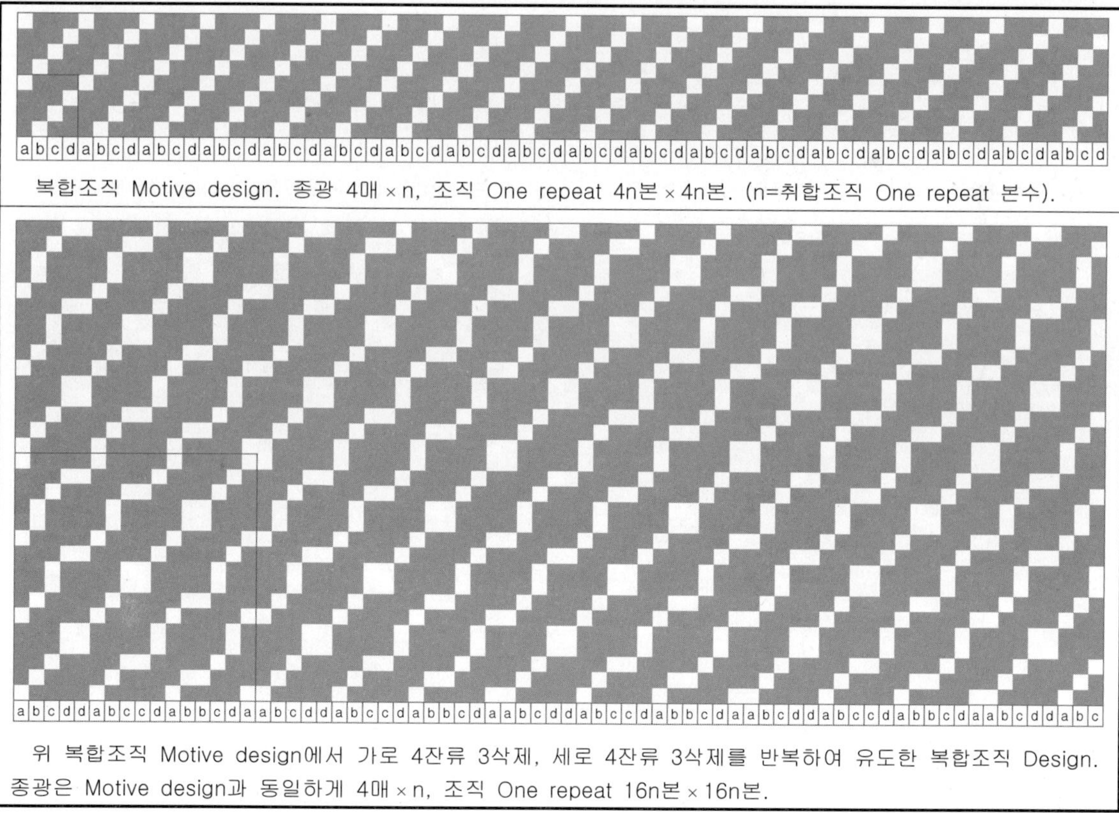

a b c d d a b c c d a b b c d a a b c d d a b c c d a b b c d a a b c d d a b c c d a b b c d a a b c d d a b c c d a b b c d a a b c d d a b c

위 복합조직 Motive design에서 가로 4잔류 3삭제, 세로 4잔류 3삭제를 반복하여 유도한 복합조직 Design.
종광은 Motive design과 동일하게 4매 × n, 조직 One repeat 16n본 × 16n본.

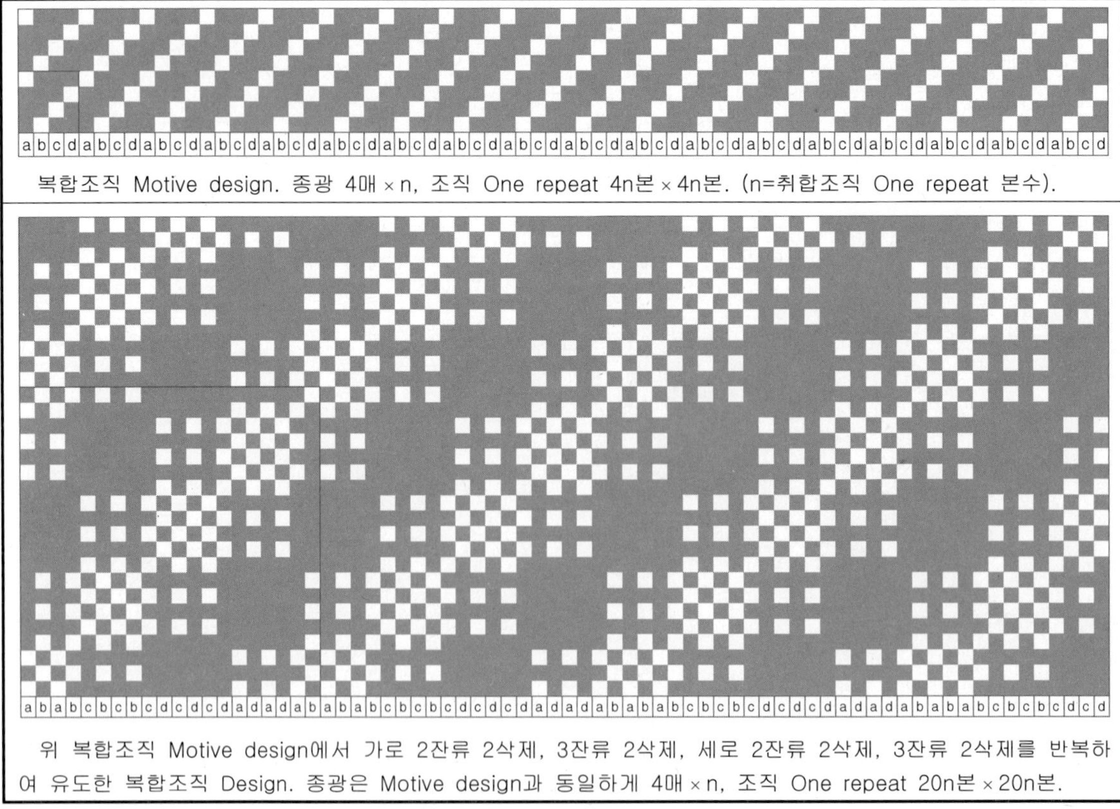

복합조직 Motive design. 종광 4매×n, 조직 One repeat 4n본×4n본. (n=취합조직 One repeat 본수).

위 복합조직 Motive design에서 가로 2잔류 1삭제, 2잔류 2삭제. 세로 2잔류 1삭제, 2잔류 2삭제를 반복하여 유도한 복합조직 Design. 종광은 Motive design과 동일하게 4매×n, 조직 One repeat 16n본×16n본.

복합조직 Motive design. 종광 4매×n, 조직 One repeat 4n본×4n본. (n=취합조직 One repeat 본수).

위 복합조직 Motive design에서 가로 2잔류 2삭제, 3잔류 2삭제, 세로 2잔류 2삭제, 3잔류 2삭제를 반복하여 유도한 복합조직 Design. 종광은 Motive design과 동일하게 4매×n, 조직 One repeat 20n본×20n본.

abcde ab

복합조직 Motive design. 종광 5매×n, 조직 One repeat 5n본×5n본. (n=취합조직 One repeat 본수).

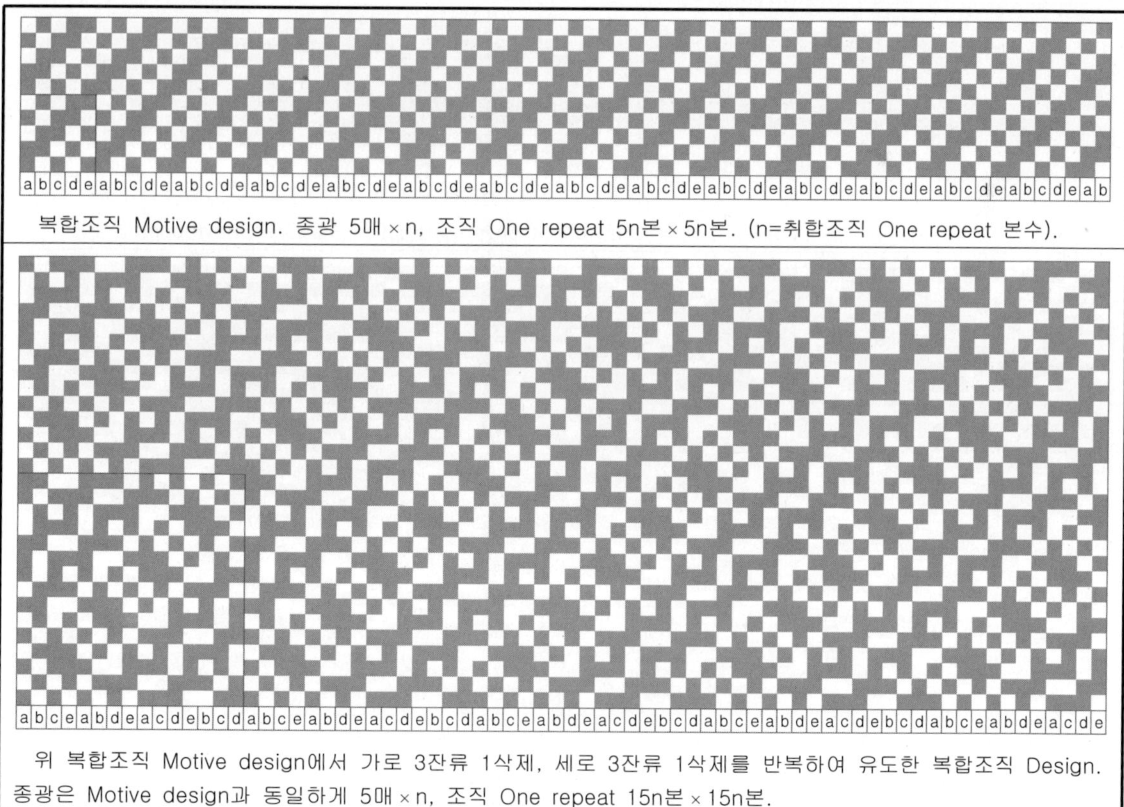

abdebceacdabdebceacdabdebceacdabdebceacdabdebceacdabdebceacdabdebceacdabdebceacdabdebceacdabdebceacdab

위 복합조직 Motive design에서 가로 2잔류 1삭제, 세로 2잔류 1삭제를 반복하여 유도한 복합조직 Design.
종광은 Motive design과 동일하게 5매×n, 조직 One repeat 10n본×10n본.

abcde ab

복합조직 Motive design. 종광 5매×n, 조직 One repeat 5n본×5n본. (n=취합조직 One repeat 본수).

abceabdeacdebcdabceabdeacdebcdabceabdeacdebcdabceabdeacdebcdabceabdeacdebcdabceabdeacde

위 복합조직 Motive design에서 가로 3잔류 1삭제, 세로 3잔류 1삭제를 반복하여 유도한 복합조직 Design.
종광은 Motive design과 동일하게 5매×n, 조직 One repeat 15n본×15n본.

abcdeabcdeabcdeabcdeabcdeabcdeabcdeabcdeabcdeabcdeabcdeabcdeabcdeabcdeabcdeab

복합조직 Motive design. 종광 5매 × n, 조직 One repeat 5n본 × 5n본. (n=취합조직 One repeat 본수).

abcbcdcdedeaeabcbcdcdedeaeabcbcdcdedeaeabcbcdcdedeaeabcbcdcdedeaeabcbcdcdedea

위 복합조직 Motive design에서 가로 3잔류 3삭제, 세로 3잔류 3삭제를 반복하여 유도한 복합조직 Design. 종광은 Motive design과 동일하게 5매 × n, 조직 One repeat 15n본 × 15n본.

abcdeabcdeabcdeabcdeabcdeabcdeabcdeabcdeabcdeabcdeabcdeabcdeabcdeabcdeabcdeab

복합조직 Motive design. 종광 5매 × n, 조직 One repeat 5n본 × 5n본. (n=취합조직 One repeat 본수).

abcdebcdeacdeabdeabceabcdabcdebcdeacdeabdeabceabcdabcdebcdeacdeabdeabceabcdea

위 복합조직 Motive design에서 가로 5잔류 1삭제, 세로 5잔류 1삭제를 반복하여 유도한 복합조직 Design. 종광은 Motive design과 동일하게 5매 × n, 조직 One repeat 25n본 × 25n본.

abcdeabcdeabcdeabcdeabcdeabcdeabcdeabcdeabcdeabcdeabcdeabcdeabcdeabcdeabcdeabcdeabcdeabcdeab

복합조직 Motive design. 종광 5매 × n, 조직 One repeat 5n본 × 5n본. (n=취합조직 One repeat 본수).

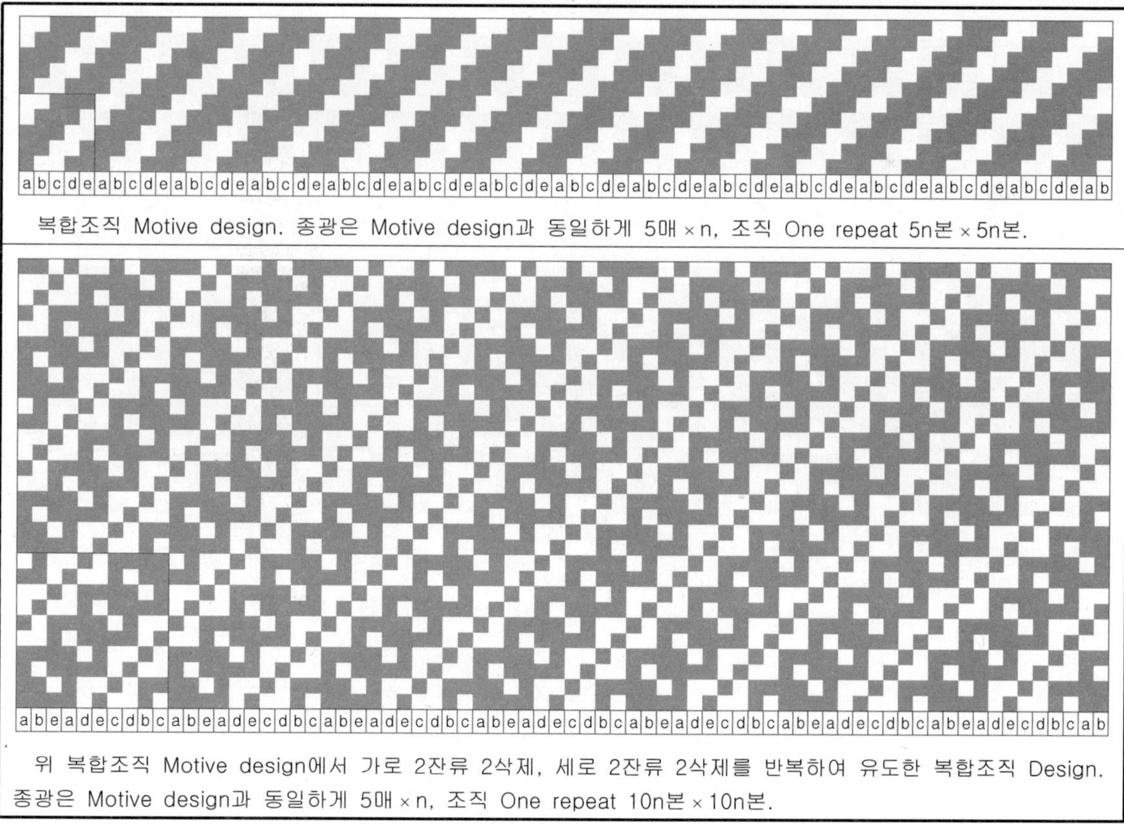

abdecdabeacdbceadebcabdecdabeacdbceadebcabdecdabeacdbceadebcabdecdabeacdbceadebcabdecdabeacd

　위 복합조직 Motive design에서 가로 2잔류 1삭제, 2잔류 2삭제, 세로 2잔류 1삭제, 2잔류 2삭제를 반복하여 유도한 복합조직 Design. 종광 5매 × n, 조직 One repeat 20n본 × 20n본.

abcdeabcdeabcdeabcdeabcdeabcdeabcdeabcdeabcdeabcdeabcdeabcdeabcdeabcdeabcdeabcdeabcdeabcdeab

복합조직 Motive design. 종광은 Motive design과 동일하게 5매 × n, 조직 One repeat 5n본 × 5n본.

abeadecdbcabeadecdbcabeadecdbcabeadecdbcabeadecdbcabeadecdbcabeadecdbcabeadecdbcabeadecdbcab

　위 복합조직 Motive design에서 가로 2잔류 2삭제, 세로 2잔류 2삭제를 반복하여 유도한 복합조직 Design. 종광은 Motive design과 동일하게 5매 × n, 조직 One repeat 10n본 × 10n본.

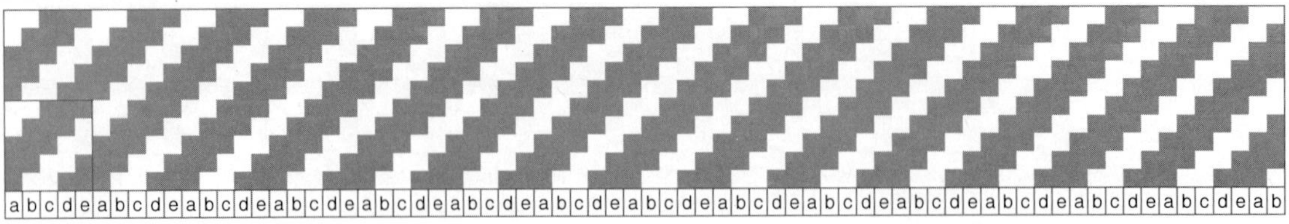

복합조직 Motive design. 종광 5매×n, 조직 One repeat 5n본×5n본. (n=취합조직 One repeat 본수).

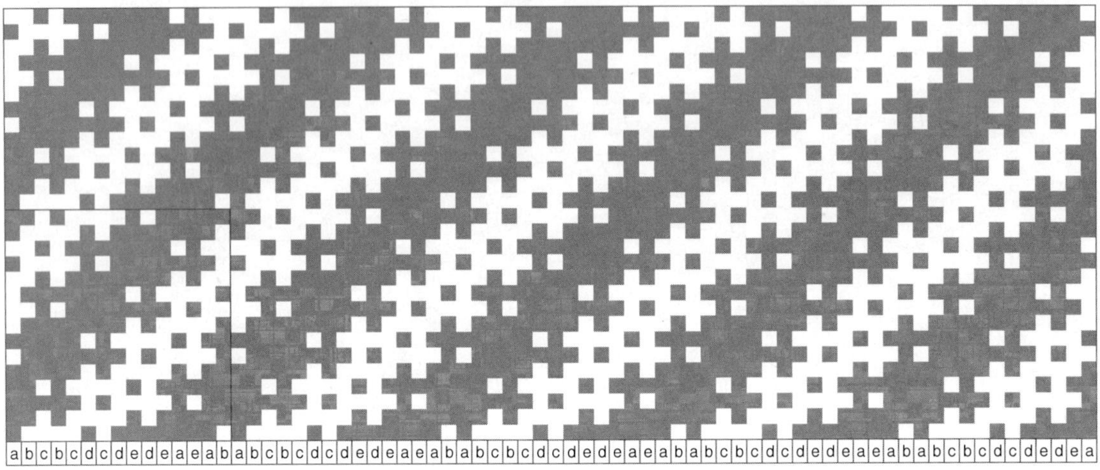

위 복합조직 Motive design에서 가로 3잔류 3삭제, 세로 3잔류 3삭제를 반복하여 유도한 복합조직 Design.
종광은 Motive design과 동일하게 5매×n, 조직 One repeat 15n본×15n본.

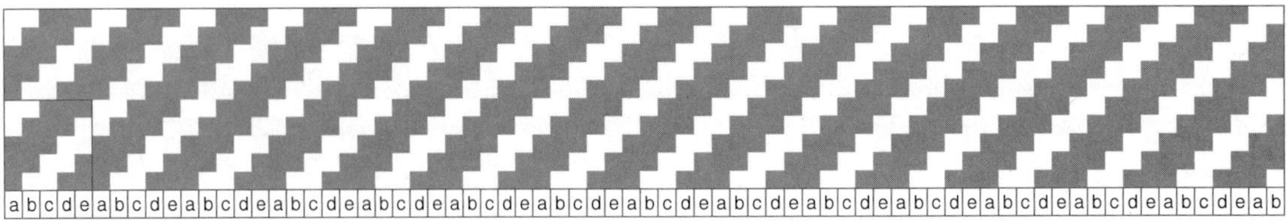

복합조직 Motive design. 종광 5매×n, 조직 One repeat 5n본×5n본. (n=취합조직 One repeat 본수).

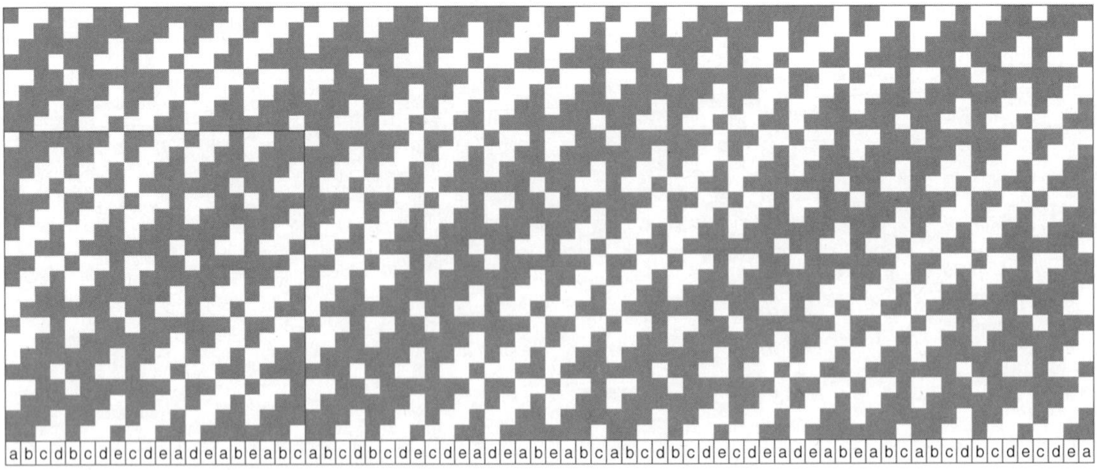

위 복합조직 Motive design에서 가로 4잔류 2삭제, 세로 4잔류 2삭제를 반복하여 유도한 복합조직 Design.
종광은 Motive design과 동일하게 5매×n, 조직 One repeat 20n본×20n본.

복합조직 Motive design. 종광 5매×n, 조직 One repeat 5n본×5n본. (n=취합조직 One repeat 본수).

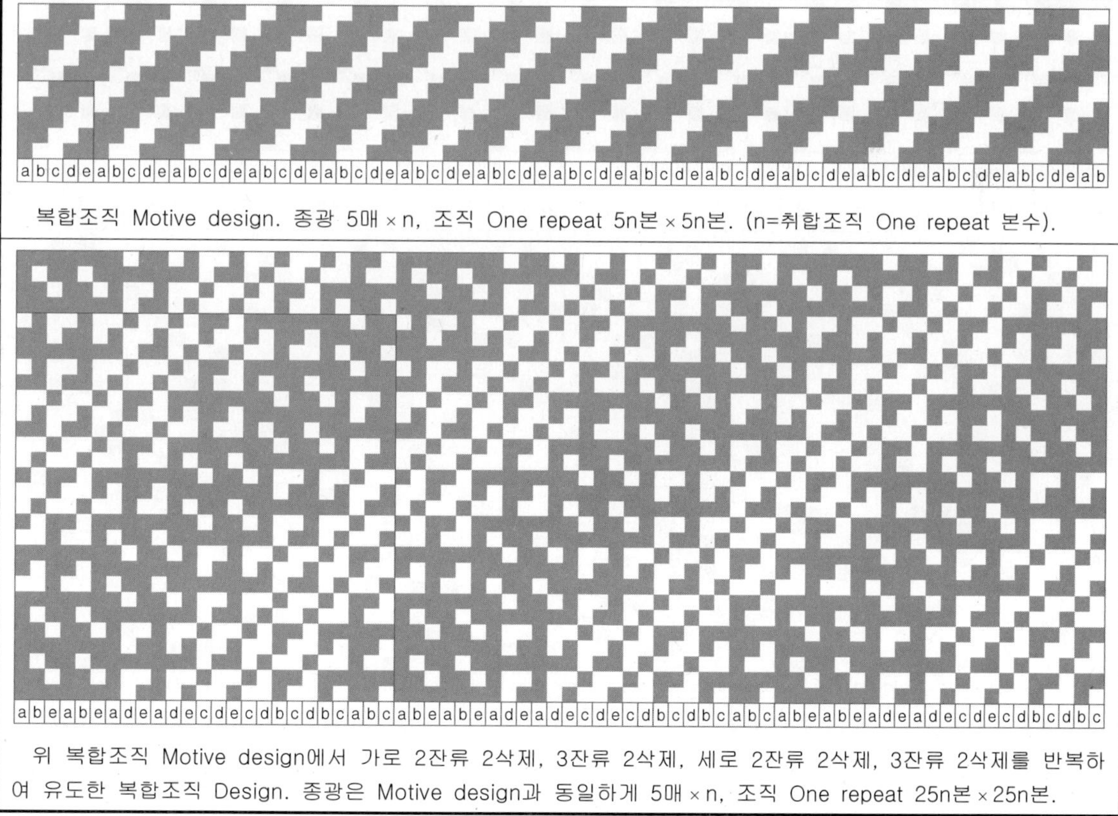

위 복합조직 Motive design에서 가로 5잔류 2삭제, 세로 5잔류 2삭제를 반복하여 유도한 복합조직 Design. 종광은 Motive design과 동일하게 5매×n, 조직 One repeat 25n본×25n본.

복합조직 Motive design. 종광 5매×n, 조직 One repeat 5n본×5n본. (n=취합조직 One repeat 본수).

위 복합조직 Motive design에서 가로 2잔류 2삭제, 3잔류 2삭제, 세로 2잔류 2삭제, 3잔류 2삭제를 반복하여 유도한 복합조직 Design. 종광은 Motive design과 동일하게 5매×n, 조직 One repeat 25n본×25n본.

복합조직 Motive design. 종광 5매×n, 조직 One repeat 5n본×5n본. (n=취합조직 One repeat 본수).

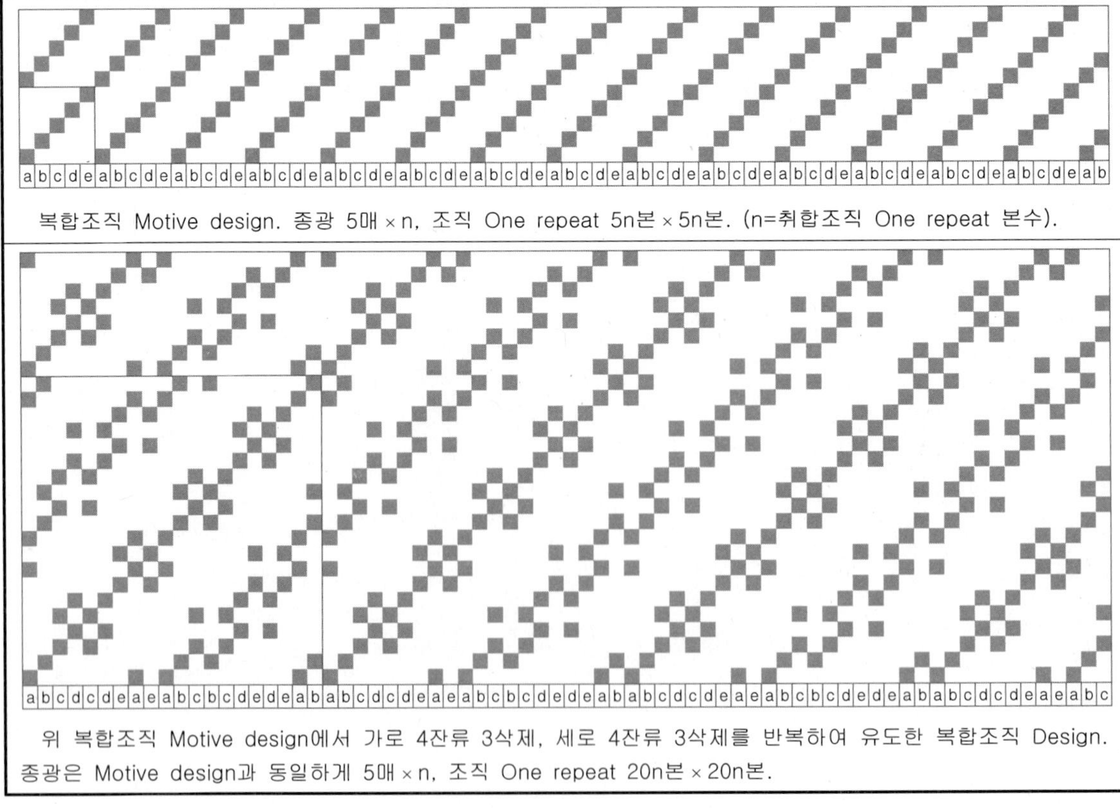

위 복합조직 Motive design에서 가로 3잔류 3삭제, 세로 3잔류 3삭제를 반복하여 유도한 복합조직 Design.
종광은 Motive design과 동일하게 5매×n, 조직 One repeat 15n본×15n본.

복합조직 Motive design. 종광 5매×n, 조직 One repeat 5n본×5n본. (n=취합조직 One repeat 본수).

위 복합조직 Motive design에서 가로 4잔류 3삭제, 세로 4잔류 3삭제를 반복하여 유도한 복합조직 Design.
종광은 Motive design과 동일하게 5매×n, 조직 One repeat 20n본×20n본.

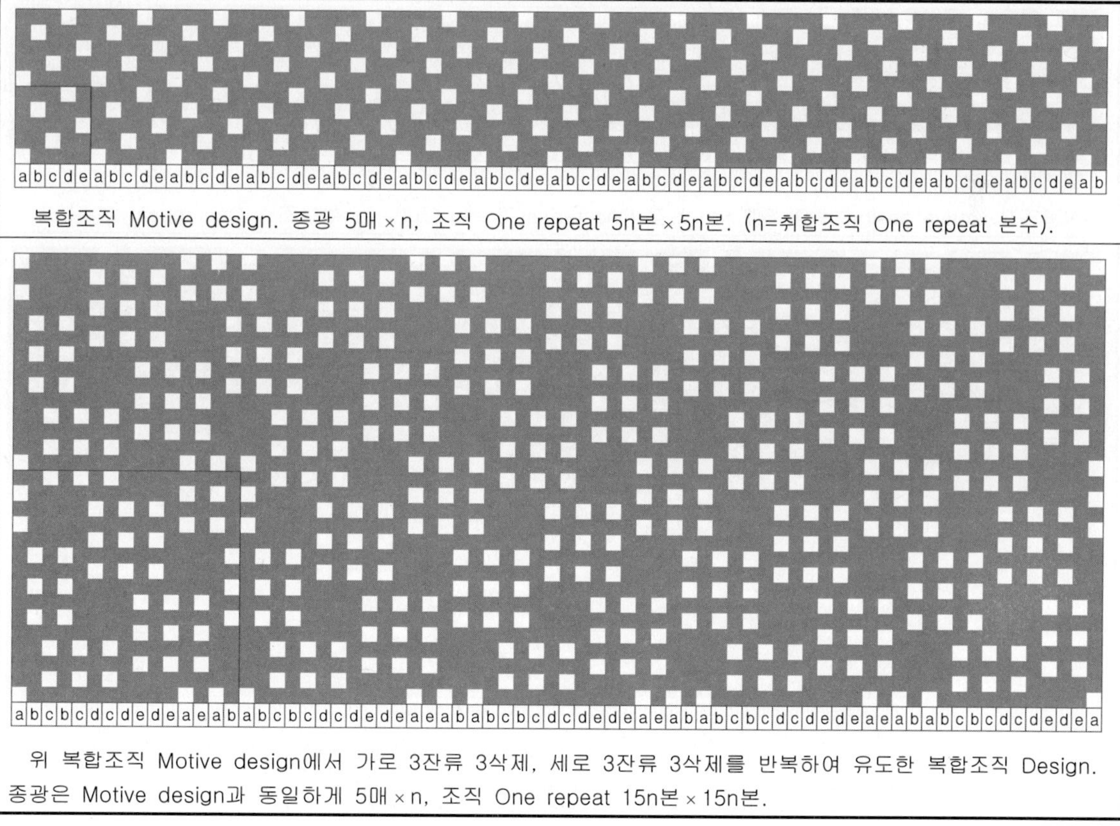

복합조직 Motive design. 종광 5매×n, 조직 One repeat 5n본×5n본. (n=취합조직 One repeat 본수).

위 복합조직 Motive design에서 가로 3잔류 1삭제, 세로 3잔류 1삭제를 반복하여 유도한 복합조직 Design. 종광은 Motive design과 동일하게 5매×n, 조직 One repeat 15n본×15n본.

복합조직 Motive design. 종광 5매×n, 조직 One repeat 5n본×5n본. (n=취합조직 One repeat 본수).

위 복합조직 Motive design에서 가로 3잔류 3삭제, 세로 3잔류 3삭제를 반복하여 유도한 복합조직 Design. 종광은 Motive design과 동일하게 5매×n, 조직 One repeat 15n본×15n본.

복합조직 Motive design. 종광 5매×n, 조직 One repeat 5n본×5n본. (n=취합조직 One repeat 본수).

위 복합조직 Motive design에서 가로 4잔류 2삭제, 세로 4잔류 2삭제를 반복하여 유도한 복합조직 Design.
종광은 Motive design과 동일하게 5매×n, 조직 One repeat 20n본×20n본.

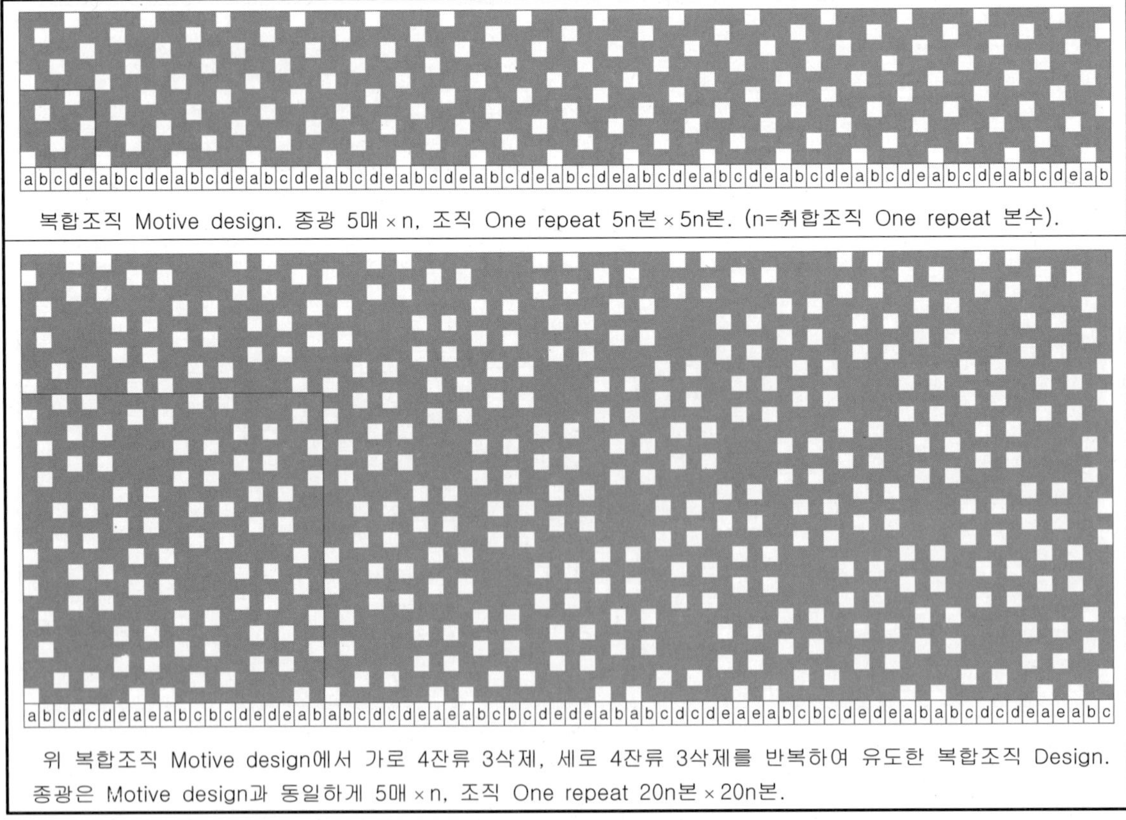

복합조직 Motive design. 종광 5매×n, 조직 One repeat 5n본×5n본. (n=취합조직 One repeat 본수).

위 복합조직 Motive design에서 가로 4잔류 3삭제, 세로 4잔류 3삭제를 반복하여 유도한 복합조직 Design.
종광은 Motive design과 동일하게 5매×n, 조직 One repeat 20n본×20n본.

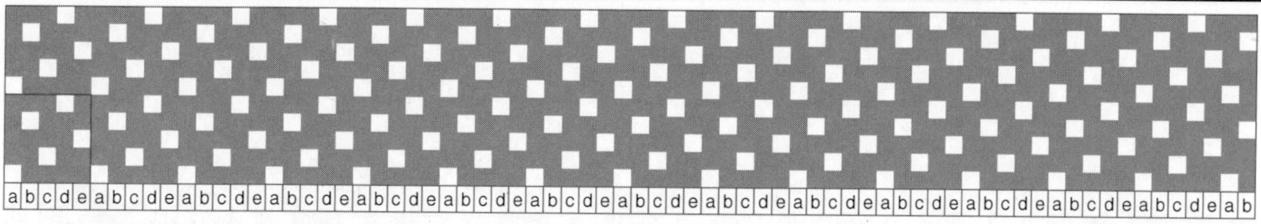

abcdeabcdeabcdeabcdeabcdeabcdeabcdeabcdeabcdeabcdeabcdeabcdeabcdeabcdeab

복합조직 Motive design. 종광 5매 × n, 조직 One repeat 5n본 × 5n본. (n=취합조직 One repeat 본수).

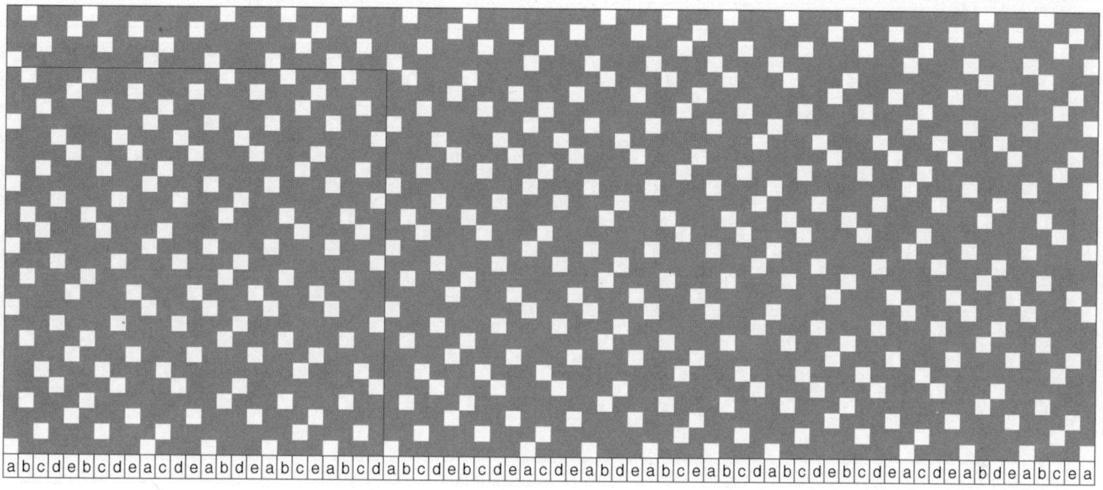

abcdebcdeacdeabdeabceabcdabcdebcdeacdeabdeabceabcdabcdebcdeacdeabdeabcea

위 복합조직 Motive design에서 가로 4잔류 3삭제, 세로 4잔류 3삭제를 반복하여 유도한 복합조직 Design. 종광은 Motive design과 동일하게 5매 × n, 조직 One repeat 20n본 × 20n본.

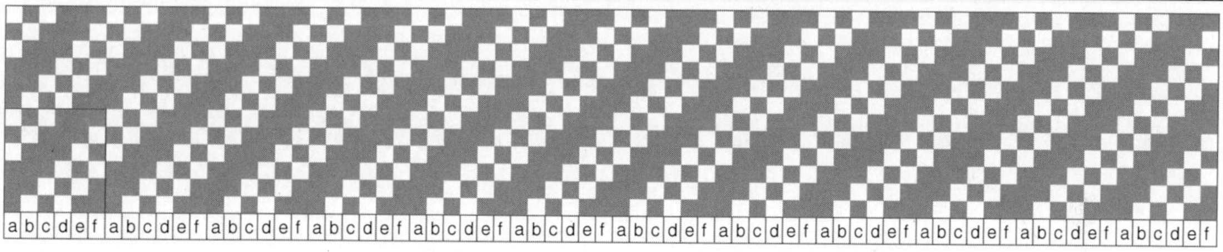

abcdefabcdefabcdefabcdefabcdefabcdefabcdefabcdefabcdefabcdefabcdefabcdef

복합조직 Motive design. 종광 6매 × n, 조직 One repeat 6n본 × 6n본. (n=취합조직 One repeat 본수).

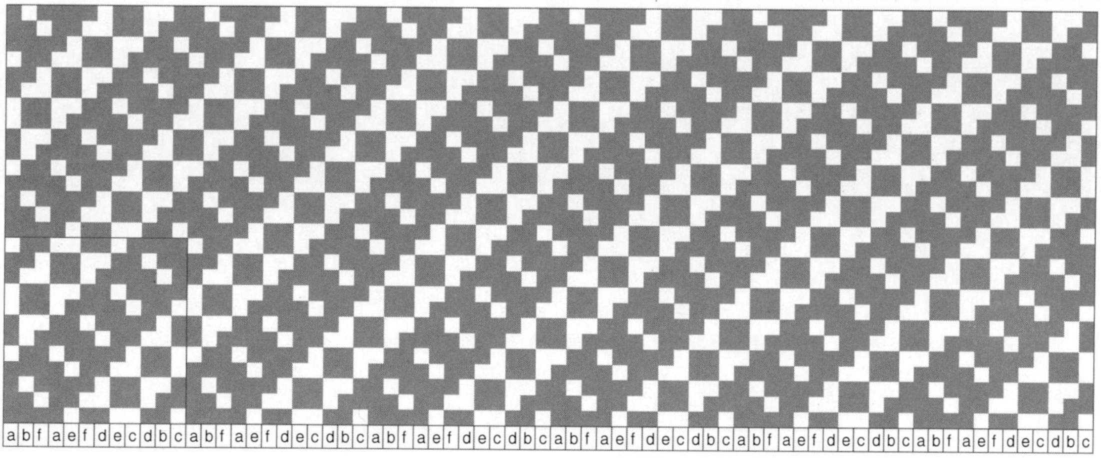

abfaefdecdbcabfaefdecdbcabfaefdecdbcabfaefdecdbcabfaefdecdbc

위 복합조직 Motive design에서 가로 2잔류 3삭제, 세로 2잔류 3삭제를 반복하여 유도한 복합조직 Design. 종광은 Motive design과 동일하게 6매 × n, 조직 One repeat 12n본 × 12n본.

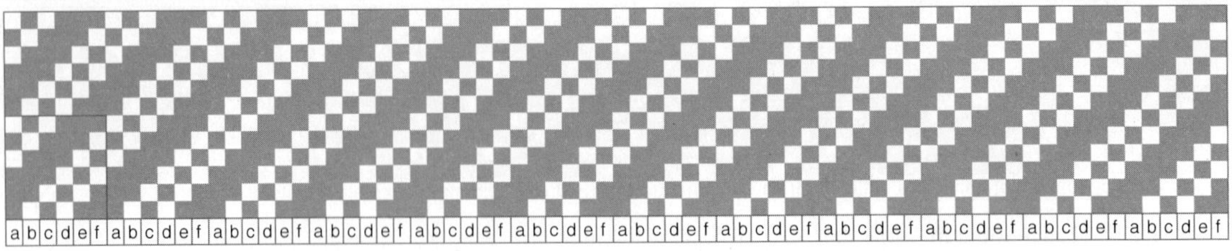

복합조직 Motive design. 종광 6매 × n, 조직 One repeat 6n본 × 6n본. (n=취합조직 One repeat 본수).

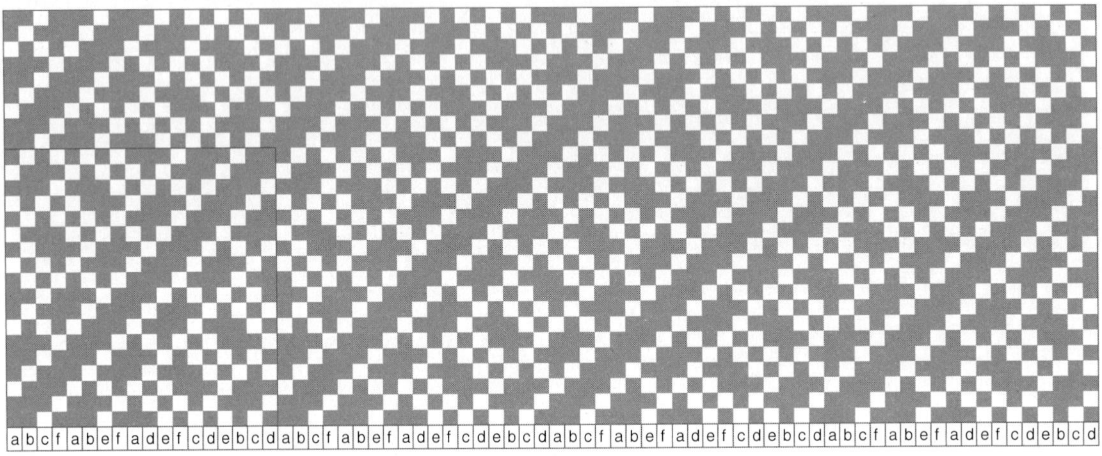

위 복합조직 Motive design에서 가로 3잔류 2삭제, 세로 3잔류 2삭제를 반복하여 유도한 복합조직 Design. 종광은 Motive design과 동일하게 6매 × n, 조직 One repeat 18n본 × 18n본.

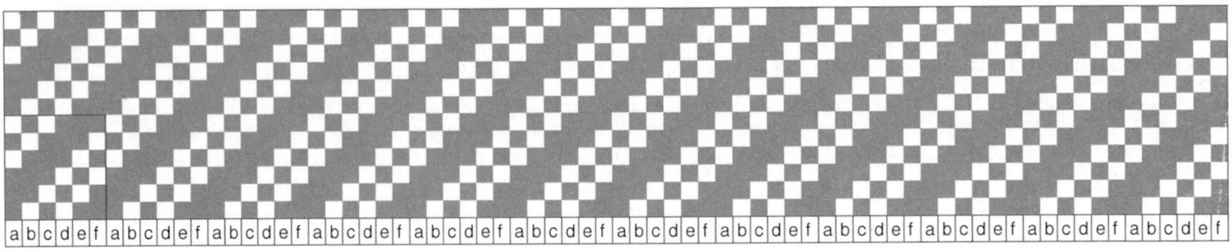

복합조직 Motive design. 종광 6매 × n, 조직 One repeat 6n본 × 6n본. (n=취합조직 One repeat 본수).

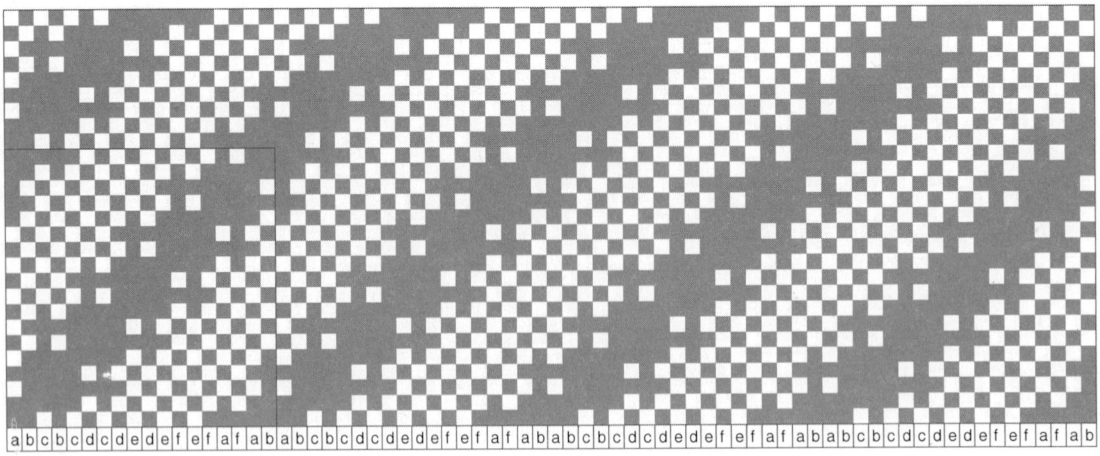

위 복합조직 Motive design에서 가로 3잔류 4삭제, 세로 3잔류 4삭제를 반복하여 유도한 복합조직 Design. 종광은 Motive design과 동일하게 6매 × n, 조직 One repeat 18n본 × 18n본.

04. 복합조직 합성법

선정한 기본 Motive 조직에서 유도 생성된 복합조직을 Herring bone형 또는 마름모형으로 합성하면 조직의 다양성이 더 넓어진다.

Herring bone형 합성은 Motive design 세로의 조직선을 역순으로 배열하여 좌측 또는 우측에 연결하면 된다. 기준이 되는 Design선은 중복이 발생되므로, 시작과 마지막의 Design선은 배열에서 제외한다.

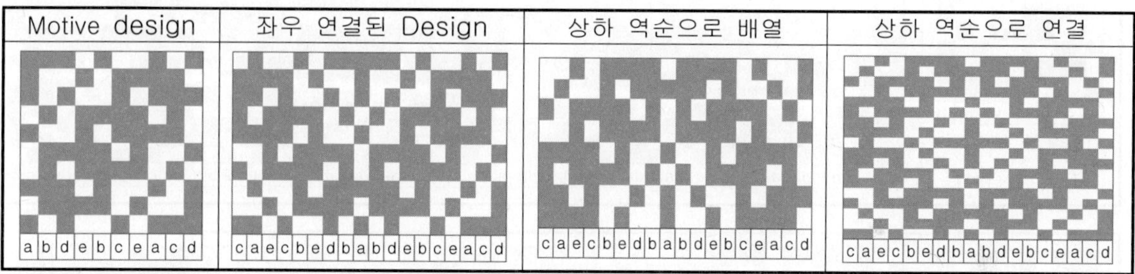

마름모형 합성은 Herring bone형과 같은 방법으로, 세로 방향의 조직선을 역순으로 배열한 후 좌측 또는 우측으로 연결하고, 가로 방향 역시 역순으로 배열한 조직을 상단이나 하단에 연결한다. 이때 가로나 세로의 작업 순서가 달라도 생성되는 조직은 동일하다.
이때도 가로세로 모두 처음 시작과 마지막 Design선 즉 기준이 되는 Design선은 중복이 발생하므로 이를 삭제하고 연결한다.

마름모형으로 합성된 복합조직

마름모형으로 합성할 때, 대칭의 기준이 되는 Design선을 Motive design 대각선 중심에 배치해야 연결이 안정되고 교차하는 무늬의 형태나 크기가 동일하다.
Design 크기의 변화는 Motive design 본수의 1/4 이동 시 가장 커지고, Design 형태의 변화는 Motive design 본수의 1/2 이동 시 가장 변화가 많아지게 된다.
대칭의 기준이 되는 Design선은 Design one repeat 당 일반적으로 1개가 존재하나, 대칭에 준하는 Design선, 또는 대칭 기준선이 없는 Design도 있을 수가 있다.

다음 아래의 3개 그림은, 대칭선을 대각선 중심에 위치한 Design과 대각선 중심에서 Motive design 본수의 1/4본 이동, 1/2본 이동한 Design의 비교 그림이다.

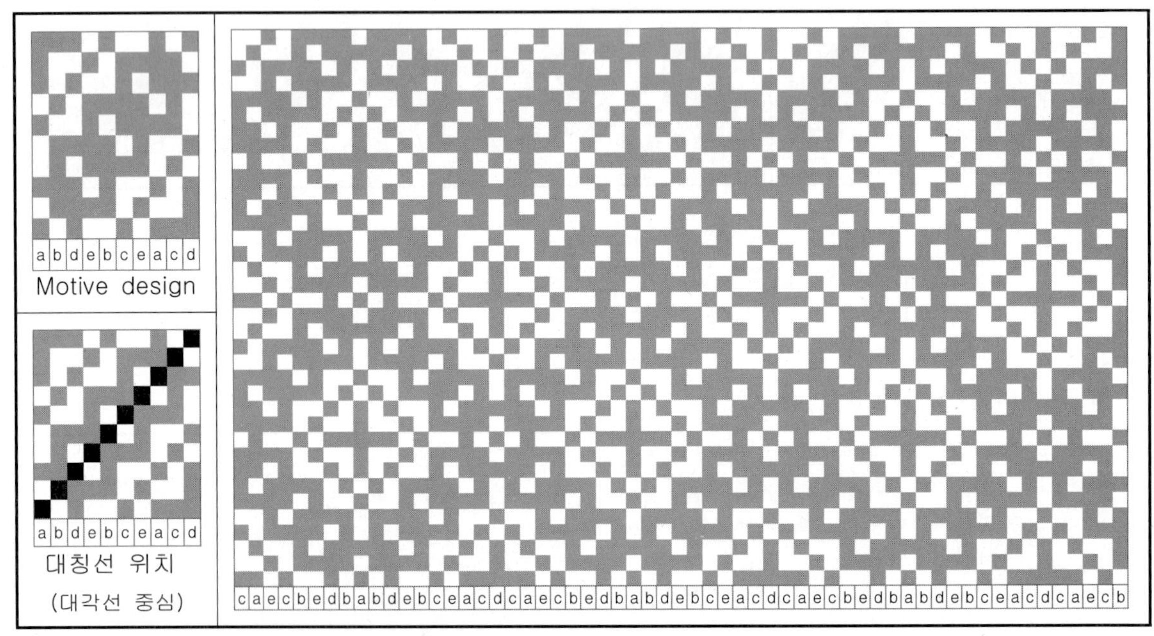

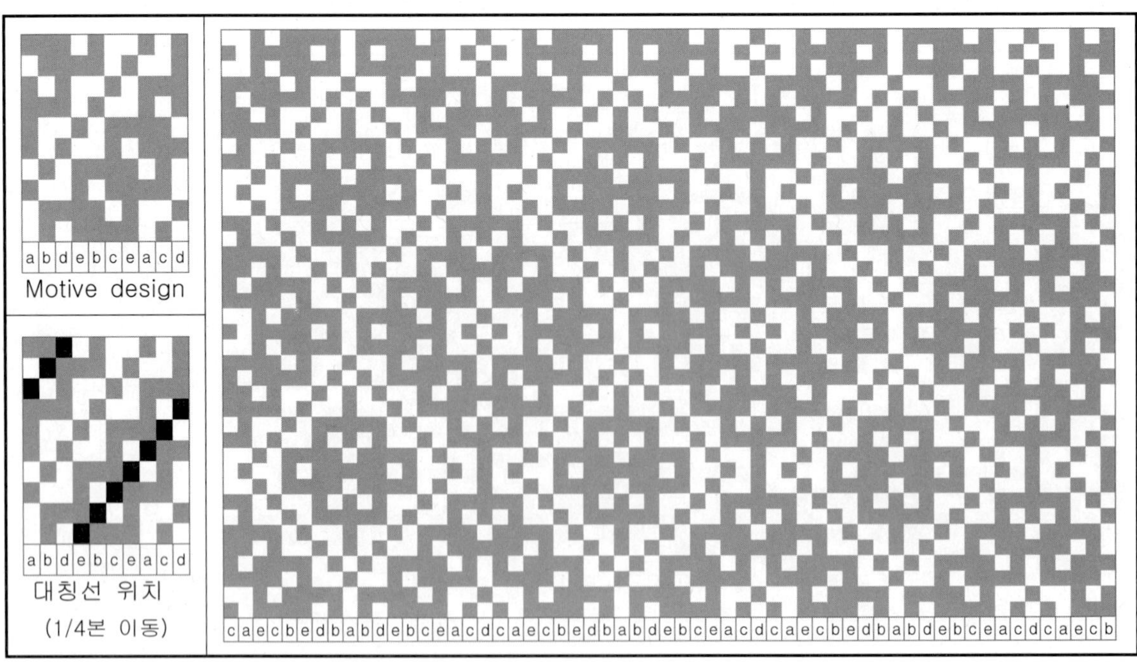

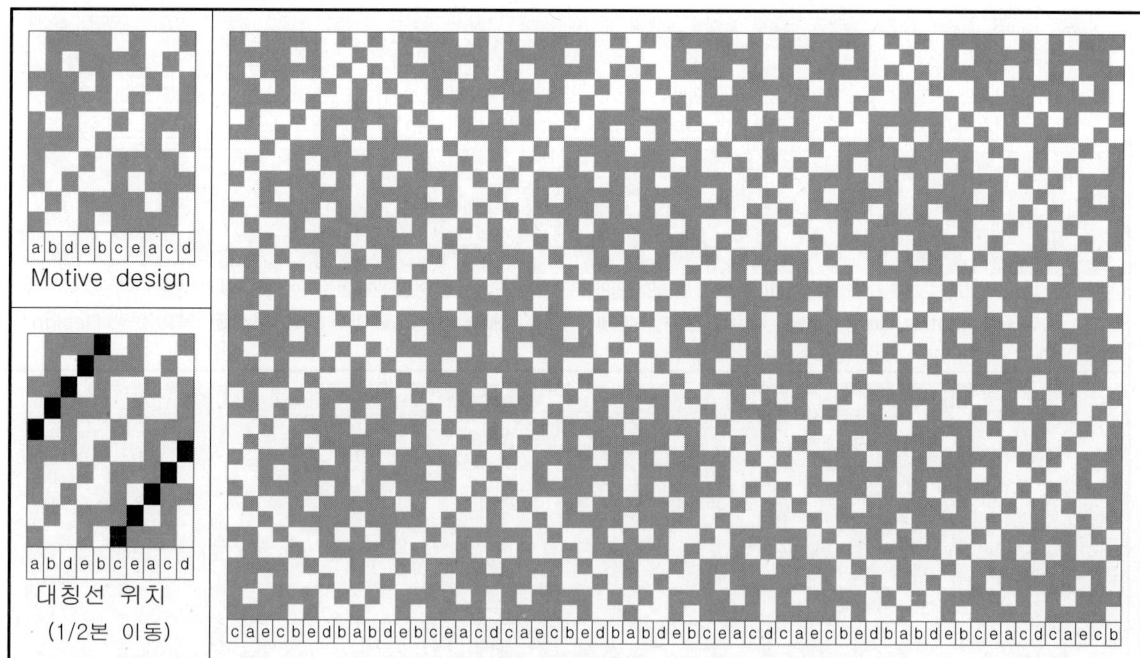

위의 그림은 대칭선의 위치 변화에 따른 합성조직의 Design 효과도이다.

직물을 생산하는 제직기의 대부분은 Dobby 개구 방식이다. 이제까지 Dobby 개구 방식의 한정된 종광 매수로 큰 조직의 제직이 불가능했으며, 이는 생산의 한계이고 현실적으로 넘을 수 없는 벽이었다. 이제 복합조직 유도기법을 적용하면 종광 매수 한계를 상당 부분 극복할 수 있게 된다.

제4장 복합조직 유도법은 주어진 종광 매수 내에서 크고 많은 조직(Design)을 쉽게 작도하여 생산에 적용할 수 있도록 하였으며, 조직(Design)의 수나 조직(Design)의 크기는 논리적으로 무한대의 영역까지 확장할 수 있다.

여기서는 좁은 지면의 사정으로 큰 디자인의 수록이 불가능하여, 독자 여러분이 직접 작도하여 활용하기를 바라며, 이번 장에서는 본 지면에서 작도가 가능한 적은 매수의 작은 조직(Design)을 예로 들어 설명하기로 한다.

다음은 복합조직 합성 방법과 결과에 대한 설명이다.

다음 설명에서 표기된 n은 상수로, 취합조직 조직 원 리피트 본수이다. 단·취합조직 조직 원 리피트 내에 공통된 조직선이 존재하면 이를 제거한다.

abcdabcdabcdabcdabcdabcdabcdabcdabcdabcdabcdabcdabcdabcdabcdabcdabcd

복합조직 Motive design. 종광 4매 × n, Design one repeat 4n본 × 4n본. (n=취합조직 원 리피트 본수)

abdacdbcabdacdbcabdacdbcabdacdbcabdacdbcabdacdbcabdacdbcabdacdbcabdacdbc

위 복합조직 Motive design에서 가로 2잔류 1삭제, 세로 2잔류 1삭제를 반복하여 생성된 복합조직 Design. 종광 4매 × n, Design one repeat 8n본 × 8n본.

bdcadbabdacdbcbdcadbabdacdbcbdcadbabdacdbcbdcadbabdacdbcbdcadbabdacdbcbdcbd

위 복합조직 Motive design에서 Herring bone형으로 합성한 Design, 종광 매수는 Motive 조직과 동일하게 4매 × n이고, Design one repeat 14n본 × 8n본.

bdcadbabdacdbcbdcadbabdacdbcbdcadbabdacdbcbdcadbabdacdbcbdcadbabdacdbcbdcad

위 복합조직 Motive design에서 가로 2잔류 1삭제, 세로 2잔류 1삭제를 반복하여 생성된 Design을 마름모형으로 합성한 복합조직 Design, 종광 매수는 Motive 조직과 동일하게 4매 x n이고, Design one repeat 14n본 × 14n본.

복합조직 Motive design. 종광 4매 × n, Design one repeat 4n본 × 4n본. (n=취합조직 원 리피트 본수)

위 복합조직 Motive design에서 위사 4잔류 1삭제, 경사 4잔류 1삭제를 반복하여 생성된 복합조직 Design. 종광 매수는 Motive 조직과 동일하게 4매 × n, Design one repeat 16n본 × 16n본.

위 복합조직 Motive design에서 Herring bone형으로 합성한 Design. 종광은 Motive 조직과 동일하게 4매 × n이고, Design one repeat는 30n본 × 16n본인 복합조직이다.

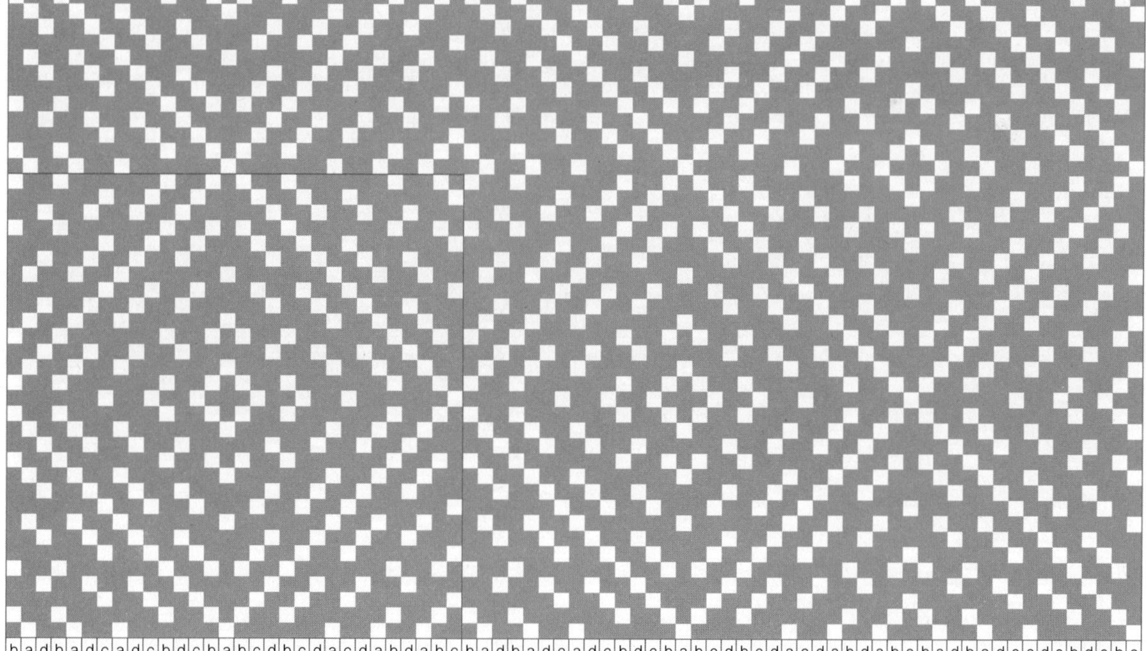

위 복합조직 Motive design에서 가로 4잔류 1삭제, 세로 4잔류 1삭제를 반복하여 생성된 복합조직을 마름모형으로 합성한 복합조직 Design. 종광은 Motive 조직과 동일하게 4매 x n이고, Design one repeat는 30n본 × 30n본인 복합조직이다. (n=취합조직 원 리피트 본수).

복합조직 Motive design. 종광 4매 × n, Design one repeat 4n본 × 4n본. (n=취합조직 원 리피트 본수)

위 복합조직 Motive design에서 위사 3잔류 2삭제, 경사 3잔류 2삭제를 반복하여 생성된 복합조직 Design. 종광 매수는 Motive 조직과 동일하게 4매 × n, Design one repeat 12n본 × 12n본.

위 복합조직 Motive design에서 Herring bone형으로 합성한 Design. 종광은 Motive 조직과 동일하게 4매 × n이고, Design one repeat 22n본 × 12n본.

위 복합조직 Motive design에서 가로 3잔류 2삭제, 세로 3잔류 2삭제를 반복하여 생성된 복합조직을 마름모형으로 합성한 복합조직 Design. 종광은 Motive 조직과 동일하게 4매 x n이고, Design one repeat 22n본 × 22n본. (n=취합조직 원 리피트 본수).

abcdabcdabcdabcdabcdabcdabcdabcdabcdabcdabcdabcdabcdabcdabcdabcdabcdabcdabcd

복합조직 Motive design. 종광 4매×n, Design one repeat 4n본×4n본.

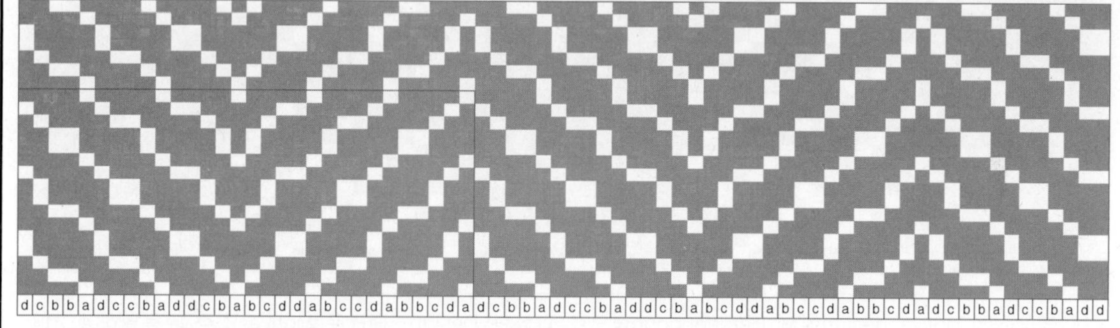

abcddabccdabbcdaabcddabccdabbcdaabcddabccdabbcdaabcddabccdabbcdaabcddabccdabbcdaabcddabc

위 복합조직 Motive design에서 위사 4잔류 3삭제, 경사 4잔류 3삭제를 반복하여 생성된 복합조직 Design. 종광 매수는 Motive 조직과 동일하게 4매×n, Design one repeat 16n본×16n본.

dcbbaddccbadddcbabcddabccdabbcdadcbbadccbadddcbabcddabccdabbcdadcbbadccbadddcbabcddabccdabbcdadcbbadccbadd

위 복합조직 Motive design에서 Herring bone형으로 합성한 Design. 종광은 Motive 조직과 동일하게 4매×n이고, Design one repeat는 30n본×16n본. (n=취합조직 원 리피트 본수).

dcbbaddccbadddcbabcddabccdabbcdadcbbadccbadddcbabcddabccdabbcdadcbbadccbadddcbabcddabccdabbcdadcbbadccbadddcbba

위 복합조직 Motive design에서 가로 3잔류 2삭제, 세로 3잔류 2삭제를 반복하여 생성된 복합조직을 마름모형으로 합성한 복합조직 Design. 종광은 Motive와 동일하게 4매×n이고, Design one repeat 30n본×30n본.

abcdabcdabcdabcdabcdabcdabcdabcdabcdabcdabcdabcdabcdabcdabcd

복합조직 Motive design. 종광 4매×n, Design one repeat 4n본×4n본.

abdadacdcdbcbcababdadacdcdbcbcababdadacdcdbcbcababdadacdcdbcbcababdadacd

위 복합조직 Motive design에서 위사 2잔류 1삭제, 2잔류 2삭제. 경사 2잔류 1삭제, 2잔류 2삭제를 반복하여 유도한 복합조직 Design. 종광 매수는 Motive 조직과 동일하게 4매×n, Design one repeat 16n본×16n본.

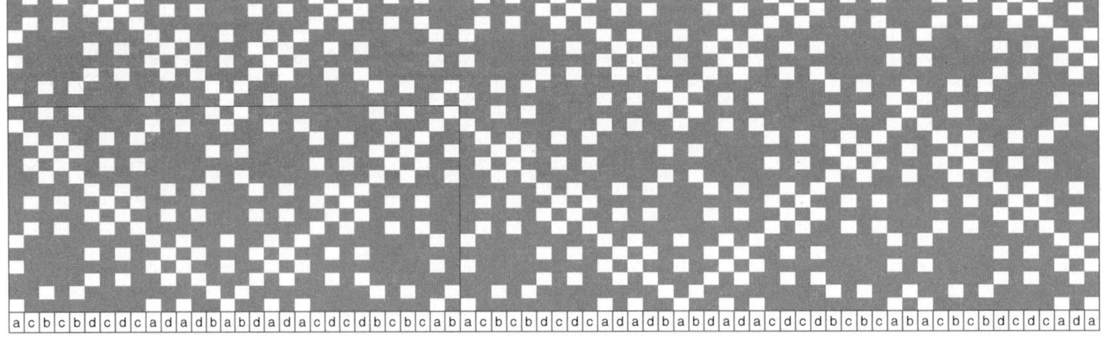

acbcbdcdcadadbabdadacdcdbcbcabacbcbdcdcadadbabdadacdcdbcbcabacbcbdcdcada

위 복합조직 Motive design에서 Herring bone형으로 합성한 Design. 종광은 Motive 조직과 동일하게 4매×n이고, Design one repeat는 30n본×16n본.

acbcbdcdcadadbabdadacdcdbcbcabacbcbdcdcadadbabdadacdcdbcbcabacbcbdcdcadadba

위 복합조직 Motive design에서 가로 2잔류 1삭제, 2잔류 2삭제. 세로 2잔류 1삭제, 2잔류 2삭제를 반복하여 생성된 복합조직을 마름모형으로 합성한 복합조직 Design. 종광은 Motive 조직과 동일하게 4매×n이고, Design one repeat는 30n본×30n본. (n=취합조직 원 리피트 본수).

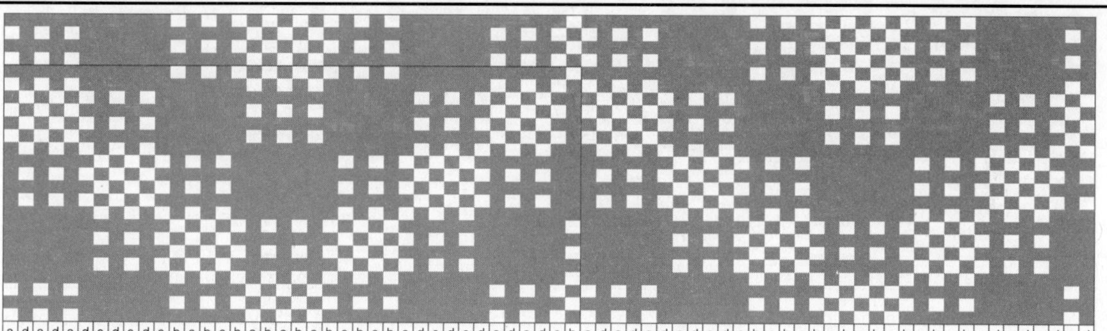

복합조직 Motive design. 종광 4매 × n, Design one repeat 4n본 × 4n본.

위 복합조직 Motive design에서 위사 2잔류 2삭제, 3잔류 2삭제. 경사 2잔류 2삭제, 3잔류 2삭제를 반복하여 유도한 복합조직 Design. 종광 매수는 Motive 조직과 동일하게 4매 × n, Design one repeat 20n본 × 20n본.

위 복합조직 Motive design에서 Herring bone형으로 합성한 Design. 종광은 Motive 조직과 동일하게 4매 × n이고, Design one repeat 38n본 × 20n본.

가로 2잔류 2삭제, 3잔류 2삭제. 세로 2잔류 2삭제, 3잔류 2삭제를 반복하여 생성된 복합조직을 마름모형으로 합성한 복합조직 Design. 종광은 Motive 조직과 동일하게 4매 × n이고, Design one repeat는 38n본 × 38n본.

복합조직 Motive design. 종광 5매×n, Design one repeat 5n본×5n본. (n=취합조직 원 리피트 본수).

위 복합조직 Motive design에서 위사 2잔류 1삭제, 경사 2잔류 1삭제를 반복하여 유도한 복합조직 Design. 종광 매수는 Motive 조직과 동일하게 5매×n, Design one repeat 10n본×10n본.

위 복합조직 Motive design에서 Herring bone형으로 합성한 Design. 종광은 Motive 조직과 동일하게 5매× n이고 Design one repeat 18n본×10n본.

위 복합조직 Motive design에서 가로 2잔류 1삭제, 세로 2잔류 1삭제를 반복하여 생성된 복합조직을 마름모형으로 합성한 복합조직 Design. 종광은 Motive와 동일하게 5매×n이고, Design one repeat는 18n본×18n본.

복합조직 Motive design. 종광 5매 × n, Design one repeat 5n본 × 5n본. (n=취합조직 원 리피트 본수).

위 복합조직 Motive design에서 위사 3잔류 1삭제, 경사 3잔류 1삭제를 반복하여 유도한 복합조직 Design. 종광 매수는 Motive 조직과 동일하게 5매 × n, Design one repeat 15n본 × 15n본.

위 복합조직 Motive design에서 Herring bone형으로 합성한 Design. 종광은 Motive 조직과 동일하게 5매 × n이고, Design one repeat는 28n본 × 15n본.

위 복합조직 Motive design에서 가로 3잔류 1삭제, 세로 3잔류 1삭제를 반복하여 생성된 복합조직을 마름모형으로 합성한 복합조직 Design. 종광은 Motive 와 동일하게 5매 x n이고, Design one repeat는 28n본 × 28n본.

a b c d e a b c d e a b c d e a b c d e a b c d e a b c d e a b c d e a b c d e a b c d e a b c d e a b c d e a b c d e a b c d e a b c d e a b

복합조직 Motive design. 종광 5매 × n, Design one repeat 5n본 × 5n본. (n=취합조직 원 리피트 본수).

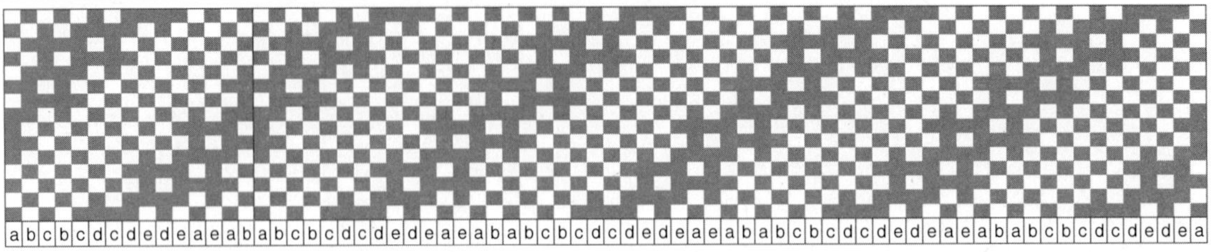

a b c b c d c d e d e a e a b a b c b c d c d e d e a e a b a b c b c d c d e d e a e a b a b c b c d c d e d e a

위 복합조직 Motive design에서 위사 3잔류 3삭제, 경사 3잔류 3삭제를 반복하여 유도한 복합조직 Design. 종광 매수는 Motive 조직과 동일하게 5매 × n, 조직 Design one repeat 15n본 × 15n본.

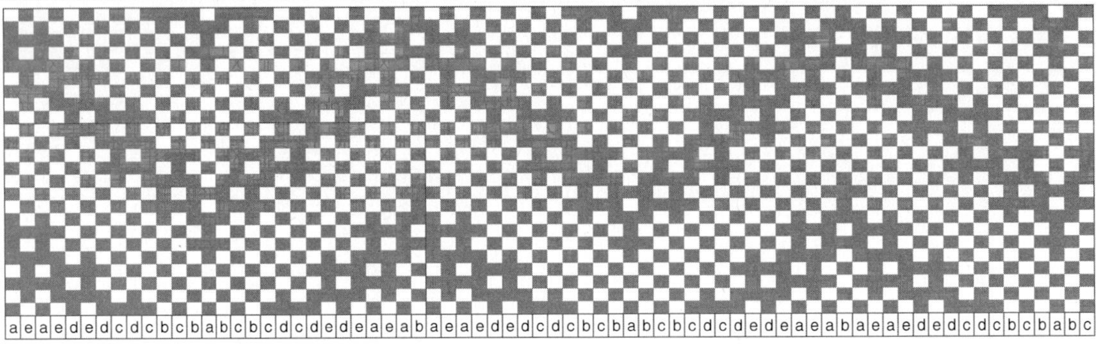

a e a e d e d c d c b c b a b c b c d c d e d e a e a b a e a e d e d c d c b c b a b c b c d c d e d e a e a b a e a e d e d c d c b c b a b c

위 복합조직 Motive design에서 Herring bone형으로 합성한 Design. 종광은 Motive 조직과 동일하게 5매 × n이고, Design one repeat는 28n본 × 15n본.

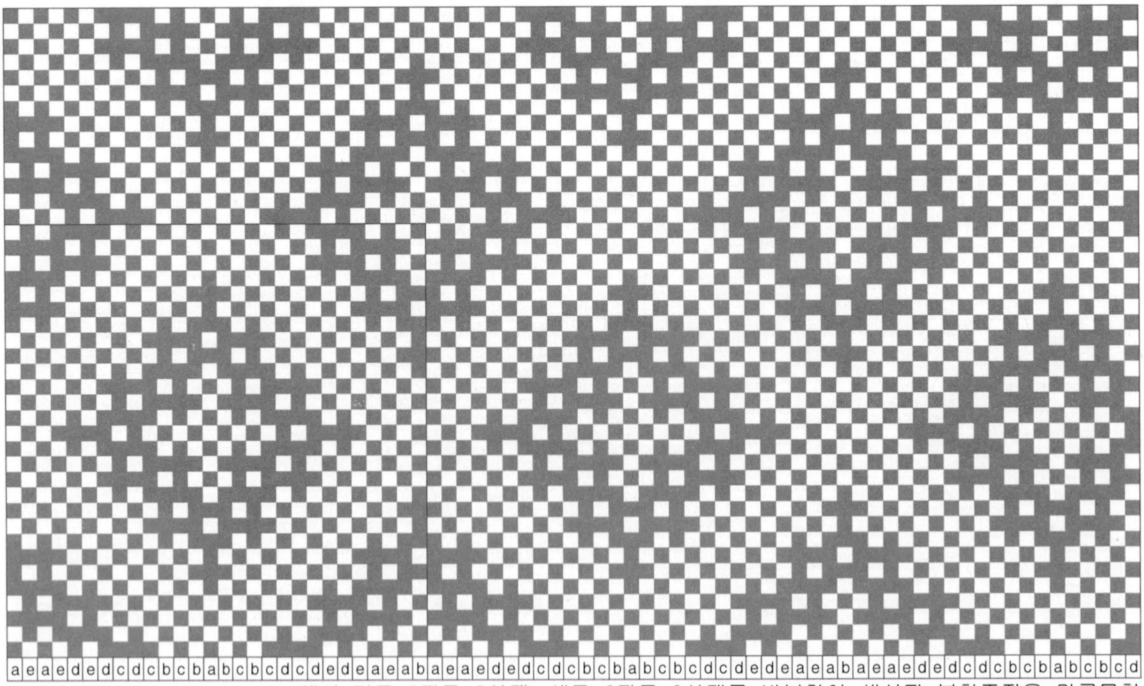

a e a e d e d c d c b c b a b c b c d c d e d e a e a b a e a e d e d c d c b c b a b c b c d c d e d e a e a b a e a e d e d c d c b c b a b c b c d

위 복합조직 Motive design에서 가로 3잔류 3삭제, 세로 3잔류 3삭제를 반복하여 생성된 복합조직을 마름모형으로 합성한 복합조직 Design. 종광은 Motive 조직과 동일하게 5매 × n이, Design one repeat는 28n본 × 28n본.

abcdeabcdeabcdeabcdeabcdeabcdeabcdeabcdeabcdeabcdeabcdeabcdeabcdeabcdeabcdeabcdeabcdeab

복합조직 Motive design. 종광 5매 × n, Design one repeat 5n본 × 5n본. (n=취합조직 원 리피트 본수).

abcdebcdeacdeabdeabceabcdabcdebcdeacdeabdeabceabcdabcdebcdeacdeabdeabceabcdabcdebcdeacdeabdeabcea

위 복합조직 Motive design에서 위사 5잔류 1삭제, 경사 5잔류 1삭제를 반복하여 유도한 복합조직 Design.
종광 매수는 Motive 조직과 동일하게 5매 × n, Design one repeat 25n본 × 25n본.

cbaecbaedbaedcaedcbedcbabcdebcdeacdeabdeabceabcdcbaecbaedbaedcaedcbedcba

위 복합조직 Motive design에서 Herring bone형으로 합성한 Design.
종광은 Motive 조직과 동일하게 5매 × n이고, Design one repeat는 48n본 × 25n본.

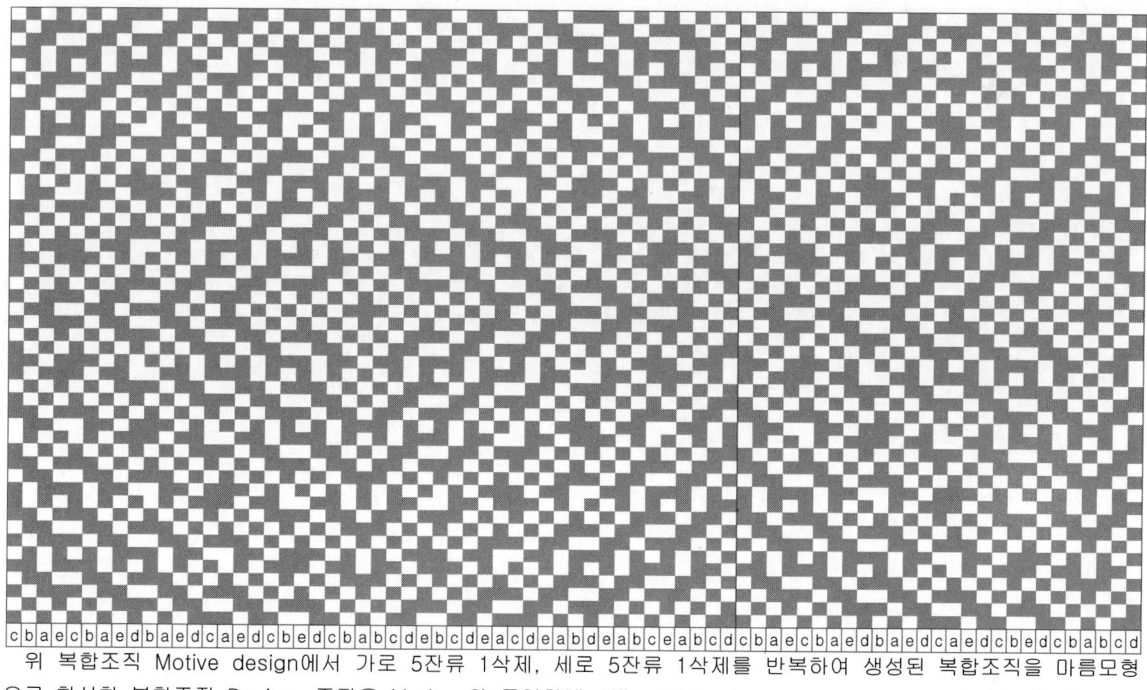

cbaecbaedbaedcaedcbedcbabcdebcdeacdeabdeabceabcdcbaecbaedbaedcaedcbedcbabcd

위 복합조직 Motive design에서 가로 5잔류 1삭제, 세로 5잔류 1삭제를 반복하여 생성된 복합조직을 마름모형
으로 합성한 복합조직 Design. 종광은 Motive 와 동일하게 5매 × n이고, Design one repeat는 48n본 × 48n본.

a b c d e a b c d e a b c d e a b c d e a b c d e a b c d e a b c d e a b c d e a b c d e a b c d e a b c d e a b c d e a b c d e a b c d e a b c d e a b c d e a b

복합조직 Motive design. 종광 5매 × n, Design one repeat 5n본 × 5n본. (n=취합조직 원 리피트 본수).

a b d e c d a b e a c d b c e a d e b c a b d e c d a b e a c d b c e a d e b c a b d e c d a b e a c d b c e a d e b c a b d e c d a b e a c d

위 복합조직 Motive design에서 위사 2잔류 1삭제, 2잔류 2삭제. 경사 2잔류 1삭제, 2잔류 2삭제를 반복하여 유도한 복합조직 Design. 종광 매수는 Motive 조직과 동일하게 5매 × n, Design one repeat 20n본 × 20n본.

b e d a e c b d c a e b a d c e d b a b d e c d a b e a c d b c e a d e b c b e d a e c b d c a e b a d c e d b a b d e c d a b e a c d b c e a

위 복합조직 Motive design에서 Herring bone형으로 합성한 Design. 종광은 Motive 조직과 동일하게 5매 × n이고, Design one repeat는 38n본 × 20n본.

b e d a e c b d c a e b a d c e d b a b d e c d a b e a c d b c e a d e b c b e d a e c b d c a e b a d c e d b a b d e c d a b e a c d b c e a d e b

가로 2잔류 1삭제, 2잔류 2삭제. 세로 2잔류 1삭제, 2잔류 2삭제를 반복하여 생성된 복합조직을 마름모형으로 합성한 복합조직 Design. 종광은 Motive 조직과 동일하게 5매 × n이고, Design one repeat는 38n본 × 38n본.

abcdeabcdeabcdeabcdeabcdeabcdeabcdeabcdeabcdeabcdeabcdeabcdeabcdeab

복합조직 Motive design. 종광 5매 × n, Design one repeat 5n본 × 5n본. (n=취합조직 원 리피트 본수).

abeadecdbcabeadecdbcabeadecdbcabeadecdbcabeadecdbcabeadecdbcabeadecdbcab

위 복합조직 Motive design에서 위사 2잔류 2삭제, 경사 2잔류 2삭제를 반복하여 유도한 복합조직 Design. 종광 매수는 Motive 조직과 동일하게 5매 × n, Design one repeat 10n본 × 10n본.

bdcedaebabeadecdbcbdcedaebabeadecdbcbdcedaebabeadecdbcbdcedaebabeadecdbc

위 복합조직 Motive design에서 Herring bone형으로 합성한 Design. 종광은 Motive 조직과 동일하게 5매 × n이고, Design one repeat는 18n본 × 10n본.

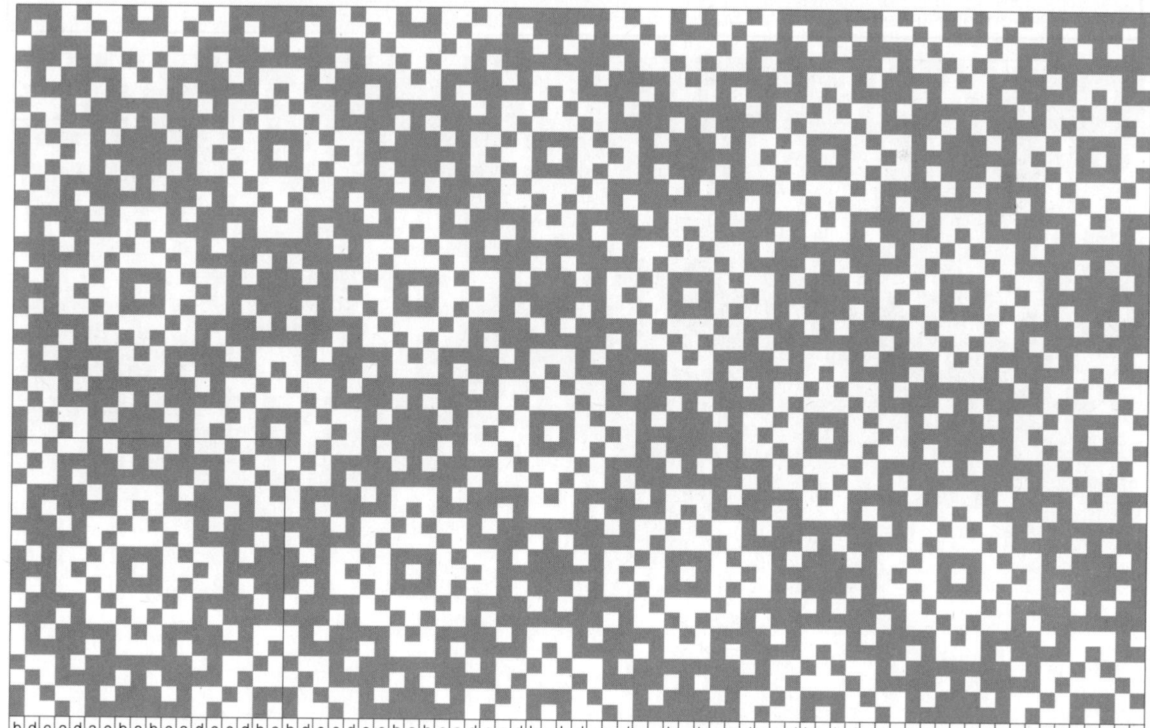

bdcedaebabeadecdbcbdcedaebabeadecdbcbdcedaebabeadecdbcbdcedaebabeadecdbcbdc

위 복합조직 Motive design에서 가로 2잔류 2삭제, 세로 2잔류 2삭제를 반복하여 생성된 복합조직을 마름모형으로 합성한 복합조직 Design. 종광은 Motive 와 동일하게 5매 × n이고, Design one repeat는 18n본 × 18n본.

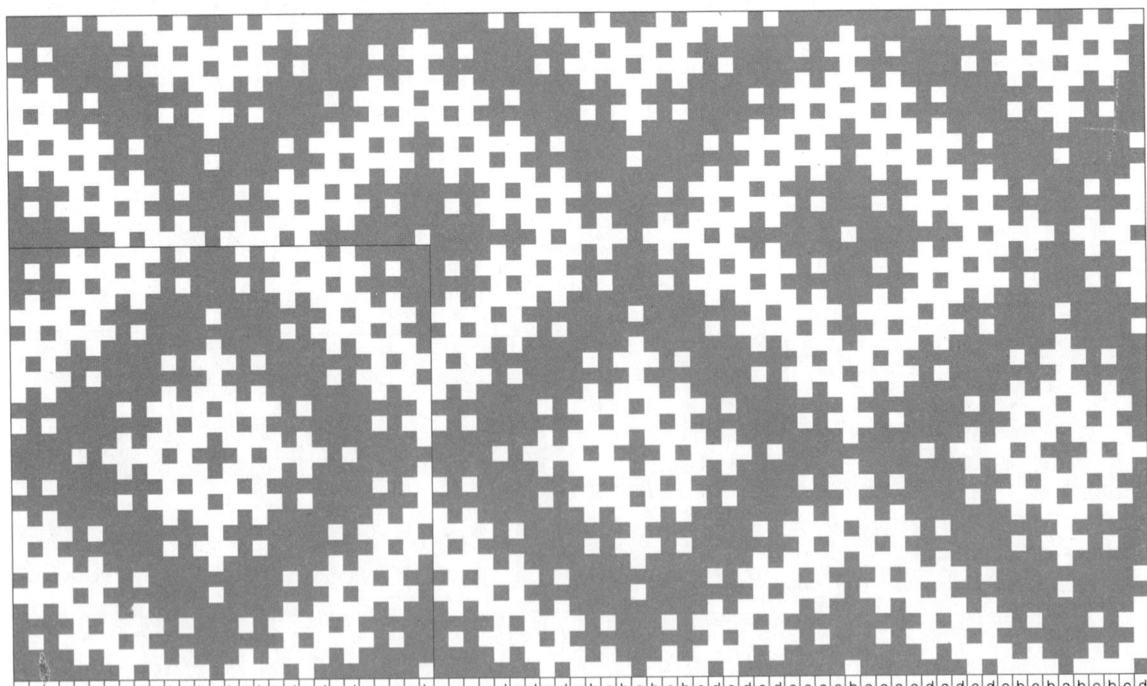

복합조직 Motive design. 종광 5매×n, Design one repeat 5n본×5n본. (n=취합조직 원 리피트 본수).

위 복합조직 Motive design에서 위사 3잔류 3삭제, 경사 3잔류 3삭제를 반복하여 유도한 복합조직 Design. 종광 매수는 Motive 조직과 동일하게 5매×n, Design one repeat 15n본×15n본.

위 복합조직 Motive design에서 Herring bone형으로 합성한 Design. 종광은 Motive 조직과 동일하게 5매×n이고, Design one repeat는 28n본×15n본.

가로 2잔류 2삭제, 세로 2잔류 2삭제를 반복하여 생성된 복합조직을 마름모형으로 합성한 복합조직 Design. 종광은 Motive 조직과 동일하게 5매×n이고, Design one repeat는 18n본×18n본. 대칭 위치를 이동한 Design.

abcdeabcdeabcdeabcdeabcdeabcdeabcdeabcdeabcdeabcdeabcdeabcdeabcdeabcdeabcdeab

복합조직 Motive design. 종광 5매 × n, Design one repeat 5n본 × 5n본. (n=취합조직 원 리피트 본수).

abcdbcdecdeadeabeabcabcdbcdecdeadeabeabcabcdbcdecdeadeabeabcabcdbcdecdea

위 복합조직 Motive design에서 위사 4잔류 2삭제, 경사 4잔류 2삭제를 반복하여 유도한 복합조직 Design. 종광 매수는 Motive 조직과 동일하게 5매 × n, Design one repeat 20n본 × 20n본.

baebaedaedcedcbdcbabcdbcdecdeadeabeabcbaebaedaedcedcbdcbabcdbcdecdeadeab

위 복합조직 Motive design에서 Herring bone형으로 합성한 Design. 종광은 Motive 조직과 동일하게 5매 × n이고, Design one repeat는 38n본 × 20n본.

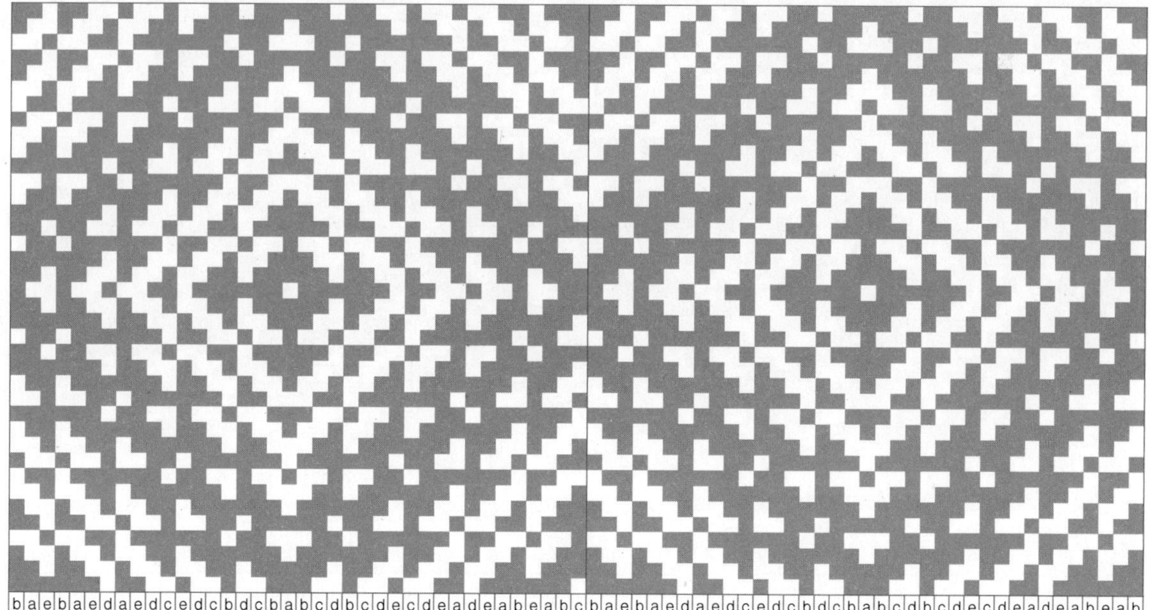

baebaedaedcedcbdcbabcdbcdecdeadeabeabcbaebaedaedcedcbdcbabcdbcdecdeadeabeab

위 복합조직 Motive design에서 가로 4잔류 2삭제, 세로 4잔류 2삭제를 반복하여 생성된 복합조직을 마름모형으로 합성한 복합조직 Design. 종광은 Motive와 동일하게 5매 × n이고, Design one repeat는 38n본 × 38n본.

a b c d e a b c d e a b c d e a b c d e a b c d e a b c d e a b c d e a b c d e a b c d e a b c d e a b c d e a b c d e a b c d e a b c d e a b

복합조직 Motive design. 종광 5매 × n, Design one repeat 5n본 × 5n본. (n=취합조직 원 리피트 본수).

a b c d e c d e a b e a b c d b c d e a d e a b c a b c d e c d e a b e a b c d b c d e a d e a b c a b c d e c d e a b e a b c d b c d e a d e

위 복합조직 Motive design에서 위사 5잔류 2삭제, 경사 5잔류 2삭제를 반복하여 유도한 복합조직 Design. 종광 매수는 Motive 조직과 동일하게 5매 × n, Design one repeat 25n본 × 25n본.

b a e d a e d c b d c b a e b a e d c e d c b a b c d e c d e a b e a b c d b c d e a d e a b c b a e d a e d c b d c b a e b a e d c e d c b a

위 복합조직 Motive design에서 Herring bone형으로 합성한 Design. 종광은 Motive 조직과 동일하게 5매 × n이고, Design one repeat는 48n본 × 25n본.

b a e d a e d c b d c b a e b a e d c e d c b a b c d e c d e a b e a b c d b c d e a d e a b c b a e d a e d c b d c b a e b a e d c e d c b a b c d

위 복합조직 Motive design에서 가로 5잔류 2삭제, 세로 5잔류 2삭제를 반복하여 생성된 복합조직을 마름모형으로 합성한 복합조직 Design. 종광은 Motive 와 동일하게 5매 × n이고, Design one repeat는 48n본 × 48n본.

abcdeabcdeabcdeabcdeabcdeabcdeabcdeabcdeabcdeabcdeabcdeabcdeabcdeabcdeabcdeab

복합조직 Motive design. 종광 5매 × n, Design one repeat 5n본 × 5n본. (n=취합조직 원 리피트 본수).

abeabeadeadecdecdbcdbcabcabeabeadeadecdecdbcdbcabcabeabeadeadecdecdbcdbc

위 복합조직 Motive design에서 위사 2잔류 2삭제, 3잔류 2삭제. 경사 2잔류 2삭제 3잔류 2삭제를 반복하여 유도한 복합조직 Design. 종광 매수는 Motive 조직과 동일하게 5매 × n, Design one repeat 25n본 × 25n본.

bacbdcbdcedcedaedaebaebabeabeadeadecdecdbcdbcabcbacbdcbdcedcedaedaebaeba

위 복합조직 Motive design에서 Herring bone형으로 합성한 Design. 종광은 Motive 조직과 동일하게 5매 × n이고, Design one repeat는 48n본 × 25n본.

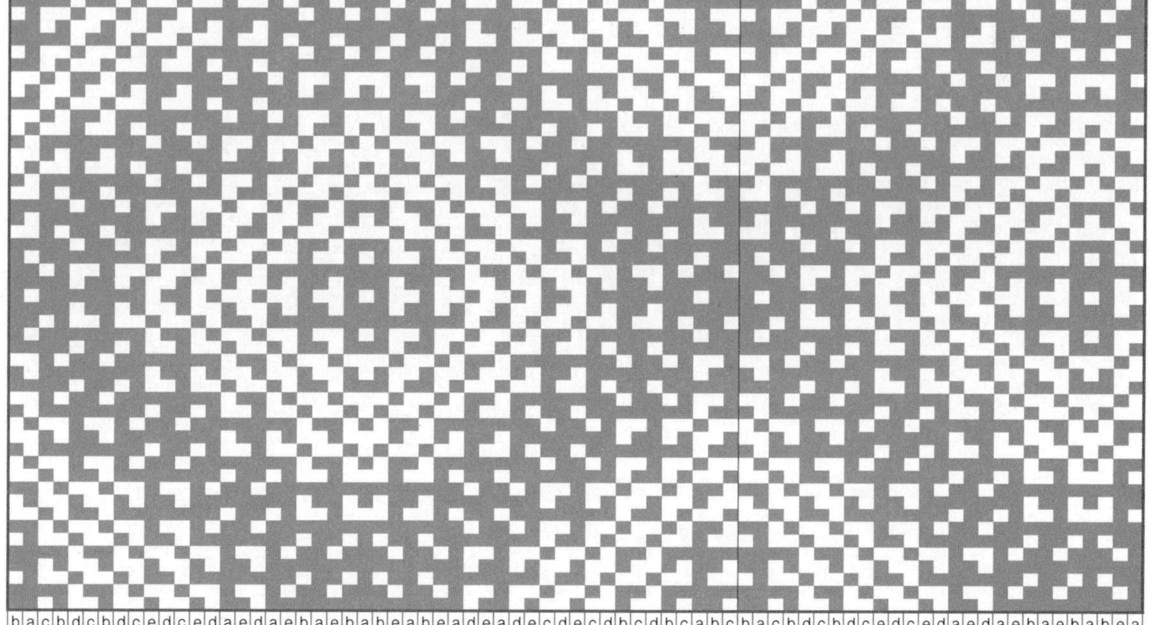

bacbdcbdcedcedaedaebaebabeabeadeadecdecdbcdbcabcbacbdcbdcedcedaedaebaebabea

가로 2잔류 2삭제, 3잔류 2삭제. 세로 2잔류 2삭제, 3잔류 2삭제를 반복하여 생성된 복합조직을 마름모형으로 합성한 복합조직 Design. 종광은 Motive 조직과 동일하게 5매 × n이고, Design one repeat는 48n본 × 48n본.

abcdef abcdef abcdef abcdef abcdef abcdef abcdef abcdef abcdef abcdef abcdef abcdef abcdef abcdef abcdef abcdef abcdef abcdef abcdef abcdef

복합조직 Motive design. 종광 6매 × n, Design one repeat 6n본 × 6n본. (n=취합조직 원 리피트 본수).

abf aef dec dbc abf aef dec dbc abf aef dec dbc abf aef dec dbc abf aef dec dbc abf aef dec dbc abf aef dec dbc

위 복합조직 Motive design에서 위사 2잔류 3삭제, 경사 2잔류 3삭제를 반복하여 유도한 복합조직 Design. 종광 매수는 Motive 조직과 동일하게 6매 × n, Design one repeat 12n본 × 12n본.

bdce df eaf babf aef dec dbc bdce df eaf babf aef dec dbc bdce df eaf babf aef dec dbc bdce df eaf babf aef dec dbc bdce df

위 복합조직 Motive design에서 Herring bone형으로 합성한 Design. 종광은 Motive 조직과 동일하게 6매 × n이고, Design one repeat는 22n본 × 12n본.

bdce df eaf babf aef dec dbc bdce df eaf babf aef dec dbc bdce df eaf babf aef dec dbc bdce df eaf babf aef dec dbc bdce df eaf

위 복합조직 Motive design에서 가로 2잔류 3삭제, 세로 2잔류 3삭제를 반복하여 생성된 복합조직을 마름모형으로 합성한 복합조직 Design. 종광은 Motive 와 동일하게 6매 × n이고, Design one repeat는 22n본 × 22n본.

abcdef abcdef abcdef abcdef abcdef abcdef abcdef abcdef abcdef abcdef abcdef abcdef abcdef abcdef abcdef

복합조직 Motive design. 종광 6매×n, Design one repeat 6n본×6n본. (n=취합조직 원 리피트 본수).

abcbcdcdedefefafababcbcdcdedefefafababcbcdcdedefefafab

위 복합조직 Motive design에서 위사 3잔류 2삭제, 경사 3잔류 2삭제를 반복하여 유도한 복합조직 Design. 종광 매수는 Motive 조직과 동일하게 6매×n, Design one repeat 18n본×18n본.

afafefededcdcbcbabcbcdcdedefefafabafafefededcdcbcbabcbcdcdedefefafabafaf

위 복합조직 Motive design에서 Herring bone형으로 합성한 Design. 종광은 Motive 조직과 동일하게 6매×n이고, Design one repeat 34n본×18n본.

afafefededcdcbcbabcbcdcdedefefafabafafefededcdcbcbabcbcdcdedefefafabafafefe

위 복합조직 Motive design에서 가로 3잔류 2삭제, 세로 3잔류 2삭제를 반복하여 생성된 복합조직을 마름모형으로 합성한 복합조직 Design. 종광은 Motive 와 동일하게 6매×n이고, Design one repeat는 34n본×34n본.

a b c d e f a b c d e f a b c d e f a b c d e f a b c d e f a b c d e f a b c d e f a b c d e f a b c d e f a b c d e f a b c d e f

복합조직 Motive design. 종광 6매×n, Design one repeat 6n본×6n본. (n=취합조직 원 리피트 본수).

a b c d b c d e c d e f d e f a e f a b f a b c a b c d b c d e c d e f d e f a e f a b f a b c a b c d b c d e c d e f d e f a e f a b f a b c

위 복합조직 Motive design에서 위사 4잔류 3삭제, 경사 4잔류 3삭제를 반복하여 유도한 복합조직 Design. 종광 매수는 Motive 조직과 동일하게 6매×n매, Design one repeat 24n본×24n본.

b a f b a f e a f e d f e d c e d c b d c b a b c d b c d e c d e f d e f a e f a b f a b c b a f b a f e a f e d f e d c e d c b d c b a b c d

위 복합조직 Motive design에서 Herring bone형으로 합성한 Design. 종광은 Motive 조직과 동일하게 6매×n이고, Design one repeat는 46n본×24n본.

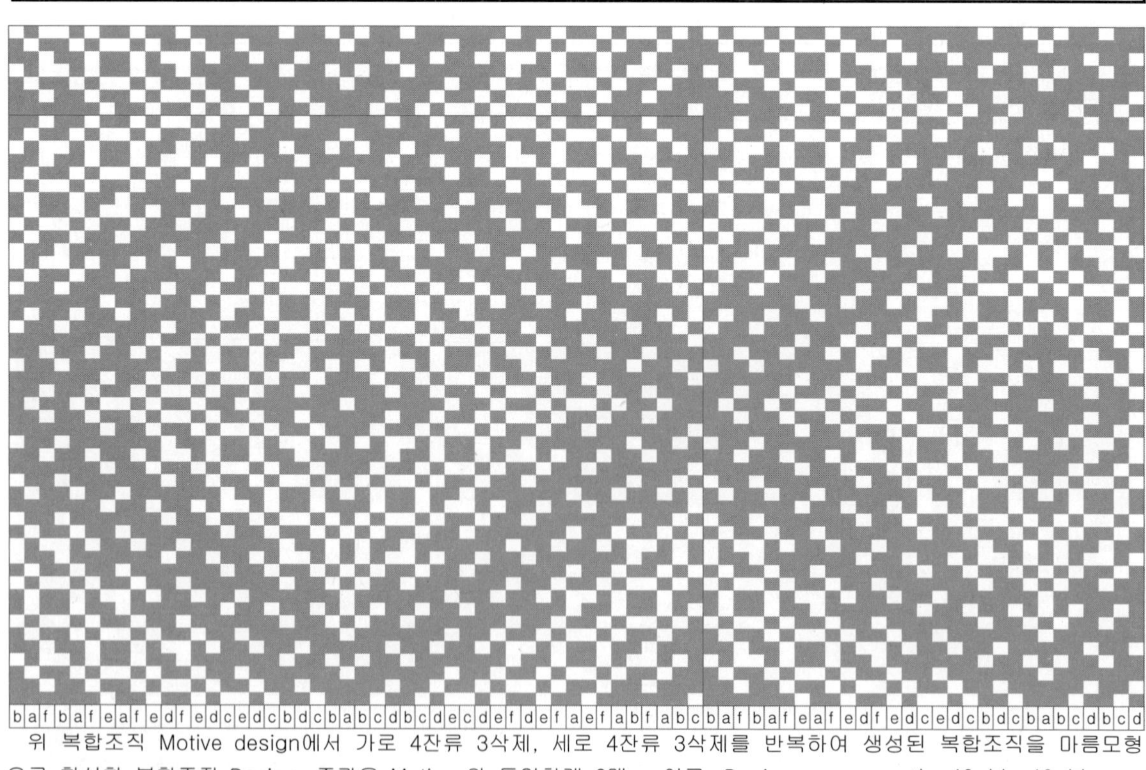

b a f b a f e a f e d f e d c e d c b d c b a b c d b c d e c d e f d e f a e f a b f a b c b a f b a f e a f e d f e d c e d c b d c b a b c d b c d

위 복합조직 Motive design에서 가로 4잔류 3삭제, 세로 4잔류 3삭제를 반복하여 생성된 복합조직을 마름모형으로 합성한 복합조직 Design. 종광은 Motive 와 동일하게 6매×n이고, Design one repeat는 46n본×46n본.

복합조직 Motive design. 종광 6매×n, Design one repeat 6n본×6n본. (n=취합조직 원 리피트 본수).

위 복합조직 Motive design에서 위사 2잔류 3삭제, 경사 2잔류 3삭제를 반복하여 유도한 복합조직 Design. 종광 매수는 Motive 조직과 동일하게 6매×n, Design one repeat 12n본×12n본.

위 복합조직 Motive design에서 Herring bone형으로 합성한 Design. 종광은 Motive 조직과 동일하게 6매×n이고, Design one repeat는 22n본×12n본.

위 복합조직 Motive design에서 가로 2잔류 3삭제, 세로 2잔류 3삭제를 반복하여 생성된 복합조직을 마름모형으로 합성한 복합조직 Design. 종광은 Motive 와 동일하게 6매×n이고, Design one repeat는 22n본×22n본.

| a | b | c | d | e | f | a | b | c | d | e | f | a | b | c | d | e | f | a | b | c | d | e | f | a | b | c | d | e | f | a | b | c | d | e | f | a | b | c | d | e | f | a | b | c | d | e | f | a | b | c | d | e | f | a | b | c | d | e | f | a | b | c | d | e | f |

복합조직 Motive design. 종광 6매×n, Design one repeat 6n본×6n본. (n=취합조직 원 리피트 본수).

| a | b | c | f | a | b | e | f | a | d | e | f | c | d | e | b | c | d | a | b | c | f | a | b | e | f | a | d | e | f | c | d | e | b | c | d | a | b | c | f | a | b | e | f | a | d | e | f | c | d | e | b | c | d |

위 복합조직 Motive design에서 위사 3잔류 2삭제, 경사 3잔류 2삭제를 반복하여 유도한 복합조직 Design. 종광 매수는 Motive 조직과 동일하게 6매×n, Design one repeat 18n본×18n본.

| c | b | e | d | c | f | e | d | a | f | e | b | a | f | c | b | a | b | c | f | a | b | e | f | a | d | e | f | c | d | e | b | c | d | c | b | e | d | c | f | e | d | a | f | e | b | a | f | c | b | a | b | c | f | a | b | e | f | a | d | e | f | c | d | e | b | c | d | c | b | e | d |

위 복합조직 Motive design에서 Herring bone형으로 합성한 Design. 종광은 Motive 조직과 동일하게 6매×n, Design one repeat는 34n본×18n본.

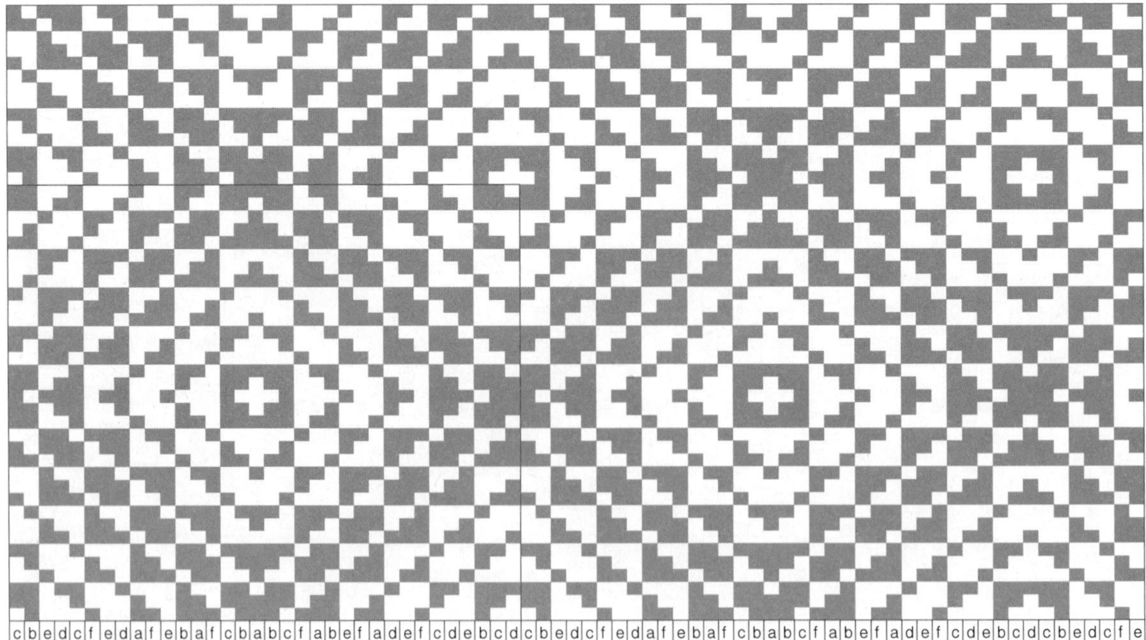

| c | b | e | d | c | f | e | d | a | f | e | b | a | f | c | b | a | b | c | f | a | b | e | f | a | d | e | f | c | d | e | b | c | d | c | b | e | d | c | f | e | d | a | f | e | b | a | f | c | b | a | b | c | f | a | b | e | f | a | d | e | f | c | d | e | b | c | d | c | b | e | d | c | f | e |

위 복합조직 Motive design에서 가로 3잔류 2삭제, 세로 3잔류 2삭제를 반복하여 생성된 복합조직을 마름모형으로 합성한 복합조직 Design. 종광은 Motive와 동일하게 6매×n, Design one repeat는 34n본×34n본.

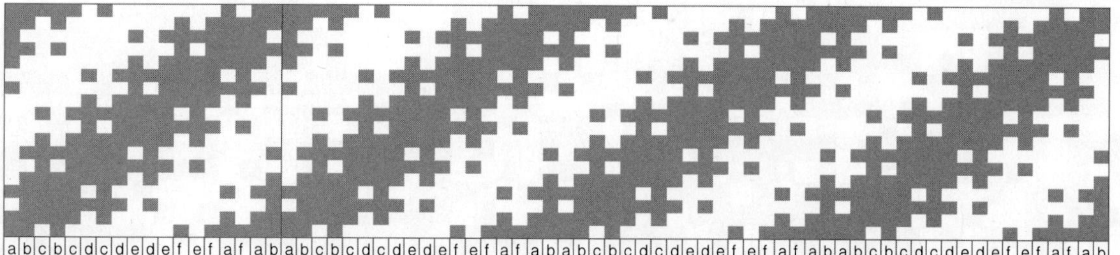

복합조직 Motive design. 종광 6매 × n, Design one repeat 6n본 × 6n본. (n=취합조직 원 리피트 본수).

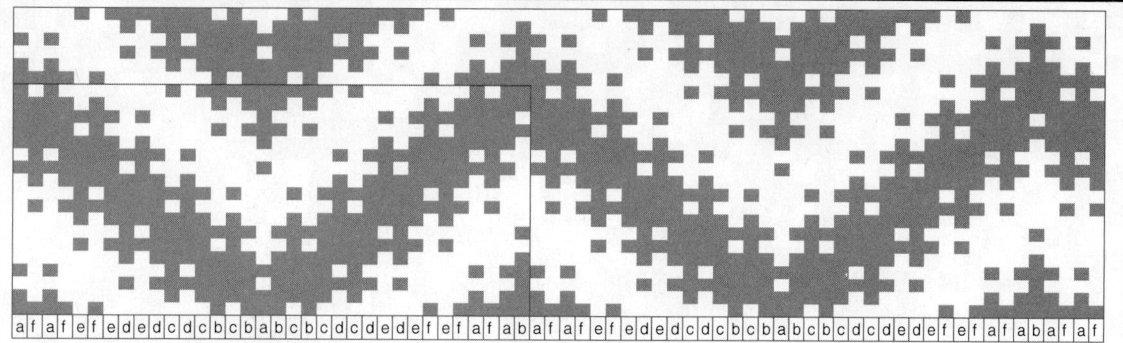

위 복합조직 Motive design에서 위사 3잔류 4삭제, 경사 3잔류 4삭제를 반복하여 유도한 복합조직 Design. 종광 매수는 Motive 조직과 동일하게 6매 × n, Design one repeat 18n본 × 18n본.

위 복합조직 Motive design에서 Herring bone형으로 합성한 Design. 종광은 Motive 조직과 동일하게 6매 × n이고, 34n본 × 18n본.

위 복합조직 Motive design에서 가로 3잔류 4삭제, 세로 3잔류 4삭제를 반복하여 생성된 복합조직을 마름모형으로 합성한 복합조직 Design. 종광은 Motive 와 동일하게 6매 × n이고, Design one repeat는 34n본 × 34n본.

다음은 복합조직 작도 후 생산 설계서 작성의 예이다.

* Motive design 결정

* 취합조직 결정

★ 식전도 발췌 및 취합조직 식점

식전도 발췌	취합조직 작도	취합조직 식점 (식전도)

식전도 발췌: a b c d e

취합조직 작도: a b c d e

취합조직 식점 (식전도): 1 3 4 2 5 6 1 7 8 2 9 10 1 11 12 / a b c d e

★ 경통 순서 발췌

b d c e d a e b a b e a d e c d b c b d c e d a e b a b e a d e c d b c b d c e d a e b a b e a d e c d b c

b d c e d a e b a b e a d e c d b c

b d c e d a e b a b e a d e c d b c

2 5 6 2 9 10 1 7 8 1 11 12 2 9 10 1 3 4 1 11 12 2 5 6 1 3 4 2 5 6 1 11 12 1 3 4 2 9 10 1 11 12 1 7 8 2 9 10 2 5 6 1 7 8

2 5 6 2 9 10 1 7 8 1 11 12 2 9 10 1 3 4 1 11 12 2 5 6 1 3 4 2 5 6 1 11 12 1 3 4 2 9 10 1 11 12 1 7 8 2 9 10 2 5 6 1 7 8

설 계 서

관리 No	161003-05
설계일자	2016 년 10 월 03 일

결재

O/N		가 공:	1000 Y
품 번		제 직:	1120 Y
품 명		정 경:	1230 Y

밀 도	경 사	33 D x 3 = 99	위 사	90

성 폭	66 ″	생 지	64 ″	가 공	58 ″

총 본	6534	本 G C	T/

정 경	112 m	생 지	112 Y	가 공	100 Y

F P	Piece dyeing Finishing	SHR	12 %

F.WT	222 G/Y	7.86 OZ/Y	LOS	8 %

원 료	Polyester 100 %

통 순

별 첨

	원 사	염 색	제 직	가 공
생산DELI				
생 산 처				

변 사

(X X)

사종	번 수	색 상	총사량 (Kg)	필 당 사 량			연 수	원 료	비고
				W P	W F	합 계			
A	162 D	R/White	141	13.17		13.17	S 1200	Polyester 150D/72F DTY SD	
						0			
B	162 D	R/White	61		5.47	5.47	S 1200	Polyester 150D/72F DTY SD	
C	162 D	R/White	61		5.47	5.47	Z 1200	Polyester 150D/72F DTY SD	
						0			
계				13.17	10.94	24.11			

배 열	경 사	A	all				
	위 사	B	1				1
		C		1			1
							2

* 변사 : 3본 통입 좌우 20穴

Asia pacific 기술연구소

대구광역시 달서구 달구벌대로 226-20 http://moonho.net
T:010-7313-0216 F:053-587-4109 e-mail: app53@daum.net

제5장 직물설계 참고자료

01. 연수이론의 활용법

　연에 관한 기본 이론을 이해하는 것은 중요하다. 연사 실무에서 연(Twist)의 활용 범위와 정확도를 높이기 위하여 연의 기본 이론을 서술하기로 한다.

1) 연(Twist)의 기초 이론

아래 [그림A]는 1/2연의 측면도이다.

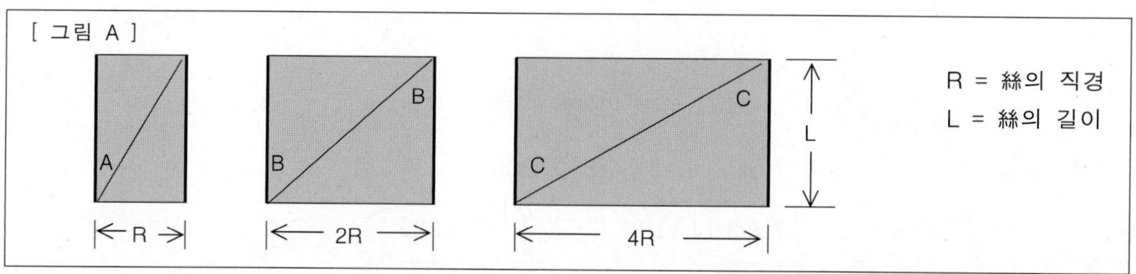

　위 [그림A]에서 $\tan A = \dfrac{R}{L}$　$\tan B = \dfrac{2R}{L} = \dfrac{R}{L} \times 2$　$\tan C = \dfrac{4R}{L} = \dfrac{R}{L} \times 4$ 이며,

$\angle A = 20^0$로 가정하면 $\angle B \fallingdotseq 36^0$　$\angle C \fallingdotseq 55^0$ 가 된다.

즉 단위 길이 당 동일한 연(동일한 길이 L에 동일한 1/2연)을 주었을 때, 실의 직경에 따라 각의 변화를 보인다. 사(絲)의 직경이 작을수록 각이 작아지고, 사의 직경이 커질수록 그에 따른 각이 커진다는 것을 알 수 있다.

　[그림B]는 동일한 각 θ를 주었을 때 사(絲)의 직경과 길이에 관해 변화하는 그림이다.

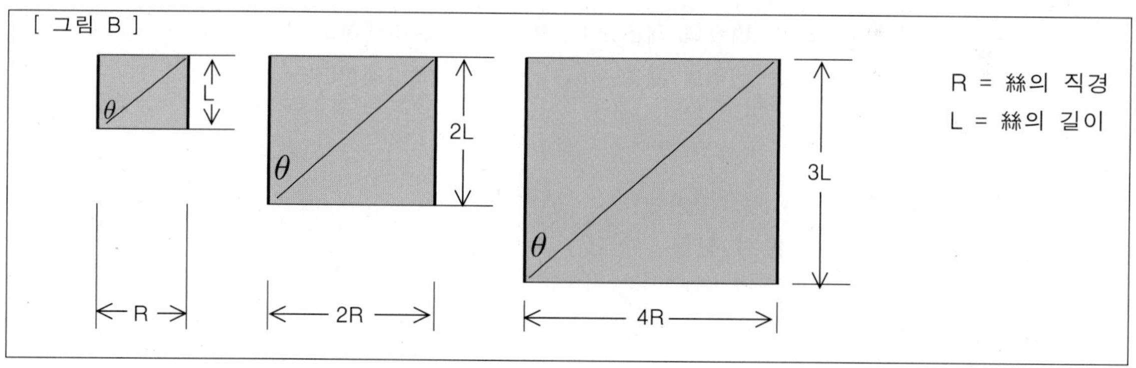

　즉 $\angle \theta$ 의 값이 동일할 때, 사(絲)의 직경(R)이 크면 길이(L)가 길어지고, 사의 직경이 작으면 길이도 직경에 비례하여 짧아지는 것을 알 수 있다.

　이상을 종합하면 연수는(Twist/Meter)는 사(絲)의 직경에 반비례하는 것을 알 수 있다.

사(絲)의 직경을 계측하기에는 현실적으로 적절한 방법이 없으므로, 번수(항장식 Denier 번수)를 이용하여 사(絲)의 굵기(직경)를 가정하도록 한다.

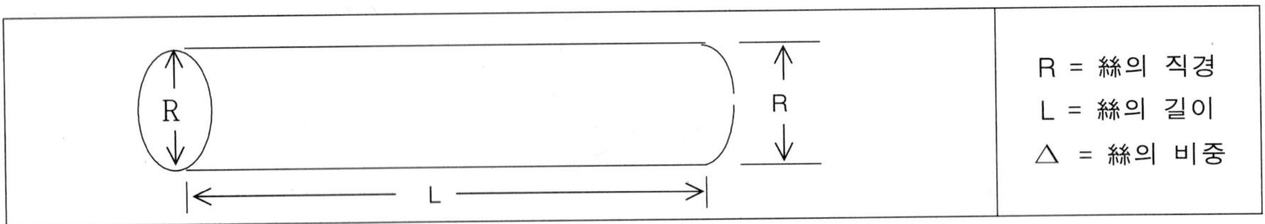

번수 $= \dfrac{중량\,(g)}{길이\,(9000m)}$ 이며, 중량 = 부피 $\times$ 비중 $= \pi(\dfrac{R}{2})^2 L \times \triangle$

Polyester 기준으로, 비중 1.38 π=3.14로 가정하면

$$번수 = \frac{\pi(\dfrac{R}{2})^2 L \triangle}{9000} = \frac{(\dfrac{R}{2})^2 L\,3.14 X 1.38}{9000} = \frac{(\dfrac{R}{2})^2 L\,4.332}{9000}$$

$$(\frac{R}{2})^2 = \frac{번수\,X\,9000}{L\,X\,4.332} = \frac{번수\,X\,2078}{L}$$

$$R^2 = \frac{번수\,X\,2078\,X\,4}{L} = \frac{번수\,X\,8310}{L}$$

$$R = \sqrt{\frac{번수\,X\,8310}{L}} = \sqrt{번수} \times k\,(상수)$$

$$R = \sqrt{번수} \times k$$

$\therefore$ 사(絲)의 직경(R)은 번수의 제곱근($\sqrt{번수}$)에 정비례(항중식 번수:역비례)한다. 따라서
연수는 항중식 번수일 때는 번수의 제곱근($\sqrt{번수}$)에 **정비례하고,**
항장식 번수일 때는 번수의 제곱근($\sqrt{번수}$)에 **역비례한다.**

2) 연수(Twist number) 이론의 활용

Meteric count 1/30, Z800연을 1/40로 변경할 때의 연수(n)를 구해보자.

$$\sqrt{30} : 800 = \sqrt{40} : n$$
$$n\,\sqrt{30} = 800\,\sqrt{40}$$
$$n = \frac{800\,\sqrt{40}}{\sqrt{30}} \fallingdotseq 924$$

1/30, 800연(T/m)과 1/40, 924연(T/m)은 동일한 연(Twist) 효과를 가진다.

Denier 번수 150D, 1200연을 300D로 변경할 때의 연수(n)를 구해보자.

$$\frac{1}{\sqrt{150}} : 1200 = \frac{1}{\sqrt{300}} : n$$

$$n \; \frac{1}{\sqrt{150}} = 1200 \; \frac{1}{\sqrt{300}}$$

$$n = \frac{1200 \sqrt{150}}{\sqrt{300}} ≒ 849$$

150D, 1200연(T/m)과 300D 849연(T/m)은 동일한 연(Twist)의 효과를 가진다.

3) 연(Twist)의 원리

이하 번수는 편이 상, 항중식 번수를 기준으로 설명하였다.

위와 같이 연수(Twist number)는 번수의 제곱근($\sqrt{번수}$)에 비례한다. 따라서 연수와 번수의 상관관계를 알게 되면, 직물설계를 할 때 연수에 관한 기준이 정립되어 연수의 오차를 줄일 수 있다.

연수(Twist number)와 번수의 변화 유형에 관하여 살펴보면 다음과 같다.

아래는 연수 = $\sqrt{번수} \times$ k 의 그래프이며

(x축을 $\sqrt{번수} \times$k, y축을 연수, 상수 k의 값을 100으로 가정한 그래프)

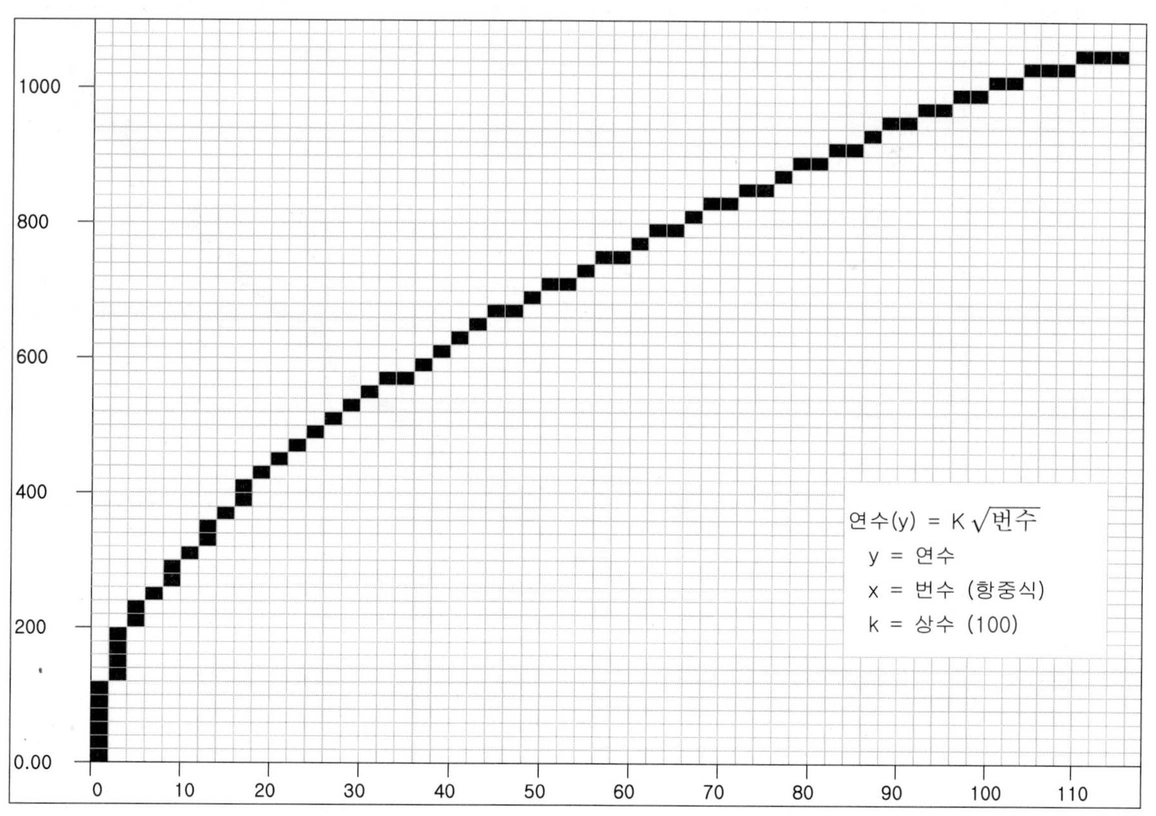

앞 페이지의 그래프에서, 세(細)번수일 경우는 연수(Twist number) 변화에 따른 그래프 곡선의 기울기는 완만하다. 즉 연수에 따른 변화의 폭이 작다. 태(太)번수일 경우는 그에 따른 변화의 폭이 커서 그래프 곡선의 기울기가 급박하게 올라간다는 것을 알 수 있다.

연수를 적할 때, 세 번수에서는 어느 정도 연수(Twist number)의 가감 오차가 수용되지만, 태 번수에서는 연수(Twist number) 설정에 세심한 정확도가 필요하다는 것을 알 수 있다.

4) 연(Twist)의 특성

사(絲)에 연(撚)을 주면 연축(Twist shrinkage)이 발생하고, 이에 비례하여 강도, 신도, 촉감 등 연(꼬임)에 의한 물성의 변화가 일어난다.

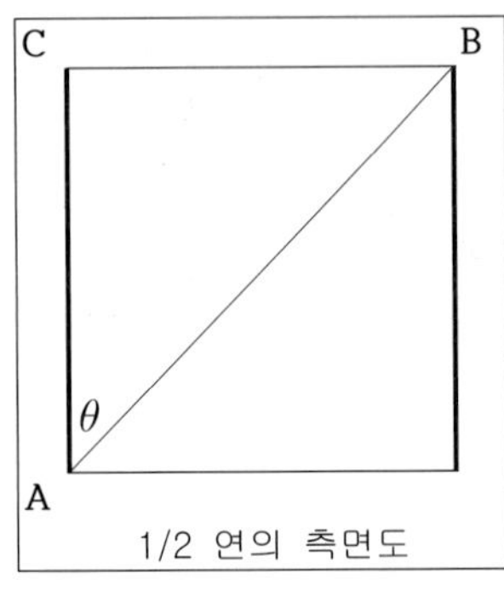

좌측 그림은 1/2연의 측면도이고, $\angle\theta$의 가감에 따라 연축이 변하고 있음을 알 수 있다.

즉 $\overline{AB}$ 가 $\overline{AC}$ 로 변화되고 $\dfrac{\overline{AC}}{\overline{AB}}$ (Cosθ)만큼의 연축이 발생한다.

$\overline{AB}$ 의 길이를 1로 가정하면 $\dfrac{1-Cos\theta}{1}$ = 1- Cosθ의 연축이 일어났음을 알 수 있다.

아래 도표는 x축을 $\angle\theta$의 값, y축을 1-Cosθ(연축)의 값으로 설정하여 그린 그래프이다.

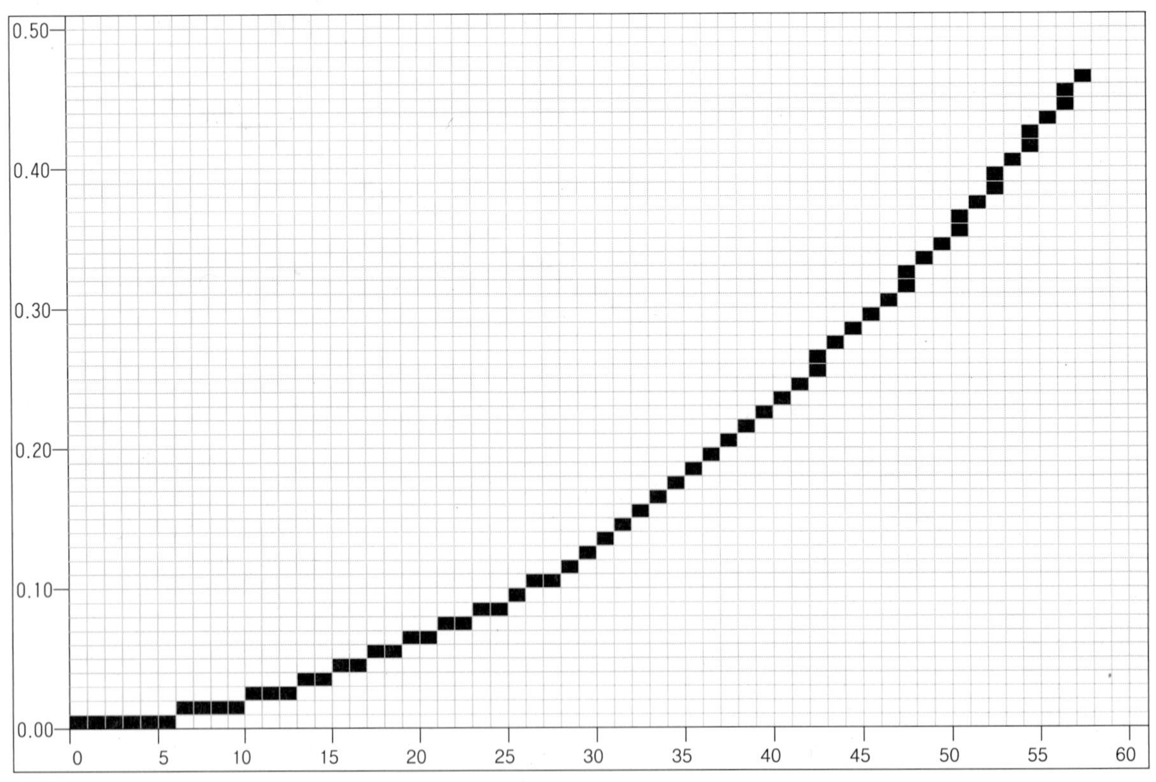

앞 페이지의 그래프에서 $\angle\theta$ 의 크기가 작을수록 그래프 곡선의 기울기가 완만하고 즉 연수(Twist number)에 따른 변화의 폭이 작고, 연수가 많을수록 그에 따른 변화의 폭이 커서 그래프 곡선의 기울기가 급박하게 올라가는 것을 알 수 있다.

앞 페이지 그래프에서 연수(Twist number)를 결정할 때, 연수가 적은 저연에서는 연수(Twist number)의 가감 오차가 크게 작용하지 않아 어느 정도 오차가 수용되지만, 연수가 많은 강연에서는 연수에 따른 변화가 커지므로 연수 설정에 세심한 정확도가 필요하다는 것을 알 수 있다.

제직 밀도 표

소 재	번 수	조 직	Slip 하한선	숙녀 기준	신사 기준	밀도 상한선	비 고
Polyester	50D	1/1 평직	212	254	312	356	1500撚기준
		2/1 Twill	248	298	364	416	1500撚기준
		2/2 Twill	268	322	394	450	1500撚기준
		3/3 Twill	306	364	448	510	1500撚기준
	75D	1/1 평직	172	208	254	290	1200撚기준
		2/1 Twill	202	244	296	338	1200撚기준
		2/2 Twill	220	262	324	370	1200撚기준
		3/3 Twill	248	296	366	416	1200撚기준
	150D	1/1 평직	122	148	180	204	850 撚기준
		2/1 Twill	144	172	210	240	850 撚기준
		2/2 Twill	154	186	228	260	850 撚기준
		3/3 Twill	176	210	258	294	850 撚기준
Cotton	80/1	1/1 평직	200	238	316	348	일반撚 기준
		2/1 Twill	232	278	370	408	일반撚 기준
		2/2 Twill	250	300	398	438	일반撚 기준
		3/3 Twill	284	340	450	496	일반撚 기준
	40/1	1/1 평직	140	168	224	246	일반撚 기준
		2/1 Twill	164	196	260	286	일반撚 기준
		2/2 Twill	178	212	282	310	일반撚 기준
		3/3 Twill	200	240	318	350	일반撚 기준
	30/1	1/1 평직	122	146	194	214	일반撚 기준
		2/1 Twill	142	170	226	350	일반撚 기준
		2/2 Twill	153	184	244	268	일반撚 기준
		3/3 Twill	174	208	276	304	일반撚 기준
Wool	2/100	1/1 평직	114	136	152	182	일반撚 기준
		2/1 Twill	134	160	178	214	일반撚 기준
		2/2 Twill	146	172	192	230	일반撚 기준
		3/3 Twill	162	196	220	264	일반撚 기준
	2/72	1/1 평직	96	116	130	156	일반撚 기준
		2/1 Twill	114	136	152	182	일반撚 기준
		2/2 Twill	122	146	162	194	일반撚 기준
		3/3 Twill	138	166	186	224	일반撚 기준
	2/60	1/1 평직	88	106	118	142	일반撚 기준
		2/1 Twill	104	124	138	166	일반撚 기준
		2/2 Twill	112	134	148	178	일반撚 기준
		3/3 Twill	126	152	170	204	일반撚 기준

* 상기 밀도는 생산 현장의 통계에 의한 수치이므로, 용도에 따라 밀도의 가감이 필요하다.

* 상기 밀도는 경사와 위사를 합한 밀도이다.

* 사의 구성, 섬도, 형태, 연, 등을 고려하지 않은 밀도이다.

* 밀도 상한선 이상은 과밀도로 인해 제직이 어려운 상태의 밀도이며,
  Slip 하한선은 Slip으로 인하여 일반적인 직물의 기능이 불안정한 상태의 밀도이다.

02. 조직과 연 방향 적용법

 생산 현장에서 조직 대비 연 방향이 잘못 적용되어 제품에 결함이 생기고 있는 것이 현실이다. 직물에 적절한 연 방향을 적용하면 직물의 품질이 향상된다. 이에 연의 방향이 조직에 미치는 영향과 적절한 연 방향 사용이 어떤 것인지에 대하여 설명하기로 한다.

 연의 방향은 S 방향과 Z 방향으로 구분된다. 연 방향을 조직에 적용하면, 연의 방향에 따라 조직의 선명성과 입체감에 영향을 주게 된다. 특히 조직의 변부와 Twill line에 미치는 영향이 크다.
 Twill line의 방향은 좌상 방향보다 우상 방향이 심리학적인 측면에서 편안한 느낌을 준다.

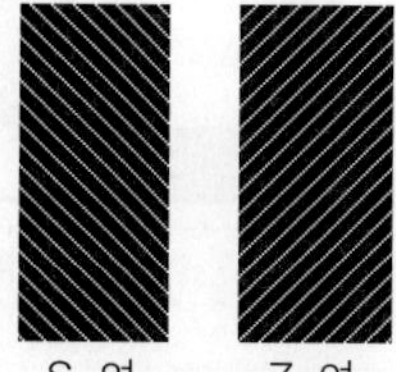

1) 표면을 기준으로 한, 경사의 적용법

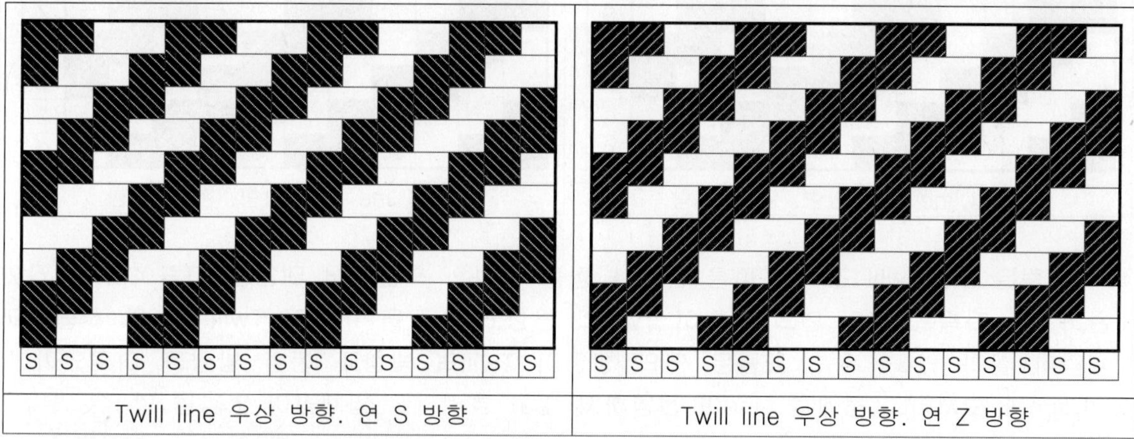

Twill line 우상 방향. 연 S 방향

Twill line 우상 방향. 연 Z 방향

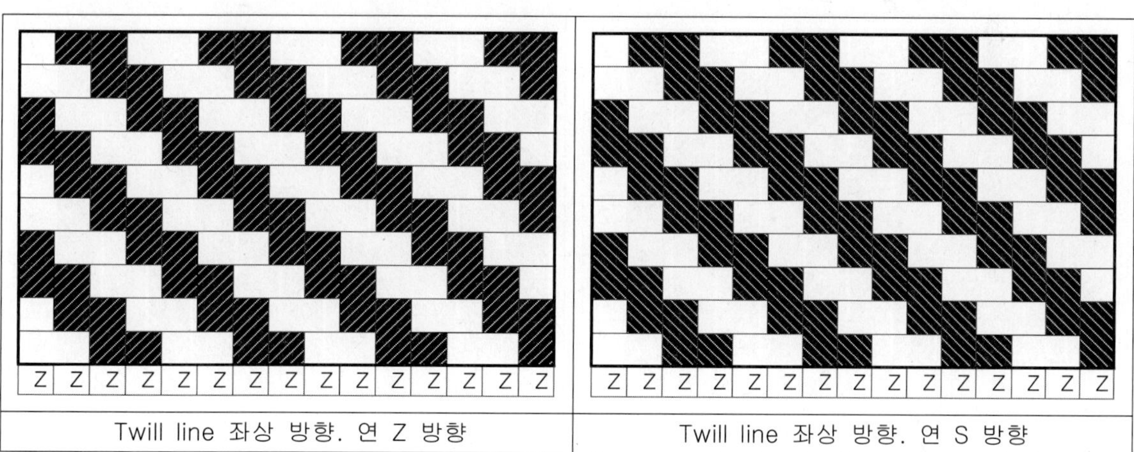

Twill line 좌상 방향. 연 Z 방향

Twill line 좌상 방향. 연 S 방향

 위 그림은 2/2 Twill 조직에 따른 연의 방향을 대입한 그림이다. 좌측 그림은 연의 방향이 Twill의 방향과 수직을 이루어 Twill line의 선명성과 입체감이 살아 있다. 우측 그림은 연의 방향이 Twill의 방향과 동일한 방향을 이루었으며, 이로써 Twill line의 모서리가 뭉개져 보인다. 즉 Line이 선명하지 않아 조직이 흐리고 입체감이 없음을 알 수 있다.

2) 표면을 기준으로 한, 위사의 적용법

위 그림은 2/2 Twill 조직에 따른 연의 방향을 위사의 측면에서 대입한 그림이다. 경사와 마찬가지로 좌측 그림은 연의 방향이 Twill의 방향과 수직을 이루어 Twill line의 선명성과 입체감이 살아 있다. 우측 그림은 연의 방향이 Twill의 방향과 동일 방향을 이루었기에, Twill line의 모서리가 뭉개져 Line이 선명하지 않고 흐려지며 입체감이 없음을 알 수 있다.

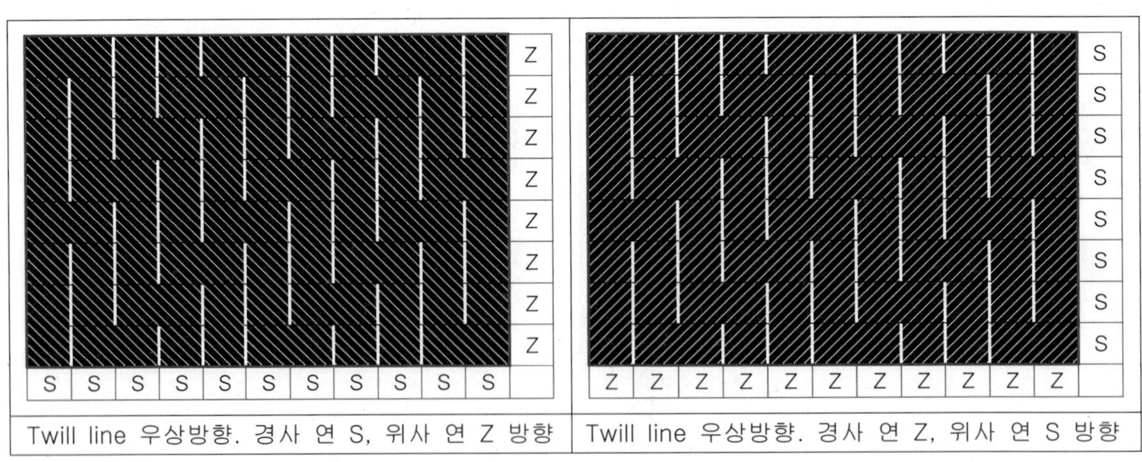

위 좌측 그림은 경사와 위사 모두 연의 방향이 Twill의 방향과 수직을 이루어 Twill line의 선명성과 입체감이 살아 있다. 우측 그림은 연의 방향이 Twill의 방향과 같은 방향을 이루었기에, Twill line의 모서리가 뭉개져 Line이 선명하지 않고 흐리며, 입체감이 없음을 알 수 있다.

3) 표리(표면과 이면) 구분 연 방향 적용법

　표리의 노출비가 70% 이상에서, 노출이 많은 원사를 기준으로 하여 연의 방향을 설정하면 조직의 선명성과 입체감 증대에 효율이 높다.
　주자조직은 표리의 노출 비(5매주자 표리 노출 비 80%이상, 8매주자 표리 노출 비 88% 이상)가 높으므로 표리를 별도로 구분한다. 노출이 많은 원사를 기준으로 하여 연의 방향을 설정하여야 한다. 중첩비가 많은 쪽을 연결하면 주자선(Line)이 형성되며, 주자선에 따라 연의 방향을 설정한다.

　다음은 5매 8매 주자조직 연 방향 설정이 바르게 적용된 예이다.

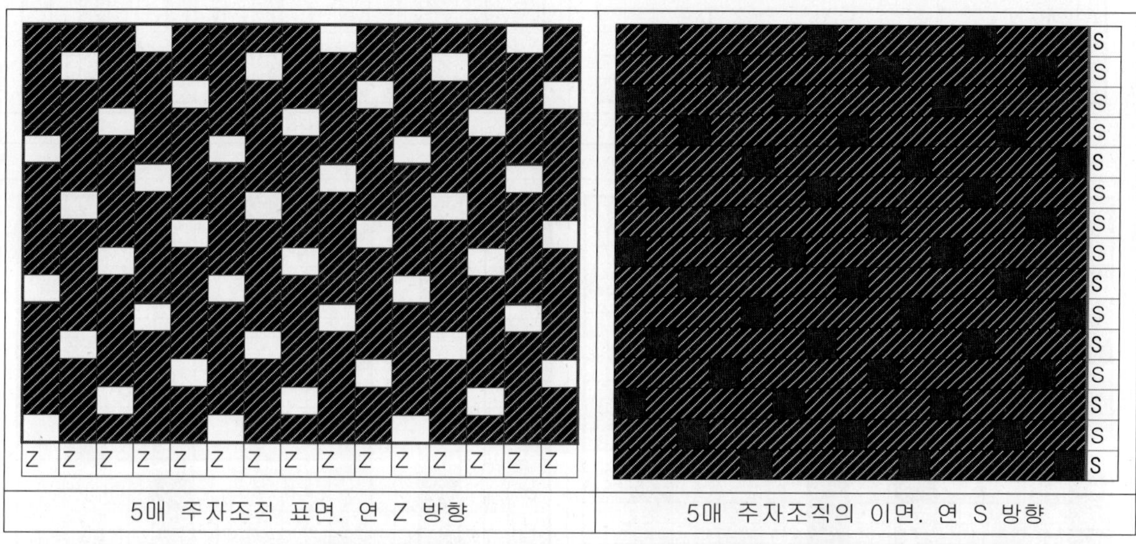

| 5매 주자조직 표면. 연 Z 방향 | 5매 주자조직의 이면. 연 S 방향 |

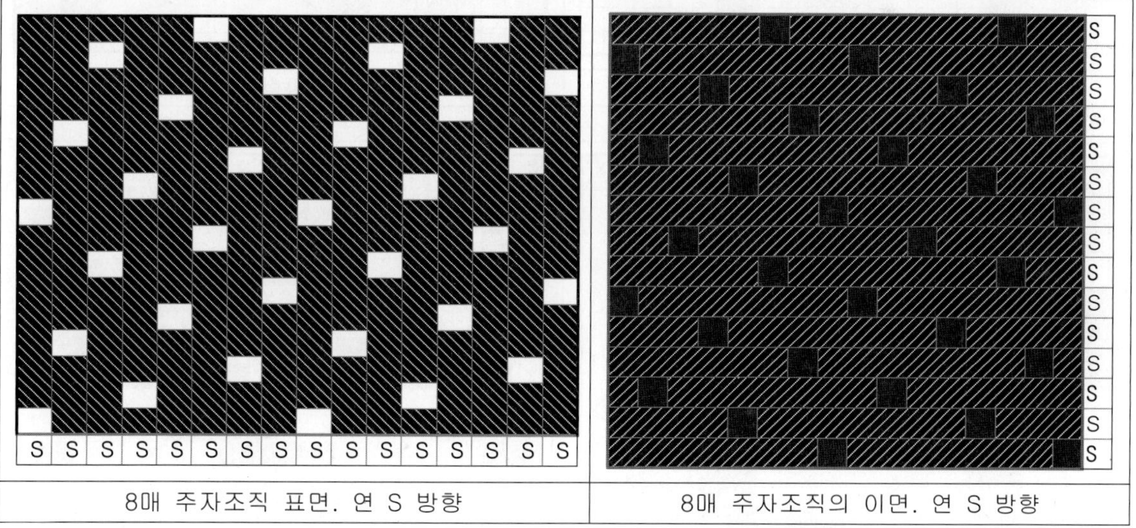

| 8매 주자조직 표면. 연 S 방향 | 8매 주자조직의 이면. 연 S 방향 |

　표리를 같이 사용하는 주자직, 이중직, 경이중직, 위이중직 등은 이면조직에도 표면과 동일하게 연의 방향을 조직에 부합되게 적용하여야 한다. 즉 조직의 선명성과 입체감이 살아 있도록 하는 직물의 설계가 필요하다.

다음은 표면이 3/3 우상 방향 Twill, 이면이 2/1 좌상 방향 Twill, 표리 밀도 비가 표면:이면 = 1:2인 경이중직에 적용한 연의 방향이다.

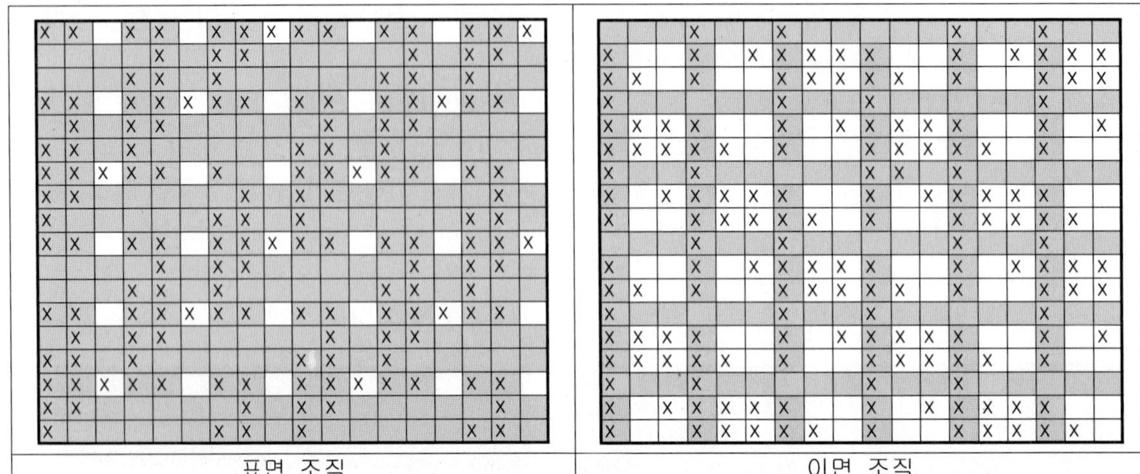

표면 조직   이면 조직

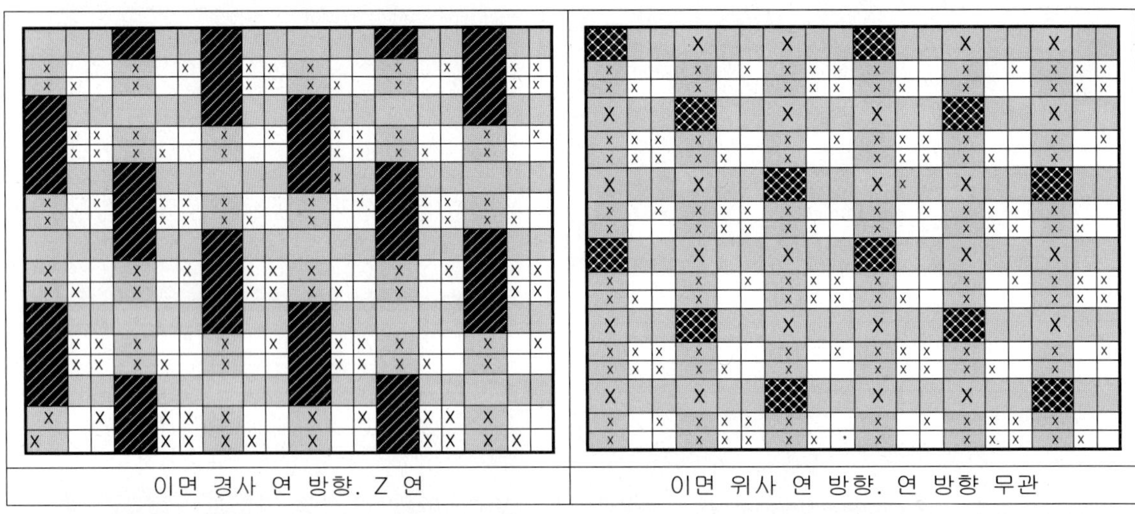

이면 경사 연 방향. Z 연   이면 위사 연 방향. 연 방향 무관

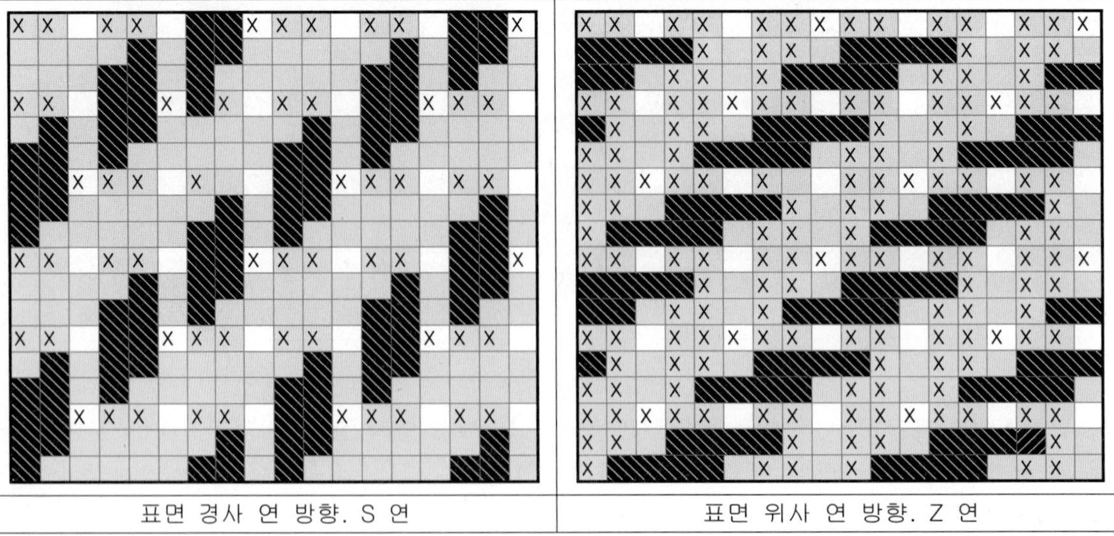

표면 경사 연 방향. S 연   표면 위사 연 방향. Z 연

다음은 표면이 4/1 우상방향 Twill, 이면이 3/2 좌상방향 Twill, 경사 밀도 비가 표면:이면 = 1:2인 경이중직에 적용한 연의 방향이다.

표면 조직	이면 조직

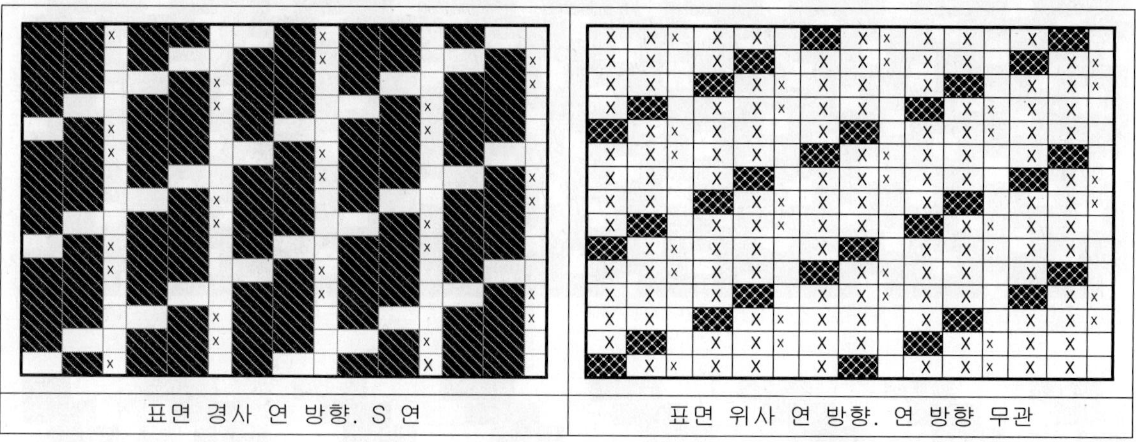

표면 경사 연 방향. S 연	표면 위사 연 방향. 연 방향 무관

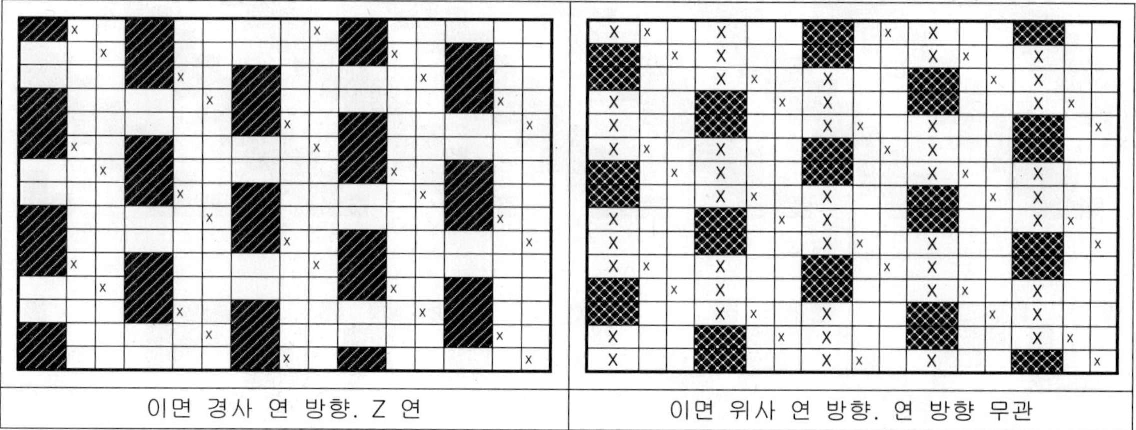

이면 경사 연 방향. Z 연	이면 위사 연 방향. 연 방향 무관

이 장에서는 조직에 따른 연의 방향을 바르게 적용하여 더욱 선명하고 입체감 있는 직물을 구현하기 위한 이론을 전개해 보았다.

드물게 특수한 경우, 특정한 효과를 위하여 의도적으로 조직을 흐리게 하여 입체감을 없앨 수도 있다.

다음은 연의 방향과 조직이 서로 알맞게 적용되어 조직이 선명하고 입체감이 증대된 직물의 예이다.

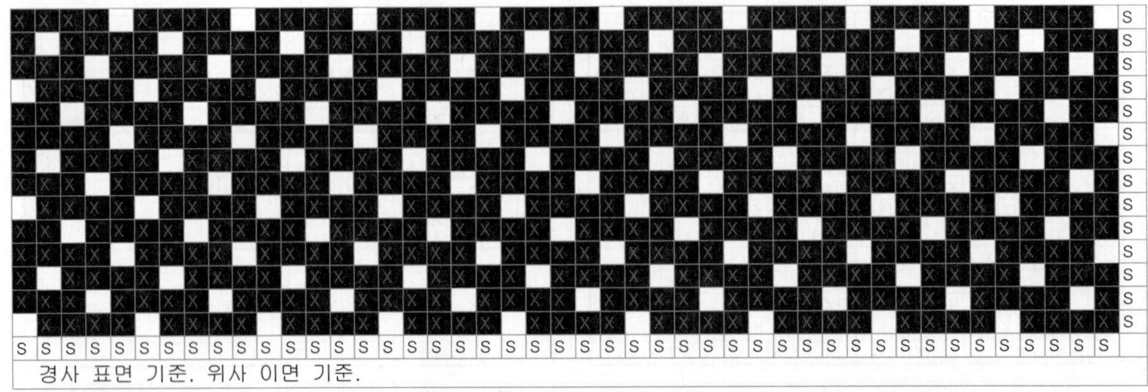

경사 표면 기준. 위사 이면 기준.

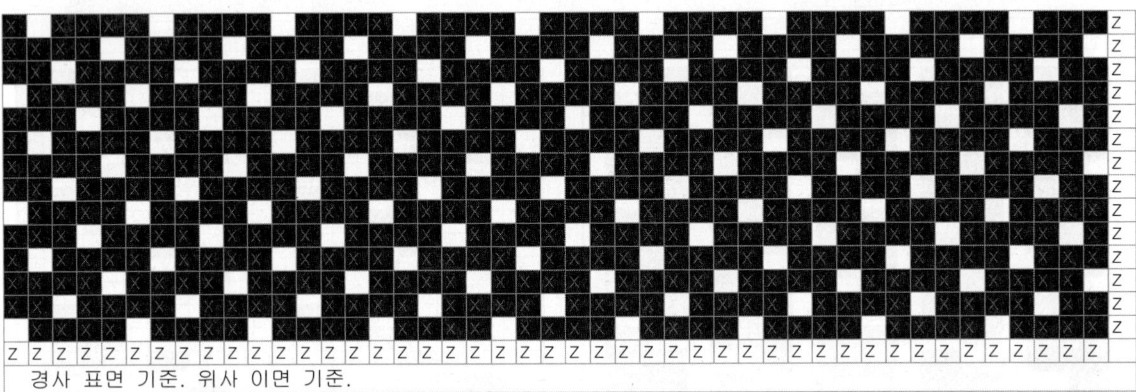

경사 표면 기준. 위사 이면 기준.

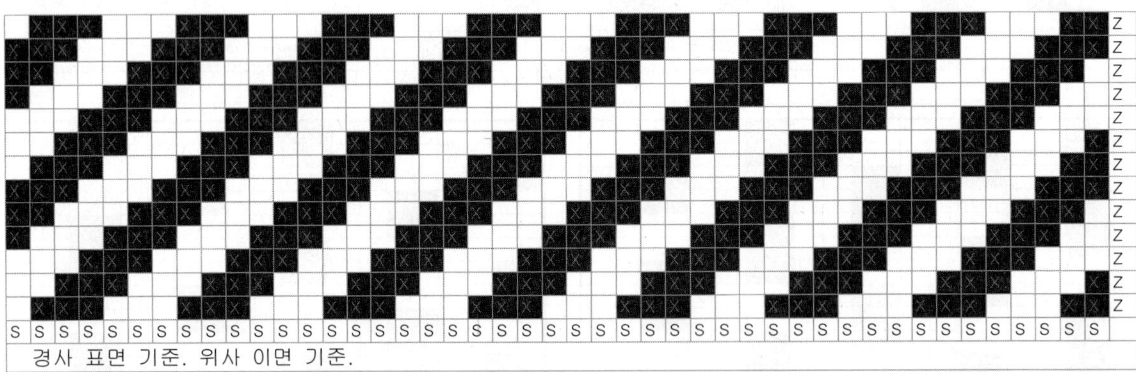

경사 표면 기준. 위사 이면 기준.

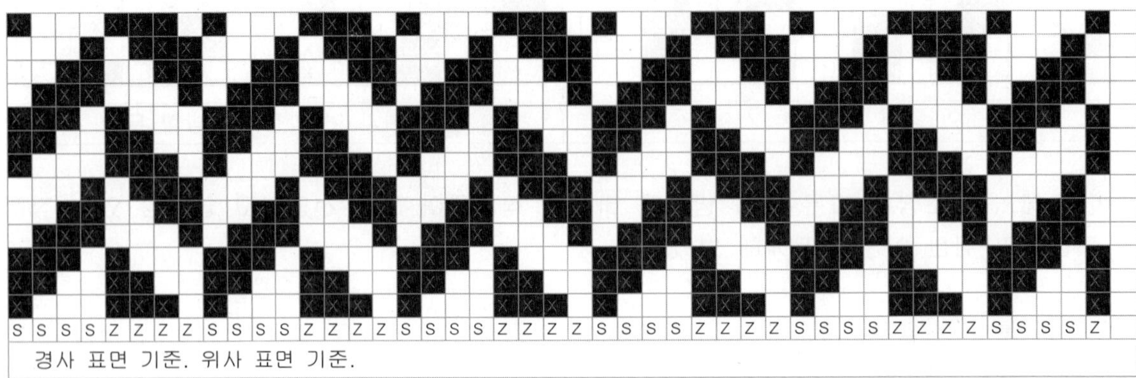

경사 표면 기준. 위사 표면 기준.

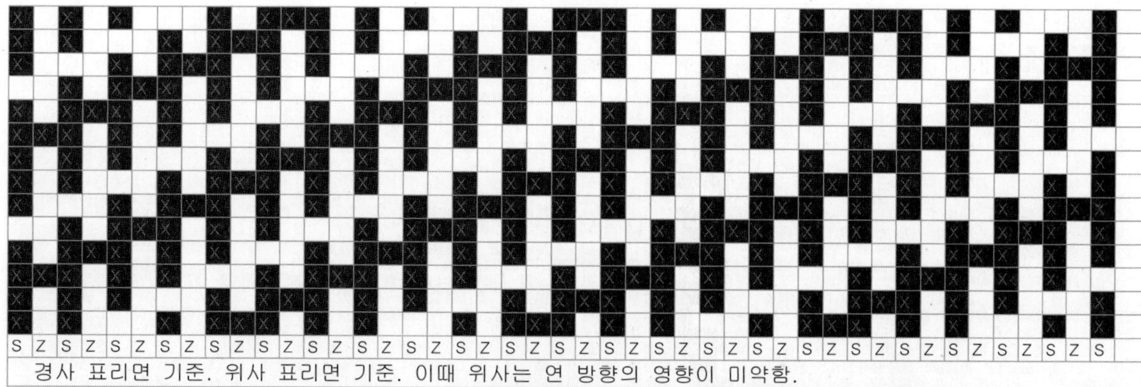

경사 표리면 기준. 위사 표리면 기준. 이때 위사는 연 방향의 영향이 미약함.

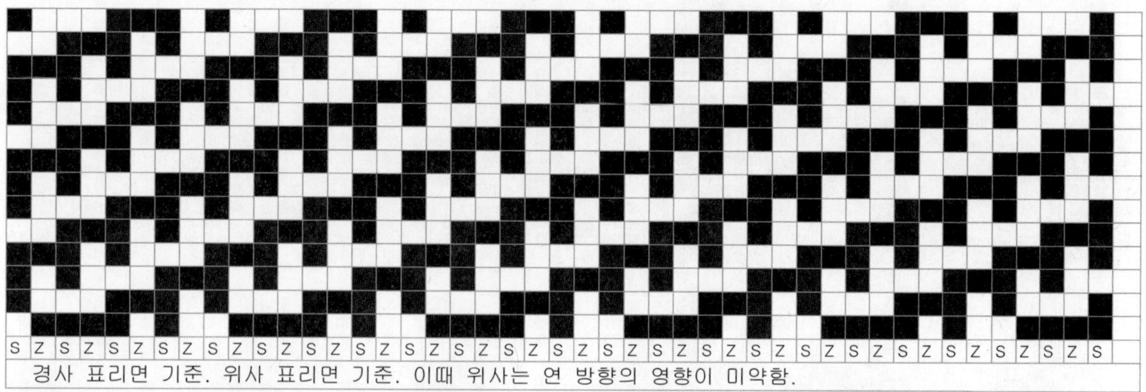

경사 표리면 기준. 위사 표리면 기준. 이때 위사는 연 방향의 영향이 미약함.

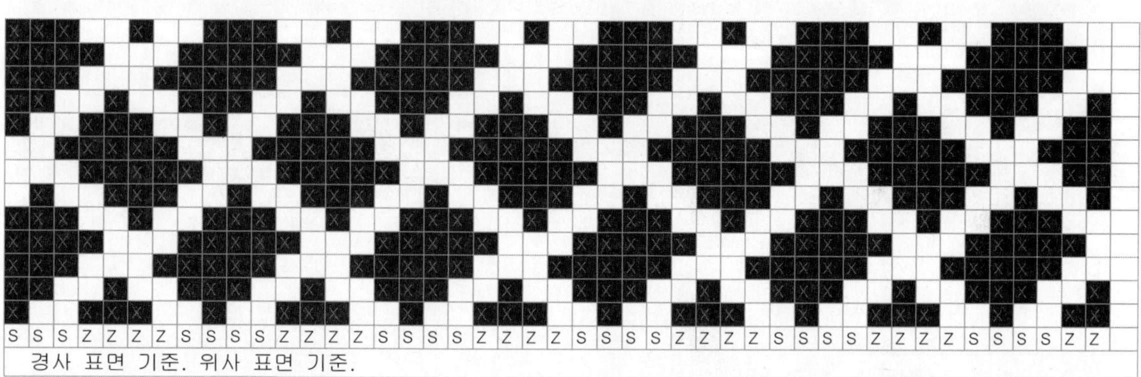

경사 표면 기준. 위사 표면 기준.

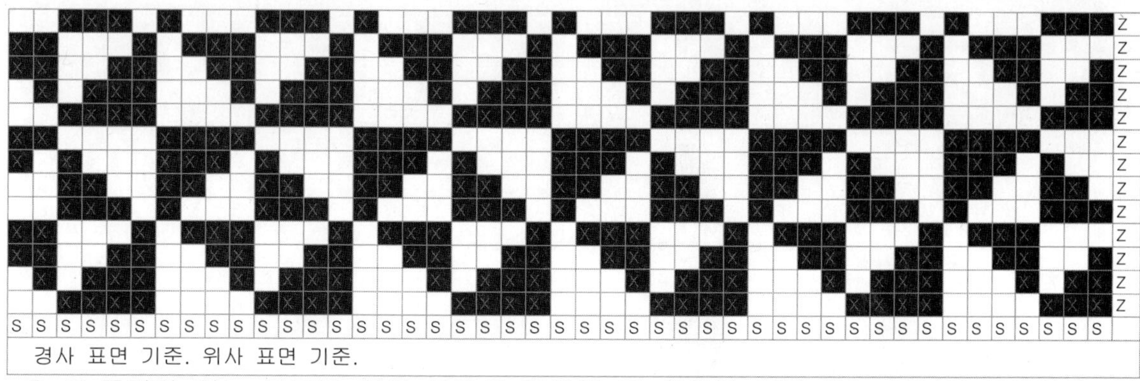

경사 표면 기준. 위사 표면 기준.

S, Z 표기가 없는 부분은 연의 방향이 조직에 큰 영향을 주지 않는 부분의 조직이다. 여기서 경사와 위사의 연 방향을 주의 깊게 살펴볼 필요가 있다. 연 방향 적용에 따라 직물 조직의 효과가 크게 달라진다는 것을 알 수 있다.

03. 경이중직 작도법

  경이중직은 직물생산 현장에서 다수 생산되고 있다. 하지만 표면과 이면을 연결하는 접결의 위치와 연방향이 일부 잘못 적용되어 제품에 결함이 잔존하고 있는 현실이다.
이에 논리에 부합하는 경이중직물 생산을 위하여, 경이중직에 사용되는 원사의 연 방향 적용과 조직의 접결 위치에 관하여 설명하기로 한다.

  '경이중직'은 일반적으로 표면조직과 이면조직의 직점 노출 비율이 200% 이상이 되어야 이중직이 형성된다. 조직의 직점에 의한 노출도는 수학적 배분과 일치하지 않는다. 큰 수치는 더 크게, 작은 수치는 더 작게 나타나는 것이 특징이다.

  아래 조직은 표면조직과 이면조직의 직점 노출 비율이 200%, 300%, 400%, 500%인 '경이중직'이다. 표리 조직 접합 위치(접결점)의 설정에 대하여 알아보기로 한다.
표리 조직 접결 지점의 위치가 잘못 설정되면 반대쪽 원사의 노출도가 커진다. 그러면 조직의 형태가 깨어질 수 있다.

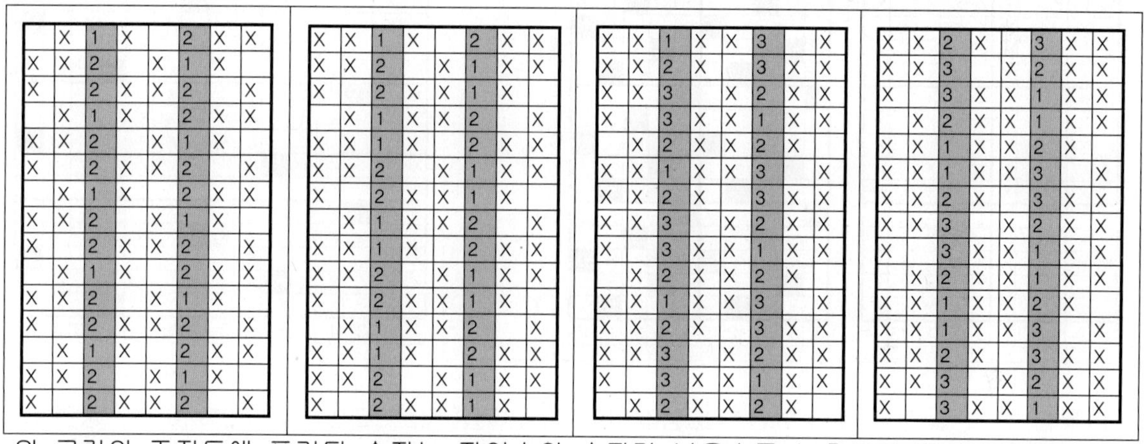

위 그림의 조직도에 표기된 숫자는 자연수의 숫자가 낮을수록 노출도가 줄어드는 직점이다

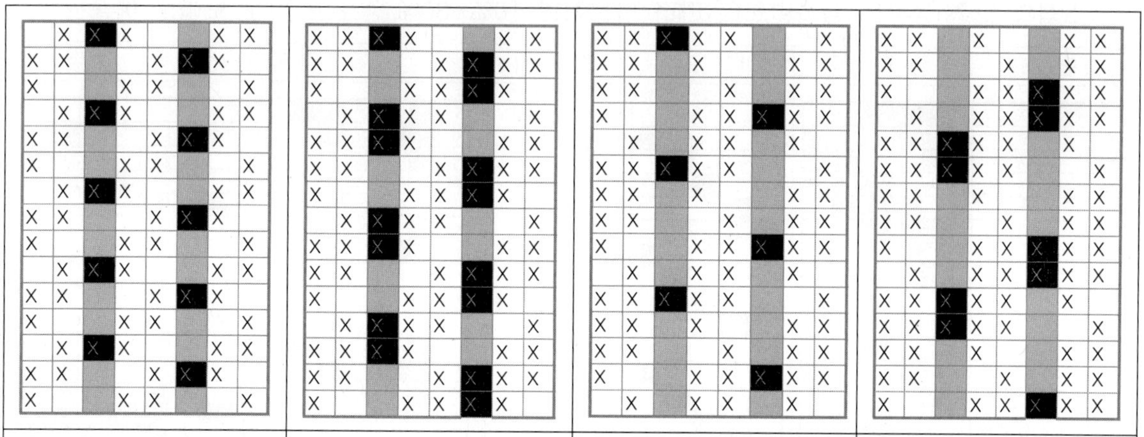

표리 직점 노출 비 200%	표리 직점 노출 비 300%	표리 직점 노출 비 400%	표리 직점 노출 비 500%

위 그림에서 Black으로 채색된 부분이 접합 위치(접결점)의 노출도가 최소인 직점이다.

다음은 표리 노출을 최소화한 경이중직이다. 표면기준으로 표면 80% 이상, 이면 20% 미만의 노출과 이면기준으로 이면 80% 이상, 표면 20% 미만의 노출인 경이중직 작도의 예이다.

표면 조직	이면 조직	표리 비	완성된 경2중조직
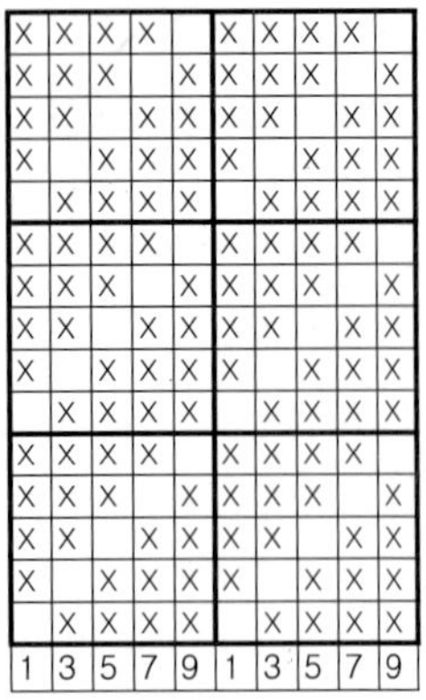 (조직도)	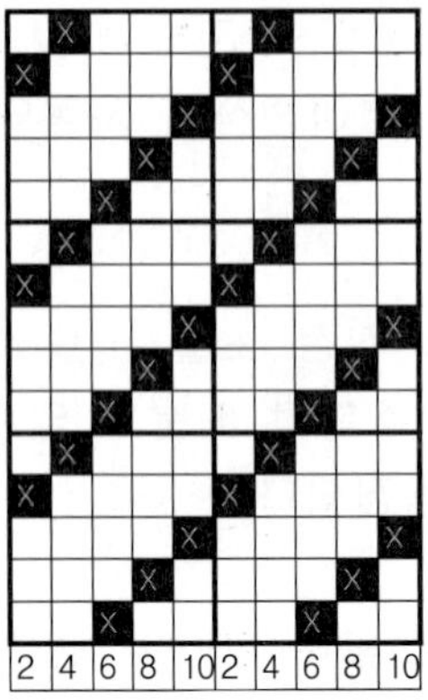 (조직도)	1 : 1	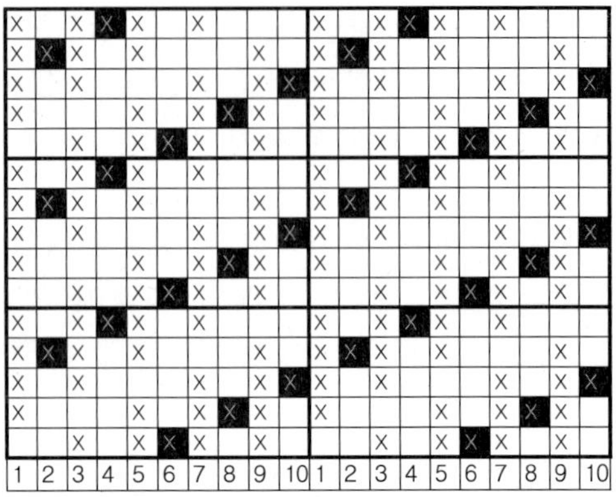 (조직도)

표면 조직	이면 조직	표리 비	완성된 경2중조직
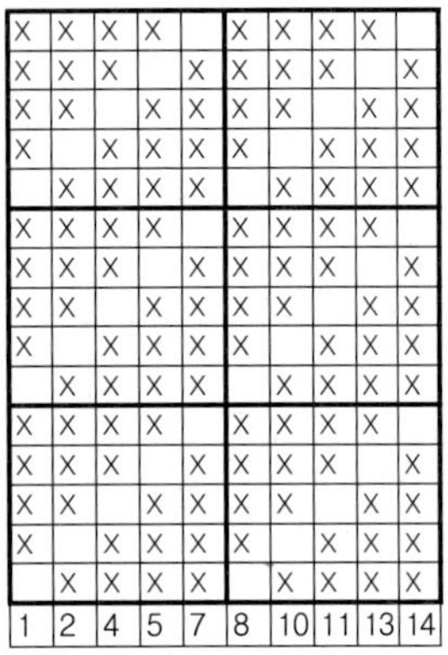 (조직도)	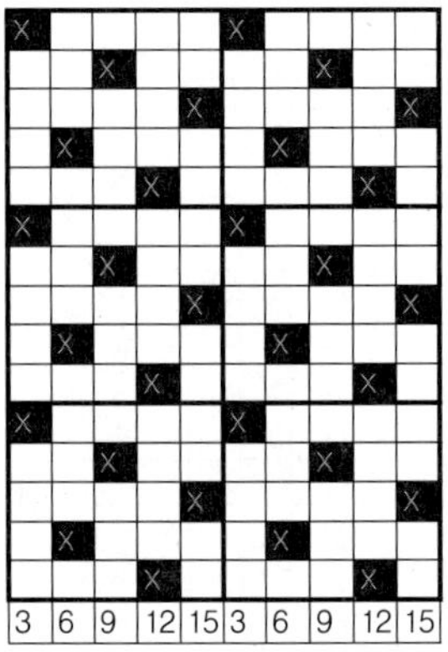 (조직도)	2 : 1	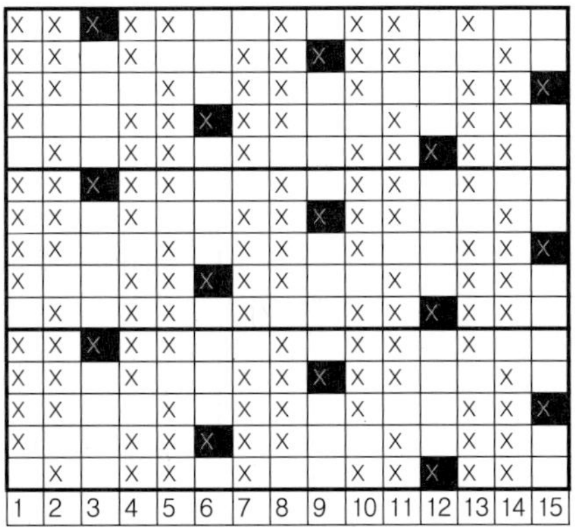 (조직도)

다음은 표리 노출을 최소화한 경3중직이다. 표면기준으로 표면조직 80% 이상, 중간조직 30% 전후인 노출과, 이면조직 20% 미만의 노출인 경이중직 작도의 예이다.
중간조직의 노출 정도는 경사밀도에 따라 다르지만 10%~30% 정도가 적정 노출로 예상된다.

표면 조직	중간 조직	이면 조직	밀도 비	완성된 경3중조직
 (조직도)	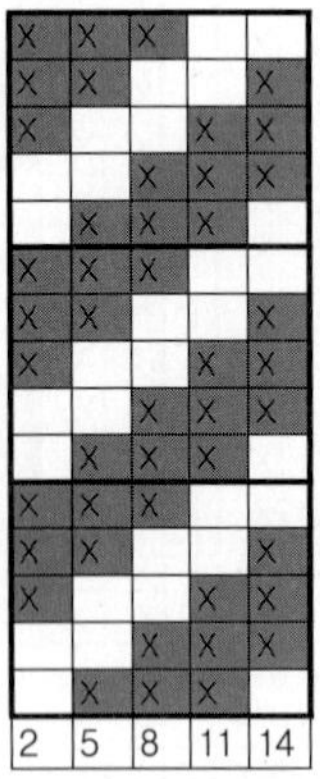 (조직도)	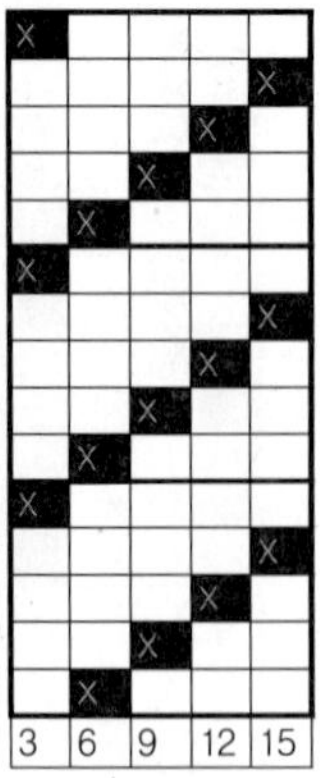 (조직도)	1:1:1	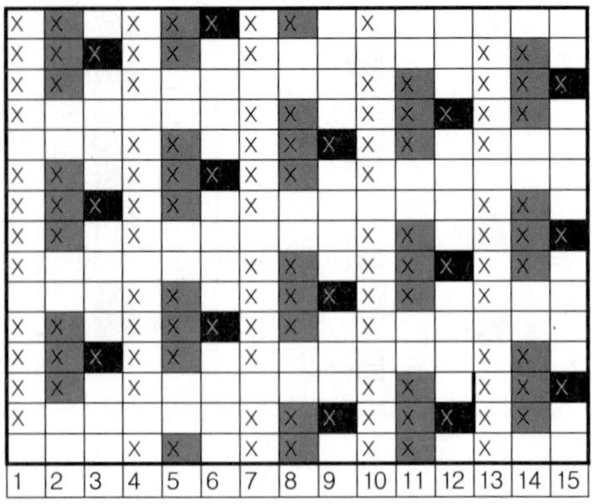 (조직도)

다음은 표리 노출비가 다른 준이중직 작도의 예이다.

표면 조직	준 이면 조직	표리 비	완성된 경준2중조직
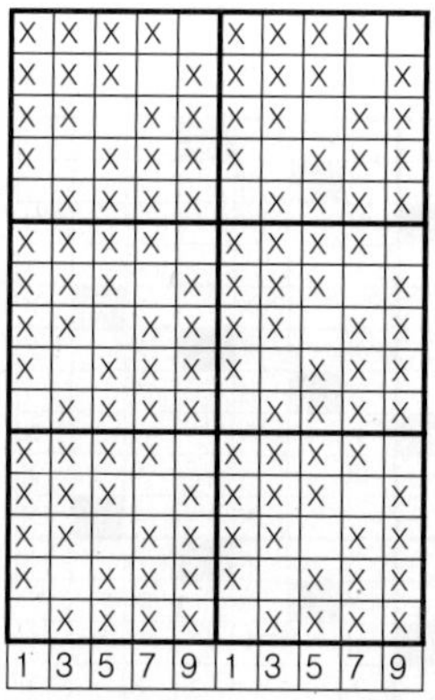		1 : 1	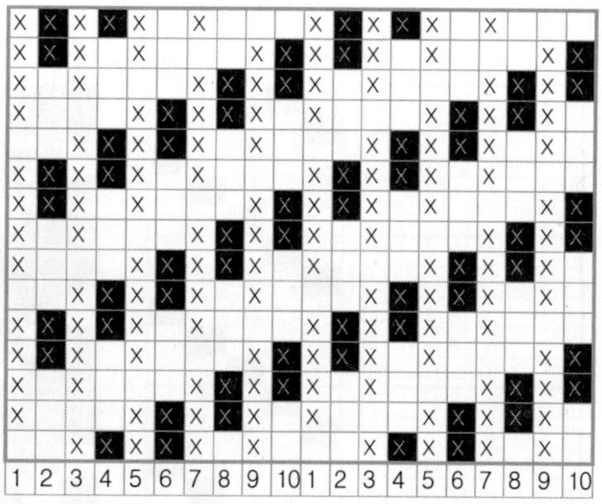

표면기준으로 노출도 표면 80% 이상, 이면 40% 미만.

표면 조직	준 이면 조직	표리 비	완성된 경준2중조직
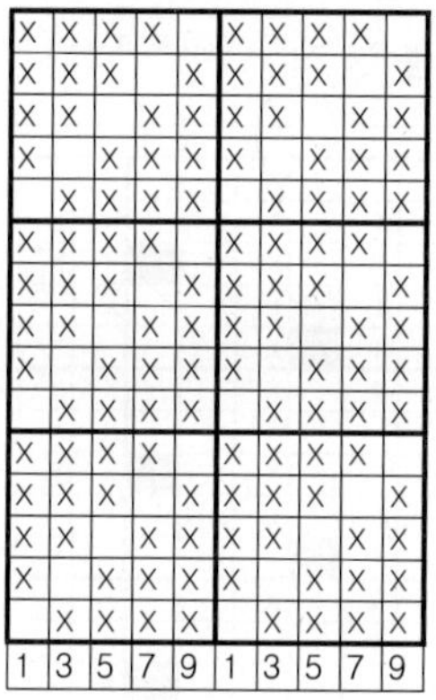	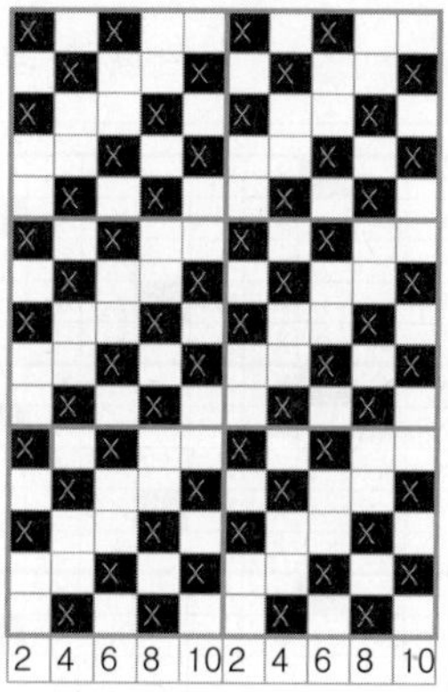	1 : 1	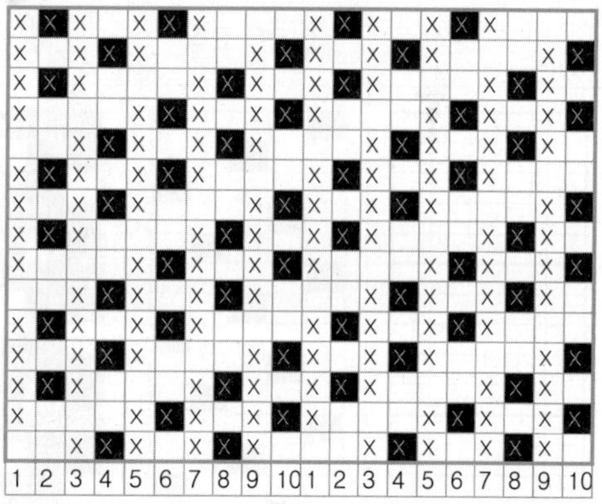

표면 기준으로 노출도 표면 80% 이상, 이면 40% 미만.

표면 조직	준 이면 조직	표리 비	완성된 경준2중조직
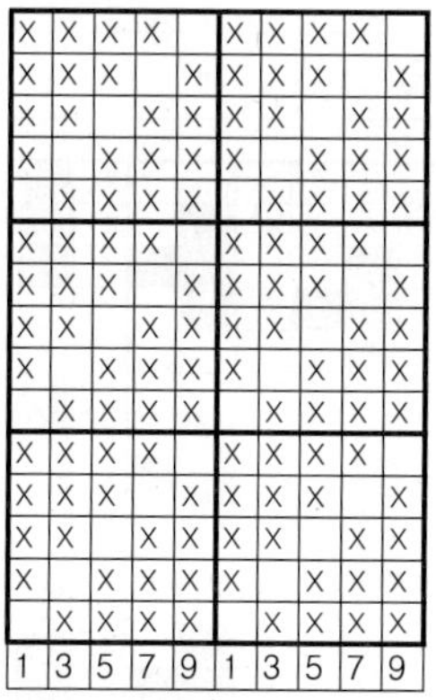		1 : 1	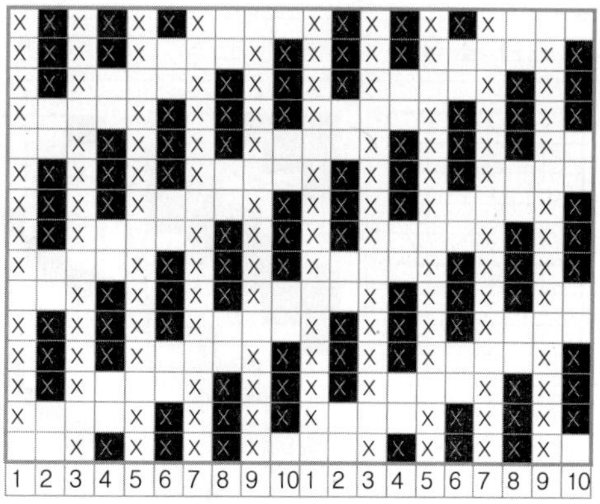

표면 기준으로 노출도가 표면 80% 이상, 이면 60% 이상인 경준2중조직.

준이중직은 밀도에 따라 표리의 노출도가 변하게 되므로 밀도 적용에 주의가 필요하다.

다음은 경이중직의 설계 시, 연 방향의 올바른 적용 방법이다.

표면 조직	이면 조직	이면 기준 이면 조직	완성된 경이중 조직

표면 조직	이면 조직	이면 기준 이면 조직	완성된 경이중 조직

표면 조직	중간 조직	이면 조직	완성된 경이중 조직

S, Z 표시가 없는 부분은 연의 방향이 크게 작용하지 않는 부분으로, 연 방향과 무관하다.

다음은 실무에 참고할 경이중직물 기본조직 중, 표리 배열비율이 표면:이면=1:1조직의 표리 조직과 완성된 경이중직의 조직견본이다.(조직 13개 예시)

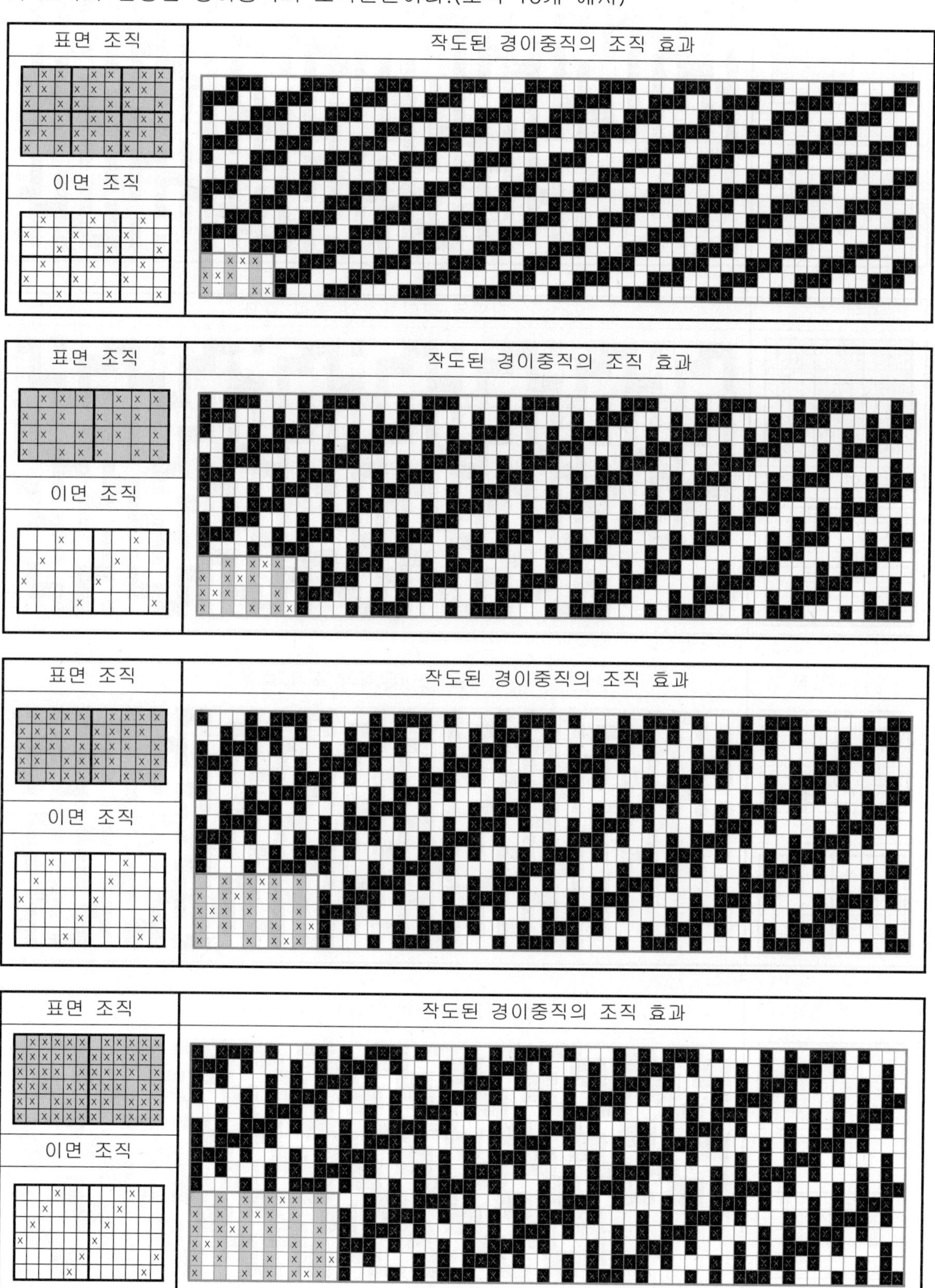

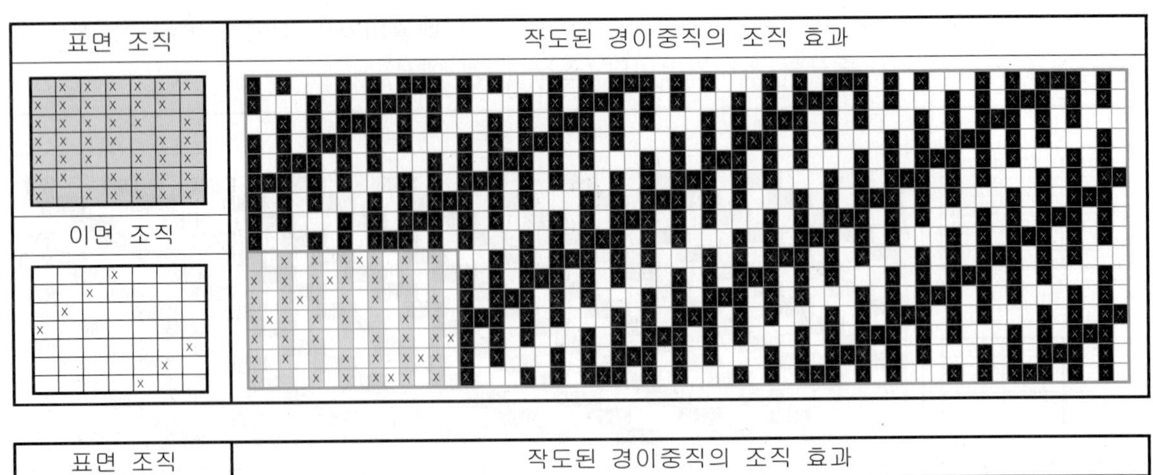

표면 조직
이면 조직
작도된 경이중직의 조직 효과

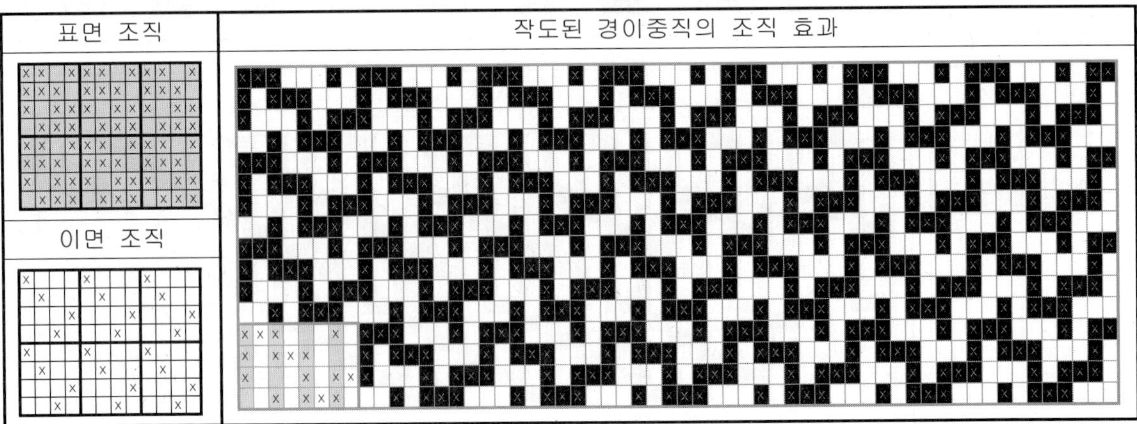

표면 조직
이면 조직
작도된 경이중직의 조직 효과

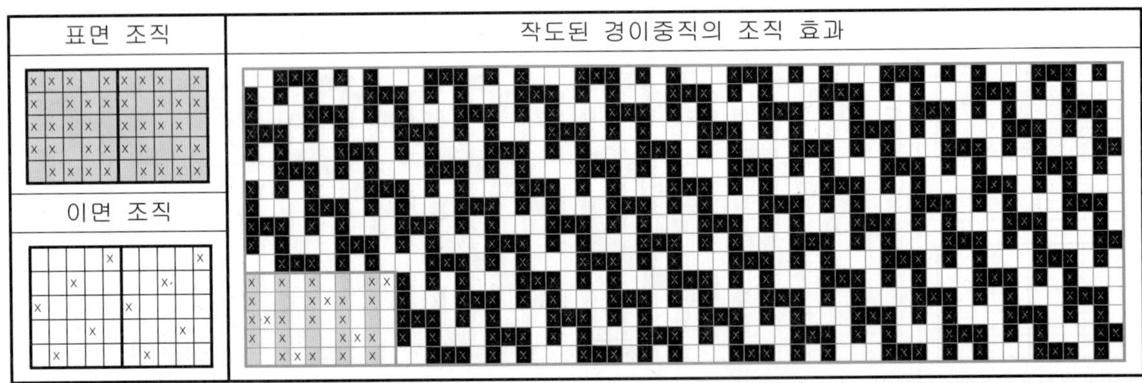

표면 조직
이면 조직
작도된 경이중직의 조직 효과

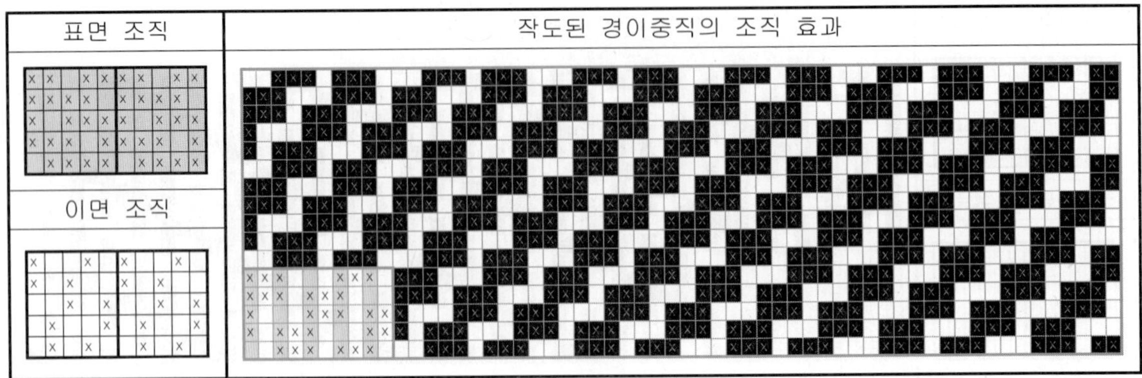

표면 조직
이면 조직
작도된 경이중직의 조직 효과

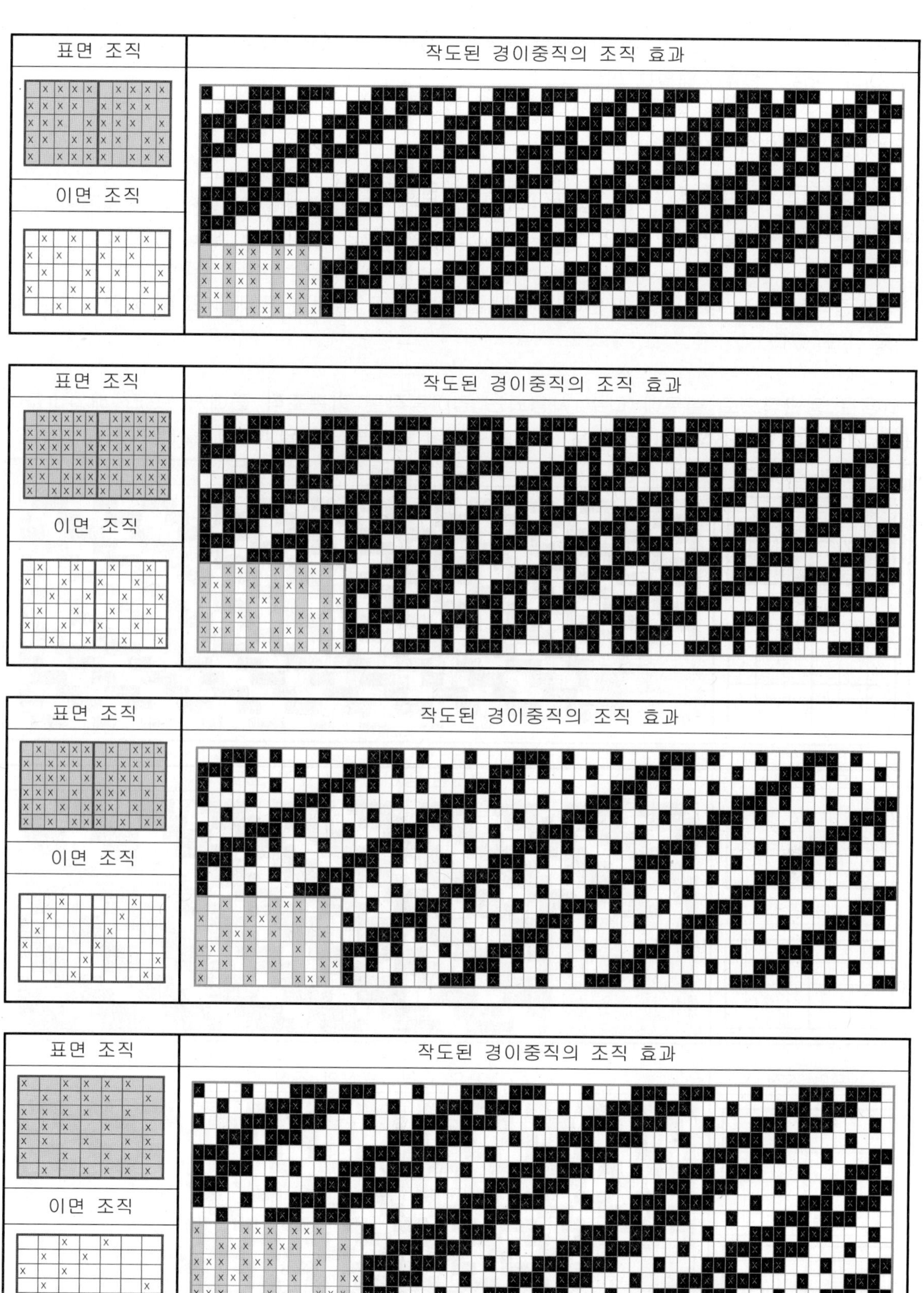

표면 조직
이면 조직
작도된 경이중직의 조직 효과

완성된 경이중직의 조직 One repeat 본수는 '표면조직 One repeat 본수 × 배열비+이면조직 One repeat 본수 × 배열비'이다.

경이중직 밀도의 적용에 있어서,
경사밀도 기준은 (표면경사밀도 × $\dfrac{\text{적용배열 수}}{\text{배열비의 합}}$ +이면경사밀도 × $\dfrac{\text{적용배열 수}}{\text{배열비의 합}}$) × 2 × 0.75,
위사밀도 기준은 (표면위사+이면위사) × 0.50으로 설정하면 합리적인 밀도가 된다.

경이중직물 조직 작도 시, 표면이나 이면을 기준으로 정하면 반대편 조직 설정에 제약을 받을 수도 있다.

다음은 일반적으로 실무에 다수 사용되는 경이중직물 기본조직 중에서, 표리 배열비율이 표면:이면 = 2:1인 조직의 표리 적용 조직과 완성된 경이중직을 열거하였다. (경이중직 19개)

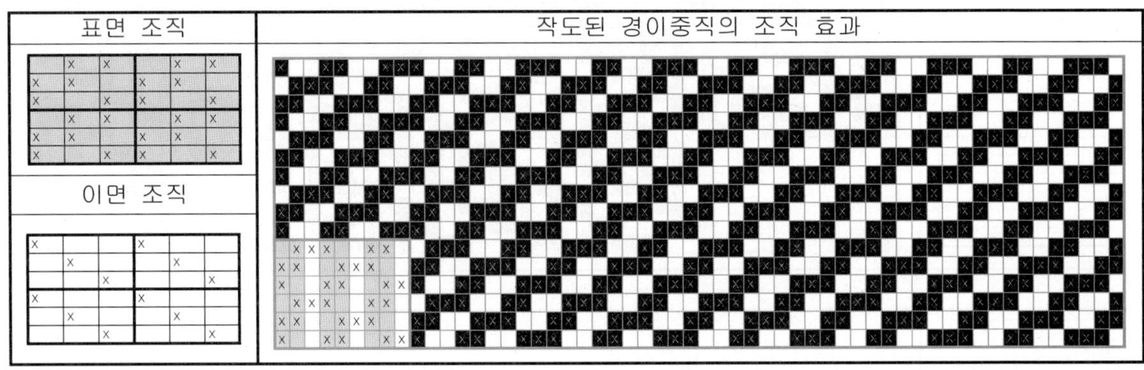

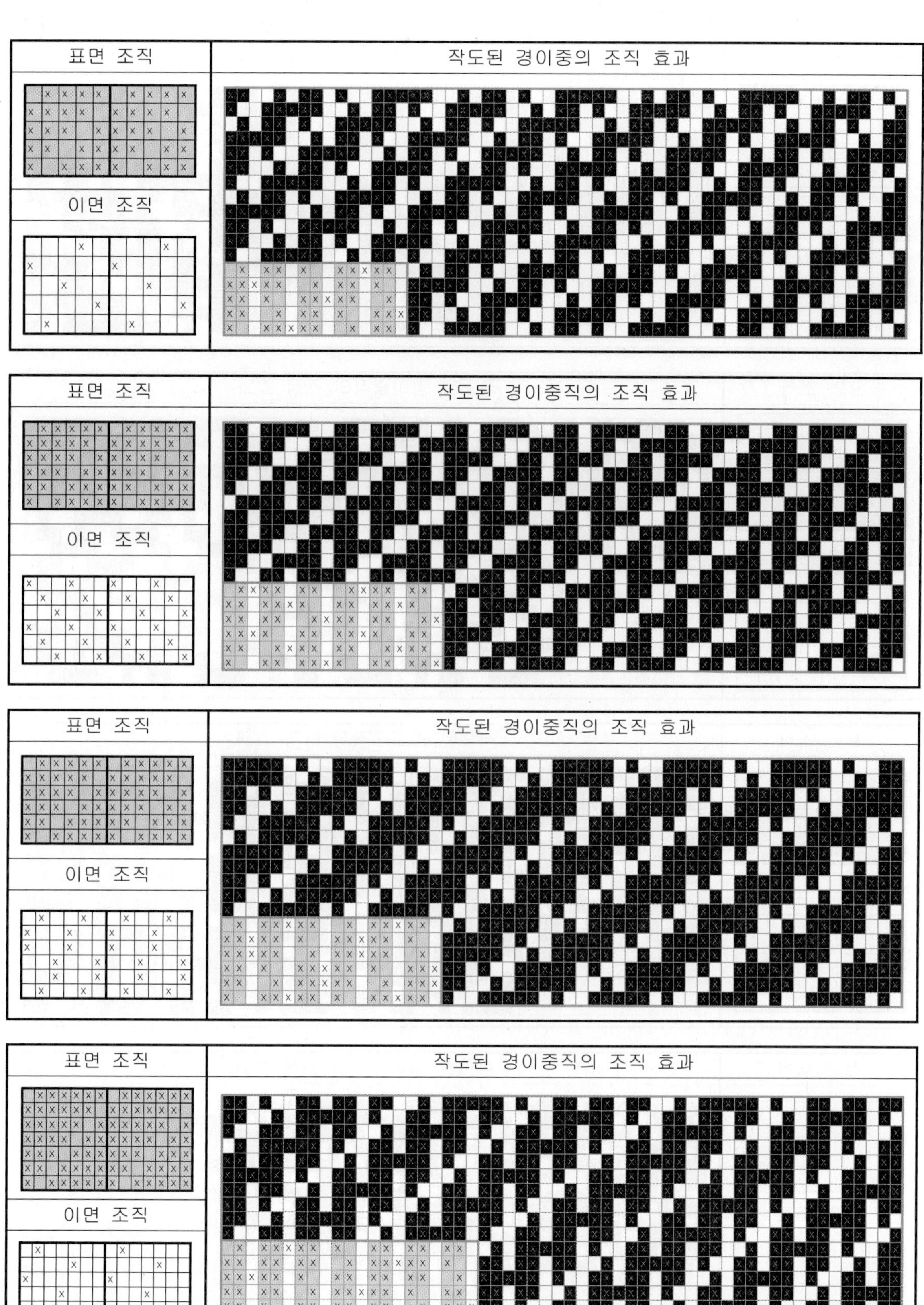

표면 조직
작도된 경이중의 조직 효과
이면 조직
표면 조직
작도된 경이중직의 조직 효과
이면 조직
표면 조직
작도된 경이중직의 조직 효과
이면 조직
표면 조직
작도된 경이중직의 조직 효과
이면 조직

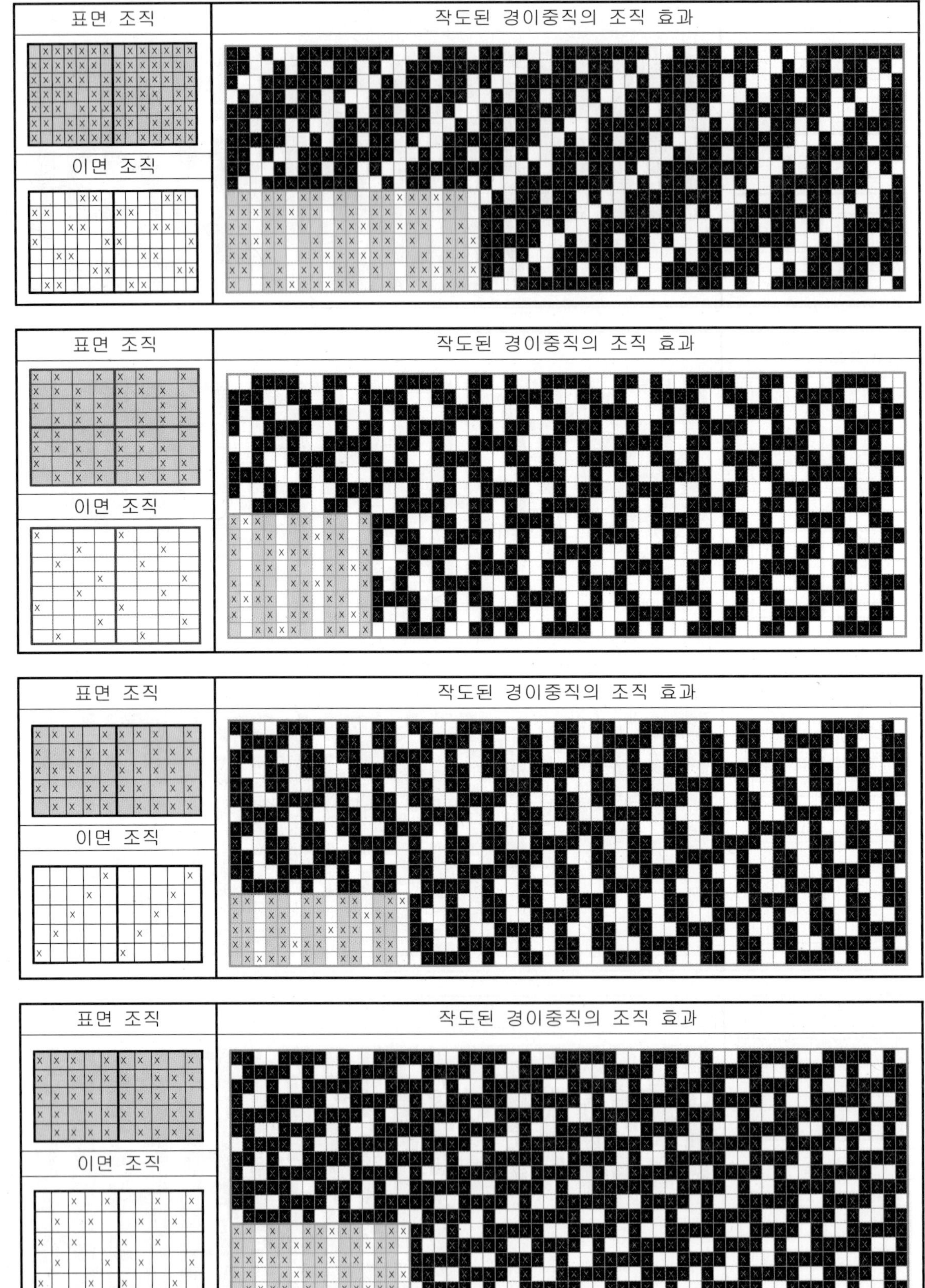

표면 조직
작도된 경이중직의 조직 효과
이면 조직
표면 조직
작도된 경이중직의 조직 효과
이면 조직
표면 조직
작도된 경이중직의 조직 효과
이면 조직
표면 조직
작도된 경이중직의 조직 효과
이면 조직

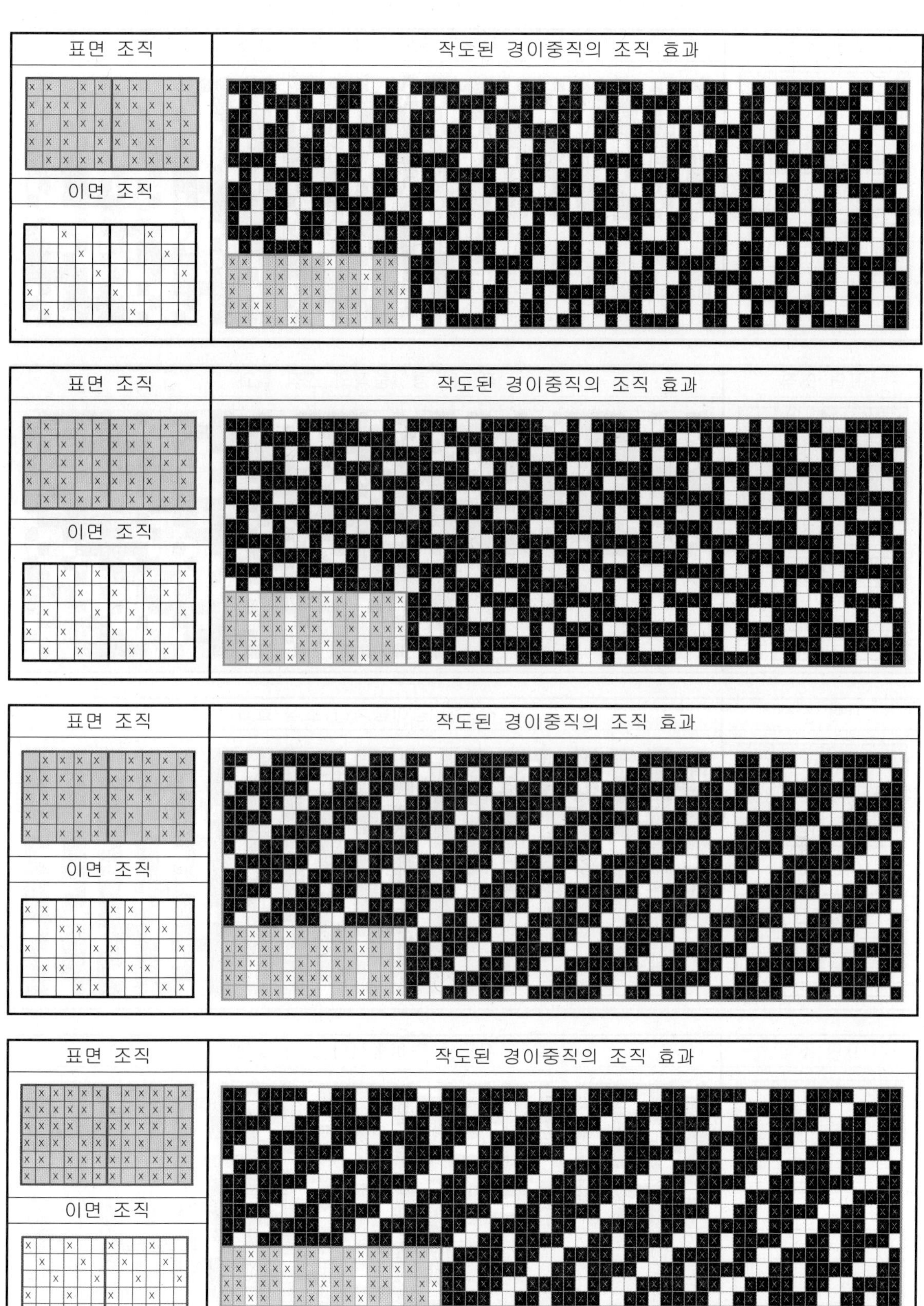
표면 조직
이면 조직
작도된 경이중직의 조직 효과
표면 조직
이면 조직
작도된 경이중직의 조직 효과
표면 조직
이면 조직
작도된 경이중직의 조직 효과
표면 조직
이면 조직
작도된 경이중직의 조직 효과

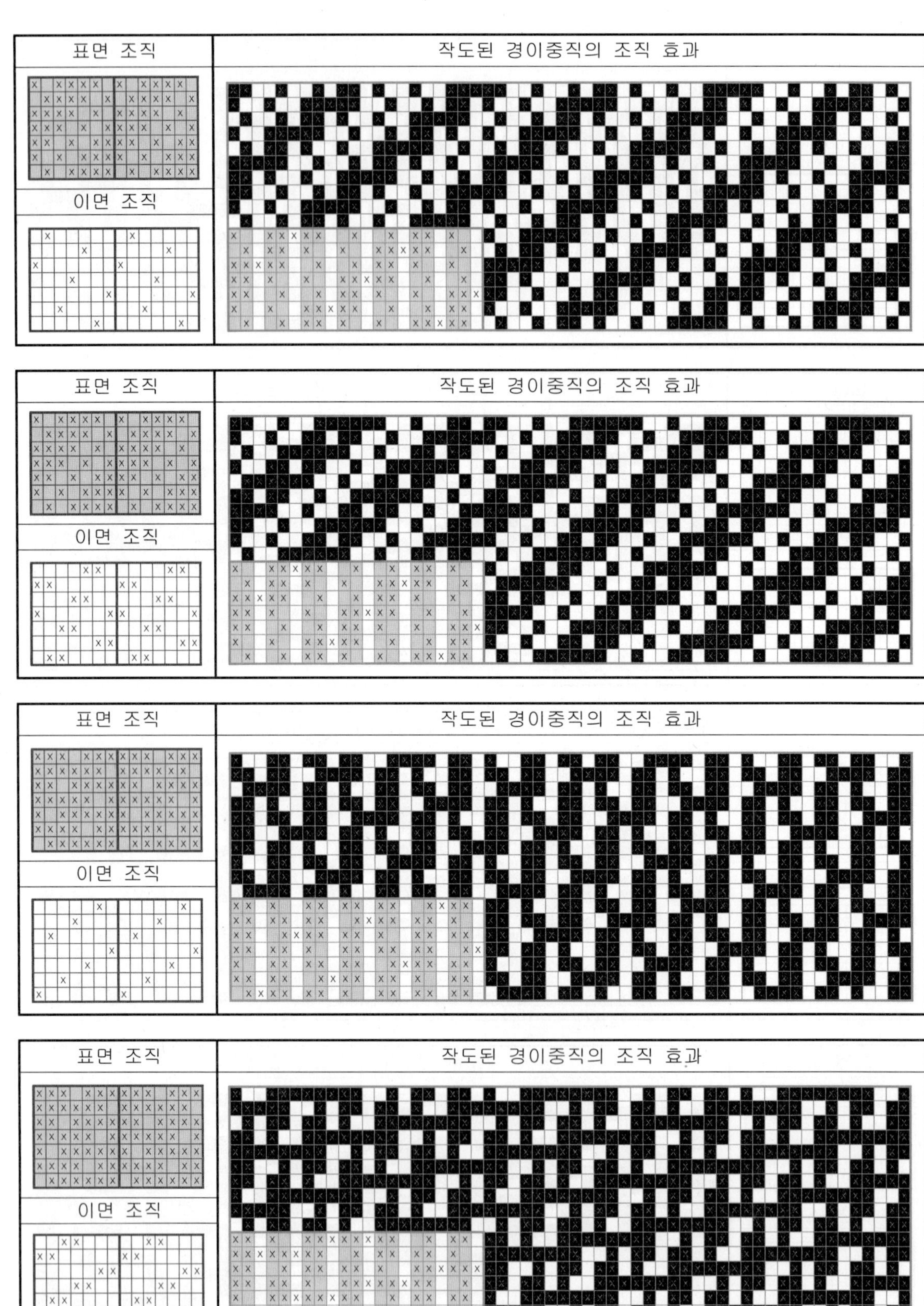

표면 조직
이면 조직
작도된 경이중직의 조직 효과

04. 다중조직 작도법

다중조직은 생산 현장에서 다수 적용하여 생산하고 있으나, 다중조직의 원리 및 표리 접결의 위치가 일부 잘못 적용되어 제품에 결함이 일부 상존하고 있는 현실이다. 이에 설계자들이 논리에 부합된 다중직을 쉽게 이해하고 실무에 적용하기 위하여 다중직의 작도방법을 설명하기로 한다.

다중직의 기초가 되는 2중직의 작도

① 표리 조직 결정

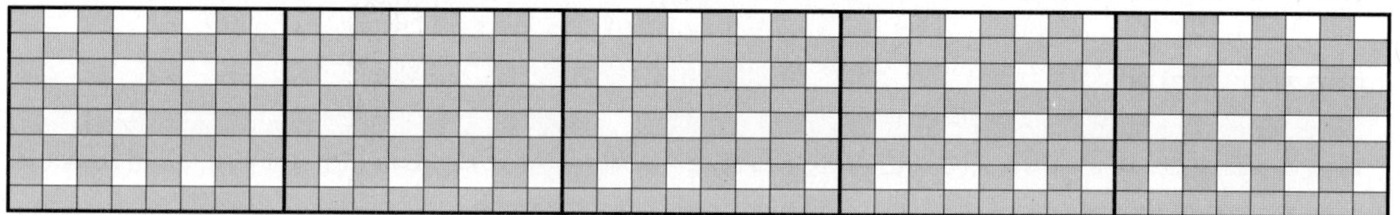

표리조직의 최소공배수가 이중직의 One repeat가 되며, 제직성을 고려하여 종광 매수를 더 늘릴 수도 있다. 본 이중직의 조직 One repeat는 최소 사용 종광 6매로 제직이 가능하나, 제직성을 고려해서 종광 매수를 8매로 설정한다.

② 표리 배율 결정(표리 조직의 배율 표면:이면=1:1로 가정)

위와 같이 표리 조직 중 어느 한쪽을 채색하여 표리를 구분 지으면 작도가 편리하다. 여기서는 표면조직을 회색으로 채색하여 구분하였다.

③ 이중직의 작도

경사기준:　표면조직 제직시 이면조직 all down

　　　　　　이면조직 제직시 표면조직 all up

위 직점은 표리를 구분하는 조직점으로, 제직이 되지 않는 직점이다.

④ 표면조직 표기

표면조직은 표면과 표면이 교차한 직점(위 도면 중앙 그림의 Black 부분)이 표면조직이며 우측과 같이 표면조직에 2/2 Twill을 식점한다. (식점-조직을 심는다)

⑤ 이면조직 표기

이면조직은 이면과 이면이 교차한 직점(위 도면 중앙 그림의 Black 부분)이 이면조직이며 우측과 같이 이면조직에 평직을 식점한다. (식점-조직을 심는다)

⑥ 완성된 조직도

위 조직은 표리 조직의 배열 1:1로 완성된 이중직.
(위 조직은 표리가 분리되어 두 겹으로 제직되며, 결합시키는 표리의 접결이 필요하다.)

다중직의 접결법

접결의 원리는 이중직의 기본 원칙인, 표면조직 제직 시 이면조직 all down, 이면조직 제직 시 표면조직 all up과 반대이다.

① 본 바닥 접결(별도의 접결사가 필요 없다)

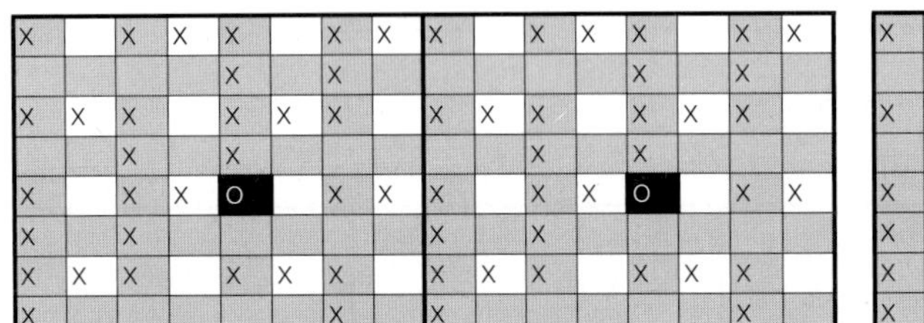

왼쪽 그림은 표면경사가 이면위사 아래로 접결(이면위사가 표면경사 위로 접결) 되었고, 오른쪽 그림은 이면경사가 표면위사 위로 접결 되었다.

② 접결사 접결(별도의 접결 사가 필요하다)

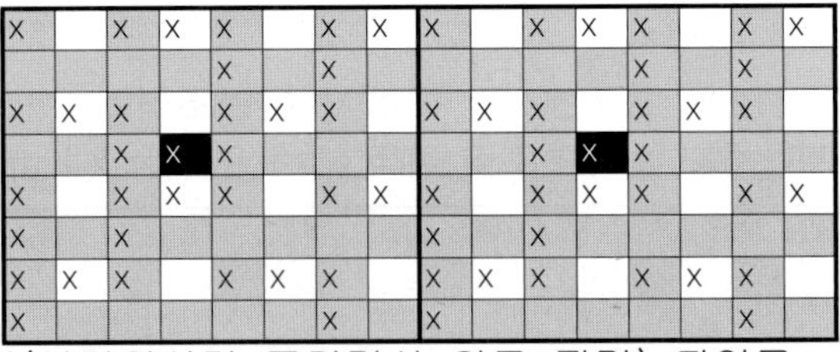

접결사의 원리는 표면조직 제직시 down이고 이면조직 제직시 up이다. 현 상태에서는 접결이 일어나지 않으며 표리조직의 중간에 3중직의 형태로 접결사가 위치한다.

Ground 사	접결사	Ground 사	접결사	Ground 사	접결사	Ground 사	접결사

위에서 접결사에 접결을 표기하려면, 접결사의 원리(표면조직 제직시 down, 이면조직 제직시 up)와 반대로 표면조직 제직시 up, 이면조직 제직시 down으로 식점하면 접결이 일어난다. (식점-조직을 심는다)

③ 접결점 배치(본 바닥 접결도 동일하다)

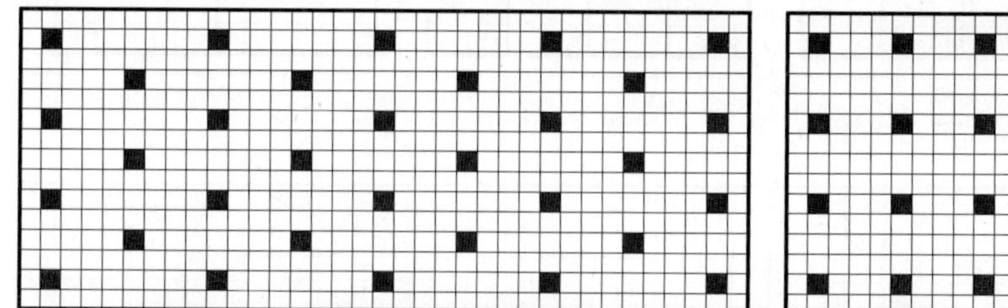 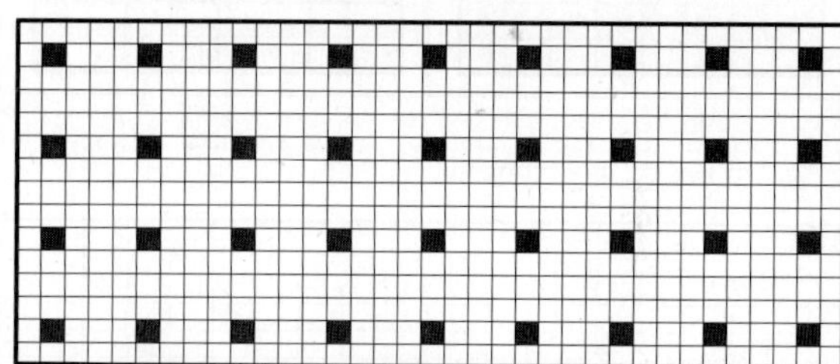

특수효과를 목적으로 원칙을 바꿀 수는 있으나, 일반적으로 접결사는 두 개 이상을 사용하여 표리에 접결의 노출을 최대한 줄일 수 있게 마름모 구도로 배치되게 작도해야 한다. (좌측 그림이 우측 그림에 비하여 접결의 노출을 줄이며 역학적인 힘의 분산이 양호하다.)

④ 접결점 위치(본바닥 접결도 동일하다)

그림 A	그림 B	그림 C

접결점의 위치는 일반적으로 접결점의 노출을 최대한 줄일 수 있게 선정되어야 한다. 위 그림에서 접결점의 노출은 그림A<그림B<그림C의 순서이다.

이상에서 설명된 이중직의 원리는 3중직, 4중직, 5중직 등의 다중직과 같은 논리이다. 그러므로 다음에는 4중직의 일례만 추가하기로 한다.

4중직의 작도

① 조직 결정

1 조직 (표면1)	2 조직 (표면2)	3 조직 (이면2)	4 조직 (이면1)

② 비율 결정(1조직:2조직:3조직:4조직:=2:1:1:1)

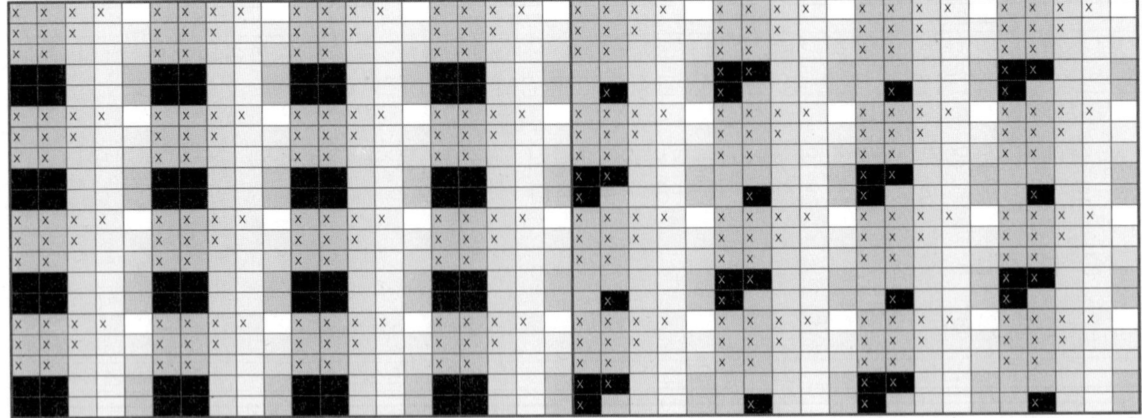

③ 표리 조직 구분

1 조직 (표면1)	2 조직 (표면2)	3 조직 (이면2)	4 조직 (이면1)

④ 구분 직점 작도

종광 12매. 위 직점은 각 조직을 구분하는 직점으로, 제직이 되지 않는 직점이다.

⑤ 1조직(표면1) 표기

표면과 표면이 교차한 부분 즉 좌측 Black으로 채색된 부분이 표면(1조직)조직이며, 우측과 같이 1조직(표면1)을 표기.

⑥ 2조직(표면2) 표기

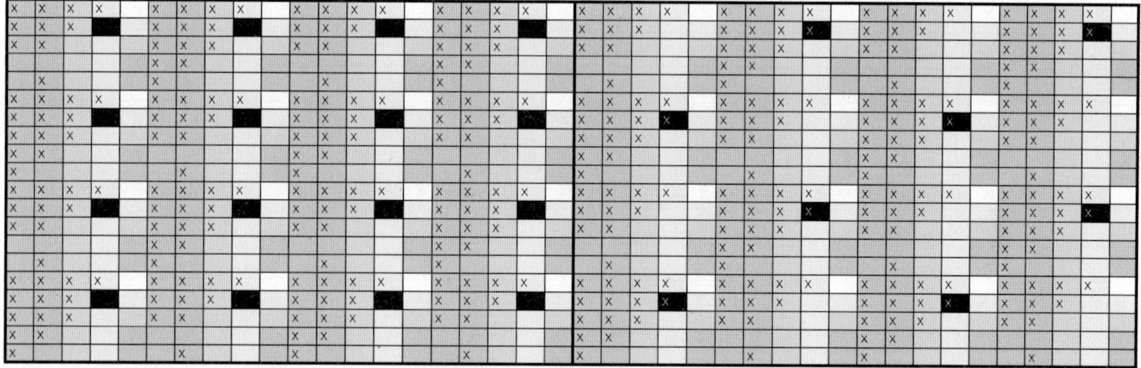

⑦ 3조직(이면2) 표기

⑧ 4조직(이면1) 표기

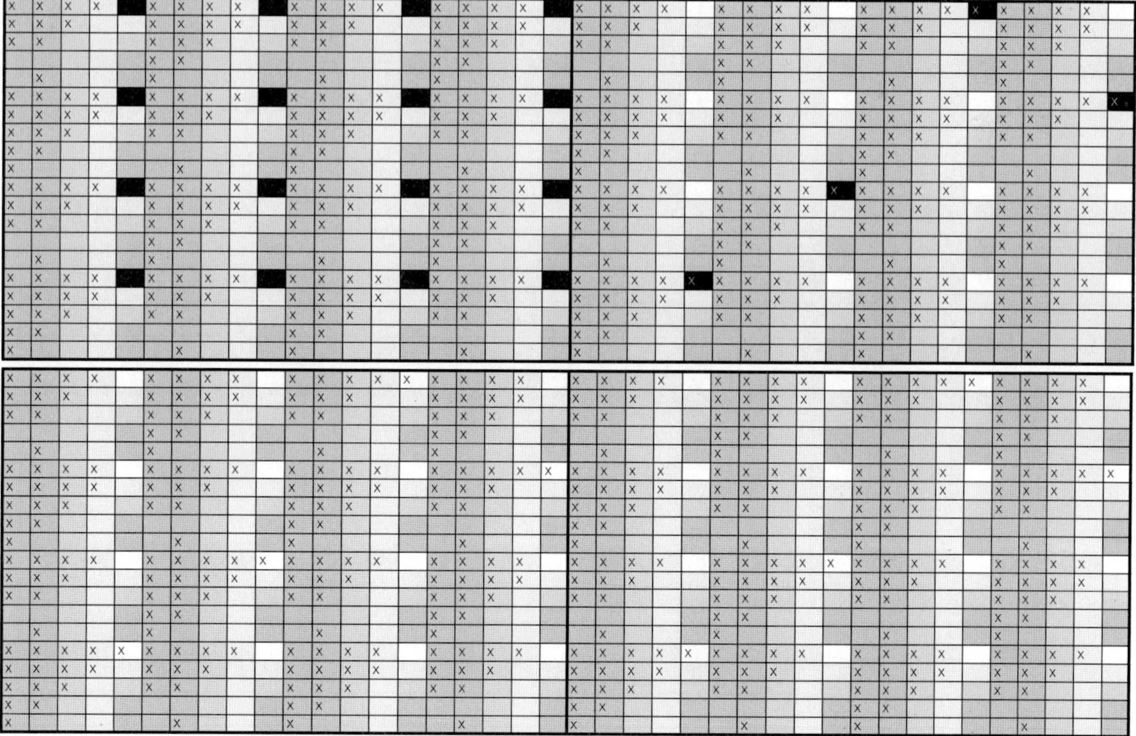

위 조직은 4중직(표면부터 2/2 twill, 평직, 평직, 1/3주자). 비율(2:1:1:1)인 완성된 조직.

위 조직(앞 page 8번)은 접결 없이 4겹으로 제직되는 4중직 조직이다.
본바닥 접결이나 접결사에 의한 접결은 똑 같이 표면1조직과 이면1조직 접결이 가능하다.
3중직 이상은 일반적으로 후직이기 때문에 접결 지점에 무리가 가지 않도록 세심한 주의가
필요하다.
　　여기서는 표면기준 1조직과 3조직, 2조직과 4조직의 접결을 예로 들어 접결하였다.

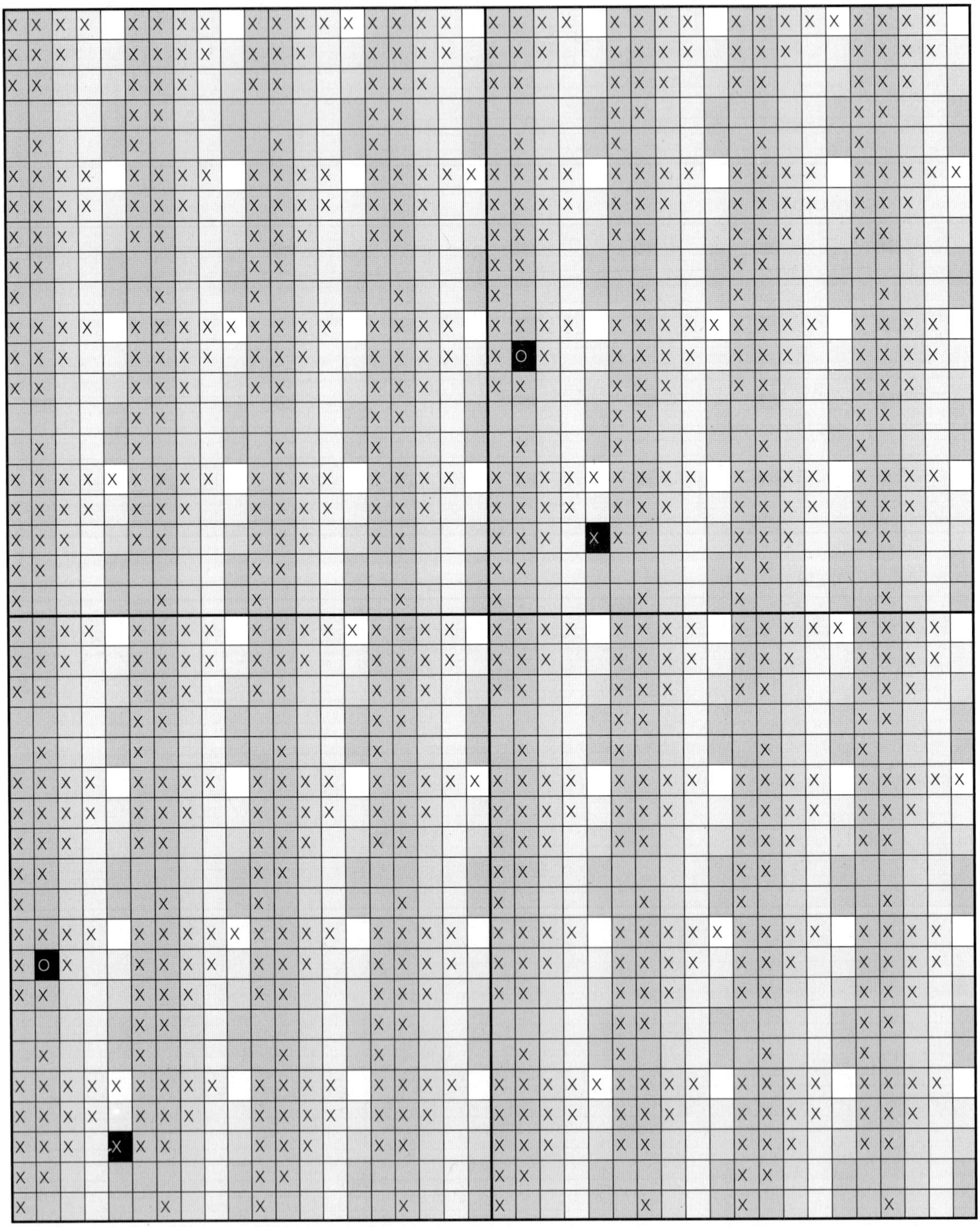

2중직의 분별 방법 (01)

아래 그림과 같이, 경사 위사 똑 같이 노출(Flotting)의 차이가 크면 이중직(다중직)이다.

X		X	X	X		X	X	X		X	X	X		X	X	X		X	X	X		X	X	X		X	X	X		X	X
				X		X						X		X						X		X						X		X	
X	X	X		X	X	X		X	X	X		X	X	X		X	X	X		X	X	X		X	X	X		X	X	X	
		X		X						X		X						X		X						X		X			
X		X	X	X		X	X	X		X	X	X		X	X	X		X	X	X		X	X	X		X	X	X		X	X
X		X						X		X						X		X						X		X					
X	X	X		X	X	X		X	X	X		X	X	X		X	X	X		X	X	X		X	X	X		X	X	X	
X						X		X						X		X						X		X						X	

아래 그림과 같이 경사를 기준으로 표면에 경사가 많이 Up된 조직(Gray부분)이 표면조직, 이면으로 많이 Down된 조직(White부분)이 이면조직이다.

위사 기준으로는 표면에 위사가 많이 Up된 조직(Gray부분)이 표면조직, 이면에 위사가 많이 Down된 조직(White부분)이 이면조직이다.

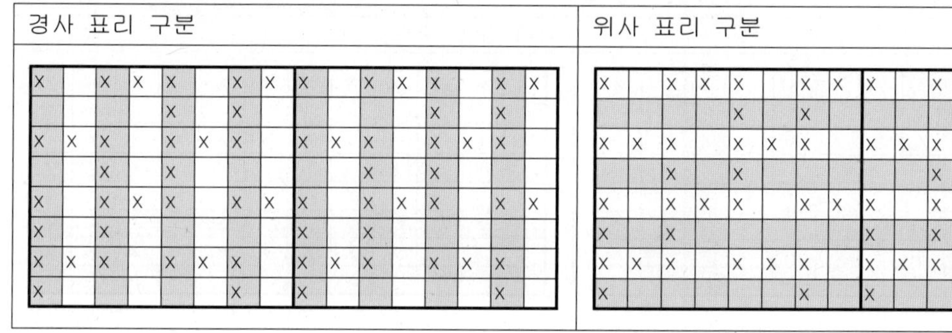

표면조직의 구분은 표면경사와 표면위사가 교차하는 조직이 표면조직이다.

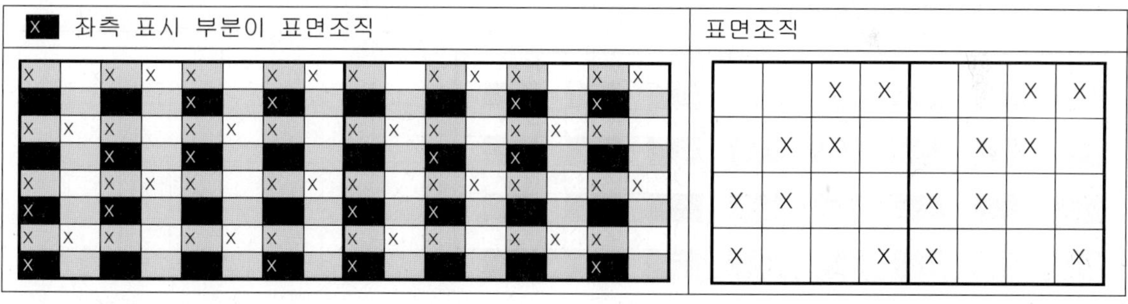

표면조직

		X	X			X	X
	X	X			X	X	
X	X			X	X		
X			X	X			X

이면조직의 구분은 이면경사와 이면위사가 교차하는 조직이 이면조직이다.

이면조직

	X		X		X		X
X		X		X		X	
	X		X		X		X
X		X		X		X	

2중직의 분별 방법 (02)

아래 그림과 같이, 경사 위사의 노출(Flouting)의 차이가 크면 이중직(다중직)이다.

아래 그림과 같이, 표면으로 경사가 많이 Up된 조직(Gray부분)이 표면조직, 이면으로 경사가 많이 Down된 조직(White부분)이 이면조직이다.

위사기준 표면으로 위사가 많이 Up된 조직(Gray부분)이 표면조직, 이면으로 위사가 많이 Down된 조직(White부분)이 이면조직이다.

경사 표리 구분	위사 표리 구분

표면조직의 구분은 표면경사와 표면위사가 교차하는 조직이 표면조직이다.

■ 좌측 표시 부분이 표면조직	표면조직

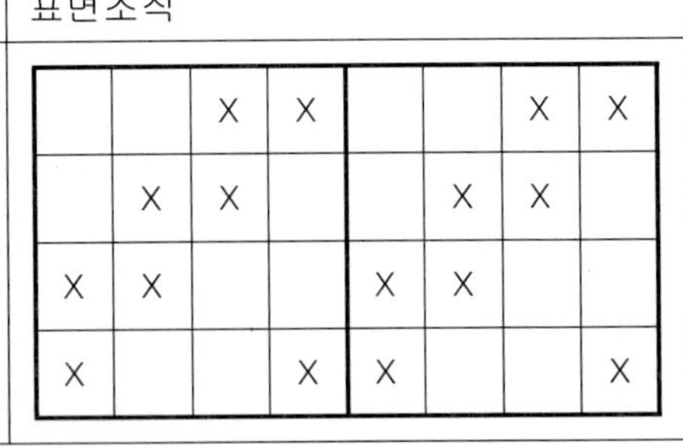

이면조직의 구분은 이면경사와 이면위사가 교차하는 조직이 이면조직이다.

■ 좌측 표시 부분이 이면조직	이면조직

다음은 일반적으로 많이 사용되는 실무에 참고할 이중직물 중, 표리 배열비율 경사 표:리 =1:1 위사 표:리=1:1인 기본조직의 예(접결이 제외된 조직으로 접결은 설계자 의도 따라 필요 지점에 배치)이다.

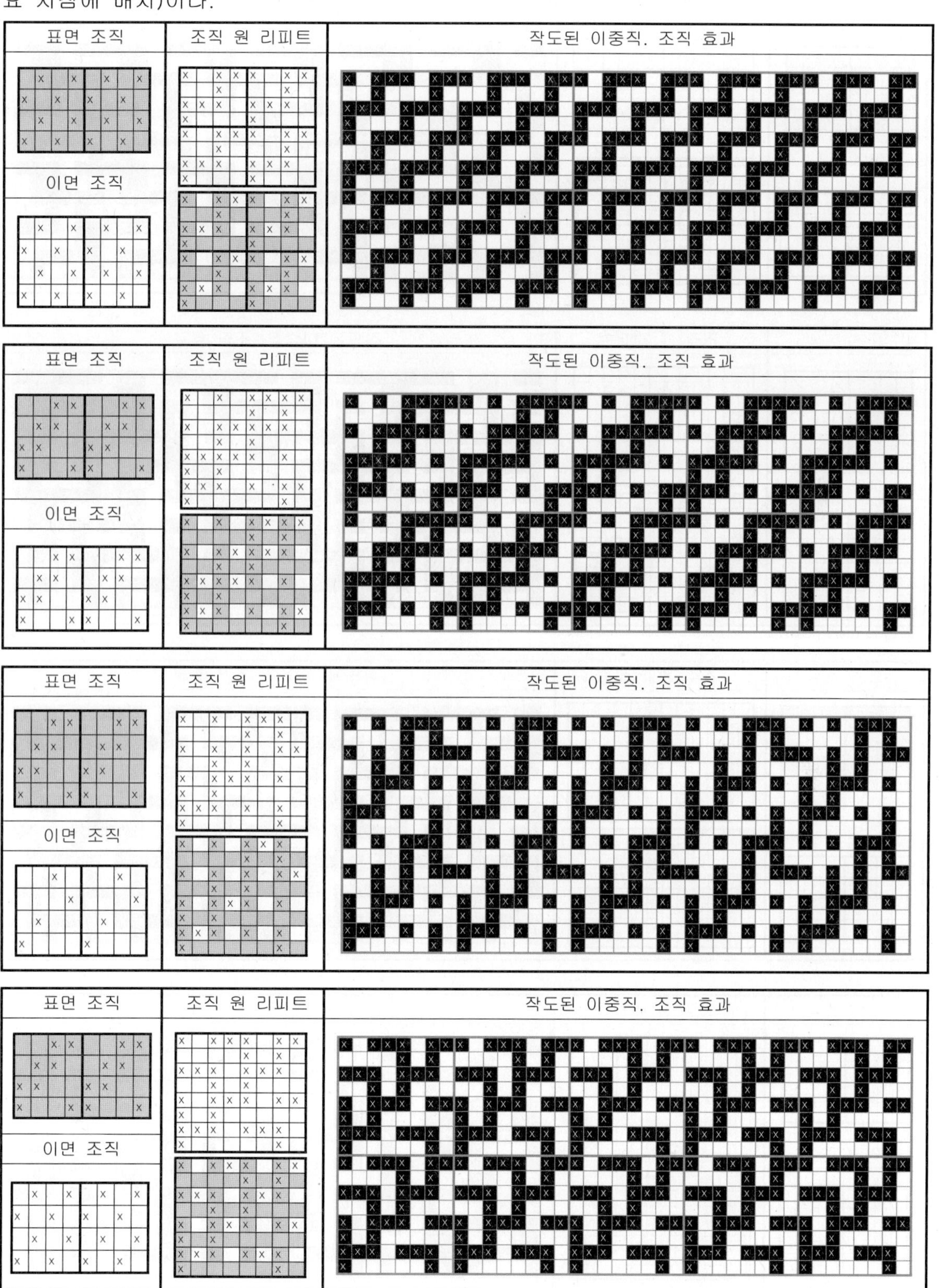

다음은 실무에 참고할 이중직물 중, 표리 배열비율 경사 표:리=2:1 위사 표:리=1:1인 기
본조직의 예(접결이 제외된 조직으로 접결은 설계자 의도 따라 필요 지점에 배치)이다.

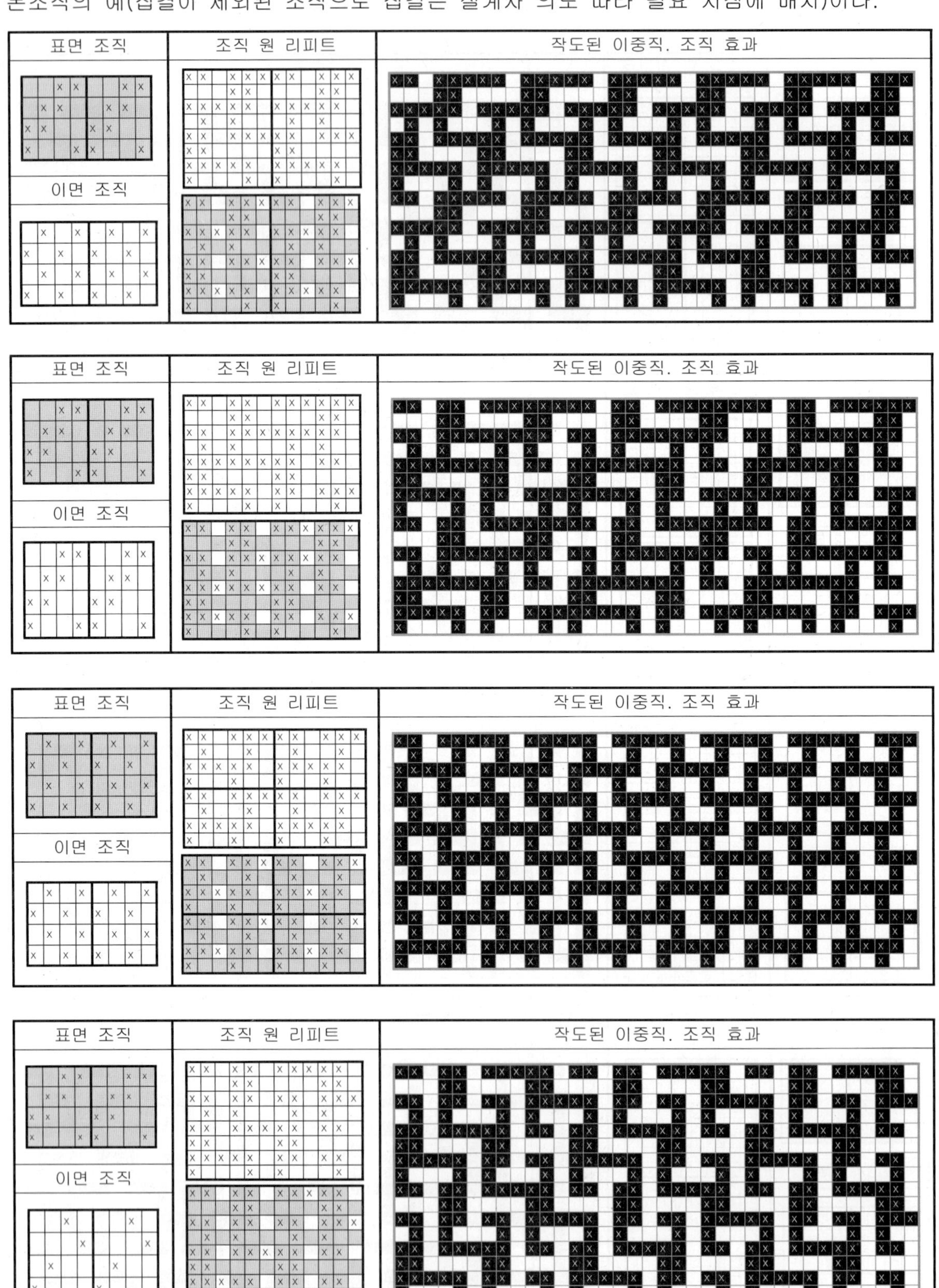

　다음은 일반적으로 많이 사용하며 실무에 참고할 이중직물 중, 표리 배열비율 경사 표:리 =2:1 위사 표:리=2:1인 기본조직의 예 (접결이 제외된 조직으로 접결은 설계자 의도에 따라 필요 지점에 배치)

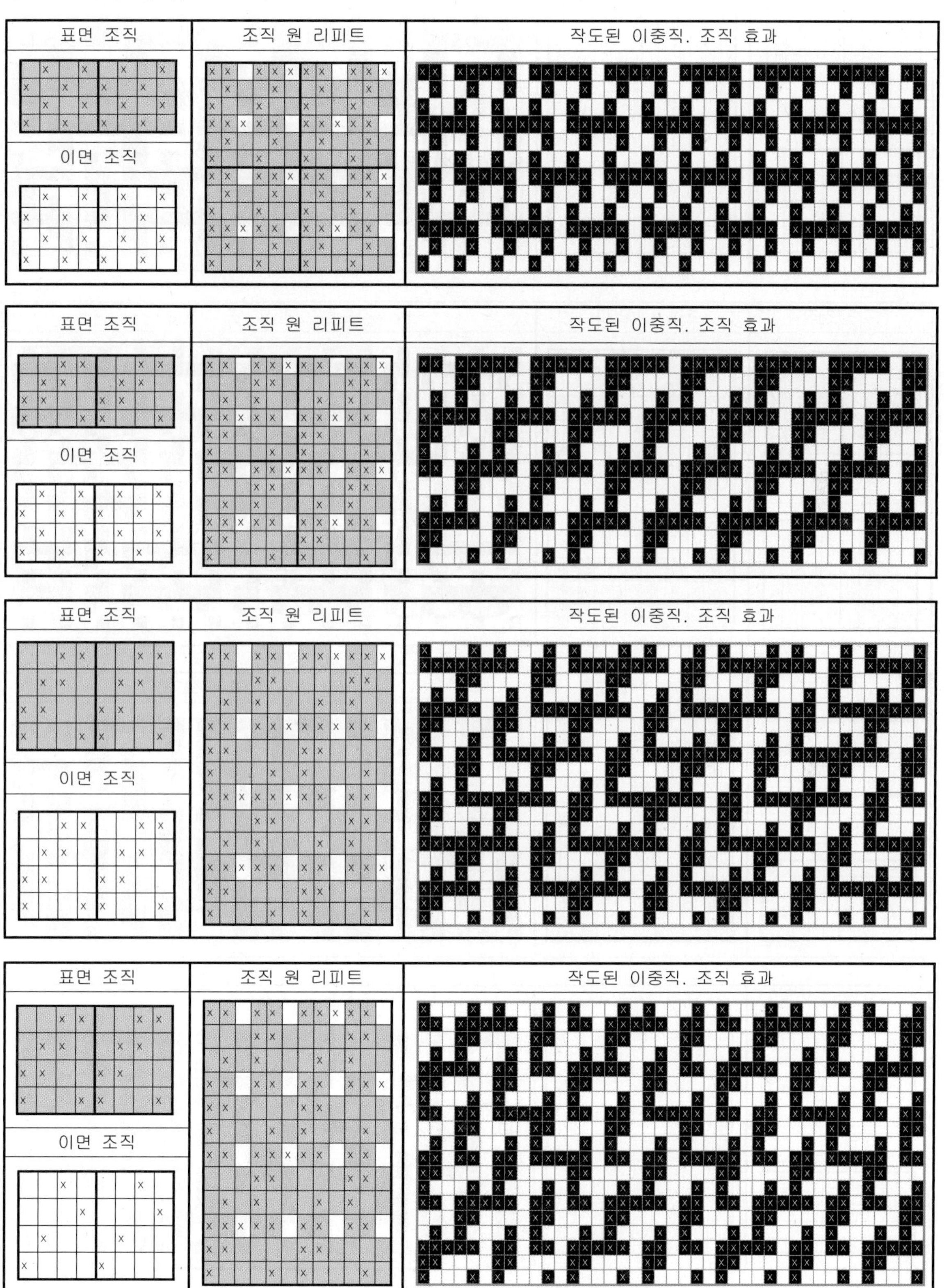

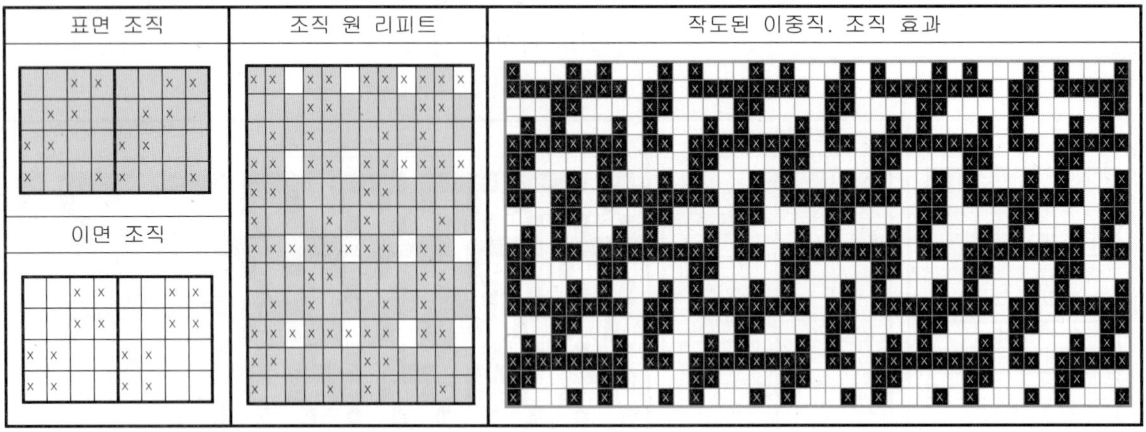

표면 조직	조직 원 리피트	작도된 이중직. 조직 효과
이면 조직		

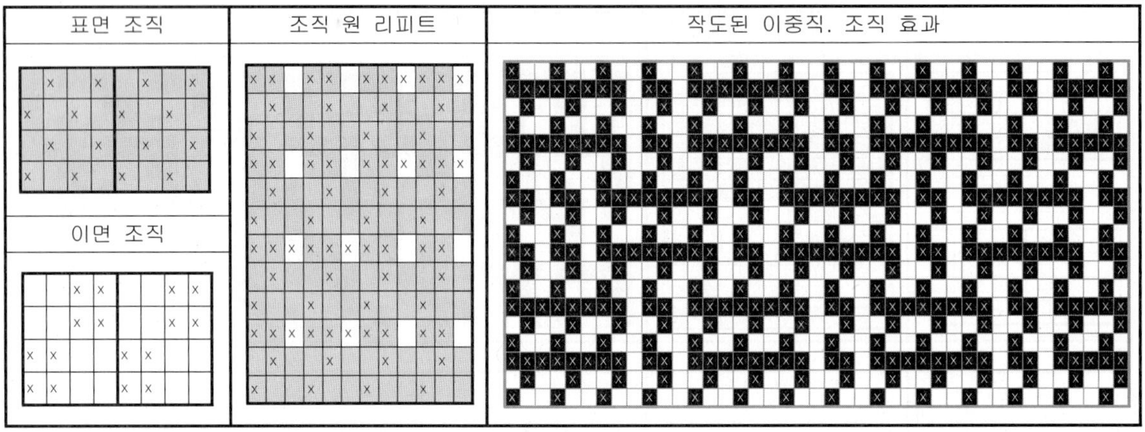 표면 조직	조직 원 리피트	작도된 이중직. 조직 효과
이면 조직		

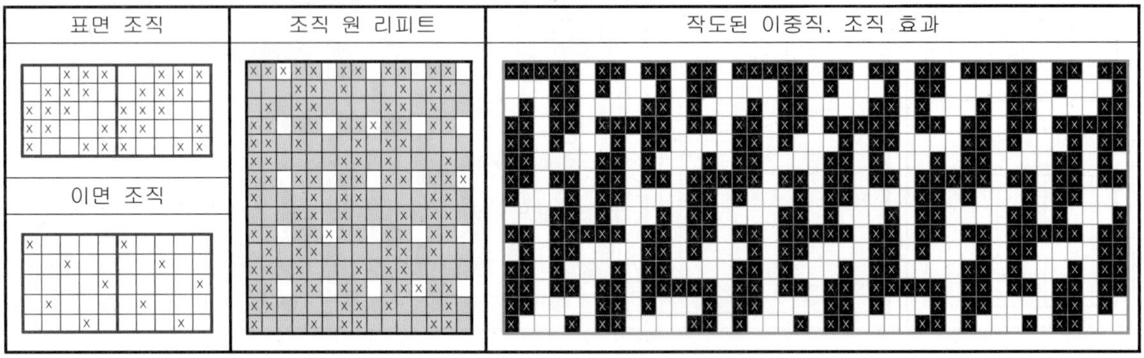 표면 조직	조직 원 리피트	작도된 이중직. 조직 효과
이면 조직		

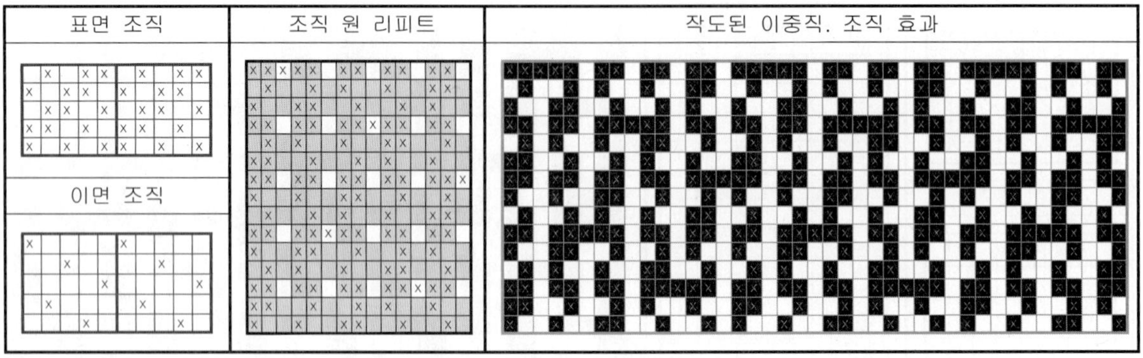 표면 조직	조직 원 리피트	작도된 이중직. 조직 효과
이면 조직		

제6장 직물 조직도

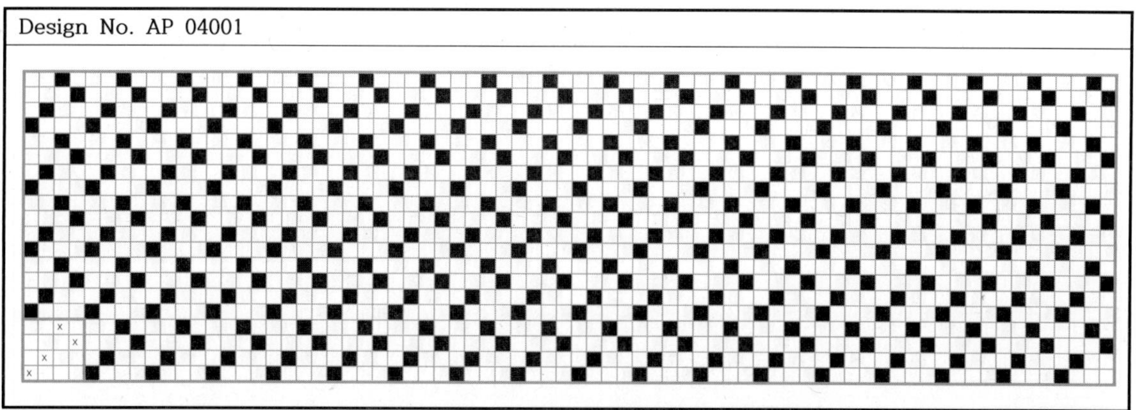

Design No. AP 04001

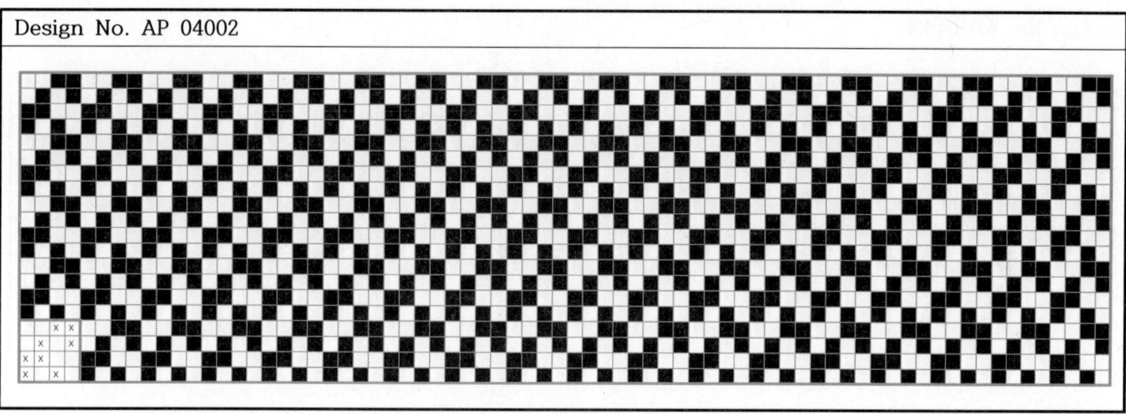

Design No. AP 04002

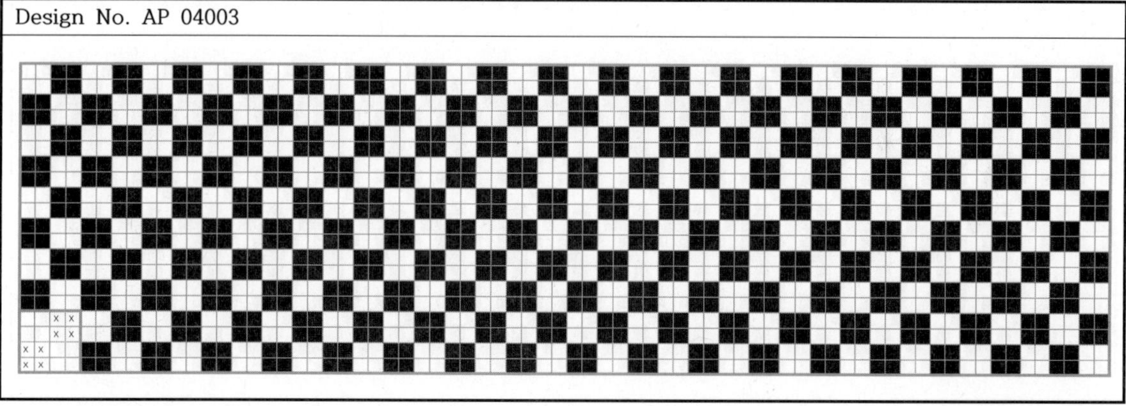

Design No. AP 04003

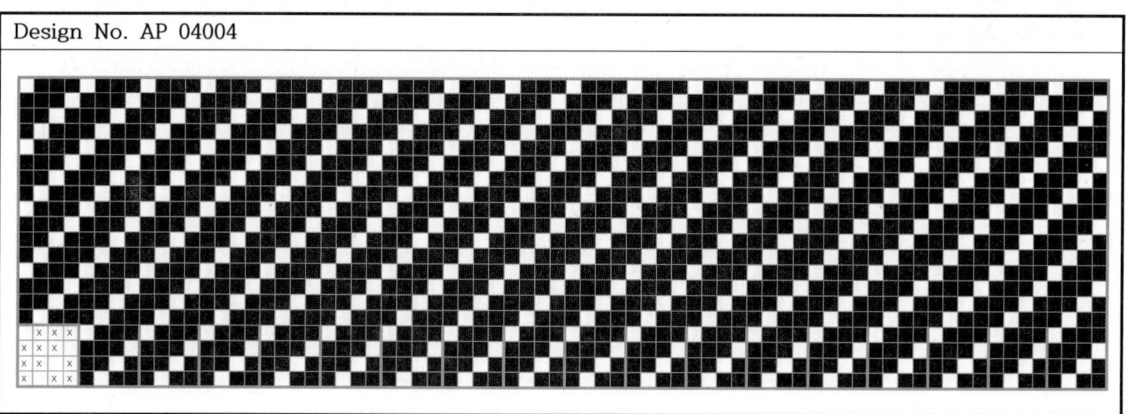

Design No. AP 04004

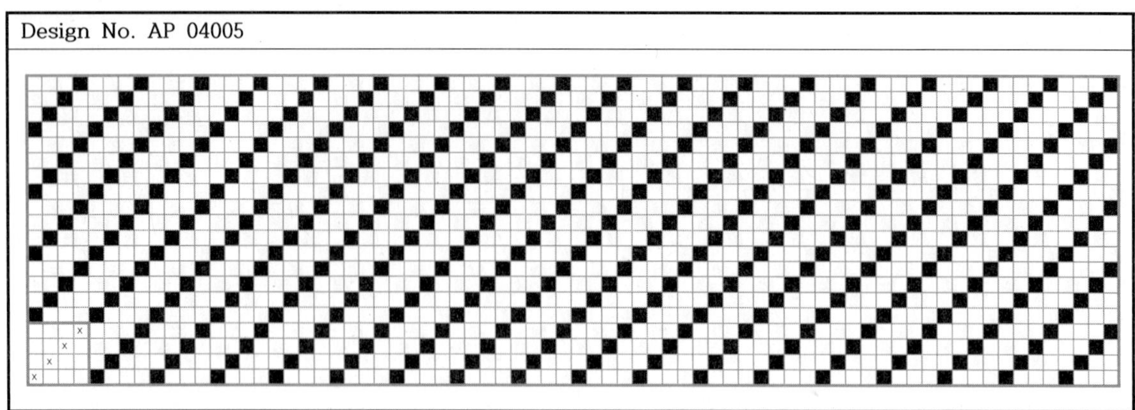

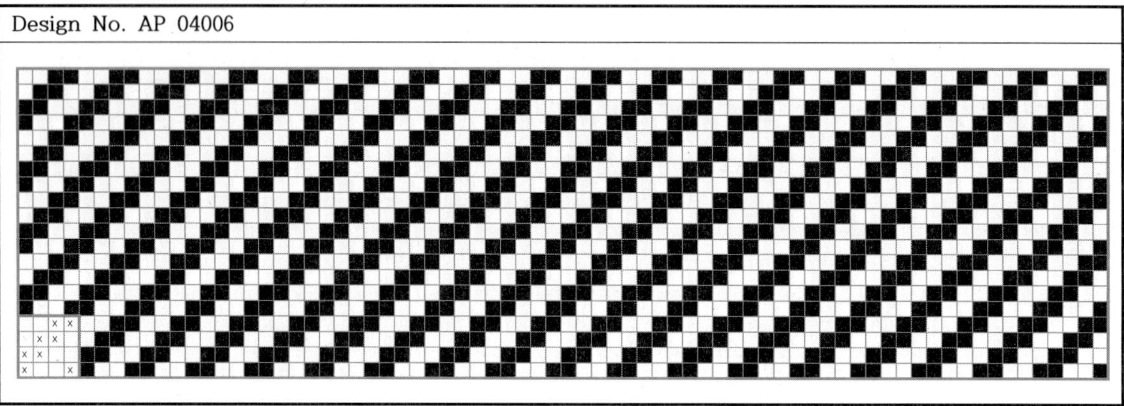

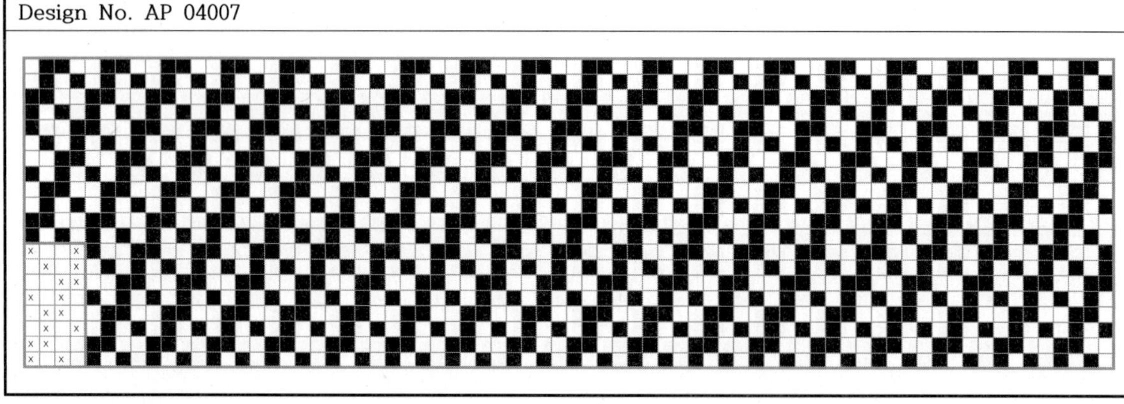

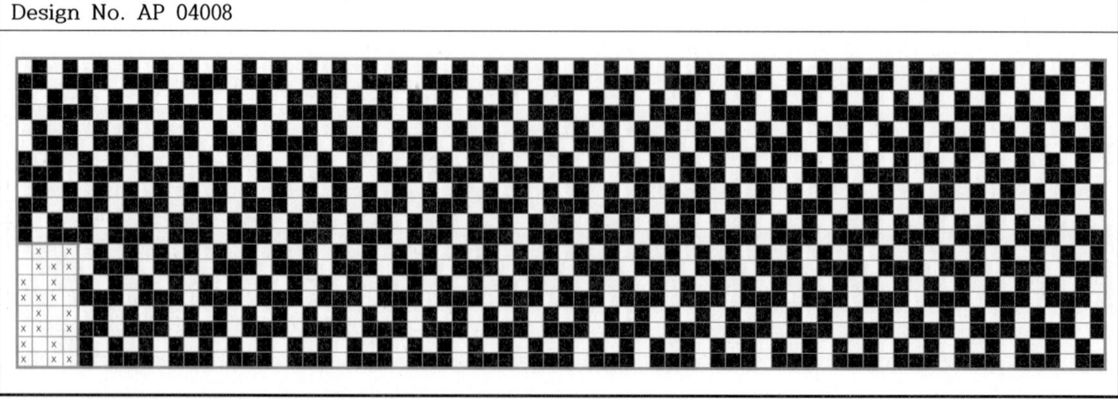

Design No. AP 04009

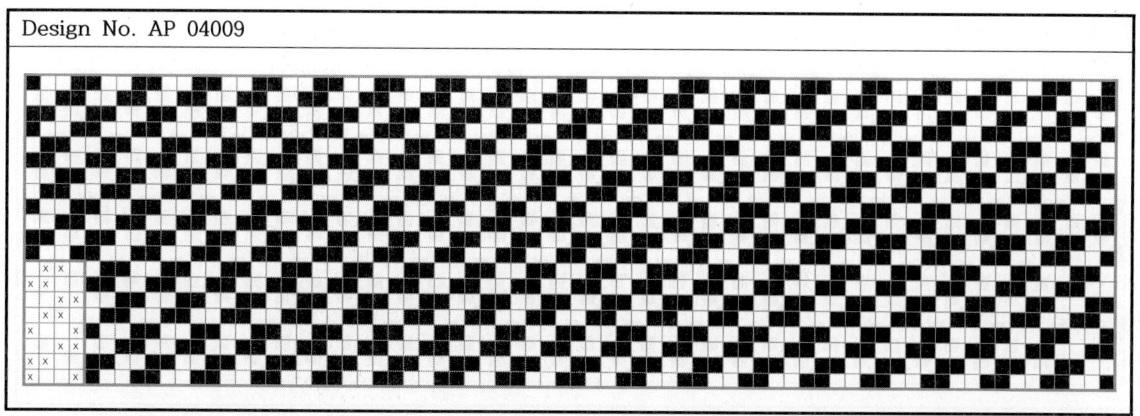

Design No. AP 04010

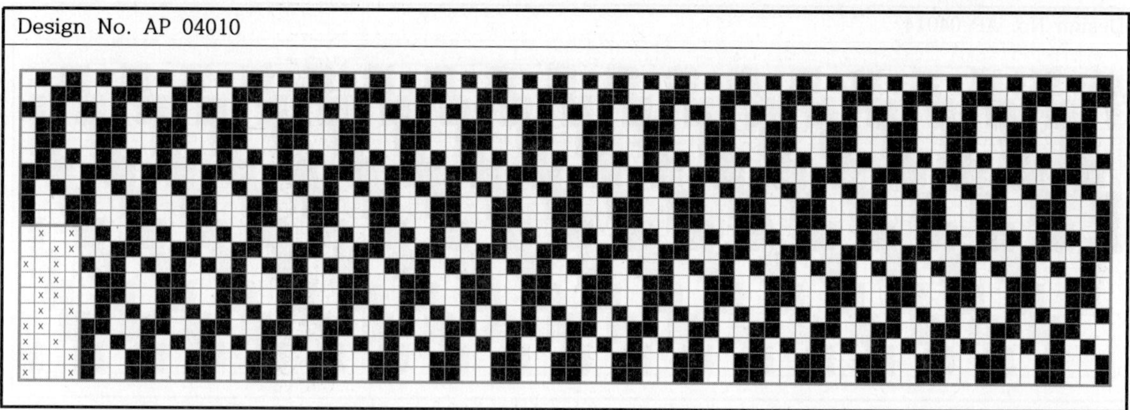

Design No. AP 04011

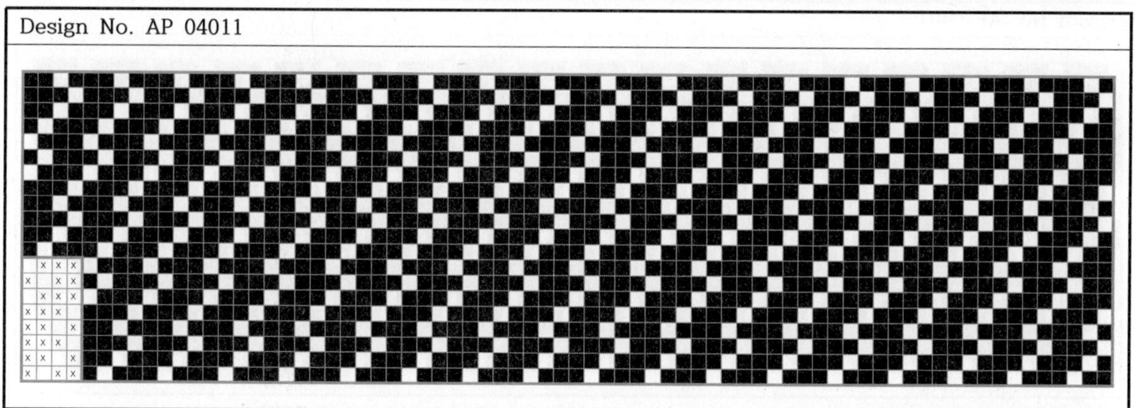

Design No. AP 04012

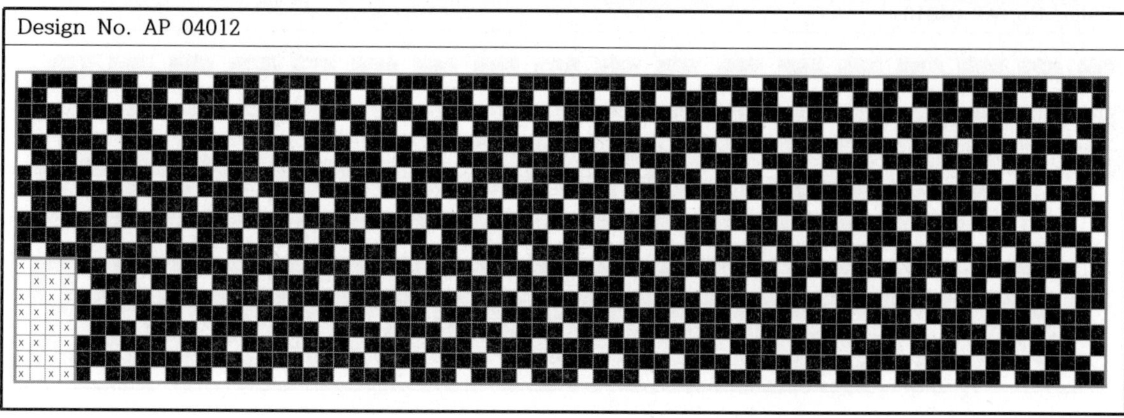

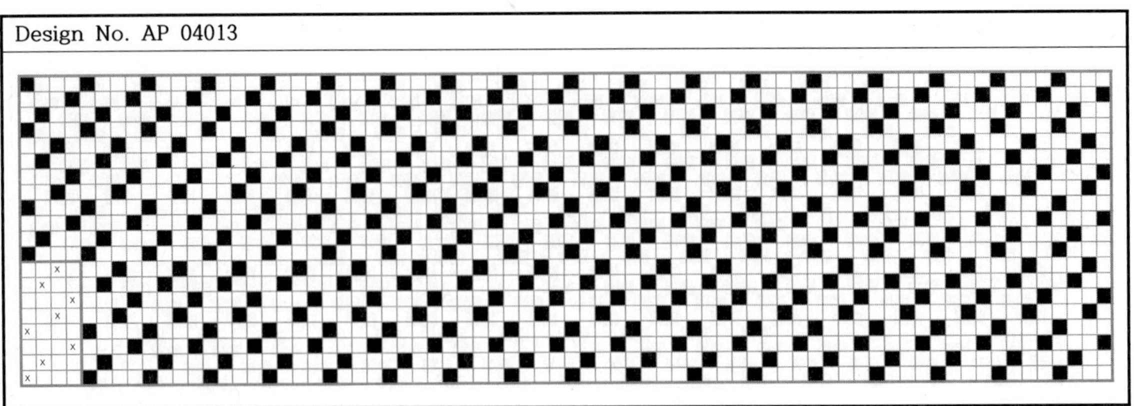

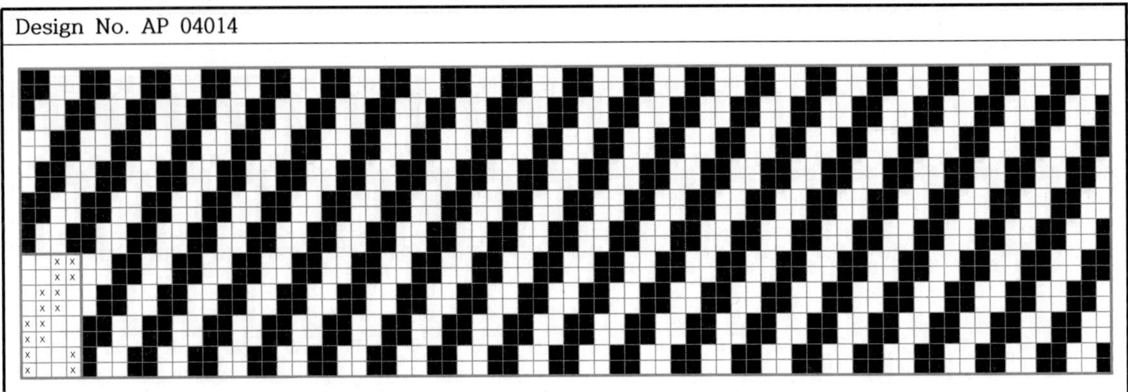

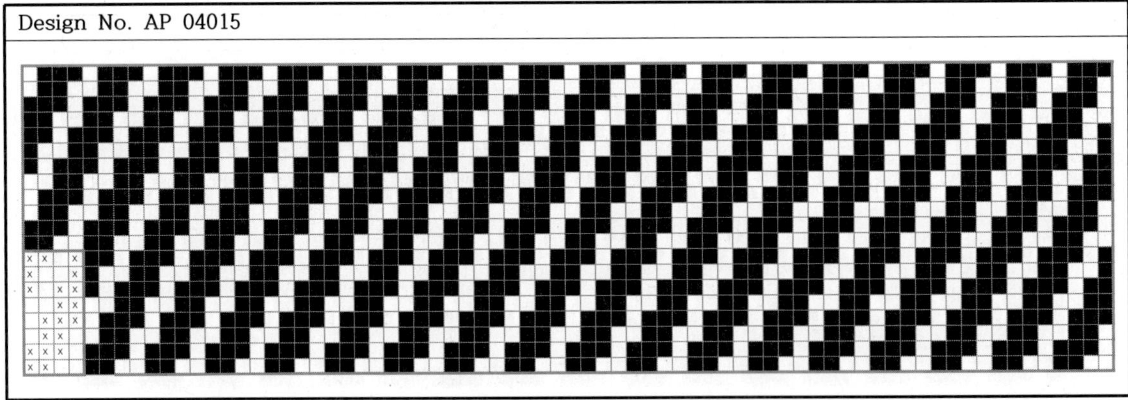

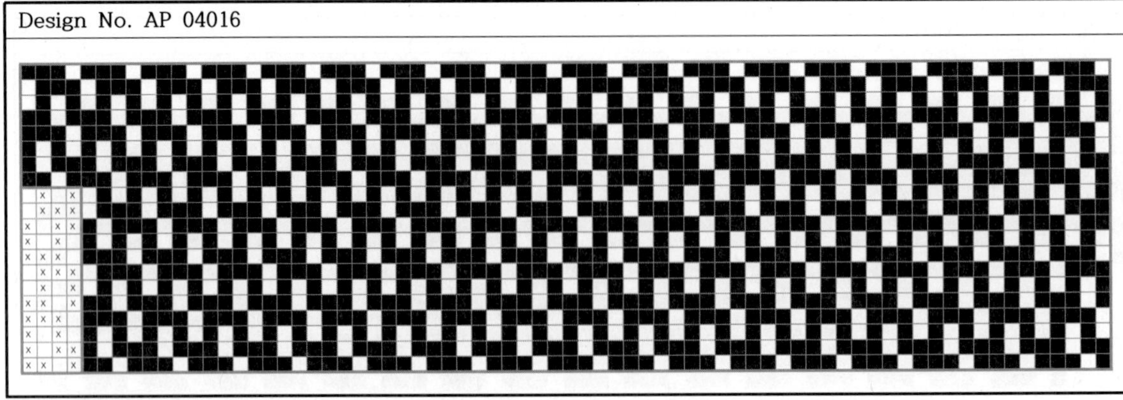

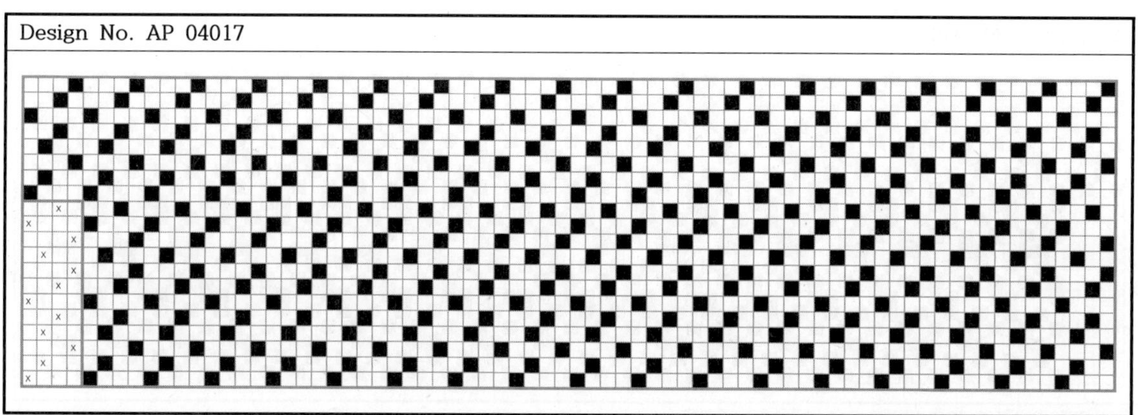

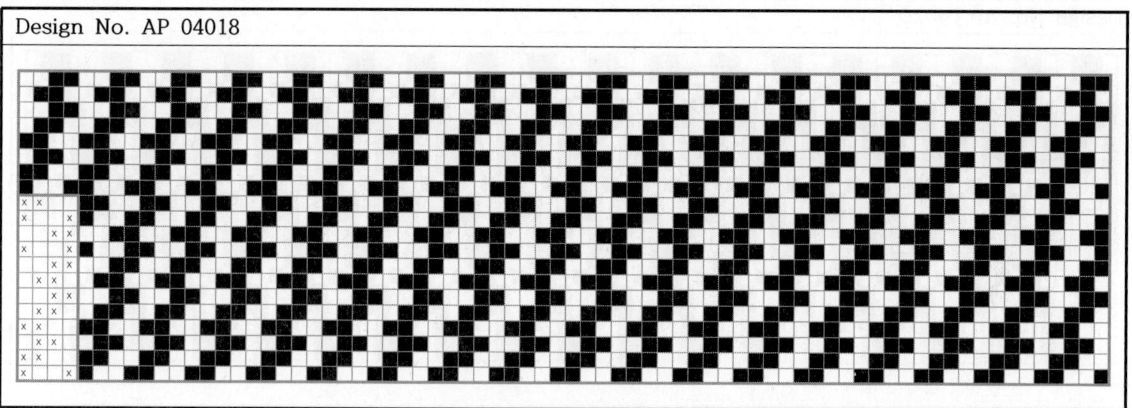

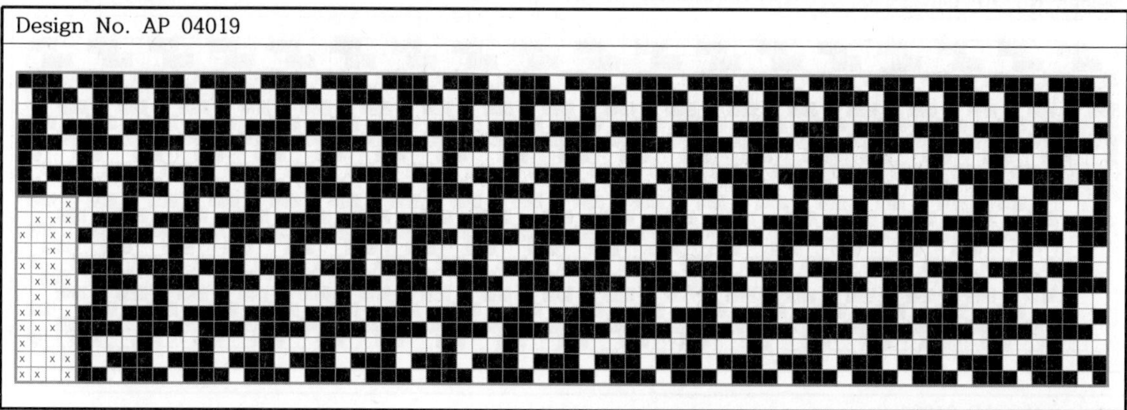

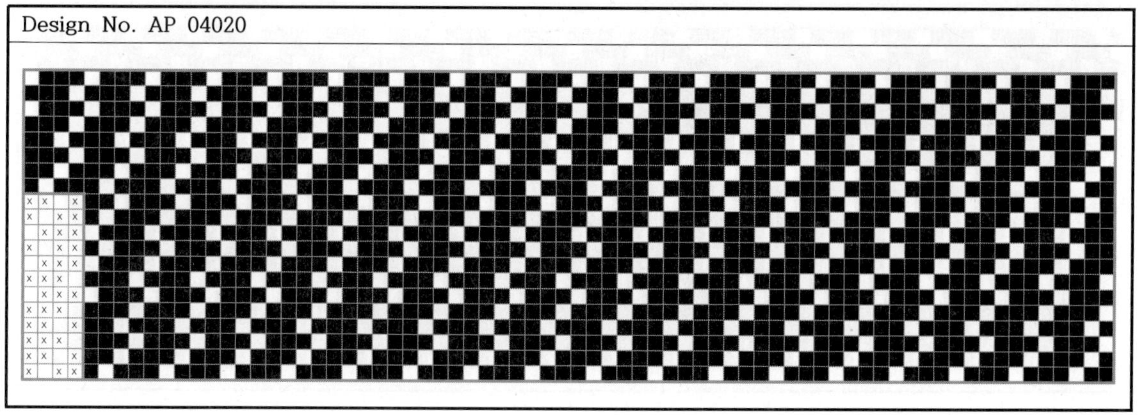

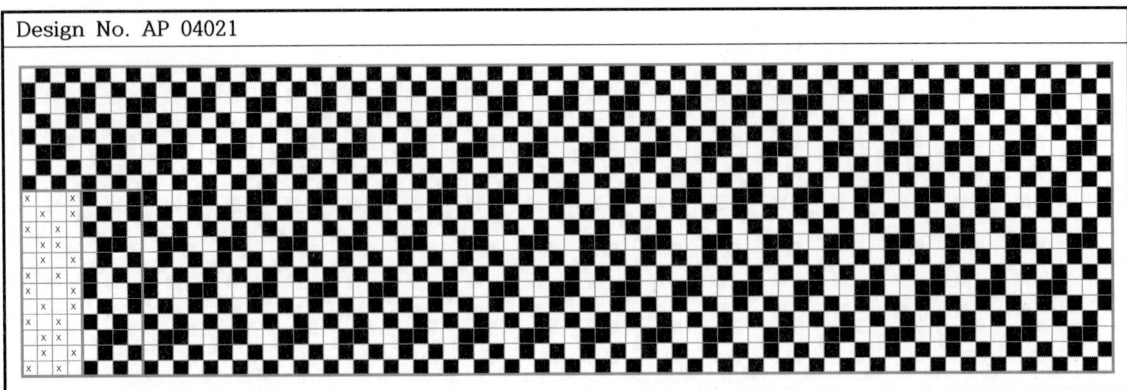

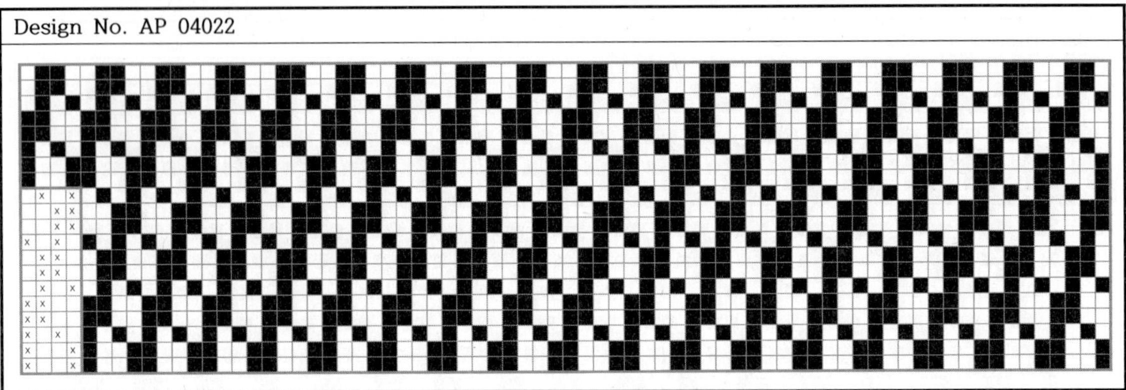

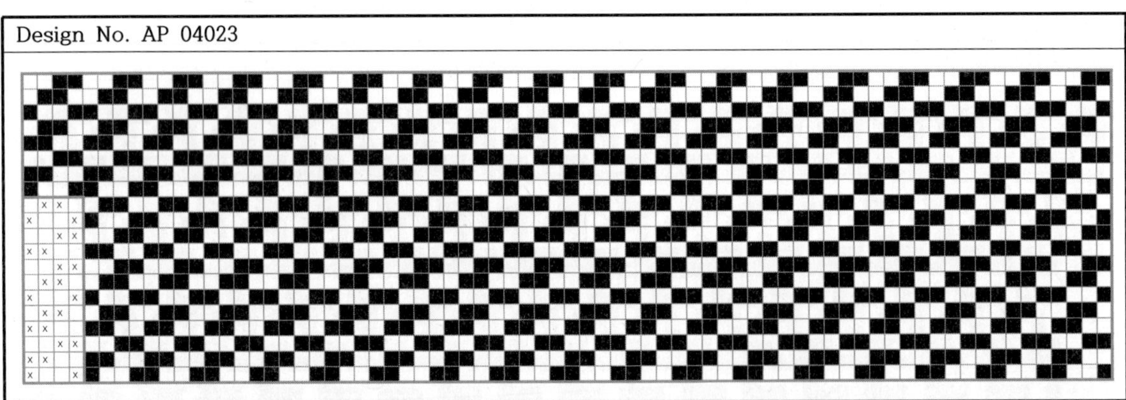

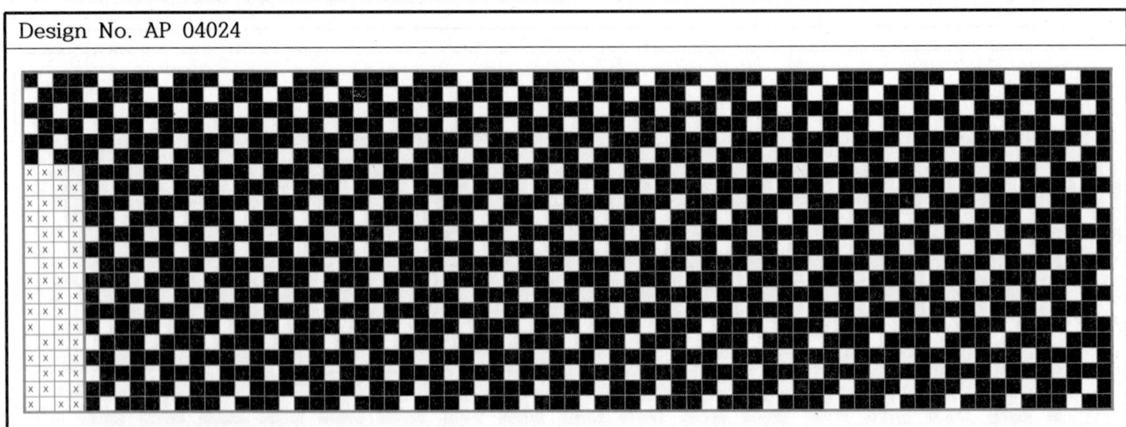

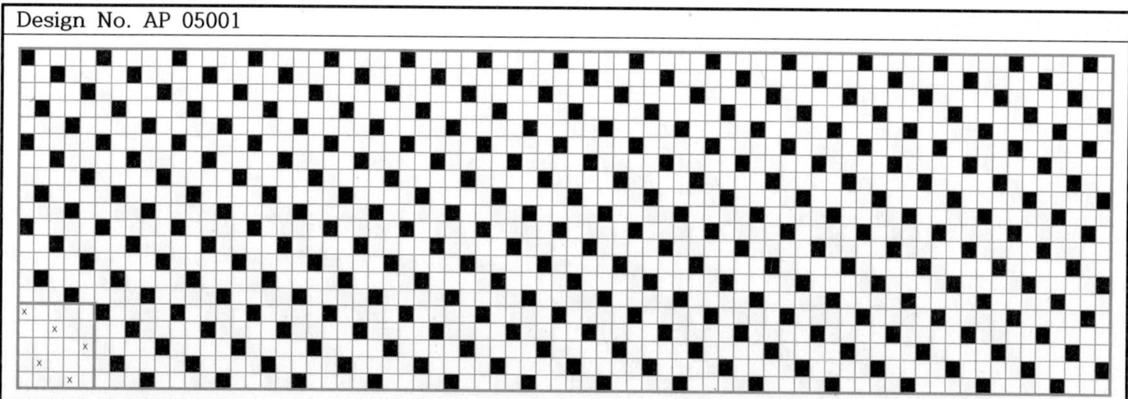

Design No. AP 05001

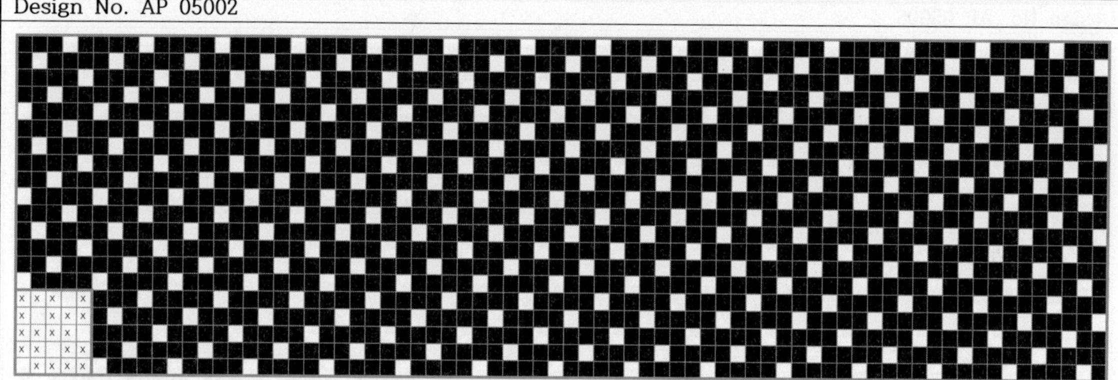

Design No. AP 05002

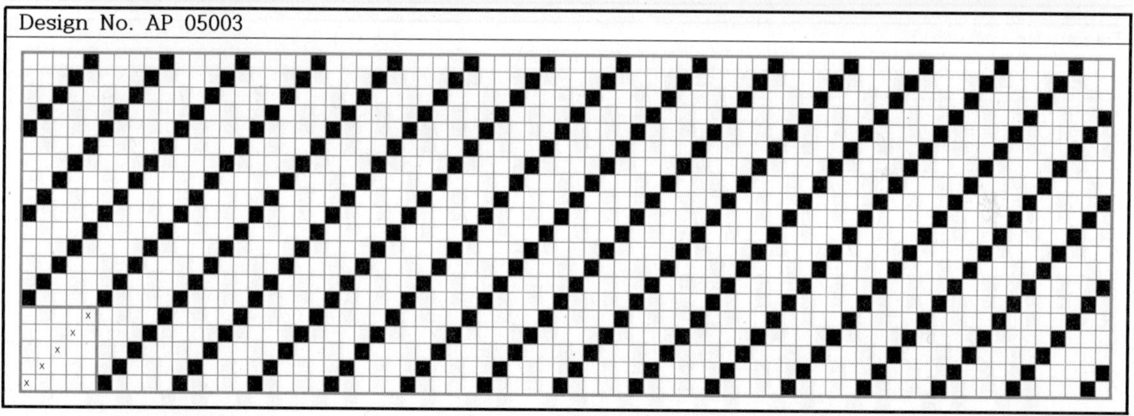

Design No. AP 05003

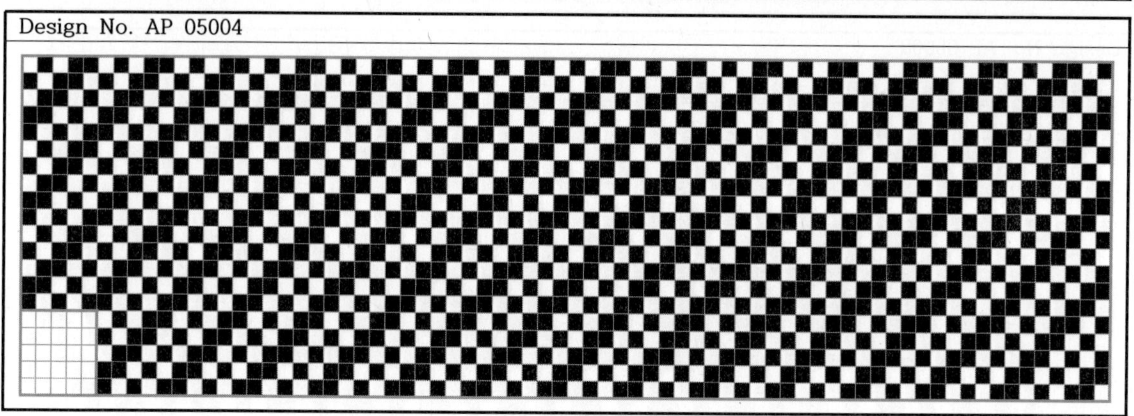

Design No. AP 05004

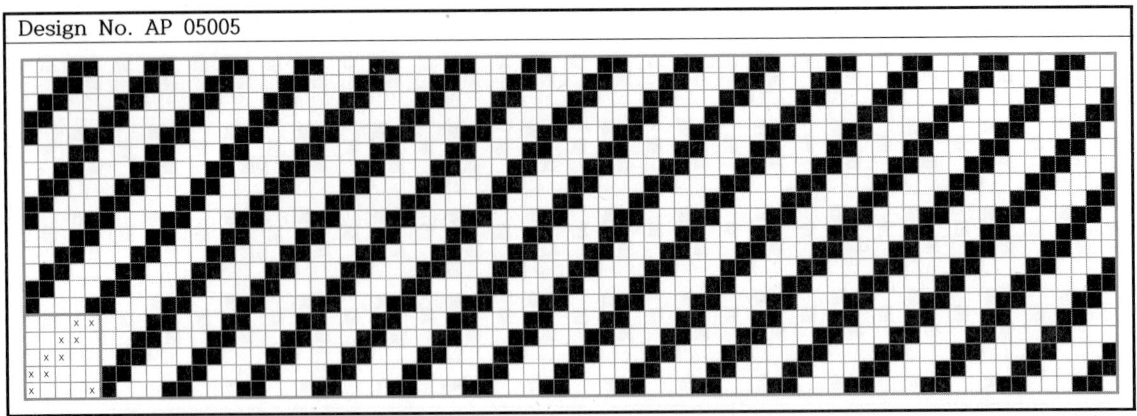

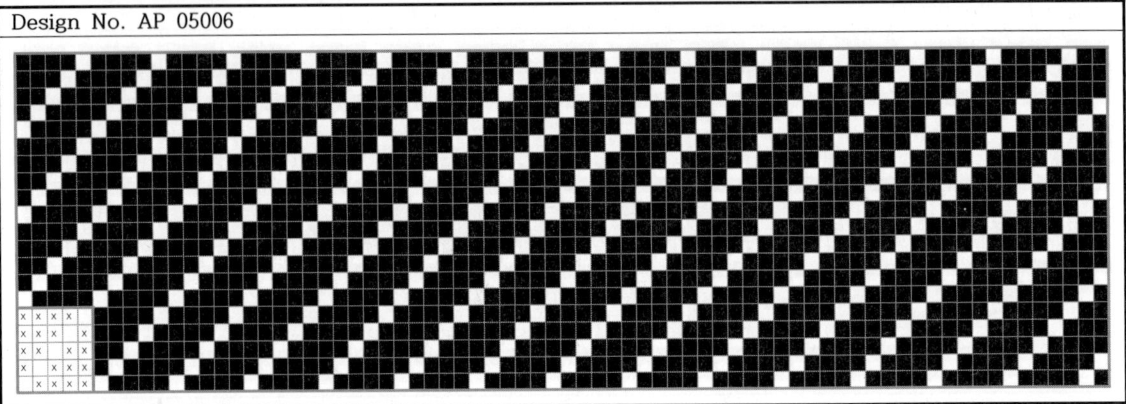

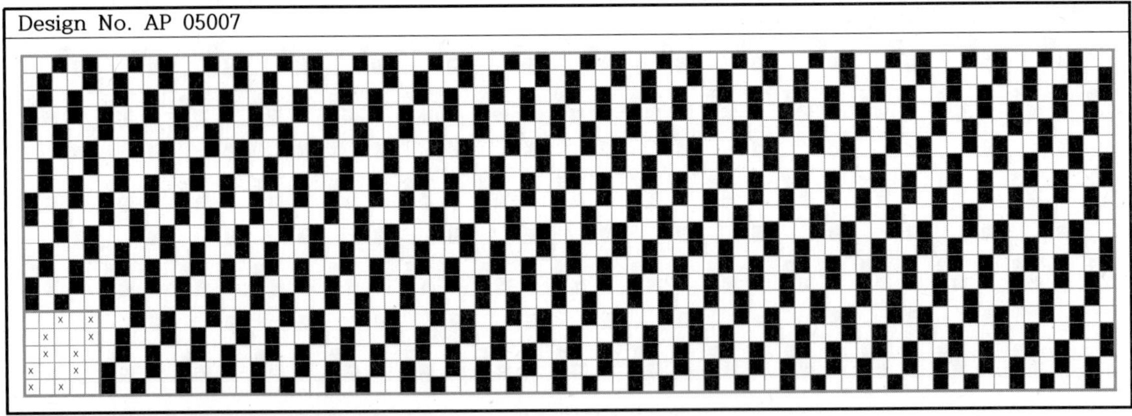

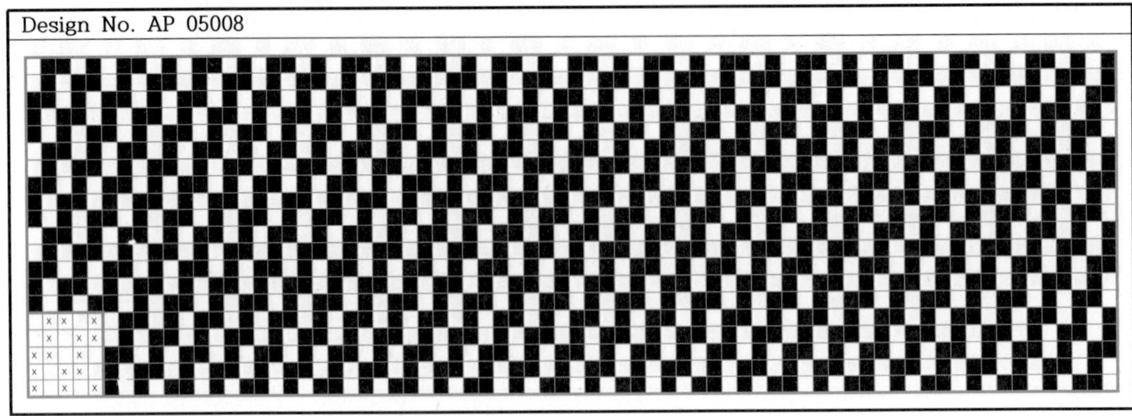

Design No. AP 05009

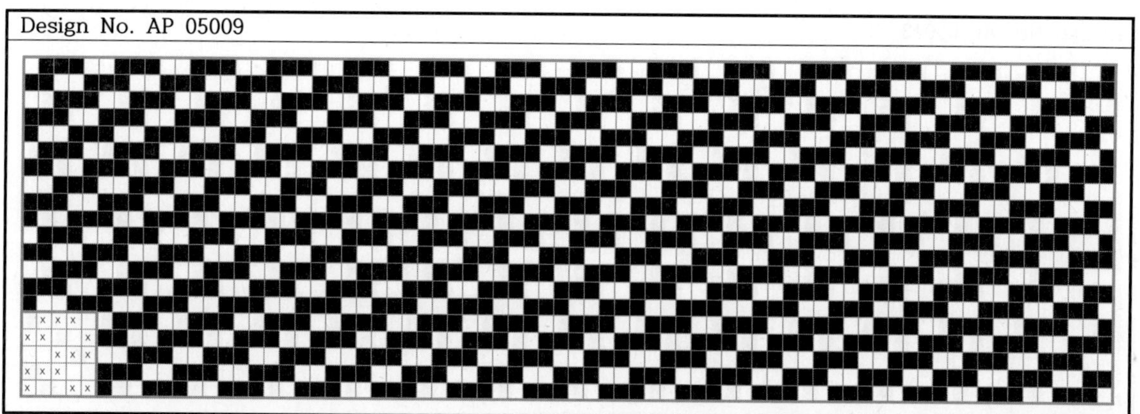

Design No. AP 05010

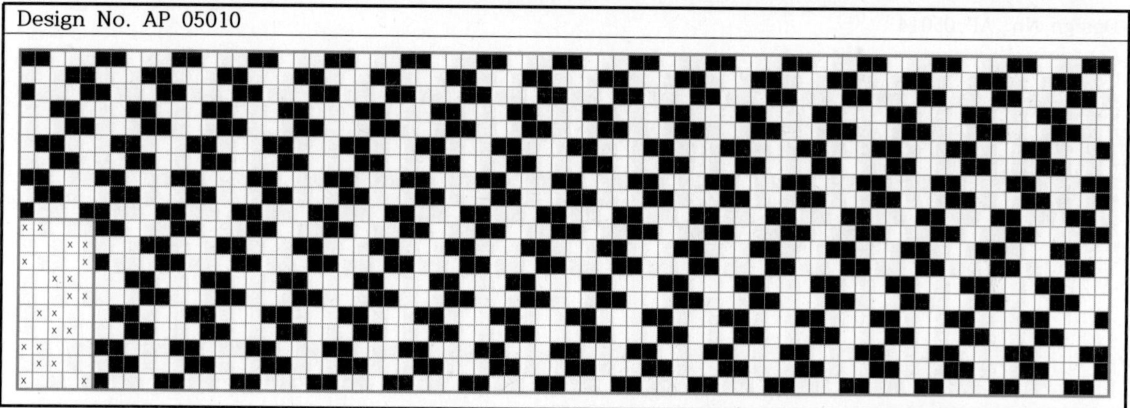

Design No. AP 05011

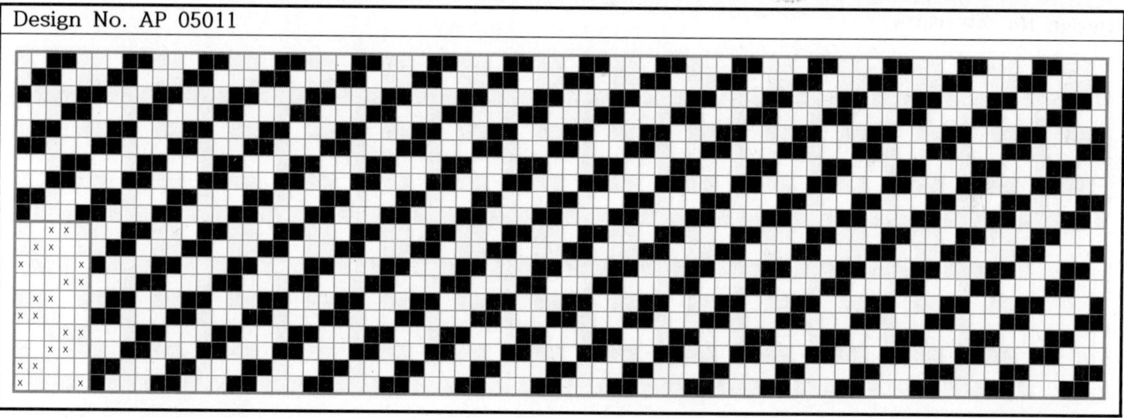

Design No. AP 05012

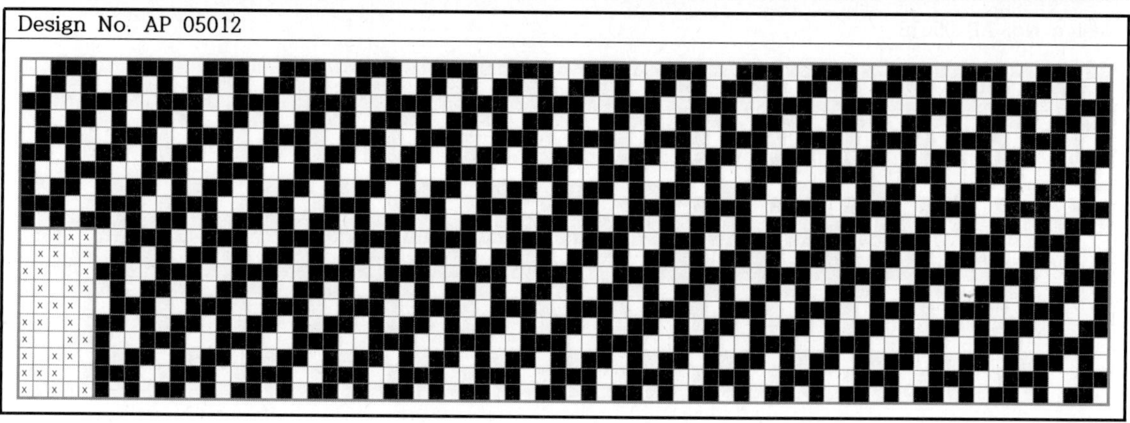

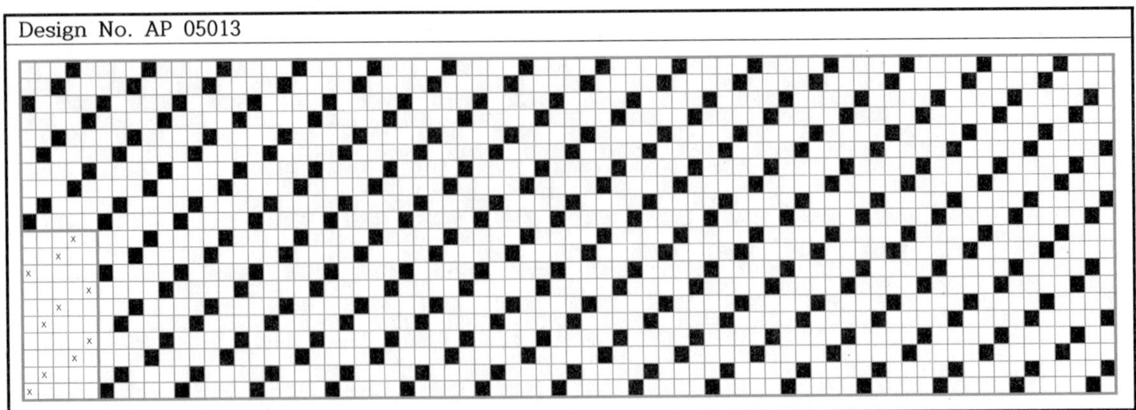

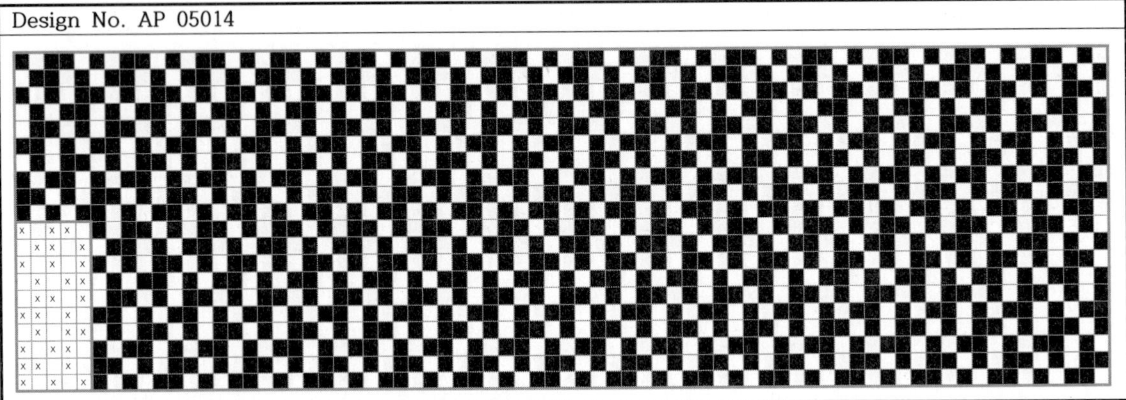

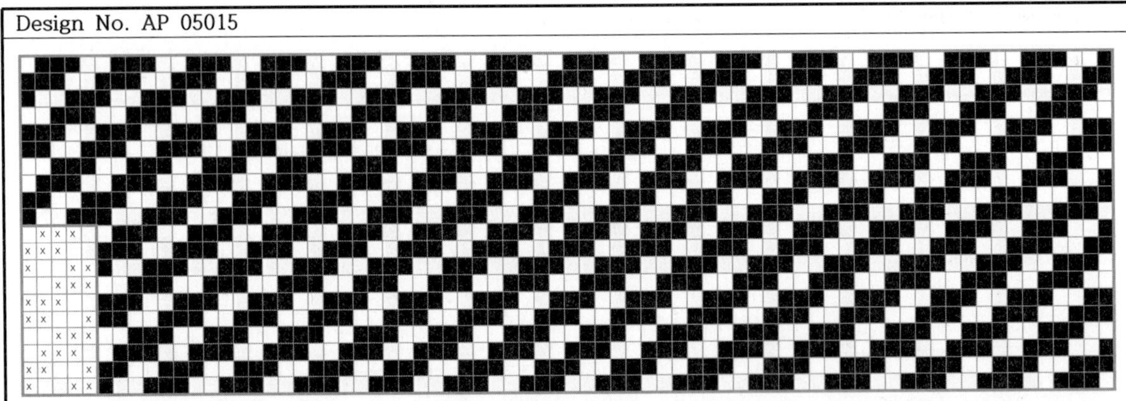

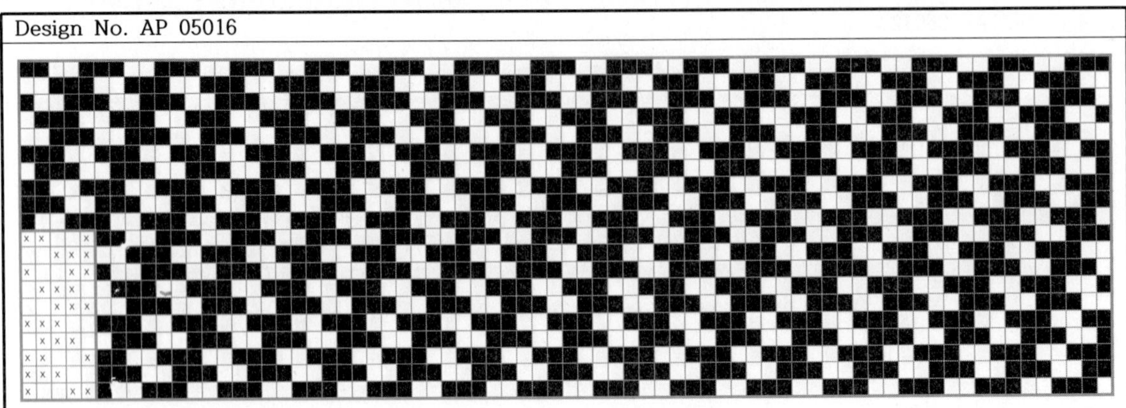

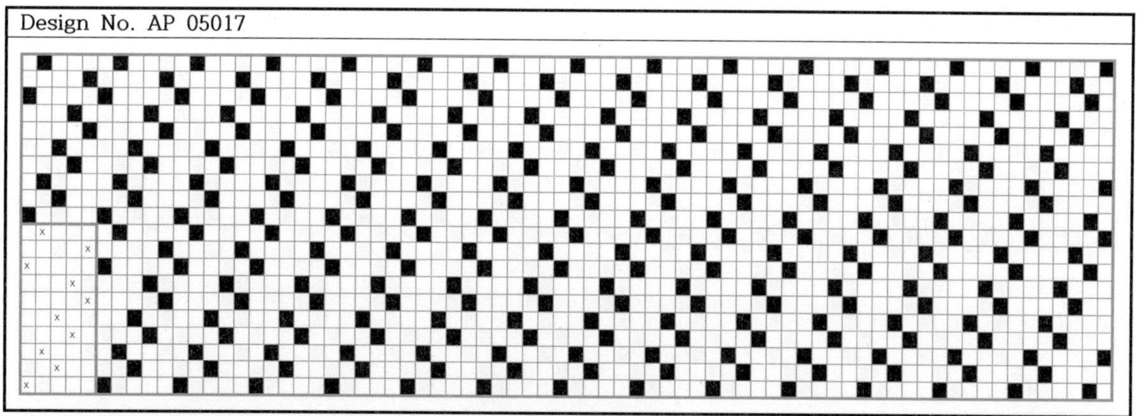

Design No. AP 05017

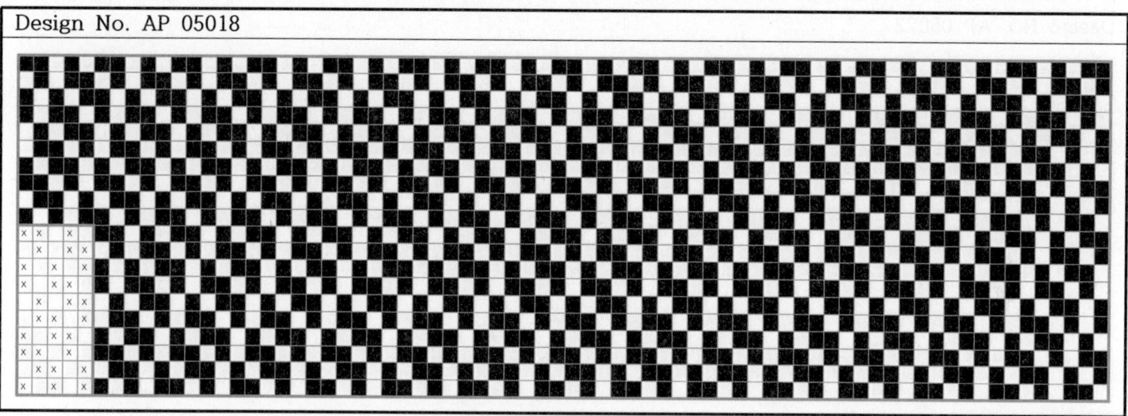

Design No. AP 05018

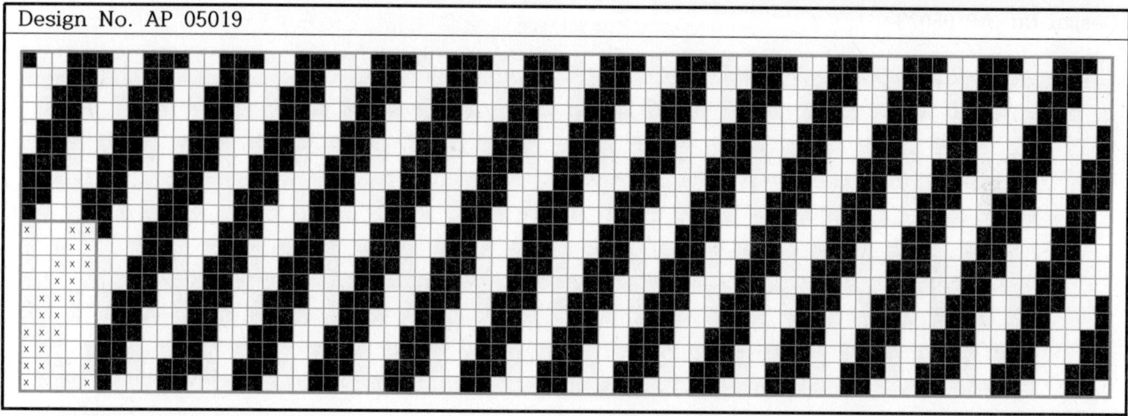

Design No. AP 05019

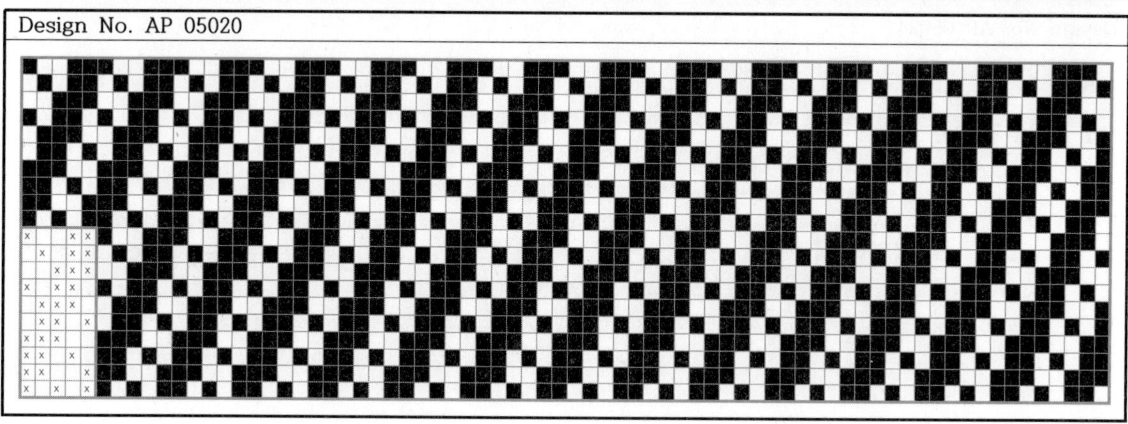

Design No. AP 05020

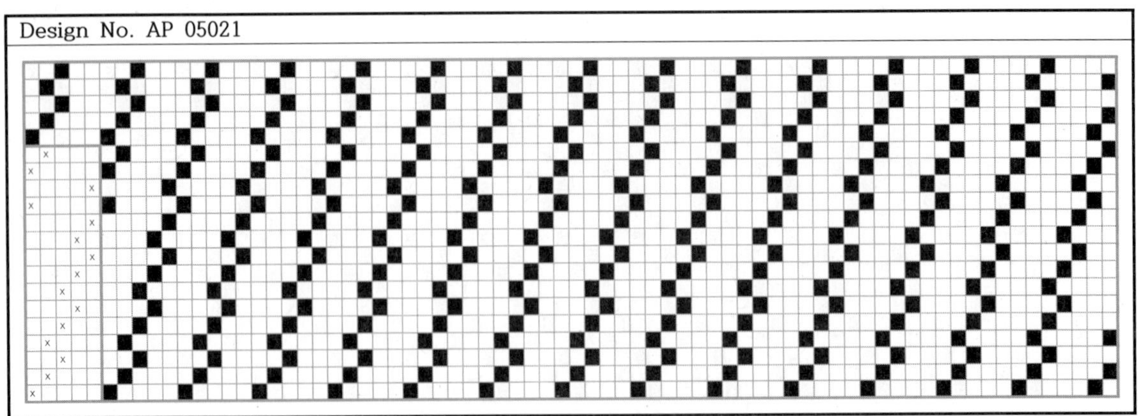

Design No. AP 05021

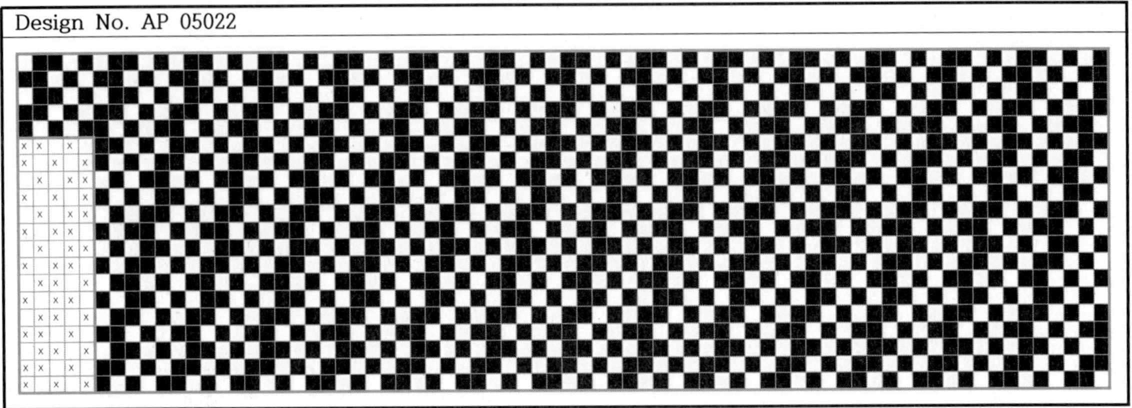

Design No. AP 05022

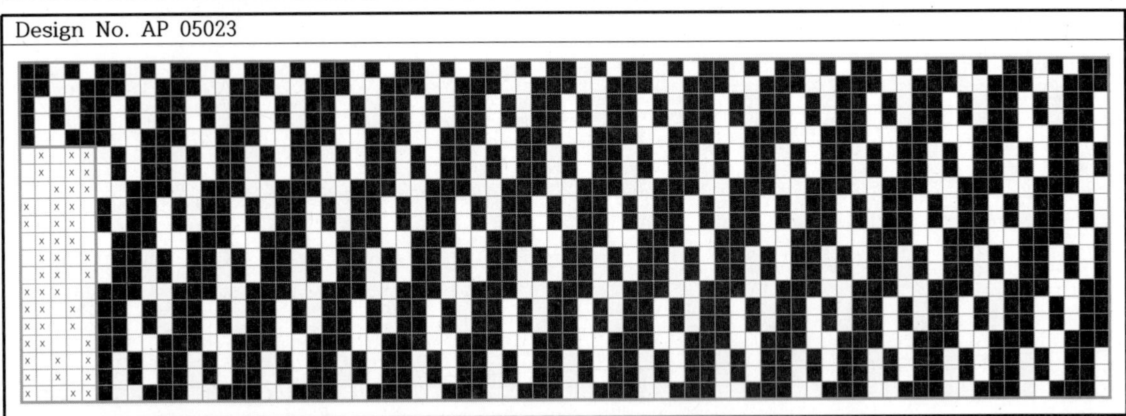

Design No. AP 05023

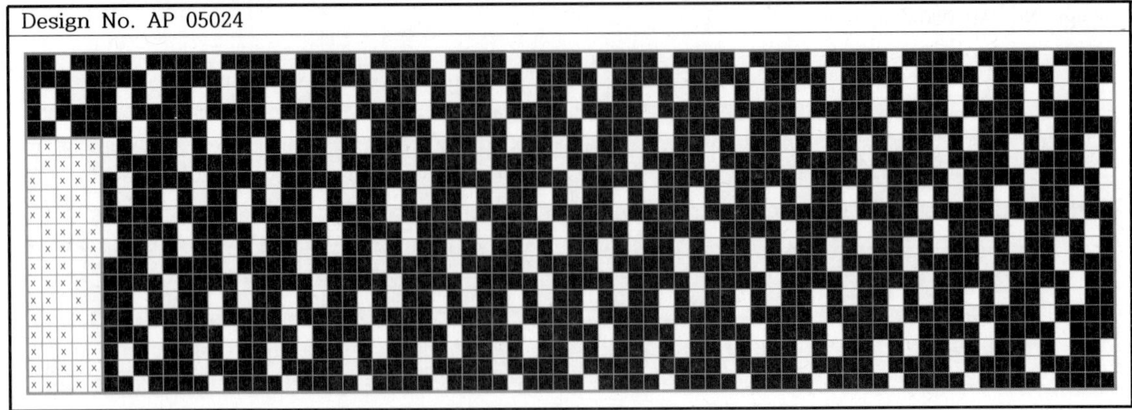

Design No. AP 05024

Design No. AP 05025

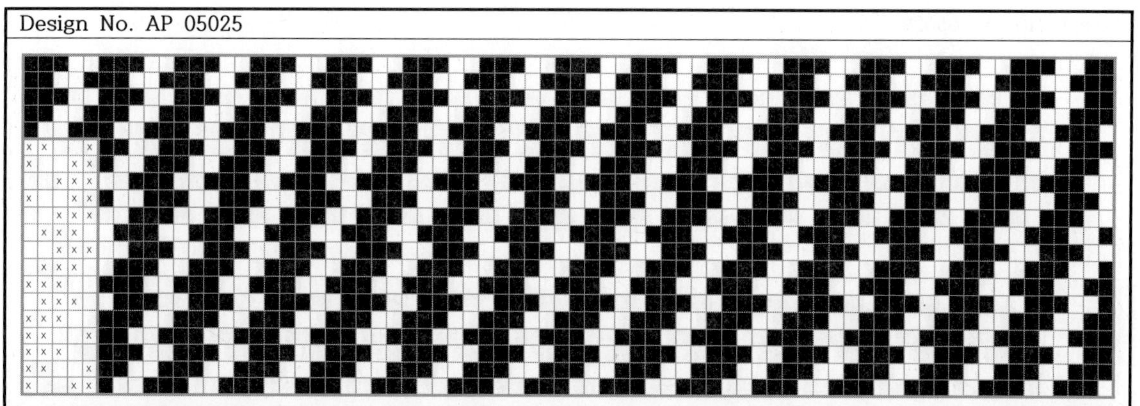

Design No. AP 05026

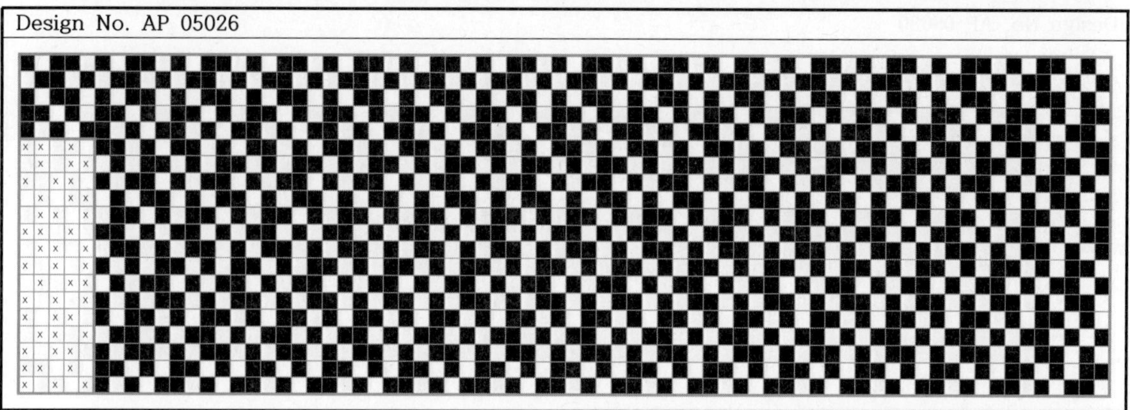

Design No. AP 05027

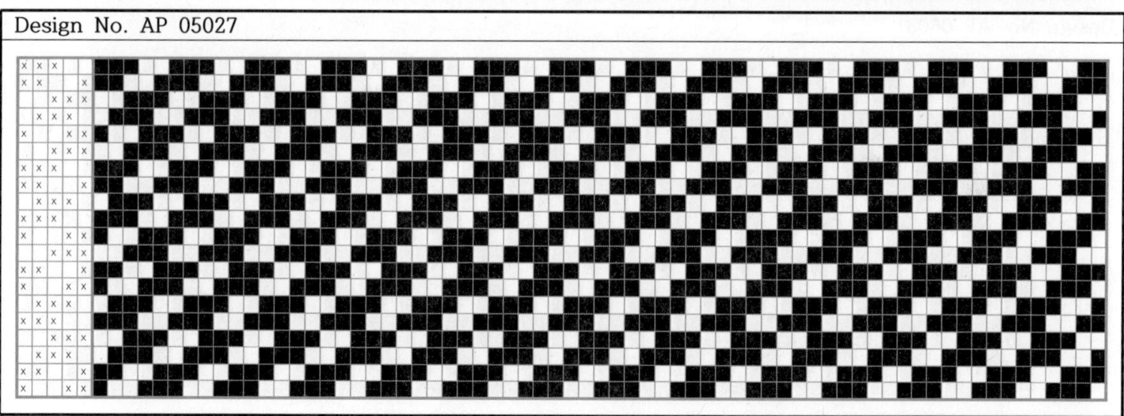

Design No. AP 05028

Design No. AP 05029

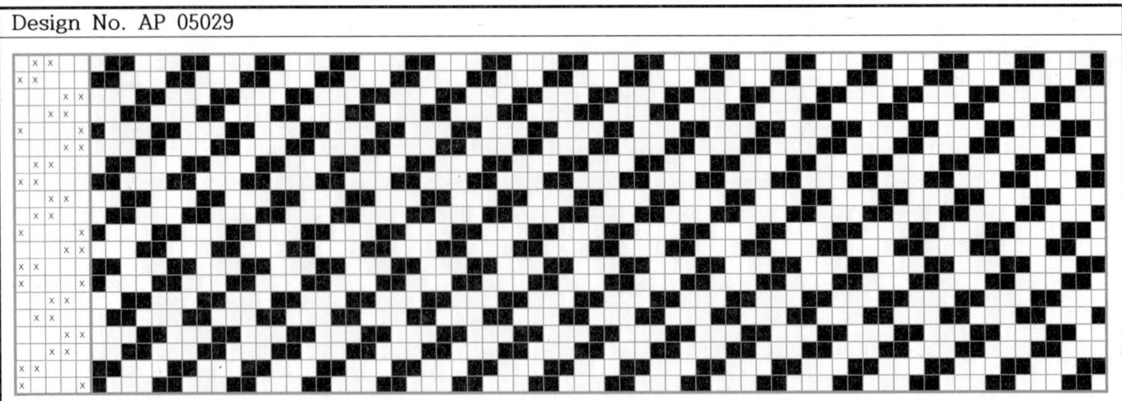

Design No. AP 05030

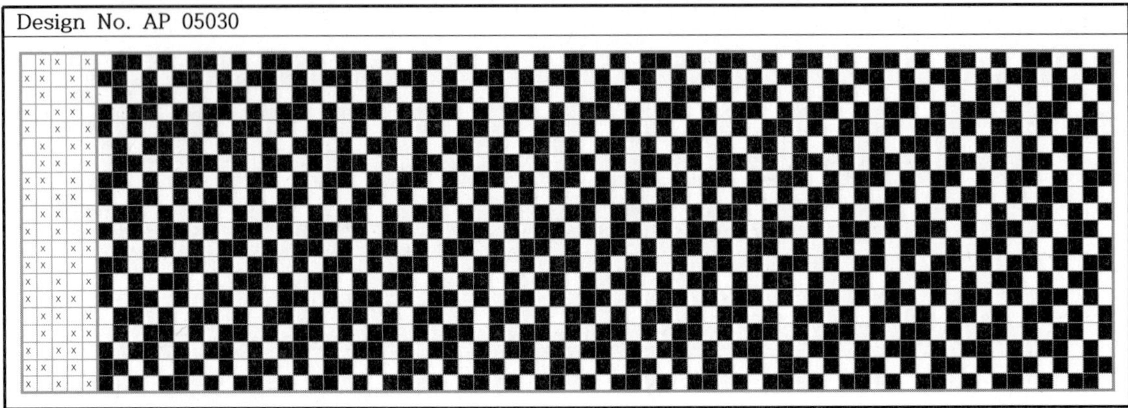

Design No. AP 05031

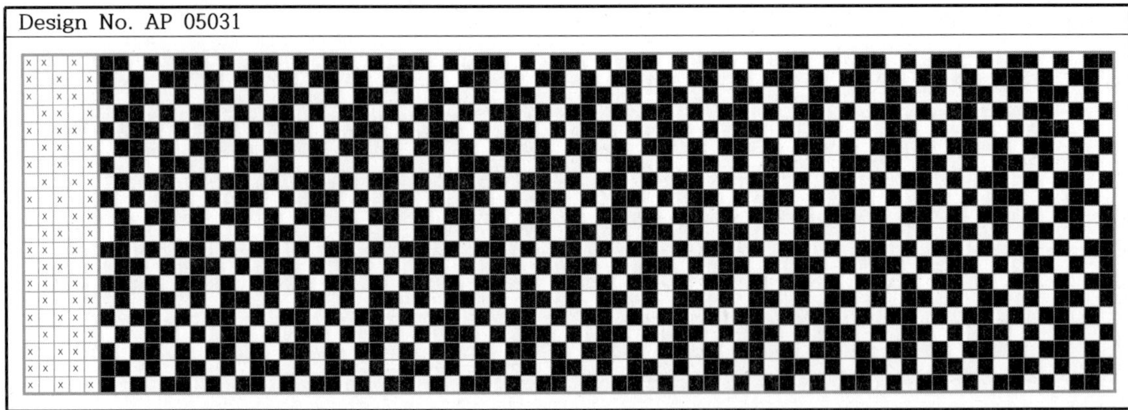

Design No. AP 05032

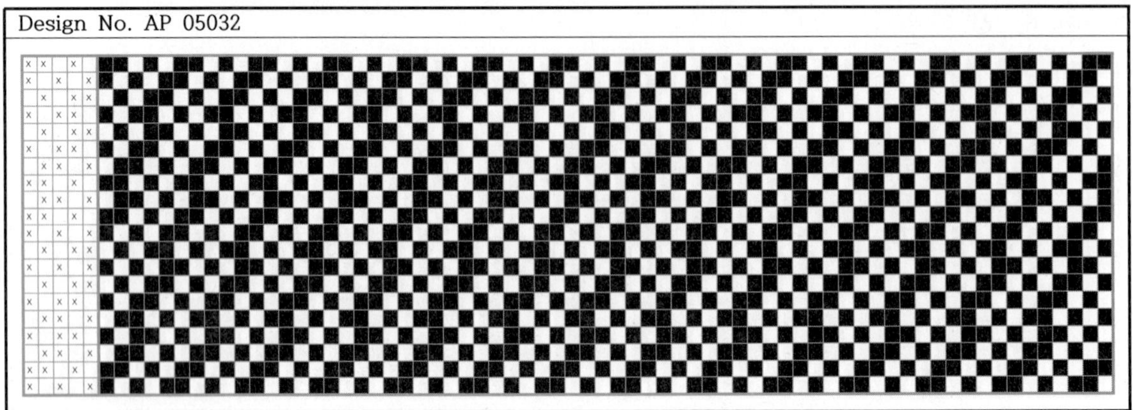

Design No. AP 06001

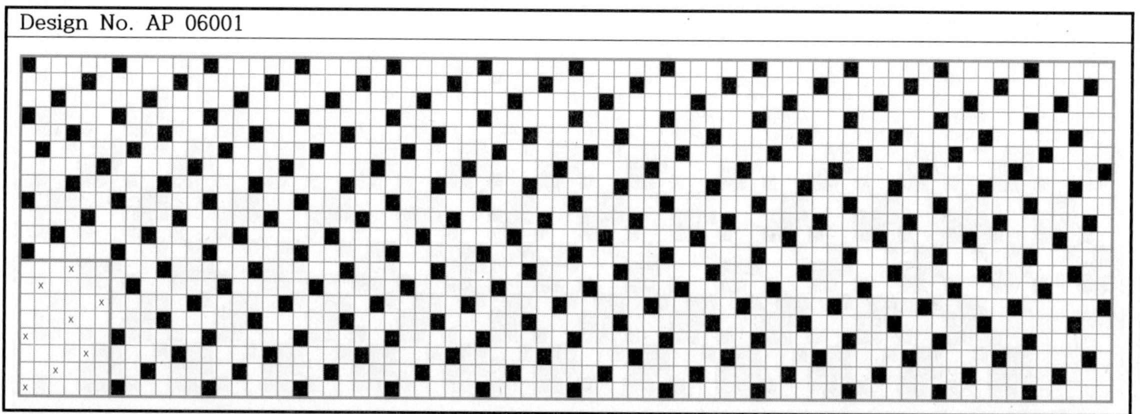

Design No. AP 06002

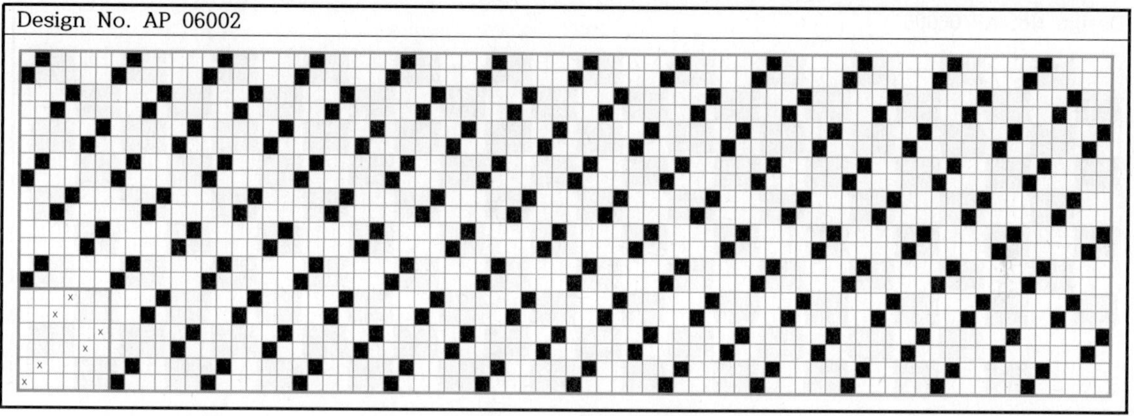

Design No. AP 06003

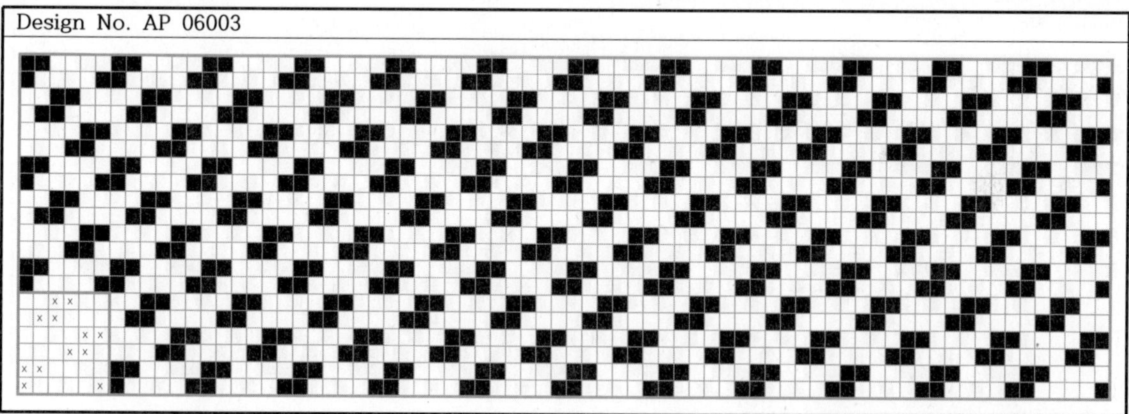

Design No. AP 06004

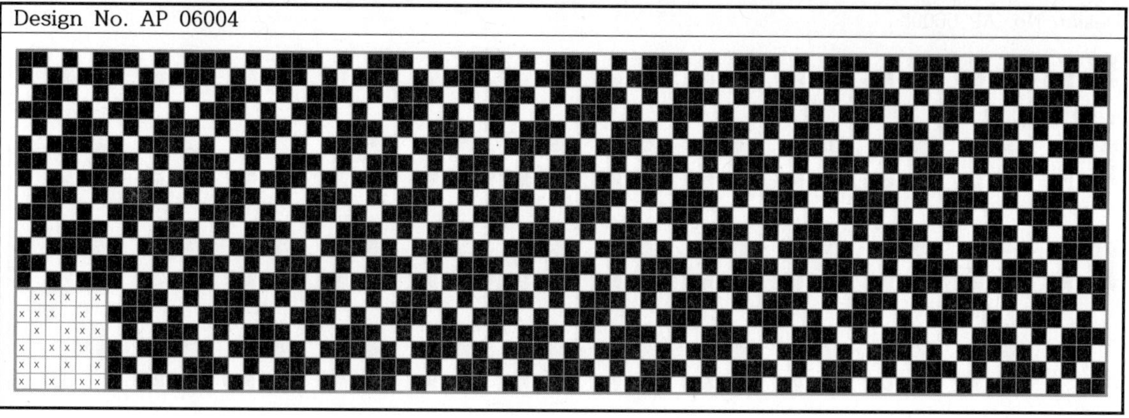

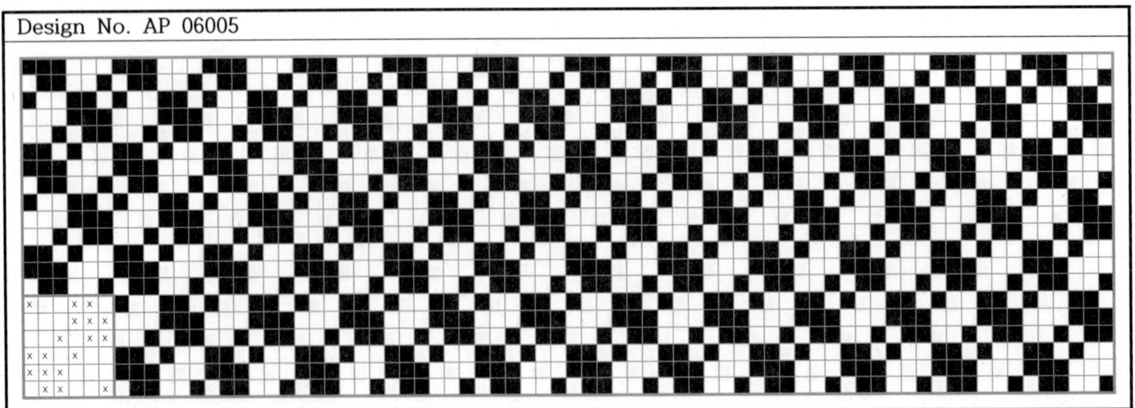

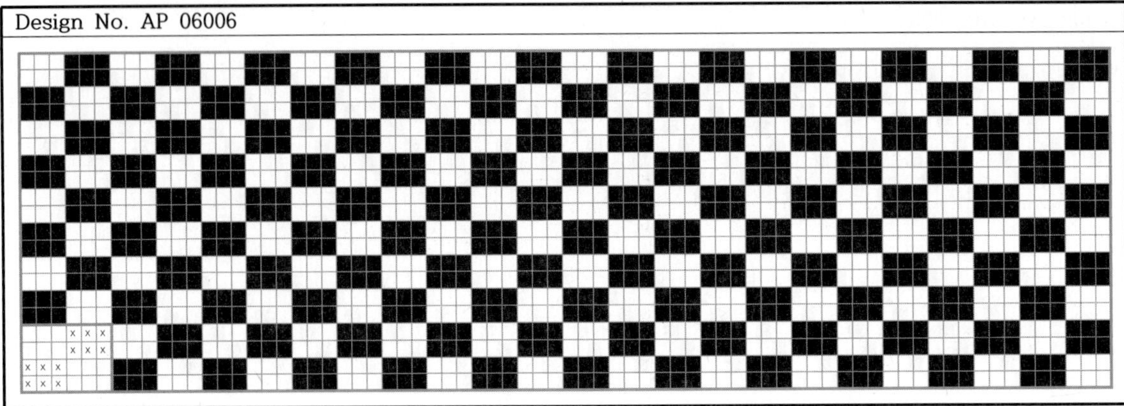

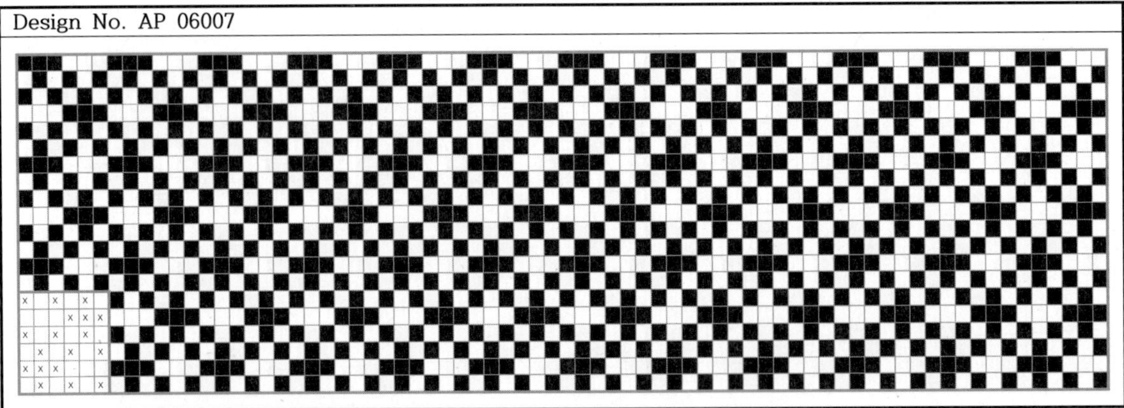

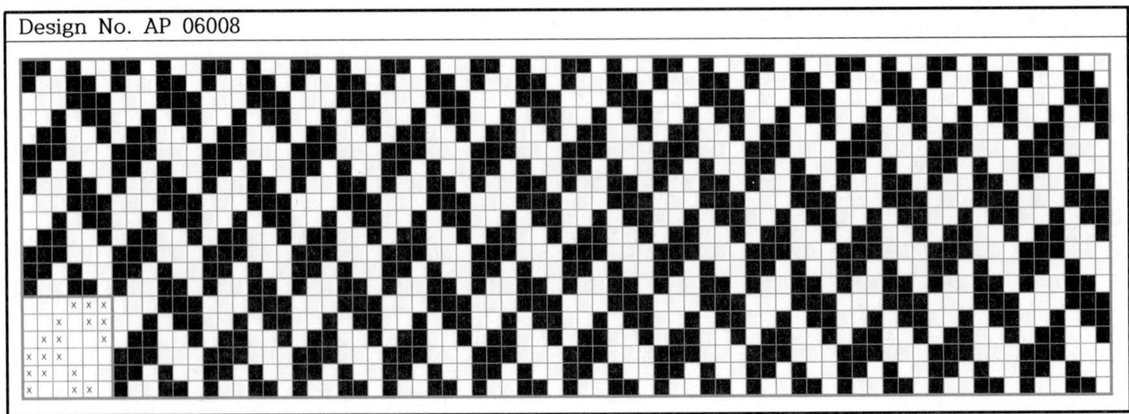

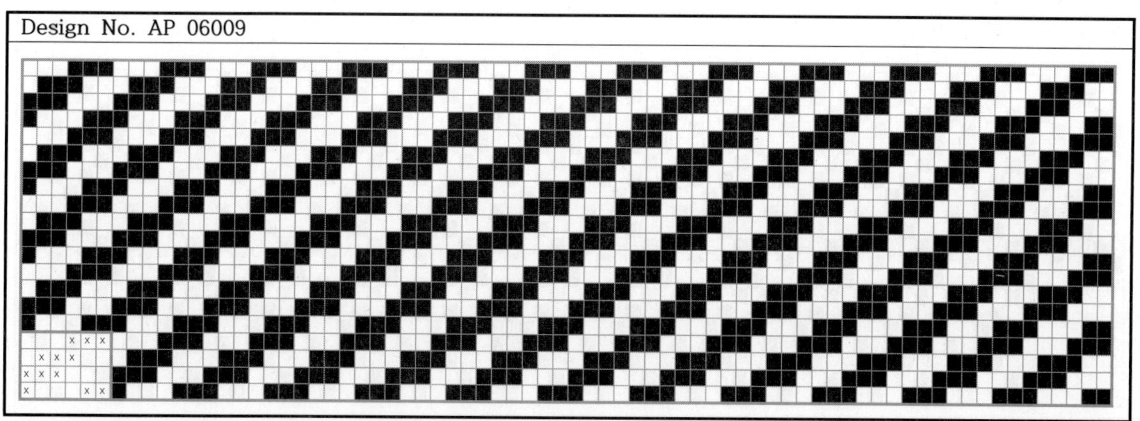

Design No. AP 06009

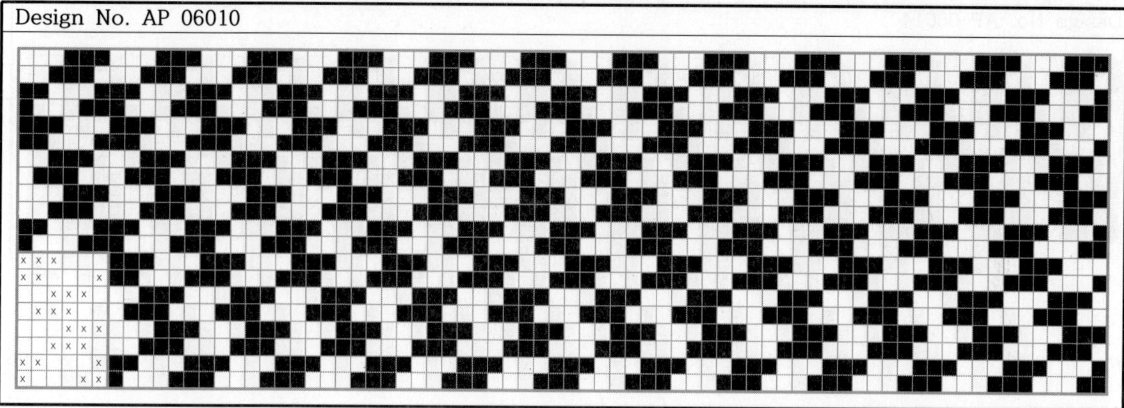

Design No. AP 06010

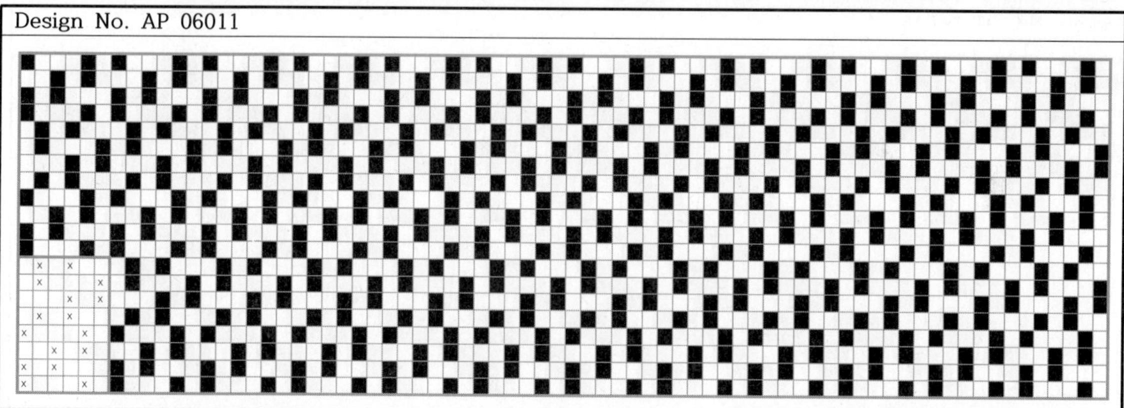

Design No. AP 06011

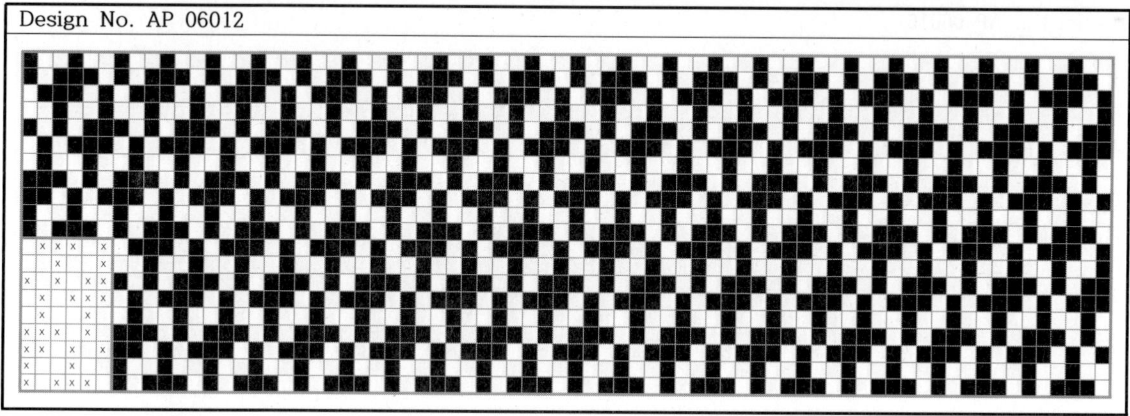

Design No. AP 06012

Design No. AP 06013

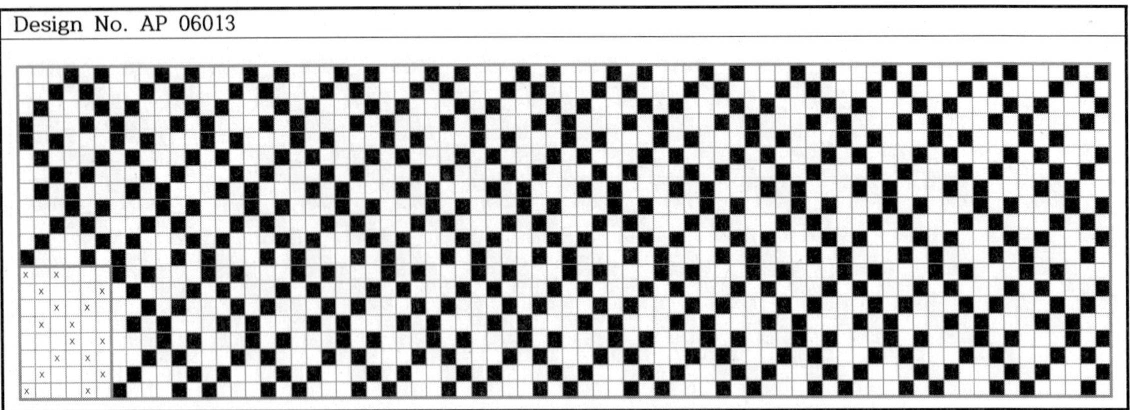

Design No. AP 06014

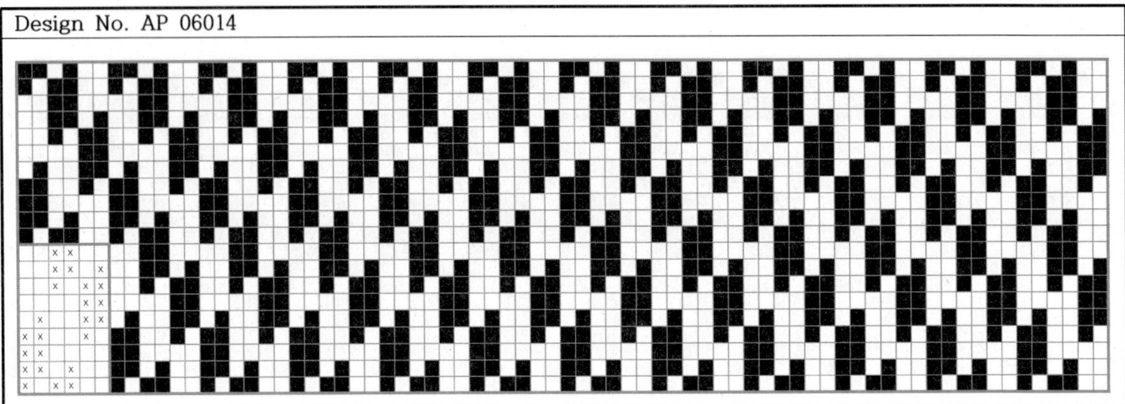

Design No. AP 06015

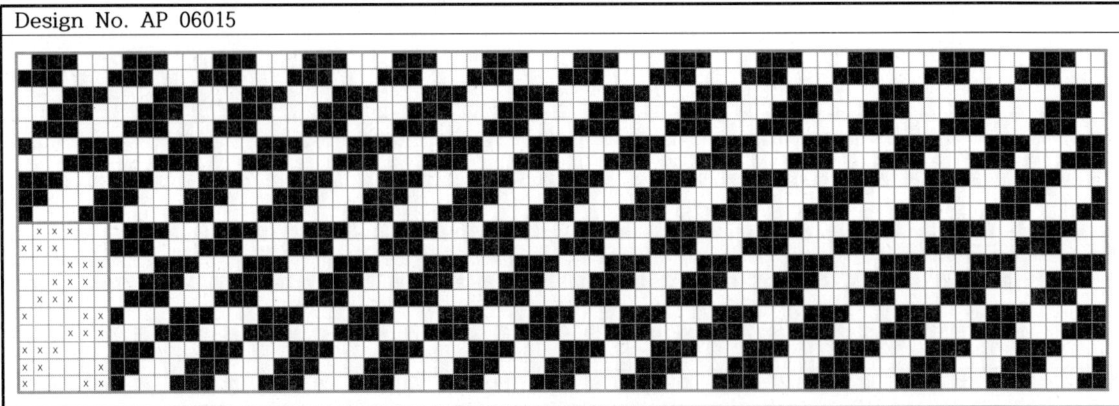

Design No. AP 06016

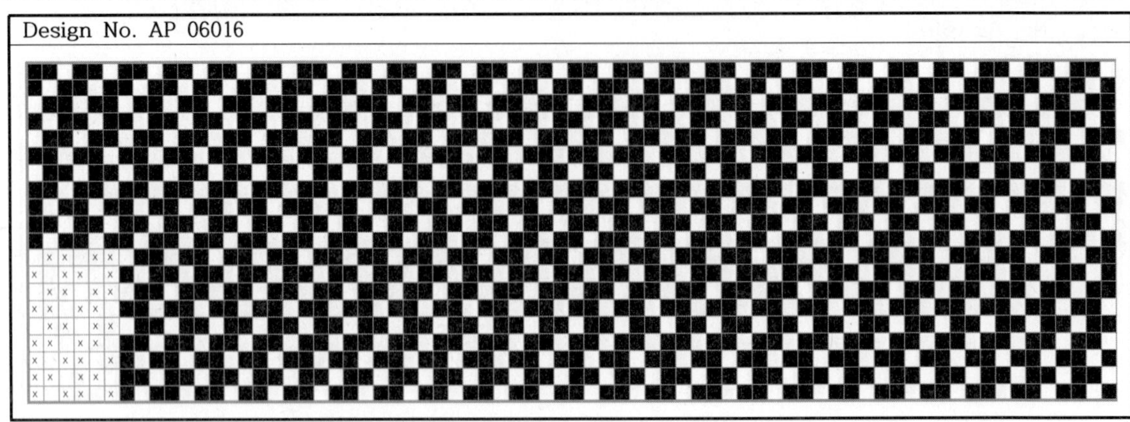

Design No. AP 06017

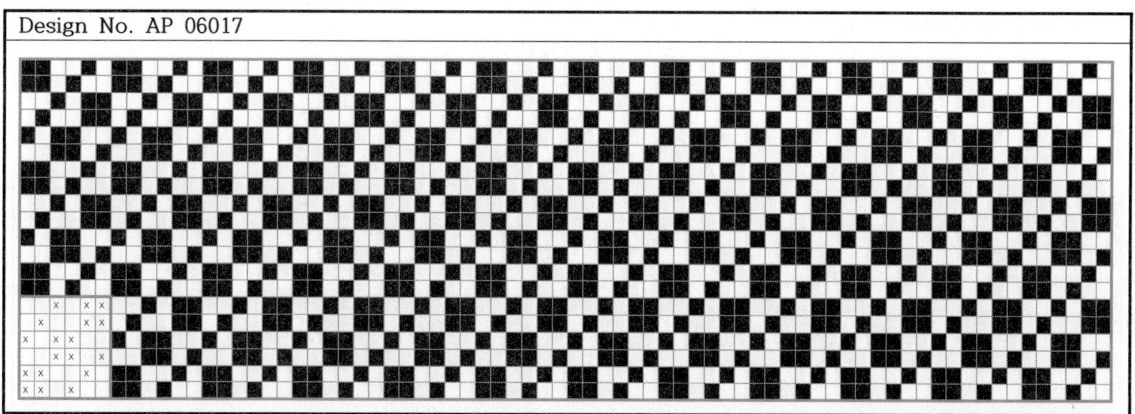

Design No. AP 06018

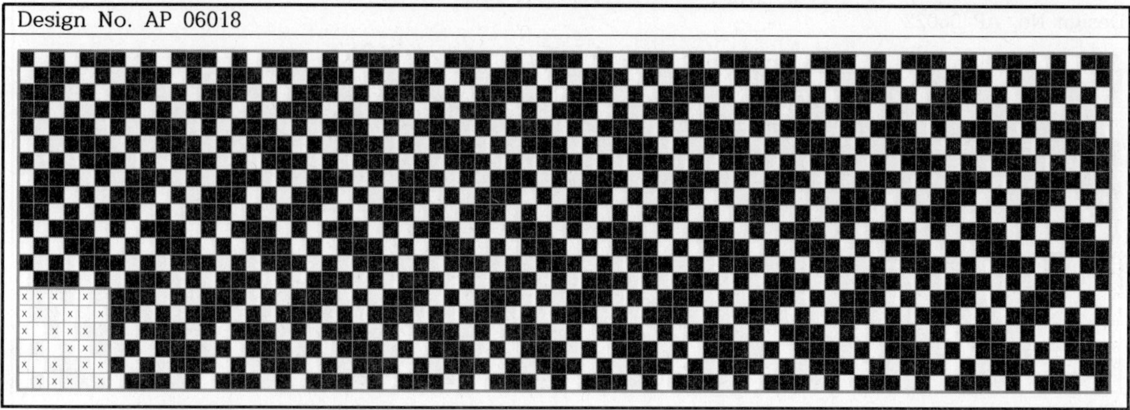

Design No. AP 06019

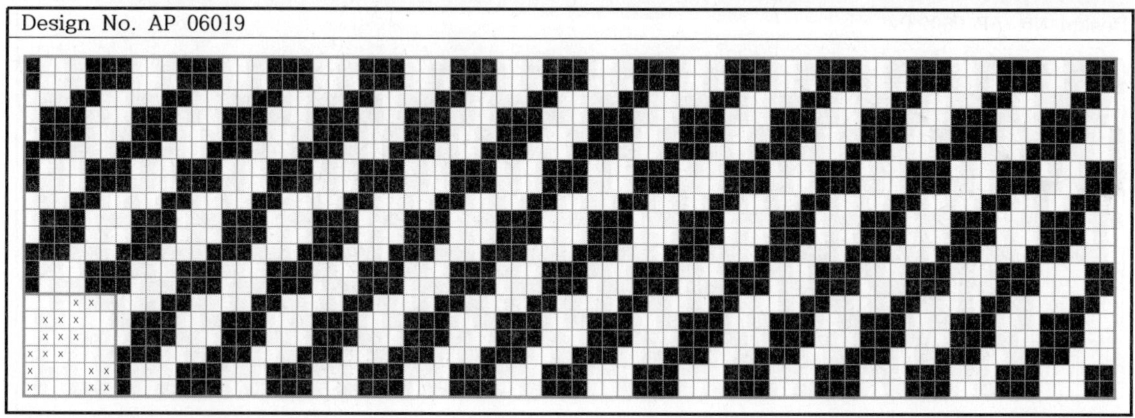

Design No. AP 06020

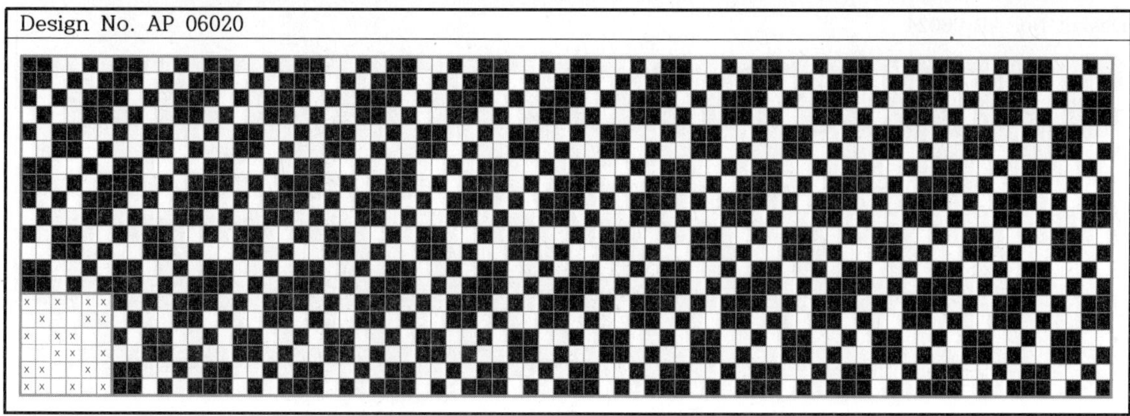

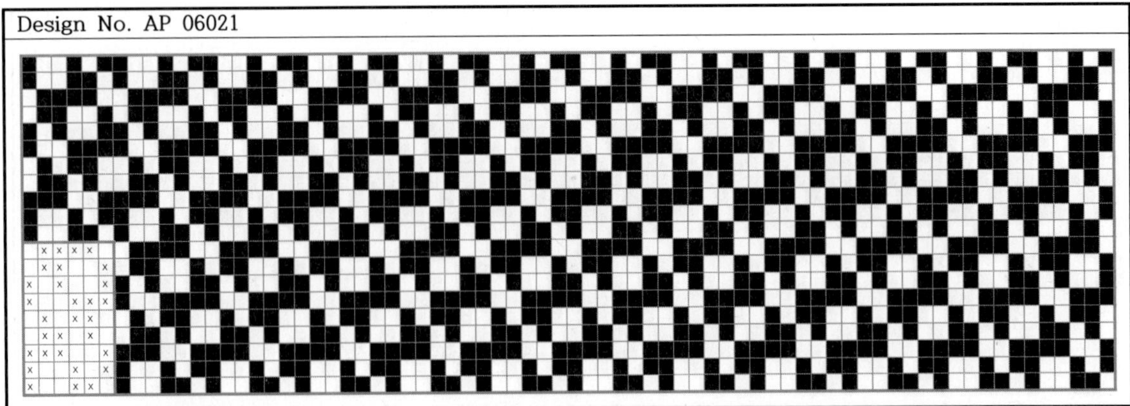

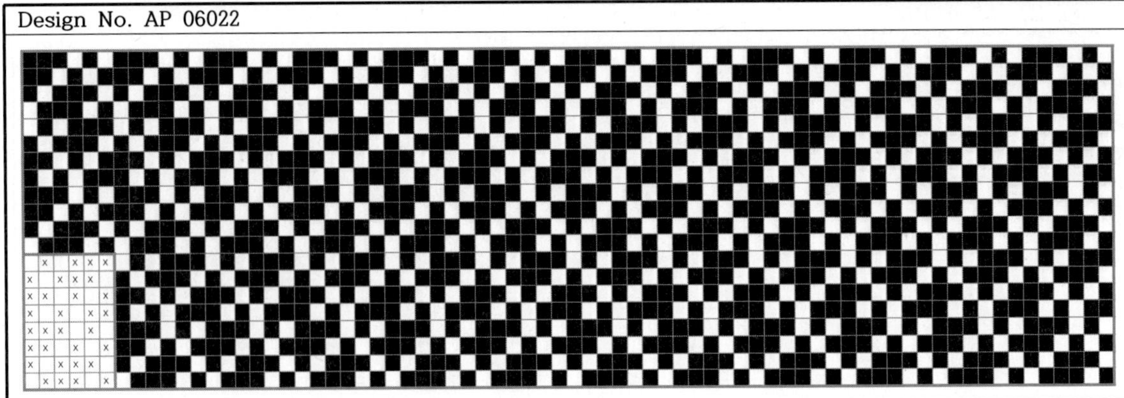

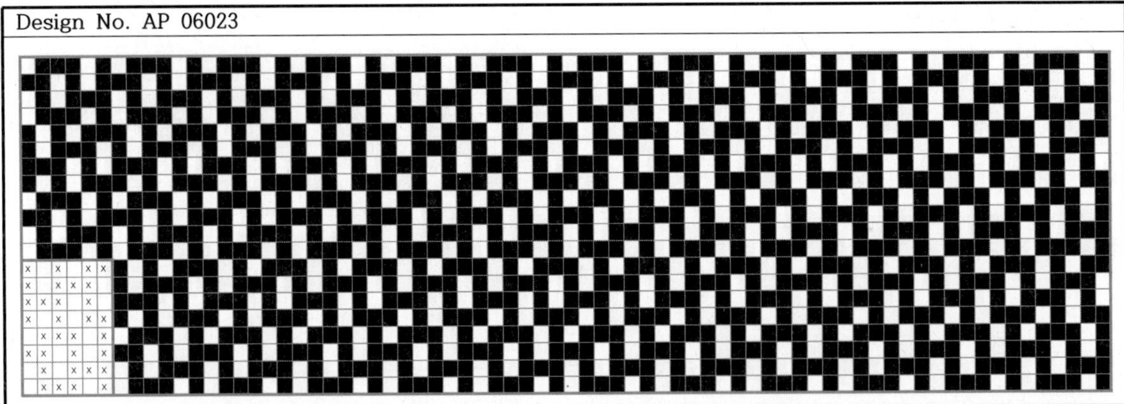

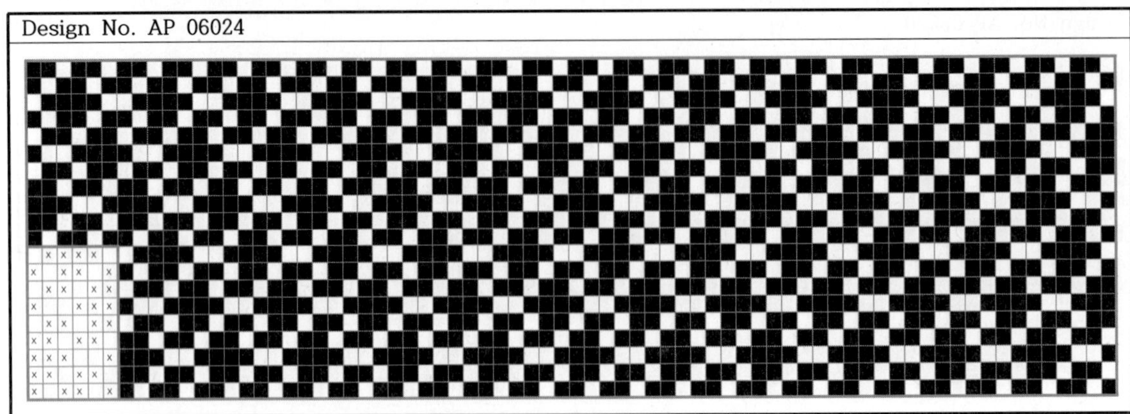

Design No. AP 06025

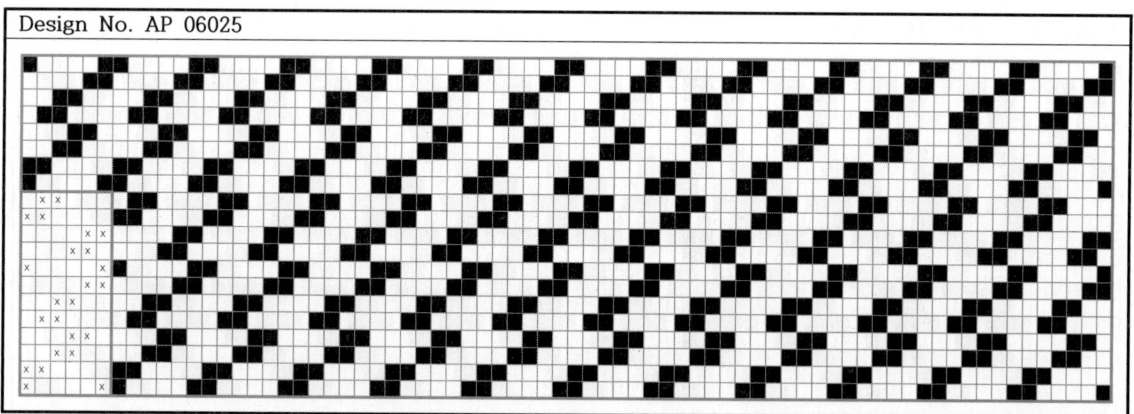

Design No. AP 06026

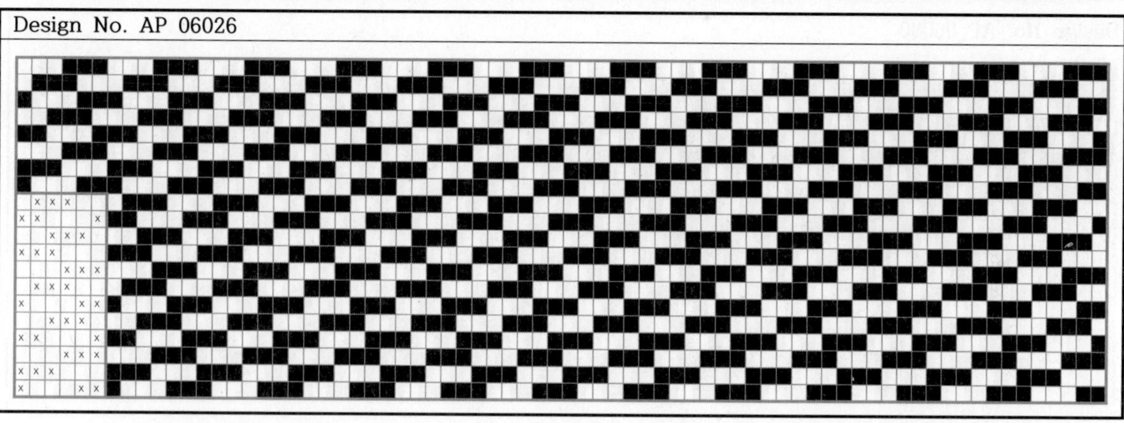

Design No. AP 06027

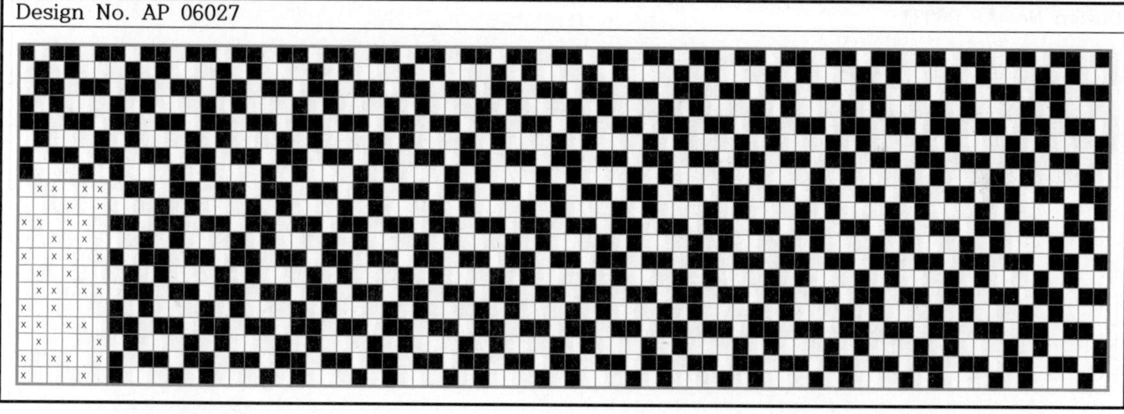

Design No. AP 06028

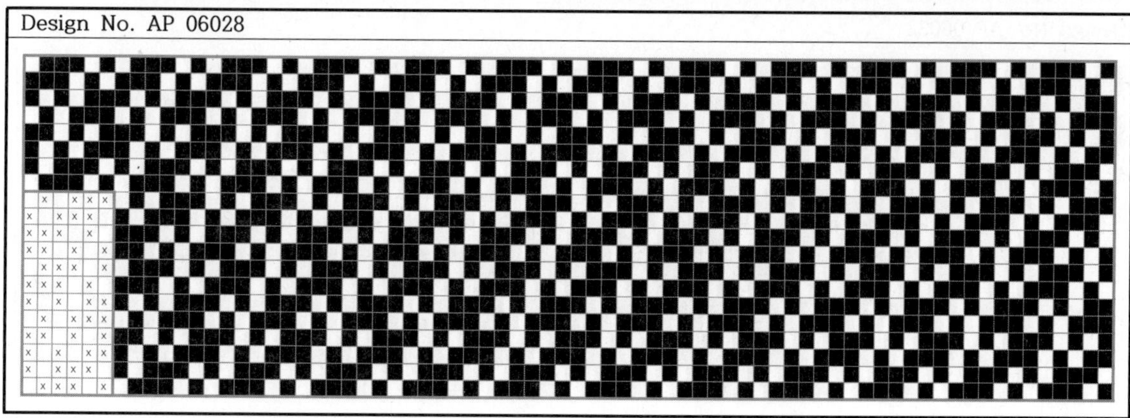

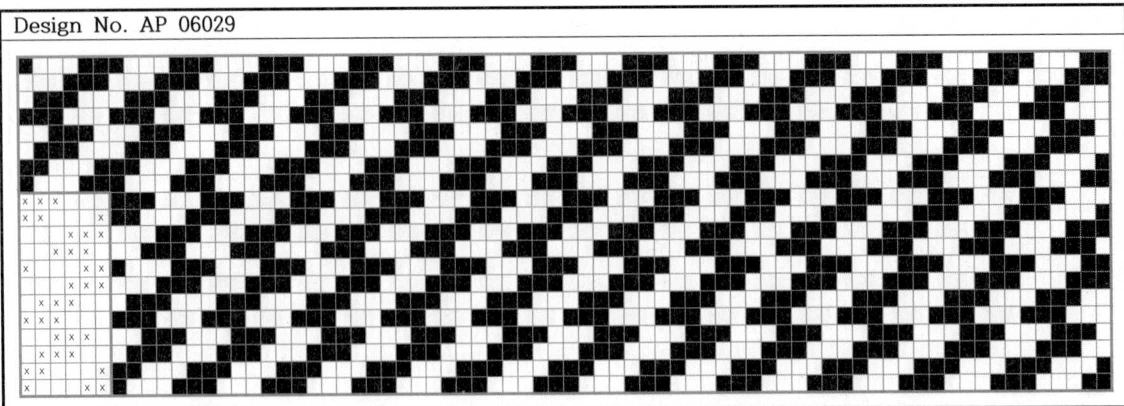

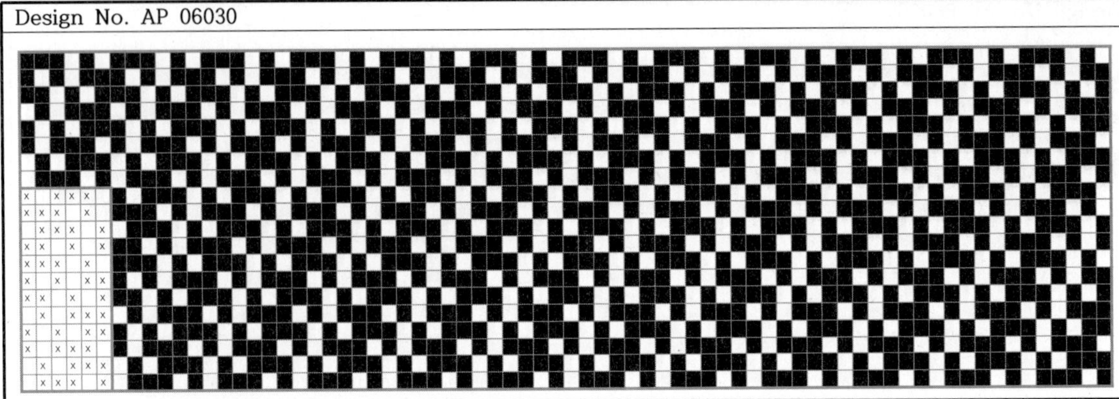

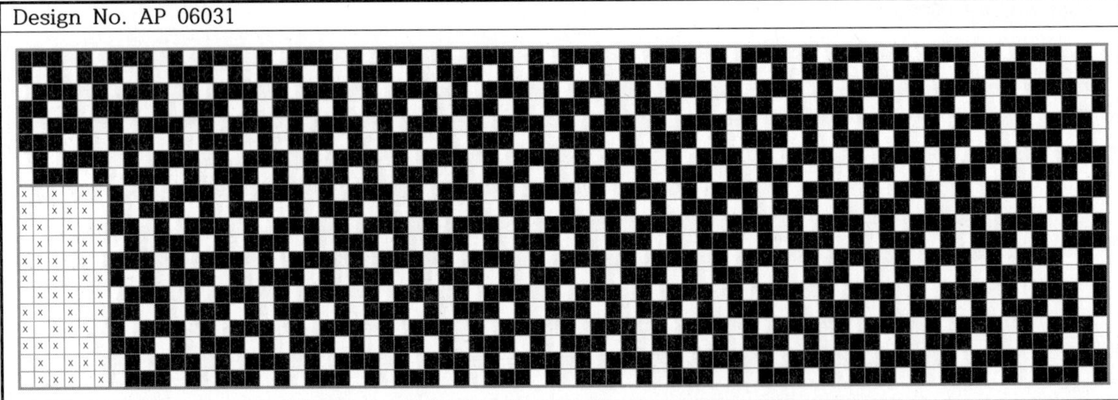

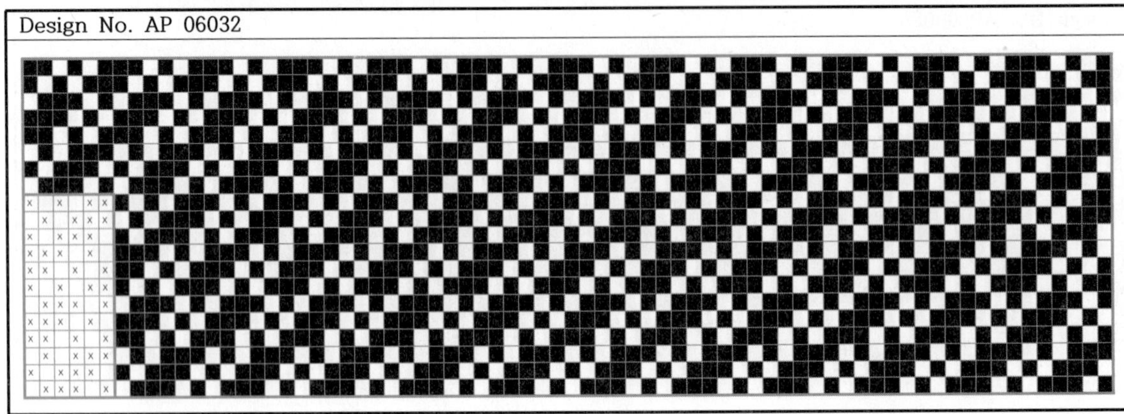

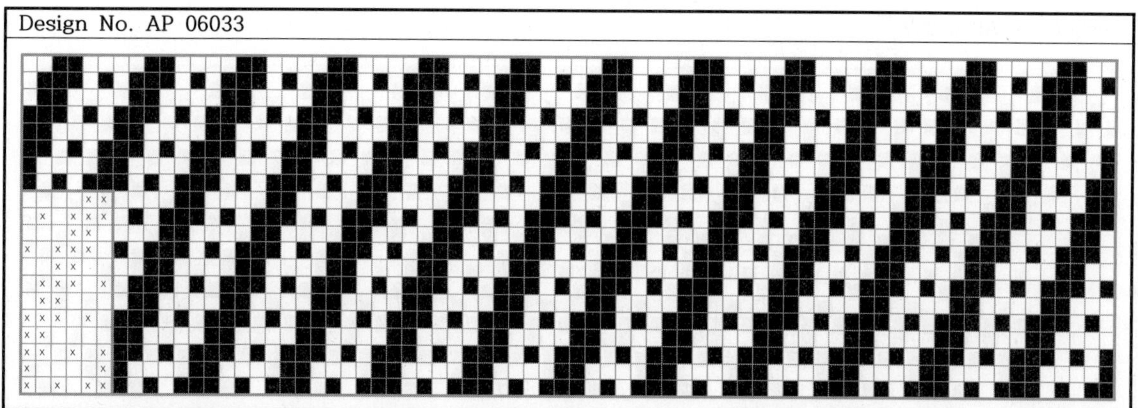

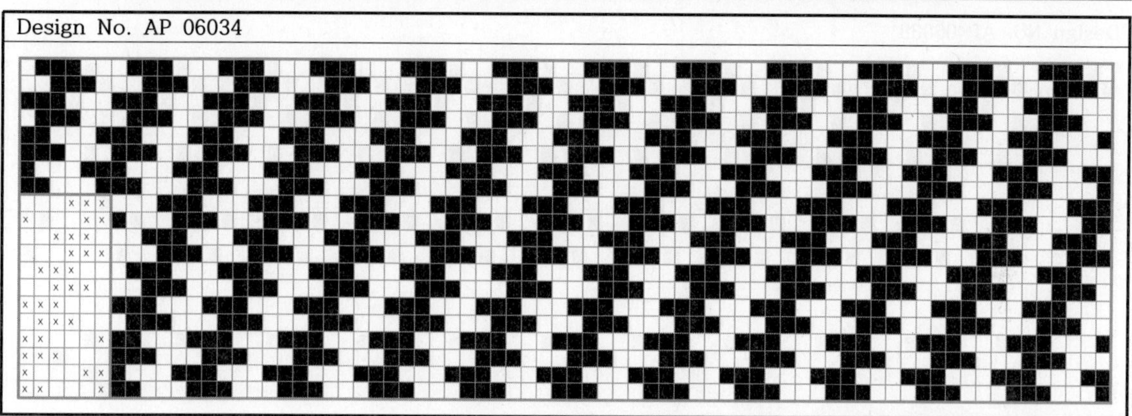

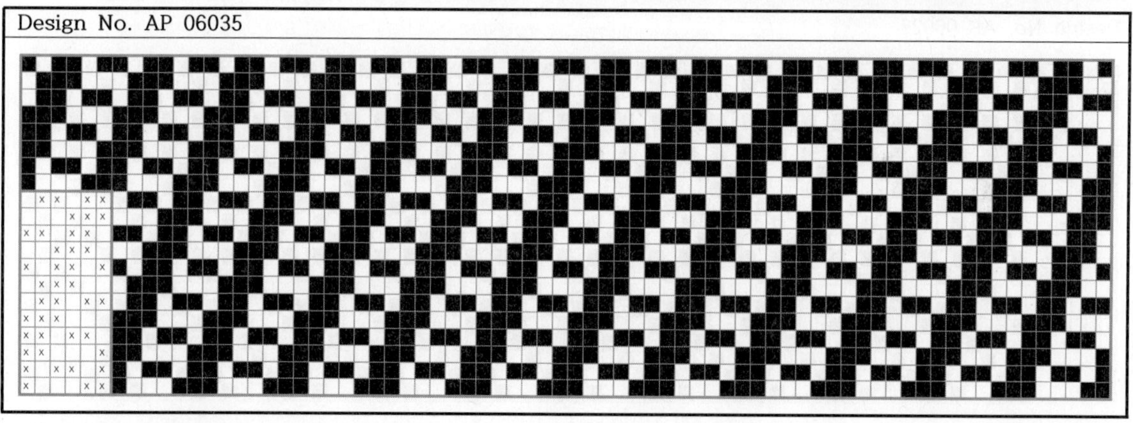

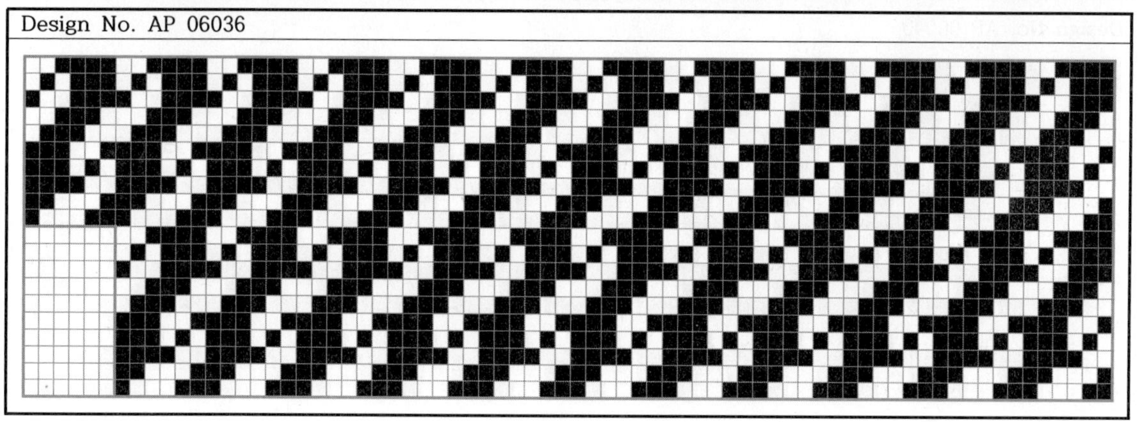

Design No. AP 06037

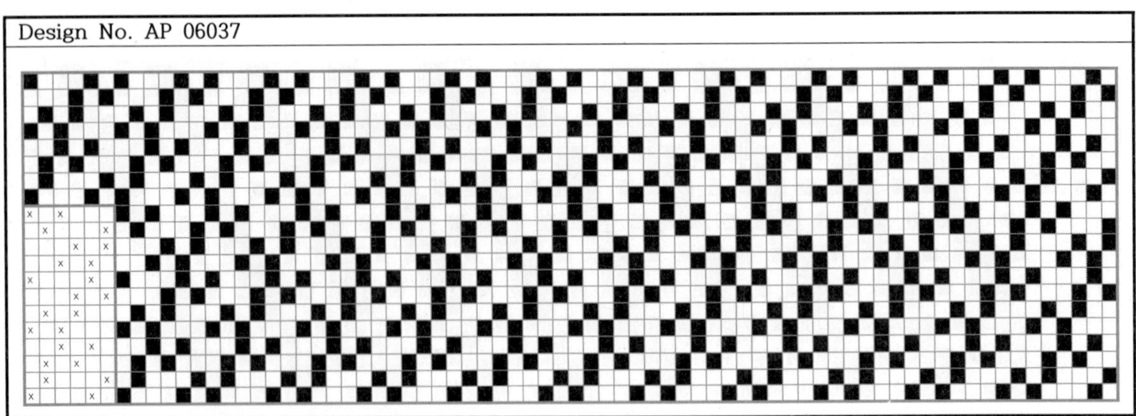

Design No. AP 06038

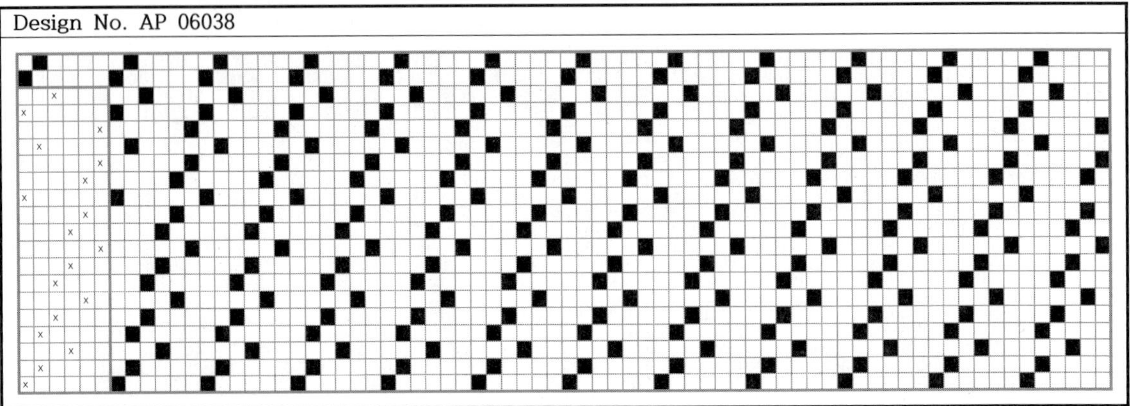

Design No. AP 06039

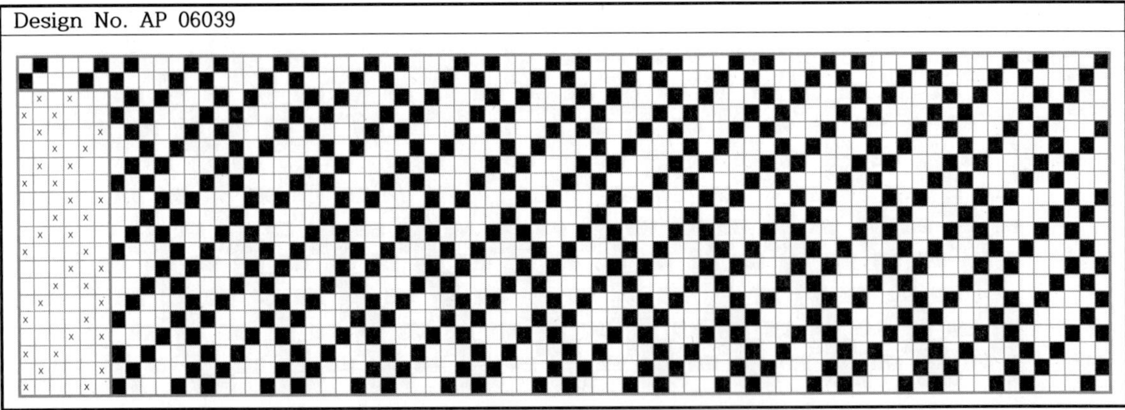

Design No. AP 06040

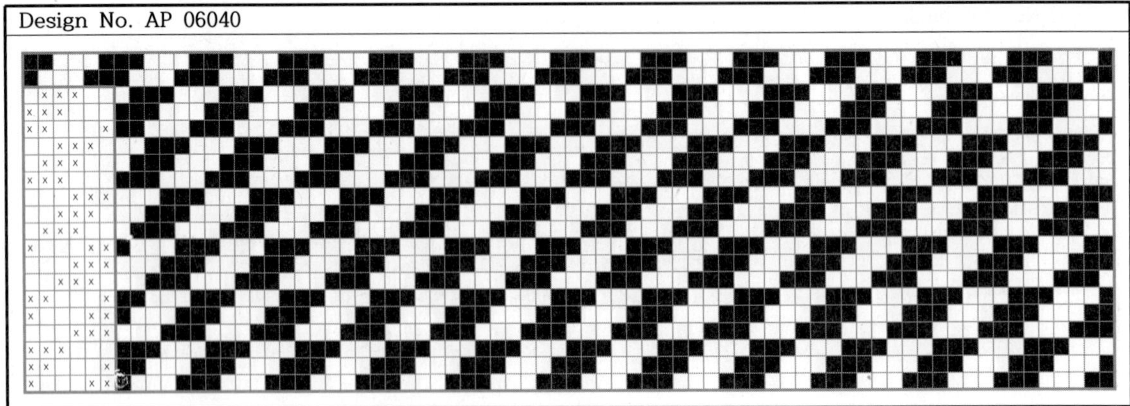

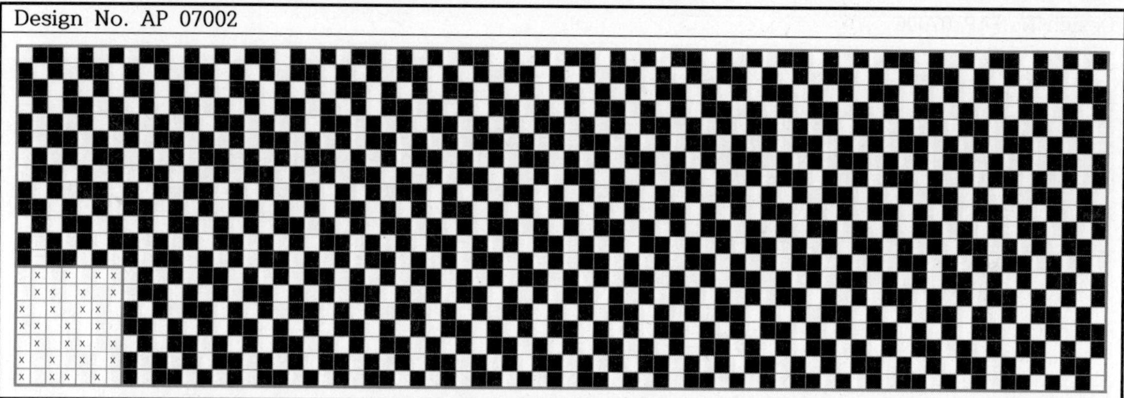

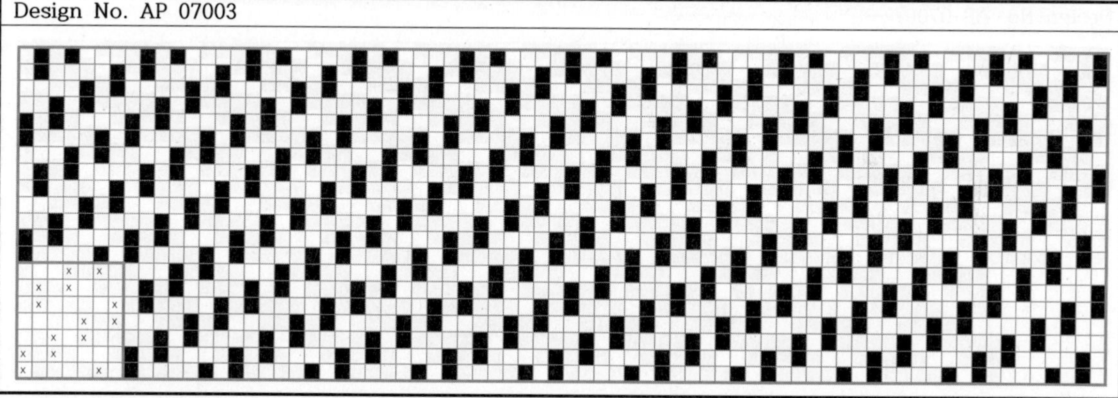

Design No. AP 07004

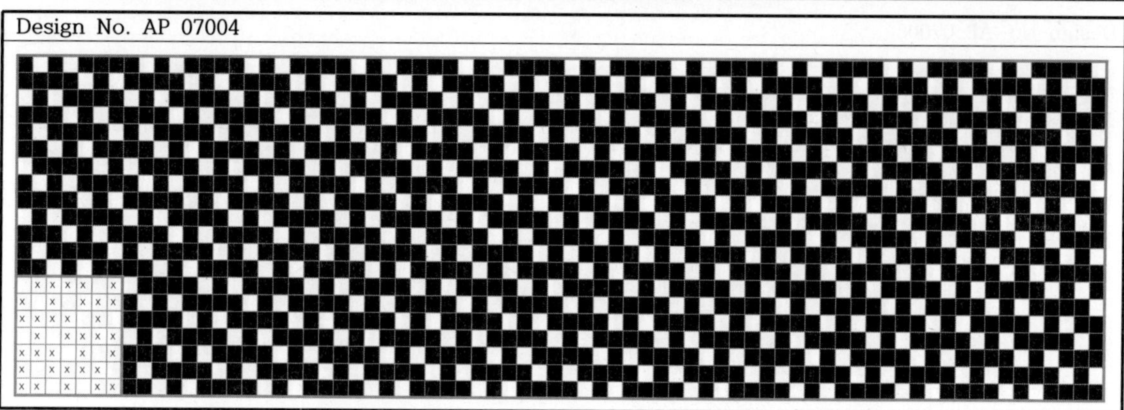

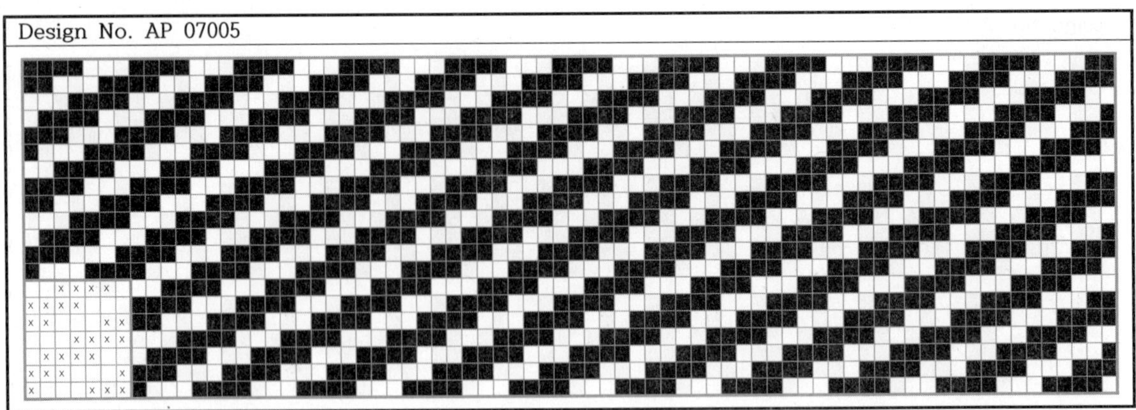

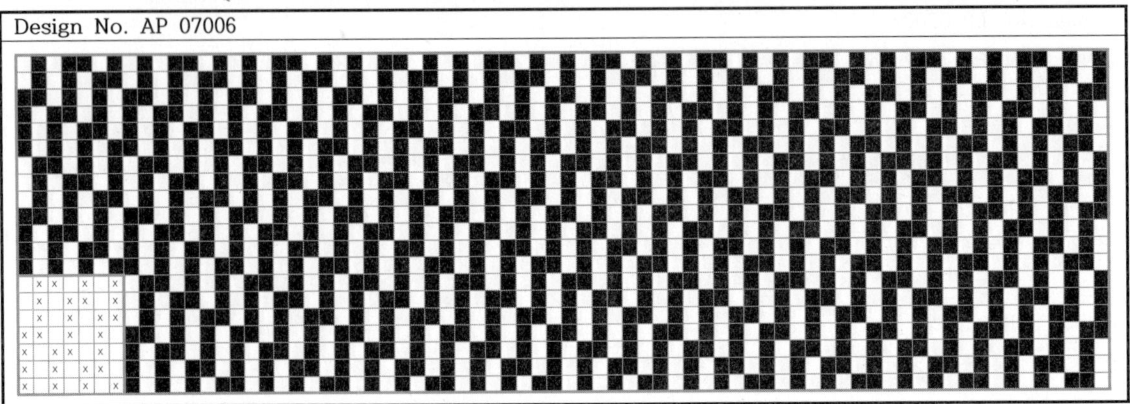

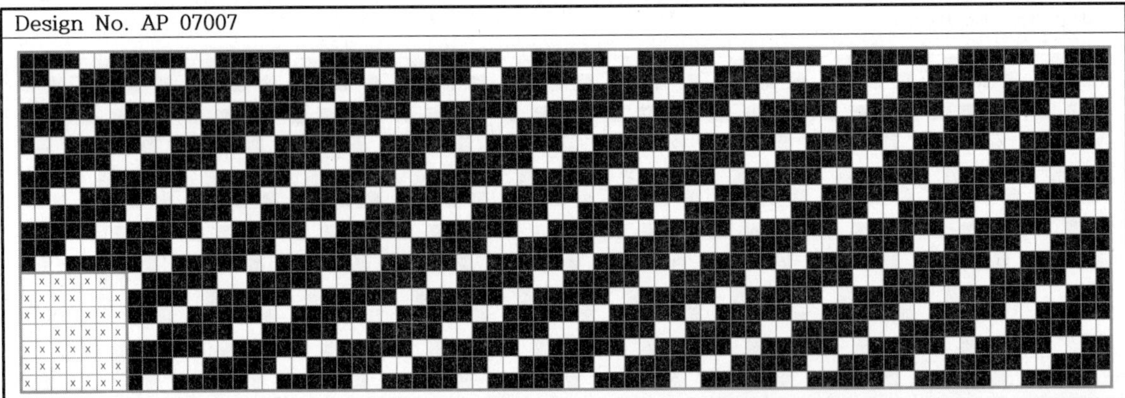

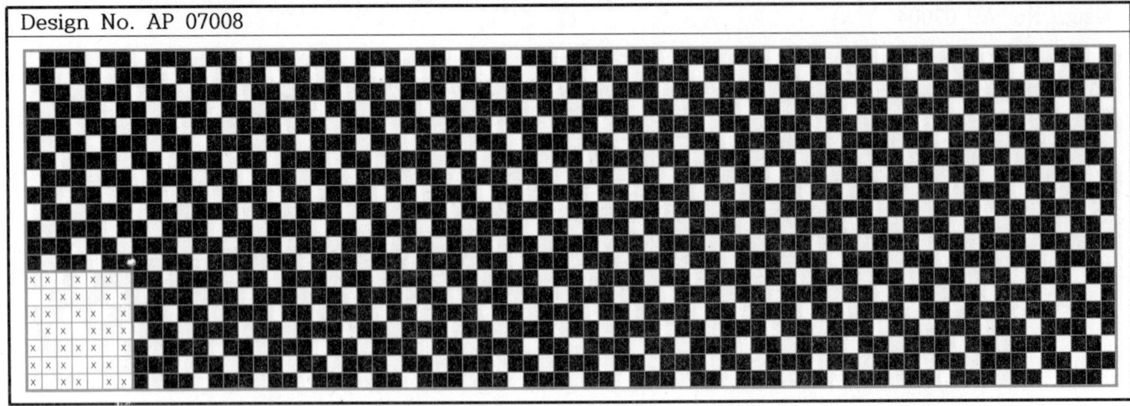

Design No. AP 07009

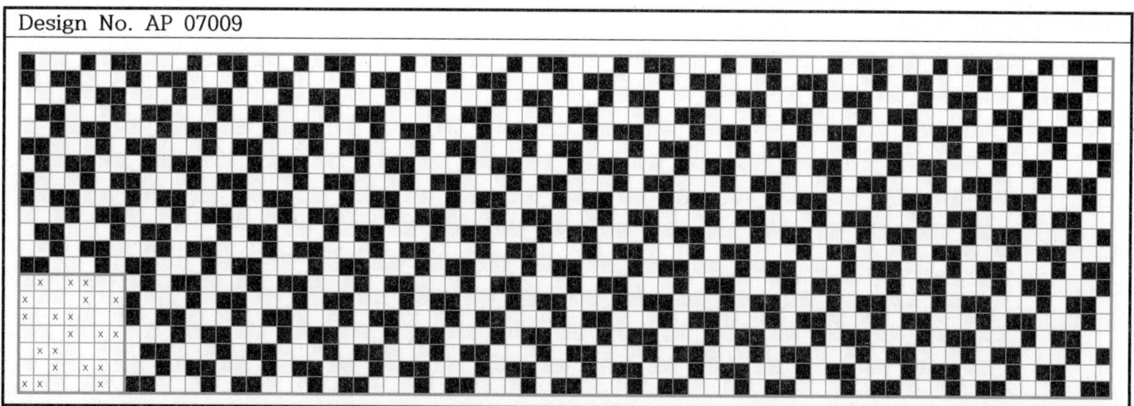

Design No. AP 07010

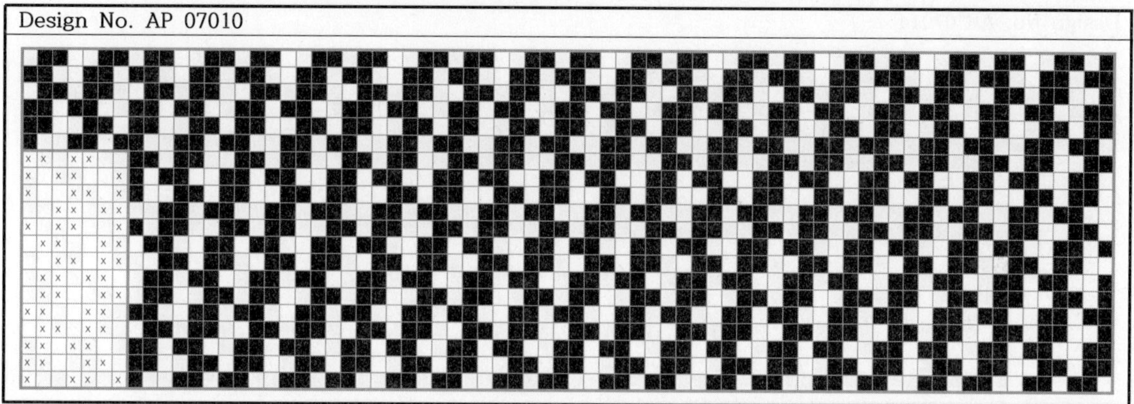

Design No. AP 07011

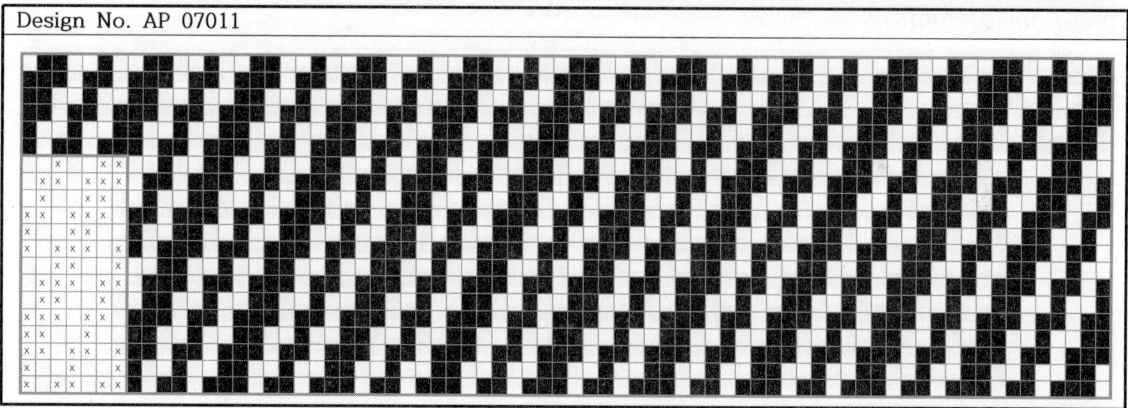

Design No. AP 07012

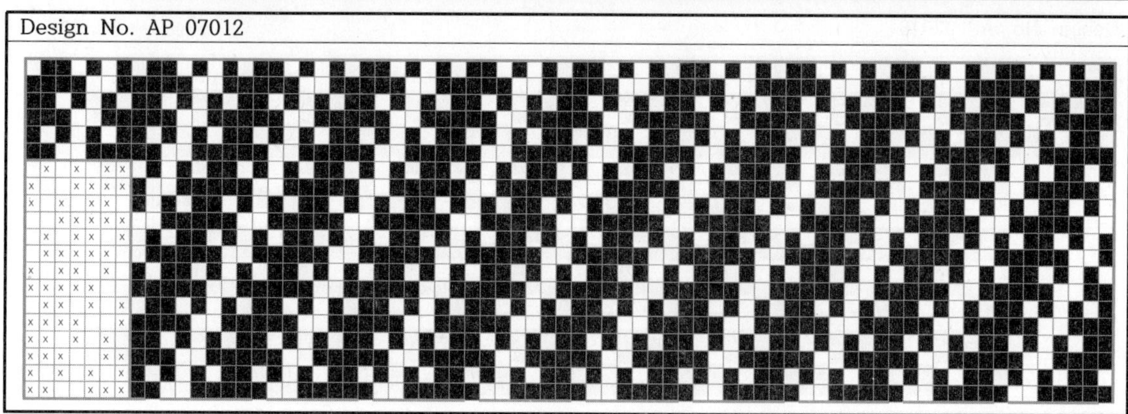

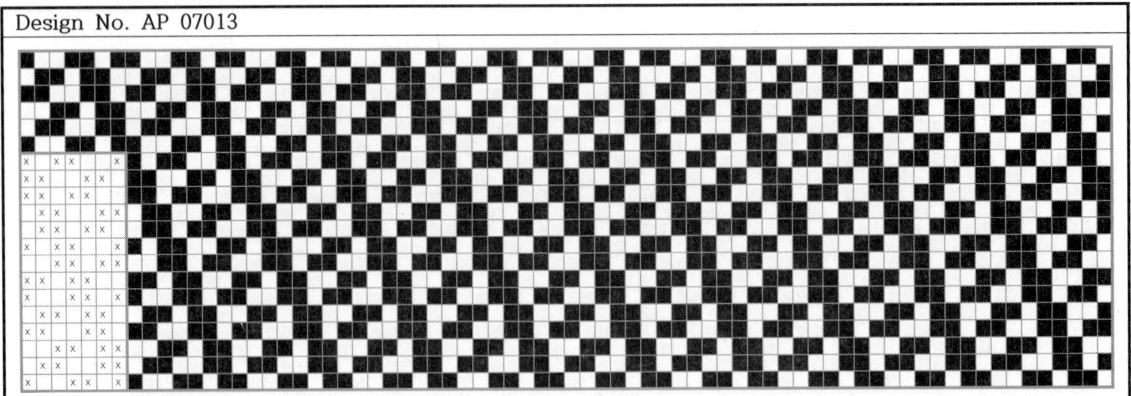

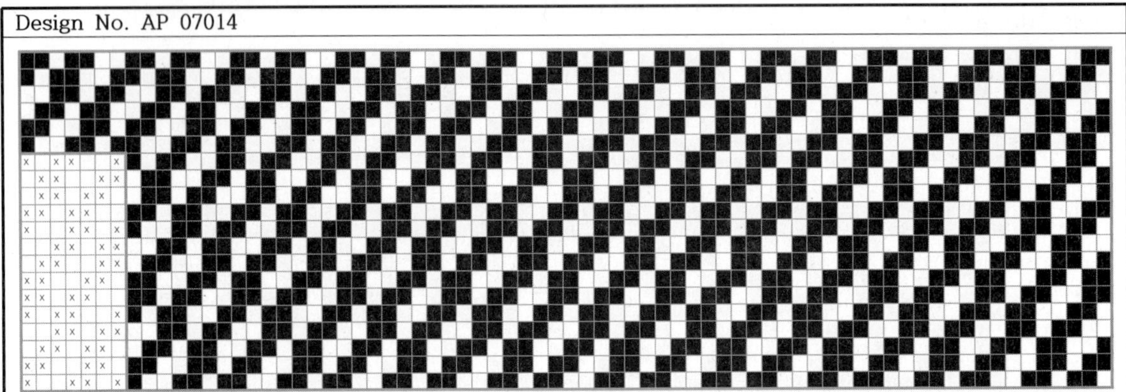

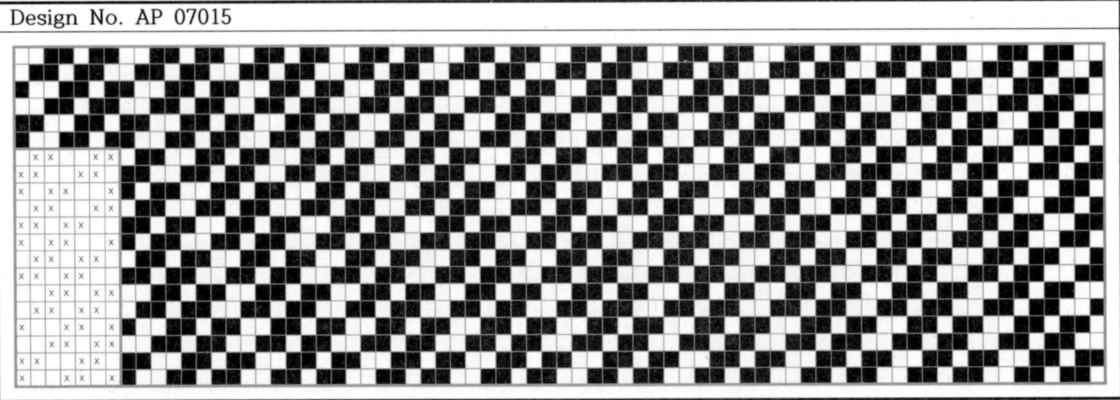

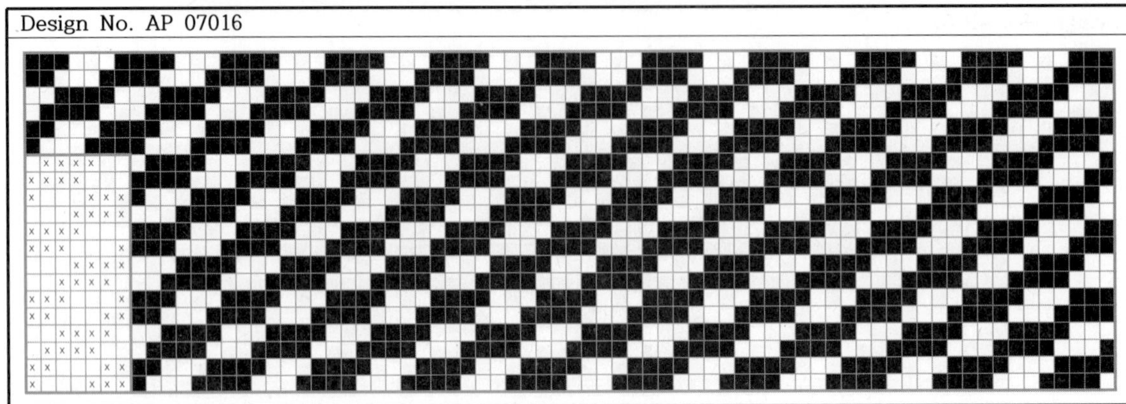

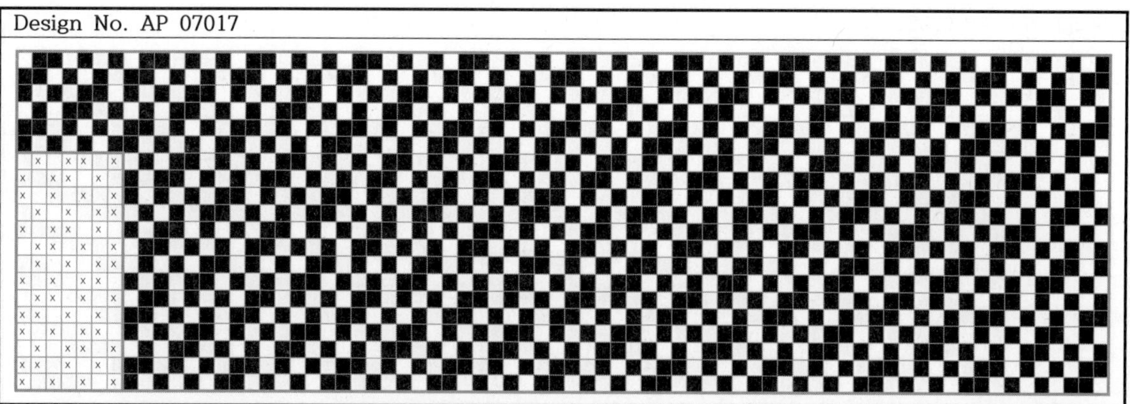

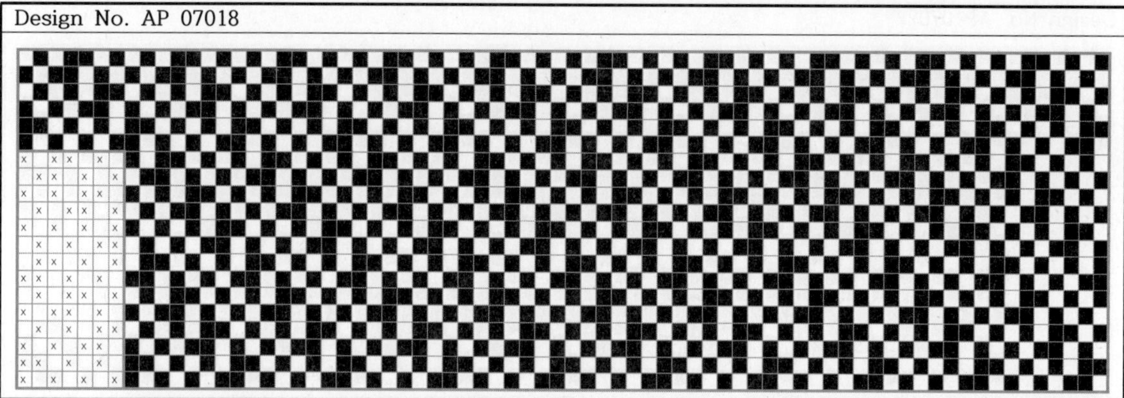

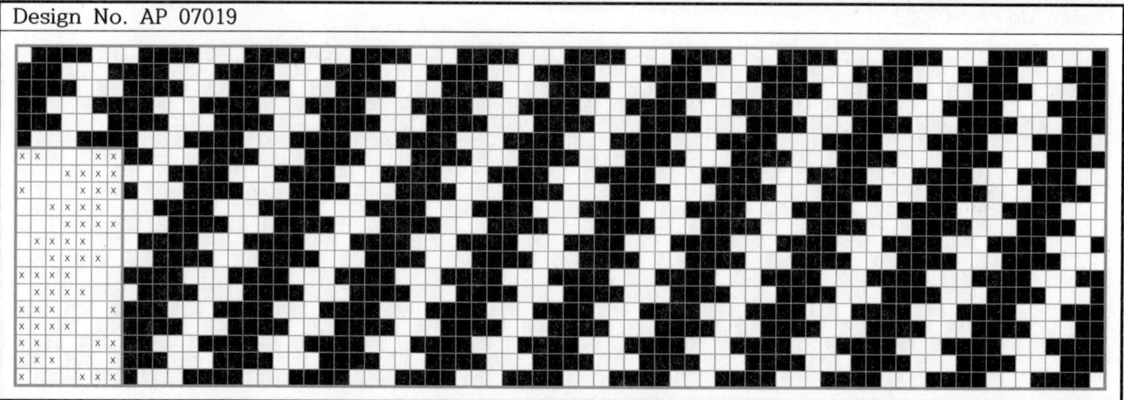

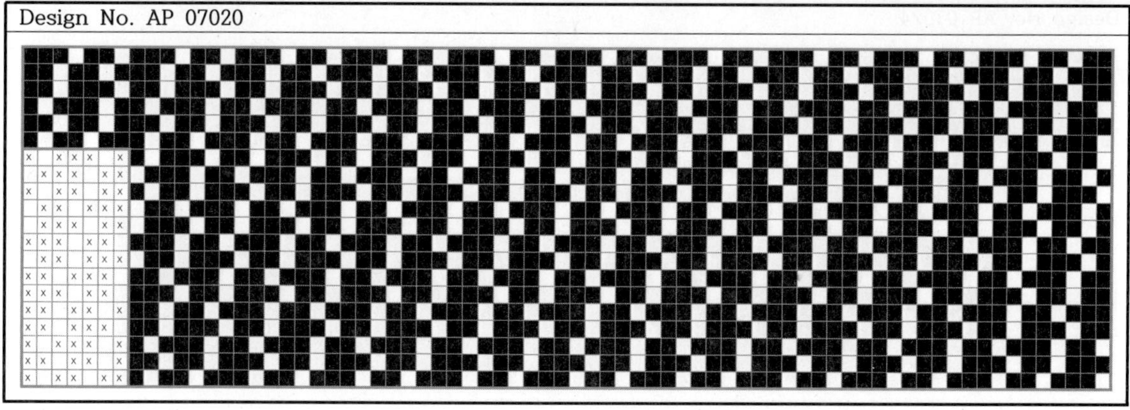

Design No. AP 07021

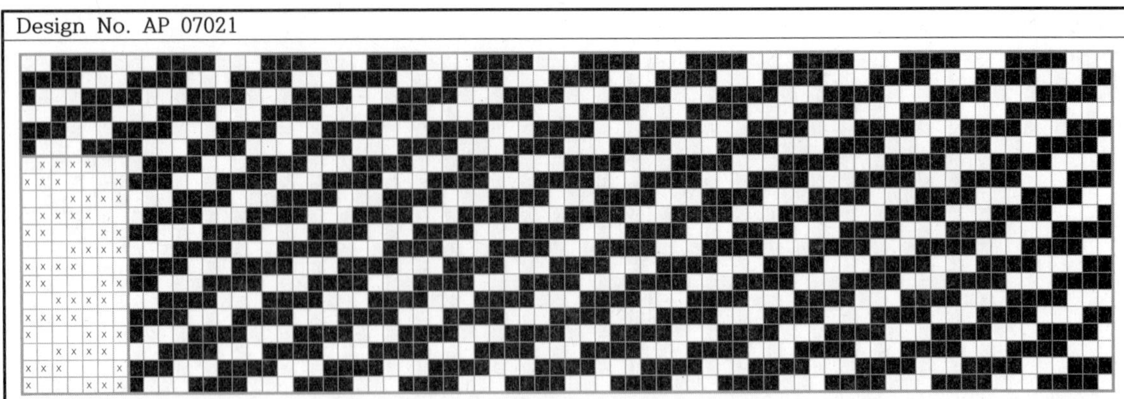

Design No. AP 07022

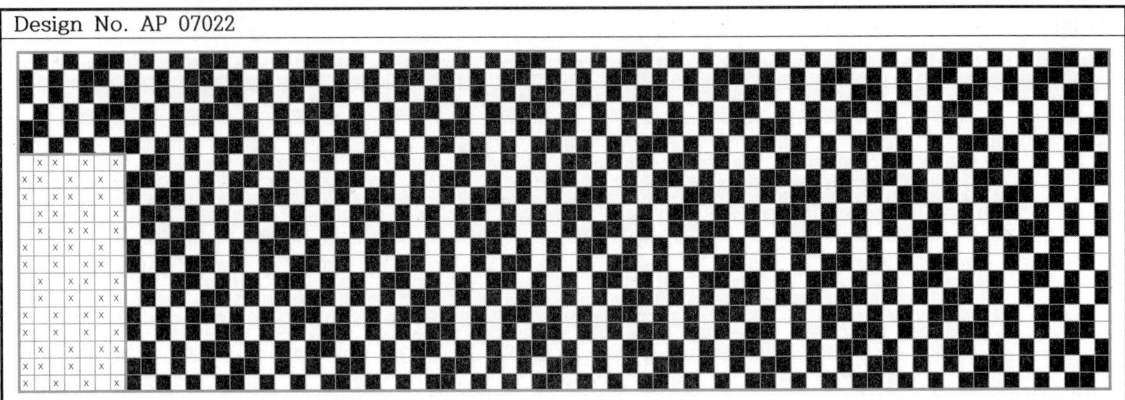

Design No. AP 07023

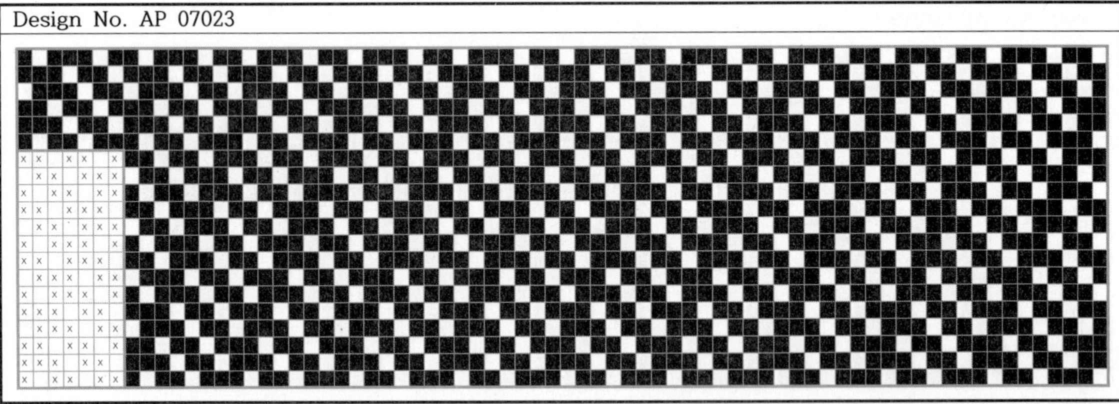

Design No. AP 07024

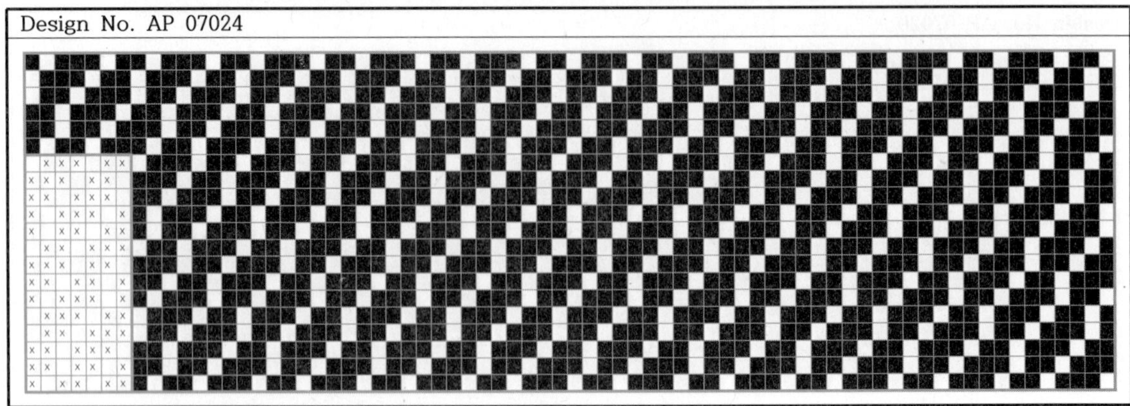

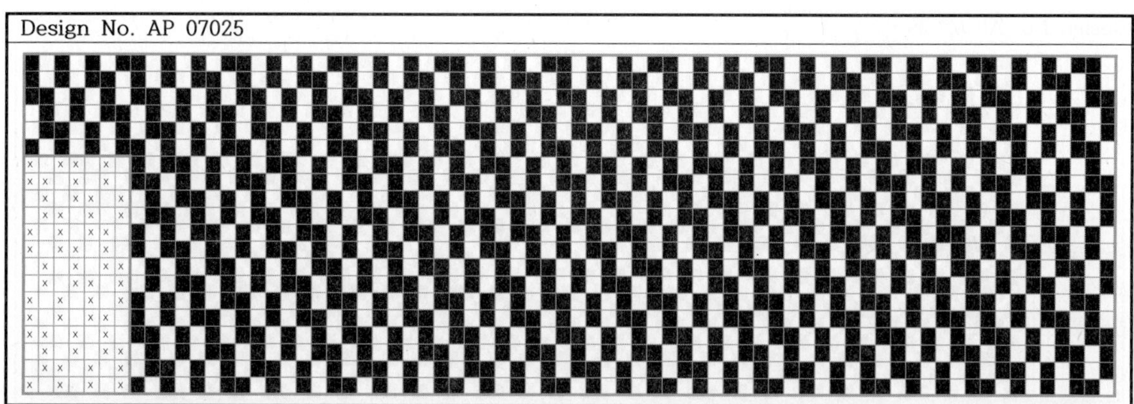

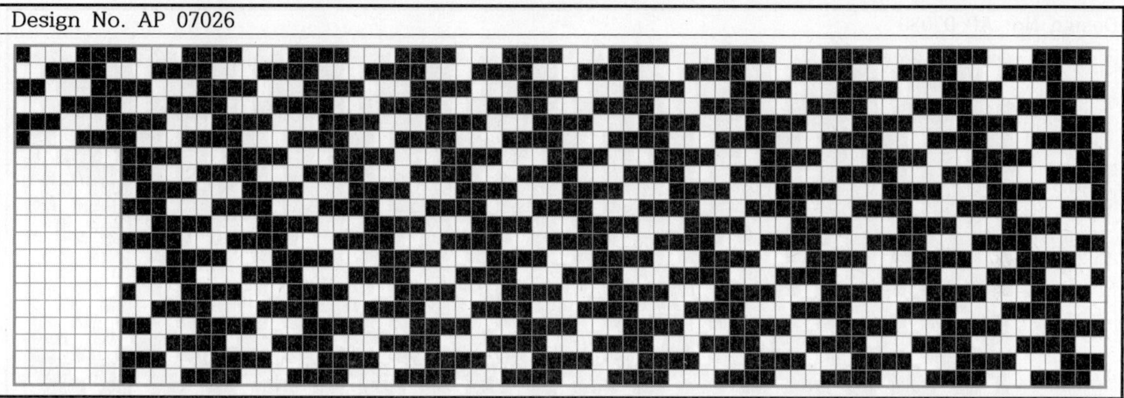

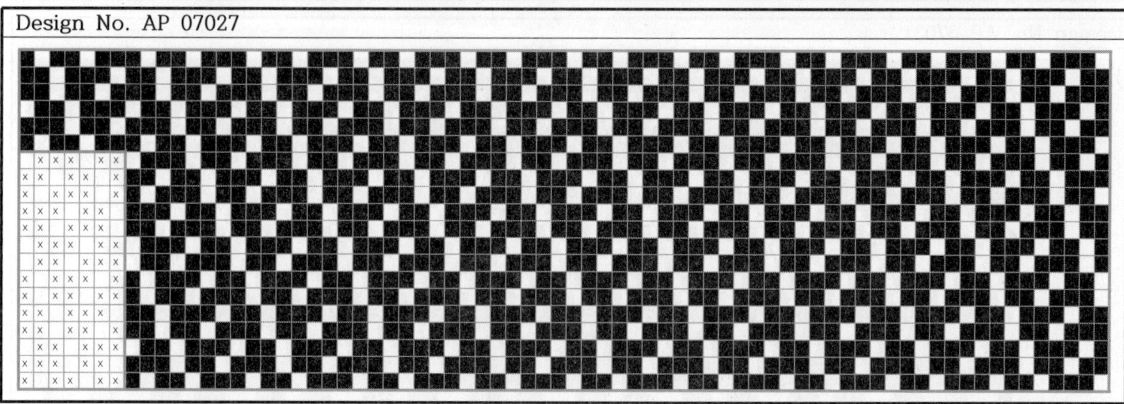

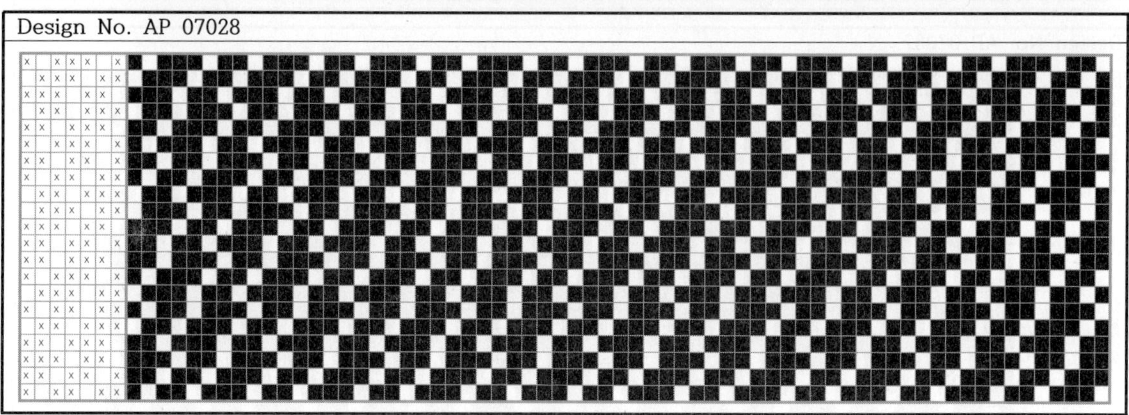

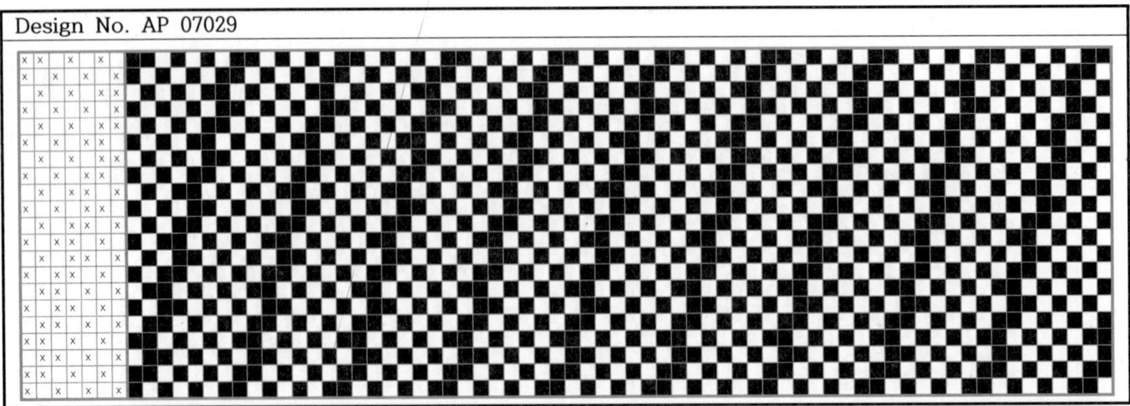

Design No. AP 07029

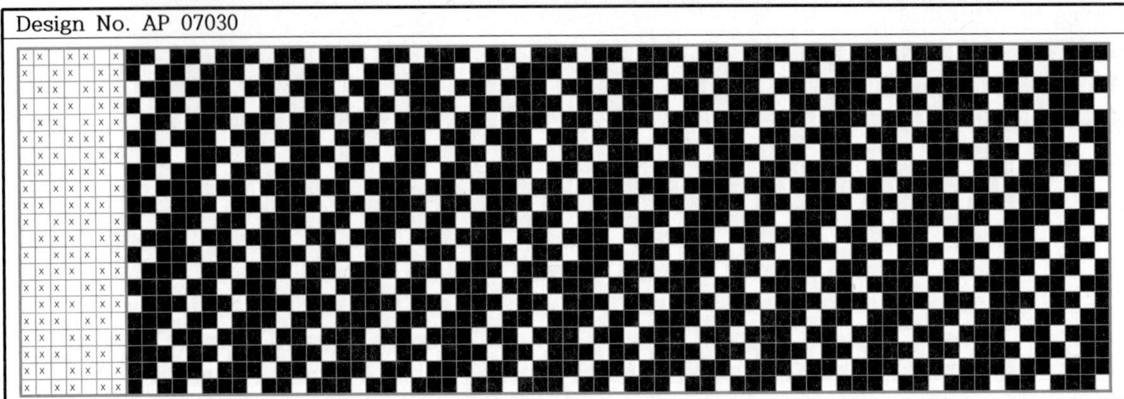

Design No. AP 07030

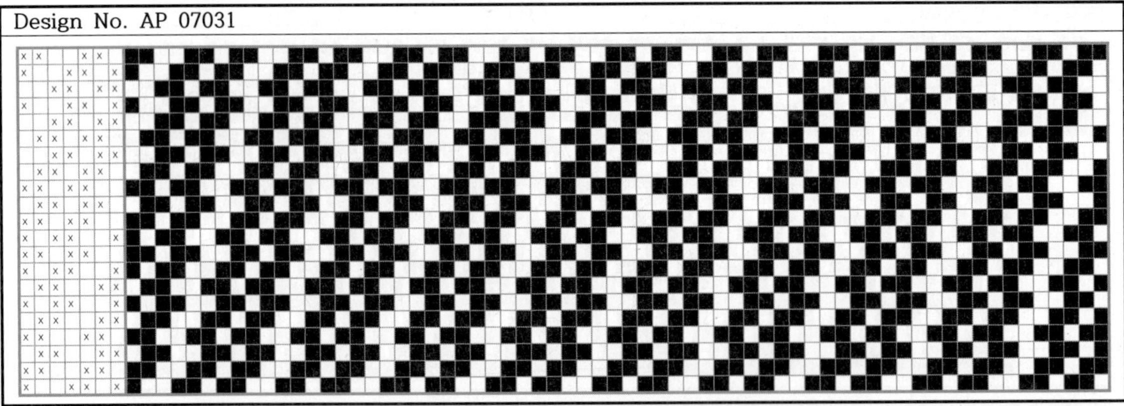

Design No. AP 07031

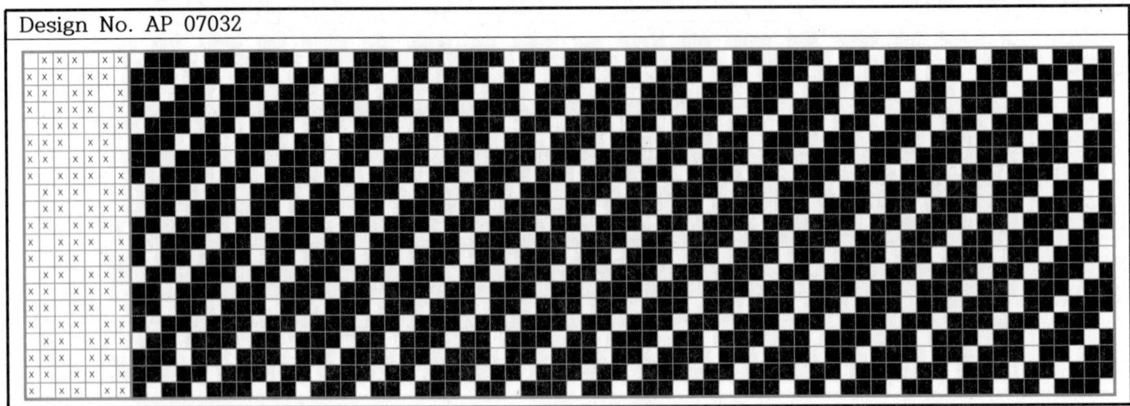

Design No. AP 07032

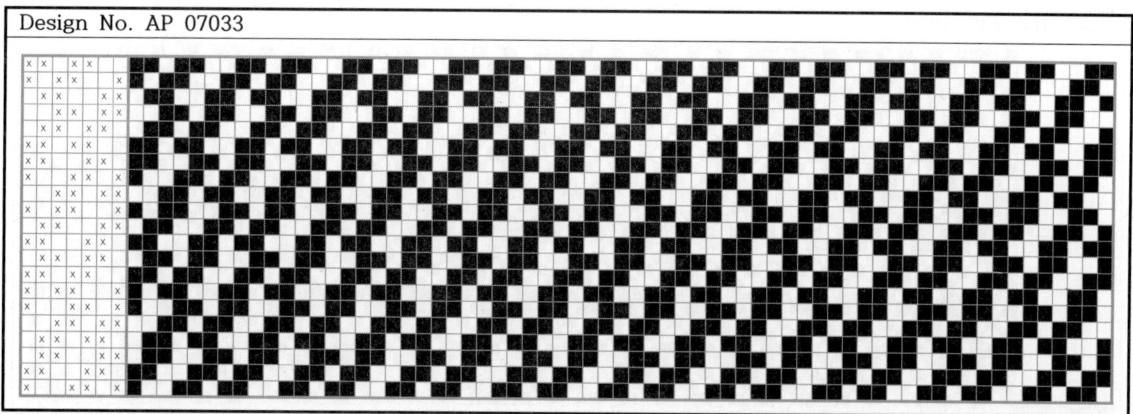

Design No. AP 07033

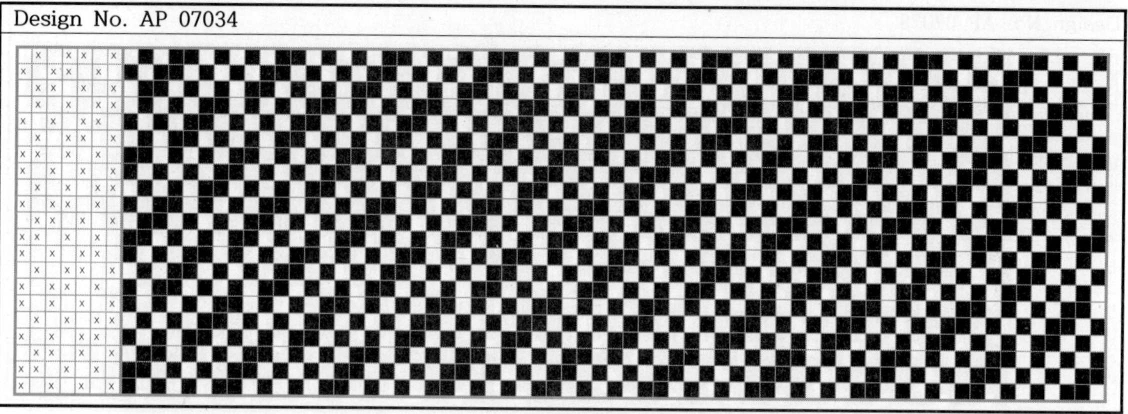

Design No. AP 07034

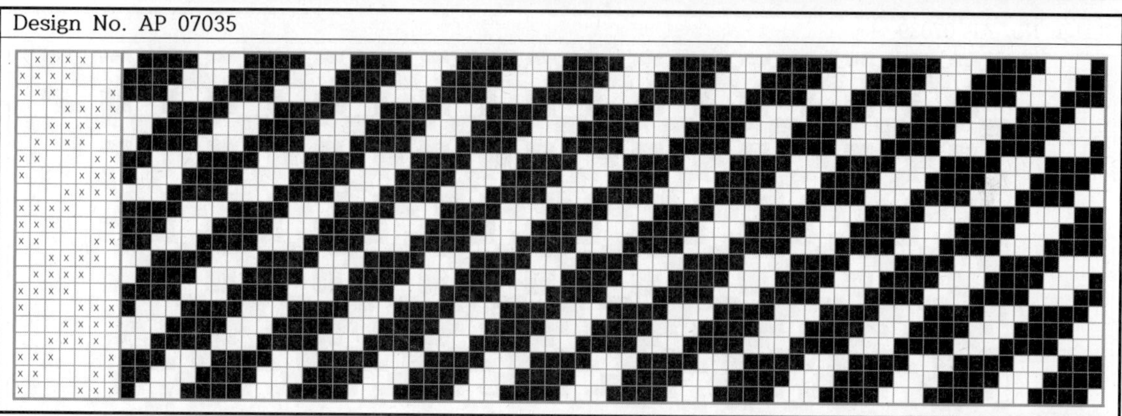

Design No. AP 07035

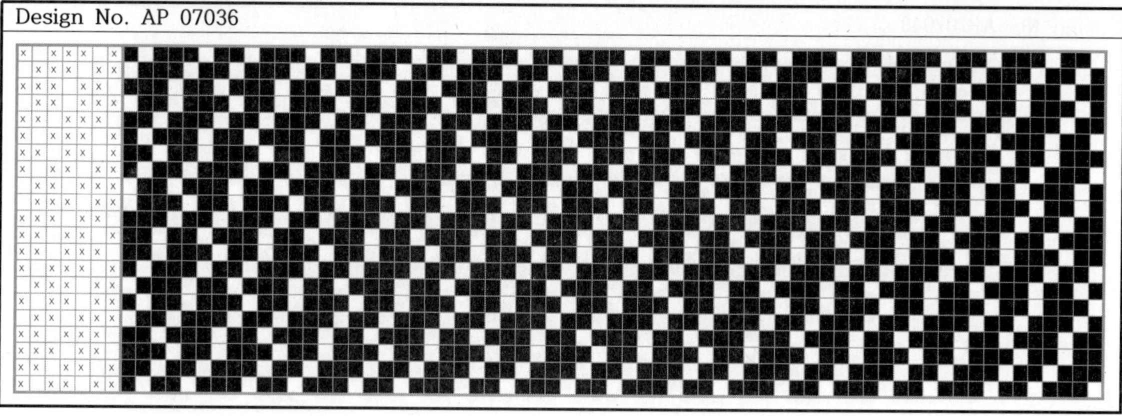

Design No. AP 07036

Design No. AP 07037

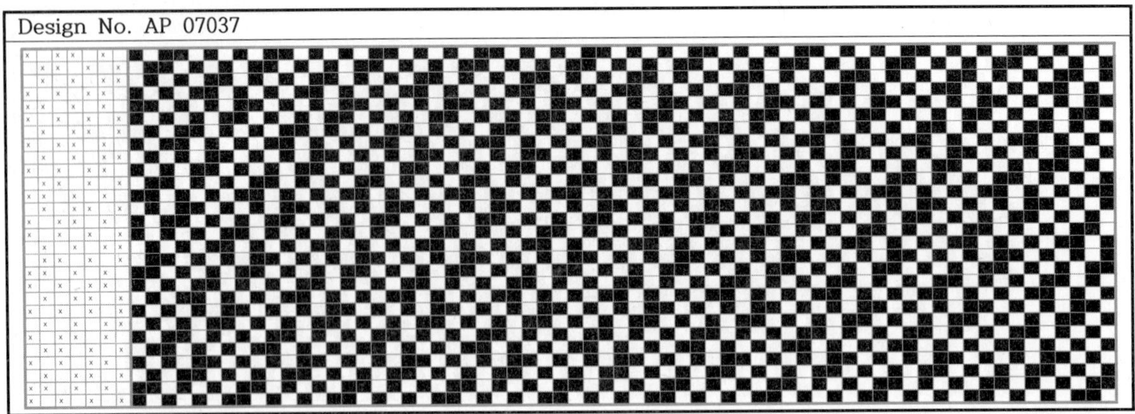

Design No. AP 07038

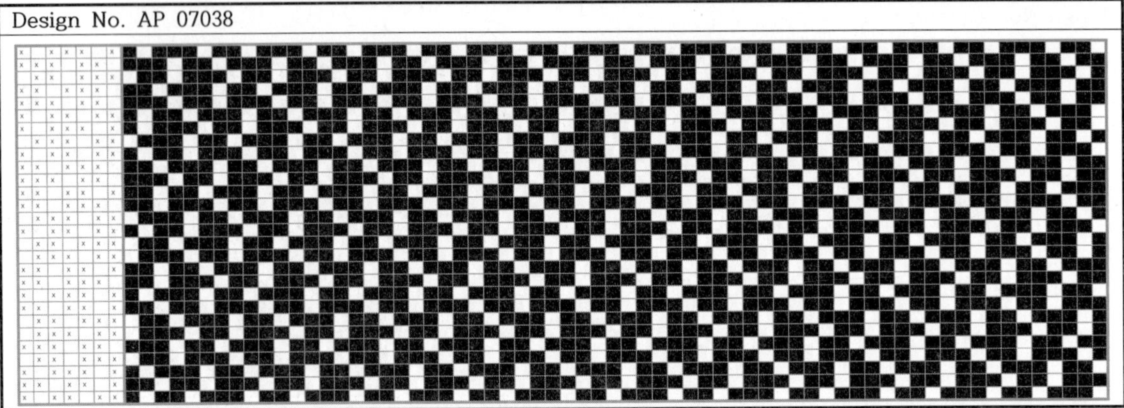

Design No. AP 07039

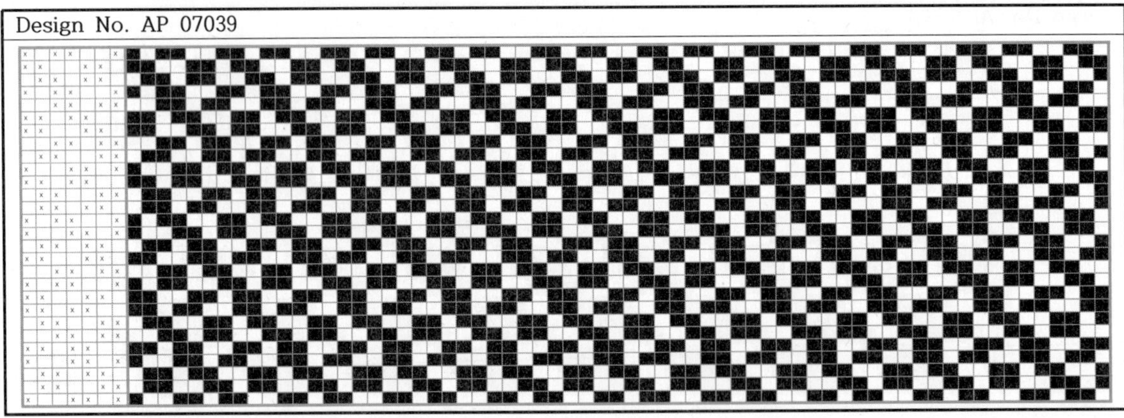

Design No. AP 07040

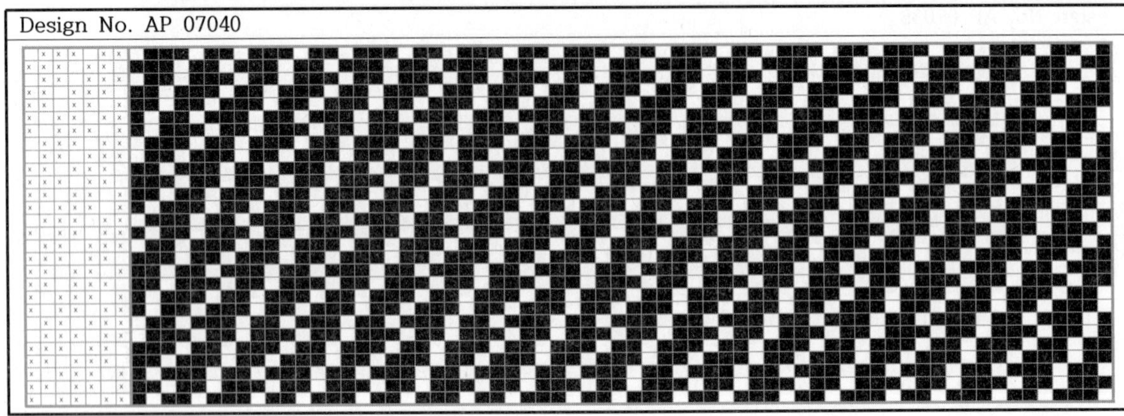

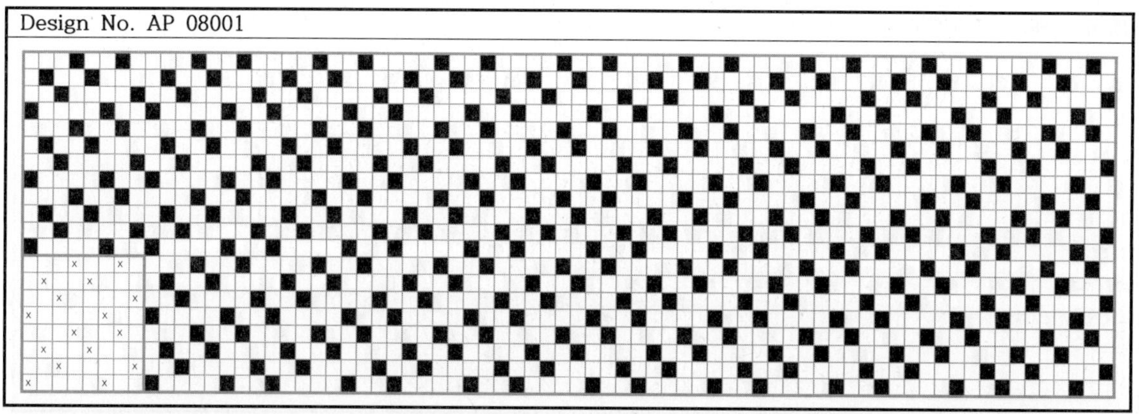

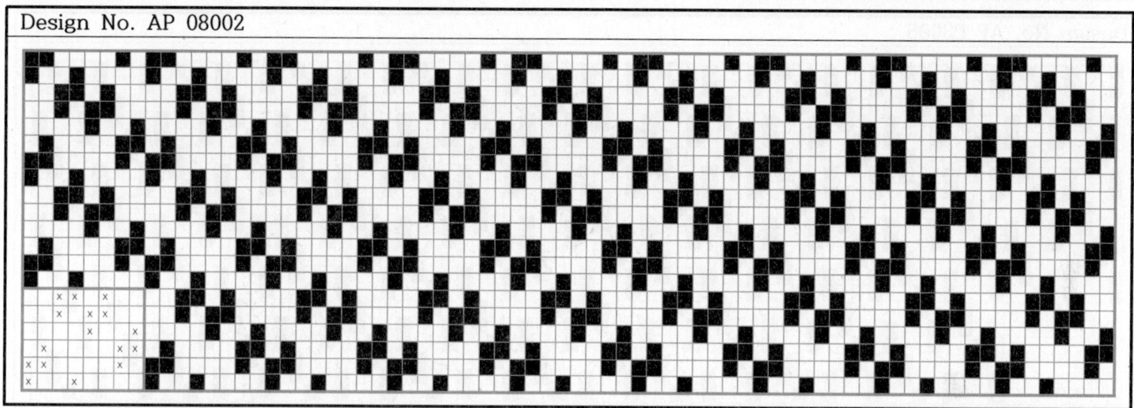

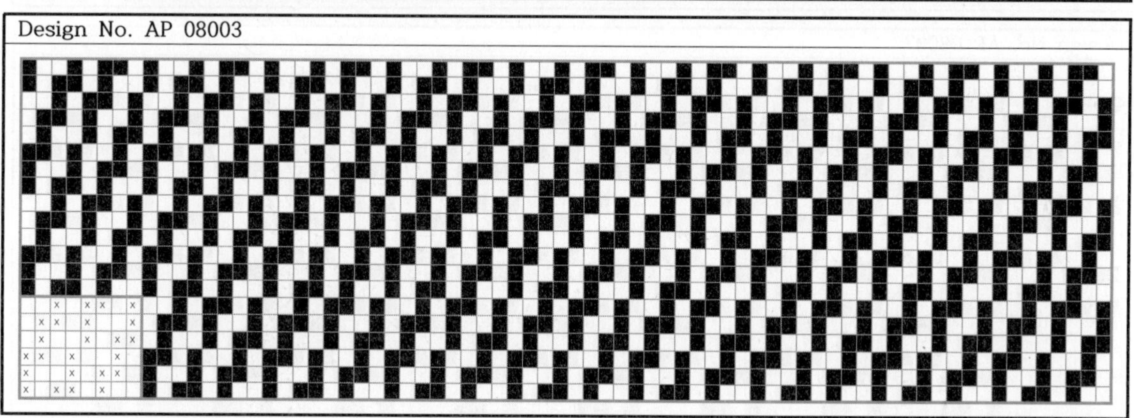

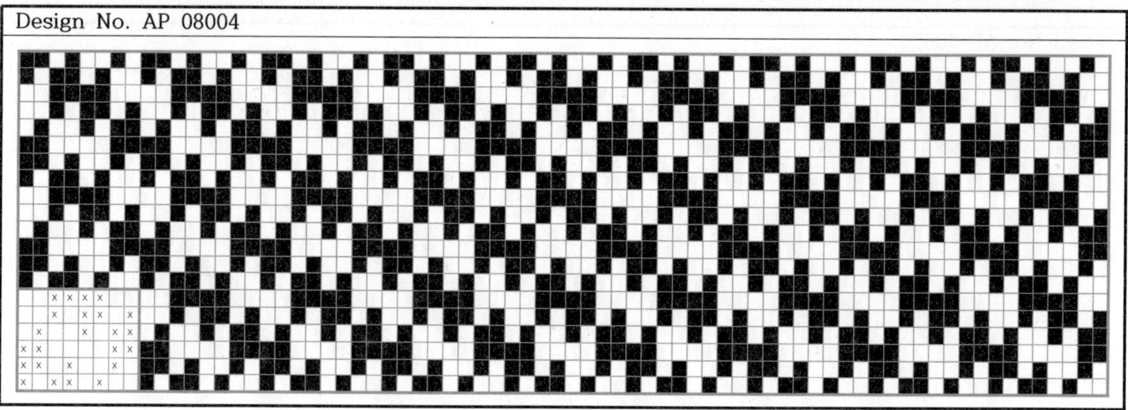

Design No. AP 08005

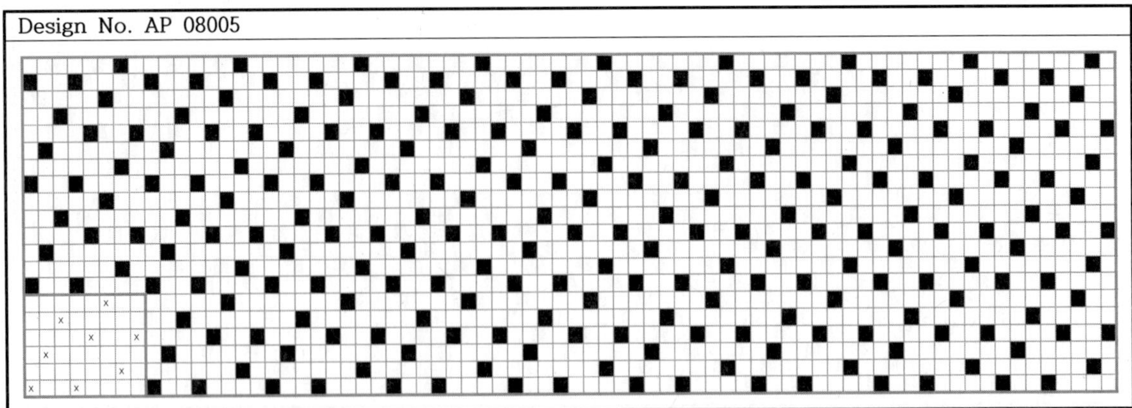

Design No. AP 08006

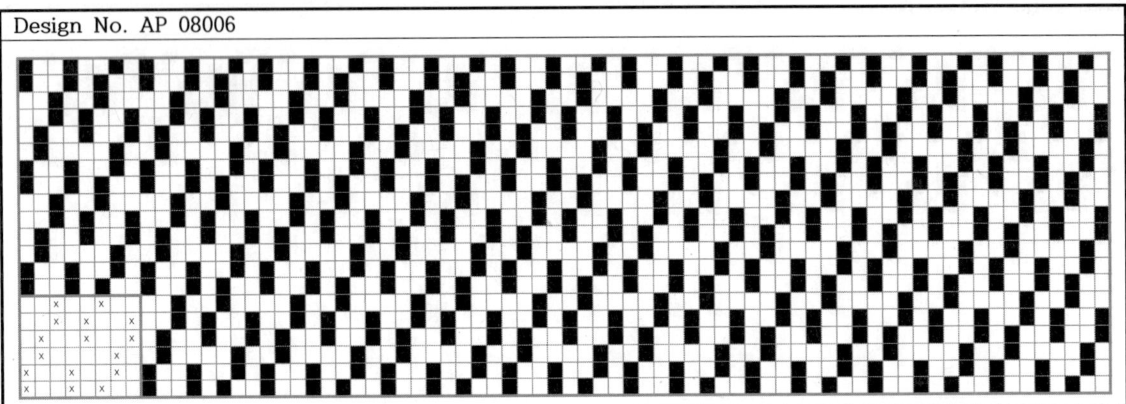

Design No. AP 08007

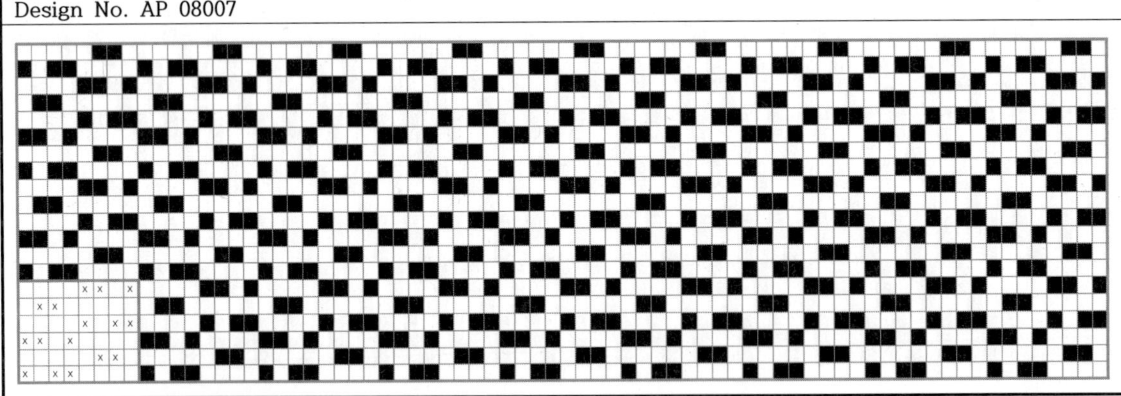

Design No. AP 08008

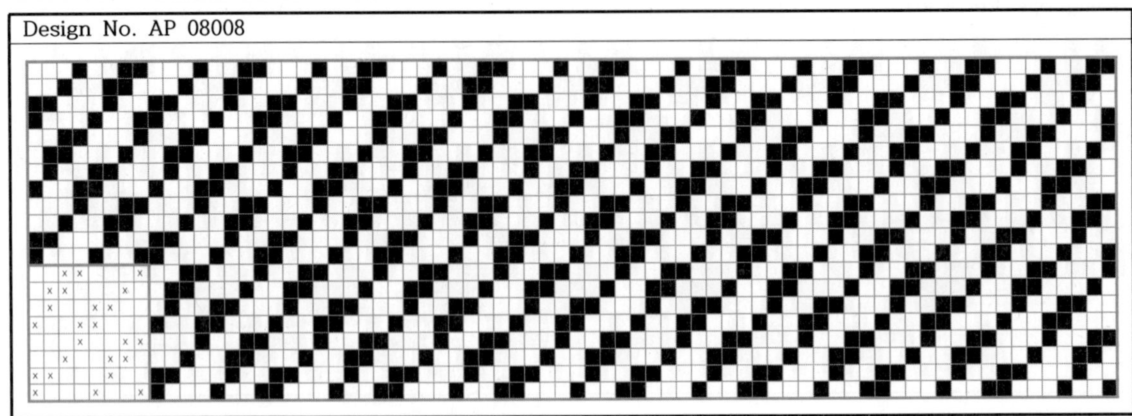

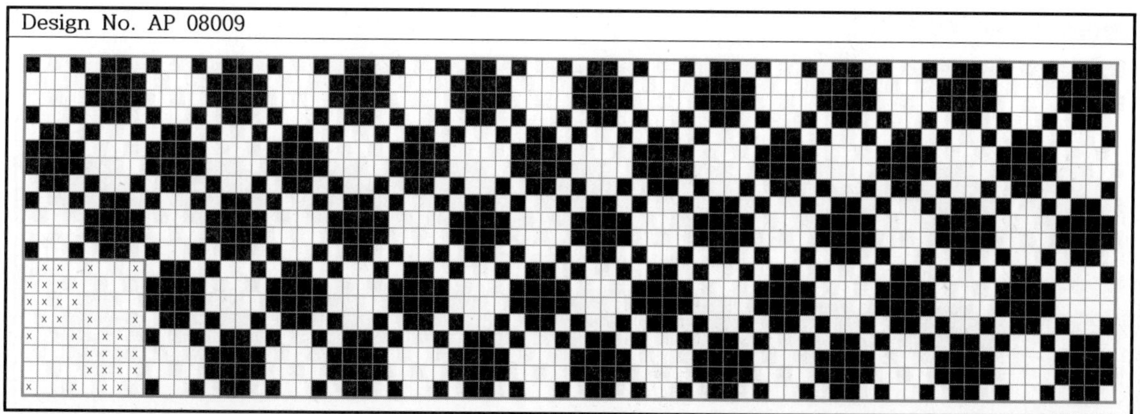

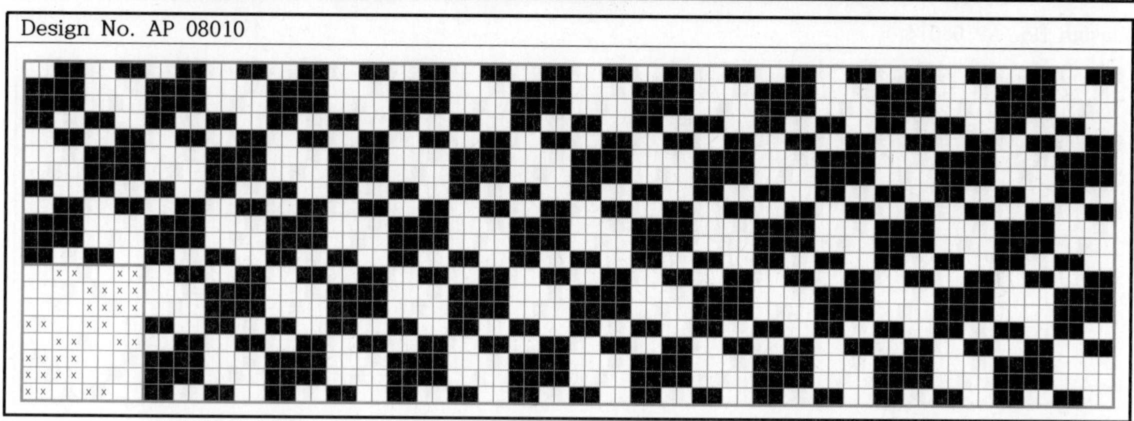

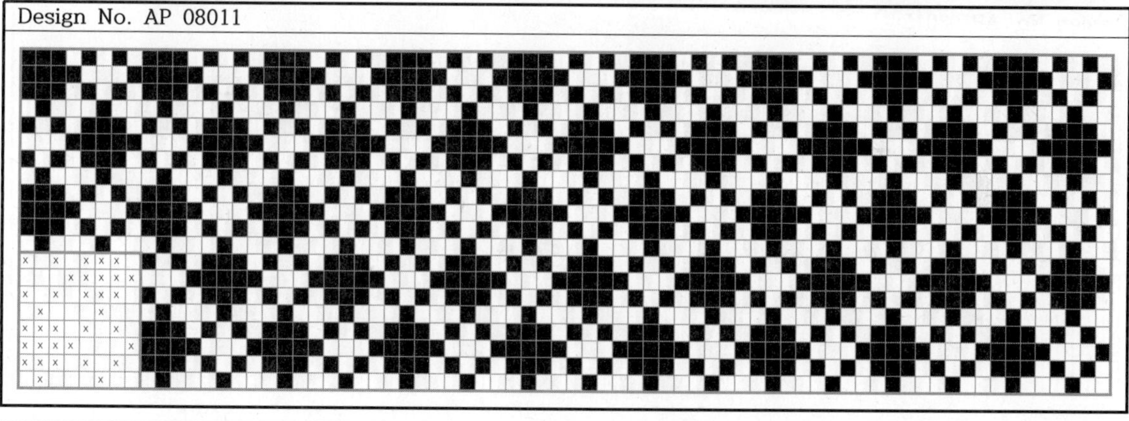

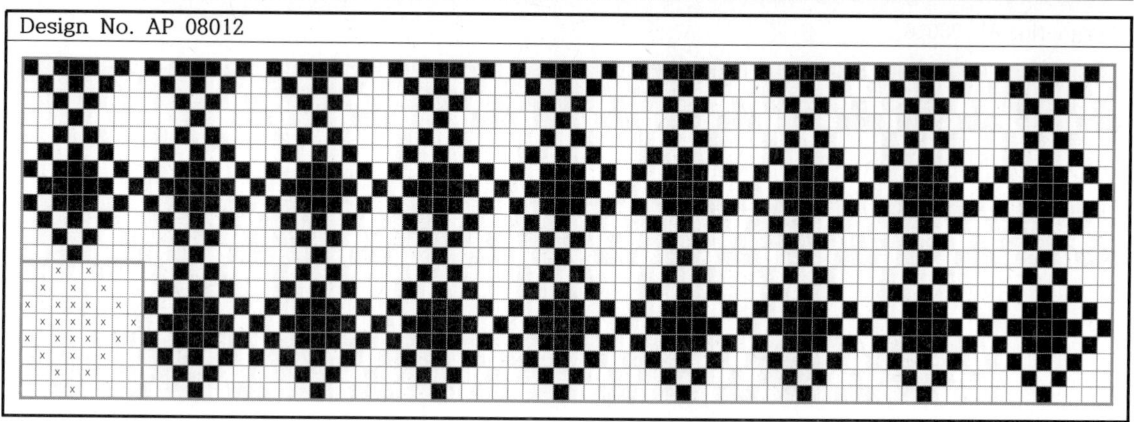

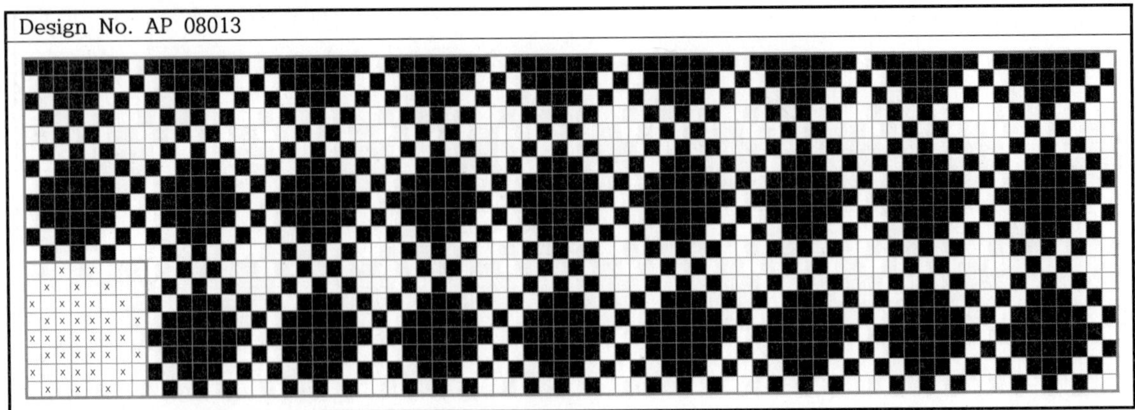

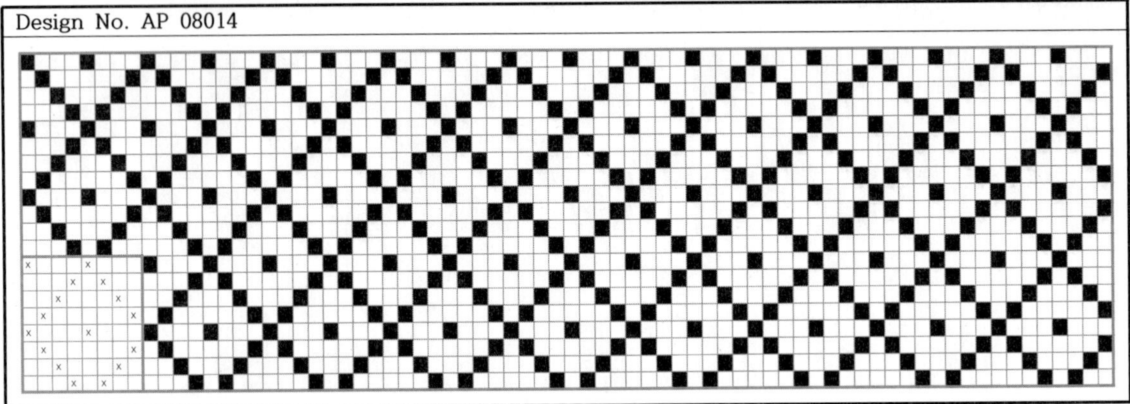

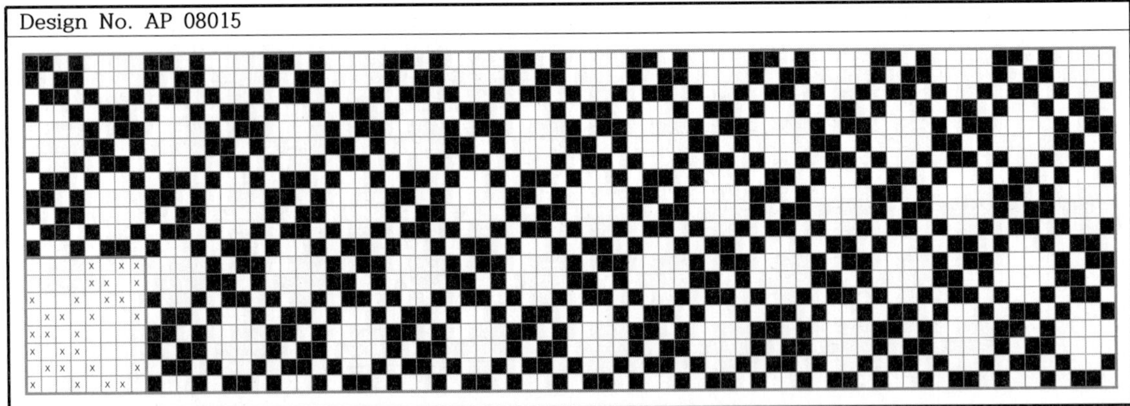

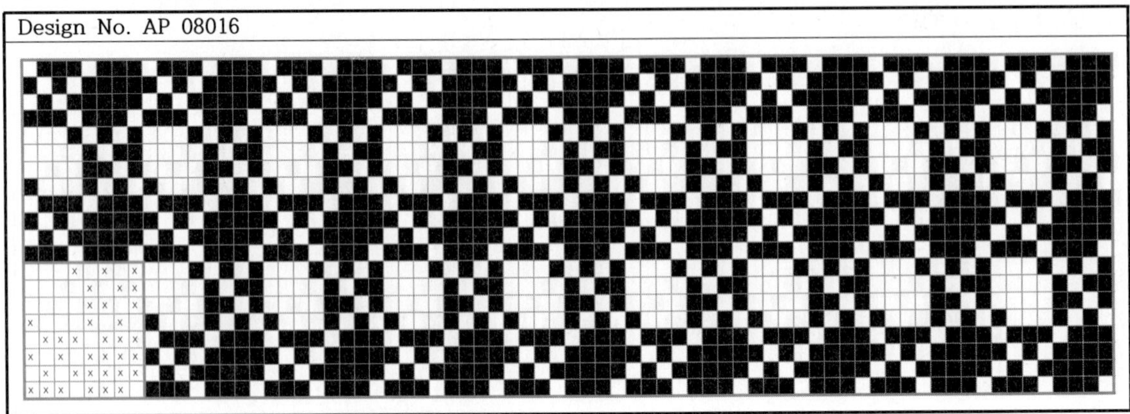

Design No. AP 08017

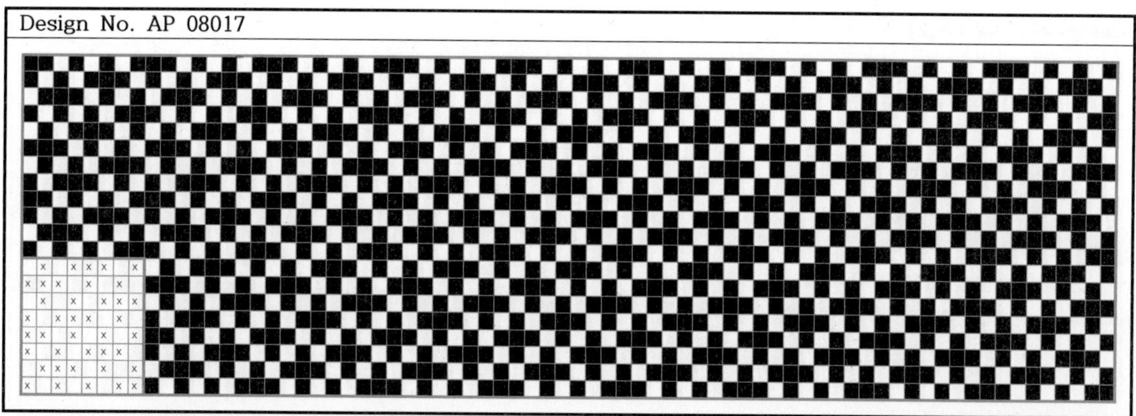

Design No. AP 08018

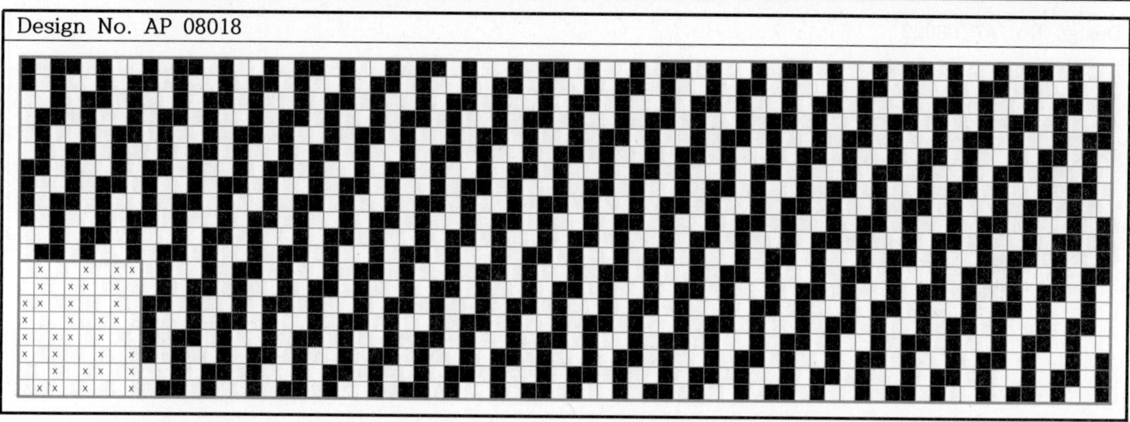

Design No. AP 08019

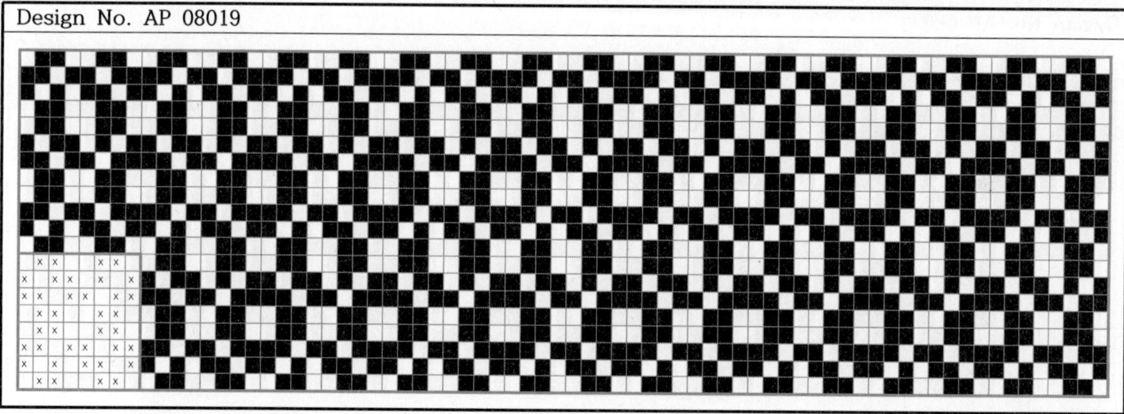

Design No. AP 08020

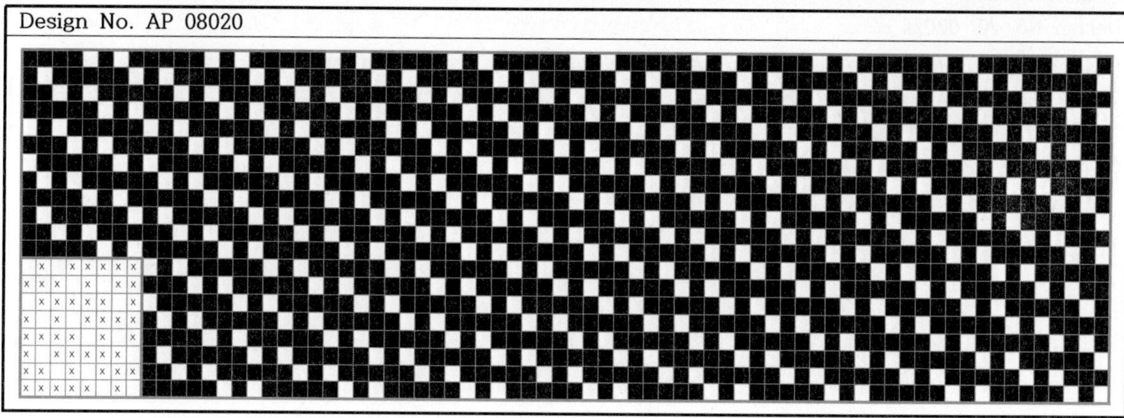

Design No. AP 08021

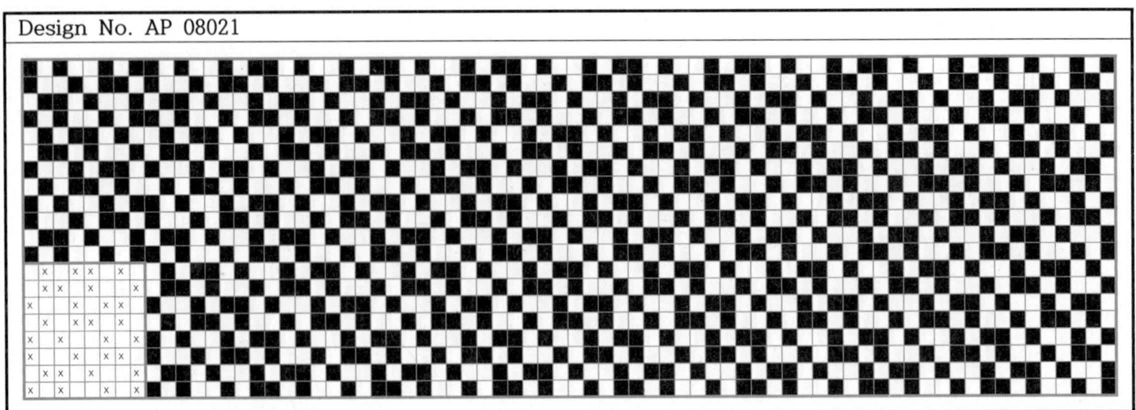

Design No. AP 08022

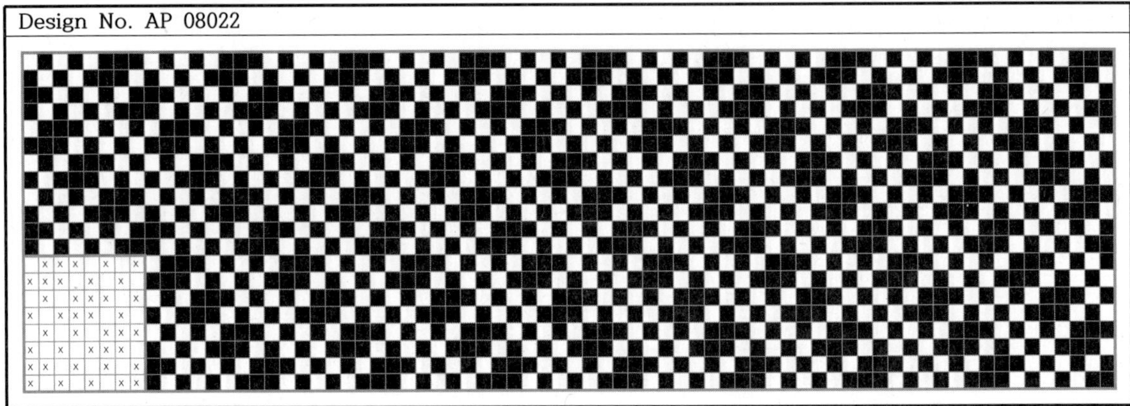

Design No. AP 08023

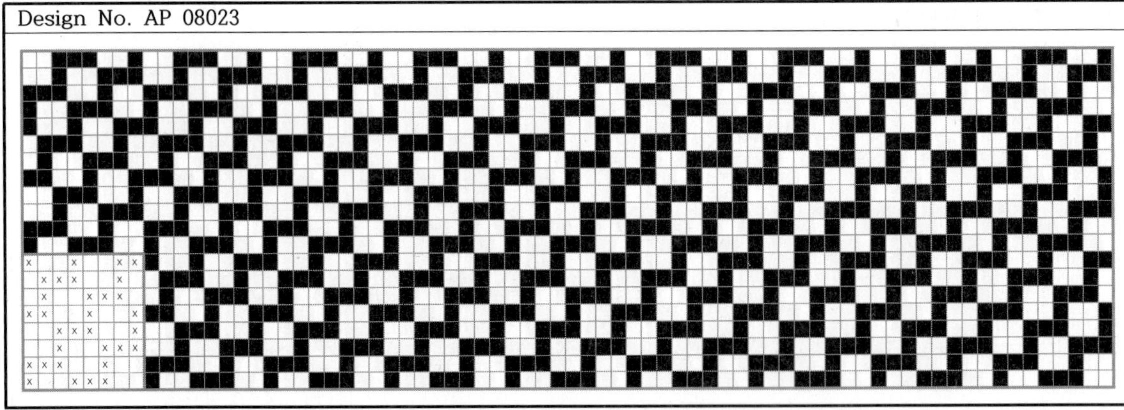

Design No. AP 08024

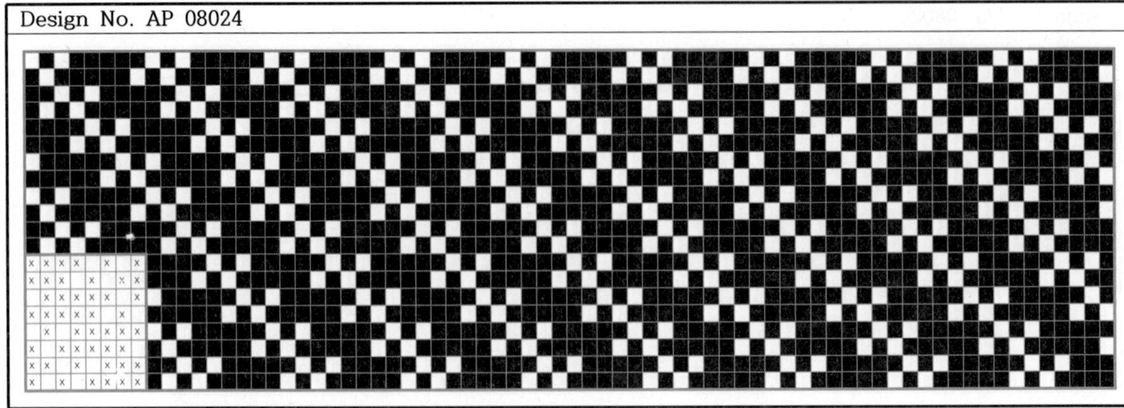

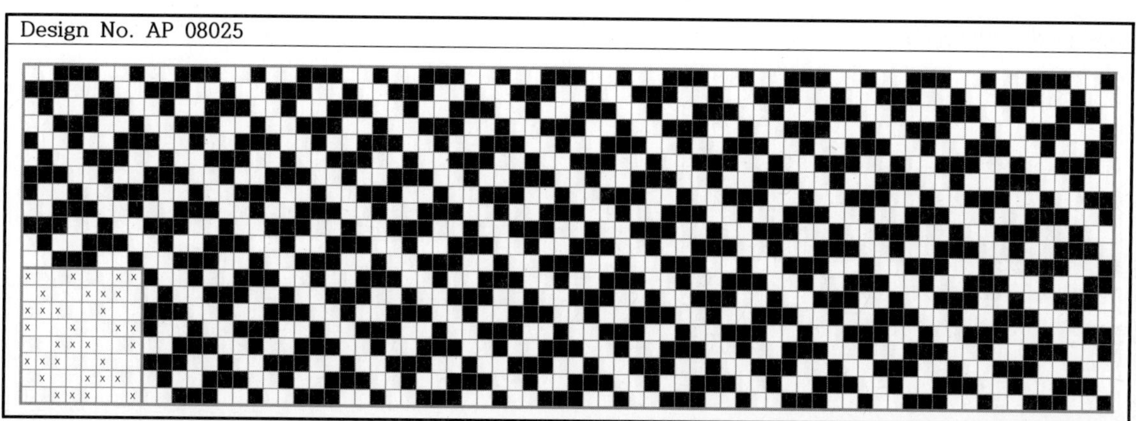

Design No. AP 08025

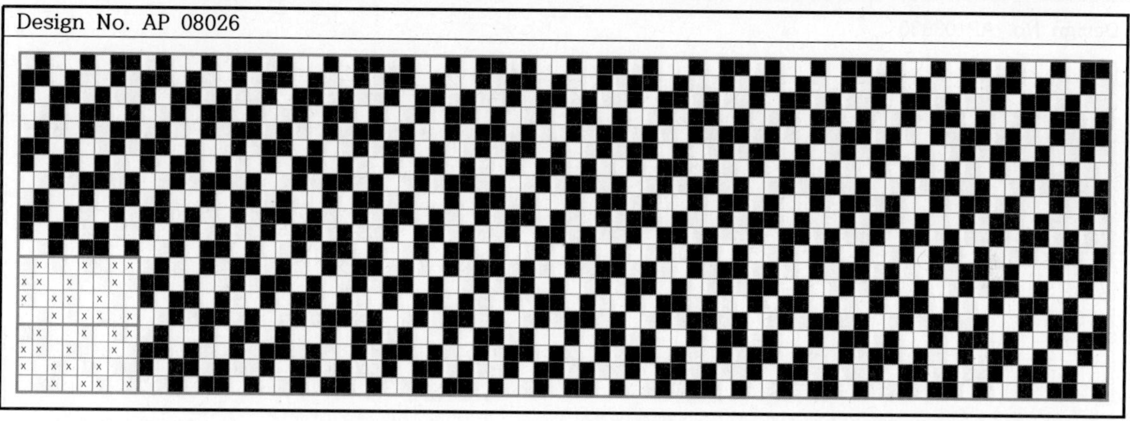

Design No. AP 08026

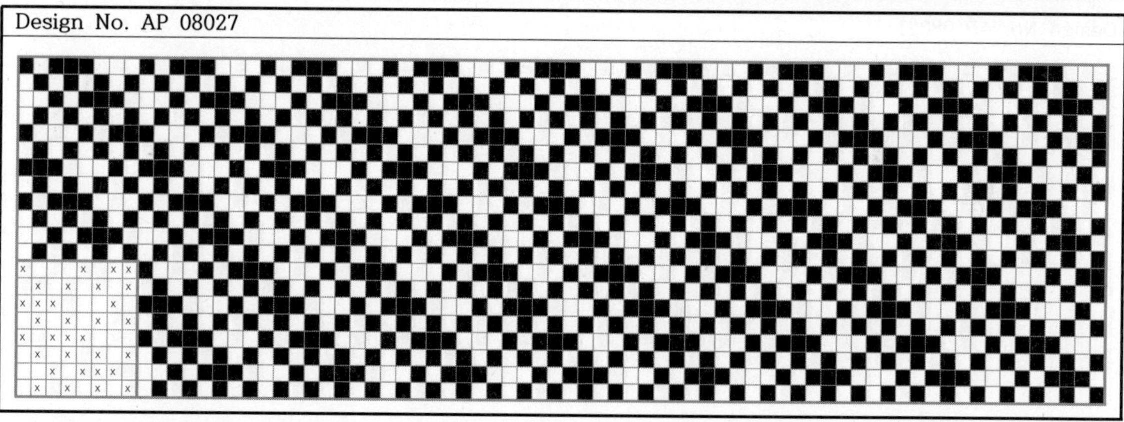

Design No. AP 08027

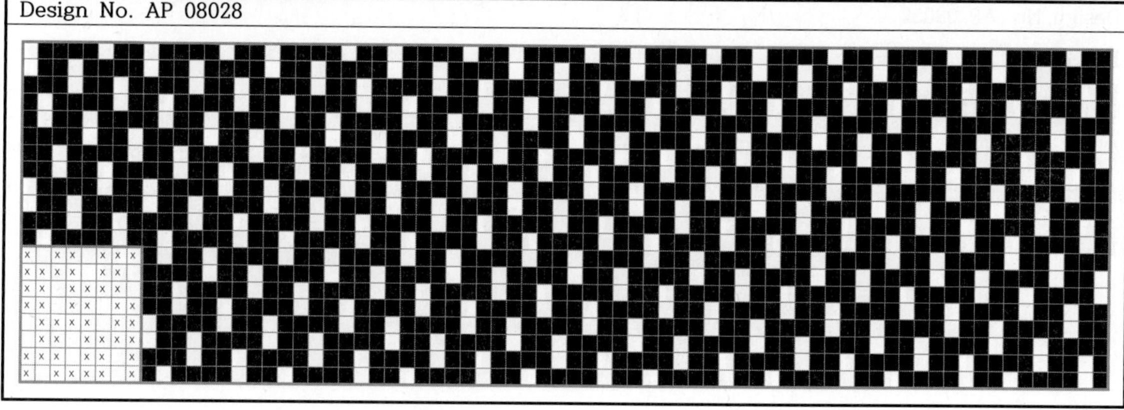

Design No. AP 08028

Design No. AP 08029

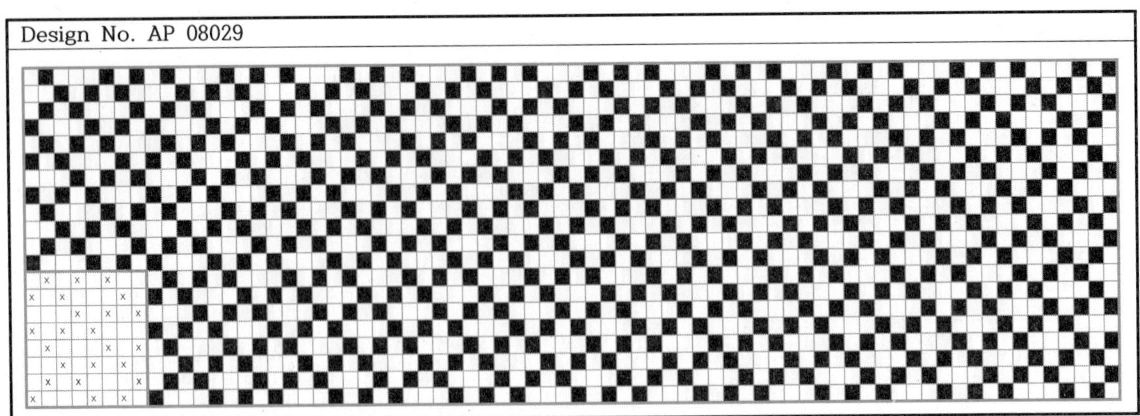

Design No. AP 08030

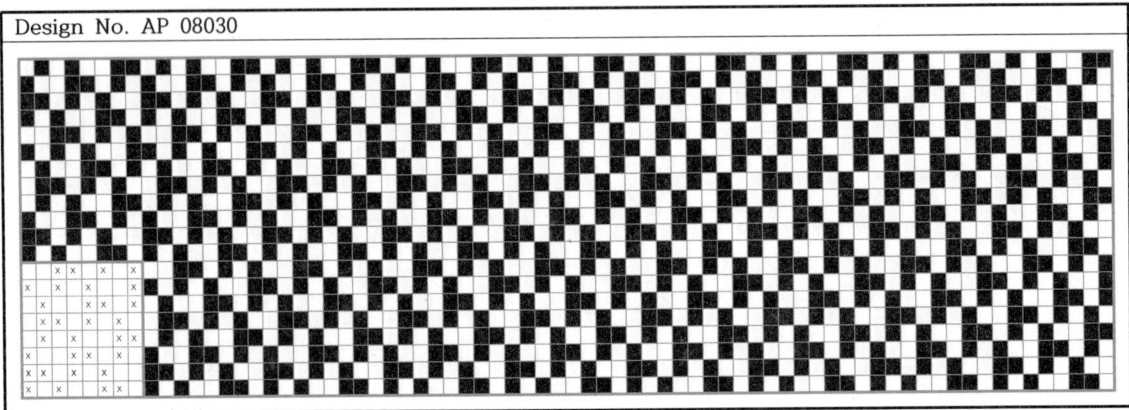

Design No. AP 08031

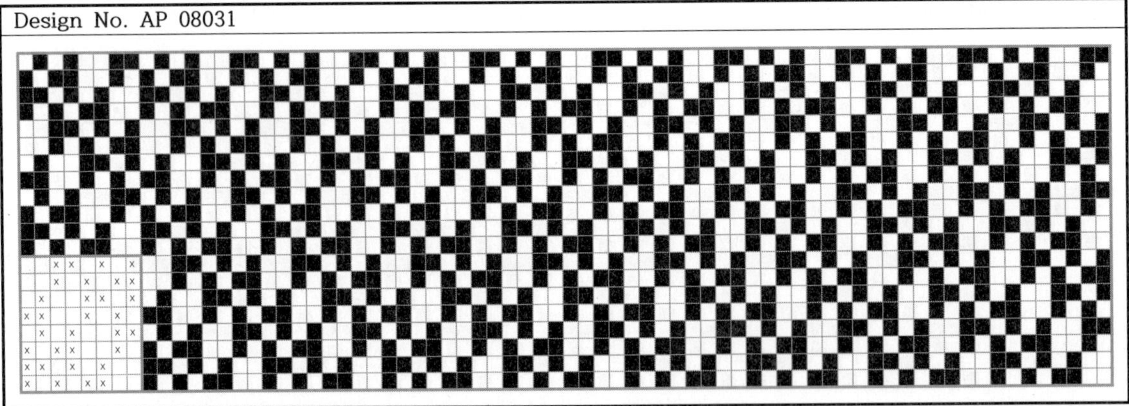

Design No. AP 08032

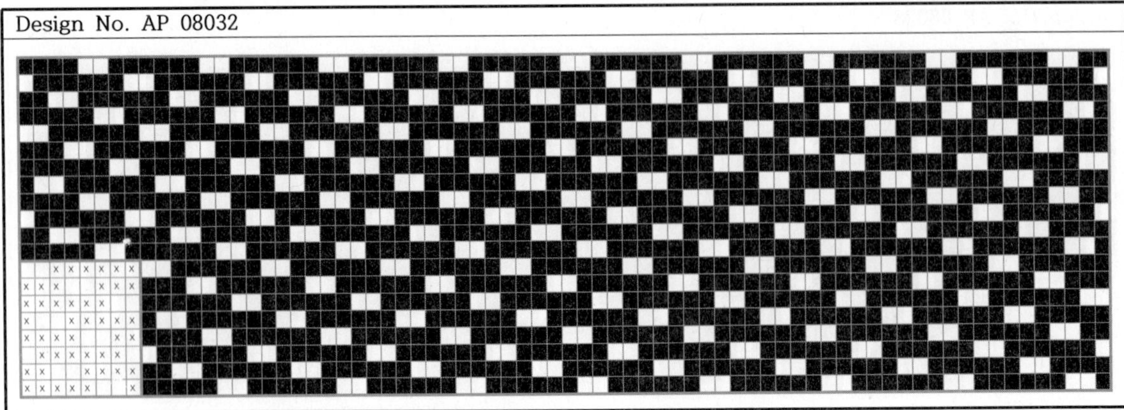

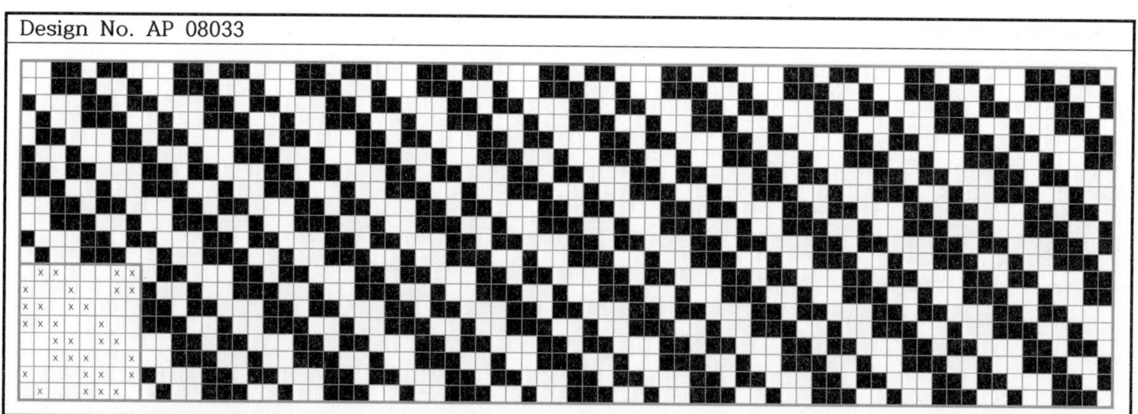

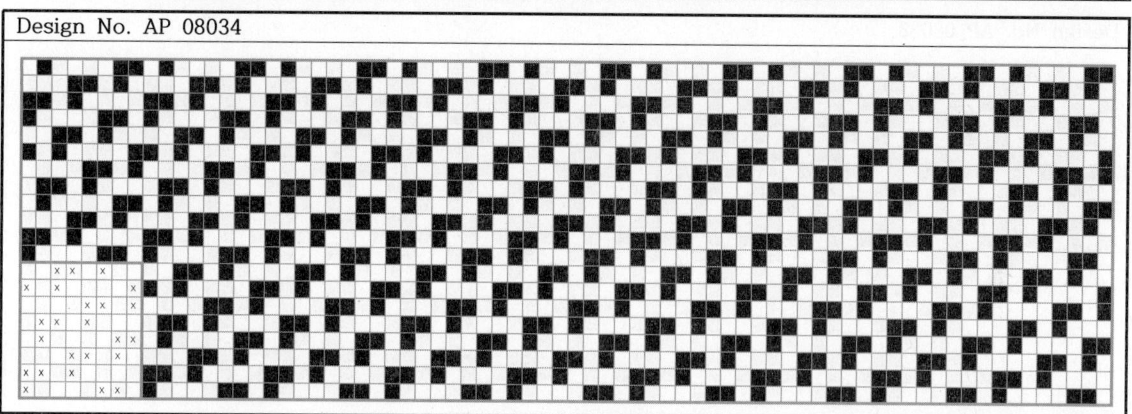

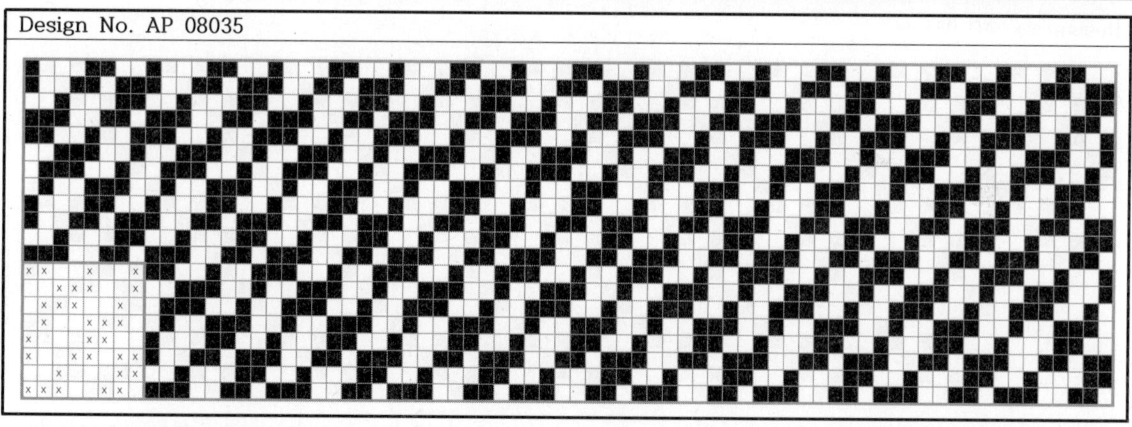

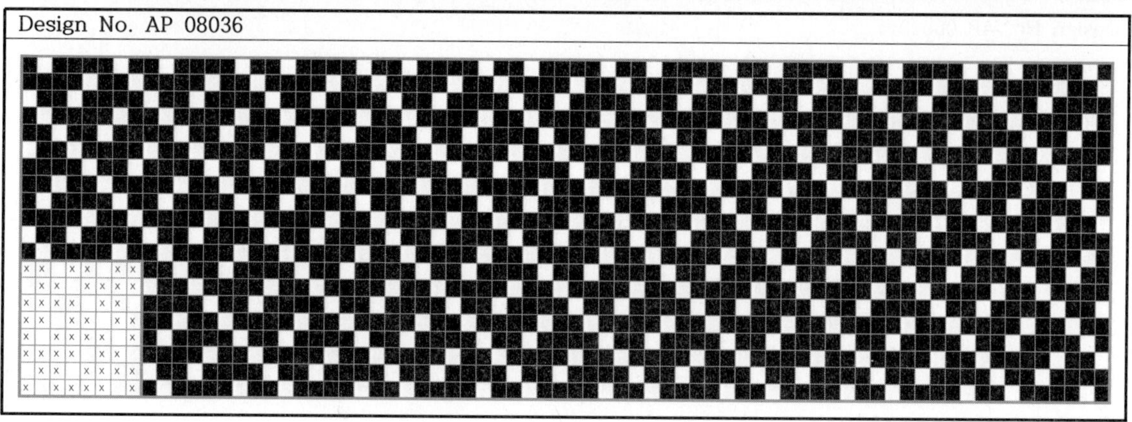

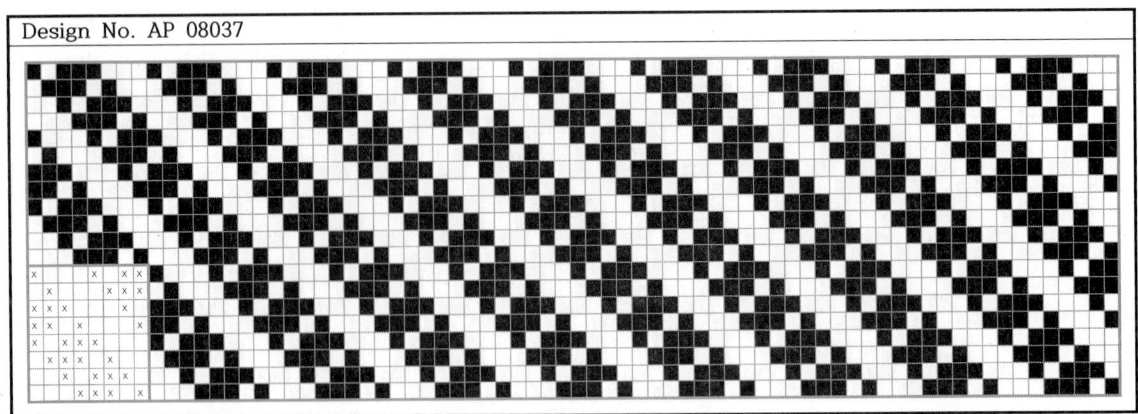

Design No. AP 08037

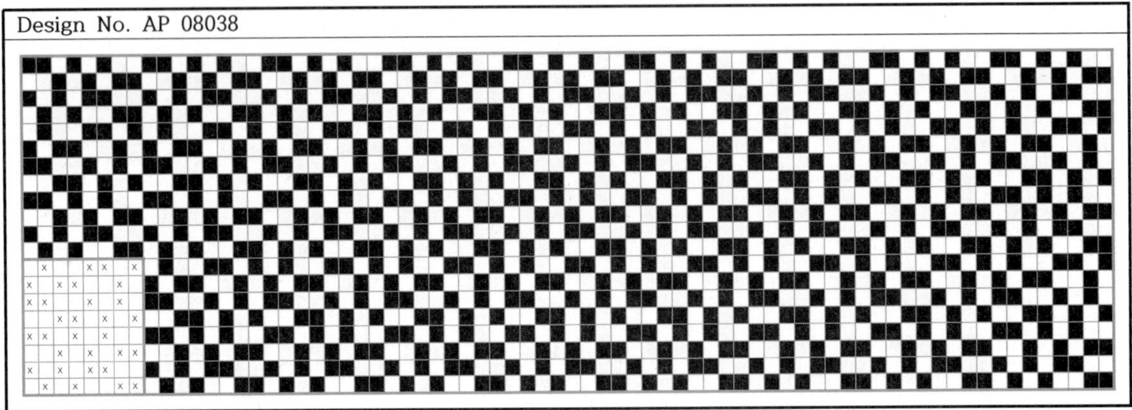

Design No. AP 08038

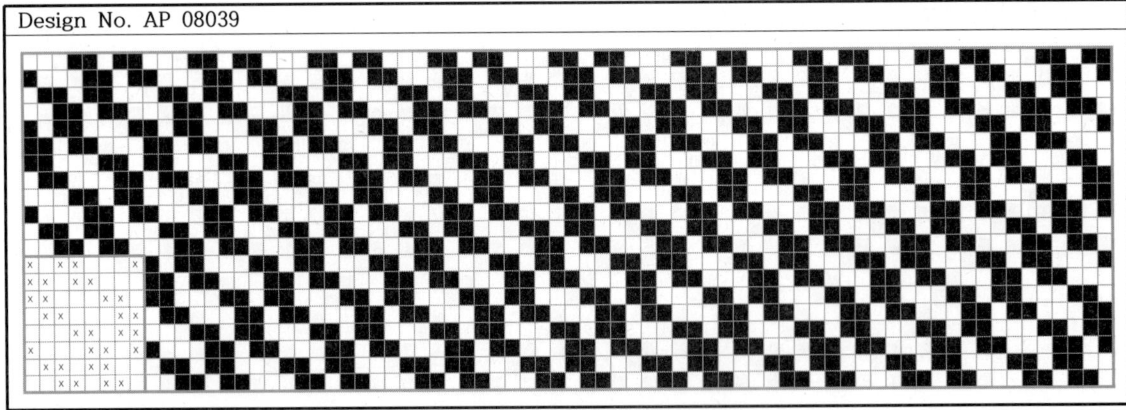

Design No. AP 08039

Design No. AP 08040

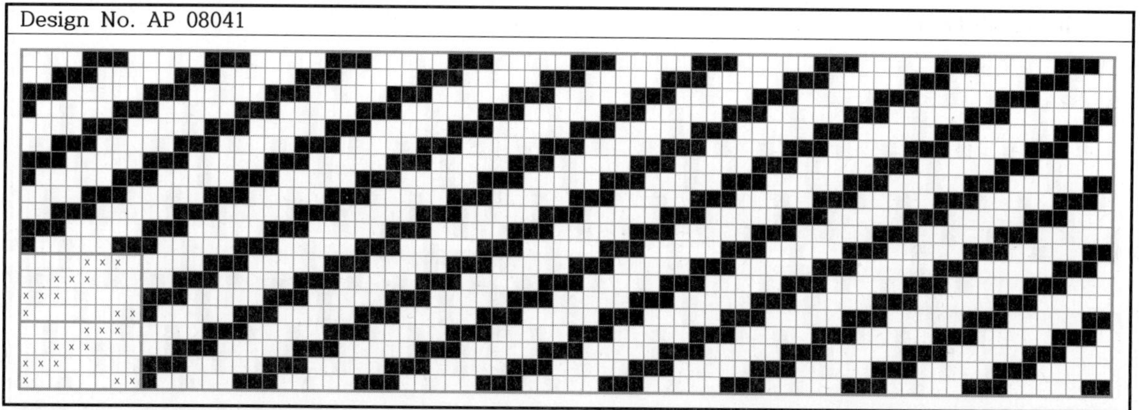

Design No. AP 08041

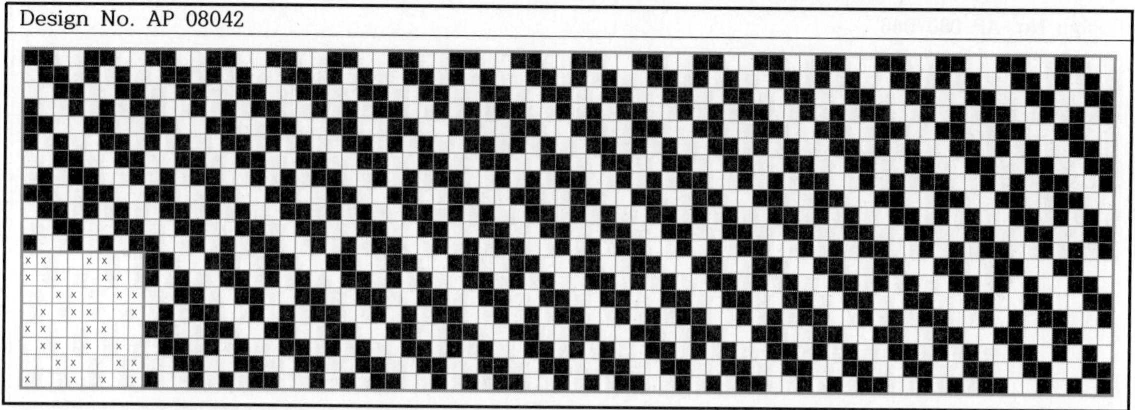

Design No. AP 08042

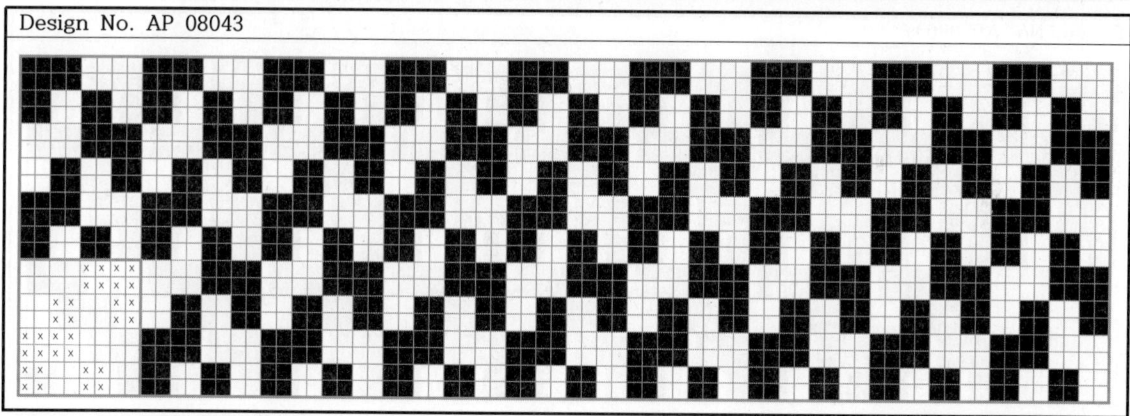

Design No. AP 08043

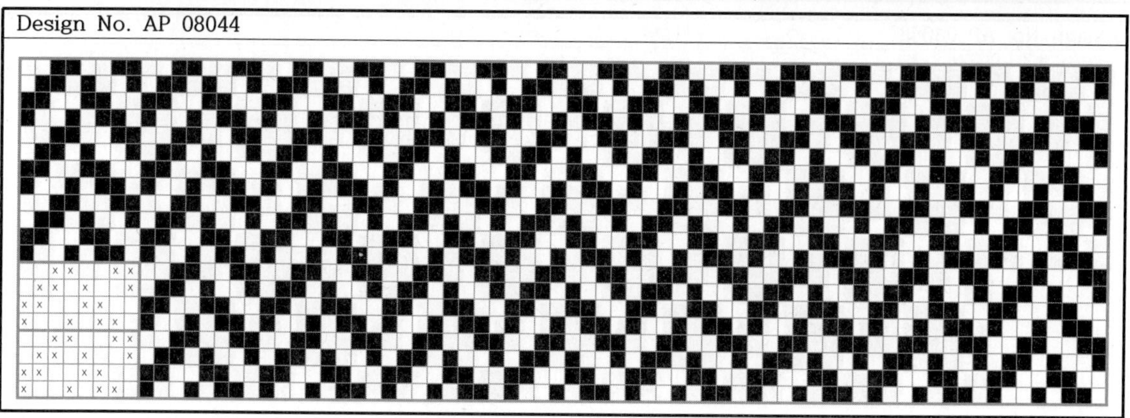

Design No. AP 08044

Design No. AP 08045

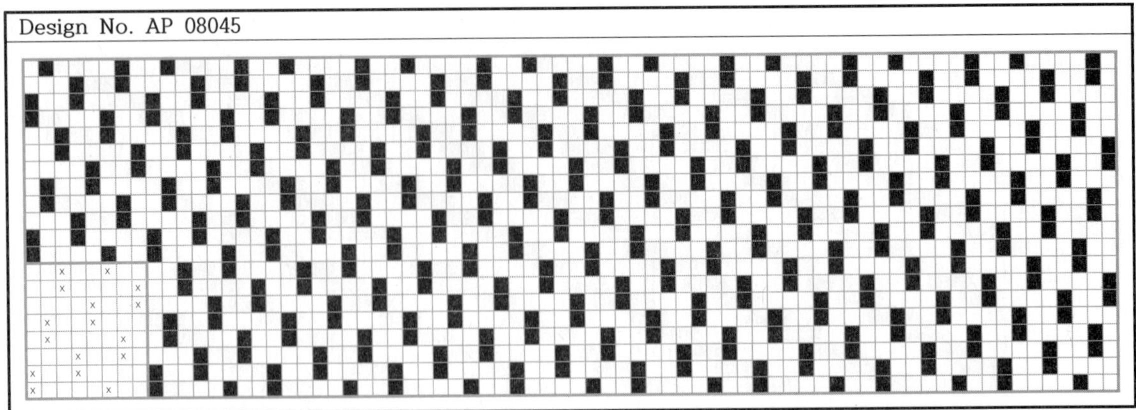

Design No. AP 0807046

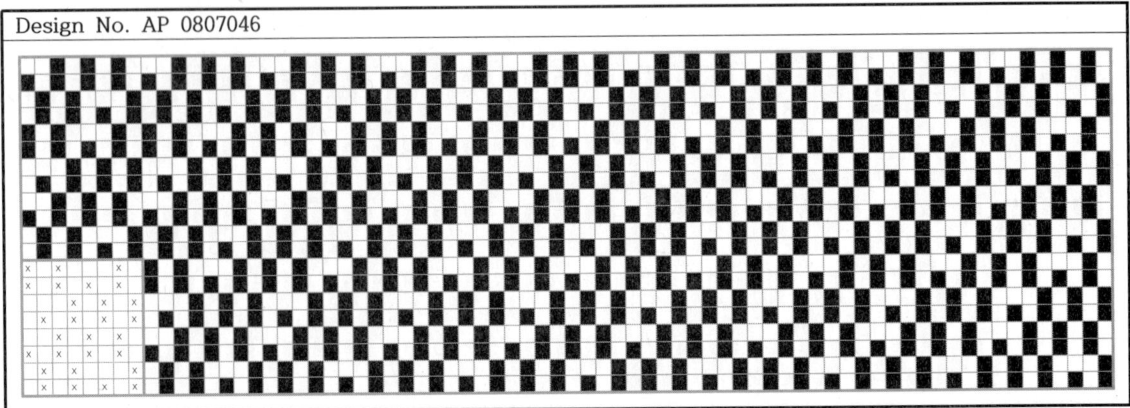

Design No. AP 08047

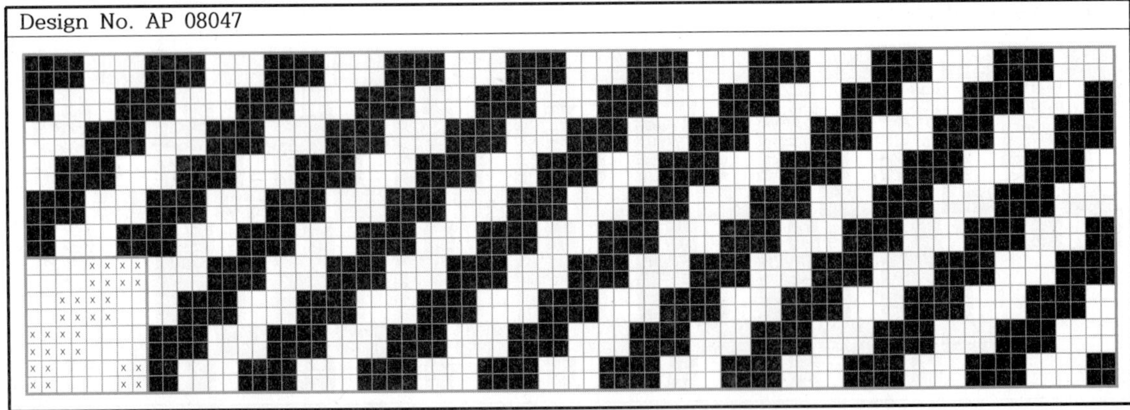

Design No. AP 08048

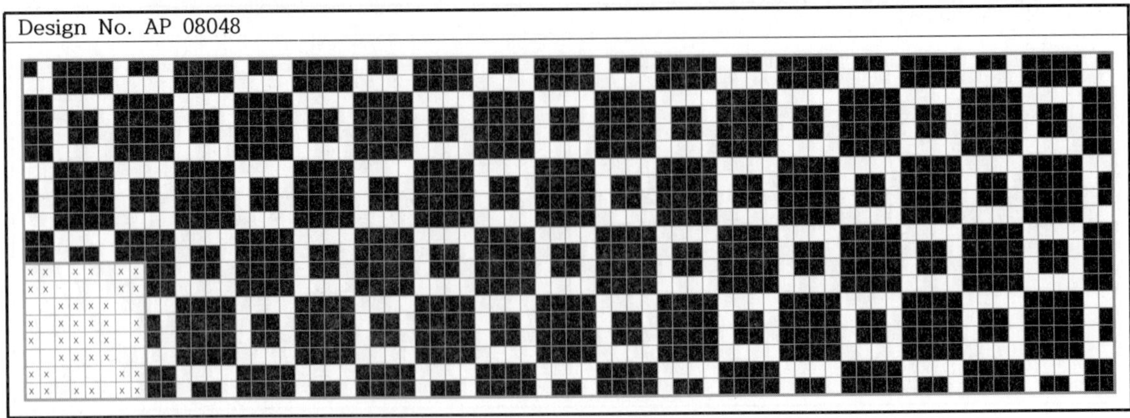

Design No. AP 08049

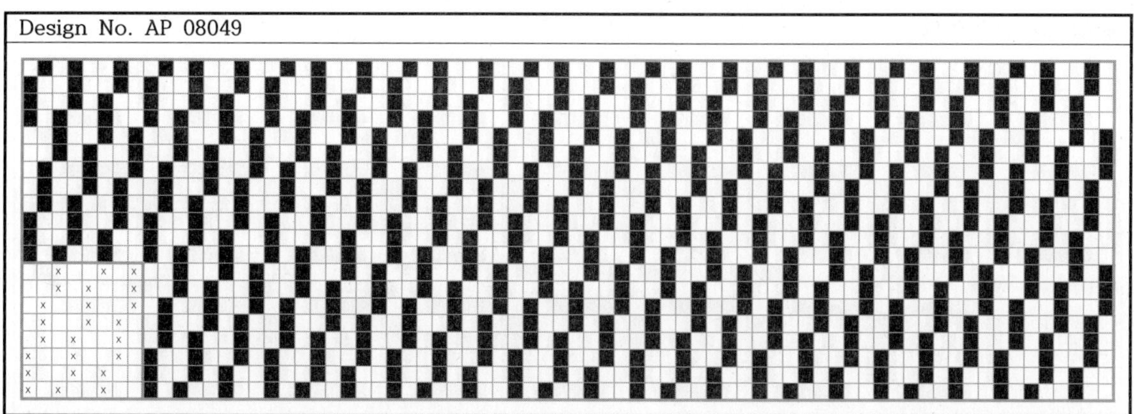

Design No. AP 08050

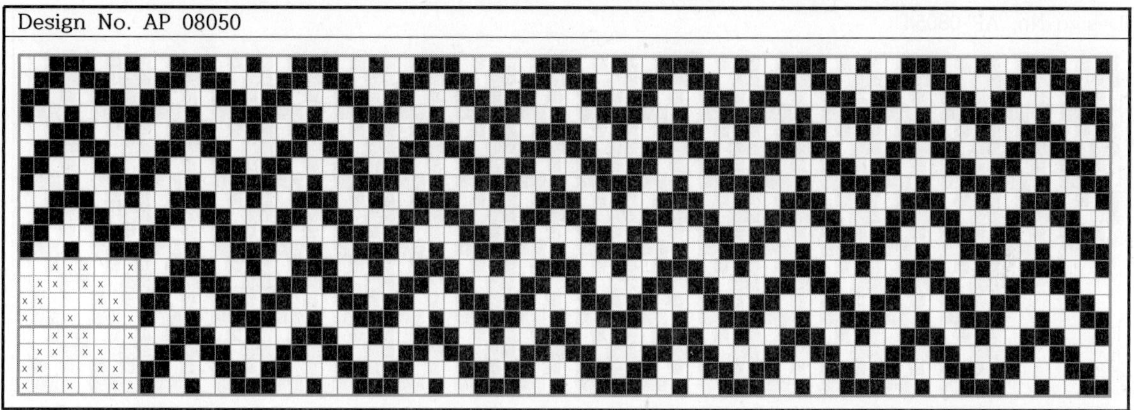

Design No. AP 08051

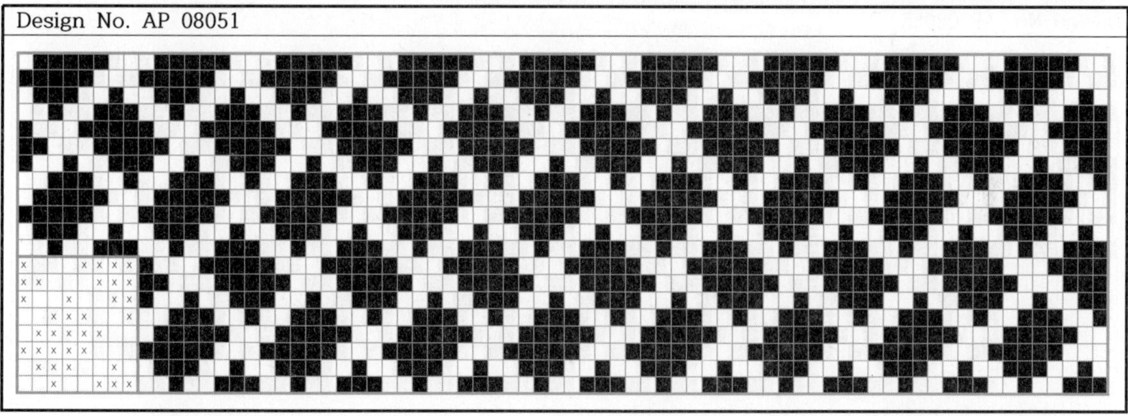

Design No. AP 08052

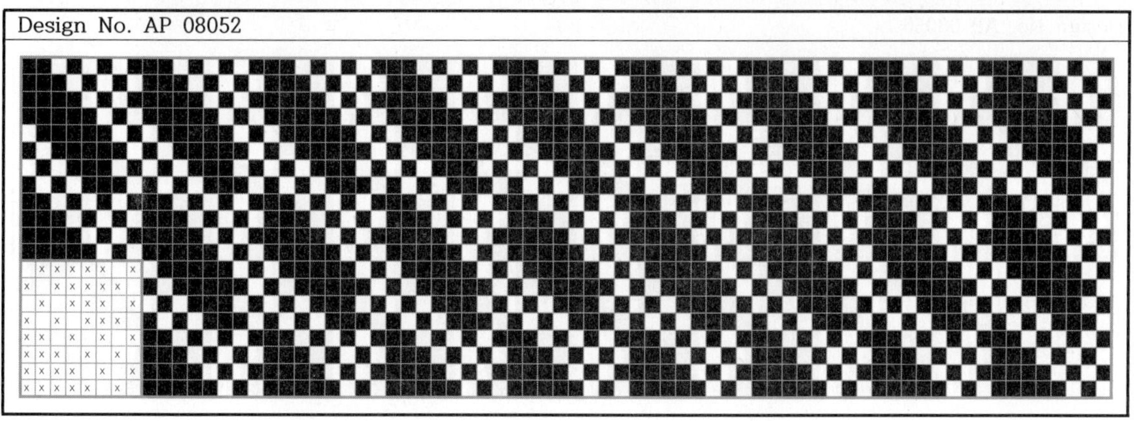

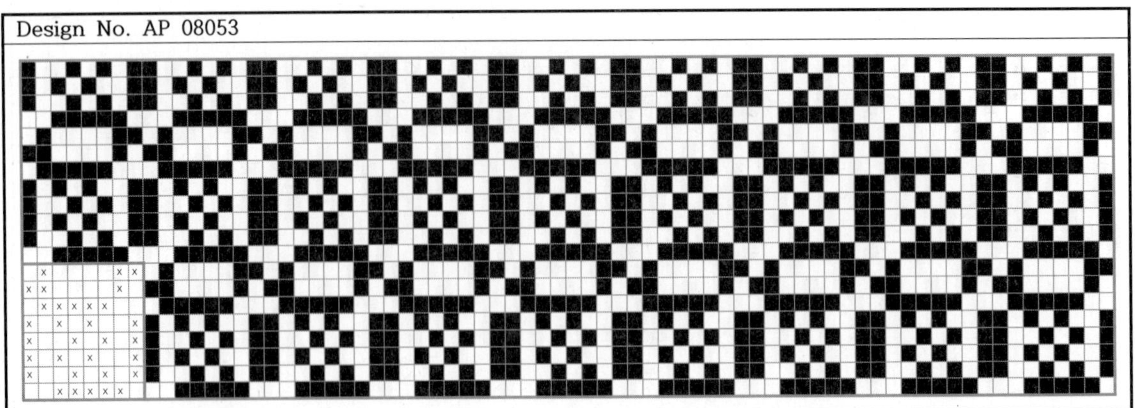

Design No. AP 08053

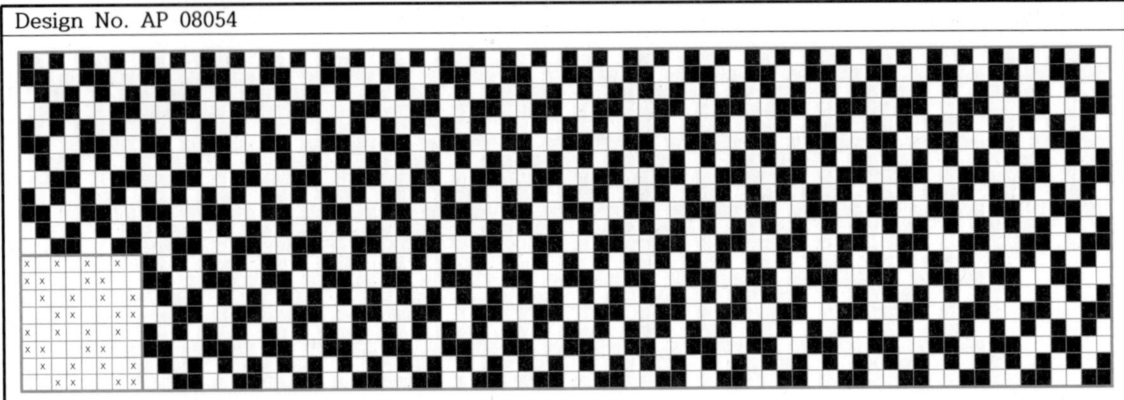

Design No. AP 08054

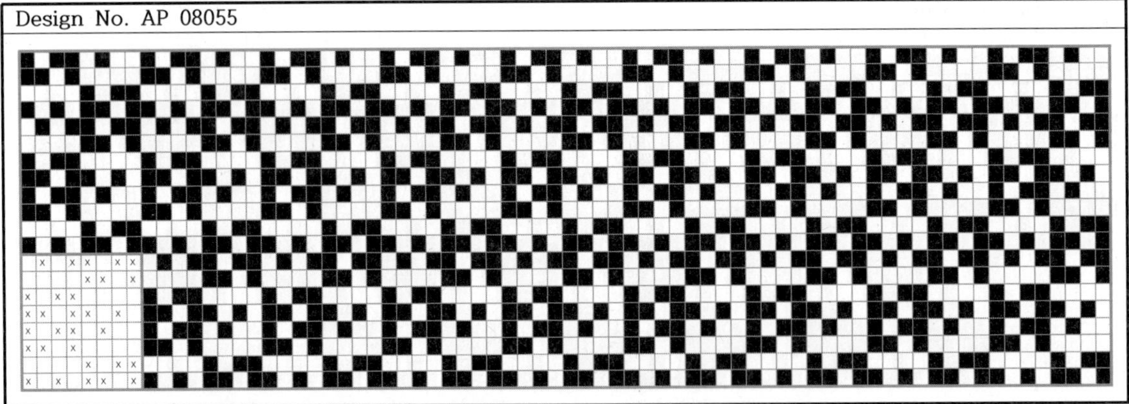

Design No. AP 08055

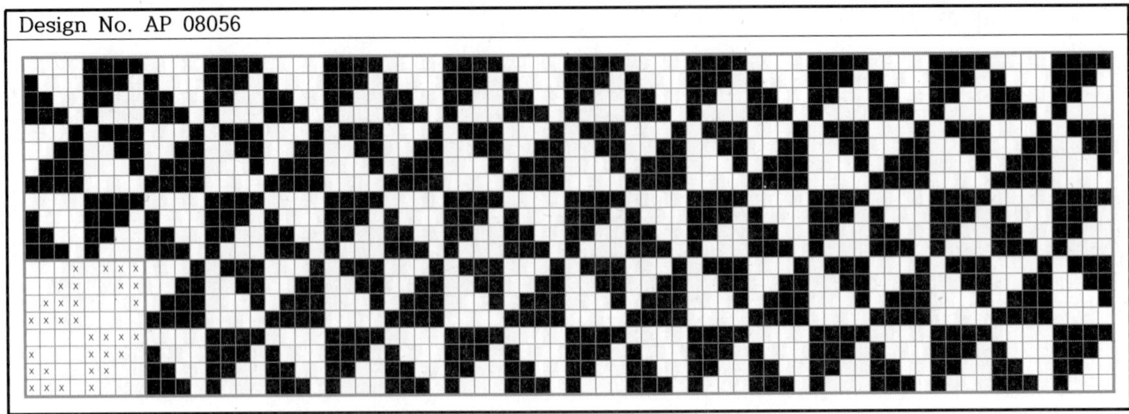

Design No. AP 08056

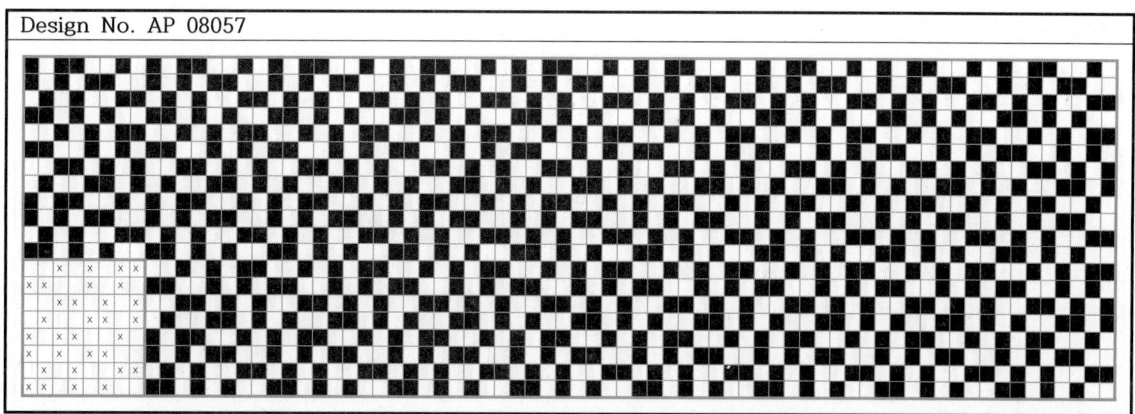

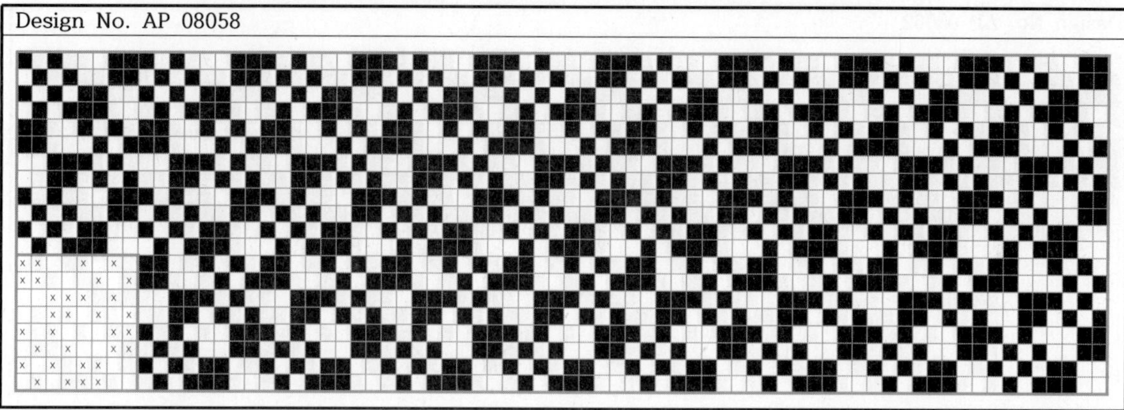

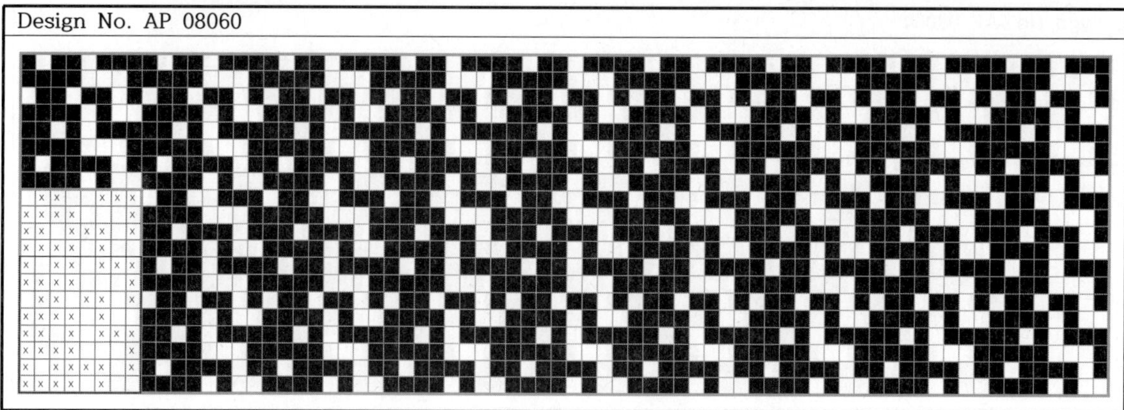

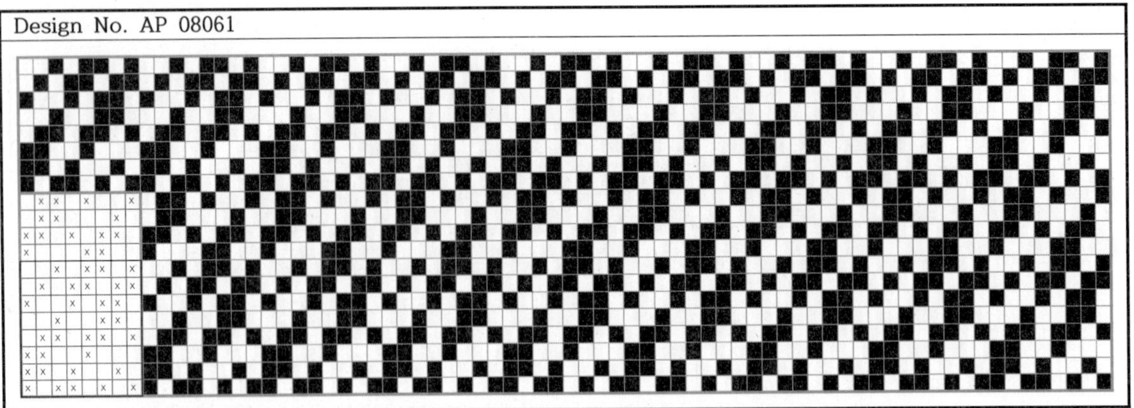

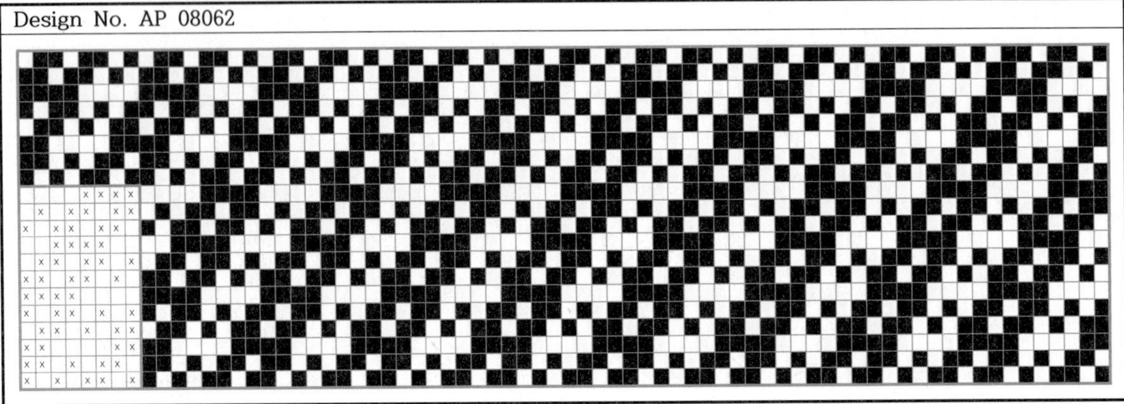

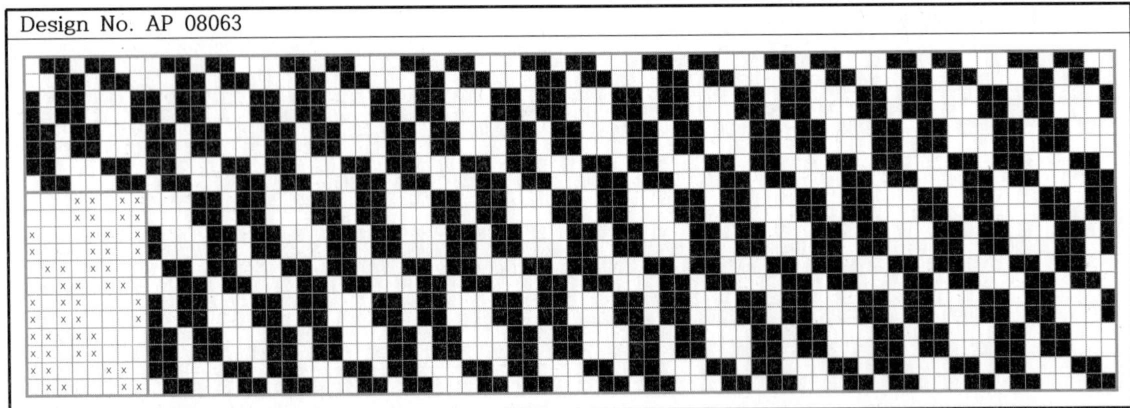

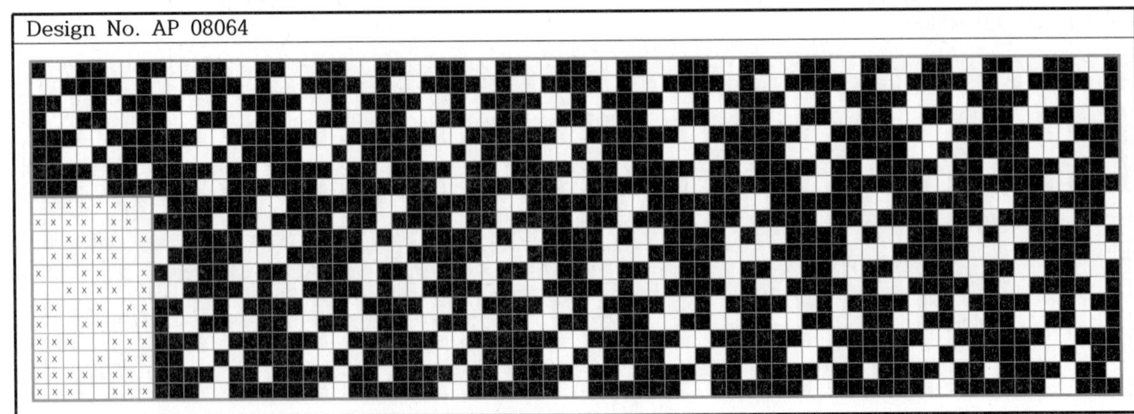

Design No. AP 08065

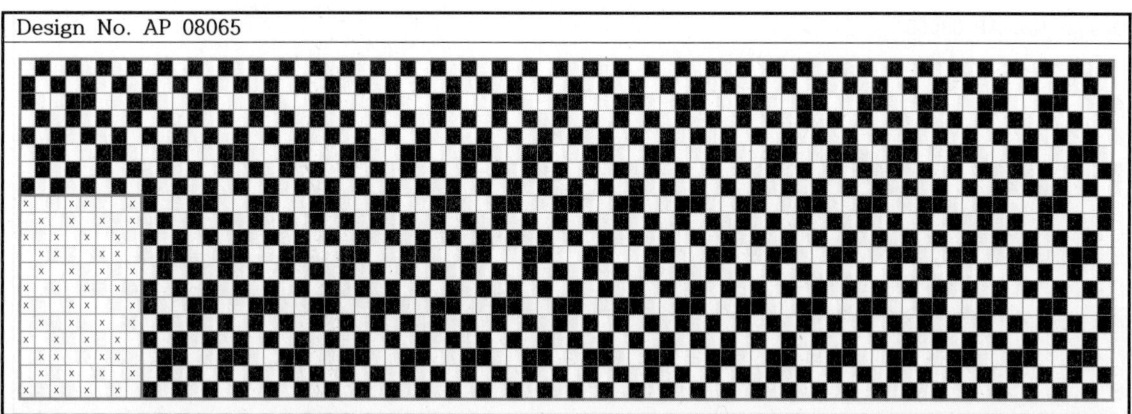

Design No. AP 08066

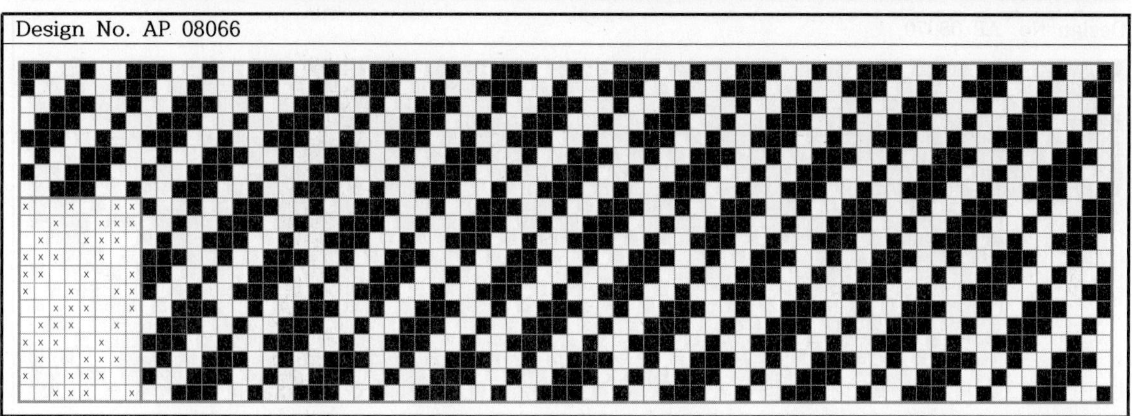

Design No. AP 08067

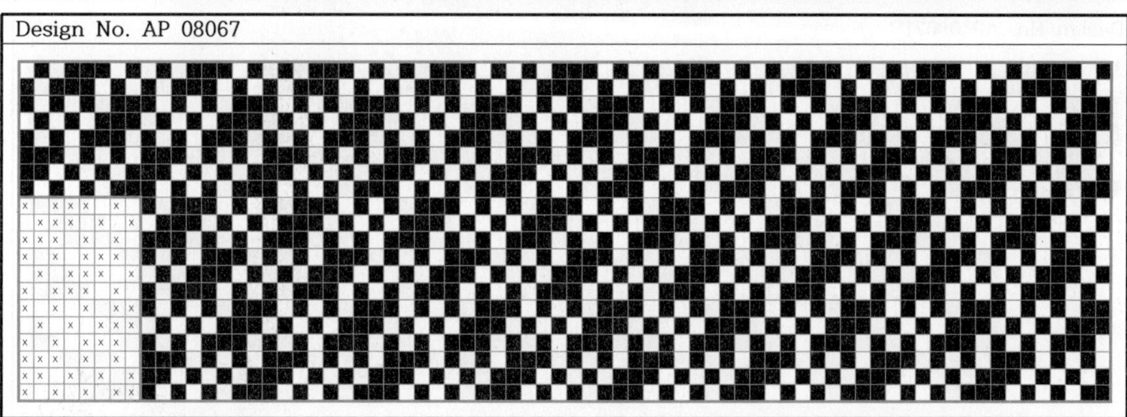

Design No. AP 08068

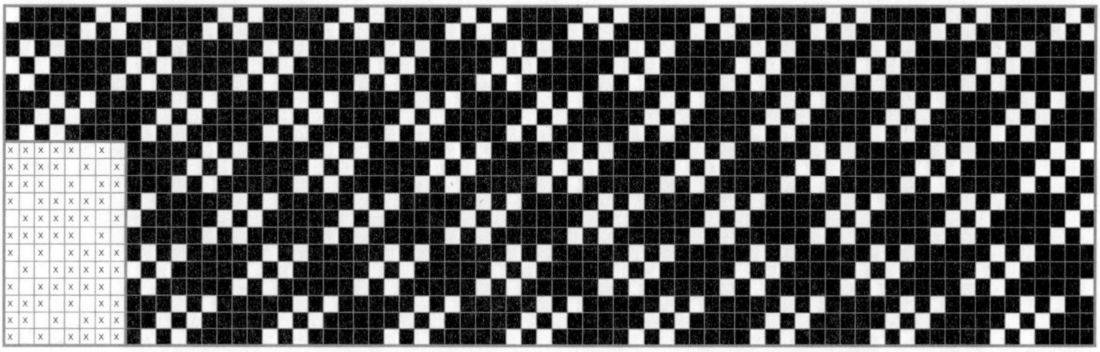

Design No. AP 08069

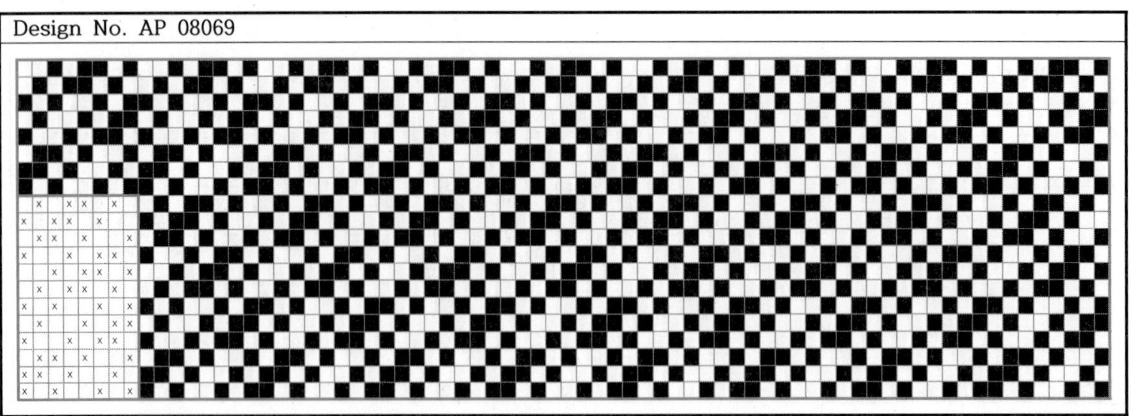

Design No. AP 08070

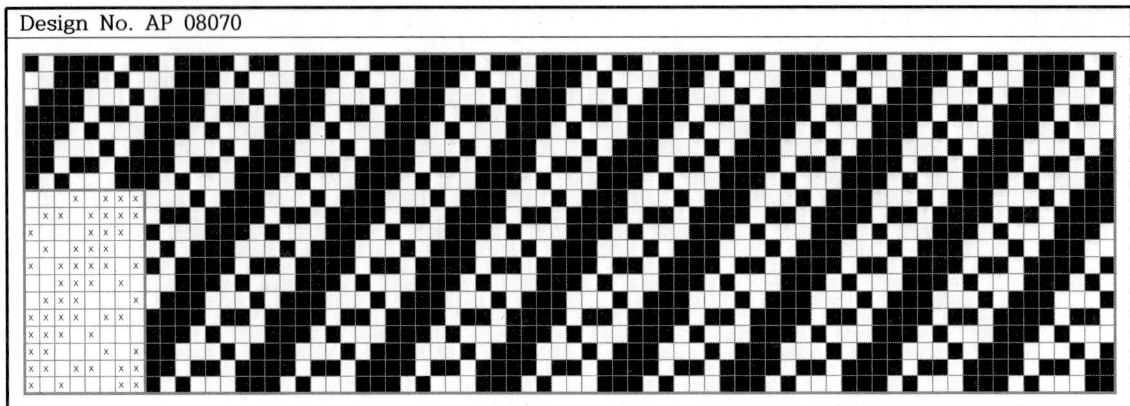

Design No. AP 08071

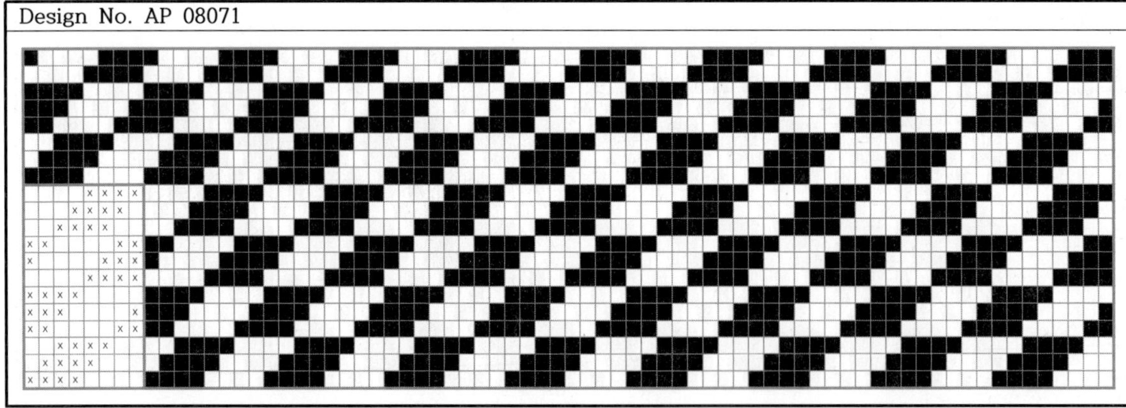

Design No. AP 08072

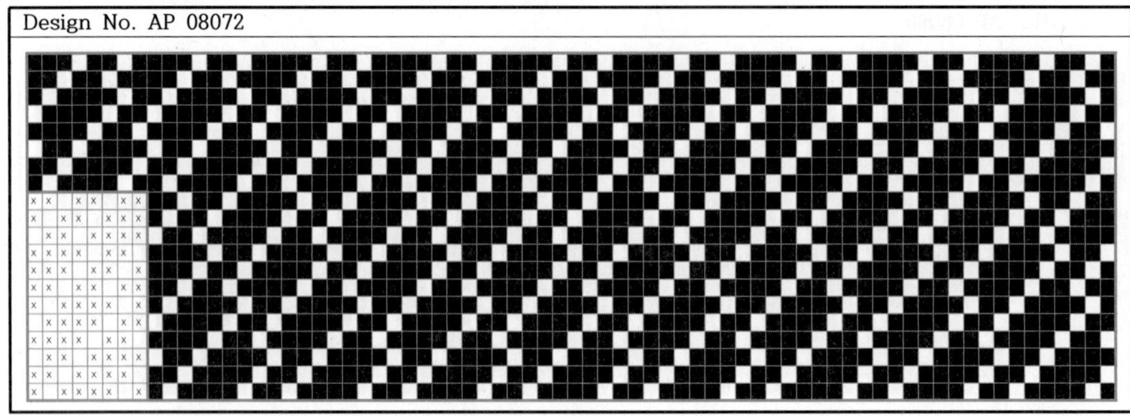

Design No. AP 08073

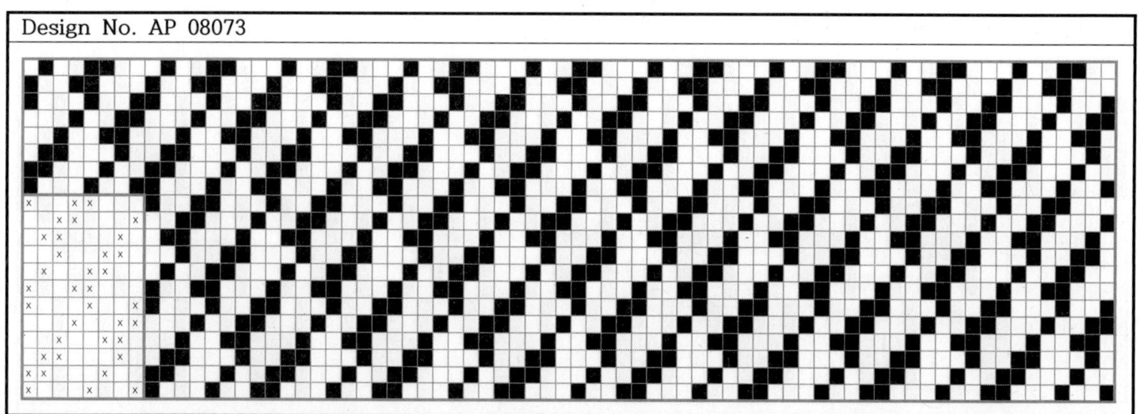

Design No. AP 08074

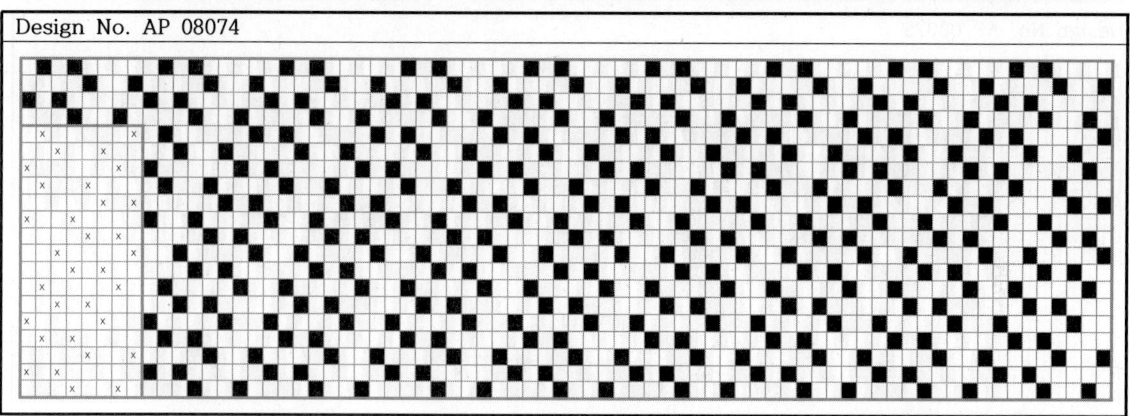

Design No. AP 08075

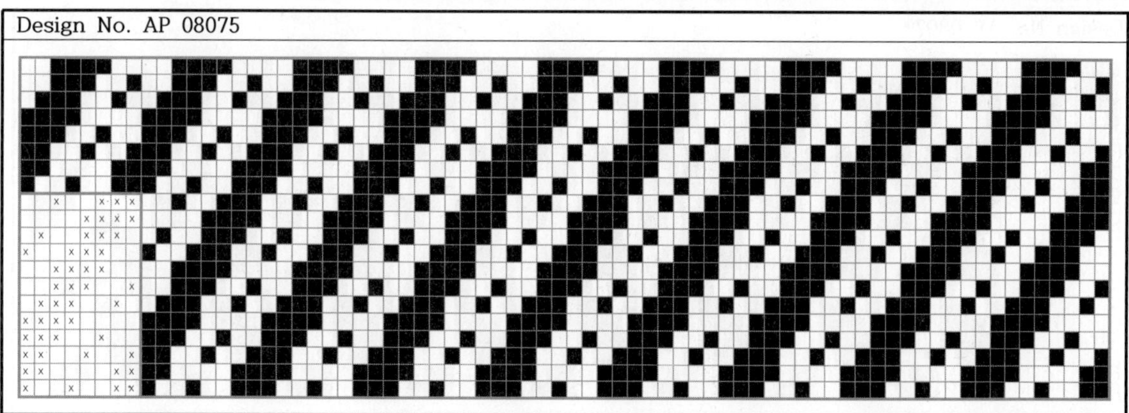

Design No. AP 08076

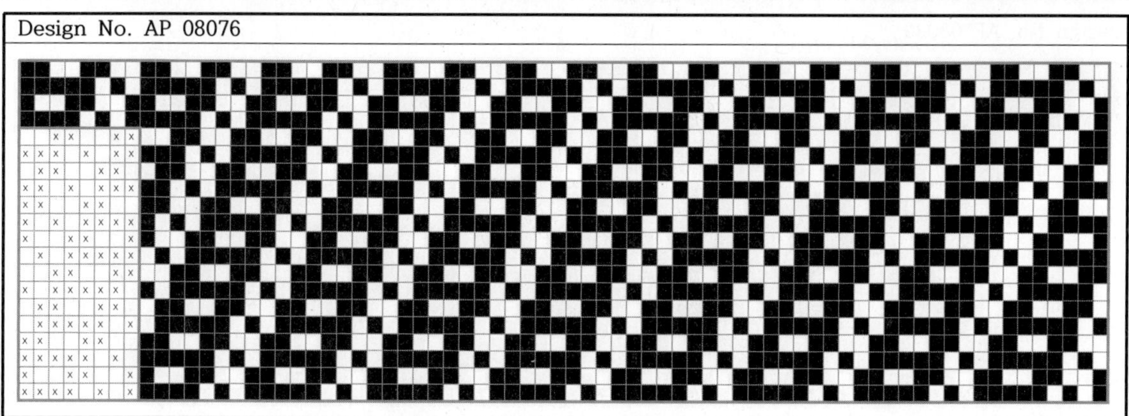

Design No. AP 08077

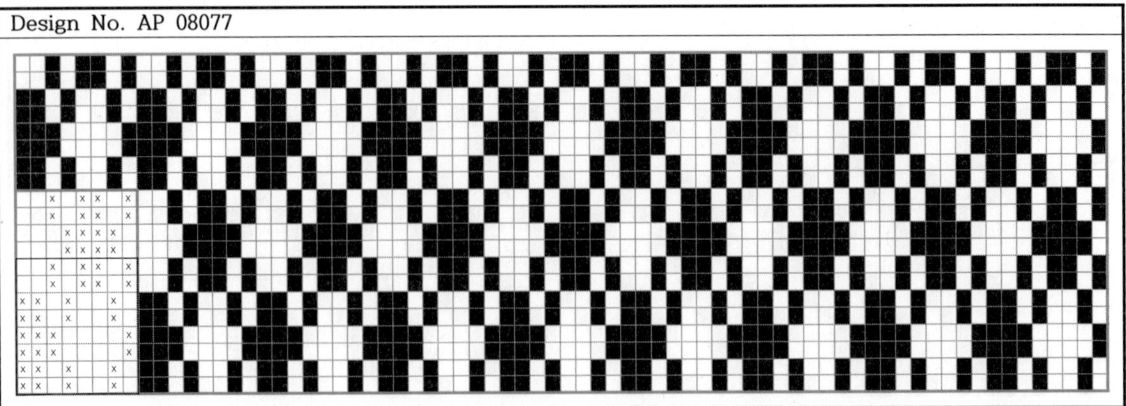

Design No. AP 08078

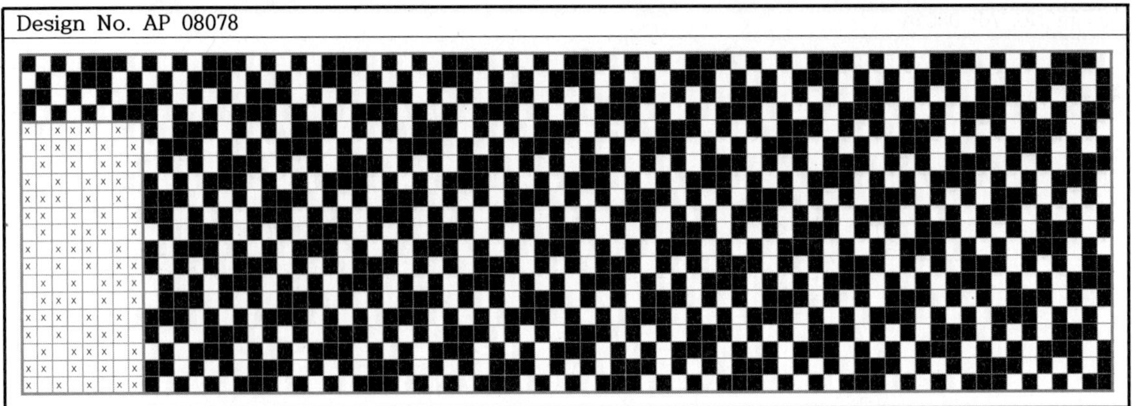

Design No. AP 08079

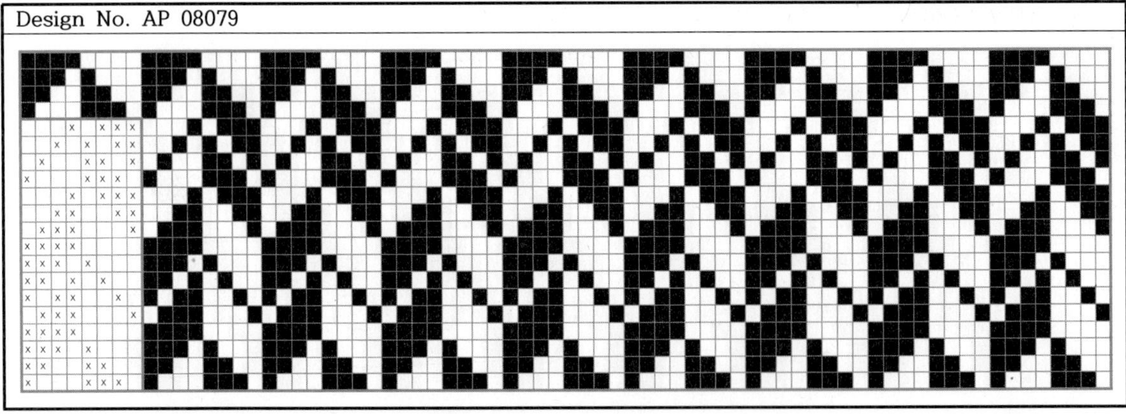

Design No. AP 08080

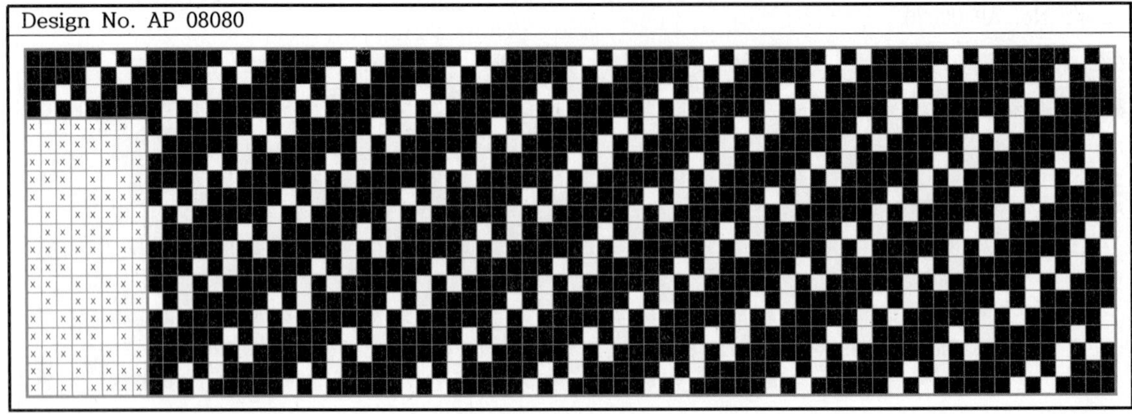

Design No. AP 08081

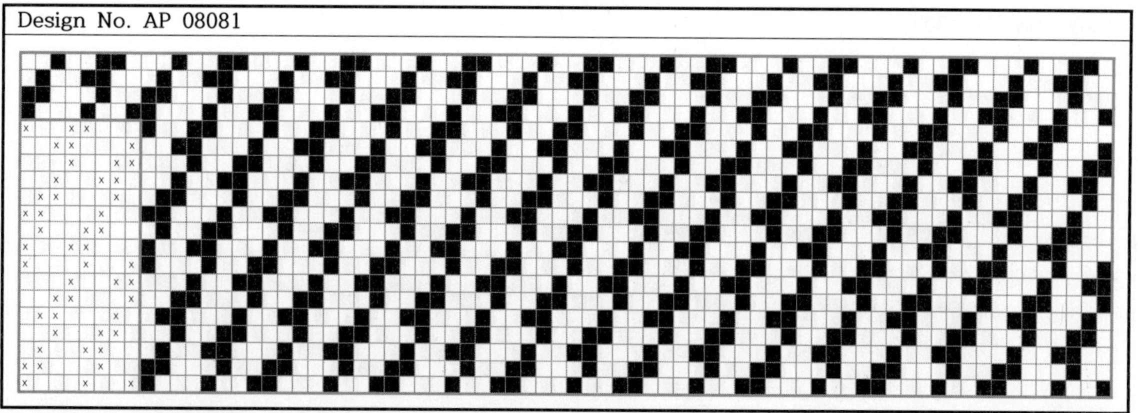

Design No. AP 08082

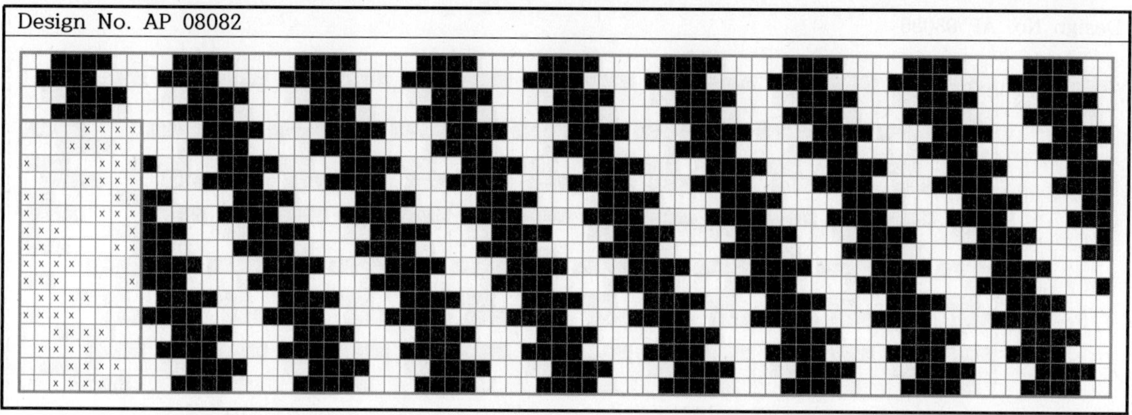

Design No. AP 08083

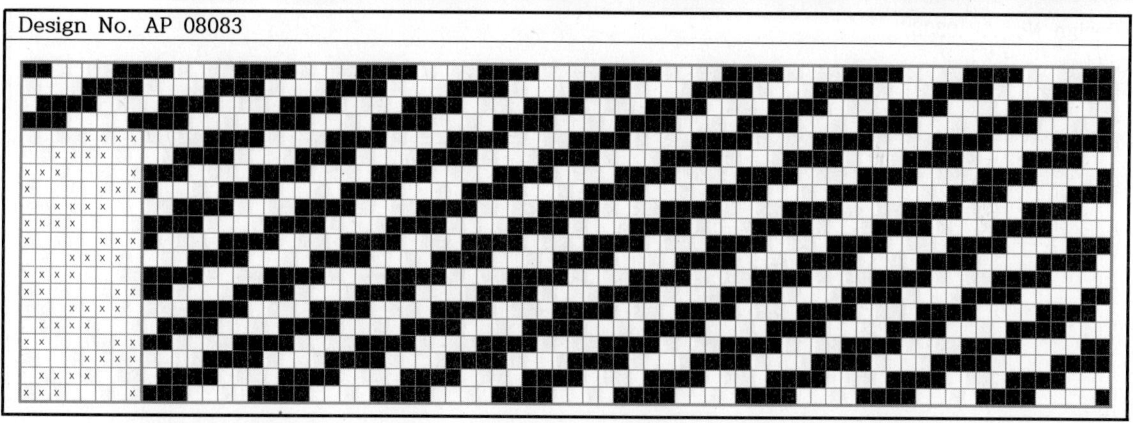

Design No. AP 08084

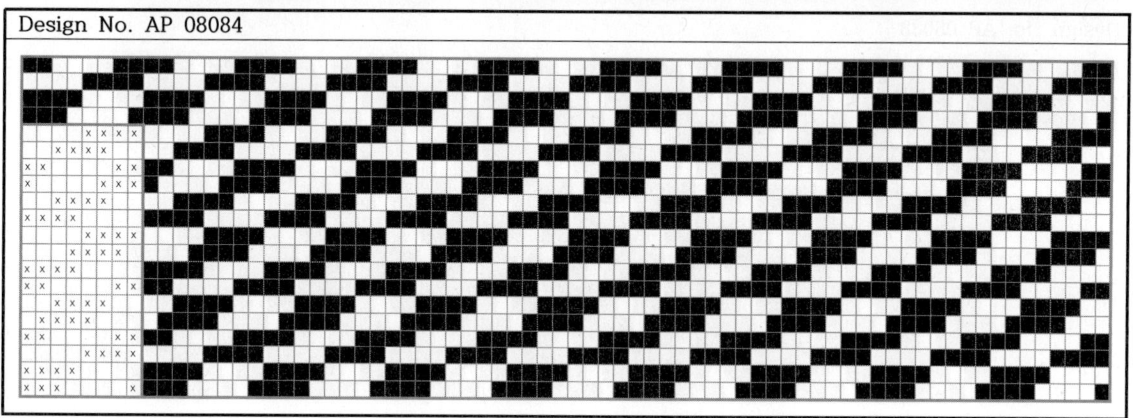

Design No. AP 08085

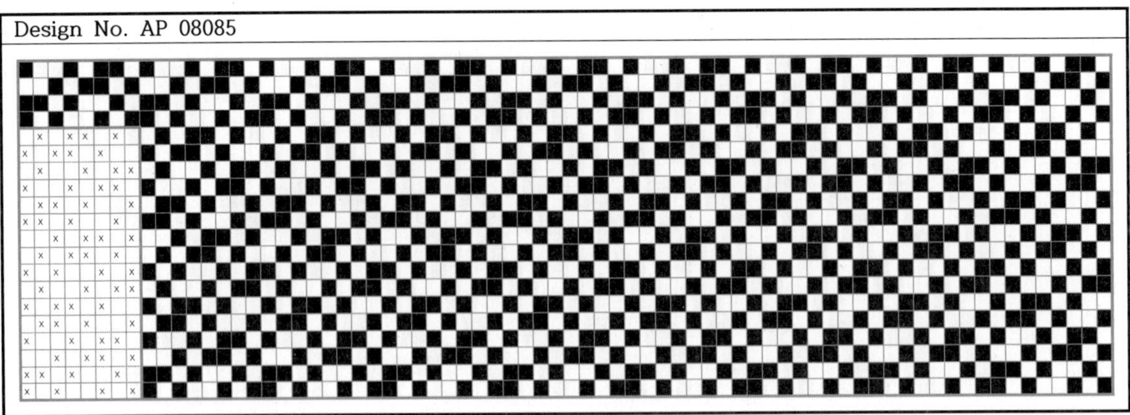

Design No. AP 08086

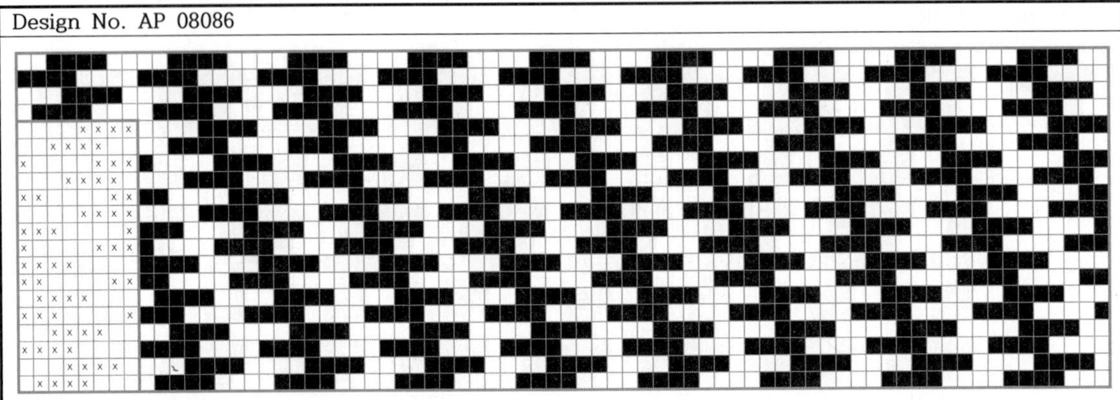

Design No. AP 08087

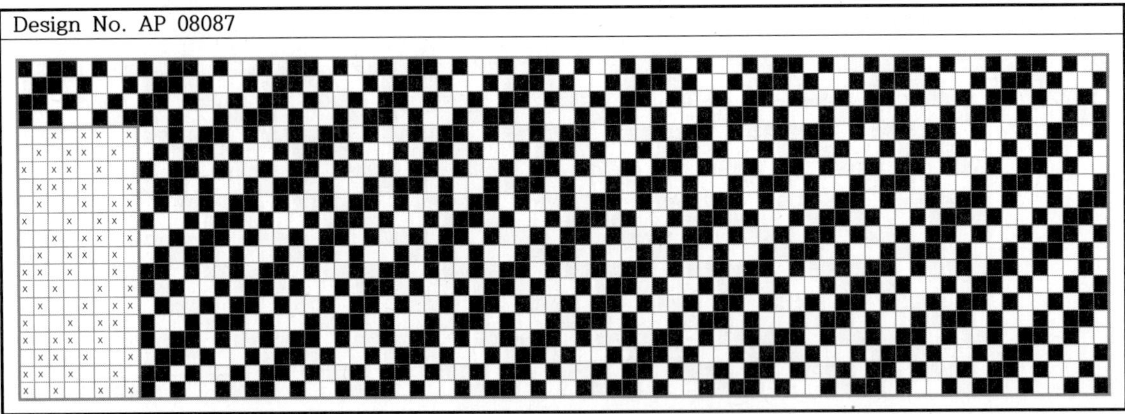

Design No. AP 08088

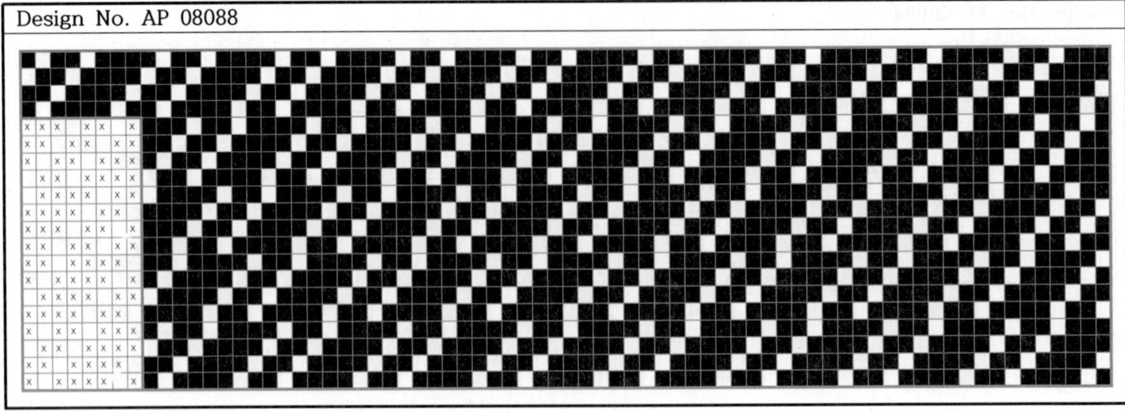

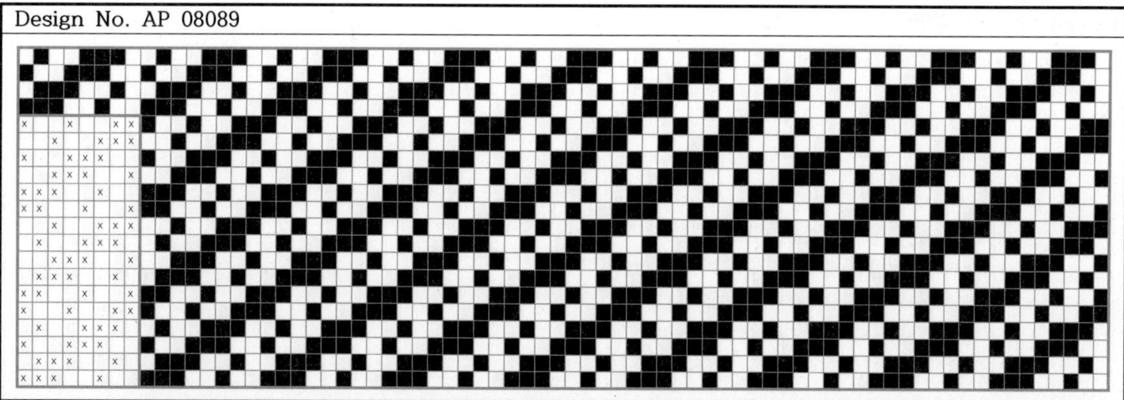

Design No. AP 08089

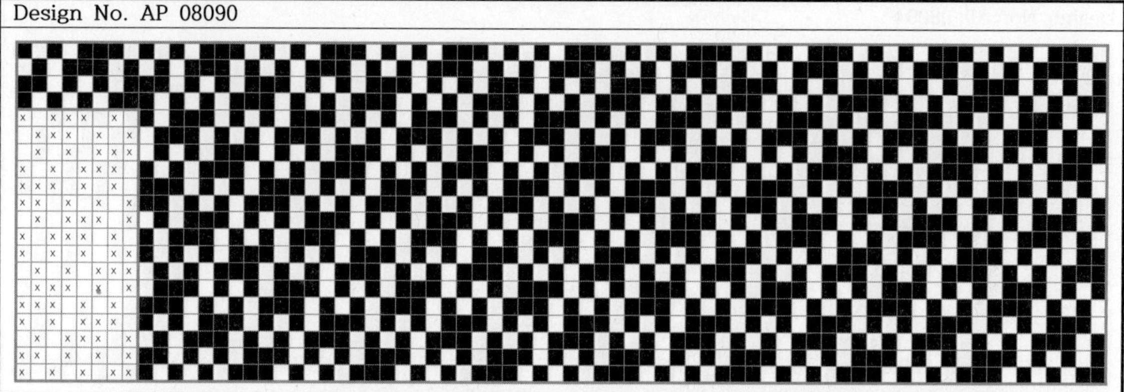

Design No. AP 08090

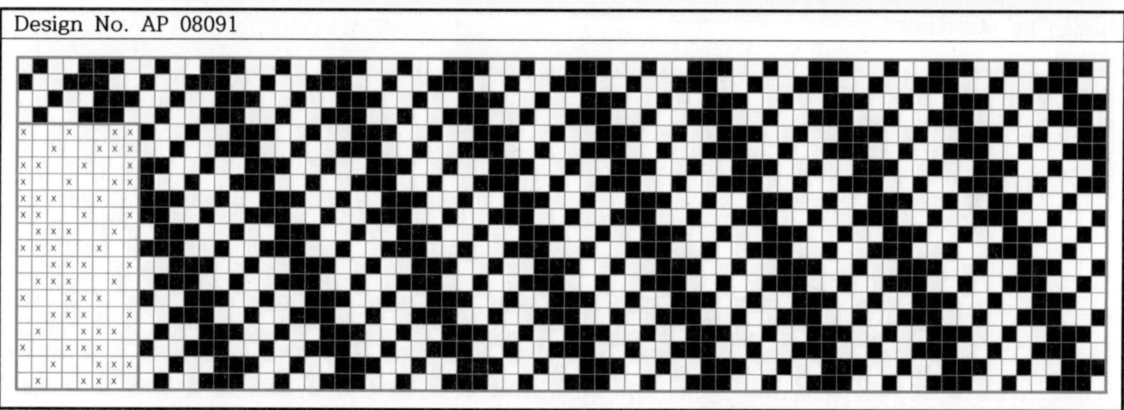

Design No. AP 08091

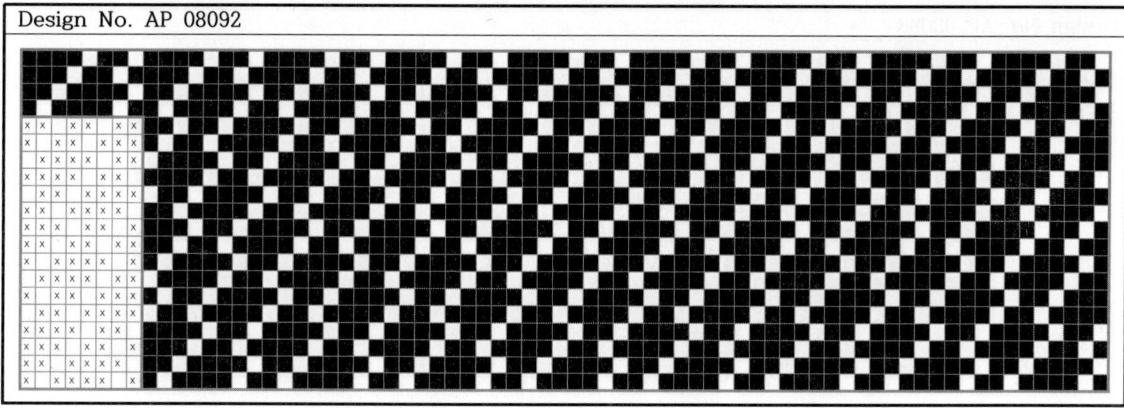

Design No. AP 08092

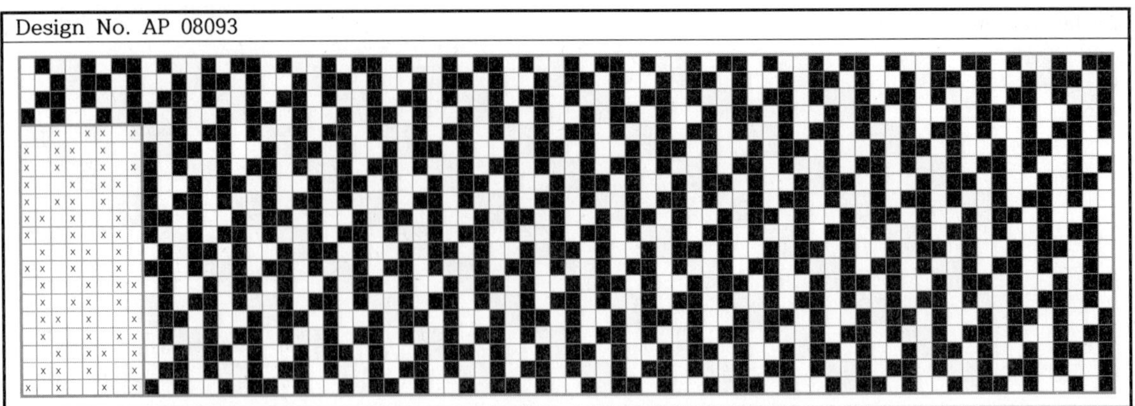

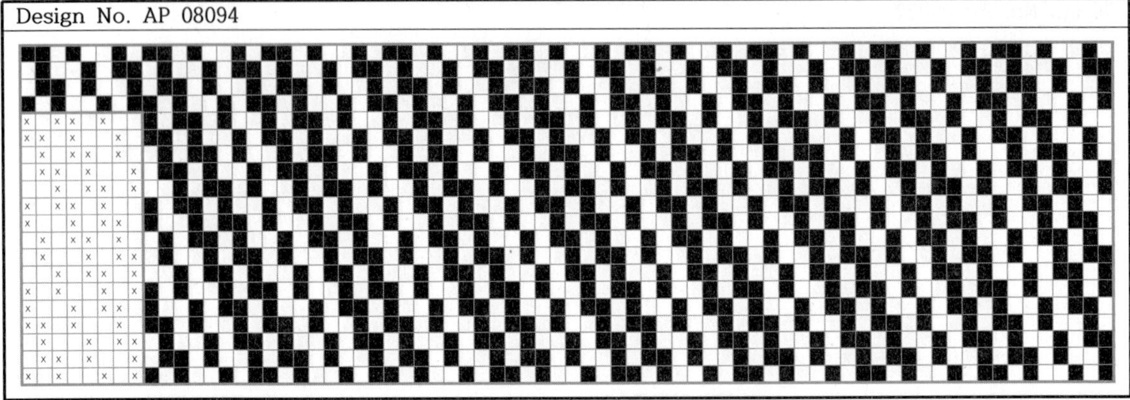

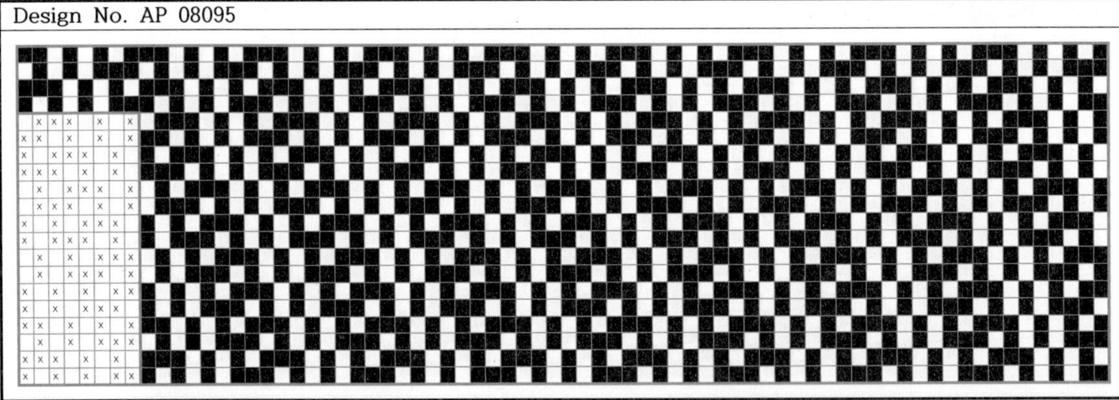

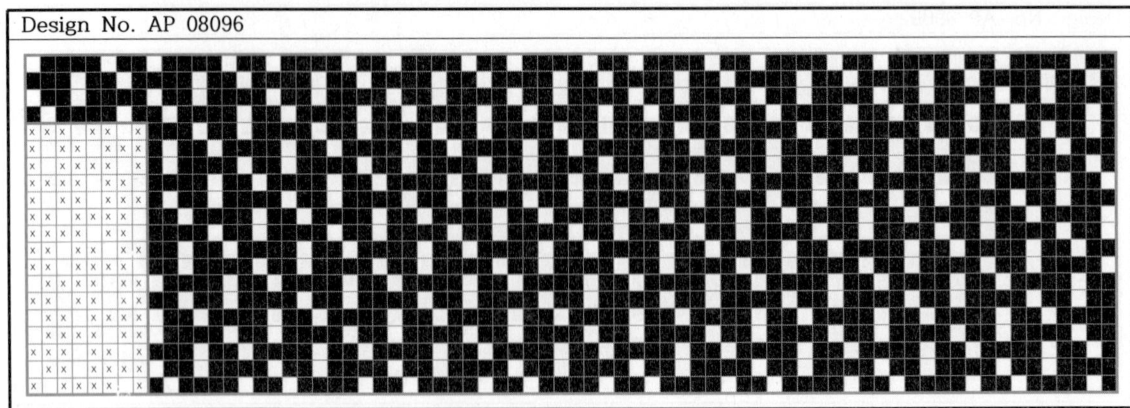

Design No. AP 08097

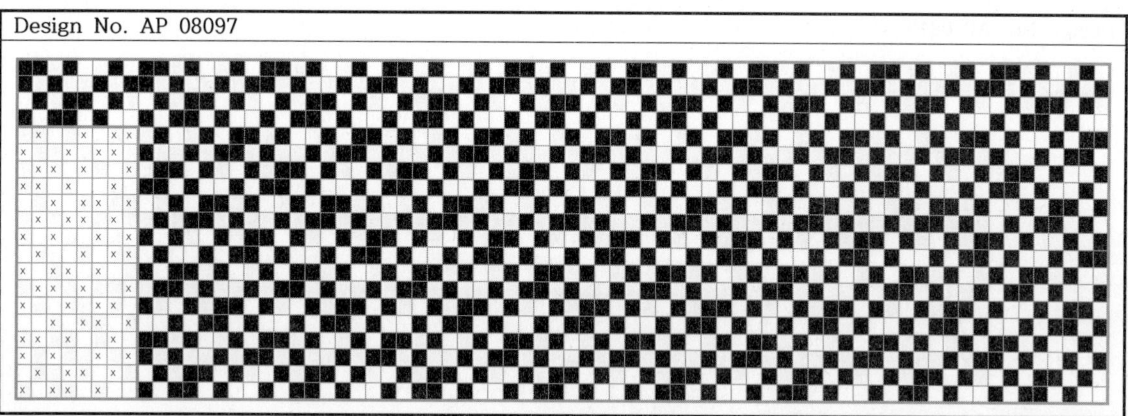

Design No. AP 08098

Design No. AP 08099

Design No. AP 08100

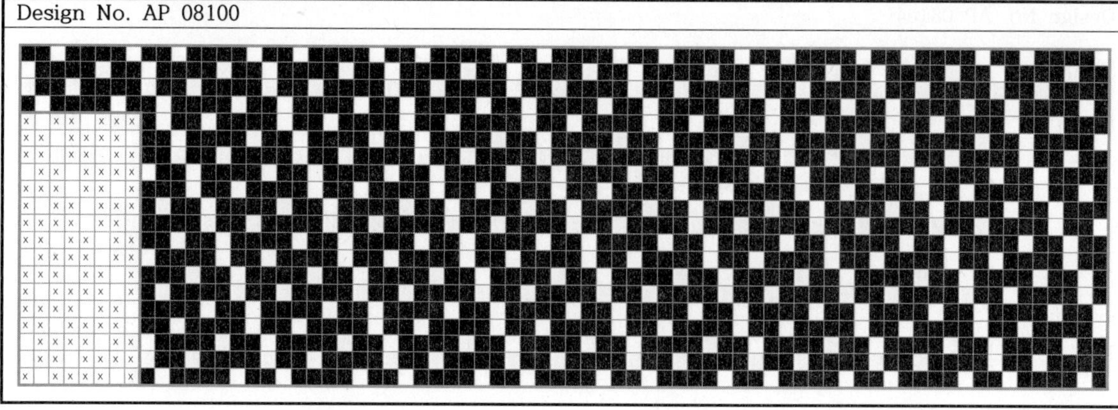

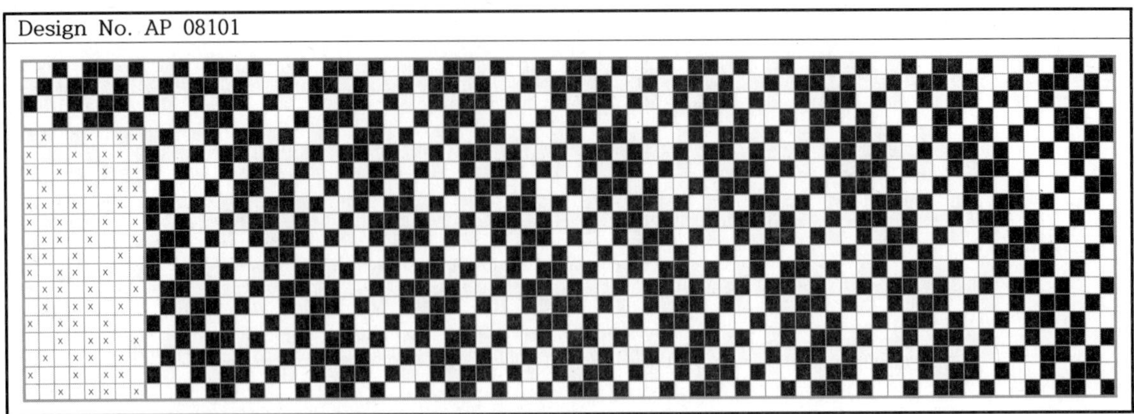

Design No. AP 08101

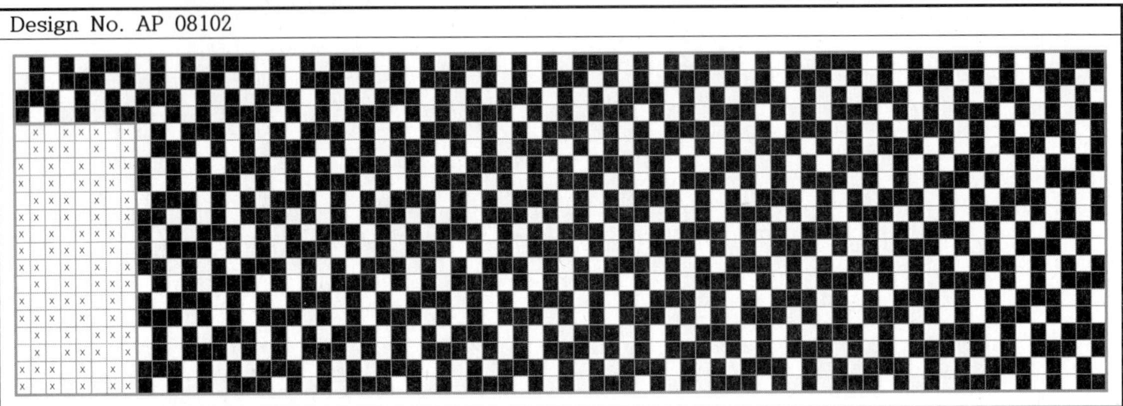

Design No. AP 08102

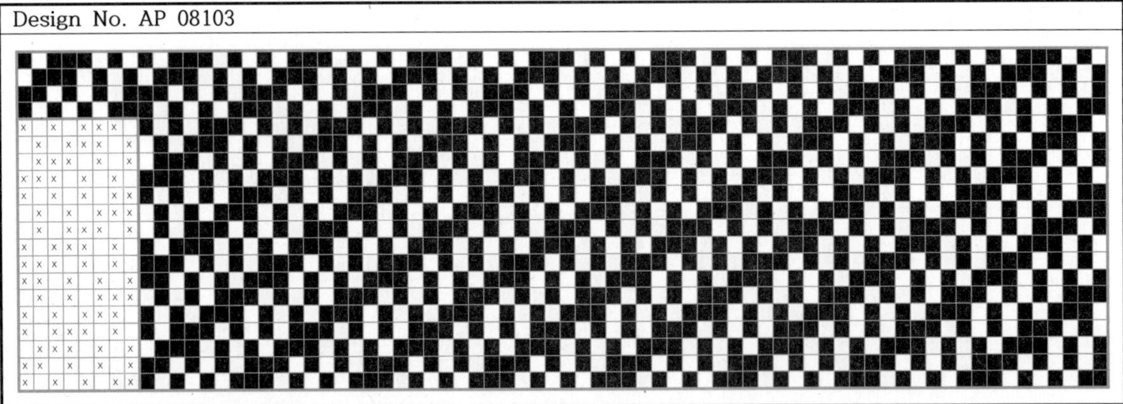

Design No. AP 08103

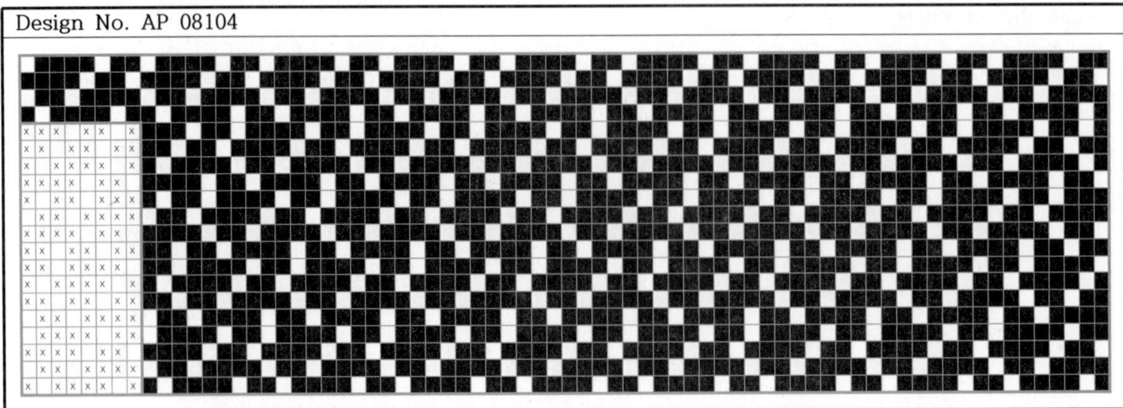

Design No. AP 08104

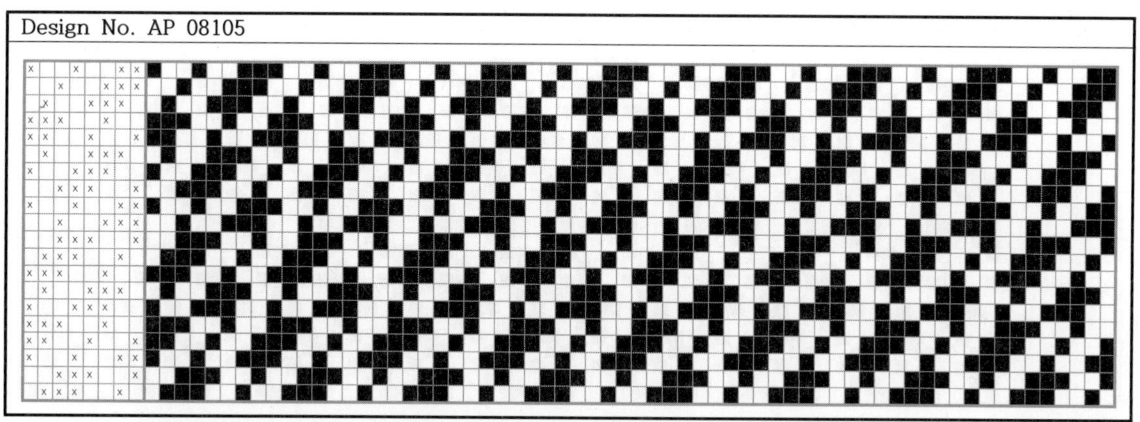

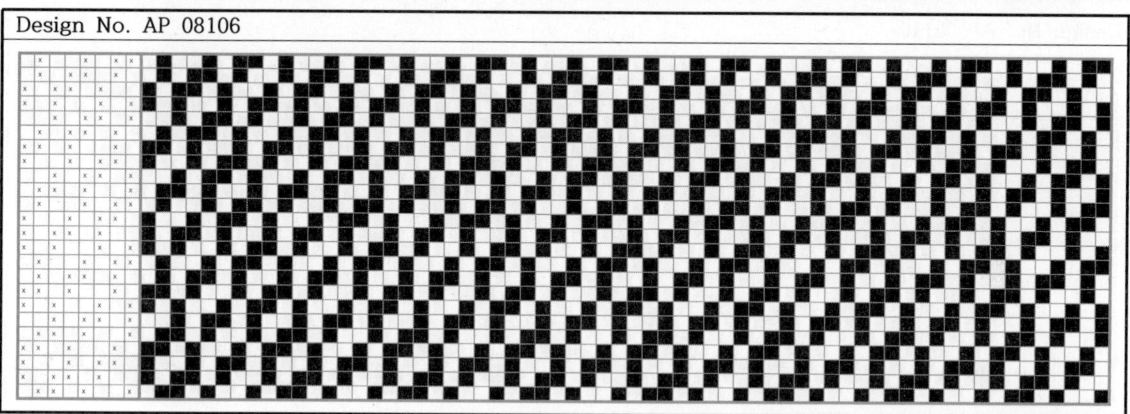

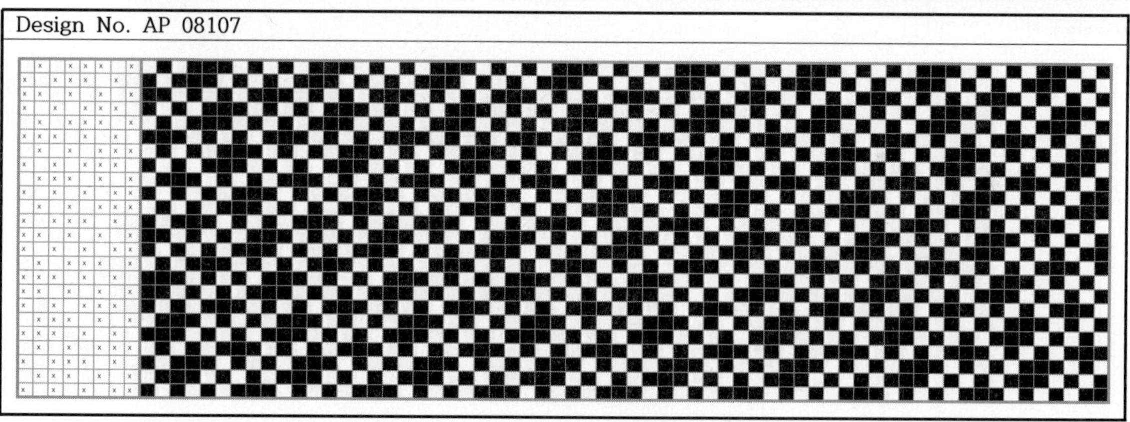

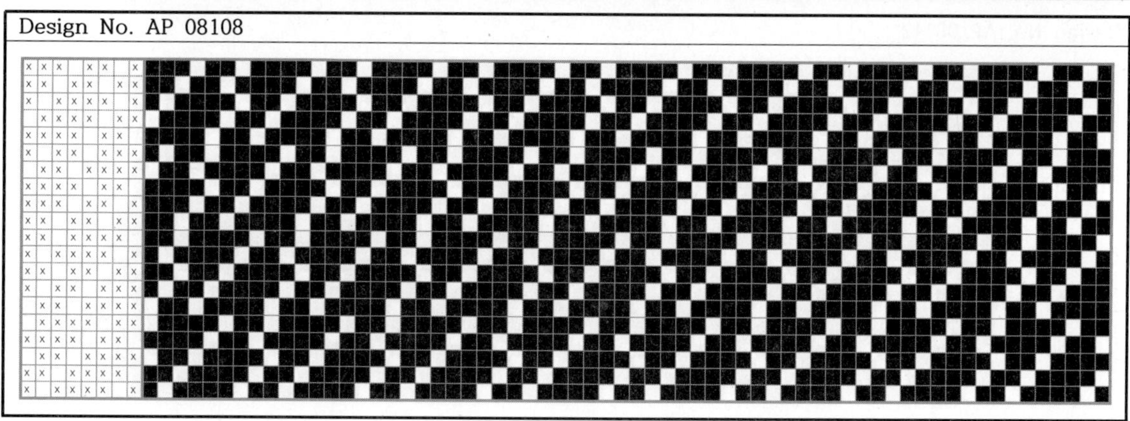

Design No. AP 08109

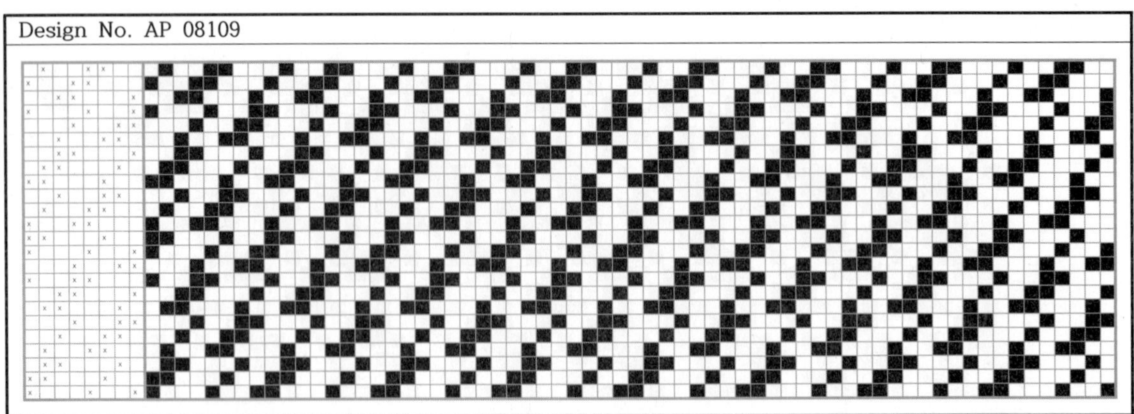

Design No. AP 08110

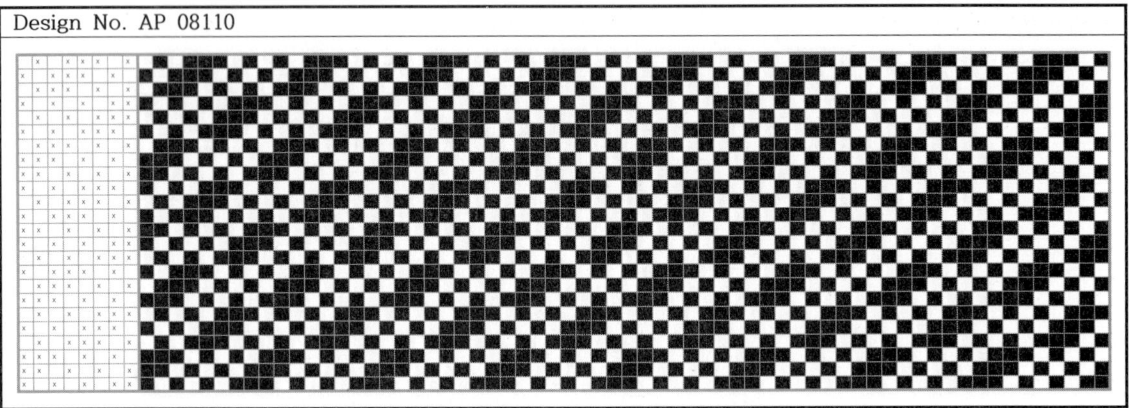

Design No. AP 08111

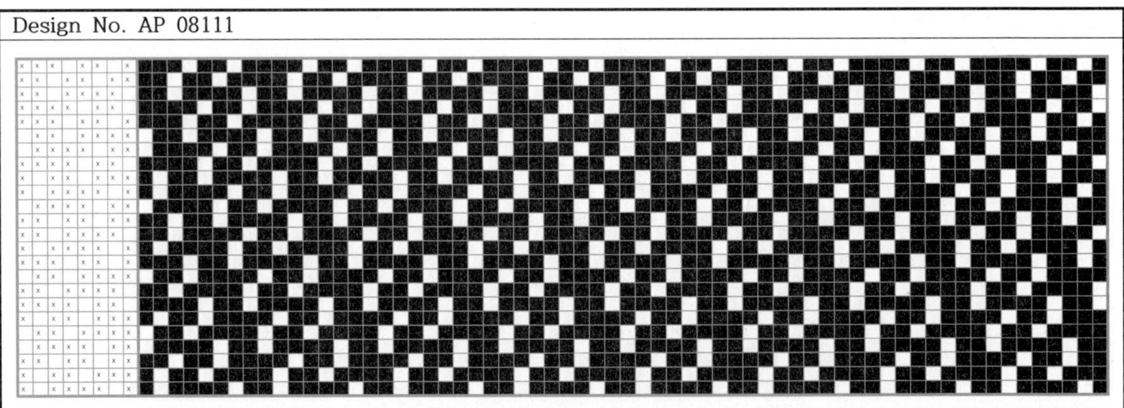

Design No. AP 08112

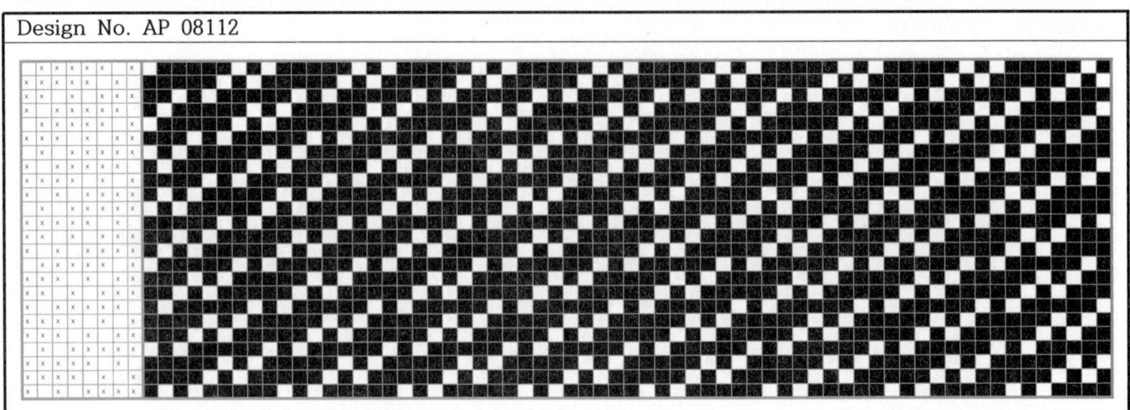

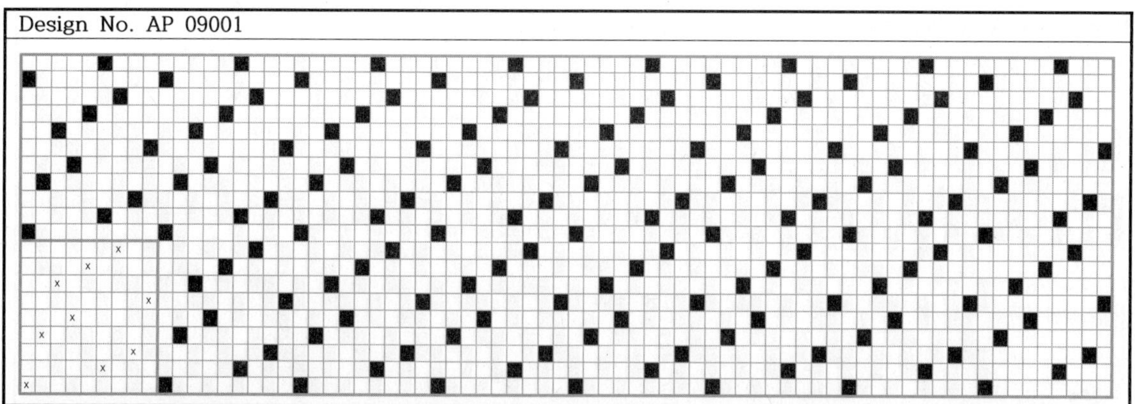

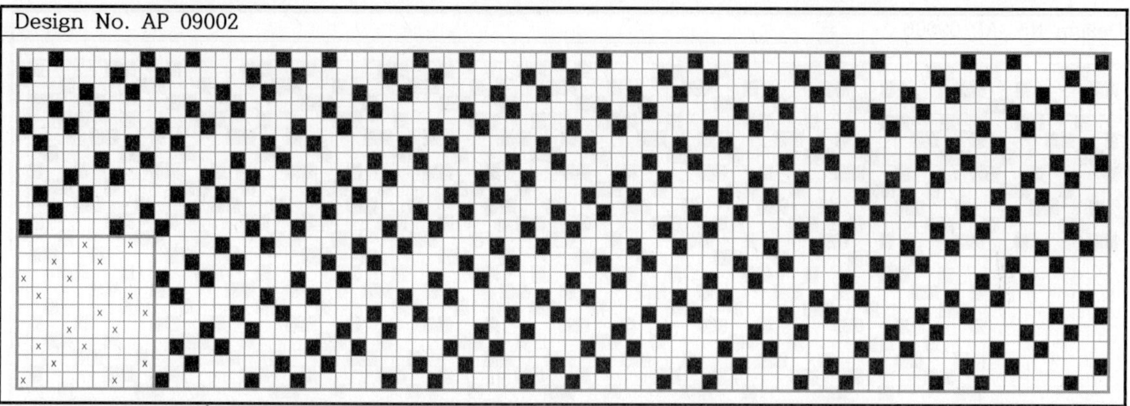

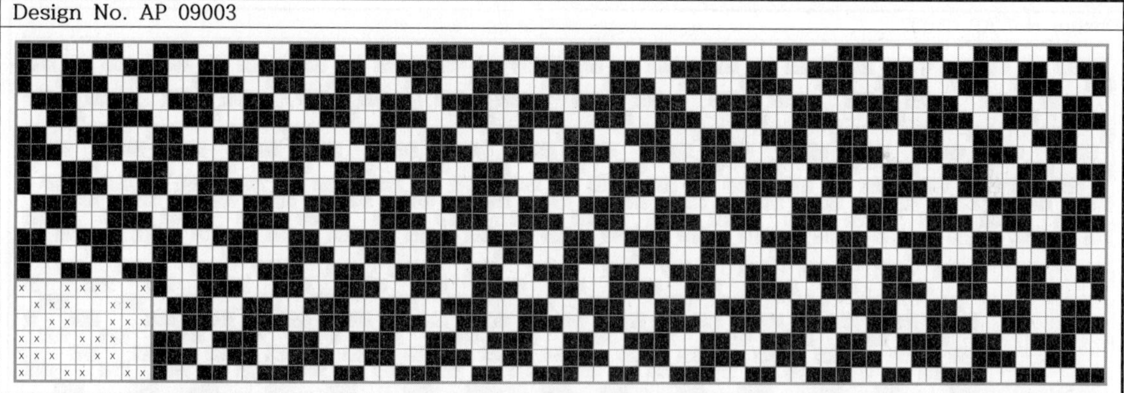

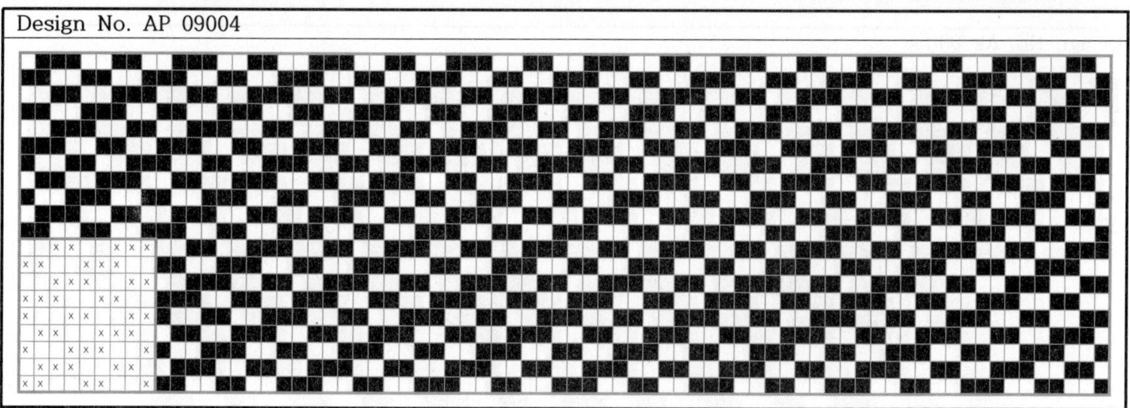

Design No. AP 09005

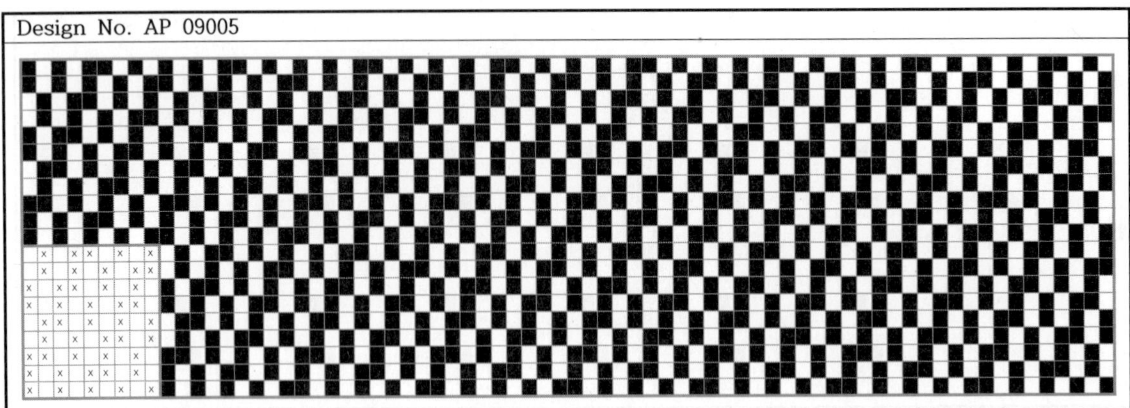

Design No. AP 09006

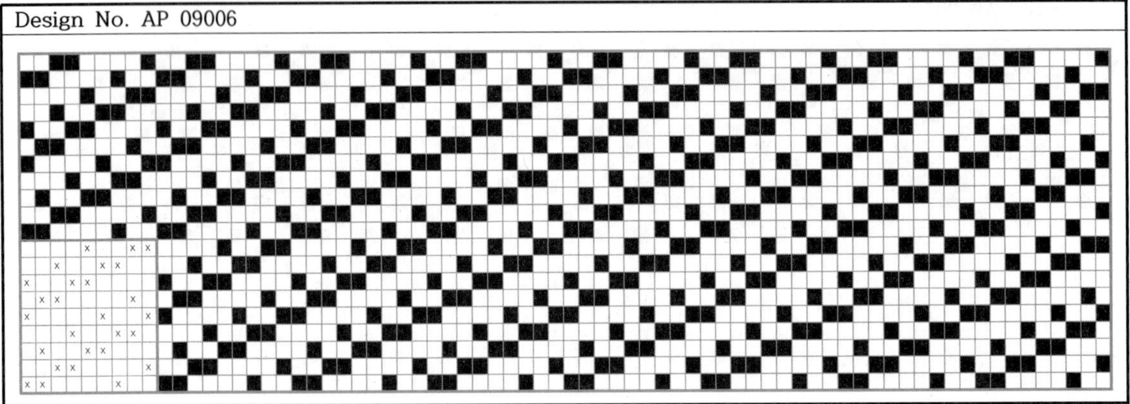

Design No. AP 09007

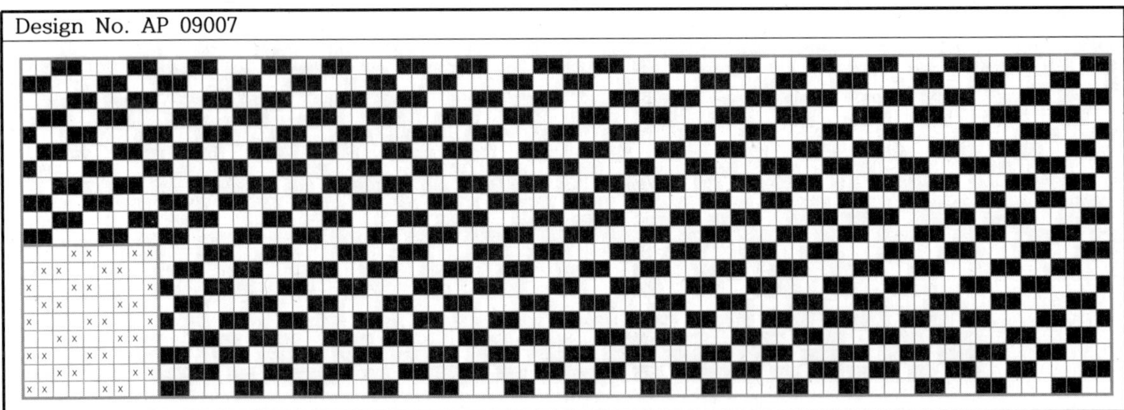

Design No. AP 09008

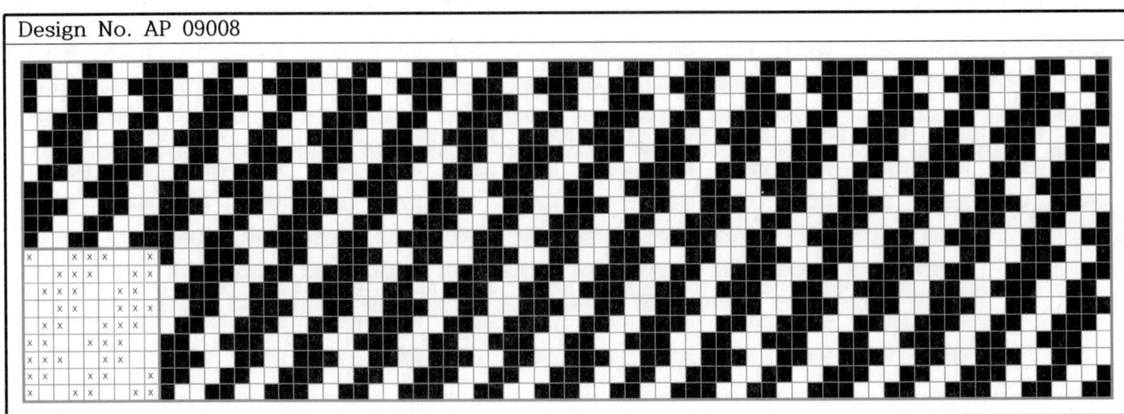

Design No. AP 09009

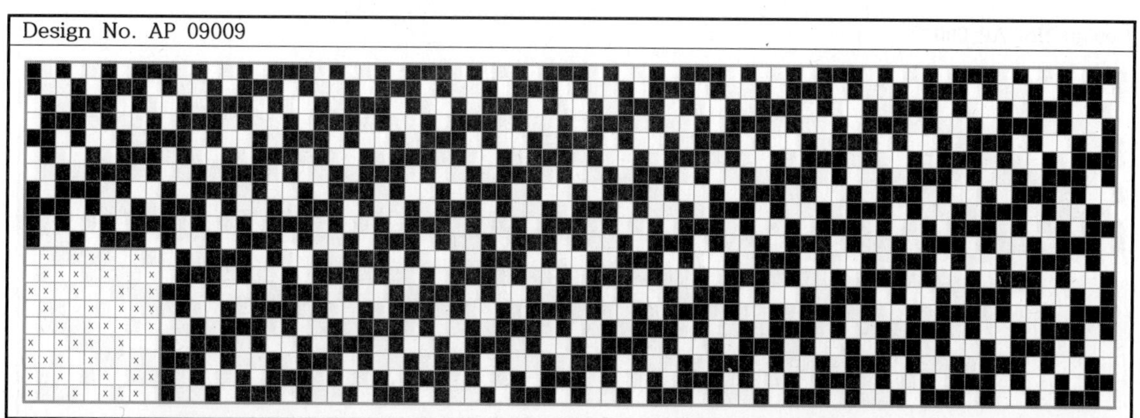

Design No. AP 09010

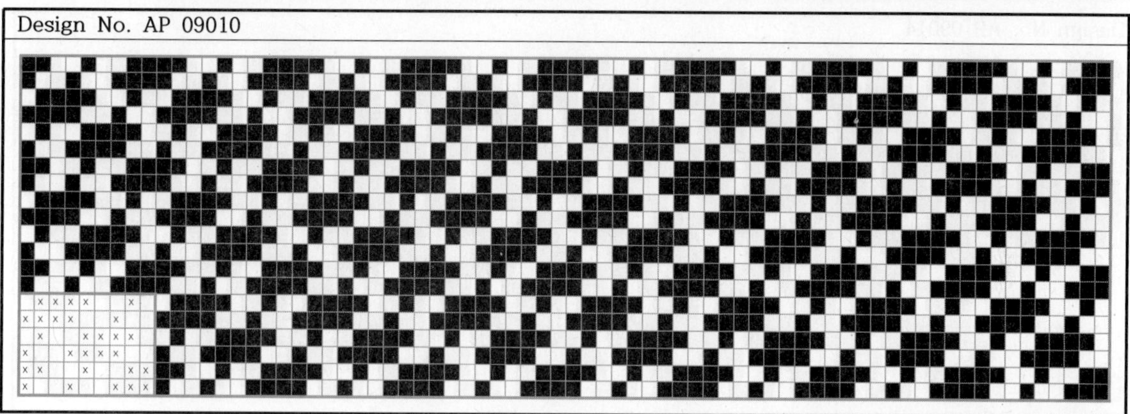

Design No. AP 09011

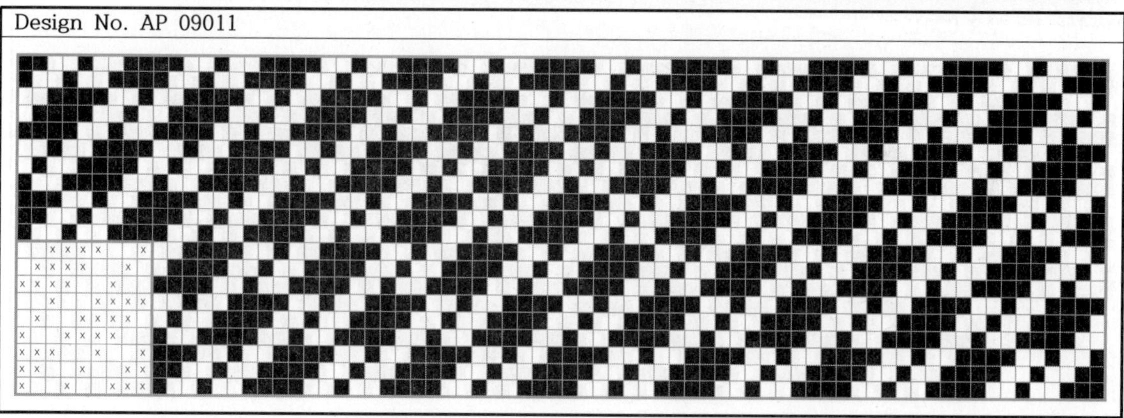

Design No. AP 09012

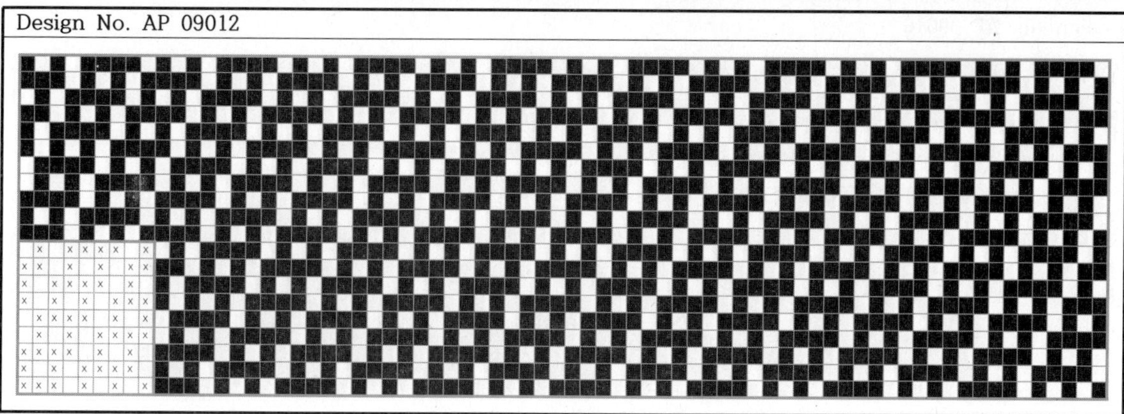

Design No. AP 09013

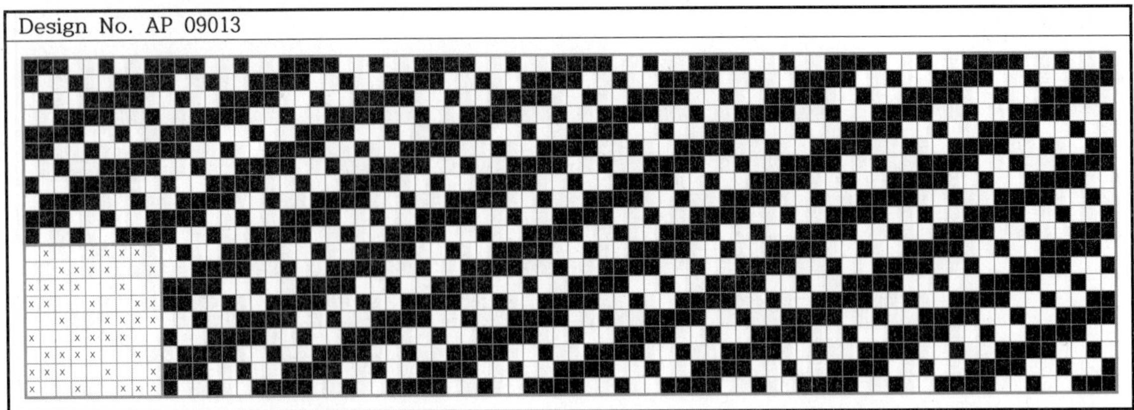

Design No. AP 09014

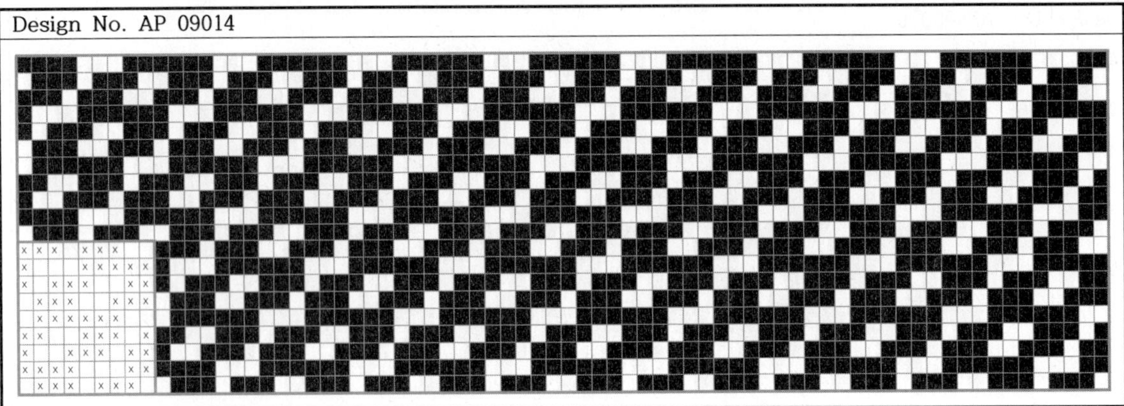

Design No. AP 09015

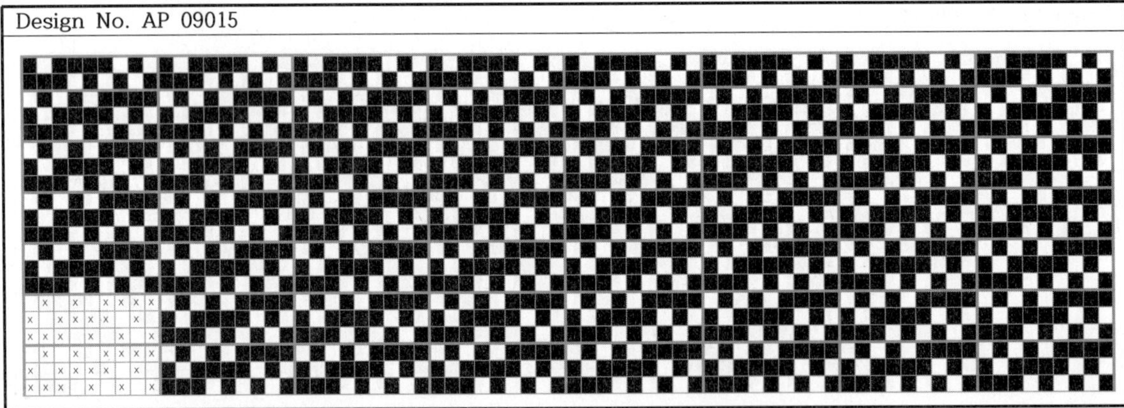

Design No. AP 09016

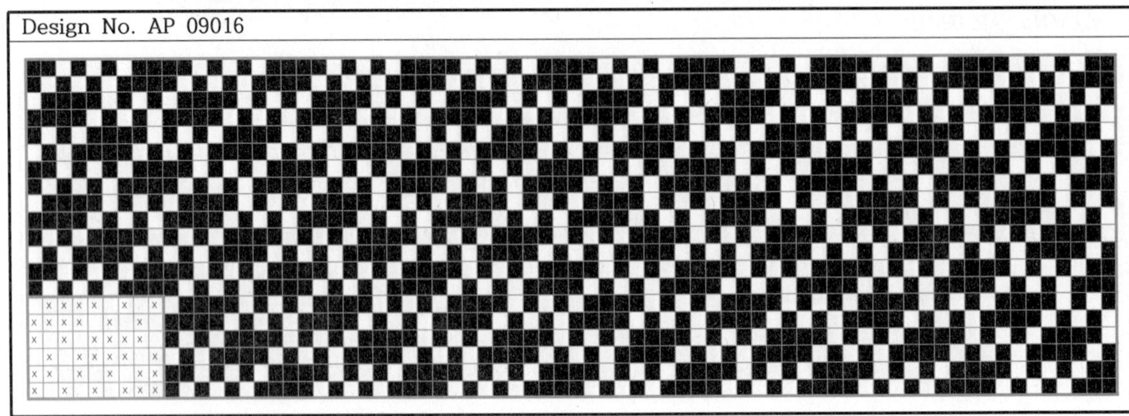

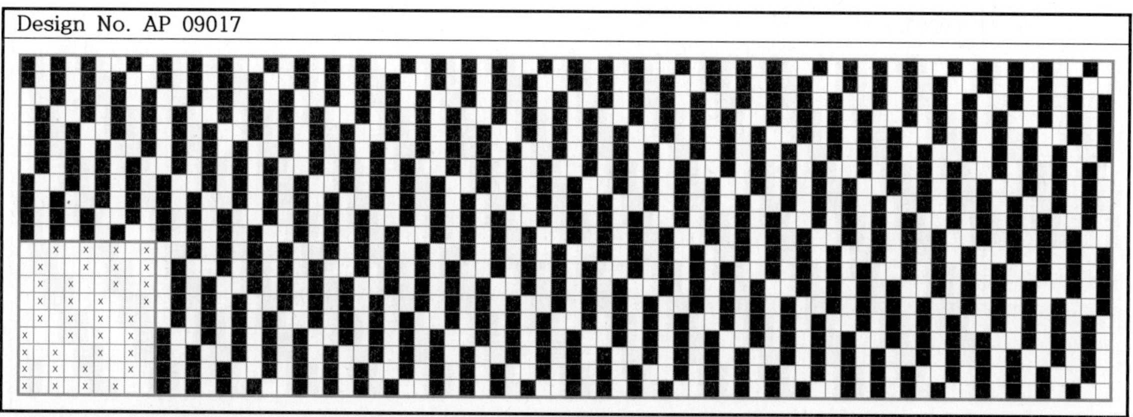

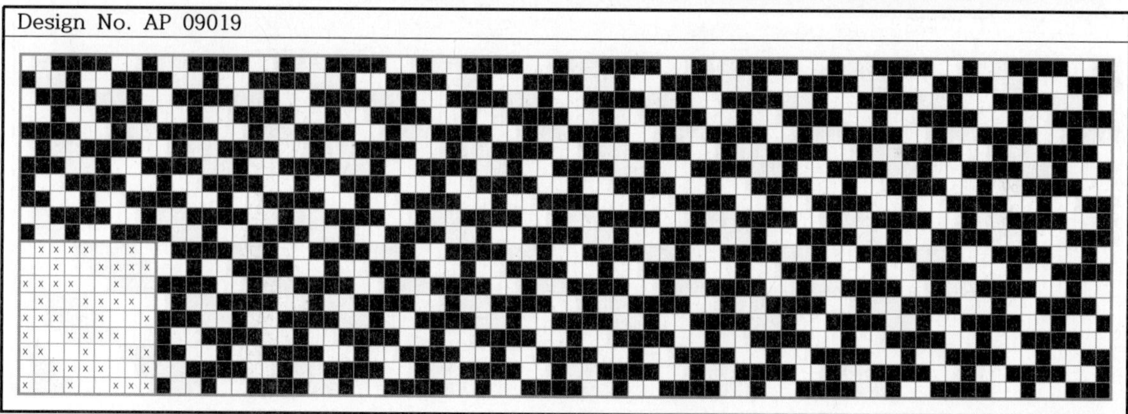

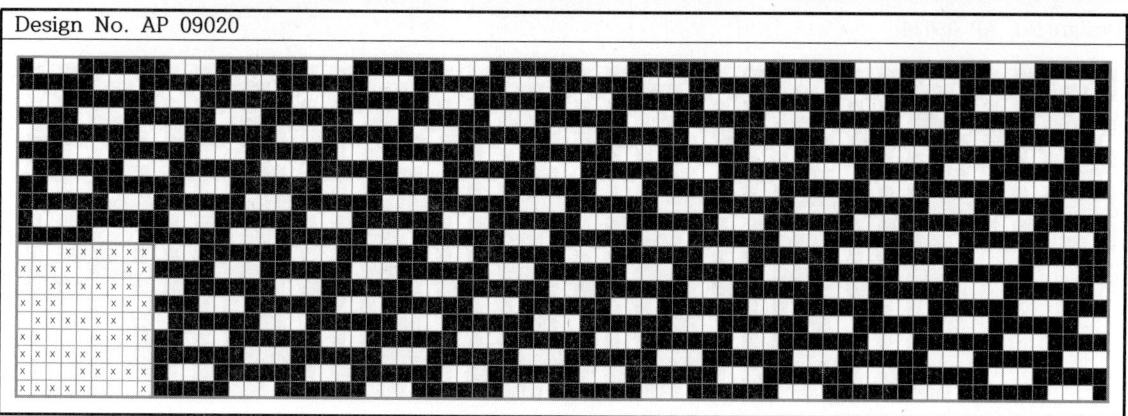

Design No. AP 09021

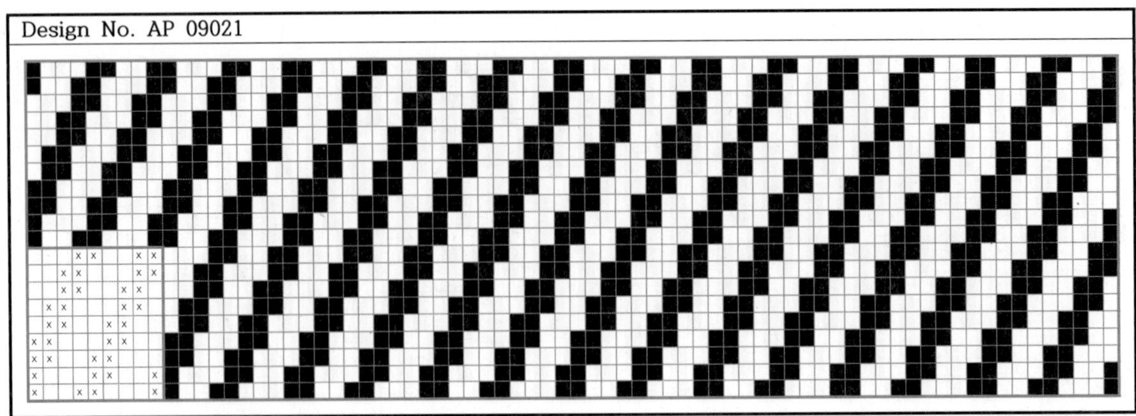

Design No. AP 09022

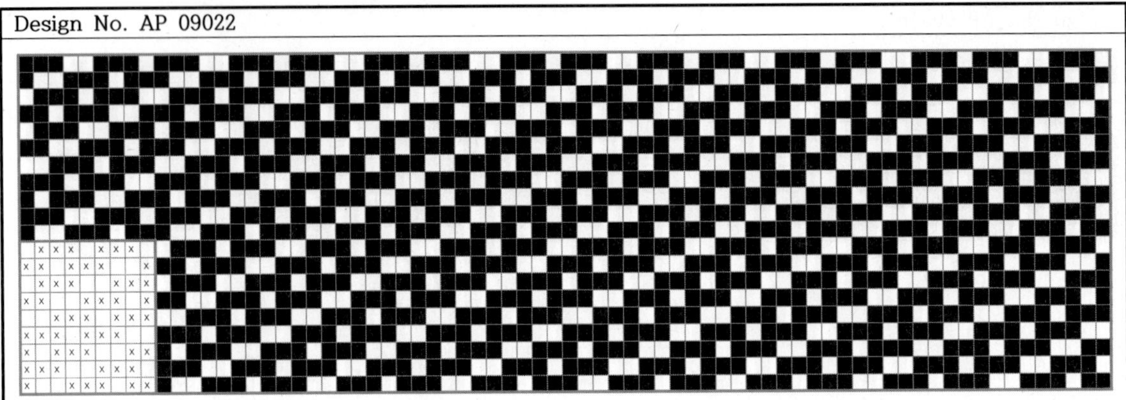

Design No. AP 09023

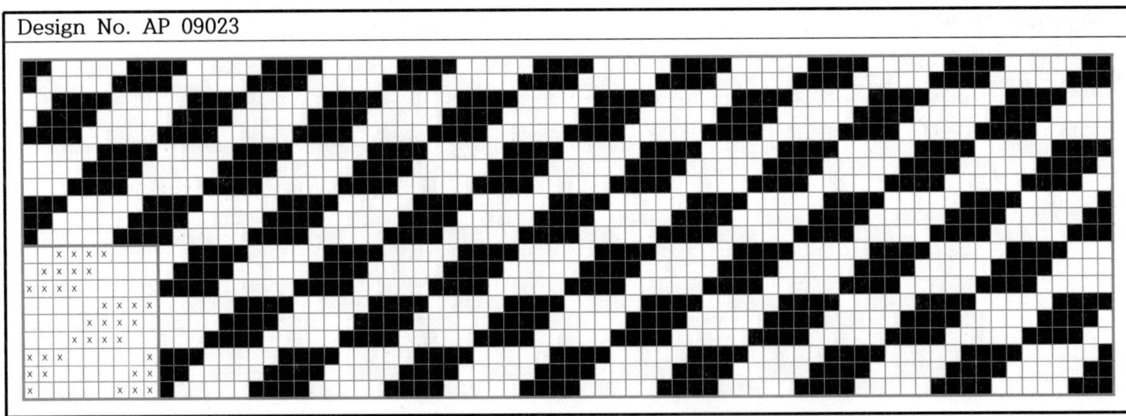

Design No. AP 09024

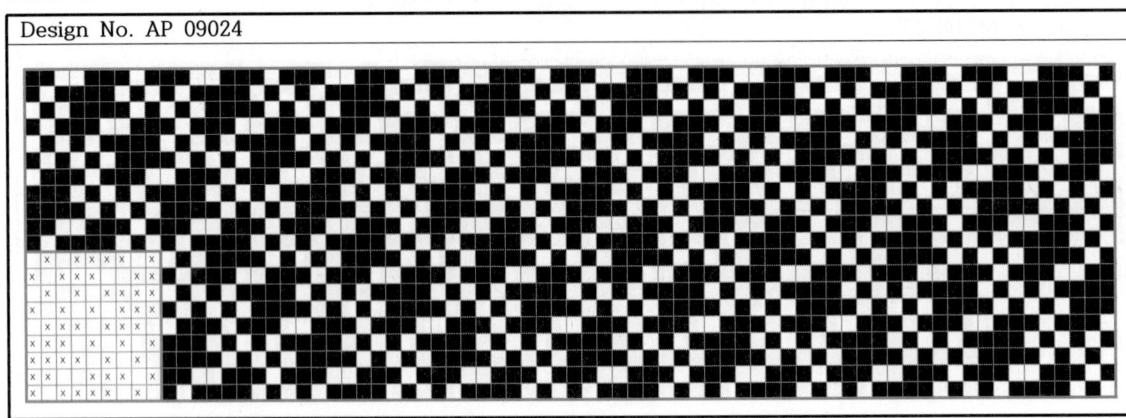

Design No. AP 09025

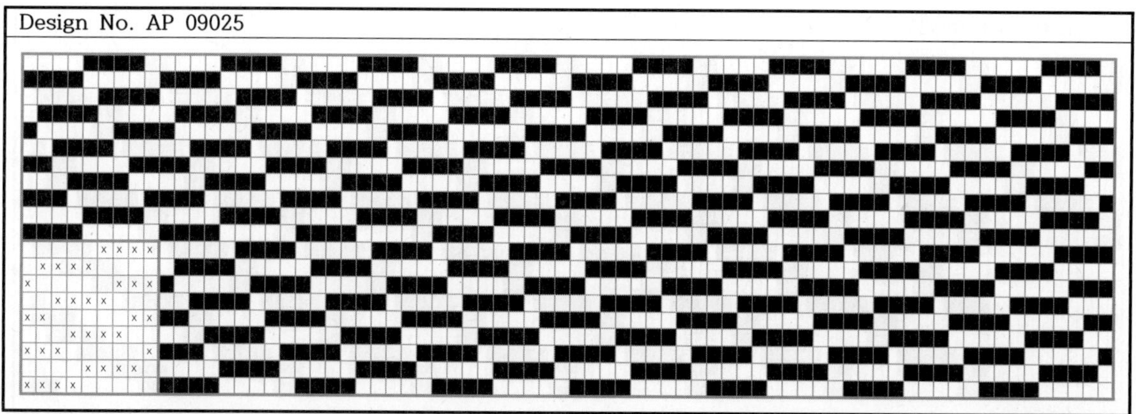

Design No. AP 09026

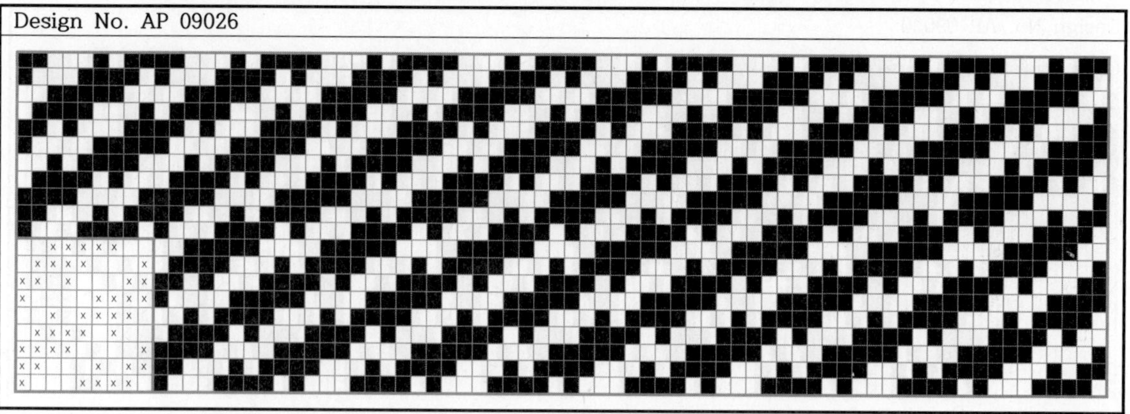

Design No. AP 09027

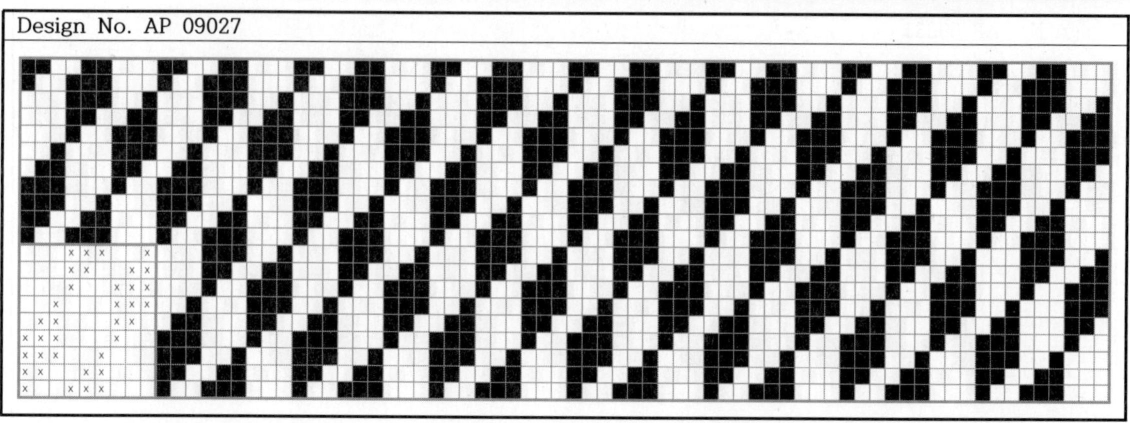

Design No. AP 09028

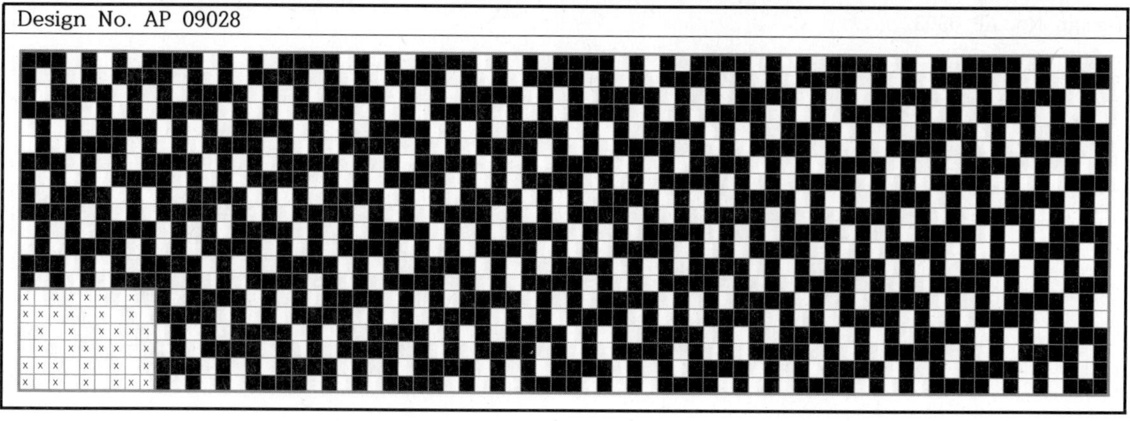

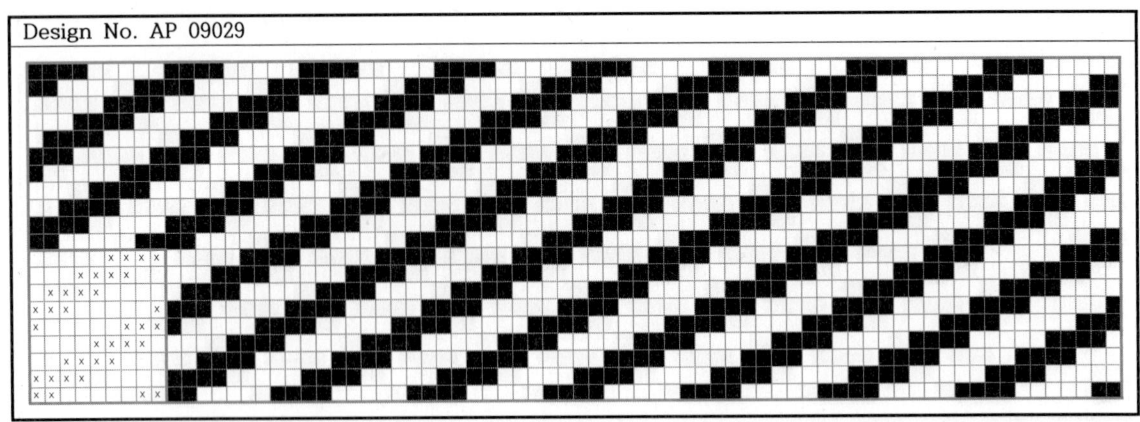

Design No. AP 09029

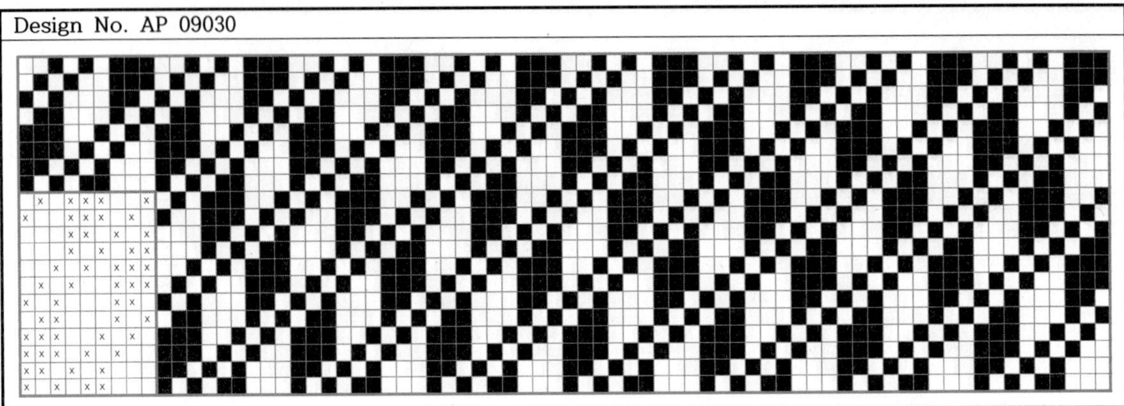

Design No. AP 09030

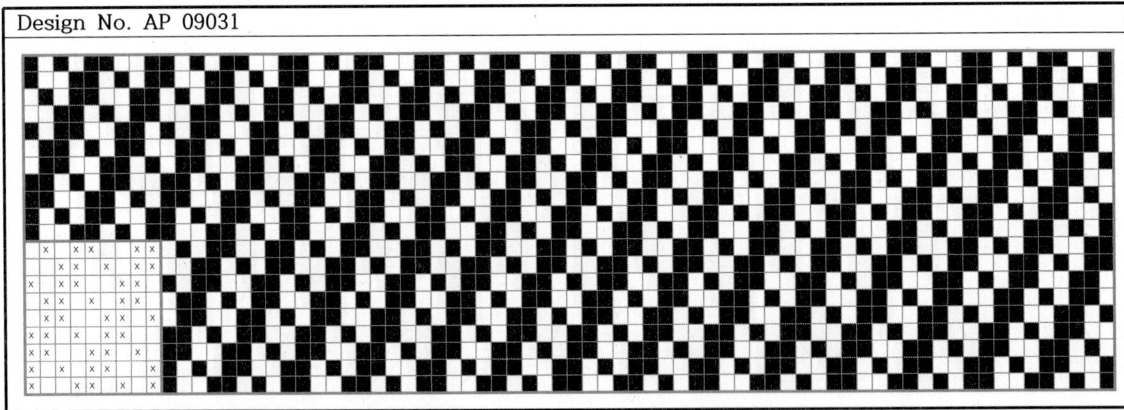

Design No. AP 09031

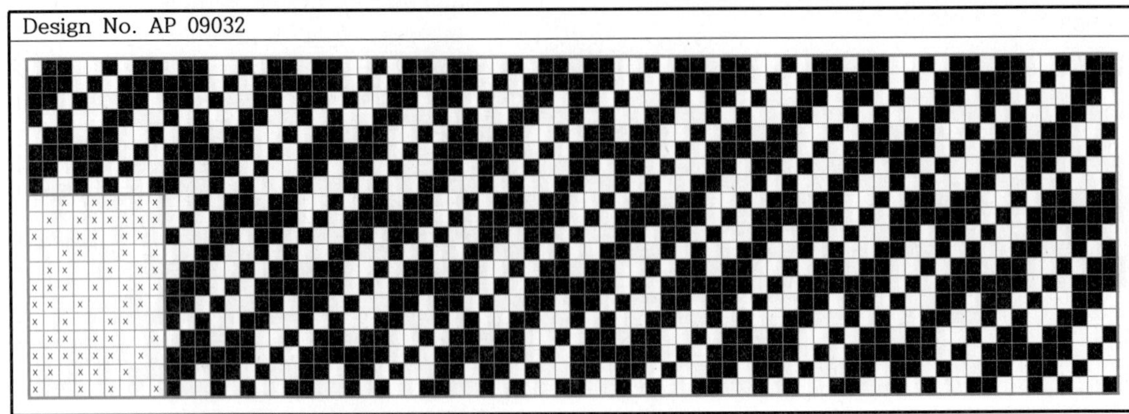

Design No. AP 09032

Design No. AP 09033

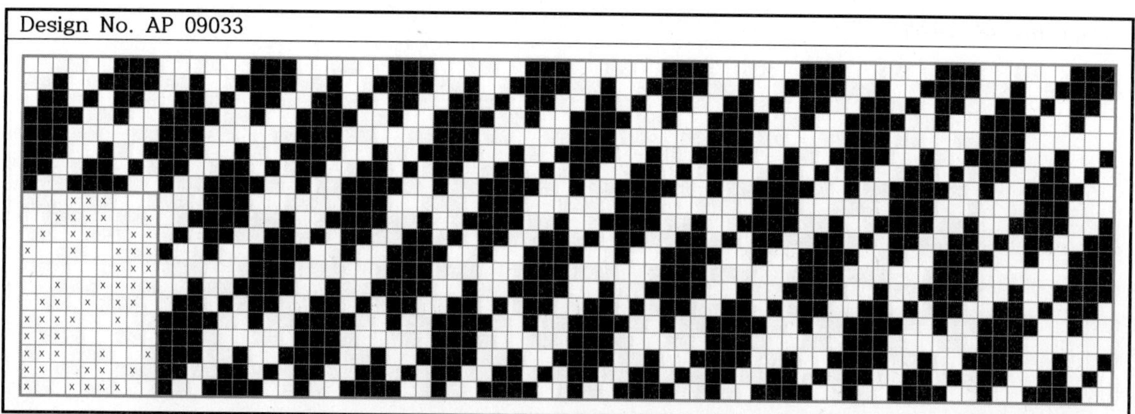

Design No. AP 09034

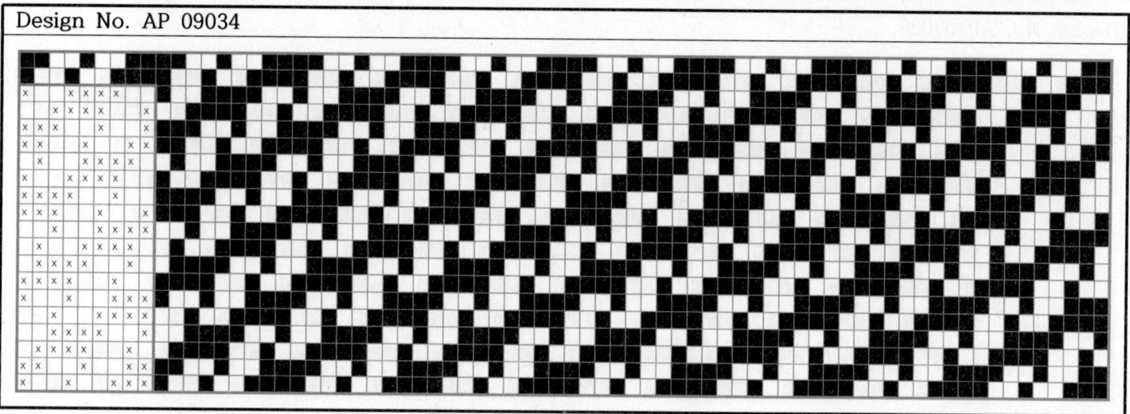

Design No. AP 09035

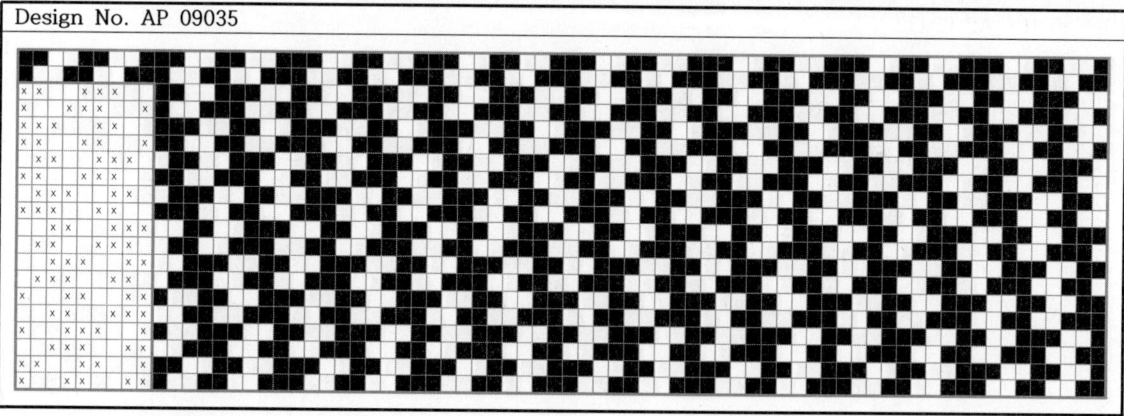

Design No. AP 09036

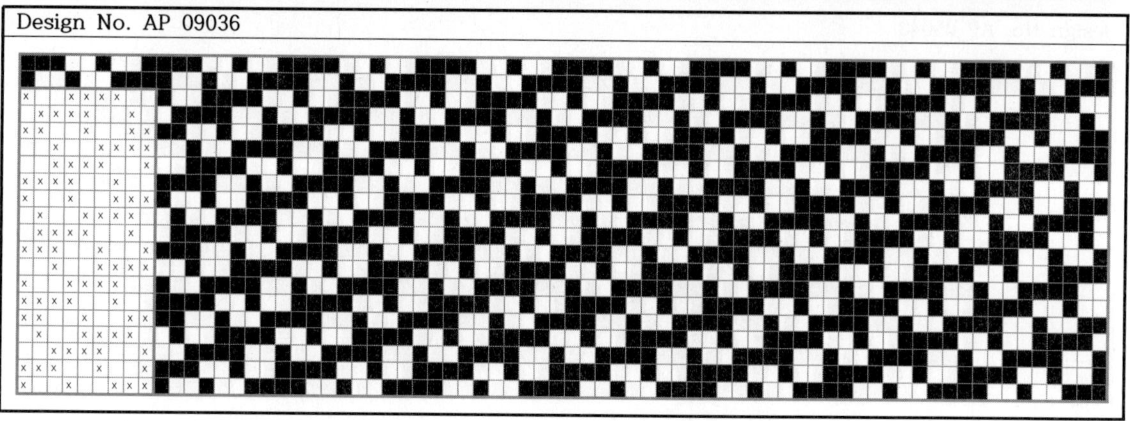

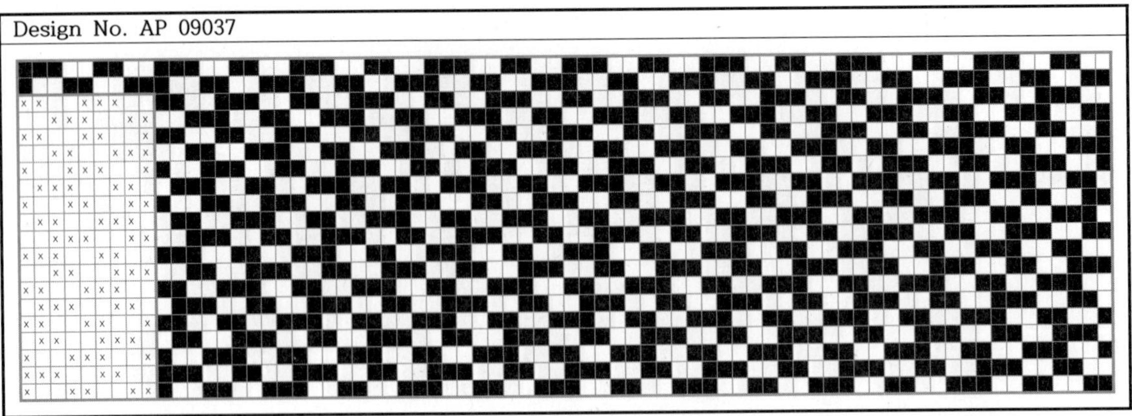

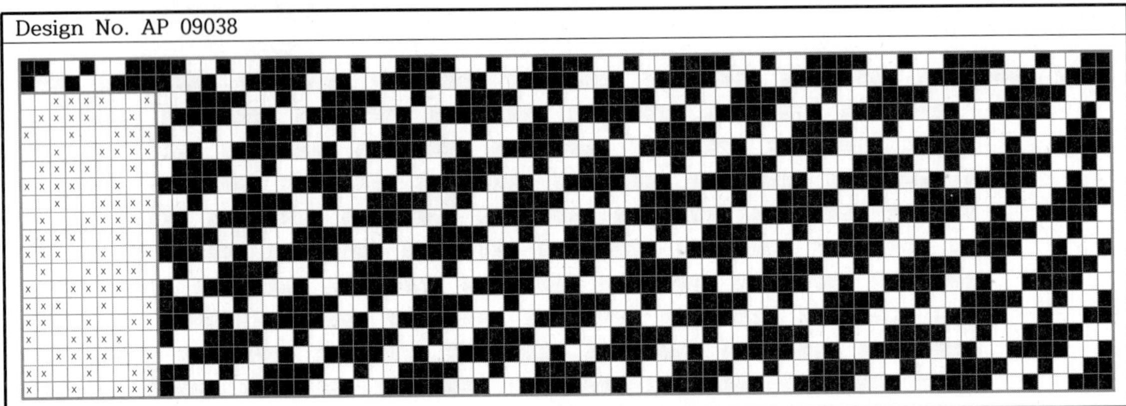

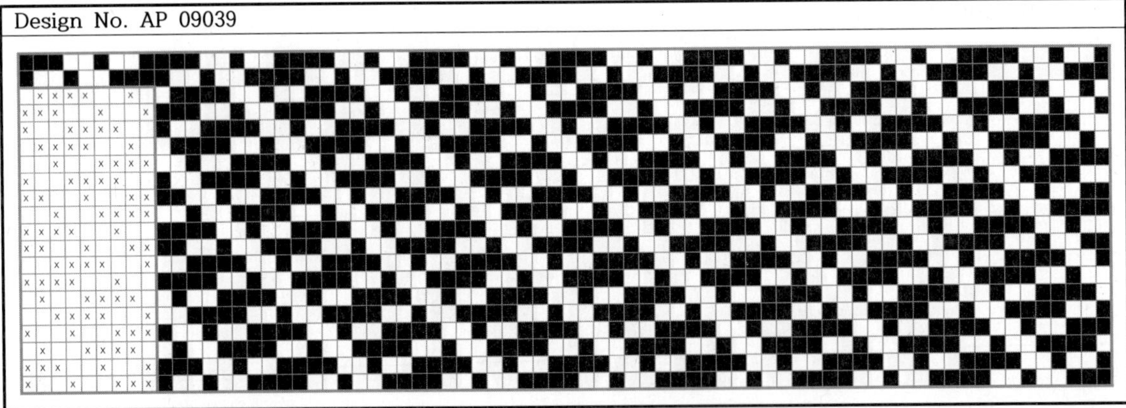

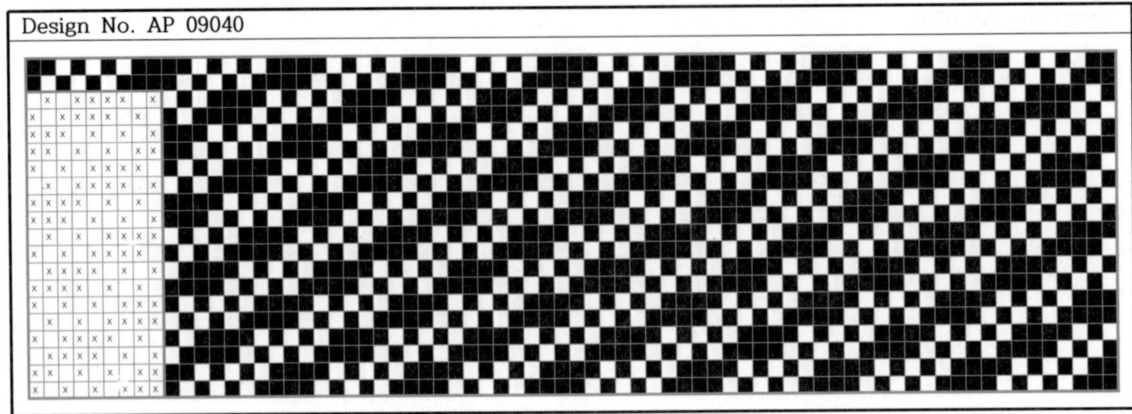

Design No. AP 09041

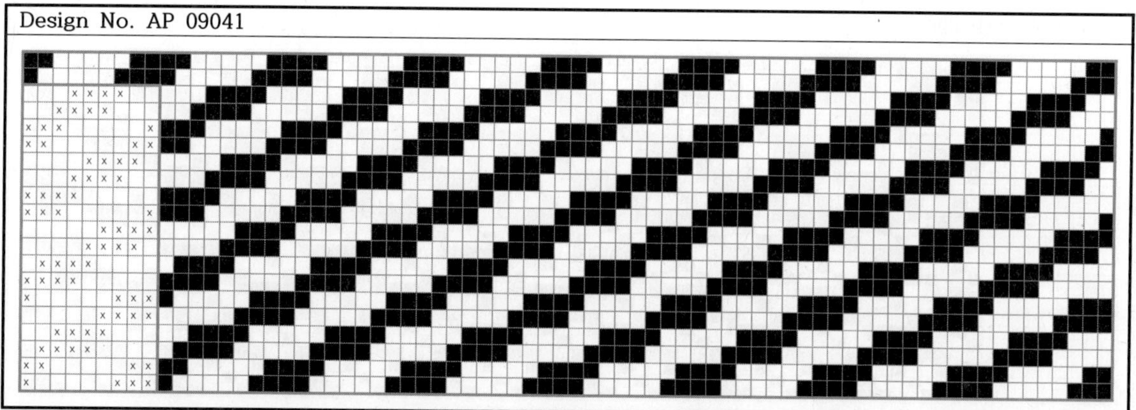

Design No. AP 09042

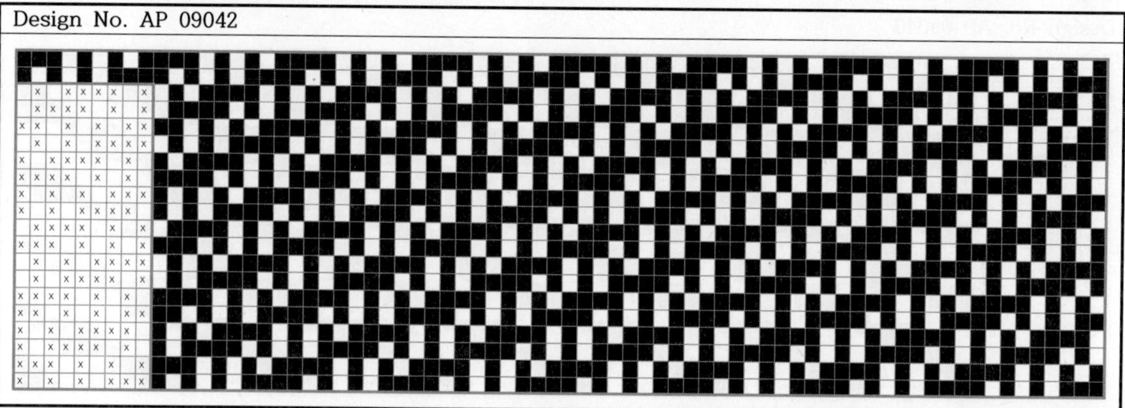

Design No. AP 09043

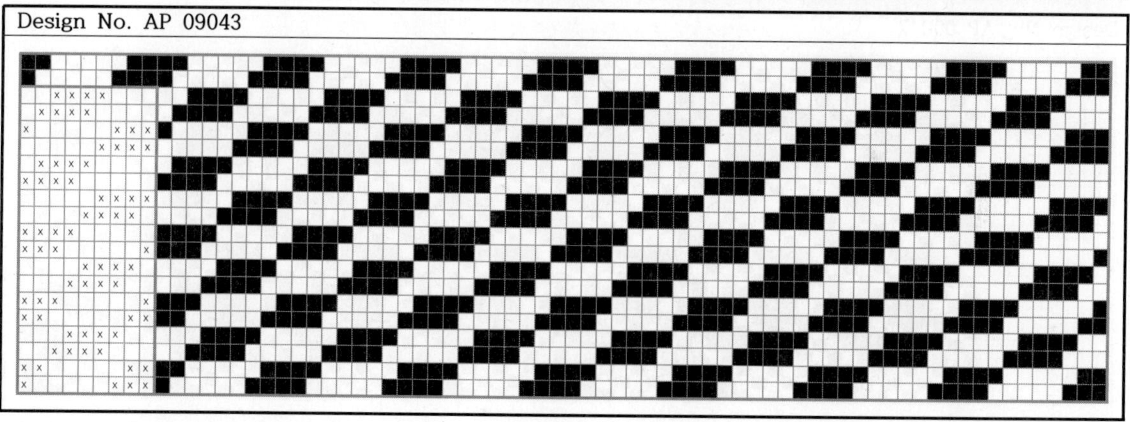

Design No. AP 09044

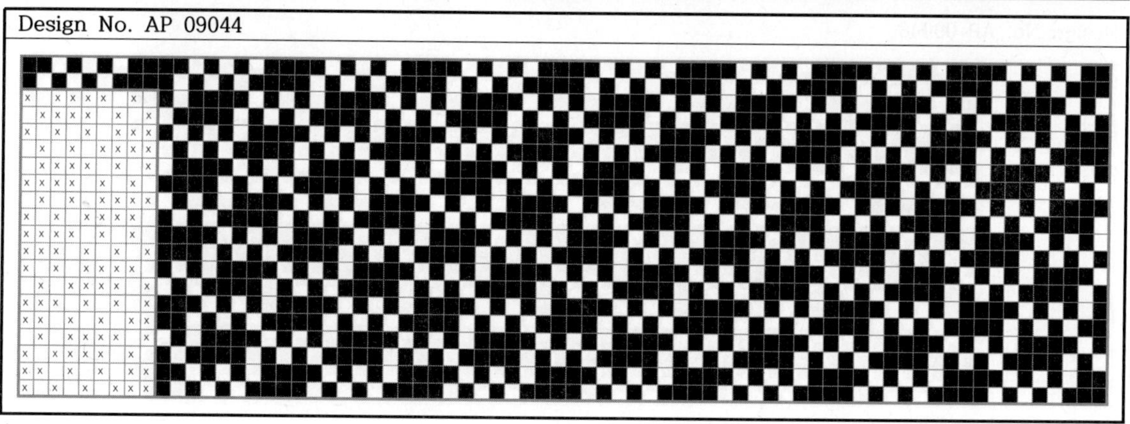

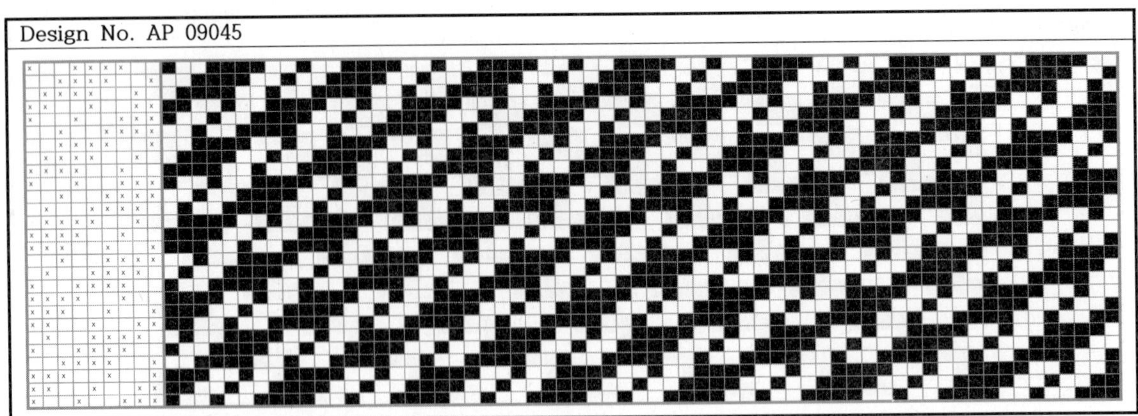

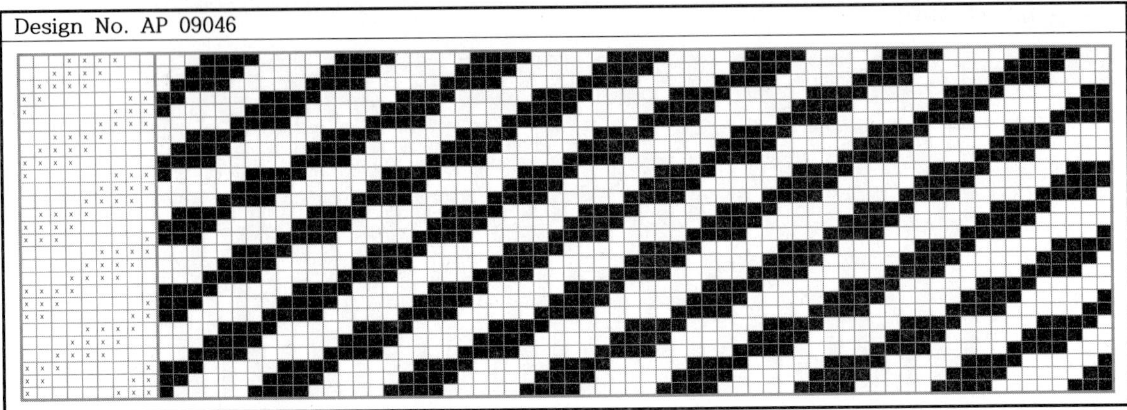

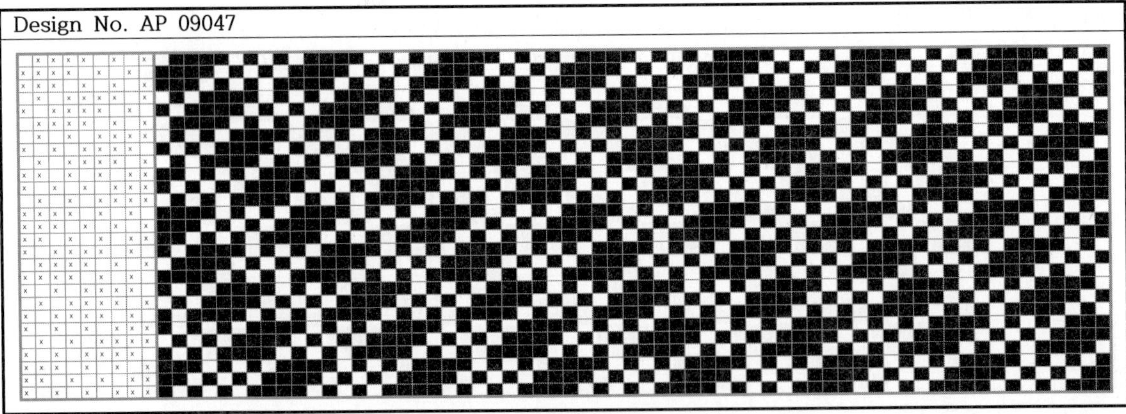

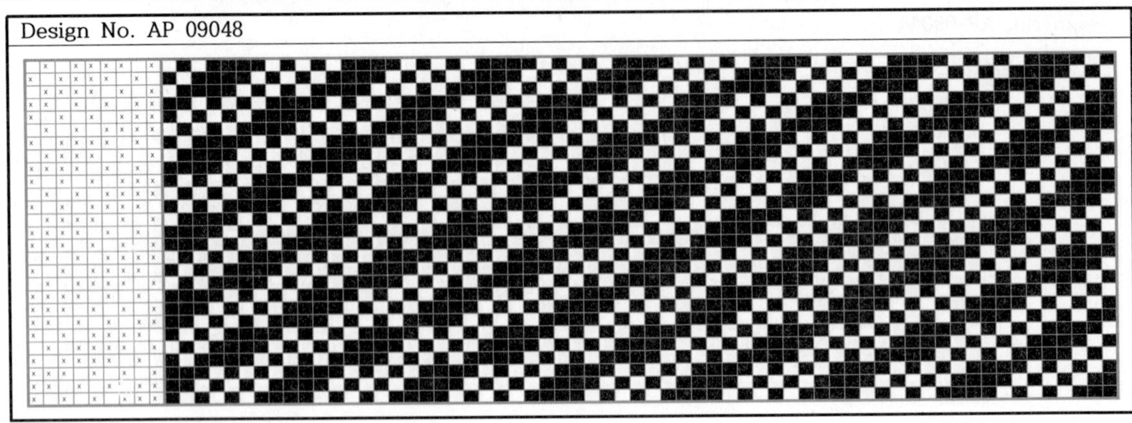

Design No. AP 10001

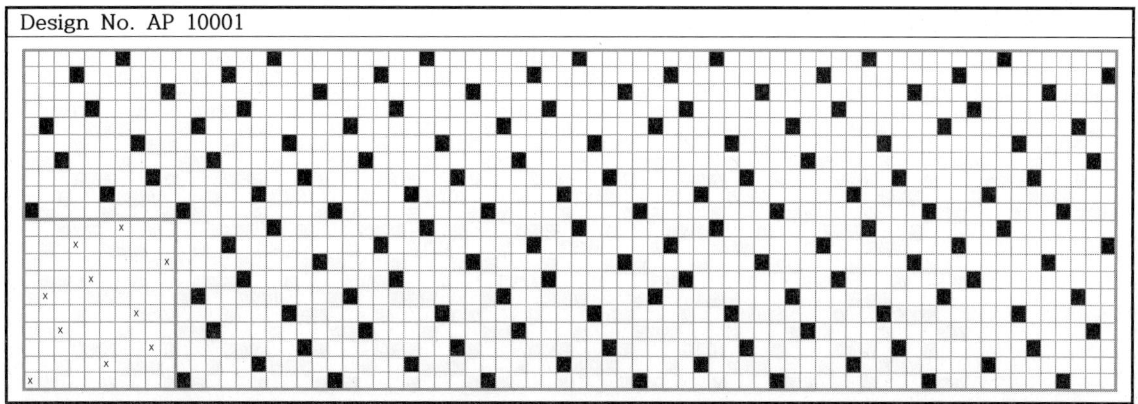

Design No. AP 10002

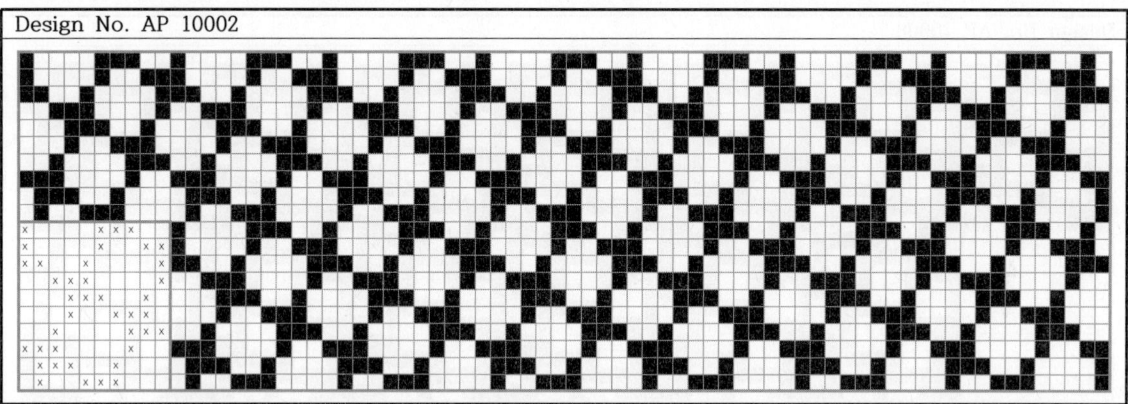

Design No. AP 10003

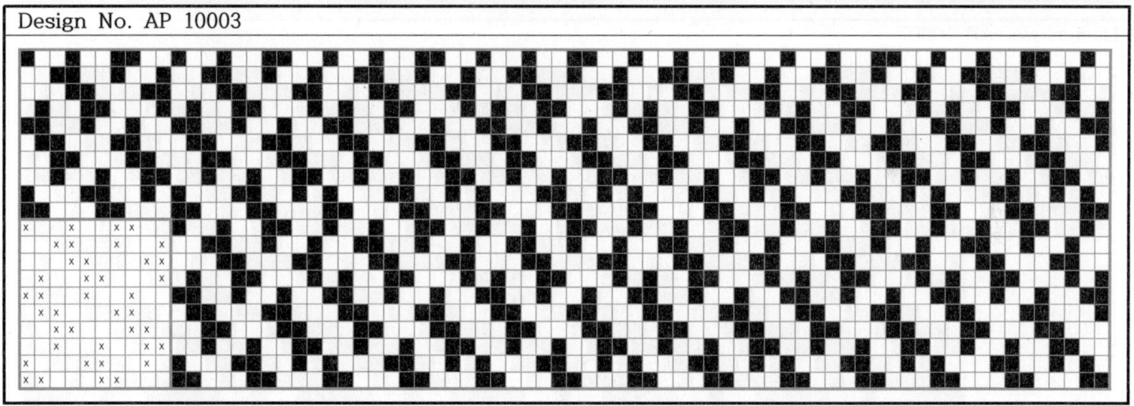

Design No. AP 10004

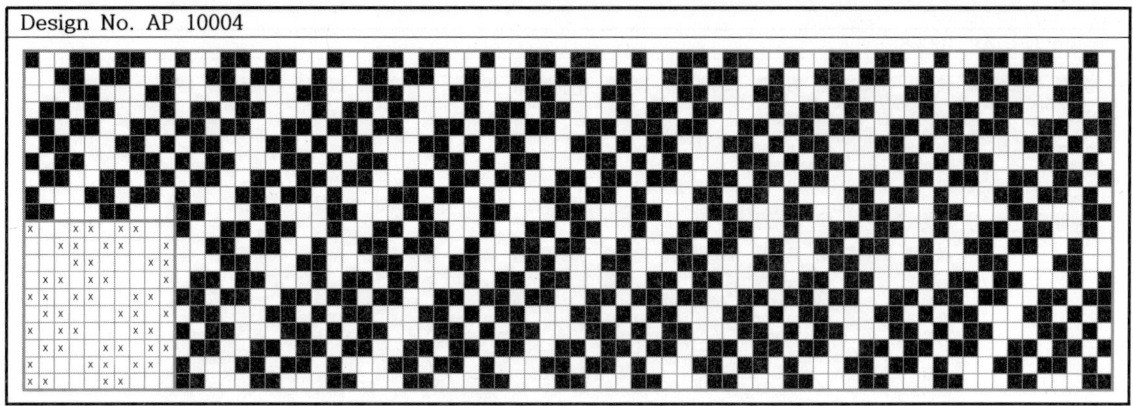

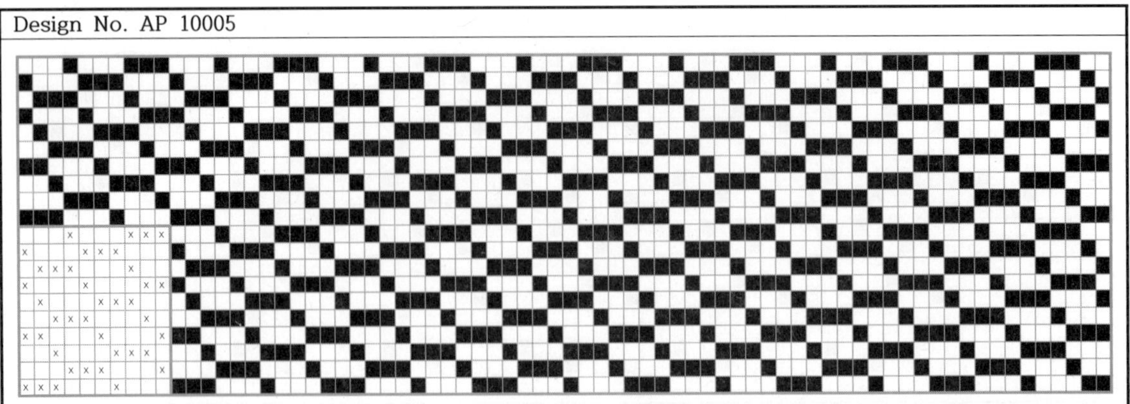

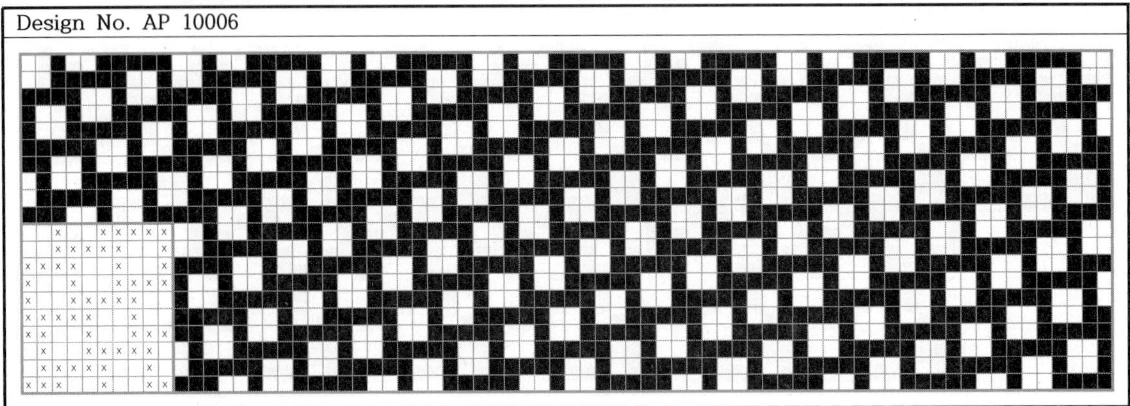

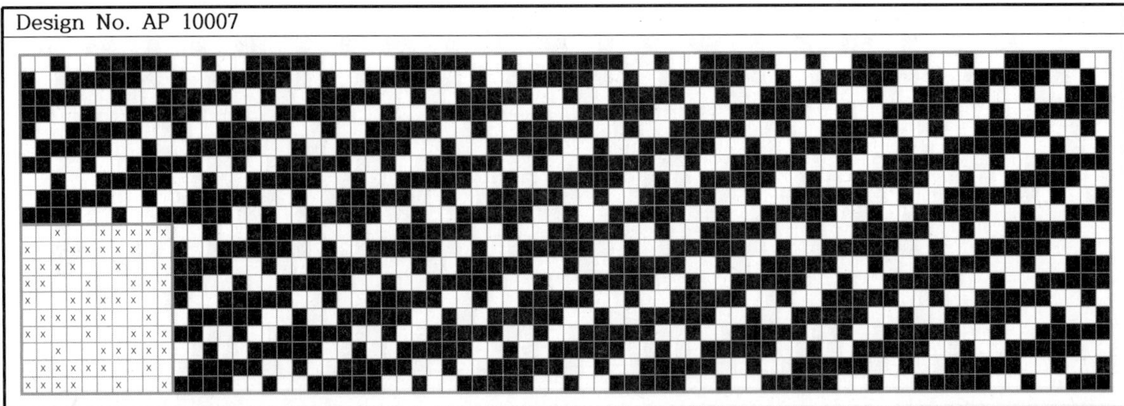

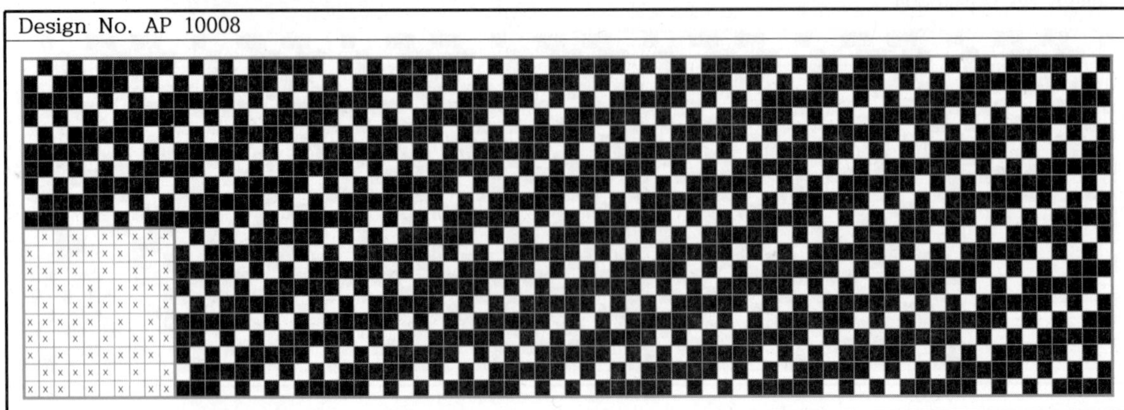

Design No. AP 10009

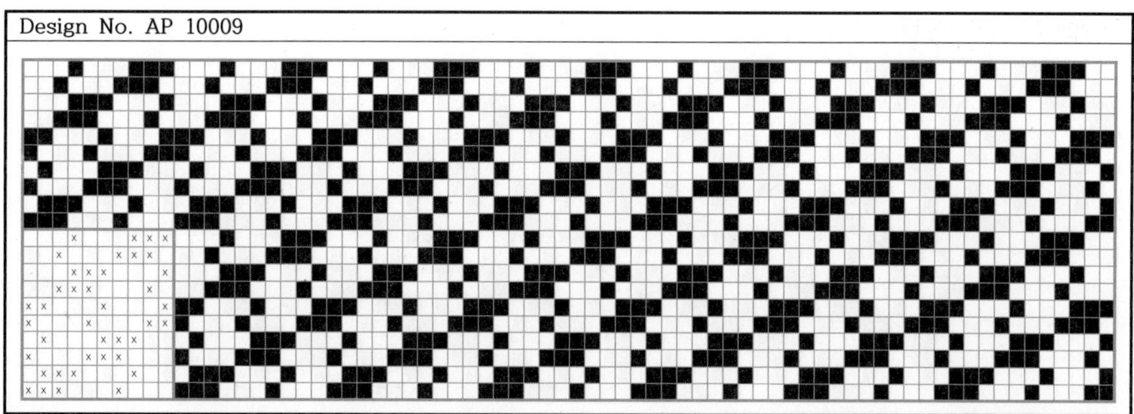

Design No. AP 10010

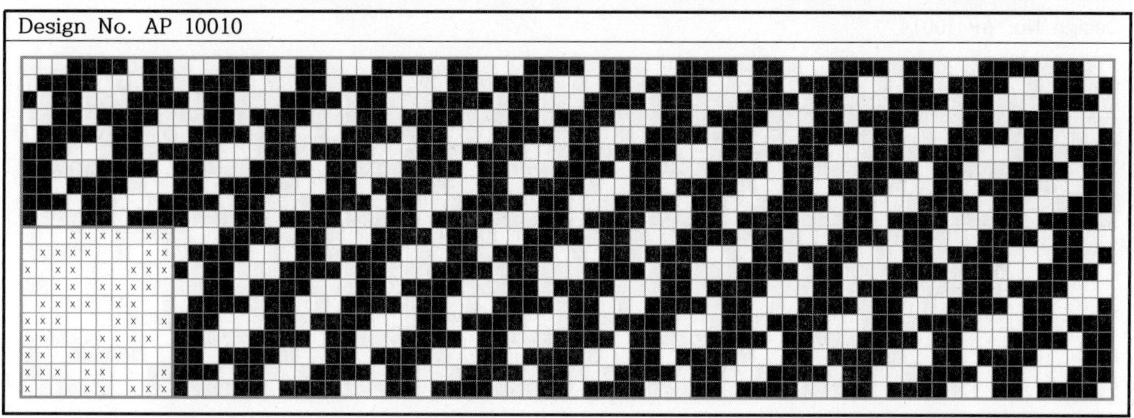

Design No. AP 10011

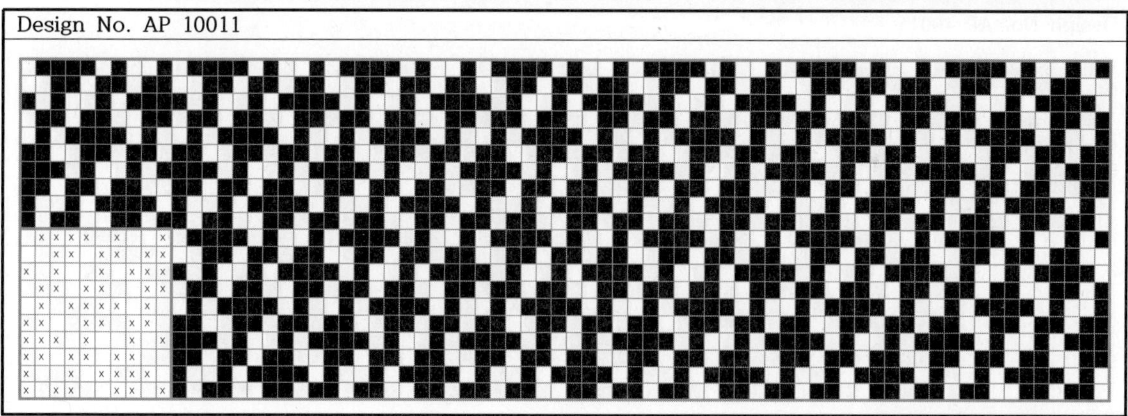

Design No. AP 10012

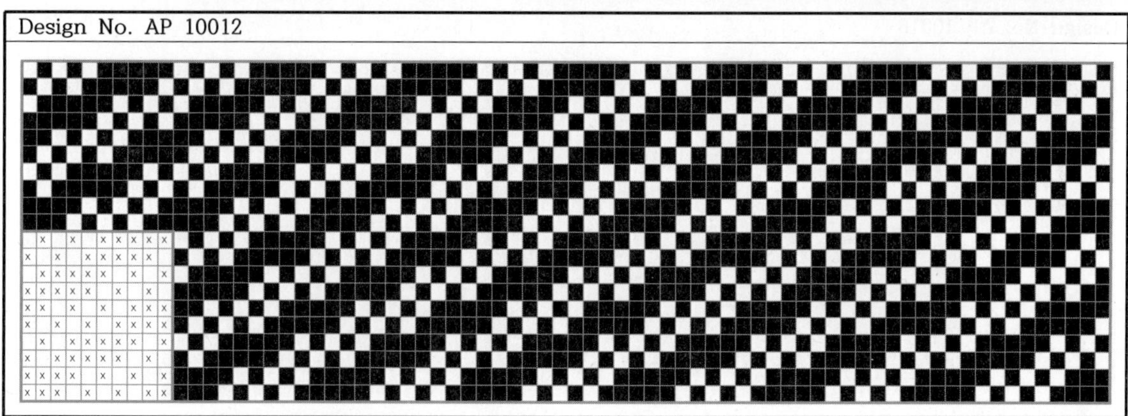

Design No. AP 10013

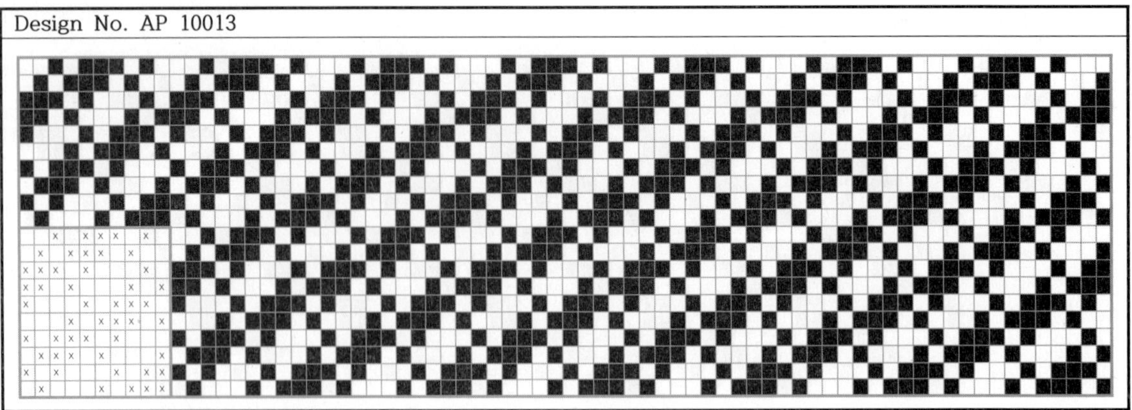

Design No. AP 10014

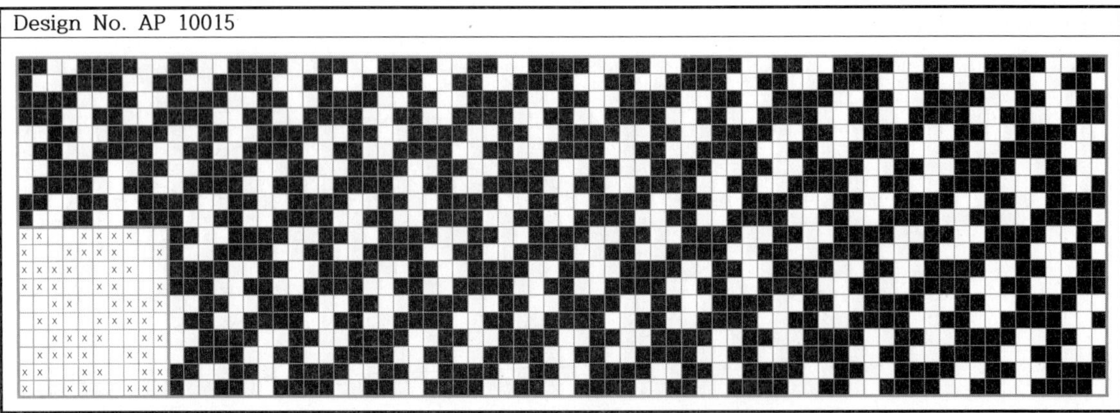

Design No. AP 10015

Design No. AP 10016

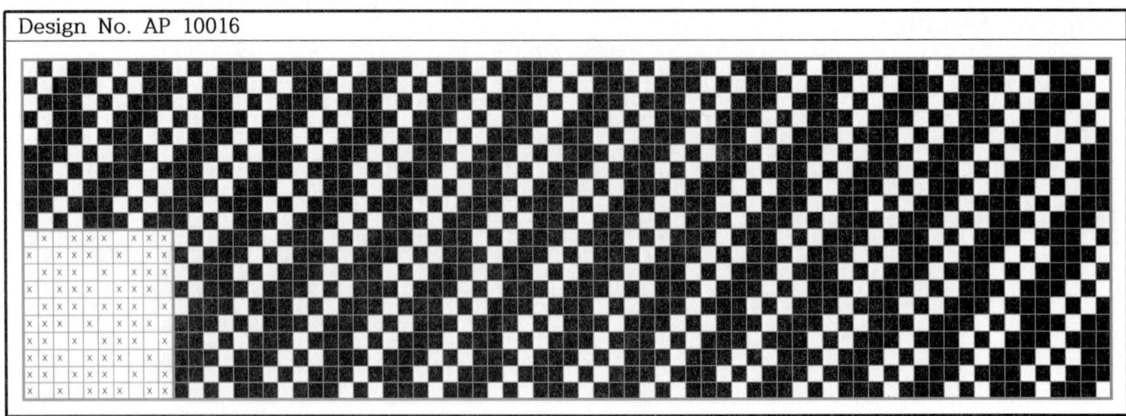

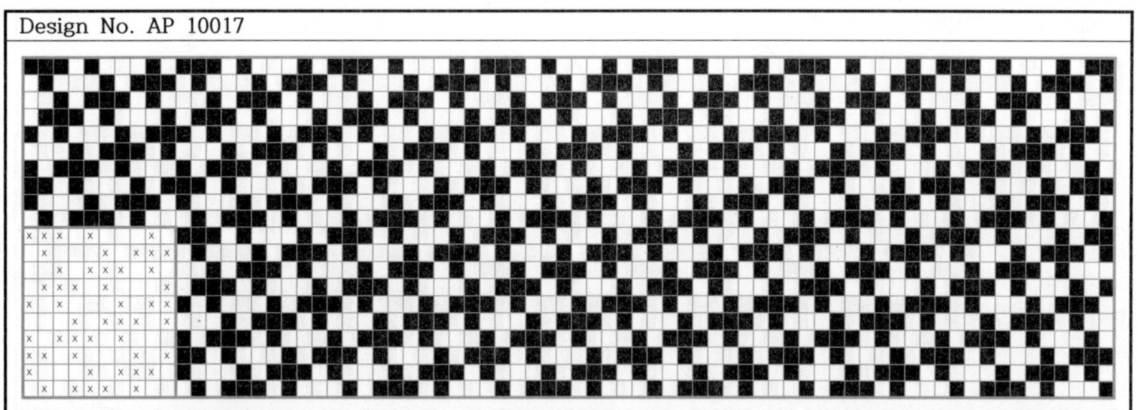

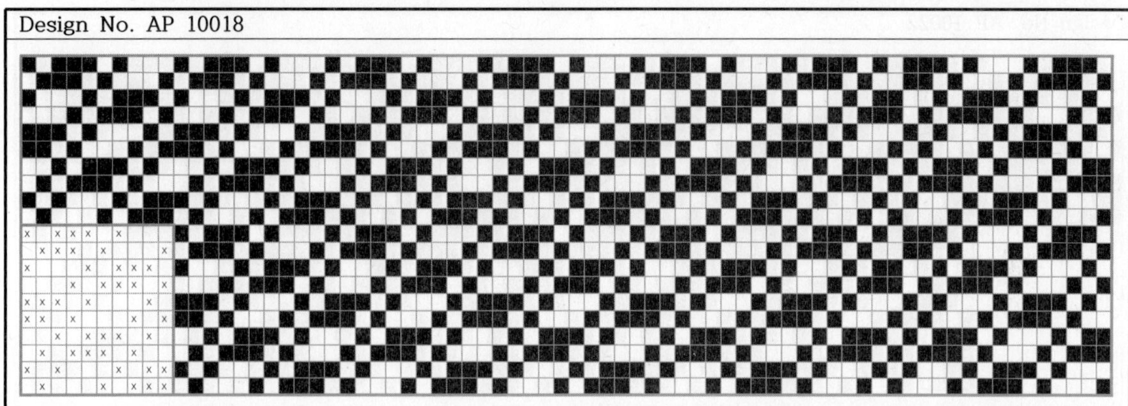

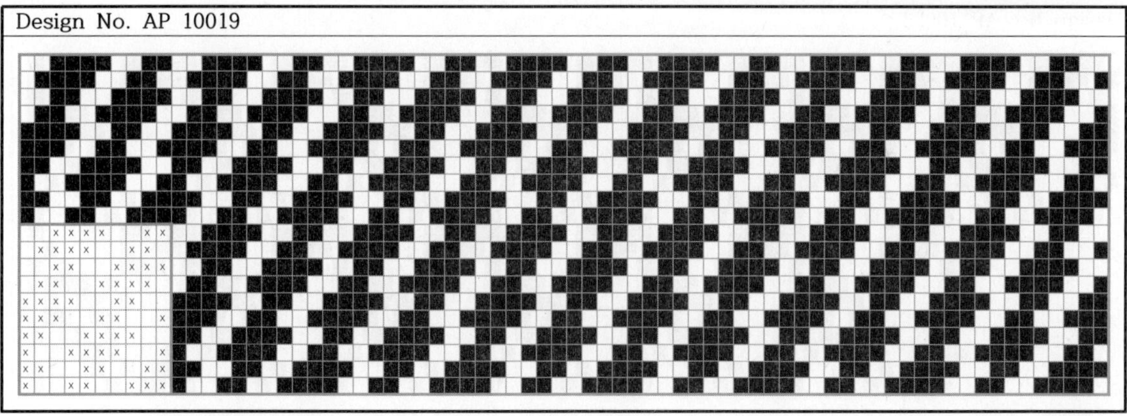

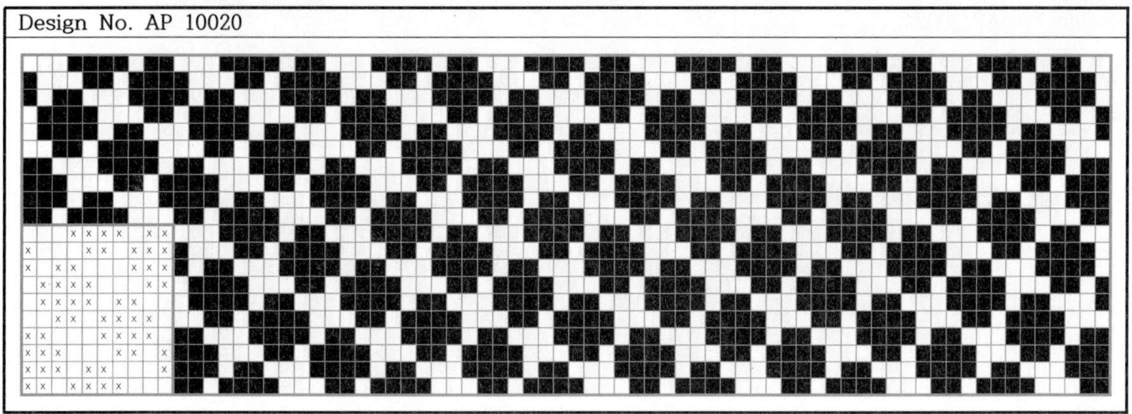

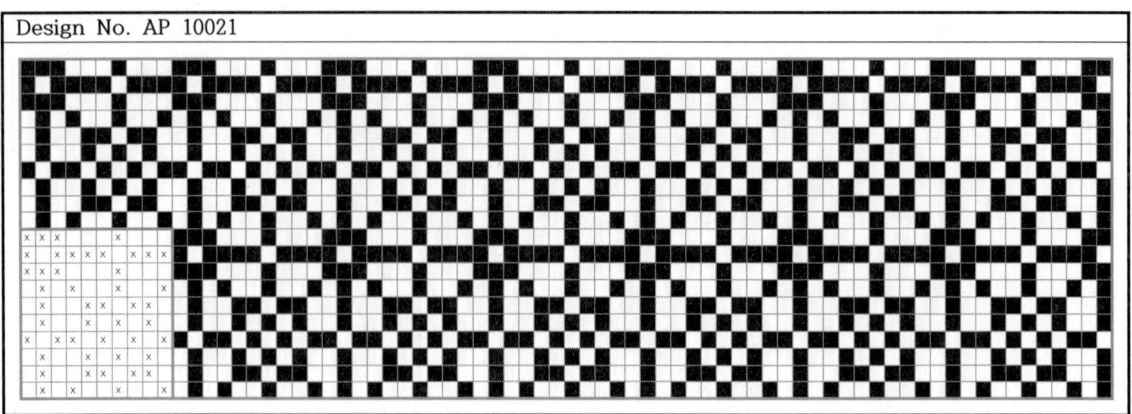

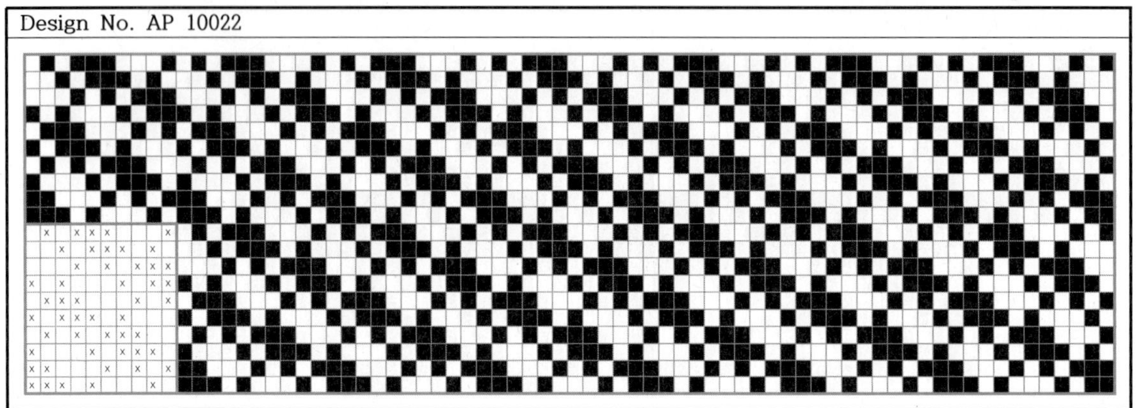

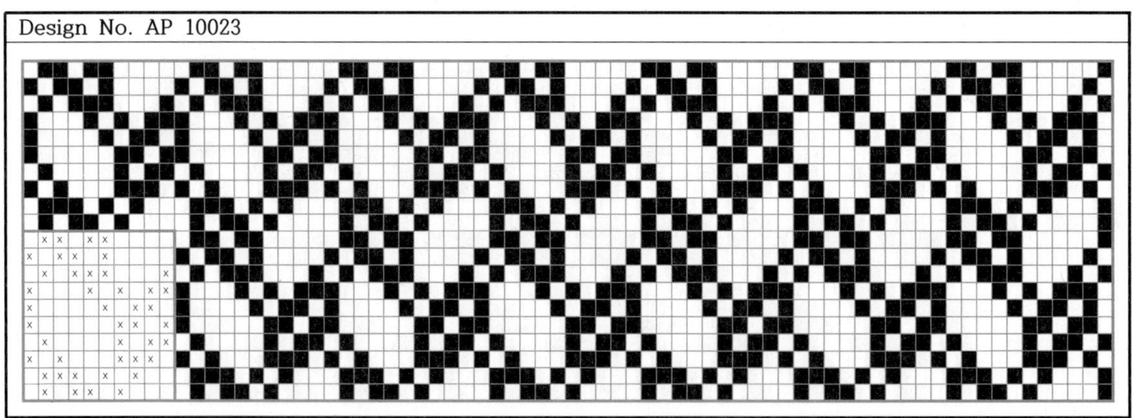

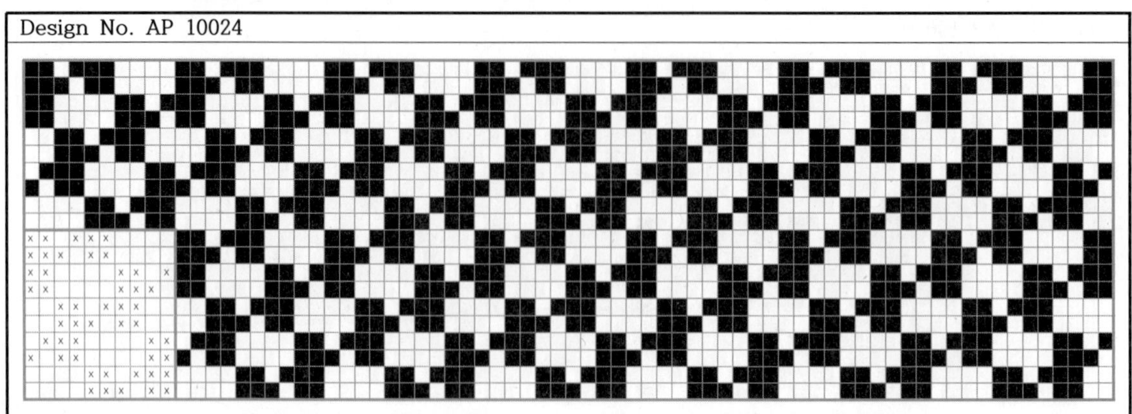

Design No. AP 10025

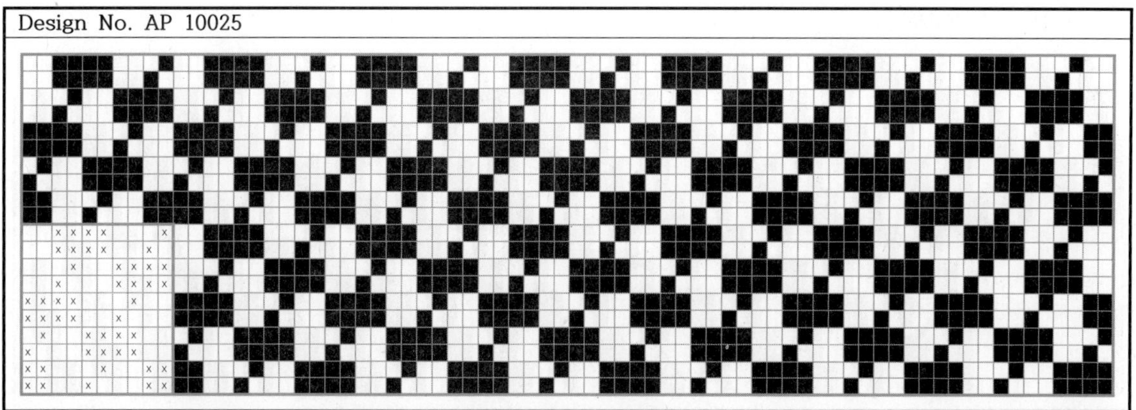

Design No. AP 10026

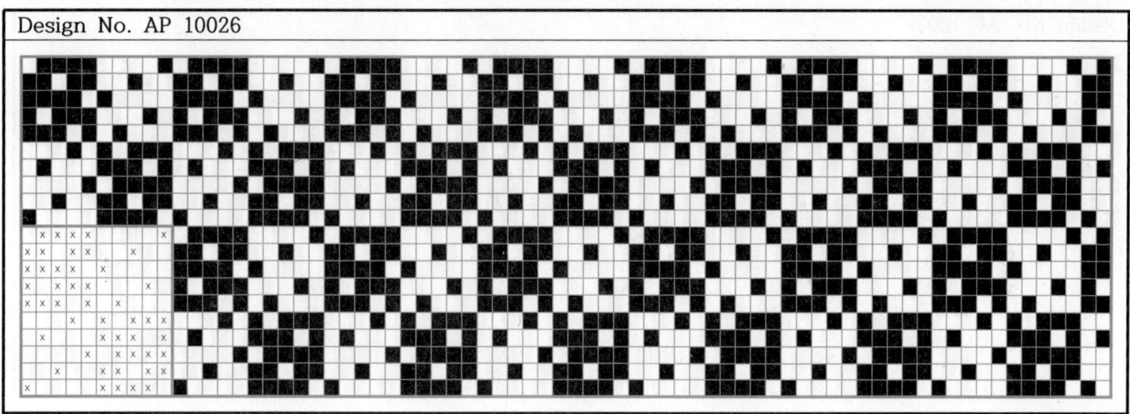

Design No. AP 10027

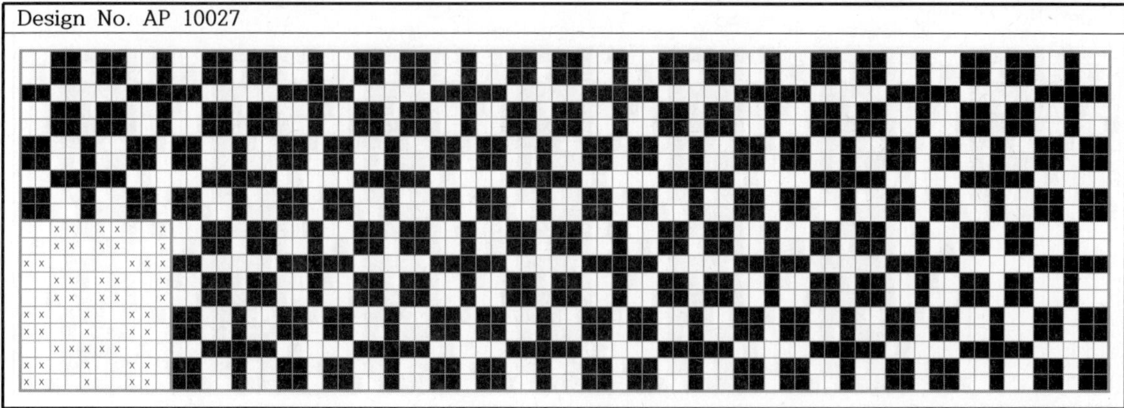

Design No. AP 10028

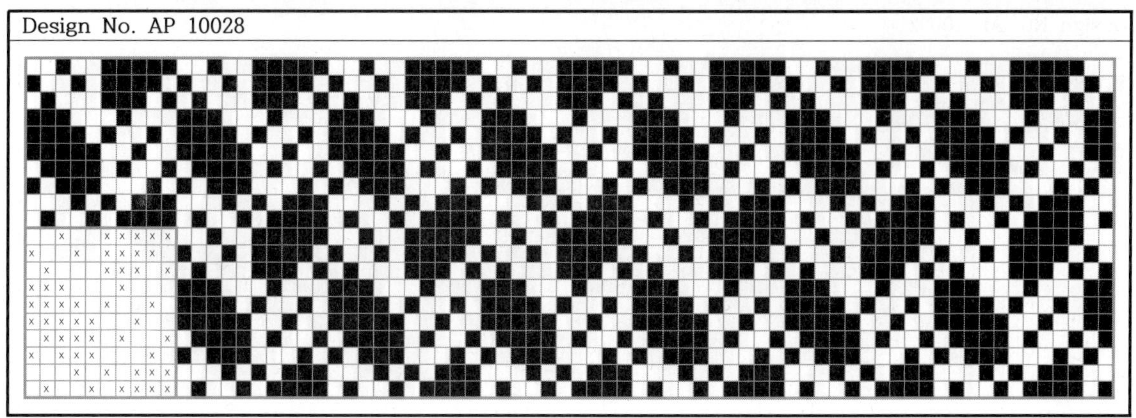

Design No. AP 10029

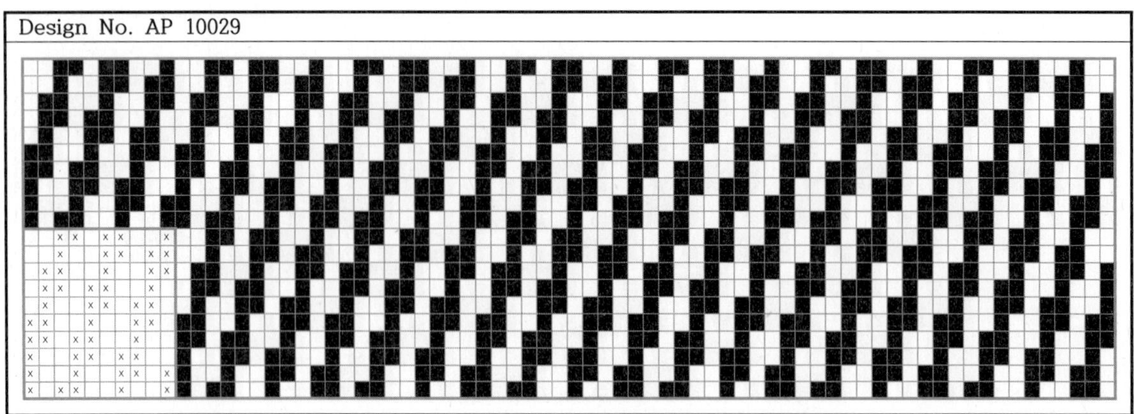

Design No. AP 10030

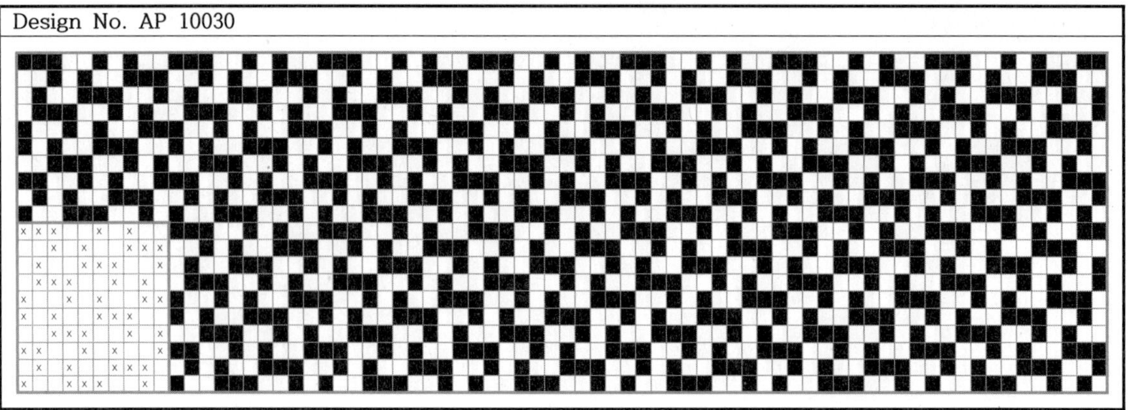

Design No. AP 10031

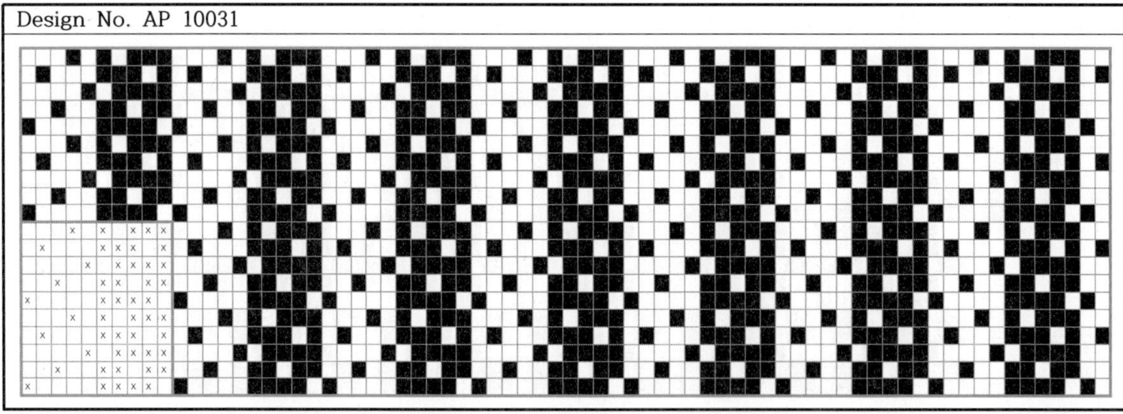

Design No. AP 10032

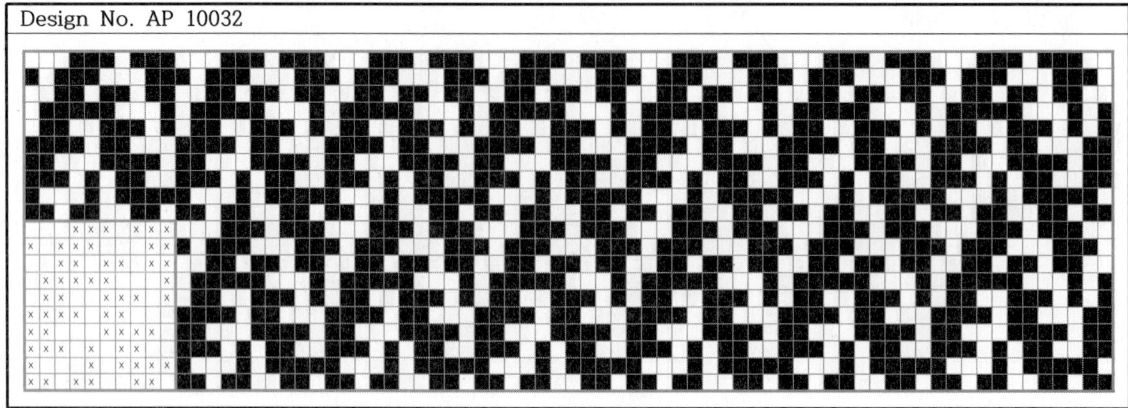

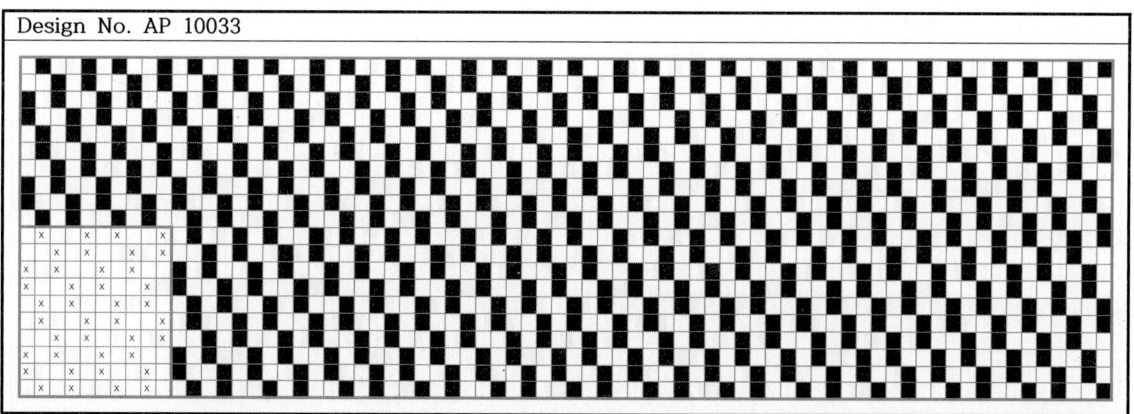

Design No. AP 10033

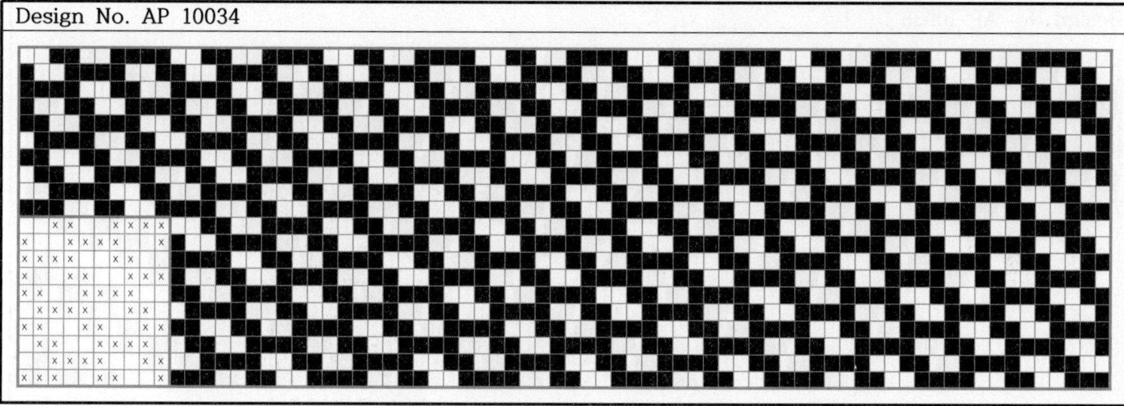

Design No. AP 10034

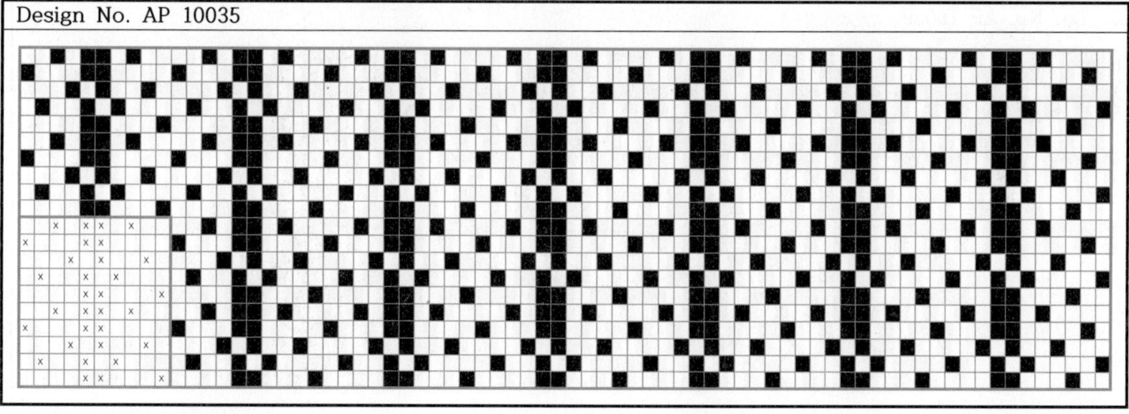

Design No. AP 10035

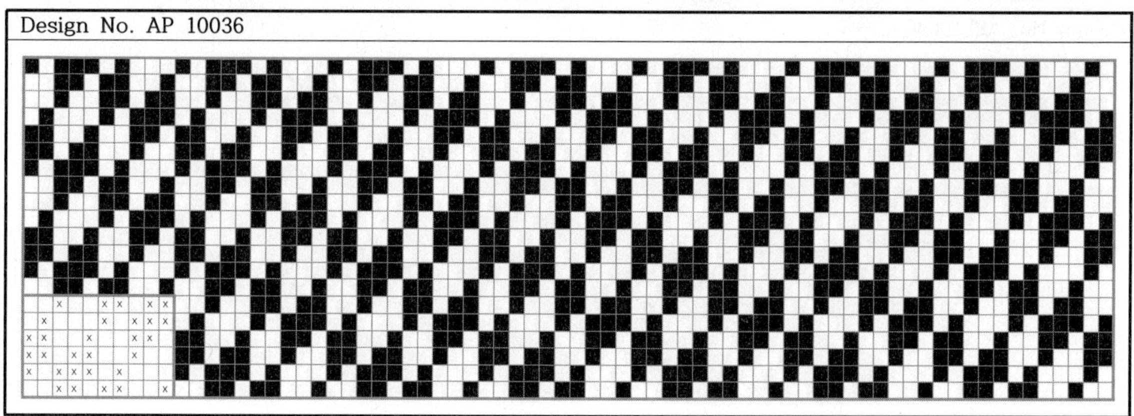

Design No. AP 10036

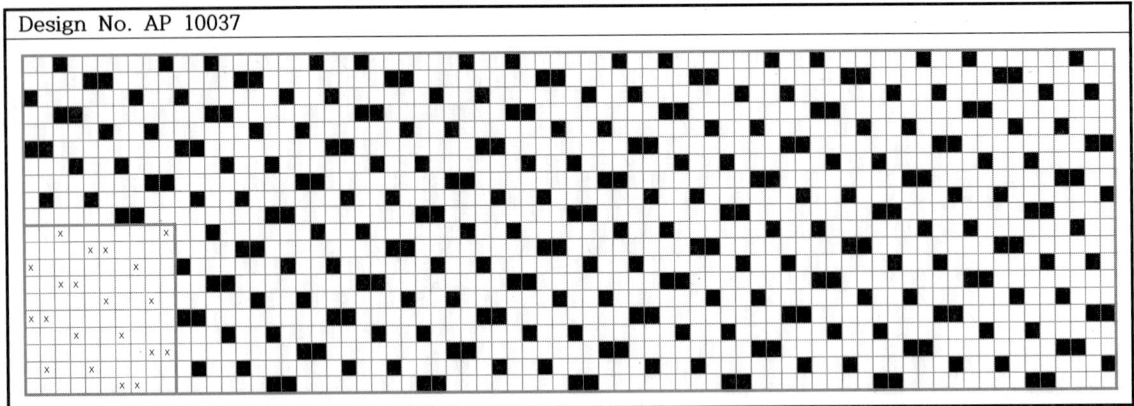

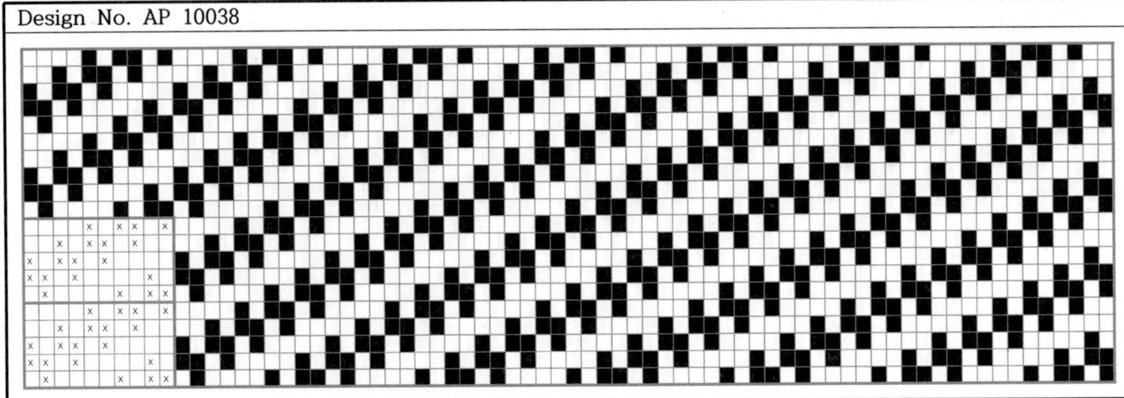

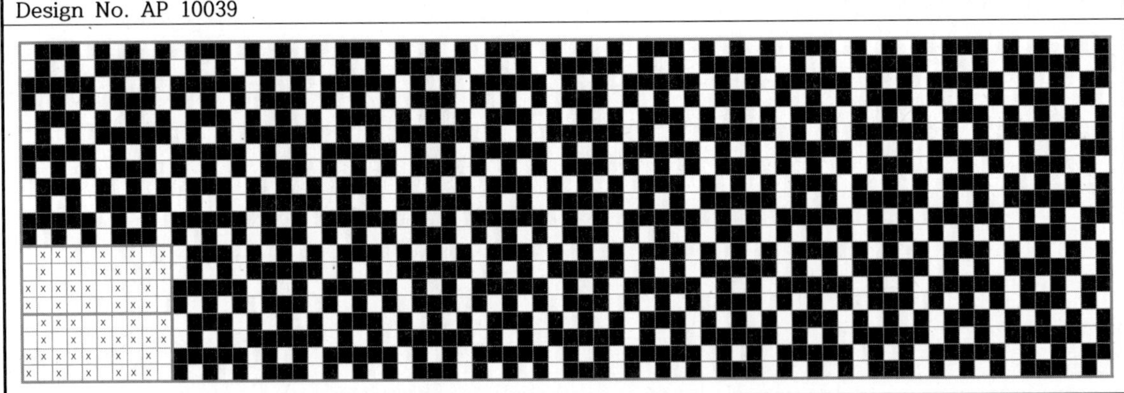

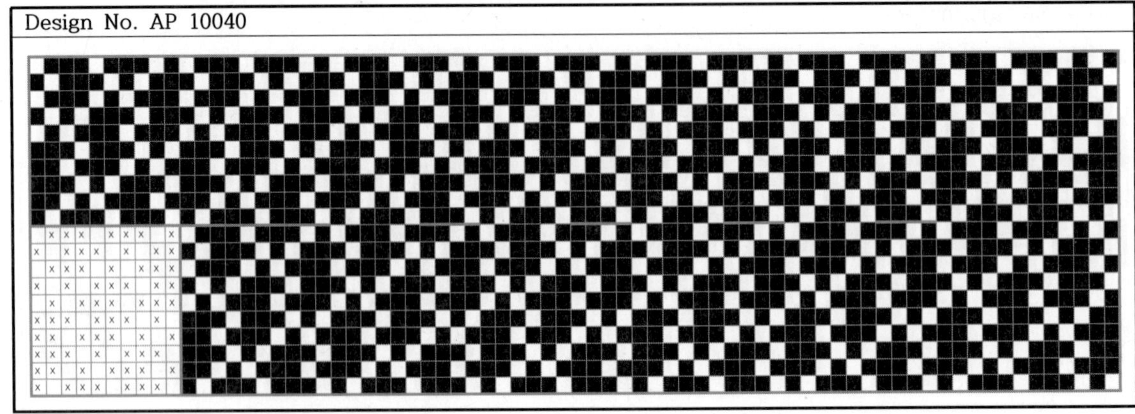

Design No. AP 10041

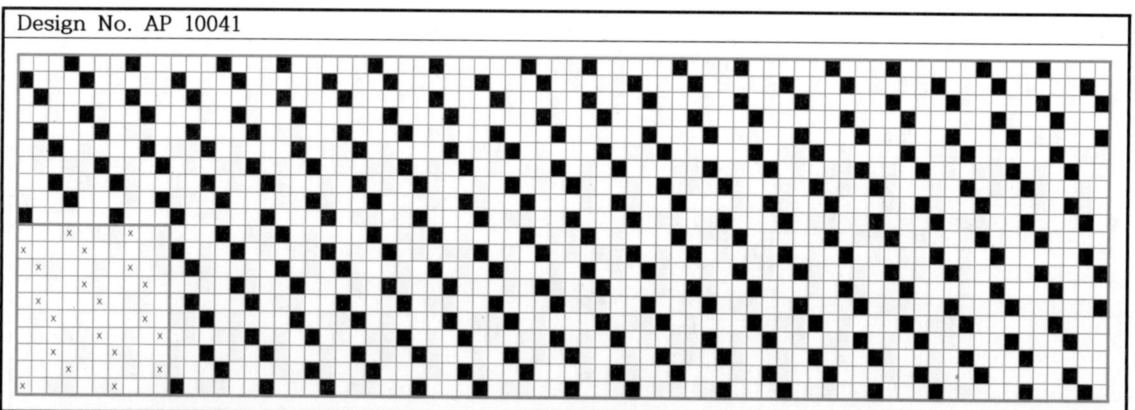

Design No. AP 10042

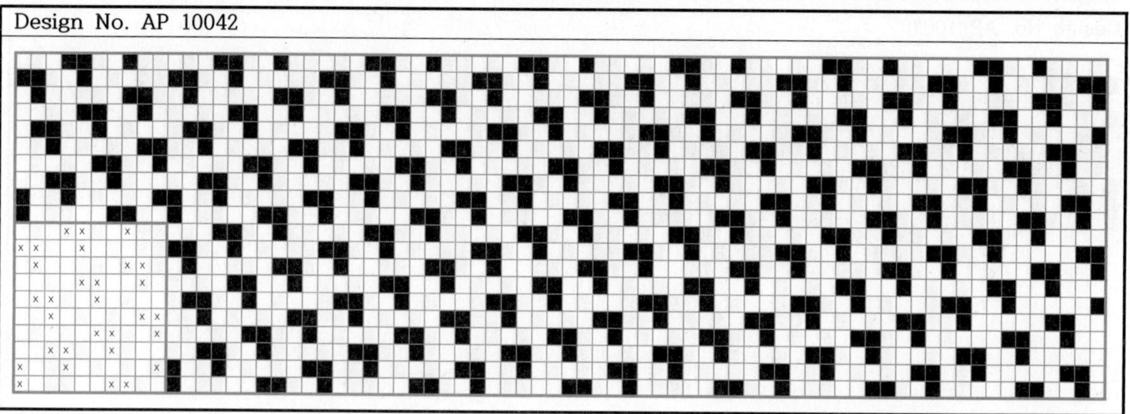

Design No. AP 10043

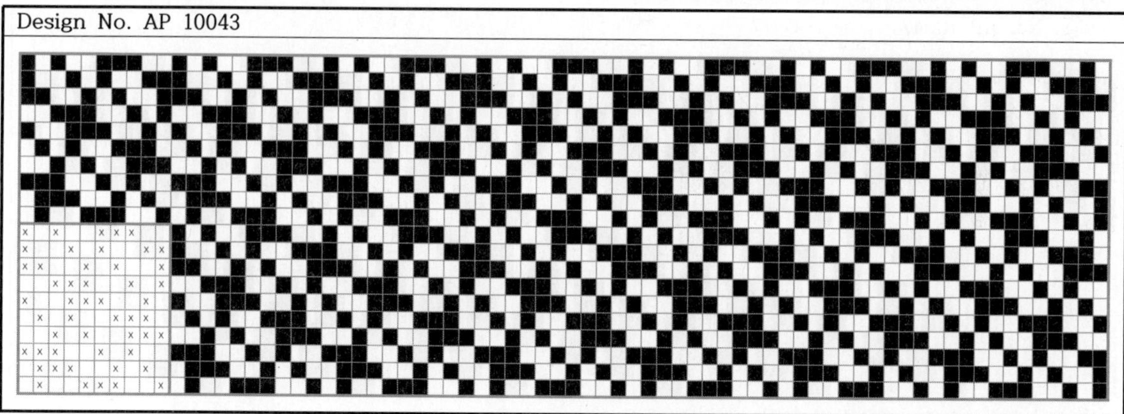

Design No. AP 10044

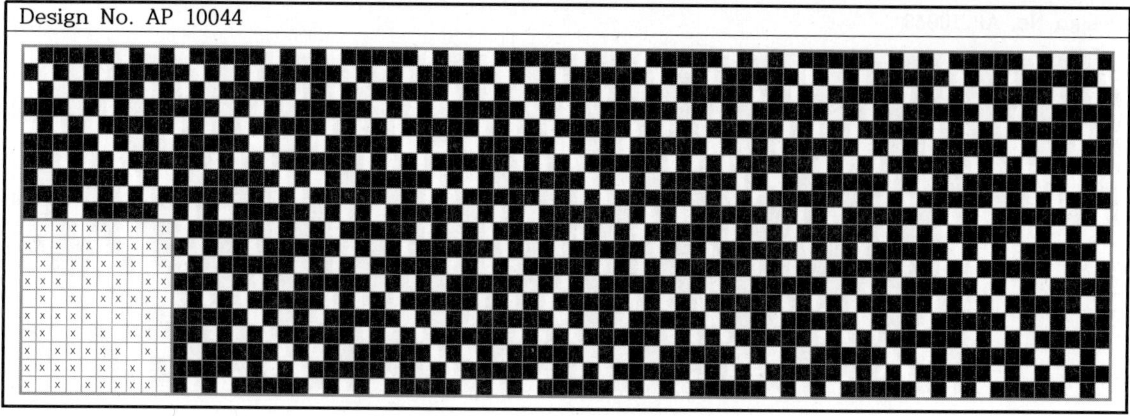

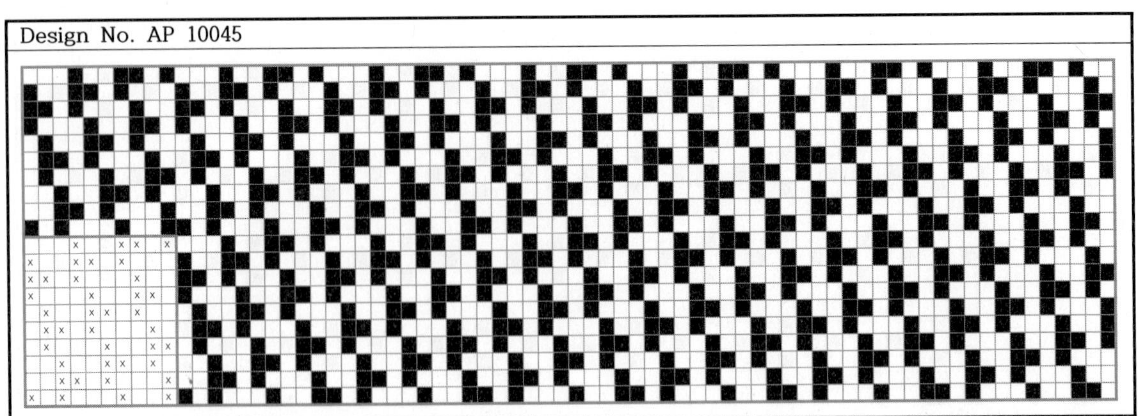
Design No. AP 10045

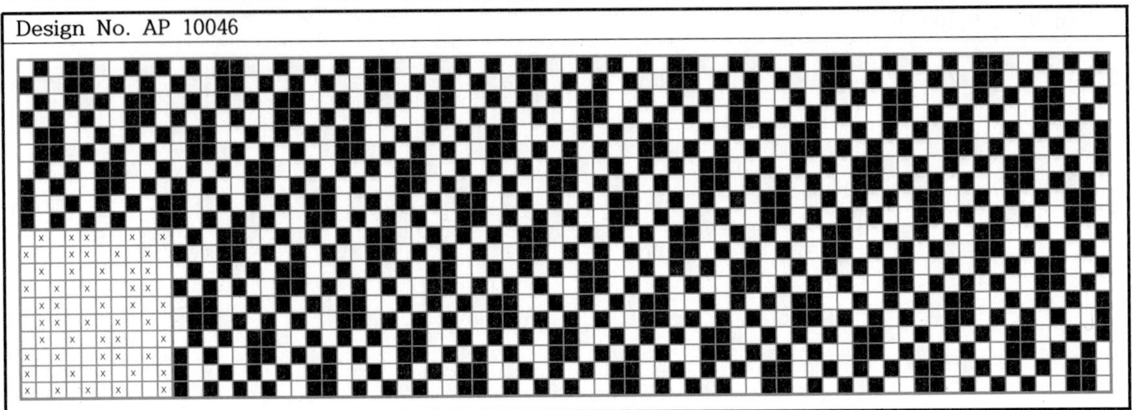
Design No. AP 10046

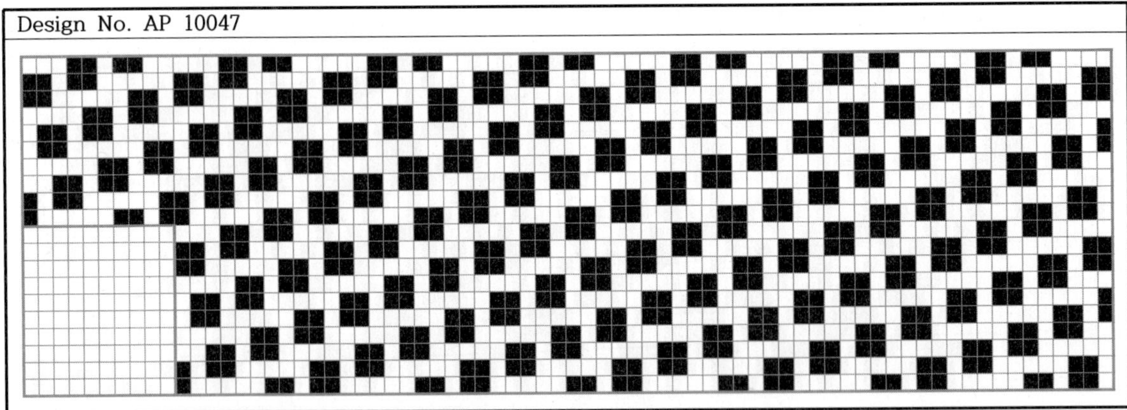
Design No. AP 10047

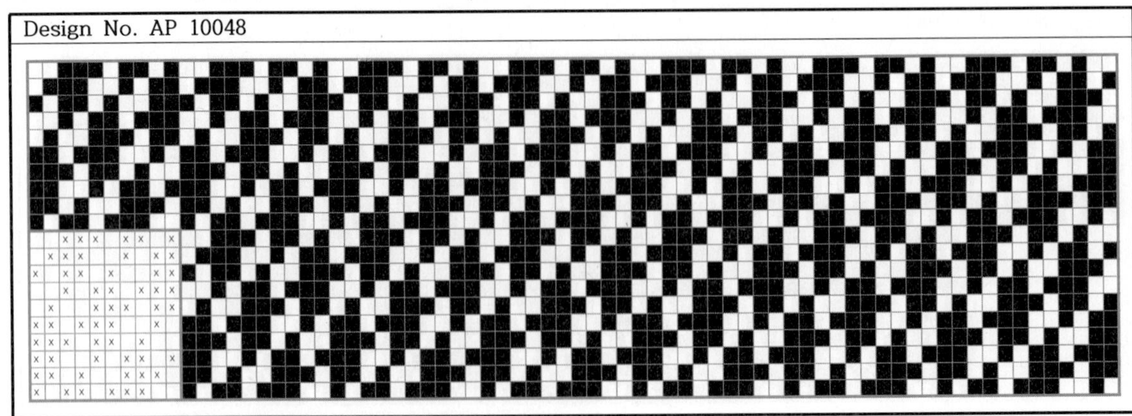
Design No. AP 10048

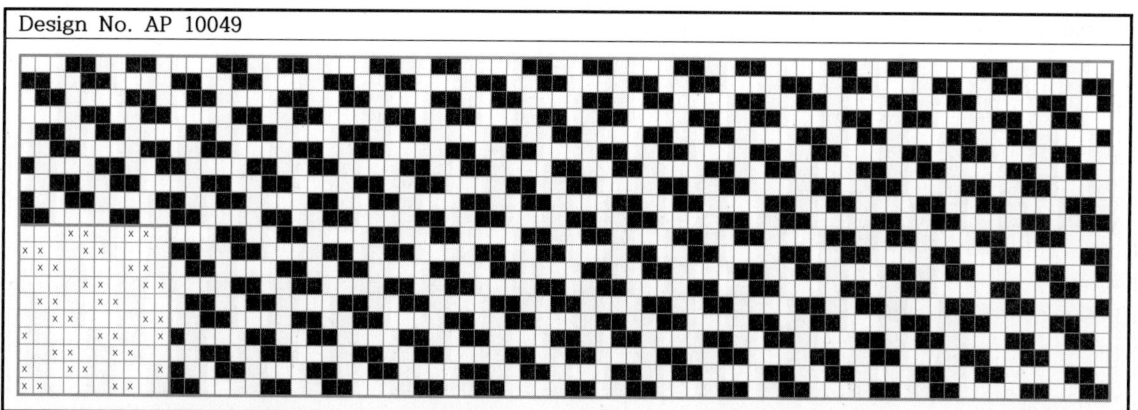

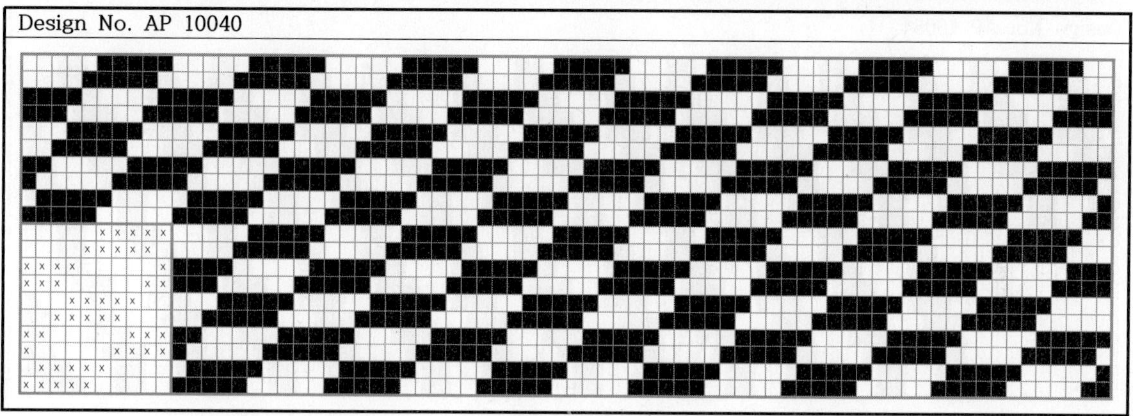

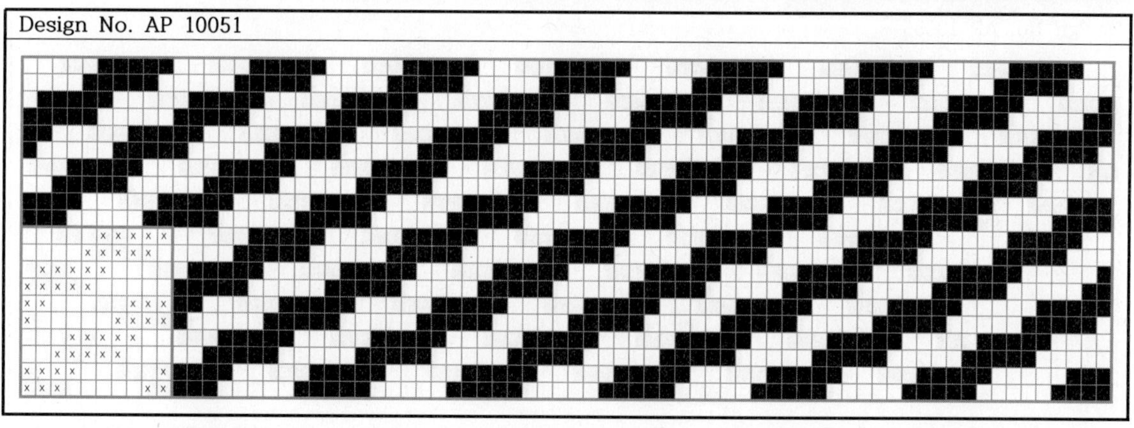

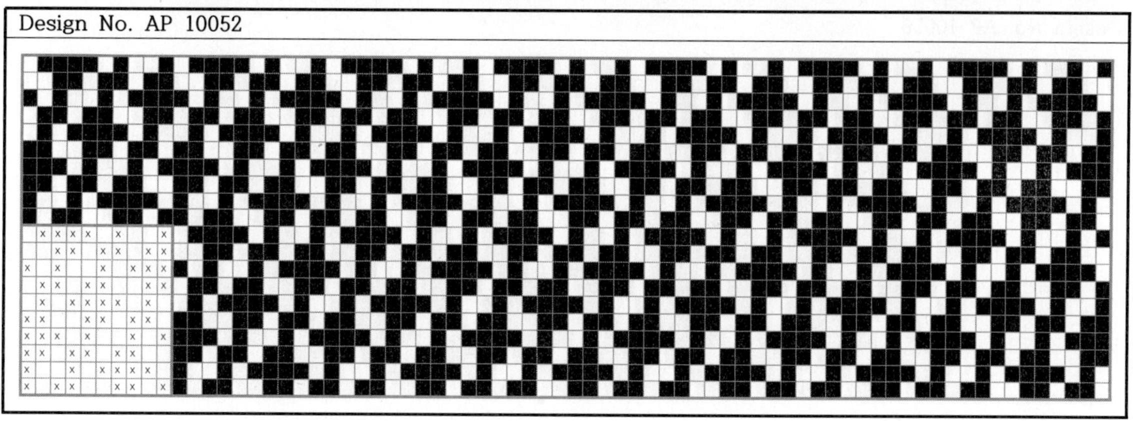

Design No. AP 10053

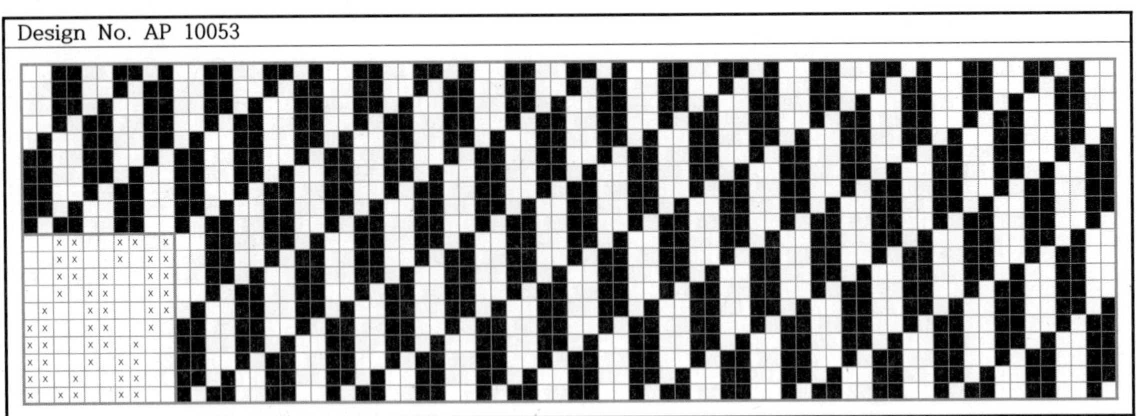

Design No. AP 10054

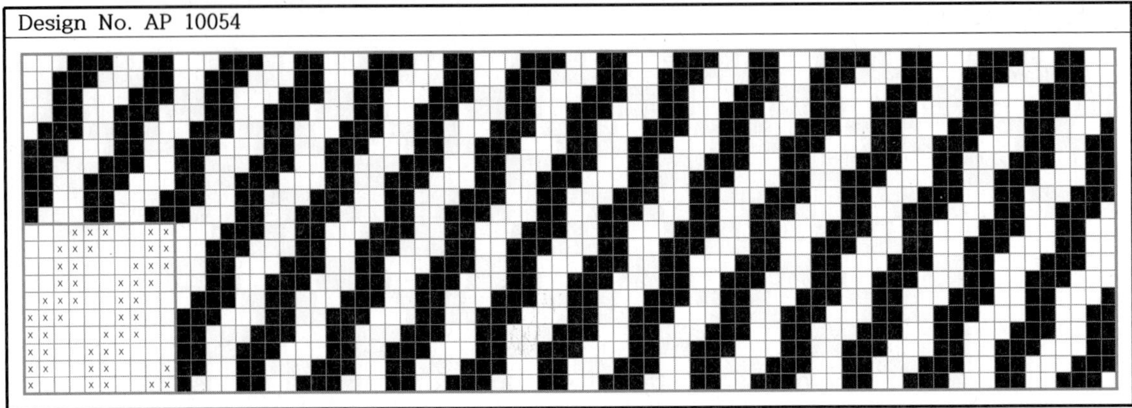

Design No. AP 10055

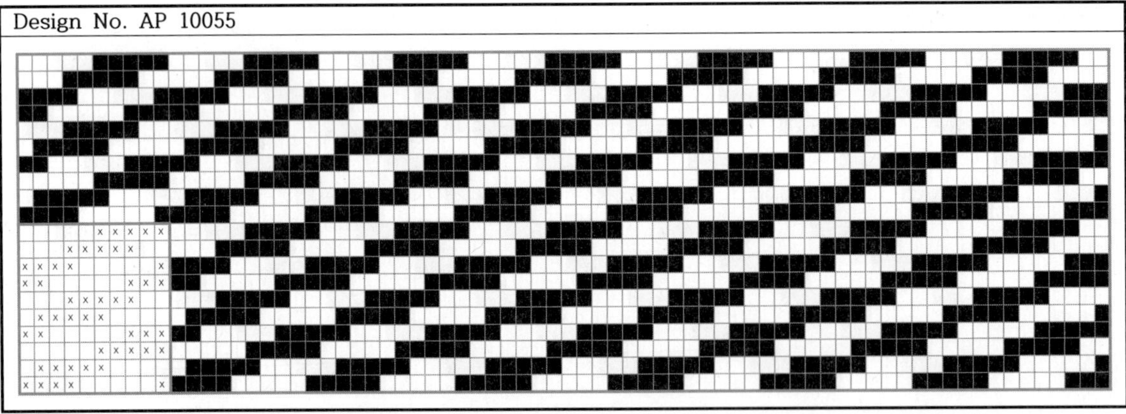

Design No. AP 10056

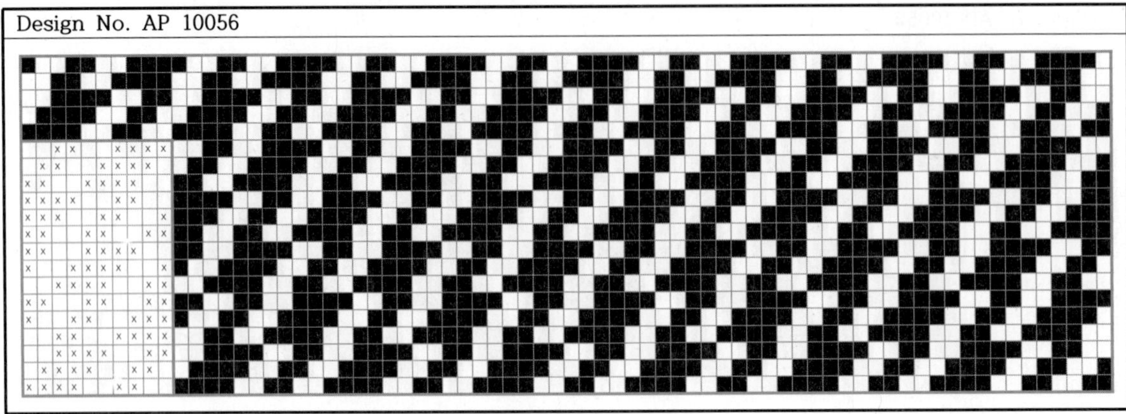

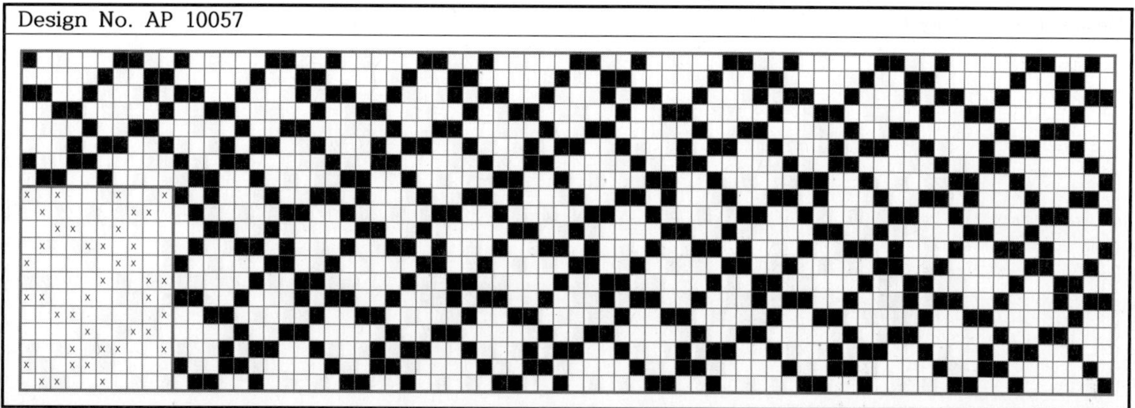

Design No. AP 10057

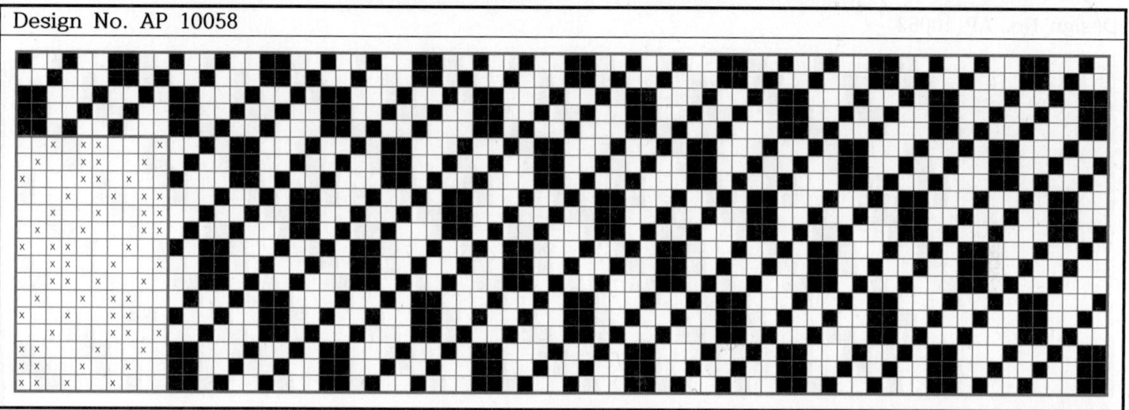

Design No. AP 10058

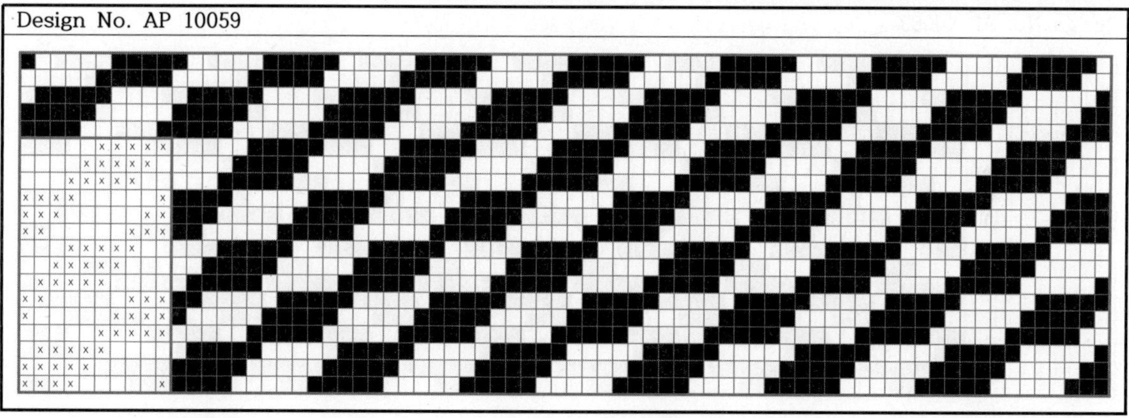

Design No. AP 10059

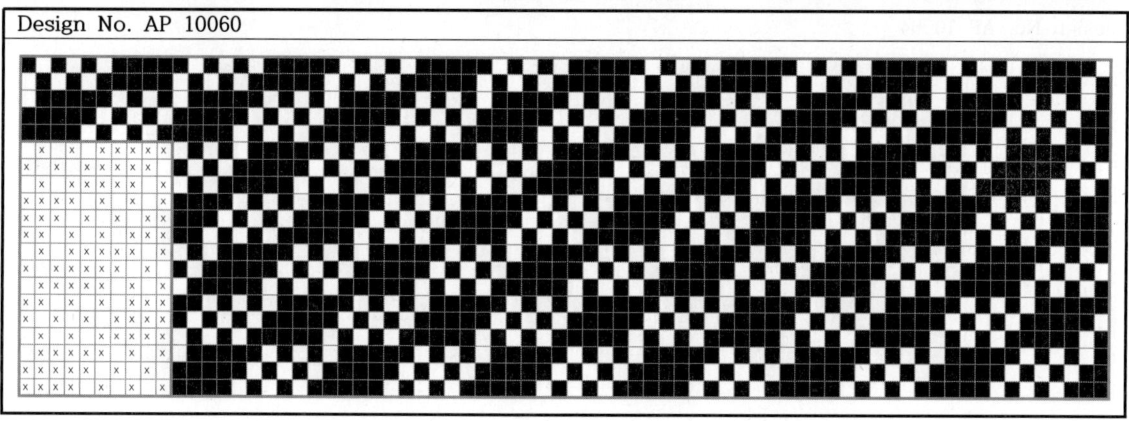

Design No. AP 10060

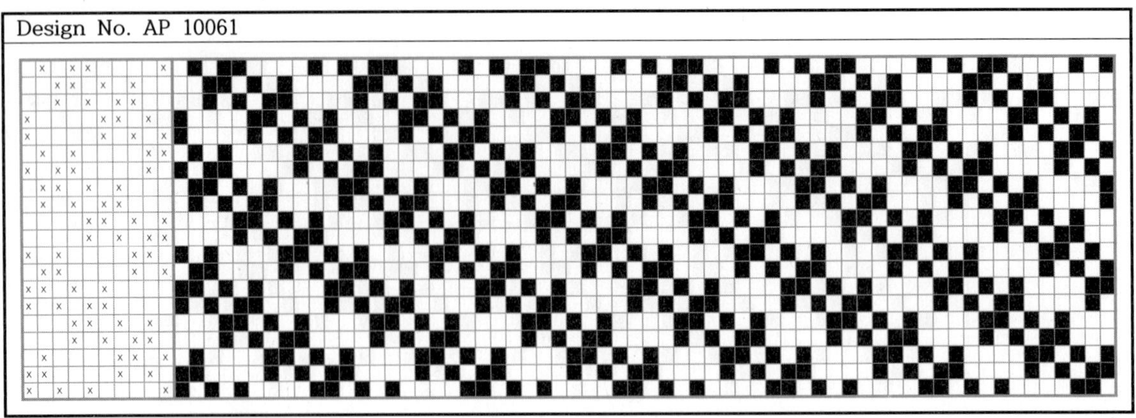

Design No. AP 10061

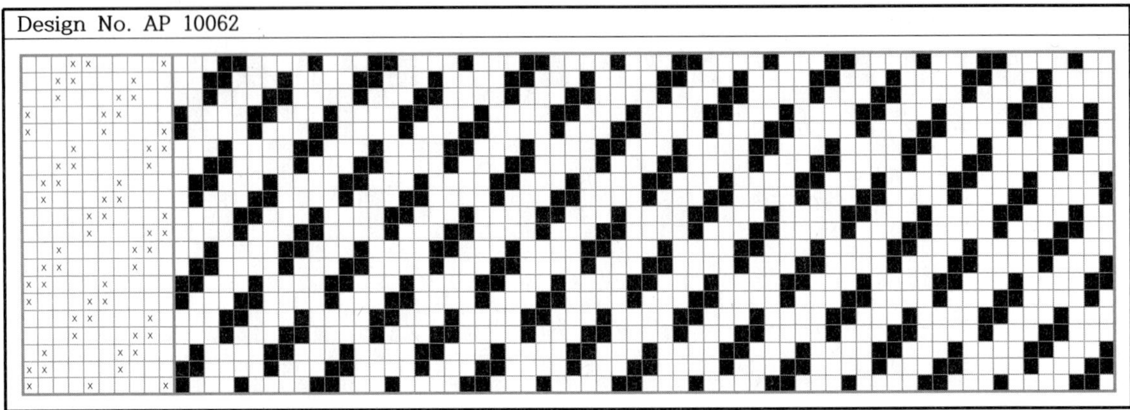

Design No. AP 10062

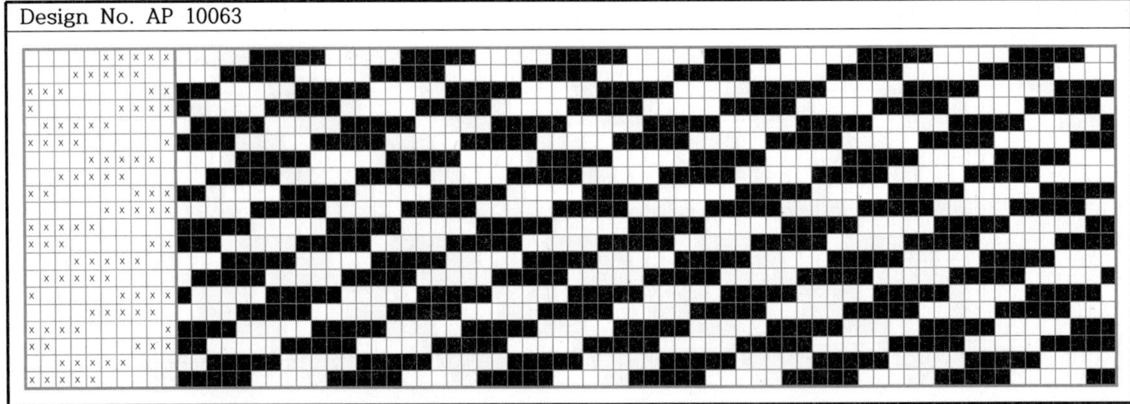

Design No. AP 10063

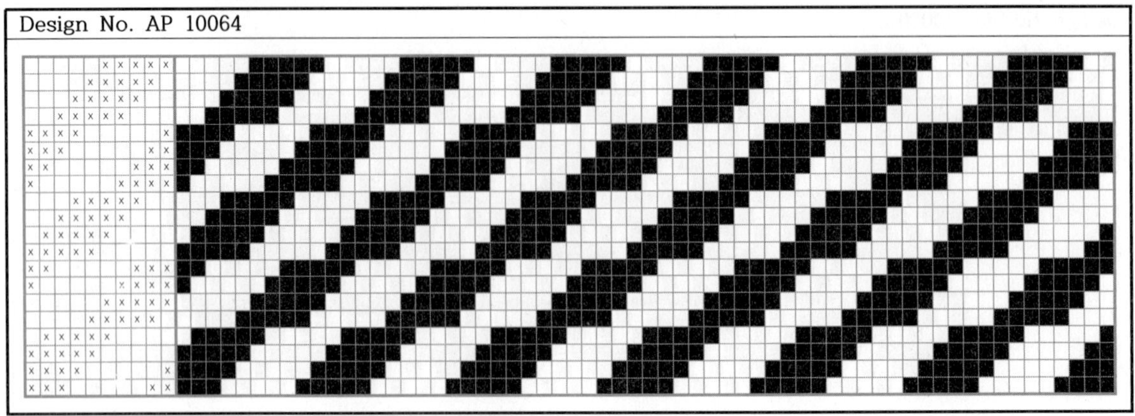

Design No. AP 10064

Design No. AP 10065

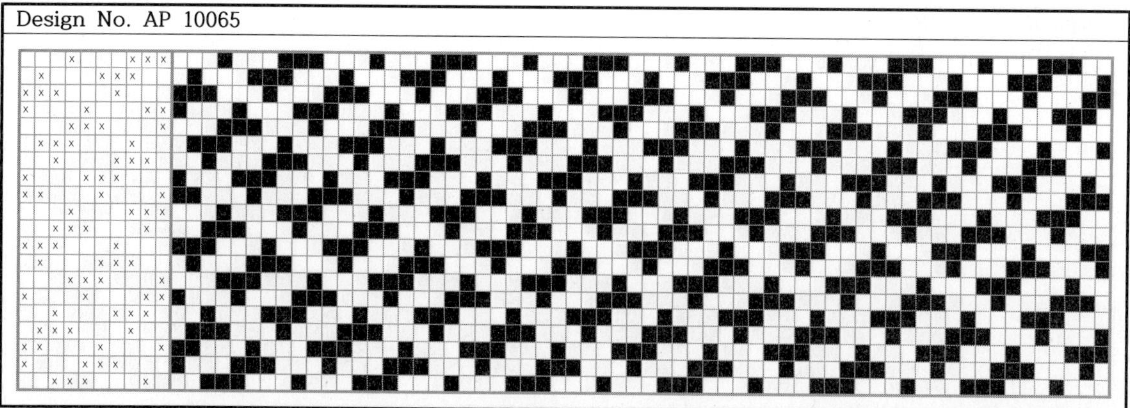

Design No. AP 10066

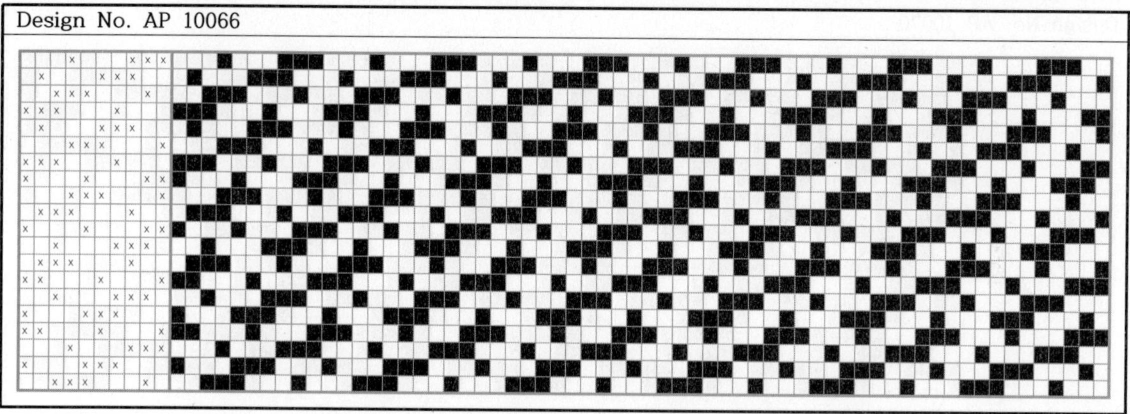

Design No. AP 10067

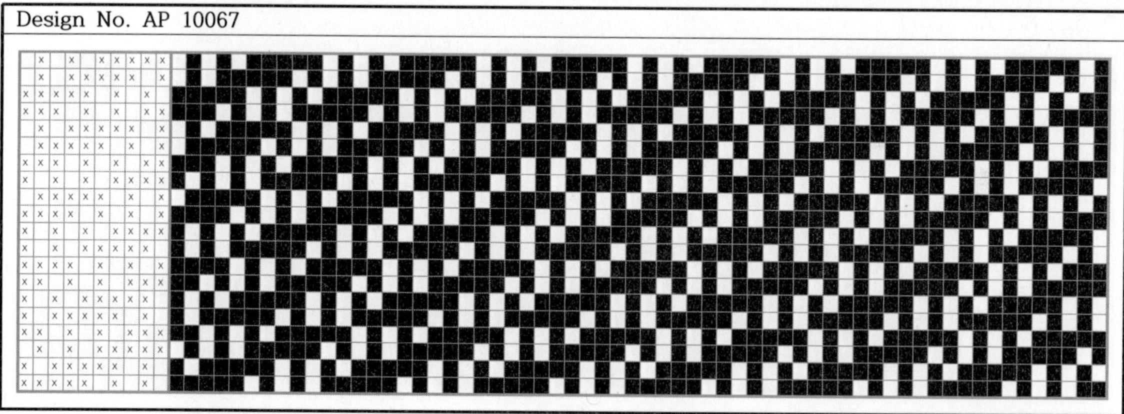

Design No. AP 10068

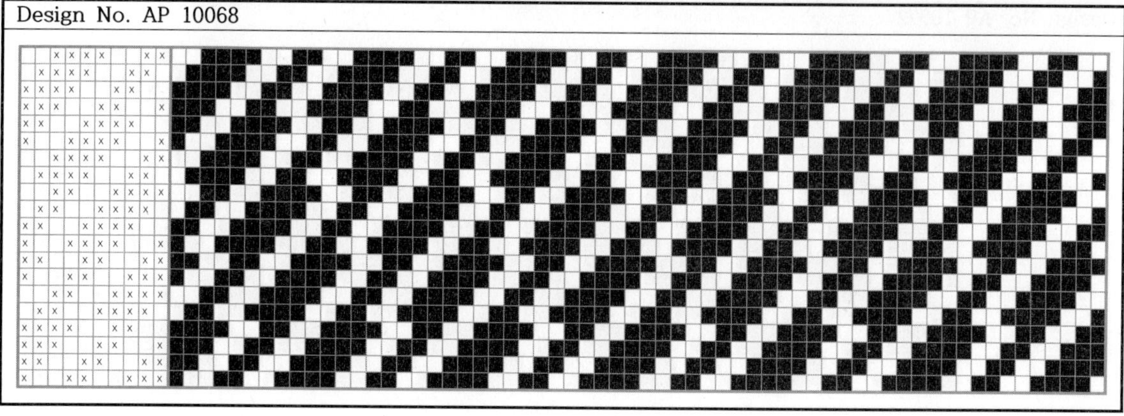

Design No. AP 10069

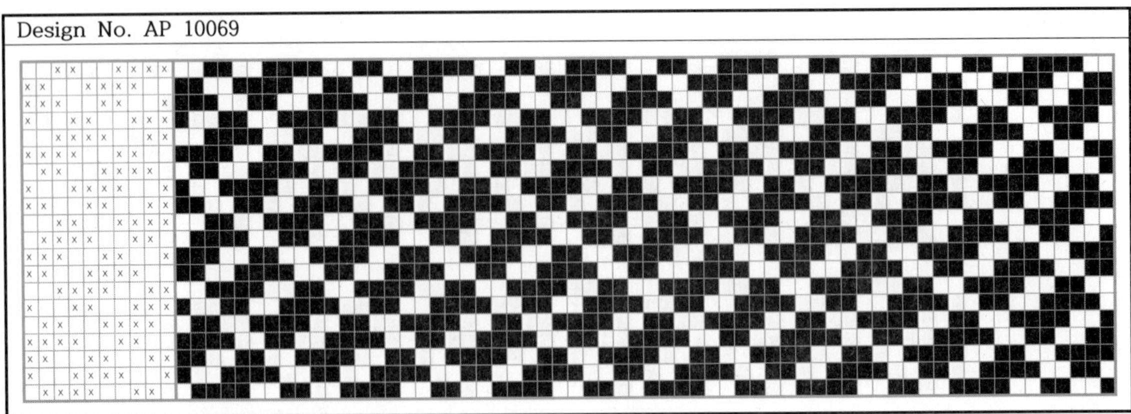

Design No. AP 10070

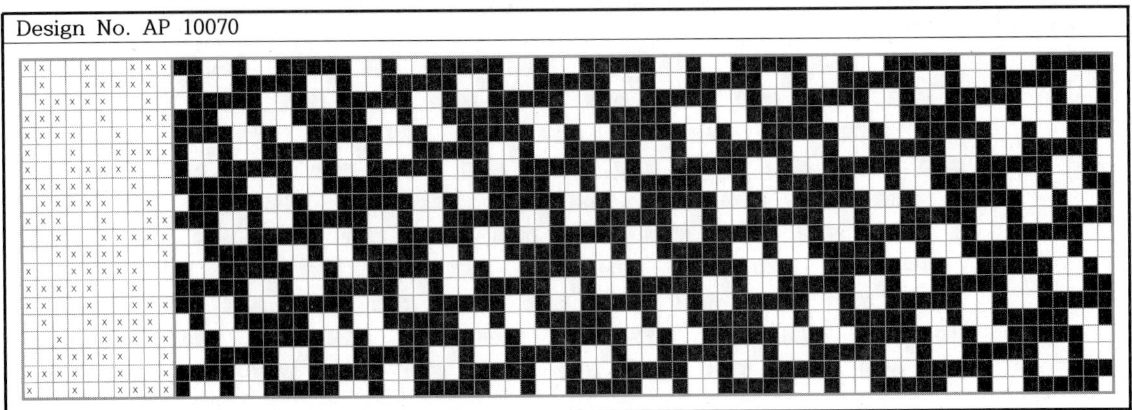

Design No. AP 10071

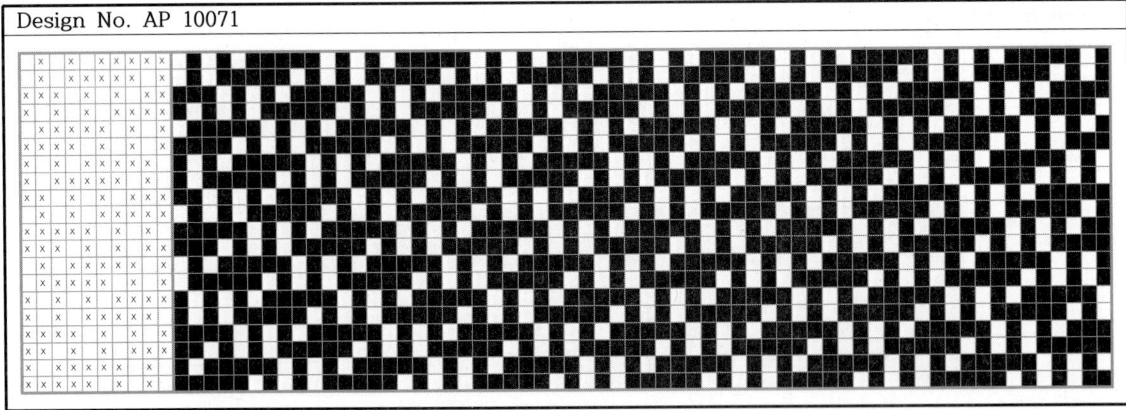

Design No. AP 10072

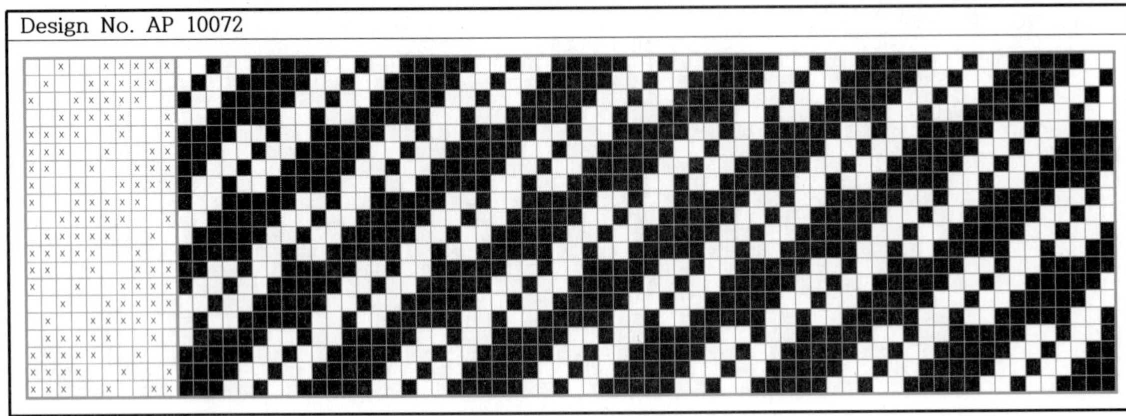

Design No. AP 11001

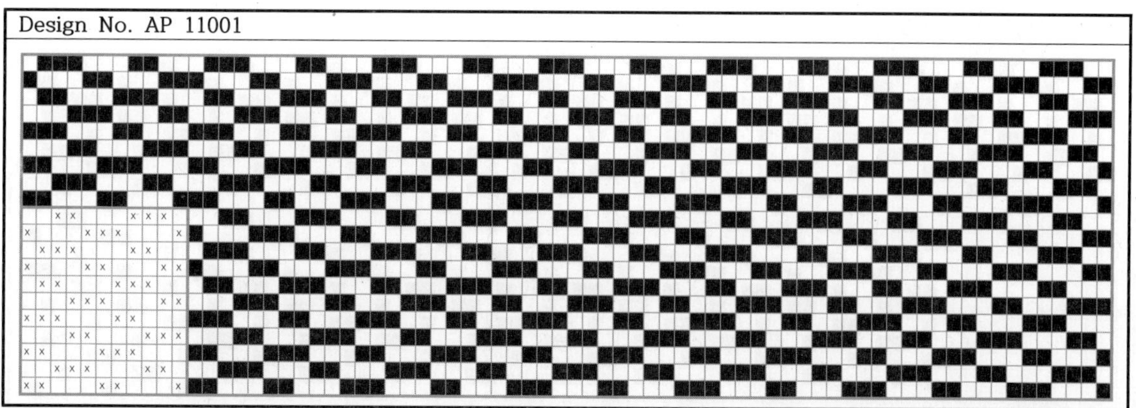

Design No. AP 11002

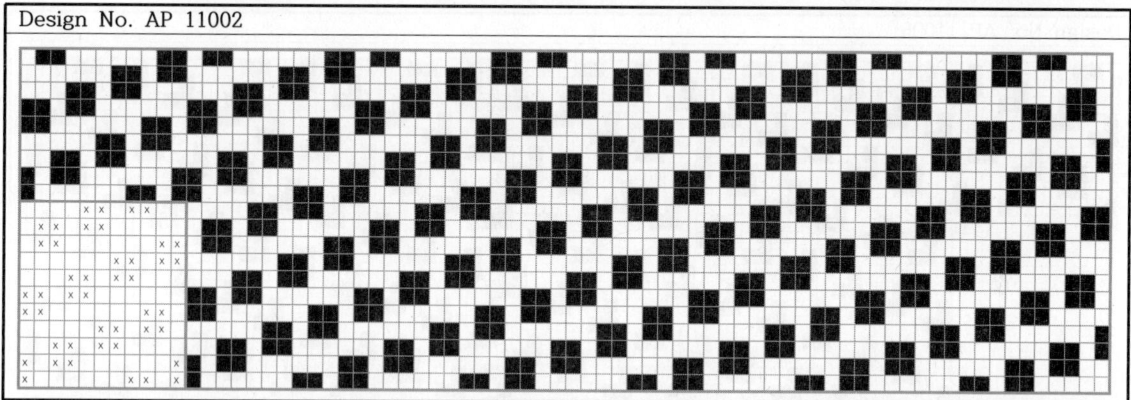

Design No. AP 11003

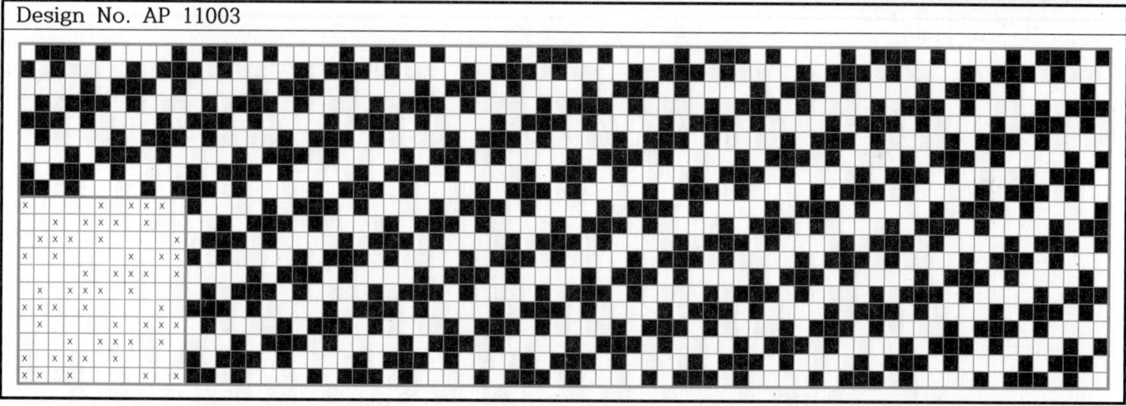

Design No. AP 11004

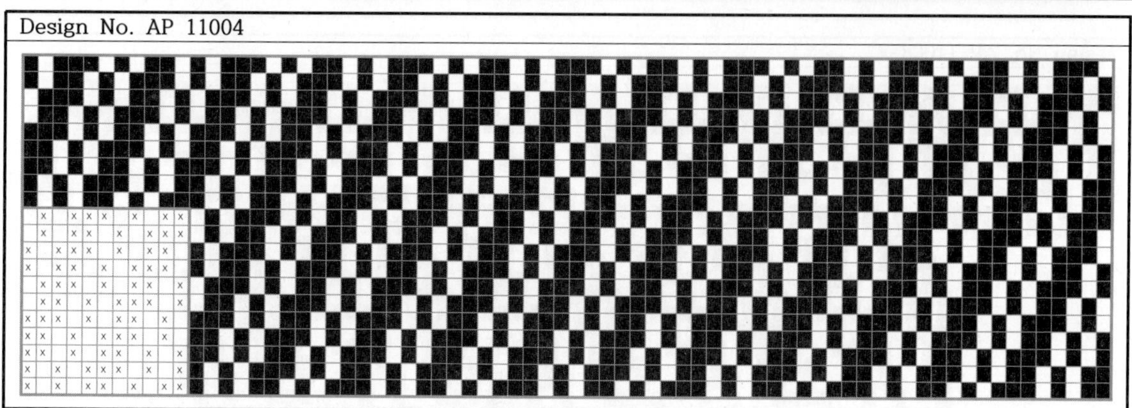

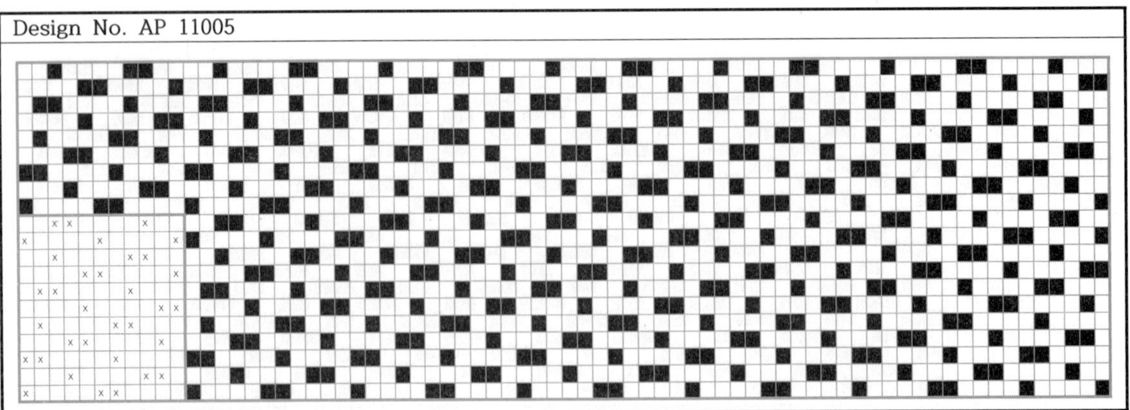

Design No. AP 11005

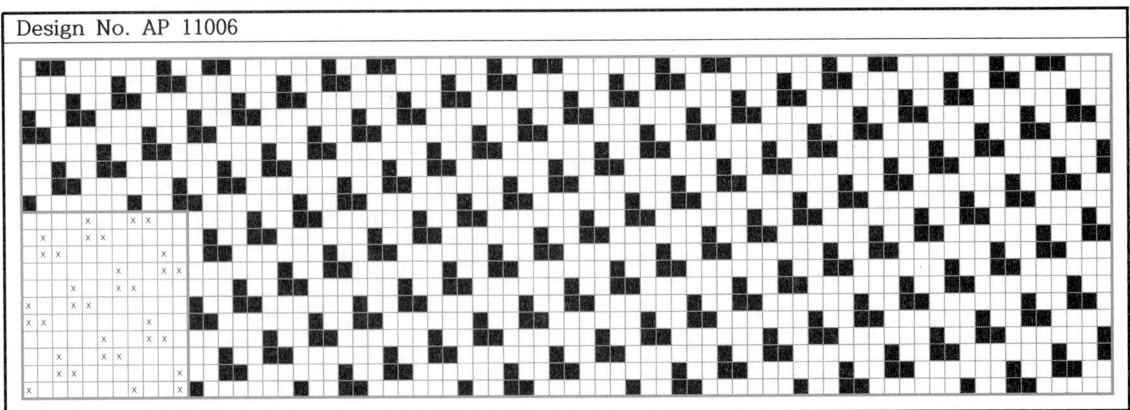

Design No. AP 11006

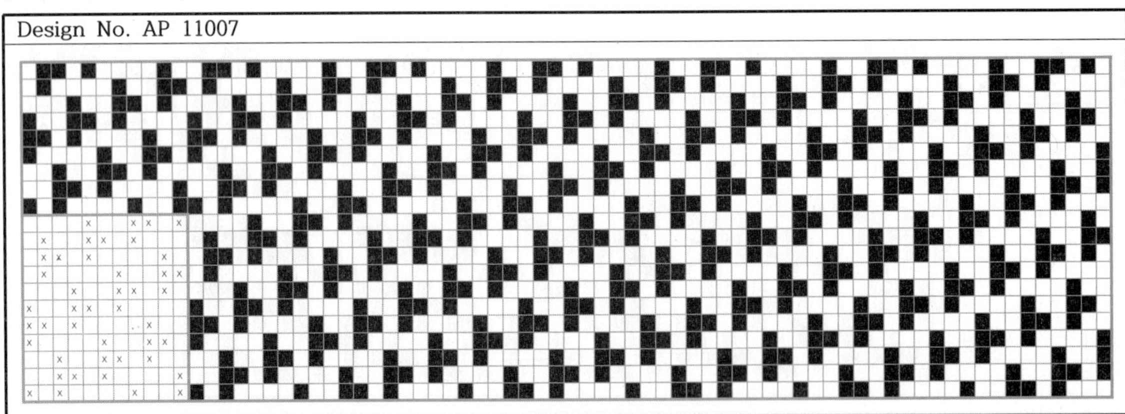

Design No. AP 11007

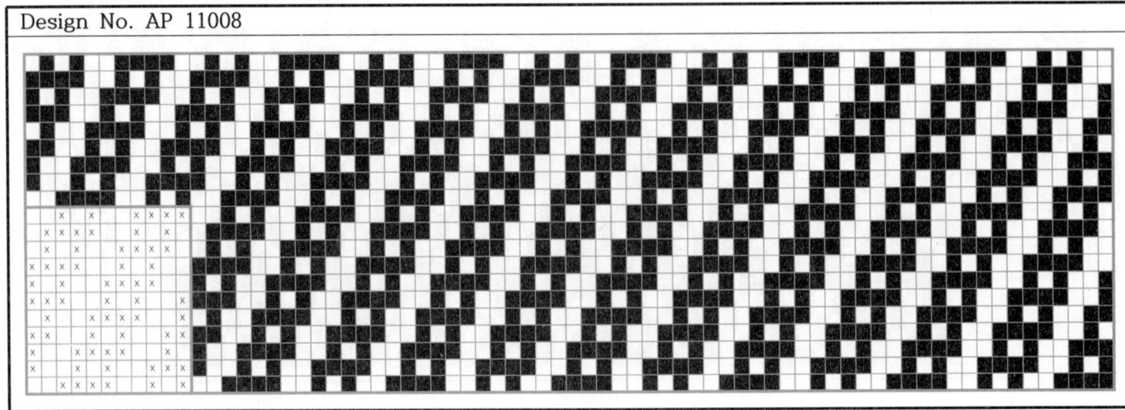

Design No. AP 11008

Design No. AP 11009

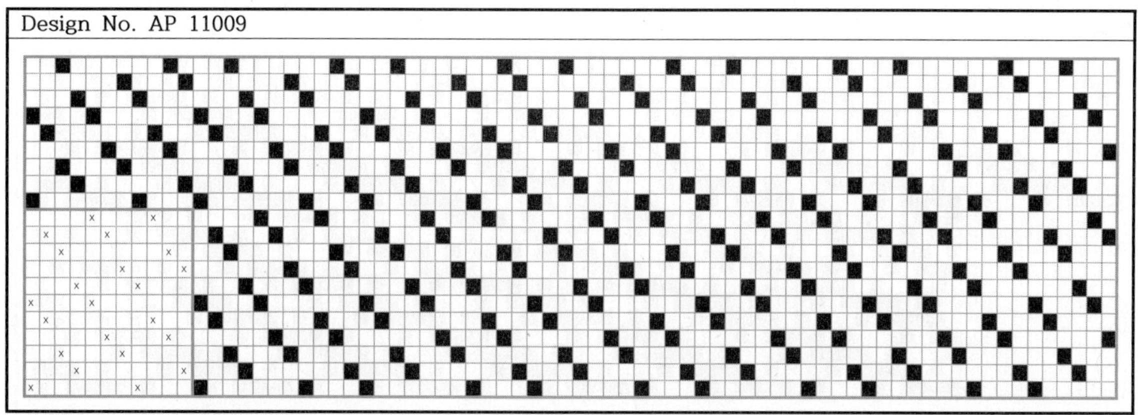

Design No. AP 11010

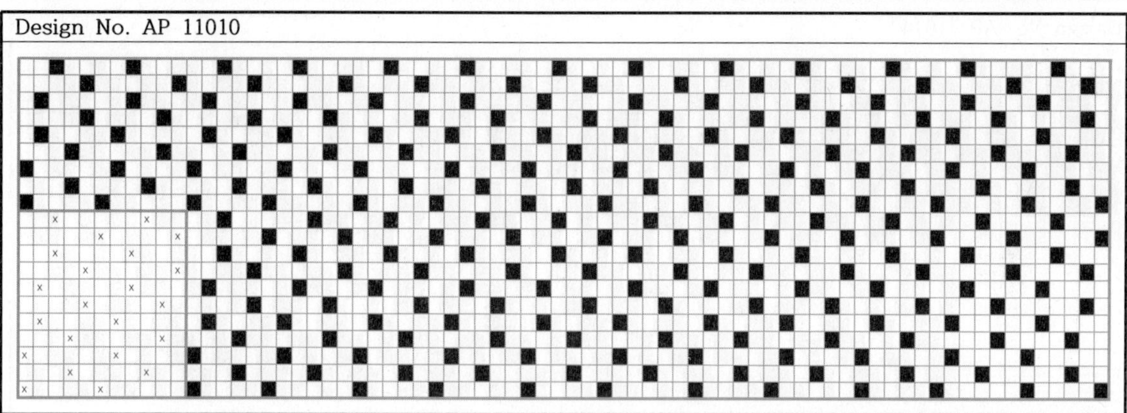

Design No. AP 11011

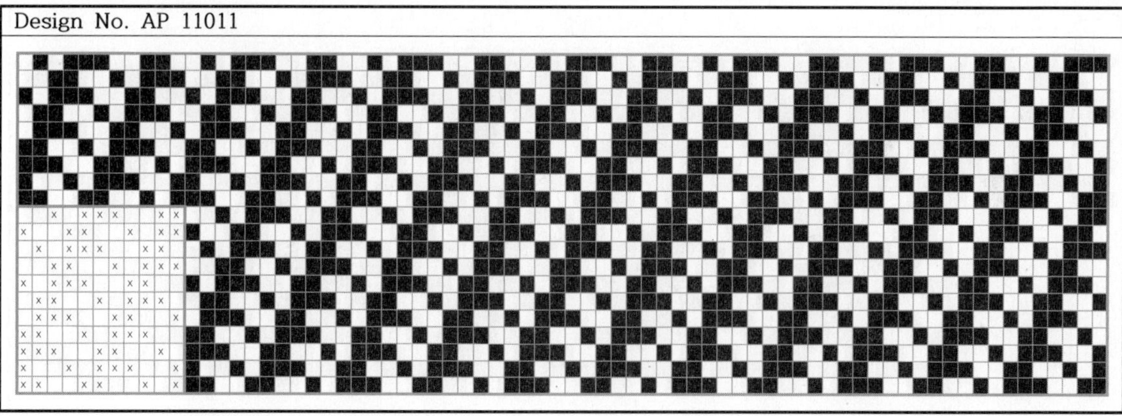

Design No. AP 11012

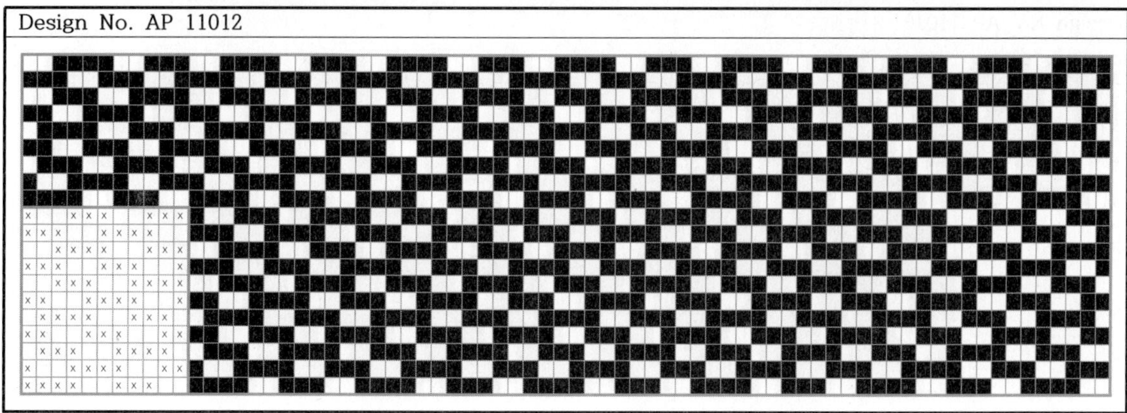

Design No. AP 11013

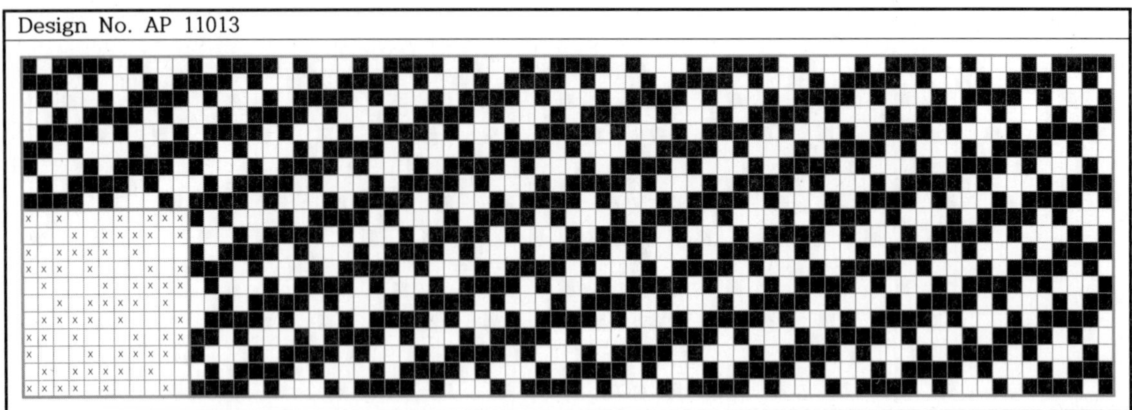

Design No. AP 11014

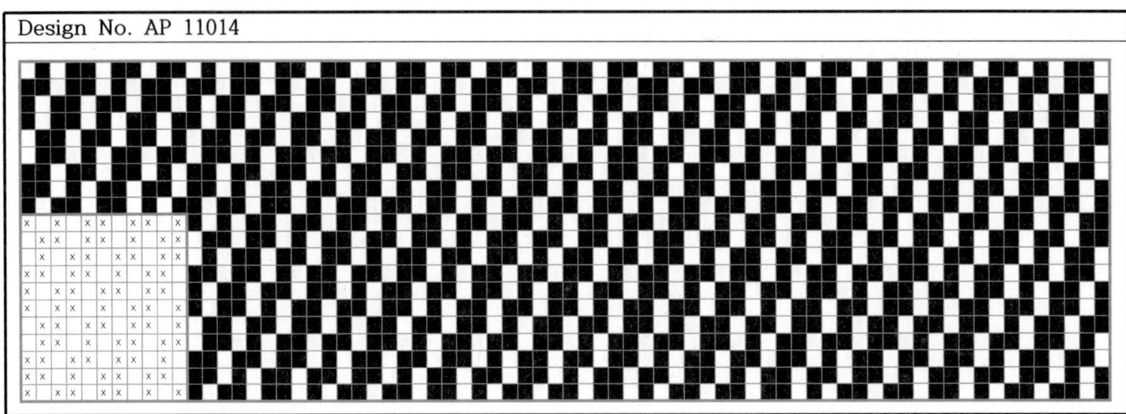

Design No. AP 11015

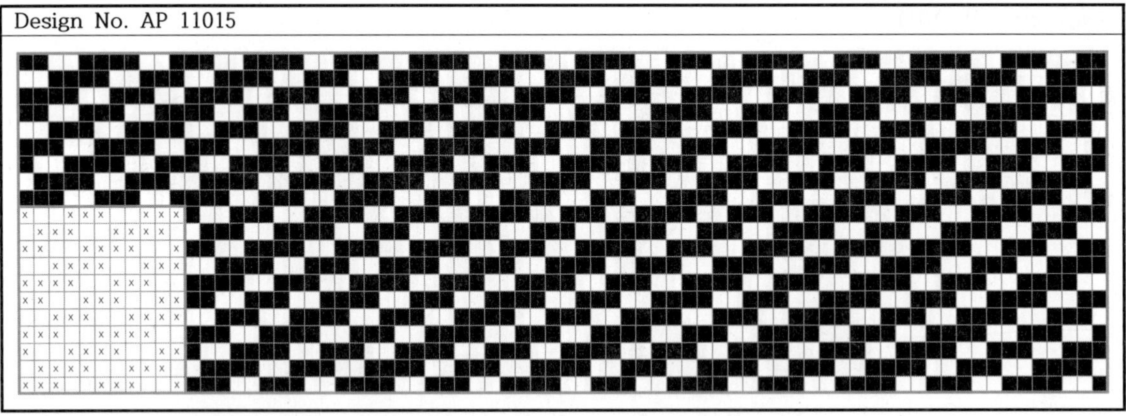

Design No. AP 11016

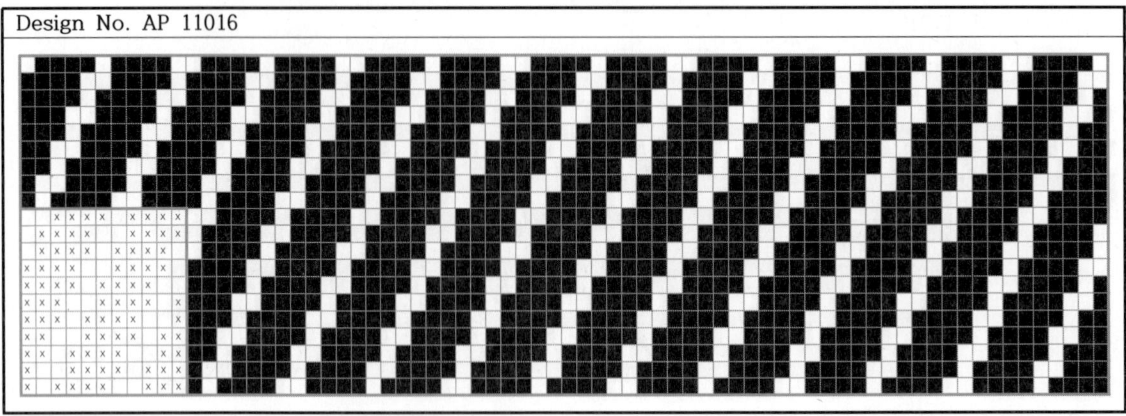

Design No. AP 11017

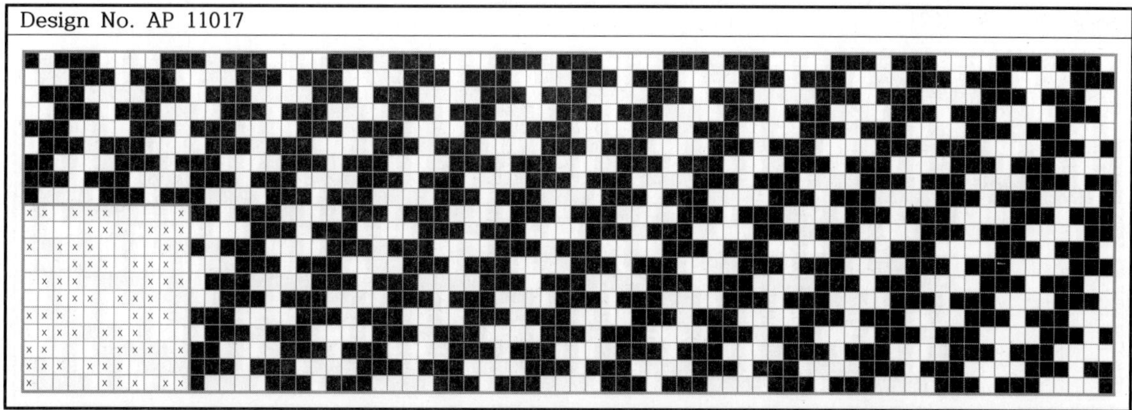

Design No. AP 11018

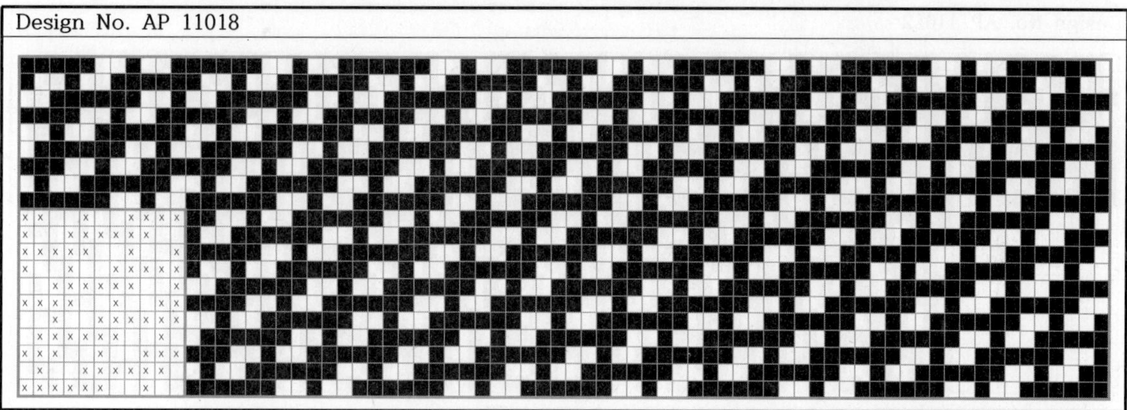

Design No. AP 11019

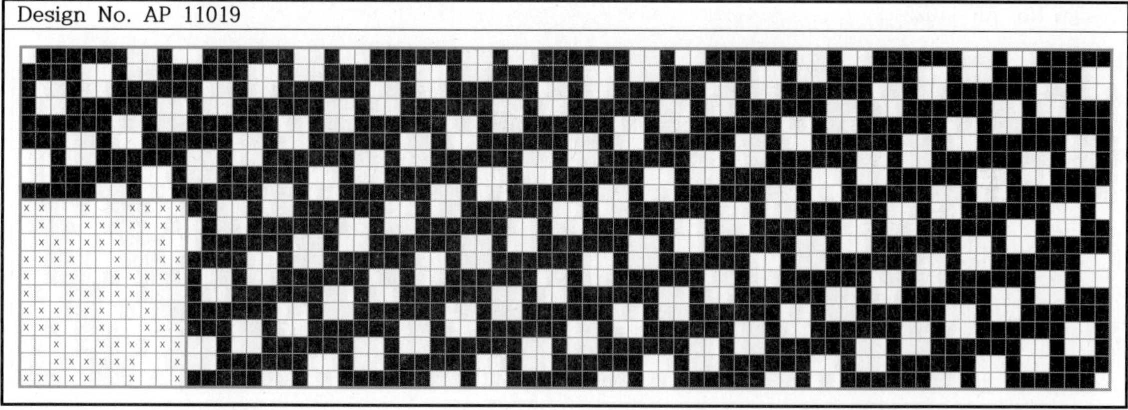

Design No. AP 11020

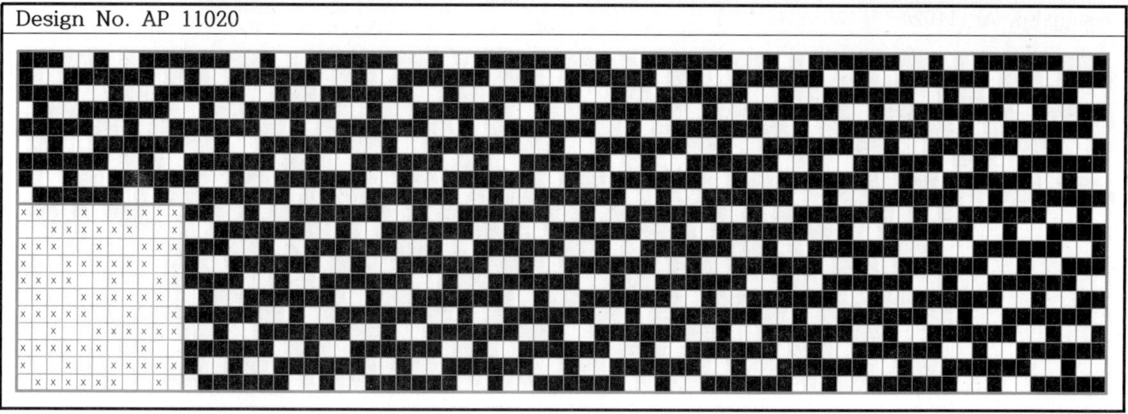

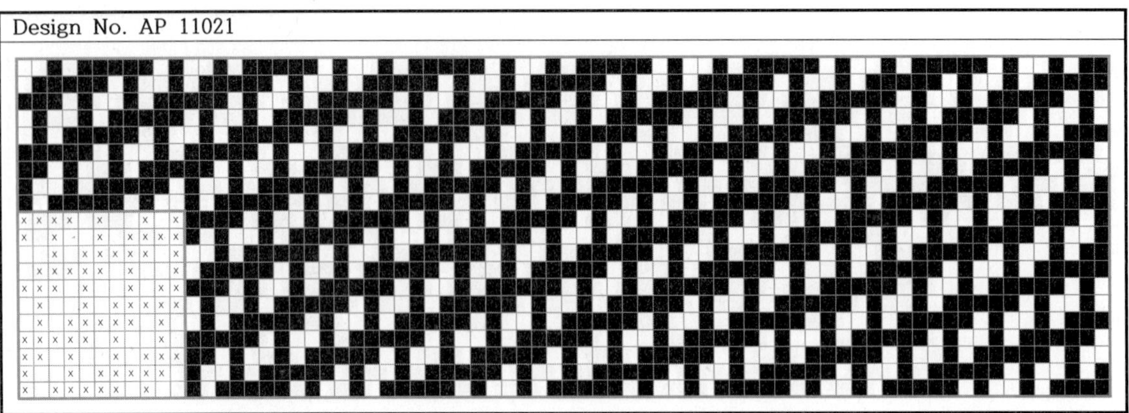

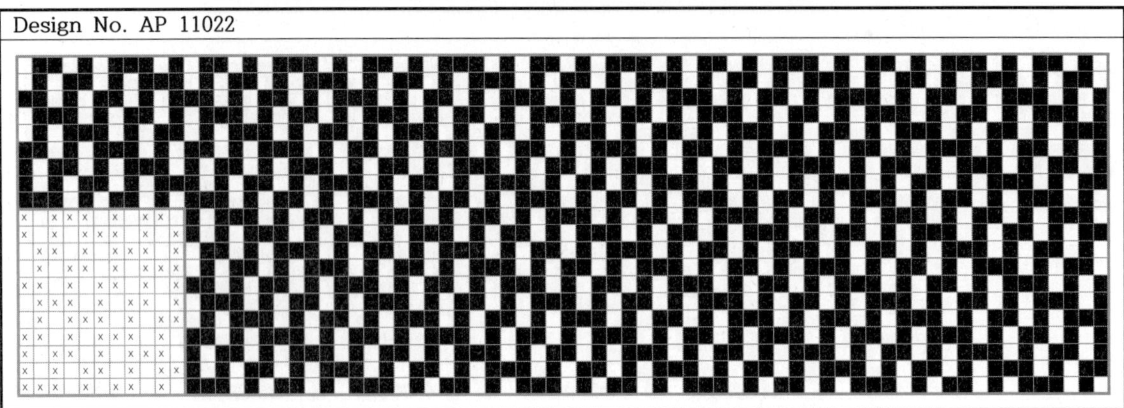

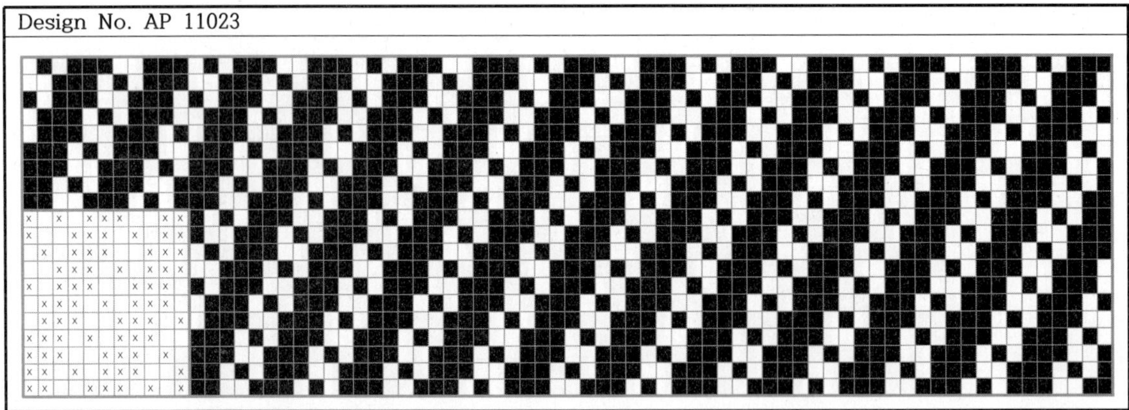

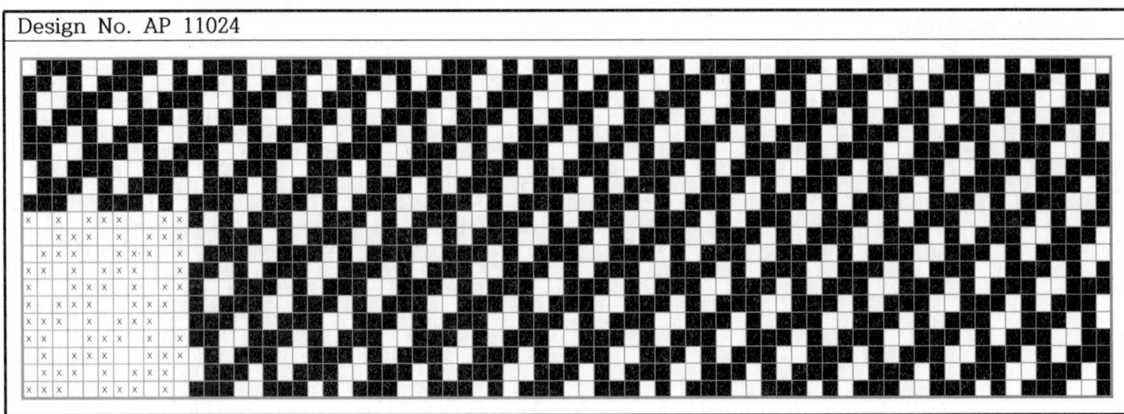

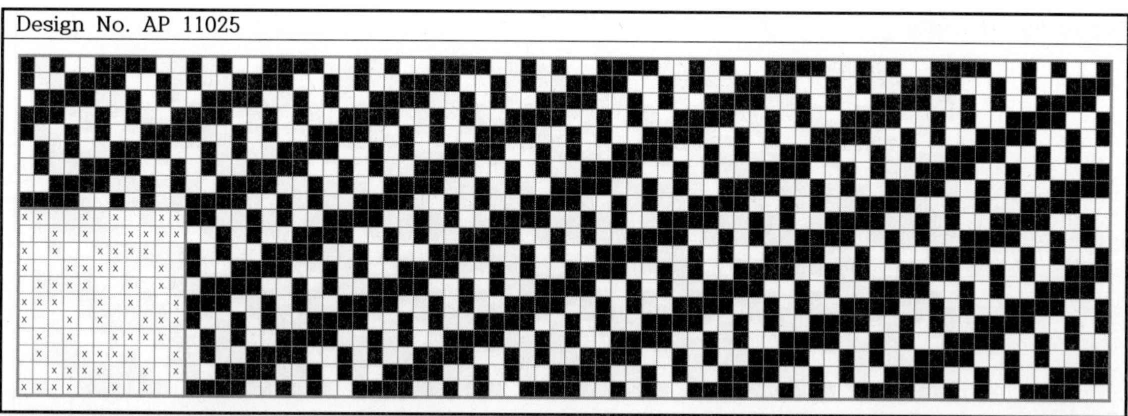

Design No. AP 11025

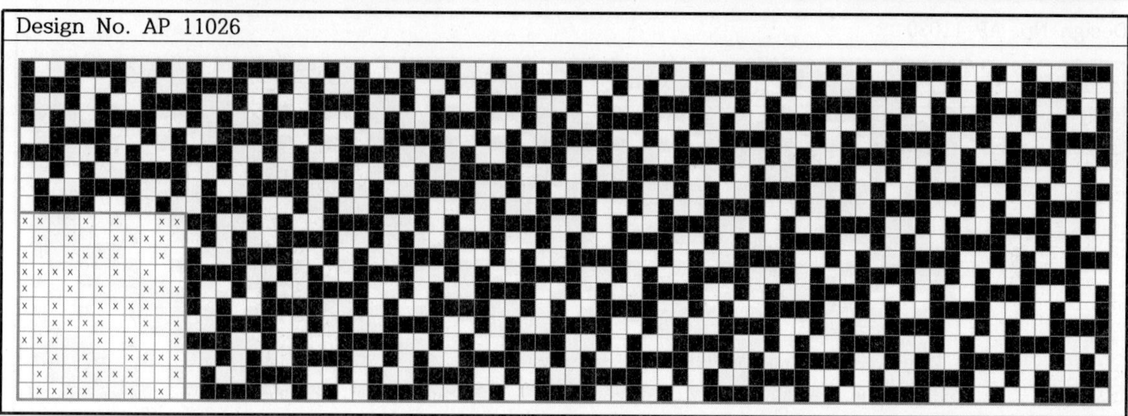

Design No. AP 11026

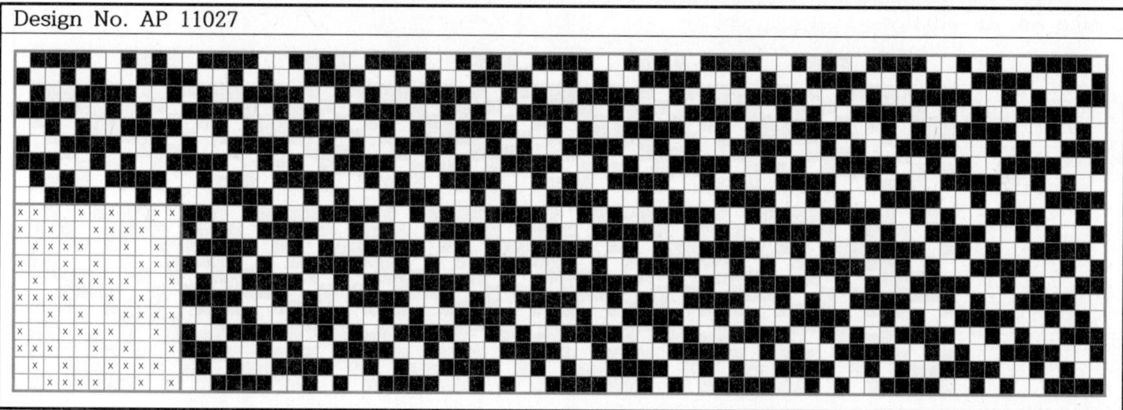

Design No. AP 11027

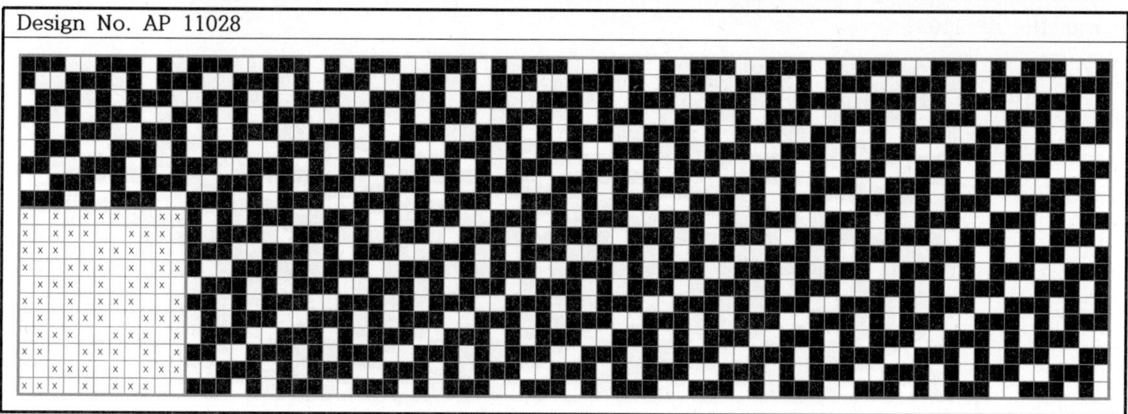

Design No. AP 11028

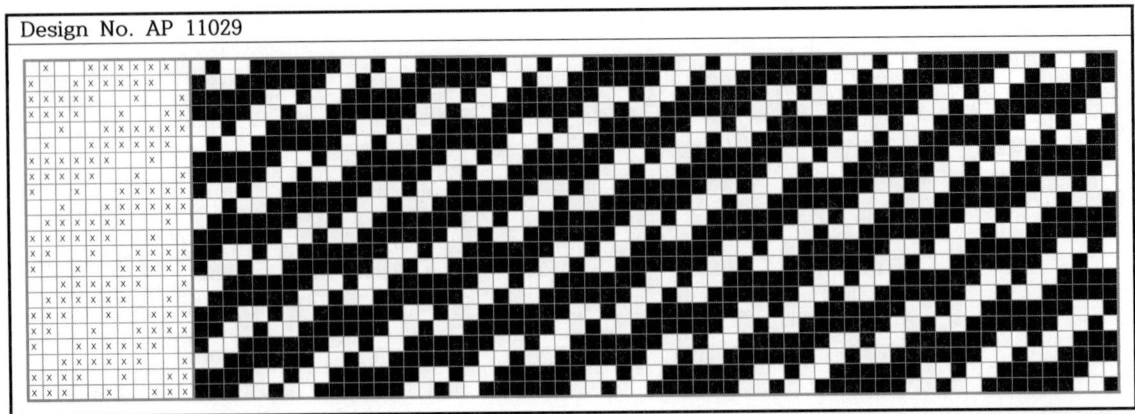

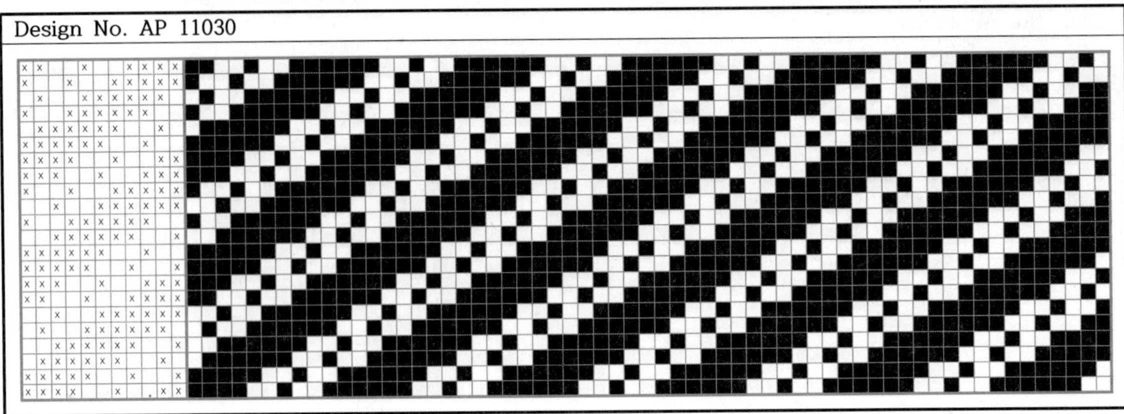

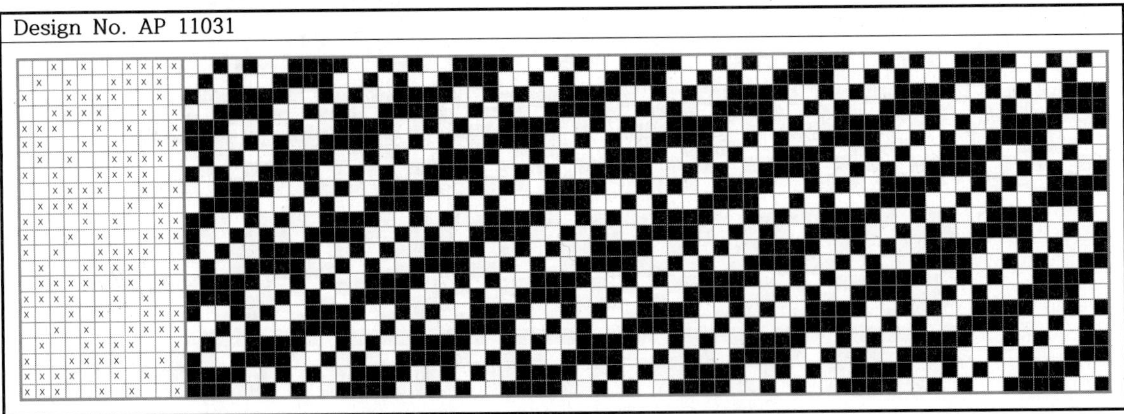

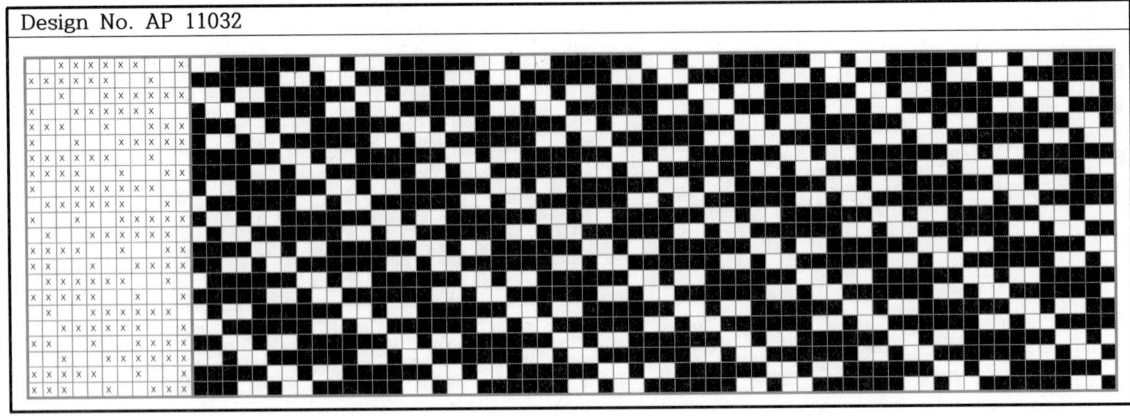

Design No. AP 11033

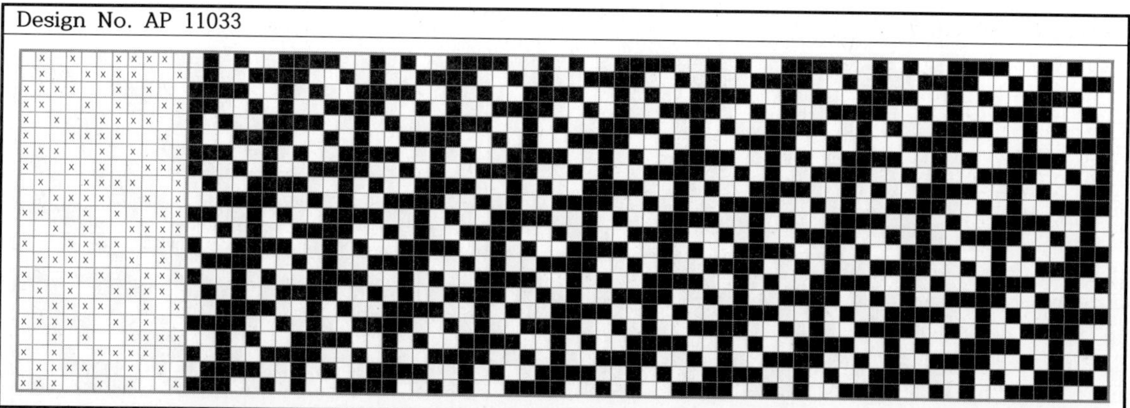

Design No. AP 1134

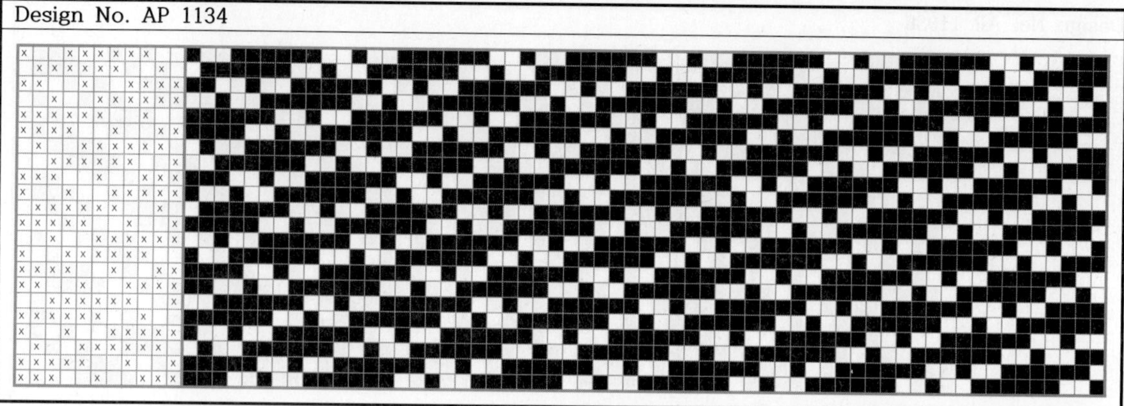

Design No. AP 11035

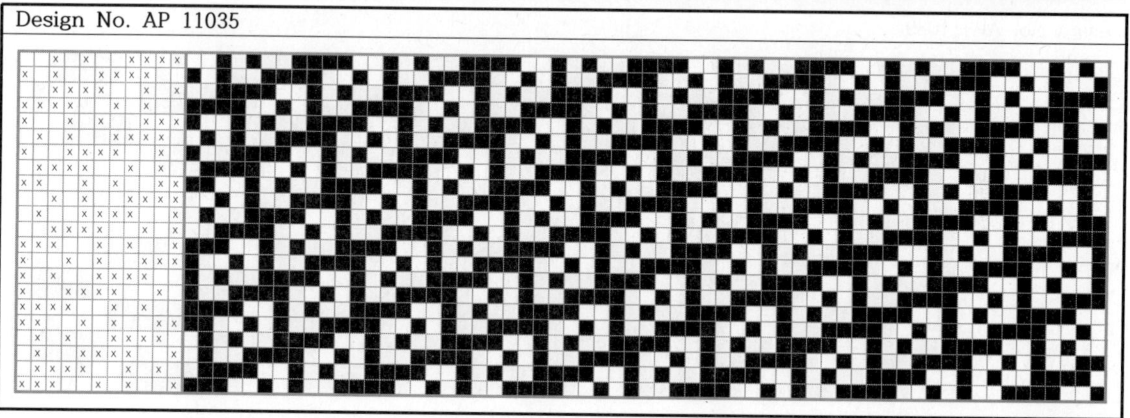

Design No. AP 11036

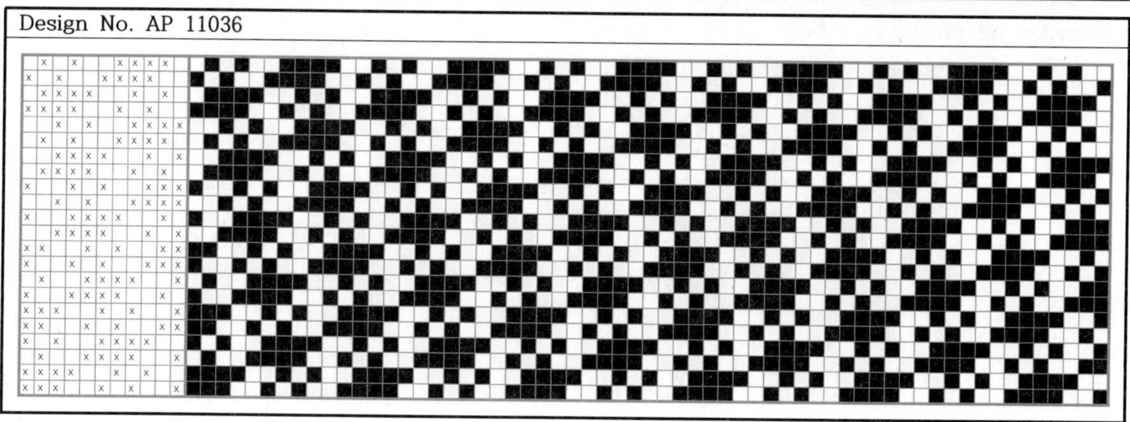

Design No. AP 11037

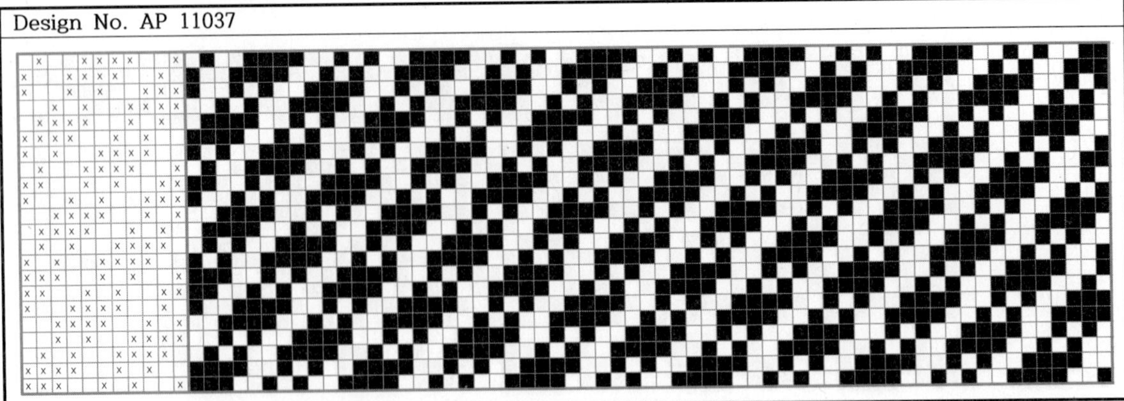

Design No. AP 11038

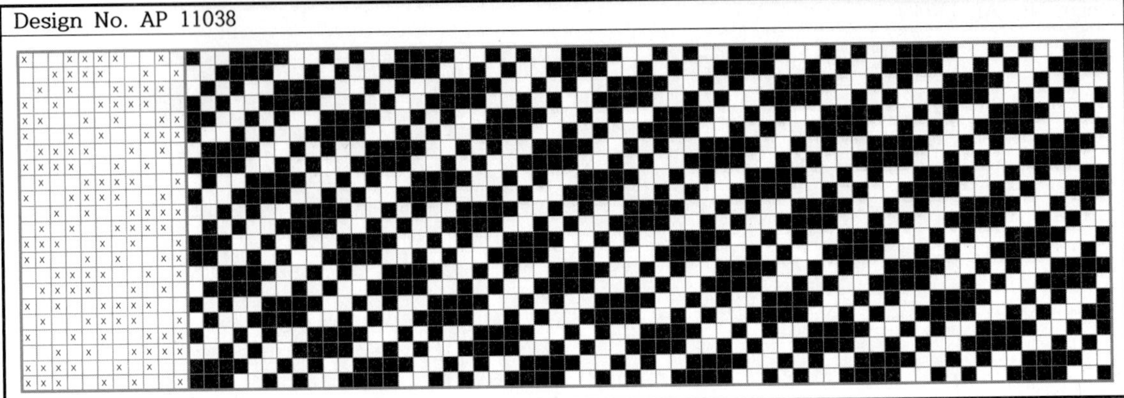

Design No. AP 11039

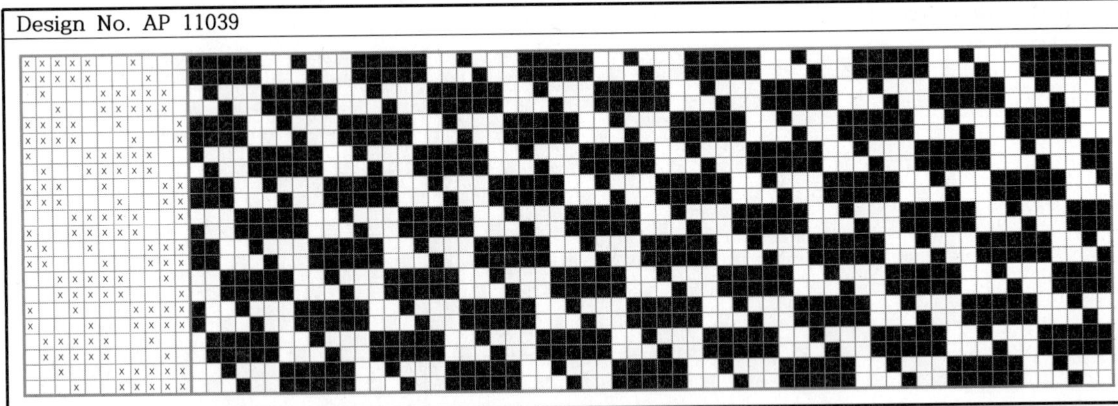

Design No. AP 11040

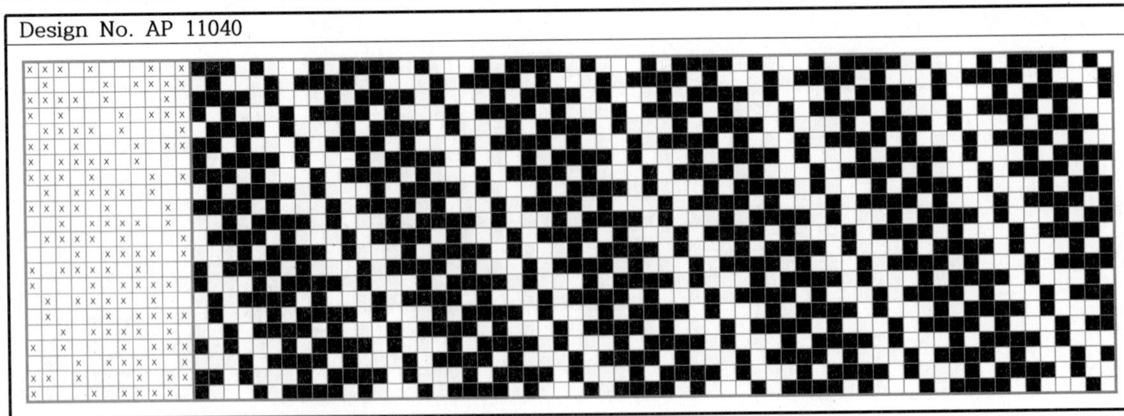

Design No. AP 11041

Design No. AP 11042

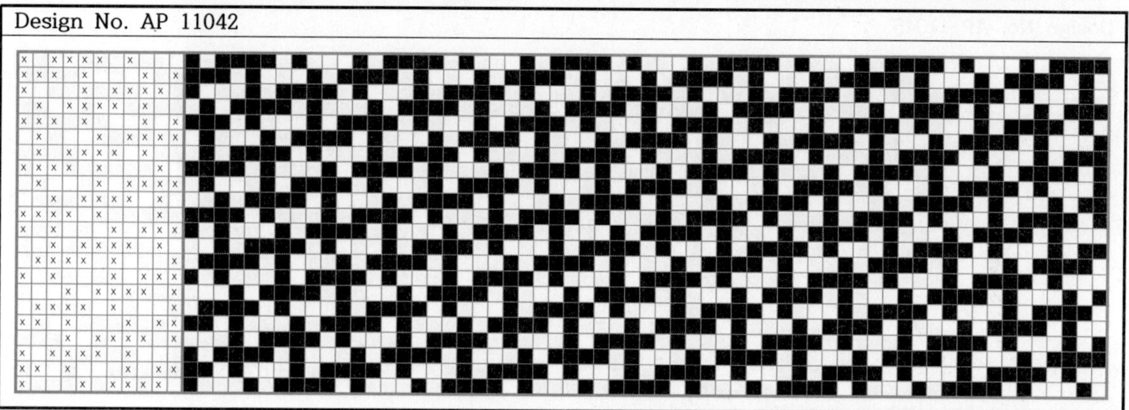

Design No. AP 11043

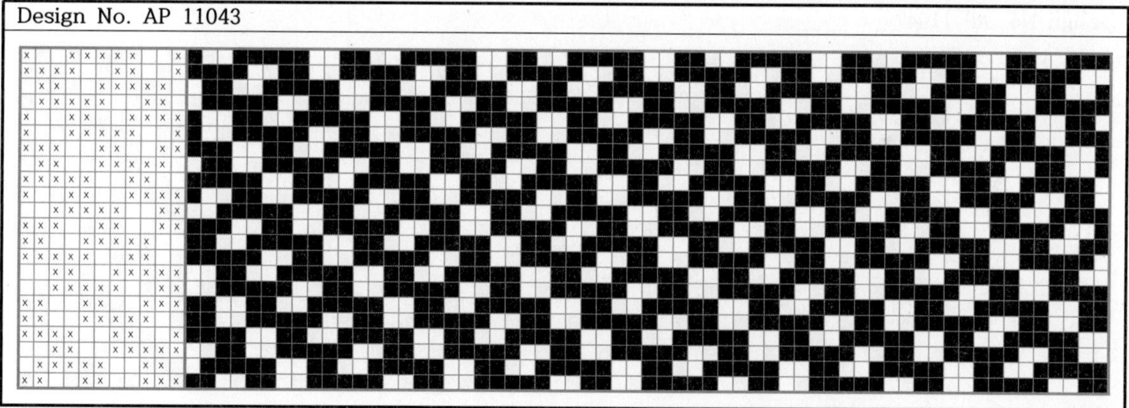

Design No. AP 11044

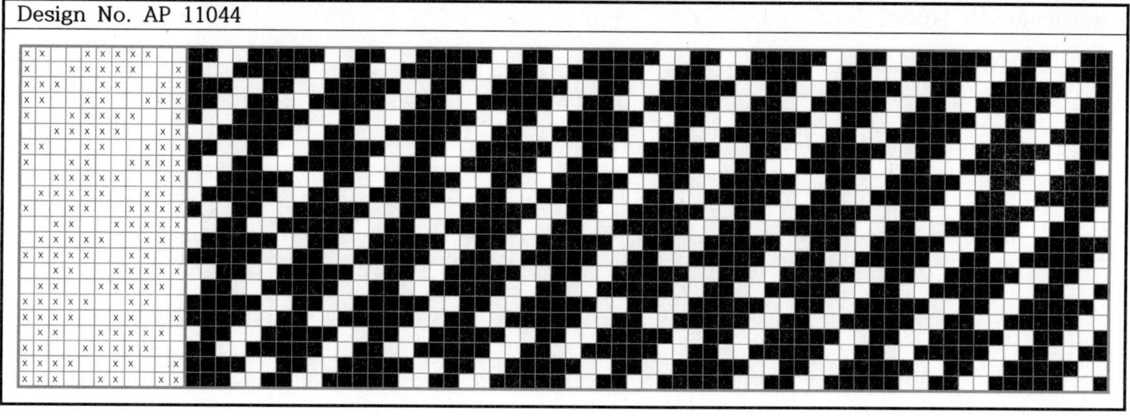

Design No. AP 11045

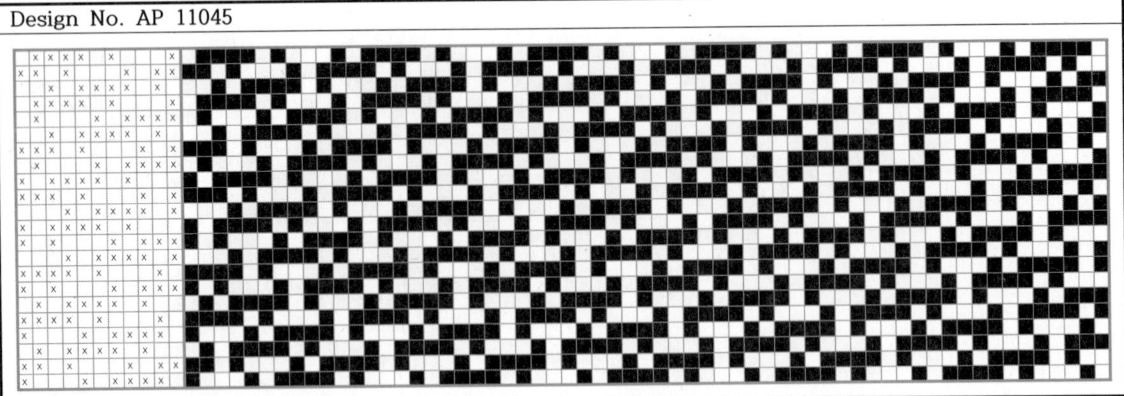

Design No. AP 11046

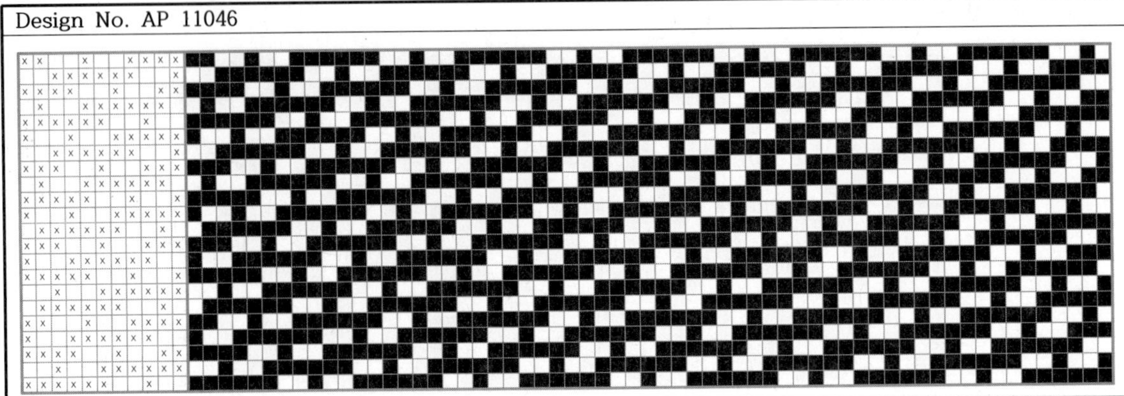

Design No. AP 11047

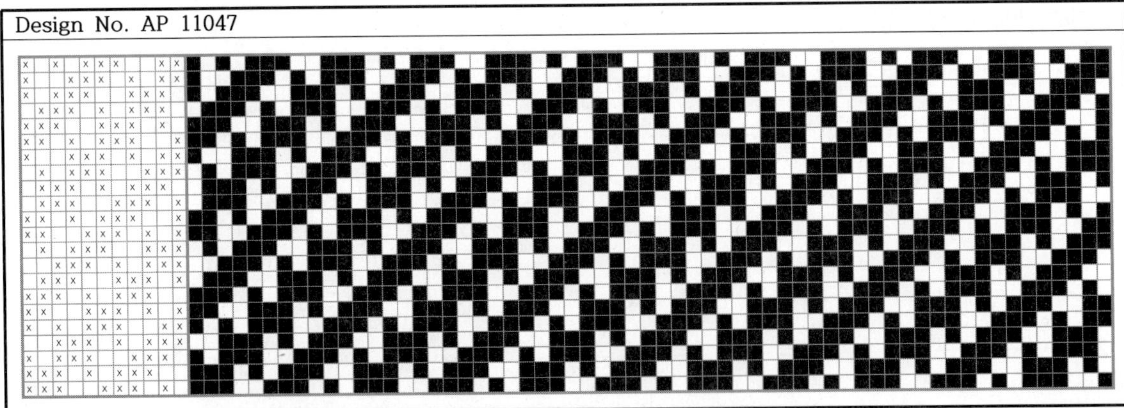

Design No. AP 11048

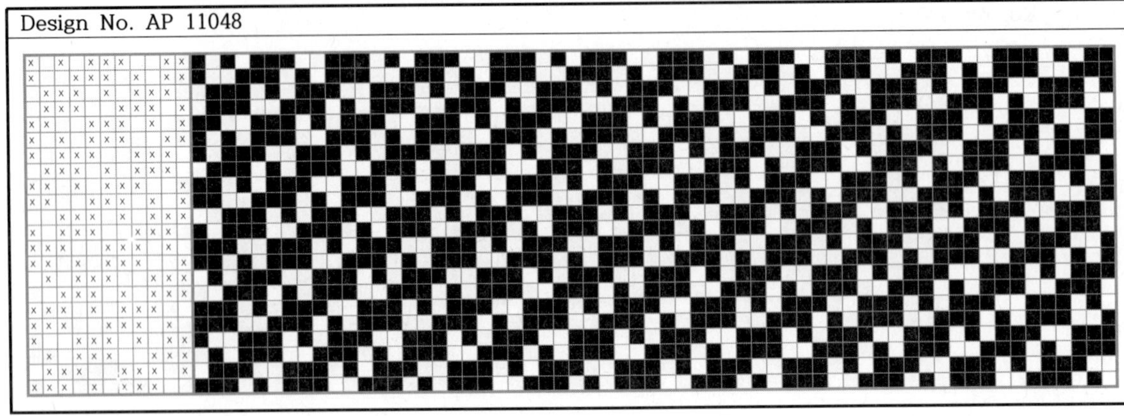

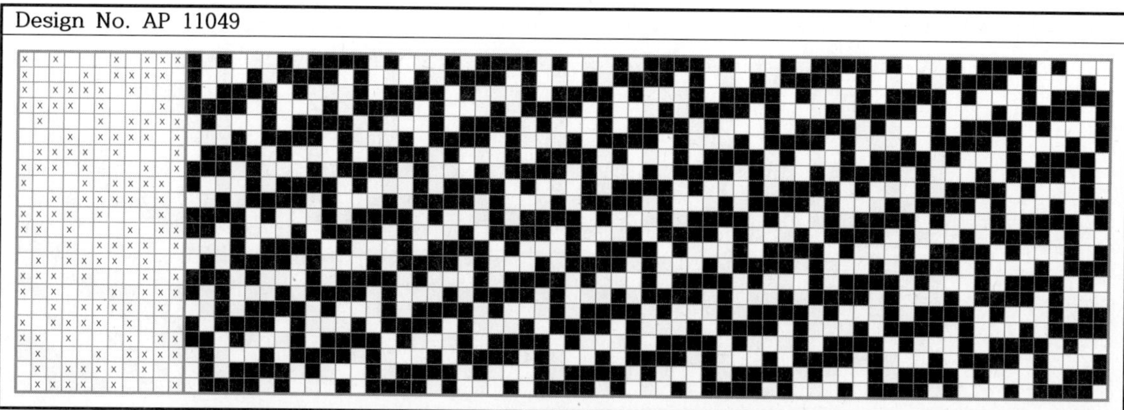

Design No. AP 11049

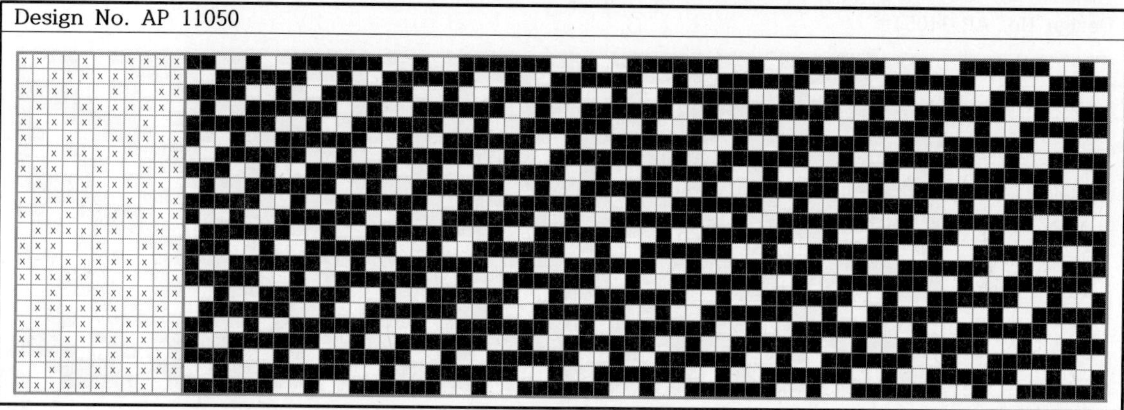

Design No. AP 11050

Design No. AP 11051

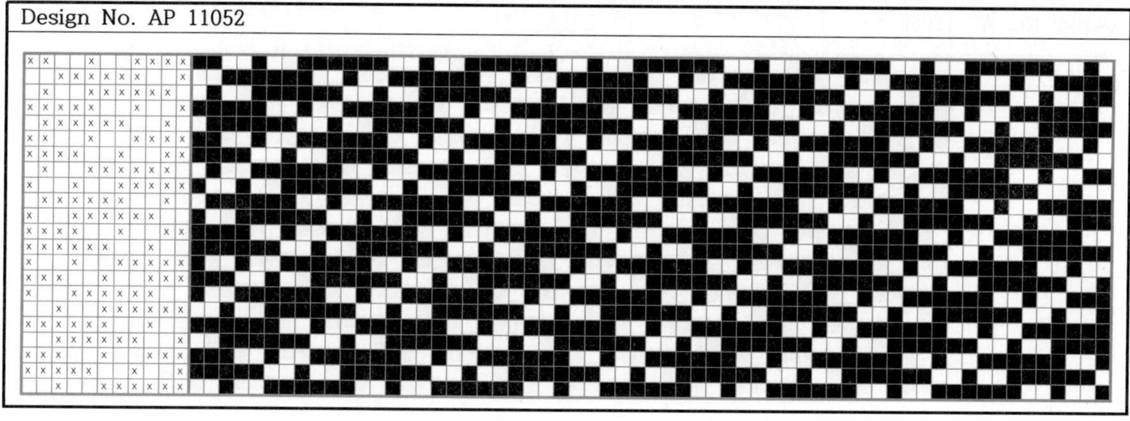

Design No. AP 11052

Design No. AP 11053

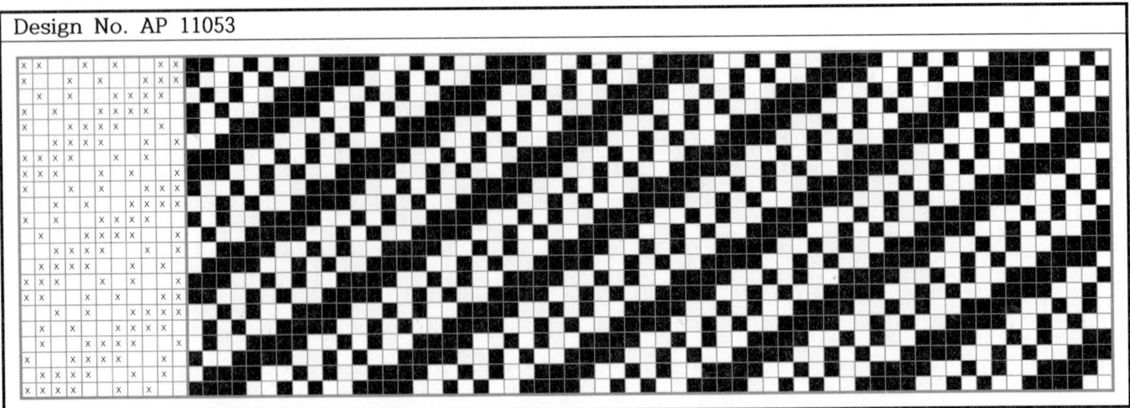

Design No. AP 11054

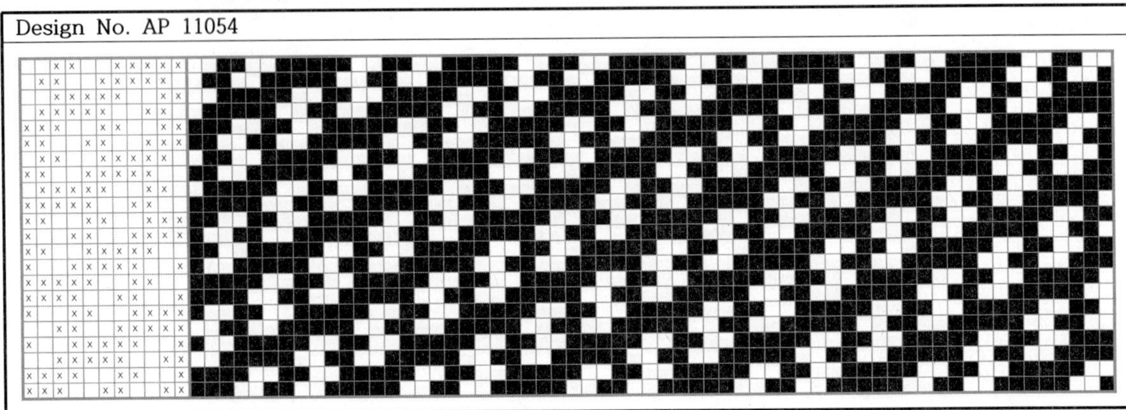

Design No. AP 11055

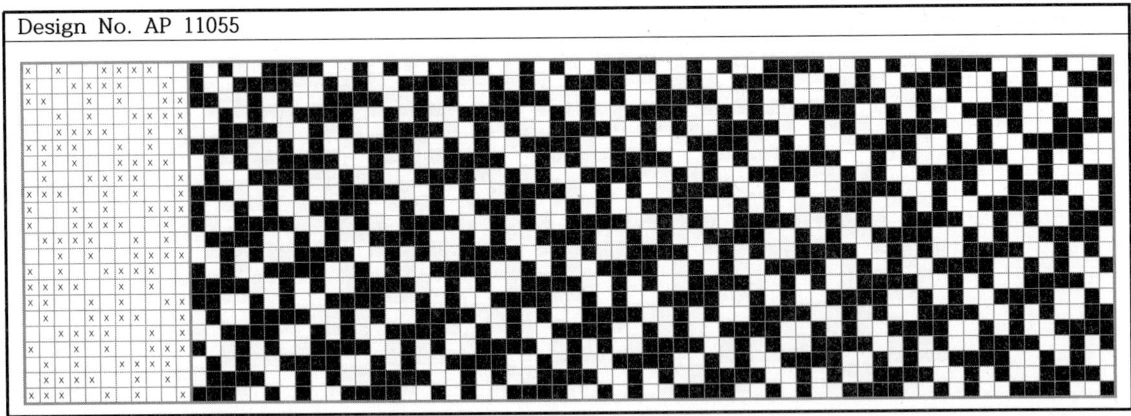

Design No. AP 11056

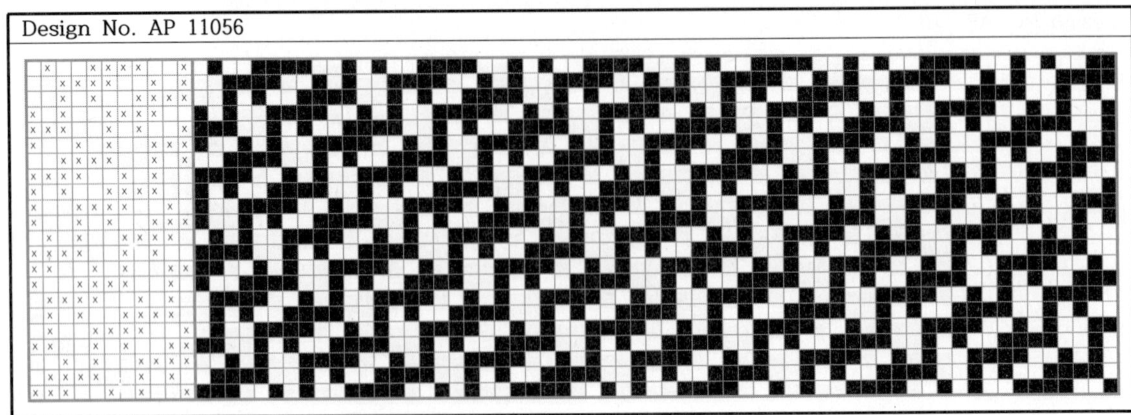

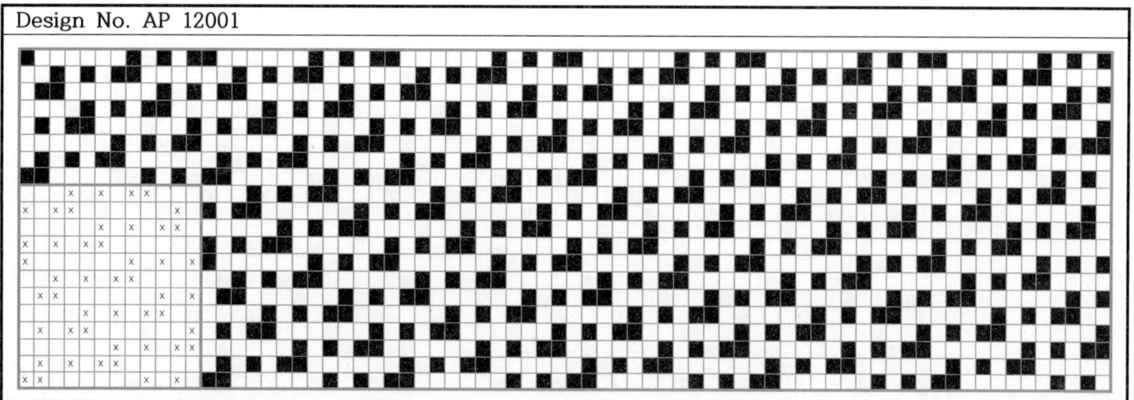

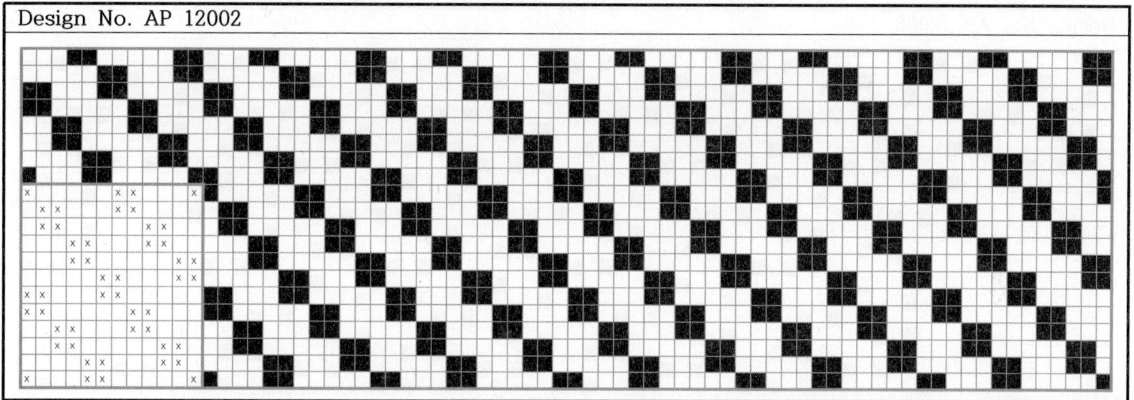

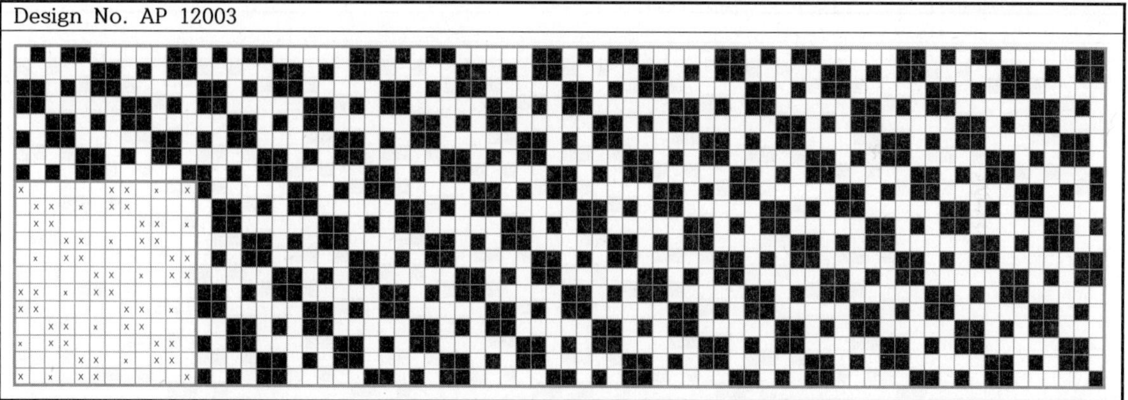

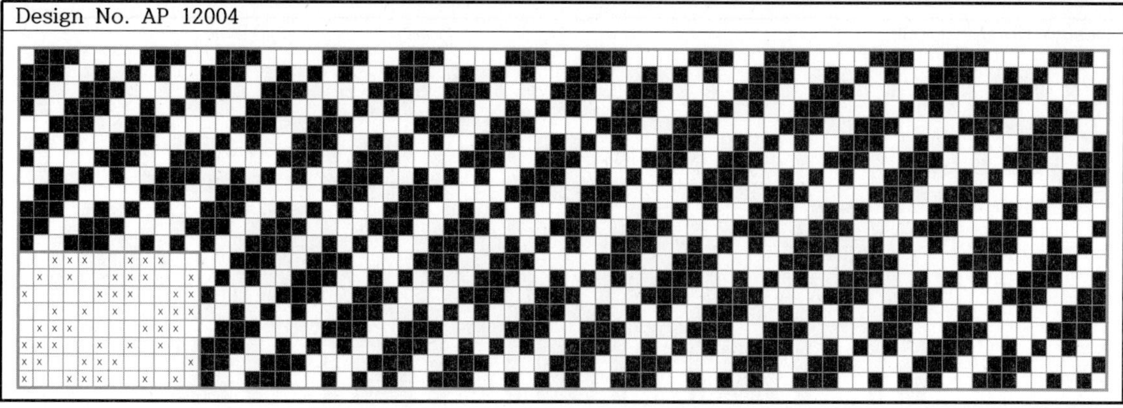

Design No. AP 12005

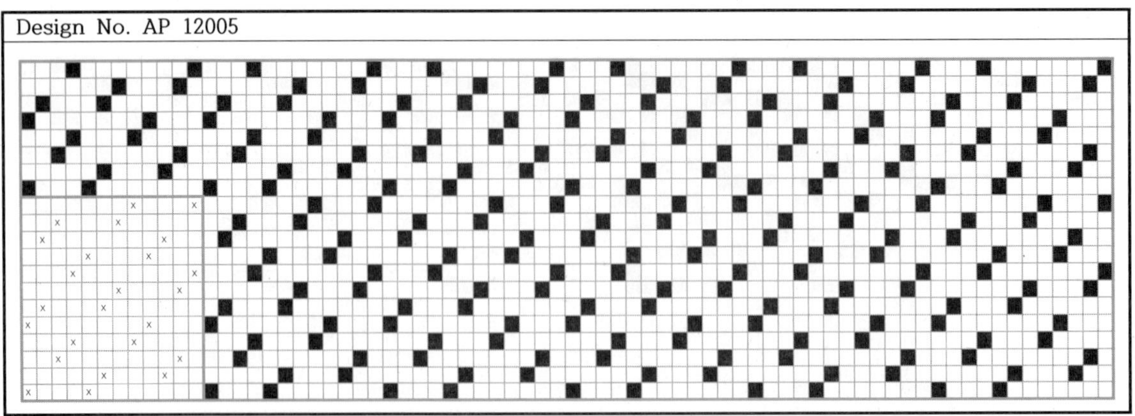

Design No. AP 12006

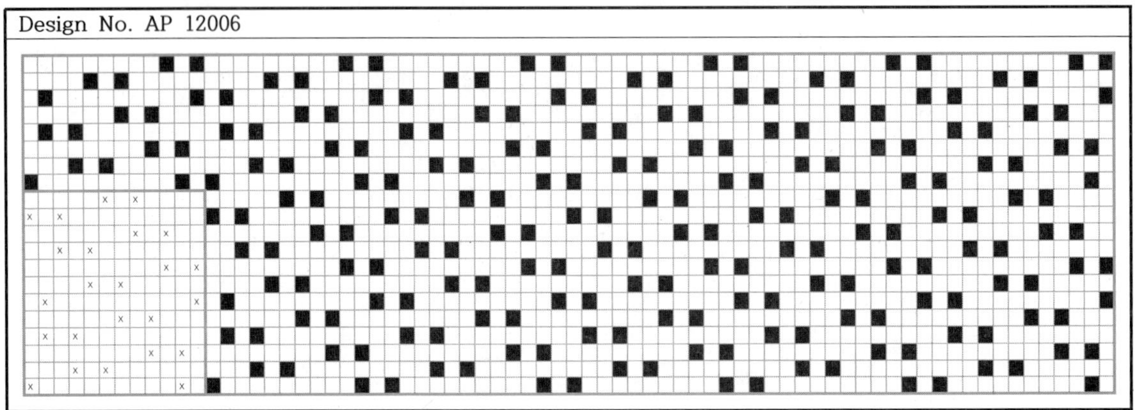

Design No. AP 12007

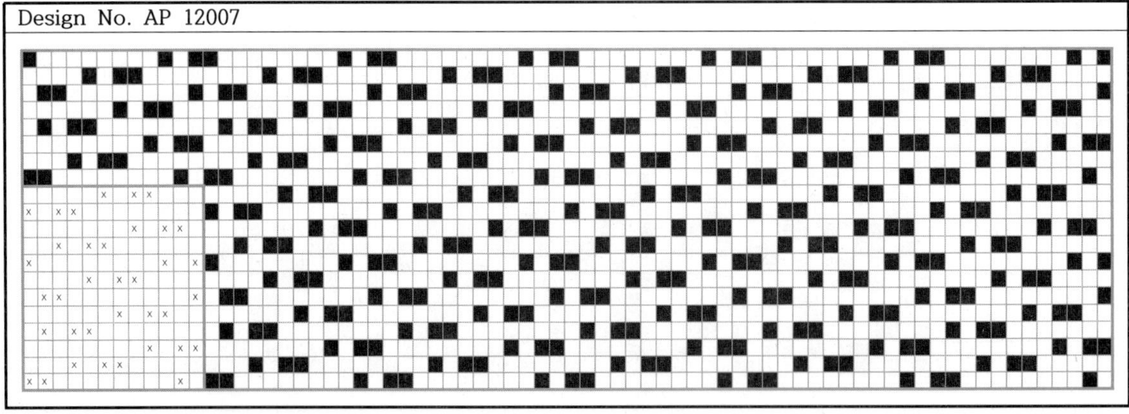

Design No. AP 12008

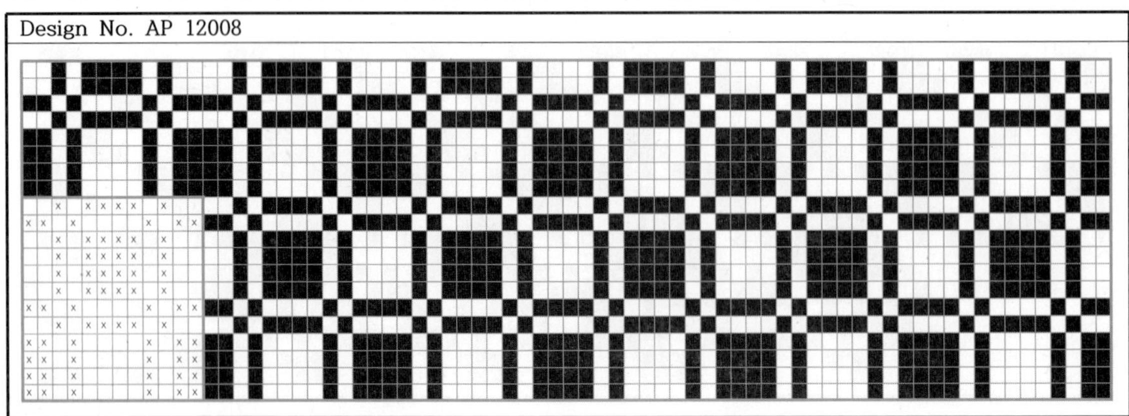

Design No. AP 12009

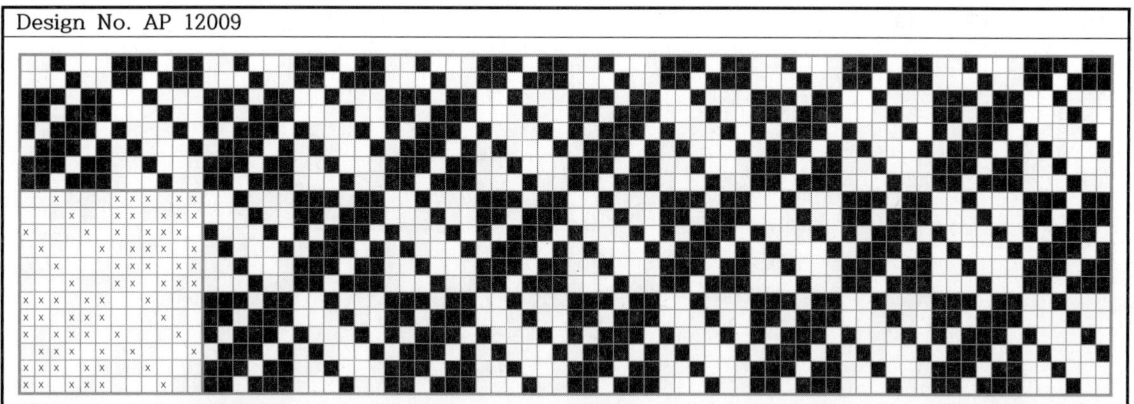

Design No. AP 12010

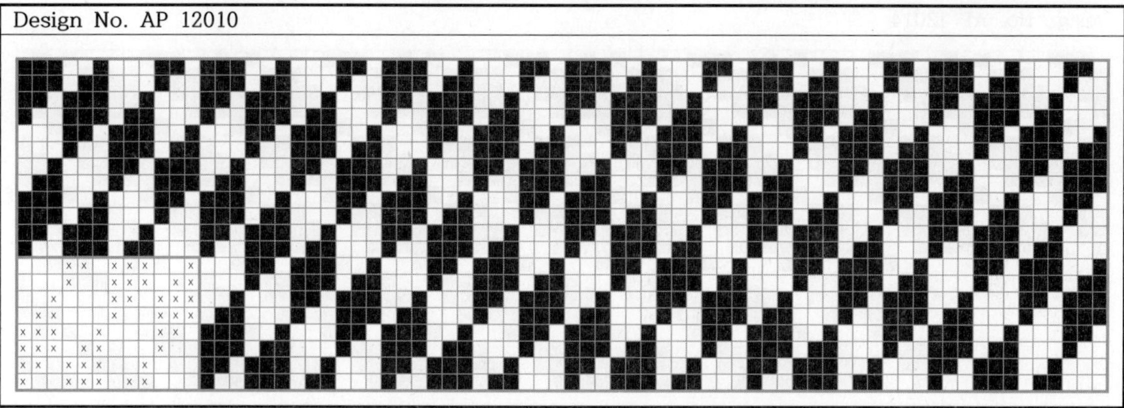

Design No. AP 12011

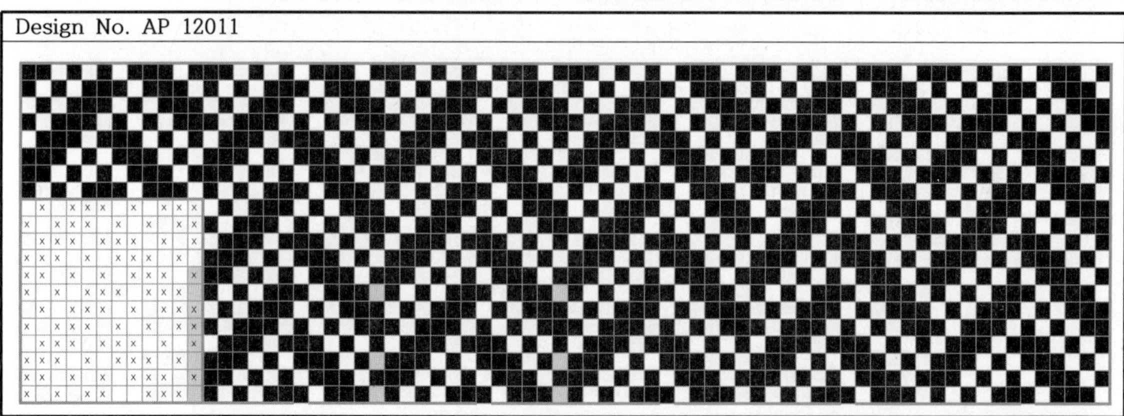

Design No. AP 12012

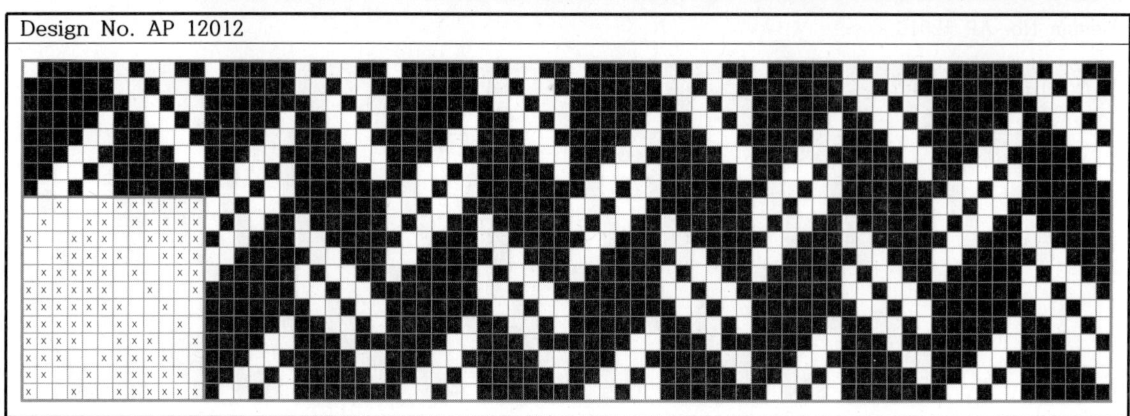

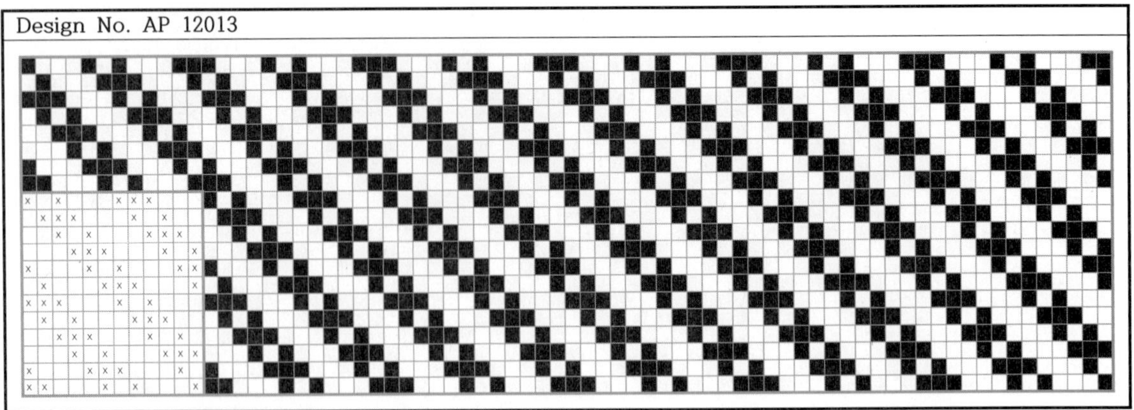

Design No. AP 12013

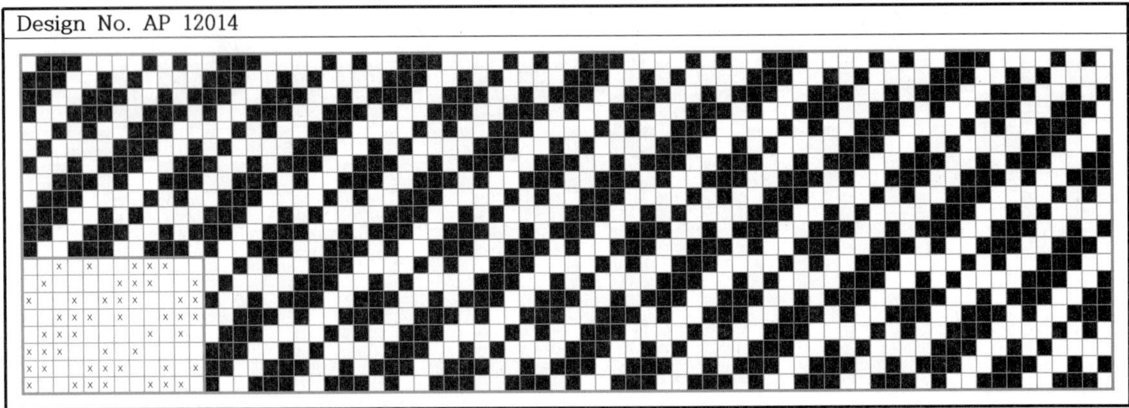

Design No. AP 12014

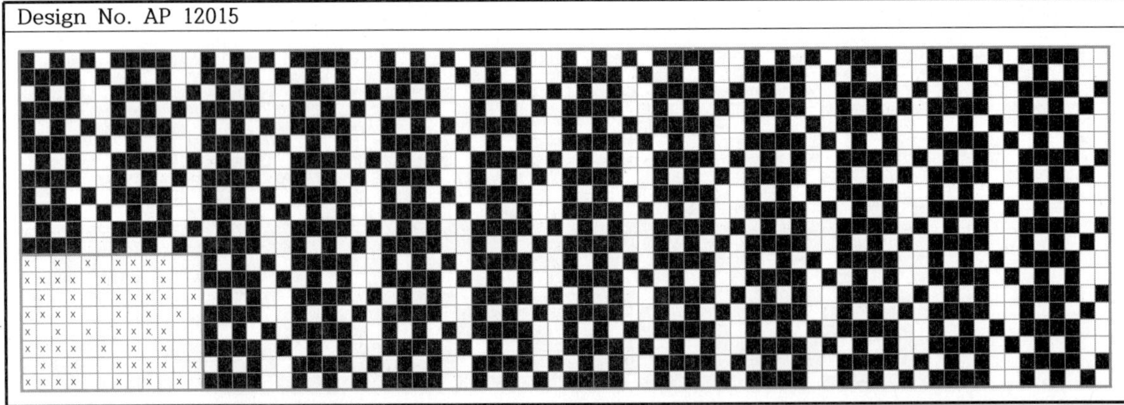

Design No. AP 12015

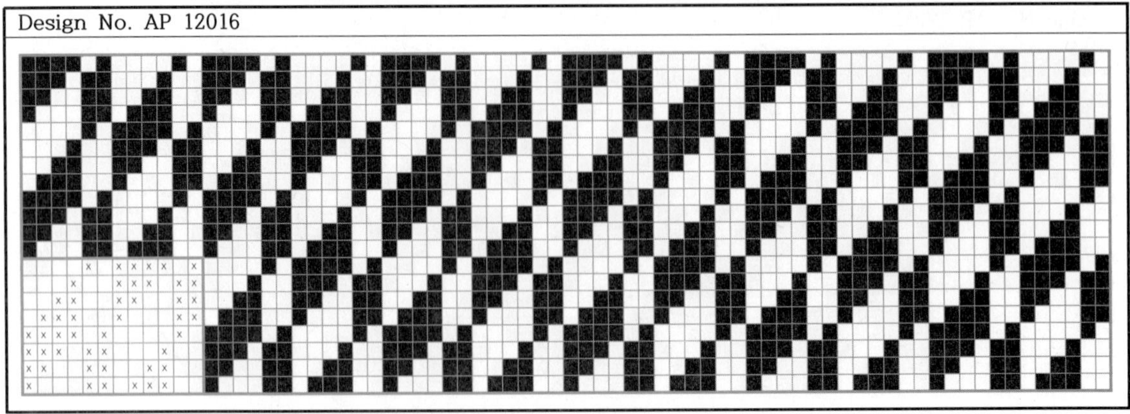

Design No. AP 12016

Design No. AP 12017

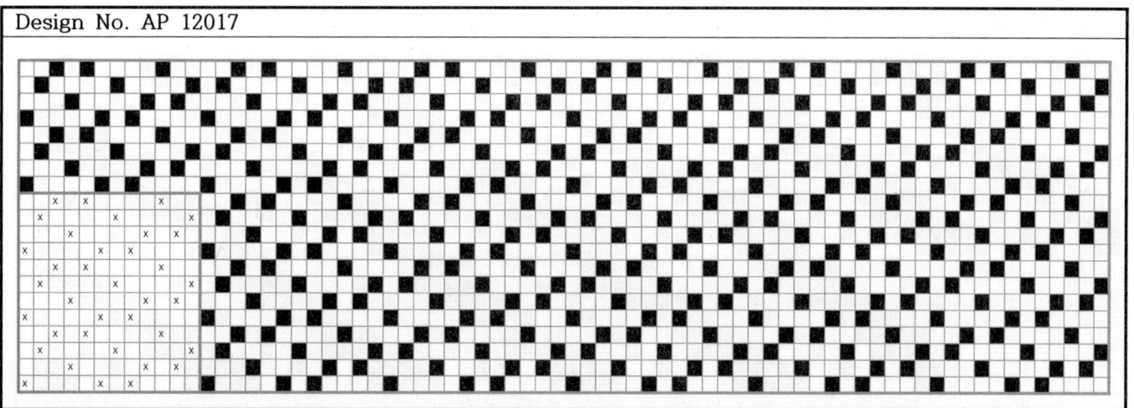

Design No. AP 12018

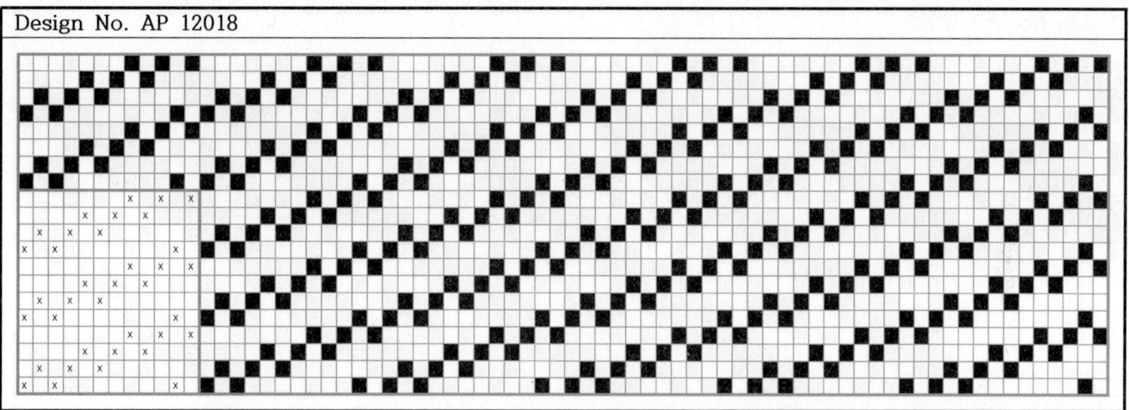

Design No. AP 12019

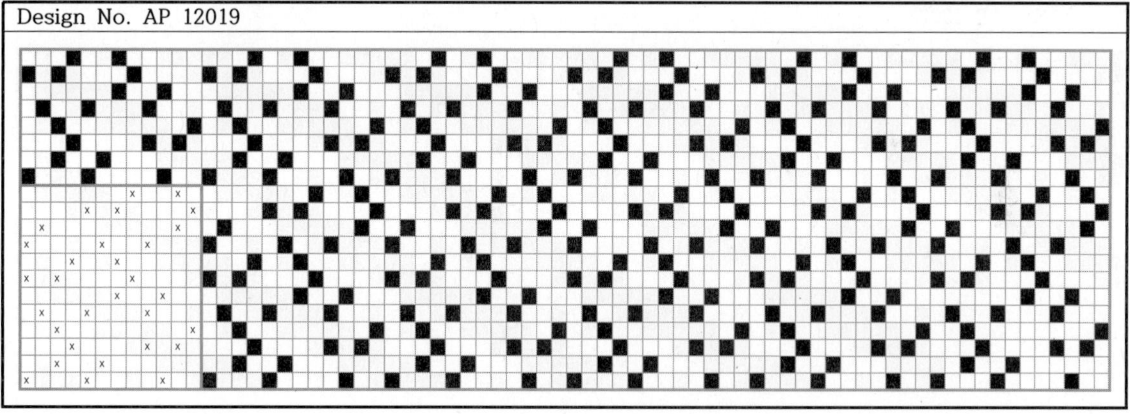

Design No. AP 12020

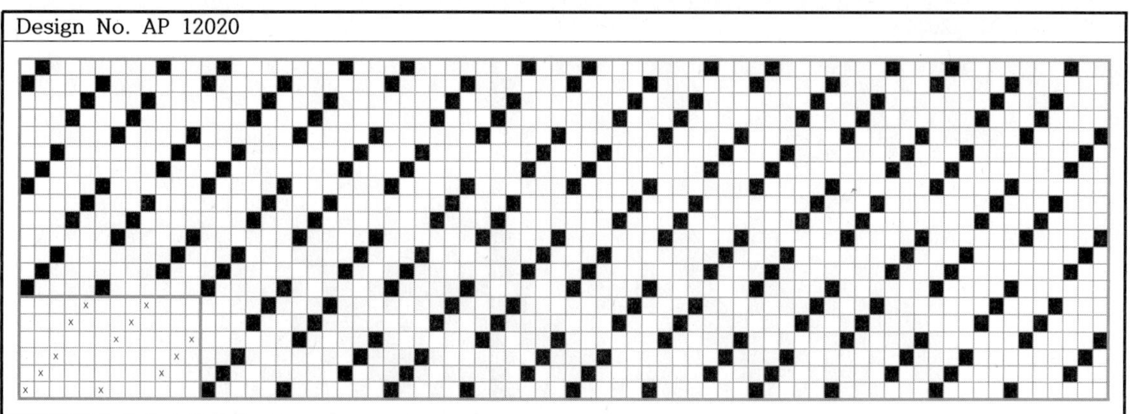

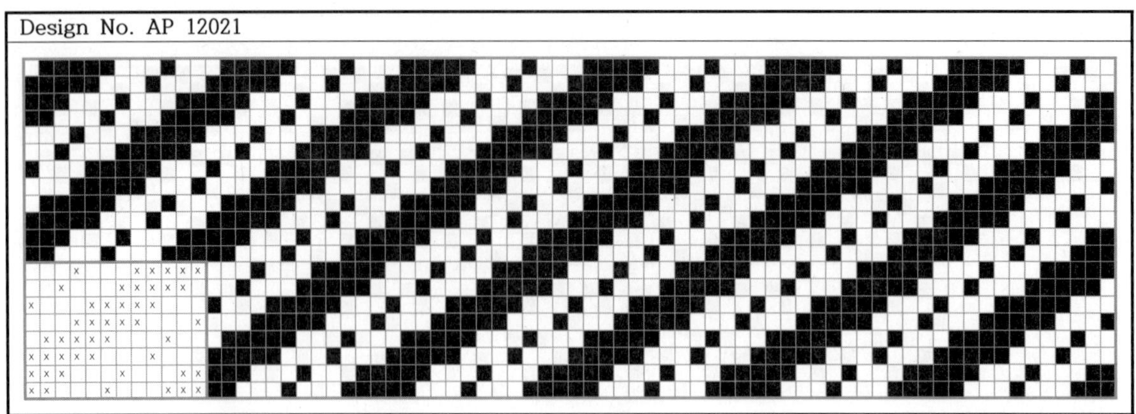

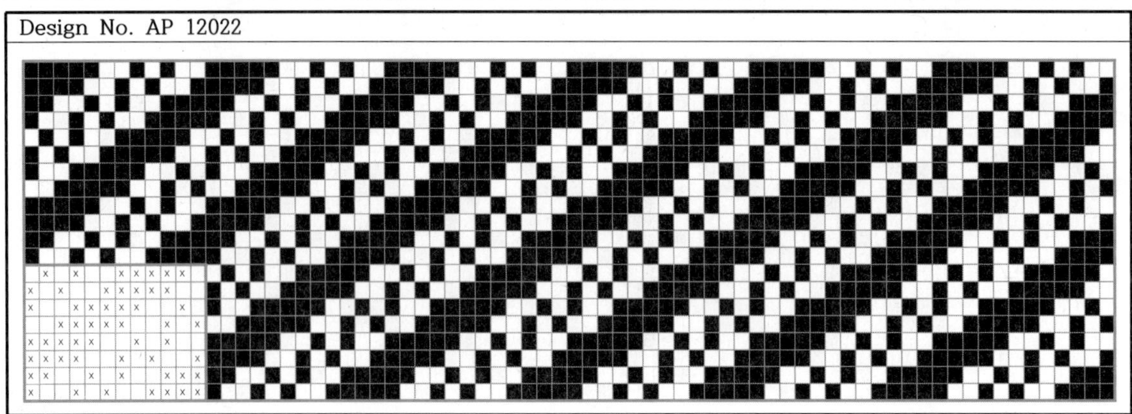

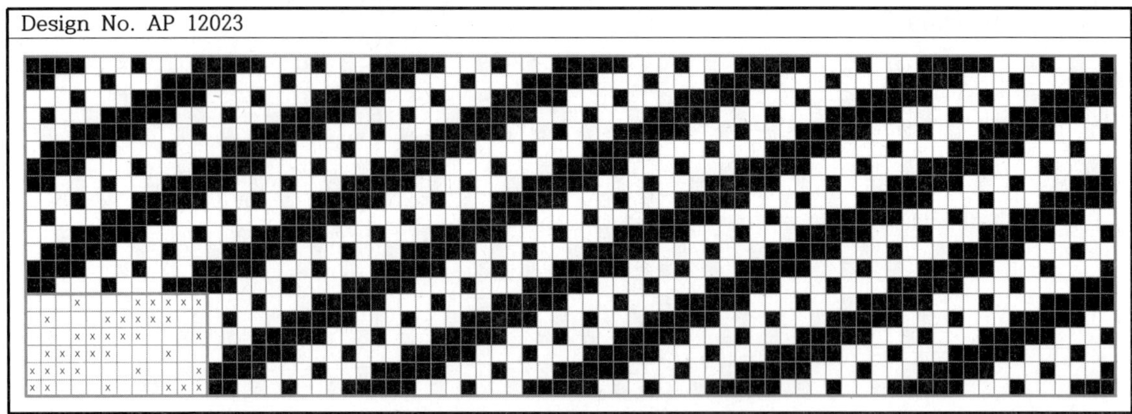

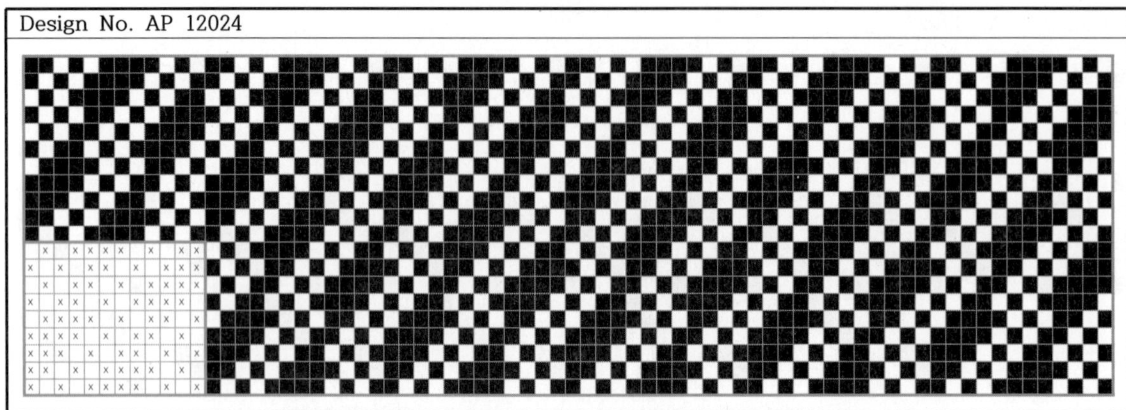

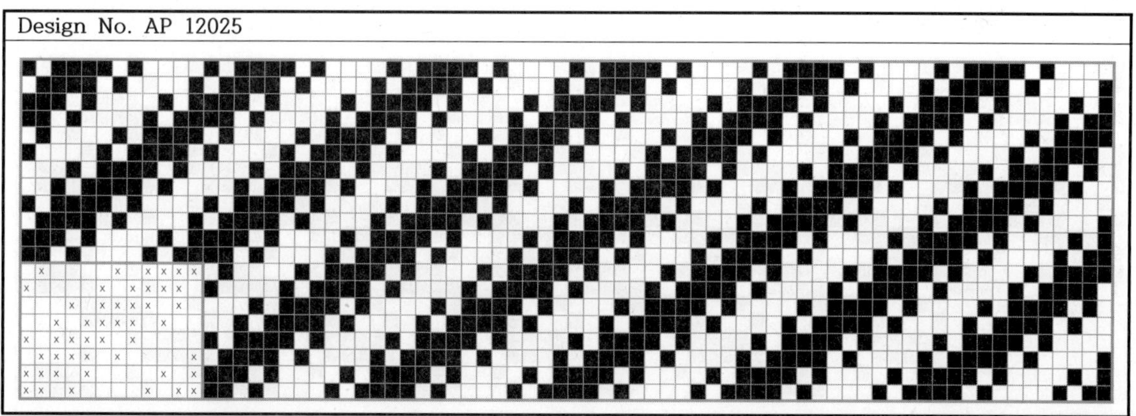

Design No. AP 12025

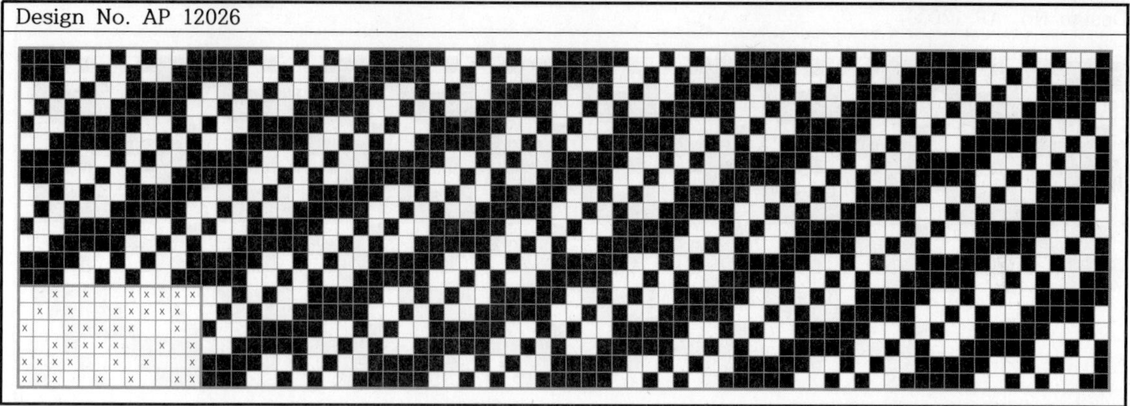

Design No. AP 12026

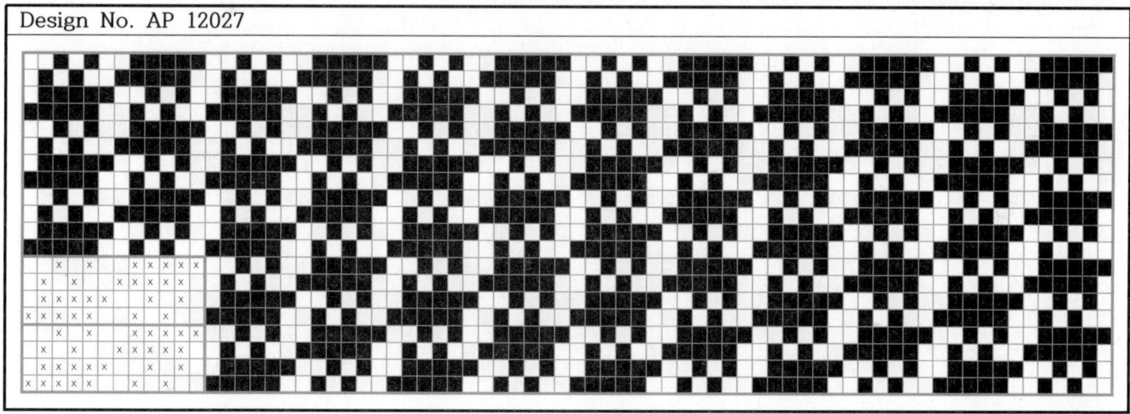

Design No. AP 12027

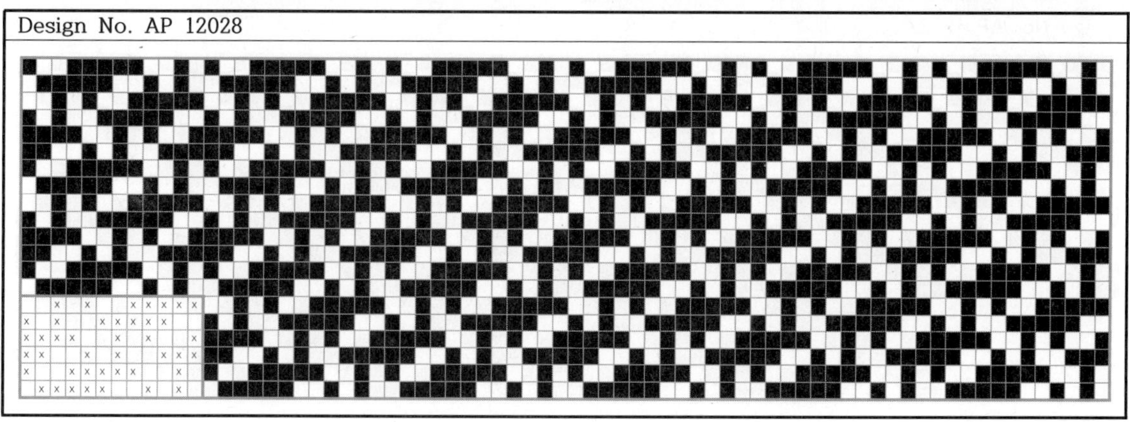

Design No. AP 12028

Design No. AP 12029

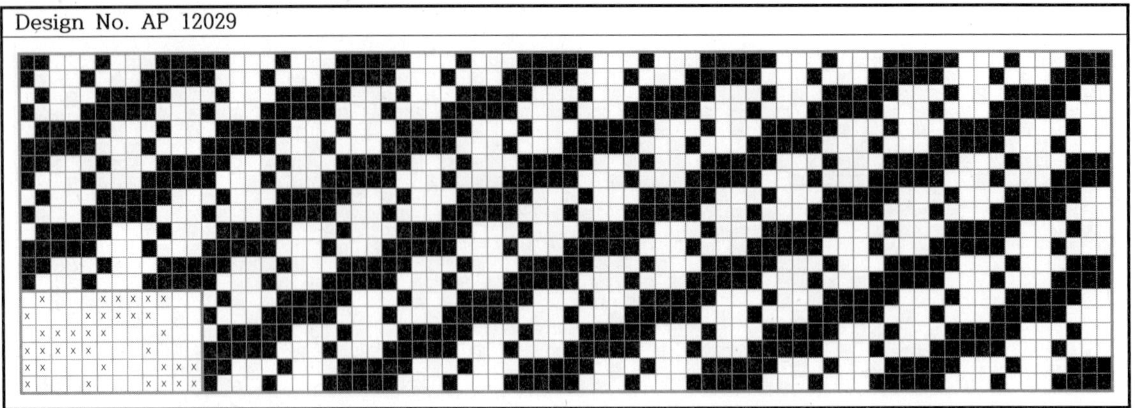

Design No. AP 12030

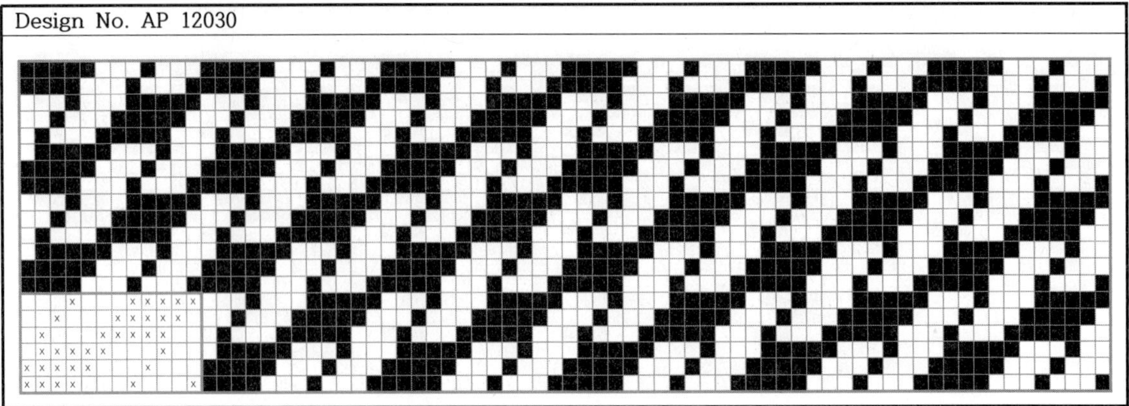

Design No. AP 12031

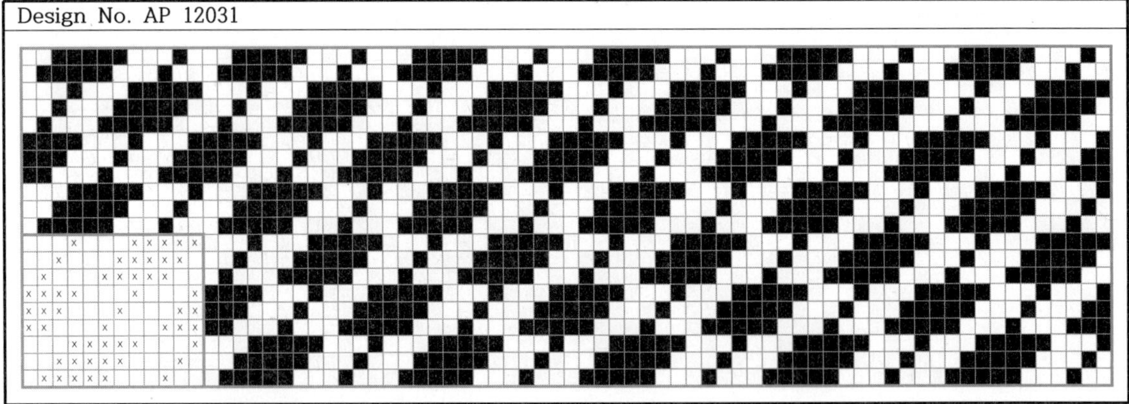

Design No. AP 12032

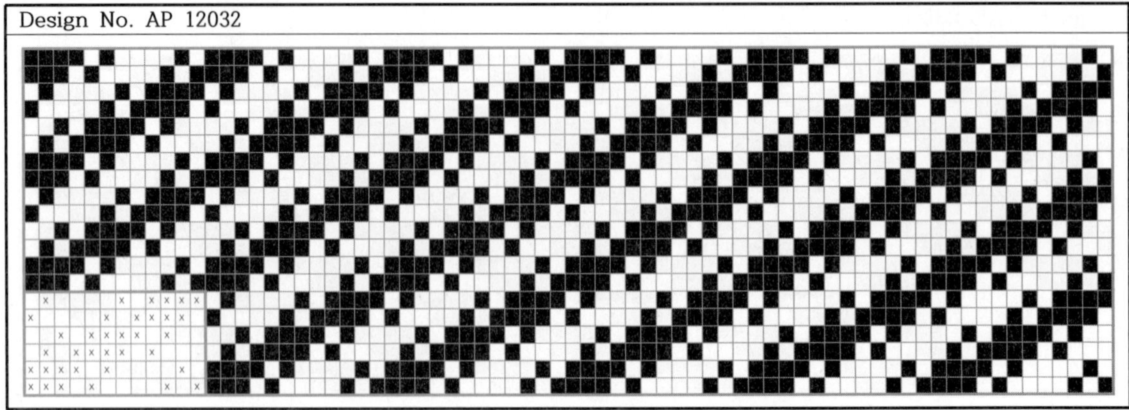

Design No. AP 12033

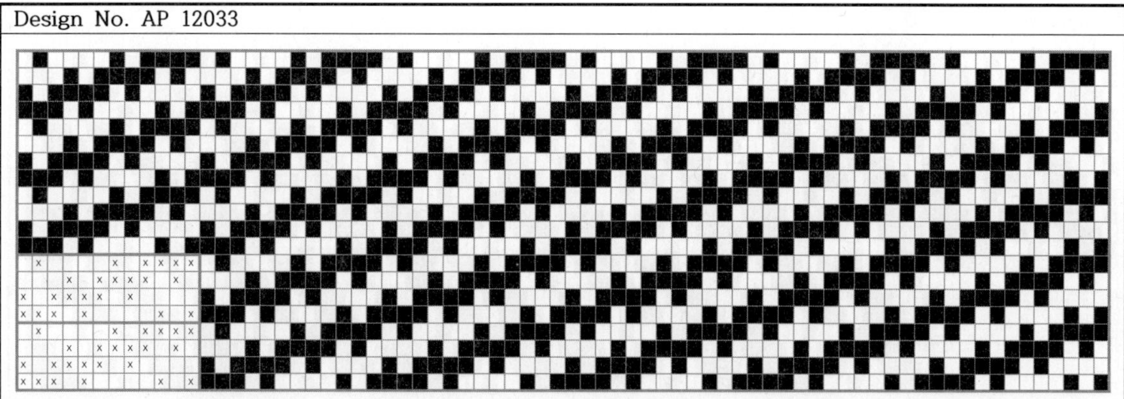

Design No. AP 12034

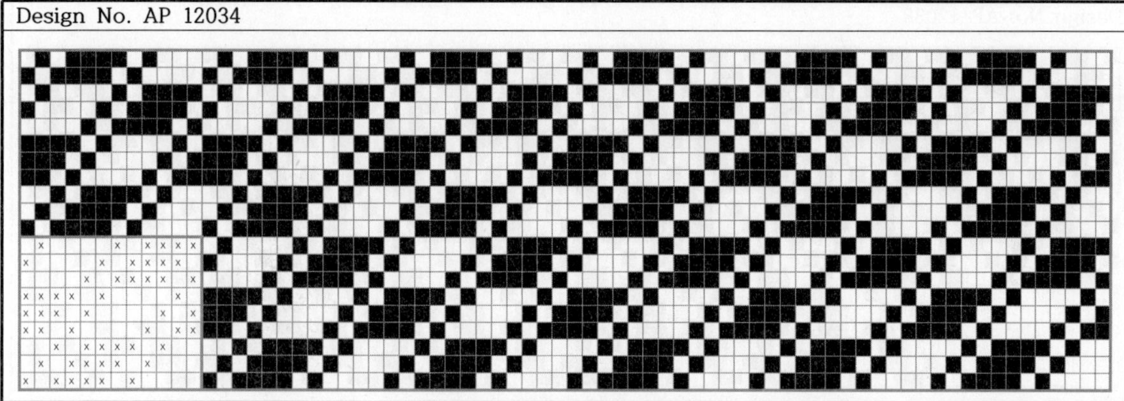

Design No. AP 12035

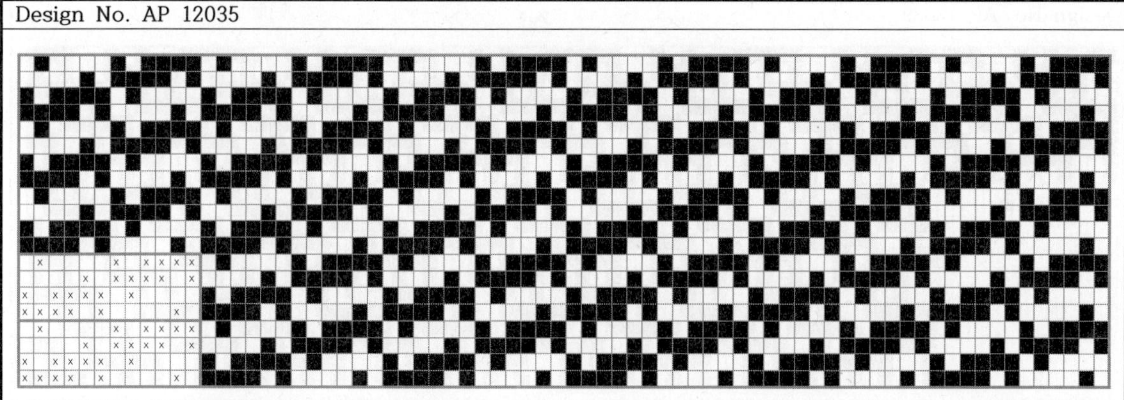

Design No. AP 12036

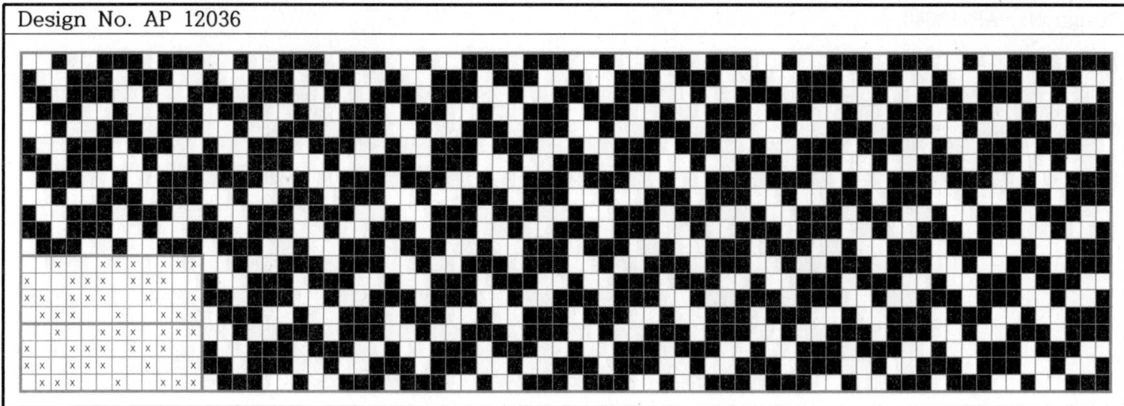

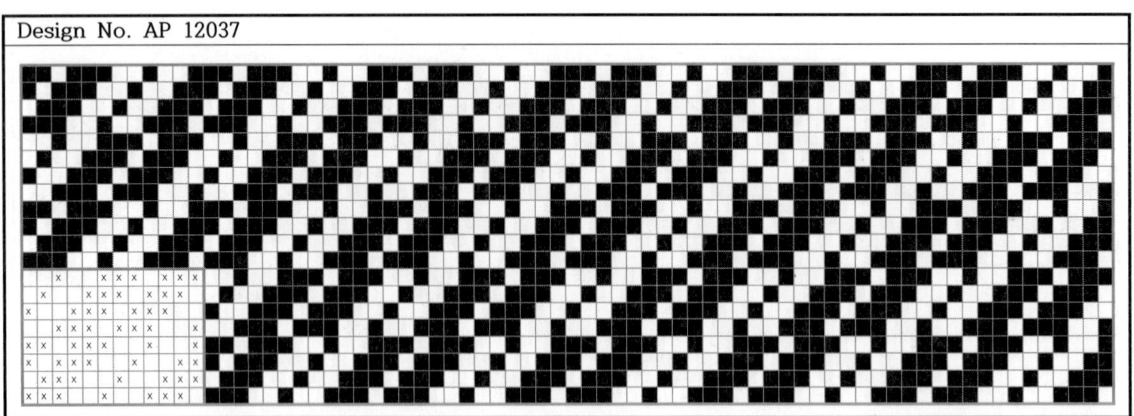

Design No. AP 12037

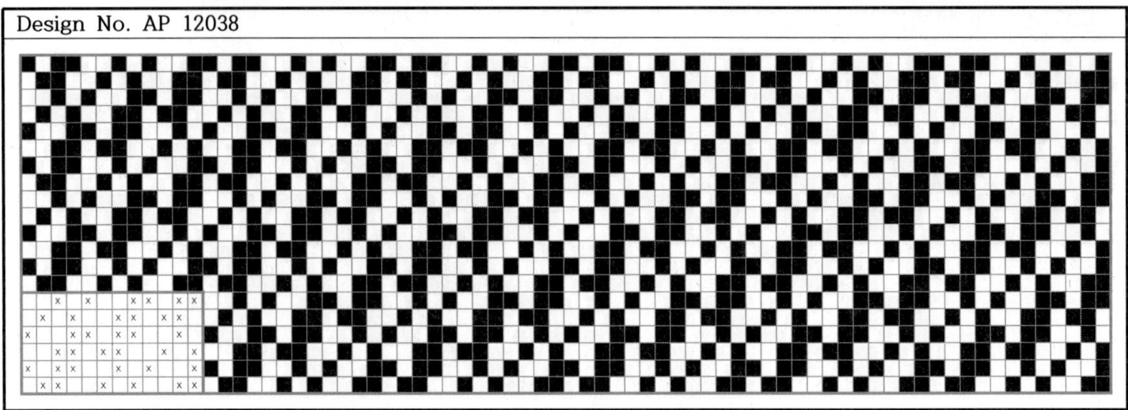

Design No. AP 12038

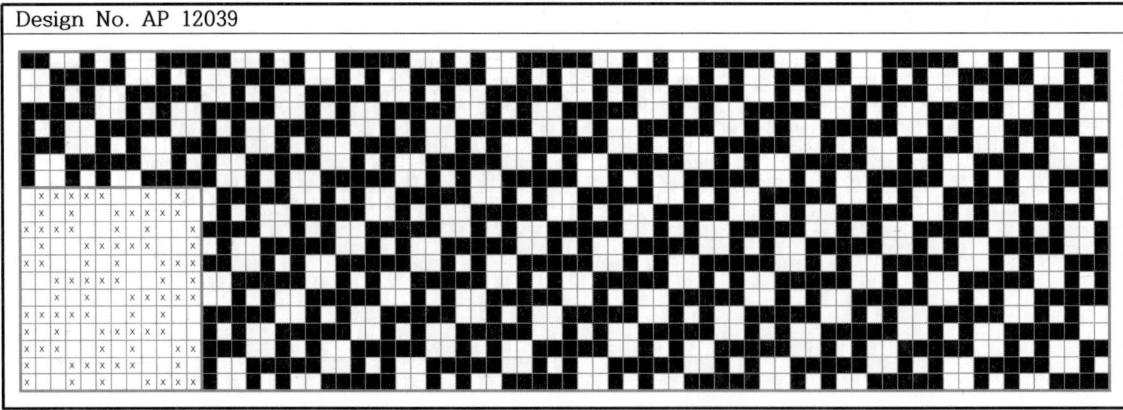

Design No. AP 12039

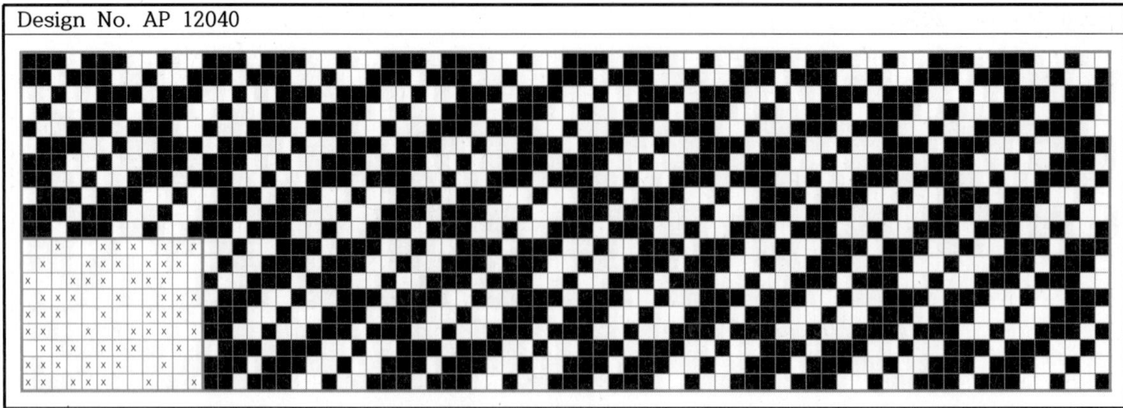

Design No. AP 12040

Design No. AP 12041

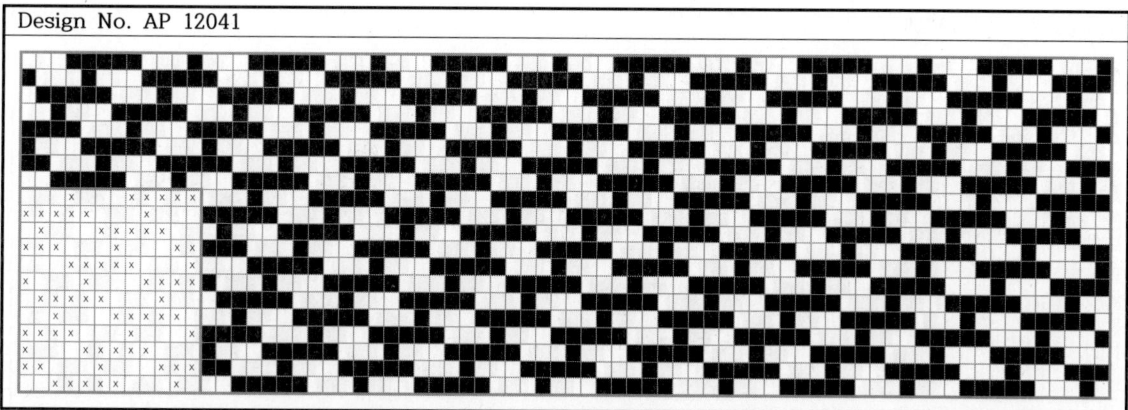

Design No. AP 12042

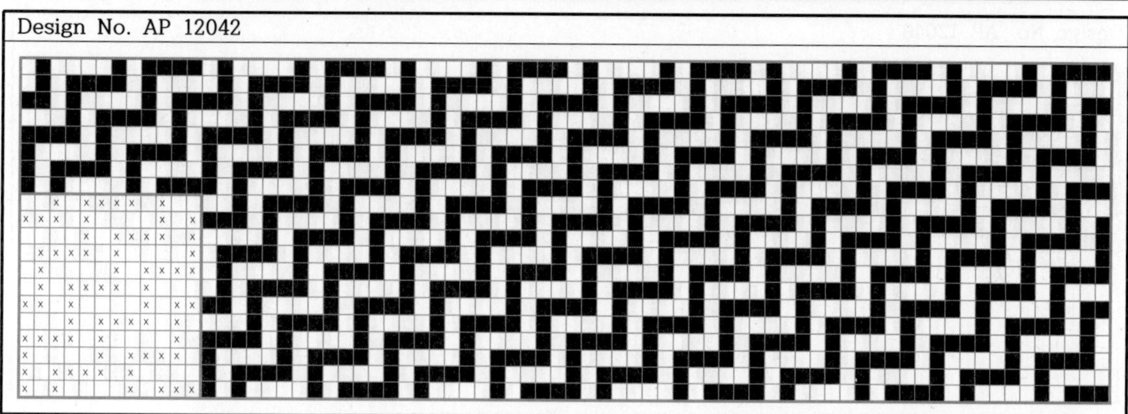

Design No. AP 12043

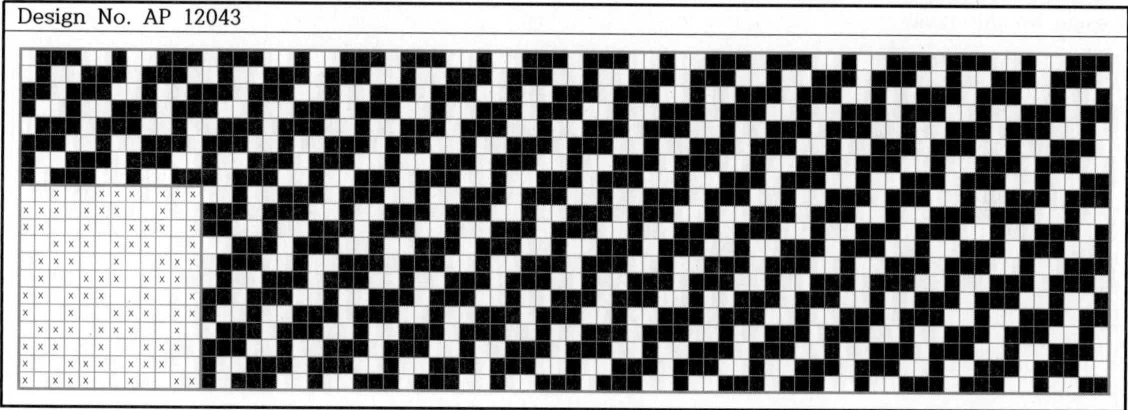

Design No. AP 12044

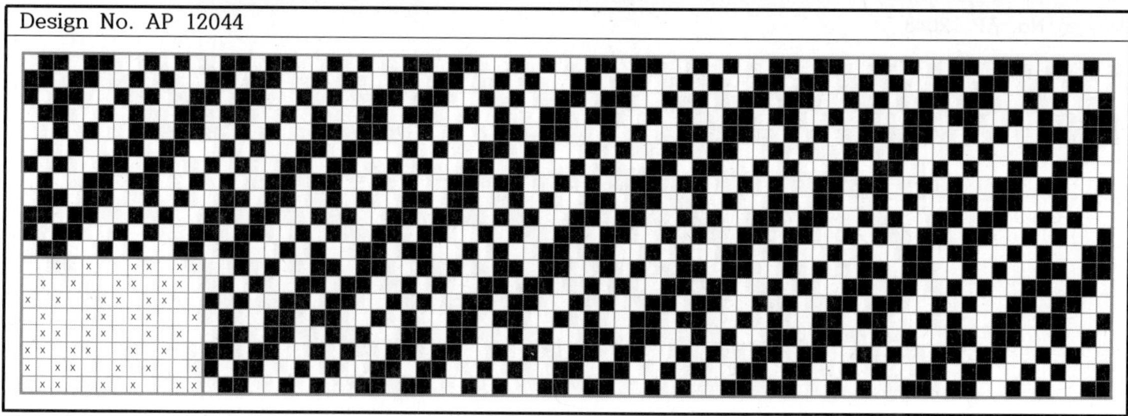

Design No. AP 12045
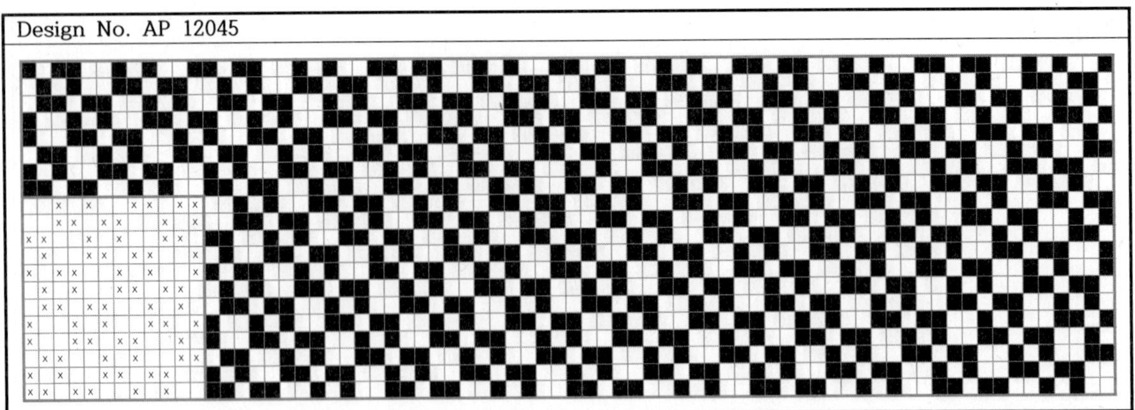

Design No. AP 12046
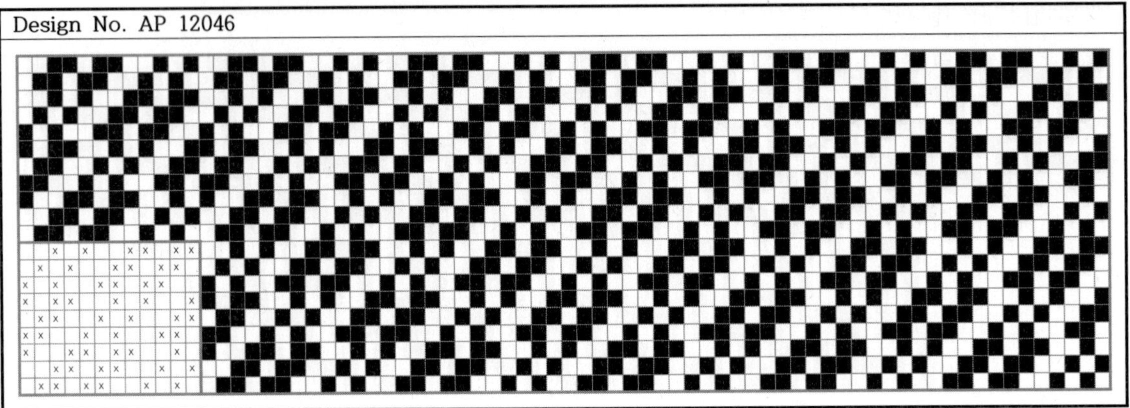

Design No. AP 12047
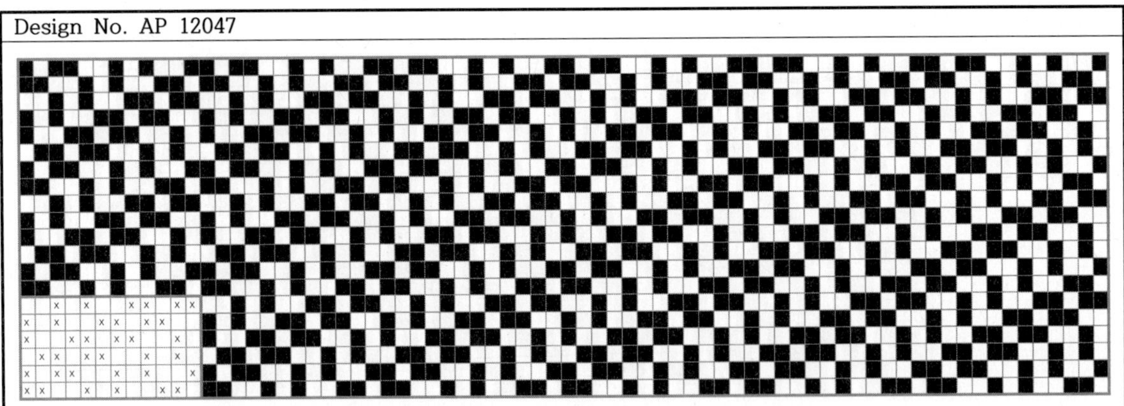

Design No. AP 12048
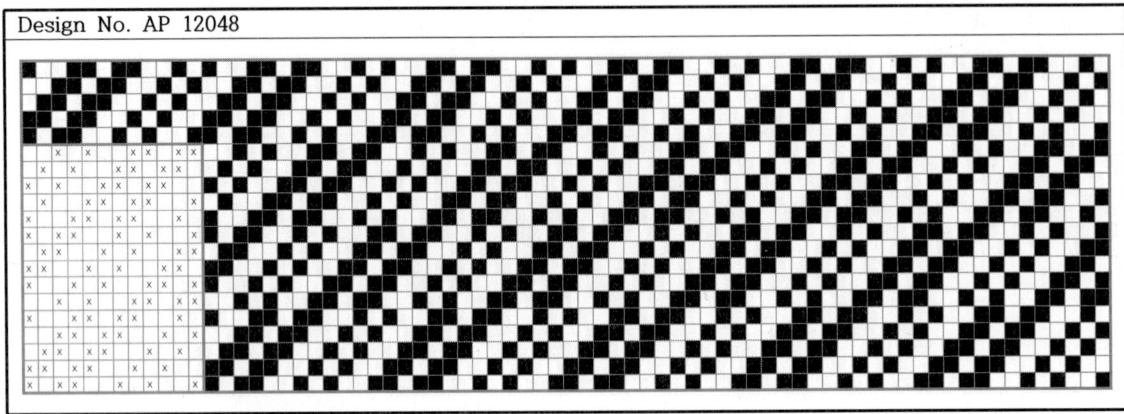

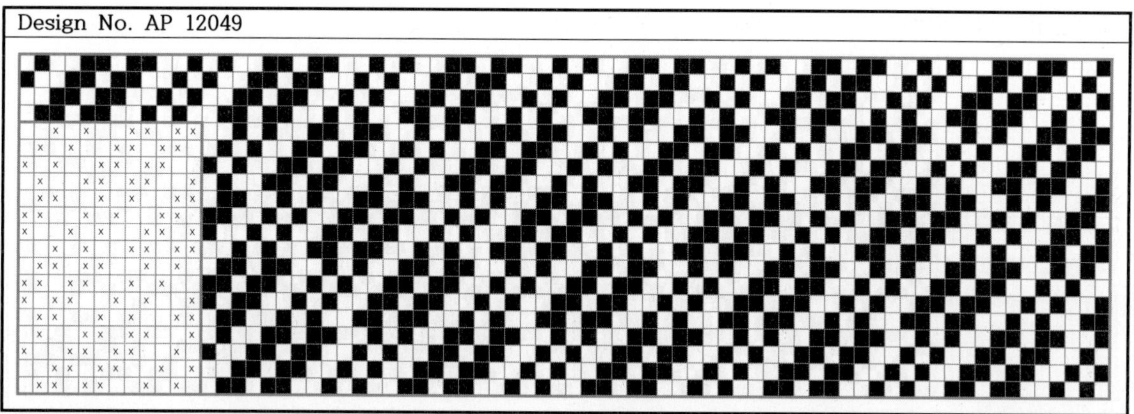

Design No. AP 12049

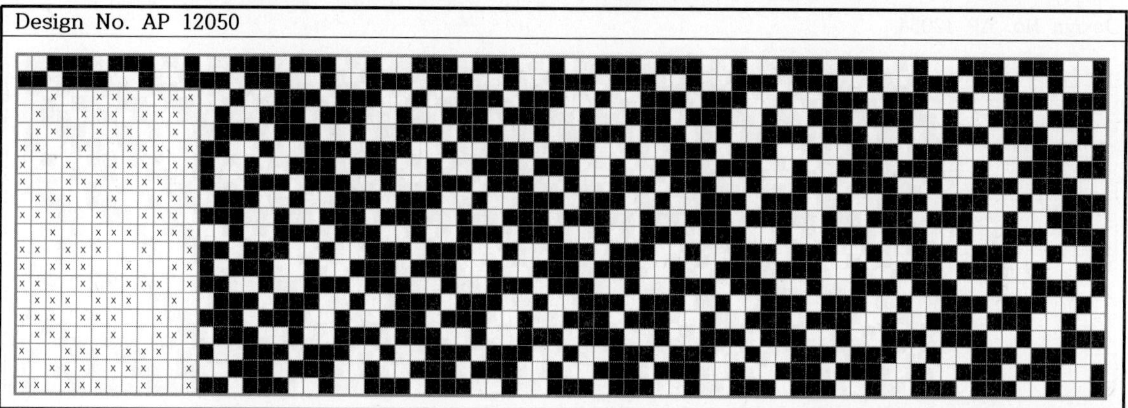

Design No. AP 12050

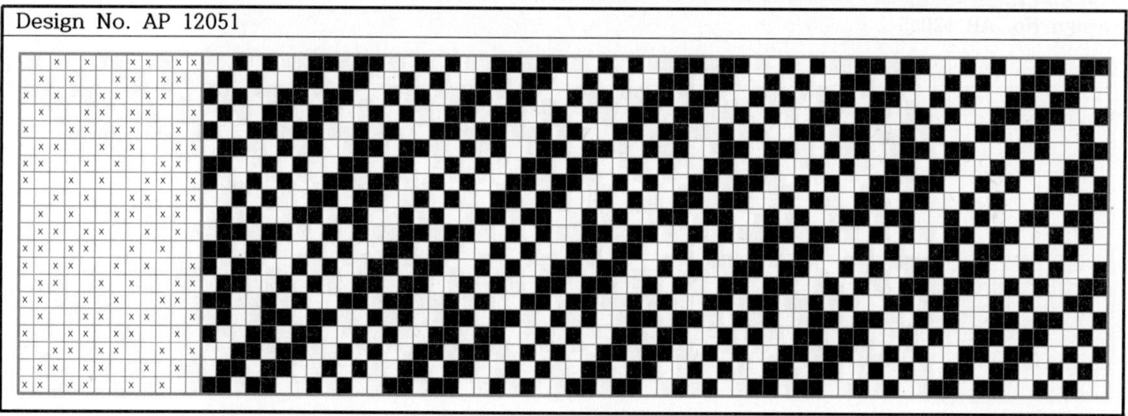

Design No. AP 12051

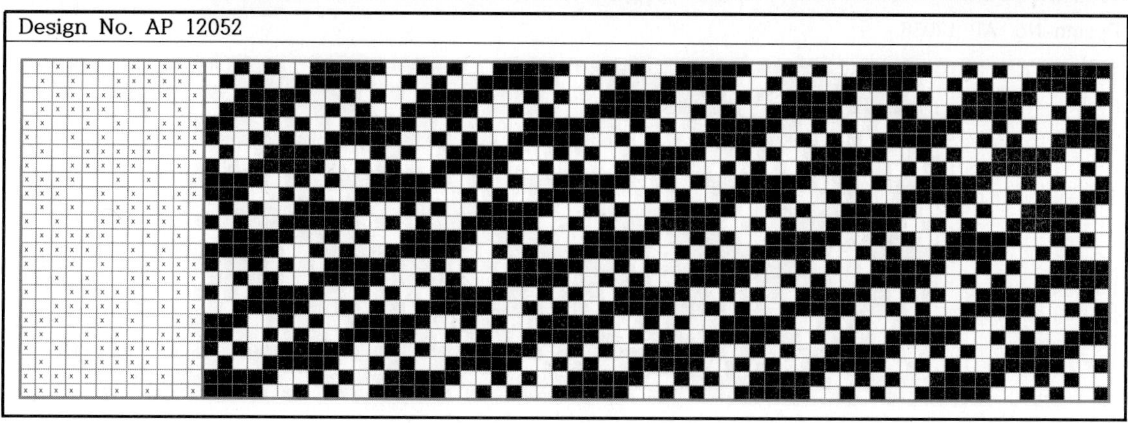

Design No. AP 12052

Design No. AP 12053

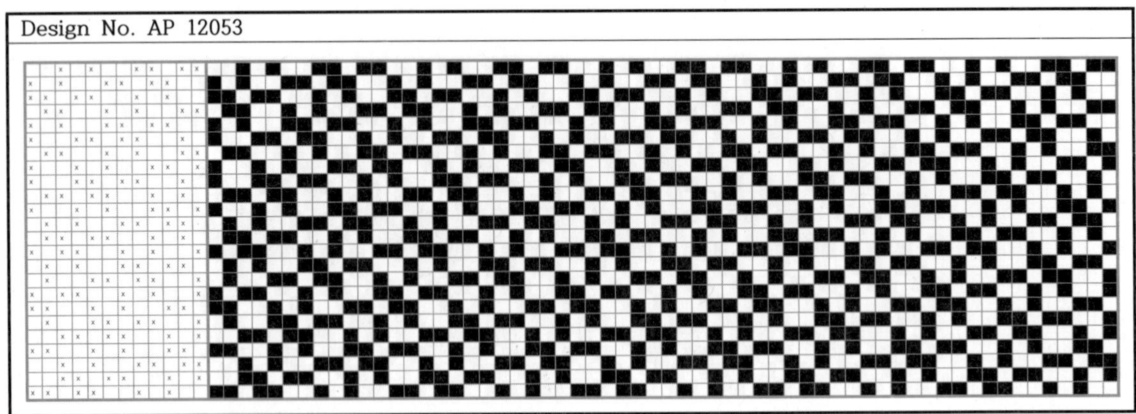

Design No. AP 12054

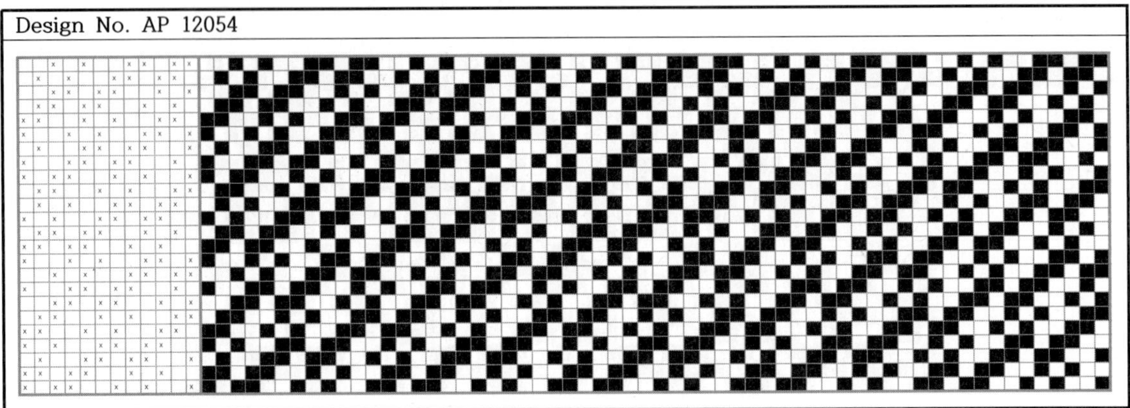

Design No. AP 12055

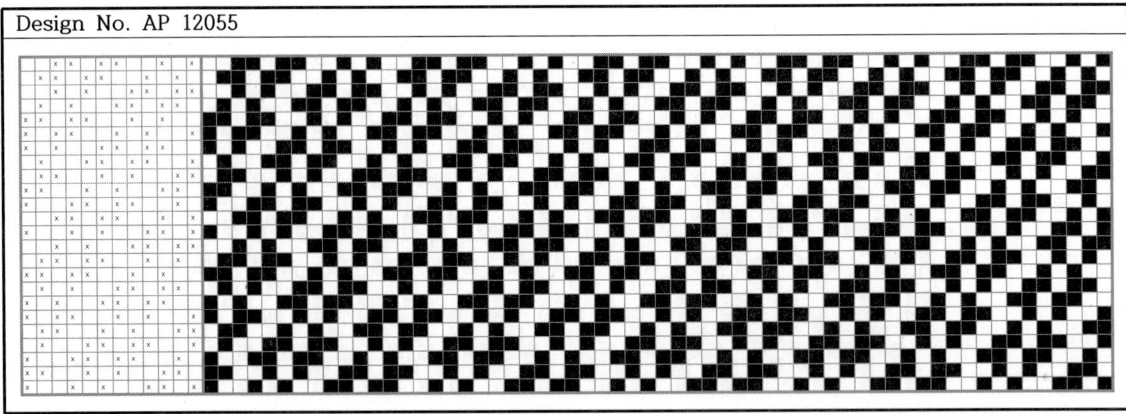

Design No. AP 12056

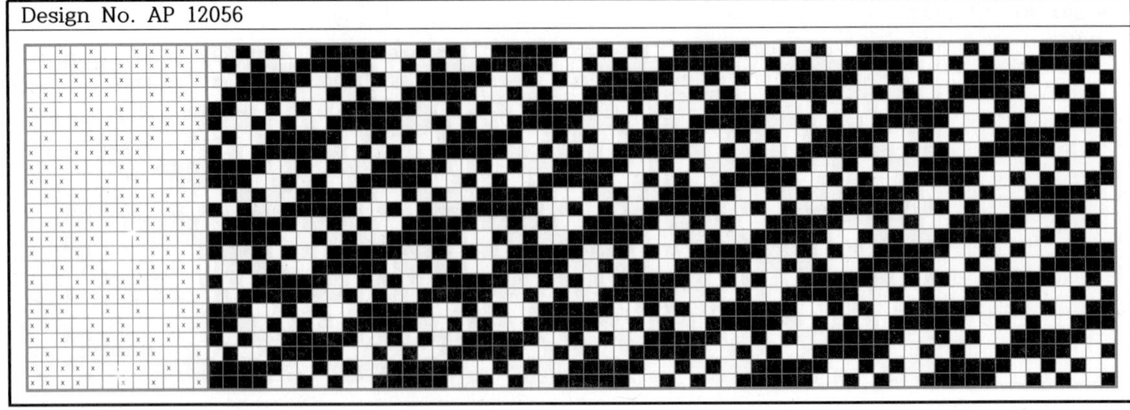

Design No. AP 12057

Design No. AP 12058

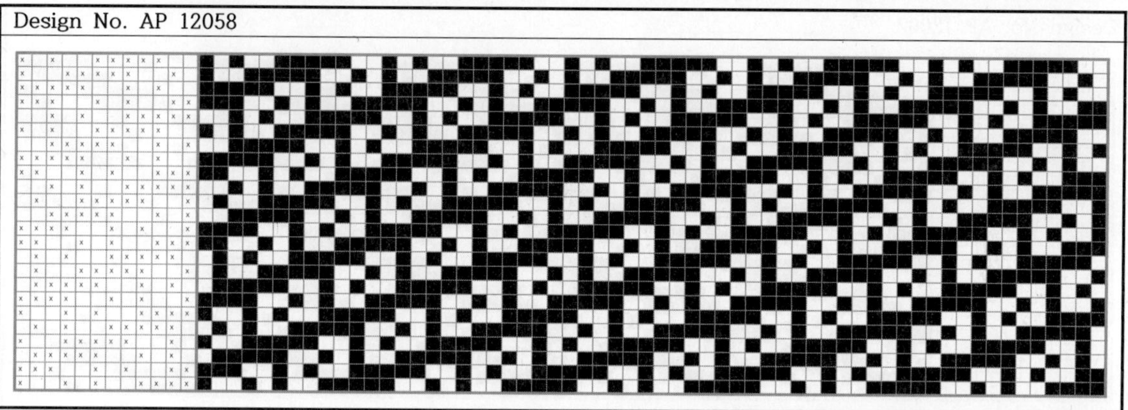

Design No. 12059

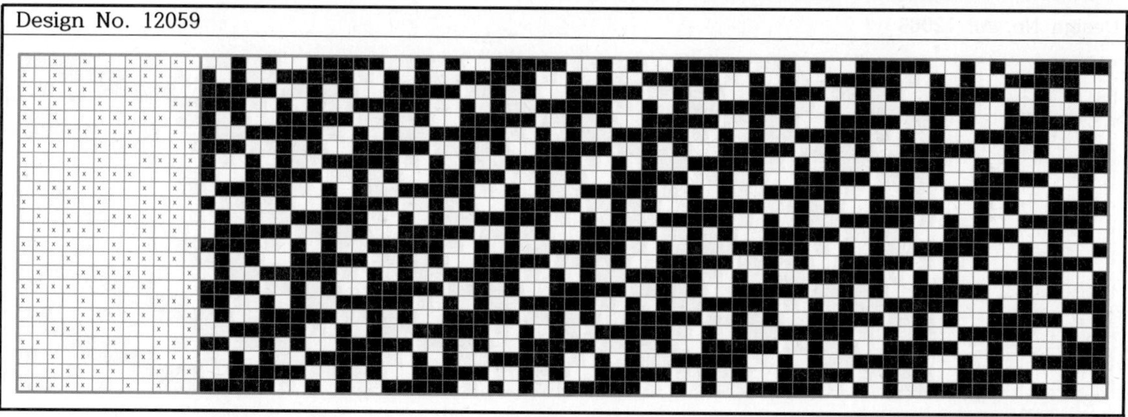

Design No. AP 12060

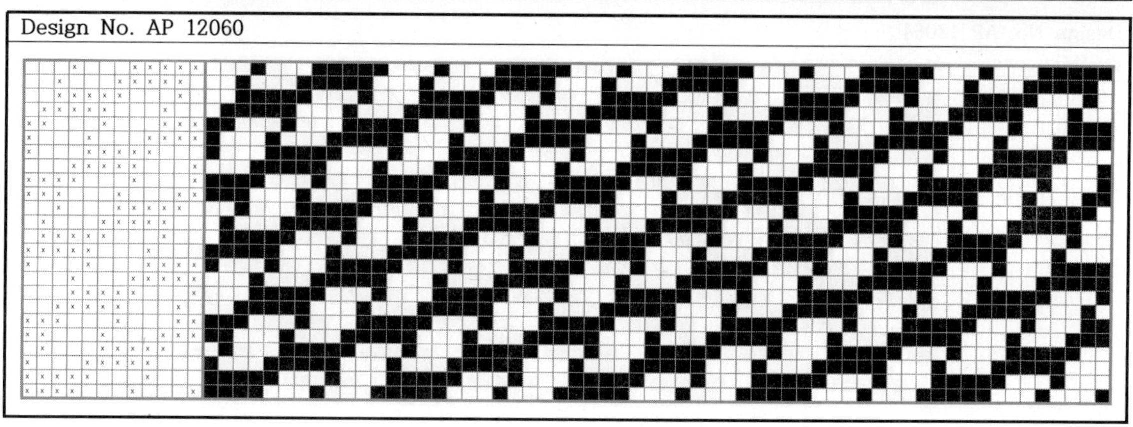

Design No. AP 12061

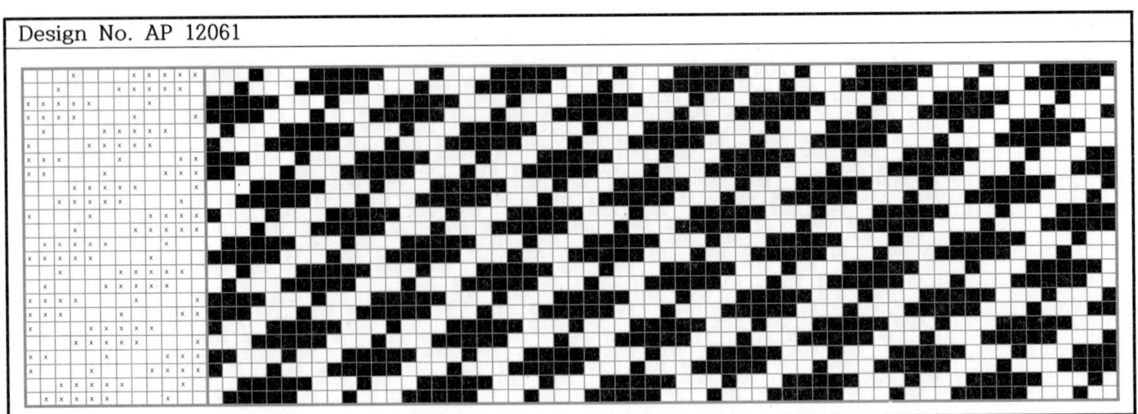

Design No. AP 12062

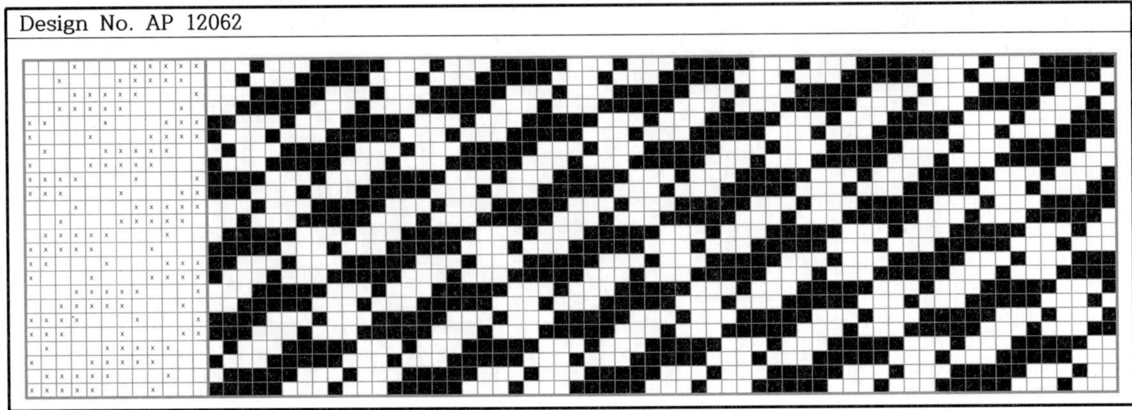

Design No. AP 12063

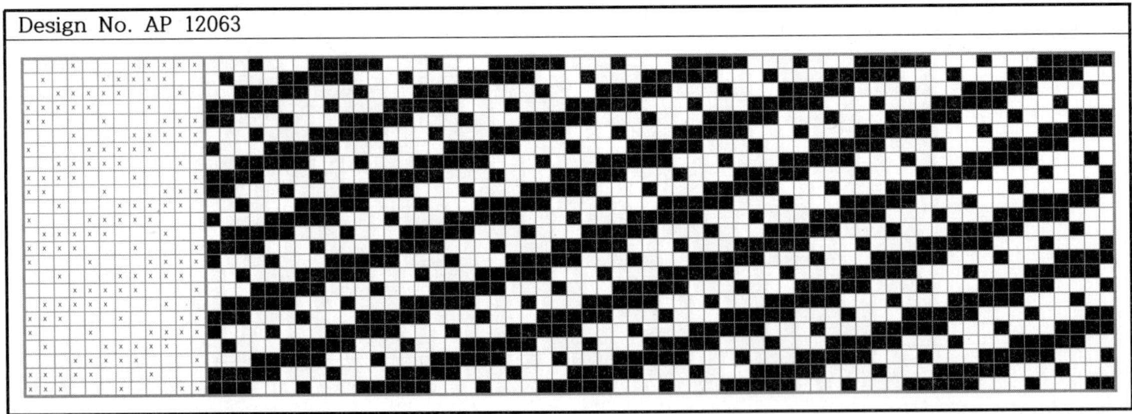

Design No. AP 12064

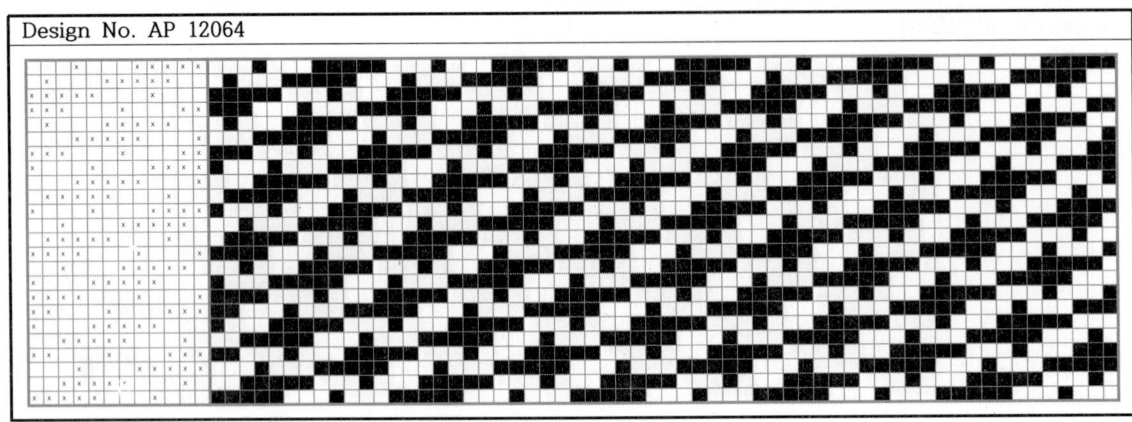

Design No. AP 12065

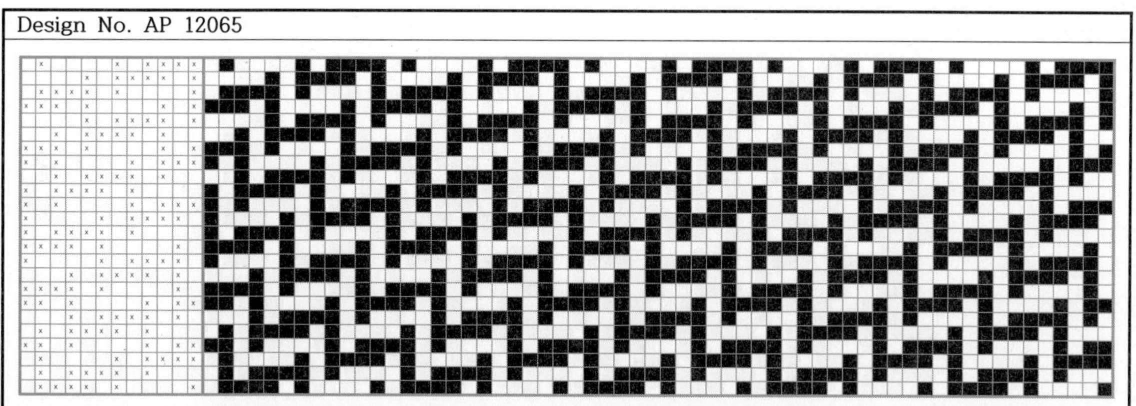

Design No. AP 12066

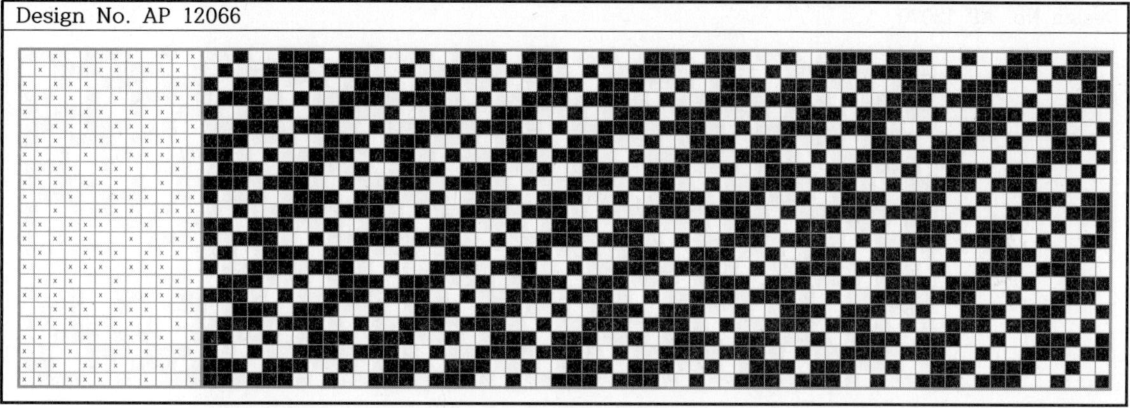

Design No. AP 12067

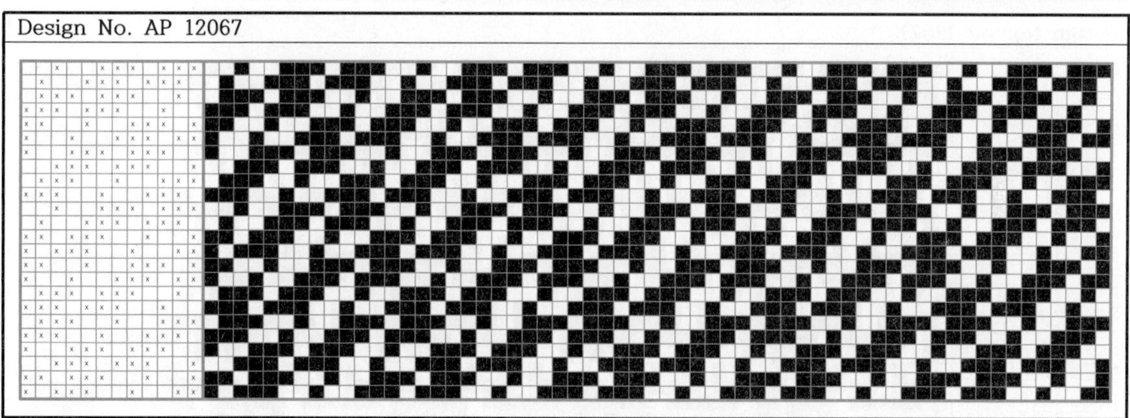

Design No. AP 12068

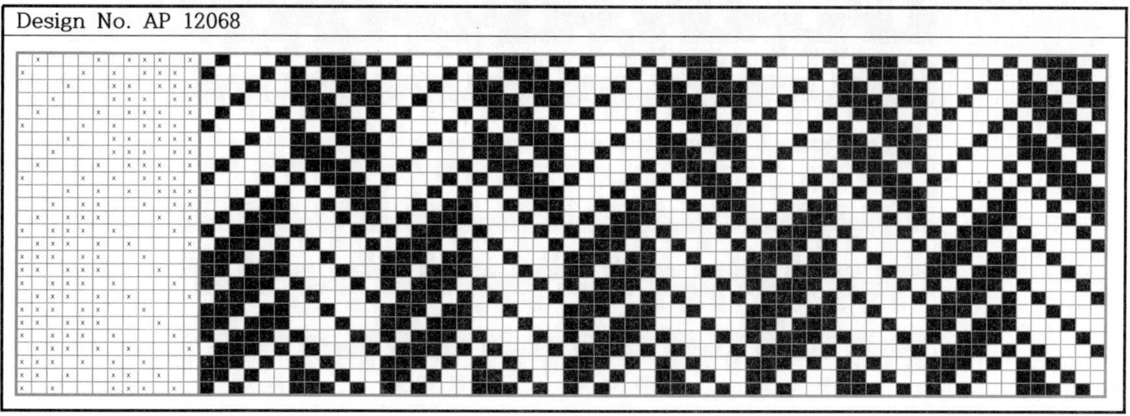

Design No. AP 12069

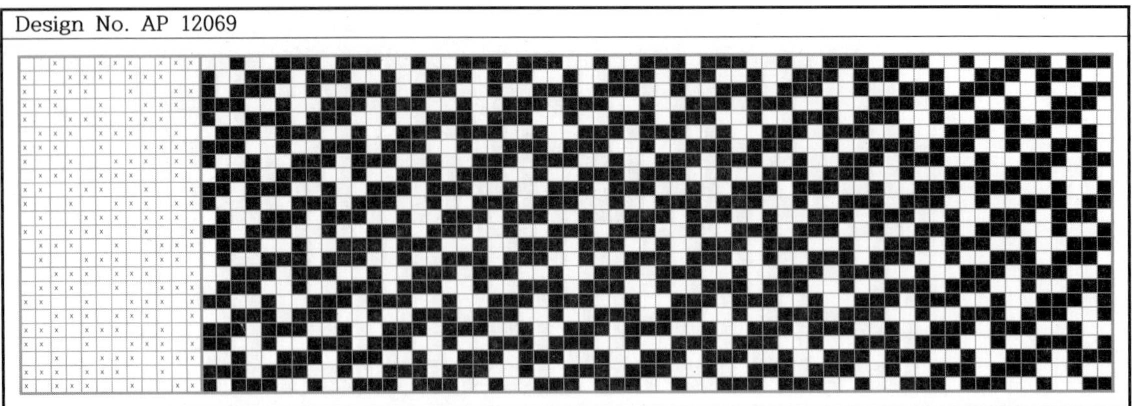

Design No. AP 12070

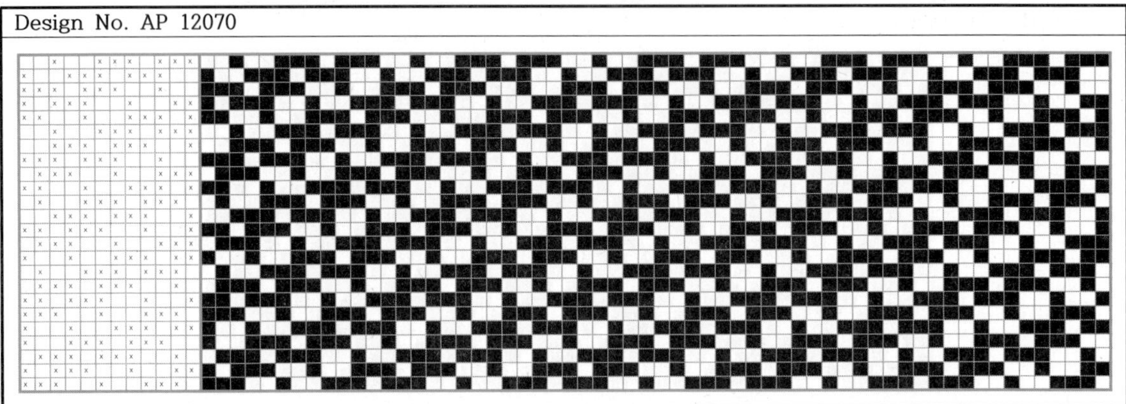

Design No. AP 12071

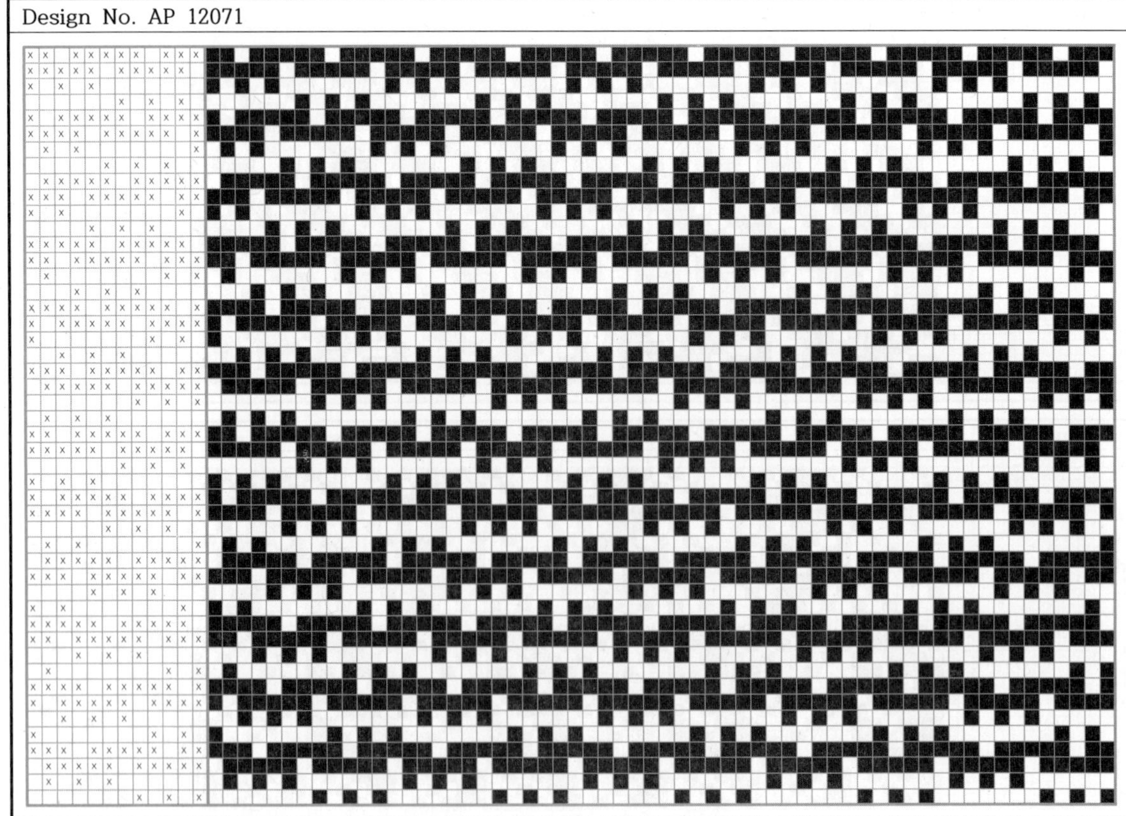

Design No. AP 13001

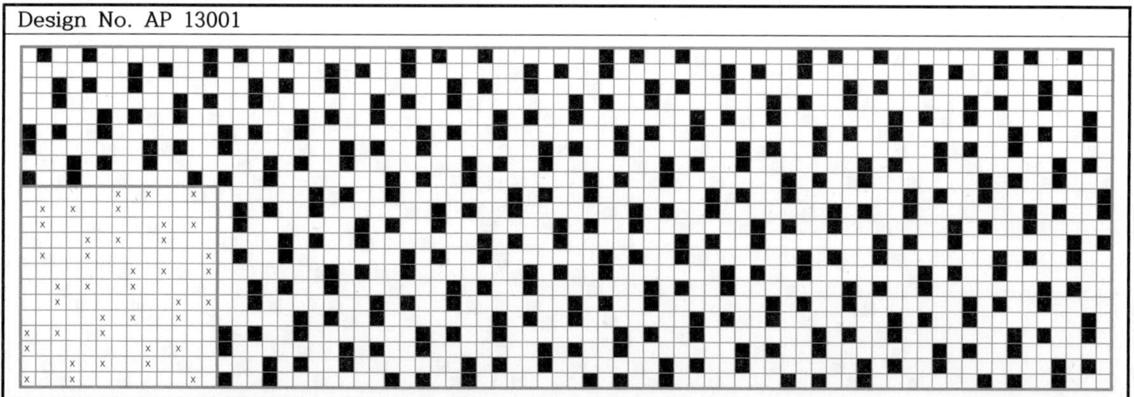

Design No. AP 13002

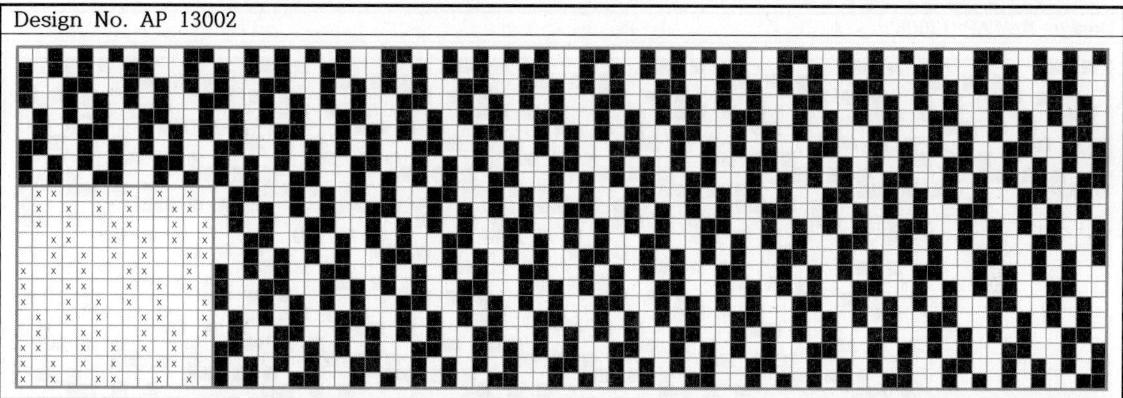

Design No. AP 13003

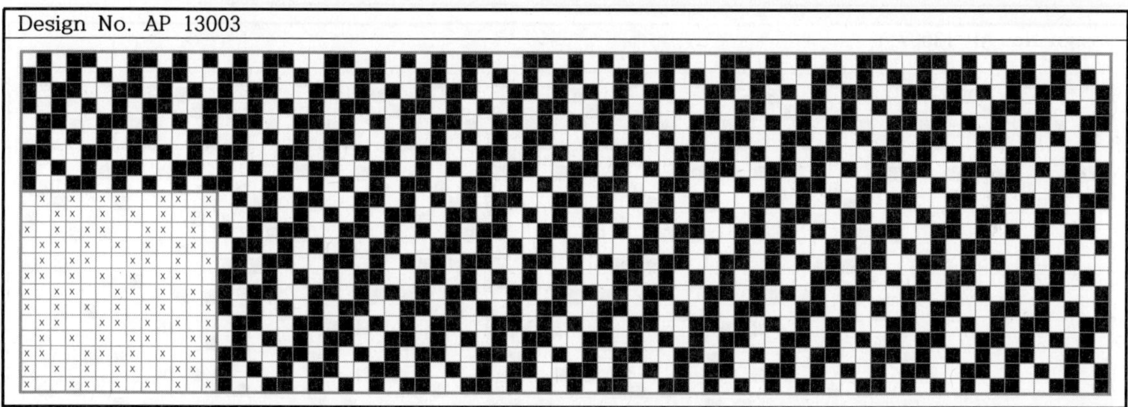

Design No. AP 13004

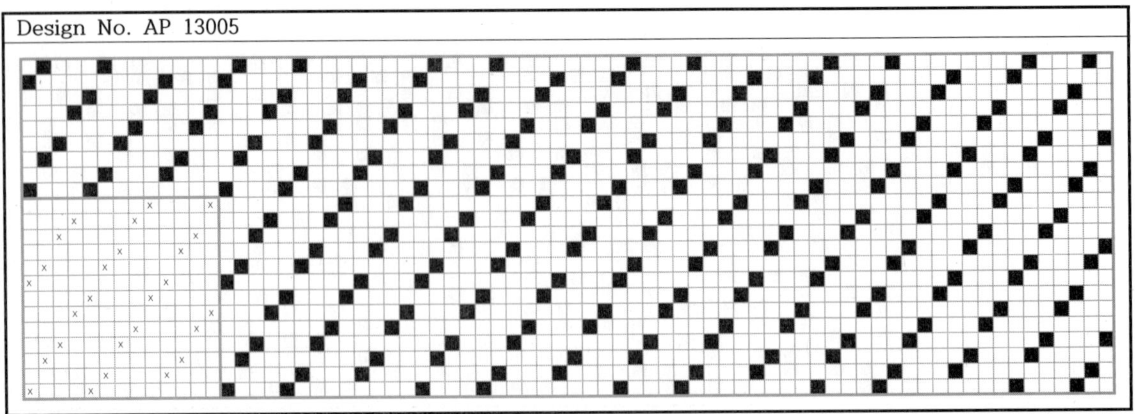

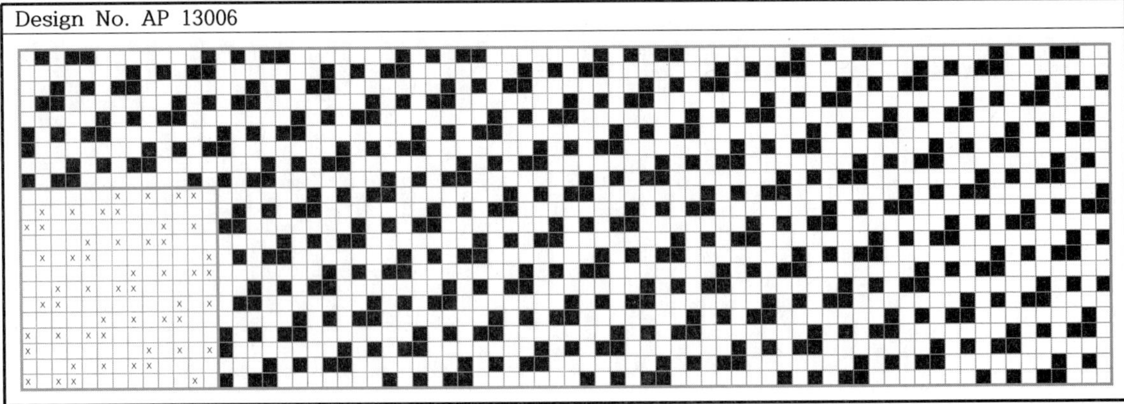

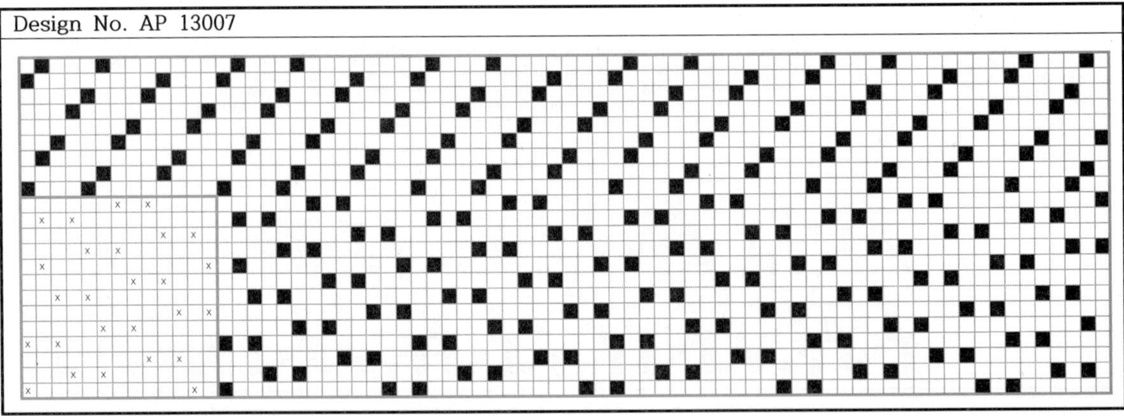

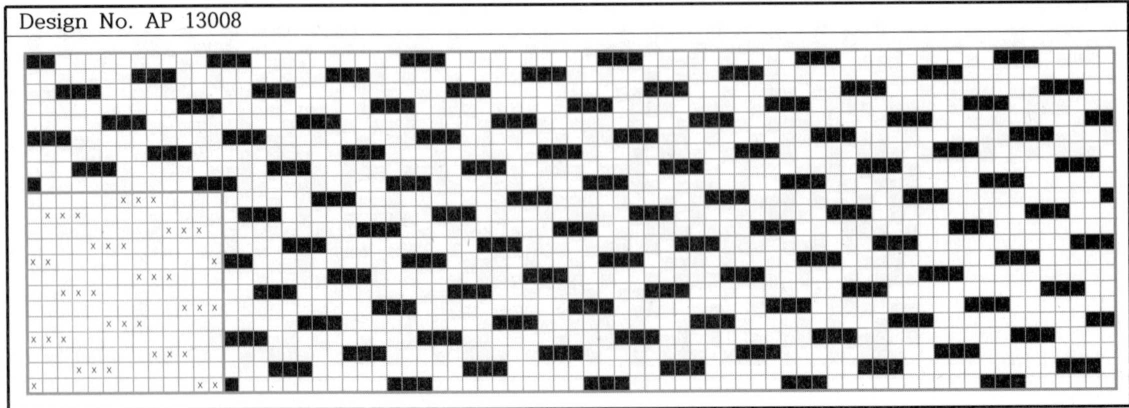

Design No. AP 13009

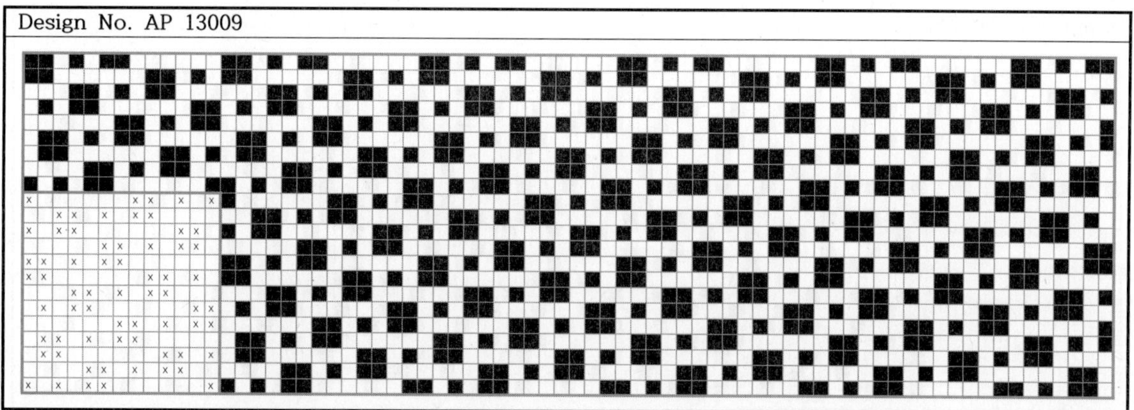

Design No. AP 13010

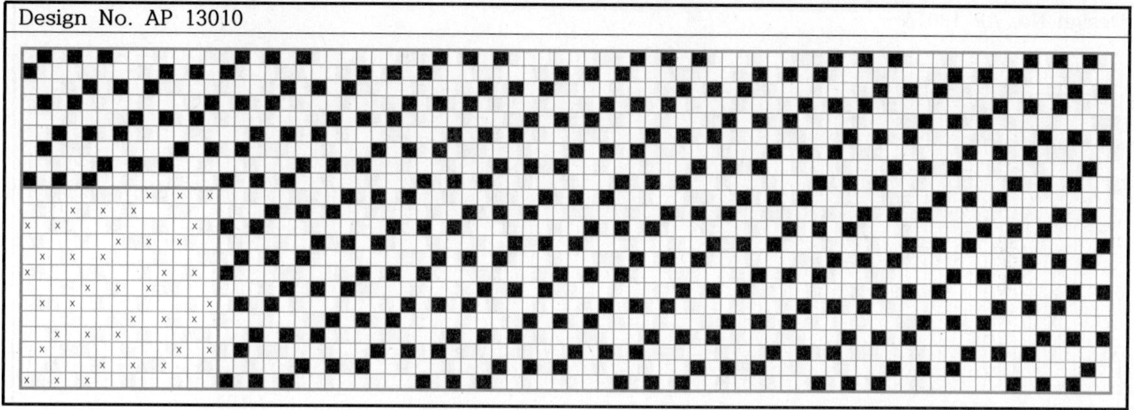

Design No. AP 13011

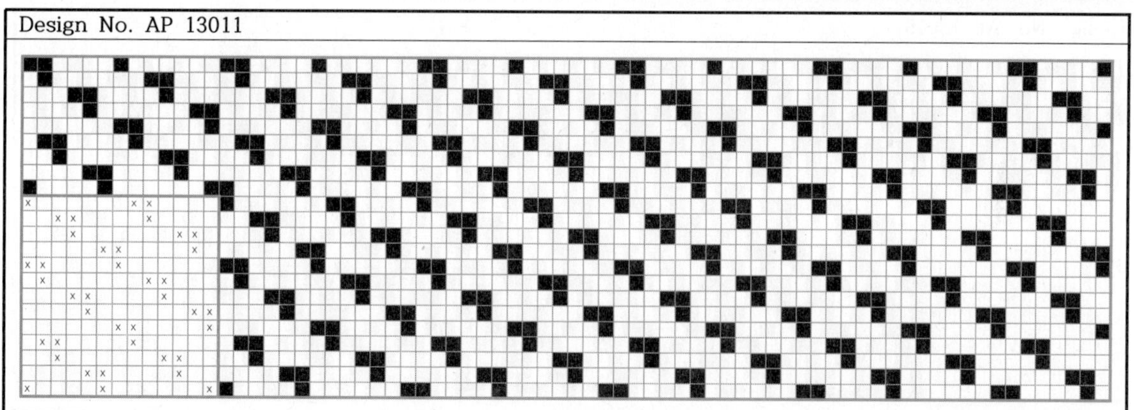

Design No. AP 13012

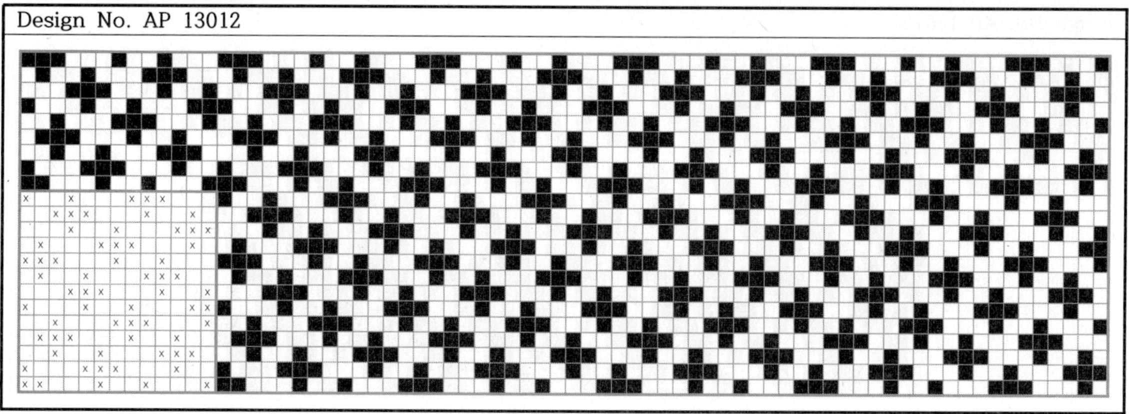

Design No. AP 13013

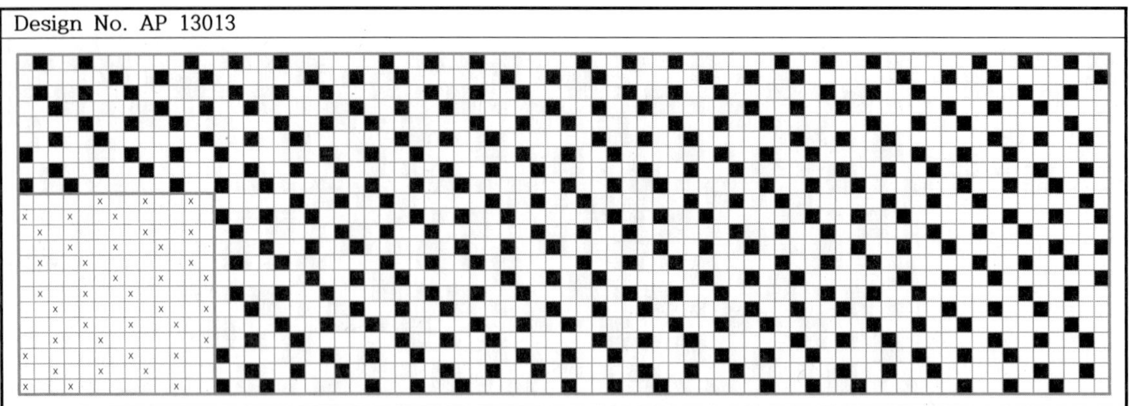

Design No. AP 13014

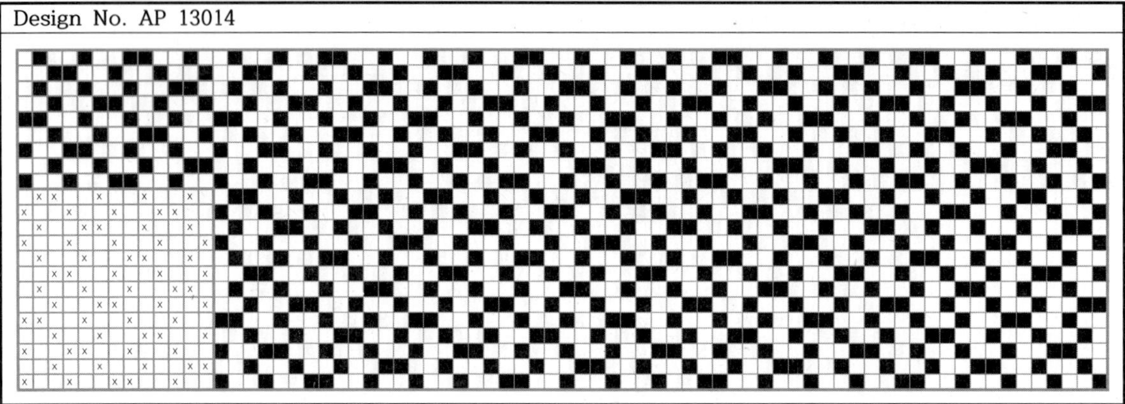

Design No. AP 13015

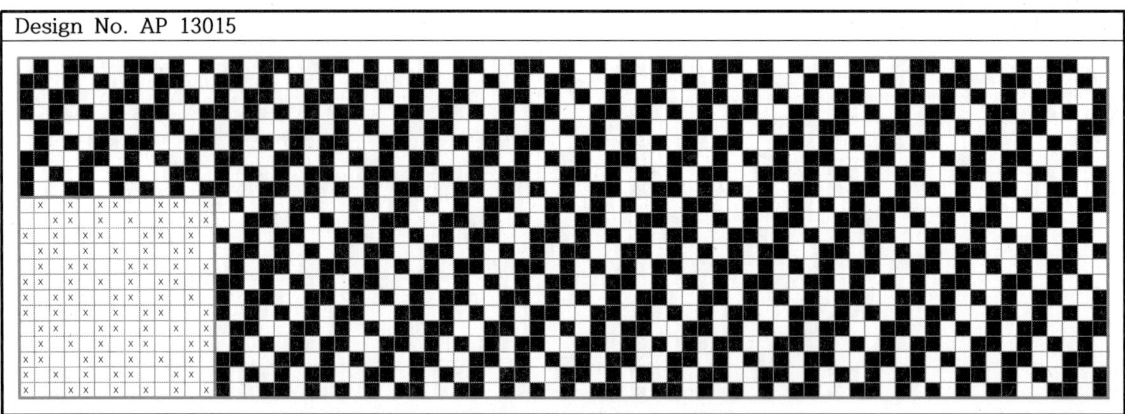

Design No. AP 13016

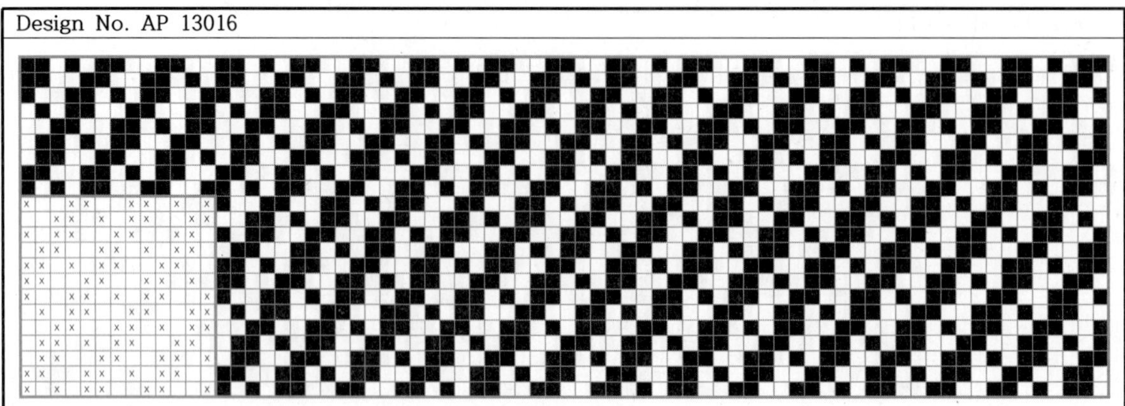

Design No. AP 13017

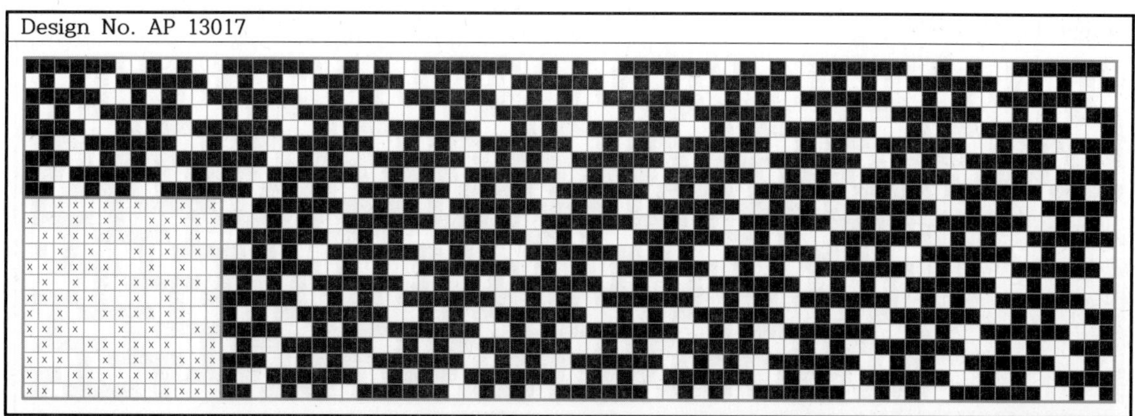

Design No. AP 13018

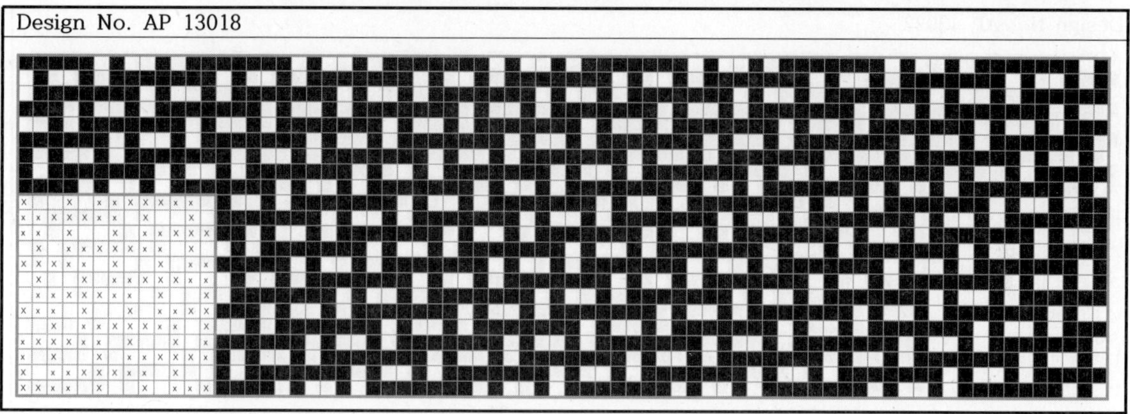

Design No. AP 13019

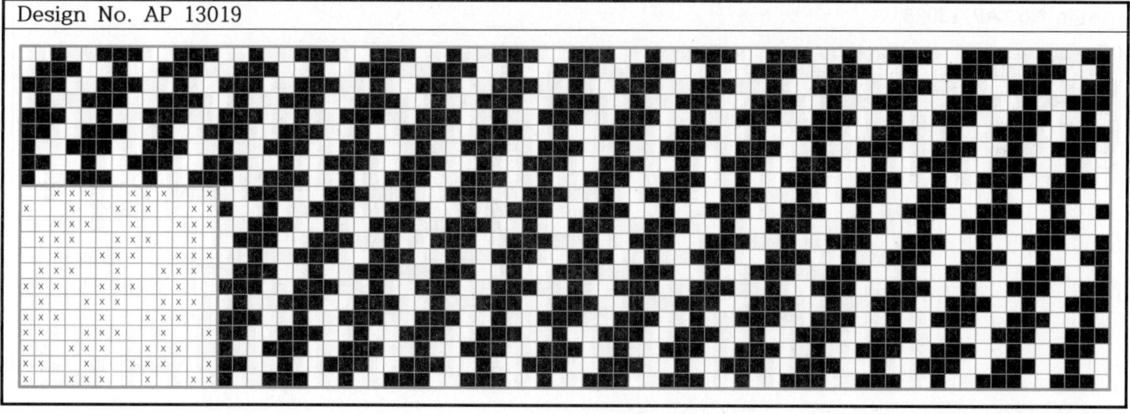

Design No. AP 13020

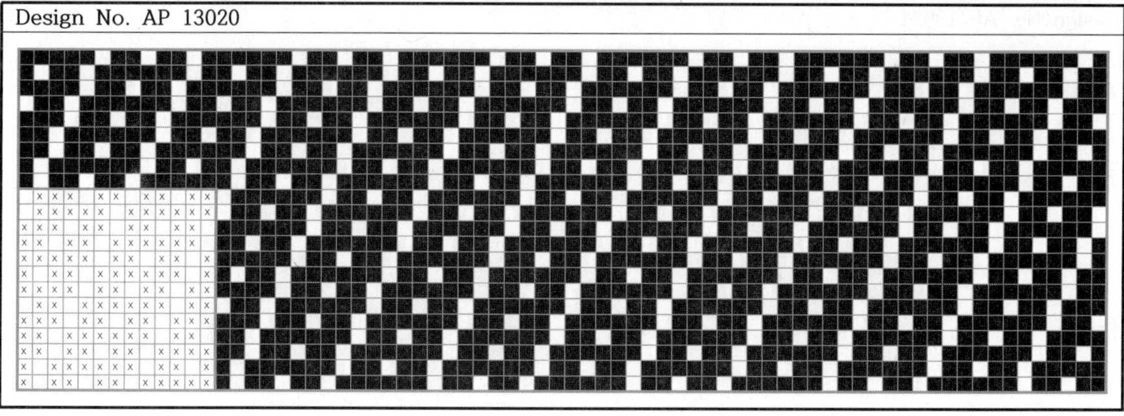

Design No. AP 13021

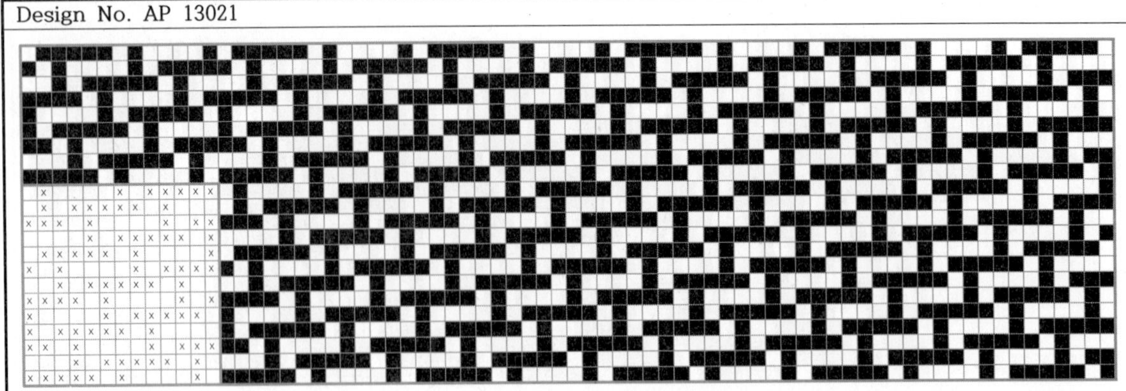

Design No. AP 13022

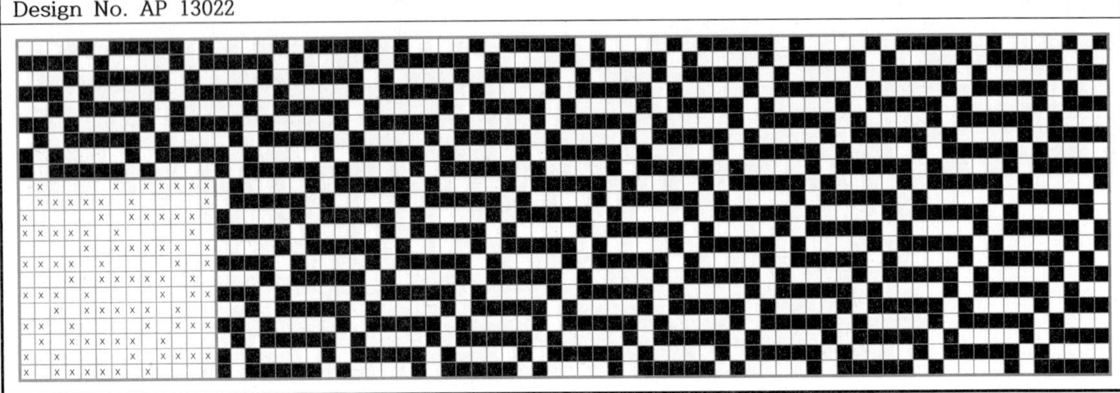

Design No. AP 13023

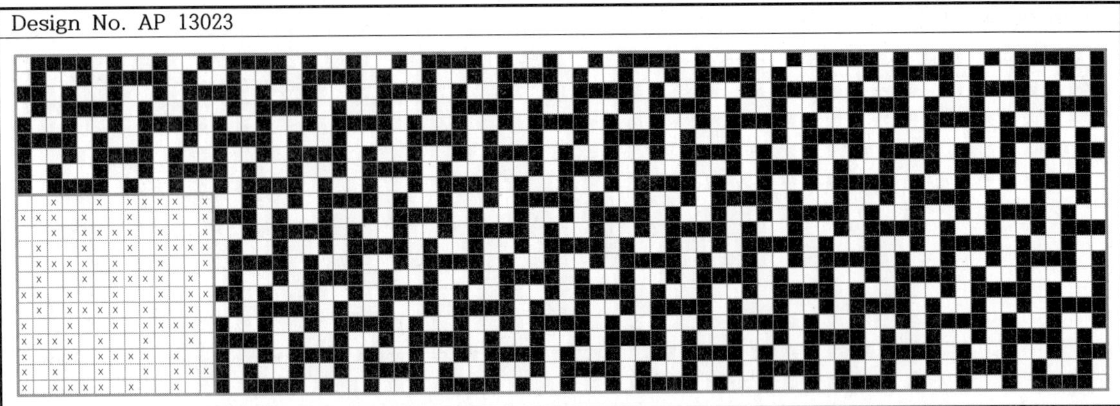

Design No. AP 13024

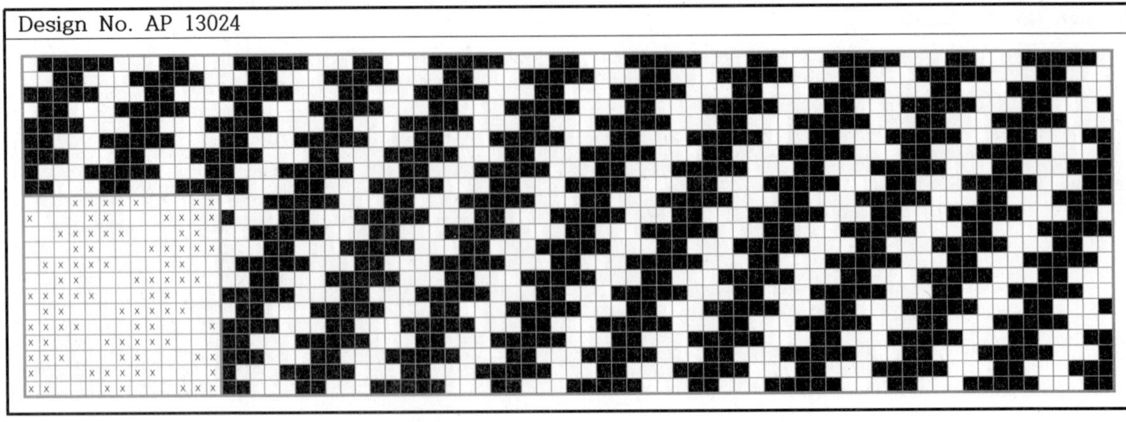

Design No. AP 13025

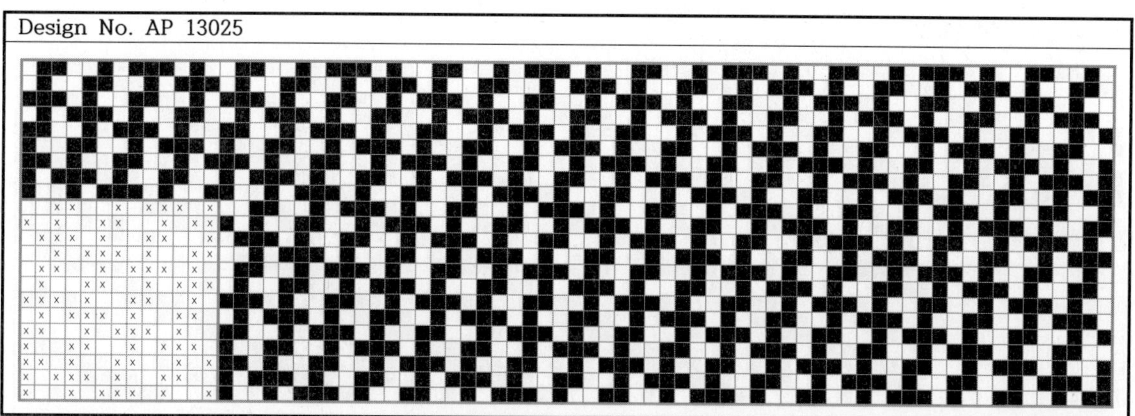

Design No. AP 13026

Design No. AP 13027

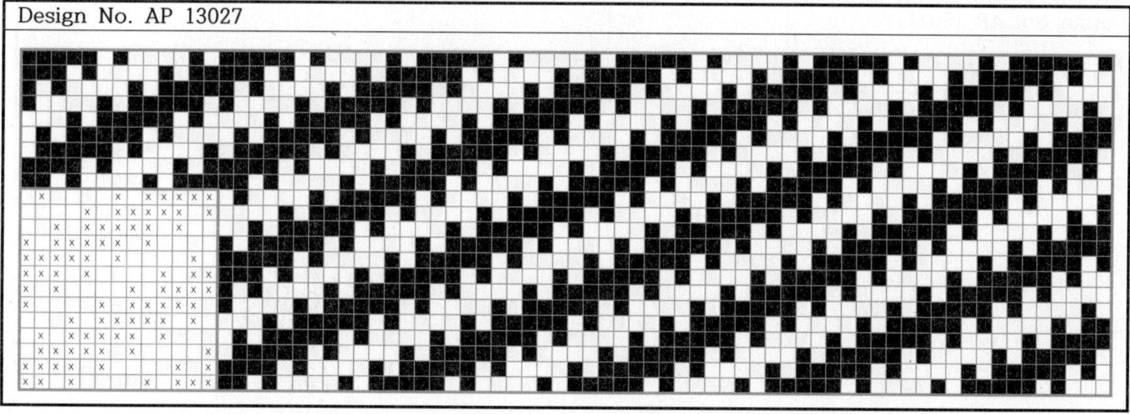

Design No. AP 13028

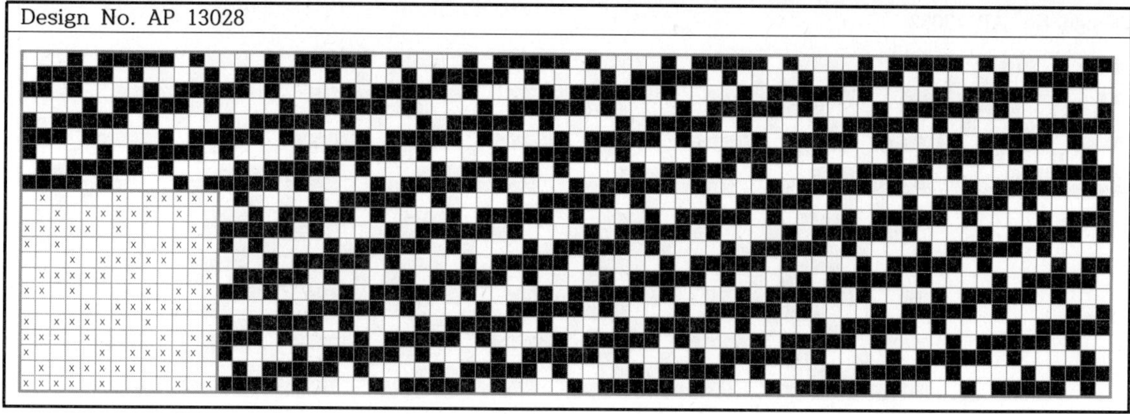

Design No. AP 13029

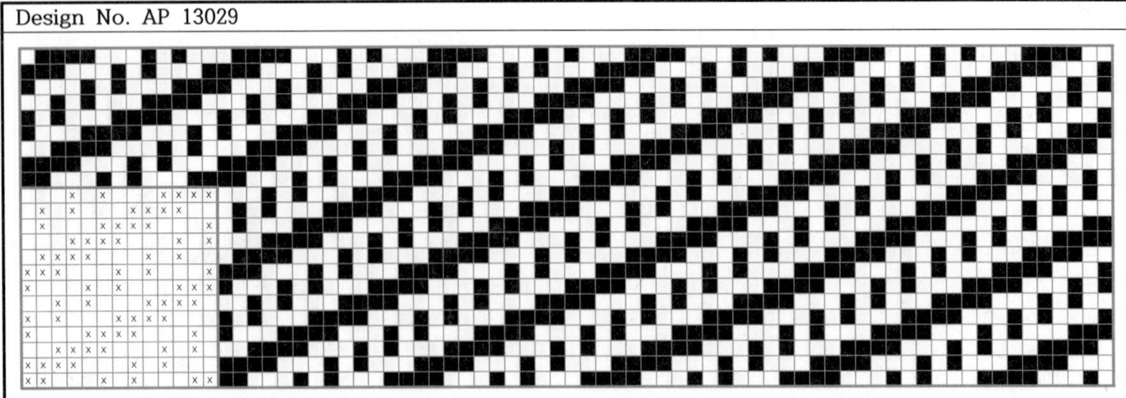

Design No. AP 13030

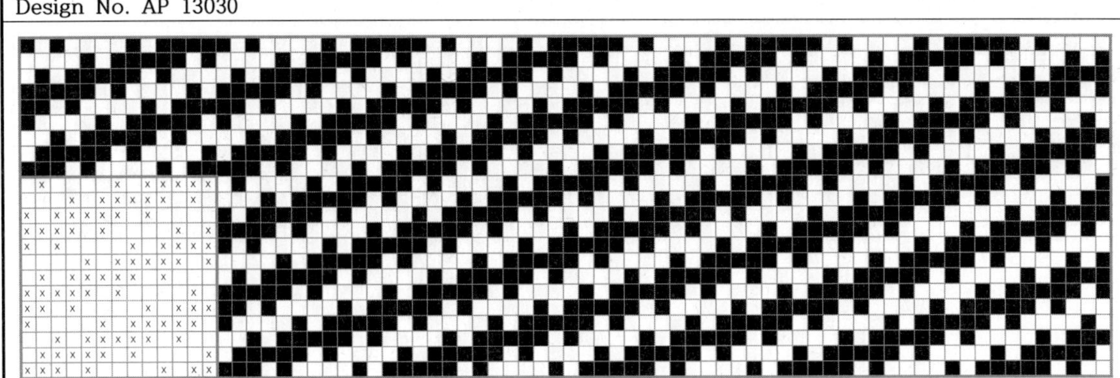

Design No. AP 13031

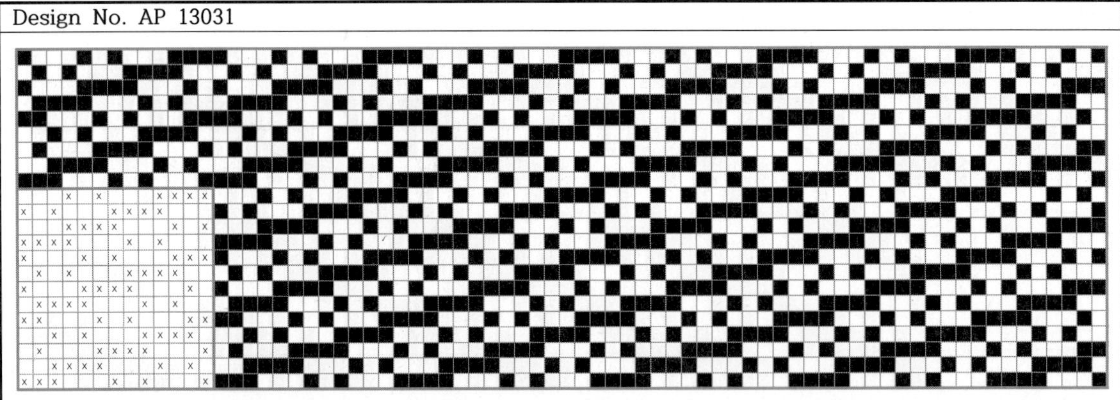

Design No. AP 13032

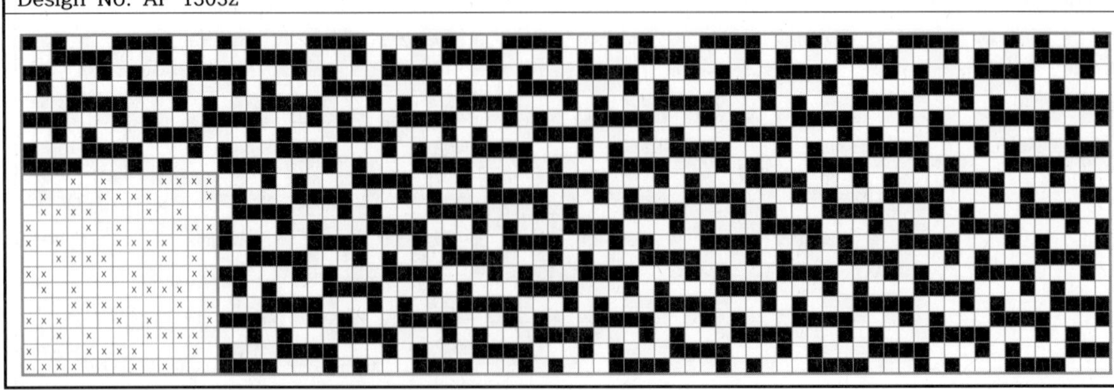

Design No. AP 13033

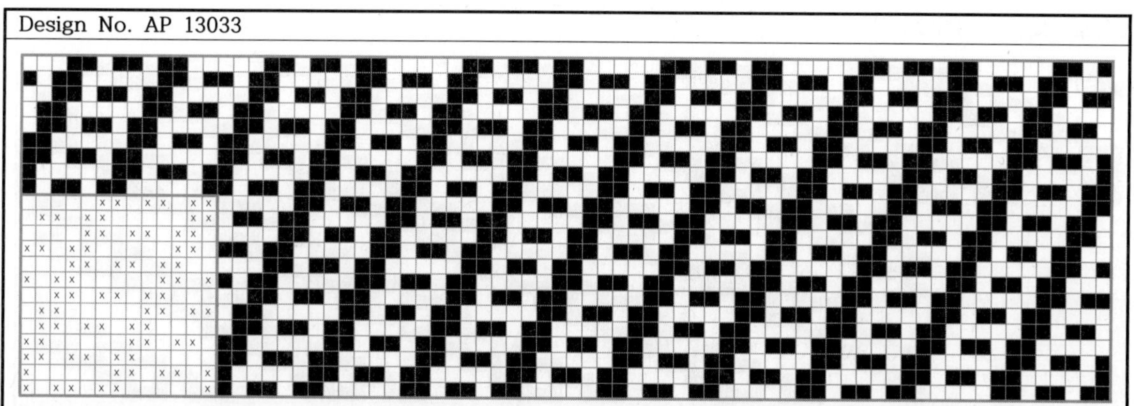

Design No. AP 13034

Design No. AP 13035

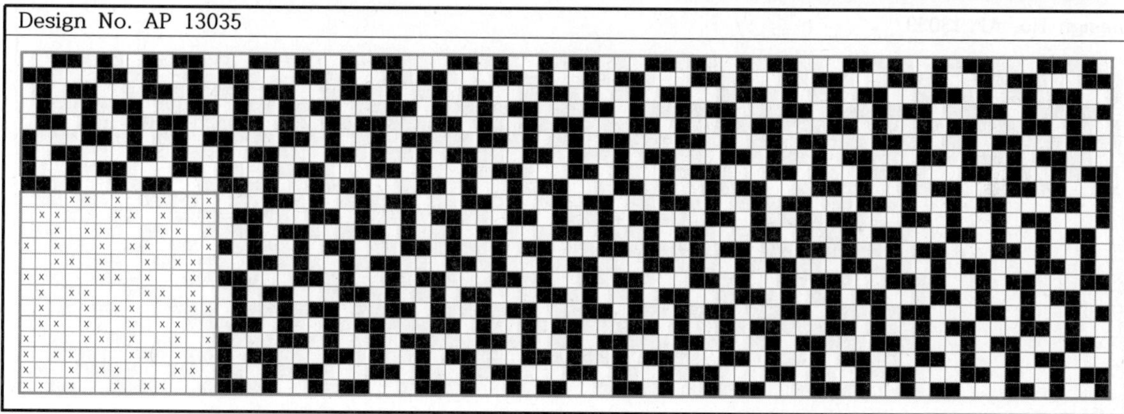

Design No. AP 13036

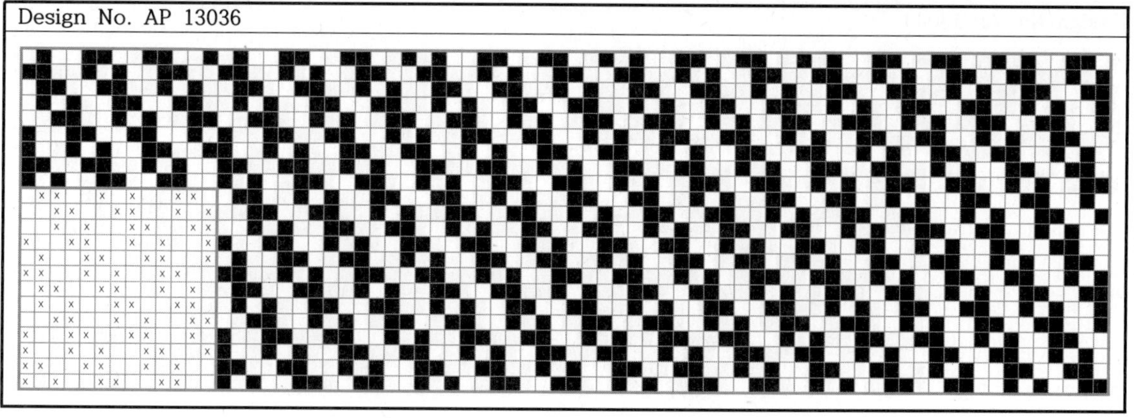

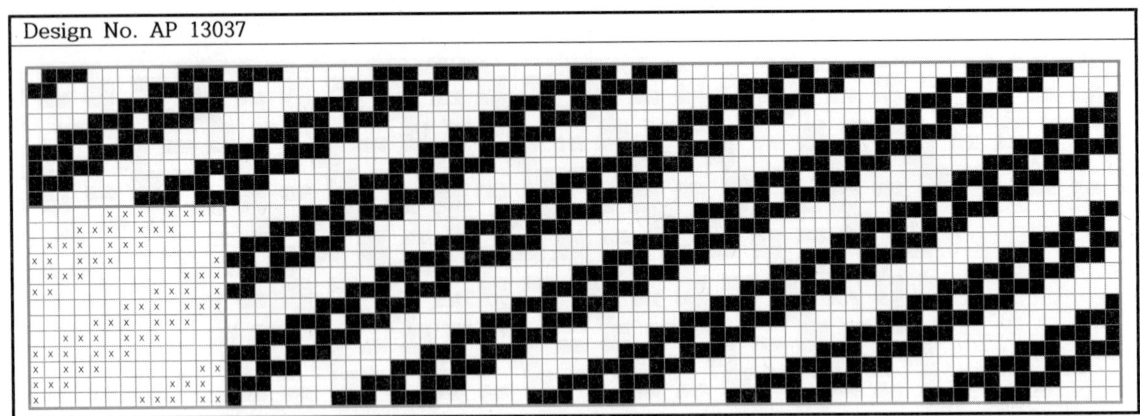

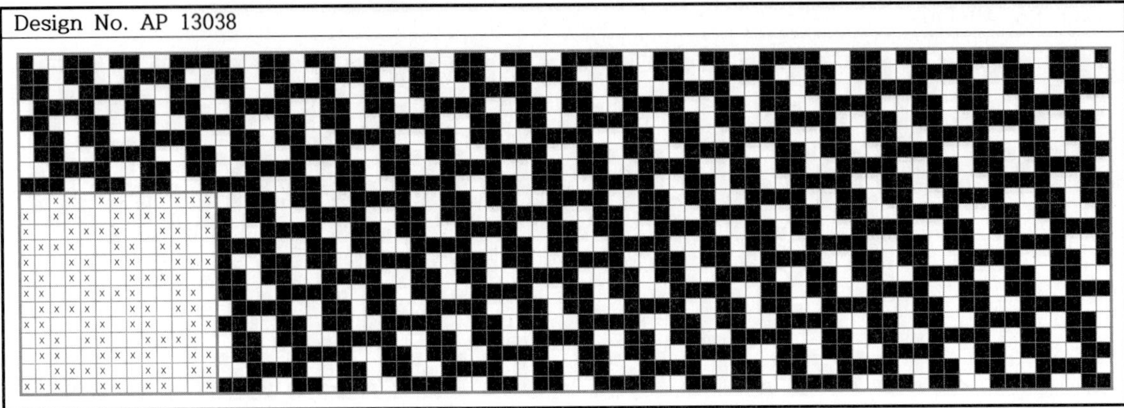

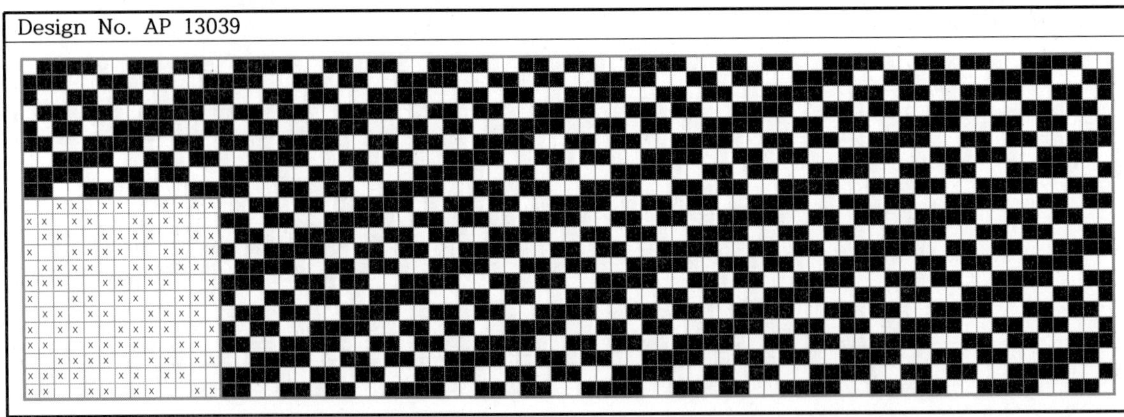

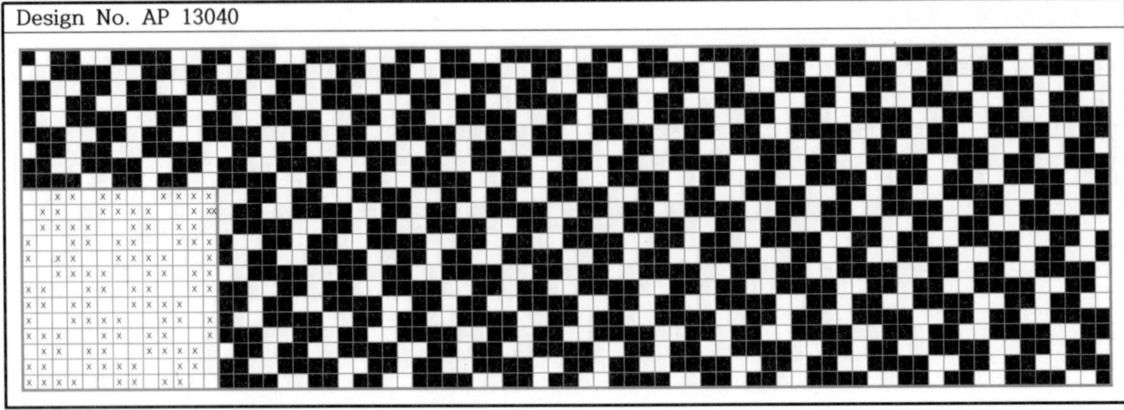

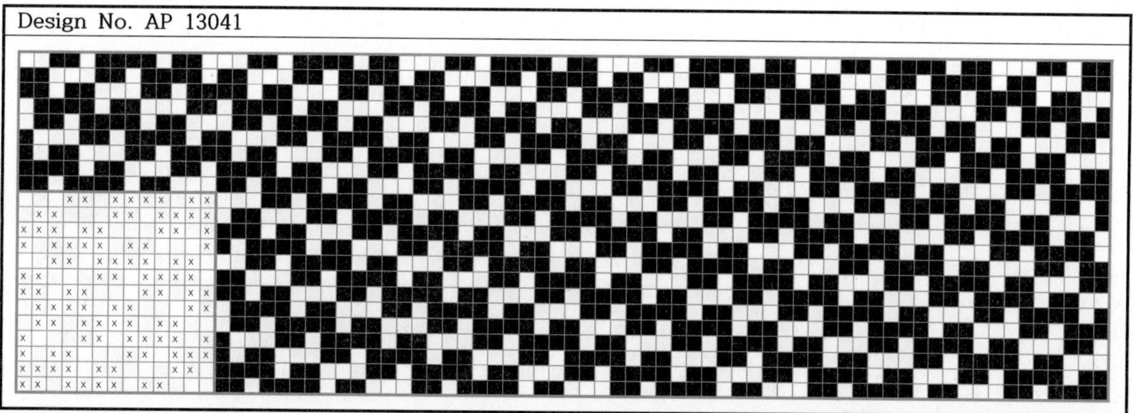

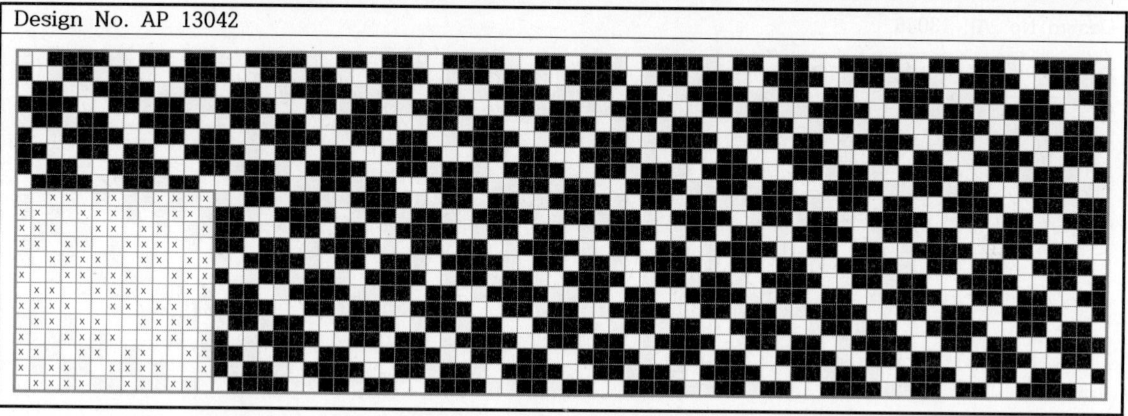

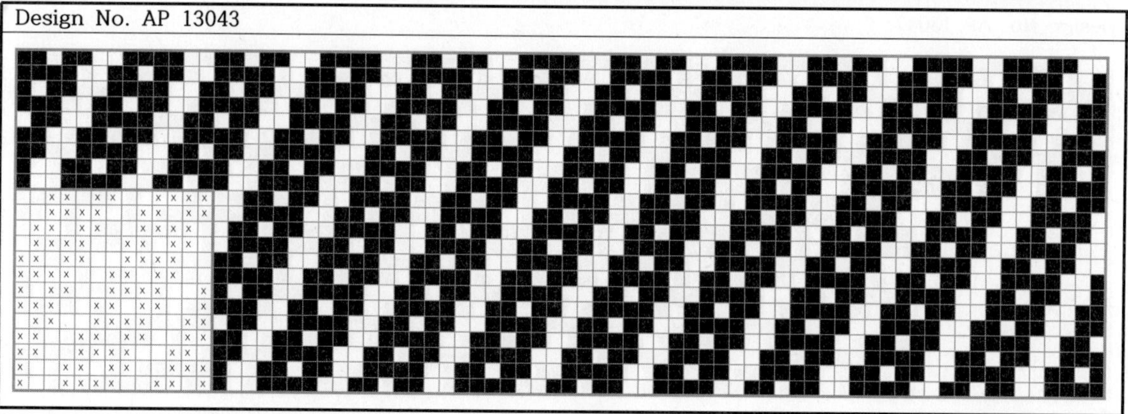

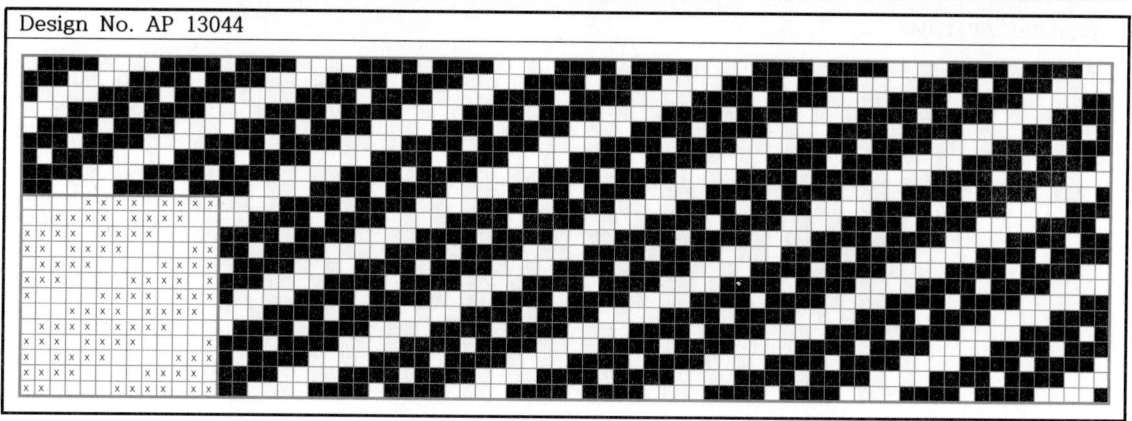

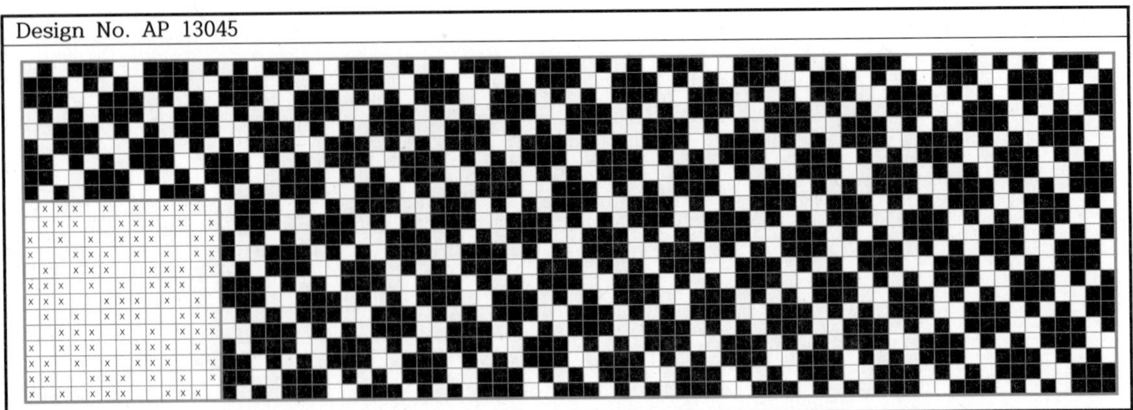

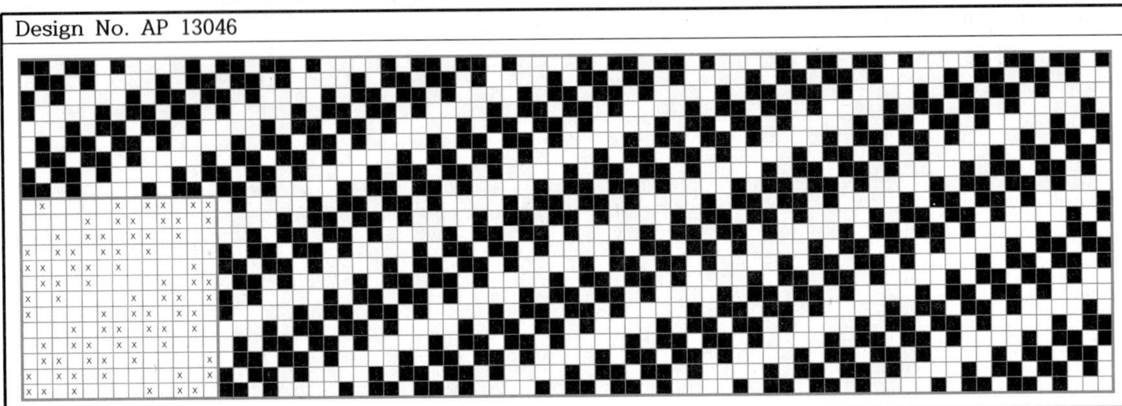

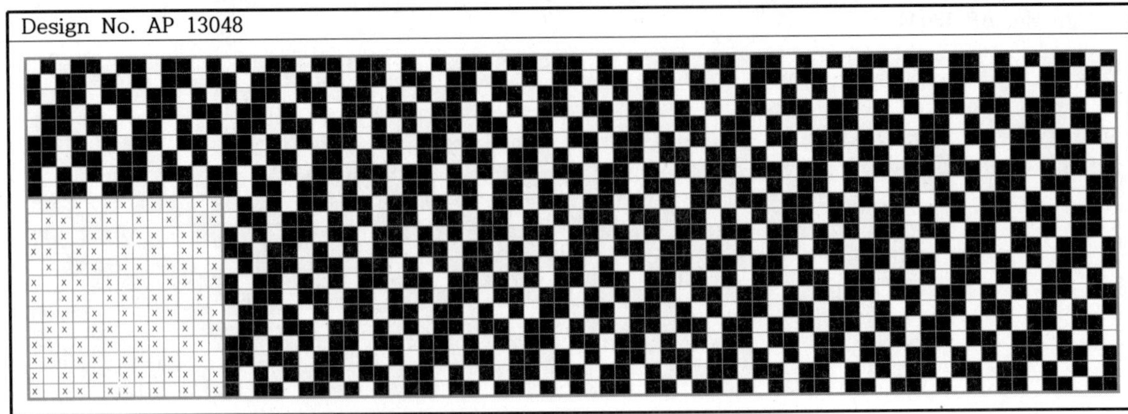

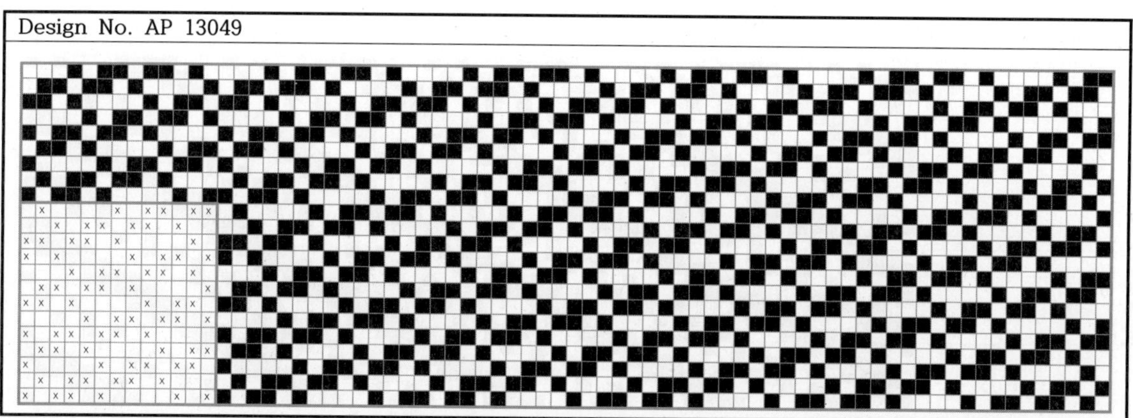

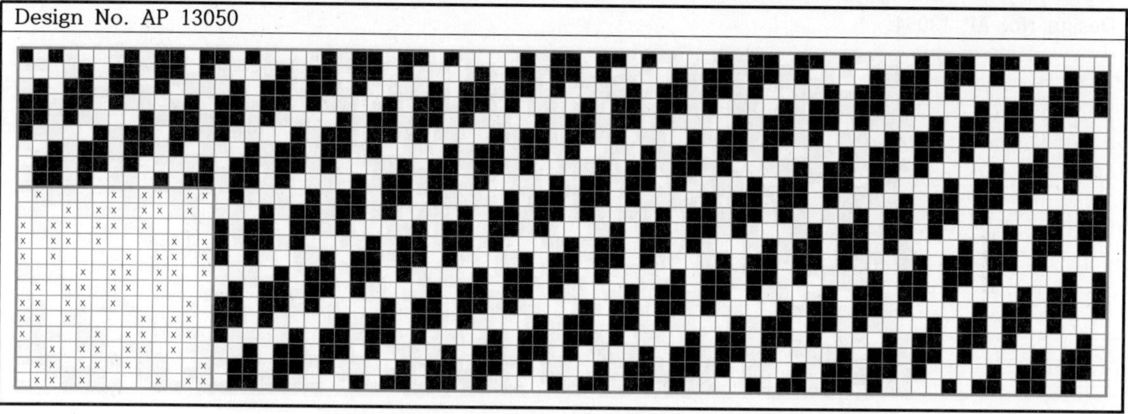

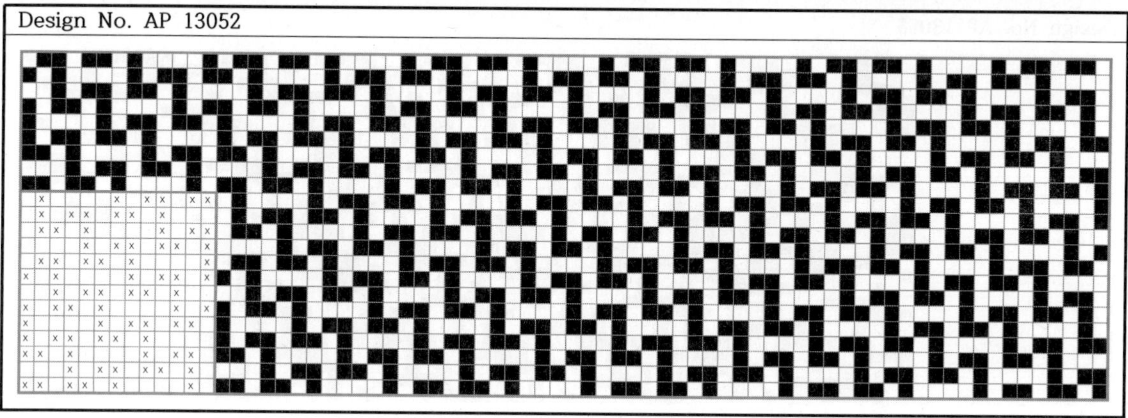

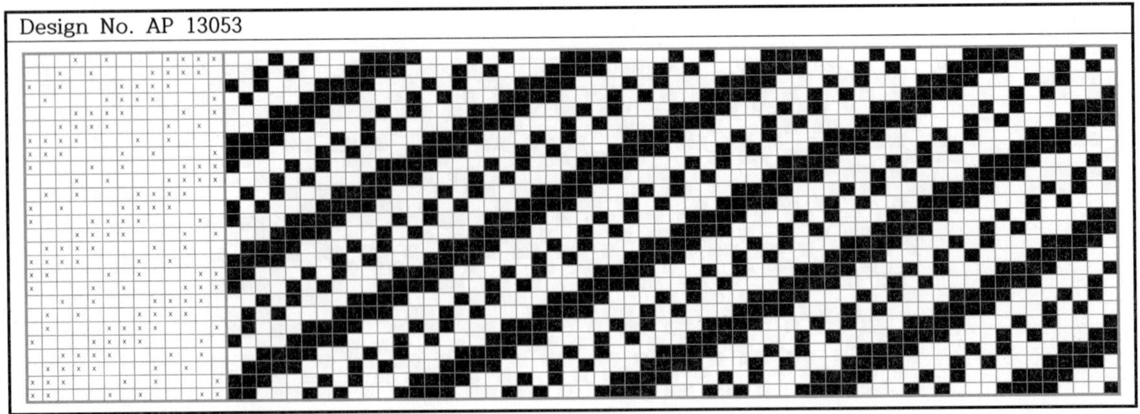

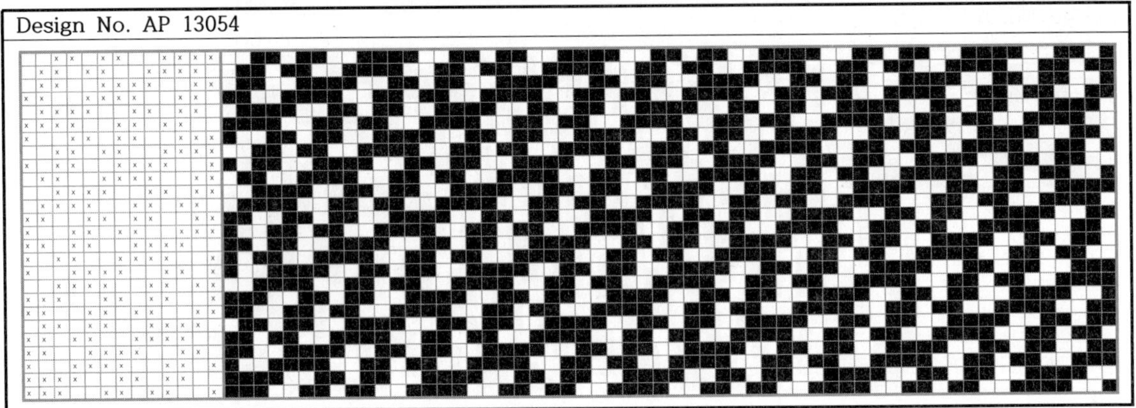

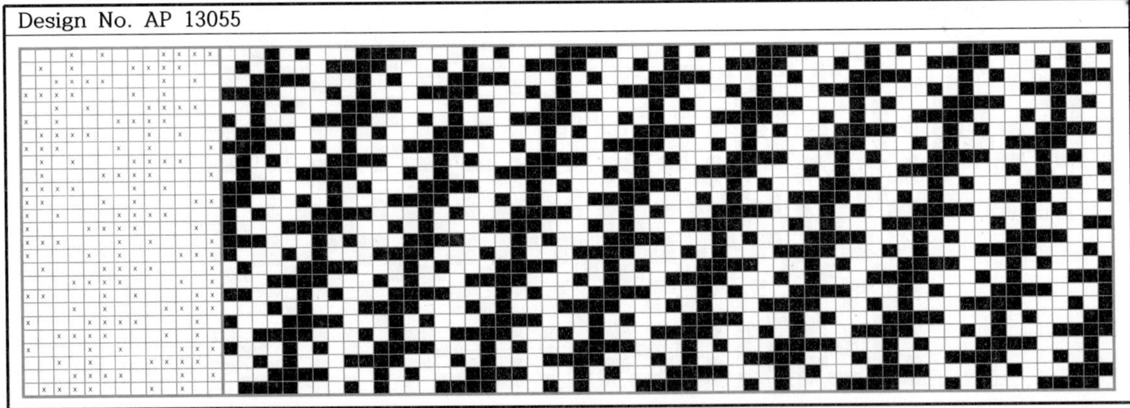

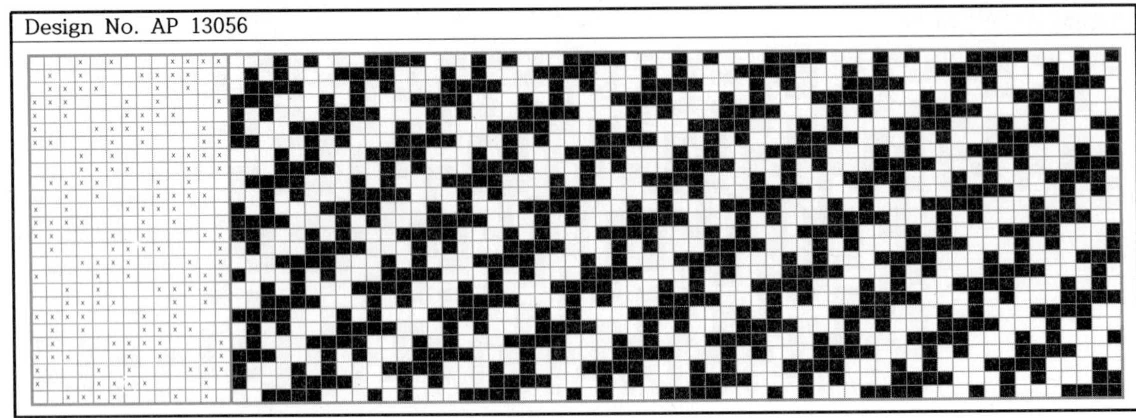

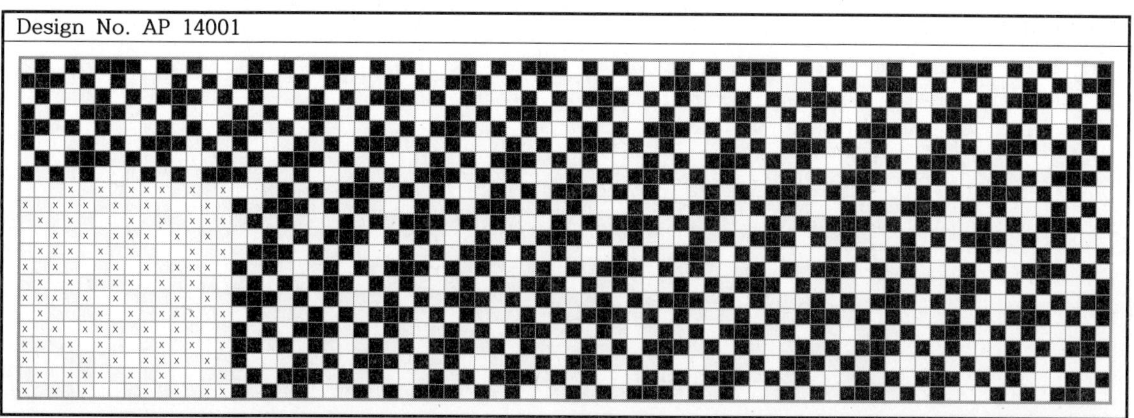

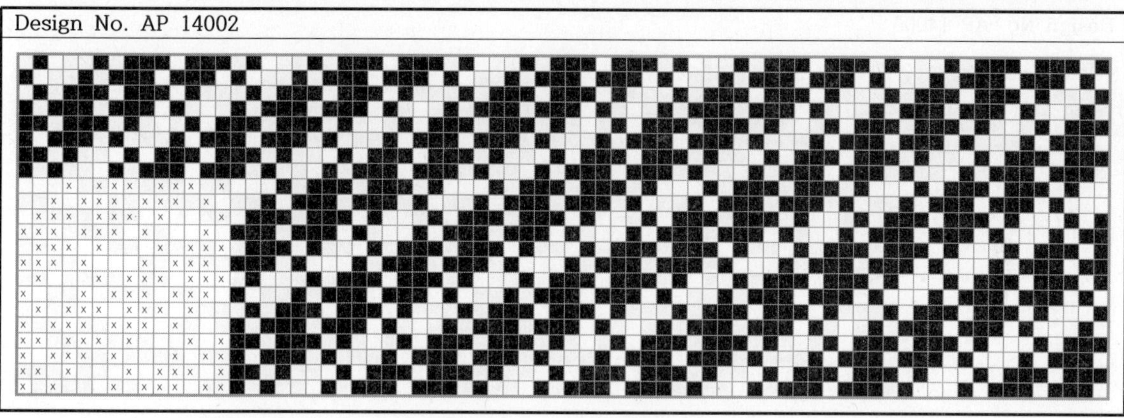

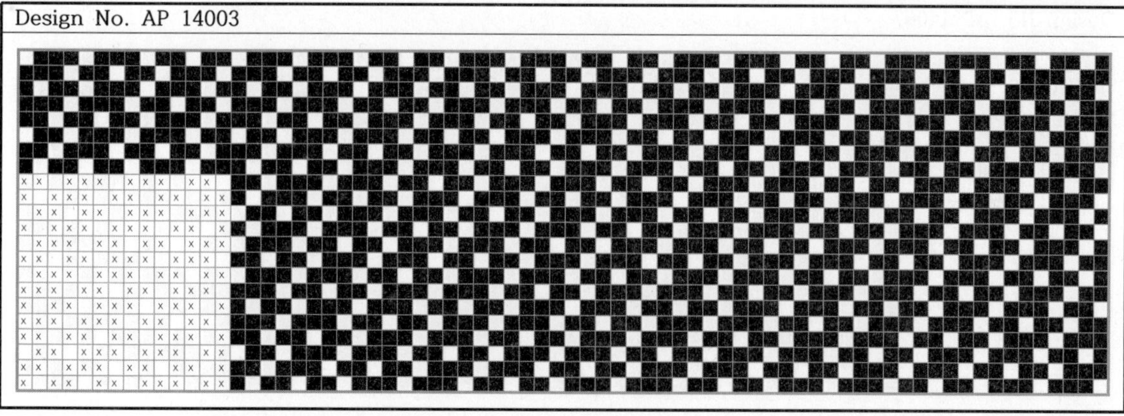

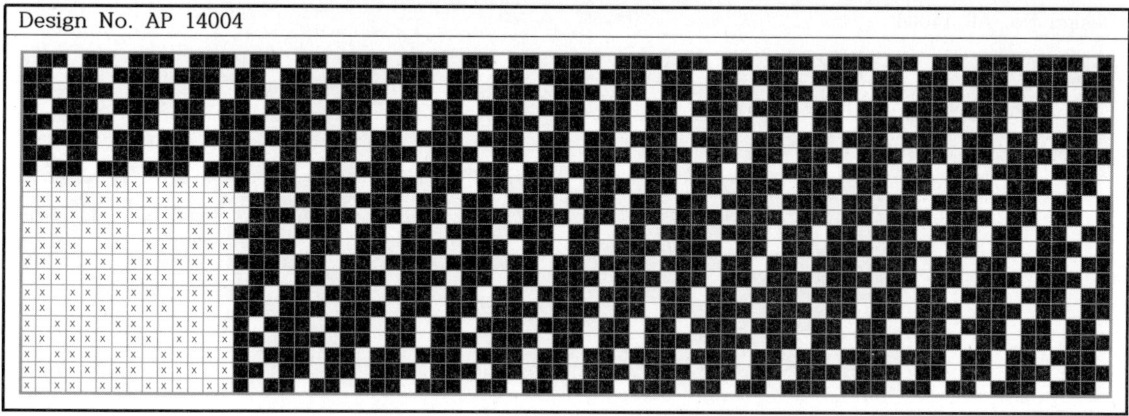

Design No. AP 14005

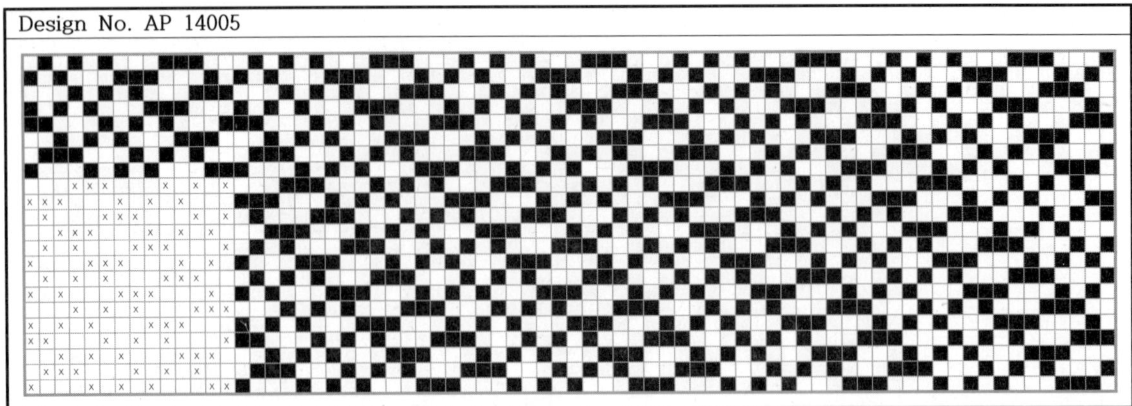

Design No. AP 14006

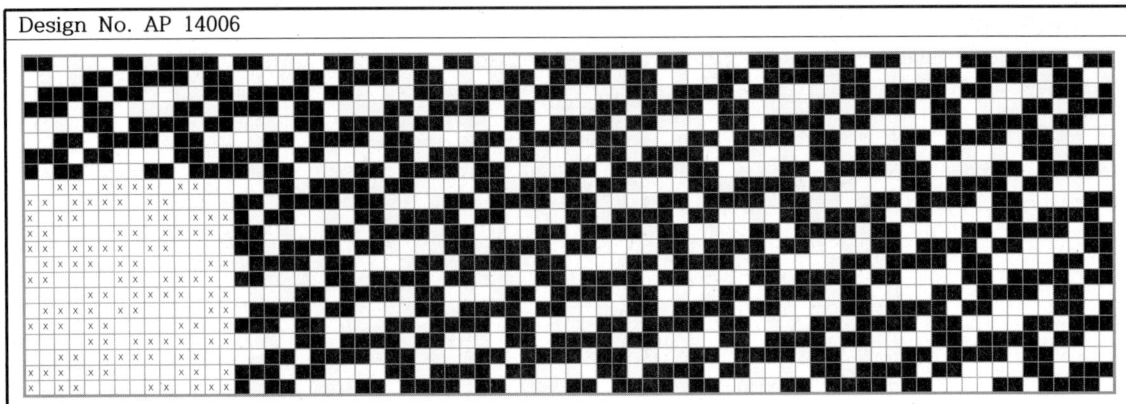

Design No. AP 14007

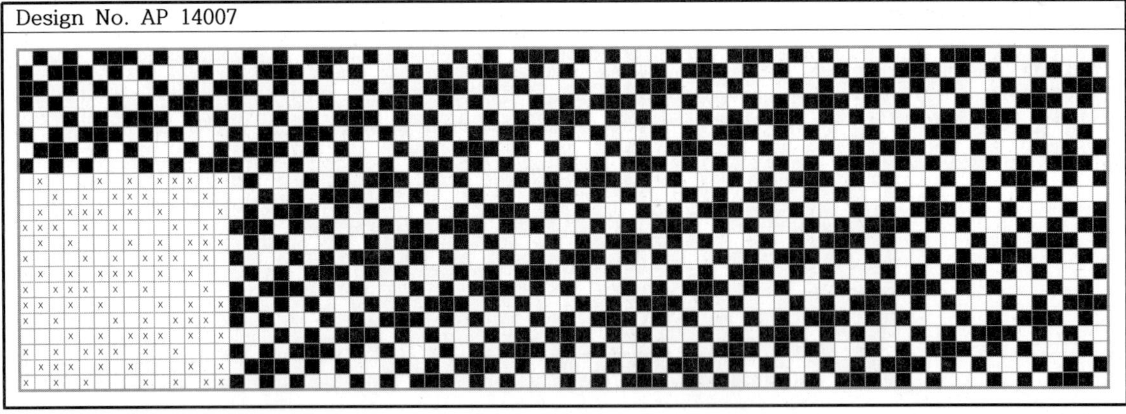

Design No. AP 14008

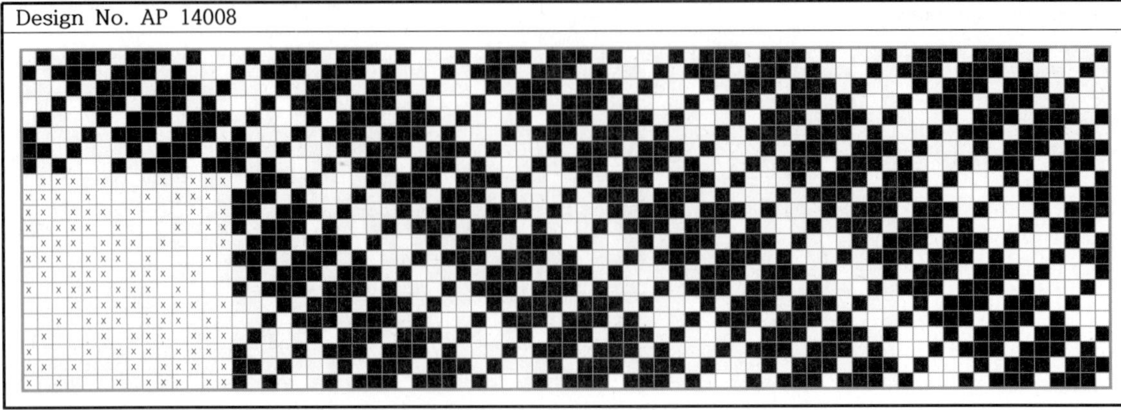

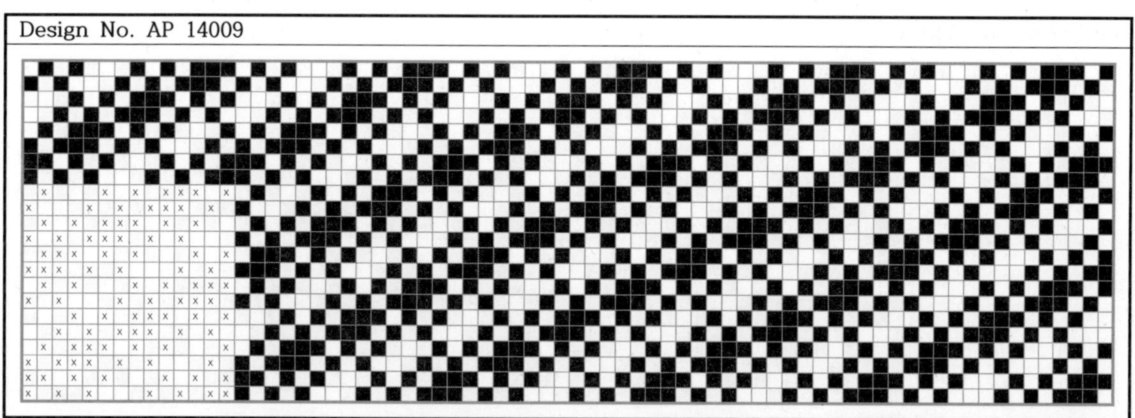

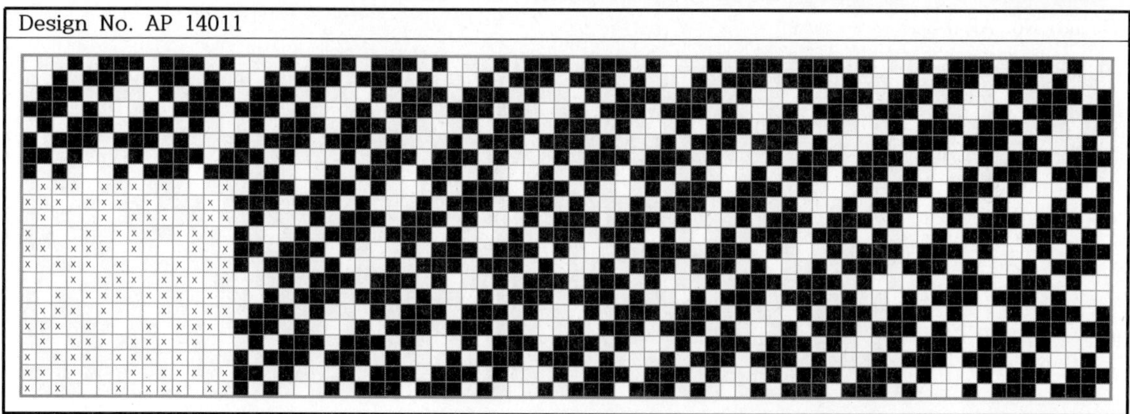

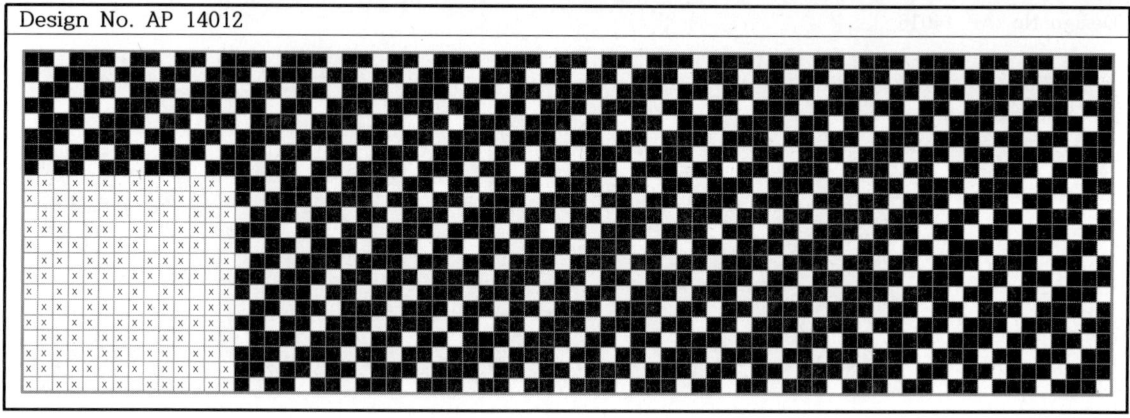

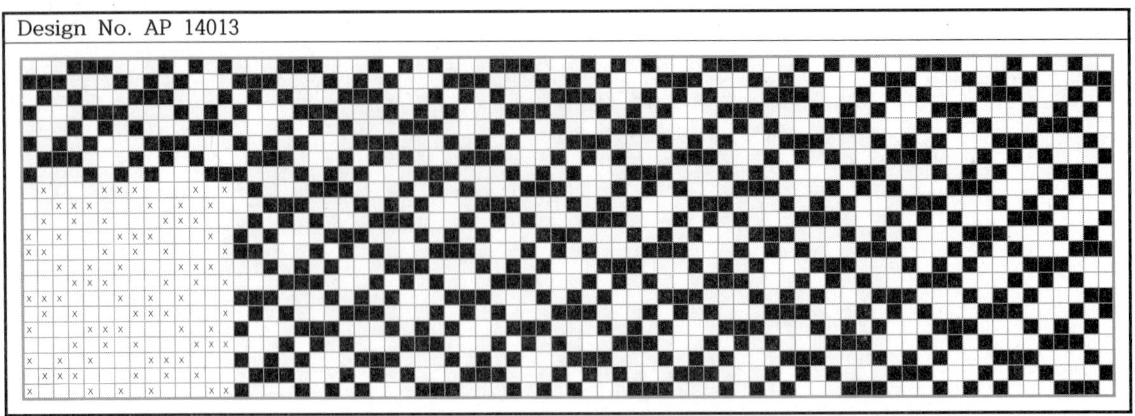

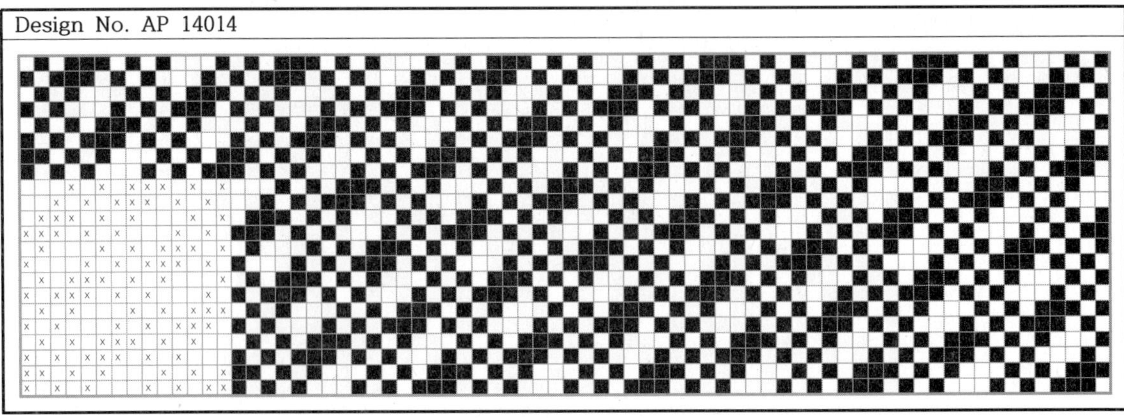

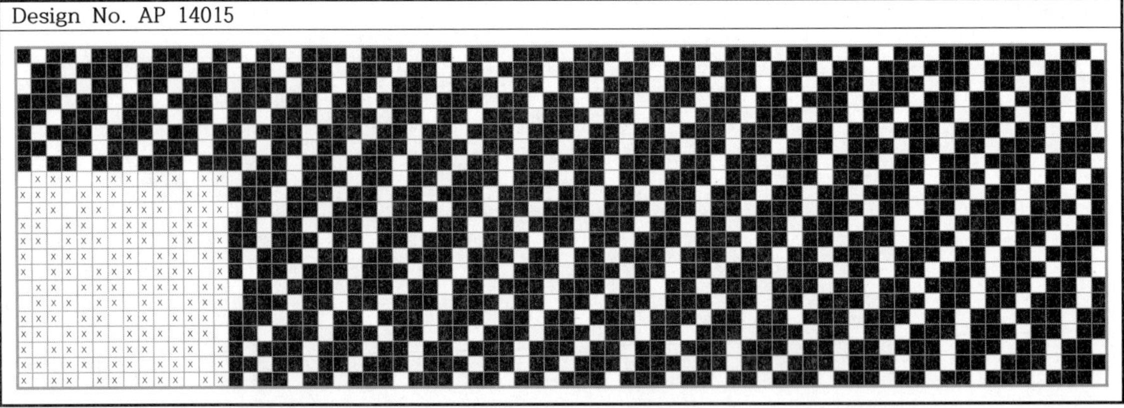

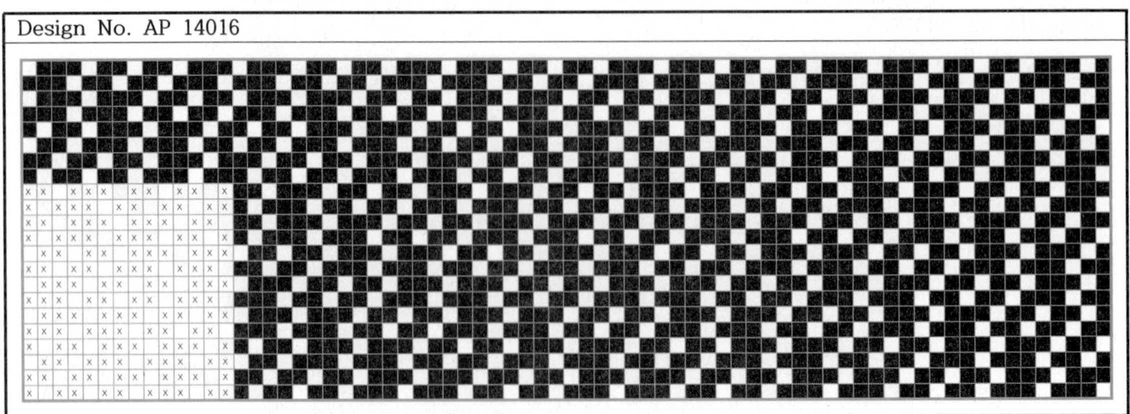

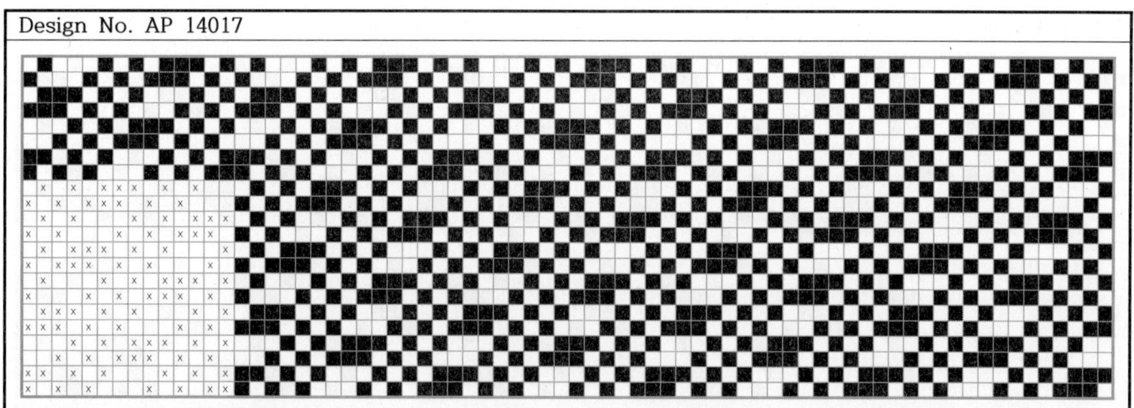

Design No. AP 14017

Design No. AP 14018

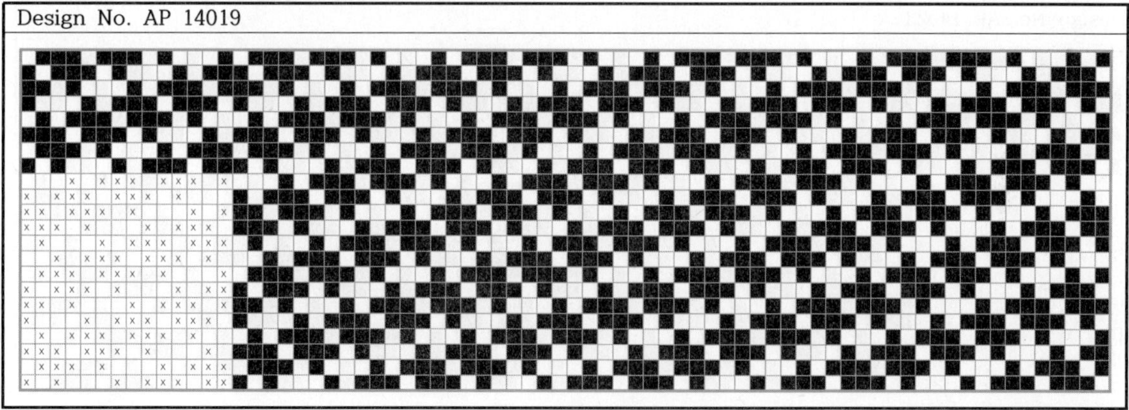

Design No. AP 14019

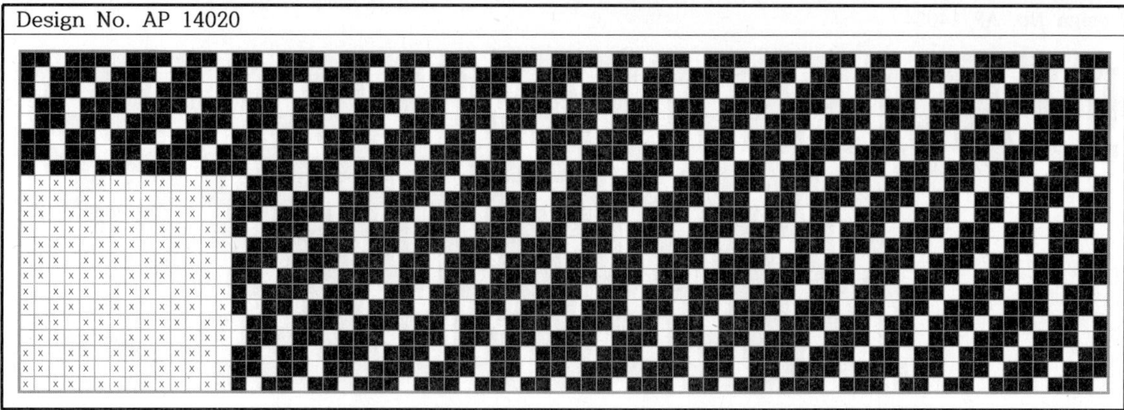

Design No. AP 14020

Design No. AP 14021

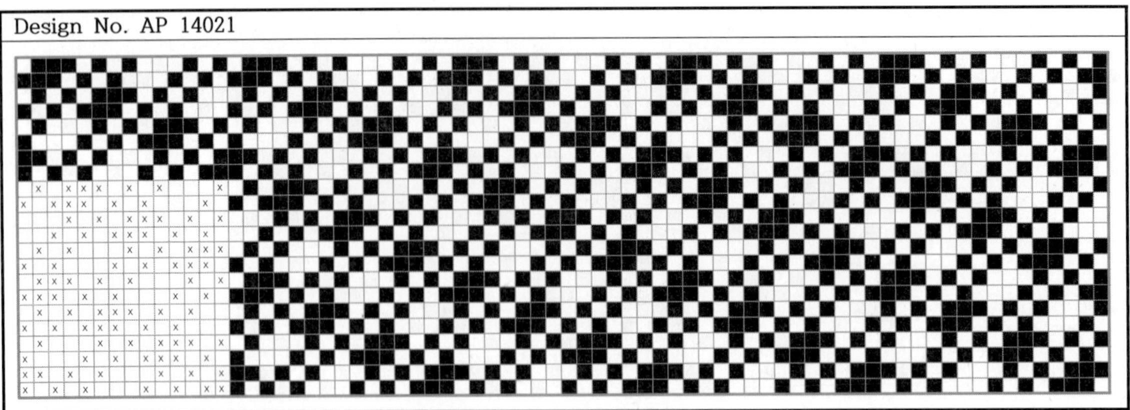

Design No. AP 14022

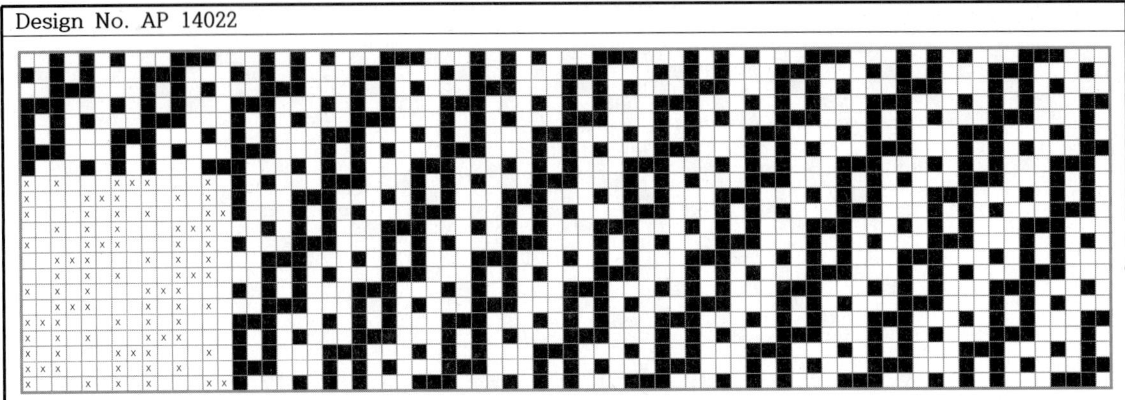

Design No. AP 14023

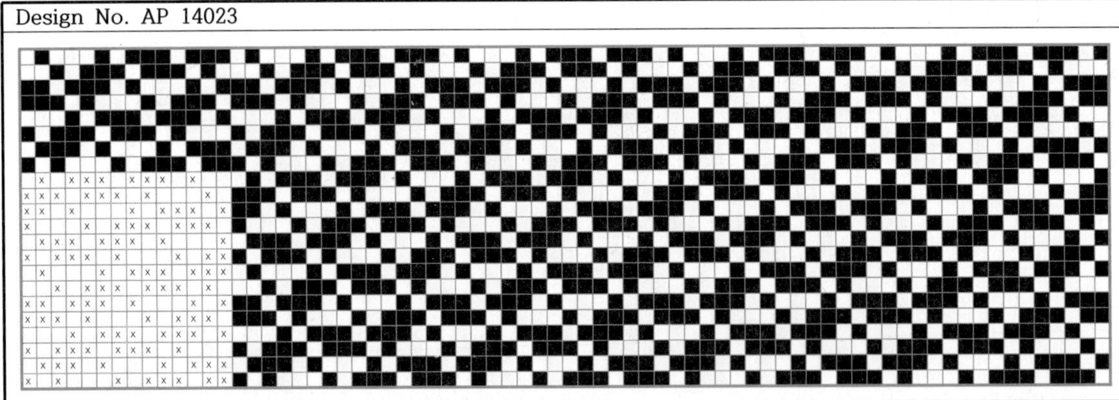

Design No. AP 14024

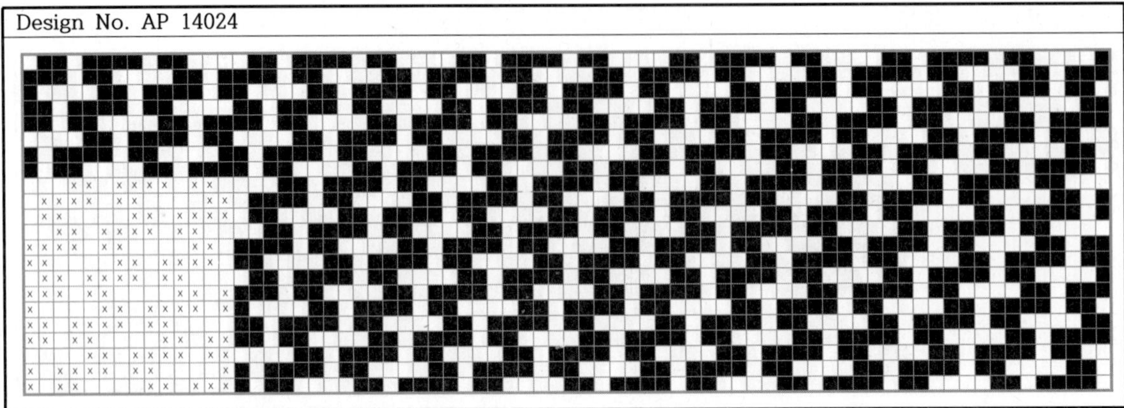

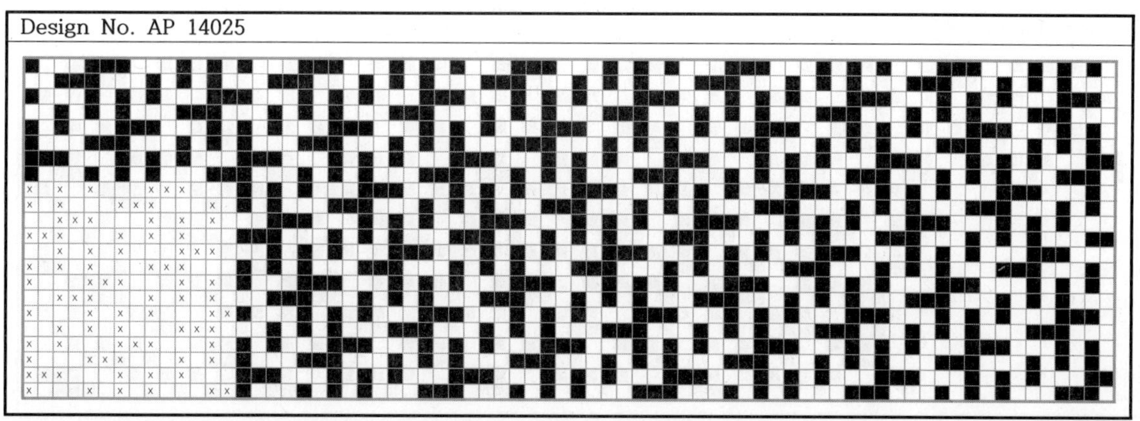

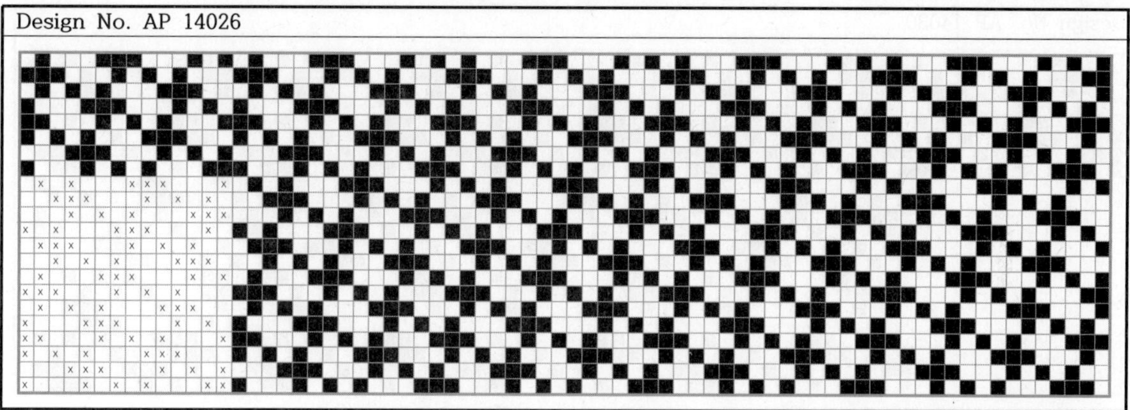

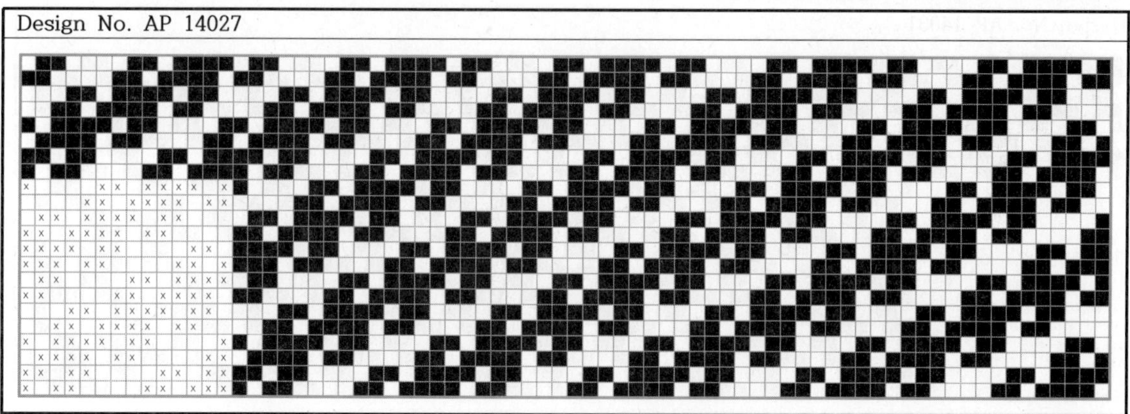

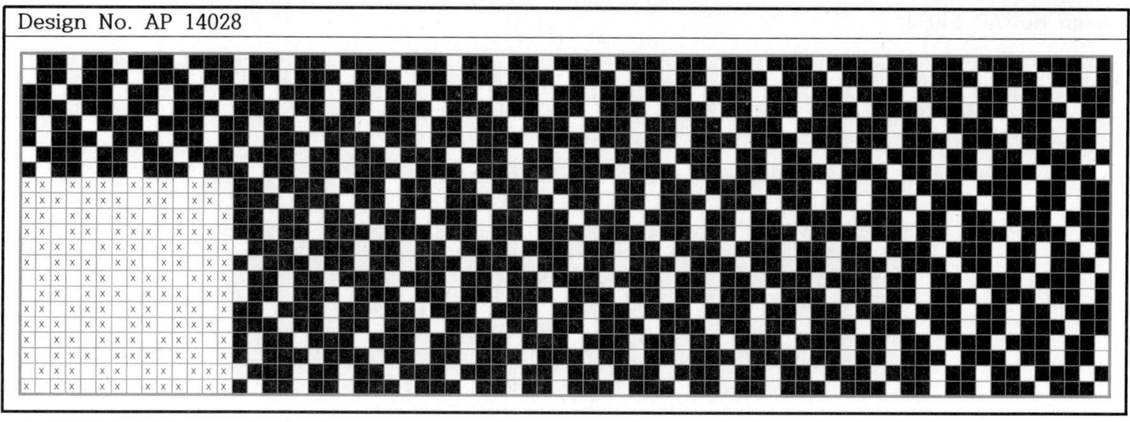

Design No. AP 14029

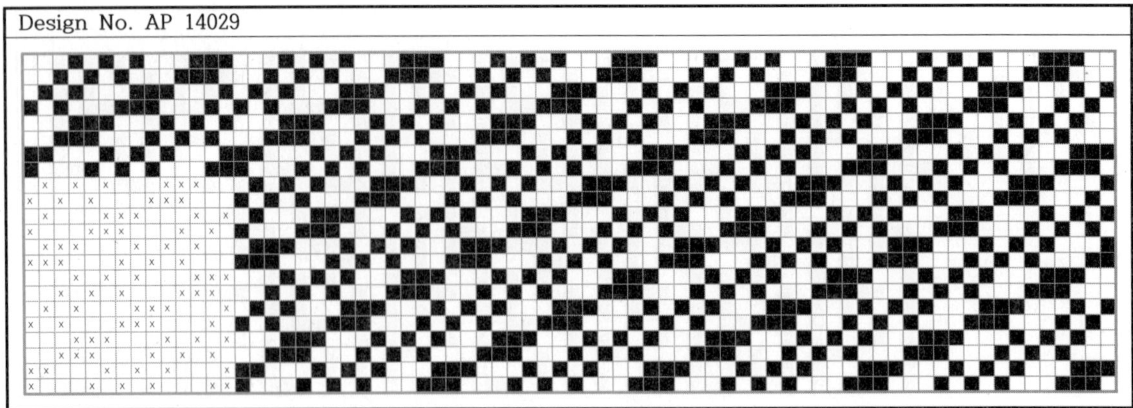

Design No. AP 14030

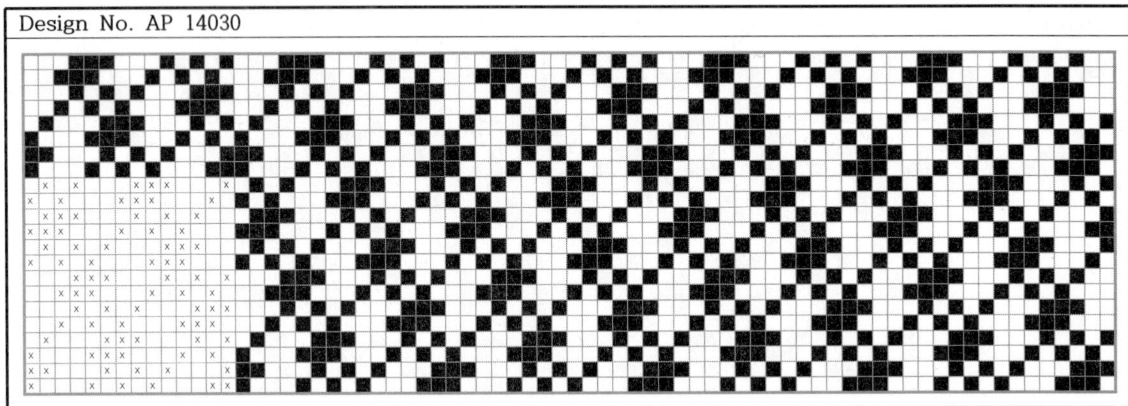

Design No. AP 14031

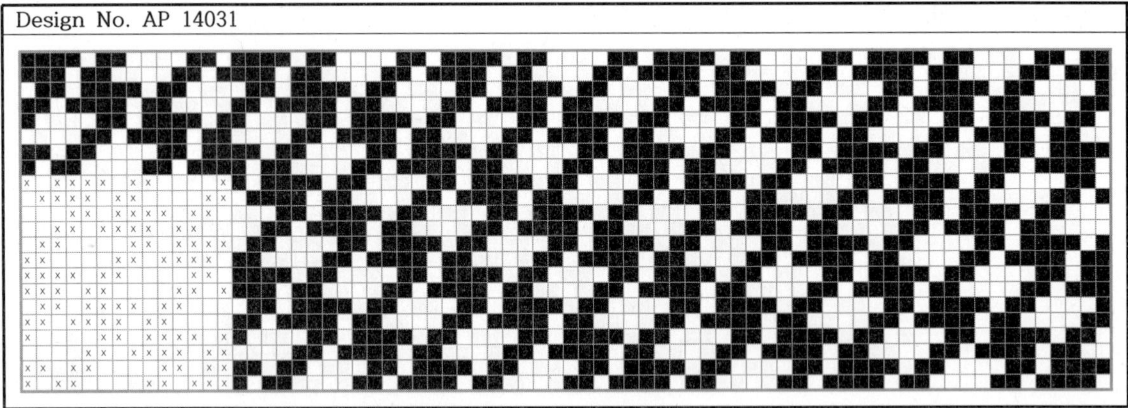

Design No. AP 14032

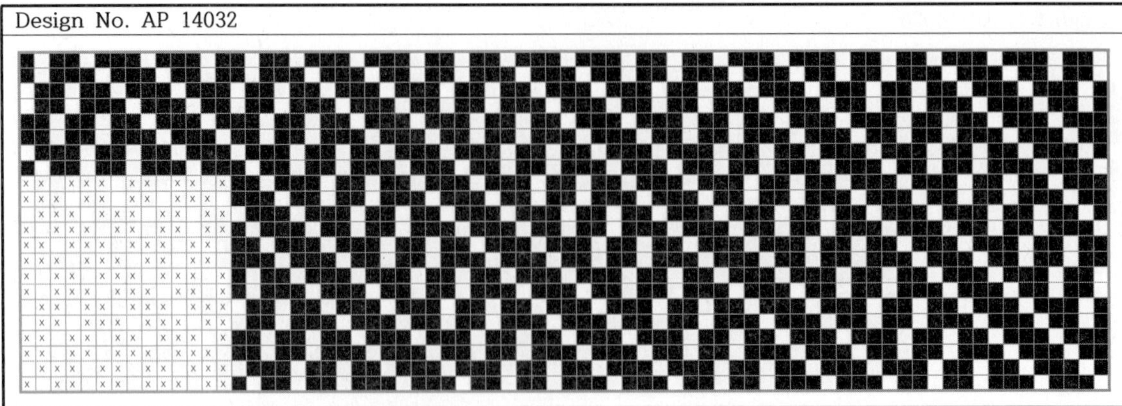

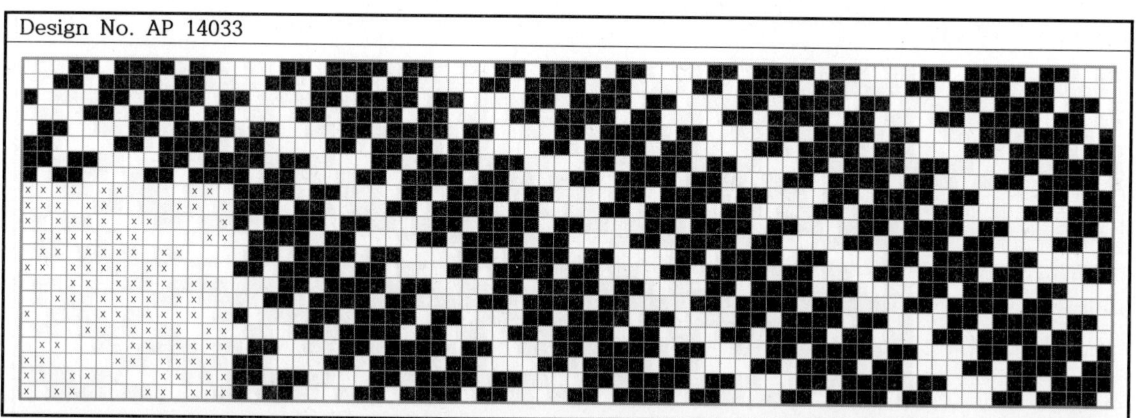

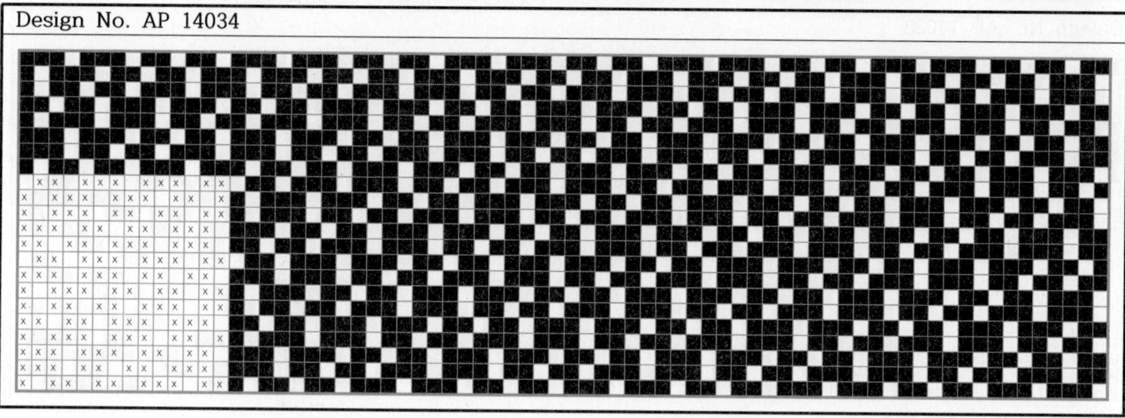

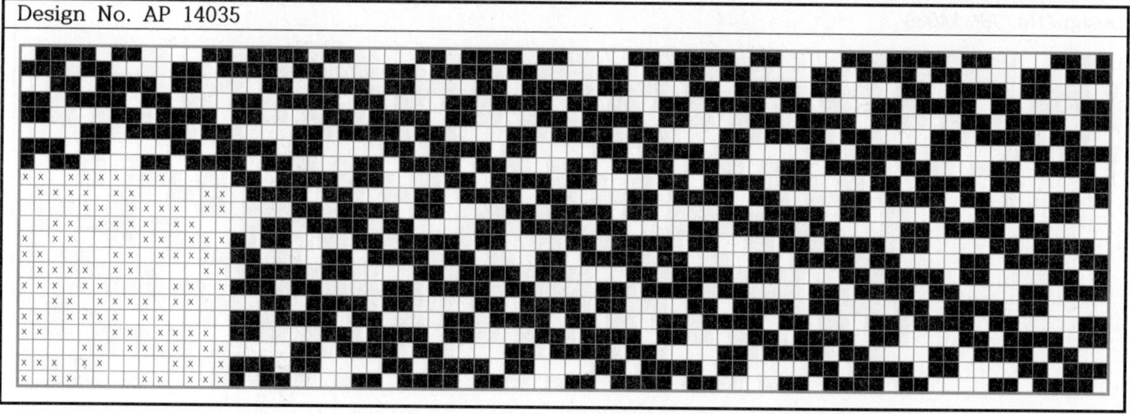

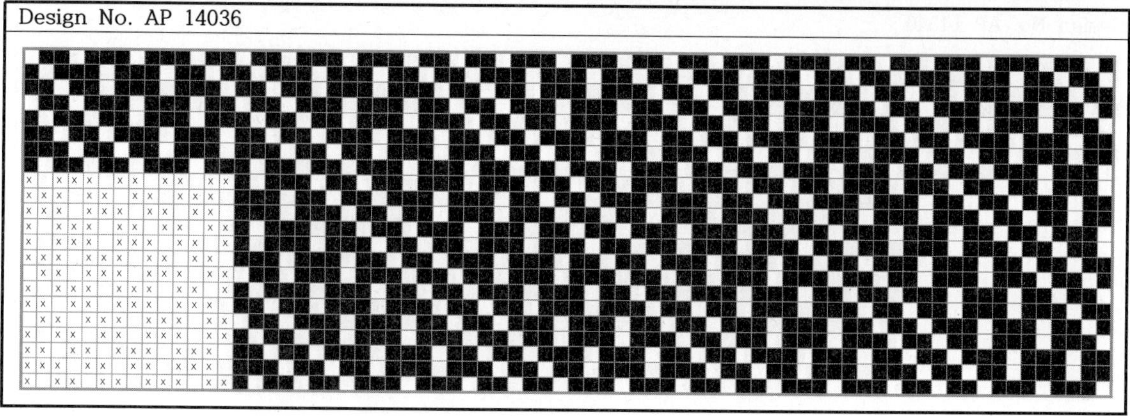

Design No. AP 14037

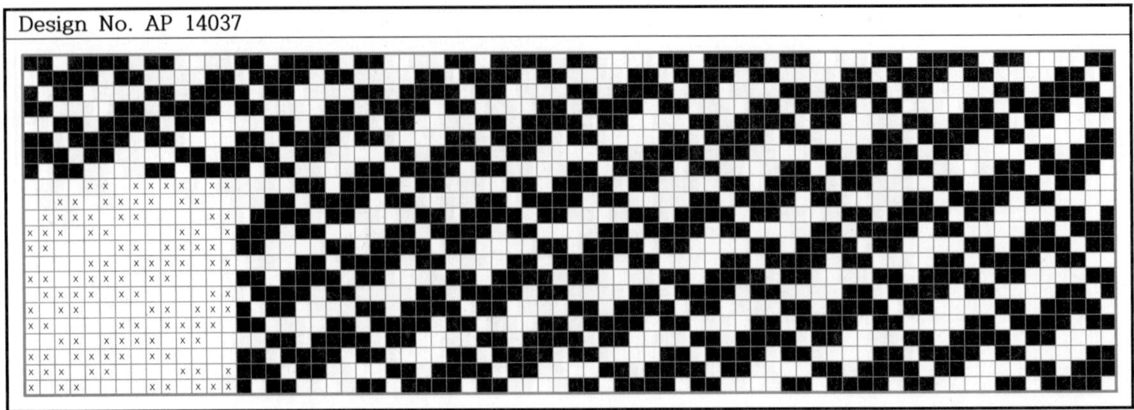

Design No. AP 14038

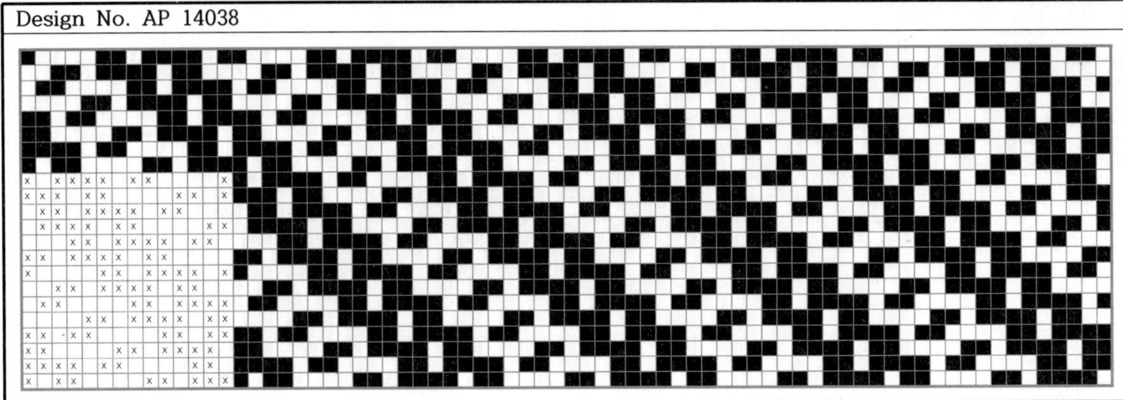

Design No. AP 14039

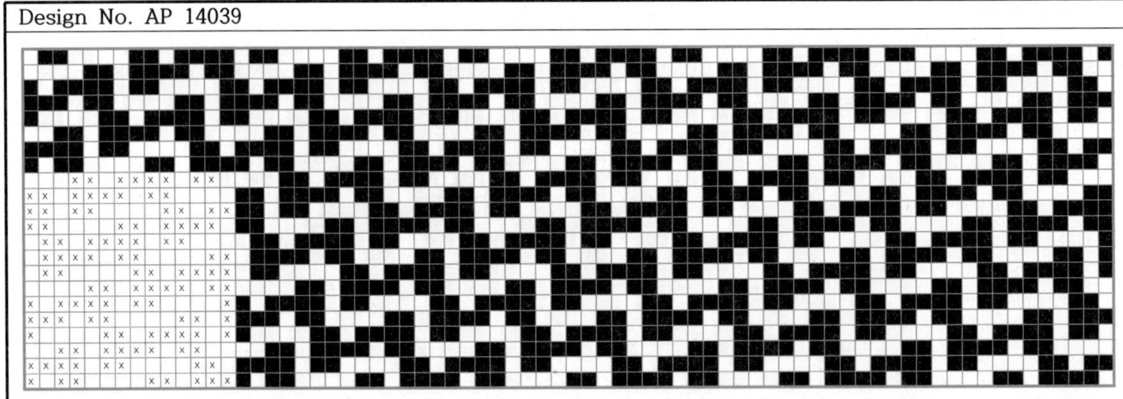

Design No. AP 14040

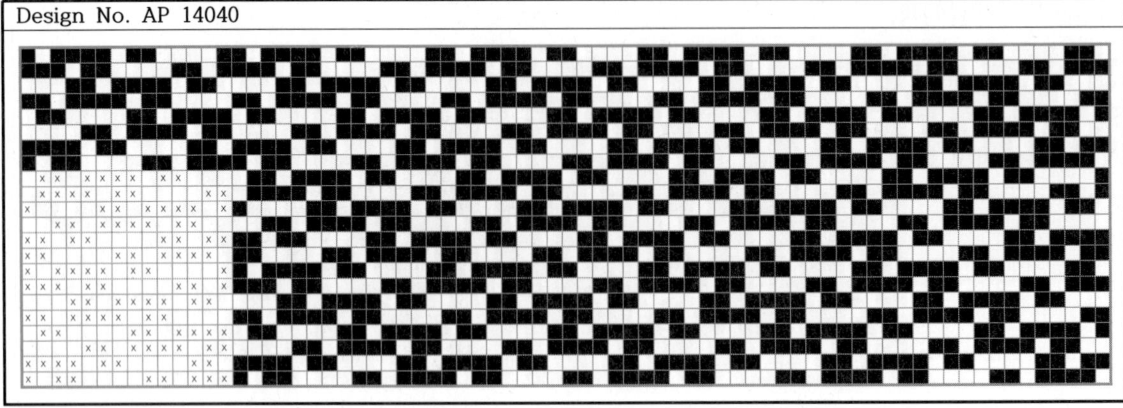

Design No. AP 14041

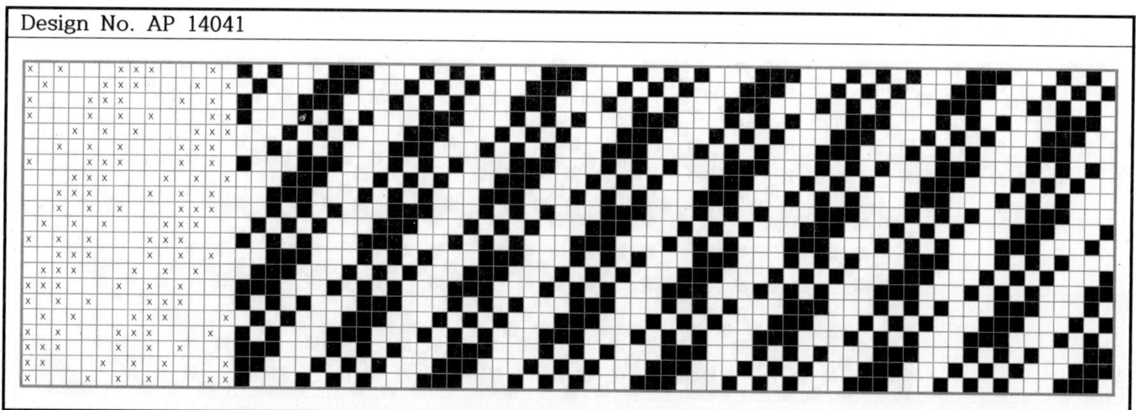

Design No. AP 14042

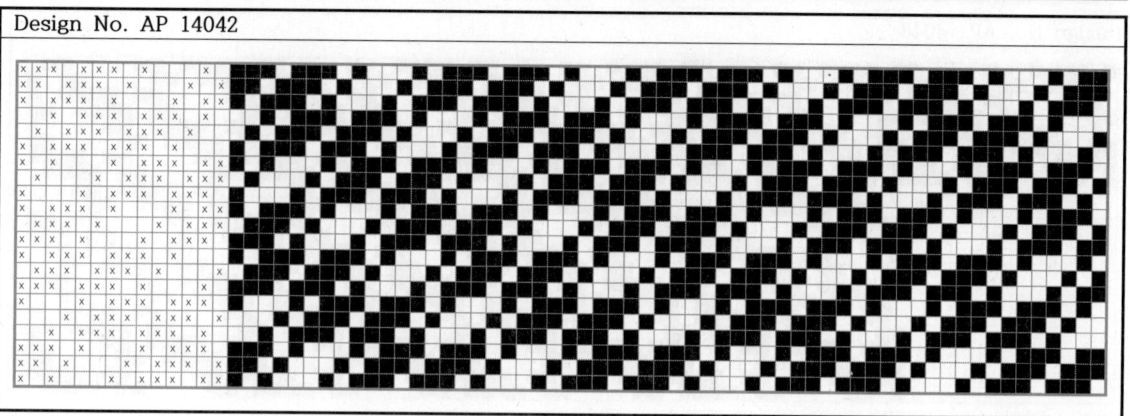

Design No. AP 14043

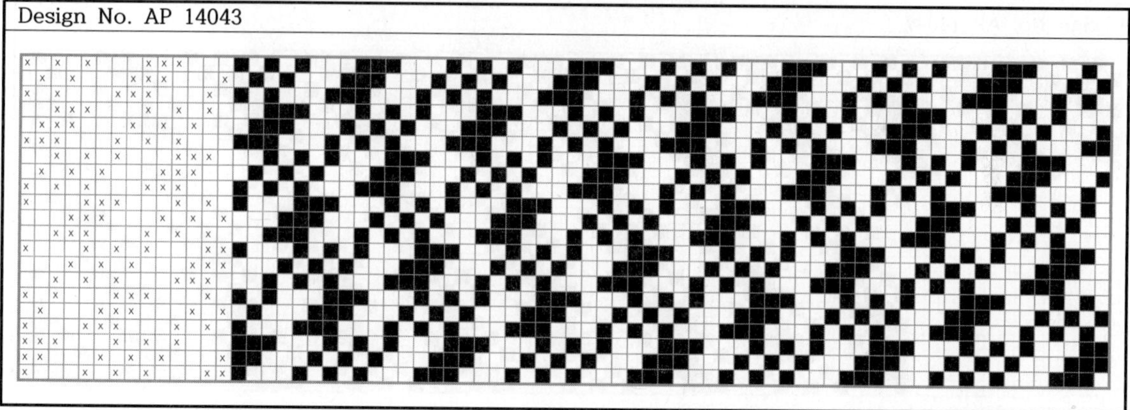

Design No. AP 14044

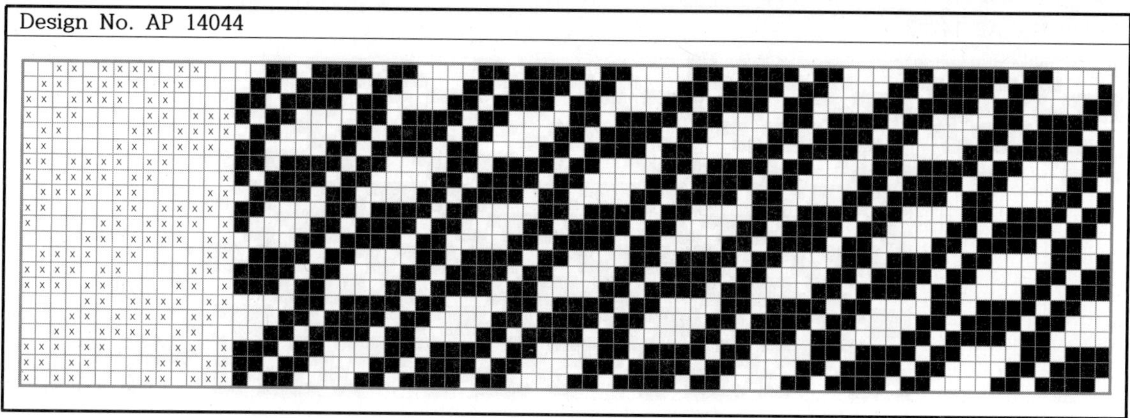

Design No. AP 14045

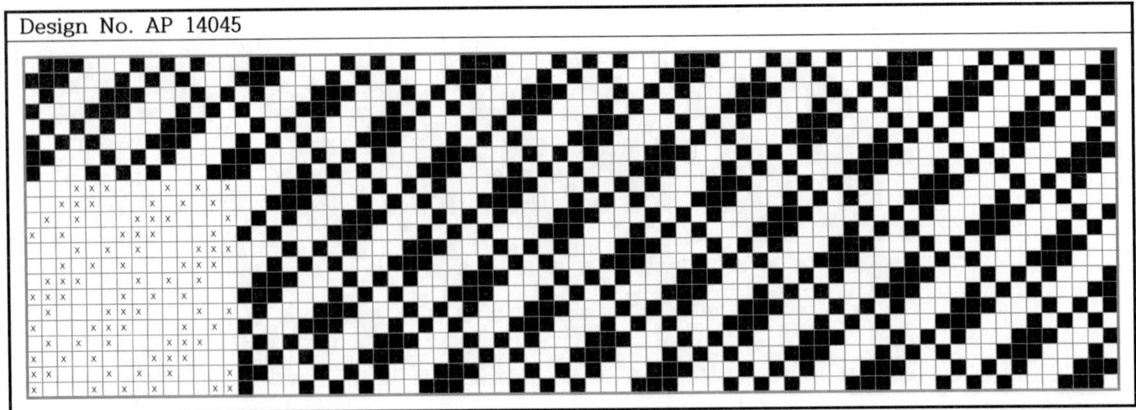

Design No. AP 14046

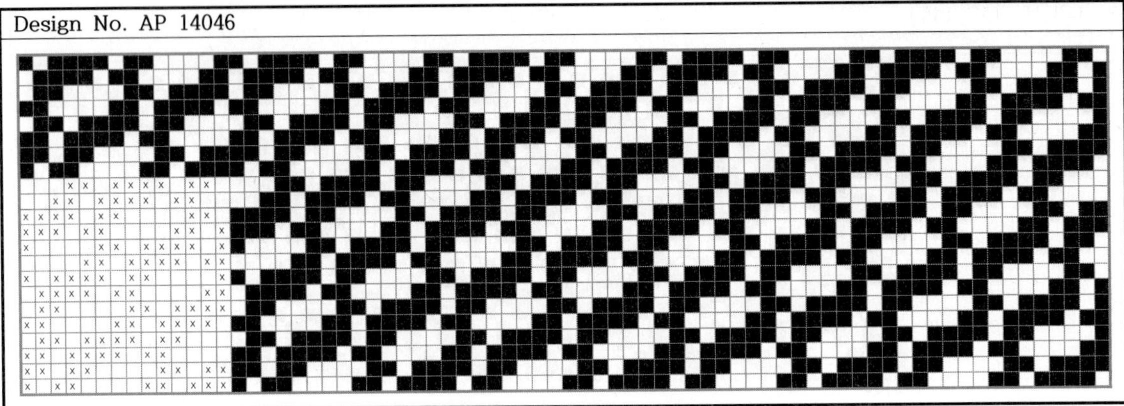

Design No. AP 14047

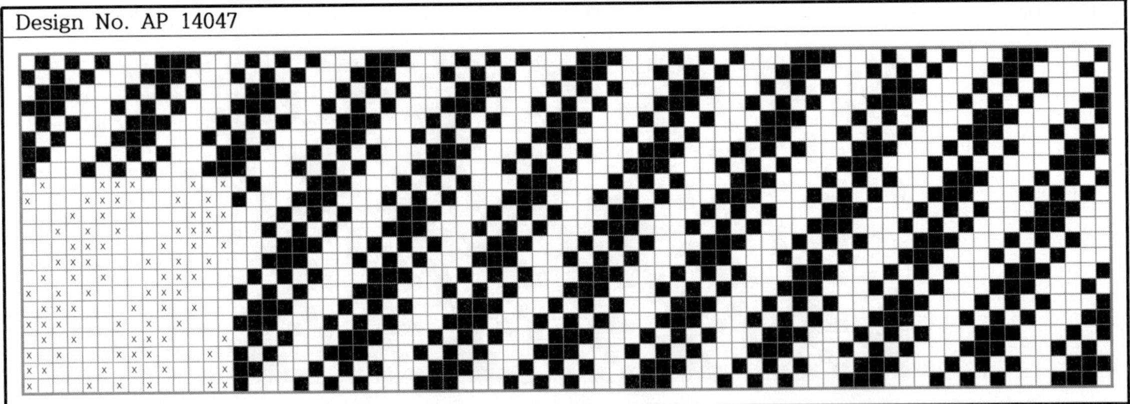

Design No. AP 14048

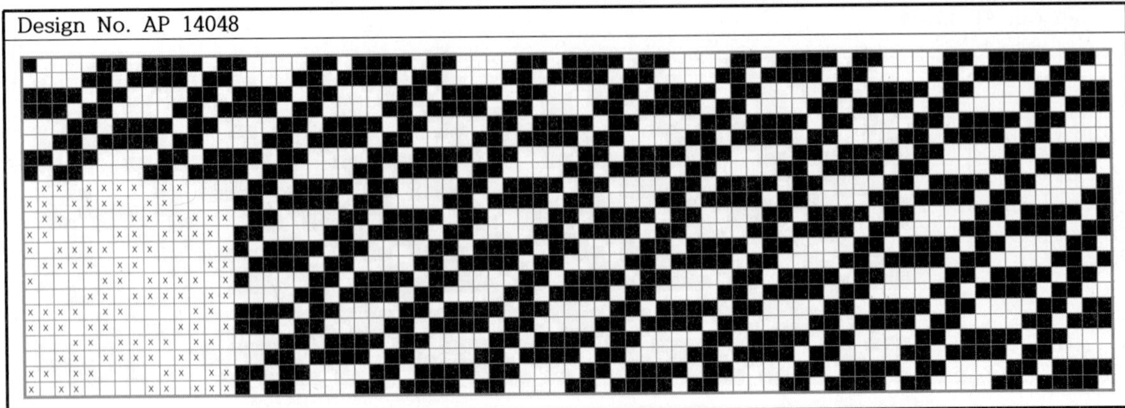

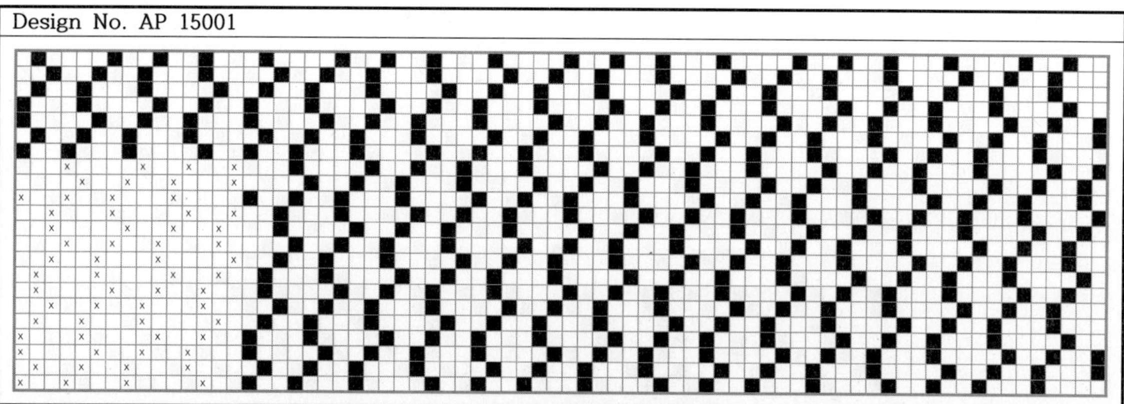

Design No. AP 15001

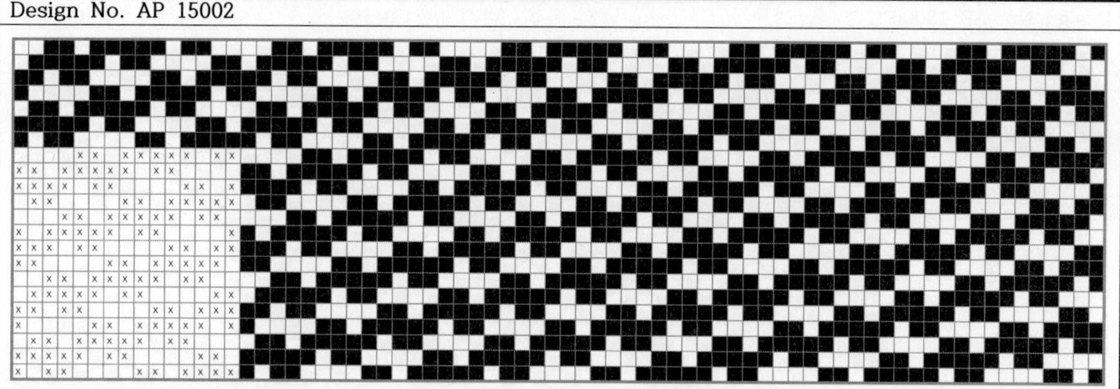

Design No. AP 15002

Design No. AP 15003

Design No. AP 15004

Design No. AP 15005

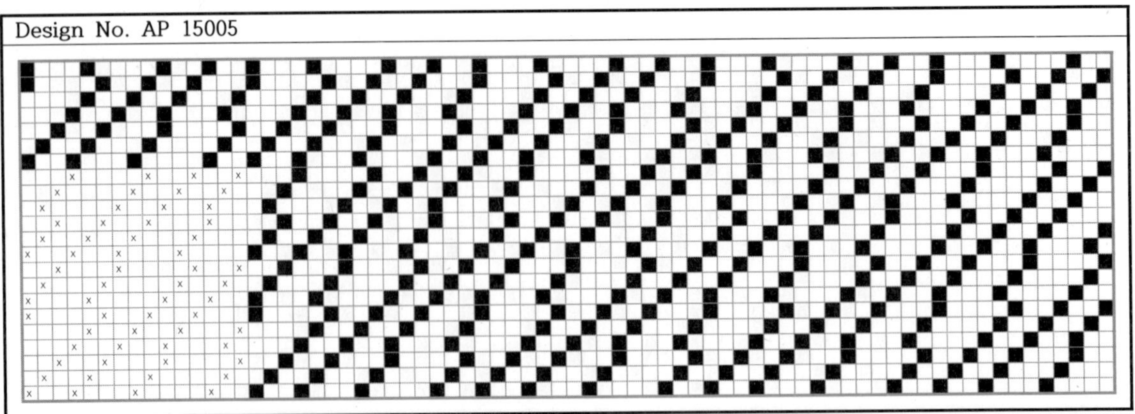

Design No. AP 15006

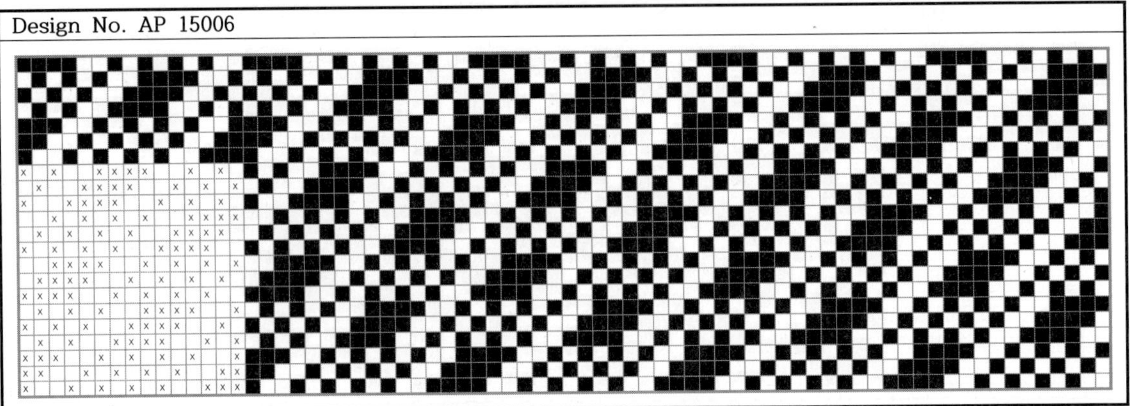

Design No. AP 15007

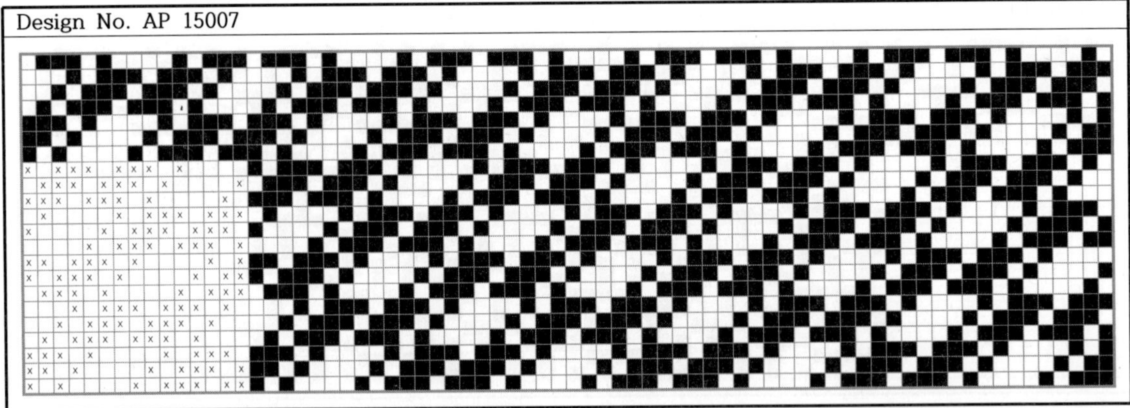

Design No. AP 15008

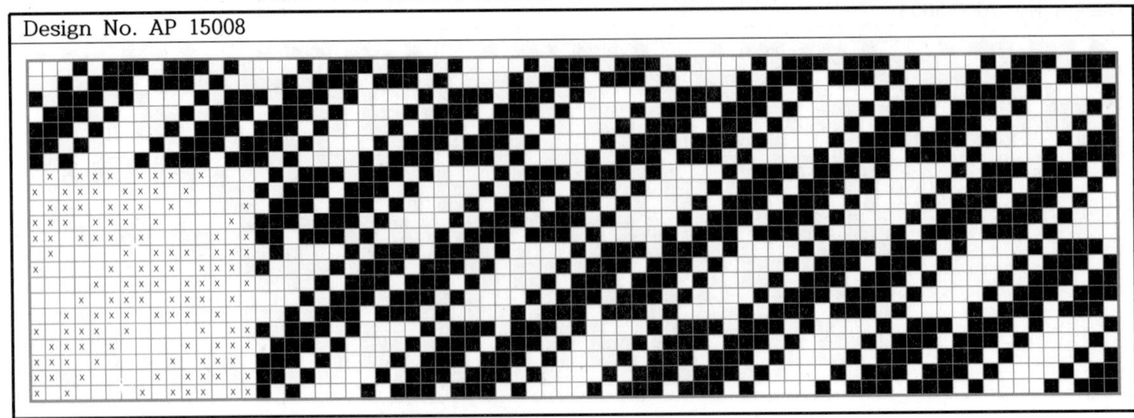

Design No. AP 15009

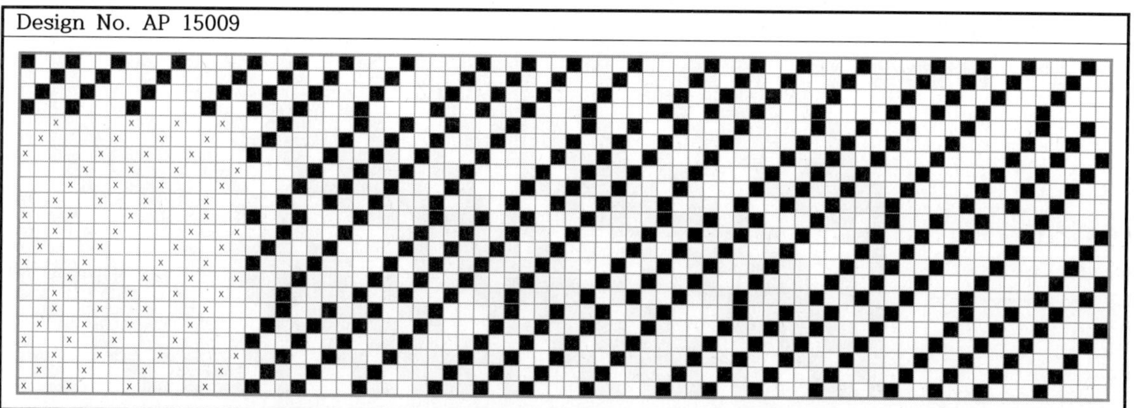

Design No. AP 15010

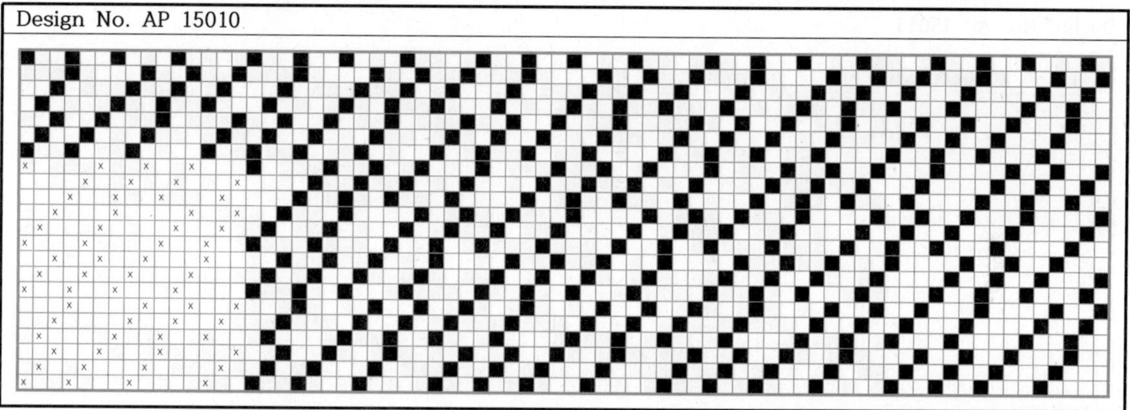

Design No. AP 15011

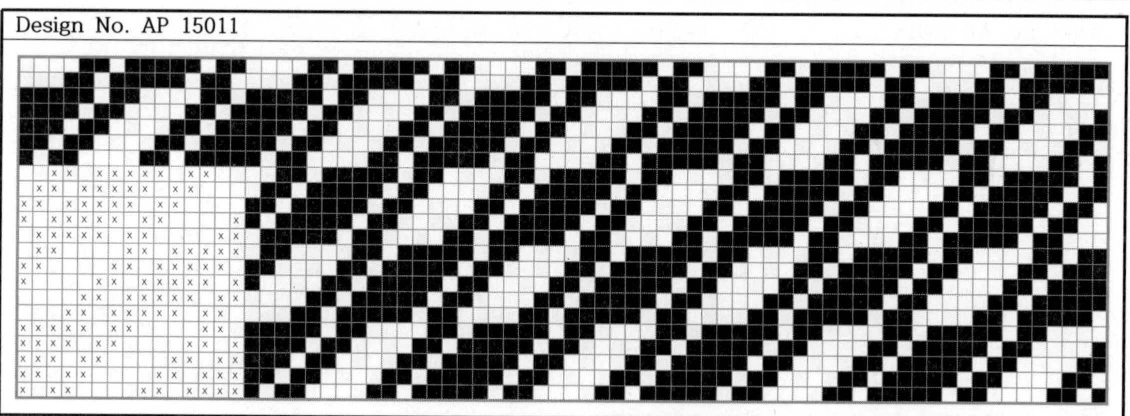

Design No. AP 15012

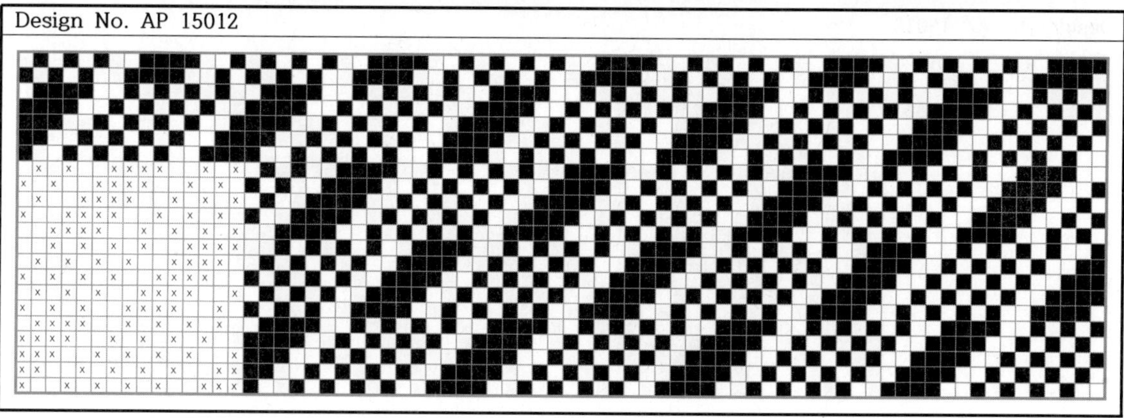

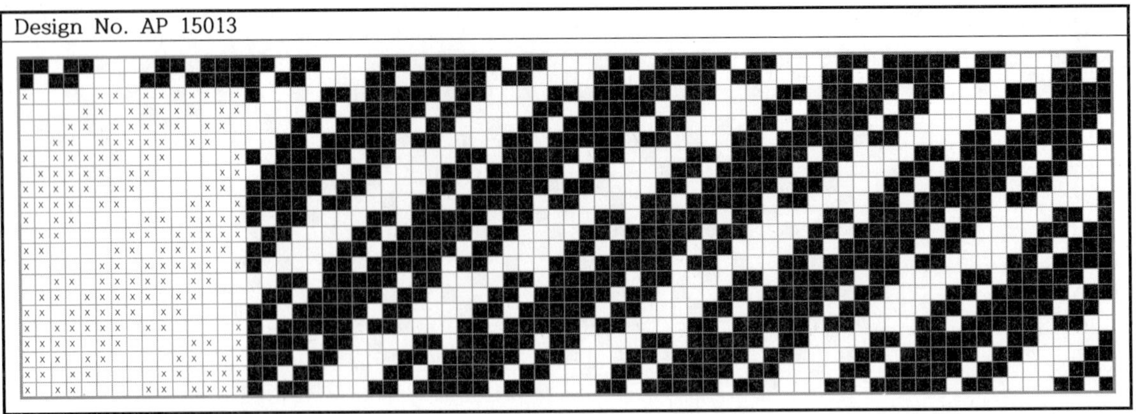

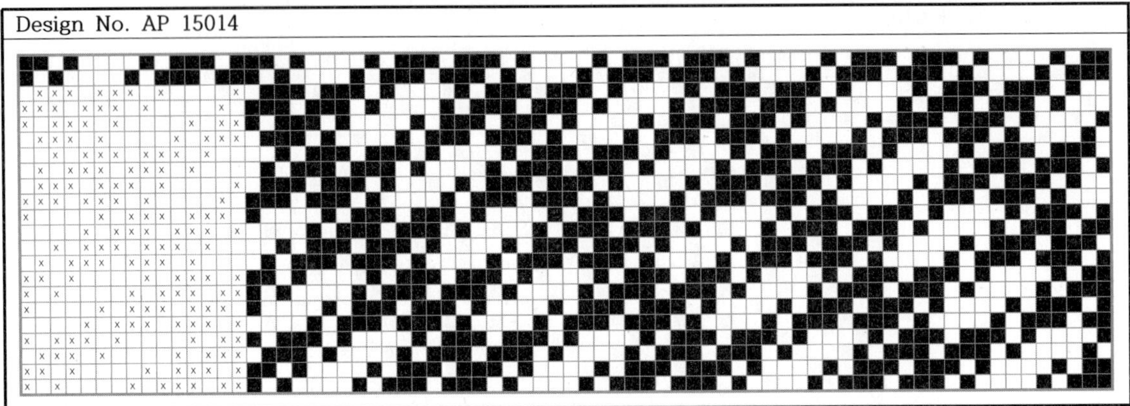

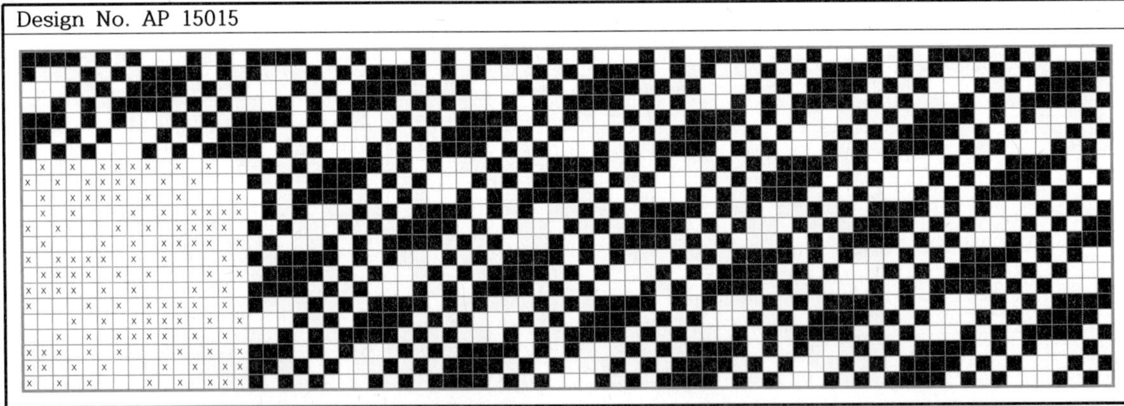

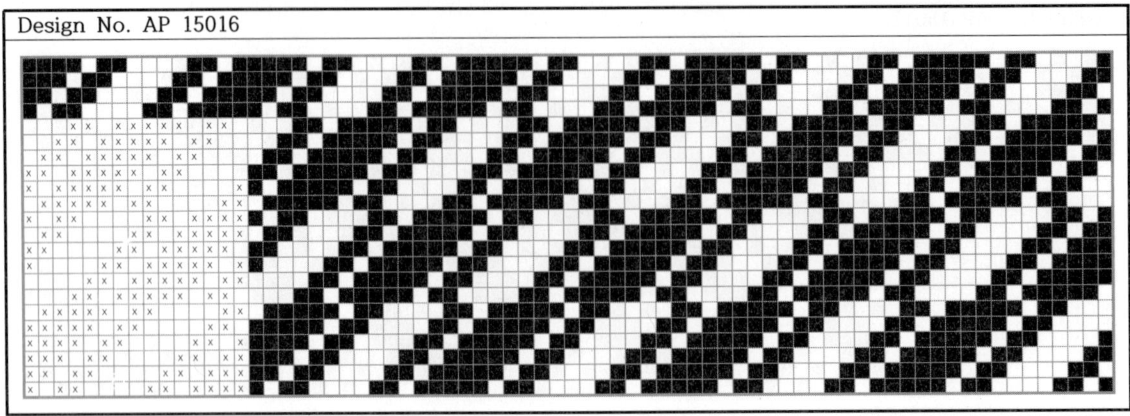

Design No. AP 15017

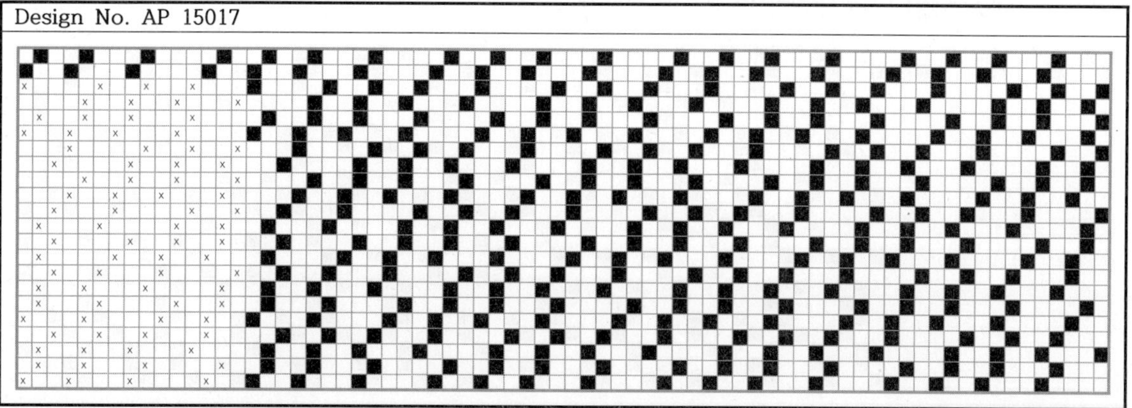

Design No. AP 15018

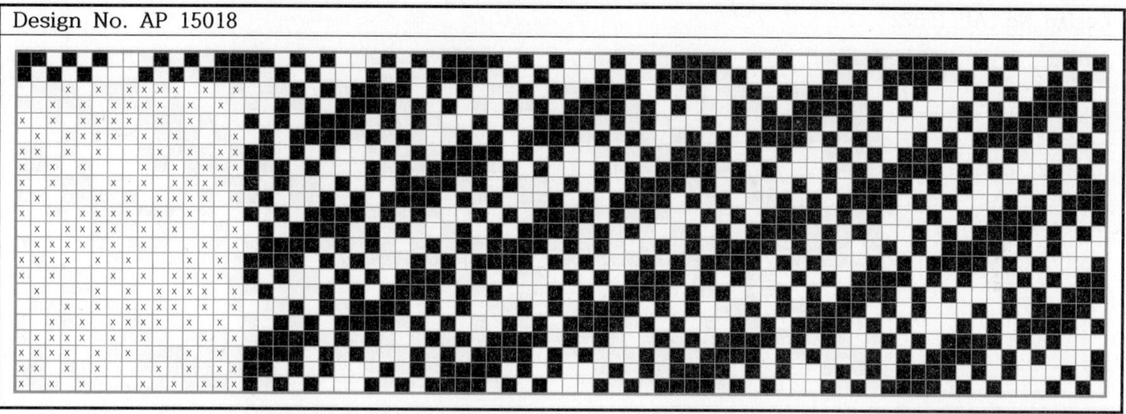

Design No. AP 15019

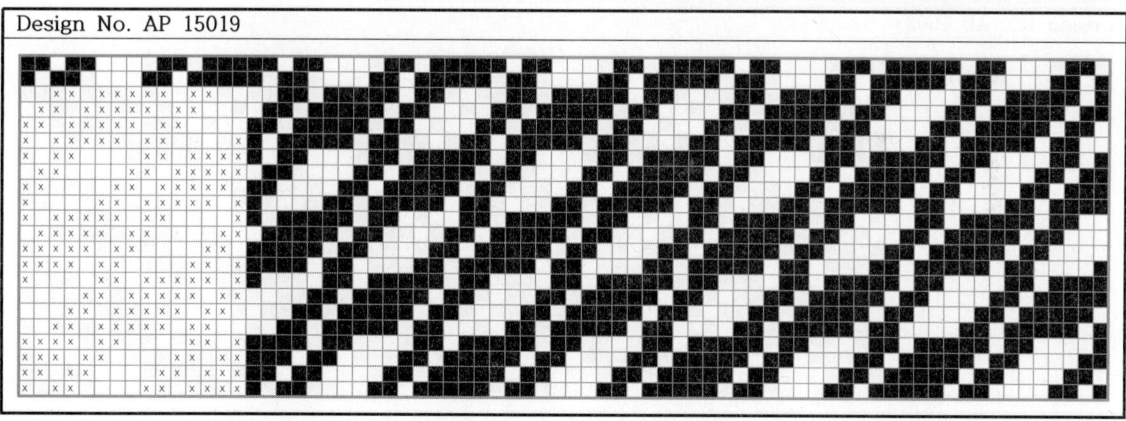

Design No. AP 15020

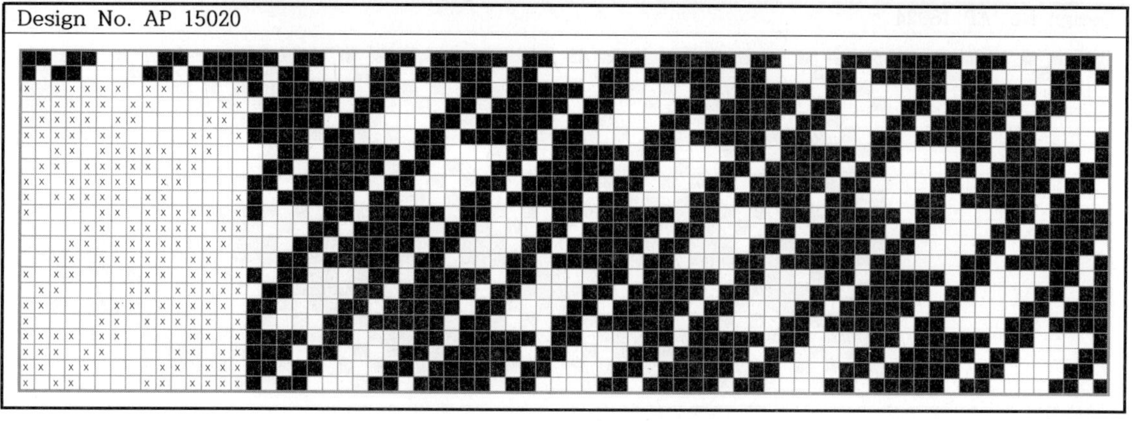

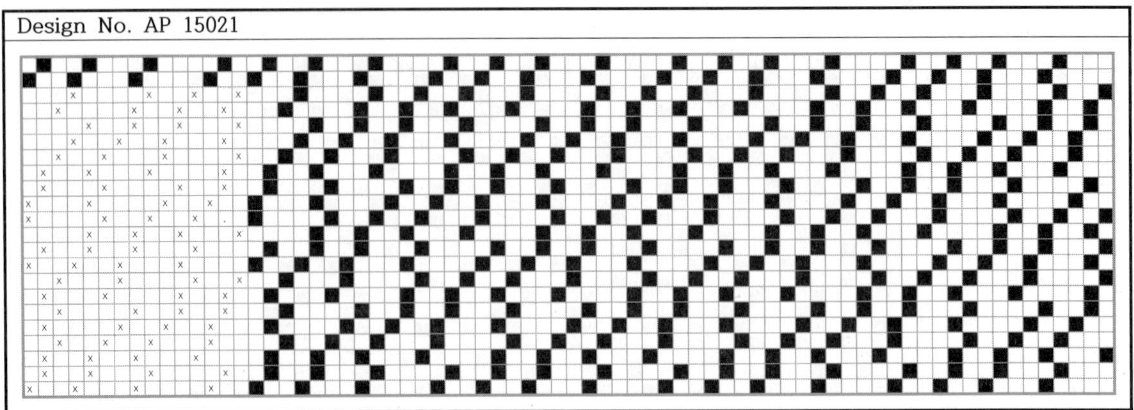

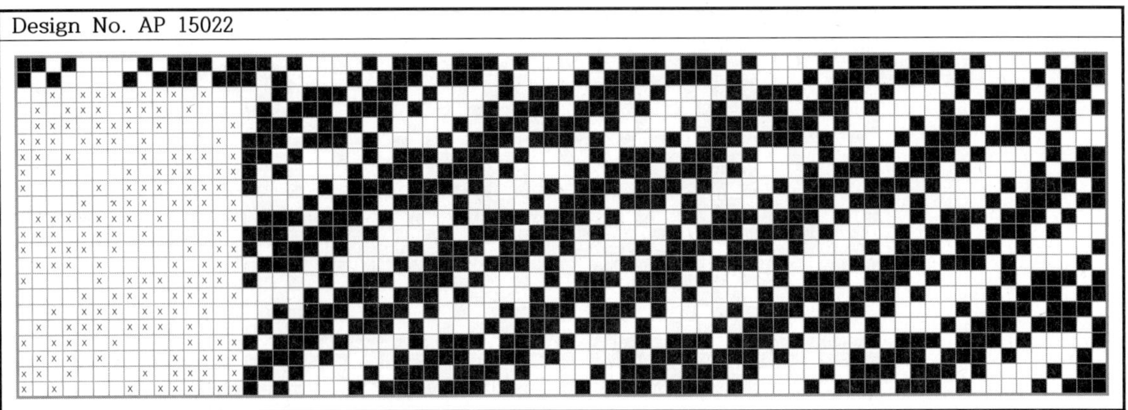

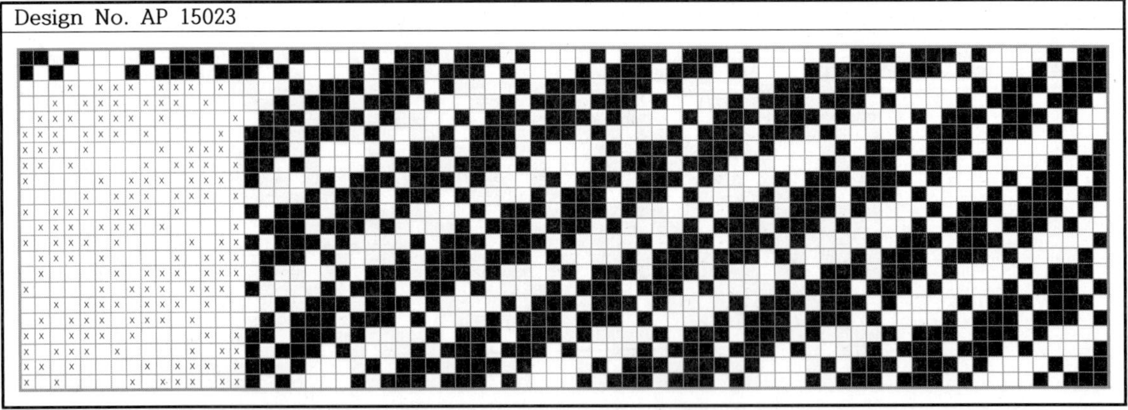

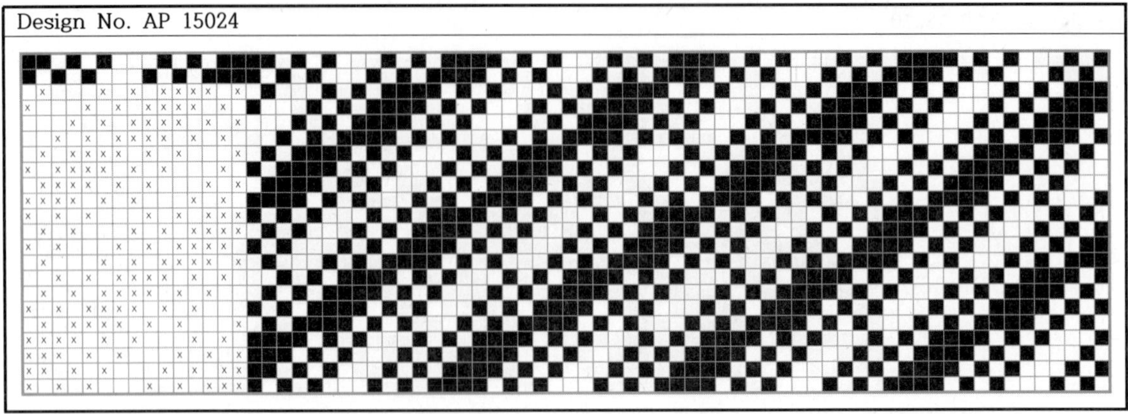

Design No. AP 15025

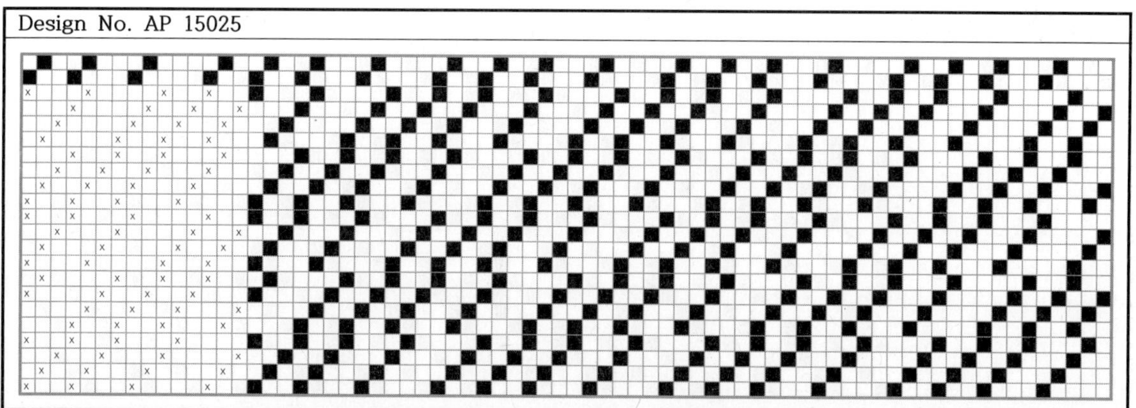

Design No. AP 15026

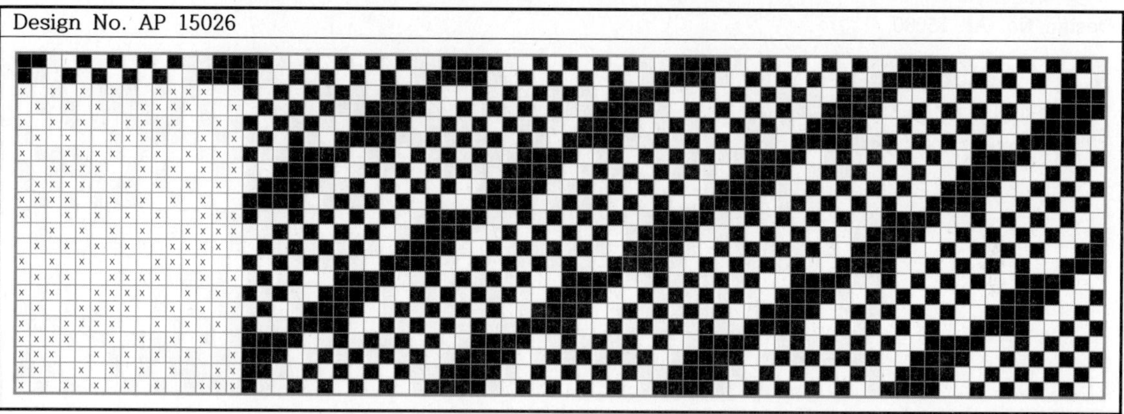

Design No. AP 15027

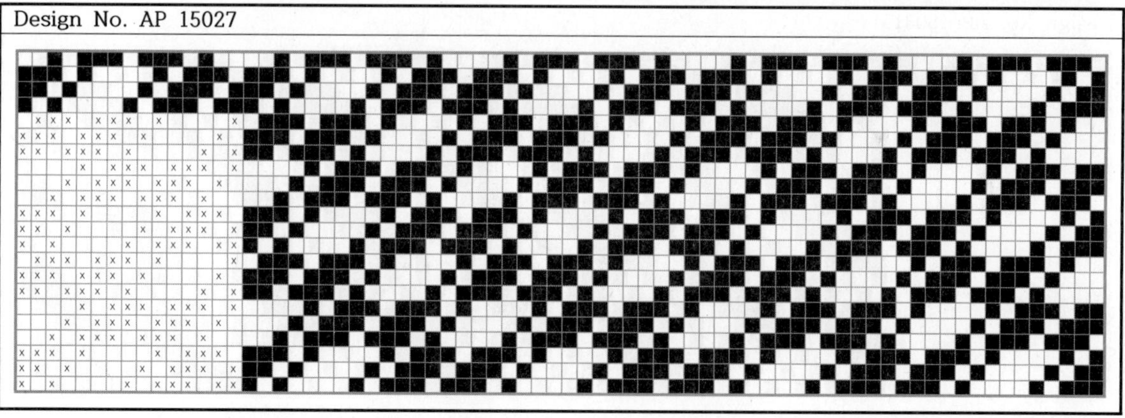

Design No. AP 15028

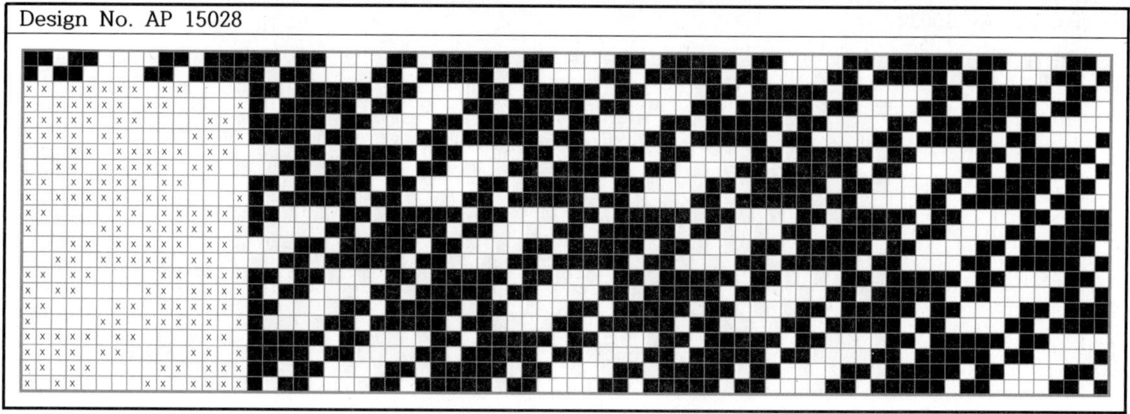

Design No. AP 15029

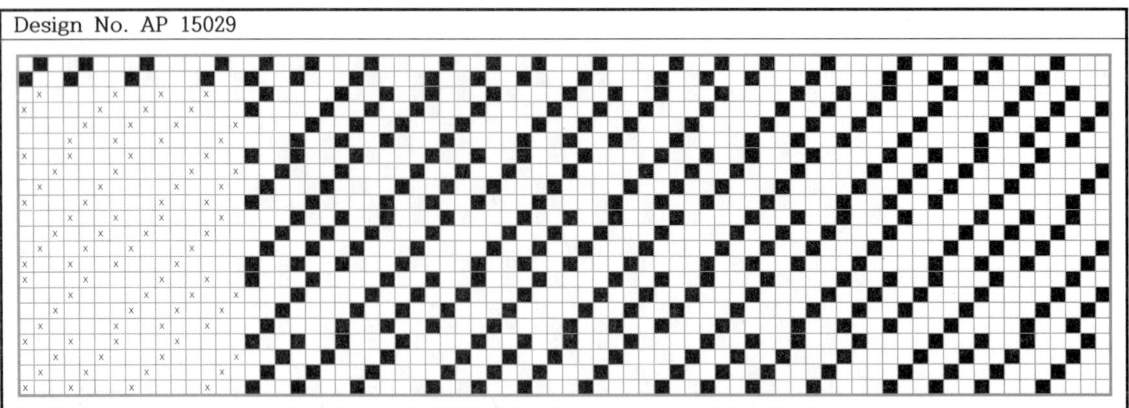

Design No. AP 15030

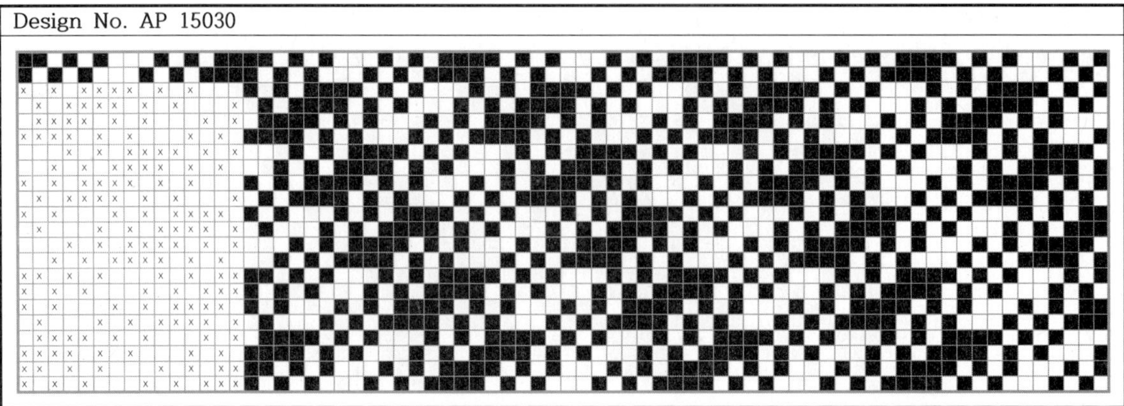

Design No. AP 15031

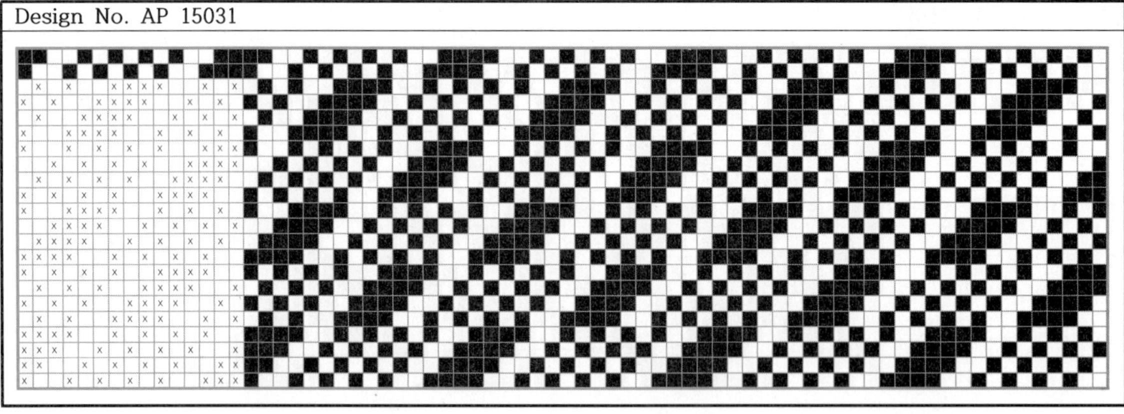

Design No. AP 15032

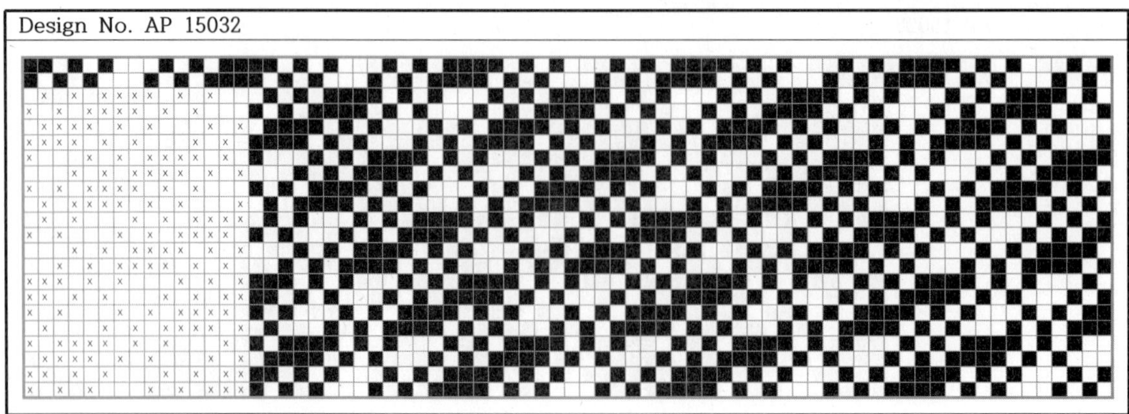

Design No. AP 15033
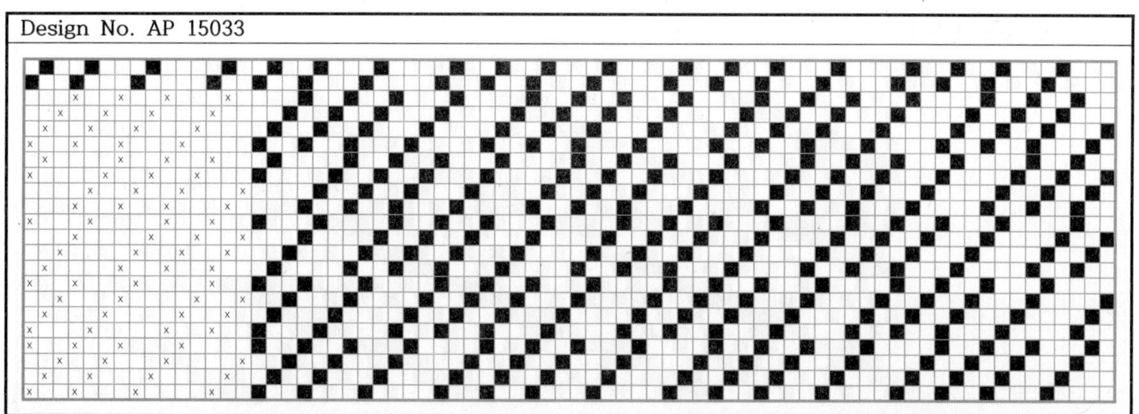

Design No. AP 15034
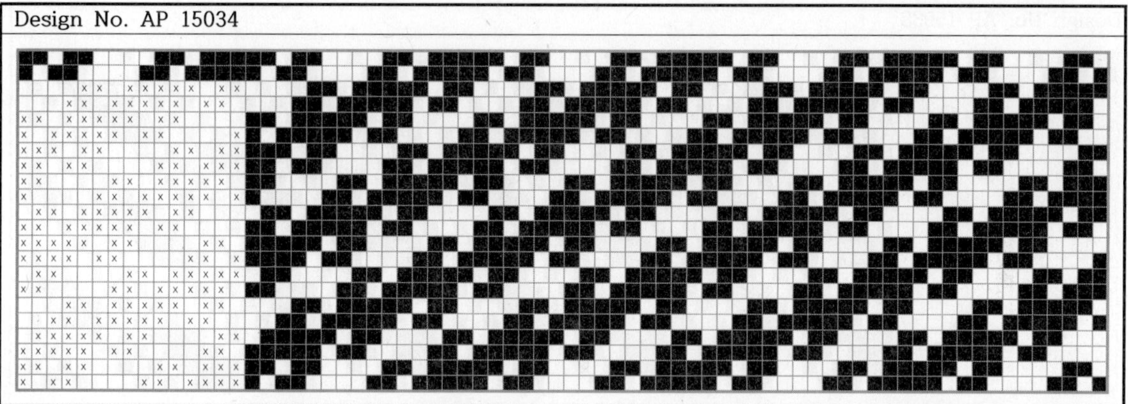

Design No. AP 15035
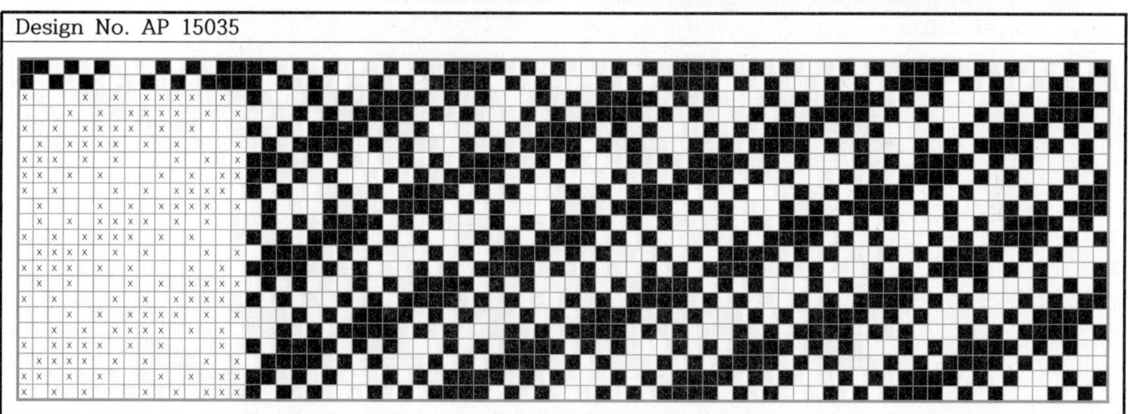

Design No. AP 15036
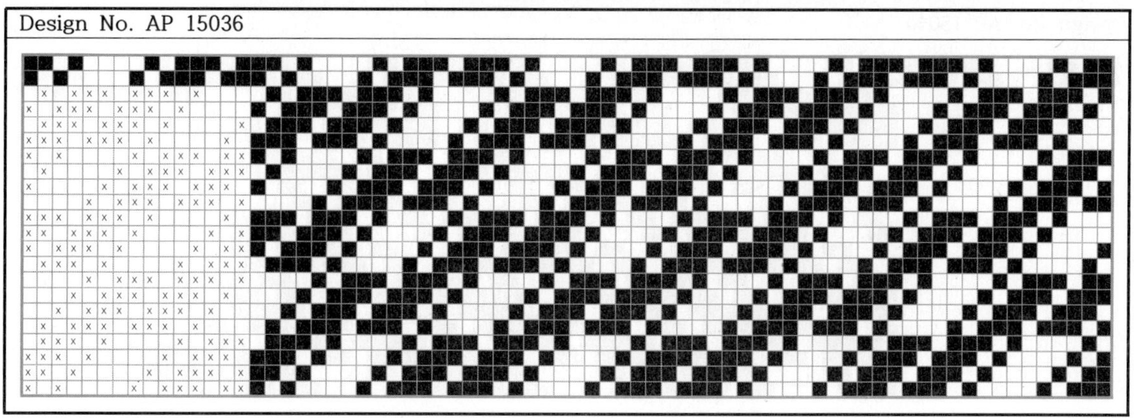

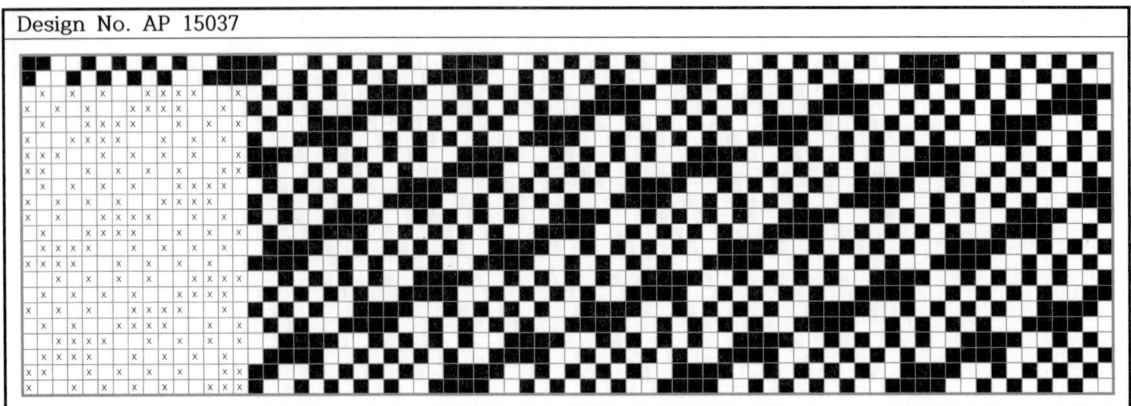

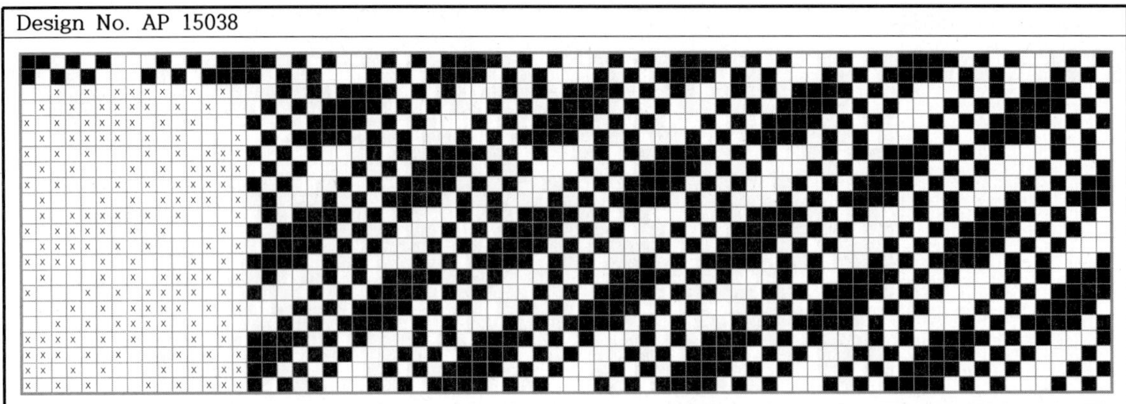

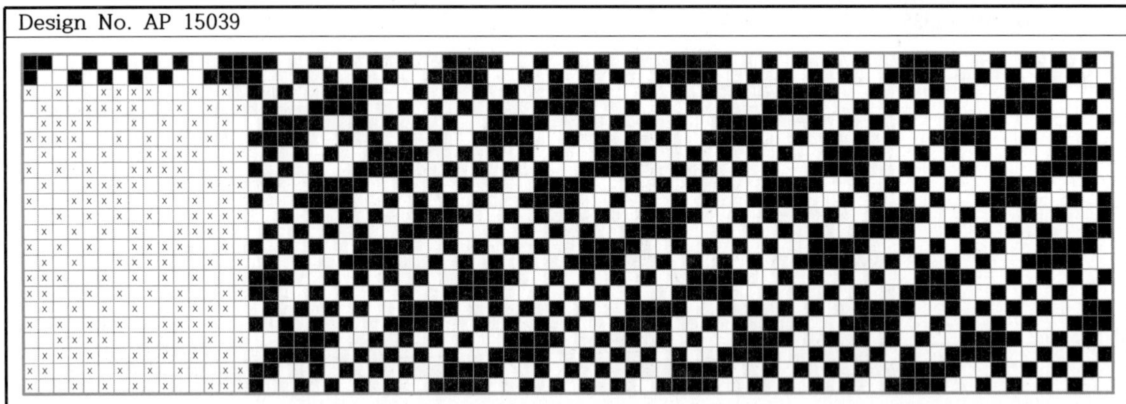

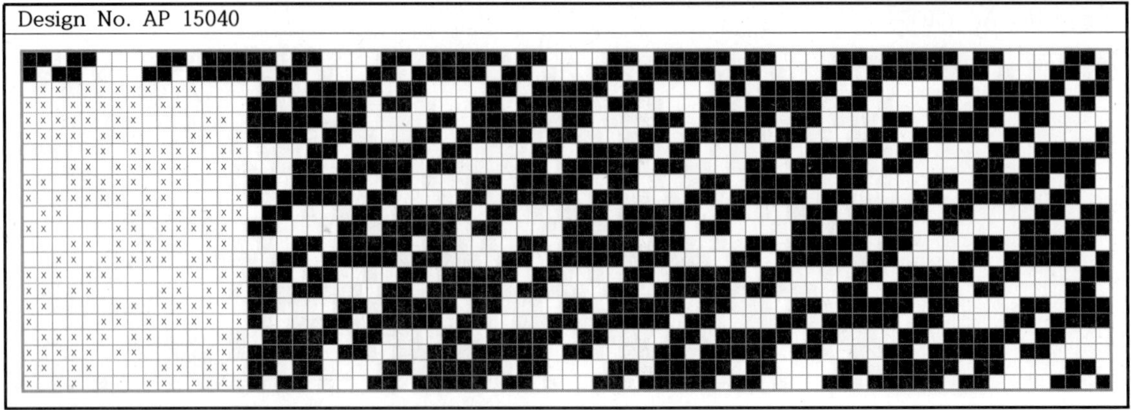

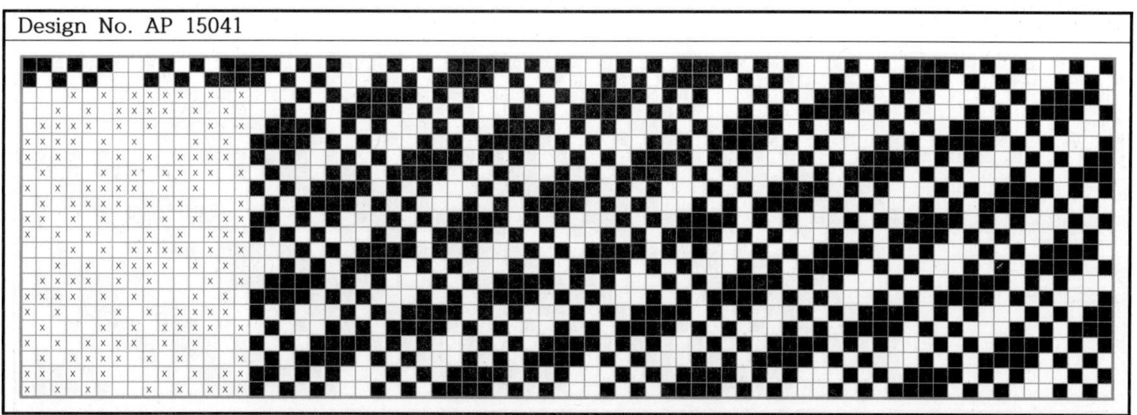

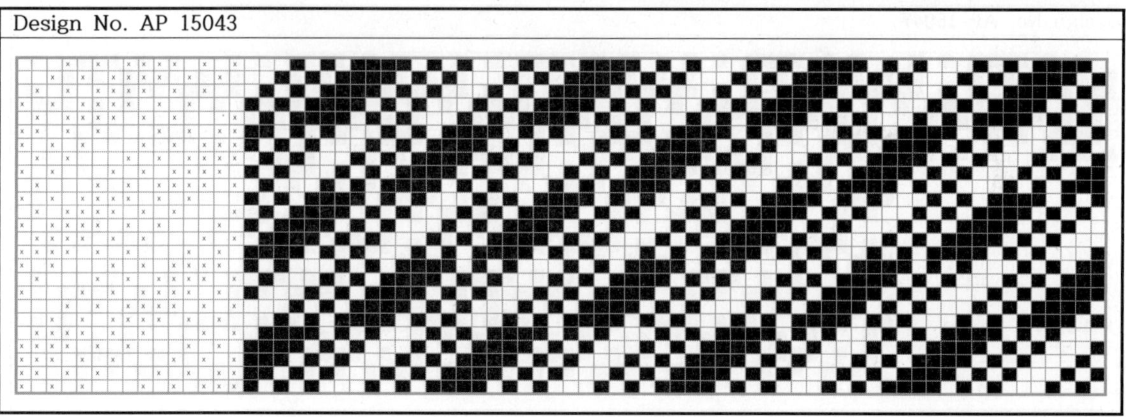

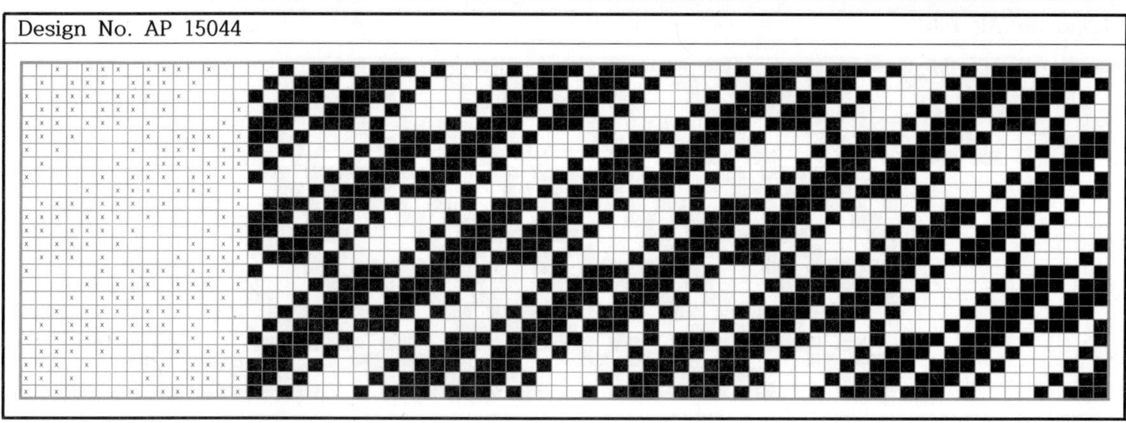

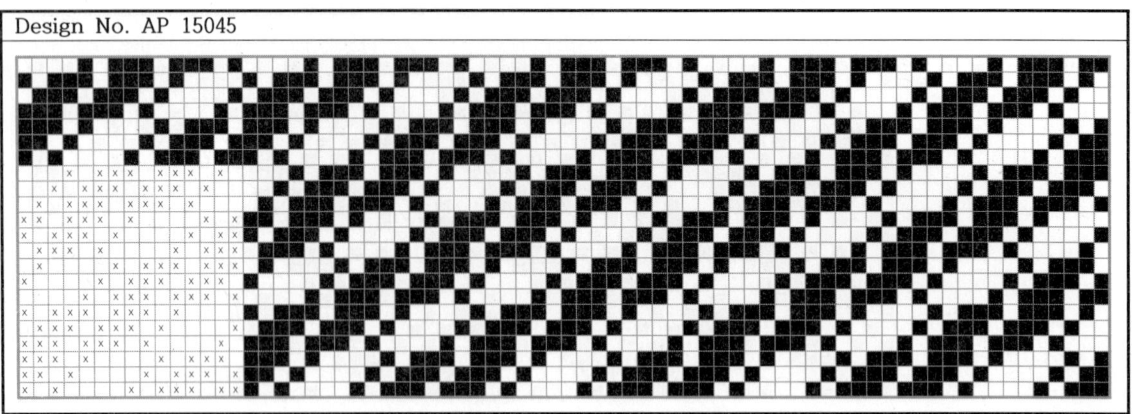

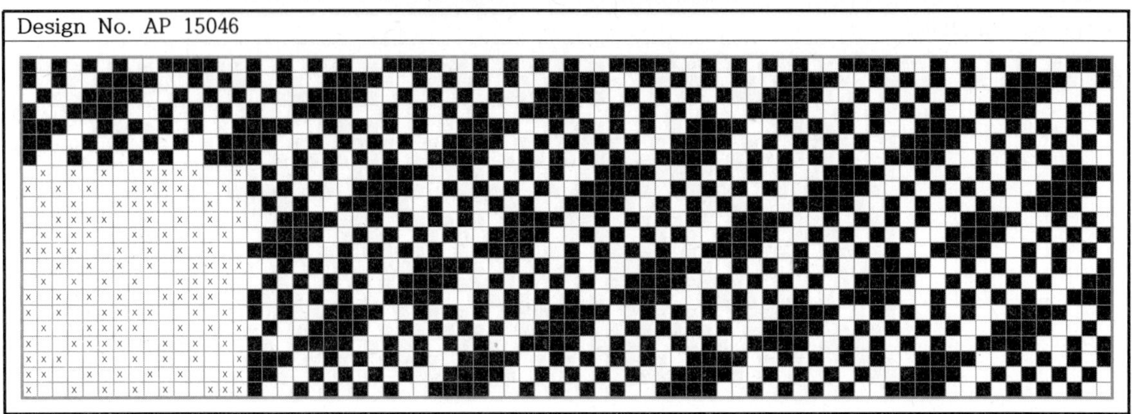

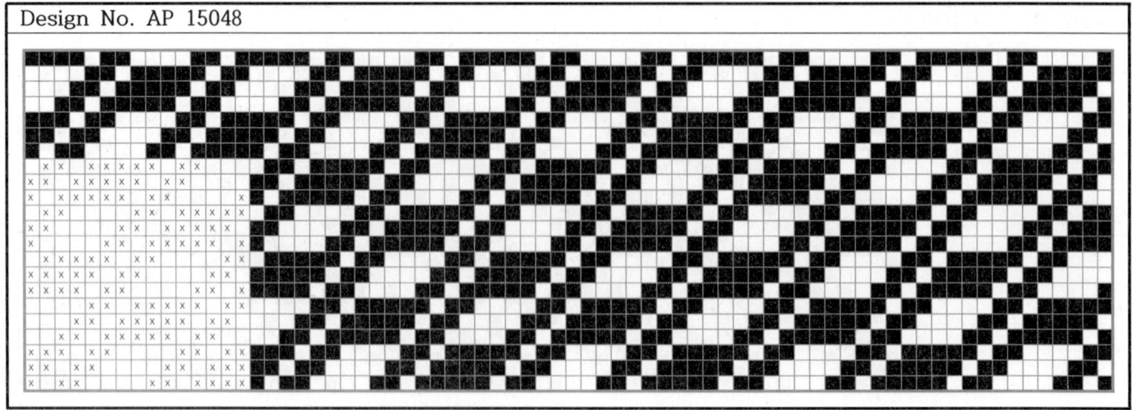

Design No. AP 16001

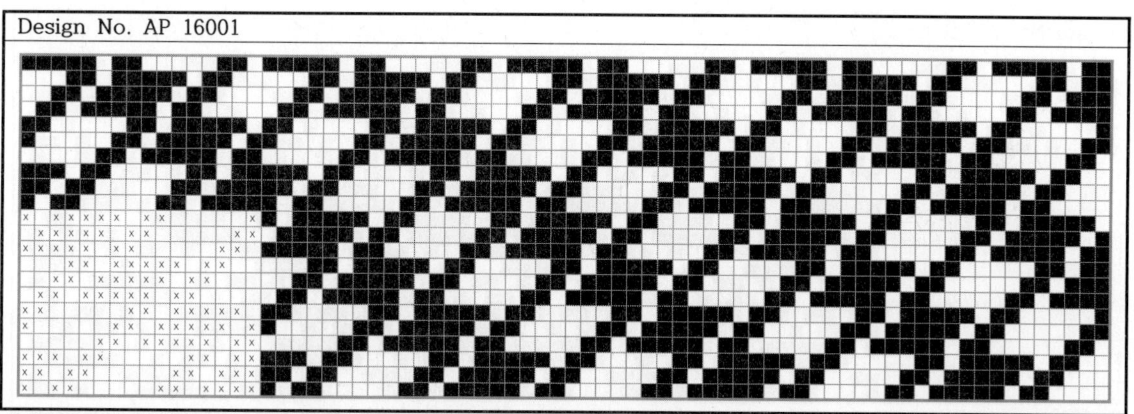

Design No. AP 16002

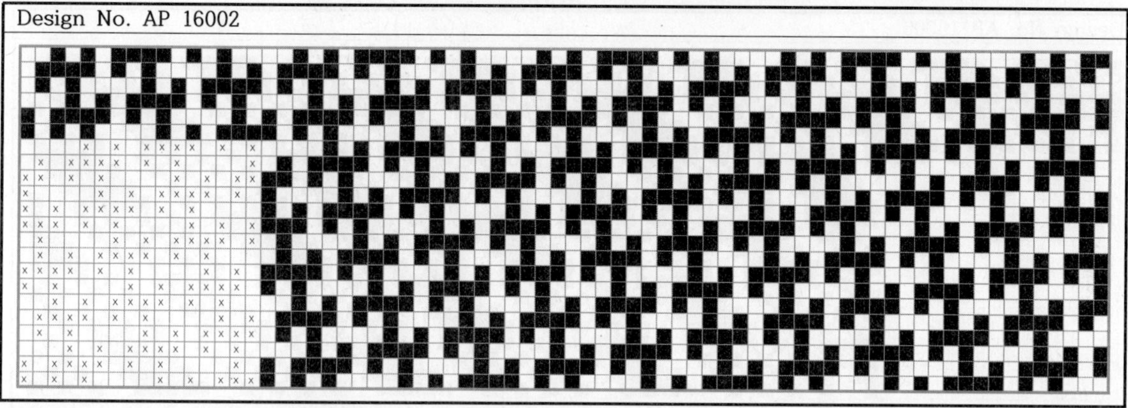

Design No. AP 16003

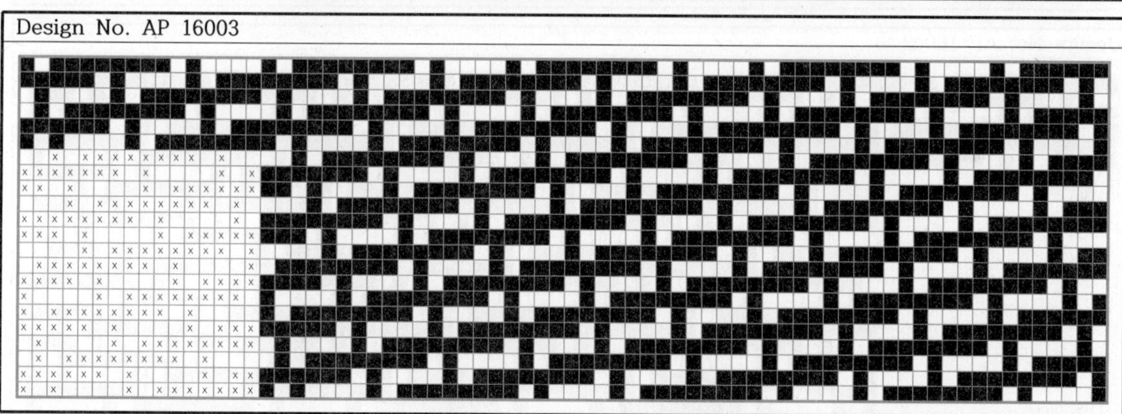

Design No. AP 16004

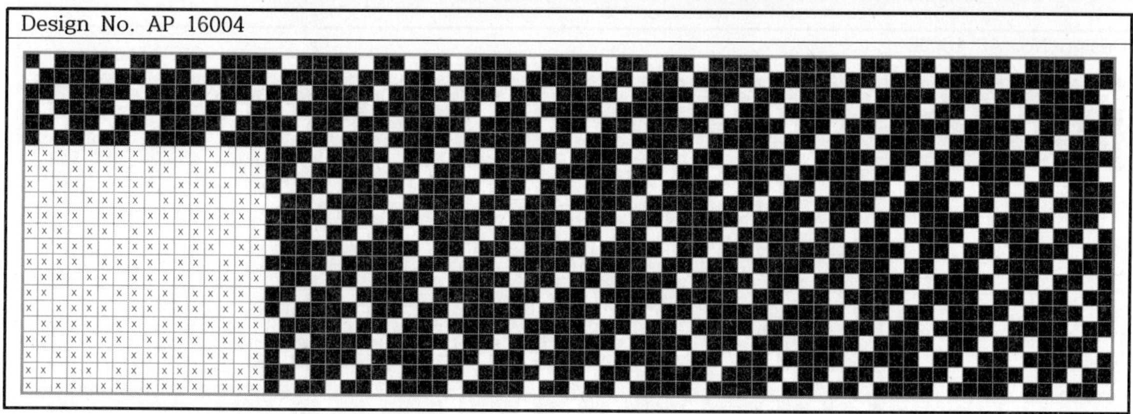

Design No. AP 16005

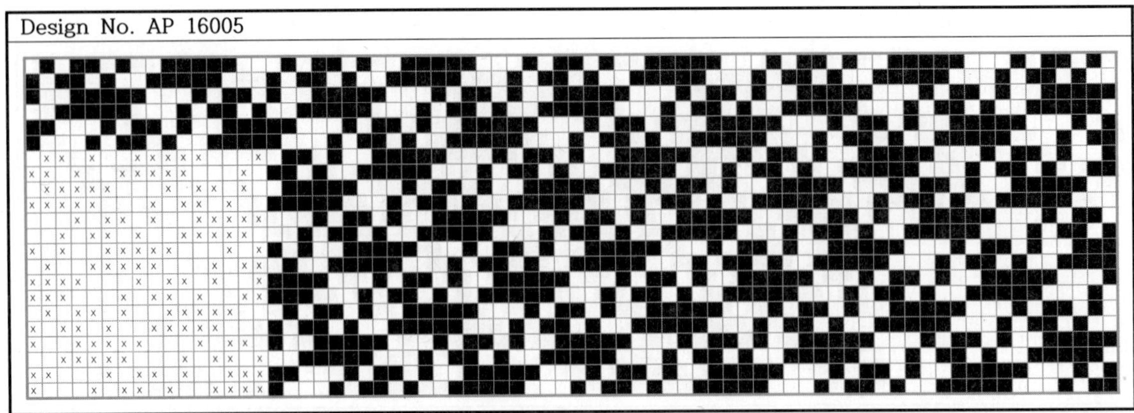

Design No. AP 16006

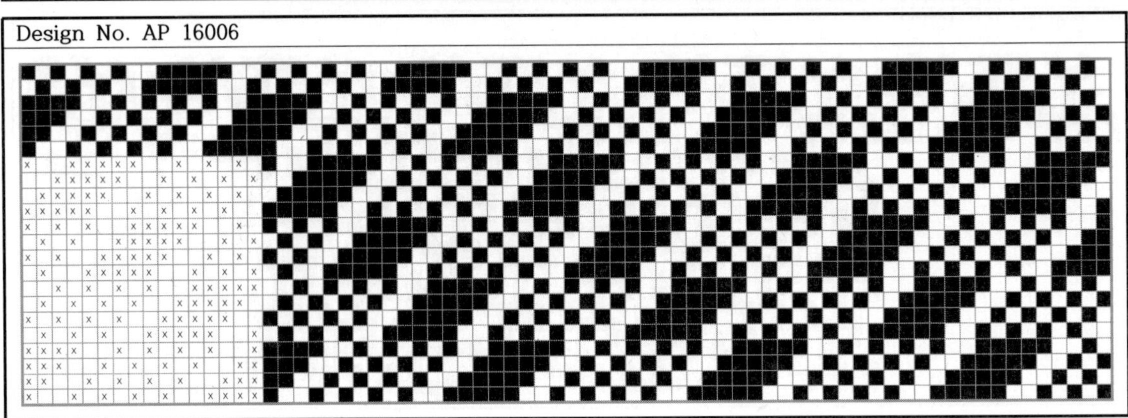

Design No. AP 16007

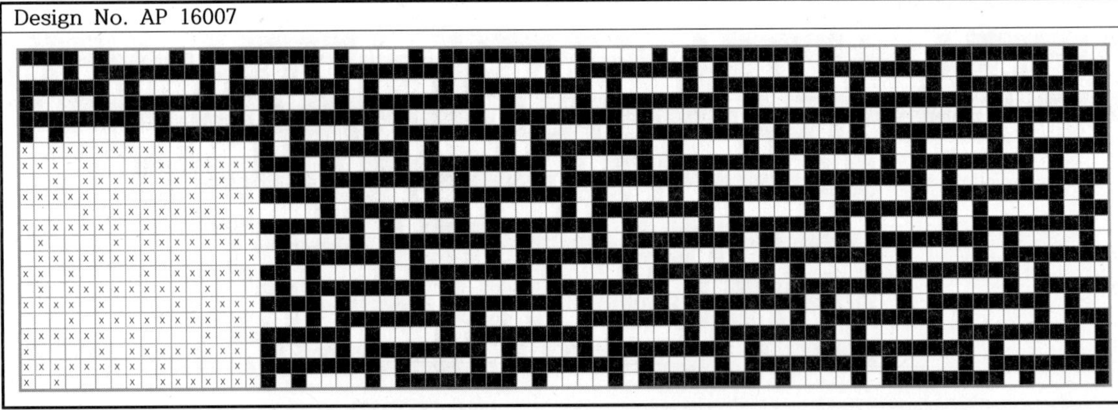

Design No. AP 16008

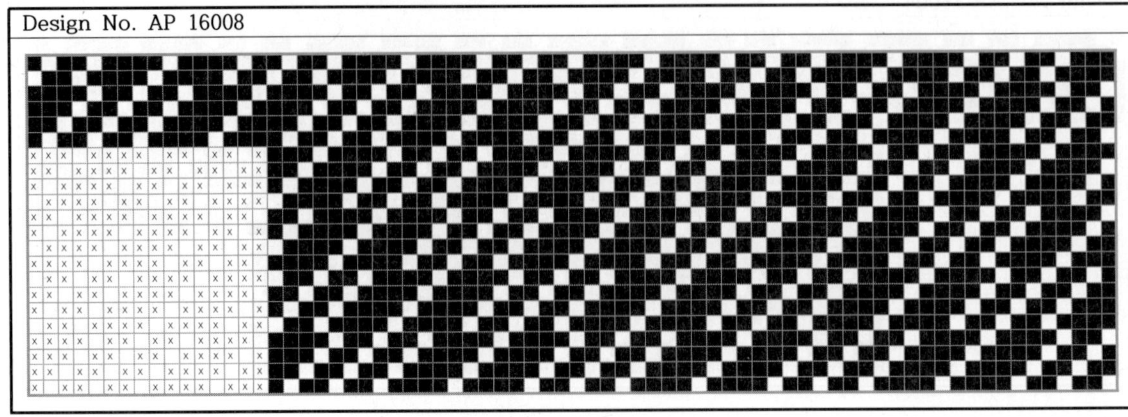

Design No. AP 16009

Design No. AP 16010

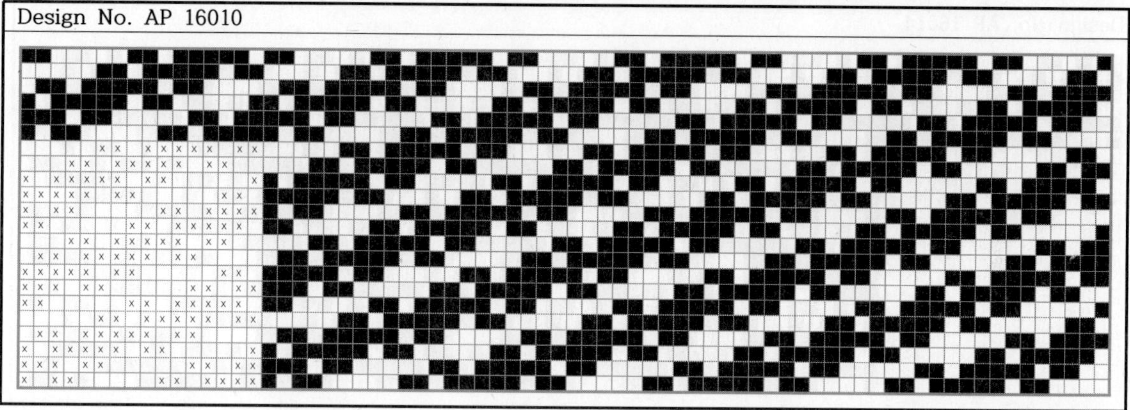

Design No. AP 16011

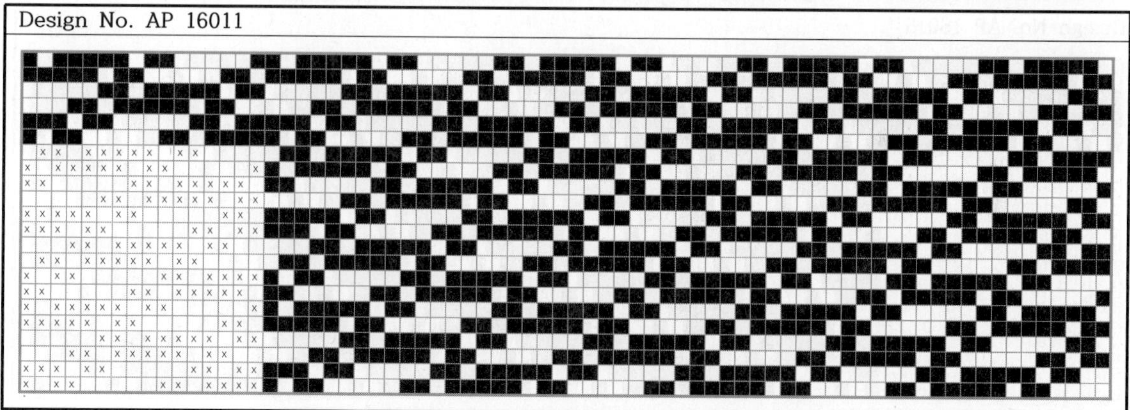

Design No. AP 16012

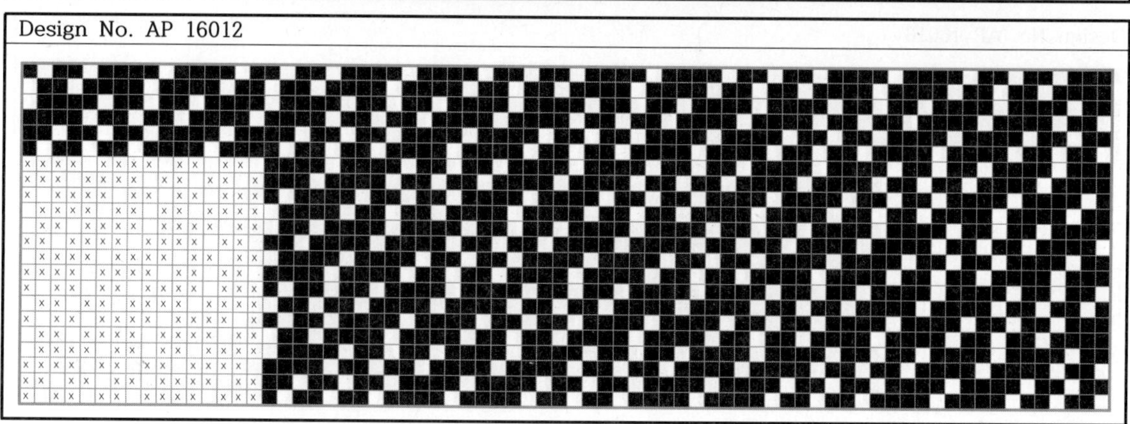

Design No. AP 16013

Design No. AP 16014

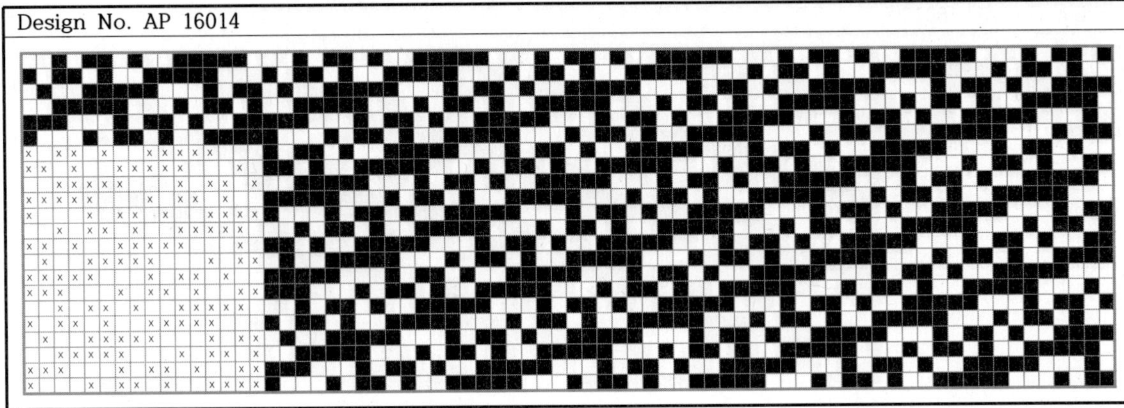

Design No. AP 16015

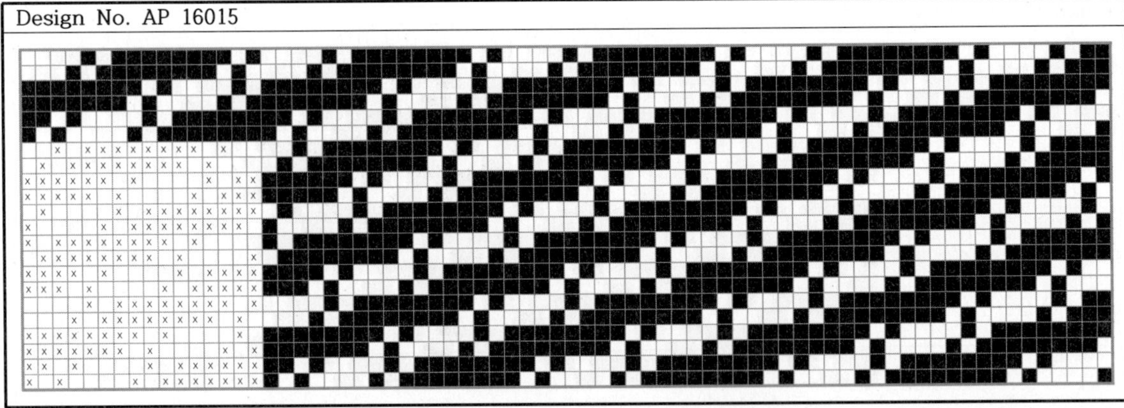

Design No. AP 16016

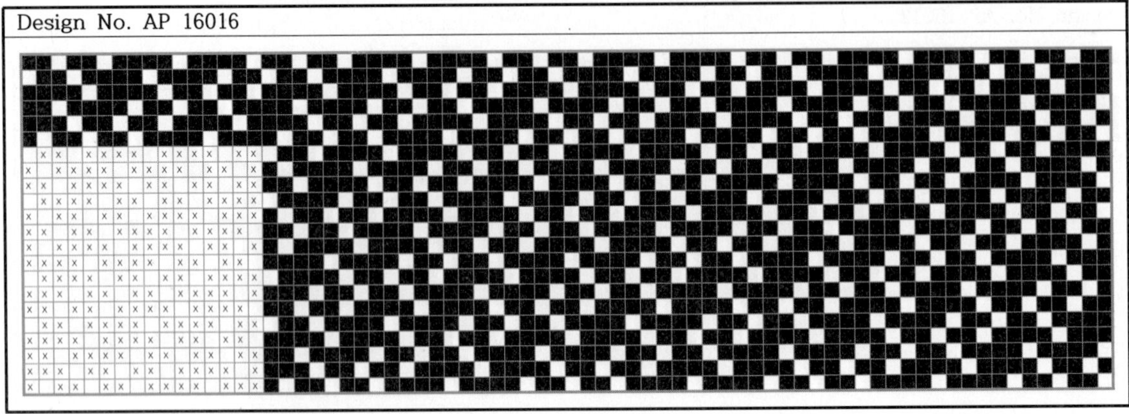

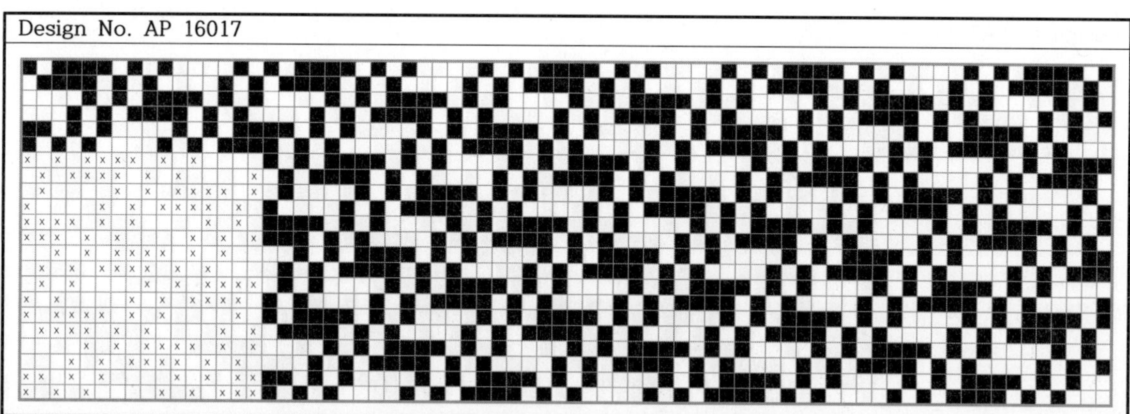

Design No. AP 16018

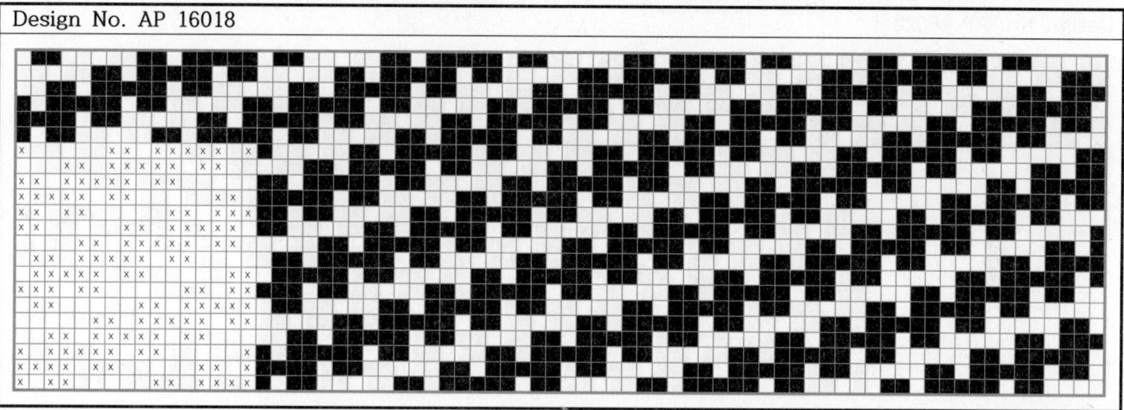

Design No. AP 16019

Design No. AP 16020

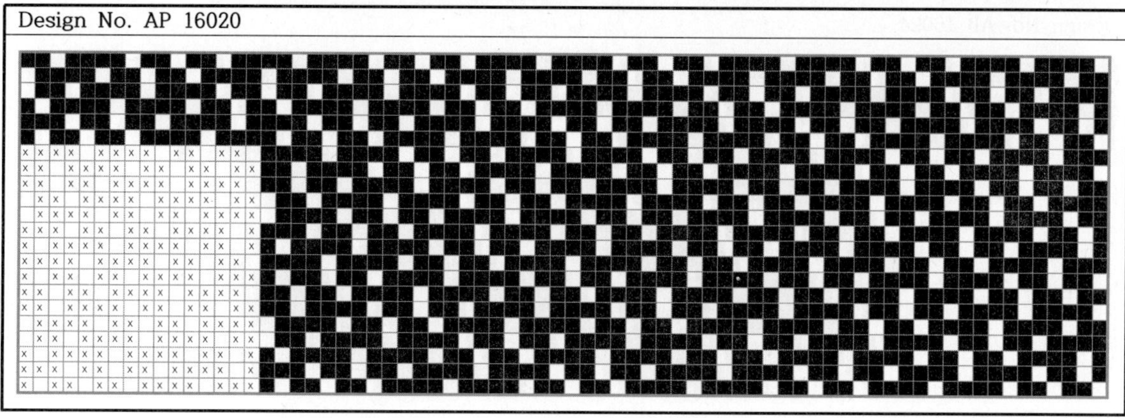

Design No. AP 16021

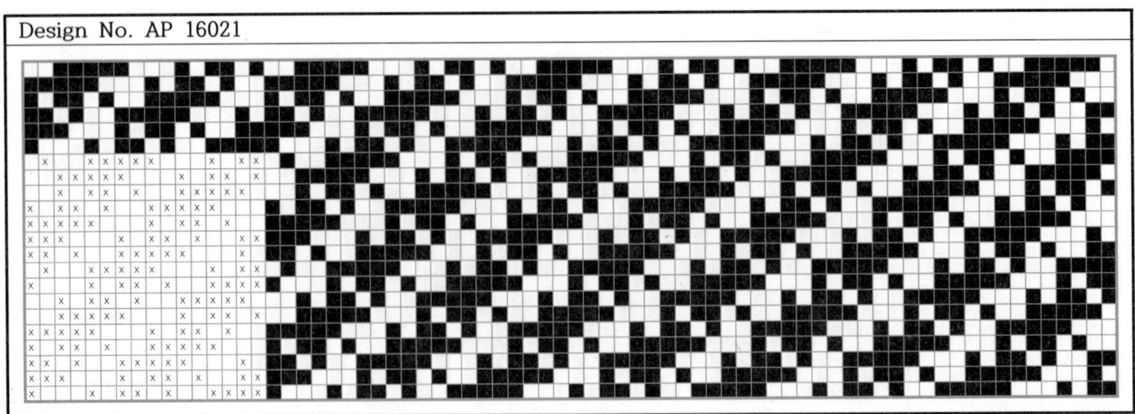

Design No. AP 16022

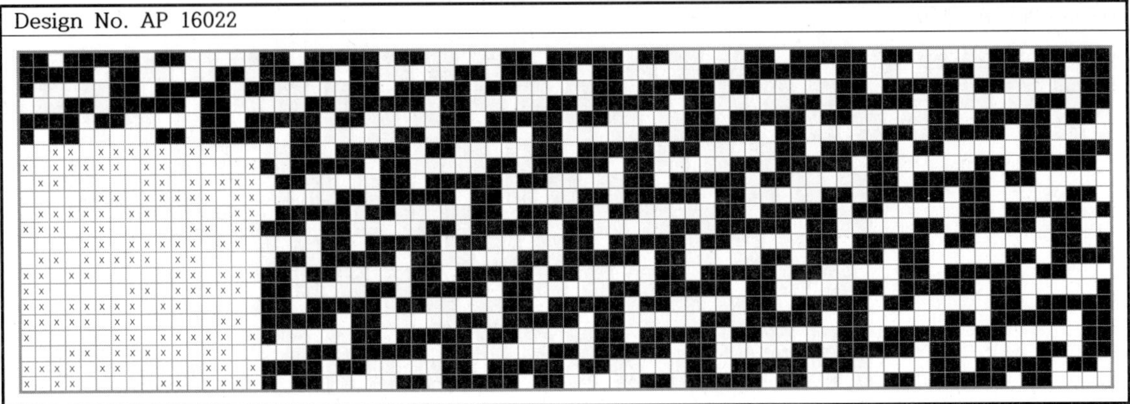

Design No. AP 16023

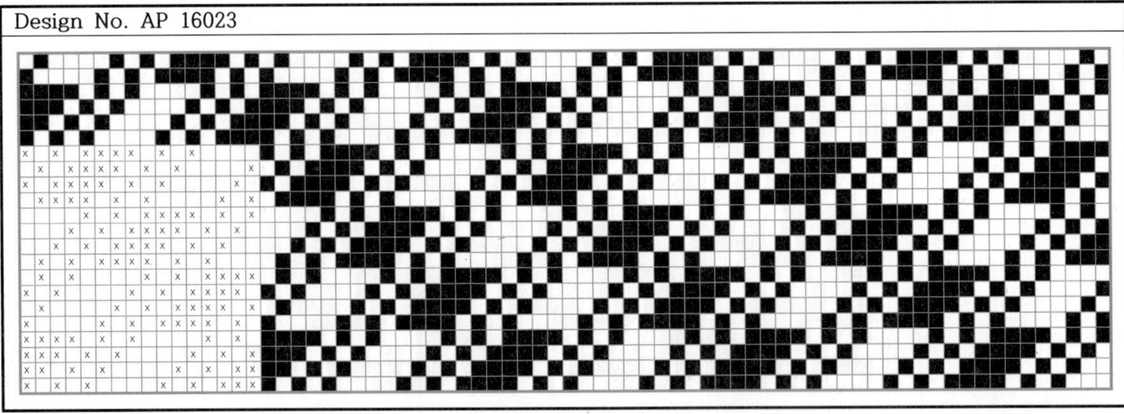

Design No. AP 16024

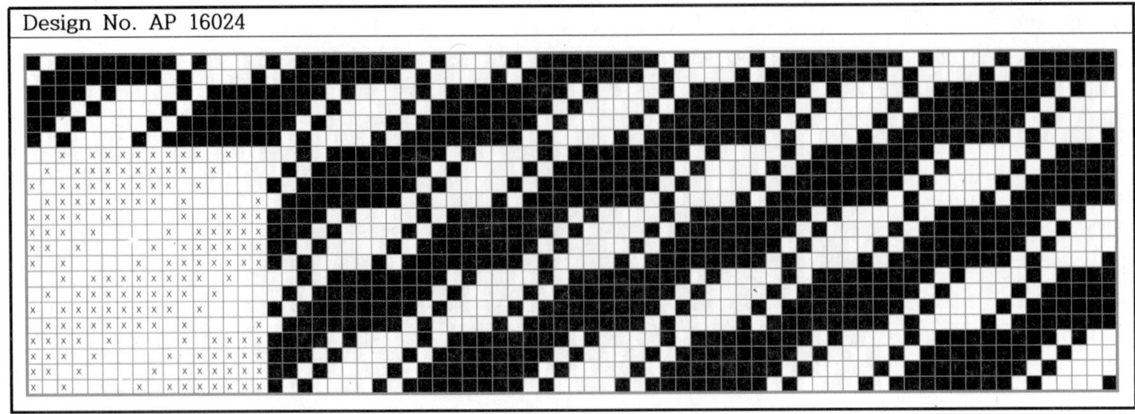

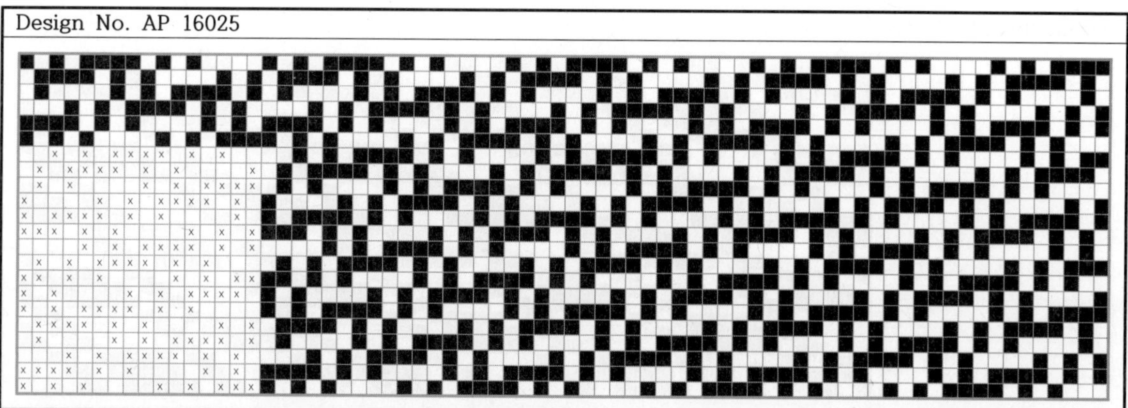

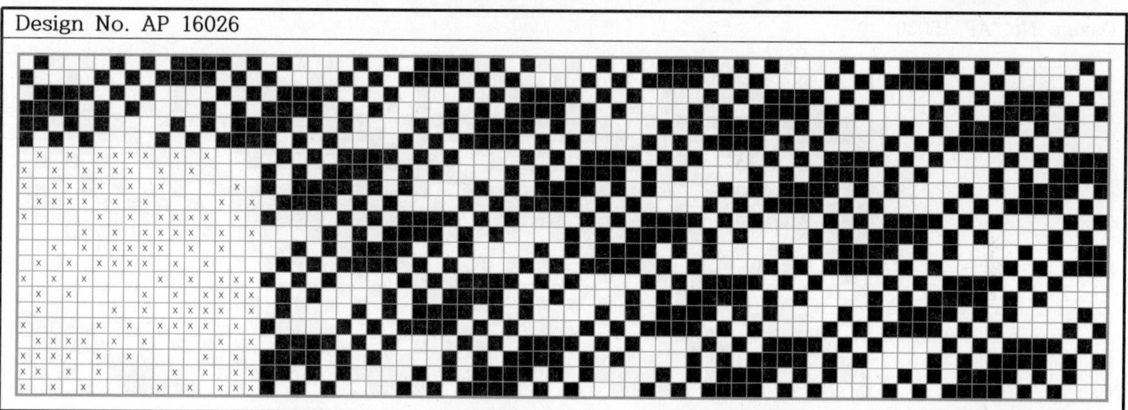

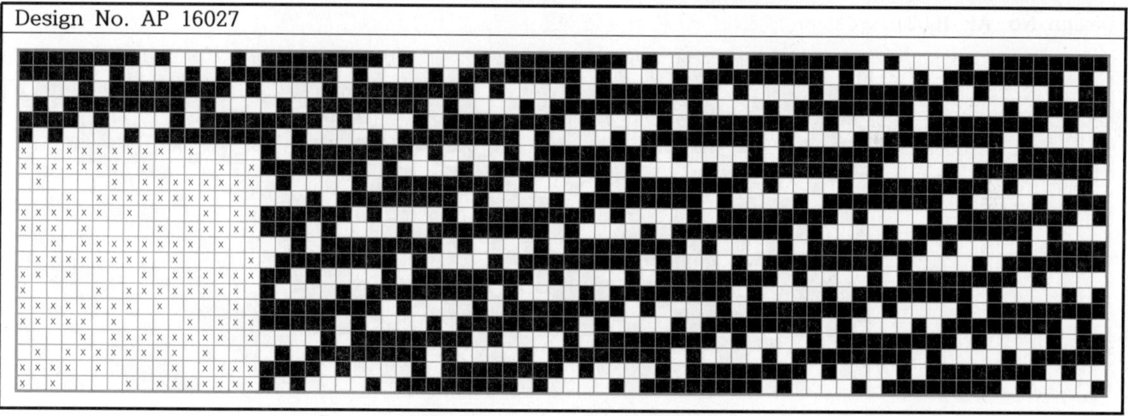

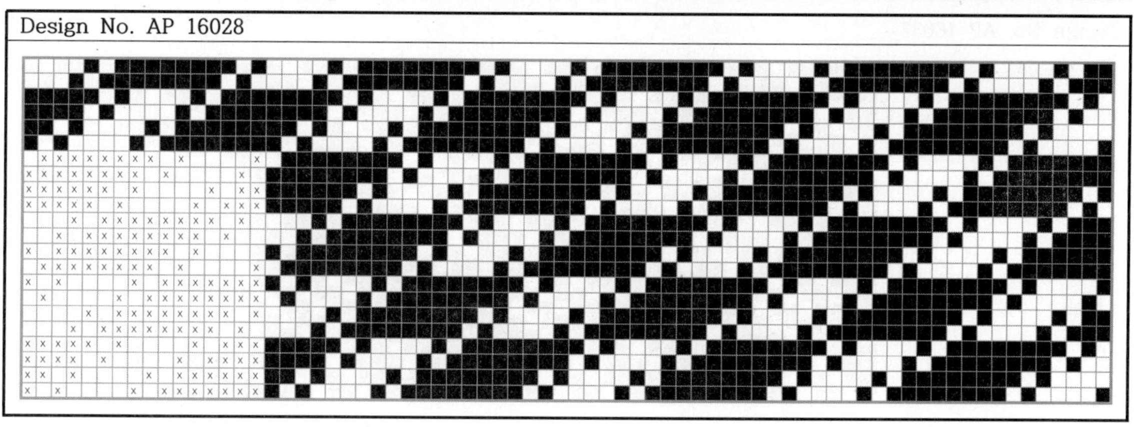

Design No. AP 16029

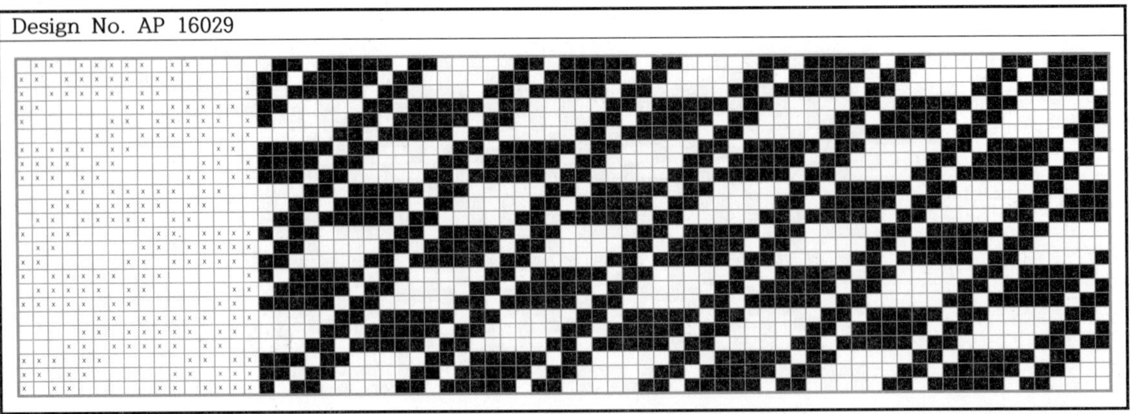

Design No. AP 16030

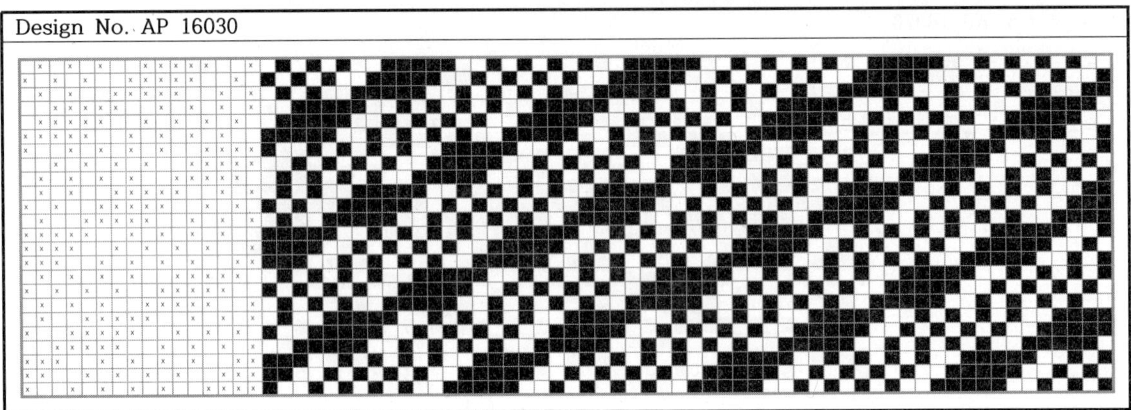

Design No. AP 16031

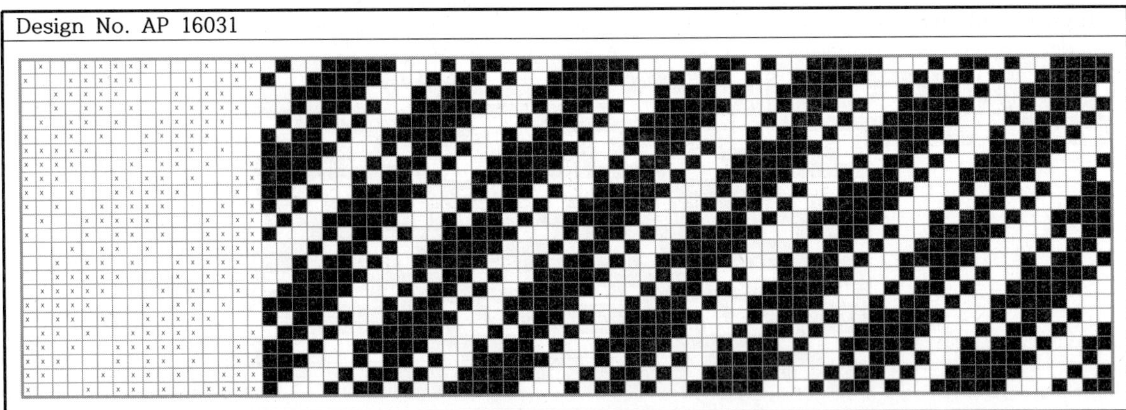

Design No. AP 16032

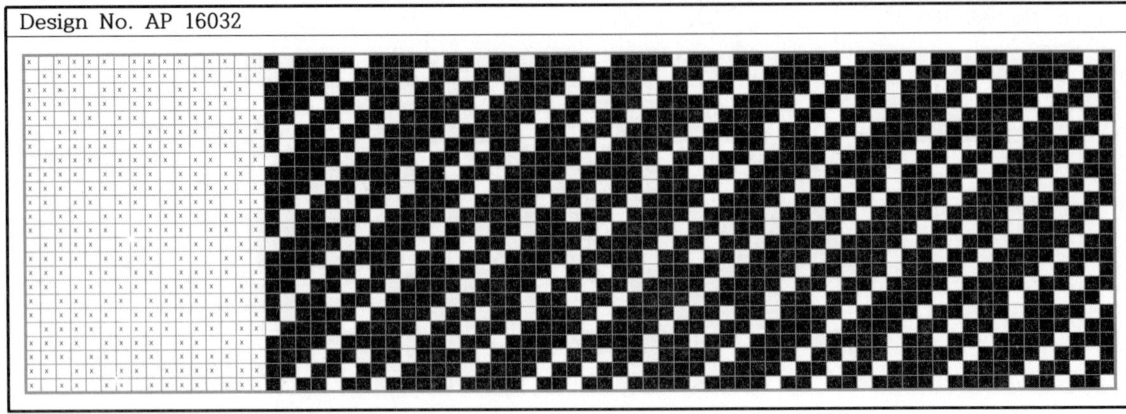

Design No. AP GT001

식전도 (40본)

1	2	3	4	5	6
	X	X		X	
X	X				X
X		X	X		
		X		X	X
	X		X		X
X	X			X	
		X	X	X	
X			X		X
X	X	X			
	X		X	X	
X				X	X
	X	X			X
X	X		X		
X		X		X	
	X			X	X
		X	X		X
X			X	X	
X	X				X
		X		X	X
X		X	X		
	X		X		X
	X	X		X	
X		X			X
			X	X	X
	X	X	X		
X	X			X	
X			X		X
		X	X	X	
X	X	X			
X				X	X
	X		X	X	
	X	X			X
X		X		X	
X	X		X		
		X	X		X
	X			X	X
X			X	X	
	X	X	X		
X		X			X
			X	X	X

경통순서(64본)

4	3	1	6
2	5	3	6
4	2	3	5
1	4	6	5
1	2	3	6
4	1	5	3
4	1	6	3
2	5	4	6
1	3	5	2
1	4	5	6
2	3	1	5
2	4	3	6
1	2	5	6
3	4	5	1
3	2	6	4
1	2	6	5

3 4 5 1 3 2 6 4 1 2 6 5 4 3 1 6 2 5 3 6 4 2 3 5 1 4 6 5 1 2 3 6 4 1 5 3 4 1 6 3 2 5 4 6 1 3 5 2 1 4 5 6 2 3 1 5 2 4 3 6 1 2 5 6 3 4 5 1 3 2 6 4 1 2 6

Design No. AP GT002

식전도(40본) | 경통순서(60본)

1	2	3	4
5	6	9	12
7	11	8	10
1	2	4	6
3	5	12	9
10	7	8	11
4	3	5	1
6	2	12	8
10	7	11	9
3	4	6	5
2	1	4	8
7	10	9	11
12	2	5	1
3	6	7	9
8	11	10	12

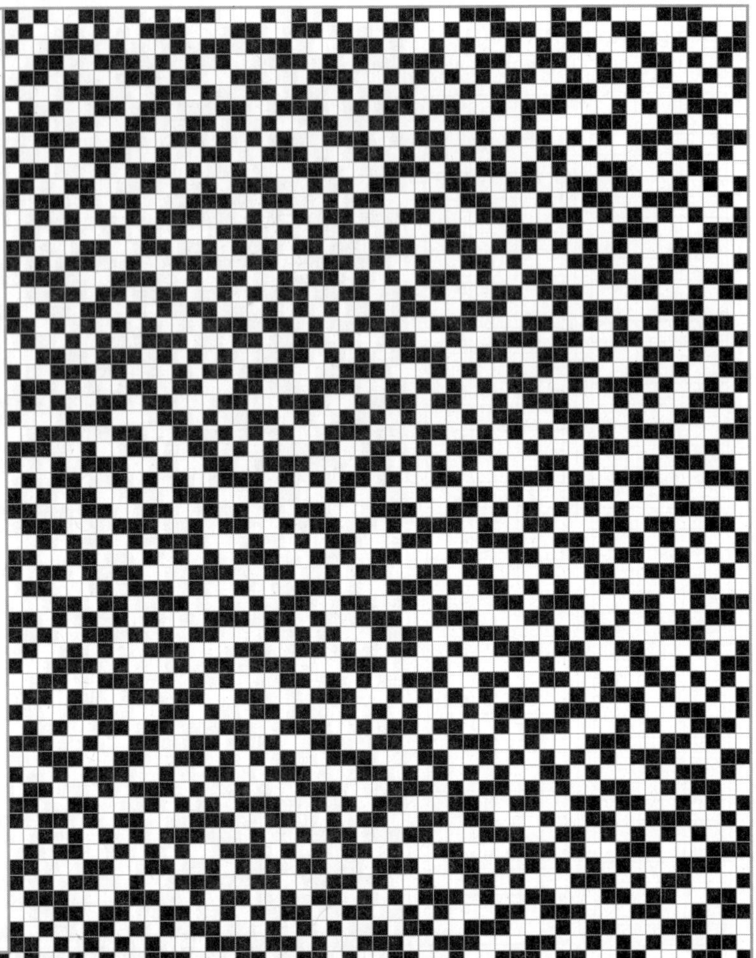

Design No. AP GT003

식전도 (120본)	경통순서 (120본)

경통순서 (120본)

1	2	3	4	5	2	6	3
5	4	6	2	1	5	3	6
4	5	1	3	4	6	1	3
2	6	5	1	4	6	5	2
4	3	1	5	6	4	2	3
6	1	4	5	6	3	1	2
6	4	1	5	2	3	1	6
4	3	5	6	2	3	5	1
2	4	6	3	2	4	1	3
6	2	5	1	6	2	4	5
3	1	4	2	5	3	4	2
6	1	5	4	2	1	3	5
2	1	4	3	6	5	4	3
2	5	6	1	2	5	4	1
6	5	3	2	1	6	3	4

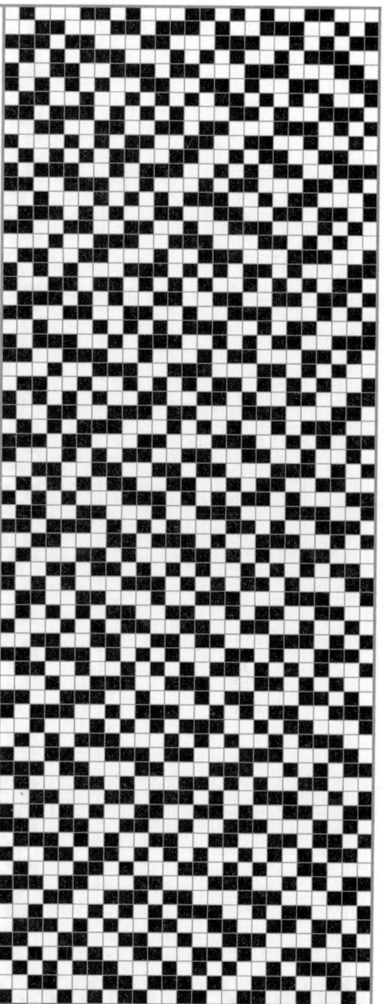

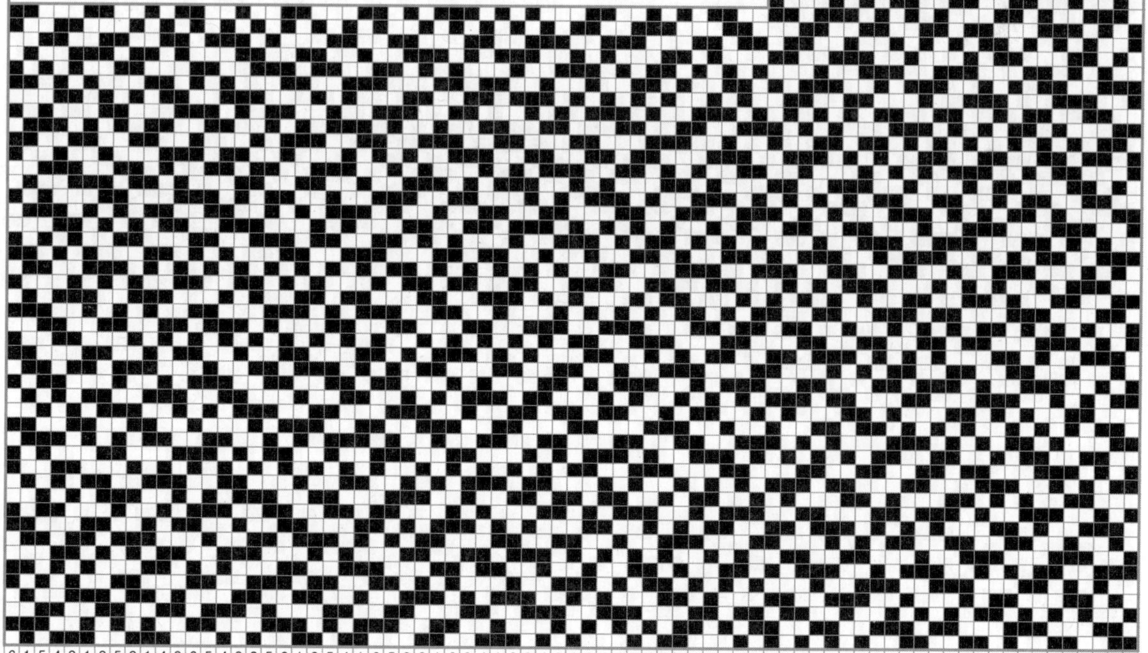

우 상단 연결   우 상단 연결   조직 Start

1 2 3 4 5 6

Design No. AP GT004

식전도(40본) 경통순서(48본)

경통순서(48본):

1	2	6	4
5	6	3	1
5	4	2	6
1	3	5	2
4	3	6	2
1	4	5	3
2	4	6	5
1	3	4	2
1	5	6	2
3	4	5	1
6	3	4	1
2	6	5	3

1 2 6 4 5 6 3 1 5 4 2 6 1 3 5 2 4 3 6 2 1 4 5 3 2 4 6 5 1 3 4 2 1 5 6 2 3 4 5 1 6 3 4 1 2 6 5 3 1 2 6 4 5 6 3 1 5 4 2 6 1 3 5 2 4 3 6 2 1 4 5 3 2 4 6

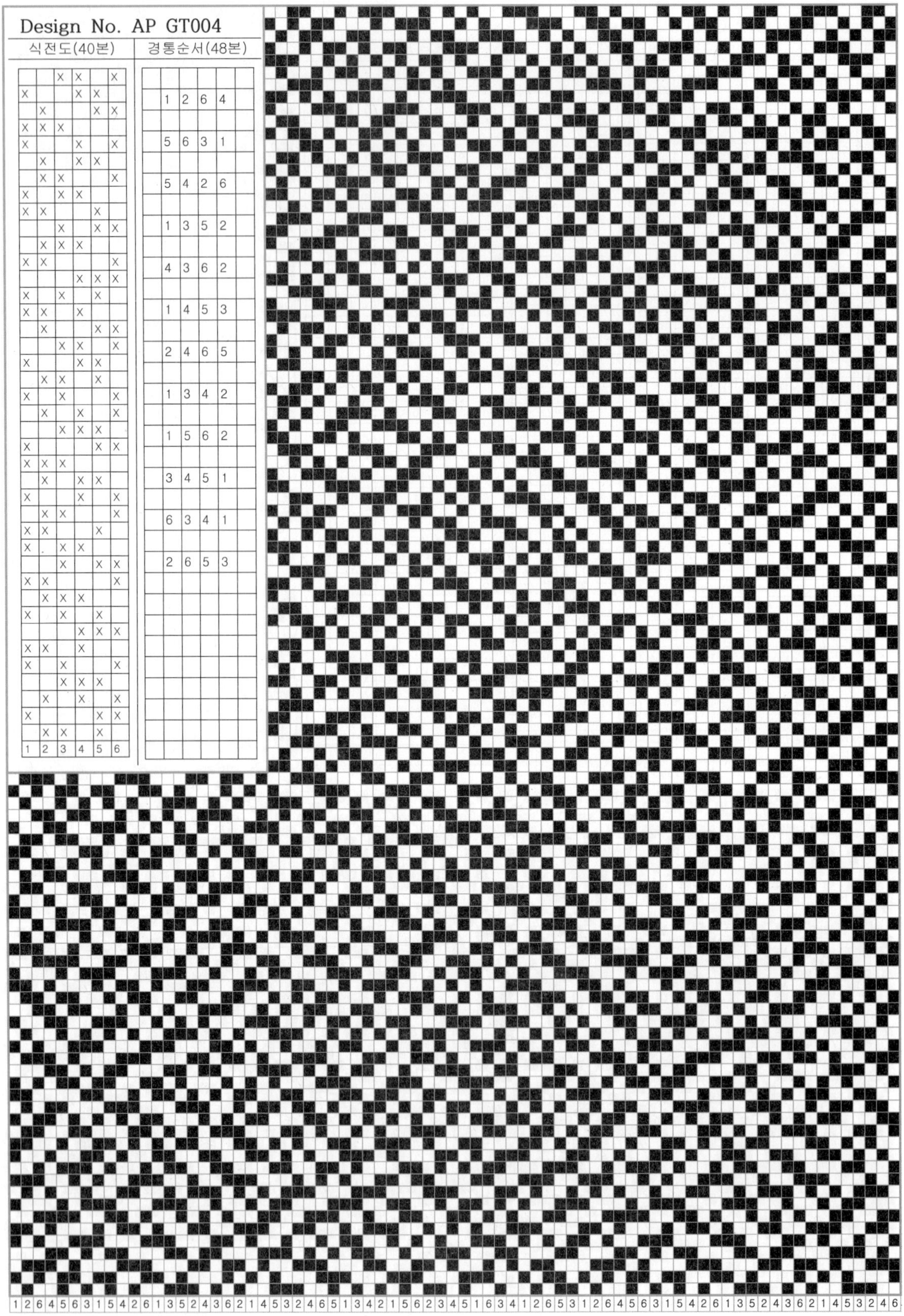

Design No. AP GT005

식전도(40본)	경통순서(60본)

식전도(40본) (6 columns, X = marked)

1	2	3	4	5	6
X		X	X		
	X		X		X
	X	X		X	
X			X	X	
X	X				X
		X		X	X
	X		X	X	
X	X	X			
X				X	X
		X	X		X
X	X		X		
	X			X	X
X		X			X
	X	X	X		
		X	X	X	
X		X		X	
	X	X			X
X			X		X
		X	X	X	
X	X			X	
	X		X		X
X		X	X		
	X	X		X	
X	X				X

경통순서(60본)

1	2	3	4
5	1	6	2
3	1	5	2
6	4	1	3
6	4	5	2
1	4	3	2
5	6	1	3
4	2	6	5
4	1	6	3
5	2	4	6
5	1	2	3
4	5	6	3
2	1	6	4
2	5	3	1
4	5	3	6

식전도 (240본) 경통순서 (216본)

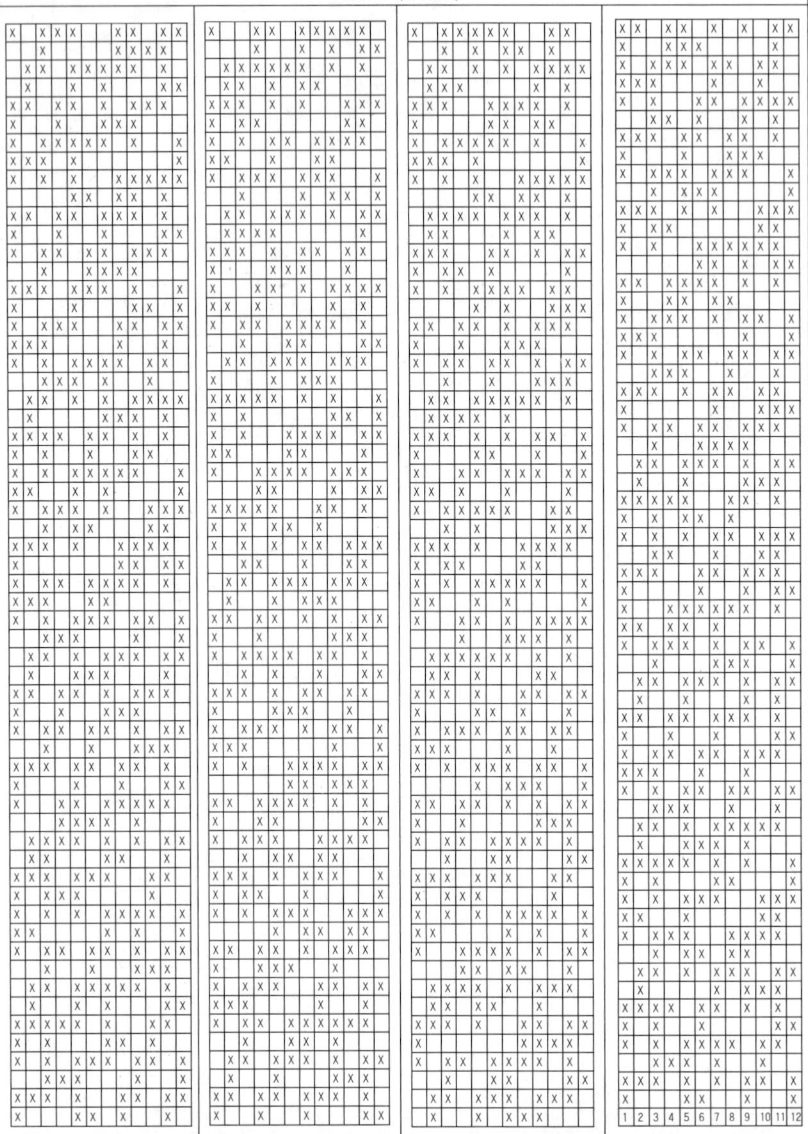

우 상단 연결 우 상단 연결 우 상단 연결 조직 Start

경통순서 (216본)

1	2	3	4	5	6	7	8
9	10	3	4	1	2	7	8
9	10	11	12	1	2	5	6
7	8	3	4	1	2	5	6
11	12	3	4	9	10	7	8
5	6	1	2	3	4	11	12
7	10	1	2	7	8	3	4
5	6	1	2	9	10	7	8
11	12	3	4	9	10	5	6
1	2	7	8	3	4	5	6
1	2	9	10	7	8	5	6
11	12	1	2	9	10	3	4
7	8	1	2	9	10	5	6
3	4	7	8	9	10	1	2
11	12	5	6	7	8	1	2
11	12	3	4	5	6	9	10
1	2	3	4	11	12	9	10
1	2	5	6	7	8	3	4
1	2	11	12	7	8	3	4
9	10	11	12	5	6	1	2
7	8	11	12	5	6	3	4
7	8	1	2	5	6	9	10
11	12	7	8	1	2	9	10
3	4	7	8	11	12	9	10
3	4	5	6	11	12	1	2
9	10	5	6	3	4	1	2
11	12	7	8	5	6	9	10

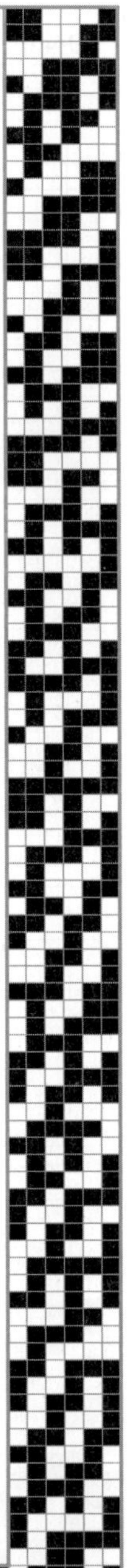

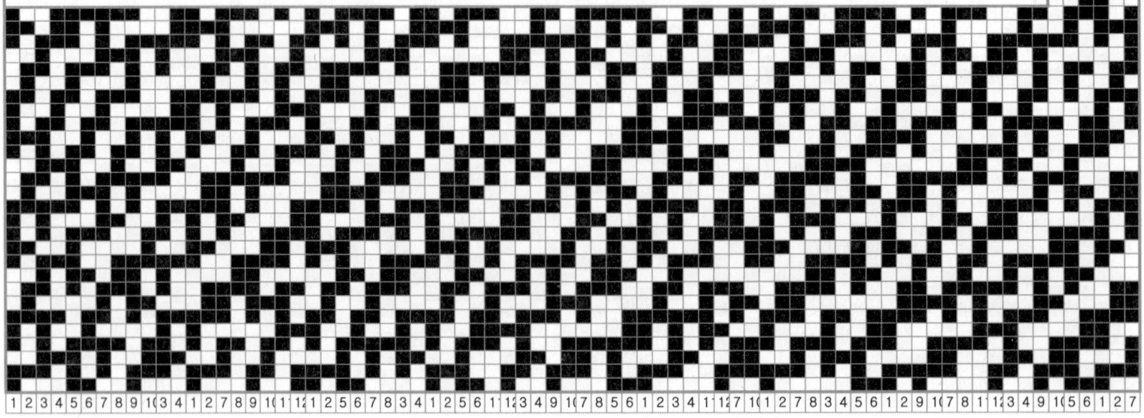

Design No. AP GT007

식전도 (120본)   경통순서 (120본)

1	2	3	4	5	6	2	4
5	1	6	3	2	1	5	6
3	1	5	4	2	6	1	5
2	3	6	5	2	1	3	4
6	1	3	5	6	4	2	5
6	1	2	4	6	3	5	2
4	3	1	2	5	3	1	6
5	4	3	6	1	4	5	2
6	3	4	1	6	2	3	1
4	2	3	5	4	6	2	1
4	6	5	1	3	2	6	4
1	5	3	4	1	2	6	4
3	2	5	4	1	2	6	5
3	2	4	1	3	6	4	5
3	6	2	5	1	4	3	5

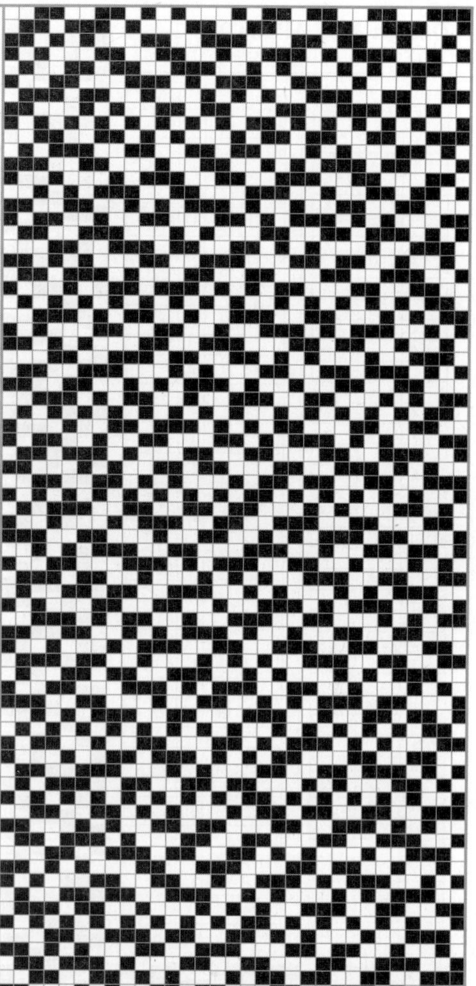

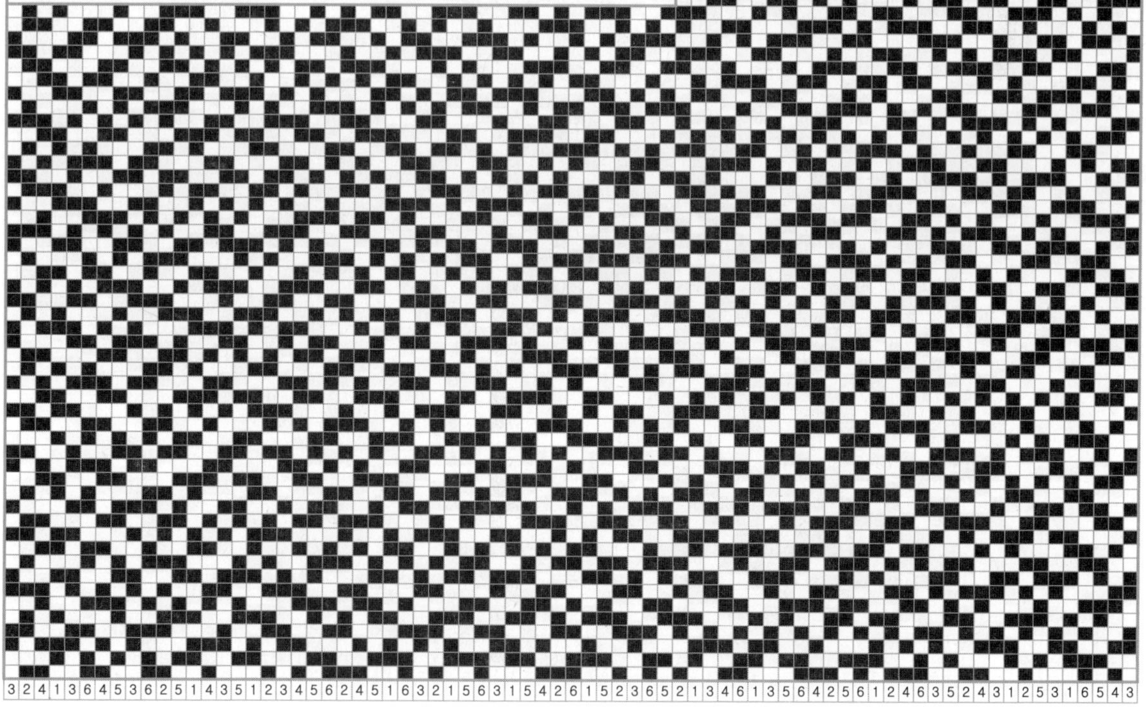

우상단연결   우상단연결   조직 Start

1 2 3 4 5 6

3 2 4 1 3 6 4 5 3 6 2 5 1 4 3 5 1 2 3 4 5 6 2 4 5 1 6 3 2 1 5 6 3 1 5 4 2 6 1 5 2 3 6 5 2 1 3 4 6 1 3 5 6 4 2 5 6 1 2 4 6 3 5 2 1 3 4 6 1 3 5 6 4 2 5 6 1 2 4 6 3 5 2 4 3 1 2 5 3 1 6 5 4 3

Design No. AP GT008

식전도 (40본)

1	2	3	4	5	6
	X			X	X
X		X		X	
		X	X		X
	X		X	X	
X				X	X
	X	X			X
		X	X	X	
X			X		X
X	X	X			
		X		X	X
X			X	X	
	X	X	X		
X	X				X
			X	X	X
X		X	X		
X	X			X	
	X		X		X
X		X			X
	X	X		X	
X	X		X		
X				X	X
		X	X	X	
	X	X			X
X			X		X
	X		X	X	
X		X		X	
		X	X		X
	X			X	X
X	X	X			
X			X	X	
		X		X	X
X	X				X
	X	X	X		
			X	X	X
X	X			X	
X		X	X		
	X		X		X
	X	X		X	
X		X			X
X	X		X		

경통순서 (66본)

1	2	3	4
5	6	2	4
1	5	3	6
4	5	2	6
1	3	5	4
2	1	6	3
2	5	6	4
3	1	2	4
6	5	1	3
6	5	2	4
3	1	2	5
3	4	1	6
2	3	5	1
4	6	3	1
4	2	6	5
3	2	1	5
4	6		

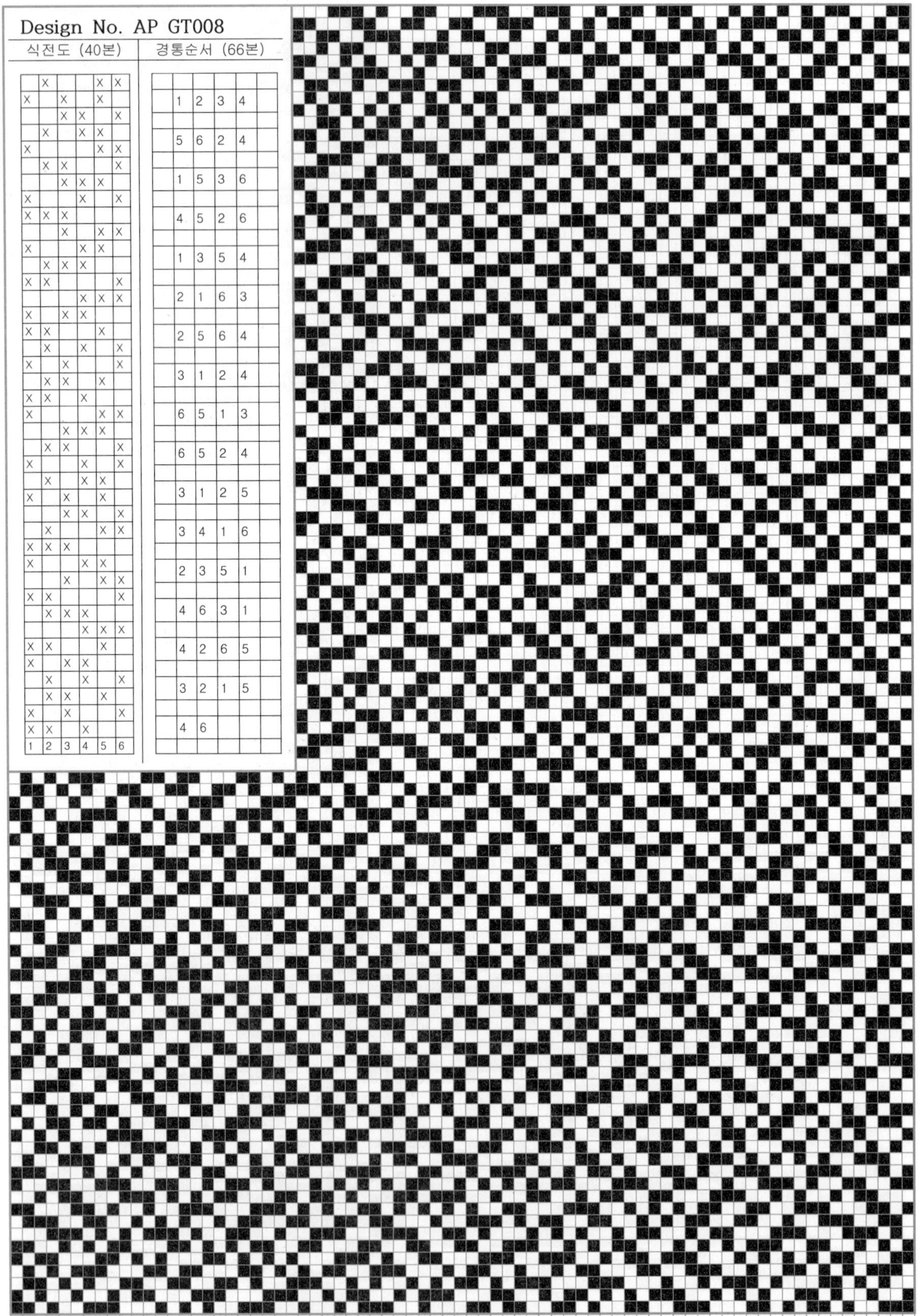

1 2 3 4 5 6 2 4 1 5 3 6 4 5 2 6 1 3 5 4 2 1 6 3 2 5 6 4 3 1 2 4 6 5 1 3 6 5 2 4 3 1 2 5 3 4 1 6 2 3 5 1 4 6 3 1 4 2 6 5 3 2 1 5 4 6 1 2 3 4 5 6 2 4 1

Design No. AP GT009

식전도 (120본) | 경통순서 (120본)

1	2	3	4	5	2
6	3	5	4	6	2
1	5	3	6	4	5
1	3	4	6	1	3
2	6	5	1	4	6
5	2	4	3	1	5
6	4	2	3	6	1
4	5	6	3	1	2
6	4	1	5	2	3
1	6	4	3	5	6
2	3	5	1	2	4
6	3	2	4	1	3
6	2	5	1	6	2
4	5	3	1	4	2
5	3	4	2	6	1
5	4	2	1	3	5
2	1	4	3	6	5
4	3	2	5	6	1
2	5	4	1	6	5
3	2	1	6	4	3

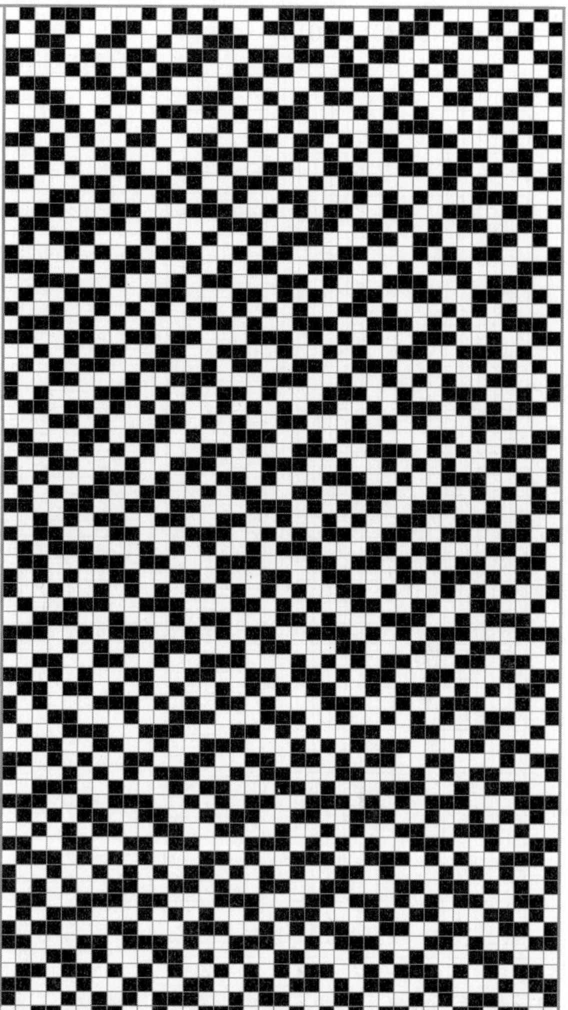

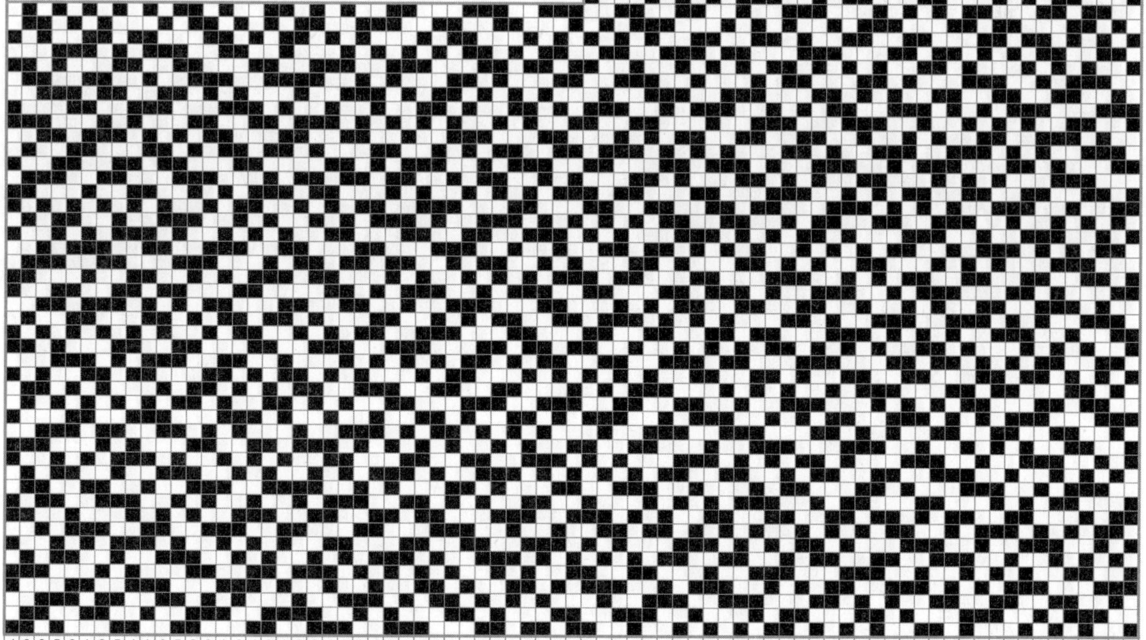

우상단연결 | 우상단연결 | 조직 Start | 1 2 3 4 5 6

4 3 2 5 6 1 2 5 4 1 6 5 3 2 1 6 4 3 1 2 3 4 5 2 6 3 5 4 6 2 1 5 3 6 4 5 1 3 4 6 1 3 2 6 5 1 4 6 5 2 4 3 1 5 6 4 2 3 6 1 4 5 6 3 1 2 6 4 1 5 2 3 1 6 4

Design No. AP GT010

식전도 (120본)	경통순서 (120본)

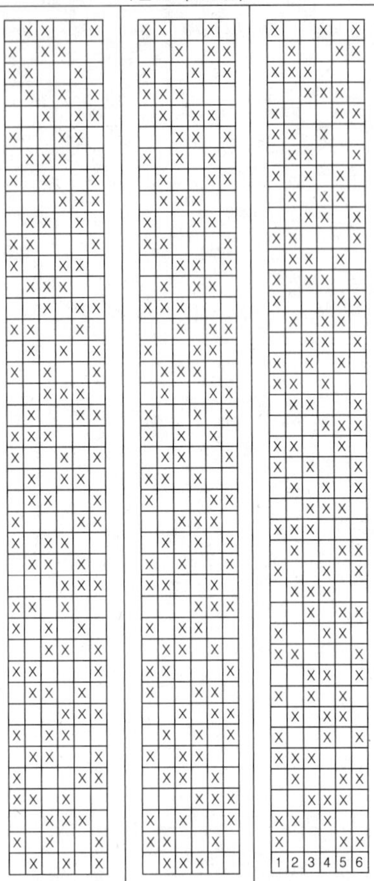

경통순서 (120본)

1	2	3	4	5	6
1	3	2	5	4	3
6	5	4	2	1	6
4	3	1	6	5	3
4	1	5	6	2	4
3	5	1	4	2	5
3	1	2	6	3	1
4	6	2	1	5	4
6	3	5	2	6	4
5	2	1	3	5	4
1	3	6	2	5	1
6	2	3	5	6	4
2	3	1	5	2	3
6	1	5	3	2	4
6	5	2	4	1	6
3	2	1	4	3	2
6	5	1	2	6	5
1	3	4	6	1	2
5	6	3	4	2	6
1	4	5	3	6	4

우상단 연결	우상단 연결	조직 Start

Design No. AP GT011

식전도 (40본)

1	2	3	4	5	6
X			X		X
	X		X	X	
X	X	X			
		X	X		X
X			X	X	
X	X				X
		X		X	X
X		X	X		
	X		X		X
	X	X		X	
X				X	X
X	X		X		
		X	X	X	
	X	X			X
X	X			X	
			X	X	X
X		X			X
	X	X	X		
	X			X	X
X			X		X
X		X		X	
	X		X	X	
		X	X		X
X	X	X			
X			X	X	
		X		X	X
X	X				X
X		X	X		
			X	X	X
	X	X			X
X	X			X	
		X	X	X	
	X		X		X
X				X	X
	X	X		X	
X	X		X		
X		X			X
	X			X	X
	X	X	X		
X		X		X	

경통순서 (66본)

6	5	4	3
2	1	5	6
2	4	5	3
6	1	2	5
6	4	1	3
2	6	5	3
1	4	5	2
1	6	3	4
2	6	3	5
4	1	2	3
6	4	5	1
3	4	6	1
5	2	4	3
5	2	6	1
3	4	6	2
5	1	4	2
3	1		

6 5 4 3 2 1 5 6 2 4 5 3 6 1 2 5 6 4 1 3 2 6 5 3 1 4 5 2 1 6 3 4 2 6 3 5 4 1 2 3 6 4 5 1 3 4 6 1 5 2 4 3 5 2 6 1 3 4 6 2 5 1 4 2 3 1 6 5 4 3 2 1 5 6 2

Design No. AP GT012

식전도 (68본)	경통순서 (102본)

경통순서 (102본):

8	3	4	11	12	9
10	1	2	5	6	7
8	11	12	1	2	9
10	3	4	11	12	9
10	1	2	5	6	3
4	7	8	1	2	11
12	3	4	5	6	9
10	5	6	7	8	1
2	3	4	11	12	7
8	5	6	9	10	3
4	7	8	1	2	11
12	9	10	5	6	3
4	1	2	7	8	11
12	3	4	9	10	7
8	5	6	11	12	1
2	3	4	5	6	7
8	9	10	1	2	7

조직 Start (하단): 1 2 3 4 5 6 7 8 9 10 11 12

우 상단 연결	조직 Start	

Design No. AP GT013

식전도 (80본)   경통순서 (90본)

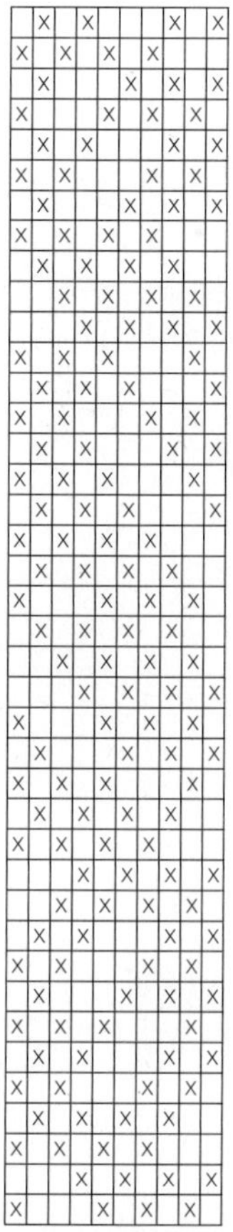

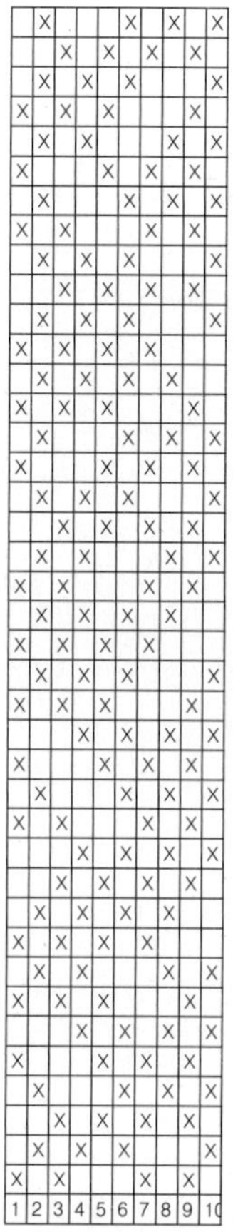

10	3	4	3	4	5
2	7	2	7	6	5
6	5	4	1	8	1
8	9	10	9	10	3
6	5	6	5	4	3
4	3	10	7	2	7
2	1	8	1	8	9
4	3	4	3	10	9
10	9	8	5	6	5
6	7	2	7	2	1
10	9	10	9	8	1
8	1	2	3	4	3
4	5	6	5	6	7
8	1	8	1	2	7
2	7	6	9	10	9

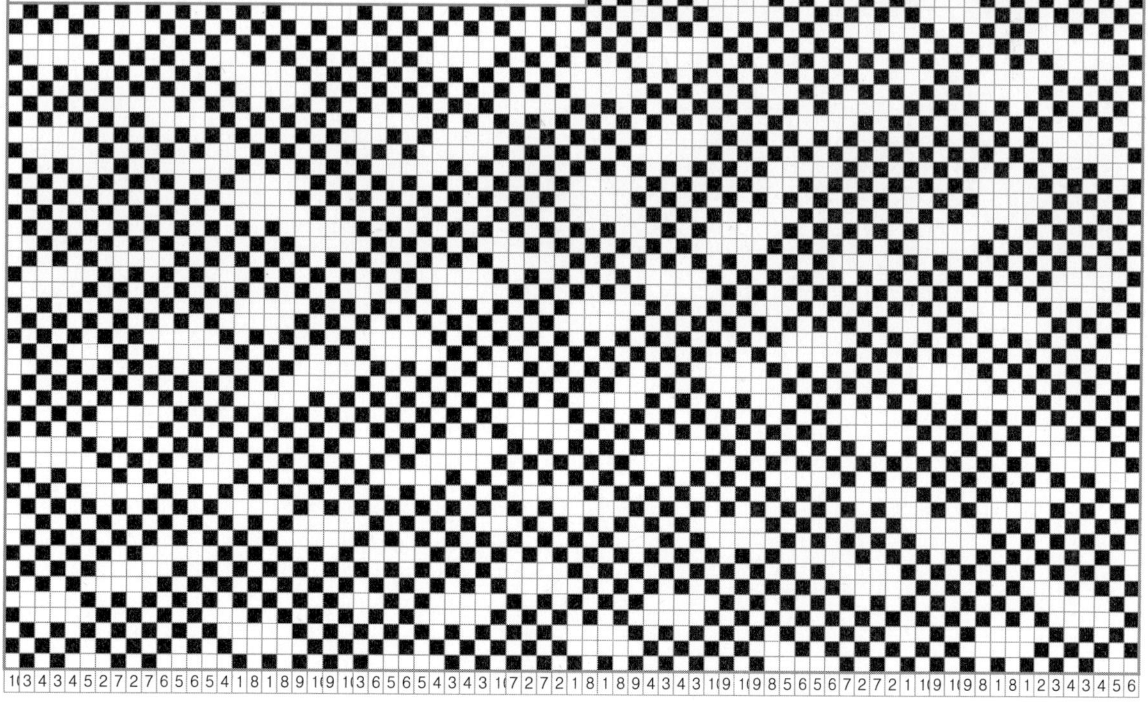

우 상단 연결   조직 Start

새로운 직물조직

인　쇄	2018년 04월 10일
발　행	2018년 04월 20일
지은이	류 문 호
발행인	임 정 희

펴낸곳　　노바출판사 (제25100-2017-14호)
　　　　　대구광역시 달서구 용산로 88 (102/606)
　　　　　warered@naver.com
　　　　　https://blog.naver.com/warered
　　　　　Tel 053-556-7387. Hp 010-3790-1548
　　　　　출판등록: 제25100-2017-14호

인쇄처　　(주) 신흥인쇄
　　　　　Tel. 053-425-2120 Fax. 053-427-2820

ISNI　　　0000-0004-6363-2902
ISBN　　　979-11-961529-7-0 (13500)

정　가　　36,000원

이　도서의　국립중앙도서관　출판예정도서목록(CIP)은　서지정보유통지원시스템　홈페이지 (http://seoji.nl.go.kr)와　국가자료공동목록시스템(http://www.nl.go.kr/kolisnet)에서　이용하실 수 있습니다.(CIP제어번호: CIP2018011446)